LEHRBUCH DER PHYSIOLOGIE

IN ZUSAMMENHÄNGENDEN EINZELDARSTELLUNGEN

UNTER MITARBEIT EINER
REIHE VON FACHMÄNNERN

HERAUSGEGEBEN VON

WILHELM TRENDELENBURG†

UND

ERICH SCHÜTZ

WILHELM TRENDELENBURG†

DER GESICHTSSINN

ZWEITE AUFLAGE

BEARBEITET VON

MANFRED MONJÉ · INGEBORG SCHMIDT · ERICH SCHÜTZ

Springer-Verlag Berlin Heidelberg GmbH

1961

DER GESICHTSSINN

GRUNDZÜGE DER PHYSIOLOGISCHEN OPTIK

VON

WILHELM TRENDELENBURG †

IN ZWEITER AUFLAGE BEARBEITET VON

MANFRED MONJÉ
PROF. DR. MED. DR. PHIL.
LEHRSTUHL
FÜR ANGEWANDTE PHYSIOLOGIE
AN DER UNIVERSITÄT KIEL

INGEBORG SCHMIDT
PROF. DR. MED.
DIVISION OF OPTOMETRY
INDIANA UNIVERSITY
BLOOMINGTON, INDIANA, U.S.A.

ERICH SCHÜTZ
PROF. DR. MED.
PHYSIOLOGISCHES INSTITUT
DER UNIVERSITÄT MÜNSTER (WESTF.)

MIT 160 ABBILDUNGEN IM TEXT UND 3 FARBTAFELN

Springer-Verlag Berlin Heidelberg GmbH

1961

ISBN 978-3-662-22086-3   ISBN 978-3-662-22085-6 (eBook)
DOI 10.1007/978-3-662-22085-6

DEM ANDENKEN AN

WILHELM TRENDELENBURG

GEWIDMET

Vorwort zur zweiten Auflage

Das Erscheinen der zweiten Auflage der „Physiologie des Gesichtssinns", mit der WILHELM TRENDELENBURG diese „Lehrbuchreihe der Physiologie in zusammenfassenden Einzeldarstellungen" 1943 selbst eröffnete, hat sich leider erheblich verzögert. 1946 verstarb WILHELM TRENDELENBURG, und so war es ihm selbst nicht mehr vergönnt, die bald vergriffene erste Auflage seines vorzüglichen Werkes selbst neu zu bearbeiten. Die Ungunst der Zeitverhältnisse ermöglichte erst ziemlich spät, die Neubearbeitung in Angriff zu nehmen, zu der sich die Unterzeichneten, darunter zwei Schüler WILHELM TRENDELENBURGS, zusammenschlossen. Es war ein besonders günstiger Umstand, daß Frau Prof. I. SCHMIDT seit Kriegsende als Fachvertreter für Physiologische Optik in den USA arbeitet. Dadurch war es uns möglich, die schon seit 1939 nur schwer erreichbare neuere amerikanische Literatur eingehend zu berücksichtigen. Herrn Prof. MÜLLER-LIMMROTH vom Physiologischen Institut in Münster, von dem kürzlich im gleichen Verlag eine umfassende Monographie der „Elektrophysiologie des Gesichtssinns" erschien, schulden wir besonderen Dank für seine Mitarbeit an dem Kapitel über die elektrischen Vorgänge am Auge. Die Herausgeber bemühten sich bei der Abfassung dieser Neuauflage, den Charakter des Buches im Sinne WILHELM TRENDELENBURGS zu wahren und an der äußeren Einteilung des Buches möglichst wenig zu ändern; sie waren bestrebt, mit der gleichen Sorgfalt vorzugehen, die WILHELM TRENDELENBURG darauf verwendet hätte, wenn es ihm vergönnt gewesen wäre, die zweite Auflage selbst zu besorgen. Durch die seit 1939 erschienene umfangreiche Literatur waren allerdings weitgehende Ergänzungen erforderlich, z. B. bei Fragen des Flüssigkeitswechsels im Auge, der Sehpurpurchemie, der Akkommodation, des Tiefensehens usw. Neu hinzugefügt wurden Abschnitte über die Geschichte der Brille, über Nachtmyopie, Konvergenzbewegungen, Aniseikonie u. a. und in Hinblick auf das gesteigerte Interesse für Fragen des Schnellverkehrs, insbesondere auch der Astronautik, ein Kapitel über Sehschärfe für bewegte Objekte und über Latenzzeiten des Sehvorgangs.

Zitate älterer Autoren wurden soweit wie möglich belassen, um u. a. zu zeigen — was auch im Sinne W. TRENDELENBURGS gewesen wäre —, wie viele Gedanken schon früh ausgesprochen worden sind und wie viele mit weniger zureichenden technischen Hilfsmitteln gewonnene Erkenntnisse jetzt unter Anwendung moderner Methoden ihre Bestätigung gefunden haben. Man denke nur an die Sehpurpurabsorptionskurven von TRENDELENBURG und die Bestimmung der Energieschwellen von v. KRIES.

Wir hoffen, daß es gelungen ist, aus der Fülle der Literatur diejenigen Erkenntnisse herausgestellt zu haben, die in einem wissenschaftlichen Lehrbuch über den Gesichtssinn Aufnahme finden sollten, und wir würden uns freuen, wenn, um mit W. TRENDELENBURG zu sprechen, die jüngere Generation von Physiologen und Ophthalmologen daraus weitere Anregung erhalten würde, das Gebiet der Physiologie des Gesichtssinns in Wissenschaft und Unterricht zu pflegen und zu fördern.

Dem Verlag Springer danken wir für die ausgezeichnete Ausstattung des Buches.

Im Dezember 1960   M. MONJÉ, I. SCHMIDT, E. SCHÜTZ

Inhaltsverzeichnis

Einteilung 1

I. Der Strahlengang im Auge (Dioptrik) 1

A. Allgemeines und Vergleichendes 1

B. Formerhaltung und Schutz des Auges 2

C. Gesetze der dioptrischen Abbildung 7
   1. Strahlenvereinigung im einfachen optischen System 8
   2. Zusammengesetzte optische Systeme 10

D. Das Auge als zusammengesetztes optisches System 12
   1. Die optischen Konstanten des Auges 12
   2. Die Kardinalpunkte des Auges 15
   3. Das reduzierte Auge 16
   4. Die Brechkraft des ganzen Auges und seiner Teilsysteme 17

E. Hilfseinrichtungen des dioptrischen Apparates des Auges 18
   1. Iris und Irisbewegung 18
   2. Die Akkommodation 24
      a) Beobachtung der Veränderungen am Auge 24
      b) Mechanismus der Akkommodation 27
      c) Maß der Akkommodation 31
   3. Giftwirkungen auf Akkommodation und Irisbewegung 37

F. Die Refraktionsanomalien 37
   1. Einteilung 37
   2. Kurzsichtigkeit und Übersichtigkeit 38
   3. Die Akkommodation bei Refraktionsanomalien 40
   4. Brillenlehre 40
   5. Zur Geschichte der Brille 45

G. Der Augenspiegel 46
   1. Beleuchtung und Abbildung der Netzhaut 46
   2. Schattenprobe 50

H. Abweichungen von der punktförmigen Strahlenvereinigung 53
   1. Chromatische Abweichung 53
   2. Sphärische Abweichung 55
   3. Astigmatismus 55
      a) Regelmäßiger Astigmatismus 55
      b) Unregelmäßiger Astigmatismus 59
   4. Abweichung bei schrägem Strahlenauffall (schiefe Incidenz) 59
   5. Abweichung durch Mängel der Zentrierung 60
   6. Abweichung durch Beugung des Lichtes 60
   7. Irradiation 61
   8. Fehler in der Durchsichtigkeit der Medien 62
      Entoptische Wahrnehmungen 62

J. Der Ort der Reizaufnahme in der Netzhaut 63

II. Die Gesichtsempfindungen 66

  A. Die Wirkung von Strahlungen verschiedener Wellenlänge, sowie von inadäquaten Reizen, und ihre Beziehung zur Mannigfaltigkeit der Empfindungen 66
    1. Adäquate Reizung 67
      a) Sichtbarkeitsgrenzen des Spektrums 67
      b) Strahlungen und zugeordnete Empfindungen 69
      c) Umstimmungen. 72
    2. Inadäquate Reizung 74

  B. Die Farbenempfindungen in ihren Beziehungen zueinander 76

  C. Die Farbenmischung 83
    1. Das Wesen und die Methodik der Farbenmischung 83
    2. Die Ergebnisse der Farbenmischung 86
    3. Darstellung der Tatsachen der Farbenmischung durch eine Schwerpunktskonstruktion (Farbendreieck) 92

  D. Angeborene Formen von abweichendem Farbensinn. 96
    1. Die teilweise Farbenblindheit (Dichromasie). 96
      a) Prot- und Deuteranopie (sogenannte Rot- und Grünblindheit) 97
      b) Tritanopie (Violettblindheit, Blaublindheit). 102
      c) Abhängigkeit von der Feldgröße. 102
      d) Bezeichnungen — Geschichtliches 103
      e) Die subjektive Beschaffenheit der Empfindungen der Dichromaten. . . . 104
    2. Der anomale Farbensinn 105
      a) Prot- und Deuteranomalie 105
      b) Tritanomalie 109
      c) Abhängigkeit von der Feldgröße. 110
    3. Die Häufigkeit der angeborenen Abweichungen des Farbensinnes 110
    4. Besonderheiten des zentralen und peripheren Farbensehens beim Normalen . 110
    5. Farbentafel bei abweichendem Farbensinn 113
    6. Vererbung der angeborenen Farbenfehlsichtigkeiten 114

  E. Die Theorien des normalen und abweichenden Farbensinnes 117

  F. Das Nachtsehen und seine Beziehungen zum Tagessehen. 127
    1. Die Empfindlichkeitssteigerung im Dunkeln. 127
    2. Örtliche Unterschiede der Empfindlichkeit der Netzhaut 133
      Adaptation der Fovea 133
    3. Nachtwerte der Spektralstrahlungen 136
    4. Nachtmyopie 138
    5. Tageswerte der Spektralstrahlungen — Technische Lichtmessung 139
      a) Tageswerte 139
      b) Technische Lichtmessung 143
    6. Wechsel zwischen Tages- und Nachtsehen. 147
    7. Theoretisches über die Erscheinungen des Nachtsehens 148
      a) Grundzüge der Duplizitätstheorie 149
      b) Praktische Folgerung (Adaptationsbrille). 154
      c) Neuere Ergebnisse über den Sehpurpur und offene Fragen 155
        α) Chemische Eigenschaften, Regeneration 155
        β) Absorptionskurve 159
        γ) Lichtwirkung 165
      d) Wirkung inadäquater Reize bei Dunkeladaptation. 167
    8. Zapfensehstoffe 168
    9. Angeborene totale Farbenblindheit 173
      a) Zapfenblindheit (Tagblindheit, Nyktalopie) 173
      b) Zapfenfarbenblindheit 175
    10. Angeborene Nachtblindheit (Hemeralopie). 175
    11. Erworbene Nachtblindheit 177

G. Erworbene Störungen des Farbensinnes 177
   1. Erworbene Rotgrünblindheit 178
   2. Erworbene Blaugelbblindheit 179
   3. Erworbene totale Farbenblindheit 180
   4. Farbigsehen von Weiß 180
   5. Teilfarbenblindheit durch Blendung 181
   6. Einwirkung der Höhenluft 182

H. Objektive Lichtwirkungen 182
   1. Photochemische und chemische Vorgänge 182
   2. Morphologische Änderungen 183
   3. Elektrische Vorgänge 185
     a) Das Ruhepotential des Auges 185
     b) Das Elektroretinogramm 188
     c) Aktionspotentiale der Sehbahn 202
       α) Der Sehnerv 202
       β) Die Sehzentren 207

J. Zeitliche und örtliche Beziehungen der Erregungs- und Empfindungsvorgänge
   zum Reiz 213
   1. Zeitbeziehungen 213
     a) Empfindungs(latenz)zeit 213
     b) Nachbilder nach kurzdauernder Reizung 215
     c) Nachbilder bei etwas längerer Reizdauer 216
   2. Ortsbeziehungen 218

K. Unterscheidungsfähigkeit 222
   1. Zeitliche Unterscheidungsfähigkeit für Lichtreize 223
     a) Zeitabstand der Reize 223
     b) Zeitschwelle für Einzelreize 226
   2. Unterscheidung von Reizstärken 227
     a) Unterschiedsempfindlichkeit 227
     b) Absolute Schwellenempfindlichkeit 230
   3. Unterscheidung von Reizarten (homogene Strahlungen) 234
   4. Unterscheidung von Sättigungsabstufungen 236

L. Vergleichend-Physiologisches über den Farbensinn 237
   1. Farbensinn bei Säugetieren, insbesondere Affen 237
   2. Farbensinn bei den Kulturvölkern des Altertums und bei Naturvölkern sowie
     dem Eiszeitmenschen 240
   3. Farbensinn beim Kleinkind 242

III. Die Gesichtswahrnehmungen 242

A. Einleitung 242

B. Allgemeine räumliche Anordnung des Wahrgenommenen 244
   1. Das Gesichtsfeld 244
   2. Die Sehschärfe 249
     a) Punktsehschärfe 249
     b) Noniussehschärfe 252
     c) Sichtbarkeit einzelner Linien 253
     d) Sehschärfe in der Netzhautperipherie 253
     e) Abhängigkeit der Sehschärfe von Beleuchtung, Adaptation, Blendung, Dunst 254
     f) Ein- und beidäugige Sehschärfe 258
     g) Sichtbarkeit kleinster Punkte 258
     h) Sehschärfe und Bildschärfe 258
     i) Sehschärfe in Abhängigkeit von der Wellenlänge der abbildenden Strahlen 260
     k) Sehschärfe für bewegte Objekte 261
     l) Bewegungssehschärfe 261
     m) Vergleichendes über Sehschärfe 262

n) Klinische Sehschärfeprüfung 263
o) Bezugspunkte für den Gesichtswinkel. Benennungen. 265

C. Die Augenbewegungen 266
1. Das Blicken (Fixieren) 266
2. Das Blickfeld 268
3. Das Auge und die Augenmuskeln 269
4. Die Mechanik der Augenbewegungen. 270
   a) Das Kugelgelenk 270
   b) Der Drehpunkt des Auges und die Drehachsen seiner Muskeln 270
5. Die Gesetze der Augenbewegungen. 274
   a) Benennungen 274
   b) Gesetz der binokularen Gemeinschaft (Assoziation) 275
   c) DONDERS' Gesetz der konstanten Orientierung 276
   d) LISTINGs Gesetz 277
   e) Regel der beiderseits gleichen Innervation 283
6. Verlauf der willkürlichen Augenbewegungen. 283
7. Unwillkürliche Augenbewegungen 286
8. Konvergenzbewegungen 289
9. Augen- und Kopfbewegungen 290
10. Latenzzeiten beim Sehen und ihre praktische Bedeutung 291

D. Die Richtungswahrnehmung. 292
1. Grundtatsachen 292
2. Die Richtungswahrnehmung bei ruhendem Auge. 293
   a) Die Richtungswahrnehmung für einfach gesehene Raumpunkte (bino-
      kulares Einfachsehen). 294
   b) Die Richtungswahrnehmung für doppelt gesehene Raumpunkte (binoku-
      lares Doppeltsehen) 298
   c) Gelegentliche und pathologische Doppelwahrnehmungen 301
3. Die Richtungswahrnehmung bei bewegtem Auge. 303

E. Die Entfernungswahrnehmung 305
1. Hilfsmittel der einäugigen Entfernungswahrnehmung. 305
   a) Scheinbare Größe (Sehgröße) 305
   b) Linienüberschneidung 306
   c) Perspektivische Verkürzung 306
   d) Verteilung von Licht und Schatten 307
   e) Luftperspektive. 307
   f) Bildanordnung 308
   g) Akkommodation 308
   h) Bewegungen 308
2. Beidäugige Entfernungswahrnehmung 309
   a) Absolute und relative Entfernungswahrnehmung 309
   b) Bedeutung der beidäugigen Bildverschiedenheit (WHEATSTONE) 310
   c) Der Augenabstand 310
   d) Die Stereoskopie 311
   e) Einwände gegen WHEATSTONES Auffassung 314
   f) Genauigkeit der binokularen Tiefenwahrnehmung. 315
   g) Erweiterung des Augenabstandes (Telestereoskop) 319
   h) Tiefenwahrnehmung und Doppelwahrnehmung 322
   i) Aniseikonie 323
   k) Die Bedeutung der Parallaxe für die „absolute" Tiefenwahrnehmung. . . 325
   l) Vergleichendes über Tiefenwahrnehmung. 328
   m) Besonderheiten des stereoskopischen Sehens 329
      α) Die Orthoskopie 330
      β) Die Pseudoskopie (WHEATSTONE). 331
      γ) Das Modellraumbild 332
      δ) Monokulare Stereoskopie und monokulare Entfernungswahrnehmung . 332
      ε) Stereoskopische Projektion 334

ζ) Messende Stereoskopie 334
η) Farbenstereoskopie, stereoskopischer Glanz, Wettstreit, binokulare Farbenmischung 335
ϑ) Stereoeffekt und Stereophotometrie 337
n) Die binokularen Instrumente 339
α) Prismenfernrohre 339
β) Binokulare Lupen und Mikroskope, binokularer Augenspiegel 340
γ) Entfernungsmeßgeräte 341

F. Wahrnehmung und Wirklichkeit 343
1. Richtungsbeziehungen 344
2. Größenbeziehungen 346
3. Entfernungsbeziehungen 350
4. Bewegungsbeziehungen 354
5. Geometrisch-optische Täuschungen 359
6. Augenmaß 362

G. Allgemeines und Theoretisches aus dem Gebiet der Gesichtswahrnehmungen . . 364

Literaturverzeichnis 373

Namenverzeichnis 418

Sachverzeichnis 429

Anhang: Tafel I—III

Einteilung

Je nach der Fülle der Möglichkeiten, die uns ein Sinn in den Beziehungen zur Außenwelt bietet, pflegt man die *Sinne* in *niedere* und *höhere* einzuteilen. Nach diesem Gesichtspunkt der Bedeutung für unser Leben kommt dem Gesichtssinn wohl die höchste Stelle zu.

Eine wesentliche Verschiedenheit liegt bei den einzelnen Sinnen in der Mannigfaltigkeit der Hilfseinrichtungen vor, welche notwendig sind, damit die äußere Einwirkung, der Reiz, die Nervenapparate im Sinnesorgan in richtiger Weise trifft. Besonders verwickelte Hilfseinrichtungen der Reizzuleitung sind beim Auge vorhanden.

Eine *Einteilung* unseres *Stoffes* ergibt sich, wenn wir von der einwirkenden Energieform, der Lichtstrahlung, ausgehen und zunächst deren Weg bis zur reizaufnehmenden Fläche, der Netzhaut, verfolgen. Dieses Gebiet wird als die *Dioptrik* des Auges bezeichnet. Sodann untersuchen wir die Wirkungen der Lichtreize, insbesondere die Empfindungen, welche in uns ausgelöst werden. Somit kann ein zweiter Abschnitt, dem auch die objektiv nachweisbaren, durch den Lichtreiz im Sehorgan hervorgerufenen Veränderungen anzuschließen sind, als die Physiologie der *Gesichtsempfindungen* benannt werden. In einem dritten Abschnitt ist die Wahrnehmung äußerer Gegenstände nach Richtung und Entfernung zu behandeln. Er wird als Physiologie der *Gesichtswahrnehmung* bezeichnet.

I. Der Strahlengang im Auge (Dioptrik)

A. Allgemeines und Vergleichendes

Das Auge ist seiner ganzen Bauart nach dafür eingerichtet, die Erregung der Netzhaut durch Lichtstrahlen zu ermöglichen. Diese stellen also den *adäquaten Reiz* dar. Das sichtbare Licht, welches nur einen Teil des ganzen „elektromagnetischen Spektrums" einnimmt, reicht von etwa 700 bis etwas unter 400 mμ Wellenlänge.

Durch die der Netzhaut vorgeschalteten Trennungsflächen und optischen Medien wird erreicht, daß die Lichtstrahlen in einer derartigen Ordnung zur Netzhaut gelangen, daß die von einem Gegenstandspunkt ausgehenden Strahlen sich auf einem Netzhautpunkt vereinigen. Diese Vereinigung stellt das *Bild des Gegenstandspunktes* dar. Die einzelnen Punkte eines räumlich ausgedehnten Gegenstandes werden derart abgebildet, daß das Ganze sich aus den einzelnen Bildpunkten zusammensetzende Bild dem Gegenstand geometrisch ähnlich ist. Für diese Abbildung ist also kennzeichnend, daß jeder einzelne Punkt der Bildebene (Netzhaut) nur von solchen Strahlen getroffen wird, welche von einem zugeordneten Gegenstandspunkt ausgehen. Im dioptrischen Apparat des Auges der höheren Tiere und des Menschen kommt diese Abbildung auf dem Wege der Brechung und Sammlung der Strahlen zustande: *Bildentwerfung durch Strahlenvereinigung*.

Bei niederen Tieren (z. B. Cephalopoden) sind die Augen zum Teil nach demselben Grundplan gebaut, wenn auch im einzelnen verschiedene Abweichungen vorliegen. Bei anderen niederen Tieren (Insekten, Crustaceen) kommt die Bildentwerfung im wesentlichen dadurch zustande, daß von allen von einem Gegenstandspunkt ausgehenden Strahlen nur ein schmales Büschel ausgewählt und zur Bildebene gelassen wird, während die anderen durch Pigmentwände abgefangen werden: *Bildentwerfung durch Strahlenauslese.* Der Grundsatz der Strahlenauslese ist in einfachster Form bei der Lochkamera verwirklicht. Bei anderen niederen Tieren (z. B. Würmern) fehlt überhaupt jede Bildentwerfung. Die „Sehzellen" beantworten nur Wechsel von Hell und Dunkel mit verschiedener Erregung. Erst durch das Hinzukommen von Pigmentumkleidungen wird auch die Richtung des auffallenden Lichtes mitbestimmend, da nur das in der Richtung der Pigmenthülle einfallende Licht wirksam werden kann.

Eine weitere Möglichkeit, wenigstens die Kontur eines mehr oder weniger lichtundurchlässigen Gegenstandes abzubilden, ist die durch Schattenwurf. Man bringt den Gegenstand in parallelstrahliges Licht und fängt dieses auf einem Schirm auf. Wir kommen auf diese Bildentwerfung zurück; sie dient uns dazu, im Auge selbst befindliche Gegenstände auf der Netzhaut abzubilden und dadurch sichtbar zu machen („entoptische Wahrnehmungen").

B. Formerhaltung und Schutz des Auges

An der Bildentwerfung im Auge sind verschiedene brechende Medien und Trennungsflächen beteiligt, deren gegenseitiger Abstand voneinander die Leistung des ganzen dioptrischen Apparates bedingt. Das Auge ist als elastische Blase zu bezeichnen, und die notwendige *Aufrechterhaltung der Augenform* und der *Lagerung* der einzelnen Teile (Hornhaut, Linse, Netzhaut) zueinander ist nur dadurch möglich, daß diese Blase mit Flüssigkeit unter Druck gefüllt ist. Dieser Druck heißt *Binnendruck des Auges (intraokularer Druck).*

Zur Erläuterung diene folgendes Modell. Ein Gummiball (Abb. 1) sei mit Zu- und Abflußschlauch versehen; beide sind im Inneren des Balles durch dünnwandige, sich verzweigende Schläuche verbunden. Um den Ball zu straffen, wird man das Zuflußgefäß hochstellen (Nachahmung des arteriellen Blutdruckes). Dadurch dehnen sich die Capillaren aus, ihre Wand trägt einen Teil des im Zuflußschlauch herrschenden Druckes, ein Teil wird auf die Flüssigkeit außerhalb der Capillaren im Innern des Balles übertragen; dieser Teil stellt den Augenbinnendruck dar (A. FICK). Es lastet also auf der Wand der Augengefäße von innen der Blutdruck, von außen der Augendruck. Die Druckdifferenz wird von der Wandspannung getragen.

Abb. 1. Schema zur Erläuterung des Binnendruckes im Auge

Der Augenbinnendruck kann nach den Grundsätzen der physiologischen Druckmessung bestimmt werden. Ohne Verletzung arbeitet ein kleiner Apparat von FICK (Tonometer), mit dem ein kleines Plättchen mit meßbarem Druck so an das Auge gedrückt wird, daß sich dessen annähernd kugelförmige Wand abplattet und dem ebenen Plättchen anliegt. Auch dem Spaltlampen-Applanationstonometer nach GOLDMANN liegt dieses Prinzip zugrunde. Nur wird hier diejenige Kraft ermittelt, die eine stets gleich große Corneafläche abzuplatten vermag. Die Abplattungsfläche wird bei 10—20facher Vergrößerung mit der Spaltlampe gemessen. Bei einer Genauigkeit von $\pm 0,5$ mm Hg kann so der intraokulare Druck direkt in mm Hg abgelesen werden. Außerdem braucht die Rigidität der Bulbushülle nicht berücksichtigt zu werden, weil die bei der Abplattung auftretende Volumverschiebung von nur 0,45 mm³ lediglich eine intraokulare Drucksteigerung von 2% verursacht. Schließlich wird durch diese Methode ein Massage-Effekt vermieden (wiederholte Messungen setzen nämlich den intraokularen Druck herab) (TH. SCHMIDT; H. GOLDMANN und TH. SCHMIDT). Mit Verletzung, aber auch am menschlichen Auge anwendbar, arbeiten Manometer, in denen der intraokulare Druck einer im U-Rohr angebrachten Quecksilbersäule das Gleichgewicht hält, deren Höhe also das Maß des Druckes darstellt. Um einen Übertritt von Kammerwasser in das Manometer zu vermeiden, werden Kompensationsmanometer verwandt, bei denen ein Kammerwasserverlust durch eine in das Meßsystem eingelassene, entsprechend große Flüssigkeitsmenge kompensiert wird. Klinisch wird meist das Tonometer von SCHIÖTZ verwendet. Mit ihm wird festgestellt, wie tief ein mit bestimmtem Gewicht belasteter Stift, welcher mit einer kreisrunden Fläche von 2 mm Durchmesser der unempfindlich gemachten (Pantocain) Hornhaut aufgesetzt wird, die Hornhautoberfläche eindellt. Aus der Eindrucktiefe ergibt sich der Druck in mm Hg. Man kann heute den Augenbinnendruck auch mit elektrischen Tonometern fortlaufend registrieren. Diese Methode wird als Tonographie bezeichnet; sie wurde 1950 von GRANT eingeführt. Sie gestattet das Absinken des intraokularen Druckes bei längerer Belastung des Auges zu messen und mit dem Tonometer zu registrieren und gibt damit ein Bild von der Durchgängigkeit der Abflußwege des Kammerwassers. Über den gegenwärtigen Stand berichtete VAN BEUNINGEN 1956.

Der Druck in den Netzhautarterien wird dadurch bestimmt, daß man den Binnendruck im Auge erhöht und mit Augenspiegelbeobachtung feststellt, bei welchem Binnendruck die Arterien anfangen zu pulsieren (diastolischer Druck) und bei welchem Druck die Pulsationen aufhören (systolischer Druck). Geeignet hierfür ist das Bailliartsche Ophthalmodynamometer, mit welchem eine Pelotte gegen die in Gramm ablesbare Kraft einer Feder an die Sclera gedrückt wird, während die Wirkung auf die Netzhautgefäße im Augenspiegelbild beobachtet wird. Die Grammwerte werden mittels einer Eichtabelle in mm Hg ausgedrückt (MONNIER und STREIFF). Über die Technik und Bedeutung der Netzhautarteriendruckmessung gehen die Meinungen auseinander. Man vergleiche dazu das Roundtablegespräch vom 3. 9. 1955, das in den Documenta Ophthalmologica Band X, 1956, veröffentlicht wurde.

Für praktische Zwecke wird zur Beurteilung der Härte des Augapfels auch das einfache *Betasten* mit beiden Zeigefingern unter leichtem Drücken des einen zum andern hin angewendet (Palpation).

In den Netzhautarterien des Menschen konnte als systolischer Druck 80—100, als diastolischer 40—50 mm Hg bestimmt werden. Der Druck der im Augeninnern gelegenen Venen ist höher als der Augenbinnendruck; erst außerhalb der Sclera (Venae vorticosae) liegt der Venendruck unterhalb dem des Augenbinnendruckes.

Die normale Höhe des Augenbinnendruckes liegt nach dem oben Gesagten unter der Höhe des Capillardruckes. Man gibt als normalen Druck im Auge 15—25 mm Hg, ausnahmsweise bis 30 mm Hg an. Entsprechend zeigt der Augenbinnendruck pulsatorische und auch respiratorische Schwankungen. Die Tagesschwankungen betragen in der Norm nicht mehr als 2—4 mm Hg. Die Druckhöhe wechselt zwar etwas mit der Blutdruckhöhe, ist aber relativ unabhängig vom allgemeinen Kreislauf und auch vom Blutdruck in den Augengefäßen bei ihrem Eintritt in den Augapfel. Sie wird durch einen besonderen Mechanismus im Zusammenhang mit den präcapillaren Arteriolen und dem uvealen Capillarnetz geregelt. Durch Pressen des Augapfels, etwa mit dem Finger, kann der Augenbinnendruck über den Capillardruck gesteigert werden, wodurch die Ernährung insbesondere der Netzhaut durch Zusammendrücken der Capillaren gefährdet werden kann. In pathologischen Fällen kann der Augenbinnendruck gesteigert sein (Glaukom), so daß infolge der erwähnten Unterdrückung des Capillarkreislaufes große Gefahr für das Sehvermögen besteht, die medikamentös oder durch operativen Eingriff (z. B. an der Iris) zu beseitigen ist.

Auch der osmotische Druck des Blutes bestimmt die Höhe des intraokularen Druckes. Die Injektion einer hypertonischen Lösung senkt z. B. kurzfristig den intraokularen Druck, sofern die injizierten Ionen durch die Blutkammerwasserschranke permeïeren können. Hypotones Blut erhöht den Augenbinnendruck, weil dann aus dem Blut Wasser in das Kammerwasser übergeht. Außerdem führt eine Erhöhung des onkotischen Druckes (Quellungsdruck, z. B. durch Injektion einer Lösung von Gummi arabicum in die Blutbahn) zu einer Senkung des intraokularen Druckes, während eine Kolloidverminderung im Blut ihn erhöht. Die Veränderungen des intraokularen Drucks bei p_H-Änderungen des Blutes kommen durch Quellung bzw. Schrumpfung des Glaskörpers zustande (Bulbushypotonie im Coma diabeticum) (ADLER).

Ergänzend ist eine weitere Frage zu besprechen, die nach dem *Wechsel* der *Flüssigkeit* im Augapfel. Nach bestehender Annahme treten die Bestandteile

(Wasser und Salze, unter besonderen Bedingungen auch Eiweiß) des Blutplasmas aus den Capillaren, besonders des Corpus Ciliare und der Iris durch Diffusion, evtl. auch durch Filtration, modifiziert durch die sekretorische Tätigkeit der zweischichtigen Zellmembranen des Ciliarepithels in das Kammerwasser über.

Das Kammerwasser des Menschen enthält nach einer Zusammenstellung von F. H. ADLER 1,08 g pro 100 cm³ feste Bestandteile (gegen 9,5 im Blutserum), davon etwa 0,02 g Eiweißstoffe, 0,030 g Harnstoff (gegen 0,034 im Blutserum), reduzierende Substanzen, also Zucker, 0,060 g (gegen 0,108 im Blutplasma), und 126 mM Chloride pro kg H_2O gegen 111 im Blut. Das p_H des Kammerwassers ist mit 7,57 (nach anderen Angaben 7,1 bis 7,3) etwas höher als das des Blutplasmas, seine Kohlensäurespannung niedriger.

Der Abfluß geht in der Hauptsache über den Schlemmschen Kanal (Kammerwasser-Sinus) im Kammerwinkel an der Grenze von Hornhaut und Lederhaut (Sclera). Wasser und Nichtelektrolyte verlassen die Vorderkammer auch durch Diffusion, da sie in größerem Maße verschwinden als sie im Abfluß enthalten sind (KINSEY). Vor einigen Jahren wurden besondere Kammerwasservenen entdeckt (K. W. ASCHER). Das sind im Limbus oder in der paralimbalen Region der Cornea verlaufende mikroskopische blutgefäßartige Gebilde von 0,01 bis 0,1 mm Durchmesser, die das Kammerwasser aus dem Schlemmschen Kanal in conjunctivale und subconjunctivale Venen abführen. Nach ihrer Mündung in eine Vene können Kammerwasser und Blut eine Strecke unvermischt nebeneinander weiterfließen. Der Druck in den Kammerwasservenen beträgt 10—11 mm Hg, er steigt und fällt mit dem Augenbinnendruck. Dieser muß höher sein, damit Kammerwasser in die Venen übertritt. Außer den Kammerwasservenen spielen abführende Gefäße der Uvea eine Rolle. Das Kammerwasser wird durch den Schlemmschen Kanal über die scleralen, episcleralen und conjunctivalen Venenplexus in die vorderen Ciliarvenen abgeleitet. Der Abfluß des Kammerwassers dient dazu, einem Überdruck vorzubeugen. Wird durch einen Stich in die Hornhaut das Kammerwasser entleert und der Augapfel schlaff, so sammelt sich bald neues Kammerwasser an, das nun auch Plasmaeiweiß enthält, weil das Filter durchlässig wurde. Viele Stoffe, die in die Blutbahn gespritzt werden, etwa Fluorescein, erscheinen nach einiger Zeit in der Vorderkammer. Das Kammergesamtvolumen beträgt beim Menschen etwa 125 mm³. Die in der min durch die Vorderkammer laufende Flüssigkeitsmenge beträgt etwa 2—3 mm³. In den Kammerwasservenen beträgt die mittlere Strömungsgeschwindigkeit des abfließenden Kammerwassers 4,7 mm/sec. Dem entspricht ein Minutenvolumen von rund 1 mm³/min, das sind 45% des Gesamtwechsels des Kammerwassers (STEPANIK).

Von dieser Kammerwasserbewegung ist die thermisch bedingte Strömung abzugrenzen. Durch Tränenverdunstung entsteht an der Cornea Verdunstungskälte, so daß die Hornhaut gewöhnlich um 10° C kälter als die Iris ist. Dadurch entsteht vor der Iris eine Auf- und hinter der Cornea eine Abwärtsströmung des Kammerwassers. Dadurch können sich im Kammerwasser schwimmende Partikel hinter der Cornea in Form eines Kegels ablagern (Krukenberg-Spindeln). Man kann diese Bewegungen durch sehr konzentrierte Beleuchtung (Entwerfen einer sehr hellen Lichtlinie in den Kammerraum nach GULLSTRAND) sichtbar machen. Im Fall von pathologischen Kammerbestandteilen ist diese Turbulenz verlangsamt infolge erhöhter Viscosität.

Es sei im einzelnen den Fragen nach den *Orten und Kräften des Flüssigkeitswechsels* noch etwas weiter nachgegangen. Die Tatsache, daß im Kammerwasser keine Stoffe vorkommen, die nicht im Blutplasma vorhanden sind und deren Spiegel mit einigen Ausnahmen niedriger liegt als im Blut, spricht für eine Filtration. Abnorm vermehrte Plasmabestandteile, so Traubenzucker bei Diabetes, gehen in das Kammerwasser über. Da der capillare Blutdruck in der Uvea mit 30 mm Hg angegeben wird, ist die für eine Filtration erforderliche hydrostatische Druckdifferenz vorhanden, da der Augenbinnendruck normalerweise im Mittel etwa 20 mm Hg beträgt. Es ist aber zu beachten, daß eine Ultrafiltration vorliegt (Leber), da die Filterwände so dicht sind, daß die Eiweißstoffe des Blutplasmas (von Spuren abgesehen) nicht hindurch-

gehen. Es muß der kolloidosmotische Druck des Blutplasmas überwunden werden. Die übrigbleibende Druckdifferenz ist so gering, daß die in der Zeiteinheit filtrierte Flüssigkeitsmenge
nicht sehr bedeutend sein kann. Es ist sehr wahrscheinlich, daß im Prozeß der Bildung des
Kammerwassers nicht nur die Capillarendothelien der Uvea und auch der Retina, die weniger
durchlässig sind als in anderen Organen, sondern auch das Epithel der Ciliarfortsätze mit ihrer
großen Oberfläche und das Epithel der Iris und der vorderen Retinateile eine Rolle spielen.
Der Durchgang der Stoffe geschieht hauptsächlich durch die Zellwände, weniger durch die
Intercellularräume. Da es sich um ein Ultrafiltrat-Dialysat handelt (DUKE-ELDER), ist zu
untersuchen, ob das Gibbs-Donnan-Gleichgewicht hier Gültigkeit hat. Für manche Stoffe
stimmt diese Beziehung (Genaueres s. bei DAVSON). Untersuchungen zeigen, daß nicht allein
Filtrationsgesetze maßgebend sind; z. B. ist der Gehalt an Harnstoff im Kammerwasser im
Vergleich zur Glucose auffallend niedrig, obgleich das Harnstoffmolekül, das dreimal kleiner
ist, dreimal schneller durchfiltrieren müßte als Glucose (ROSS). Daß der Glucosegehalt ebenfalls niedriger ist, als den Filtrationsgesetzen entspricht, wird darauf zurückgeführt, daß die
Linse Glucose verbraucht. Während für einige Stoffe ziemlich sicher ist, daß sie nur durch
Diffusion bzw. Ultrafiltration in das Kammerwasser gelangen, z. B. Harnstoff, Kohlen-
hydrate, Wasser, müssen für weitere Stoffe noch andere Kräfte, z. B. aktive Sekretionsprozesse
des Ciliarepithels angenommen werden, vor allem für Kochsalz und für Ascorbinsäure. Der
primäre Prozeß bei Bildung des Kammerwassers ist ein aktiver Transport von Na aus dem
Plasma in die hintere Kammer. Nach BECKER spielen die Bicarbonationen nicht die aus-
schlaggebende Rolle, die ihnen FRIEDENWALD und auch KINSEY zuschreiben. Das niedrige p_H
und der Überschuß an Chloriden lassen annehmen, daß Wasserstoffionen in das Kammerwasser sezerniert werden, wobei die Carboanhydrase beteiligt ist. Ein weiterer Überschuß an
Ascorbinsäure sowie der Milchsäureüberschuß wird dadurch erklärt, daß diese beiden Stoffe
als Abbauprodukte des Linsen- und Hornhautstoffwechsels in das Kammerwasser abgegeben
werden. Es wird auch angegeben, daß der osmotische Druck des Kammerwassers höher sei,
als der des Blutes und als Gegenargument gegen eine Ultrafiltrations-Dialysattheorie angeführt (KINSEY).

Die Zusammensetzung des Kammerwassers in der vorderen und hinteren Kammer ist
unterschiedlich, da Sekretion, Strömung und Diffusion von Bestandteilen verschieden sind.
Das Kammerwasser der hinteren Kammer tritt teilweise in den Glaskörper über. Beim Vorbei-
strömen an der Linse nimmt es Milchsäure auf und gibt Glucose ab und gelangt dann in die
Vorderkammer. Nichtelektrolyten und Wasser werden zum Teil durch die hintere und vordere
Irisfläche wieder rückdiffundiert. Ein Wasserwechsel findet auch durch das Corneaendothel
statt, bis schließlich das Kammerwasser die Vorderkammer durch die Abflußwege verläßt.

Im Cornea- und Linsenstoffwechsel ist der Hauptenergielieferant das Glykogen
(WEEKERS). Ob die Glucose oxydativ oder anoxydativ abgebaut wird, hängt von
der Sauerstoffsättigung des Kammerwassers und der Tränenflüssigkeit ab. Der
O_2-Partialdruck wird im Kammerwasser mit 40—50 mm Hg angegeben. Gewöhnlich herrscht der anaerobe Glykogenabbau vor, so daß im Kammerwasser mehr
Milchsäure als im Blutplasma enthalten ist, bei Aphakie entsprechend weniger
(H. K. MÜLLER). Den höchsten Sauerstoffbedarf haben das Endo- und Epithel
der Cornea (LANGHAM; LEE u. HART; ROBBIE, LEINFELDER u. DUANE; ROETTH)
sowie die Linsenkapsel und das Linsenepithel (KINOSHITA).

Der Sauerstoff ist für die Erhaltung der Durchsichtigkeit der Cornea notwendig. Das Cornealepithel deckt daher seinen O_2-Bedarf bei geöffnetem Auge aus der
Atmosphäre und bei geschlossenen Augenlidern aus den Blutgefäßen der Lider
per diffusionem über den Tränenfilm. Darum quillt die Cornea beim Tragen einer
Haftschale und wird dadurch trüber (RANDALL und JACKSON). Durch die Quellung wird nämlich das Lamellengitter gestört, und so geht die Interferenzmög-
lichkeit dieses Gitters zur Ausschaltung der Streulichtopalescenz verloren (GREA-
VES und PERKINS). Eine Sauerstoffzufuhr ist auch über die Blutcapillaren des
Limbus möglich (PAU). Störungen der Sauerstoffaufnahme aus der Luft können
vermieden werden, wenn man eine Sauerstoffblase unter das Haftglas einführt,
die natürlich mit der Zeit kleiner wird. Die Sauerstoffzufuhr vom Kammerwasser
genügt offenbar nicht (SMELSER).

Der Glaskörper, der bei der Formerhaltung des Auges mitwirkt, besteht aus einem Gel
ohne Zellstruktur, dessen unlöslicher Rückstand, das Residualprotein, zur Collagen-Gelatine-
gruppe gehört. Für die Erhaltung seines Gelzustandes und seiner Durchsichtigkeit ist in der

Hauptsache ein Polysaccharid, Hyaluronsäure, verantwortlich (DAVSON). Der Druck im Glaskörper ist dem in der Vorderkammer gleich. Die Absonderung in den Glaskörperraum geht in ähnlicher Weise vor sich wie in die Augenkammern, und zwar aus dem retinalen Capillarendothel, dem chorioidalen Capillarendothel und den Retinaschichten. Die Blutglaskörperschranke ist selektiver als die Blutkammerwasserschranke, z. B. fehlen Sucrose und Aminosäuren im Glaskörper fast vollständig. Der niedrige Glucosegehalt wird durch die Glykolyse in der Retina und evtl. auch in der Linse erklärt. Der Durchtritt in den Glaskörper geschieht langsamer als in das Kammerwasser, wobei auch der Glaskörper und Retina trennende Flüssigkeitsfilm durchwandert wird (F. P. FISCHER, DUKE-ELDER und DAVSON). Kammerwasser und Glaskörper dienen somit zur Regulierung des Linsenstoffwechsels durch Heranbringen von Glucose, Aminosäuren, Vitaminen und Fortschaffen von Milchsäure und anderen Produkten.

Die relative Impermeabilität der Augenmembranen dient zur Klar- und Homogenerhaltung der Augenmedien. Dies gilt in besonderem Maße auch für die Cornea. Die Durchsichtigkeit der Cornea wird außer durch ihre Struktur und Gefäßlosigkeit durch die wasserbindende Kraft ihres Stromas und durch einen bestimmten Grad der Dehydrierung garantiert. Obwohl die Cornea zwischen zwei angrenzenden, aller Wahrscheinlichkeit nach hypertonischen (DAVSON) Flüssigkeiten eingebettet ist, wird ein bestimmter osmotischer Gradient dadurch gewahrt, daß ihre Epithel- und Endothelmembran als streng semipermeable Membranen praktisch undurchlässig sind für Elektrolyten, vor allem Kochsalz und für nicht fettlösliche Nichtelektrolyten. Wasser dagegen diffundiert in beiden Richtungen hindurch (KINSEY und COGAN).

Die Bedingungen zur Konstanterhaltung des Augenbinnendruckes sind konstantes Volumen der festen und flüssigen Bestandteile des Auges und Abwesenheit eines äußeren Druckes auf das Auge. Die Hauptfaktoren zur Erhaltung des Kammerwasservolumens sind Konstanz des Abflusses und Konstanz der Salzkonzentration im Blute. Für die mehr oder weniger plötzliche Drucksteigerung bei *Glaukom* liegt keine einheitliche Ursache vor, wie LÖHLEIN näher ausführt. Eine Möglichkeit besteht darin, daß die abführenden Venen gedrosselt werden, dadurch der capillare Blutdruck im Ciliarkörper ansteigt und damit der Augenbinnendruck. Beobachtungen an den Kammerwasservenen sprechen dafür. Bei Glaukomgefahr wirkt Eserin günstig, Atropin ungünstig. Letzteres infolge Behinderung des Abflusses in der Gegend des Schlemmschen Kanals durch Einengung der Kammerbucht. Der Augenbinnendruck kann im Glaukomanfall bis 100 mm Hg ansteigen. Der das Auge rettende Eingriff besteht u. a. in der Ausschneidung eines Irisstückes (Iridektomie nach A. v. GRAEFE). Neuerdings wird ein Sulfonamid Diamox peroral angewandt, das druckherabsetzend wirkt, indem es die Carboanhydrase in Iris und Ciliarkörper spezifisch hemmt. Dieses Ferment dient zur Beschleunigung des Vorgangs $H_2CO_3 \rightleftharpoons H_2O + CO_2$, worin CO_2 notwendig ist zur Neutralisierung von Hydroxylionen OH. Die Verlangsamung dieses Vorganges hemmt die Bildung des Kammerwassers. Durch Verminderung des osmotischen Drucks im Kammerwasser wird auch Wasser vom Ciliarkörper rückresorbiert.

Der intraokulare Druck hängt auch von nervösen Einflüssen ab. Das Zentrum für die Regulation des Augenbinnendrucks soll im Hypothalamus liegen, und zwar getrennt vom Zentrum für die Pupillenreaktion. Die zentrale Regulierung des intraokularen Druckes ist neuerdings von ZAJKO und MINC bestätigt worden. Der intraokulare Druck steigt vorübergehend nach Durchschneidung des Halssympathicus (evtl. nach vorhergehendem Abfall) wegen der danach auftretenden Gefäßerweiterung. Die zentripetalen Nerven des Auges werden durch Druckerhöhung des Auges erregt. Dies wurde von DIETER dadurch nachgewiesen, daß er von den Nn. ciliares breves Aktionsströme ableitete, die bei Druck auf den Augapfel eintraten. Vielleicht liegt hier ein Ausgleichreflex zur Herabsetzung des Augendruckes zugrunde, ähnlich dem Carotisreflex auf den Blutdruck.

Dem *Schutze des Auges* dienen folgende Einrichtungen. Die *Lidschlagbewegung* ist ein durch den N. opticus oder trigeminus und facialis und ihrer Nervenkerne beherrschter Reflex, der durch grellen Lichteinfall, durch schnelles Annähern eines Gegenstandes an das Auge oder durch Berührung der Conjunctiva oder Hornhaut ausgelöst wird (Gelegenheitsreflexe). Der rhythmische Lidschlagreflex entsteht möglicherweise durch stets wiederkehrenden Vertrocknungsreiz der Hornhaut, der durch Lidschlag vorübergehend beseitigt wird. Außerdem wird durch den Lidschlag die während der Belichtung durch nervöse Adaptation der Retina herabgesetzte Erregbarkeit der Retina wieder hergestellt. Darum wird jede Blickwendung mit einem Lidschlag eingeleitet (HABERICH und M. H. FISCHER). Die Tränenflüssigkeit enthält hauptsächlich Kochsalz in wäßriger Lösung und Eiweiß.

Indem das Eiweiß die Oberflächenspannung der Tränenflüssigkeit herabsetzt, begünstigt es die Benetzung der Epitheloberfläche der Cornea. Der Eiweißfilm zwischen Luft und Cornea ist für die optischen Eigenschaften der letzteren bedeutsam, indem er ihre mikroskopischen Unebenheiten ausgleicht (ADLER). Die ständige Absonderung der Tränenflüssigkeit wird auf dem Reflexweg ausgelöst. Der Lidschlag sorgt für die Verteilung der Flüssigkeit über die Hornhaut, die ohne diesen Schutz vertrocknet und zur Bildentwerfung untauglich wird. Die Tränenflüssigkeit wird, soweit sie nicht verdunstet, in den inneren Lidwinkeln zur Nase abgeleitet.

Starke Reize veranlassen ein Zukneifen der Lider (Fremdkörper). Das ebenfalls reflektorisch auslösbare Blinzeln soll den Lichteinfall in das Auge und die retinalen Zerstreuungskreise verringern. Nach den Aktionspotentialen in der Lidmuskulatur bewirkt eine lidrandnahe Gruppe von Muskelfasern im M. orbicularis den bewußten und unbewußten Lidschlag. Die lidrandfernen Fasern werden vornehmlich zum Dauerlidschluß aktiviert, ebenso tritt auch eine gleichmäßig im Lid verteilte Fasergruppe beim Lidschluß in Aktion. Die beiden letzten Fasergruppen sind auch bei Lidspalterweiterungen (Exophthalmus) und Bulbusbewegungen in Tätigkeit (Blick nach unten). Die Aktivität des M. levator palpebrae läßt im übrigen 0,06 sec vor dem Lidschlag nach, so daß das Lid zunächst passiv um 1 mm absinkt (GORDON). Die Lidschlagdauer (WEISS) beträgt 0,2 sec. Davon entfallen auf die Lidsenkung 0,06 sec, auf das Geschlossensein 0,03 sec und auf die Lidhebung 0,11 sec. Die Reflexzeit hängt aber von der Reizart ab (Fremdreflex). Bei Trigeminusreizung ist sie kürzer als bei Belichtung. Das kürzeste Intervall zwischen zwei Lidschlägen beträgt 0,4 sec mit Schwankungen in Perioden von 3 bis 6 sec. Die Lidschlagfrequenz schwankt zwischen 5 und 27 Lidschlägen pro Minute.

Das Sekret der Meibomschen Liddrüsen hindert ein Überfließen der Tränen über den Lidrand, solange diese nicht reichlicher abgesondert werden, als für die Zwecke der Erhaltung der Hornhaut gewöhnlich genügt. Bei abnormen, die Conjunctiva treffenden Reizen durch Fremdkörper (etwa Kohlenteilchen) kann die vermehrte Tränenabsonderung zur Ausspülung des Fremdkörpers über den Lidrand hinweg führen.

C. Gesetze der dioptrischen Abbildung

Die aus brechenden Medien und Trennungsflächen zusammengesetzten Einrichtungen, durch welche ein Bild von Gegenständen mittels Strahlenvereinigung entworfen wird, werden *optische Systeme* genannt. Optische Systeme vereinigen also die von einem *Gegenstandspunkt* ausgehenden Strahlen durch Brechung wieder zu einem Punkt, dem *Bildpunkt*. Eine Glaslinse ist ein solches optisches System, aber nicht das physikalisch einfachste. Für die Abbildung im Auge hat aber das *einfache optische System* eine besondere Bedeutung. Dies besteht aus nur *einer* einzigen sphärischen Trennungsfläche (während die Linse deren zwei hat) und *zwei* brechenden Medien von verschiedenen Brechungsexponenten (etwa Luft und Wasser). Aus dem einfachen optischen System leitet sich die Abbildung in den *zusammengesetzten Systemen* her, die mehr als nur eine Trennungsfläche und oft auch mehr als nur zwei verschiedene Medien besitzen.

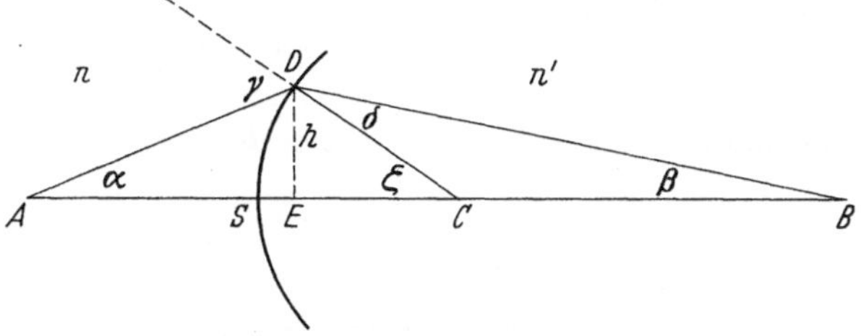

Abb. 2. *Strahlengang im einfachen optischen System* (Brechung an Kugelfläche). $AS = a\ (= AE)$. $SB = b\ (= EB)$. $SC = r$. n erstes, n' zweites Medium, wobei $n' > n$ ist

1. Strahlenvereinigung im einfachen optischen System

Für den Fall, daß man von den von einem Objektpunkt ausgehenden Strahlen nur ein annähernd senkrecht auftreffendes Büschel von geringer Öffnung berücksichtigt, sowie, daß nur Strahlen von gleicher Wellenlänge vorliegen, kann man auf Grund des Brechungsgesetzes durch Zeichnung (Abb. 2) herleiten, an welcher Stelle alle von einem Gegenstandspunkt ausgehenden Strahlen wieder zu einem Punkt, dem Bildpunkt, vereinigt werden. Man nennt die von einem Punkt ausgehenden und sich wieder in einem Punkt treffenden Strahlen *homozentrisch*.

Aus dieser Zeichnung läßt sich in einfacher Weise (wie im übrigen den Lehrbüchern der Physik zu entnehmen ist) eine Formel ableiten, welche für die gegebene Gegenstandsentfernung a die zugehörige Bildentfernung b angibt. Der Krümmungshalbmesser wird mit r, die Brechungsexponenten des vorderen oder ersten (in der Zeichnung linken) und hinteren oder zweiten (in der Zeichnung rechten) Mediums werden mit n und n' bezeichnet. Die Abstände werden vom Scheitelpunkt S aus gemessen.

Diese Grundformel (1) lautet dann:

$$\frac{n}{a} + \frac{n'}{b} = \frac{n' - n}{r} \tag{1}$$

Eine einfache Umformung durch Multiplikation der Gleichung mit $\dfrac{r}{n' - n}$ ergibt

$$\frac{nr}{a\,(n' - n)} + \frac{n'r}{b\,(n' - n)} = 1 \,. \tag{2}$$

Setzt man weiterhin

$$f = \frac{nr}{n' - n} \quad \text{und} \quad f' = \frac{n'r}{n' - n} \,, \tag{3}$$

so ergibt sich

$$\frac{f}{a} + \frac{f'}{b} = 1 \,. \tag{4}$$

Aus den Formeln (3) ergibt sich ferner durch Division

$$\frac{f'}{f} = \frac{n'}{n} \tag{5}$$

und durch Subtraktion

$$f' - f = \frac{n'r}{n' - n} - \frac{nr}{n' - n} = r \,. \tag{6}$$

Aus (3) erhält man weiter

$$\frac{n' - n}{r} = \frac{n'}{f'} \left(= \frac{n}{f} \right) , \tag{7}$$

und somit wird aus (1) die wichtige Formel

$$\frac{n}{a} + \frac{n'}{b} = \frac{n'}{f'} \,. \tag{8}$$

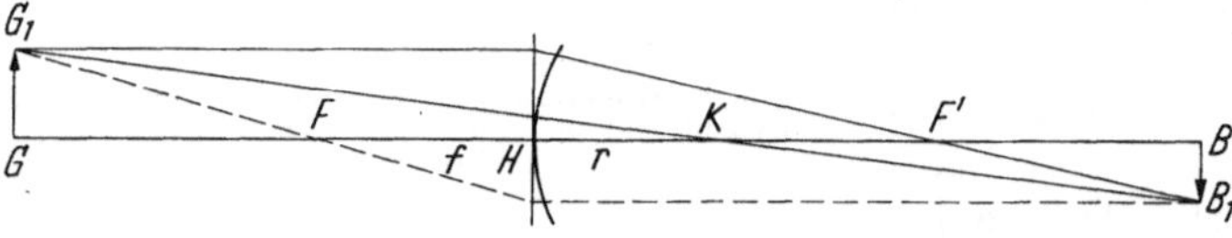

Abb. 3. *Einfaches optisches System.* Konstruktion des Bildes BB_1 für den Gegenstand GG_1. $HG = a$, $HB = b$, $HK = r$. Links Medium n, rechts Medium n'. Dabei ist $n' > n$ vorausgesetzt

Für f und f' finden wir eine bestimmte Bedeutung (vgl. Abb. 3), wenn wir in (4) die Gegenstandsentfernung $a = \infty$ setzen, wenn also von einem unendlich fernen Gegenstand die Strahlen parallel auffallen. Es wird dann $b = f'$. In diesem Falle ist also f' die Bildentfernung. Diese Entfernung heißt die hintere Brennweite. Ein im Abstand f' von H gelegener Punkt F' heißt der *hintere Brennpunkt*. Entsprechend findet sich für f eine Bedeutung, wenn man $b = \infty$ setzt, den Fall also annimmt, daß die gebrochenen Strahlen das zweite Medium parallel durchsetzen (Abbildung im Unendlichen). Dann wird nach der Formel (4) $a = f$, d. h., der Gegenstand liegt im Abstand f vor dem Punkt H. Diese Entfernung heißt die *vordere Brennweite*, der um den Betrag f von H entfernte Punkt F der *vordere Brennpunkt*. Der Krümmungsscheitel S wird dioptrisch als Hauptpunkt H bezeichnet, von ihm aus werden die Abstände gemessen. Eine in ihm senkrecht zur „optischen Achse" (beim einfachen optischen System die auf der Mitte errichtete Senkrechte AC, Abb. 2) stehende Ebene heißt Hauptebene. Auch dem Krümmungsmittelpunkt C kommt dioptrisch eine besondere Bedeutung zu. Alle im ersten Medium auf ihn hinzielenden Strahlen gehen ungebrochen ins zweite Medium über, da sie senkrecht auf die Trennungsfläche auffallen. Sie treffen sich im *Krümmungsmittelpunkt K*. Die durch ihn gehenden Strahlen werden *Zentralstrahlen* (oder Richtungsstrahlen) genannt. Befindet sich der Gegenstand im Unendlichen, treffen die (parallelen) Strahlen aber schräg auf die Trennungsfläche, sind also nicht achsenparallel, so liegt das Bild in der im Brennpunkt F' errichteten Brennebene. Die Konstruktion ergibt sich aus der Abb. 4.

Bezeichnet man, wie jetzt nach C. Hess üblich ist, diejenigen Strecken, welche vom Hauptpunkt aus in der Lichtrichtung, also nach rechts, liegen, mit $+$, die der Lichtrichtung entgegenlaufenden mit $-$, so muß oben a und f mit $-$-Zeichen versehen werden, b und f' mit $+$-Zeichen. Der Radius r bleibt $+$, da die Radien von der Krümmungsfläche zum Mittelpunkt hin (Abb. 3) gemessen werden, hier also in Lichtrichtung.

Danach würden die Formeln lauten:

$$(3\,\mathrm{a})\quad f = -\frac{n\,r}{n'-n}\ ;\quad f' = \frac{n'\,r}{n'-n}\ ;\qquad (4\,\mathrm{a})\quad \frac{f}{a} + \frac{f'}{b} = 1;\qquad (5\,\mathrm{a})\quad \frac{f}{f'} = -\frac{n'}{n}\ ;$$

$$(6\,\mathrm{a})\quad f + f' = r;\qquad (8\,\mathrm{a})\quad -\frac{n}{a} + \frac{n'}{b} = \frac{n'-n}{r} = \frac{n'}{f'}\ .$$

Nach diesen Ableitungen können wir für jede Lage und Größe des Gegenstandes die zugehörige Lage und Größe des Bildes berechnen und auch, was für viele Zwecke vorgezogen wird, durch Zeichnung (Abb. 3) finden. Zu dem Gegenstand G_1 soll der Bildpunkt gezeichnet werden. Da sich unter den angegebenen Bedingungen alle von dem Punkt G_1 ausgehenden Strahlen in einem Bildpunkt vereinigen, genügt es, zwei von den Strahlen zu verfolgen, etwa den parallel zu dem Zentralstrahl GK auffallenden, der nach der Brechung durch den hinteren Brennpunkt F' geht, und den Zentralstrahl, welcher von G_1 zum Krümmungsmittelpunkt K gerichtet ist, also ungebrochen weiterläuft. Der Schnittpunkt B_1 ist das Bild von G_1. Die Bildgröße ergibt sich aus der leicht ersichtlichen Ähnlichkeit von Dreiecken zu $BB_1 = GG_1 \cdot \dfrac{b-r}{a+r}$, wobei

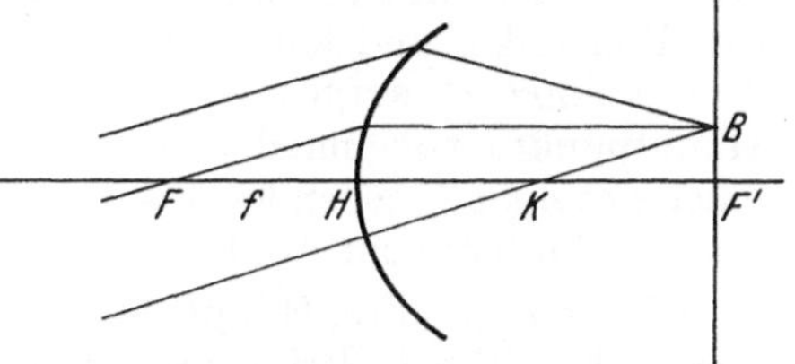

Abb. 4. Konstruktion des Bildes B von einem unendlich fernen Gegenstand, dessen Strahlen nicht achsenparallel verlaufen. F und F' Brennpunkte, B Bildpunkt, H Hauptpunkt, K Knotenpunkt

BB_1 die Bildgröße, GG_1 die Gegenstandsgröße, b die Bildentfernung, a die Gegenstandsentfernung und r den Krümmungsradius bedeuten.

Bei Anwendung der oben erwähnten Vorzeichnung lautet die Formel:

$$BB_1 = GG_1 \cdot \frac{b-r}{r-a}\ .$$

Die Bedeutung des einfachen optischen Systems für die Übersicht über den Strahlengang im Auge liegt auch in der weiter unten abzuleitenden Möglichkeit, das verwickelte System des Auges mit einer für die meisten Zwecke ausreichenden Genauigkeit auf ein solches einfaches optisches System von bestimmten Konstanten zurückzuführen.

2. Zusammengesetzte optische Systeme

Diejenigen bildentwerfenden Systeme, in welchen mindestens zwei brechende Medien und mehr als eine sphärische Trennungsfläche vorliegen, heißen *zusammengesetzte Systeme*. Der einfachste Fall unter diesen wird durch die *Linse* dargestellt, welche für uns als Bestandteil des Auges (Lens crystallina, Augenlinse) und als Brillenglas Bedeutung besitzt. Bei der Linse ist das erste und das letzte Medium an Brechungsvermögen gleich. Von den übrigen optischen Systemen sind weiterhin für die Dioptrik des Auges besonders diejenigen von Belang, in welchen erstes und letztes Medium verschieden sind.

Auch für die mehrfachen optischen Systeme lassen sich die Bedingungen angeben, unter denen die von einem Gegenstandspunkt ausgehenden, im ersten Medium „homozentrischen" Strahlen zu einem Bildpunkt vereinigt werden, also auch im letzten Medium homozentrisch sind. Eine wesentliche Bedingung ist die, daß sich die Krümmungsmittelpunkte der verschiedenen Trennungsflächen durch eine gerade Linie verbinden lassen, welche als *optische Achse* bezeichnet wird. Solche Systeme nennt man *zentriert*. Hinzu kommt ferner als ebenso wesentlich die schon bei dem einfachen optischen System erwähnte Bedingung von GAUSS, daß nur Strahlen berücksichtigt werden, die von achsennahen Punkten ausgehen und annähernd senkrecht auffallen (man spricht von Strahlen, die „einen fadenförmigen Raum um die Achse erfüllen").

Um auch für die *zusammengesetzten optischen Systeme* allgemein zu den Abbildungsgesetzen zu gelangen, faßt man diese Systeme als eine *Summe von einfachen Systemen* auf. Das erste Medium, die erste Trennungsfläche und das zweite Medium bilden zusammen das erste einfache optische System; das zweite Medium, die zweite Trennungsfläche und das dritte Medium bilden ein zweites einfaches System usw. Das von dem ersten einfachen Teilsystem entworfene Bild des Gegenstandes kann als Gegenstand des zweiten einfachen Teilsystems aufgefaßt werden, usw.

Auf Grund dieser Zerlegung ergaben sich durch mathematische Ableitungen (GAUSS) auch für das zusammengesetzte System *zwei Brennweiten*, eine vordere (im Bild links) und eine hintere, sowie *zwei Hauptpunkte*. Hinzu kommen zwei *Knotenpunkte* (LISTING), welche voneinander den gleichen Abstand haben wie die Hauptpunkte voneinander. Letztere entsprechen dem Krümmungsmittelpunkt einer einzelnen brechenden Fläche. Die vordere Brennweite ist vom ersten (vorderen), die hintere vom zweiten (hinteren) Hauptpunkt aus zu messen.

Die Brennpunkte, Haupt- und Knotenpunkte werden zusammen als *Kardinalpunkte* bezeichnet. Bei jedem zusammengesetzten optischen System hängt die Lage dieser Punkte von drei Größen der zusammengesetzten Systeme ab: von den Brechungsexponenten der optischen Medien, von dem gegenseitigen Abstand der Scheitel der Trennungsflächen (Schnittpunkte der Flächen mit der optischen Achse) und von den Krümmungshalbmessern der Trennungsflächen. Diese Maße werden als *optische Konstanten* bezeichnet. Es lassen sich also die Kardinalpunkte aus den optischen Konstanten berechnen.

Die Verhältnisse werden in Abb. 5 für den Fall wiedergegeben, daß das erste Medium dem letzten gleich ist; in diesem Fall ist die vordere Brennweite gleich der hinteren. Abb. 6 entspricht dem Fall, daß die vordere Brennweite von der hinteren aus dem Grunde verschieden ist, weil erstes und letztes Medium verschieden sind. Man findet die Bildlage bei gegebenem Gegenstand und gegebener Lage der Kardinalpunkte in folgender Weise. Man zieht von dem Gegenstand G_1 eine Linie parallel zur optischen Achse bis zur zweiten Hauptebene, von dort zum hinteren Brennpunkt, ferner eine Linie zum vorderen Knotenpunkt und zu dieser Linie eine vom hinteren Knotenpunkt ausgehende Parallele. Der Schnittpunkt beider Linien ist der gesuchte Bildpunkt. Er wird auch getroffen, wenn man von G_1 eine Gerade durch den vorderen Brennpunkt F bis zur ersten Hauptebene und von dort eine Parallele zum Hauptstrahl zieht.

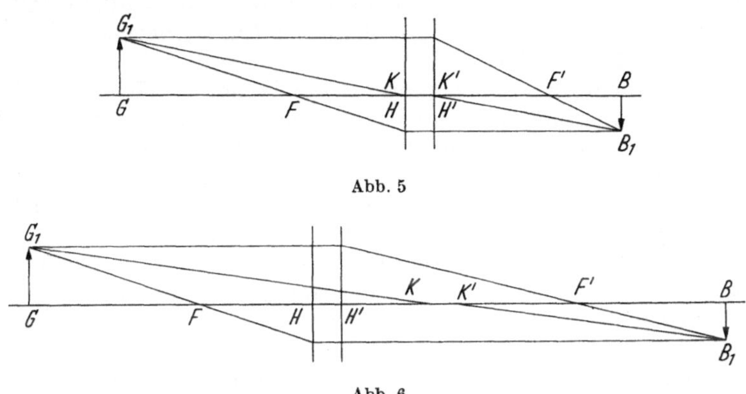

Abb. 5 u. 6. *Zusammengesetzte optische Systeme.* Bei Abb. 5 erstes und letztes Medium gleich. Bei Abb. 6 erstes und letztes Medium verschieden

Es muß hervorgehoben werden, daß von diesen konstruktiven Linien nur ein Teil dem tatsächlichen Strahlengang entspricht, nämlich nur der im ersten Medium vor der ersten Trennungsfläche und im letzten Medium hinter der letzten Trennungsfläche liegende Teil. Die Konstruktion hat nur die Aufgabe, bei gegebenem Strahlengang im ersten Medium (beim Auge Luft) den Strahlengang im letzten Medium (beim Auge Glaskörper) zu finden, nicht aber den dazwischenliegenden Strahlengang richtig darzustellen.

Die *Abbildungsgesetze des zusammengesetzten Systems* lassen sich mit der gleichen *Formel* ausdrücken wie die des einfachen, nämlich $\dfrac{f}{a} + \dfrac{f'}{b} = 1$, wobei f wieder die vordere, f' die hintere Brennweite und a die Gegenstandsentfernung, b die Bildentfernung bedeuten. Nur sind die Entfernungen f und a vom vorderen, f' und b vom hinteren Hauptpunkt aus zu messen.

Die besondere Formel der Linse ergibt sich in folgender Weise aus der allgemeinen Formel. Für die in Luft befindliche Glaslinse sind die vordere und hintere Brennweite gleich. (Dasselbe gilt für eine in wäßriger Flüssigkeit befindliche Linse, also auch für die im Auge befindliche Kristallinse.) In diesem Fall ist also $\dfrac{f}{a} + \dfrac{f}{b} = 1$, woraus sich durch Division mit f die Linsenformel $\dfrac{1}{a} + \dfrac{1}{b} = \dfrac{1}{f}$ ergibt, die sich übrigens auch auf anderem Wege für sich herleiten läßt.

Nach der Vorzeichnung lautet die Linsenformel

$$-\frac{1}{a} + \frac{1}{b} = \frac{1}{f'} \left(= -\frac{1}{f} \right).$$

Hierbei ist $f' = -f$, d. h. die der Länge nach gleichen Brennweiten haben verschiedene Vorzeichen, da sie sich vom Hauptpunkt aus nach verschiedenen Seiten erstrecken. Die hintere

Brennweite f' hat positive Vorzeichen, da sie sich vom Hauptpunkt aus in Lichtrichtung erstreckt. Man pflegt in der Gleichung die hintere positive Brennweite zu verwenden.

Die Lage der Knotenpunkte und Hauptpunkte kann an einem tatsächlichen abbildenden System, so auch am ausgeschnittenen Auge, auch experimentell bestimmt werden.

D. Das Auge als zusammengesetztes optisches System

Im vorigen ist die Grundlage für die Beurteilung des Strahlenganges im menschlichen Auge gegeben. Die *optischen Medien*, die im Auge einander folgen, sind die Tränenflüssigkeit, die Hornhautsubstanz, das Kammerwasser, die Substanz der Linse und die des Glaskörpers. Die *Trennungsflächen* sind die Flächen der Tränenschicht, die vordere und hintere Hornhautgrenzfläche, die vordere und hintere Grenzfläche der Augenlinse und die innerhalb der Linse gelegenen Grenzflächen verschieden dichter Linsenschichten.

Für unsere Betrachtung können zunächst die Trennungsflächen des Auges als hinreichend kugelförmig und als hinreichend genau zentriert angesehen werden. Damit sind die Bedingungen der homozentrischen Abbildung gegeben, vorausgesetzt, daß auch die übrigen oben angegebenen Bedingungen erfüllt sind, daß nämlich nur Gegenstandspunkte in der Nähe der optischen Achse berücksichtigt werden und nur Strahlen, die einen kleinen Winkel mit dieser Achse bilden.

Eine weitere bei angenäherter Betrachtung zulässige Vereinfachung ergibt sich daraus, daß wegen der geringen Dicke der Hornhaut (0,5 mm) und der Tränenschicht und wegen des geringen Unterschiedes der Brechungsexponenten von Tränenschicht und Hornhaut gegen den des Kammerwassers das Auge so betrachtet werden kann, als ob das Kammerwasser an die unendlich dünne Hornhaut heranreiche.

Danach besteht das *Auge* angenähert aus drei *einfachen* Systemen: 1. Luft-Hornhautfläche—Kammerwasser, 2. Kammerwasser—vordere Linsenfläche—Linsensubstanz, 3. Linsensubstanz—hintere Linsenfläche—Glaskörpersubstanz.

Für das zusammengesetzte System des Auges berechneten LISTING und HELMHOLTZ sowie später besonders GULLSTRAND die Lage der *Kardinalpunkte*. Zugrunde liegt den Rechnungen die Messung der *optischen Konstanten* des Auges, nämlich die Krümmungsradien der Hornhaut und beider Linsenflächen, die Abstände der Hornhautvorderfläche von der Linsenvorder- uud -hinterfläche, die Brechungsexponenten aller optischen Medien.

Wenn auch im folgenden dem Gang dieser Berechnungen nicht gefolgt werden kann, so ist doch notwendig, die Methoden zur Ermittlung der optischen Konstanten des Auges und ihre Ergebnisse kennenzulernen.

1. Die optischen Konstanten des Auges

Die *Abstände* der Trennungsflächen voneinander können mit Annäherung an Schnitten von operativ entfernten Augen festgestellt werden. Am Lebenden kann die Messung mittels Mikroskop und Millimeterteilung der Mikrometerschraube bei punktförmiger (fokaler) starker Beleuchtung erfolgen. Da die Einstellung aber auf die virtuellen Bilder der Linsenflächen erfolgt, nicht auf die Flächen selber, ist Umrechnung auf die wahren Werte erforderlich, wie GROETHUYSEN näher ausführt. Das Verfahren von BLIX, welches besonders zur Messung der Hornhautdicke ausgearbeitet wurde, ist von TSCHERNING (*2*) und von GULLSTRAND (*4, 5*) beschrieben.

Die *Brechungsexponenten* der Medien werden aus dem Brechungsgesetz mit der Methode der Totalreflexion ermittelt; die besonderen dazu dienenden Geräte heißen Refraktometer. Bei dem Abbeschen Refraktometer wird nur sehr wenig von der zu untersuchenden Substanz benötigt, die in dünner Schicht zwischen zwei Prismen angeordnet wird.

Besondere Verhältnisse der Brechungsexponenten liegen bei der *Linse* vor. Sie ist optisch nicht homogen, d. h., sie hat nicht in allen Teilen den gleichen Brechungsexponenten. Am Rande (dem Linsenäquator) und an den Scheiteln der Wölbung (den Linsenpolen) ist der Brechungsexponent geringer als im Linsenzentrum. Im jugendlichen Auge, das hier zunächst allein berücksichtigt wird, nimmt der Brechungsindex von außen nach innen gleichförmig (kontinuierlich) zu, während vom etwa 30. Jahre ab sprungweise Änderungen (Diskontinuitäten) auftreten. Hierdurch und durch den geschichteten Bau der Linse aus Kern und Linsenfasern mit nach innen abnehmenden Krümmungsradien der Schalen wird bewirkt, daß die Linse im ganzen eine etwas höhere Brechkraft besitzt, als wenn sie bei gleicher äußerer Form mit dem Brechungsindex des Linsenzentrums erfüllt wäre. Ein gedachter Brechungsindex, mit dem die ganze Linse bei gleicher äußerer Form einheitlich erfüllt werden müßte, wenn sich die Brechkraft der tatsächlichen Linse ergeben sollte, wird als *Totalindex* bezeichnet. Er beträgt nach GULLSTRAND 1,413. Zur Erleichterung des Verständnisses stelle man sich vor, die im Auge befindliche Linse werde bis auf ihre Kapsel ausgeräumt und nun mit einem flüssigen Medium von solchem Index erfüllt, daß die Gesamtbrechkraft des Auges die gleiche ist wie die bei Vorhandensein der natürlichen Linse.

Daß die geschichtete Linse mit einem von außen nach innen zunehmenden Index eine höhere Brechkraft besitzt, als sie bei homogener Ausfüllung mit dem größten Index der Linsenmitte haben würde, kann man sich nach CZAPSKI in folgender Weise klar machen. Man denke sich die Linse in vereinfachtem Modell, bestehend aus einem kugelförmigen Kern mit hohem Index, umgeben von zwei konvexkonkaven Zerstreuungslinsen von niedrigerem Index. Diese werden die Brechungswirkung des Kernes um so weniger abschwächen, je niedriger ihr Index ist. Deshalb ist die Brechkraft der Linse größer, wenn die Schalen dem Kern gegenüber einen kleineren Index haben, als wenn sie den gleichen hätten.

Die *Krümmungsradien* der Trennungsflächen zu bestimmen, war eine besonders schwierige Aufgabe, die HELMHOLTZ löste. Die Messung mußte am Lebenden erfolgen, ungestört durch die unvermeidlichen leichten Schwankungen von Auge und Kopf, und sie mußte auch die Änderungen mit umfassen, die, wie wir sehen werden, sich bei der Linse bei der Naheinstellung (Akkommodation) vollziehen.

Die Grundlage der Radienmessung ist die *Spiegelwirkung der kugelförmigen Trennungsflächen*. Von diesen wirken die Hornhautfläche und die vordere Linsenfläche als Konvexspiegel, virtuelle, aufrechte Bilder gebend, die hintere Linsenfläche als Konkavspiegel, ein reelles, umgekehrtes Bild entwerfend. Die Größe der Spiegelbilder hängt vom Krümmungsradius der spiegelnden Fläche ab. Sind die Größe und Entfernung des sich spiegelnden Gegenstandes bekannt, und wird die Bildgröße gemessen, so kann der Radius der Krümmungsfläche leicht berechnet werden.

Die Bildgröße wird mittels des Helmholtzschen Ophthalmometers gemessen, einem Instrument, welches die Grundlage für wichtige, in der Augenheilkunde gebrauchte Apparate (z. B. von JAVAL und SCHIÖTZ) lieferte. Nach den Spiegelgesetzen liegt das Bild eines verhältnismäßig weit entfernten Gegenstandes im Abstand $r/2$ vom Krümmungsmittelpunkt. Ferner gilt die Beziehung $\dfrac{r/2}{E} = \dfrac{BB'}{GG'}$, wobei GG' die Gegenstandsgröße, E die Gegenstandsentfernung, BB' die Bildgröße bedeutet. Da GG' und E bekannt sind, kann r berechnet werden, wenn die Bildgröße gemessen ist. Zur Messung dient ein Fernrohr mit kurzer Brennweite, vor dessen Objektiv zwei planparallele Glasplatten übereinander und um eine senkrechte Achse drehbar angeordnet sind. Die Winkel zwischen den beiden Glasplatten werden so eingestellt, daß die beiden Bilder des Gegenstandes sich seitlich eben berühren, daß also die Parallelverschiebung der Strahlen der Bildgröße gleich ist. Die Parallelverschiebung (Abb. 7) läßt sich aus dem genannten Winkel, der Dicke und dem Brechungsexponenten der Platten berechnen. Einfacher ist es, die Winkelstellungen mit Hilfe eines bekannten Gegenstandes (Millimeterskala) zu eichen.

Bei dem in der Augenheilkunde benutzten Ophthalmometer von JAVAL und SCHIÖTZ bleibt die Bildverschiebung konstant und die Objektgröße wird geändert. Weitere Entwicklungen, die wie der JAVAL-SCHIÖTZ ausschließlich zur Messung der Hornhautkrümmung dienen, werden als Keratometer bezeichnet.

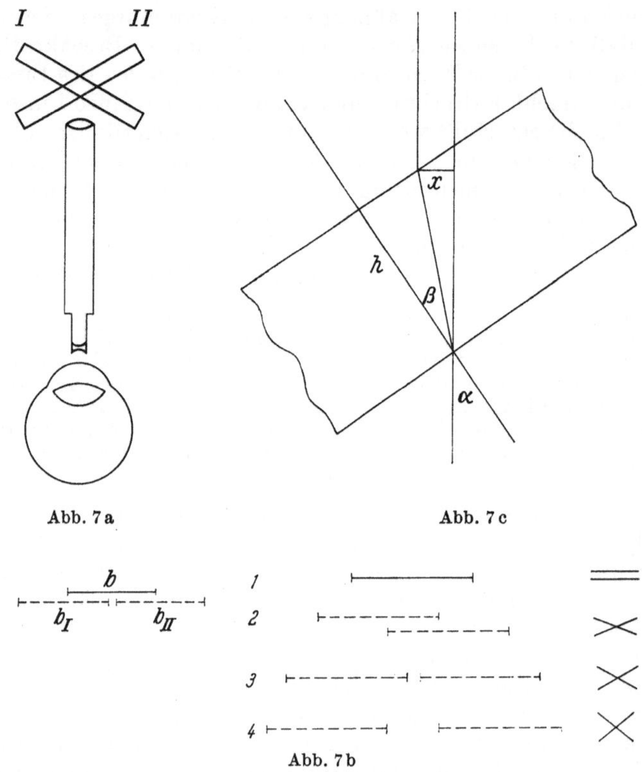

Abb. 7a   Abb. 7c

Abb. 7b

Abb. 7a. HELMHOLTZ' *Ophthalmometer. I* und *II* die Platten vor dem Fernrohrobjektiv. *b* Spiegelbild des Gegenstandes, verdoppelt zu *bI* und *bII*

Abb. 7b. Schema der Verdoppelung des Spiegelbildes beim Ophthalmometer. *1* Platten in Parallelstellung. *2* bis *4* Platten in zunehmender Winkelstellung. Abgelesen wird bei Stellung *3*, bei welcher die Gesamtverschiebung gleich der Bildgröße ist

Abb. 7c. Verschiebung x bei Plattendicke h und Plattendrehung um den Winkel α. $x = h \dfrac{\sin(\alpha - \beta)}{\cos \beta}$, wobei $\dfrac{\sin \alpha}{\sin \beta} = n$ (Brechungsexponent des Glases) ist. $b = 2x$. Die Gleichung für x ergibt sich leicht aus der Zeichnung

Die Werte für die *optischen Konstanten* des in die Ferne blickenden Auges sind auf Grund der Angaben von LISTING, HELMHOLTZ und GULLSTRAND folgende:

Abstände:

Hornhautdicke . . . . 0,5 mm
Hornhautvorderfläche-Linsenvorderpol . . . . 3,6 mm
Linsenvorderpol-Linsenhinterpol (Linsendicke) . . . . . . 3,6 mm
Hornhautvorderfläche-Netzhautfovea 24   mm

Brechungsindices:

Tränenflüssigkeit, Kammerwasser, Glaskörper 1,336
Hornhautsubstanz 1,376
Linse
    an den Polen 1,386
    am Äquator 1,375
    im Zentrum 1,406
       Totalindex
          (nach HELMHOLTZ . . . . 1,45)
          nach GULLSTRAND 1,4085

Krümmungsradien:

Hornhautvorderfläche . . . . 7,8 mm } im mittleren
Hornhauthinterfläche . . . . 6,7 mm } Bereich
Linsenvorderfläche . . . . 10 mm
Linsenhinterfläche . . . . 6 mm

Es sei noch erwähnt, daß die in die Tabelle mit aufgenommene Länge des Augapfels (24 mm) nicht eigentlich zu den optischen Konstanten gehört.

Nach GOLDMANN und HAGEN beträgt sie 23,4 mm, mit einer Röntgenstrahlmethode an lebenden, emmetropen Augen ermittelt. STENSTRÖM fand mit der gleichen Methode den Wert von 23,92 mm.

Über diese das *schematische Auge* darstellenden Werte ist im einzelnen noch folgendes zu sagen. Die Schematisierung liegt darin, daß an Stelle der tatsächlichen Linse eine Linse mit durch Beobachtung und Rechnung gefundenen voll übersichtlichen Eigenschaften gesetzt ist, die durch die Radien der Oberflächen und den Totalindex festgelegt sind. Wird außerdem noch die Hornhaut als sehr dünn gesetzt, mit einem einzigen Radius, der fast dem der Vorderfläche gleich ist, so spricht man vom *vereinfachten schematischen Auge.* Zu den für die Hornhaut angegebenen Radien ist noch zu bemerken, daß die Hornhaut tatsächlich nur in ihrer Mitte, im Pupillargebiet von etwa 4 mm Durchmesser, Flächen von annähernd Kugelgestalt mit den obengenannten Radien hat. Weiter seitlich sowie nach oben und unten nehmen die Radien nicht unbeträchtlich zu, bis um 1,2 mm. Die Verschiedenheit des Wertes für den Totalindex der Linse nach HELMHOLTZ und nach GULLSTRAND erklärt sich aus dem zur Berechnung eingeschlagenen Verfahren. Nach GULLSTRAND ist der Totalindex hinreichend sicher nur aus dem Brechkraftverlust des Auges nach Entfernung der Augenlinse zu ermitteln. Wir kommen auf die optischen Eigenschaften der Augenlinse bei Besprechung der Akkommodation nochmals zurück.

2. Die Kardinalpunkte des Auges

Wie gesagt können aus den optischen Konstanten die Kardinalpunkte im Auge ihrer Lage nach berechnet werden. Das Ergebnis ist folgendes (Abb. 8): Die beiden Hauptpunkte liegen in der Vorderkammer, nicht ganz 0,3 mm voneinander entfernt, der vordere 1,35 mm hinter dem Hornhautscheitel. Die beiden Knotenpunkte liegen wieder in einem gegenseitigen Abstand von 0,3 mm am hinteren Linsenpol, 5,7 mm hinter den Hauptpunkten. Die vordere Brennweite ist 17,06 mm (vom vorderen Hauptpunkt aus zu messen), die hintere 22,79 mm (vom hinteren Hauptpunkt aus zu messen). Der hintere Brennpunkt liegt beim normalsichtigen Auge auf der Netzhaut. Es sei hier besonders darauf hingewiesen, daß für die Betrachtung des Strahlenganges an sich die Lage der Netzhaut keine Rolle spielt.

Nach den früher gebrachten Formeln muß sich aus f' zu f das Verhältnis von n' zu n ergeben. In der Tat ist $\dfrac{22{,}785}{17{,}06} = \dfrac{1{,}336}{1}\,(= 4/3)$, also gleich dem Brechungsverhältnis des Glaskörpers zu Luft.

Bei Nahakkommodation (s. unten) verschieben sich die Hauptpunkte um 0,5 mm nach hinten; die vordere Brennweite wird 14,17 mm, die hintere 18,93 mm.

Die Berechnung der *Gesamtbrechkraft* des Auges aus der Brennweite wird im späteren Abschnitt über Akkommodation besprochen.

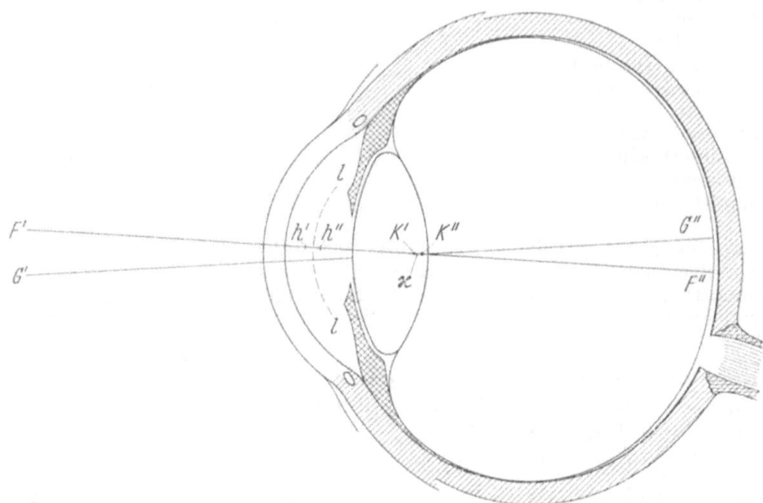

Abb. 8. *Die Lage der Kardinalpunkte im Auge.* Nach HELMHOLTZ. *F'* vorderer, *F''* hinterer Brennpunkt. *F'F''* optische Achse. *G''* Fovea centralis. *G'G''* Gesichtslinie. *h'h''* Hauptpunkte. *K'K''* Knotenpunkte. *x* vereinigter Knotenpunkt. *ll* Kugelfläche mit dem Mittelpunkt *x*. Sie schneidet die optische Achse im vereinigten Hauptpunkt

3. Das reduzierte Auge

Für eine weitere Vereinfachung ist zu beachten, daß die beiden Hauptpunkte einerseits und die beiden Knotenpunkte andererseits sehr nahe aneinanderliegen, so daß es für die Bildzeichnung (nach Abb. 6) nicht viel ausmacht, statt ihrer einen zwischen den beiden Punkten gelegenen einzigen Hauptpunkt und einen einzigen Knotenpunkt anzunehmen. Ersterer hat von dem Hornhautscheitel einen Abstand von etwa 1,5 mm, letzterer von 7,2 mm. Damit ist die Zahl der Kardinalpunkte des Auges auf diejenige eines einfachen optischen Systems zurückgeführt, und es folgt daraus, daß die *Leistung des Auges* bezüglich Bildlage und -größe *durch die eines einfachen Systems ersetzt* werden kann, welches einen Hauptpunkt-Knotenpunkt-Abstand von 5,7 mm (= 7,2 − 1,5) sowie eine vordere Brennweite von 17,06 mm und eine hintere von 22,79 mm hat. Damit ist zugleich auch festgelegt, daß die einzige Trennungsfläche (*ll* in Abb. 8) dieses das Auge in gewisser Hinsicht ersetzenden einfachen optischen Systems einen Krümmungsradius von 5,7 mm besitzt, denn der Krümmungsscheitel des einfachen optischen Systems ist der Hauptpunkt, der Krümmungsmittelpunkt ist der Knotenpunkt. Dieses durch Zurückführung des zusammengesetzten Systems auf ein einfaches erhaltene System wird als *reduziertes Auge* bezeichnet.

Selbstverständlich hat die errechnete sphärische Trennungsfläche des das Auge ersetzenden einfachen optischen Systems mit der Hornhautfläche an sich nichts zu tun. Fehlt hingegen dem Auge die Kristallinse („*Aphakie*" nach Staroperation), so kann nunmehr in vereinfachter Darstellung das ganze Auge *selbst* als einfaches optisches System bezeichnet werden, da im wesentlichen außer Luft ($n = 1$) nur noch der Exponent von Kammerwasser und Glaskörper in Betracht kommt ($n' = 1,336$) sowie von den brechenden Flächen die vordere Hornhautfläche vom Radius $r = 7,8$ mm. Daraus berechnet man nach den Formeln $f = \dfrac{nr}{n' - n}$ und $f' = \dfrac{n'r}{n' - n}$

die Werte $f = 23{,}2$ mm und $f' = 31{,}0$ mm. Der hintere Brennpunkt liegt also etwa 8 mm hinter der Netzhaut, das aphakische Auge ist stark hypermetrop.

Damit kann man auch für das *Auge* sehr leicht durch Zeichnung die *Lage und Größe des Bildes* eines Gegenstandes finden. Es gilt wieder das Schema der Abb. 3. Man zieht vom Gegenstandspunkt G_1 achsenparallel bis zur Hauptebene und von dort durch den hinteren Brennpunkt F'. Ferner zieht man von G_1 durch den Knotenpunkt K. Beide Linien geben in ihrem Schnittpunkt den Bildort B_1 an. Statt F' kann man auch den vorderen Brennpunkt F benutzen, wie die gestrichelte Linie der Abbildung zeigt.

Die von Gegenstandspunkten durch den Knotenpunkt gezogenen Linien, z. B. $G_1 K B_1$ in Abb. 3, heißen *Richtungslinien*, weil sie die Richtung angeben, in welcher der Bildpunkt liegt. Diejenige Richtungslinie, welche die Netzhaut in der Mitte der Fovea centralis trifft, heißt *Gesichtslinie*. Sie geht von dem jeweils anfixierten Gegenstandspunkt aus.

Neuerdings wird die Beziehung von Richtungen zum Knotenpunkt (bzw. zu den Knotenpunkten) weniger benutzt. Statt dessen werden die Richtungen auf die Mitte der *Ein-* und *Austrittspupille* bezogen. Als Eintrittspupille (auch scheinbare Pupille genannt) bezeichnet man das virtuelle Bild der Pupille, welches vom Hornhautsystem entworfen wird, als Austrittspupille das virtuelle von der Linse entworfene Pupillenbild. Ersteres Bild sieht man bei Betrachtung des Auges von vorn, letzteres würde man sehen, wenn man die Pupille vom Glaskörper aus betrachten könnte. Die Verbindungslinie eines Gegenstandspunktes mit der Mitte der Eintrittspupille wird als *Hauptstrahl* bezeichnet. Der Hauptstrahl des fixierten (in der Fovea abgebildeten) Punktes heißt *Visierlinie*. Sie ist demnach die Verbindungslinie des fixierten Punktes mit der Mitte der Eintrittspupille. Die Fortsetzung der Visierlinie im Glaskörperraum geht von der Mitte der Austrittspupille zur Fovea.

Die Visierlinie wird der Gesichtslinie vorgezogen, weil ihre Lage im Gegensatz zu letzterer am Einzelauge tatsächlich ermittelt werden kann. Wenn es aber, wie in unserer Darstellung, auf eine anschauliche Übersicht über den Strahlengang nicht in einem bestimmten Auge, sondern im Auge ganz allgemein ankommt, wird man zweckmäßig die Beziehung zum Knotenpunkt verwenden, was im Endergebnis keineswegs als falsch bezeichnet werden kann.

4. Die Brechkraft des ganzen Auges und seiner Teilsysteme

Ein optisches System, welches die von einem Punkt ausgehenden Strahlen durch Brechung wieder zu einem Punkt vereinigt, besitzt eine *Brechkraft*, die um so größer ist, je näher der Vereinigungspunkt am System liegt. Die Brechkraft ist daher der Brennweite des Systems umgekehrt proportional. Als *Einheit der Brechkraft* wird die eines optischen Systems mit 1 m Luftbrennweite gesetzt. Ein bekanntes Beispiel eines solchen Systems ist die in Luft befindliche Glaslinse. Die Brechkrafteinheit wird *Dioptrie* genannt. Als abgekürztes Zeichen für Dioptrie wurde früher der Buchstabe D gesetzt. Da aber D in den Gullstrandschen Gleichungen eine andere Bedeutung hat, wird heute als allgemeines Zeichen der Dioptrie dptr geschrieben. Wegen der erwähnten Beziehung der umgekehrten Proportionalität hat eine Linse von 2 m Brennweite $1/_2$ dptr, von $1/_2$ m Brennweite 2 dptr, von $1/_3$ m Brennweite 3 dptr usf. Diese Berechnung gilt für alle optischen Systeme, sofern die benutzte Brennweite in Luft liegt oder für Luft umgerechnet wurde. Hiernach läßt sich sogleich die *Gesamtbrechkraft des Auges* berechnen. Die vordere, in Luft liegende Brennweite des Auges ist 17,06 mm $= 0{,}01706$ m. Mithin ist die Brechkraft des Auges $\dfrac{1}{0{,}01706} = 58{,}64$ dptr. Für das aphakische Auge erhalten wir aus der früher angegebenen vorderen Brennweite von 23,2 mm (genau 23,227) die Brechkraft $\dfrac{1}{0{,}023227}$ = 43,05 dptr. Das Auge verliert also durch Herausnahme der Linse 58,64 − 43,05 = 15,6 dptr. Man beachte, daß die Augenlinse mithin nur 15,6:58,64, d. h. noch nicht $^1/_3$ der Gesamtbrechkraft des Auges liefert. Über $^2/_3$ entfallen auf das Hornhautsystem. Es ist also schon deshalb nicht richtig, die Linse des Auges ohne weiteres mit dem Objektiv des photographischen Apparates zu vergleichen.

Aus Brennweiten, die nicht in Luft (Exponent = 1) liegen, kann man die Brechkraft berechnen, indem man die Brennweite reduziert, d. h. durch den entsprechenden Exponenten dividiert, und die Brechkraft als Kehrwert der reduzierten Brennweite berechnet.

Es ergibt sich also die allgemeine Definition der Brechkraft als Kehrwert der reduzierten bildseitigen Brennweite. Der Zusatz bildseitig ist erforderlich, weil die beiden Brennweiten nach der neueren Vereinbarung verschiedenes Vorzeichen erhielten, und zwar die hintere ein positives. Am Auge ist also streng genommen die reduzierte hintere Brennweite f' zu nehmen und nicht wie oben der Vereinfachung wegen geschehen, die vordere ohne Berücksichtigung des Vorzeichens. Zahlenmäßig kommt beides auf das gleiche heraus. Denn f'/n' ist nach früher gebrachten Gleichungen gleich f/n, wobei im vorliegenden Fall $n = 1$ ist. Statt der reduzierten bildseitigen Brennweite f'/n' konnte also die „dingseitige" Brennweite f (mit positivem Vorzeichen) gesetzt werden. Es sei noch hervorgehoben, daß die strenge Durchführung der Heßschen Vorzeichnung für tieferes Eindringen in die Augenoptik erforderlich ist, während der hier gewählte Übergang von der älteren zur neuen Vorzeichnung den Unterrichtsbedürfnissen entspricht.

Hiernach läßt sich auch die *Brechkraft der Augenlinse* berechnen. Sie hat auf ∞ eingestellt im Glaskörper eine Brennweite von 69,991 mm = rund 0,07 m, also reduziert 0,07:1,336 = 0,0534 m. Die Brechkraft der Augenlinse ist mithin 1:0,0534 = 19,1 dptr.

Dieses Ergebnis scheint der schon erwähnten Tatsache zu widersprechen, daß das Auge durch Herausnahme der Linse nur 15,6 dptr verliert. Die Erklärung liegt darin, daß für die Wirkung der Linse im Auge nicht nur ihre Dioptriezahl, sondern auch ihr Abstand von der Hornhaut maßgebend ist.

Für den vorliegenden Fall kann das Auge als aus zwei Systemen zusammengesetzt gedacht werden, dem Hornhautsystem und dem gesamten Linsensystem. Der Abstand d dieser Systeme wird vom 1. Hauptpunkt des 2. Systems zum 2. Hauptpunkt des 1. Systems im Metermaß gemessen und durch den Brechungsexponenten des Mediums, in welchem er liegt, dividiert. Für unseren Fall ist d nach den Angaben von GULLSTRAND = 5,6780 + 0,0496 = 5,7276 mm und n = 1,336. Die Gesamtbrechkraft einer Zusammensetzung zweier Systeme ergibt sich aus der GULLSTRANDschen Formel:

$$D_{1,\,2} = D_1 + D_2 - \frac{d}{n} \cdot D_1 \cdot D_2.$$

Hierin bedeuten $D_{1,\,2}$ die Gesamtbrechkraft, D_1 die Brechkraft des Hornhautsystems, D_2 die Brechkraft des Linsensystems. Setzen wir D_1 = 43,05 dptr, D_2 = 19,11 dptr, so ergibt sich die Gesamtbrechkraft des Auges aus der Formel zu 58,63 dptr, also zu dem aus der reduzierten hinteren Brennweite berechneten Wert, der weiter oben angegeben wurde. Liegt die Linse bei gleicher Form in der Vorderkammer, was nach Augenverletzung der Fall sein kann, so ist die Gesamtbrechkraft des Auges vermehrt, während diese abnehmen würde, wenn die Linse auf der optischen Achse des Auges glaskörperwärts verschoben wäre.

Aus der Abhängigkeit der Brechkraftwirkung der Linse von ihrem Ort im Auge wird auch verständlich, daß im *Fischauge* die *Akkommodation* durch Linsenverschiebung ohne Änderung der Linsenform erfolgt.

E. Hilfseinrichtungen des dioptrischen Apparates des Auges

1. Iris und Irisbewegung

Bisher wurde in der Darstellung stillschweigend angenommen, daß mit der stets gleichbleibenden äußeren Form des Augapfels auch eine unveränderliche Lage seiner einzelnen Teile gegeben ist. Das ist aber nur bis zu gewissem Grade der Fall. Es können einige *Veränderungen* im Auge eintreten, durch welche sich der dioptrische Apparat *an wechselnde Anforderungen anpassen kann*, die sich auf die Helligkeit des Gegenstandes und auf seinen Abstand vom Auge beziehen. Die Anpassung des dioptrischen Apparates an wechselnde *Bildhelligkeit*, welche hier zunächst besprochen werden soll, wird mit Hilfe der *Iris* (Regenbogenhaut) geleistet.

Die *Farbe der Iris* ist braun, grau oder blau. Bestimmend ist die Menge des im Irisgewebe vorhandenen Pigmentes. Bei reichlichem Pigment zeigt die Iris die *dunkelbraune* Pigmentfarbe. Bei sehr geringem Pigmentgehalt wirkt das Irisstroma als „trübes Medium", welches kurzwelliges Licht stärker rückstreut (reflektiert) als langwelliges. Deshalb ist die Farbe *blau*. Bei mäßigem Pigmentgehalt kommt die *graue* oder graublaue Färbung zustande. Mit dem Alter wird die Iris heller. Im normalen Auge ist die hintere Schicht der Iris immer pigmentiert. Fehlt hier das Pigment infolge angeborener Anomalie (Albinismus), so ist die Irisfarbe wegen des durchscheinenden Blutes der Gefäßhaut *rötlich*. Das *Sehloch* (die Pupille) ist für gewöhnlich *tiefschwarz*. Von „schwarzem Auge" redet man, wenn, besonders bei Jugendlichen, die schwarze Pupille verhältnismäßig weit und die Iris dunkelbraun ist, was im ganzen den Eindruck der Schwärze des hinter der Hornhaut liegenden Augenteils ergibt. Am Albinoauge ist das Sehloch leuchtend rot, das Licht dringt von außen durch die Lederhaut und die Blutschicht der Aderhaut ins Auge, da der Lichtschutz durch das Pigment der Aderhaut und der Netzhautepithelschicht fehlt. Die rote Farbe des Sehlochs ist also die Blutfarbe. Wir kommen bei Besprechung des Augenleuchtens nochmals auf das Albinoauge zurück.

Die anatomische Grundlage der Verschiedenheit der Irisfarbe liegt nicht in dem hinteren Pigmentepithelblatt, sondern im Pigmentgehalt des Irisstromas. Dieses besteht nach MÜNCH im wesentlichen aus den Stromazellen oder Chromatophoren. Diese Zellen, die gleichzeitig den M. dilatator darstellen, sind stets vorhanden, enthalten aber wechselnde Mengen von bald blassem, bald dunklerem Pigment, das sich im Laufe der ersten Lebensjahre einlagert.

Für die Aufgabe der Iris, die *Bildhelligkeit* zu regeln, ist vor allem das Irispigment wichtig und die Irismuskeln. Das Pigment dient dazu, alle nicht auf das Sehloch (Pupille) fallenden Strahlen vom Augeninnern abzuhalten. Der ringförmige *Sphincter* liegt in der Nähe des inneren Irissaumes; er wird vom N. oculomotorius (parasympathischer Anteil) innerviert. Der *Dilatator* verläuft radiär und wird vom Halssympathicus innerviert. Die Irismuskeln können sich stärker kontrahieren als die übrigen glatten Muskeln des Körpers. Deshalb kann sich die Pupillenweite um 1—5,3 mm ändern, was eine Verkürzungsmöglichkeit der Muskelfasern um 80% bedeutet.

Der *Ringmuskel* steht unter dauerndem Erregungseinfluß; er ist tonisch innerviert, was daran kenntlich ist, daß die Pupille nach Durchschneidung des Oculomotorius weiter ist, weil nun der Dilatator überwiegt. Der Sphinctertonus kann durch mannigfache Einflüsse verändert werden. Sensible Einflüsse verschiedener Art sowie Schreck können den Tonus hemmen, wodurch *Pupillenerweiterung* eintritt, die mit Verstärkung des Dilatatortonus verknüpft ist. Die Bedeutung dieser Pupillenerweiterung liegt nicht auf dioptrischem Gebiet. Eine Verstärkung des Sphinctertonus wird hauptsächlich durch *Lichteinfall* in das Auge veranlaßt, wodurch *Pupillenveränderung* eintritt. Diese Sphincterinnervierung geht mit Hemmung des Dilatators einher. Bei niederen Wirbeltieren ist der Irismuskel unmittelbar durch Licht erregbar, bei höheren liegt ein unter Vermittlung des Zentralnervensystems erfolgender Reflex vor, der *Pupillarreflex*.

Da das Pupillenspiel den Sinn hat, die Beleuchtungsstärke der Netzhaut möglichst konstant zu halten, kann man die Veränderung der Pupillenweite unter dem Gesichtspunkt eines

Regelvorgangs betrachten. Das Meßwerk dieses Regelkreises (BLEICHERT, BLEICHERT und R. WAGNER; DRISCHEL; STEGEMANN) ist die Retina, die ihre Meßgrößen einem zentralnervösen Regelwerk mitteilt. Dieses reguliert bei Belichtung als Störgröße automatisch über die Stellglieder (Sphincter und Dilatator pupillae) die Regelgröße, nämlich die Pupillenweite. Die Regelstrecke hat an ihrem Eingang die Pupillenweite und am Ausgang die retinale Beleuchtungsstärke. Weil es zwei Stellglieder sind, die die mittlere Netzhautbeleuchtungsstärke konstant halten sollen, liegt ein Mehrfach- und Halteregler vor, der Eigenschaften eines P-Reglers aufweist (Regelgröße proportional der Störgröße). Der Regelfaktor beträgt 0,5; denn langsame sinusförmige Beleuchtungsstärkeänderungen (0,85 Hz) auf der Retina werden nur zu 50% durch die Pupillenweite ausgeregelt. Oberhalb von sinusförmigen Beleuchtungsstärkeschwankungen von 2 Hz verhält sich die Pupille starr. Die Registrierung des Pupillenspiels erfolgt kinematographisch (LÖWENSTEIN); bei einem anderen Verfahren wird pupillomotorisch unwirksames (infrarotes) Licht, das von der Iris reflektiert wird, mit einer Photozelle oder einem Sekundärelektronenvervielfacher aufgefangen (MATTHES, CÜPPERS, STEGEMANN, DRISCHEL).

Bei Belichtung nur des einen Auges verengt sich auch die Pupille des anderen, doch ist die belichtete Pupille nachweislich etwas enger als die andere unbelichtete, weil sich dann nicht die direkte und die konsensuelle Reaktion summieren (THOMSON). Nur bei gleicher Belichtung beider Augen sind normalerweise beide Pupillen genau gleich weit.

Es ist wahrscheinlich, daß der Pupillenreflex von der ganzen Netzhaut aus hervorgerufen werden kann, allerdings bei Helladaptation vorwiegend von der Fovea und ihrer Umgebung. Auch bei Dunkeladaptation ist die Fovea pupillomotorisch am empfindlichsten. Die Zunahme der Empfindlichkeit entspricht der Zunahme der Zapfenempfindlichkeit bei der Anpassung an die Dunkelheit. HARMS hat daraus den Schluß gezogen, daß der Pupillenreflex von der Funktion der Zapfen abhängt. Manche nehmen besondere „Pupillenfasern" des N. opticus an, die also nur der Leitung des Lichtreflexes dienen sollen (grobe Fasern), während die Mehrzahl der Opticusfasern (feine Fasern) die in der Gesichtswahrnehmung bewußt werdenden Erregungen leitet („visuelle" Fasern). Dieser Annahme steht die Ansicht gegenüber, daß der Lichtreflex durch die gleichen Fasern des Sehnervs vermittelt wird, welche dem Sehakt dienen. Die in der Stäbchen- und Zapfenschicht der Netzhaut durch das Licht ausgelöste Erregung läuft durch die drei Netzhautneurone, verläßt das Auge durch den Sehnerven, durchläuft das Chiasma und den Tractus. Im letzten Drittel des Tractus trennen sich die Pupillenfasern von den visuellen und ziehen am Corpus geniculatum laterale vorbei in das vordere Brachium conjunctivum in Richtung zum Corpus quadrigeminum superior, ohne es zu erreichen. Nach ihrem Eintritt in das Mittelhirn wenden sich die Pupillenfasern dann zu den Oculomotoriuskernen, wobei ein Teil der Fasern zur Gegenseite überkreuzt. Vom gesamten Oculomotoriuskern gehört wahrscheinlich nur der dorsal gelegene (paarige, kleinzellige) Mediankern zum Sphincter iridis. In die von dort zum Auge verlaufende Bahn ist noch das Ganglion ciliare als Neuronenunterbrechung (Synapse) eingeschaltet. Es liegt also ein Zwischenhirn-Mittelhirn-Reflex vor.

Die Doppelseitigkeit des Reflexes beruht darauf, daß jede Netzhaut mit beiden Sehtrakten verbunden ist und jeder Tractus mit beiden Oculomotoriuskernen. Die vom Sphincterkern ausgehenden Fasern legen sich zunächst den zum Obl. inf. ziehenden Fasern an, biegen dann zum Gangl. ciliare ab. Die dort liegende Synapse kann durch Nicotin gelähmt werden (LANGLEY). Die postganglionären Fasern gelangen mit den hinteren (kurzen) Ciliarnerven zum Auge.

Eine besondere Form der Störung des normalen Pupillenreflexes ist die *„reflektorische Pupillenstarre"*. Bei ihr ist der Lichtreflex aufgehoben. Hingegen tritt noch die Pupillenverengerung ein, die normalerweise mit der Akkommodation und der Konvergenzbewegung verbunden ist. Bei der als Folge syphilitischer Infektion auftretenden reflektorischen Pupillenstarre (Frühsymptom der Tabes dorsalis) ist also der parasympathische Oculomotoriuskern intakt, während die Faserverbindungen vom Sehnerven aus geschädigt sind. Die Sehschärfe bleibt erhalten.

Nach HERTEL tritt bei Kaninchen und Katze nach Dunkelaufenthalt auch dann eine Pupillenverengerung bei Einfall von starkem Bogenlicht (nicht bei Tageslicht) ein, wenn der

Sehnerv durchschnitten ist. Den gleichen Befund erhob er sogar beim Menschen. Bei fokaler Beleuchtung (durch ein sehr helles Lichtband) genügt die Belichtung ausschließlich der Iris. Bei dem gewöhnlichen Lichtreflex der Pupille spielt aber eine direkte Lichtwirkung auf die Iris nicht mit. Bei niederen Wirbeltieren steht diese direkte Lichtwirkung mehr im Vordergrund.

Der *Dilatatormuskel* ist ebenfalls einer dauernden Innervierung unterworfen (Dilatatortonus), welche durch die verschiedensten Dauerreize unterhalten wird und an der nach Sympathicusdurchschneidung auftretenden Pupillenverengerung kenntlich ist (Überwiegen des Sphinctertonus). Die Stärke des Tonus kann je nach den besonderen Bedingungen wechseln. Die nach Sympathicusdurchschneidung auftretende Pupillenverengerung nimmt in der Folgezeit ab, was darauf zurückgeführt wird, daß der Sphinctertonus bei Abnahme der Gegenkraft ebenfalls nachläßt.

Im Schlaf ergibt sich Miosis infolge Fortfalles bzw. Nachlassens der Dauerreize zur Erhaltung des Dilatatortonus.

Die Zentralstelle für die Beherrschung des Dilatatortonus liegt im Zwischenhirn in der Gegend des Corp. subthalamicum. Die von der Gehirnrinde dorthin abwärts verlaufenden Verbindungen sind nicht näher bekannt. Vom Hypothalamus verlaufen die Fasern bis an die Grenze von Hals- und Brustmark, wo sie auf Zellen übergehen, die das Budgesche ,,Centrum cilio-spinale" darstellen; es liegt im seitlichen Teil der Vorderhörner. Die von dort ausgehenden ,,präganglionären" Fasern treten mit den Vorderwurzeln aus, gelangen durch die Rr. communicantes albi zum Halssympathicus, in dessen Ggl. cerv. supremum sie auf ein neues Neuron übergehen, das der ,,postganglionären Fasern". Die weitere Verbindung geht über das Carotisgeflecht zum ersten Ast des Trigeminus und durch die langen Ciliarnerven zum Auge.

Die sensiblen, den Dilatatortonus beherrschenden Reize greifen zum Teil im Zwischenhirn, zum Teil im Rückenmark (Centr. cilio-spinale) an. Schmerzende Eingriffe, z. B. Ischiadicusreizung, wirken bei Tieren auch nach Entfernung der Großhirnrinde noch pupillenerweiternd, die Erregung braucht also nicht über das Zwischenhirnzentrum hinaufzugehen. Mit der Dilatatorerregung ist eine Hemmung des Sphincters verbunden.

Bei Durchschneidung des Halssympathicus tritt außer Pupillenverengerung noch Zurücktreten des Augapfels und Lidsenkung ein (Hornersche *Symptome* der Miosis, des Enophthalmus, der Ptosis). Letztere wird durch Aufheben des Tonus glatter, das Oberlid hebender Muskeln bewirkt. Ob der Enophthalmus durch Aufhebung des Tonus glatter Muskulatur oder durch Gefäßerweiterung in der Orbita bedingt ist, wird verschieden beantwortet; letztere Auffassung steht im Vordergrund. Ebenso wie einseitige Sympathicusdurchschneidung wirkt halbseitige Durchschneidung des Rückenmarks, durch welche die von oben kommenden tonischen Erregungen des Halssympathicus derselben Seite aufgehoben werden.

Das Gegenspiel von Sphincter- und Dilatatortonus ist nicht so zu verstehen, daß die Pupillenaktion die algebraische Summe der Erregung zweier antagonistischer Systeme — des sympathischen und parasympathischen — darstellt, sondern sie bildet das Ergebnis der Korrelation beider Systeme, wobei die Wirkung des parasympathischen Systems ausschlaggebender ist als die des sympathischen. Eine Pupillenreaktion auf Lichtreiz enthält sowohl eine parasympathische als auch eine sympathische Komponente. Einseitige Ausschaltung des Sympathicus führt nur zu einer vorübergehenden Erweiterung der Pupille der sympathektomierten Seite; auch die doppelseitige Sympathektomie wird, wenn auch langsamer, kompensiert. Sie führt zu einer dauernden Erweiterung, wenn gleichzeitig das Halsmark durchtrennt wird. Es wird angenommen, daß vom Budgeschen Zentrum aus Impulse zum parasympathischen Zentrum gelangen, die den Tonus des Sphincterzentrums zu ändern und die Folgen der Sympathektomie zu kompensieren vermögen. Man kann demnach nicht von einem strengen Antagonismus sprechen (SAUTTER, SEITZ). Neuerdings wird die alte Ansicht wieder aufgegriffen (LANGWORTHY und ORTEGA), nach der die Sympathicuswirkung auf die Pupille vorwiegend in der Aufrechterhaltung eines zentralregulierten Dilatatortonus besteht, und zwar über seinen dilatierenden Einfluß vor allem auf dem Umwege über den Kreislauf, indem Vasoconstriction der sehr zahlreichen Irisgefäße Erweiterung der Pupille bewirke. Die Quantität der Dilatatorfasern trete gegenüber der reichen Gefäßversorgung in den Hintergrund. Gegen diese Auffassung spricht, daß man maximale Pupillenerweiterung nach parasympathischer Denervation erst durch Reizung des Dilatators direkt erhält. Außerdem ergibt sich aktive Dilatation auch bei vollständiger Ausschaltung des Kreislaufes. Weiter innervieren nach LANGWORTHY die parasympathischen Fasern dagegen tatsächlich die glatte Sphinctermuskulatur. Sie lassen eine lokale und eine zentral gesteuerte Wirkung unterscheiden. Nach der Auffassung über die Kreislaufwirkung bei Dilatation wäre die Pupillenverengerung im Schlaf auf ein Nachlassen des Tonus des Vasoconstrictorenzentrums zurückzuführen, die

Altersmiosis auf eine Schwäche des Blutgefäßmechanismus, während hierbei die reine Muskelwirkung, also vor allem die Kontraktionsfähigkeit der Pupille, erhalten geblieben wäre.

Der *Lichtreflex der Pupille* ist den Schutzreflexen zuzurechnen, er regelt die Belichtungsstärke der Netzhaut. Bei sehr starker Belichtung, z. B. durch Schneelandschaft bei Sonne, genügt der Schutz nicht, um Schädigungen des Auges zu verhindern (Schneeblindheit), welche hauptsächlich durch kurzwellige Strahlung hervorgerufen werden.

Der *Durchmesser der Pupille* ändert sich zwischen Dunkelheit und starker Helligkeit etwa von 8 auf 2 mm. Als mittlere Weite kann 4 mm angegeben werden. Mit zunehmendem Alter nimmt die Pupillenweite sowohl im Hellen wie im Dunkeln ab, wofür die Zahlen der nachfolgenden Tabelle angegeben werden:

Alter	tags	nachts
20 Jahre	4,7	8 mm
40	3,9	6
60	3,1	4,1
80	2,3	2,5

Beim Kleinkind ist die Pupille auch im Dunkeln eng.

Die auf dem belichteten Auge schon durch eine kleine Intensitätszunahme erfolgende Pupillenverengung ist die reflektorische direkte Lichtreaktion. Bei Dunkelheit genügt schon eine Beleuchtungsstärke von 0,01 lx, bei 0,08 lx verengt sich die Pupille bereits um 1 mm (ENGELKING). Die Pupillenweite folgt der Beleuchtungsstärke am Auge nach der Relation $d_p = 0,913 \cdot \log E + 5,8$ (SCHOBER) (d_p = scheinbarer Pupillendurchmesser in mm; E = Beleuchtungsstärke in lx). Die Latenz der Reaktion auf kurze Lichtreize beträgt $0,21 - 0,22$ sec bei einer Kontraktionszeit von $0,45-0,7$ sec (PETERSEN). Darauf folgt nach einer 2 sec langen Periode mit konstantem Durchmesser die über 4 sec gehende Dilatation. Die Pupille ist danach immer noch um 0,4 mm enger als zuvor. Die zunächst große, später geringere Kontraktionsgeschwindigkeit beträgt durchschnittlich 5 mm/sec, nimmt aber mit dem Alter ab. Zur Pupillenverengerung von 7,5 auf 2,77 mm im Verlauf einer Helladaptation sind etwa 4 min erforderlich, sie ist aber erst nach 14 min abgeschlossen. Die bei Verdunkelung einsetzende Pupillenerweiterung besitzt eine durchschnittliche Dilatationsgeschwindigkeit von $1,0-2,3$ mm/sec (PETERSEN) und folgt der Lichtintensität umgekehrt proportional (OVIO) bei konstantem Quotienten Dilatation/Lichtintensität von 0,57. Zur maximalen Erweiterung einer durch Helladaptation maximal verengten Pupille sind mindestens 5 Minuten erforderlich (SILVESTRINI); sie soll erst nach 16 bis 17 Minuten vollständig sein.

Die von dem Sehloch durchgelassene Lichtmenge hängt von der Flächengröße des Loches ab, also von $r^2\pi$. Mithin ist die relative Änderung der Netzhauthelligkeit im Bestfall $8^2:2^2 = 16:1$.

In der Photographie pflegt man ein Objektiv als „lichtstark" zu bezeichnen, wenn seine maximale Blendenweite verhältnismäßig groß im Vergleich zur Brennweite ist. Man bildet das Öffnungsverhältnis $2\,r:f$, wobei r den Blendenradius, f die Objektivbrennweite bedeutet. Bekanntlich hat man neuerdings Objektive mit dem Öffnungsverhältnis 1:2,7 (Blendenzahl 2,7), ja bis zu 1:1 konstruiert. So kann man fragen, welche „Lichtstärke" in diesem Sinne das Auge hat. Bei voller Blendenöffnung ergibt sich aus $2\,r = 8$ mm und $f = 17,06$ mm das Öffnungsverhältnis $8:17,06 =$ etwa 1:2. Mithin ist das „Objektiv" des Auges „sehr lichtstark". Bei engster Pupille ist das Öffnungsverhältnis $2:17,06 =$ etwa 1:8,5. Die Blende im Auge verstellt sich also zwischen den Werten 2 und 8,5 im Sinne der Bezeichnungsweise an den photographischen Objektiven.

Der Helligkeitseindruck einer Fläche nimmt nicht genau proportional der Pupillenfläche zu; er ist vielmehr um einen Faktor vermindert, der um so größer ist, je schräger das Licht die Fovea trifft (also je weiter die Pupille) und je fovealer der Reiz (je mehr das Zapfensehen betroffen ist). Der Effekt ist im Tagessehen deutlicher als im Nachtsehen. Die dunkeladaptierte Fovea läßt ihn für alle Farben erkennen, die peripheren, dunkeladaptierten Netzhautteile zeigen ihn umso weniger, je kurzwelliger das Licht ist. Diese Erscheinung wird als *Richtungseffekt* oder *Stiles-Crawford-Effekt I. Art* bezeichnet (vgl. S. 111) (W. S. STILES und B. H. CRAWFORD). Formeln und Tabellen zur Korrektur der Netzhauthelligkeit finden sich bei MOON und SPENCER und bei TEUCHER. Nach DE GROOT und GEBHARD ist die Netzhautbeleuchtungsstärke in Troland (über diese Einheit vgl. S. 146) mit einem Faktor $1 - 0{,}0425\,r^2 + 0{,}00067\,r^4$ zu multiplizieren, wobei r der Pupillendurchmesser in Millimetern ist. Ob auch das reine Stäbchensehen den Effekt aufweist, konnte nicht festgestellt werden, da der Pupillenrand dem schrägen Lichteinfall eine Grenze setzt (FLAMANT und STILES). Nach der wahrscheinlichsten Erklärung, die auf BRÜCKE zurückgeht, ist die Form der Zapfen und der höhere Brechungsindex des Zapfeninhalts im Vergleich zur umgebenden Flüssigkeit dafür verantwortlich. Achsenparallele Strahlen werden im Conoid total reflektiert und an seiner Spitze konzentriert. Sehr schräg einfallende Strahlen treten in die intracellulare Flüssigkeit über und gehen zum großen Teil im Pigmentepithel verloren (E. BRÜCKE, O'BRIAN).

Bei Benutzung einer künstlichen Pupille, die enger ist als die natürliche, wird die Korrektur auf erstere bezogen.

Es sei noch erwähnt, daß aus weiter unten auseinandergesetzten Gründen die Pupille um das 1,14 fache größer erscheint als sie tatsächlich ist.

Bei der Pupillenverengerung ist die Verminderung der Bildhelligkeit nicht die einzige Folge, eine weitere ist die Vermehrung der *Bildschärfe*. Ein gewisser Mangel an Strahlenvereinigung bedingt, daß das Bild eines Lichtpunktes stets unscharf ist, besonders bei ungenauer Einstellung des Auges. Man nennt diese Lichtausbreitung den *Zerstreuungskreis*. Seine Größe wird bei der Verengerung der Pupille proportional vermindert, das Bild wird also schärfer.

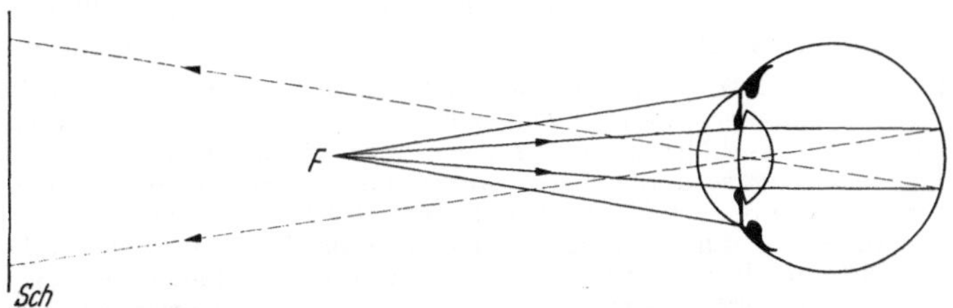

Abb. 9. *Entoptische Pupillenbeobachtung.* Strahlengang —— und Richtung der Wahrnehmung - - - - (Richtungslinien). *F* vorderer Brennpunkt (der zeichnerischen Deutlichkeit wegen etwas zu weit ab vom Auge). *Sch* Schirmfläche, auf welcher die Wahrnehmung liegt

Man kann die Veränderung der *Pupillenweite an sich selbst beobachten.* Man bedeckt das eine, etwa das linke Auge mit der Hand und hält vor das andere ein feines, in dunkles Papier gestochenes Loch an den Ort des vorderen Brennpunktes. Es läuft dann durch den Glaskörper ein parallelstrahliges Bündel, dessen Durchmesser der Pupillenweite gleich ist. Der Irisrand wird also auf der Netzhaut durch Schattenwurf abgebildet. Die entsprechende draußen liegende Wahrnehmung (das „Sehding" Pupille) hängt von der Größe des Netzhautbildes, also von der Größe der Irisöffnung ab. Deckt man nun das linke Auge auf, so daß Licht einfällt, so ist die gegenseitige Pupillenverengerung auch in ihrem zeitlichen Ablauf zu beobachten. Man nennt eine solche Wahrnehmung eines im Auge selbst befindlichen Gegenstandes eine *entoptische Wahrnehmung.* Strahlengang und Richtung der Wahrnehmung sind in Abb. 9 dargestellt.

Mit Hilfe entoptischer Pupillenbeobachtung konnten DÖRING und SCHAEFERS einen Tagesrhythmus der Pupillenweite aufweisen, der in guter Übereinstimmung mit anderen Tagesrhythmen steht und wie diese auf das vegetative Nervensystem zurückgeführt wird.

2. Die Akkommodation

a) Beobachtung der Veränderungen am Auge

Als *Akkommodation* im engeren Sinne wird eine besondere Anpassung des dioptrischen Apparates bezeichnet, nämlich die *an wechselnde Entfernungen* der betrachteten Gegenstände. Halten wir etwa 20 cm vor das Auge eine Nadelspitze derart, daß sie sich mit einer fernen Blitzableiterspitze deckt, so können wir willkürlich bald die eine, bald die andere Spitze scharf sehen, nicht aber beide zugleich. Kommt der Gegenstand noch näher an das Auge heran, so ist die scharfe Einstellung mit zunehmender Anstrengung verbunden und wird schließlich unmöglich. Der Versuch wird am besten einäugig angestellt.

Aus den Abbildungsgesetzen des einfachen optischen Systems, also auch des das Auge ersetzenden reduzierten Systems, geht schon hervor, daß das Bild bei Annäherung des Gegenstandes hinter die hintere Brennweite rückt; ein Gegenstand von 15 cm Entfernung vom Auge wird etwa 2,5 mm hinter dem hinteren Brennpunkt, welcher auf der Netzhaut liegt, abgebildet. Es müssen also die optischen Konstanten verändert werden, um auch in diesem Fall das Bild auf die Netzhaut zu bringen. Dieses geschieht durch die Nahakkommodation. Bei den Fischen kann die annähernd kugelförmige Linse durch einen besonderen Muskel (M. retractor lentis) an die Netzhaut angenähert werden, wodurch das Auge jetzt für ferne Gegenstände eingestellt ist, während es bei schlaffem Muskel nahe Gegenstände scharf abbildet. Bei höheren Tieren und dem Menschen liegen andere Einrichtungen vor.

Bei der *Akkommodation* des menschlichen Auges kann man eine Reihe von *Veränderungen* feststellen, welche zur Erkenntnis der zugrunde liegenden Vorgänge führten (HELMHOLTZ). Wird das Auge von der Seite her beobachtet, so nimmt man bei der Naheinstellung erstens eine „synergische" (d. h. in Mitbewegung begleitende) Pupillenverengerung und zweitens eine Abflachung der Vorderkammer wahr. Die Abflachung der Vorderkammer entspricht einem Vorrücken der Iris und weist auf Vorgänge an der hinter dieser liegenden Linse hin.

Es sei an dieser Stelle erwähnt, daß wir bei der Betrachtung des Auges keine ohne weiteres zutreffende Kenntnis von der *wahren Tiefe der Vorderkammer* sowie der wahren Größe der Irisöffnung erhalten. Die Verhältnisse sind so, wie wenn wir auf eine mit Schrift versehene Papierfläche eine plankonvexe Lupe legen, wobei die Schrift angenähert und vergrößert erscheint. Als eine solche Lupe ist für die Iris das von der Hornhaut umschlossene Kammerwasser anzusehen, die Iris und das Sehloch werden etwa auf das $1^1/_7$fache vergrößert. Schaltet man diese Lupenwirkung durch Eintauchen des herausgeschnittenen Tierauges in Wasser (welches annähernd den gleichen Exponenten hat wie das Kammerwasser) aus, so scheint die Iris zurückzuweichen. Der tatsächliche Abstand vom Hornhautscheitel zum vorderen Linsenpol ist bei Ferneinstellung 3,6 mm, bei Einstellung auf die Nähe 3,2 mm. Das vom Hornhautsystem entworfene *virtuelle Bild des Sehlochs*, welches etwa 0,6 mm vor diesem liegt, wird als *Eintrittspupille* bezeichnet. Ihre Lage und Größe ist für die Größe des Gesichtsfeldes (s. später) maßgebend, welches alle die Gegenstandspunkte umfaßt, von denen aus die Eintrittspupille sichtbar ist. Könnte man vom Glaskörper aus, der nach rückwärts eben begrenzt gedacht sei, auf die Irisöffnung blicken, so würde man das von der Linse entworfene Bild der Öffnung sehen. Dieses wird als *Austrittspupille* bezeichnet. Man sieht also durch die Hornhaut nicht eigentlich die Irisöffnung, sondern ihr virtuelles Bild, die Eintrittspupille, kurz Pupille genannt. Diese ist als Objekt der Austrittspupille als Bild zugeordnet. Die tatsächliche Blende der Iris wäre im Sinn der geometrischen Optik als „Aperturblende" (ABBE) zu bezeichnen.

Gleichzeitig mit Akkommodation und Pupillenverengerung findet beim Nahsehen die Konvergenzbewegung der Augen (Fixieren) statt. Die Pupillenverengerung ist unmittelbar mit der Konvergenzbewegung, nicht mit der Akkommodation verknüpft. Nach Versuchen von MARG und MORGAN ist die Akkommodation ausschlaggebender für die Pupillenreaktion als die Konvergenz.

Die Bedeutung der oben erwähnten synergischen Pupillenbewegung bei Akkommodation kann darin gefunden werden, daß bei enger Pupille die *Tiefe der Abbildung* zunimmt, d. h., daß bei Einstellung auf einen bestimmten Punkt die ferner oder näher gelegenen Punkte bei enger Pupille schärfer abgebildet werden als bei weiter Pupille, wenn auch in jedem Fall noch unscharf.

Aus dem später zu besprechenden Grenzwert der Sehschärfe ergibt sich, daß bei Einstellung des Auges auf eine bestimmte Gegenstandsentfernung diejenigen etwas vor oder hinter dem Einstellungspunkt liegenden Punkte ebenfalls noch scharf wahrgenommen werden können, die in einem Zerstreuungskreis von einem Durchmesser bis zu 5 μ abgebildet werden. Nebenstehende *Tabelle* gibt für eine Pupillenweite von 2 mm, wie sie bei heller Beleuchtung vorliegt, die Tiefenerstreckung an, in welcher bei Einstellung des Auges auf die angegebenen Entfernungen nähere oder fernere Punkte ebenfalls noch scharf wahrgenommen werden. Diese Strecken werden als Abbildungstiefe oder *Tiefenschärfe* bezeichnet.

Gegenstandsentfernung cm	Tiefenschärfe cm
20	1,2
30	2,6
50	7,3
70	14,4
100	30
500	1500
1000	∞

Hieraus geht hervor, daß man in der Entfernung der bequemen Sehweite eine Tiefenschärfe von etwa 3 cm hat, so daß bei Feinarbeit mit den Fingern in diesem Tiefenbereich Wechsel der Akkommodation überflüssig ist, und daß schon von 10 m ab bis zum Horizont alle Gegenstände bei gleicher Einstellung der Akkommodation scharf gesehen werden. Diese große Tiefenschärfe ist durch die verhältnismäßig kleine Brennweite des Auges (17 mm) und die starke Verengerungsfähigkeit der Pupille bedingt. Auch bei photographischen Objektiven ist die Tiefenschärfe unter sonst gleichen Bedingungen (Einstellung der Blende auf gleiches Öffnungsverhältnis) um so größer, je kleiner die Brennweite ist.

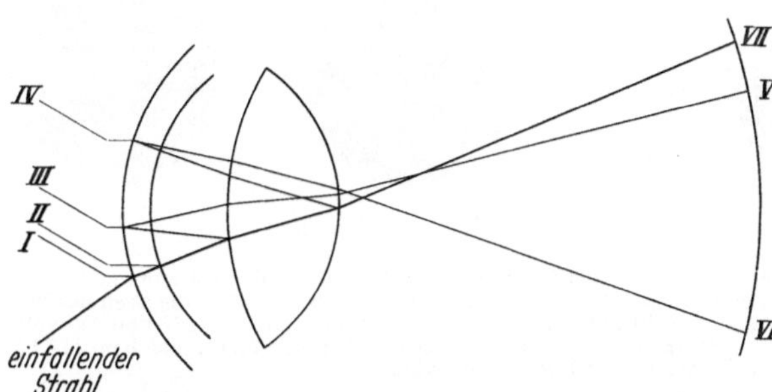

Abb. 10. *Durchtretender und rückgeworfener Anteil des auffallenden Lichtes.* Nach TSCHERNING. Stark ausgezogen der auf die Hornhaut auftreffende Strahl. Er bewirkt bei *VII* auf der Netzhaut die (lichtstarke) Hauptabbildung. *I, II, III* und *IV* die an der vorderen und hinteren Hornhautfläche bzw. vorderen und hinteren Linsenfläche rückgeworfenen Strahlen. *I, III* und *IV* geben die drei hauptsächlichen Purkinjeschen Spiegelbildchen (*II* das auch schon von PURKINJE gesehene von der hinteren Hornhautfläche entworfene Bildchen). *V* und *VI* sind Strahlen, welche, von der vorderen bzw. hinteren Linsenfläche entgegen der Richtung des einfallenden Lichtes zurückkehrend, an der Hornhautfläche nochmals in das Auge zurückgeworfen werden. Sie bewirken (lichtschwache) Nebenabbildungen

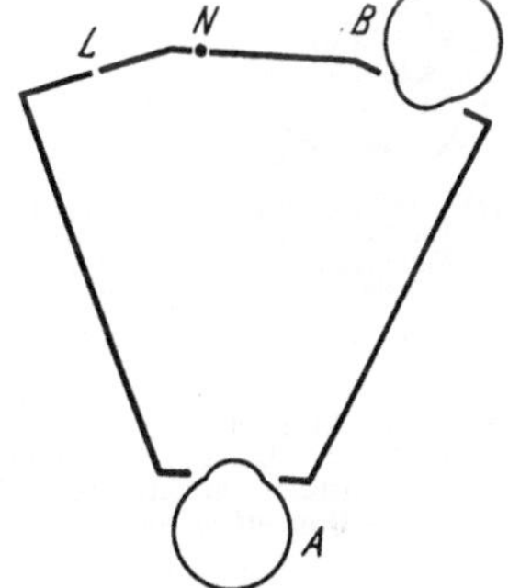

Abb. 11. *Phakoskop* von HELMHOLTZ, Horizontalschnitt. *A* Beobachter, *B* untersuchtes Auge, *N* Nadel zur Fixation, *L* beleuchtetes Doppelfenster (die Fensterteile stehen übereinander, in der Abbildung nicht darstellbar)

Die erwähnte *Abflachung der Vorderkammer* bei Akkommodation (Vorschiebung der Iris vorwiegend in ihrem mittleren Teil) könnte durch *Ortsänderung* oder durch *Formänderung* der *Linse* oder durch beides gleichzeitig bedingt sein. Eine Entscheidung zwischen diesen Möglichkeiten gab HELMHOLTZ durch die genauere Beobachtung und Messung der schon oben erwähnten *Hornhaut- und Linsenbildchen* (PURKINJE), d. h. der von den kugelförmigen Flächen entworfenen Spiegelbilder eines hellen Gegenstandes, z. B. eines Fensters (Abb. 12), die am besten mit bewegter Lichtquelle beobachtet werden. Das hellste der Bilder ist das von der vorderen Hornhautfläche entworfene, an welcher etwa 2,5% des auffallenden Lichtes zurückgeworfen werden. Wir sind so sehr gewohnt, diesen Lichtreflex auf der Hornhaut zu sehen, daß uns ein Auge glanzlos erscheint, wenn er fehlt. Der Maler setzt daher den Reflex dem dargestellten Auge hinzu.

Bei guter Beleuchtung kann man außerdem ein sehr schwaches hinteres Hornhautbildchen sowie ein schwaches vorderes und hinteres Linsenbildchen sehen. Die Helligkeit eines Bildchens ist um so geringer, je geringer der Unterschied der Brechungsexponenten der Medien ist, welche durch die spiegelnde Fläche getrennt werden, und je größer der Radius der Fläche ist. An der vorderen Linsenfläche beträgt die Lichtreflexion nur 0,03%. Das hintere Hornhautbildchen, das nur mit besonderen Hilfsmitteln sichtbar ist (es wird aber schon von PURKINJE in seiner Abbildung dargestellt), kann weiterhin unberücksichtigt bleiben. In Abb. 10 sind die den Bildchen zugrunde liegenden Lichtreflexionen nach TSCHERNING (2) dargestellt.

Man sieht, daß die gegen den Lichteinfall zurückgeworfenen Strahlen zum Teil nochmals in Lichtrichtung reflektiert werden und auf der Netzhaut Nebenbilder veranlassen. Weitere Reflexionen können im Innern der Linse auftreten, wenn sie diskontinuierlich, sprungweise sich ändernde Verschiedenheiten der Brechungsexponenten enthält (HESS). Die erwähnte Lichtzerstreuung ist an einem Abbildungsfehler beteiligt, der als „*Irradiation*" (Lichtausstrahlung, Lichtüberstrahlung) bezeichnet wird.

Zur *Beobachtung der Spiegelbildchen* ist es sehr zweckmäßig, das Auge im Dunkelzimmer von der Seite durch ein in einem Kasten befindliches Fenster zu beleuchten (*Phakoskop* von HELMHOLTZ, abgeändert von HOLLAND, Abb. 11).

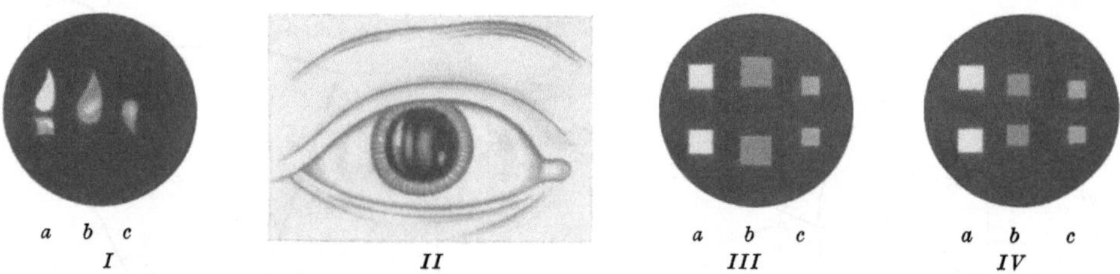

Abb. 12. Purkinjesche *Spiegelbildchen*, entworfen von der vorderen Hornhautfläche und der vorderen und hinteren Linsenfläche. Links: *I* Spiegelung einer Kerze, nach HELMHOLTZ. Zum Vergleich ist daneben die auch das hintere Hornhautbildchen enthaltende Zeichnung *II* von PURKINJE (1823) wiedergegeben. Rechts: *III* und *IV* Spiegelung eines Doppelfensters nach HELMHOLTZ. *a* Hornhaut-, *b* vorderes Linsen-, *c* hinteres Linsenbildchen. *III* bei Blick in die Ferne, *IV* bei Blick in die Nähe

Der Beobachter sieht von der anderen Seite her die drei Spiegelbilder, die beiden ersten aufrecht, das dritte umgekehrt. Das erste Bild stammt von der Hornhautfläche, das zweite von der vorderen Linsenfläche, die beide konvex sind, also virtuelle aufrechte Bilder geben. Das dritte Bild wird von der konkaven hinteren Linsenfläche entworfen, welche als Hohlspiegel reelle, umgekehrte Bilder liefert. Die Bildgröße ist dem Radius der kugeligen Spiegelfläche entsprechend. Eine Formänderung der Linse muß an Veränderung der Größe des Linsenbildchens kenntlich sein, eine Ortsänderung hingegen an einer Verlagerung beider Linsenbildchen gegen das Hornhautbildchen. Mit der erwähnten Anordnung sieht man bei genauer Beobachtung deutlich, daß das der vorderen Linsenfläche zugehörige Bild kleiner wird und sich dem Hornhautbild annähert, wenn die Nadel *N* fixiert wird, während sich das hintere nicht merklich ändert (Abb. 12). Dadurch ist eine Ortsänderung der ganzen Linse ausgeschlossen und eine Annäherung nur der vorderen Linsenfläche an die Hornhaut infolge stärker werdender Krümmung dieser Fläche erwiesen. Hornhautveränderungen sind an der Akkommodation nicht beteiligt, das Hornhautbildchen bleibt unverändert.

Die *Messung* der Größenänderungen der Bildchen wird mit dem Ophthalmometer vorgenommen. Hieraus ergibt sich, daß der Radius der vorderen Linsenfläche sich bei Akkommodation von 10,0 auf 6,0 mm verkleinert, der der hinteren Fläche von 6,0 auf 5,5 mm.

Durch photographische Aufnahme des vorderen Linsenbildchens konnte festgestellt werden, daß die Akkommodationszeit von nah zu fern 0,43 sec und von fern zu nah 0,5 sec beträgt (H. KIRCHHOF). Bei Leuten über 40 Jahre sind diese Zeiten merklich verlängert.

b) Mechanismus der Akkommodation

Mit dem Zustandekommen der in dieser Weise genau festgelegten Linsenveränderungen hat sich ebenfalls HELMHOLTZ bereits beschäftigt. Die Linse ist durch feine, an ihrem Äquator und dem anschließenden Teil der vorderen und hinteren Fläche ansetzenden Fasern (Zonula ciliaris, Fibrae suspensoriae, Strahlenbändchen) aufgehängt. Der Verlauf der von dem Polsterring des Corpus ciliare ausgehenden Zonulafasern ist sehr anschaulich in der Abbildung von RETZIUS dargestellt (Abb. 13). HELMHOLTZ sah in dem System Ciliarmuskel, Zonulafasern, Linse ein mechanisch-elastisches System. Durch Kontraktion des Ciliarmuskels sollte es zu einer Entspannung der Zonulafasern und dadurch zur Wölbung der Linsenvorderfläche kommen. Den umgekehrten Vorgang der Linsenabflachung bei Erschlaffung des Ciliarmuskels führt er auf den Glaskörper zurück. Diesen letzten Teil seiner Anschauung ersetzte GULLSTRAND durch die Theorie vom „doppelten Antagonismus".

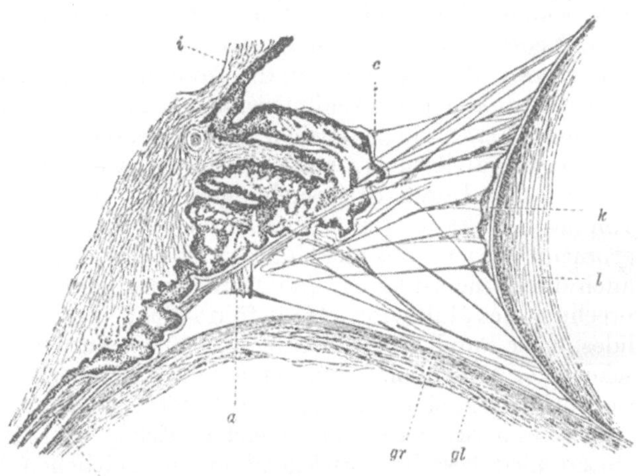

Abb. 13. Verlauf der Haltefasern vom Ciliarkörper zur Linse. Nach RETZIUS. *l* Linse, *k* Kapsel mit Ansätzen der Haltefasern, *gl* Glaskörper, *gr* Grenzschicht des Glaskörpers, *i* Iriswurzel, *a, b, c* Ursprungsstellen der Haltefasern an der Chorioidea, den mittleren und vorderen Teilen des Ciliarkörpers. Der vordere Linsenpol ist im Bilde oben zu denken, der hintere unten

Danach sollen die eigentlichen antagonistischen Kräfte die elastischen in der Linsenkapsel einerseits und die der Aderhaut andererseits sein; der Ciliarmuskel soll nur regulierend wirken und einen Schutzmechanismus bilden vor zu starken äußeren Kräften und zu schneller Fern- und Naheinstellung. Es ist jedoch zweifelhaft, ob die Aderhaut in der Lage ist, die dauernde Spannung der Zonula auszuhalten.

Zur Erklärung dafür, daß sich die Krümmungsänderung der Linse im wesentlichen an der vorderen Fläche abspielt, ist der Verlauf der Haltefasern heranzuziehen. Der größte Teil der Fasern geht zur vorderen Linsenfläche und greift mehr zum Linsenpol vor als die an der hinteren Linsenfläche ansetzenden. Die vorn ansetzenden Fasern sind außerdem stärker als die hinteren. GULLSTRAND hielt es für möglich, daß die zur Hinterfläche ziehenden Fasern ihre Spannung bei der Akkommodation nicht ändern. Die Annahme, daß die vordere Wand der dünnen Linsenkapsel einen geringeren elastischen Widerstand besitze als die hintere, trifft jedoch nicht zu. Nach Untersuchungen von VOGELSANG und PAU an der Linsenkapsel des Rinderauges ist das Umgekehrte der Fall. Die Hinterfläche der Kapsel ist elastischer und dehnbarer. FINCHAM (welcher sehr anschauliche Abbildungen von Linsenbildchen gibt), zeigt, daß die Linsenkapsel vorn dicker ist als hinten und seitlich dicker als in der Mitte. PAU erklärt die Bedeutung der Hinterfläche der Linsenkapsel folgendermaßen: Da sich das Volumen der Linse bei maximaler Nah- oder Ferneinstellung des Auges nicht verändern kann, und die Oberfläche um so größer werden muß, je mehr die Linsenform von einer Kugel abweicht, kann die Abplattung der Linsenvorderfläche nur einhergehen mit einer entsprechenden Dehnung der Linsenhinterfläche, der durch Drucksteigerung im Glaskörper Grenzen gesetzt sind. Die Druckveränderungen im Glaskörper führt PAU auf Durchblutungsveränderungen im Aderhautschwamm bzw. Ciliarkörper zurück, die mit der Ciliarmuskeltätigkeit zusammenhängen. In gewisser Hinsicht wird damit die Anschauung von HELMHOLTZ bestätigt, daß dem Glaskörper, dem die Linse aufliegt, eine Bedeutung für den Akkommodationsvorgang zukommt.

Schon zu Zeiten von HELMHOLTZ hat man einen Antagonismus einzelner Teile des Ciliarmuskels angenommen. Man findet in ihm Muskelfasern, die vorwiegend einen von vorn nach hinten in Richtung der Meridiane liegenden Verlauf (Meridionalfasern, Brückescher Muskel) haben. Sie setzen in der Gegend des Schlemmschen Kanales an (an der Corneoscleralgrenze) und laufen rückwärts gegen die Aderhaut hin. Mehr nach innen zu liegen ringförmige (zirkuläre) Fasern, als Müllerscher Muskel bezeichnet. Bei ihrer Zusammenziehung, die unter dem Einfluß des Oculomotorius erfolgt, verengert sich der Muskelring, in dem die Linse aufgehängt ist. Als dritter Anteil sind radiär verlaufende Fasern (IVANOFF) beschrieben worden. Ihnen hat u. a. COGAN die Erweiterung des Muskelringes zugeschrieben. Neuerdings wird von anatomischer und augenärztlicher Seite (MOLLIER, MEESMANN, ROHEN, STIEWE) die Dreiteilung des Ciliarmuskels abgelehnt und als Kunstprodukt einer zweidimensionalen Histologie bezeichnet. Der Ciliarmuskel ist nach ROHEN ein „zwischen zwei Fasersystemen ausgespanntes, funktionelles System dreidimensional verflochtener Muskelfasern", dessen Reaktion eine einheitliche ist. Durch Untersuchungen, die von MEESMANN an Katzenaugen und von MONJÉ, SIEBECK u. a. an Menschen durchgeführt wurden, konnte der Beweis erbracht werden, daß nicht nur die Naheinstellung nervös gesteuert ist, sondern auch die Ferneinstellung, und zwar letztere durch den Sympathicus. Die Unterbrechung des Halssympathicus führt nicht nur zu einem Herabhängen des Oberlides, einer Pupillenverengerung und einem Zurücksinken des Augapfels (Hornerscher Symptomenkomplex), sondern auch zu einer Vergrößerung der Akkommodationsbreite und einer verlängerten Einstellzeit von der Nähe auf die Ferne. Sympathicomimetica haben den gleichen Erfolg wie die Parasympathicolytica. Ein Unterschied besteht vorwiegend in den zeitlichen Verhältnissen. Während die Wirkung eines Parasympathicolyticums, des Atropins z. B., über lange Zeit anhält, ist die Wirkung von Adrenalin (Glaucosan) überhaupt nur zwischen der 15. und der 30. min nach Einbringen in das Auge nachzuweisen. Das Ausmaß des Absinkens der Akkommodationsfähigkeit, gemessen an dem Hinauswandern des Nahpunktes, ist aber bei Glaucosan nicht wesentlich von dem nach Homatropingaben verschieden. Der Unterschied in der Wirkung der Sympathicomimetica und Parasympathicolytica kann darauf zurückgeführt werden, daß wir zur Oculomotoriuslähmung körperfremde Substanzen verwenden, die nach Ansicht von W. R. HESS leichter in den Körper eindringen als körpereigene. Die Einstellung des Auges in die Ferne wird also durch den Sympathicus gesteuert. Damit findet auch die sog. „negative Akkommodation" (LE GRAND) ihre Erklärung.

Die durch den Sympathicus gesteuerte negative Akkommodation soll nach HENDERSON durch eine Kontraktion der meridionalen Ciliarmuskelfasern zustandekommen. Dadurch werden die Zonulafasern in Längsrichtung und damit auch die Linse gespannt, während die seitlich ansetzenden radialen Muskelfasern durch Zug den Zonulafaserbogen ausbilden und die zirkulären Muskelfasern die Zonulafasern erschlaffen lassen. Somit kann auch die Akkommodation als ein Regelmechanismus aufgefaßt werden, dessen Störgröße die retinale Bildunschärfe ist, durch die eine Korrektur im Stellwerk der Sehsphäre veranlaßt wird (MÜLLER-LIMMROTH).

Wenn die Ferneinstellung des Auges durch den Sympathicus beeinflußt wird, kann man sie nicht als Ruhelage des Auges bezeichnen. Diese liegt vielmehr, sofern man überhaupt von einer solchen reden will, zwischen der Nah- und der Ferneinstellung. Dabei wird es auf das Verhältnis des Tonus des Parasympathicus zum Tonus des Sympathicus ankommen. Und dieses Verhältnis wird individuell verschieden sein, es wird sich mit dem Alter ändern und von vielen Faktoren abhängen, z. B. von einer Heterophorie. Im allgemeinen überwiegt beim Akkommodationsvorgang der Parasympathicus (Oculomotorius). Das rechtfertigt jedoch nicht die heute noch allgemein übliche Ausdrucksweise, ausschließlich die Naheinstellung als Akkommodation zu bezeichnen und ein auf unendlich eingestelltes Auge akkommodationslos zu nennen. Richtiger spricht man von einer Nah- und Fernakkommodation. Da die Ferneinstellung des Auges nicht seine Ruhelage ist, erklärt sich auch, daß zu starke Konvexbrillen ebenso zu asthenopischen Beschwerden führen können wie zu starke Minusgläser. Entsprechende Erfahrungen sind schon vor hundert Jahren beschrieben, in der Praxis jedoch wenig beachtet worden.

Bisher gingen wir mit HELMHOLTZ von der Voraussetzung aus, daß die akkommodativen Änderungen an der Linse *nur die Krümmungsradien* betreffen, daß also die im Totalindex zusammengefaßten Brechungseigenschaften unverändert bleiben. GULLSTRAND erkannte demgegenüber als erster, daß sich der hohe Betrag der Brechkraftänderung bei Nahakkommodation durch eine Linse mit

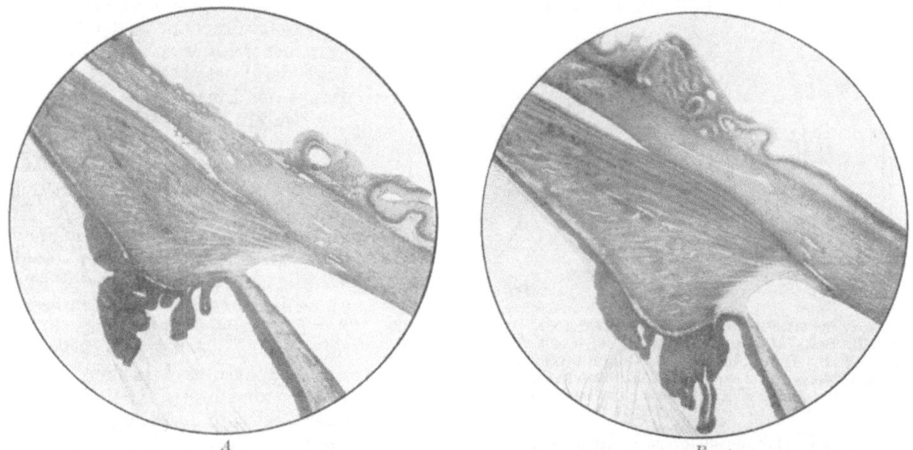

Abb. 14. *Durchschnitt durch den Ciliarkörper von Affenaugen.* Nach HEINE. *A* im Zustand der Muskelerschlaffung (Ferneinstellung). *B* im Zustand äußerster Muskelanspannung (Naheinstellung). Die Naheinstellung wurde durch Physostigmin, die Ferneinstellung durch Atropin hervorgerufen. Man beachte die durch die Muskelzusammenziehung bewirkte Verdickung des Ciliarkörpers, dessen Rand sich nach innen (im Bilde nach links) verschiebt, und die Änderung des Vorderkammerwinkels vor dem Irisansatz. Durch die Änderung wird die Raumverminderung ausgeglichen, welche durch das Vorrücken des vorderen Linsenpols bedingt wird. (Der Hornhautpol liegt oben, ebenso wie in Abb. 13)

unveränderlichem Totalindex nicht darstellen läßt. Außerdem wendet er gegen die Verwendung des fiktiven Totalindex ein, daß die tatsächliche Linse eine andere Lage der Hauptpunkte hat als die Linse gleicher äußerer Form mit dem Totalindex. Es kommt also bei der Akkommodation zu der äußeren Formänderung eine *innere Veränderung der Linse* hinzu, die durch eine Erhöhung des Totalindex dargestellt werden kann (nach GULLSTRAND von 1,4085 auf 1,4263) und die durch Verschiebung stärker brechender Massen von der Peripherie zur Mitte hin zustande kommt. Es ist also ein „*äußerer*" und ein „*innerer*" *Akkommodationsanteil* zu unterscheiden, ersterer wird von der veränderten Oberflächenkrümmung, letzterer von den inneren Verschiebungen geleistet, welche von GULLSTRAND durch Rechnung nachgewiesen und aus dem Feinbau der Linse (Verlauf der Linsenfasern) hergeleitet werden konnten.

PAU glaubt allerdings, daß die Voraussetzungen für die Anschauungen GULLSTRANDs nicht vorhanden seien, und daß der Gullstrandsche intrakapsuläre Akkommodationsmechanismus nur mit Einschränkung anerkannt werden könne. Eine besondere Bedeutung spricht PAU den Änderungen des kolloidosmotischen Druckes der Linseneiweiße zu.

Durch schwierige Berechnungen gelang es GULLSTRAND, die optisch inhomogene Linse durch eine schematische Linse zu ersetzen, die nur aus homogenen Medien besteht und der tatsächlichen Linse gleichwertig (äquivalent) ist. Diese *schematische Linse* hat die äußere Form der tatsächlichen Linse mit den Radien 10 und 6 mm und die Gesamtbrechkraft von 19,11 dptr. Sie besteht aus einem Kern von etwa 2,4 mm Dicke, mit einem Exponent von 1,406 (Brechungsexponent des Linsenzentrums) und den Krümmungsradien von etwa 8 und 5,8 mm.

Dieser Kern ist von zwei Schalen umgeben, deren Flächen durch die äußeren Linsenflächen und die Kernflächen gegeben sind und deren Exponent 1,386 (Brechungsexponent der Linsenpole) ist. Bei stärkster Nahakkommodation gehen die Radien der äußeren Linsenflächen auf 6 mm über, die der Kernflächen auf etwa 2,7 mm. Abb. 15a und b gibt nach GULLSTRAND (aus GROETHUYSEN) das schematische Auge wieder. Es folgen von links nach rechts: die Hornhautflächen, die Hauptebenen H' und H'' des Gesamtauges, die Linsenvorderfläche A, die Kernvorderfläche C, die Kernhinterfläche D, die Linsenhinterfläche B. In a ist der Zustand der Ferneinstellung, in b der einer maximalen Nahakkommodation dargestellt. Die rund 19 dptr der auf die Ferne akkommodierten Linse verteilen sich derart auf die schematische Linse, daß auf die vordere Schale 5 dptr, die hintere 8 dptr und den Kern 6 dptr (Zahlen abgerundet) entfallen. Bei der auf die Nähe akkommodierten Linse mit etwa 33 dptr kommen auf die beiden Schalen je etwa 9, auf den Kern 15 dptr. Durch die Änderung der äußeren Form der Linse kommen danach nur rund $^2/_3$ der akkommodativen Brechkraftzunahme zustande; $^1/_3$ fällt auf die inneren Veränderungen, die sich in der Erhöhung des Totalindex aussprechen. In der Möglichkeit dieser inneren Veränderungen liegt der Vorteil des geschichteten Baues der Linse.

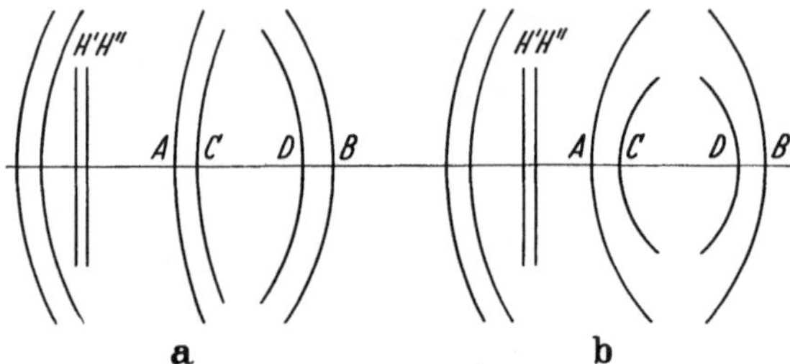

Abb. 15. *Schematische Linse.* Nach GULLSTRAND. In 4facher Größe dargestellt. Bei a Auge auf die Ferne, bei b auf die Nähe akkommodiert. *H' H''* Hauptebenen des Gesamtauges, davor die beiden Hornhautflächen. *A* die vordere, *B* die hintere äußere Linsenfläche, *C* und *D* die Flächen der äquivalenten Kernlinse

Um ein Mißverständnis zu vermeiden, sei betont, daß die Gullstrandsche *äquivalente Kernlinse* an sich nichts zu tun hat mit dem reellen *Linsenkern*. Denn beim Erwachsenen nimmt mit zunehmendem Alter die Dicke der Rinde ständig zu und die des Linsenkernes ab, wobei der sagittale Durchmesser der Linse gleichbleibt. Dies hängt mit den ganz langsam erfolgenden Wachstumsvorgängen in der Linse zusammen, bei welchen das Zentrum wasserärmer und starrer wird (Linsensklerose) und sein Volumen abnimmt, wodurch für die ständig von den Epithelien am Linsenäquator neugebildeten Fasern Raum geschaffen wird. In höherem Alter ist die ganze Linse sklerosiert. Sie verliert dadurch ihre Akkommodationsfähigkeit (Presbyopie) und bewirkt zudem oft das Auftreten leichter Altersweitsichtigkeit (etwa 1 dptr) bei früher emmetropen Augen. Über die chemischen Veränderungen in der Linse wurde des näheren ermittelt, daß mit den Jahren der Gehalt des wasserunlöslichen Eiweißes im Verhältnis zum wasserlöslichen steigt. Die Brechkraft der Linse nimmt also mit Zunahme des wasserunlöslichen Eiweißes ab. Die Gelbfärbung steht vielleicht zu dem Tyrosingehalt in Beziehung (JESS).

Bei der Akkommodation treten im Glaskörper Druckänderungen auf, die nach PAU darauf zurückzuführen sind, daß bei der Kontraktion des Ciliarmuskels das in ihm und in der Aderhaut vorhandene Blut ausgepreßt wird. Das ließ sich sehr schön an einer durch eine Nachstarlücke in die Vorderkammer prolabierten Glaskörperblase beobachten. Die Blase stülpte sich beim Blick in die Ferne vor und retrahierte sich beim Blick in die Nähe. Die Druckänderungen im Glaskörper führen am normalen Auge zu keiner nachweisbaren Veränderung des Augenbinnendruckes, beim Primärglaukom sollen dagegen deutliche Tensionsveränderungen durch die Akkommodation ausgelöst werden (PAU).

Das Wichtigste an der modifizierten Helmholtzschen *Theorie der Akkommodation* ist die Vorstellung, daß bei der Naheinstellung die Spannung der Aufhängefasern (und damit ihre deformierende Wirkung auf die Linse) infolge der Anspannung der Ciliarmuskeln nachläßt. Dadurch muß nun die Linse in ihrer Aufhängevorrichtung gelockert werden. HESS hat als Folge dieser Lockerung bei stärkster Nahakkommodation durch entoptische Beobachtung nachgewiesen, daß die *Linse* sich der Schwere folgend senkt und sogar *schlottern* kann, worin eine wesentliche Stütze der Helmholtzschen Theorie liegt. Auch konnte bei Vor- und Rückwärtsneigen des Kopfes eine Linsenverschiebung nach vor und zurück im Auge bei Akkommodation in die Nähe nachgewiesen werden.

Andererseits wird gegen diese Theorie eingewendet, daß die Zonulafasern zu wenig starr sind (eine zu große Dehnbarkeit besitzen), als daß sie eine Zugwirkung auf die Linse übertragen könnten (v. PFLUGK). Demgegenüber ist aber von HESS am Affenauge (ähnlich von

HELMHOLTZ am Menschenauge) gezeigt worden, daß durch Zug an den Haltefasern eine Krümmungsabnahme der vorderen Linsenfläche bewirkt wird. Am menschlichen Leichenauge erhielt man ferner durch Abtrennung der Fasern eine Krümmungszunahme der vorderen Linsenfläche. Auch wird angegeben, daß sich bei starkem Zug der Ansatz der Haltefasern von der übrigen Kapsel ablöst, bevor die Fasern selbst zerreißen. Es ist zu beachten, daß die Aufhängefasern sehr zahlreich sind, also im ganzen einen großen elastischen Widerstand haben, auch wenn er an der Einzelfaser gering ist. ODQVIST hat die gegen die Helmholtzsche Auffassung erhobenen Einwände einer besonders eingehenden Untersuchung unterworfen. Er weist auf die Beobachtungen von COMBERG und von BROWN hin, nach denen man beim Menschen nach teilweiser Irisausschneidung bei Beleuchtung mit einem sehr hellen Lichtstreif (Spaltlampe) sieht, daß bei Akkommodation der vordere Pol der Linse nach vorn wandert, der Äquator zur Mitte hin gezogen wird und an den Ansätzen der Haltefasern an der Linse Abhebungen entstehen, wie wenn man am Handrücken an den Haaren zieht. Durchschneidet man an zwei einander gegenüberliegenden Stellen die Haltefasern, so wird die Vorderfläche der Linse astigmatisch, die Spiegelbilder von Kreisen werden elliptisch. Auch am Modell konnte ODQVIST zeigen, daß eine elastische linsenförmige Blase durch schwachen Zug an Spannfedern von sehr geringem Elastizitätsmodul (großer Dehnbarkeit) hervorgerufen werden kann.

c) Maß der Akkommodation

Das *Maß der Akkommodation* ergibt sich aus der Entfernung desjenigen Punktes vom Auge, auf den das akkommodierte Auge eingestellt ist, der also auf der Netzhaut scharf abgebildet wird. Dieser Punkt sei der *Einstellungspunkt* genannt. Für das regelmäßig gebaute Auge liegt der Einstellungspunkt bei dem für die Ferne eingestellten Auge im Unendlichen; er wird dann als *Fernpunkt (Fp)* bezeichnet. In diesem Zustand fällt der hintere Brennpunkt auf die Netzhaut. Der Fernpunktabstand heiße R. Durch zunehmende Anspannung des Ciliarmuskels rückt der Einstellungspunkt näher und näher an das Auge heran. Bei äußerster Akkommodationsanstrengung wird dieser Punkt *Nahpunkt (Np)* genannt. Der *Nahpunktabstand (N)* kann als *Maß der äußersten Nahakkommodation* benutzt werden.

Die *Lage* des *Nahpunktes* ist bei normal gebauten Augen von gleichaltrigen Menschen annähernd die gleiche, sie verändert sich aber mit dem Alter, wie folgende Tabelle zeigt:

Alter	10	20	30	40	50	60	70	75	Jahre
Nahpunktentfernung	7	10	14	22	40	100	400	∞	cm

Diese Verschlechterung der Akkommodationsleistung wird als *Alterssichtigkeit* (Presbyopie) bezeichnet, sobald der Nahpunkt über 30 cm Entfernung vom Auge hinausgerückt ist, was zu Beschwerden beim Lesen führt. Die Ursache der Alterssichtigkeit liegt in der schon erwähnten Veränderung der Linse. Sie wird bei den Vorgängen des Alterns starrer und erhält allmählich dauernd die Form, die sie im jugendlichen Alter nur infolge der Zugwirkung der Zonula einnahm, die abgeplattete Form.

Mit der Nahpunktentfernung darf nicht eine andere Entfernung verwechselt werden, die praktisch wichtig ist, die *bequeme Sehweite*. Es handelt sich bei ihr um den geeigneten Buchabstand beim Lesen. Dieser hängt von der Nahpunktentfernung ab, ist ihr aber nicht gleich. Bequeme Sehweite ist diejenige Entfernung, in welcher wir bei regelmäßigem Bau der Augen feinere Arbeit bei nur geringer, auch längeres Arbeiten ermöglichender Anstrengung der Augenmuskeln verrichten können. Die richtige Entfernung beim Lesen ist 30—35 cm.

Bei der *Bestimmung des Nahpunktes* kann man einfach einen Zentimetermaßstab und eine Nadel benutzen und den kleinsten Abstand vom Auge bestimmen, in welchem die Nadel noch scharf gesehen werden kann. Da sich aber der Übergang von der scharfen Abbildung zur unscharfen nicht leicht erkennen läßt, wird für genaue Bestimmungen eine Hilfseinrichtung verwendet, der

Scheinersche Versuch (Abb. 16). Man hält dicht vor das Auge ein Kartenblatt, in welches zwei feine Löcher so gestochen sind, daß sie beide vor der Pupillenöffnung liegen. Steht die Nadel im Nahpunkt, so wird sie einfach gesehen, weil die beiden durch die Löcher ausgeblendeten Strahlenbüschel auf der Netzhaut zusammenstoßen (Abb. 16 *I*). Steht die Nadel aber näher, so erscheint sie doppelt, weil jetzt die beiden allein zur Abbildung verwendeten Strahlenbündel sich nicht auf der Netzhaut vereinigen, sondern in zwei kleinen Zerstreuungskreisen die Netzhaut durchstoßen und daher die Wahrnehmung zweier Nadelspitzen hervorrufen (Abb. 16 *II*). Denn die Wahrnehmung richtet sich in erster Linie nach den Abbildungsverhältnissen auf der Netzhaut. Das Kriterium „scharf oder unscharf" ist also durch das bessere Kriterium „einfach oder doppelt" ersetzt. Auf dem Scheinerschen Versuch beruht das *Optometer von Donders*.

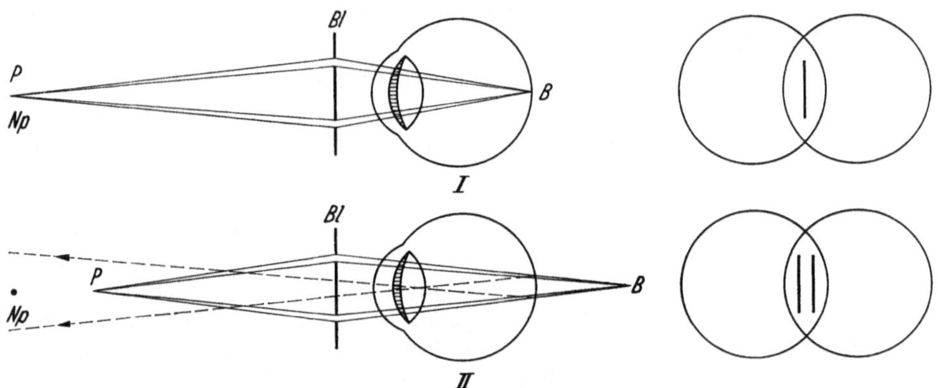

Abb. 16. Scheinerscher *Versuch zur Nahpunktbestimmung*. Links: der Strahlengang. Rechts: die Wahrnehmung (Sehding). *P* Gegenstandspunkt (Nadelspitze). *Np* Nahpunkt. *Bl* Blende mit zwei Löchern. *B* Bild von *P*. Die gestrichelten Linien geben die Richtung der Wahrnehmung an. Im oberen Teil: Nadelspitze im Nahpunkt. Im unteren Teil: Nadelspitze näher als der Nahpunkt

In einer ebenso einfachen wie zweckmäßigen Ausführungsform besteht das Donderssche *Optometer* aus einem Millimetermaßstab von 50 cm Länge, auf dem eine senkrecht stehende Nadel mittels Schieber eingestellt werden kann. Am Nullende des Maßstabs befindet sich eine Blende mit zwei feinen Löchern, die vor das Auge gehalten werden, sowie eine Fassung zum Vorsetzen von Brillengläsern. Zur *Nahpunktbestimmung* wird bei möglichst großer Anspannung des Ciliarmuskels (Zuhilfenahme von Schielen nach der Nase) die Nadel mehrmals so weit herangeschoben, daß sie eben noch einfach gesehen werden kann. Bei der Ablesung der Nadelstellung ist der Abstand des Nullpunktes der Skala vom vorderen Hauptpunkt des Auges, der 1,5 mm hinter dem Hornhautscheitel liegt, zu berücksichtigen.

Den weiteren Ausführungen etwas vorgreifend seien schon an dieser Stelle die Maßnahmen zur *Bestimmung des Fernpunktes* und des *Astigmatismus* besprochen. Liegt der Fernpunkt nicht weiter ab als etwa 40 cm, so ist die Bestimmung ohne weiteres in der Weise möglich, daß bei vollständiger Entspannung des Ciliarmuskels (Hilfsvorstellung, die Nadel befinde sich sehr weit weg) die weiteste Entfernung aufgesucht wird, in welcher die Nadel noch einfach gesehen wird. Im übrigen wird zur Fernpunktbestimmung ein Vorsatzglas von z. B. + 4 dptr benutzt, dessen Brechkraft bei der Berechnung abzuziehen ist.

Beispiele: 1) Vorsatz + 4 dptr, F_p gefunden bei 25 cm, also $1/R = + 4$ dptr, Refraktion $4 - 4 = 0$ dptr = Emmetropie. 2) Vorsatz + 4 dptr, F_p gefunden bei 33 cm, also $1/R = + 3$ dptr, Refraktion $= 3 - 4 = - 1$ dptr = Hypermetropie. 3) Vorsatz + 4 dptr, horizontal F_p gefunden bei 33 cm, also $1/R = + 3$ dptr, Refraktion $3 - 4 = - 1$ dptr; senkrecht F_p gefunden bei 20 cm, also $1/R = + 5$ dptr, Refraktion $5 - 4 = + 1$ dptr; Astigmatismus $1 - (- 1) = 2$ dptr.

Für viele Zwecke ist diese Messung der Akkommodation im Streckenmaß nicht ausreichend. Da bei der Akkommodation die Brechung der Strahlen verändert wird, liegt es nahe, das *Brechkraftmaß der Akkommodation* zu ermitteln, die Akkommodation also in Dioptrien auszudrücken. In diesem Maßsystem können wir die Akkommodationsleistung angeben, wenn wir die Formel des einfachen optischen Systems sowohl auf das in die Nähe als auch auf das in die Ferne eingestellte Auge anwenden.

Weil ähnliche Überlegungen, wie hier für die Akkommodation, auch bei den Refraktionsanomalien gelten, ist es am besten, gleich allgemein die Aufgabe zu lösen, um wieviel Dioptrien sich zwei optische Systeme I und II unterscheiden, deren Einstellungsentfernungen a_I und a_{II}, deren Bildentfernungen übereinstimmend gleich b sind (entsprechend dem gleichbleibenden Hauptpunkt-Netzhaut-Abstand), und deren im ersten Medium (Luft) liegende Brennweiten f_I und f_{II} sind, wobei $f_I > f_{II}$ sei. Die entsprechenden hinteren Brennweiten sind f'_I und f'_{II}. Da die Brechkraft des Systems I laut Definition $= \dfrac{1}{f_I}$, die des zweiten $\dfrac{1}{f_{II}}$ ist, so gibt der Wert $\dfrac{1}{f_{II}} - \dfrac{1}{f_I}$ den Brechkraftunterschied an. Wir finden ihn folgendermaßen: Nach Formel (8) erhalten wir für das System I unter Berücksichtigung, daß in Luft $n = 1$ ist, (9) $\dfrac{1}{a_I} + \dfrac{n'}{b} = \dfrac{1}{f_I}$ und für System II (10) $\dfrac{1}{a_{II}} + \dfrac{n'}{b} = \dfrac{1}{f_{II}}$, und durch Subtraktion ergibt sich (11) $\dfrac{1}{f_{II}} - \dfrac{1}{f_I} = \dfrac{1}{a_{II}} - \dfrac{1}{a_I}$. Wenn nun I das auf unendlich eingestellte Auge, II das nahakkommodierte Auge bedeutet, so ist für a_I der Fernpunktabstand R zu setzen, für a_{II} der Nahpunktabstand N. $1/N - 1/R$ stellt mithin den Brechkraftwert der Akkommodation dar. Liegt beispielsweise der Nahpunkt bei 14 cm (= 0,14 m), der Fernpunkt bei ∞ (Emmetropie, s. unten), so ist die Akkommodationsleistung $\dfrac{1}{0,14} - \dfrac{1}{\infty} = 7,14$ dptr. Für einen Nahpunkt von 7 cm ergibt sich $\dfrac{1}{0,07} - \dfrac{1}{\infty} = 14,3$ dptr.

Man findet mithin den *Dioptriewert der Akkommodation*, indem man den Kehrwert (reziproken Wert) des im Metermaß ausgedrückten Fernpunktabstandes von dem Kehrwert des Nahpunktabstandes abzieht. Die Differenz ist der gesuchte Zahlenwert in Dioptrien, er wird auch als Akkommodationsbreite bezeichnet. Geeigneter ist die Bezeichnung Akkommodationsvermögen oder Akkommodationskraft, da es sich um eine Veränderung der Brechkraft handelt. Das Streckenmaß der Akkommodation (Akkommodationsstrecke, -bereich, -spatium) ist die Strecke zwischen Fern- und Nahpunkt. Zur Charakterisierung der Akkommodation

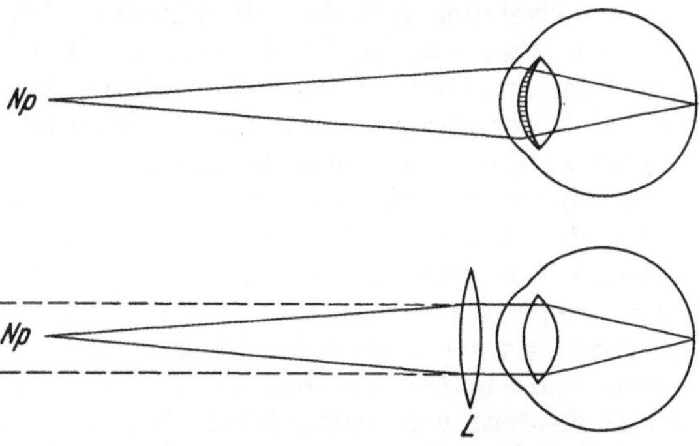

Abb. 17. *Bestimmung der Akkommodationskraft* aus dem Abstand des Nahpunkts N_p. Oben: das auf N_p akkommodierte Auge. Unten: das nichtakkommodierte, aber durch die Linse L auf N_p eingestellte Auge

benutzt man jedoch heute nicht mehr die Strecke, sondern die Akkommodationskraft, ausgedrückt in Dioptrien.

Das Brechkraftmaß der Akkommodation, das so gefunden wurde, legt den Gedanken nahe, die Akkommodationsleistung bei fernakkommodiertem Auge durch ein sammelndes *Brillenglas* von der eben durch Rechnung gefundenen Dioptrienzahl zu ersetzen. Die Abb. 17 zeigt, daß bei einem in N_p gelegenen Nahpunkt diejenige +-Linse diesen Nahpunkt auf der Netzhaut des auf unendlich eingestellten Auges abbildet, deren Brennweite gleich dem Nahpunktabstand ist. Diese Linse gibt ja den vom Nahpunkt kommenden Strahlen die parallele Richtung, auf die das auf unendlich eingestellte Auge eingestellt ist.

Wir werden sehen, daß diese Dioptrieberechnung aus der Entfernung des Einstellpunktes und die Begriffe der Akkommodationskraft und Akkommodationsstrecke auch bei den nicht regelmäßig gebauten Augen (Refraktionsanomalien) eine große Bedeutung haben.

Die Messung der Akkommodationskraft des Auges ist einfach, wenn es sich um grobe, orientierende Bestimmungen handelt. Sie stößt auf um so größere Schwierigkeiten, je höher die Anforderungen werden, die wir an die Messung stellen. Für die erste Orientierung empfiehlt sich, dem für die Ferne korrigierten Auge eine Schriftprobe solange zu nähern, wie diese noch scharf gesehen wird. Um sich nicht in Diskussionen über den Unterschied zwischen Scharfsehen und Lesen einlassen zu müssen, ist es zweckmäßig, eine Schrift zu gebrauchen, die dem zu Untersuchenden nicht geläufig ist; besonders empfehlenswert sind arabische Schriftzeichen. Man mißt dann den Abstand der Schriftprobe von der Hornhaut in Zentimeter und addiert 1,5 mm hinzu, weil die Nahpunkt- und Fernpunktweiten vom vorderen Hauptpunkt des Auges berechnet werden. Während bei routinemäßigen Bestimmungen das Testzeichen kontinuierlich angenähert wird, in der Annahme, daß dadurch maximale Muskelleistung erreicht wird, ist Monjé zu der Überzeugung gelangt, daß die Annäherung in Stufen erfolgen sollte. Ein Nachteil der meisten gebräuchlichen Methoden ist der, daß man die Angaben des Untersuchten nicht kontrollieren kann. Das gilt auch für das Donderssche Optometer. Bei diesem Gerät kommt noch hinzu, daß Strahlenbüschel zur Bestimmung verwendet werden, die durch die Randpartien der Linse hindurchgehen. Dadurch können aber Fehler bis zu 4 dptr bedingt sein (SCHOBER). Trotz seiner didaktischen Bedeutung ist daher das Optometer für die Praxis ungeeignet. Für exaktere Bestimmungen sind Akkommodometer entwickelt, bei denen gewöhnliche Strichfiguren als Testzeichen benutzt werden, etwa die Duanesche Figur, bei der sich zwischen zwei dicken Balken ein dünner Strich befindet. Derartige Figuren nähert man dem Auge solange, bis der schmale Strich zwischen den beiden Balken verschwunden ist. Hier ist das Kriterium des Scharfsehens durch das Verschwinden eines Teils der Figur ersetzt. Von GLASER ist die Duanesche Figur in Kreisform benutzt worden, d. h., er bietet einen zwischen zwei kräftigen Kreisen liegenden dünnen Kreis dar. Ein Akkommodometer wurde von MONJÉ entwickelt, das er Proximeter nennt, weil es nicht nur den Akkommodationsnahpunkt, sondern auch den Nahpunkt der Konvergenz zu bestimmen erlaubt. Die Prüfzeichen sind Landoltringe, die auf einer Scheibe drehbar angeordnet sind, so daß dem Untersuchten vier verschiedene Lückenstellungen in beliebiger Reihenfolge dargeboten werden können. Die Prüfzeichen werden dem Auge stufenweise genähert. Zwei weitere Forderungen, nämlich die, daß das Prüfzeichen von innen und von unten her an das Auge herangeführt werden muß, sind leicht zu erfüllen. Ein anderes Gerät zur Bestimmung des Nahpunktes ist das Akkommodometer von SCHOBER, bei dem Strich- und Zifferproben verwendet werden.

Bei den beschriebenen Geräten wird die Lage des Nahpunktes dadurch bestimmt, daß das Prüfzeichen dem Auge bis zur Grenze des Scharfsehens bzw. der Lesefähigkeit genähert wird. Sie ist die meist geübte. Ein anderer Weg ist der, daß man den Abstand der Testmarke vom Auge konstant läßt und das Auge durch Vorsetzen von Minusgläsern zur Akkommodationsänderung zwingt. Beide haben ihre Vor- und Nachteile. Der große Vorteil der ersteren ist der, daß die Annäherung des Testzeichens die Nahakkommodation wesentlich unterstützt; ihr Nachteil liegt darin, daß sich bei fortlaufender Annäherung der Testfigur die Größe des Netzhautbildes ändert. Eine weitere Schwierigkeit ergibt sich bei einem zu kleinen Akkommodationsbereich. GRAFF hat daher vorgeschlagen, bei einem Akkommodationsbereich unter 3 dptr die zweite Methode anzuwenden. Die Testfigur bringt man dabei zweckmäßig in den Leseabstand und setzt dem zu Untersuchenden zu der zuvor bestimmten Fernkorrektur zunächst stärkere, dann immer schwächere Plusgläser vor. Man findet auf diesem Wege den geringsten Nahzusatz, den der Untersuchte braucht, um mit größter Anstrengung das Testzeichen scharf zu sehen.

Beide Methoden führen jedoch, wie GRAFF gezeigt hat, nur zu einem Näherungswert, der bei Normalsichtigen um etwa 10% zu klein ist, und nicht zu der eigentlichen Akkommodationsbreite, und zwar deshalb nicht, weil sich bei der Akkommodation auch die Hauptpunkte verschieben. Der Unterschied gegenüber der experimentell bestimmten Akkommodationsbreite ist besonders groß beim Tragen von Plusgläsern für die Ferne, etwas geringer bei Minusgläsern. Plusgläser wird man aber dem Prüfling häufig vorsetzen müssen, und zwar bei der

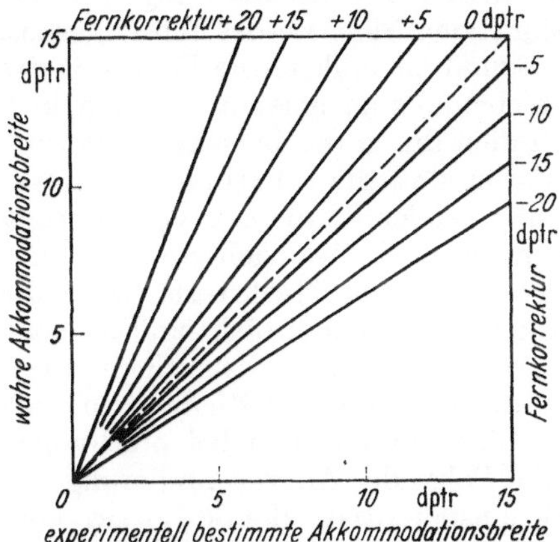

Abb. 18. Zusammenhang zwischen der wahren Akkommodationsbreite (Ordinate) und der experimentell bestimmten (Abszisse), wenn die Brechungsanomalien durch die Fernkorrektur ausgeglichen sind. (Gestrichelt die bisher übliche Näherungskurve.) Aus MÜTZE nach GRAFF (verändert)

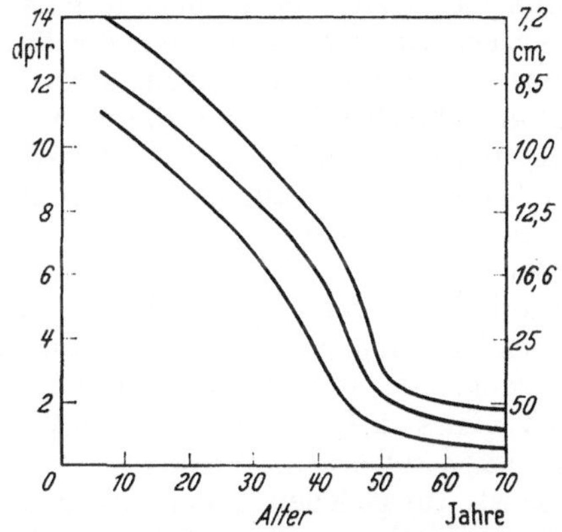

Abb. 19. Die Duanesche Kurve der Akkommodationsbreite und die Grenzkurven der zulässigen Abweichung, umgerechnet auf den Augenhauptpunkt unter Berücksichtigung der Verschiebung dieses Punktes bei der Naheinstellung. Nach GRAFF

Nahpunktbestimmung immer dann, wenn eine Übersichtigkeit vorliegt, bei der Fernpunktbestimmung auch schon beim Normalsichtigen, denn die Länge der Schienen des Akkommodometers geht gewöhnlich nicht über 50 cm hinaus. Um die *wahre Akkommodation* in einfacher Weise ermitteln zu können, hat GRAFF Kurvenscharen aufgestellt, die in der Abb. 18 wiedergegeben sind. Die Kurvenscharen dieser Abbildung stimmen genau nur für Bigläser. Abweichungen bei Benutzung anderer Gläser machen sich jedoch erst bei Plusgläsern über 15 dptr bemerkbar.

Die durch die Hauptpunktverschiebung und Fernkorrektionsgläser bedingten Veränderungen der wahren Akkommodationsbreite sind immer dann zu berücksichtigen, wenn man feststellen will, ob die Akkommodationsbreite dem Alter des Untersuchten entspricht oder weiter eingeschränkt ist, als die altersbedingten Linsenveränderungen erklärlich machen. Kurven, die die Beziehung zwischen Alter und Akkommodationsbreite aufzeigen, sind schon von DONDERS aufgestellt worden. Neuere Kurven stammen von DUANE auf Grund von etwa 5000 Messungen. Die von DUANE aufgestellten Akkommodationskurven lassen sich aber nicht ohne weiteres zum Vergleich heranziehen, da DUANE nicht die Entfernung vom vorderen Hauptpunkt, sondern von einem Punkt aus berechnet, der 14 mm vor dem Hornhautscheitel liegt, dem sog. „Spectacle point‟. Er wählte diesen Punkt, weil sich in Amerika an dieser Stelle die vorgesetzten Brillengläser befinden. GRAFF hat die Kurven von DUANE umgerechnet und dabei berücksichtigt, daß wir den Abstand des Nah- und Fernpunktes auf den vorderen Hauptpunkt des Auges beziehen, und der Abstand des Brillenglases vom Hornhautscheitel nach den bei uns üblichen Vorschriften nur 12 mm betragen soll. Aus diesen Berechnungen ergeben sich Akkommodationskurven, die in der Abb. 19 wiedergegeben sind. Außer der Mittelwertkurve sind die obere und untere Grenzkurve angegeben. Die Übertragung der experimentell gewonnenen Näherungswerte der Akkommodationsbreite mußte zunächst an Hand der Abb. 18 korrigiert werden, bevor man mit ihr in die Abb. 19 hineingehen kann. Die Abb. 19 zeigt, daß der Nahpunkt bereits im jugendlichen Alter vom Auge abrückt; anfangs etwas unregelmäßiger, dann verhältnismäßig gleichmäßig und sich immer mehr dem Fernpunkt nähert. Allerdings beginnt auch dieser sich etwa mit dem 50. Lebensjahr im gleichen Sinne zu verschieben. Die Ursache der fortlaufenden Einschränkung des Akkommodationsvermögens liegt in einer zunehmenden Sklerose des Linsenkernes, außerdem wird die Hornhautverflachung als Grund angeführt. Die Fähigkeit des Ciliarmuskels zur Kontraktion wird im Alter ebenfalls nachlassen. Es ist jedoch sehr unwahrscheinlich, daß dieses Nachlassen dem durch die Linsenveränderung bedingten entspricht. Den exakten Beweis dafür, daß die Ciliarmuskelkontraktion bei stärkerer Akkommodationsanstrengung größer ist als der Veränderung der Linse entspricht, konnte neuerdings PAU bringen. Er beobachtete eine Glaskörperblase, die sich beim Blick in die Ferne durch eine Nachstarlücke in die Vorderkammer vorstülpte und beim Blick in die Nähe wieder zurückzog. Da solche Corpusbewegungen auch dann auftraten, wenn die Linse den Spannungsänderungen der Ciliarfasern nicht zu folgen in der Lage war, dürfte die Annahme von v. HESS zu Recht bestehen, daß sich der Ciliarmuskel auch bei presbyopen Augen kontrahiert, die Presbyopie also nur die Folge der Altersveränderung der Linse ist. Im gleichen Sinne sprechen die Aktionspotentiale, die SCHUBERT vom Akkommodationsmuskel presbyoper Augen ableiten konnte. Bei dem Ausgleich der Presbyopie, die vom 4. Lebensjahrzehnt ab beim Normalsichtigen erforderlich wird, ist darauf zu achten, daß die Verordnung einer zu starken Lesebrille zu asthenopischen Beschwerden führen muß; darauf wurde oben bereits hingewiesen. Da die Akkommodationskraft im Alter 0 gleich 18,5 dptr, im Alter 60 gleich 0,5 dptr ist (nach Werten von DUANE, DONDERS, KAUFMAN, u. a.), im Mittel also jährlich um 0,3 dptr abnimmt, läßt sie sich für jedes beliebige Alter aus der Formel 18,5 — (0,3 × Jahre) berechnen (HOFSTETTER).

Ein Punkt, der bei den meisten Messungen der Akkommodationskraft unberücksichtigt bleibt, ist die im vorigen Kapitel geschilderte Tiefenschärfe. Danach kann ein Gegenstand bei Entfernungsänderung scharf gesehen werden, auch wenn die Akkommodation dabei konstant bleibt. Wenn man mit einem Stigmatoskop untersucht, wie es HAMASAKI, ONG und MARG getan haben, wobei der wahre Akkommodationszustand des Auges mit einem auf die Retina scharf abgebildeten Lichtpunkt (Stigma) kontrolliert wird, ergeben sich niedrigere Werte, als mit der Methode der Annäherung eines Lesezeichens. Der gefundene Unterschied beruht darauf, daß bei der letzteren die Tiefenschärfe mitwirkt. Am Stigmatoskop ergab sich, daß die Akkommodationskraft nach dem 52. Lebensjahr etwa gleich 0 ist (absolute Presbyopie).

Bei der Einstellung des Auges kommt es nach Ansicht der meisten Forscher mehr auf die Leuchtdichte als auf die Ausdehnung des Lichtbündels an. CAMPBELL konnte zeigen, daß bei kleinen Flächen bis zu 10 Bogenminuten das Riccosche Gesetz gilt, das bedeutet, daß der Akkommodationsreflex durch eine konstante Lichtmenge ausgelöst wird. Bei Feldern, die größer als 10 Bogenminuten sind, ist er von der Leuchtdichte abhängig. Die Sichtbarkeitsschwelle liegt tiefer als die des Akkommodationsreflexes. Allerdings wurden die Versuche CAMPBELLs bei Dunkeladaptation durchgeführt. Nach MICHAL soll aber die Ansprechbarkeit des Akkommodationsreflexes bei Dunkeladaptation herabgesetzt sein.

3. Giftwirkungen auf Akkommodation und Irisbewegung

Anhangsweise seien die schon gelegentlich berührten *Giftwirkungen auf den Akkommodationsvorgang* und zugleich auch die Giftwirkungen auf die *Muskeln der Iris* kurz besprochen.

Für den vom Oculomotorius parasympathisch innervierten Anteil des Akkommodationsmuskels gibt es lähmende und erregende Gifte. Lähmend auf den Akkommodationsmuskel wirkt das aus der Frucht der Tollkirsche (Atropa belladonna) gewonnene Atropin und das künstlich hergestellte Homatropin. Erregend wirkt Eserin (Physostigmin) aus der Kalabarbohne, indem es die Cholinesterase hemmt. Pilocarpin wirkt auf den Muskel selbst oder auf das letzte Glied der Übertragung und verstärkt die Reizwirkung additiv (SIEBECK). Sympathicuserregende Stoffe, wie Adrenalin, Kokain, Glaucosan (Gemisch aus linksdrehendem Adrenalin und einer inaktiven Vorstufe) beschleunigen die Einstellung des Auges auf den Fernpunkt. Durch Sympathicolytica (Gynergen-Ergotamintartrat, Dihydroergotamin = dihydriertes Alkaloid des Mutterkorns; Dibenamin) kommt es zu einer Zunahme der Akkommodationskraft.

An der Iris ist die Wirkung der Gifte auf den parasympathisch innervierten Sphincter die ganz entsprechende wie am Ciliarmuskel. Die lähmende Wirkung des Atropins äußert sich in Pupillenerweiterung, die erregende des Eserins in Pupillenverengerung. Auf den sympathisch innervierten Dilatator wirken Kokain und Adrenalin erregend.

Die Gifte werden in wäßriger Lösung ($\sim \frac{1}{2}$—1%, Adrenalin in Lösung 1:1000) in den Bindehautsack geträufelt und gelangen durch Diffusion in das Augeninnere.

F. Die Refraktionsanomalien

1. Einteilung

Es wurde im vorigen verschiedentlich angedeutet, daß die Besprechungen sich zunächst nur auf das *Auge von regelmäßiger Bauart* bezogen. Darunter verstehen wir ein Auge, dessen Länge vom Hornhautscheitel bis zur Netzhautfovea 24 mm beträgt und dessen dioptrischer Apparat einen fernen Punkt scharf auf der in der hinteren Brennebene liegenden Netzhautfovea abbildet. Dieser Zustand wird als Rechtsichtigkeit, als *Emmetropie* (emmetrop = im richtigen Maß der Brechkraft befindlich) bezeichnet.

Die Abweichungen von diesem Zustand, soweit sie nicht durch Akkommodationsänderung bedingt sind, werden *Refraktionsanomalien* genannt. Bei ihnen paßt die Brechkraft nicht zu den übrigen Maßen des Auges, vielmehr ist entweder die *Brechkraft verhältnismäßig* zu *groß* (*Kurzsichtigkeit*, Myopie) oder zu *klein* (*Übersichtigkeit*, Hypermetropie). Die Abb. 20 zeigt, daß bei der Kurzsichtigkeit die parallel auffallenden Strahlen vor, bei Übersichtigkeit hinter der Netzhaut vereinigt werden. Im ersteren Fall ist die hintere Brennweite zu kurz, im letzteren zu lang.

Bei den Refraktionsanomalien ist also das Mißverhältnis zwischen Augenlänge und Brechkraft der springende Punkt, gleichviel, in welcher Weise dieses Mißverhältnis zustande kommt. Man kann 3 Gruppen von Fällen unterscheiden: einmal die Fälle, in denen die Augenachse zu lang oder zu kurz ist, der brechende Apparat aber im übrigen dem emmetropen entspricht. Dieser Sonderfall ist in der Abb. 20 wiedergegeben, man spricht bei ihm von *Achsen*myopie bzw. -hypermetropie. In anderen Fällen ist die Achsenlänge des Auges die der Emmetropie, der brechende Apparat aber von abweichender Beschaffenheit.

Entweder liegen Änderungen des Brechungsindex (z. B. der Linsensubstanz) vor (*Brechungs*ametropie) oder Änderungen der Krümmungsradien (*Krümmungs-*ametropie). Eine äußerste Zunahme erfährt der Krümmungsradius der Hornhaut, wenn diese eine ebene Fläche wird, etwa bei Ausschaltung der Hornhaut durch Vorsatz eines eben begrenzten mit Wasser gefüllten Glastroges. Aus diesem Grunde sind auch beim Tauchen unter Wasser bei Tier und Mensch die Augen stark hypermetrop. Verständlich ist ferner, daß nach der Entfernung der Augenlinse das nunmehr „aphakische" Auge an Brechkraft verliert und stark hypermetropisch ist. Normalerweise treten an der Linse im Alter Veränderungen auf, die ebenfalls Brechkraftverminderung (*Altershypermetropie*) bewirken, nicht zu

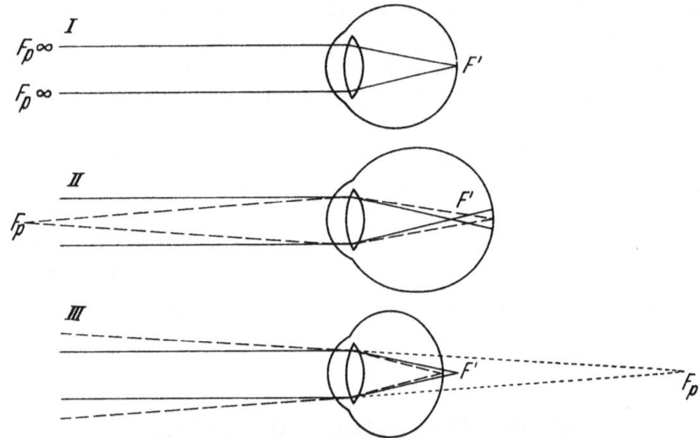

Abb. 20. *Strahlengang bei Emmetropie (I), Myopie (II) und Hypermetropie (III)*. Der ausgezogene (——) Strahlengang zeigt die Lage des Brennpunktes F'. Bei *II* und *III* zeigt der gestrichelte Strahlengang (- - - - -) die Lage des Fernpunktes F_p, der bei *II* reell, bei *III* virtuell ist

verwechseln mit der schon erwähnten Abnahme der Akkommodationsfähigkeit im Alter, welche als Alterssichtigkeit, Presbyopie, bezeichnet wird.

2. Kurzsichtigkeit und Übersichtigkeit

Alle *weiteren Eigentümlichkeiten der Refraktionsanomalien* gehen aus dem Gesagten hervor. Sie seien zunächst für das *kurzsichtige Auge* erörtert. Ein Gegenstand, der in diesem scharf auf der Netzhaut abgebildet werden soll, muß der Gleichung des einfachen optischen Systems entsprechend näher an das Auge herangebracht werden. Der Punkt im Gegenstandsraum, welcher auf der Netzhaut des auf die Ferne eingestellten Auges scharf abgebildet wird, heißt wiederum der *Fernpunkt* F_p (Abb. 20). Sein Abstand R vom Hauptpunkt kann mit ganz den gleichen Methoden bestimmt werden, die schon für den Nahpunkt des Emmetropen erörtert wurden. Das fernakkommodierte myope Auge ist in Hinsicht auf den Strahlengang einem auf die Nähe eingestellten emmetropen Auge zu vergleichen.

Daraus folgt sogleich, daß die Methoden der Messung der Akkommodationskraft auch für die Messung der Abweichung der Brechkraft des myopen Auges vom emmetropen angewendet werden können. In den früheren Gleichungen (9) und (10) ist nun a_{II} der Fernpunktabstand R des unkorrigierten Myopen, a_I der des auf ∞ korrigierten Myopen, beide im Metermaß angegeben. Der Grad der

Myopie ist also $1/R - 1/\infty = 1/R$. Eine Veranschaulichung gibt Abb. 21. Sie zeigt, daß das myope Auge „emmetrop wird" (Korrektion der Myopie), wenn ein zerstreuendes Brillenglas vorgesetzt wird, dessen Brennweite dem Fernpunktabstand des Myopen gleich ist. Es hat also die Refraktionsanomalie des Kurzsichtigen bei Fernpunktabstand von $^1/_3$ m den Betrag von $+3$ dptr, bei $^1/_4$ m den von $+4$ dptr usf. Eine Verlängerung der Augenachse um 1 mm ergibt schon eine Achsenmyopie von etwa 2,5 dptr, der Fernpunkt liegt bei $1/2,5$ m $= 40$ cm.

Genau genommen muß hierbei der Fernpunktabstand vom (vorderen) Hauptpunkt des Auges gemessen werden (Hauptpunktrefraktion oder *axiale Refraktion*), und es sollte der Hauptpunkt des Korrektionsglases mit dem Augenhauptpunkt zusammenfallen. Praktisch genügt es meist, den Fernpunktabstand vom äußeren Lidwinkel zu messen und bei schwächeren Korrektionsgläsern den Abstand vom Auge unberücksichtigt zu lassen, wenn es nur auf eine orientierende Betrachtung ankommt. Genauere Ableitungen folgen weiter unten.

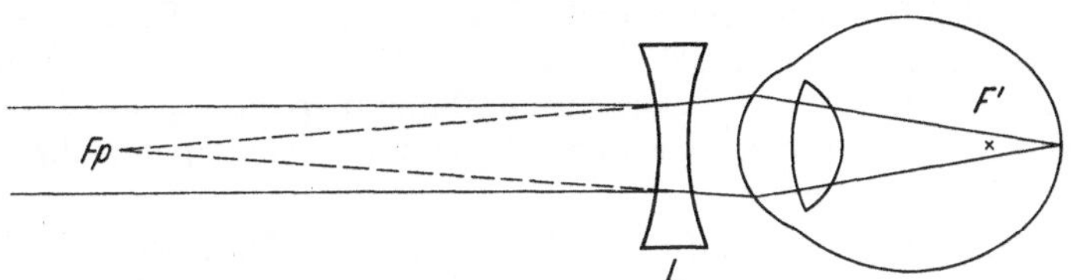

Abb. 21. *Ausgleich der Kurzsichtigkeit* durch ein Zerstreuungsglas. F' hinterer Brennpunkt des Auges. F_p Fernpunkt des Auges. L Konkavlinse (Korrektionsbrillenglas). $F_p L$ (von F_p bis zur Linsenmitte) $=$ Brennweite des Korrektionsglases L. Das Brillenglas L macht die parallel auffallenden Strahlen so divergent, als ob sie von dem Fernpunkt F_p kämen, an dessen Ort zugleich der Brennpunkt des Brillenglases L liegt

Das *hypermetrope Auge* hat keinen reellen, sondern einen virtuellen, hinter dem Auge gelegenen *Fernpunkt* (Abb. 20). Die Strahlen müssen schon etwas konvergent auf das Auge fallen, um auf der Netzhaut vereinigt zu werden, ihr hinter dem Auge gelegener Schnittpunkt ist der Fernpunkt.

Den Ausdruck „Übersichtigkeit" kann man sich durch folgende Überlegung verständlich machen. Der Fernpunkt des Normalsichtigen liegt im Unendlichen, der des Kurzsichtigen im Endlichen (in kurzem Abstand). Der hinter dem Auge des „Übersichtigen" gelegene virtuelle Fernpunkt kann fiktiv als über die Unendlichkeit hinaus liegend vorgestellt werden, auf einem sehr großen in der Medianebene gelegenen Kreise, der hinter das Auge zurückführt. Es wären dann also die Bezeichnungen Kurz- und Über- auf die Fernpunktslage zu beziehen [vgl. PISTOR (2)].

Die Augen des Neugeborenen sind ganz überwiegend hypermetrop (im Mittel 1,5 dptr). Die Hypermetropie nimmt bis zum 7. Lebensjahr noch etwas zu, um dann wieder abzunehmen, bis vom 20. Lebensjahr an die Refraktion praktisch konstant bleibt. Die Ursache hierfür sind Wachstumsänderungen (V. L. BROWN).

Die *Refraktion beider Augen* kann *verschieden* sein (*Anisometropie:* Ungleichsichtigkeit). Ein Ausgleich durch beiderseits verschiedene Akkommodation ist nicht möglich, die Innervationen bleiben beiderseits genau gleich. Bei stärkerer Anisometropie kann das eine Auge zum Nah-, das andere zum Fernsehen verwendet werden. Bis zu einem gewissen Betrag kann jedes Auge für sich korrigiert werden, ohne daß die verschiedene Bildgröße stört.

Es kann vorkommen, daß Fixationsobjekte überhaupt fehlen, z. B. beim Fliegen im Nebel oder bei gleichförmig bedecktem Himmel oder in der Arktis, wenn die Grenze zwischen Schneefeldern und dem bedeckten Himmel nicht wahrnehmbar ist. In solchen Fällen ist das Auge im Mittel um 0,5—1,0 dptr myopisch (Myopie des leeren Raumes, Tagmyopie). War ein unendlich fernes Objekt vorhanden und das Auge auf dieses akkommodiert, so stellt es sich sofort auf 0,5—1,0 dptr Akkommodation um, sobald das Objekt entfernt wird (WHITESIDE). Diese Beobachtungen zeigen erneut, daß die Einstellung auf die Ferne nicht die Ruhelage des Auges ist. Die später zu besprechende Nachtmyopie ist eine Unterart der Myopie des leeren Raumes.

3. Die Akkommodation bei Refraktionsanomalien

Die Berechnung der *Akkommodationskraft* geschieht *beim refraktionsanomalen Auge* nach dem gleichen Verfahren wie beim emmetropen Auge. Da der Fernpunkt des Myopen in verhältnismäßig kurzem Abstand vor dem Auge liegt, seine „Sicht" nicht über diesen Punkt hinausgeht, heißt dieser Fall der Refraktionsanomalie Kurzsichtigkeit. Zur Nahpunktberechnung sei eine Refraktion von + 5 dptr angenommen und eine Akkommodationskraft von 9 dptr. Der Fernpunkt dieses Myopen liegt bei 100:5 = 20 cm, der Nahpunkt bei 100:(5 + 9) = 7 cm. Die Übersichtigkeit des Hypermetropen ist durch das Abrücken des Nahpunktes vom Auge bedingt, das Gebiet der „guten Sicht" liegt weiter ab als normal. Zur Berechnung nehmen wir eine Refraktion von — 5 dptr an und eine Akkommodationskraft von 9 dptr. Dieser Hypermetrop muß 5 dptr Akkommodation aufwenden, um „emmetrop zu werden", ihm bleiben also nur 4 dptr Akkommodationskraft zur Erreichung des Nahpunkts übrig. Dieser liegt folglich bei 100:4 = 25 cm, anstatt bei 100:9 = 11 cm. Da der jugendliche Hypermetrop den Mangel an Brechkraft des Auges durch Daueranspannung des Ciliarmuskels auszugleichen vermag, kann in der Jugend die Hypermetropie völlig verborgen bleiben (*latente Hypermetropie*).

Die Maßbestimmung der Refraktionsanomalien in Dioptrien ist wegen der *Brillenverordnung* außerordentlich wichtig. Praktisch wird die hier zur Erleichterung des Verständnisses in den Vordergrund gestellte Ausrechnung nach dem Fernpunktabstand weniger benutzt. Es wird vielmehr mit dem Sehprobenverfahren (s. Sehschärfe) oder mit dem Augenspiegel gearbeitet. Man kann aber mit der Fernpunktermittlung sehr genaue Refraktionsbestimmungen durchführen.

4. Brillenlehre

Die *Brillengläser* werden unterschieden in *sphärische, zylindrische* und *prismatische*. Hinzu kommen noch die ungefärbten oder gefärbten *Schutzgläser*, welche aber keine dioptrische Wirkung haben und hier nur kurz zu erwähnen sind. Es ist jedoch auch möglich, Schutzgläser so zu schleifen, daß sie korrigierende Wirkung haben. Die sphärischen und zylindrischen Brillengläser sind einzuteilen in *sammelnde* (mit +-Zeichen versehen) und *zerstreuende* (—). Es werden auch Gläser verwendet, die auf der einen Seite sphärisch, auf der anderen zylindrisch geschliffen sind, sog. kombinierte Gläser. Bei der gewöhnlichen Form der sphärischen Sammel- und Zerstreuungsgläser sind erstere bikonvex, letztere bikonkav. Man erkennt auf optischem Wege die Art des Brillenglases, wenn man dieses dicht vor dem Auge seitlich verschiebt. Es treten dann „Scheinverschiebungen der Gegenstände" auf, oder anders ausgedrückt: es verschieben sich die Wahrnehmungen der Gegenstände (die „Sehdinge"). Bei Zerstreuungsgläsern erfolgt die Scheinverschiebung in gleicher Richtung mit der Glasverschiebung, bei Sammelgläsern in entgegengesetzter Richtung. Der Grund dafür liegt darin, daß durch Verschiebung des Zerstreuungsglases dicht vor dem Auge die Bilder auf der Netzhaut entgegengesetzt verschoben werden, bei Sammelgläsern gleichgerichtet, und daß die Wahrnehmungsrichtung stets vom Netzhautpunkt durch den Knotenpunkt nach außen verläuft, daß sich also die Sehdinge entgegengesetzt den Netzhautbildern verschieben. Bei Zylindergläsern kann man eine Verschiebungsrichtung des Glases finden, in der die Scheinverschiebungen der Gegenstände fehlen, während diese in der Richtung senkrecht dazu am stärksten sind. Erstere Richtung des Glases entspricht der Zylinderachse. Bei Drehung von kreisrunden Zylindergläsern um ihren Mittelpunkt tritt eine Verzerrung der

Gegenstände ein. Die Wirkung von Zylindergläsern wird bei Besprechung des
Astigmatismus des Auges näher erläutert.

Anstatt der Brillengläser gewöhnlicher Form werden neuerdings meist die
Gläser „durchgebogener" Form verwendet (Abb. 22). Die Brillengläser der gewöhnlichen Bi-Form (bikonvex oder bikonkav) geben bei schrägem Durchblick
eine astigmatische Abbildung (Astigmatismus schiefer Büschel); statt eines Brennpunktes treten zwei zueinander senkrecht stehende Brennlinien auf, die um so
weiter voneinander abstehen, je schräger das Büschel auffällt bzw. der Durchblick
erfolgt. Die Gläser durchgebogener Form werden aber so berechnet (TSCHERNING,
v. ROHR), daß von dem genau 25 mm hinter dem bildseitigen Scheitel des Glases

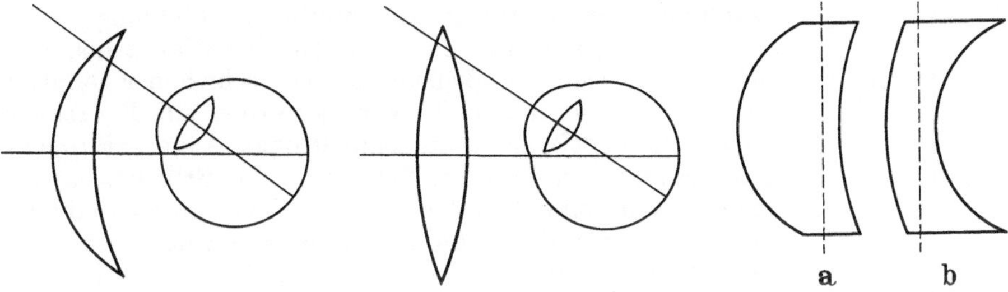

Abb. 22. *Durchgebogene Gläser.* Veranschaulichung der günstigen schrägen
Durchsicht im Vergleich zu der bei einem gewöhnlichen Brillenglas

Abb. 23. *Durchgebogene Gläser.*
Veranschaulichung des Vorzeichens der Brechkraft durch gedachte Zerlegung in zwei Gläser.
a Sammelglas, „konkav-konvex"
oder „positiv-mondförmig" genannt. *b* Zerstreuungsglas, „kon-
vex-konkav" oder „negativ-mond-
förmig" genannt. Man sieht ohne
weiteres, daß bei *a* das (vordere)
sammelnde Teilstück, bei *b* das
(hintere) zerstreuende Teilstück
stärkere Wirkung hat als das
zugehörige andere Teilstück

liegenden Augendrehpunkt aus der Abbildungs-
astigmatismus bei einem Blickwinkel von 30—35° bei
schrägem Durchblick aufgehoben ist und wieder
„punktuelle" Abbildung, ebenso wie bei Blick senkrecht zum Glas, vorliegt. Diese Gläser werden nach
GULLSTRAND punktuell abbildende Gläser genannt.
In neuerer Zeit wird die Definition dahin abgeändert,
daß ein Glas als punktuell abbildend gilt, wenn der Astigmatismus schiefer
Büschel für den Blickbereich unter der physiologischen Wahrnehmbarkeitsgrenze
liegt (ROOS; KÜHL; GUILLINO). Für alle Dioptriewerte zwischen — 25 dptr und
+ 7,5 dptr, also für die hauptsächlich vorkommenden Beträge der Myopie und
Hypermetropie, lassen sich punktuell abbildende Gläser durchgebogener Form
berechnen, deren beide Flächen kugelförmig sind.

Das Vorzeichen und die Brechkraft der sphärischen durchgebogenen Gläser kann man
leicht übersehen, wenn man sich durch die Mitte des Glases eine Ebene gelegt denkt (Abb. 23),
welche das Glas in zwei plansphärische Gläser, also in zwei einfache optische Systeme zerlegt.
Wenn die Krümmungsradien der beiden Flächen und der Brechungsexponent des Glases
(meist 1,52) bekannt sind und der Abstand der Scheitelpunkte der brechenden Flächen
(Linsendicke) vernachlässigt werden kann, ist die Brechkraft des durchgebogenen Glases
gleich der algebraischen Summe der Einzelbrechkräfte. Beim durchgebogenen Sammelglas
überwiegt der +-Teil an Brechkraft, beim Zerstreuungsglas der —-Teil, wie die Abbildung
ohne weiteres erkennen läßt.

Der Wert der Brechkraft eines Brillenglases richtet sich nach der Brennweite. Diese wird
für gewöhnlich vom Hauptpunkt aus gerechnet. Da bei Gläsern durchgebogener Form von
höherer Dioptriezahl die Hauptpunkte außerhalb des Glases liegen und ihrer Lage nach nicht
ohne weiteres bekannt sind, rechnet man bei ihnen die Brennweite zweckmäßigerweise vom
Scheitelpunkt des Glases ab. Den hieraus sich ergebenden Brechkraftwert nennt man *Scheitelbrechwert*, im Gegensatz zum in gewöhnlicher Weise bestimmten *Hauptpunktbrechwert.*

Besondere Brillengläser sind notwendig, wenn auch das an sich schon *astigmatische Auge* bei Schrägblick durch das zylindrisch (oder sphärisch-zylindrisch
kombiniert) gestaltete Brillenglas eine optimale Abbildung erhalten soll. Hierzu

sind auch wieder durchgebogene Gläser erforderlich, die nun aber nicht mehr kugelig begrenzt sind, sondern *torisch* (torus = Wulst). Geometrisch sind die torischen Flächen dadurch entstehend zu denken, daß man ein Kreisbogenstück um eine Achse dreht, die in der Ebene des Kreisstückes liegt, zum Kreisradius senkrecht steht und nicht durch den Mittelpunkt des Kreises geht. Ist der Umdrehungsradius kleiner als der Kreisradius (Abb. 24 oben), so entsteht die „tonnenförmig-torische" Fläche, im anderen Fall (Abb. 24 unten) die „wurstförmig-torische" (nach der Oberflächenform einer langen, zum Kreis zusammengebogenen Wurst benannt). Bei den verwendeten Brillengläsern ist die eine Fläche sphärisch, die andere torisch (sphärotorische Gläser). Diese Gläser geben dem Astigmatiker auch bei schrägem Durchblick eine befriedigende punktuelle Abbildung.

Weitere Abänderungen der Form der Glasflächen sind erforderlich, wenn +-Brillengläser von sehr hoher Dioptriezahl notwendig sind, z. B. von +15 dptr zur Korrektion nach Linsenentfernung am emmetropen Auge (Staroperation). Es müssen dann die Seitenteile des Brillenglases mit anderer Krümmung als die Mitte versehen werden, und zwar derart, daß sich der Krümmungsradius von der Mitte nach dem Rande stetig ändert. Man denke sich ein Kreisbogenstück (Draht), das um den durch seinen Scheitelpunkt gehenden Kreisdurchmesser gedreht wird: die Umdrehungsfläche ist sphärisch. Nun verbiege man das Kreisbogenstück etwas durch Zusammendrücken oder Aufbiegen an den Drahtenden: die Umdrehungsfläche ist asphärisch. Die von v. Rohr und Gullstrand berechneten und eingeführten *asphärischen Brillengläser* (hergestellt von Zeiss-Jena) werden *Katralgläser genannt.*

Sodann sind die *Haftgläser* zu erwähnen, deren Prinzip schon in einer Zeichnung von Leonardo da Vinci dargestellt ist (H. W. Hofstetter und R. Graham), und deren Erfindung u. a. auf Herschel zurückgeht (1827). Ihre erste medizinische Anwendung verdanken wir A. E. Fick (1887) und unabhängig von ihm A. Müller (1889). 1912 wurde eine Haftschale von Erggelet zu Versuchszwecken getragen, um die Brechkraft der Linse auszuschalten. Die Weiterentwicklung der Haftschalen wurde nach 1920 besonders lebhaft betrieben;

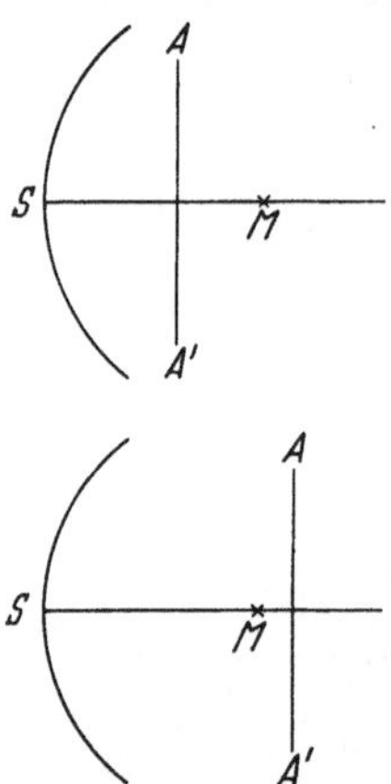

Abb. 24. *Zur Erläuterung der torischen Flächen. S* Scheitelpunkt des Kreisbogens, der um den Mittelpunkt *M* gezogen ist. Wird dieser Kreisbogen um eine innerhalb oder außerhalb von *SM* liegende, dazu senkrecht stehende Achse *A A'* gedreht, so beschreibt er eine torische Fläche, im ersteren Fall eine tonnenförmige (oberer Teil der Abbildung), im zweiten Fall eine wurstförmige torische Fläche (Abbildung unten)

u. a. sind die geschliffenen Haftgläser der Firma Zeiss und die geblasenen der Firma Müller-Welt zu erwähnen. Sie werden jetzt aus Glas oder Kunstharz hergestellt. Der sclerale Typ besteht aus einer mittleren, das eigentliche Brillenglas darstellenden Hohlschale und einem seitlichen, der Anhaftung an die Sclera dienenden, etwas flacher gewölbten Rand. Bei der Konstruktion von Haftgläsern ist den Besonderheiten der Schmerzempfindlichkeit von Hornhaut und Conjunctiva Rechnung zu tragen. Die Topographie der Schmerzempfindlichkeit wurde von M. v. Frey und H. Strughold genau untersucht (Abb. 25). Diese ist in der Hornhautmitte am höchsten. — Zwischen Haftglas und Hornhaut kommt eine Pufferlösung oder auch Tränenflüssigkeit, so daß die Hornhaut optisch ausgeschaltet und durch die Haftglasoberfläche ersetzt ist. Diese Fläche erhält zur Korrektion von Myopie eine schwächere, zur Korrektion von Hyperopie eine stärkere Krümmung als sie die Hornhaut hat. Jetzt hat die Cornealhaftschale den scleralen Typ zum großen Teil verdrängt. Die erste dieser Art ist wahrscheinlich eine Haftschale von 13 mm Durchmesser, die 1929 von Müller-Welt für Prof. Heine zu Versuchszwecken hergestellt wurde. In einer für den Allgemeingebrauch geeigneten Form wurde sie 1948 von TUOHY (USA) auf den Markt gebracht. Diese Haftschalen bedecken nur die Cornea, sitzen am Limbus der Tränenschicht auf und werden durch Adhäsionskräfte gehalten. Sie werden jetzt vielfach aus Plexiglas hergestellt. Besonders beliebt ist der Typ der Mikrolinse. Mit den Haftgläsern, deren Entwicklung u. a. SIEGRIST schildert, kann man nicht nur die Ametropie bis zu hohen Beträgen der Aphakie (nach Staroperation) unauffällig ausgleichen, sondern auch Vorwölbungen der Hornhaut (Keratoconus, Hornhautastigmatismus), ebenfalls durch Narben bedingte Unregelmäßigkeiten der Hornhautoberfläche (Astigmatismus irregularis). Die Haftgläser haben,

abgesehen von ästhetischen Gesichtpunkten, den Vorteil, daß sie das Gesichtsfeld nicht einschränken, und daß sie bei seitlichem Blick keine Aberration ergeben, da sie sich mit dem Auge bewegen. Das Problem der Haftgläser ist noch nicht endgültig gelöst, da ihre Verträglichkeit nicht ideal ist. Die Ursache mag z. T. in der unphysiologischen Absperrung der Hornhaut und der darüberliegenden Tränenschicht von der Außenluft liegen (V. E. KINSEY, PAU), zumal die Cornea einen Teil ihres Sauerstoffbedarfs per diffusionem über den Tränenfilm deckt (s. S. 5). Mikrolinsen sollen in dieser Hinsicht besser sein.

Älteren Leuten, die nicht mehr akkommodieren können

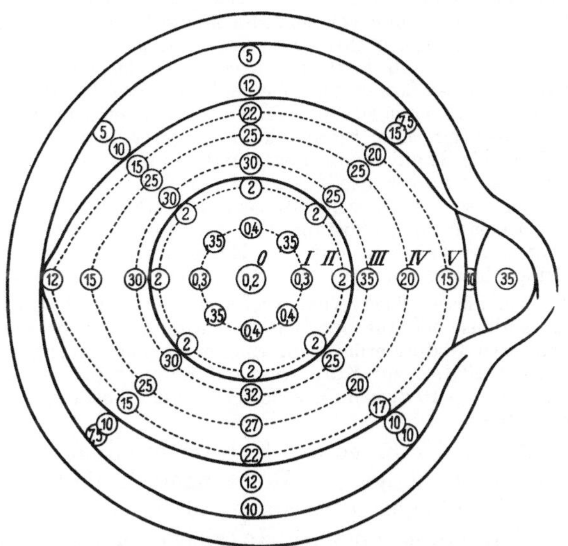

Abb. 25. Die Schwellen des Schmerzsinnes auf Horn- und Bindehaut des menschlichen Auges. Die Zahlen bedeuten Druckwerte in g/mm² (nach M. VON FREY und H. STRUGHOLD)

und nicht emmetrop sind, werden zweckmäßig *Bifokalgläser* verordnet, bei denen dem auf Emmetropie korrigierenden Glase unten ein Glas von etwa +3 dptr zum Lesen aufgekittet ist. Das Gesamtglas hat also zwei Brennweiten und heißt deshalb bifokal. Noch besser ist es, das Doppelglas nur durch Schliff aus einem Stück herzustellen. Für ältere Personen, besonders für presbyope Myope, die noch eine Brennweite zwischen Fern- und Nahsehen benötigen, z. B. Musiker, sind Trifokalgläser sehr geeignet.

Afokale Brillengläser, die die Refraktion unbeeinflußt lassen und nur die Größe des Bildes ändern, werden bei Besprechung der Aniseikonie erwähnt werden. Es sei hier auf die Versuche hingewiesen, eine Starlinse oder die Linse eines hochgradig myopen Auges durch eine Kunststofflinse zu ersetzen. Die ersten Versuche gehen auf RIDLEY zurück. Da jedoch die Gefahr sehr groß ist, daß eine hinter die Iris gebrachte Kunststofflinse versinkt, hat das Interesse für die Ridley-Methode heute sehr nachgelassen. Bisher sehr gute Erfolge zeigt die Vorderkammerlinse, eine Methode, die unabhängig voneinander von SCHRECK, SCHARF und STRAMPELLI entwickelt wurde.

Bei der *Brillenverordnung* ist noch folgendes zu beachten. Der *Korrektionswert eines Brillenglases* (d. h. der Betrag der von ihm auskorrigierten Ametropie) hängt nicht nur von seiner Dioptriezahl ab, sondern auch von seiner Entfernung vom Hornhautscheitel. Das Brillenglas wird aus mehreren Gründen (Bau des Nasenrückens, Länge der Wimpern, Gesichtsfeldbeschränkung durch den Brillenrand bei größerem Abstand) zweckmäßigerweise 12 mm vor dem Hornhautscheitel angebracht. Es entspricht das einem Abstand $d = 13,5$ mm vom vereinigten Augenhauptpunkt. Bei Hypermetropie ist dabei das +-Glas etwas schwächer zu nehmen, als der auf den Hauptpunkt bestimmten Ametropie entspricht, bei Myopie das —-Glas etwas stärker.

Die Richtung, in welcher der Korrektionswert des Glases von dem Abstand d abhängt, läßt sich durch folgende Überlegung übersehen. Fällt bei Korrektion einer Kurzsichtigkeit von z. B. 5 dptr der Hauptpunkt des korrigierenden Konkavglases mit dem (vereinigten) Augenhauptpunkt zusammen (wie das annähernd bei Haftgläsern der Fall ist), so muß das Konkavglas die Brennweite des Fernpunktabstandes haben (vgl. Abb. 21), also $^1/_5$ m $= 20$ cm. In diesem Fall stimmen also Ametropiewert und Brechkraftwert des Korrektionsglases überein. Wenn aber das Korrektionsglas in einem Abstand d von 13,5 mm vor dem Augenhauptpunkt (12 mm vor dem Hornhautscheitel) steht, so muß seine Brennweite um 13,5 mm geringer, also gleich $20 - 1,35$ cm $= 18,65$ cm, seine Brechkraft also $1 : 0,1865 = - 5,4$ dptr sein. Mithin muß jetzt das Korrektionsglas einen um 0,4 dptr höheren Brechkraftwert haben, als der Betrag der Ametropie. Das bei $d = 0$ voll auskorrigierende Glas von $- 5$ dptr ist bei $d = 13,5$ mm zu schwach. Umgekehrt verhält es sich bei Hypermetropie mit dem Konvexglas: der (virtuelle) Fernpunkt liegt hinter dem Auge, das Brillenglas für sich muß parallel auffallende Strahlen zum Fernpunkt des Auges vereinigen; je mehr das Glas vom Fernpunkt abrückt, je größer also d ist, desto größer muß die Brennweite des Korrektionsglases, desto kleiner also seine Brechkraft sein. Der „Korrektionswert" eines Sammelglases nimmt also mit zunehmendem Abstand von der Hornhaut zu, der eines Zerstreuungsglases ab. Es ist aber hervorzuheben, daß bei Refraktionsanomalien geringen Grades (bis $\pm$ 6 dptr) der Brillenabstand vom Auge praktisch nicht sehr von Belang ist.

Aus diesem Sachverhalt ergibt sich auch die Erklärung dafür, daß nach Entfernung der Krystallinse bei Staroperation, durch welche das vorher emmetrope Auge eine Hypermetropie von etwa 16 dptr erhält, ein 12 mm vor dem Hornhautscheitel angebrachtes Glas von nur etwa $+ 10$ dptr zur Korrektion auf Emmetropie genügt. Es hat also das Glas vom Brechkraftwert $+ 10$ dptr infolge des genannten Abstandes vom Auge einen Korrektionswert von rund 16 dptr.

Außer der Frage der Korrektion spielt bei der Brillenverordnung oft noch eine andere Frage eine Rolle, nämlich die nach der Größe des Netzhautbildes. Die Bildgröße hängt davon ab, ob die Ametropie eine Achsenametropie oder eine Brechkraftametropie ist. In vielen Fällen ist es allerdings unmöglich zu entscheiden, welche von beiden vorliegt. Auch ein gemischter Typ ist möglich. Bei unkorrigierter Achsenametropie ist das Retinabild des Hyperopen kleiner und das des Myopen größer als das des Emmetropen. Wenn das Korrektionsglas im vorderen Brennpunkt des Auges liegt, ist das Netzhautbild in beiden Fällen gleich dem des Emmetropen (Gesetz von KNAPP). Bei Brechkraftametropie, bei der die Augenlänge normal ist, sind die Netzhautbilder des Emmetropen sowie des unkorrigierten Hyperopen oder Myopen — abgesehen von der Bildunschärfe — gleich groß. Das Netzhautbild des korrigierten Hyperopen ist größer, das des korrigierten Myopen kleiner als das des Emmetropen. Wenn der Abstand des Brillenglases vom Auge größer wird, nimmt das Netzhautbild des Hyperopen an Größe zu, das des Myopen an Größe ab. Dies gilt für beide Typen von Ametropie. Es ist für den stark Myopen daher günstig, das Glas so nah wie möglich am Auge zu haben, für den Hyperopen, es vom Auge zu entfernen. Aus dem Gesagten ist verständlich, daß der Myope immer angibt, die Gegenstände mit Brille kleiner zu sehen als mit freiem Auge. Wenn nun das eine Auge emmetrop ist, das andere auskorrigiert myop, können durch die verschiedene Größe der Netzhautbilder Schwierigkeiten für den beidäugigen Sehakt auftreten (vgl. S. 323). Die Frage der Netzhautbildgröße hat für die Bestimmung der „absoluten Sehschärfe" Bedeutung, wie später erörtert wird (S. 265). Bezüglich der Bildkonstruktion seien Interessenten auf die Speziallehrbücher verwiesen.

Hier sei noch die wie ein „holländisches Fernrohr" gebaute *Fernrohrbrille* von v. ROHR erwähnt, welche bei starker Myopie gewisse Vorteile hinsichtlich der Bildgröße bietet. Auch für Emmetrope, deren Sehschärfe trotz Fehlen einer Ametropie unternormal ist (*Schwachsichtigkeit*), sind Fernrohrbrillen gebaut worden, welche die Bilder auf der Netzhaut bis etwa zweifach vergrößern und dadurch die Sehschärfe verbessern. Auch die Kombination von Brillen mit Haftgläsern scheint aussichtsreich.

Erwähnenswert sind die Fernrohrbrillen aus Glas mit Plastikfassung von FEINBLOOM (USA) und diejenigen aus Plastik von BIER-FLEMING (England), die gewichtsmäßig und kosmetisch einen großen Fortschritt bedeuten. Zum Lesen dienen auf die Fernrohrbrille aufschiebbare starke Sammellinsen. Vielfach werden einfache oder zusammengesetzte Sammellinsen hoher Dioptrienzahl (bis zu 100 dptr), sog. mikroskopische Gläser, für Naharbeit bevorzugt.

Kurz zu besprechen sind noch die *Prismen*gläser. Sie werden benutzt, um geringe Schielstellungen auszugleichen oder Konvergenzbeschwerden zu beheben. Bei einem kleinen Prismenwinkel und einem Glasexponent $n = 1,5$ ist der Winkel der Strahlenablenkung etwa gleich dem halben Prismenwinkel. Er hängt vom Brechungsexponenten des Prismenglases ab. Man hat daher die Prismenwirkung für die Brillenlehre anders definiert und nennt ein Prisma, welches in 1 m Abstand den Strahl um 1 cm verschiebt, ein Prisma von 1 Prismendioptrie (prdptr). Bei $n = 1,53$ ist für diesen Fall der Prismenwinkel ungefähr 1 Grad. Man beachte, daß dieser Begriff der Prismendioptrie formale Verwandtschaft mit dem der Brechkraftdioptrie abbildender Systeme hat. Prismengläser geben bei geradliniger Verschiebung vor dem Auge zum Unterschied von Sammel- und Zerstreuungsgläsern keine Scheinverschiebungen der Gegenstände. Dreht man ein kreisrund geschliffenes Prismenglas vor dem Auge um seinen Mittelpunkt, so führen die Gegenstände kreisförmige Scheinbewegungen aus, ohne daß dabei Verzerrungen auftreten und ohne daß eine lotrechte Linie scheinbar vom Lot abweicht. Die Scheinbewegung erfolgt gleichsinnig mit der Prismendrehung. Diesen Wahrnehmungen liegen wieder die entsprechenden Verschiebungen der Abbilder auf der Netzhaut zugrunde.

5. Zur Geschichte der Brille

Die Bezeichnung „Brille" leitet sich von „Beryll" (= Bergkristall) ab, weil aus ihm die Brillengläser gemacht wurden. Das damalige Glas war nicht schlierenfrei. Die Möglichkeit, das Auge mit einer geschliffenen Linse zu unterstützen, hat der Araber IBN EL HEITHAM um 1000 n. Chr. angegeben. Der plankonvexe „Lesestein" wurde der Schrift aufgesetzt und durch dessen Vergrößerung das Lesen erleichtert. Wenn PLINIUS beschrieb, daß Nero den Gladiatorenkämpfen durch einen Smaragd zugeschaut habe („Nero princeps gladiatorum pugnas spectabat smaragdo"), so wird er ihn — wie aus dem Zusammenhang des Textes hervorgeht — als Blendschutz gegen den hellen Sand der Arena benutzt haben (LESSING, 1729 bis 1781). Den Römern war nämlich nur die vergrößernde Wirkung einer mit Wasser gefüllten Glaskugel bekannt. Viele Dichter des Altertums (Cicero, Nepos und Sueton) beklagen sich darüber, daß die Ärzte keine Abhilfe gegen die Abnahme der Sehkraft mit dem Alter schaffen können. Der von KONRAD VON WÜRZBURG in Versen gerühmte Lesestein wurde nach der Übersetzung der Schriften von IBN EL HEITHAM ins Lateinische den Klöstern (z. B. ALLESSANDRO DE SPINA, gest. 1313, war Mönch in Pisa) bekannt. Bald darauf wurde er flacher geschliffen, in einen Ring mit Stiel gefaßt und nicht mehr der Schrift aufgesetzt, sondern nur darüber gehalten. Der Erfinder dieser Brille ist unbekannt. Der 1738 von MARIO MANNI zitierte erste Brillenkonstrukteur, der Florentiner SALVINO DEGLI ARMATI DI FIR stellt eine Geschichtsfälschung dar. Alle diese Brillen dienten der Presbyopiekorrektur. Auch die seit dem 14. Jahrhundert auf vielen Gemälden dargestellten Brillen tragen ausschließlich ältere Menschen. Die abgebildeten Brillen sind sog. *Nietbrillen*. Hier ist jedes Brillenglas in einem mit kurzem Stiel versehenen Holzring eingefaßt. Durch beide Stielenden ist ein Niet durchgeschlagen, so daß auf diese Weise eine an der Nase festklemmbare Brille entsteht (Vorläufer des Kneifers). Eine solche Nietbrille trägt z. B. der Kardinal HUGO VON PROVENCE auf dem Fresco des THOMAS VON MODENA (Treviso 1352). In einem Initial einer altfranzösischen Bibel (um 1380) ist ein Evangelist mit Nietbrille, auf dem Altarbild des Wildunger Altars des

Konrad von Soest (1404) und auch auf der vom Maler Friedrich Herlin gemalten Predella-Tafel mit den zwölf Aposteln in der Rothenburger St. Jakobs-Kirche (1466) trägt Petrus eine solche Brille. Auf dem Bild des heiligen Augustin im Tucher-Altar der Frauenkirche zu Nürnberg (um 1450) ist in einem Schränkchen eine an einem Nagel hängende Nietbrille dargestellt. Auf dem Flügelaltar von St. Wolfgang hat Michael Pacher den Tod Mariae gemalt (1485), und am Totenbett steht gleichfalls ein brillentragender Leser. 1953 sind im Nonnenchor des Klosters Wienhausen unter den Bohlen zwischen den Reihen des Chorgestühls zwei gut erhaltene Nietbrillen und neun Einzelteile gefunden worden (Näheres bei H. Reetz, Bildnis und Brille, Zeiss 1957).

Die Brillenherstellung begann in den Klöstern, ging dann in Venedig auf Handwerker über. Von dort kam das Brillenhandwerk nach Süddeutschland. Jakob Pfuhlmeier aus Nürnberg wurde 1478 „Parillenmacher" genannt. Hier wurde 1535 auch die Brillenmacherzunft gegründet, die in Fürth, Augsburg und vor allem in Regensburg festen Fuß faßte (*Regensburger Brillenmacherordnung* aus dem 17. Jahrhundert). Im „Ständebuch" von Jost Amman (1539—1591) mit Versen von Hans Sachs ist der Brillenmacher bereits abgebildet. Konkave Gläser zur Myopiekorrektur werden in der Schrift „De Beryllo" des Kardinals von Cusa erstmalig erwähnt. Kepler (1571—1630) und Descartes (1596—1650) erläuterten die Brillenwirkung, die Huygens (1629—1695) an einem Modell demonstrierte.

Zur Brillenbefestigung dienten zuerst Fäden und Riemen *(Faden- und Riemenbrillen)*. Es gab auch *Mützen-* und *Stirnreifenbrillen*. 1746 erfand der Pariser Optiker Thomin die *Schläfenbrille*, die mit Stangen an den Schläfen angeklammert wurde und aus der sich die heutige *Ohrenbrille* entwickelte. Daneben wurden auch mit der Hand zu haltende *Scheren-* und *Nasenrückenbrillen* ausgeführt, die die Vorläufer der *Lorgnette* und des „Kneifers" *(Pincenez)* darstellen. Das *Monokel* ist eine zur Korrektur unzureichende Modeerscheinung geblieben. Noch vor 150 Jahren wurden alle Brillen von ambulanten Händlern vertrieben (s. Gemälde von Jan Both, 1618—1652; Adriaen van Ostade, 1610—1685, und J. B. Sondermann, 1805 bis 1878). Der Preis für geschliffene Gläser betrug im 16. Jahrhundert nach heutigem Wert 2500 DM, um 1830 etwa 20 bis 110 DM (1 bis $5^1/_2$ Reichstaler: aus dem Katalog des Göttinger Universitätsmechanicus Friedrich Apel).

Die Brillenqualität war gering. Deshalb forderte der Gründer der „Optischen Industrie-Anstalt" in Rathenow, Prediger August Duncker (1767—1843) eine wissenschaftliche Erforschung der Brillentechnik, um die sich auch der Wiener Optiker Johann Friedrich Voigtländer, Vater des Gründers des Braunschweiger Optischen Werkes Friedrich Wilhelm Voigtländer, bemühte. Die Brillenverordnung durch Augenärzte geht auf den Holländer Franz Cornelius Donders (1818—1889) aus Utrecht zurück, dessen Assistent Hermann Snellen 1865 dazu die Sehprobentafeln entwickelte. Die Zylinderglasentwicklung wurde durch die Erforschung des Astigmatismus durch den Schweden Allvar Gullstrand (1832 bis 1930) entscheidend gefördert. Die wissenschaftlichen Grundlagen für die Punktalglasherstellung lieferte Moritz von Rohr (1868—1940).

G. Der Augenspiegel

1. Beleuchtung und Abbildung der Netzhaut

Die Bedeutung der von Helmholtz im Jahre 1851 gemachten, schon in ihrer Einfachheit genialen *Erfindung des Augenspiegels* liegt nicht nur auf dem Gebiet der Refraktionsbestimmung, sondern es beruht auf ihr die Entwicklung der ganzen neueren Augenheilkunde.

Der Augenspiegel macht es möglich, die Einzelheiten der Netzhaut eines Beobachteten zu erkennen, indem von dessen Netzhaut ein scharfes Bild auf die Netzhaut des Beobachters entworfen wird. Dazu ist zunächst nötig, die *Netzhaut* zu *beleuchten*. Stellen wir vor dem Auge B eines Beobachteten ein Licht auf, auf welches dieses Auge eingestellt sei, so wird die Netzhaut beleuchtet, weil es sich auf der Netzhaut abbildet. Die Strahlen werden nun von der Netzhaut ausgehend auf dem gleichen Wege, den sie kamen, das Auge B verlassen, also wieder zum Licht vereinigt werden. Könnte ein Beobachter A sein eigenes Auge gleichzeitig an den Ort des Lichtes bringen, so wäre die Möglichkeit gegeben, die rückkehrenden Strahlen zur Abbildung der Netzhaut von B auf der Netzhaut von A zu verwenden. Das ist aber ohne weiteres nicht durchführbar. Helmholtz hat nun aber dadurch eine Lösung der Schwierigkeit gegeben, daß er das Licht seitlich von B aufstellte und zwischen sein Auge und das beobachtete Auge eine planparallele *Glasplatte* brachte (Abb. 26), welche das Lampenlicht zum Auge B warf, die zurückkehrenden Strahlen aber z. T. zur Netzhaut des eigenen Auges A gelangen ließ. Die Lichtstrahlen fallen jetzt mithin so auf das beobachtete Auge, als ob sie aus dem Beobachterauge kämen. Vom beobachteten Auge kehrt nun das Licht wieder in das Beobachterauge A zurück und wird von diesem als Leuchten des Auges von B wahrgenommen.

Augenleuchten wurde schon vor HELMHOLTZ beobachtet und durch BRÜCKE in seiner Entstehung aufgeklärt. Es läßt sich auch ohne Spiegelplatte beobachten. Die Versuchsanordnung ist in Abb. 27 wiedergegeben. Das Auge des Beobachters A wird durch den Schirm S vor dem dicht an A stehenden Licht L geschützt, um störende Blendung zu vermeiden. Der Untersuchte darf mit seinem Auge weder auf das des Beobachters noch auf das Licht eingestellt (akkommodiert) sein, damit sich das Licht L in dem Zerstreuungskreis abbildet. Das Licht von diesem Zerstreuungskreis wird in den kegelförmigen Raum $a_1 b_1$ reflektiert und gelangt z. T. in das Auge des Beobachters. Der Untersuchte sieht am besten so weit seitlich, daß sein Sehnerveneintritt dem Beobachter

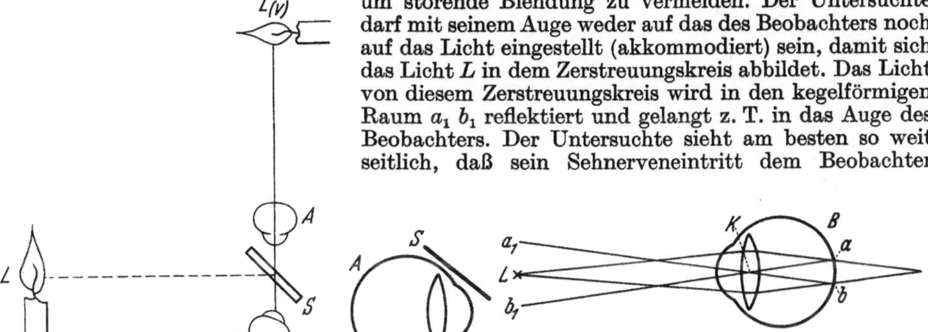

Abb. 26. *Beobachtung des Augenleuchtens mit dem Augenspiegel.* Nach HELMHOLTZ. *A* Beobachterauge. *B* untersuchtes Auge. *S* Spiegel. *L* Licht. *L(v)* virtuelles Spiegelbild des Lichtes

Abb. 27. *Verfahren zur Beobachtung des Augenleuchtens ohne Augenspiegel.* *A* Auge des Beobachters. *B* Auge des Untersuchten. *L* Licht. *S* Schirm zur Verhütung von Blendung des Auges *A* durch das Licht *L*

gegenübersteht, weil dabei das Augenleuchten wegen der starken Lichtreflexion an den markhaltigen Sehnervenfasern besonders stark ist.

Bei *Tieren* kann man gelegentlich ohne weitere Hilfsmittel Augenleuchten sehen, wenn sie dem Beobachter im Dunkeln entgegenkommen und das Licht von rückwärts zum Beobachter einfällt. Besonders stark ist das Augenleuchten bei Tieren, welche ein stark lichtreflektierendes chorioideales *Tapetum* besitzen, z. B. bei der Katze. Das Augenleuchten der *Albinos* kommt hingegen nur durch das durch die Sklera fallende Licht zustande. Hält man vor das Albinoauge ein schwarzes Papier, in welches ein Loch von Pupillengröße geschnitten ist, so erscheint die Pupille schwarz. Es liegt hier also eine ganz andere Art von Augenleuchten vor.

Der weitere bedeutende Schritt von HELMHOLTZ war die Aufklärung der Bedingungen, unter denen die scharfe *Abbildung der Netzhaut B auf die Netzhaut A erfolgt.* Es ist dafür nur nötig, wie Abb. 28 zeigt, daß beide Augen emmetrop und auf die Ferne eingestellt sind, d. h. daß die von der Netzhaut von B zurückkehrenden Strahlen parallel austreten und daß A für parallelen Strahlenauffall eingestellt ist.

Man kann sich den abbildenden Strahlengang (in Abb. 28 ausgezogen und mit ← versehen) auch in der Weise klarmachen, daß man das optische System des Beobachteten (B) als Lupe auffaßt, welche der Beobachter (A) benutzt, um die seinem Auge sehr nahe liegende Netzhaut von B auf seiner Netzhaut scharf abzubilden.

Kann A, selbst emmetrop, mit seinem auf die Ferne eingestellten Auge die Netzhaut von B nicht deutlich erkennen, so ist B nicht emmetrop; die Abweichung nach Art und Betrag wird so gefunden, daß eine +- oder eine −-Linse dem Auge B vorgesetzt wird, bis A die Netzhaut scharf erkennt. Der Beobachter A geht an B sehr nahe heran, um eine durch die Pupillenöffnung möglichst nicht behinderte

Übersicht über die Netzhaut *B* zu haben. Das Gesichtsfeld des Beobachters wird durch die Pupille des untersuchten Auges begrenzt.

Das bisher besprochene Verfahren (Abb. 28 *I*) wird als das der Betrachtung im *aufrechten Bild* bezeichnet. Man kann die Beobachtung noch in anderer Weise mit dem Augenspiegel durchführen (Abb. 28 *II*). Ist das Auge *B* an sich stark myop oder durch ein +-Glas von 10 bis 13 dptr stark myop gemacht, so kann man das von der Netzhaut im Fernpunkt dieses Auges entworfene umgekehrte Bildchen zur Betrachtung benutzen, auf das man natürlich akkommodieren muß. Dies Verfahren wird als das des Augenspiegelns im *umgekehrten* Bilde bezeichnet. Man kann das erstere Verfahren (Abb. 28 *I*) auch als Beobachtung im ungekreuzten Strahlengang, das letztere als solches im gekreuzten Strahlengang bezeichnen. Bei Betrachtung im aufrechten Bild ist die Vergrößerung stärker, das Gesichtsfeld und die Bildhelligkeit geringer als im umgekehrten Bild. Die Vergrößerung ist im aufrechten Bild etwa 12—15fach, im umgekehrten bei Benutzung einer Konvexlinse von 13 dptr etwa 5fach.

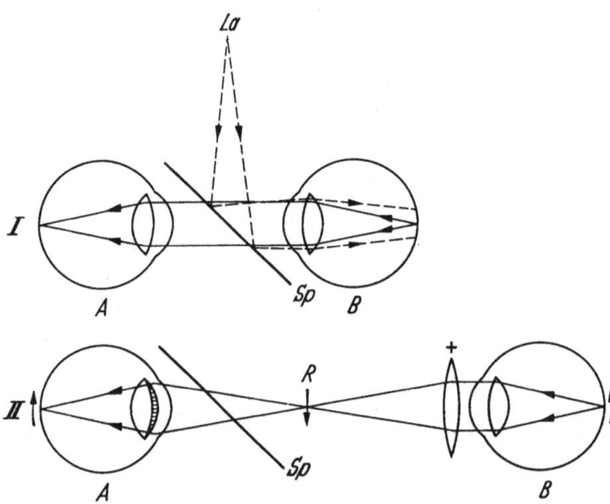

Abb. 28. *Augenspiegelanwendung*, *I* im aufrechten, *II* im umgekehrten Bild. In *I* ist das von der Lampe *La* ausgehende, durch den Spiegel *Sp* reflektierte Licht, welches zur *Beleuchtung* der Netzhaut dient (auf der *La* im Zerstreuungskreis unscharf abgebildet wird), gestrichelt gezeichnet; die zur *Bildentwerfung* dienenden, durch die Spiegelplatte hindurchgehenden Strahlen sind ausgezogen gezeichnet. In *II* wurden der Einfachheit halber die am Spiegel reflektierten beleuchtenden Strahlen nicht gezeichnet

Die konstruktive Ableitung der Lage und Größe des Abbilds der untersuchten Netzhaut auf der Beobachternetzhaut, der Begrenzung des Gesichtsfeldes und des Vergrößerungsbetrages kann der sehr übersichtlichen Darstellung von GROETHUYSEN entnommen werden.

Zum Verständnis der Bezeichnung „aufrechtes" und „umgekehrtes" Bild beachte man, daß damit die Wahrnehmung angegeben ist. Bei Verfahren *II* (Abb. 28) erhält die Netzhaut *A* ein aufrechtes Bild der Netzhaut *B*, die Wahrnehmung ist also umgekehrt. Bei dem Verfahren *I* ist das Abbild umgekehrt, die Wahrnehmung (das Sehding) also aufrecht, d. h. was in der Netzhaut von *B* oben ist, wird vom Beobachter *A* auch oben gesehen.

Die heute meist benutzten Augenspiegel sind quecksilberbelegte Plan- oder Hohlspiegel und tragen einen Belag mit kleinem Loch (RUETE). Dadurch wird das Bild lichtstärker, eine grundlegende Änderung gegen das Helmholtzsche Verfahren liegt nicht vor. Heute bevorzugt der Augenarzt den elektrischen Augenspiegel, bei dem sich die Beleuchtungsvorrichtung im Griff des Spiegels befindet, und die Beleuchtungs- und Beobachtungsrichtung zwangsläufig zusammenfällt. Der Augenhintergrund kann auch mit besonders dafür entwickelten photographischen Apparaten (Funduskamera) photographiert oder gefilmt werden. Eine Weiterentwicklung des Augenspiegels stellen die binokularen Ophthalmoskope dar (z. B. die nach GULLSTRAND und THORNER). Bei ihnen wird der störende von der Lichtquelle stammende Hornhautreflex dadurch beseitigt, daß die eine Hälfte der Pupille zur Beleuchtung, die andere zur Beobachtung benutzt wird. Es sind auch Augenspiegel zur Selbstbeobachtung konstruiert worden. Auf binokulare Augenspiegel kommen wir bei Besprechung der Stereoskopie zurück.

Die Gegend der *Fovea centralis*, die in der Macula lutea liegt, kann besonders gut gesehen werden, wenn man zum Augenspiegeln eine Beleuchtung wählt, in der die langwelligen Strahlen fehlen (sog. *rotfreies Licht*, VOGT). Dadurch fällt die Mitwirkung der Farbe des an der Aderhaut reflektierten Lichtes fort und das an der farblosen Netzhaut reflektierte Licht kommt besser zur Geltung. Unter anderem kann man mit diesem Verfahren bestätigen, daß die Gelbfärbung der Macula nicht etwa erst postmortal auftritt, sondern daß sie schon intravital vorhanden ist, was sich am Affenauge unmittelbar post mortem durch bloßen Anblick des freigelegten und ausgestülpten hinteren Augenabschnittes feststellen läßt.

Das Bild der Netzhaut, wie es sich beim Augenspiegeln darbietet, ist in Abb. 29 nach OELLER wiedergegeben. Am *normalen Augenhintergrundbild* ist die Grundfärbung verschieden, je nachdem, wie dicht und dunkel das der Aderhaut (Chorioidea) mit ihren Gefäßen vorgelagerte Pigmentepithel der Netzhaut pigmentiert ist. Bei starker Pigmentierung wird das Gefäßnetz der Aderhaut ganz verdeckt, der Untergrund ist, wie bei unserem Fall, ziemlich gleichmäßig rot. Auf ihm heben sich nur ab der blaßrosa erscheinende Sehnerveneintritt, die

Papille genannt, und die Verzweigungen der Arteria und Vena centralis retinae. Der Sehnerv verliert beim Durchtritt durch die Lederhaut das Markweiß, über die Hälfte seiner von dort ab marklosen Fasern geht zur Macula, der Rest zur übrigen Netzhaut. Nur bei angeborenen Abweichungen (sowie schon normalerweise beim Kaninchen) breiten sich die markhaltigen weißen Fasern des Sehnerven auch in die Netzhaut flächenförmig aus. Die Arterien sind von den Venen an dem bekannten Farbunterschied des Blutes zu erkennen. Die Äste der Zentralgefäße umgreifen die Macula, die feinen

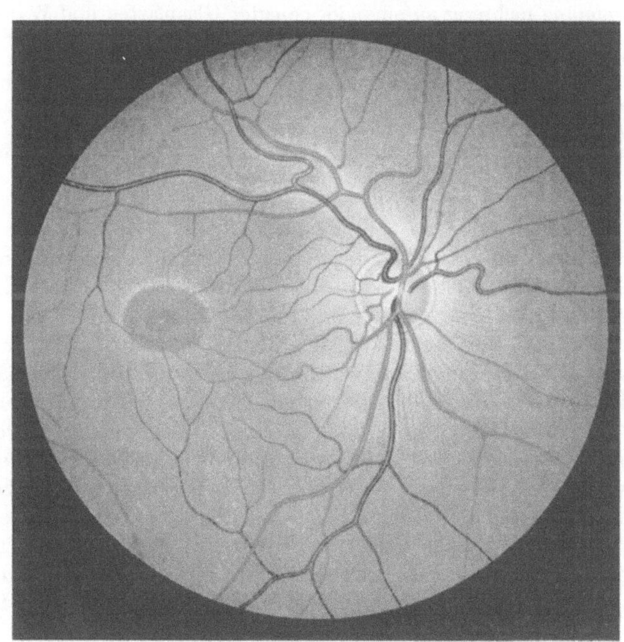

Abb. 29. *Bild des Augenhintergrundes.* Nach OELLER.
Aufrechtes Bild, rechtes Auge

Verzweigungen reichen bis in das Randgebiet der Macula, die Fovea ist auch von Capillaren frei. Ist das Pigmentepithel der Netzhaut wenig pigmentiert, so scheint die Aderhaut durch; das Bild hängt des weiteren von Stärke und Art des Aderhautpigments und von der Verteilung der Aderhautgefäße und von ihrer Blutfülle ab. Außerdem spielt für die Farbe des Augenhintergrundes eine sehr wichtige Rolle die Art der Lichtquelle. Benutzt man Glühlampenlicht, das vorwiegend aus langwelligen, gelblichen Wellenlängen zusammengesetzt ist, so ist der Augenhintergrund leuchtend rot. Im rotfreien Licht erscheint er grünlich gelb. In *pathologischen* Fällen kann besonders der Sehnerveneintritt ein verändertes Aussehen zeigen durch Aushöhlungen, Atrophie, Entzündungen, Gefäßthrombose usf.

Bei *Verwendung des Augenspiegels zur Refraktionsbestimmung* wird bei Beobachtung im aufrechten Bild dasjenige Glas ausgesucht, durch welches dem emmetropen fern akkommodierenden Arzt der Augenhintergrund des Untersuchten scharf erscheint. Bei letzterem wird die Nahakkommodation durch Homatropin ausgeschaltet. Wenn der Arzt selber nicht emmetrop ist, muß er durch seine Korrektionsbrille beobachten. Das gesuchte Glas ist dann dasjenige, welches die Strahlen aus dem untersuchten Auge parallel austreten läßt, welches also bei gewöhnlicher Benützung das Auge auf parallele Strahlen einstellt.

Dieses Verfahren der Refraktionsbestimmung ist schon von HELMHOLTZ (6) in seiner ersten Mitteilung angegeben worden. In dieser beschreibt HELMHOLTZ das Augenspiegeln im aufrechten Bild. Daß er dabei ein Konkavglas anwendete, beruht auf der Akkommodation des Untersuchten auf eine etwa im Abstand des Lichtes stehende Fläche, welche Fixierzeichen enthält (Ziffern); Atropin zur Ausschaltung der Naheinstellung wurde noch nicht angewendet. In seinem Handbuch gibt aber HELMHOLTZ schon an, daß zur Darstellung der Netzhaut im virtuellen aufrechten Bilde gar keine Linse notwendig wäre, wenn beide Augen auf unendliche Ferne eingestellt wären. Zur Beleuchtung diente „die Flamme einer guten Öllampe mit doppeltem Luftzuge". Die Helligkeit der Belichtung wurde durch Anwendung mehrerer aufeinander gelegter Glasplatten und Wahl der passenden Winkelstellung des Spiegels vermehrt. Hierdurch wird gleichzeitig der störende Hornhautreflex abgeschwächt. In seiner zweiten Mitteilung beschreibt HELMHOLTZ das auch von RUETE angewendete Verfahren des umgekehrten Bildes, für das er die Methodik vereinfacht. Vor allem empfiehlt er, entgegen RUETE, die freihändige Benutzung des Konvexglases, mit Halten zwischen Daumen und Zeigefinger und Aufstützen des kleinen Fingers auf das Gesicht des Untersuchten. Auch wird hier die vom Königsberger Mechanikus REKOSS erfundene Drehscheibe angegeben.

2. Schattenprobe

Ein *anderes Verfahren* der Refraktionsbestimmung unter Benutzung des Augenspiegels ist die sog. *Schattenprobe* (Skiaskopie), die besser *Beleuchtungsprobe* genannt würde. Es kommt bei ihr nicht darauf an, die untersuchte Netzhaut scharf auf der Netzhaut des Beobachters abzubilden, sondern lediglich darauf, von der untersuchten Netzhaut aus die Pupille des Beobachters zu beleuchten. Der Beobachter beleuchtet das Auge des Untersuchten aus genau $^1/_2$ m Abstand mit einem belegten Planspiegel, in dessen Mitte durch Entfernung des Belags ein „Loch" hergestellt ist, und stellt fest, in welcher Weise die Pupille des Untersuchten aufleuchtet, wenn der Spiegel gedreht wird. Dabei sei diejenige Spiegeldrehung, bei der das reflektierte Licht auf dem Gesicht des Untersuchten vom Beobachter aus gesehen von links nach rechts wandert, als Drehung nach rechts bezeichnet. Bei dieser Drehung um eine senkrechte Achse (Spiegelstiel) sind nun je nach dem Refraktionszustand des Untersuchten 3 Fälle möglich:

1. Der (vom Beobachter aus gesehen) linke Teil der untersuchten Pupille leuchtet zuerst auf, bei Weiterdrehen des Spiegels erfüllt dann das nach rechts wandernde Licht die ganze Pupille und verschwindet schließlich zuerst im linken Teil der Pupille.

2. Die ganze Pupillenfläche leuchtet gleichzeitig auf und wird bei Weiterdrehen gleichzeitig dunkel.

3. Der rechte Teil der Pupille leuchtet zuerst auf, das Licht wandert bei Weiterdrehen des Spiegels nach links und verschwindet zuerst im rechten Teil der Pupille.

Bei 1 wandert also die Beleuchtung der Pupille gleichsinnig mit der Spiegeldrehung, bei 3 gegensinnig, während bei 2 ein Wandern der Beleuchtung fehlt.

Der „Schatten", der zur Bezeichnung Schattenprobe führte, ist nichts weiteres als die Wiederverdunkelung nach Wegwandern der Beleuchtung. Der „Schatten" wandert also immer im gleichen Sinne wie die Beleuchtung bzw. wandert im Fall 2 ebenfalls nicht.

Der Fall 2 der fehlenden Beleuchtungswanderung, tritt ein, wenn das untersuchte Auge 2 dptr Myopie hat, wenn sich also sein Fernpunkt am Ort der Pupille des Beobachters (Entfernung $^1/_2$ m) befindet. Der Fall 1 der mit der Spiegeldrehung gleichgerichteten Beleuchtungswanderung liegt vor, wenn das Auge eine Refraktion von weniger als 2 dptr Myopie hat, wenn es also schwächer kurzsichtig ist oder emmetrop oder hypermetrop. Der Fall 3 der gegengerichteten

Beleuchtungsbewegung zeigt hingegen Myopie von mehr als 2 dptr an. Man kann nun den Betrag der Ametropie dadurch bestimmen, daß man dem untersuchten Auge, das auf die Ferne eingestellt sein muß, Brillengläser vorsetzt und dasjenige Glas aussucht, mit welchem der Fall 2 der fehlenden Beleuchtungswanderung (Schattenwanderung) erreicht wird. Es wird dann ein etwas schwächeres Glas gleichgerichtete Wanderung, ein etwas stärkeres gegengerichtete Wanderung ergeben. Zwischen beiden Fällen findet der „Umschlag" der Bewegungsrichtung statt.

Es ist nun noch zu beachten, daß die Beobachtung aus $^1/_2$ m Entfernung vorgenommen wird. Dabei ist für einen Emmetropen ein Glasvorsatz von $+2$ dptr notwendig, um gleichmäßiges Aufleuchten der ganzen Pupille zu erzielen, da dies Glas den Fernpunkt des Untersuchten auf $^1/_2$ m Entfernung (also in die Pupille des Beobachters) einstellt. Allgemein ist also der Wert 2 dptr von dem gefundenen Glaswert abzuziehen.

Gibt z. B. ein Glas von -3 dptr den Fall 2 der fehlenden Wanderung, so ist das notwendige Korrektionsglas des untersuchten Auges $-3 -2$ dptr $= -5$ dptr, es liegt also Kurzsichtigkeit von 5 dptr vor. Ergibt sich der Fall 2 bei einem Glas von $+6$ dptr, so ist das notwendige Korrektionsglas $+6 -2$ dptr $= +4$ dptr, es liegt also Übersichtigkeit von 4 dptr vor.

Bei Astigmatismus mit waagerecht und senkrecht stehenden Hauptmeridianen findet man verschiedene Werte bei Drehung des Spiegels um die senkrechte und die waagerechte Achse. Die Differenz dieser Werte ist der Betrag des Astigmatismus. Bei schräg stehenden Hauptmeridianen ist der Spiegel um entsprechend schräge Achsen zu drehen.

Zum Verständnis der „Schattenprobe" ist zunächst folgendes zu beachten wichtig. Man braucht sich, wie schon angedeutet, um den nachfolgenden „Schatten" nicht zu kümmern, man hat nur festzustellen, wie der Verlauf des beleuchteten Strahlenganges ist. Der Beobachter ist auf die Pupille des Untersuchten eingestellt, also nicht auf dessen Netzhaut wie beim Augenspiegeln. Der Spiegel entwirft zusammen mit dem dioptrischen Apparat des untersuchten Auges auf dessen Netzhaut ein Bild der (punktförmig angenommenen) Lichtquelle. Der Beobachter sieht nur dann die Pupille des Untersuchten in ihrer vollen Fläche leuchten, wenn die von dessen Netzhaut ausgehenden, die ganze Pupillenfläche verlassenden Strahlen sämtlich die Beobachternetzhaut erreichen können. Der Strahlengang ist nach ERGGELET folgender. Der bewegte Planspiegel Sp (Abb. 30a) entwirft von dem neben dem Untersuchten stehenden Licht L ein virtuelles Bild L_v, das für die beiden Spiegelstellungen Sp_I und Sp_{II} als L_{vI} und L_{vII} bezeichnet sei. Die Bildkonstruktion ist durch gestrichelte Linien angedeutet. Der weitere *beleuchtende Strahlengang* ist nun der gleiche, als wenn das tatsächliche Licht von dem Ort L_{vI} nach dem Ort L_{vII} verschoben würde. Die umgekehrte Abbildung dieser Lichtquelle im Auge des Untersuchten B erfolgt in L_{rI} und L_{rII}. Es sind also die Belichtungsverhältnisse die gleichen, wie wenn ein tatsächliches Lichtpünktchen auf der Netzhaut von L_{rI} nach L_{rII} verschoben würde. In den Teilstücken b) und c) der Abb. 30 ist weiter der *abbildende Strahlengang* für den Fall dargestellt, daß der Untersuchte seinen Fernpunkt *hinter* dem Beobachterauge hat, daß er z. B. emmetrop ist. Bei b) ist der Lichtpunkt L_r so weit von der Augenachse entfernt, daß das ganze rückkehrende Strahlenbündel an der Pupille des Beobachters A vorbeigeht, so daß er die untersuchte Pupille schwarz sieht. Bei c) ist der Lichtpunkt L_r etwas höher gewandert, es fällt jetzt der durch den unteren Teil der Pupille austretende Anteil des Strahlenbündels in die Pupille des Beobachters, der infolgedessen den unteren Pupillenteil des Untersuchten aufleuchten sieht. In den Teilstücken d) und e) der Abb. 30 ist der Fall dargestellt, in dem der Fernpunkt des untersuchten Auges *vor* dem Auge des Beobachters liegt. Bei d) ist L_r noch so weit von der optischen Achse entfernt, daß alle austretenden Strahlen an der Pupille von A vorbeigehen, A sieht also die Pupille von B schwarz. Bei e) ist L_r so weit an die optische Achse angenähert, daß die vom oberen Teil der Pupille von B kommenden Strahlen in das Auge von A eintreten, während die vom unteren Teil kommenden auf die Iris von A fallen. Daher sieht A nur den oberen Pupillenteil von B aufleuchten. Man kann sich nun an Hand von Zeichnung e) leicht vorstellen, daß, wenn die Pupille des Auges A sich im Fernpunkt von B befindet, die Pupille von B so gut wie gleichzeitig aufleuchtet, ein Wandern des Lichtes vom einen Rand der Pupille zum andern jedenfalls nicht deutlich ist. Betrachtet man nun die Zeichnungen in der Richtung von A nach B und faßt die bisher obere Seite als rechts auf (vom Auge A aus gemeint), so ist eine Spiegeldrehung nach rechts dargestellt. Im Fall b) c) wandert das Licht von der linken Pupillenseite nach der rechten, also gleichsinnig, im Fall d) e) hingegen von der rechten Pupillenseite zur linken, also gegensinnig zur Spiegeldrehung.

Es konnte sich hier nur um eine vereinfachte Darstellung der Schattenprobe handeln, deren Grundlagen durchaus umstritten sind (SAUTTER). Darstellungen der Theorie finden sich bei WOLFF und VON ROHR, ferner in den neueren Arbeiten von SAUTTER und LITTMANN.

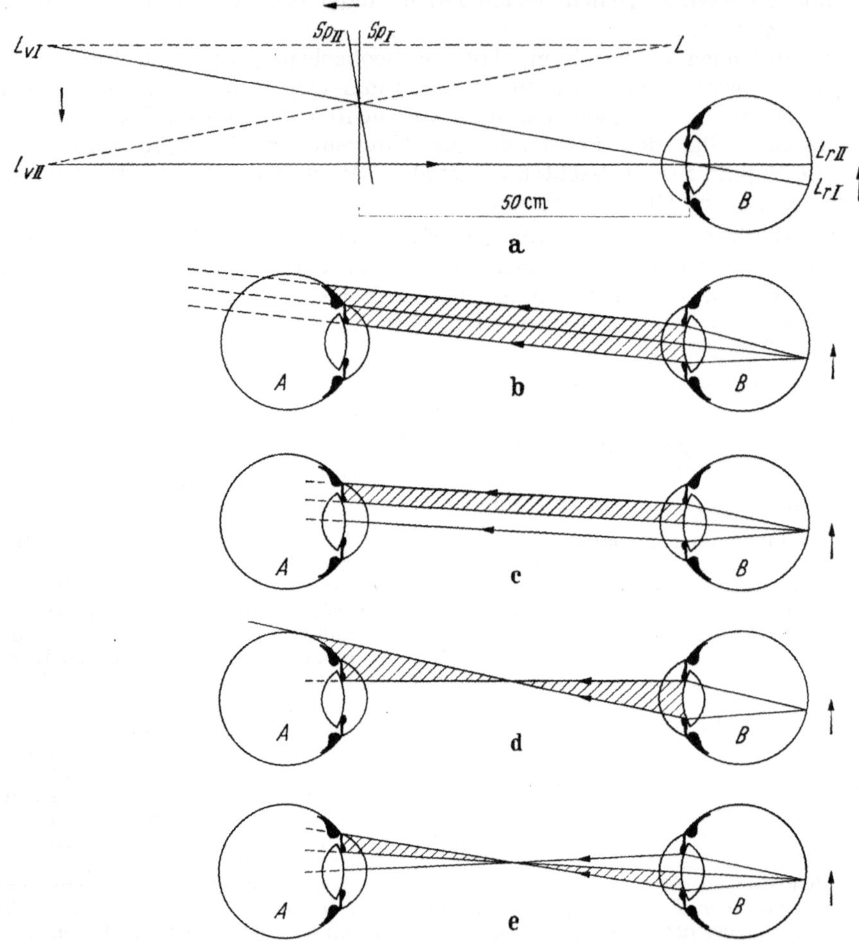

Abb. 30. *Strahlengang bei der Schattenprobe (Skiaskopie).* a) Abbildung des Lichtes L durch den Spiegel Sp in seinen beiden Stellungen Sp_I und Sp_{II} als virtuelles Bild bei L_{vI} und L_{vII}. Diese virtuellen Bilder werden im Auge B des Untersuchten bei L_{rI} und L_{rII} reell abgebildet. b) und c): Der Fernpunkt des Untersuchten B liegt weiter ab als die Pupille des Beobachters A. Bei b) Pupille von B erscheint noch dunkel, bei c) leuchtet für A der im Bilde untere Teil der Pupille von B auf. d) und e): Der Fernpunkt des Untersuchten B liegt näher als die Pupille des Beobachters A. Bei d) erscheint die Pupille von B für A noch schwarz, bei e) leuchtet der im Bilde obere Pupillenteil von B auf. (Schema von W. T.)

Das Verfahren des Augenspiegelns und die Schattenprobe lassen sich leicht an einem *Augenmodell* einüben, das wir seit längerer Zeit im Unterricht benutzen. Es besteht aus einem 25 mm langen Rohr von 20 mm Durchmesser, in dessen vorderer Öffnung eine Linse von 40 dptr eingelassen ist, hinter welcher eine Blende von etwa 6 mm Durchmesser anliegt. Die hintere Öffnung des Rohres ist durch einen Deckel verschlossen, auf dessen Innenseite eine kleine Buntzeichnung des Augenhintergrundes in natürlicher Größe angebracht ist.

Als *praktisch bestes Verfahren der Brillenbestimmung* wird das mit *Verwendung der Sehschärfebestimmung* bezeichnet, das von DONDERS stammt. Es wird dasjenige Brillenglas aufgesucht, durch welches das Auge seine höchste erreichbare Sehschärfe erhält. Um die Mitwirkung von Akkommodation auszuschließen, ist dabei noch folgende Regel zu beachten. Bei Hypermetropen nimmt man das *stärkste konvexe* (+) Glas, bei Myopen das *schwächste konkave* (−) Glas, welches noch maximale Sehschärfe ergibt. Bei Abweichung hiervon würde der jugendliche Ametrop das Zuwenig an +-Glas bzw. das Zuviel an −Glas durch Akkommodation ausgleichen können. Über die Messung der Sehschärfe wird im dritten Teil berichtet.

H. Abweichungen von der punktförmigen Strahlenvereinigung

Bei der Herleitung des Strahlenganges in optischen Systemen wurden nach GAUSS einige *vereinfachte Annahmen* gemacht, durch welche das sehr übersichtliche vorläufige Ergebnis einer streng punktförmigen Strahlenvereinigung erzielt wird. Diese Annahmen waren: Kugelform der Trennungsflächen, Berücksichtigung nur solcher Strahlen, die von der optischen Achse ausgehen und eng abgeblendet sind, also senkrecht auf die trennende Fläche auffallen, und für die das Medium gleichen Brechungsexponenten hat. Es ist dies aber ein praktisch nie verwirklichter Idealfall. Es sind also des weiteren die *Abweichungen von der punktförmigen Strahlenvereinigung* zu besprechen, die durch größere Öffnung der Büschel, durch verschieden starke Brechung der Strahlen, durch schrägen Auffall des Büschels auf die Fläche, durch Beugung bedingt sind, sowie solche, die durch Abweichung von der Kugelform der Trennungsfläche entstehen.

Im Gegensatz zu den Ametropien spielt bei den jetzt zu besprechenden Abweichungen die Lage der Netzhaut zunächst keine Rolle. Grundsätzlich werden auch bei den Ametropien die parallel auffallenden Strahlen vereinigt, nur vor oder hinter der Netzhaut. Damit liegt an sich noch keine Abweichung von der punktförmigen Strahlenvereinigung vor. Die Ametropien waren deshalb gesondert darzustellen.

Bei künstlichen abbildenden Systemen, z. B. photographischen Objektiven, ist es gelungen, die hier in Rede stehenden Abweichungen von punktförmiger Vereinigung weitgehend zu vermeiden. Nur in dieser Hinsicht also sind die künstlichen Systeme „vollkommener" als das natürliche System Auge. Die Vollkommenheit des Auges beruht in seiner sehr vielseitigen Gesamtleistung, bei welcher vom dioptrischen Standpunkt aus in erster Linie auch an die Akkommodation zu denken ist.

Die Abweichungen vom punktförmigen Strahlengang können eingeteilt werden in solche, die von der Wellenlänge des vom Gegenstandspunkt ausgehenden Lichtes anhängig sind, und solche, die von ihm unabhängig sind (chromatische Abweichung und monochromatische Abweichungen).

1. Chromatische Abweichung

Die Bedingung gleicher Brechbarkeit aller auffallenden Strahlen ist in der Regel nicht erfüllt. Sie liegt vor, wenn wir etwa mit reinem Natriumlicht (589 mμ) beleuchten, wie es bei Natriumdampflampen vorliegt. In dem meist verwendeten gemischten („weißen") Licht sind alle Wellenlängen vertreten, die dem sichtbaren Spektrum angehören. Da die kurzwelligen Strahlen stärker gebrochen werden als die langwelligen, ist die hintere Brennweite für erstere kleiner als für letztere. Das emmetrope Auge — gerechnet für etwa die Wellenlänge 589 mμ — ist also für kurzwellige Strahlen myop, für langwellige hypermetrop.

Dieser Fehler der „*chromatischen Aberration*" ist für gewöhnlich am Auge wenig störend, weil wir auf die hellsten Strahlen mittlerer Wellenlänge einstellen und weil die an Helligkeit nach außen stark abnehmenden Zerstreuungskreise der verschiedenen Strahlen sich durch Farbenmischung wieder zu Weiß vereinigen. Betrachtet man aber bei Verdeckung der halben Pupille mit einem dicht vor das Auge gehaltenen schwarzen Papier eine Grenze zwischen einem schwarzen und einem weißen Felde, etwa ein Fenster, so ist die chromatische Aberration deutlich an den auftretenden Farbenrändern zu sehen. Die Erklärung hierfür gibt Abb. 31 nach HELMHOLTZ. Sehr schön ist die chromatische Aberration auch bei Betrachtung einer Metallfadenlampe durch ein dunkelblaues Kobaltglas zu beobachten, welches nur lang- und kurzwelliges Licht durchläßt (rot und blauviolett). Je nach Refraktionszustand, Akkommodation, Abstand sieht man den Faden entweder rot mit blauviolettem Rand oder blauviolett mit rotem Rand. Der

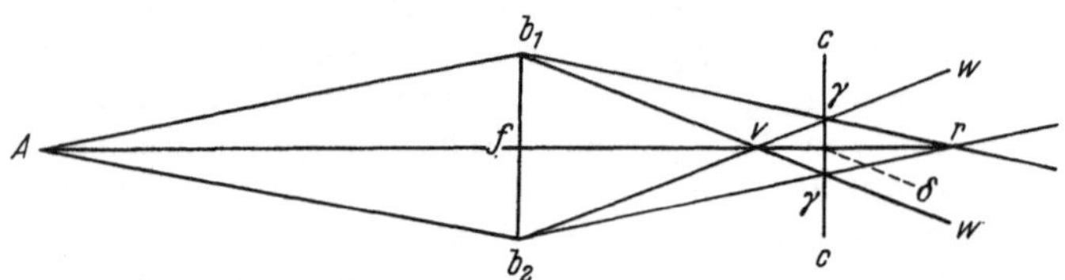

Abb. 31. *Chromatische Aberration.* Nach HELMHOLTZ. *A* Lichtpunkt, b_1b_2 vordere Hauptebene, *cc* Ebene der Schnittpunkte γ der äußersten roten und violetten Strahlen. Ist das Auge auf *A* akkommodiert, so liegt *cc* auf der Netzhaut. *v* Vereinigungspunkt der violetten Strahlen. *r* Vereinigungspunkt der roten Strahlen. δ Vereinigungspunkt des mittleren Grün

Brechkraftunterschied beträgt für den Abstand der *C*- und *G*-Linie des Spektrums (Rot 656 mμ und Violett 431 mμ) etwa 1,8 dptr, für den Abstand der *D*- und *F*-Linie (Gelb 589 mμ und Blau 486 mμ) etwa 1 dptr. Die hinteren Brennpunkte der roten und violetten Strahlen liegen etwa 0,6 mm auseinander. Der Brennpunkt für weißes Licht stimmt mit dem für gelbes Licht überein. Nach der von HARTRIDGE entwickelten antichromatischen Theorie sollen antichromatische nervöse Reaktionen die chromatische Aberration eliminieren, und zwar soll der Blaureceptor vom Hirnzentrum abgeschaltet werden und deshalb Blau als Dunkelgrau bzw. Schwarz erscheinen. Zudem wird der ohnehin schon mit dem Grünreceptor gekoppelte Rotreceptor an den abgeschalteten Blaureceptor angeschlossen, so daß Gelb weißlich erscheint. Man kann die Brechkraftunterschiede auch durch die Lage der Fernpunkte in verschiedenem monochromatischem Licht ausdrücken (BÜTTNER). Die chromatische Aberration des Auges in Abhängigkeit von der Wellenlänge wurde von BEDFORD und WYSZECKI neu bestimmt.

Eine Korrektion der Chromasie des Auges durch Brillengläser ist an sich möglich. Es nimmt aber dabei nach HELMHOLTZ die Sehschärfe nicht zu. Daraus geht hervor, daß der Fehler der chromatischen Aberration beim Auge ohne Belang ist und daher für gewöhnlich keiner Ausgleichung bedarf (vgl. S. 260). Beim Arbeiten mit kleinen Feldern an Spektralapparaten kann sie störend wirken, z. B. wenn ein rotes und ein blaues Feld nebeneinander beobachtet werden. Man kann in solchen Fällen korrigierende Linsen anwenden, wie sie WRIGHT an seinem Colorimeter benutzt.

Es ist noch darauf hinzuweisen, daß die stärkere Absorption der kurzwelligen als der langwelligen Strahlen durch die Augenmedien der chromatischen Aberration entgegenarbeitet, und daß bei kleiner Pupillenöffnung die Beugung des Lichtes bis zu einer gewissen Grenze einen neutralisierenden Effekt ausübt. Das Optimum liegt etwa bei 1 mm Pupillenöffnung, also künstlicher Pupille (HARTRIDGE). HARTRIDGE weist besonders darauf hin, daß die gelben und blauen Ränder, die z. B. bei Betrachtung einer schwarzen Linie auf weißem Grund durch ein Vergrößerungsglas sichtbar sind, bei Verminderung der Beleuchtung oder bei Verminderung des Gesichtswinkels verschwinden.

Bemerkt sei noch, daß innerhalb des Auges keine Ausgleichung der chromatischen Aberration stattfindet, da alle Teilsysteme sammelnde Wirkung haben, das Licht also nach der Achse zu brechen (GULLSTRAND). Die farbigen Ränder spielen eine Rolle beim Akkommodationsreflex (FINCHAM).

2. Sphärische Abweichung

Es läßt sich leicht ableiten (unter Anwendung des Brechungsgesetzes wie bei Abb. 2), daß *Randstrahlen*, die von der Achse aus auf Seitenteile der kugeligen Trennungsfläche fallen, *stärker gebrochen* werden, also von dem Vereinigungspunkt der Strahlen abweichen, welche einen sehr kleinen Winkel mit der Achse einschließen. Der Brechkraftunterschied zwischen Zentrum und äußerster Peripherie beträgt beim Menschen etwa 1 dptr bei Einstellung auf die Ferne. Im nahakkommodierenden Auge ist der Unterschied geringer (M. KOOMEN, R. TOUSEY und R. SCOLNIK).

Diese Abweichung ist eine Folge der Kugelgestalt der Fläche und heißt deshalb *sphärische Aberration*. Am Auge ist ihr Einfluß dadurch vermindert, daß die Iris für gewöhnlich die Randstrahlen abblendet, daß ferner die Hornhaut in den Seitenteilen flacher ist als in der Mitte. Auch nimmt der durch die Aberration entstehende Zerstreuungskreis, mit dem die Netzhaut getroffen wird, von der Mitte zum Rande an Helligkeit ab, so daß er nicht in vollem Umfang sichtbar ist.

Der tatsächliche Strahlengang in einem künstlichen einfachen optischen System, z. B bei Übergang von Luft in Wasser durch eine Kugelfläche, ist leicht zu veranschaulichen, wenn man eine lichtauffangende ebene Fläche in das Wasser bringt und die Bündelquerschnitte an den einzelnen Stellen betrachtet. Auf die geometrische Darstellung des sehr verwickelten Strahlenganges muß hier verzichtet werden. Er ist hauptsächlich von GULLSTRAND ermittelt worden. Am Auge liegen weitere Verwicklungen dadurch vor, daß mehrere Flächen beteiligt sind und vor allem die Linse Besonderheiten der Oberflächen aufweist. Es gelingt sowohl mit subjektivem als auch mit objektivem (GULLSTRAND) Verfahren, weitgehende Aufschlüsse über den nicht homozentrischen Strahlengang im Auge zu erhalten und die Formen der Bündelquerschnitte zu ermitteln, die zwar Minima haben, aber nirgends punktförmig sind. Das emmetrope Auge ist so eingestellt, daß auf die Netzhaut ein kleinster Querschnitt fällt. Ähnlich verhält es sich bei der Akkommodation.

3. Astigmatismus

a) Regelmäßiger Astigmatismus

Astigmatismus heißt wörtlich: Mangel an punktförmiger Strahlenvereinigung. Die vorgenannten Fehler des Auges verhindern zwar auch eine streng punktförmige Abbildung eines punktförmigen Gegenstandes, aber man versteht unter *Astigmatismus im engeren Sinne* nur den besonderen Fall, daß der Abbildungsfehler durch *eine von der Kugelgestalt abweichende Form der Trennungsfläche* bedingt ist, in der Weise, daß die Fläche in zwei aufeinander senkrecht stehenden Richtungen verschiedene Krümmungsradien besitzt. Man kann sich die Formänderung an einer elastischen Kugelschale klarmachen, die man in einer Richtung etwas zusammendrückt. Oder man stellt sich eine „tonnenförmig-torische" Fläche vor, die dadurch entsteht, daß man einen Kreisbogen um eine Sehne dreht (Abb. 24). Am Auge ist in der Regel der *senkrechte Schnitt stärker gekrümmt*, seltener der horizontale. Im letzteren Fall spricht man von „inversem" Astigmatismus oder Astigmatismus „gegen die Regel". Auch können die Schnitte stärkster Krümmungsunterschiede, die stets zueinander senkrecht stehen, schräge Richtung haben.

Dieser Krümmungsfehler liegt bei Astigmatismus meist an der Hornhaut vor (*Hornhautastigmatismus*). Er kann aber auch an der Linse liegen (*Linsenastigmatismus*) oder an beiden (*Gesamtastigmatismus*). Hornhaut- und Linsenastigmatismus können entgegengesetzte Achsenrichtung haben und sich daher ganz oder teilweise aufheben. Unter Achsenrichtung des Astigmatismus versteht man die Richtung des Meridians geringster Krümmung. Dieser liegt bei Jugendlichen in der weitaus größeren Mehrzahl der Fälle in waagerechter Richtung, also „nach der Regel“, im Alter kann Astigmatismus „gegen die Regel“ auftreten mit senkrecht gelegenem schwächstem Schnitt.

Für das Verständnis des *Strahlenganges bei Astigmatismus* gehen wir von einem sphärischen System aus, dem ein Zylinderglas dicht vorgesetzt ist. In erster Annäherung ergibt sich daraus ein Strahlengang wie im astigmatischen Auge.

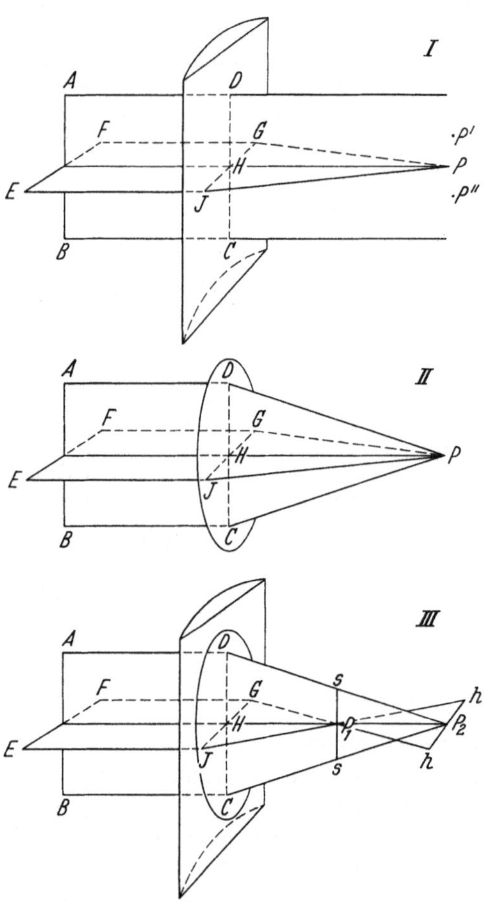

Abb. 32 zeigt zunächst unter *I* den Strahlengang durch ein Zylinderglas. Die in der Vertikalebene *ABCD* parallel auftreffenden Strahlen gehen, da sie die Achse des Glases treffen, ungebrochen durch. Die in der horizontalen Ebene *EFGJ* auffallenden Strahlen werden hingegen nach *P* vereinigt, da der für sie in Betracht kommende sehr dünne Abschnitt der Zylinderlinse genau so wirkt wie ein entsprechender Abschnitt einer sphärischen Linse. Die Strahlen, welche in Ebenen auffallen, die zu *EFGJ* oben oder unten parallel liegen (nicht gezeichnet), werden zu Punkten P', P'' usw. vereinigt, die über und unter *P* liegen, die also zusammen eine senkrechte Linie bilden, die Brennlinie des Zylinderglases. Es wird also ein unendlich weitab liegender Gegenstand, etwa ein Stern, als Linie in dieser Brennlinie abgebildet. Abb. 32 *II* zeigt nun in ähnlicher Darstellungsweise den Strahlengang in dem sphärisch begrenzten einfachen optischen System; die brechende Wirkung ist im Schnitt *CD* die gleiche wie im Schnitt *GJ*. Die Abb. 32 *III* zeigt den Strahlengang bei Vorsatz der Zylinderlinse vor das einfache optische System. In der hinteren Brennebene des letzteren (bei P_2) werden nach

Abb. 32. *Zur Erläuterung des Strahlengangs bei Astigmatismus.* Strahlengang bei: *I* Zylinderglas, *II* sphärischem System, *III* astigmatischem System. Nähere Erklärung im Text

wie vor die in der Ebene *ABCD* liegenden Strahlen vereinigt, die in *EFGJ* liegenden Strahlen treffen einen Schnitt durch die Trennungsfläche, in welchem zu der Krümmung der sphärischen Fläche die des Zylinderglases hinzukommt, so daß diese Strahlen schon bei P_1 vereinigt werden. Sie weichen dann wieder auseinander und liegen am Ort der früheren hinteren Brennebene in der Linie *hh*, der *hinteren Brennlinie* des astigmatischen Systems. In P_1 bildet sich eine dazu senkrecht stehende *vordere Brennlinie*. Zwischen beiden wechselt die Querschnittsform des ganzen Strahlenbüschels zwischen Kreis und Ellipse. Der durch den

Strahlengang im Glaskörper umgrenzte Raum heißt Sturmsches Conoid. Abb. 33 zeigt ihn in perspektivischer Ansicht; unten sind außerdem die Formen des wechselnden Querschnitts dieses Strahlengebildes angegeben.

Nach GULLSTRAND ist der tatsächliche Strahlengang im Auge wesentlich verwickelter, wenn die Pupille so weit ist, daß die sphärische Aberration nicht vernachlässigt werden kann. Streng genommen gilt das Sturmsche Conoid überhaupt nur für unendlich kleine Blendenöffnung. Man kann aber an Hand des vereinfacht geschilderten Strahlenganges die praktisch wichtigen Verhältnisse zutreffend herleiten. An Stelle der Brennlinien treten tatsächlich enge Einschnürungen des Strahlenganges. Diesen kann man sehr gut an einem *Augenmodell* (KÜHNE) beobachten, bei dem die Hornhaut und Linse durch Glas, die Augenmedien durch fluorescierendes Wasser nachgeahmt sind. Man läßt auf das Modell mittels einer Projektionslampe paralleles Licht auffallen und sieht nun die beiden Brennlinien sehr deutlich, wenn man sie auf einer in das Wasser gestellten Mattscheibe auffängt.

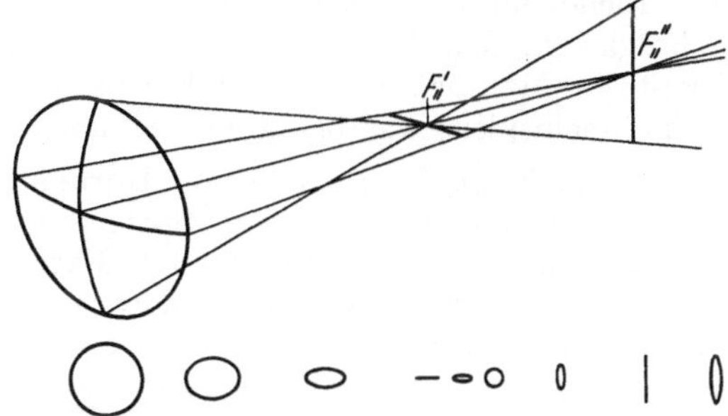

Abb. 33. *Strahlengang im astigmatischen Auge,* Sturmsches Conoid. Unten sind die Querschnitte durch den „Strahlenkörper" gezeichnet, welche den darüberliegenden Stellen des Strahlenganges entsprechen. Nach GROETHUYSEN

Während bei den Refraktionsanomalien die Lage der Netzhaut den Dioptriewert der Abweichung von der Norm entscheidet, ist dies bei Astigmatismus nicht der Fall. Wohl aber bestimmt die Lage der Netzhaut hier die Art und den Betrag der Sehstörung des Astigmatikers. Aus Abb. 32 *III* geht hervor, daß ein ferner Punkt als senkrechte *Linie* erscheint, wenn die Netzhaut bei *ss* liegt, als horizontale Linie, wenn sie bei *hh* liegt. Der Punkt erscheint hingegen in einem Zerstreuungskreis, wenn die Netzhaut zwischen den Brennlinien liegt. Die Erscheinung des Punktes ändert sich, wenn die Lage der Brennlinien zur Netzhaut durch Akkommodation verschoben wird.

Hieraus geht hervor, daß ein ferner Punkt je nach der Lage der Netzhaut zu den Brennlinien entweder als senkrechte oder horizontale Linie erscheint, wenn eine der Brennlinien auf die Netzhaut fällt. Liegt aber die Netzhaut zwischen den Brennlinien, so wird ein Punkt scheibenförmig gesehen. Eine Linie wird je nach ihrer Richtung zu der auf der Netzhaut liegenden Brennlinie als scharfe Linie oder als verwaschenes Band wahrgenommen. Ein Kreuz kann deshalb bei stärkerem Astigmatismus nicht in beiden

Abb. 34.
Subjektiver Nachweis des Astigmatismus

Armen gleich scharf gesehen werden. Je nach der Stellung der Brennlinien zur Netzhaut, also auch abhängig von der Akkommodation, wird nur der eine oder andere Kreuzarm oder keiner von beiden scharf gesehen.

Hierauf gründet sich ein Verfahren zum *subjektiven Nachweis* von *Astigmatismus*. Man verwendet dafür eine *Strahlenzeichnung* (Abb. 34) und stellt fest, ob man alle Radien gleichmäßig scharf sieht. Ist das der Fall, so ist Astigmatismus noch nicht ausgeschlossen, da die Netzhaut außerhalb der Brennlinien stehen könnte. Durch Akkommodation oder passende Brillengläser wird man bei Astigmatismus erreichen, daß von zwei senkrecht aufeinander stehenden Strahlenrichtungen bald die eine, bald die andere scharf erscheint. Hierdurch läßt sich auch die Achsenrichtung des Astigmatismus erkennen.

Eine andere subjektive Methode, durch welche auch der Dioptriebetrag des Astigmatismus bestimmt werden kann, beruht auf der *zweimaligen Fernpunktbestimmung* mit dem Dondersschen Optometer. Man macht das Auge durch Vorsatz von etwa 6 dptr künstlich kurzsichtig und bestimmt am Dondersschen Optometer einmal bei senkrechter, einmal bei horizontaler Stellung der Blendenlöcher (gegebenenfalls bei zwei senkrecht zueinander stehenden Schräglagen) den Fernpunkt. Die Differenz der Kehrwerte ist der Betrag in Dioptrien. Man hat dabei sorgfältig darauf zu achten, daß die Akkommodation nicht hineinspielt, was bei einiger Übung leicht erreichbar ist.

Zur *objektiven Feststellung* von Hornhautastigmatismus beobachtet man das von der Hornhaut entworfene Spiegelbild eines Rechtecks oder Kreises. Bei Astigmatismus ist das Bild verzerrt, Kreise erscheinen elliptisch. Klinisch wird das Placidosche *Keratoskop* verwendet, auf dessen mit Durchblickloch versehener Scheibe konzentrische weiße Kreise auf schwarzem Grund aufgemalt sind, die man im Spiegel der Hornhaut betrachtet.

Zur *objektiven Bestimmung des Betrages des Astigmatismus* und seiner Achsenlage stehen mehrere Verfahren zur Verfügung. Da dem Hornhautastigmatismus eine Radienverschiedenheit in zwei zueinander senkrecht stehenden Richtungen zugrunde liegt, werden die Radien nach dem Prinzip des *Helmholtzschen Ophthalmometers* gemessen. Danach lassen sich mit der Formel des einfachen optischen Systems die Brechkräfte berechnen, deren Differenz den Betrag des Astigmatismus darstellt. An normalen Augen findet man meist einen nur geringen Radienunterschied von nicht ganz $1/_{10}$ mm, was einem Astigmatismus von nur 0,5 dptr entspricht, der keiner Gläserkorrektion bedarf. Schon bei Vorhandensein von 2 dptr Astigmatismus ist die Sehstörung erheblich, bei 3—4 dptr hochgradig. Es kommen auch noch höhere Grade, vor allem nach operativen Eingriffen an der Hornhaut, vor (Hornhauteinschnitt bei Staroperation mit nachfolgender Bildung verzerrender Narben).

Bei dem klinisch benutzten Ophthalmometer von JAVAL und SCHIÖTZ entfällt für den Untersucher die Notwendigkeit der Berechnung, die gewissermaßen in den Apparat hinein verlegt ist.

Mit einem Ophthalmometer oder Keratometer kann nur der Hornhautanteil des Astigmatismus gemessen werden. Der (meist fehlende) Anteil der Linse wird miterfaßt, wenn man den Gesamtastigmatismus mit Hilfe des Augenspiegels dadurch ermittelt, daß man Stärke und Lage des Zylinderglases bestimmt, durch welches der Netzhauthintergrund völlig scharf erscheint. Gebräuchlicher ist die Anwendung der Schattenprobe (vgl. S. 50).

Zum *Ausgleich des Astigmatismus* dienen *Zylindergläser*, mit denen man entweder die zu geringe Brechkraft des einen Schnittes (*AB* in Abb. 32 *III*) vermehrt durch +-Zyl oder die zu große des anderen Schnittes durch —-Zyl vermindert. Das Auge wird nun nicht immer ohne weiteres emmetrop sein, sondern nur, wenn die Netzhaut mit einer der Brennlinien zusammenfiel. Andernfalls muß die noch bestehende Ametropie durch Hinzufügen von sphärisch + oder — korrigiert werden. Man benutzt dann die schon erwähnten Brillengläser, deren eine Fläche sphärisch, deren andere zylindrisch geschliffen ist (kombinierte Gläser).

Unter den an sich gleichwertigen Möglichkeiten der Korrektion wählt man diejenige, bei der das Licht auf eine konvexe Fläche auffällt und das Auge in eine Konkavfläche hineinsieht, weil dann die Bildschärfe bei schrägem Durchblick besser ist als bei anderer Anordnung. Die besonderen Zylindergläser „durchgebogener Form" wurden schon früher erwähnt.

Als *Achsenrichtung* 0° wird die horizontale Richtung bezeichnet, und von dieser aus werden die Winkelgrade entgegen dem Uhrzeigersinn gezählt. Hiernach ist auf der Brillenverschreibung die Lage der Achse des Zylinderglases anzugeben.

Es sei noch erwähnt, daß man durch ein gewöhnliches, passend ausgewähltes bisphärisches Brillenglas den Astigmatismus des Auges ausgleichen kann, wenn man das Glas in schräger Durchsicht benutzt. Es hebt dann die astigmatische Abbildung schiefer Büschel den Augenastigmatismus auf. Dies Verfahren kann gelegentlich als Behelf gute Verwendung finden.

An sich wäre denkbar, daß der *Ausgleich des Astigmatismus* auch *im Auge selbst* erfolgen könnte, dadurch, daß bei Hornhautastigmatismus die Linse durch tonische Zusammenziehung nur eines Teiles des Ciliarmuskels im entgegengesetzten Sinne verkrümmt würde als die Hornhaut. Es ist zwar möglich, durch örtliche Einwirkung von Eserin eine „astigmatische Akkommodation" zu erzielen (BRANDES), bei Astigmatismus erfolgt aber nach HESS kein derartiger Ausgleich durch ungleichmäßige Akkommodation. Nichtkorrigierte Astigmatiker stellen zum Zweck deutlichsten Sehens durch gleichmäßige Akkommodation wenn möglich auf den kleinsten Querschnitt zwischen den Brennlinien, nicht auf eine der Brennlinien ein. Damit erreichen sie die für ihr unbewaffnetes Auge bestmögliche Lesbarkeit von Schrift.

b) Unregelmäßiger Astigmatismus

Bisher war nur der *regelmäßige Astigmatismus* besprochen worden. In pathologischen Fällen kommt *unregelmäßiger Astigmatismus* vor, wenn die Hornhaut viele unregelmäßige Eindellungen enthält. Sie sind bei Verwendung des Placidoschen Keratoskops an den Verzerrungen und Vervielfachungen des Hornhautspiegelbildes kenntlich, die dadurch zustande kommen, daß die einzelnen Stellen der Hornhaut kleine Konkav- und Konvexspiegel von örtlich verschiedenen Radien darstellen. Zur Korrektur benutzt man Haftschalen.

Hier sei noch eine besondere Abweichung von der punktförmigen Strahlenvereinigung eingeschaltet, weil sie ebenfalls von der Unregelmäßigkeit einer Krümmungsfläche abhängt, wenn diese auch von anderer Art ist als die Verkrümmung bei unregelmäßigem Astigmatismus. Bekanntlich werden sehr helle *Punkte*, z. B. Sterne am nächtlichen dunklen Himmel, nicht punktförmig, sondern *strahlenförmig gesehen*. Schon HELMHOLTZ zeigte, daß diese Erscheinung durch die Linse bedingt ist, und GULLSTRAND führte sie darauf zurück, daß die beiden Linsenoberflächen, vielleicht vorwiegend die vordere, gefältet sind, verursacht durch die Kraftlinien des Zuges der Haltefasern, die von den in Abständen stehenden Vorsprüngen des Ciliarkörpers ausgehen. Der dreistrahlige Bau des Inneren der Linse ist hingegen nicht beteiligt, was schon daran kenntlich ist, daß die Strahlenerscheinung heller Punkte keine Dreiteilung aufweist. Nach Entfernung der Linse (Aphakie) fehlt die Strahlenerscheinung ganz, woraus zu schließen ist, daß Hornhaut und Glaskörper unbeteiligt sind.

4. Abweichung bei schrägem Strahlenauffall (schiefe Incidenz)

Liegt ein Gegenstand weiter von der optischen Achse ab, als bisher angenommen, bildet also der Hauptstrahl (Verbindungslinie des Gegenstandspunktes mit der Pupillenmitte) einen größeren Winkel mit der optischen Achse, so wird er astigmatisch abgebildet, statt eines Brennpunktes entstehen zwei zueinander senkrecht stehende Brennlinien. Das liegt daran, daß das schräge Strahlenbüschel ein Hornhautflächenstück trifft, welches in zwei zueinander senkrecht stehenden Richtungen verschiedene Krümmung hat. Da die optische Achse die Netzhaut nicht genau an der Stelle des deutlichsten Sehens trifft, wird stets mit etwas schiefer Incidenz beobachtet. Die Gesichtslinie (Verbindungslinie des Knotenpunktes des Auges mit der Fovea centralis) weicht vor dem Auge etwa 3—7° nach innen (und 2—3° nach oben) von der optischen Achse ab (Abb. 8). Nach GULLSTRAND kommt für diesen kleinen Winkel der Fehler des Astigmatismus durch schiefe Incidenz nicht störend in Betracht. Bei größerem seitlichem Abstand wird ein ferner Punkt annähernd in zwei Brennlinien abgebildet. Wenn aber die Bilder auf den seitlichen Netzhautteilen infolge der astigmatischen Abbildung nicht besonders scharf sind, so hat dies in Anbetracht der geringen peripheren Sehschärfe, also geringen Möglichkeit der Auswertung eines scharfen Bildes, nicht viel zu bedeuten.

Bei dieser Gelegenheit sei auf eine wichtige *Anpassung der Augapfelform* an die Anforderungen des Strahlengangs hingewiesen. Die Brennlinien für schräg einfallende parallele Strahlenbüschel (genauer gesagt: die hinteren Brennlinien) liegen ungefähr auf einer nach vorn konkaven Fläche, die annähernd mit der Netzhautkrümmung zusammenfällt (FICK, MATTHIESSEN, vgl. SCHENCK). Die Form der Netzhautschale entspricht also gut der Form der Bildfläche sehr ferner Gegenstände, was dem peripheren Sehen zugute kommt. Darauf beruht es auch, daß man beim Augenspiegeln im aufrechten Bild auch die seitlichen Teile der Netzhaut scharf sieht. Man beachte auch die Bildschärfe in den seitlichen Teilen der Netzhautbilder von Abb. 117.

5. Abweichung durch Mängel der Zentrierung

Zentrierung liegt vor, wenn die Krümmungsmittelpunkte aller Flächen auf einer geraden Linie liegen, welche optische Achse genannt wird. Am Auge ist die *Zentrierung* nicht ganz vollkommen. Man nimmt daher, wie schon erwähnt, die senkrecht auf der Hornhaut stehende, zur Pupillenmitte zielende Richtung als optische Achse. Am normalen Auge ist aber die Strahlenabweichung infolge mangelnder Zentrierung nicht von Belang. In pathologischen Fällen kann starke Dezentrierung entstehen, wenn die Kristallinse infolge Verletzung der Aufhängevorrichtung in eine schräge Lage gerät. Die Strahlen fallen dann schief auf, und es kommt zu der besprochenen astigmatischen Abweichung infolge schrägen Strahlenauffalls, wenn die Linse noch die ganze Pupillenöffnung deckt. Die Verlagerung kann aber auch so weit gehen, daß etwa die Hälfte der Pupille frei bleibt. Es treten dann besondere Abbildungsverhältnisse auf der Netzhaut ein, auf die hier nicht weiter eingegangen werden kann. Sie können zu monokularem Doppeltsehen führen, wenn die durch beide Pupillenhälften gehenden Strahlenbündel zu verschiedenen Netzhautorten gelangen, wenn also zwei getrennte Bilder entstehen.

6. Abweichung durch Beugung des Lichtes

Je enger die Pupille ist, desto stärker wird das Licht am Irissaum gebeugt. Ein punktförmiger Gegenstand wird dadurch als eine Scheibe abgebildet, die von hellen und dunklen Ringen umgeben ist. Bei 4 mm Pupillendurchmesser hat der scheibenförmige Zerstreuungskreis einen Durchmesser von $7\,\mu$, also etwas mehr als Zapfenbreite. Trotzdem werden Punktbilder von nur $5\,\mu$ Abstand unterschieden, da die Beugungsringe und die Randteile der Beugungsscheibe zu lichtschwach sind, als daß sie sichtbar wären (vgl. auch die retuschierende Wirkung des Kontrastes S. 218 u. 260). Erst bei engster Pupille fängt die Beugung eben an, die Genauigkeit des Sehens zu beeinträchtigen (GULLSTRAND). Ferner kann Schleim auf der Hornhaut sowie die Gitterstruktur der Linsenfasern Anlaß zu Beugungserscheinungen geben.

GULLSTRAND weist besonders darauf hin, daß die Aberrationen zum Teil dadurch bedingt sind, daß die Linse kein homogenes Medium, sondern geschichtet ist. Aber nur infolge dieser Eigenschaft könne bei gegebener Änderung der äußeren Form die starke Brechkrafterhöhung der Nahakkommodation erzielt werden.

Diesem Vorteil stehen die monochromatischen Aberrationen als Nachteil gegenüber, welche eine Verschlechterung der Strahlenvereinigung darstellen. Trotzdem wird aber die Bildschärfe nicht unterhalb der durch die Beugung gesetzten Grenze der Leistungsfähigkeit des Auges herabgedrückt. Die Strahlenvereinigung habe die Güte, welche zur Erreichung der größten ausnutzbaren Bildschärfe erforderlich ist, eine überschüssige Güte derselben werde aber zugunsten eines anderen Zweckes geopfert.

7. Irradiation

Die verschiedenen Abweichungen von der punktförmigen Strahlenvereinigung führen gemeinsam zu einer Erscheinung, die als *Irradiation* bezeichnet wird. Schon GOETHE beschreibt sie: „Ein dunkler Gegenstand erscheint kleiner als ein heller von gleicher Größe." Der Unterschied betrage etwa ein Fünftel. „Man mache das schwarze Bild um so viel größer, und sie werden gleich erscheinen." Weiter berichtet er, daß TYCHO DE BRAHE den Neumond um den fünften Teil kleiner erscheinend gefunden habe als den Vollmond, und daß die erste Mondsichel einer größeren Scheibe anzugehören scheine als die an sie grenzende dunkle Scheibe, „die man z. Z. des Neulichts manchmal unterscheiden kann". Dabei dürfte aber auch die Begrenzung eine Rolle spielen (vgl. den Abschnitt über die geometrisch-optischen Täuschungen). Hält man einen schwarzen Draht quer vor eine leuchtende Linie oder vor ein Licht, so erscheint er an der Kreuzungsstelle schmaler oder sogar unterbrochen. Eine weiße Kugel erscheint auf mittelgrauem Untergrund größer als eine genau gleich große schwarze.

Bei dieser Erscheinung der „Ausstrahlung" liegen etwas verwickelte Verhältnisse vor. Zunächst pflegt man die Folge einer ungenauen Akkommodation, die zur Abbildung eines Punktes in einem Zerstreuungskreis führt, nicht zu den Irradiationserscheinungen zu rechnen, obgleich im Erscheinungsbild kein wesentlicher Unterschied vorliegt. Sodann muß der objektive Sachverhalt der Lichtverteilung auf der Netzhaut (das Aberrationsgebiet nach HERING, Lichtfläche nach MACH) in seiner Abweichung von dem „idealen" Abbild unterschieden werden von dem Anteil der Lichtzerstreuung, welcher die Schwelle der Empfindung überschreitet, welcher also für die subjektive Irradiationserscheinung allein maßgebend ist. MACH hat die Gesamtlichtverteilung als die „Lichtfläche" bezeichnet, denjenigen Anteil, welcher die Empfindungsschwelle überschreitet, als „Empfindungsfläche". Wenn eine weiße Fläche an eine schwarze grenzt, ist weder die Helligkeit in dem dem Weiß entsprechenden Anteil der Lichtfläche gleichmäßig groß, sondern sie sinkt nach dem schwarzen Anteil hin ab; noch auch ist der schwarze Anteil gleichmäßig lichtlos, sondern er ist an der Grenze zum Weiß erhellt, in einer mit der Entfernung von der Grenze abnehmenden Helligkeit. Die Helligkeit fällt also von der Mitte der Lichtfläche nicht rechtwinklig, sondern in einer ⌒- bzw. ⌒-förmigen Kurve nach der Seite hin ab. Was von den Randteilen der Lichtfläche noch empfunden wird, hängt von der *Schwellenempfindlichkeit* ab. Die Empfindungsfläche reicht nicht so weit in das Schwarz hinein wie die Aberrationsfläche. Sodann ist für die Wahrnehmung der vorhandenen Unterschiede der Helligkeit die *Unterschiedsempfindlichkeit* entscheidend. Diese hängt wieder von der Leuchtdichte ab. Nach AUBERT, MACH, HERING (*85a, 86*) kommt noch eine sehr wichtige Wirkung hinzu, die des *Kontrastes*. Dieser wird erst bei späterer Gelegenheit besprochen. Läßt man ein graues Papier einerseits an ein weißes grenzen, andererseits an ein schwarzes, so erscheint die graue Fläche am Rande zum Weiß hin verdunkelt, zum Schwarz hin erhellt. Daraus geht hervor, daß der Kontrast, eine physiologische Wirkung, der Irradiation entgegenwirkt. „Die durch den Kontrast bedingten positiven und negativen

Lichtzuwüchse" (HERING) kompensieren die objektiven durch Irradiation bedingten Änderungen der Lichtfläche, so daß sie in der Empfindung nicht oder nur sehr abgeschwächt zur Geltung kommen.

Im Bereich des Randkontrastes der Lichtfläche ist die Empfindlichkeit herabgesetzt und zwar sowohl in der Netzhautperipherie (HARMS und AULHORN) als auch in der Fovea centralis (MONJÉ). Diese Senkung der Empfindlichkeit ist wahrscheinlich die Voraussetzung dafür, daß das Auge in der Lage ist, einen Lichtpunkt zu fixieren.

Hiermit hängt weiter zusammen, daß die Sehschärfe, die im dritten Teil näher besprochen wird, trotz der Irradiation verhältnismäßig hoch ist. Für die Sehschärfe sind nicht die Aberrationsflächen der zu unterscheidenden Punkte maßgebend, sondern die Empfindungsflächen sowie der mitbestimmende Einfluß des Kontrastes.

Die *Irradiationserscheinungen*, die HERING (*85a*) als die durch Aberration bedingten Änderungen des scheinbaren Ortes der Konturen und der Sehgröße definiert, werden von VOLKMANN in *positive* und *negative* eingeteilt. Bei ersteren „erscheint das Hellere auf Kosten des minder Hellen vergrößert", während bei letzteren das umgekehrte Verhalten zutrifft. VOLKMANN konnte Versuchsbedingungen herstellen, unter denen von genau gleich breiten weißen und schwarzen Linien die schwarzen doppelt so breit erschienen.

An der Irradiation an sich ist eine Ausbreitung der Erregung in der Netzhaut über die Grenzen des Bildes hinaus nicht beteiligt. Davon zu unterscheiden ist die Frage nach der Natur der den Kontrasterscheinungen zugrunde liegenden Vorgänge, auf die wir zurückkommen.

Eingehendere Darstellungen über Irradiation und Kontrast findet man bei HOFMANN (*1*) und v. TSCHERMAK (*1*), sowie in den Arbeiten von HARMS und AULHORN, und MONJÉ, außer in schon angeführten Schriften von HERING (*85a, 86*).

8. Fehler in der Durchsichtigkeit der Medien
Entoptische Wahrnehmungen

Kleine lichtundurchlässige Stellen der Augenmedien, zum Teil aus der Entwicklung des Auges (Reste embryonaler Glaskörpergefäße) verständlich, wirken ohne weiteres nur dann störend, wenn sie sich nahe der Netzhaut befinden. Sie täuschen dann Gegenstände und Bewegungen derselben vor. Die *Trübungen* werden auf die Netzhaut *durch Schattenwurf abgebildet*, wodurch eine außen liegende Wahrnehmung (Sehding) verursacht wird. Da die Trübungen sich bei Augenbewegungen mit dem Glaskörper (wegen dessen Massenträgheit) etwas gegen die Netzhaut verschieben, bewegt sich die Wahrnehmung im Raum, und es kann zum Eindruck einer „fliegenden Mücke" kommen. Weiter von der Netzhaut abgelegene Glaskörpertrübungen oder Linsentrübungen können sichtbar werden, wenn man eine punktförmige Lichtquelle in den vorderen Brennpunkt des Auges bringt. Man erhält dann infolge des parallelen Durchtritts der Strahlen durch den Glaskörper einen großen Zerstreuungskreis der Pupille und kann an diesem, wie schon erwähnt wurde, bei Belichtung des anderen Auges die Pupillarreaktion entoptisch wahrnehmen. Die Trübungen blenden nun aus dem Strahlenbündel einen Schatten aus. In dieser Weise konnte HESS auch die früher erwähnte Linsensenkung bei Akkommodation in die Nähe beobachten. Er hatte in seiner Linse eine punktförmige Trübung, die bei Anwendung eines 12 mm vor dem Auge angebrachten kleinen hellen Loches entoptisch sichtbar wurde. Die Richtung der Wahrnehmungsverschiebung bei starker Akkommodation und verschiedener Kopfhaltung entsprach immer einer Linsenverlagerung durch Schwerewirkung.

Auch die der Zapfen- und Stäbchenschicht der Netzhaut vorgelagerten *Gefäße* (Äste der Art. und Ven. centr. retinae) können sichtbar gemacht werden, wenn ein starkes Licht auf die Sclera konzentriert wird und damit der Gefäßschatten auf ungewohnte Stellen der Netzhaut fällt. Wir kommen hierauf zurück.

Unter passenden Bedingungen kann man sogar die *Blutkörperchen* im eigenen Auge sehen. Am einfachsten ist es, nach Körperanstrengung den Blick gegen den unbewölkten, möglichst tiefblauen Himmel zu richten. Man sieht die einzelnen Blutkörperchen stets den gleichen Weg durchlaufen, welcher dem Capillarverlauf entspricht. Die Sichtbarkeit beruht auf der Lichtabsorption in den Blutkörperchen (NAGEL und ABELSDORFF). Eine andere Erklärung nimmt eine lichtbrechende Wirkung der Blutkörperchen an, durch die eine Art Bildpunkt auf der Netzhaut entsteht (BÜHLER). Für diese Erklärung würde sprechen, daß die einzelnen Blutkörperchen auf dunkelblauem Grunde hell erscheinen. Andererseits wird angegeben, daß die Erscheinung nur bei Licht wahrnehmbar ist, welches im Hämoglobin absorbiert wird. Zur Beobachtung ist es am besten, nach FORTIN, bei Betrachtung der Quecksilberlampe mit vorgeschalteten Blaugläsern eine „Stenopäische Lücke" (feines Loch) schnell, wie zitternd, vor dem Auge hin und her zu bewegen (LOHMANN).

Auch alle diese Fehler sind für gewöhnlich wenig störend, die Gefäßschatten sind wegen örtlicher Anpassung der Empfindlichkeit der Netzhaut nicht bemerkbar.

Bei allen in diesem Abschnitt beschriebenen Erscheinungen handelt es sich um *Wahrnehmungen von Gegenständen*, welche sich *im Auge* befinden. Man spricht in diesem Fall von *entoptischen Erscheinungen* oder *entoptischer Wahrnehmung*.

Der Ausdruck entoptische Erscheinungen stammt von LISTING. Er gab zur Beobachtung das Verfahren an, ein homozentrisches, nahezu paralleles Strahlenbüschel durch das Auge auf die Netzhaut zu werfen. Er beobachtete die Pupille und ihre Bewegung, Veränderungen an der Hornhaut u. a. m. In der gleichen aus dem Jahr 1845 stammenden Abhandlung, die durch einen Neudruck zugänglich gemacht wurde, stellt LISTING den Strahlengang im Auge dar.

J. Der Ort der Reizaufnahme in der Netzhaut

Der *Bau der Netzhaut* kann hier im allgemeinen als bekannt vorausgesetzt werden. Als besondere Bildung sind der Sehnerveneintritt und die Fovea centralis zu erwähnen. In ersterer Stelle fehlen die Netzhautelemente außer den Sehnervenfasern völlig, in letzterer sind nur sehr feine Zapfen vorhanden. Aus der Tatsache, daß die Fovea das deutlichste Sehen vermittelt, aber nur die äußerste Netzhautschicht enthält, kann schon geschlossen werden, daß auf dieser der Lichtreiz die Erregung auslöst. Hierfür spricht auch die genauere Untersuchung der *Netzhautgefäßschatten*, aus denen sich der Abstand der reizaufnehmenden Schicht von den Gefäßen berechnen läßt. Wenn man im fast völlig verdunkelten Zimmer seitlich eine Stelle der Sclera punktförmig beleuchtet, z. B. mit der Zeissschen Sklerallampe, so nimmt der Beobachter die Verästelungen der eigenen Netzhautgefäße wahr, und zwar liegt die Wahrnehmung (wie stets) außen, etwa an der angeblickten Decke des Zimmers. Der Versuch wird für die vorliegende Frage nach dem Ort der Reizaufnahme in der Netzhaut in folgender Weise verwertet:

Belichtet man die Stelle *a* (Abb. 35) punktförmig durch die Sclera hindurch, so fällt der Schatten des Gefäßes *v* auf die an ihn nicht gewöhnte Netzhautstelle α. Deshalb wird unter diesen ungewöhnlichen Belichtungsumständen der Schatten bemerkt, und zwar liegt die Wahrnehmung in Richtung nach *A*. Wird der Lichtpunkt von *a* nach *b* verlegt, so wandert der Schatten nach β, seine Wahrnehmung nach *B*. Aus der Größe der Lichtverschiebung *ab* und der Scheinverschiebung *AB* sowie aus den bekannten Konstanten des Auges läßt sich der Abstand *vβ* der Netzhautgefäße von der reizaufnehmenden Schicht berechnen.

Der gefundene Abstand stimmt mit dem histologisch feststellbaren Abstand der Zapfen-Stäbchen-Schicht (Außenglieder) von den Netzhautgefäßen gut überein.

Daß die Sehnervenfasern selber durch Licht nicht erregbar sind, läßt sich leicht beweisen. Gegenstände, die auf die Stelle des Sehnerveneintritts abgebildet werden, sind nicht sichtbar (*blinder Fleck*, entdeckt im Jahre 1666 von MARIOTTE). Um die Gesichtsfeldstelle aufzufinden, welche dem Sehnerveneintritt (Papilla nervi optici) entspricht, verdeckt man das eine, etwa linke Auge mit der Hohlhand und blickt mit dem anderen Auge auf einen weißen, auf einer Tafel gemalten Punkt. Nun führt man von außen eine bis auf die freie Spitze schwarz beklebte Kreide heran und stellt durch Hin- und Herbewegungen der Kreide das kleine Feld fest, in welchem die Kreidespitze unsichtbar wird. Es liegt in einem Winkelabstand von 15° vom Fixierpunkt nach außen entfernt und hat eine Winkelausdehnung von etwa 7° (∼ 2 mm Durchmesser der Papille). Die dem Sehnerveneintritt entsprechende Gesichtsfeldlücke ist nicht genau kreisrund, sondern zeigt Fortsätze, welche den ein- und austretenden Netzhautgefäßen entsprechen. Aus dem Abstand d der Mitte dieser Lücke vom Fixierpunkt, der Entfernung E des Auges von der Tafel und dem Abstand des Knotenpunktes von der Netzhaut (rund 17 mm) läßt sich der Abstand des blinden Fleckes von der Fovea in Millimetern berechnen. Der Wert entspricht dem am mikroskopischen Schnitt zu 4 mm gefundenen Abstand der Mitte des Sehnerveneintritts von der Fovea. Der blinde Fleck ist so groß, daß 14 Vollmonde nebeneinander auf ihm abgebildet werden könnten, also unsichtbar bleiben würden.

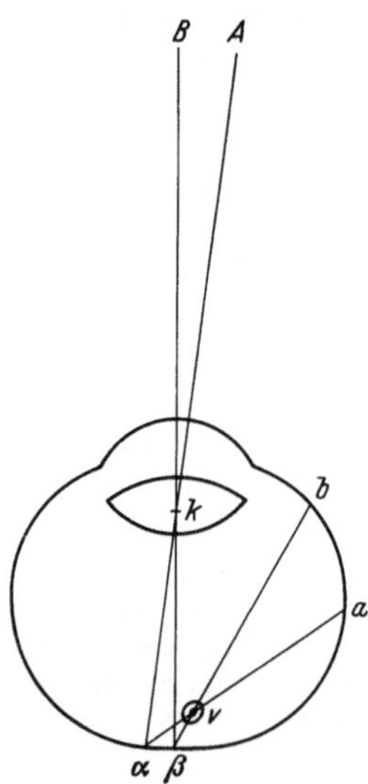

Abb. 35. *Messung des Abstandes der Netzhautgefäße von der lichtempfindlichen Schicht der Netzhaut* nach HELMHOLTZ. Wenn der Lichtpunkt von *a* nach *b* verlagert wird, wandert die Wahrnehmung des Netzhautgefäßschattens (α und β die Lage des Schattenbildes) von *A* nach *B*.

Trotz der nicht unbeträchtlichen Ausdehnung der lichtunempfindlichen Netzhautstelle wird die Gesichtsfeldlücke für gewöhnlich gar nicht bemerkt. Wir kommen darauf bei Besprechung des Gesichtsfeldes zurück.

Die Netzhaut baut sich aus *drei Neuronen* auf (CAJAL). Die nervösen Verbindungsstellen zwischen der Sinneszelle (erstes Neuron) und der Bipolaren (zweites Neuron), sowie dieser und der Ganglienzelle mit ihren Fortsätzen (drittes Neuron) bilden die Synapsenschichten der Netzhaut. Wenn auch die Verbindung zwischen Sinneszelle und Opticusfaser noch nicht restlos geklärt ist, so kann man doch folgende Haupttypen unterscheiden (nach CAJAL, ergänzt durch POLYAK): 1. je ein fovealer Zapfen wird durch eine bis drei Bipolaren mit einer oder zwei Ganglienzellen verbunden. Es bestehen zwar Kollateralverbindungen zwischen den Ganglienzellen, aber in der Hauptsache geht der Impuls durch einen monosynaptischen Kanal. Jeder foveale Zapfen hat somit eine relativ isolierte Leitung. Die gute Trennschärfe der Zapfen ist dadurch begründet. Die fovealen Zapfen sind eng gepackt, ihre Bipolaren und Ganglienzellen gehören hauptsächlich der Zwergform an. 2. Die Stäbchen sind immer in Gruppen über eine Bipolare vom „diffusen Typus" mit einer oder mehreren Ganglienzellen verbunden; sie können ihre Erregungen addieren und zu ein- und derselben Nervenfaser schicken, sind daher zur Summation befähigt; außerdem bilden sie eine große, receptive Oberfläche. Werden nur einige Stäbchen der Gruppe erregt, so können von dieser Gruppe, die als Einheit funktioniert, trotzdem Erregungen weitergeleitet werden. Das Auflösungsvermögen der Stäbchen liegt naturgemäß unter dem der Zapfen. 3. Es können mehrere Stäbchen und Zapfen, durch eine Bipolarenzelle verbunden, zu einer oder mehreren Ganglienzellen weiterleiten. Auch können mehrere Bipolaren zu einer Ganglienzelle leiten. Es bestehen noch ergänzende Verbindungen durch horizontale Zellen, die von einem Zapfen zu einem anderen Zapfen und zu Stäbchen führen; sie erhalten ihre Impulse nur von den Zapfen und führen nicht zu einer Ganglienzelle. Eine ähnliche Rolle lateraler Ausbreitung der Impulse scheinen die amakrinen Zellen zu spielen (vgl. Tafel I). Die Synapsenschichten scheinen physiologisch besondere Bedeutung zu haben. Die histologischen Befunde zeigen weiter, daß nicht eine einfache Zweiteilung der Sinneszellen mit isolierter Leitung in der Netzhaut besteht, sondern daß mannigfache, speziell organisierte Verbindungen vorhanden sind, die sicher ihre Bedeutung im Sehakt haben; z. B. ist anzunehmen, daß die Nacheffekte nach Belichtung bestimmten Verbindungen zuzuschreiben sind. Diese Beziehungen weiter aufzuklären, ist Aufgabe der Zukunft.

Der Durchmesser des völlig stäbchenfreien Bezirks der Fovea kann zu 0,45 mm angegeben werden (0,4 mm = 1,5°). Zu ähnlichen Werten führten Versuche MONJÉs, der die Empfindlichkeit des dunkeladaptierten Auges mit kleinen Prüfreizen verschiedener Wellenlänge untersuchte. Am Rande des stäbchenfreien Bezirks wächst die Empfindlichkeit für einen grünen oder blauen Lichtreiz an, die Empfindung selbst wird unscharf begrenzt, blasser und verliert ihre Färbung. Die Beobachtung spricht dafür, daß Stäbchen eingestreut sind. Die Rotempfindung nimmt nach der Peripherie hin nur sehr langsam ab, offenbar bleibt die Zahl der Zapfen in einem relativ großen Bezirk konstant. Die Begrenzung des stäbchenfreien Areals der Netzhaut ist daher nicht scharf und gradlinig. Daraus dürfte sich auch erklären, daß die Angaben, die sich in der Literatur über die Größe dieses Bezirks finden, voneinander abweichen; sie schwanken zwischen 35—45 Bogenminuten (ROCHON-DUVIGNAND 0,15—0,2 mm) bis zu Werten über 2° (FRÖHLICH und VOGELSANG: horizontaler Durchmesser bei FRÖHLICH 2° 25'). Sicher sind für diese Unterschiede außerdem auch individuelle Verschiedenheiten sowie die zur Untersuchung eingeschlagenen Wege verantwortlich zu machen. Mehrere Autoren (v. KRIES und NAGEL, FRÖHLICH und VOGELSANG u. a.) geben an, daß der Horizontaldurchmesser größer sei als der vertikale. MONJÉ konnte diesen Befund bestätigen; er konnte zeigen, daß der stäbchenfreie Bezirk der Netzhautmitte eine querovale Form hat, die sich über ein Gebiet von etwa 2° im horizontalen Durchmesser und 1° 40' im Vertikalen erstreckt. Die Abb. 36 soll einen Eindruck von dem fovealen Bezirk vermitteln. Das Gesichtsfeld ist in dem Meridian, der durch den Fixierpunkt hindurchgeht, aufgeschnitten und nach unten um einen Winkel von 60° aufgeklappt zu denken, so daß man nach rechts in den temporalen, nach links in den nasalen Teil hineinschauen kann. Die Darstellung läßt den stäbchenfreien Bezirk sehr schön hervortreten und zeigt auch die Unregelmäßigkeiten seiner Umgrenzung. Innerhalb dieses Bezirks sind die Zapfen radiär angeordnet, was zur Ausnutzung der Achsenstrahlen besonders günstig ist.

Die Ausdehnung der gelbgefärbten *Macula lutea* ist etwas größer. Auf die grubenförmige Einsenkung von etwa 5° Durchmesser, die den Namen Fovea führt, kommt es weniger an als auf das Zurücktreten aller anderen Netzhautschichten außer der Zapfenschicht und auf das Zurücktreten der Stäbchen. Bei manchen Tieren ist diese Stelle sogar erhaben; als allgemeine Bezeichnung wird der Ausdruck Area centralis vorzuziehen sein. Nach POLYAK ist das Unterscheidungsmerkmal der Area centralis die mehrfache Ganglienzellschicht, während die Peripherie eine mehr oder weniger einfache Ganglienzellschicht aufweist. Ein Gebiet in nächster Umgebung der Fovea wird als parafoveal bezeichnet; wenn es die Fovea circulär umgibt, als perifoveal. Stäbchen und Zapfen, im ganzen der Form nach gut unterscheidbar, sind bei einigen Tierformen einander recht ähnlich. Als Unterscheidungsmerkmal ist dann der Sehpurpurgehalt anzusehen, welcher für die Stäbchen kennzeichnend ist.

An der Menschennetzhaut konnte ein Unterschied chemischer Natur zwischen Stäbchen und Zapfen mit Azanfärbung festgestellt werden (CIBIS). Auch die Befunde von NOELL mit Injektion von Monojodessigsäure sprechen für eine Verschiedenheit von Stäbchen und Zapfen; denn durch den erwähnten Eingriff gehen die Stäbchen bald zugrunde, während die Zapfen nur ihre Organellen verlieren. Die Zapfen enthalten außerdem mehr Retinaglykogen als die Stäbchen (BRAMMERTZ, SCHMITZ-MOORMANN). Darüber hinaus gibt es in der Fovea neben stäbchenähnlichen Receptoren sicher zwei verschiedene Zapfentypen (RUSHTON). Es sei noch darauf hingewiesen, daß im Bereich der Riesenganglienzellen der Retina neurosekretorische Zellen vorkommen (BECHER, ERBSLÖH, SCHMERL), die eine vegetative Steuerung der Retinafunktion und des intraokularen Druckes vornehmen, andererseits aber auch über das heliotrope Bewirkungssystem (BECHER) viele Körperfunktionen, wie den Farbwechsel des Haar- und Federkleides, die Pigmentierung, die Sexualfunktion, den Stoffwechsel und biologische Rhythmen beeinflussen können (ZINNITZ; ROWAN; BENOIT; BENOIT, ASSENMACHER und WALTER; BISONETTE; WOLFSON; v. SCHUHMACHER; JORES; MÖLLERSTRÖM; HOLLWICH).

Das Gebiet der *Fovea* ist auch *entoptisch wahrnehmbar*. Wenn man frühmorgens beim Aufwachen gegen die ganz schwach belichtete Zimmerdecke blinzelt (kurzes Öffnen und Schließen der Augen), so sieht man die Netzhautmitte dunkel auf hellerem Grund. Als helleres Feld auf dunklerem Grund erscheint das foveale Gebiet hingegen, wenn man den gleichen Versuch gegen eine hellere Fläche ausführt.

Im ersten Fall sind die parafovealen Stäbchen empfindlicher als die fovealen Zapfen, so daß die den letzteren entsprechende Stelle dunkler erscheint; im zweiten Fall sind die parafovealen Stäbchen durch Ausbleichung des Sehpurpurs unempfindlicher, so daß die fovealen Zapfen die größere Helligkeitsempfindung vermitteln. Besonders deutlich erscheint dieser sog. „Maxwellsche Fleck" bei abwechselndem Beobachten durch ein kristallviolettes und durch ein neutralgraues Filter gleicher Gesamtdurchlässigkeit gegen eine helle Fläche. Er ist dann als leuchtend roter Fleck auf blauem Hintergrund für einige Sekunden sichtbar. Die Größe des entoptisch wahrnehmbaren Flecks beträgt mehrere Grade. Seine übrigens unscharfe Grenze wird der Zone entsprechen, in welcher die Zapfen gegen die Stäbchen stärker zurückzutreten anfangen, nicht aber der, in welcher die ersten Stäbchen sich unter die Zapfen mischen.

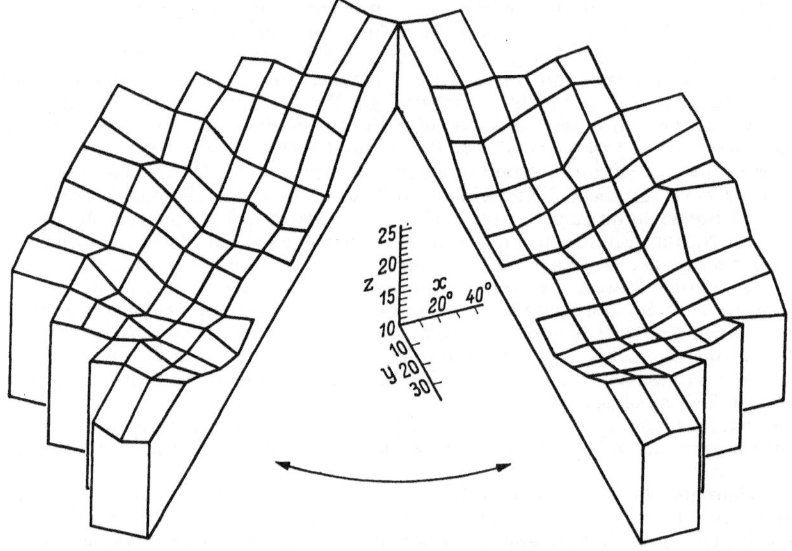

Abb. 36. Räumliche Darstellung der Fovea des menschlichen Auges nach Untersuchung der Empfindlichkeit bei Dunkeladaptation mit kurzwelligem Licht. Die Darstellung ist in meridionaler Richtung aufgeschnitten und um 60° auseinandergeklappt. Auf der Z-Achse ist die Empfindlichkeit aufgetragen; die X-Achse gibt den Abstand des Prüfreizes vom Fixierpunkt in horizontaler, die Y-Achse in meridionaler Richtung an. (Nach M. MONJÉ)

Eine ebenfalls die Macula charakterisierende entoptische Erscheinung sind die Haidingerschen Büschel, die am besten sichtbar sind beim Blicken durch ein sich langsam drehendes Polarisationsfilter und durch ein Blauglas gegen eine diffuse helle Fläche. Man sieht dann propellerartige, sich konzentrisch um den Mittelpunkt drehende, dunkle Büschel. Die Ursache ist wahrscheinlich eine doppelt lichtbrechende Substanz, die der Receptorenschicht vorgelagert und wahrscheinlich in der Henleschen Faserschicht lokalisiert ist. Diese dient als Analysator für polarisiertes Licht (v. TSCHERMAK, HALLDEN).

II. Die Gesichtsempfindungen

A. Die Wirkung von Strahlungen verschiedener Wellenlänge, sowie von inadäquaten Reizen, und ihre Beziehung zur Mannigfaltigkeit der Empfindungen

Die zum Abbild der Gegenstände auf der Netzhaut zusammengefaßten Lichtstrahlen lösen *Erregungsvorgänge* aus, von denen wir subjektiv durch unsere Empfindungen Kenntnis erhalten. Sie werden als *Licht- und Farbenempfindungen* bezeichnet. Die objektiven Strahlungen werden zum Licht und zur Farbe erst in unserer Empfindung. Licht und Farbe sind keine den Gegenständen selber anhaftenden Eigenschaften, sondern Empfindungen. Die physikalischen Vorgänge im Außenraum, welche bei ihrer Wirkung auf unser Sinneswerkzeug (Auge und Gehirn) zur Licht- und Farbenempfindung führen, können also für sich nur in übertragenem Sinne als Licht und Farbe bezeichnet werden.

Diesen subjektiven Standpunkt vertrat schon Schopenhauer in aller Klarheit, indem er sagte: „‚Der Körper ist rot‘ bedeutet, daß er im Auge die rote Farbe bewirkt. Farbe ist und bleibt Affektion des Auges: bloß als deren Ursache wird der Gegenstand angeschaut: die Farbe selbst aber ist allein in der Wirkung, ist der im Auge hervorgebrachte Zustand.“ Wir würden heute zur vollen Verdeutlichung hier statt Farbe Farbenempfindung setzen können.

Sehr eindringlich spricht auch Hering (40) die Notwendigkeit der Trennung von Objektivem und Subjektivem aus: „Wenn es sich darum handelt, für die verschiedenen Eigenschaften unserer Empfindungen passende und strenge Begriffe und Beziehungen zu erhalten, so ist das erste Erfordernis, daß man diese Begriffe lediglich aus den Empfindungen selbst abziehe und es streng vermeide, die Empfindung mit ihren physikalischen oder physiologischen Ursachen zu verwechseln, oder irgend ein Prinzip der Einteilung dem Gebiete der letzteren zu entnehmen.“

So ist es grundsätzlich notwendig, und mit Recht von physiologischer Seite seit langem üblich, für den objektiven Vorgang und die ihm entsprechende Empfindung zwei verschiedene Bezeichnungen zu verwenden, nämlich Strahlung und Licht. Das ist vor allem notwendig, wenn irgendwie zweifelhaft sein kann, was gemeint ist. In der ganzen Lehre vom Strahlengang im Auge aber, welche die Strahlung nur bis zur mehr oder weniger vollkommenen Vereinigung auf der Netzhaut verfolgt und sich nicht mit den subjektiven Folgen der Strahlungswirkung befaßt, ist bei dem Gebrauch des Wortes „Licht“ ein Mißverständnis völlig ausgeschlossen, so daß man zur Vermeidung einer gewissen Schwerfälligkeit des Ausdrucks unbesorgt von Licht in objektivem Sinne sprechen kann. Das Gleiche wird sehr häufig auch bei der Darstellung der Gesichtsempfindungen, also der subjektiven Folgen der Strahlungswirkung möglich sein, wenn der Sinn des Wortes aus dem Zusammenhang unzweifelhaft hervorgeht. Messungen der subjektiven Ergebnisse der Strahlenwirkung auf das Auge, z. B. Beleuchtungsstärke, Farbe, werden nach Fechner als *psychophysisch* bezeichnet, ein Ausdruck, der in den Vereinigten Staaten sehr gebräuchlich ist.

Die Strahlungen verschiedener Wellenlänge werden als *adäquate Reize* bezeichnet, weil das Auge offenbar für ihre Aufnahme eingerichtet ist. Licht- und Farbenempfindungen werden aber auch durch *inadäquate* Reize, wie Druck, elektrischer Strom, ausgelöst. Wie bei allen Sinnesorganen ist auch beim Auge die Art der Empfindung spezifisch, von der Reizart an sich unabhängig (Lehre von den *spezifischen Sinnesenergien*, Joh. Müller). Im folgenden werden wir uns ganz vorwiegend nur mit der Wirkung von adäquaten Reizen befassen.

Nach Joh. Müller (1) ist der „Grundgedanke aller physiologischen Untersuchung sowohl über den Gesichtssinn als über alle anderen Sinne: Daß die Energien des Lichtes, des Dunkeln, des Farbigen, nicht den äußeren Dingen, den Ursachen der Erregung, sondern der Sehsinnsubstanz selbst immanent sind, daß die Sehsinnsubstanz nicht afficirt werden könne, ohne in ihren eingebornen Energien des Lichtes, Dunkeln, Farbigen thätig zu seyn. — Es ist ganz gleichgültig, von welcher Art die Reize auf den Sinn sind; ihre Wirkung ist immer in den Energien des Sinnes.“

1. Adäquate Reizung

a) Sichtbarkeitsgrenzen des Spektrums

Es wurde schon erwähnt, daß die physikalischen Vorgänge *Strahlungen verschiedener Wellenlänge* sind, die durch spektrale Zerlegung gesondert werden können. Für unser Auge sind nur die Strahlungen von etwa 700 bis etwas unter 400 mμ Wellenlänge sichtbar; erstere geben Rot-, letztere Violettempfindung. Die Strahlungen von noch größerer Wellenlänge heißen deshalb ultrarote, die von noch kleinerer ultraviolette. Die Energie all dieser Strahlungen läßt sich durch

Absorption in Wärme verwandeln. Im langwelligen Teil des Spektrums der
gewöhnlichen künstlichen Lichtquellen ist die Energie verhältnismäßig groß;
sie nimmt von dort gegen die kurzwelligen Strahlen stetig ab. Die kurzwelligen
Strahlen sind durch starke chemische Wirkungen auf die photographische Platte
ausgezeichnet, welche im langwelligen Spektralteil nur gering ist. Auf lebende
Gebilde haben die ultravioletten Strahlen von 300 mμ abwärts starke Wirkung
(z. B. Rötung und Bräunung der Haut, Abtötung von Bakterien).

Das „elektromagnetische Spektrum" (Abb. 37) beginnt auf der langwelligen Seite mit den
elektrischen Wellen. Diesen schließen sich die ultraroten (infraroten) Strahlen, auch Wärmestrahlen genannt, an. Dann folgt das sichtbare Spektrum. Diesem schließen sich die erwähnten
ultravioletten Strahlen an. Es folgen mit noch kürzerer Wellenlänge die Röntgenstrahlen und
die Gammastrahlen. Hierauf folgen die sog. ultraharten Strahlen, zu denen die kosmische
Strahlung (Höhenstrahlung) gehört.

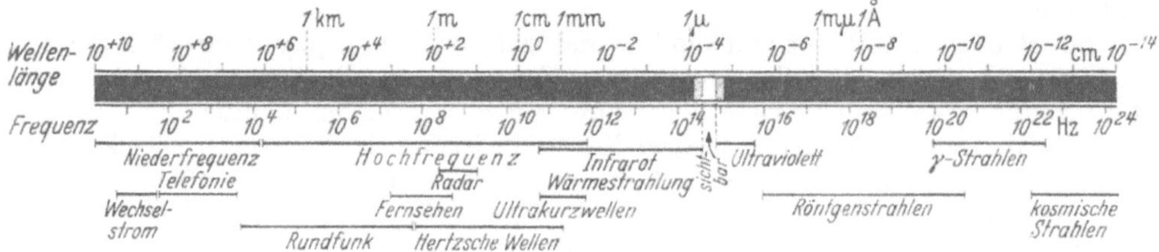

Abb. 37. Elektromagnetisches Spektrum

Der Grund für die *Unsichtbarkeit der ultravioletten Strahlen* liegt zum Teil
in ihrer starken Absorption in den der Netzhaut vorgelagerten Medien, besonders der Augenlinse. Im allgemeinen ist die Ultraviolettabsorption um so
stärker, je größer der Eiweißgehalt des Mediums ist. Ein Licht von 400 mμ
Wellenlänge wird von der Kristallinse nur zu $^1/_3$ absorbiert, ein Licht von 310 mμ
stärker. Mit den Altersveränderungen nimmt die Absorption des kurzwelligen
Lichtes in der Linse zu, weil die Linse an wasserlöslichem Eiweiß ärmer und an
unlöslichen Substanzen, anorganischen Verbindungen, Pigmenten und Lipoiden
reicher wird. Dadurch wird die Fluorescenzfähigkeit der Linse verbessert und das
Formensehen im ultravioletten Licht verschlechtert. Wird die Augenlinse entfernt, so erweitert sich daher der sichtbare Bereich des Spektrums nach der kurzwelligen Seite hin. Das zeigt sich besonders deutlich nach Staroperationen. Würden die Strahlungen in noch größerer Verschiedenheit der Wellenlänge an der
Auslösung des Erregungsvorganges teilnehmen, so würde die chromatische Abweichung viel störender sein (A. Fick), da die hintere Brennweite für jede Wellenlänge verschieden ist. Beträgt doch der Brechkraftunterschied für die Lichter der
Wellenlängen von 590 mμ (gelb) und 490 mμ (blau) schon 1 dptr.

Die *Grenzen des sichtbaren Spektrums* lassen sich nur ungefähr angeben, weil
sie von der Energie des Spektrums und der Größe des Farbfeldes abhängen.
Die Angabe kann sich also nur auf die gebräuchlichen Versuchsanordnungen
beziehen. Dazu kommt noch folgendes. *Am kurzwelligen Ende* müssen wir streng
unterscheiden, ob wir von der Strahlung unmittelbar noch die spezifische Buntempfindung violett haben, oder ob infolge *Fluorescenzwirkung* eine Ultraviolettstrahlung nur *mittelbar* sichtbar wird. Unter Fluorescenz versteht man die Umwandlung kurzwelligen Lichts in Licht von größerer Wellenlänge. Das die Fluorescenz hervorrufende Licht ist also erst nach dieser Umwandlung, nicht aber als
solches, sichtbar. Fluorescenz zeigt besonders die Linse und auch die Netzhaut.

Beobachtet man mit dunkelangepaßtem Auge, so sieht die Strahlung vom
kurzwelligen Ende des sichtbaren Spektrums bei geringer Stärke nicht mehr

violett aus, sondern grau. Wir können dann die Sichtbarkeit einer kurzwelligen Strahlung, z. B. von 360 mμ, nur daran beurteilen, daß ein diese Strahlung aussendender Gegenstand, z. B. ein Spalt, noch seiner Form nach erkennbar ist und nicht bloß eine zerstreute, vorwiegend am Rand der Netzhaut durch das Fluorescenzlicht der Linse entstehende Lichtempfindung verursacht (FRIEDRICH und SCHREIBER). Kinder, bei denen die Linse noch wenig fluoresciert, und Aphake können bis herunter zu etwa 300 mμ noch Formen erkennen, wenn ihr Auge gut dunkeladaptiert ist. Bei älteren Leuten liegt die Grenze wegen Ultraviolettabsorption und Fluorescenzerregung in der Linse bei etwa 350 mμ oder noch höher. Ein Farbensehen kommt an dieser Grenze erst bei wesentlich höheren Intensitäten zustande. BÜTTNER gibt für Jugendliche an, daß 366 mμ noch rein violett erscheine. FRIEDRICH und SCHREIBER fanden, daß bei starken Intensitäten selbst noch 313 mμ farbig gesehen wird. Allerdings lauten die Angaben der Beobachter über die Art der Farbe verschieden: violett, blau, grünlich, gelblich, worin sich die an der Grenze der Wahrnehmung stets bestehende Unsicherheit zeigt. Nach PINEGIN wird 390 mμ blauviolett gesehen, ähnlich 435 mμ, 365 mμ, 334 mμ und 313 mμ dagegen blau, ähnlich 491 mμ, und 302 mμ, das nur für Kinder und Aphake sichtbar ist, erscheint grau. Aphakische Erwachsene können bei 350 mμ noch lesen (BERGMEISTER).

Als äußerste *Sichtbarkeitsgrenze des Spektrums am langwelligen Ende* fand HELMHOLTZ unter günstigen Bedingungen etwa 830 mμ (von v. KRIES aus HELMHOLTZ' Angabe berechnete Wellenlänge).

Nach FISCHER und GUDDEN liegt sie bei Helladaptation bei 900 mμ. GRIFFIN, HUBBARD und WALD fanden sie bei Dunkeladaptation in der Fovea bei 1000 mμ. Es wurde der merkwürdige Befund erhoben, daß etwa ab 800 mμ die Stäbchen wieder empfindlicher zu werden beginnen als die Zapfen (vgl. S. 140). Interessant ist noch der Hinweis von PIRENNE, daß die natürliche Sichtbarkeitsgrenze im Ultrarot eine durchaus sinnvolle Einrichtung ist, da man sonst im Dunkeln durch das Rot gestört werden würde, das das eigene Auge als Temperaturstrahler von Bluttemperatur aussendet. Trotzdem geht unter Schwellenbedingungen die thermische Schwingungsenergie mit in die Schwellenwahrnehmung ein; denn jene trägt zusammen mit der absorbierten Lichtquantenenergie im langwelligen Spektrum zur Aktivierung des Sehpigmentmoleküls bei (STILES).

Auf rein physikalisch-photographischem Wege läßt sich ultraviolette Strahlung im Spektrum, mit Flußspatprisma entworfen, bis etwa 100 mμ Wellenlänge nachweisen. Diese Strahlungen liegen nicht mehr sehr weit ab von den Röntgenstrahlen, die um 15 mμ liegen.

Enthält das auffallende Licht zuviel *Ultraviolettstrahlung*, so kann eine meist vorübergehende *Schädigung der Augenlider und der Hornhaut* auftreten (Schneeblindheit bei Begehen von Schneefeldern oder Gletschern bei Sonne oder hellem Nebel). Es sind daher in diesem Falle besondere *Schutzbrillen* notwendig, die viel Ultraviolett absorbieren. Diese Voraussetzung wird schon von gewöhnlichem Glas erfüllt. Es genügen daher einfache Brillen mit Seitenklappen als Schutzbrillen. Im allgemeinen werden jedoch gefärbte Gläser bevorzugt und zwar meistens gelbe Gläser. Da gefärbte Gläser in stetiger Kurve absorbieren, wird von gelben Gläsern nicht nur Violett verschluckt (daher sehen sie gelb aus), sondern auch Ultraviolett. Im allgemeinen ist aber ein alle Strahlungen gleichmäßig absorbierendes graues Glas vorzuziehen, weil es die Farbwerte unverändert läßt und dabei den Ultraviolettanteil auf einen unschädlichen Betrag herabsetzt. Auch beim *Höhenflug* können Augenschädigungen durch Sonnenstrahlung auftreten (CLAMANN).

Auch das für gewöhnlich unwirksame *ultrarote Licht* kann bei größerer Intensität *schädlich* wirken. Es wird im Auge besonders von der Linse absorbiert, am stärksten bei einer Wellenlänge von etwa 1100 mμ. Strahlungen, die sehr reich an Ultrarot sind (glühende Schmelzöfen) schädigen daher die Linse, so daß sie sich trübt (Glasbläserstar). Es müssen daher bei derartigen Berufen besondere, die Wärmestrahlen absorbierende Schutzbrillen getragen werden. Die Retina wird vor der schädigenden Einwirkung der langwelligen ultraroten Strahlung durch den Wassergehalt der vorgelagerten Medien geschützt (HARTRIDGE und HILL).

b) Strahlungen und zugeordnete Empfindungen

Untersuchen wir die *Empfindungen*, welche durch *Strahlungen verschiedener Wellenlänge* (homogene Strahlungen) ausgelöst werden, etwa bei Betrachtung eines auf einem Schirm entworfenen lichtstarken Spektrums, so finden wir, daß im allgemeinen zwei an Wellenlänge verschiedene Strahlungen, wenn die Unterschiede der Wellenlängen nicht zu klein sind, verschiedene Empfindungen auslösen, welche zum Teil besonders benannt werden. Es zeigt sich aber sogleich, daß die Mannigfaltigkeit der hervorgerufenen Empfindungen, und noch viel mehr der zur Verfügung stehenden Benennungen, eine viel begrenztere ist als die unbegrenzte Zahl der Reize verschiedener Wellenlänge. Beginnen wir bei der Betrachtung mit dem langwelligen Spektralende, so erhalten wir die Empfindung *Rot*, die sich zunächst in einem nicht unbeträchtlichen Wellenlängenbereich (bis etwa 660 mμ) nur an Helligkeit, nicht aber an Buntton ändert. Dieses Spektralgebiet wird als langwellige Endstrecke des sichtbaren Spektrums bezeichnet. Mit fallender Wellenlänge des einwirkenden Lichts geht die Empfindung über ein leicht *gelbliches Rot* in *Gelbrot* (*Orange*) über, weiter in *Gelb*, *Gelbgrün, Grün, Grünblau, Blau* und *Violett*. Wie an der langwelligen Seite, so ist auch an der kurzwelligen Seite des sichtbaren Spektrums eine Endstrecke vorhanden, in welcher sich die Empfindung nicht mehr im Buntton, sondern nur in der Helligkeit ändert. Diese Strecke liegt von etwa 430 mμ an abwärts. Wir werden bei Gelegenheit der Besprechung der Farbenmischungen diese Einteilung noch etwas weiterführen.

Die folgende Tabelle gibt ungefähr diejenigen *Wellenlängenbereiche* an, in denen die *Farbenempfindung* die aufgeführte Bezeichnung trägt.

Benennung der Farbenempfindung	Wellenlänge der Strahlung
Rot	um 670 mμ
Orange	um 600 mμ
Gelb	um 585 mμ
Grün	um 520 mμ
Blau	um 470 mμ
Violett	um 420 mμ

Weitere Empfindungen können wir auslösen, wenn wir nicht einzelne durch bestimmte Wellenlänge gekennzeichnete Strahlungen wirken lassen, sondern wenn wir *Strahlengemische* anwenden, d. h. verschiedene Strahlungen gleichzeitig wirken lassen. Lassen wir alle im diffusen Tageslicht vertretenen Strahlungen gleichzeitig einwirken, so entsteht die *Weiß*empfindung, bei geringerer Lichtstärke die *Grau*empfindung. Bei Abwesenheit äußerer Reize haben wir die *Schwarz*empfindung, wenn auch nicht die schwärzeste, die möglich ist. Es wäre nicht zutreffend, das Schwarz deshalb nicht als Empfindung bezeichnen zu wollen, weil es ohne äußeren Reiz auftritt. Zwischen *Nicht*empfinden und *Schwarz*empfinden ist ein Unterschied; man mache sich klar (HELMHOLTZ), welche Eindrücke man im völlig Dunkeln für den Raum *vor* und *hinter* sich hat: im ersteren eine schwarzähnliche Empfindung, im letzteren das Nichtempfinden. Wenn wir auch die Frage nach den Beziehungen zwischen Reiz und Empfindung in den Vordergrund stellen, so wollen wir damit nicht den irrigen Schluß ziehen, daß ohne *äußeren* Reiz keine Empfindung möglich ist. Es ist aber bei völligem Lichtabschluß die Schwarzempfindung nicht einmal die dunkelste (weißunähnlichste), die möglich ist. Dunkelste Schwarzempfindung haben wir nur im gleichzeitigen Gegensatz zur Weißempfindung oder Grauempfindung. Man kleidet ein am einen Ende geschlossenes Papprohr von etwa 15 cm Durchmesser mit schwarzem Samt aus und versieht es am offenen Ende mit einer ebenfalls mit schwarzem Samt beklebten Randscheibe, durch deren Öffnung man in das Rohr hineinsieht. Fällt nun Sonnenlicht auf Randscheibe und Öffnung, so sieht erstere grau, letztere im Kontrast tiefschwarz aus, viel dunkler als das Schwarz bei völligem Lichtabschluß vom Auge, bei welchem durch innere „Regungen" (Erregungen ohne äußere Reize) schwache, oft wallenden Nebeln ähnliche Empfindungen auftreten (AUBERT), die als „Eigenlicht" (subjektiv gemeint) der Netzhaut bezeichnet werden.

Die Natur des Schwarz als Empfindung und die Bedingungen ihres Zustandekommens hat besonders E. Hering betont und aufgeklärt. Wie die weiße Empfindung für gewöhnlich durch objektives Licht hervorgerufen wird, so entsteht auch die Empfindung des dunkelsten Schwarz erst unter dem Einfluß des äußeren Lichtreizes, nämlich dem *indirekten* Einfluß des gleichzeitigen Kontrastes.

Den entgegengesetzten, von ihm bekämpften Standpunkt kennzeichnet Hering (*40*) mit folgenden Worten:

„Die im Gesichtsfelde des verdunkelten Auges ausgebreitete Empfindung hat man sich zeither vorgestellt wie eine schwarze, in der menschlichen Seele aufgestellte Tafel, auf welcher dann durch äußeres Licht oder durch innere Reize weiße und bunte Bilder gemalt und wieder weggewischt werden. Je dicker das Weiß und die Farben aufgetragen werden, desto heller erscheint das Weiß, desto gesättigter die Farben und desto weniger scheint der schwarze Grund durch. Im übrigen hat man sich um diese schwarze Tafel nicht weiter gekümmert, sondern nur die Bilder auf derselben studiert."

Für die Frage nach dem Ort, an welchem sich die Vorgänge abspielen, welche die Empfindung des „Eigenlichts", auch „Eigengrau" genannt, verursachen, ist folgende Mitteilung von v. Tschermak (*1*) wichtig. Erblindete mit völliger Atrophie des Sehnerven geben an, daß das „Dunkel" vor ihren Augen keineswegs dem tiefsten einst gesehenen Schwarz entspreche, vielmehr ein grauer Nebel sei. Es wird hieraus geschlossen, daß das Eigengrau zum Teil auch zentral begründet sei, als „Ausdruck eines dauernden Stoffwechselvorganges in der psychophysischen Sphäre", welche den peripher Erblindeten ja erhalten blieb.

Lassen wir aus dem Bereich der Strahlungen verschiedener Wellenlängen *zwei* den *lang- und kurzwelligen Endstrecken* des Spektrums entnommene Gruppen *gleichzeitig einwirken*, so erhalten wir neue Empfindungen, welche als *Purpur* bezeichnet werden. Sie ähneln zugleich der Violett- und der Rotempfindung.

Wenn wir zu einer bestimmten Strahlung, etwa der gelb aussehenden, zerstreutes Tageslicht hinzufügen, so ändert sich die Empfindung, sie wird *ungesättigter*, dem Weiß ähnlicher. Wird hingegen dem Auge zunächst eine rote Fläche dargeboten und dann eine grüne, so ist die Grünempfindung noch weniger dem Weiß ähnlich geworden, als sie es ohne diese Vorbereitung des Auges war, sie ist *gesättigter* geworden. Ferner kann bei längerer Betrachtung einer Strahlung die Farbenempfindung sich ändern, sowohl der Sättigung als dem Buntton nach. Diese Änderungen in den gewöhnlich gefundenen Beziehungen zwischen Reiz und Empfindung werden nach E. Hering als *Umstimmungen* bezeichnet. Wir kommen hierauf zurück.

Weißlich-ungesättigte Buntempfindungen erhält man am einfachsten, wenn man Buntpapierflecke mit dünnem Seidenpapier bedeckt und bei Tageslicht betrachtet. Der Versuch kann mit der Tafel III ausgeführt werden. Verschiedene Sättigungsstufen eines Bunttons erhält man, wenn man wäßrige Lösungen eines Farbstoffs in verschiedenen Verdünnungsstufen auf weißem Papier aufträgt oder Fließpapierstücke mit ihnen durchfärbt. Verwendet man Fließpapier, welches mit sehr verdünnten Lösungen von schwarzer Tusche vorgefärbt ist, so erhält man schwärzlich-ungesättigte Buntempfindungen. Gesättigte Buntempfindungen kann man erhalten, wenn man auf Tafel III oben den roten Fleck einige Zeit fixiert und nun den Blick zum grünen Fleck wendet, am besten unter Fixation seines Randes. Er sieht nun in dem Teil viel gesättigter aus, welcher auf der vorher rotbelichteten Netzhautstelle abgebildet wird. Ebenso kann man mit Blau und Gelb verfahren, überhaupt mit Gegenfarbenpaaren.

Aus dem Vorigen geht hervor, daß die *Sättigung* zwar durch Beimengung von weißem Licht verändert werden kann, daß sie aber *rein subjektiv definiert* wird. Die Sättigung kann vermehrt werden, ohne daß zugesetztes weißes Licht weggenommen wird. Auch kann sie ohne Zusatz von weißem Licht vermindert werden, nämlich durch längeres Betrachten eines leuchtenden Farbfeldes. Sättigung ist also kein physikalischer Begriff.

Aus dem Gesagten geht also hervor, daß es für manche Feststellungen zweckmäßig ist, zur Untersuchung des Farbensinns einem *Spektrum* Strahlungen verschiedener Wellenlänge zu entnehmen, daß es aber für manche Fragen hinreichend und einfacher ist, sich die Tatsache zunutze zu machen, daß einige Stoffe, die

Farbstoffe (Pigmente), die Eigenschaft haben, von dem Gemisch verschiedenster Strahlungen, welche auffallen, nur eine begrenzte Gruppe eines meist zusammengehörigen Wellenlängenbereichs zurückzuwerfen, die übrigen zu verschlucken (in Wärme zu verwandeln). Bringt man diese Farbstoffe auf Papier, so können diese *Pigmentpapiere* zur Untersuchung verwendet werden.

Auch kann man die Farbstoffe in Lösung verwenden oder in Gelatine oder Glas eingelagert *(Farbgelatine, Farbgläser)*. Den Spektralfarben gegenüber hat man den Vorteil der bequemeren und weniger kostspieligen Beschaffbarkeit. Dafür nimmt man den Nachteil in Kauf, daß die Strahlungen, welche von den Farbstoffen zurückgeworfen oder durchgelassen werden, nicht ohne weiteres physikalisch definierbar sind. Hier bringen die Arbeiten von OSTWALD, welcher besonders einfache Verfahren zur Messung von Körperfarben ausarbeitete, einen großen Fortschritt. Die Probleme und Methoden der lichttechnischen Farbmessung sind in den Arbeiten von M. RICHTER dargestellt, in welchen auch das Verfahren von OSTWALD beschrieben ist.

Es fragt sich nun, ob man mittels Farbstoffen Empfindungen erhalten kann, welche durch Spektrallichter nicht hervorzurufen sind. Das wurde für die Farbenempfindung *Braun* behauptet. Dem Buntton nach ist Braun dem (mehr oder weniger rötlichen oder gelblichen) Orange nahestehend. Stellen wir am Spektralapparat die dem Orange entsprechende Wellenlänge 600 mμ ein, so können wir auch bei Intensitätsabschwächung keine Empfindung erhalten, die wir braun nennen würden, sondern nur helleres oder dunkleres Orange. Daran ist aber nicht das homogene Licht des Spektralapparates im Gegensatz zum Lichtergemisch der Körperfarbe schuld, sondern der Umstand, daß wir im Spektralapparat das Farbfeld ganz für sich in dunkler Umgebung (geschwärzte Wand des Okularrohres) sehen. Richtet man die Beobachtung am Spektralapparat so ein, daß ein Halbfeld mit der passenden Wellenlänge ausgefüllt ist, etwa mit 600 mμ, das andere Halbfeld mit dem braunen von Tageslicht beleuchteten Pigmentpapier, so läßt sich eine völlige Gleichung einstellen, bei der sich also die Spektralfarbe „Orange" von dem braunen Pigmentpapier nicht mehr unterscheiden läßt. Das „braune" Papier sieht erst wieder *braun* aus, also schwärzlich, wenn es *in beleuchteter Umgebung* betrachtet wird (v. KRIES, SCHRÖDINGER). Braunempfindung ist dem Orange gegenüber eine schwärzlichere Empfindung. So wie tiefe Schwarzempfindung nur im Kontrast gegen Weißempfindung entstehen kann, so kann Braunempfindung nur durch Kontrast gegen Weiß hervorgerufen werden.

POHL (*2*) gibt eine einfache Versuchsanordnung an: Auf einem weißen Schirm wird eine braune Scheibe befestigt. Sie wird im verdunkelten Raum zunächst allein beleuchtet, unter Anwendung eines passend abgeblendeten Lichtkegels. Die Scheibe erscheint dabei orangefarbig, nicht braun. Nun wird der Lichtkegel durch Öffnen einer Blende erweitert, so daß auch der weiße Schirm beleuchtet wird. Die Scheibe erscheint nun braun, obgleich sich an ihrer Beleuchtung nichts geändert hat. Noch einfacher ist die Versuchsanordnung von HILLEBRAND und HERING. Ein orangefarbiges Papier wird abwechselnd durch das Loch eines schwarzen und eines weißen Schirms betrachtet: nur gegen das weiße Umfeld erscheint das Orange braun, gegen das schwarze Umfeld hingegen wie bei freier Betrachtung rotgelb.

c) Umstimmungen

Es muß hervorgehoben werden, daß die geschilderten sowie die folgenden Feststellungen über die *Beziehungen der Reizart zur auftretenden Empfindung* nur Gültigkeit haben für das Sehen bei Tageslicht oder entsprechend hellem künstlichem Licht oder hellen Spektrallichtern und *Anpassung an Tageshelligkeit*. Bei sehr stark herabgesetzter Beleuchtung und *Dunkelanpassung* treten völlig veränderte Beziehungen auf, die später näher geschildert werden (Nachtsehen). Aber auch bei mäßig starker Herabsetzung der Intensität spektraler Lichter ändern sich die Beziehungen zwischen Reizart und auftretender Empfindung merklich.

Wenn man mit hellangepaßtem Auge und fovealem Sehen ein Spektrum betrachtet, dessen anfänglich große Helligkeit langsam abgeschwächt wird, so breiten sich bei Abnahme der Helligkeit die Gebiete der Rot-, Grün- und Violettempfindung über die Nachbargebiete aus, so daß also z. B. das bei hellerem Licht gelb erscheinende Gebiet teils dem Rot-, teils dem Grüngebiet zufällt. Man erklärt diese Erscheinung, die als Bezold-Brückesches Phänomen bezeichnet wird, auf Grund der später auszuführenden Young-Helmholtzschen Theorie des Farbensystems. Unverändertes Aussehen behalten nach v. TSCHERMAK nur die Urfarben, nämlich Urrot und die Spektralstellen um 570 mμ, 500 und 470 mμ. Die meisten Beobachter geben allerdings 570 mμ schon als gelblichgrün und 500 mμ als bläulichgrün

an. Wir haben also zwei ausgezeichnete Spektralgebiete, Gelblichgrün und Blau, von denen sich bei Intensitätsabnahme die Farbtöne der benachbarten Wellenlängengebiete entfernen und drei solche Gebiete, Rot, Blaugrün und Violett, nach denen sie sich hin verschieben. Bei Intensitätszunahme ergibt sich umgekehrt eine Verstärkung der Gelblichkeit bzw. Bläulichkeit (Bezold-Abneysches Phänomen).

Ein bläuliches oder gelbliches Weiß wird bei der Intensitätszunahme weißer, ein im Tagessehen weiß aussehendes Feld bleibt bei Intensitätszunahme weiß. Ferner können sich die durch ein und dieselben spektralen Reize ausgelösten Empfindungen dadurch ändern, daß man das Feld länger fixiert, das Auge also für den

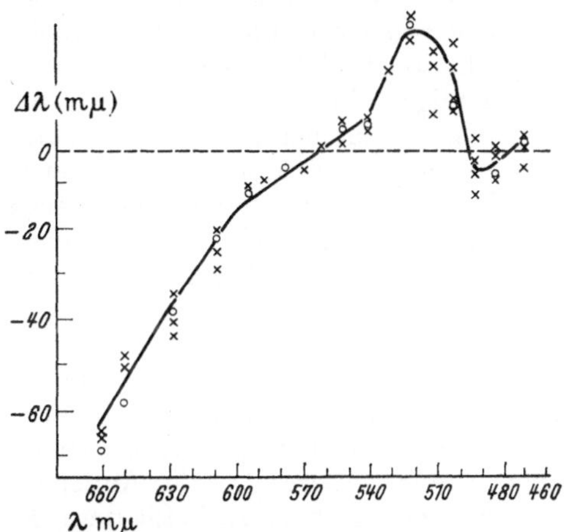

Abb. 38. Änderung der Farbe durch chromatische Adaptation. Abszissen: Wellenlänge des Lichtes, an das adaptiert wird; Ordinaten: entsprechende Änderungen $\Delta\lambda$, (nach FEDOROWA 1941, aus SEGAL, Mechanismus des Farbensehens)

Reiz *umstimmt*. Der Vorgang wird auch *chromatische Adaptation* genannt. Die Farbeneindrücke nehmen nicht nur an Sättigung ab, sondern ändern ihren Farbton in ähnlicher Weise, wie oben bei Intensitätszunahme geschildert. Wie aus Abb. 38 hervorgeht, sind die Wellenlängen 560 und 475 mμ ausgezeichnete Spektralstellen, die ihren Farbton bei Umstimmung nicht ändern und nach denen sich die Farbtöne der benachbarten Wellenlängen verschieben. Der Teilungspunkt, von dem aus die links davon gelegenen Wellenlängen dem Grüngelb, die rechts gelegenen dem Blau zustreben, liegt bei etwa 492 mμ, also Blaugrün, das seinen Farbton nicht ändert.

Das Ergebnis ist sehr ähnlich dem bei Intensitätszunahme, was SEGAL zu der Annahme führt, daß beiden Vorgängen derselbe Mechanismus zugrunde liegen muß, mit dem Unterschied, daß er bei der Umstimmung Zeit benötigt. Farben, die bei Intensitätsänderung und bei Übergang zu peripherer Beobachtung (siehe später) ihren Farbton nicht ändern, werden *invariable* Farben genannt. Die Umstimmung auf einer umschriebenen Netzhautstelle wurde von v. KRIES als *Lokaladaptation* bezeichnet und von CIBIS für eine diagnostische Methode ausgewertet. Letzterer bestimmte mit invariablen Farbpapieren auf verschiedenen Netzhautstellen die Zeiten, die benötigt werden, bis ein Farbfeld seinen Farbton verliert (spezifischer Niveaueffekt) und bis er im grauen helligkeitsgleichen Hintergrund vollständig verschwindet (genereller Niveaueffekt). — Die chromatische Adaptation wirkt sich auch auf die Erscheinungsweise eines nachfolgend betrachteten Farbfeldes aus. v. TSCHERMAK beobachtete die Verschiebung der spektralen Orte der Urfarben (spektrale Kardinalpunkte) durch Umstimmung an Urfarben und an Zwischenfarben. WRIGHT untersuchte die Wiederherstellung der Empfindlichkeit für einen farbigen Reiz nach Verlöschen eines andersfarbigen umstimmenden Reizes. Über Umstimmung durch Reize hoher Intensität wird auf S. 181 berichtet werden.

Ausgiebige farbige Verstimmung des Auges ändert die generellen Empfindlichkeitsschwellen nicht (Monjé).

Man kann aber die Versuchsbedingungen so wählen, daß man von recht konstanten Beziehungen zwischen der Wellenlänge der Strahlung und der auftretenden Buntempfindung sprechen kann. Es ist dafür eine *„neutrale Stimmung"* des Auges erforderlich, wie sie mit hinreichender Annäherung vorliegt, wenn man den Blick vor der Beobachtung herumschweifen läßt und auch bei der Untersuchung längeres Fixieren des Feldes vermeidet. Im Auge bestehen physiologische Mechanismen, die einer Umstimmung entgegenarbeiten. Das Auge führt minimale Bewegungen, sog. Intrafixationsbewegungen aus. Diese bewirken, daß durch einen Lichtreiz nicht dauernd ein und dasselbe Sehelement getroffen wird. Zur Vermeidung von Umstimmung dient auch der Lidschlag, worauf besonders Strughold hinweist. Alle 3—6 sec wird das Gesichtsfeld dadurch für etwa 0,3 sec vollständig verdunkelt. Eine andere Umstimmung liegt darin, daß wir ein *„weißes"* *Papier* nicht nur bei Tageslicht unbunt-weiß sehen, sondern auch *bei künstlicher Beleuchtung*, obgleich es bei dieser deutlich gelblich erscheint, wenn es mit einem mit Tageslicht beleuchteten Papier verglichen werden kann. Die zugrunde liegende Umstimmung ermöglicht es uns, die unveränderte objektive Beschaffenheit des Papieres festzustellen. Die gleiche Bedeutung haben auch die adaptativen Umstimmungen. Vom Mond beleuchteter Schnee sieht nicht grau aus, sondern weiß, da die Empfindlichkeit des Auges so sehr erhöht ist; Kohle sieht im Sonnenlicht nicht heller aus, als bei Mondlicht, da die Adaptation bei Sonnenlicht eine andere ist. Und so können wir von einer Eigenfarbe der Gegenstände sprechen, weil sie trotz veränderter Beleuchtungsstärke verhältnismäßig unverändert aussehen. Das ist für unsere Orientierung in der Außenwelt sehr wichtig [Hillebrand (2)]. In der Sprache der Psychologen heißt diese Erscheinung „Farbenkonstanz".

Die Lichttechnik bemüht sich neuerdings, rein weiße Lichtquellen zu schaffen, worunter solche zu verstehen sind, die nach kurzer Dunkeladaptation eine Magnesiumoxydfläche unbunt erscheinen lassen. v. Tschermak (7) hat ein Gerät angegeben, mit dem man vorhandene Lichtquellen auf Neutraleigenschaft untersuchen kann. Objektiv kann das Weiß einer Lichtquelle durch ihre Farbtemperatur (vgl. S. 138) oder durch ihre Koordinaten im Farbendreieck (vgl. S. 95) festgelegt werden.

2. Inadäquate Reizung

Über die *inadäquate Reizung der Netzhaut* sei hier noch ausgeführt, daß als Folge einer *mechanischen* Einwirkung auf das Auge (Druck auf den äußeren Lidwinkel mit der Fingerkuppe) eine subjektive Lichterscheinung auftritt, die als *Druckphosphen* bezeichnet wird. Sie besteht in einem im entgegengesetzten Gesichtsfeld liegenden weißen Ring, der dunkel umrandet ist. Der Durchmesser der Ringe wächst mit der Größe des Drucks, die Ursache der Erscheinung liegt offenbar in der leichten, durch den Druck bewirkten Eindellung (Stigler). Nach Ebbecke ist dabei örtliche Hyperämie und Anämie beteiligt, erstere wirkt steigernd auf die Erregungshöhe des Sehepithels, letztere herabsetzend. Das Sehepithel ist also nicht eigentlich mechanisch erregbar. Allgemeine Drucksteigerung im Auge, hervorgerufen durch eine kleine, dem Auge luftdicht vorgesetzte Glaskapsel, in welcher der Luftdruck erhöht wird, ermöglicht die entoptische Wahrnehmung der pulsierenden Gefäßfigur.

Die Druckphosphene veranschaulichen das schon erwähnte *Gesetz* der *spezifischen Sinnesempfindungen*, nach welchem nicht die Art der Reizung, sondern die Art des Sinnesorgans die spezifische Beschaffenheit der Empfindung bestimmt. Jedwede Reizung der Netzhaut des Auges gibt Lichtempfindung. Aus diesem Gesetz mußte auch die Folgerung gezogen werden, daß mechanische Reizung des Sehnerven bei Durchschneidung Lichtempfindung hervorruft. Es wird aber von C. Hess (7) auf Grund von Operationen am Menschen angegeben, daß diese Wirkung ausbleibt. Auch Schmerzempfindung fehlt. Hierin ist aber keine Widerlegung des Gesetzes von der spezifischen Sinnesempfindung zu sehen: es ist nämlich möglich, daß der Scherenschnitt deshalb keine Reizwirkung für den Opticus hat, weil er seinem zeitlichen Verlauf nach nicht hinreichend passend ist.

Die durch inadäquate *elektrische Reize* ausgelösten Phosphene sind 1755 von Le Roy bei einer Entladung einer Leydener Flasche entdeckt worden. Die Gleichstromphosphene treten in folgender Schwellenreihenfolge auf: Anodenschließung, Kathodenöffnung, Kathodenschließung und Anodenöffnung (Schwarz). Die Schwelle ist aber vom Adaptationszustand, der Belichtung des Auges und auch des anderen, ungereizten Auges abhängig. Die Wechselstromphosphene haben zwar bei 20 Hz die niedrigste Schwelle (Clausen), es gibt aber noch weitere Reizfrequenzen, bei denen die Schwellenreizstärken niedrig sind. Werden Wechselstromreizungen mit Flimmerbelichtungen kombiniert, so halten die Flimmerphosphene bis zu einer Lichtreizfrequenz von 25/sec Schritt, während oberhalb von 30/sec das Lichtflimmern rascher zu sein scheint. Dabei kommen schwebungsähnliche Erscheinungen vor. Mit steigender Wechselstromfrequenz verschwinden die Flimmerphosphenempfindungen, ohne zu verschmelzen. Die Phosphene der peripheren Retina haben eine niedrigere Schwelle als die der Fovea (Barlow, Kohn und Walsh; Meyer-Schwickerath) und zeigen auch andere Adaptationseinflüsse. Die Tatsache, daß pathologische Phosphenveränderungen immer dann vorliegen, wenn die Nervenfasern der Retina beschädigt sind, und daß zentral erregende Pharmaka die Phosphenschwelle erniedrigen, haben zu der alten, sehr wahrscheinlich irrigen Auffassung geführt, daß der elektrische Reiz für die Phosphenauslösung an den Nervenfasern wirke. Jedenfalls ist die Phosphenschwelle um so niedriger, je näher die Reizelektroden am Bulbus liegen (Bouman, Ten Doeschate und Van der Velden; Lohmann; Rohracher). Die Tagesschwankungen unterliegende Phosphenschwelle beträgt bei Gleichstrom 6—440 μA, bei Wechselstrom von 110 Hz 3,7 mA. Brindley fand als Schwelle $8,3 \cdot 10^{-9}$ Coulomb/cm^2, der 520 einwertige Ionen/μ^2 entsprechen. Interessanterweise fehlen nach den Phosphenen die Nachbilder, und durch sie wird die Rayleigh-Gleichung unsicher und wechselhaft eingestellt (Schwarz). Druck auf den Bulbus beeinflußt andererseits die Phosphenschwelle (Wake). Die Gleichstromphosphene sind bei schwachen Strömen weißbläulich, bei stärkeren unter der Anode gelblich und unter der Kathode hellviolett (Purkinje). Bei Wechselstrom sind die Flimmerphosphene im ganzen blasser, und zwar bei geringer Stromstärke grünblau, bei höherer blauweiß. Als Reizorte zur Auslösung von Phosphenen kommen generell die nervösen Elemente der Retina und die Sehnervenfasern in Frage, trotz der Möglichkeit, daß nervöse Zentren die Phosphene beeinflussen können. Die eigentlichen, vom Reizstrom erfaßten Strukturen dürften wohl die Bipolaren sein, weil diese streng radiär ausgebreitet sind und deshalb vom Strom erreicht werden können (Bogoslovski und Segal; Clausen). Sie liegen als solche auch der inneren peripheren Retinaoberfläche am nächsten und sind präsynaptische Elemente, die auch für die Unterschiede zwischen den peripheren und fovealen Phosphenen verantwortlich sind. Nach Brindley werden durch den Strom die Sehnervenfasern nicht gereizt.

Unter Chronaxie des Auges versteht man einen Zahlenwert, der durch elektrische Reize gewonnen wurde. Zum Unterschied davon spricht Monjé von ,,Chronopsie", wenn der von ihm gemessene Zeitwert mit adäquaten, hier also optischen Reizen bestimmt wurde.

Durch starke *Magnetfelder* können ähnliche Phosphene hervorgerufen werden wie durch elektrische Reizung (H. B. Barlow, H. J. Kohn u. E. S. Walsh). Es ergibt sich eine farblose Lichtempfindung, die eine Reizung der Stäbchenbahnen wahrscheinlich macht.

Auch *Strahlungen* können als inadäquate Reize wirken. Durch *Röntgenstrahlen* und durch die *Strahlung radioaktiver Stoffe* können Lichtempfindungen ausgelöst werden. Hieran ist wahrscheinlich Fluorescenz nicht beteiligt. Nähere Angaben sind der Darstellung von v. Tschermak (*2*) zu entnehmen.

B. Die Farbenempfindungen in ihren Beziehungen zueinander

Eine zweite Betrachtungsweise geht nicht von den äußeren Reizen und der gesetzmäßigen Zuordnung der Farbenempfindungen zu ihnen aus, sondern sie untersucht die Empfindungen in ihren Beziehungen zueinander rein ihrer subjektiven Beschaffenheit nach. Man pflegt Licht- und Farbenempfindungen zu unterscheiden und versteht dabei unter Lichtempfindung die Weißempfindung. Richtiger aber erscheint es, *alle Gesichtsempfindungen* als *Farbenempfindungen* zu bezeichnen und sie ihrer psychologischen Natur nach in *Unbuntempfindungen* und *Buntempfindungen* zu unterteilen. Die *Unbuntempfindung* erstreckt sich von der hellsten, Weiß, zur dunkelsten, Schwarz. Die zwischenliegenden Empfindungen heißen Grau. Die Ordnung aller nur möglichen Unbuntreihen ergibt also eine *Reihe*, deren Anfang (Schwarz) und Ende (Weiß) die größte in dieser Reihe vorkommende „Unähnlichkeit", also Unterscheidbarkeit, darstellen. Um empfindungsgleiche Graustufen zu erhalten, muß man nach v. Tschermak von einem mittleren Grau ausgehend, die Weiß- bzw. Schwarzanteile in einem annähernd logarithmischen Verhältnis anwachsen lassen. Eine gleichabständige Graureihe wurde von Klughardt aufgestellt und von Hennicke zur Echtheitsbewertung von Färbungen benutzt.

Wenn man alle bunten Farben ihrer subjektiven Verwandtschaft nach ordnet, so erhält man einen in sich *geschlossenen Kreis*, dessen benachbarte Stufen größte Ähnlichkeit, also geringste Unterscheidbarkeit der Empfindungen darstellen, dessen diametral sich gegenüberliegende Stufen größte Unähnlichkeit aufweisen. Man kann einen solchen *Buntfarbenkreis* mit Hilfe von Pigmentpapieren darstellen, wie ihn z. B. Ostwald in seiner Farbenfibel wiedergibt. Mit Worten läßt sich der Buntkreis nur unvollkommen schildern, da die vorhandenen Benennungen nicht ausreichen. Lassen sich doch weit über 100 (nach A. König sind es 160) Bunttöne voneinander unterscheiden. Man kann sich aber an Hand von Abb. 39, in welcher nur 15 Bunttöne herausgegriffen und benannt wurden, eine gute Vorstellung vom ganzen Buntkreis machen. In den Zwischenräumen denke man sich die Übergangstöne angeordnet. Wir gehen vom Rot aus, weil es die „bunteste", ausgesprochenste Buntempfindung ist. Es folgen Rotorange, Orange, Gelb, Gelbgrün, Grün, Grünbläulich, Grünblau, Blau-grünlich, Blau, Blauviolett, Violett, Violettpurpur, Rotpurpur, Rot-bläulich. Hiermit führt der Kreis zum Rot zurück. Man sieht, daß sich die Farben im größten Teil des Kreises so folgen, wie es den der Wellenlänge nach geordneten Spektralfarben entspricht. Diese Reihe wird durch die Purpurtöne ergänzt. Die Buntfarben sind auf Tafel III wiedergegeben.

In diesem Gesamtbuntkreis heben sich nun einige Farben vor den anderen dadurch hervor, daß sie weniger stark als die übrigen die schon erwähnte Ähnlichkeit mit den Nachbarfarben erkennen lassen. Es sind das Rot, Gelb, Grün, Blau. Es ist verhältnismäßig leicht, ein Gelb zu finden, welches „so rein gelb ist wie möglich", d. h. welches weder einen Beiton von Grünlich noch von Rötlich hat. Das gleiche gilt für Rot hinsichtlich der Abgrenzung gegen Bläulich und Gelblich, für Grün gegen Gelblich und Bläulich, für Blau gegen Grünlich und Rötlich. Hingegen kann man kein Orange finden, welches weder rötlich noch gelblich erscheint,

kein Violett, welches weder bläulich noch rötlich erscheint. Ja, eigentlich ist
Violett als Blau-rötlich zu bezeichnen, also schon als purpurfarbig, da Purpur vom
eben schon rötlichen Blau bis zum eben noch bläulichen Rot reicht. Wir wollen
aber die überall eingeführte Bezeichnung Violett beibehalten. Hingegen ist die
Benennung eines Bunttons zwischen Blau und Violett als Indigo überflüssig. Sie
entstammt wohl dem Bestreben, im Spektrum 7 Farbenstufen zu unterscheiden,
entsprechend den 7 Tönen der Tonleiter, worin eine nutzlose, weil gezwungene

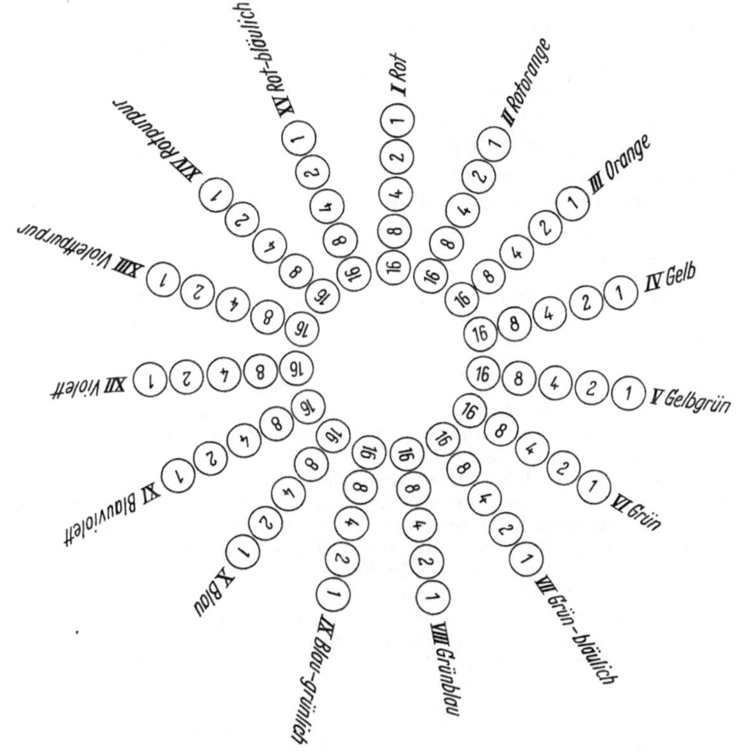

Abb. 39. *Schema des Buntkreises* von W. T. Außen die gesättigten Bunttöne, innen Weiß. Dazwischen
die zunehmend weniger gesättigten Abstufungen.

Parallele der beiden Sinnesgebiete liegt. Man nennt die sich durch ihre Eigenart
hervorhebenden Buntempfindungen *Urfarben*empfindungen (E. HERING). Es sind
dies also die Empfindungen Rot, Gelb, Grün, Blau.

Im Hinblick auf die vorher besprochenen Beziehungen zwischen der objektiven
Beschaffenheit des Reizes und der subjektiven der Empfindung seien hier die
Wellenlängen spektraler Lichter angegeben, durch welche *Urfarbenempfindung*
ausgelöst wird, normaler Farbensinn vorausgesetzt. Die Gegend des bunt-
gleichen langwelligen Endes des Spektrums, um 670 mμ, erscheint manchen
Beobachtern urrot, den meisten aber als rot mit leichtem Anklang an Orange.
Letztere Beobachter müssen dem langwelligen Licht eine Spur kurzwelliges
(etwa 460 mμ) beimischen, um Urrotempfindung zu erhalten. Im übrigen liegen
die urfarbigen Lichter, im Einzelfall und je nach den Beobachtungsumständen
etwas verschieden, für Urgelb bei 585 bis 570 mμ (nach GÖTHLIN am häufigsten
bei 580 mμ), Urgrün 525 bis 500 mμ, Urblau 480 bis 470 mμ.

Außer individuellen Einflüssen ist besonders die „Stimmung" des Farbensystems auf die Lage der urfarbigen Lichter von Einfluß. Nach v. TSCHERMAK (7) wird z. B. durch eine gelbliche Beleuchtung des Beobachtungsraums das Urgrün nach etwas größerer Wellenlänge, durch bläuliche Beleuchtung nach etwas kleinerer Wellenlänge hin verschoben *(Umstimmung)*. Die Urfarbe wird also ein wenig in Richtung nach der Farbe der Beleuchtung der Umgebung verschoben (vgl. S. 73). Am besten wird im Dunkelraum nach etwa 3 min währender Dunkeladaptation *(Neutralstimmung)* untersucht. Ein weiteres Kennzeichen für Urfarbigkeit ist, daß der Buntton der Empfindung sich bei Änderung der Reizstärke und bei Übergang zu peripherer Beobachtung nicht ändert.

Man hat die Frage aufgeworfen, ob der subjektiven Besonderheit der Urfarbenempfindungen auch eine objektive Besonderheit der genannten Wellenlängen entspreche. Es wurde in diesen Zahlen eine logarithmische Reihe vermutet (WEBER). Es müßten dann die Differenzen ihrer Logarithmen konstant sein. Das ist aber durchaus nicht der Fall.

Bemerkenswert ist, daß die den Urfarben entsprechenden Bezeichnungen rot, gelb, grün, blau in der deutschen Sprache die einzigen eigentlichen Farbennamen sind, die nicht gleichzeitig und vorwiegend für Gegenstände gebraucht werden. Orange, Violett hingegen sind Gegenstandsbenennungen (die Frucht Orange) oder weisen unmittelbar auf den Gegenstand (Viola das Veilchen) hin. So drückt sich die Eigenart der betreffenden Empfindungen auch in der sprachlichen Bezeichnung aus.

Etymologisch ist über die deutschen Farbenbenennungen folgendes festgestellt (PAUL). *Weiß* kommt von der indogermanischen Wurzel *kwid* = glatt, glänzend; althochdeutsch *kwita* = glänzen. *Schwarz, swart* bedeutet dunkel, unheilvoll. *Gelb*, indogermanisch *ghel*, ist wurzelverwandt mit χολή und *fel* (Galle). *Grün*, mittelhochdeutsch *grüene* = Wachsen von Pflanzen (englisch *grow* = wachsen). *Blau*, althochdeutsch *plav* = dunkel. *Rot*, mittelhochdeutsch *rôt*, gothisch *rauth*, Sanskrit *rhudiras* = rot, Blut, also Bezeichnung für die Blutfarbe. Nach PAUL soll die Grundbedeutung sein: feuerfarben. So wurden auch Gold und Kupfer als *rôt* bezeichnet („roter Heller").

Hieraus geht also hervor, daß ursprünglich *alle* Buntfarbenbenennungen Gegenstandsbenennungen waren, die in Abstraktion auf die Farbe der Gegenstände übertragen wurden. Dem Naturmenschen liegt eine Analyse seiner Empfindungen fern. Sie sind für ihn Zeichen der Eigenschaften der Dinge. So wurden die vielen Dingen gemeinsamen Eigenschaften übertragen nach dem Gegenstand benannt, der die Eigenschaft vorwiegend zeigt.

Auch HELMHOLTZ befaßt sich in der zweiten Auflage seines Handbuches mit den Farbenbezeichnungen und ihrer Herkunft, worauf hier zur Ergänzung verwiesen sei. HELMHOLTZ sagt darin, daß er die von einzelnen Forschern ausgesprochene Meinung durchaus bezweifle, daß in den Namen der Farben sich das Bedürfnis, die Grundempfindungen zu bezeichnen, ausgesprochen habe und diese deshalb bei der Bestimmung Anhaltspunkte geben könnten. Hier muß betont werden, daß es sich für HELMHOLTZ um seine nicht aufweisbaren *Grund*empfindungen handelt, also die Empfindungen bei gesonderter Erregung je einer der Komponenten des Farbensystems, wie sie die Young-Helmholtzsche Theorie annimmt, nicht aber um die *Ur*empfindungen im Sinne von HERING, die aufweisbar sind und die an sich nichts mit einer theoretischen Vorstellung zu tun haben oder in der Festlegung von ihr abhängen, die vielmehr umgekehrt tatsächliche Stützpunkte einer aus ihnen hergeleiteten Theorie sind. Die Helmholtzsche Bemerkung widerlegt also nicht unsere Ansicht, daß das Vorhandensein von vier Hauptfarbenbezeichnungen mit der Tatsache der vier Urfarbenempfindungen zusammenhängt.

Gehen wir nochmals von Rot aus den Buntkreis durch, so sehen wir, daß die Empfindung um so mehr dem Rot unähnlich wird, je weiter wir uns von Rot entfernen. Dabei sind stets zwei benachbarte Stufen sich höchst ähnlich. Der Höchstbetrag von Unähnlichkeit mit Rot findet sich im Grün, von da nimmt er wieder ab. Das gleiche gilt für Gelb und Blau, für Orange und Violett. Die Farbenpaare höchster Unähnlichkeit werden als *Gegenfarben* bezeichnet.

Durch die Lage der Urfarben ergibt sich nach E. HERING *(43, 85)* eine Einteilung des Spektrums je nach den farbigen (bunten) „Valenzen" der ausgelösten Empfindungen. Alle Strahlungen von der dem Urgrün entsprechenden bis zum kurzwelligen Ende haben „blaue Valenz", sind blauwertig, d. h. sie haben eine Blauähnlichkeit, die in der Nähe des Urgrün schwach beginnt, zum Urblau zunimmt und gegen das Violett wieder abnimmt. Die Strahlungen vom langwelligen Ende bis zum Urgrün haben „gelbe Valenz", d. h. sie haben eine im Rot noch geringe, zum Urgelb zunehmende und zum Urgrün hin wieder abnehmende Gelbähnlichkeit. Ferner ergibt sich eine beiderseits des Urgrün liegende Strecke mit „grüner Valenz" und eine das langwellige und kurzwellige Ende (und ebenso die Purpurtöne, die nur durch Farbenmischung gewonnen werden können) umfassende „rote Valenz". Außerdem haben alle Spektralstrahlungen eine „weiße Valenz", eine Weißähnlichkeit der Empfindung, deren Maximum im Gelb liegt. Es gibt keine Strahlung mit gleichzeitig gelber und blauer Valenz, wohl aber hat ein Teil des Spektrums gleichzeitig rote und blaue Valenz, ein anderer gleichzeitig gelbe und rote Valenz usw. Wir werden auf diese Gedanken bei späterer Gelegenheit zurückkommen, wenn wir von theoretischen Vorstellungen sprechen, und bemerken hier noch, daß diese Valenzlehre zunächst nur Ausdruck von Tatsachen ist. Daß eine Strahlung „Valenz" hat, bedeutet im Heringschen Sinn nur, daß sie die Eignung hat, der Empfindung

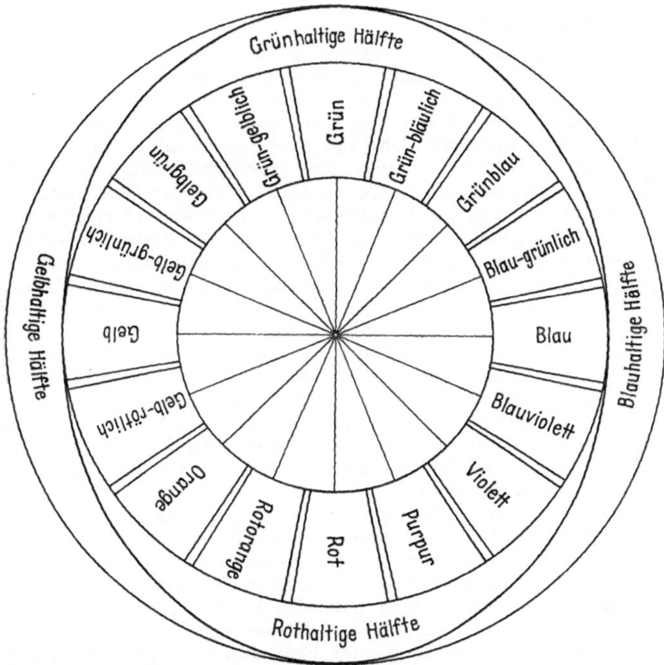

Abb. 40. *Der Farbtonkreis* von HERING (86). Die Farben des von HERING in seiner Abhandlung bunt wiedergegebenen Farbenkreises können anhand unserer bunten Tafel III angegeben werden. Im folgenden ist jeweils links die im Heringschen Kreis von W. T. eingetragene Benennung, rechts die Nummer des Kreises der Abb. 39 angegeben. Rot = I. Rotorange = II. Orange = III. Gelb-rötlich = III/IV. Gelb = IV. Gelb-grünlich = IV/V. Gelbgrün = V. Grün-gelblich = V/VI. Grün = VI. Grün-bläulich = VII. Blaugrün = VIII. Blau-grünlich = IX. Blau = X. Blauviolett = XI. Violett = XII. Purpur = XIII/XIV.

einen bestimmten Beiton, z. B. den der Gelbähnlichkeit, zu geben. In der Farbmeßtechnik wird neuerdings der Ausdruck „Farbvalenz" benutzt für die primäre Wirkung eines Farbreizes auf den Empfängermechanismus eines Sehorgans.

HERINGs Farbenkreis und seine Valenzgebiete sind in Abb. 40 dargestellt. Im Buntkreis stehen sich Urrot und Urgrün, ebenso Urgelb und Urblau, gegenüber, ersteres Paar oben-unten, letzteres im rechten Winkel dazu rechts-links angeordnet. Zwischen benachbarte Urfarben sind je drei Zwischenfarben eingeschaltet, so daß der Buntkreis aus im ganzen 16 Bunttönen besteht. Die sich diametral gegenüberliegenden Bunttöne sind zueinander gegenfarbig.

Nicht sehr zweckmäßig ist es, bei der Betrachtung und Bezeichnung des Buntkreises vom Gelb auszugehen (OSTWALD), weil Gelb die *hellste* Buntempfindung sei. Größere oder geringere Helligkeit einer Empfindung ist ein Begriff, der sich auf einen Empfindungsunterschied bezieht, der nicht in Verschiedenheit der Buntheit besteht. Bei Zusammenstellung des Farbenkreises stehen aber gerade die Buntheitsverschiedenheiten im Vordergrund. Deshalb ist es naheliegend, die Empfindung der ausgesprochensten Buntheit, *Rot*, zum Ausgang zu wählen. Rot ist wegen dieser Eigenschaft bei Kindern die bekannteste und beliebteste Farbe, ebenso bei primitiven Völkern (GARTH).

Im Zusammenhang hiermit sei noch die Frage entschieden, ob in der physiologischen Farbenlehre ein Spektrum in alter Weise so zu zeichnen ist, daß die langwelligen Lichter links stehen, die kurzwelligen rechts, oder ob die neuerdings in der Physik und leider auch der Physiologie übliche Darstellung mit den kurzwelligen Lichtern links und den langwelligen rechts vorzuziehen ist. Es kann gar kein Zweifel sein, daß die erstere Darstellung für physiologische Zwecke durchaus den Vorzug verdient.

Der neuen Darstellung dürfte der Vergleich mit der Tonreihe zugrunde liegen, in der ebenfalls die kleinen Zahlen links stehen. Zunächst aber hat dieser Vergleich physiologisch recht wenig Bedeutung, und dann ist zu beachten, daß auch in der Tonreihe, so wie sie mit den „tiefsten Tönen" links gezeichnet vorliegt, die hohen Zahlen links stehen würden, die niedrigen rechts, wenn man nicht die Schwingungszahlen, sondern wie beim Spektrum die Wellenlängen auftragen würde. Es sei besonders hervorgehoben, daß der hervorragende Physiker SCHRÖDINGER in seiner sehr wertvollen Darstellung der Gesichtsempfindungen, die den physikalischen Standpunkt in den Vordergrund stellt, sowie der ausgezeichnete Forscher und Bearbeiter der physiologischen Optik, KOHLRAUSCH, die ältere Darstellung des Spektrums beibehält. Für den Physiologen liegt noch ein besonderer Grund hierfür vor. Es sind nun einmal diejenigen Fälle von anomalem Farbensinn, bei denen eine Unterwertigkeit für Rot vorliegt, als *Protanomalie* bezeichnet worden, wie es der Anordnung des Spektrums in der hier geforderten Weise entspricht. Die das Blau und Violett betreffende Herabsetzung des Farbensinnes ist als *Tritanopie* bezeichnet. Wenn man die Reizwerte der Lichter auf die drei Komponenten mit einem links mit den *kurzen* Wellen beginnenden Spektrum darstellen wollte, so müßte links die *Trito*komponente gezeichnet werden, rechts die *Proto*komponente. Die Bezeichnung der Komponenten aber umzutauschen, ist untragbar. Es ist also bei der bisher physiologischerseits üblichen Darstellung des Spektrums mit den langen Wellen links die Parallele zur Tonfolge gewahrt, und es sind auch sämtliche Beziehungen rein physiologisch-optischer Art berücksichtigt.

Für die ältere Darstellung spricht sich auch v. TSCHERMAK aus; SCHOBER dagegen schließt sich der neueren physikalischen Darstellungsweise an. Heute ist es nicht nur bei den Physikern, sondern im gesamten Ausland üblich geworden, das Spektrum nach aufsteigenden Wellenlängen (Blau links, Rot rechts) anzuordnen und nicht nach den klassischen Fraunhoferschen Linien zu bezeichnen (s. S. 85). Schließlich läßt sich zu den physikalischen Begründungen für die Zugrundelegung der Reihenfolge nach aufsteigenden Wellenlängen sagen, daß man ebenso gut die Spektralfarben nach steigender Frequenz anordnen kann, die physikalisch gesehen vielleicht sogar die wichtigere Größe sind, da sie sich beim Eintritt in ein Medium, z. B. das Auge, nicht ändern, während die Wellenlängen proportional dem Brechungsindex abnehmen. Trotzdem wird die Strahlung üblicherweise durch die Wellenlänge in Luft definiert, da diese leichter zu bestimmen ist als die Frequenz. Im Interesse der Verständlichkeit erschien es daher geboten, alle Abbildungen, bei denen sich diese Darstellung im Original befindet, so zu belassen, wie sie der Autor gezeichnet hat. Dagegen wurde aus den von TRENDELENBURG angeführten Gründen an den aus der 1. Aufl. stammenden Abbildungen nichts geändert. Jedem, der mit der Materie etwas vertraut ist, dürfte die verschiedenartige Darstellungsweise kaum Schwierigkeiten bereiten.

Die psychologisch zweifellos zutreffende Feststellung von E. HERING, daß im Buntkreis *vier Urempfindungen* oder Grundempfindungen (Grundfarben) vorliegen, Rot, Gelb, Grün und Blau, welche schon LEONARDO DA VINCI neben Schwarz und Weiß als einfache Farben bezeichnete, steht in erster Linie im Gegensatz zu der Anschauung von GOETHE, nach der *drei Hauptfarben* hervorzuheben sind, Rot, Gelb und Blau. Zwischen diesen ordnet er noch die Nebenfarben Orange, Grün und Violett an und vereinigt diese Farben zum Farbenkreis Rot, Orange, Gelb, Grün, Blau, Violett (vgl. MATTHAEI, WEBER). Wenn man sich ausschließlich auf den Standpunkt stellt, die Buntempfindungen ihrer subjektiven Natur nach zu beurteilen, unbekümmert um die Natur der auslösenden Reize, also auch um die Tatsache, daß der Maler Grün aus Gelb und Blau mischt, so kann kein Zweifel sein, daß die Grünempfindung ebenso eine Urempfindung ist wie Rot, Gelb und Blau. Die Aufgabe, ein „reines" Grün (im oben angegebenen

Sinne) einzustellen, ist fraglos ebenso sicher zu lösen, wie bei den letztgenannten drei Urfarben. Bei Orange und Violett ist sie hingegen unlösbar, es gibt kein Orange, welches weder einen Beiton von Rot noch von Gelb hat, kein Violett, das weder dem Blau noch dem Rot empfindungsgemäß gleichzeitig „zugehört". Man kann wohl einigermaßen sicher ein Orange einzustellen versuchen, das gleichviel Abstand von Urrot *und* Urgelb hat, nicht aber eines, welches für die Empfindung nicht gleichzeitig zum Rot *und* zum Gelb hin gehört.

Wenn wir mithin *vier Urfarbenempfindungen* feststellen und diese gewissermaßen als Gerüst des Buntfarbenkreises erkennen, so können wir für die dazwischen liegenden Farbenempfindungen als geeignetste Bezeichnung den Ausdruck *Zwischenempfindungen* wählen.

Weniger geeignet ist der Ausdruck Mischempfindungen; er erinnert zu sehr an das *Verfahren* der Farbenmischung, welches aber für die Beurteilung der Empfindungs*beschaffenheit* als solcher gar keine Rolle spielt. Die Empfindung Urgelb können wir ebensogut durch ein „binäres Lichtergemisch" hervorrufen wie durch homogenes Spektrallicht. Sie wird aber deshalb nicht zur „Mischempfindung". Die Bezeichnung „Mischen" sollte nur für den objektiven Vorgang benutzt werden, auf den wir bei Besprechung der Farbenmischungen zurückkommen.

Zur Farbeneinteilung von LEONARDO DA VINCI ist noch zu bemerken, daß sie doch wohl mehr von maltechnischen Gesichtspunkten ausgeht als von der Erscheinungsweise des Bunten. Er sagt nämlich: „Das Blau und das Grün sind nicht einfache (Farben) für sich. Denn das Blau setzt sich aus Licht und Finsternis zusammen, wie das Blau der Luft, aus äußerst vollkommenem Schwarz und vollkommen reinem Weiß nämlich. Das Grün setzt sich aus einer einfachen und einer zusammengesetzten zusammen, nämlich aus Gelb und Blau." „Einfache Farben nenne ich die, welche nicht zusammengesetzt sind und sich auch nicht auf dem Weg der Mischung anderer Farben zusammensetzen lassen." So ist die Begründung für die sechs einfachen Farben hier nicht oder wenigstens nicht ausschließlich aus der Empfindung entnommen.

Der von MATTHAEI neu hergestellte Goethesche *Farbenkreis* zeigt die Farben Gelbrot, Gelb, Grün, Blau, Blaurot, Rot (in den Bezeichnungen von GOETHE). Gelbrot und Blau stehen sich im Winkel von 180° gegenüber, desgleichen Gelb und Blaurot. Der Buntton kann in der Bezeichnungsweise von OSTWALD (24teiliger Kreis der Farbenfibel) angegeben werden: Gelbrot 5 bis 6, Gelb 1, Grün (21 bis) 22, Blau 16, Blaurot 10 bis 11, Rot 8 bis 9.

Zur Veranschaulichung seien noch die Tafel III und die Abb. 39 herangezogen. Nach dieser können die Bunttöne der Goetheschen Tafel in der oben angegebenen Reihenfolge als sehr nahe gleich bezeichnet werden mit II, IV (Spur nach V), VI (Spur nach V), IX, XIII, XV.

Wir haben bisher nur die Buntempfindungen betrachtet, welche möglichst weit von der Reihe der Schwarz-Weiß-Empfindungen abstehen. Man nennt diese Buntempfindungen, wie schon erwähnt wurde, gesättigte Empfindungen. Es kann nun eine Buntempfindung bestimmter Art, z. B. Urrot, gleichzeitig Ähnlichkeit mit einer Empfindung der unbunten Schwarz-Weiß-Reihe haben. Auch hierfür sind *besondere Benennungen* erforderlich. Liegt Ähnlichkeit mit einer hellen Unbuntempfindung vor, so kann man der Farbenbezeichnung den Zusatz *weißlich* geben, z. B. die Empfindung „weißlich Blau" nennen. Liegt Ähnlichkeit mit einer *dunkleren Empfindung* der Schwarz-Weiß-Reihe vor, so spricht man von schwärzlich. Für Ähnlichkeit mit Grau ergäbe sich eindeutig die Bezeichnung *graulich*. Hingegen empfiehlt es sich nicht, etwa von „schmutzig Grün" zu sprechen, wenn man ein „grauliches oder schwärzliches Grün" meint. Der Empfindung selbst haftet ja nicht der Charakter der Schmutzähnlichkeit an, sondern es erinnert nur das schwärzliche Grün, welches auch als olivgrün bezeichnet wird, an ein gesättigt grünes Pigment, das etwa mit verdünnter Tusche beschmutzt wurde. Solche Bezeichnungen sind in der physiologisch-psychologischen Farbenlehre zu vermeiden. Man wird immer auskommen mit Bezeichnungen wie Weißrot, Weißpurpur (beide auch Rosa genannt), Graugrün (Oliv), Braun (Grauorange) usw., Bezeichnungen, die allerdings nicht einheitlich gebildet sind, da sie zum Teil von Sachbenennungen entlehnt sind (Olive,

Rose), zum Teil eigene Empfindungsbezeichnungen sind, und zwar im letzteren Fall für Empfindungen, die besonders häufig vorkommen (Erdfarbe, Herbstlaub, Tierfell u. a. m.); doch kann man diesen logischen Nachteil des uneinheitlichen Benennungssystems gern in Kauf nehmen, da kein Anlaß zu Mißverständnissen gegeben ist.

Wie wir sahen, lassen sich alle Farben nach ihrem Buntton in einem geschlossenen Kreis anordnen, dessen benachbarte Stufen größte Ähnlichkeit der Empfindungen auslösen. Diese Ordnung führt also zu einer eindimensionalen Größe, der der Umfang des Farbenkreises entspricht. Das physikalische Korrelat des Farbtons ist die „farbtongleiche Wellenlänge", diejenige Wellenlänge einer Spektralfarbe, die in geeignetem Verhältnis mit einem bestimmten unbunten Licht gemischt Farbgleichheit mit dem zu messenden Licht ergibt. Soll auch die Sättigung der Farben graphisch erfaßt werden, die durch den Abstand von der Schwarz-Weiß-

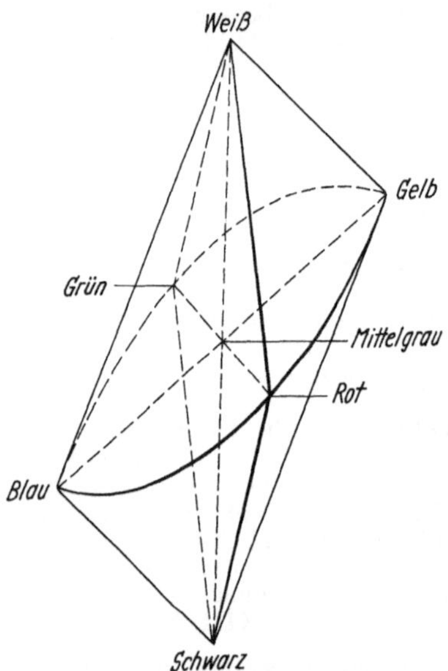

Abb. 41. *Farbenkörper* nach PODESTÀ in Form eines Doppelkegels mit elliptischer und schiefstehender Grundfläche. Die lange Ellipsenachse verbindet Gelb mit Blau, die kurze Rot mit Grün

Reihe, durch den Anteil an reiner Buntempfindung bedingt ist, so gelangt man zu einer zweidimensionalen Darstellung, einer Fläche, in der die Sättigungszunahme nach der Peripherie hin erfolgt. Das physikalische Korrelat zu Sättigung ist „spektraler Farbenanteil". Da die größtmögliche Sättigung für verschiedene Wellenlängen ungleich ist, wird diese Fläche keine Kreisfläche sein, sondern kann z. B. als Dreieck dargestellt werden mit einem exzentrischen Unbuntpunkt in ihrem Innern. Um auch noch die Helligkeit einer Farbe zu berücksichtigen, muß diese als dritte Größe in die Betrachtung einbezogen werden. Man gelangt so zu dem dreidimensionalen Farbenraum, auf dessen vertikaler Achse die Helligkeitsstufen angeordnet sind, die empfindungsgemäß durch den Schwarzweißgehalt, physikalisch durch die photometrische Größe bestimmt sind. Jede Farbe ist somit durch *drei* Koordinaten definiert, die Farbton, Sättigung und Helligkeit entsprechen. Es war schon GRASSMANN (1853) bekannt, daß drei unabhängige Elemente notwendig und ausreichend sind, um einen Farbreiz zu definieren. In der modernen Farbenmetrik wird stets vom Farbenraum ausgegangen (Einzelheiten s. bei BOUMA). Dies führt zu der Konstruktion von Farbenkörpern. Geeignet ist die Gestalt des *Doppelkegels* (OSTWALD), zwei Kegel also, die eine gemeinsame Grundfläche haben. Am Rande dieser Grundfläche sind die Buntfarbentöne so angeordnet, wie es für den Farbenkreis besprochen wurde. An der einen Spitze des Doppelkegels stehen die Weißtöne, an der anderen die Schwarztöne. Verbindet man etwa die Blaustelle des Grundflächenrandes mit der Weißspitze, so liegen auf dieser Verbindungslinie alle Blautöne vom gesättigtsten bis zum ungesättigtsten in ansteigender Helligkeit. In der Achse des Doppelkegels liegen die Übergänge von Weiß zu Schwarz, in der Mitte der Grundfläche das „mittlere Grau".

Bei dieser symmetrischen Gestalt des Doppelkegels kommt aber nicht zum Ausdruck, daß schon die einzelnen gesättigten Buntempfindungen eine verschiedene Ähnlichkeit mit Weiß haben. Gelb ist die weißähnlichste, Blau die schwarzähnlichste Buntempfindung. Diesen Sachverhalt kann man dadurch zur Darstellung bringen, daß man einen *Doppelkegel mit schiefstehender Basis* wählt und es so einrichtet, daß die Gelbstelle der Grundfläche der Weißspitze näher steht als der Schwarzspitze, und umgekehrt für die Blaustelle (schiefer Farbenkegel von Kirschmann; vgl. Bernays). Eine weitere Angleichung des Modells an die Tatsachen hat Podestá angegeben; er gibt der geschlossenen Linie der Buntfarben nicht Kreisform, sondern Ellipsenform. Abb. 41 gibt den Farbenkörper nach Podestà wieder. Über weitere Farbenkörpermodelle siehe im Buch von Richter.

Es sei hier besonders hervorgehoben, daß diese Farbenkörpermodelle gar nichts Theoretisches enthalten. Sie sollen nur die tatsächlich vorhandenen Beziehungen der Empfindungen zueinander übersichtlich veranschaulichen. Auf die Farbnormenkarten, u. a. den Ostwaldschen Farbnormenatlas, die neue deutsche DIN-Farbenkarte und den Munsell-Farbenatlas in den USA, sei hier nur hingewiesen. Auch diese berücksichtigen die Dreidimensionalität der Farben.

C. Die Farbenmischung

Verfolgen wir jetzt weiter den Weg, die Abhängigkeit der Empfindungen von der Wellenlänge der Strahlung zu untersuchen, so werden wir zu einem sehr wichtigen Hilfsmittel für die genauere Erforschung des Farbensinnes geführt, wenn wir nicht nur Strahlen bestimmter Wellenlänge („homogene Lichter") einwirken lassen, sondern Strahlenzusammenstellungen von zwei oder mehr homogenen Lichtern, wenn wir also Farbenmischungen anwenden.

1. Das Wesen und die Methodik der Farbenmischung

Wir verstehen unter *physiologischer Farbenmischung* die gleichzeitige Wirkung zweier oder mehrerer Strahlungen von verschiedener Wellenlänge auf dieselbe Netzhautstelle. In diesem Sinne liegt also auch dann eine Farbenmischung vor, wenn wir sämtliche im Tageslicht vertretenen Strahlungen verschiedener Wellenlänge auf die Netzhaut wirken lassen, wobei bekanntlich die Weißempfindung auftritt.

Die *physiologische Farbenmischung* darf nicht mit der *Pigmentmischung* (Farbenmischung der Maler) verwechselt werden. Diese technische Farbenmischung wird entweder mit gelösten oder mit nur aufgeschwemmten (suspendierten) Farbstoffen ausgeführt. Der erste Fall liegt bei den Wasserfarben, der zweite bei den Ölfarben vor; im Wesen ist der Vorgang in beiden Fällen gleich.

Fällt weißes Licht, welches also alle Strahlungen in der Energieverteilung des Tageslichts enthält, erst durch eine blaue Farblösung und dann durch eine gelbe, so wird in der ersteren das gelbe Licht absorbiert, außer dem blauen nur noch das grüne durchgelassen; in letzterer wird das blaue absorbiert und ebenfalls nur das grüne durchgelassen. Also lassen beide Lösungen nur diejenigen Strahlungen durch, welche die Empfindung Grün auslösen (mittlerer Bereich des Spektrums). Man sagt dann kurz, daß man Grün aus Blau und Gelb mische. Weil von den sämtlichen auf die erste Lösung auffallenden Strahlungen ein großer Teil fortgenommen wird, spricht man von *subtraktiver* Farbenmischung. Dabei ist aber der Ausdruck „Farbenmischung" nicht im gleichen Sinne gebraucht wie für die physiologische Farbenmischung, sondern im Sinne einer objektiven *Vermischung* zweier Farbstoffe, etwa durch Zusammengießen der beiden bisher getrennt angenommenen Lösungen, der blauen und der gelben.

Da hingegen bei der physiologischen Farbenmischung im oben festgesetzten Sinne auf der Netzhaut zu der *Wirkung* der einen Strahlung die der anderen *hinzukommt*, spricht man hier von *additiver* Farbenmischung. Sie bildet auch die Grundlage des Farbenfernsehens.

Die Anforderung, welche soeben an die Gleichzeitigkeit der Einwirkung verschiedener Strahlungen gestellt wurde, kann man sehr vollkommen mit Spektralfarben erfüllen. Pigmentfarben lassen sich aber ebenfalls zur Farbenmischung anwenden, wenn man das Gleichzeitig durch ein Schnellnacheinander ersetzt, was wegen der Trägheit der Netzhautprozesse erlaubt ist. Es wird dabei der in schnelle Umdrehung versetzte *Maxwellsche Farbenkreisel* verwendet, auf dem verschiedene Pigmentpapiere sektorenförmig angeordnet sind; die Sektorengrößen lassen sich verändern, wodurch die Zeitdauer der Einwirkung der betreffenden Strahlung verändert wird, was einer Änderung der Reizstärke gleichkommt. Schließlich läßt sich auch bei gleichzeitiger Darbietung mit Pigmentfarben Far-

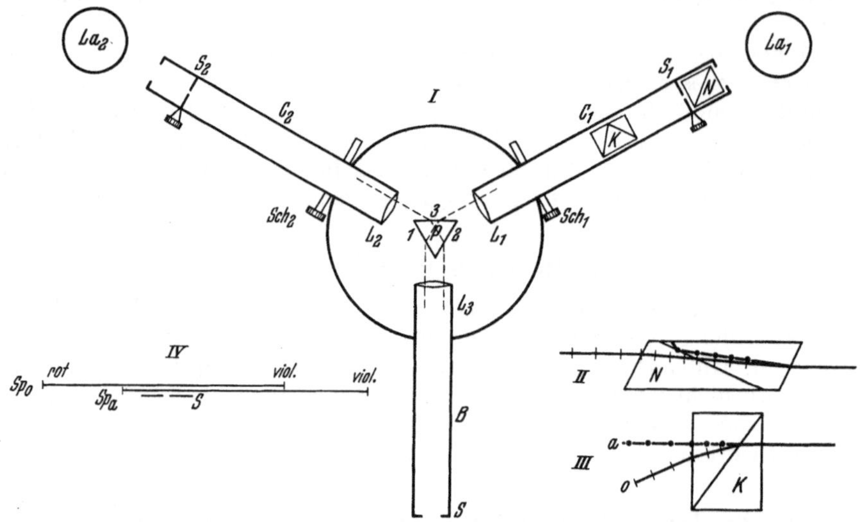

Abb. 42. *Vereinfachter Plan des großen Helmholtzschen spektralen Farbenmischapparats.* Zeichnung von W. T. Erläuterung im Text

benmischung erzielen, wenn man die Farbflecken unter so kleinem Gesichtswinkel darbietet, daß sie nicht mehr getrennt wahrgenommen werden können. Dieses Verfahren wird beim Buntdruck geübt.

Bei den *spektralen Farbenmischapparaten* werden zwei Spektren entworfen und die aus ihnen entnommenen verschiedenen Strahlungen auf dieselbe Netzhautstelle vereinigt. Eine Reihe von grundlegenden Arbeiten wurde mit dem großen Helmholtzschen *spektralen Farbenmischapparat* ausgeführt, der in Abb. 42 vereinfacht in den wichtigsten Teilen wiedergegeben ist.

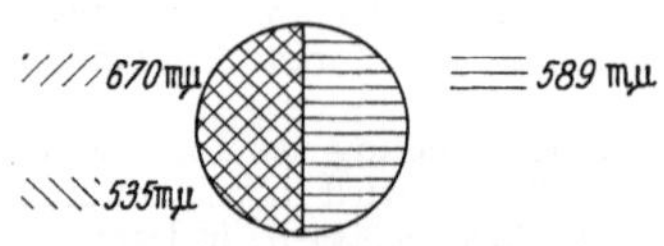

Abb. 43. *Gesichtsfeld mit Farbenmischapparat bei Einstellung der „Rayleigh-Gleichung".* Die Schraffuren bedeuten schematisch die Lichter verschiedener Wellenlänge. Links Mischung, rechts Vergleichslicht. Die Trennlinie entspricht der senkrechten Prismenkante von *P*

Man hält das Auge dicht vor den Spalt S im Beobachtungsrohr B und blickt durch die Linse L_3 auf die Flächen *1* und *2* des Primas P. Man erhält dann das in Abb. 43 dargestellte kreisförmige Gesichtsfeld, begrenzt durch die Blende der Linse und geteilt durch die senkrechte Prismenkante. Die rechte Gesichtsfeldhälfte (Vergleichsfeld) ist mit homogenem Licht erfüllt, beispielsweise 589 mμ, die linke Hälfte (Mischfeld) erhält gleichzeitig zwei Lichter, z. B. 670 und 535 mμ. Der *Strahlengang* ist folgender. *Vergleichsfeld:* Der Spalt S_2 des linken Kollimators C_2 wird mit Hilfe der Linsen L_2 und L_3 in der Ebene von S abgebildet. Mithin wird durch das zwischen den Linsen stehende Prisma P, durch dessen Flächen *2* und *3* das Licht durchtritt, in der Ebene von S ein Spektrum entworfen. Mit Hilfe der Schraube Sch_2, welche das Kollimatorrohr C_2 um die Prismenmitte zu schwenken gestattet, kann man eine beliebige Wellenlänge in den Spalt S einstellen, also z. B. 589 mμ. In der dieser Wellenlänge entsprechenden Farbe sieht man das rechte Halbfeld erleuchtet. Die Feldhelligkeit kann durch Änderung der Weite des Spaltes S_2 abgestuft werden. *Mischfeld:* Das linke Halbfeld wird von rechts her erleuchtet. Das Licht tritt durch die Prismenflächen *3* und *1*. Im rechten Kollimator C_1 kommt ein Nicolsches Prisma N und ein Kalkspat K hinzu. Sie ermöglichen es, in der Ebene S für das linke Halbfeld zwei gegeneinander verschobene Spektren zu entwerfen, so daß von dem Spalt S

zwei verschiedene homogene Lichter, etwa 670 und 535 mμ, ausgeschnitten werden. Der Kalkspat K zerlegt den von S_1 kommenden Strahl in zwei senkrecht zueinander polarisierte, den ordentlichen Strahl o und den außerordentlichen Strahl a (Teilbild III). Der vorgesetzte Nicol N läßt in einer bestimmten Stellung nur den ordentlichen Strahl durch, indem der außerordentliche Strahl durch Totalreflexion entfernt wird (Teilbild II). Der Nicol ist um seine Längsachse drehbar. Ist er derart im Kollimatorrohr gestellt, daß die Polarisationsebene des von ihm durchgelassenen Strahls mit der Ebene des a-Strahls von K zusammenfällt (diese Stellung heiße 0°), so kommt nur das Spektrum Sp_a (Teilbild IV) zustande. Bei Drehung des Nicol um 90° wird hingegen das Spektrum Sp_a ausgelöscht und kommt nur das Spektrum Sp_o zustande. Im ersteren Fall sieht der Beobachter im linken Halbfeld nur das langwellige Mischlicht, im anderen Fall nur das Licht von kürzerer Wellenlänge. Steht der Nicol zwischen Null und 90°, so wird sowohl der a-, als auch der o-Strahl durchgelassen, und zwar ersterer proportional dem $\cos^2$ des Winkels der Nicolstellung, letzterer proportional dem $\sin^2$. Somit ergibt sich das Helligkeitsverhältnis der Mischlichter aus dem Winkel der Nicolstellung. Die Wellenlängen der Mischlichter können durch Verschiebung des Kalkspats K im Kollimatorrohr verändert werden. Steht K dicht am Spalt S_1, so fallen beide Spektren praktisch zusammen, das Beobachtungshalbfeld ist monochromatisch beleuchtet. Will man das langwellige Ende des einen Spektrums mit dem kurzwelligen des anderen mischen, so muß man K verhältnismäßig weit nach L_1 hin verschieben. Die Schraube Sch_1 dient dazu, das Spektrum des Strahls a im Spalt S auf die gewünschte Wellenlänge einzustellen.

Die auch im linken Kollimatorrohr vorhandenen Kalkspat und Nicol, sowie weitere Zusatzeinrichtungen zur Beimischung von weißem Licht, wurden der Übersichtlichkeit wegen fortgelassen.

Den großen Helmholtzschen Spektralapparat hat A. KÖNIG ausführlicher beschrieben. Der Grundplan der Ausführungsform von HELMHOLTZ-KÖNIG-BECHSTEIN ist in der Schrift über Farbenlehre von M. RICHTER abgebildet und erläutert. Ferner wurden große spektrale Farbenmischapparate angegeben von GULLSTRAND (beschrieben von OLSSON), E. HERING [beschrieben von GARTEN (3)], W. A. NAGEL (beschrieben von ROSENKRANTZ), A. v. TSCHERMAK (beschrieben von GOLDMANN, SCHUBERT).

Neuerdings werden auch Farbenmischapparate mit Filterfarben verwendet. Geeignet sind z. B. Farbgläser der Firma Schott, Kodak Gelatinefilter (hitzeempfindlich), für genauere Versuche Interferenzfilter. Unter Interferenzfiltern versteht man Lichtfilter, deren Wirkung nicht auf Absorption, sondern auf einer durch Interferenz bedingten Reflexion beruht. Dabei kommt es zu dem gleichen Effekt wie bei den Farben dünner Plättchen, da auch bei ihnen ein Lichtbündel nacheinander an parallelen Grenzflächen reflektiert wird. Die Wellenlänge eines derartigen Interferenzfilters hängt von der Dicke einer auf einer planen Glasfläche im Hochvakuum aufgedampften Schicht ab (Hersteller: Schott, Mainz; Balzer, Lichtenstein). Da die Durchlaßgebiete der Filter nicht streng monochromatisch sind, ist die Sättigung der Mischungen geringer als bei Spektralapparaten. Immerhin besitzen die sog. Doppelinterferenzfilter eine Halbwertbreite von rund 15 mμ. Setzt man die bei Prismen-Monochromatoren von der Spaltbreite abhängige spektrale Selektivität mit den spektral engen Transmissionskurven der Doppelinterferenzfilter in Vergleich, so dürften für viele Untersuchungen die letzteren vorteilhafter sein, da sie ihre Selektivität auch bei verschiedenen Lichtstärken beibehalten. Bei den Monochromatoren wird demgegenüber bei größerer Lichtstärke der Streuanteil benachbarter Wellenlängen größer.

Es folgen einige, auf 1 mμ abgerundete *Wellenlängenangaben:*

I. Fraunhofersche Linien			*II. Metallinien*		
Bezeich-nung	Wellen-länge	Lage	Bezeichnung	Wellenlänge	Aussehen
A	760 mμ	an Sichtbarkeitsgrenze	Li Lithium	671 mμ	rot
B	687 mμ	im Rot	Na Natrium	589 mμ	gelb (Spur rötlich)
C	656 mμ	im Rotorange	Tl Thallium	535 mμ	grün (leicht gelblich)
D	589 mμ	im Gelb	Sr Strontium	461 mμ	blauviolett
E	527 mμ	im gelblichen Grün	Hg Quecksilber	577—579 mμ	gelb
b	517 mμ	im Grün	(Auswahl)	546 mμ	grün
F	486 mμ	im Blau		435—436 mμ	violett
G	431 mμ	im Violett		365 mμ	ultraviolett
H	397 mμ	an Sichtbarkeitsgrenze		313 mμ	ultraviolett

III. Heliumlinien (Auswahl der helleren Linien)

Wellenlänge	Aussehen	Wellenlänge	Aussehen
668 mμ	rot	470 mμ	blau
588 mμ	gelb	446 mμ	violett
502 mμ	grün (leicht bläulich)		

Um am Spektralapparat die gewünschten Wellenlängen einstellen zu können, muß man den Apparat eichen, d. h. für Lichter bekannter Wellenlänge die Orte im Spektrum, kenntlich an der Teilung der Einstellschrauben, feststellen. Man verwendet entweder die Fraunhoferschen Linien, wenn der Apparat durch Sonnenlicht beleuchtet wird, oder Metallinien (Verdampfen von Metallsalzen in der Bunsenflamme, Quecksilberdampflampe u. a. m.) oder die Heliumlinien. Für Orte zwischen den Eichstellen werden die Wellenlängen nach der Cauchyschen Formel berechnet, falls, wie meist, mit Dispersionsspektren gearbeitet wird. Die Cauchysche Formel lautet $S = A + B/\lambda^2$, worin A und B Konstanten sind, die sich aus den Eichwerten ergeben, S den spektralen Ort und λ die zugehörige Wellenlänge bedeutet. Die Konstanten A und B werden für die einzelnen Intervalle des Spektrums berechnet.

Bei Gitterspektren entfällt die Notwendigkeit weiterer Rechnung, weil die Wellenlängengrößen den Skalenfortschreitungen proportional sind (Normalspektren).

2. Die Ergebnisse der Farbenmischung

Im folgenden ist vorausgesetzt, daß nur *zwei* Strahlungen verschiedener Wellenlänge gleichzeitig einwirken (*binäre Mischung*). Ferner soll die Untersuchung zunächst nur auf den normalen Farbensinn erstreckt und auf solche Reize beschränkt werden, deren Stärke nicht zu gering ist und welche ausschließlich die Fovea der Netzhaut treffen.

Die Empfindungen, die unter diesen Verhältnissen mit dem Farbenmischungsverfahren erhalten werden, lassen sich entweder ebensowohl durch einzelne Spektralstrahlungen erzielen (1. Gruppe), oder sie sind nur durch das Mischverfahren zu erhalten (2. und 4. Gruppe), oder sie unterscheiden sich von den durch einzelne Strahlungen erhaltenen nur durch den Sättigungsgrad (3. Gruppe).

1. Gruppe. Dieser Fall liegt vor, wenn Strahlungen aus dem langwelligen und dem mittleren Bereich genommen werden, etwa 670 mμ (für sich rot aussehend) und 535 mμ (für sich grün aussehend). Die *auftretende Empfindung* ist, je nach Umständen, gelb oder orange oder gelbgrün; sie *entspricht* also im Buntton jedenfalls *der von einer zwischenliegenden Wellenlänge* ausgelösten. Der Buntton richtet sich nach den Mengen der beiden Strahlungen der Mischung; je mehr langwelliges Licht in der Mischung genommen wird, um so mehr ist das Ergebnis der Mischung orange, je mehr kurzwelliges Licht, um so mehr geht das Gelb in Gelbgrün über.

2. Gruppe. Wird eine Strahlung vom langwelligen Ende mit einer vom kurzwelligen Ende gemischt, so tritt *Purpurempfindung* auf. Man kann z. B. 670 mμ und 430 mμ verwenden. Je heller das langwellige Licht genommen wird, um so mehr rotähnlich ist der Purpurton; je heller das kurzwellige Licht, um so mehr violettähnlich. Es ergeben sich zwanglos die Bezeichnungen Violettpurpur. Purpur, Rotpurpur, wobei unter Purpur der Buntton verstanden sei, der gleich weit vom Rot und Violett absteht (mittlerer Purpur). Es ist also zu beachten, daß Purpurempfindung nur mit dem Verfahren der Farbenmischung erhalten werden kann, nicht mit homogener Strahlung.

3. Gruppe. Wählt man eine Strahlung mittlerer Wellenlänge, etwa 535 mμ (Grün), und eine kurzwellige, etwa 430 mμ (Violett), so kann man eine Blaugrün-Empfindung erhalten, welche der von z. B. 495 mμ *an Buntton gleich* ist, jedoch eine etwas *geringere Sättigung* hat, also sozusagen einen Weißzusatz enthält.

4. Gruppe. Durch passende Wahl der Wellenlänge und Stärke der beiden Mischungsanteile kann man eine völlig *buntfreie Weißempfindung* erhalten. Die Strahlungen nennt man in dem Fall kompensativ, weil sie sich zu Unbunt kompensieren.

Ein Sonderfall hiervon sind die *Komplementärfarben*, die dadurch ausgezeichnet sind, daß sie sich zu einem vollständigen Weiß ergänzen. Ein begrenztes Wellengemisch aus einem energiegleichen Spektrum ergänzt sich mit dem restlichen Anteil des Spektrums zu dem durch das gesamte Spektrum gebildeten Weiß, bzw. Unbunt. Nur diese beiden Farben werden als Komplementärfarben bezeichnet. Da die Pigmentlichter komplex zusammengesetzt sind, kann man hier von komplementär sprechen (v. Tschermack). Homogene Lichter können sich dagegen nur kompensieren. *Gegenfarbe* ist der allgemeine Begriff für alle gegensätzlichen Farben ohne nähere Definition.

Nachfolgende Zusammenstellung (nach v. Kries) enthält einige Kompensationsstrahlungen.

Langwellige Strahlung . .	656 mμ	612 mμ	588 mμ	578 mμ	573 mμ	571 mμ	570 mμ
Kurzwellige Strahlung . .	492 mμ	490 mμ	485 mμ	474 mμ	465 mμ	453 mμ	430 mμ

Es sind also beispielsweise die Lichter 656 und 492 mμ, 588 und 485 mμ, 570 und 430 mμ zueinander kompensativ. Weiter läßt die Tabelle erkennen, daß für die Lichter zwischen 570 mμ (grünlich Gelb) und 492 mμ (grünlich Blau) keine Kompensationsstrahlung vorhanden ist. Will man die zwischen den genannten Grenzen liegenden Spektrallichter zu Graumischungen „ergänzen", so muß man *zwei* andere Lichter zu ihnen mischen, nämlich je eines vom langwelligen und vom kurzwelligen Spektralende; das Gemisch der letzteren beiden Lichter für sich sieht pupurfarbig aus, da es zur 2. Gruppe gehört.

Eine Frage von besonderem Belang ist die, ob das zu einem urfarbigen spektralen Licht kompensative Licht bzw. Lichtgemisch (Purpur, s. oben) ebenfalls urfarbig ist. Das ist nach Schubert tatsächlich der Fall, wenn man die Urfarben bei guter Neutralstimmung und rein fovealem Feld bestimmt. Es erschien also die Mischung der Strahlungen 575 mμ + 468 mμ, welche für den betreffenden Beobachter als Urfarbenlichter bestimmt waren, in passendem Mengenverhältnis gemischt unbunt. Dasselbe galt für Urgrün 503 mμ gemischt mit einem als Urfarbe bestimmten leicht bläulichen Rot 670 mμ + 451 mμ (im Mengenverhältnis 9,6:1; es handelt sich also um einen nur geringen Violettzusatz). *Urfarbige Lichter* sind also *kompensativ*.

Auf Grund der Mischungsergebnisse kann man das Spektrum, in Ergänzung der schon oben gebrachten Einteilung, nach Kohlrausch weiter in folgende Abschnitte unterteilen. Die buntgleiche *langwellige Endstrecke* reicht vom langwelligen Ende des sichtbaren Spektrums bis 660 mμ. In dieser Strecke gibt es keine Verschiedenheiten des Bunttons. Es schließt sich die *langwellige Zwischenstrecke* an, in welcher Binärmischungen (= Zweilichtermischung) keinen Sättigungsunterschied gegen zwischenliegende Homogenlichter geben; sie reicht von 660 bis 545 mμ. Daran schließt sich eine von 545 bis 465 mμ reichende *Mittelstrecke* an, in welcher Binärmischungen weißlicher erscheinen als zwischenliegende Homogenlichter. Dann folgt die *kurzwellige Zwischenstrecke*, von 465 bis 430 mμ, in welcher wieder Binärmischungen keinen Sättigungsunterschied gegen zwischenliegende Homogenlichter zeigen. Die *kurzwellige Endstrecke* schließlich, abwärts von 430 mμ, zeigt zwar einen vielleicht noch mit abnehmender Wellenlänge zunehmenden Rotgehalt der Empfindung, kann aber wohl doch als praktisch gleichbunt bezeichnet werden.

Das *Ergebnis jeder Farbenmischung* kann man in eine *Gleichung* (Mischungsgleichung, Farbengleichung) fassen. Zum Beispiel kann der Fall der *1. Gruppe* so geschrieben werden: $a \cdot L_{670} + b \cdot L_{535} = c \cdot L_{589}$. In Worten heißt das: Die gleichzeitige Wirkung der Menge a der Strahlung 670 mμ (für sich rot aussehend) mit der Menge b der Strahlung 535 mμ (für sich grün aussehend) gibt dieselbe Empfindung wie die Menge c der Strahlung 589 mμ (nämlich Gelb). Man sagt ganz kurz, aber wenig zutreffend: Rot + Grün = Gelb. Die Buchstaben a, b, c und weitere bedeuten also hier und im folgenden die Intensitäten der Mischungsanteile. L_{670} bedeutet die Strahlung 670 mμ.

Bei den Farbenmischungen der *2. Gruppe* läßt sich natürlich auf der rechten Seite der Gleichung keine Wellenlänge angeben. Man kann nur schreiben $d \cdot L_{670} + e \cdot L_{430} =$ Purpur. In Worten heißt das: Wenn man die Menge d von der Strahlung 670 mμ mit der Menge e von der Strahlung 430 mμ gleichzeitig wirken läßt, erhält man die Purpurempfindung. Der Buntton dieser Empfindung in seiner Stellung zwischen Rot und Violett wird bestimmt durch das Mengenverhältnis $d:e$.

Bei den Mischungen der *3. Gruppe* ist die Aufschrift der bei Gruppe 1 entsprechend, wenn man auf die Angabe der verminderten Sättigung verzichtet. Sonst ist zu schreiben z. B.: $f \cdot L_{517} + g \cdot L_{470} = h \cdot L_{490} +$ Weiß. Für Weiß kann, wenn man im Objektiven bleiben will, auch die gleich näher erklärte Bezeichnung des ganzen Spektrums verwendet werden.

Hier sei noch nachgetragen, daß auch die unter Gruppe 1 angeführten Mischungen schon eine Spur weißlicher aussehen sollen als das homogene Vergleichslicht, wenn das kurzwellige Mischlicht unter 545 mμ liegt. An den praktisch meistbenutzten Spektralapparaten ist aber für normale Beobachter ein Sättigungsunterschied der Empfindung nicht sicher bemerkbar, wenn das kurzwellige Mischlicht nicht unterhalb 535 mμ liegt. HAMILTON und FREEMAN kommen sogar zu dem Ergebnis, daß bei Mischungen im Gebiet vom langwelligen Ende bis zu 517 mμ (Urgrün) keine Sättigungsunterschiede gegen homogene Vergleichslichter auftreten. Dem widersprechen aber die eindeutigen Ergebnisse von KOHLRAUSCH.

Die Weißmischungen der *4. Gruppe* kann man in folgender Weise aufschreiben. Entweder schreibt man $i \cdot L_{656} + k \cdot L_{492} =$ Weiß (bzw. Grau); es stehen dann auf der linken Seite die gleichzeitig wirkenden Reize, auf der rechten die Bezeichnung der auftretenden Empfindung. Oder man schreibt $i \cdot L_{656} + k \cdot L_{492}$ $= l \cdot L_{(700 \text{ bis } 400)}$, oder strenger formuliert $= l \cdot \sum_{400}^{700} \lambda$, womit angegeben ist, daß die Kompensationsmischung ebenso aussieht, wie die gesamte Summe des sichtbaren Spektrums (wie es im Tageslicht vorliegt), nämlich Weiß. Da die Purpurfarben nicht durch eine farbtongleiche Wellenlänge definiert werden können, ist es üblich, statt dessen ihre Kompensationswellenlänge mit negativem Vorzeichen anzugeben, um anzudeuten, daß letztere von Unbunt abgezogen werden müßte, um die Purpurfarbe zu ergeben.

Wenn man in dieser Weise das Ergebnis der Farbenmischungen in Gleichungen fassen kann, so muß gefolgert werden, daß in einer Gleichung ein homogenes Glied durch eine gleich aussehende Mischung zweier Lichter ersetzt werden kann, so wie in einer algebraischen Gleichung ein Wert durch eine gleich große Summe mehrerer Werte ersetzt werden kann. Der Versuch bestätigt, daß dabei tatsächlich die Empfindungsgleichheit bestehen bleibt. Betrachten wir die kompensative Mischung $m \cdot L_{570} + n \cdot L_{430}$ (vgl. die Zusammenstellung der Kompensativstrahlungen), die weiß aussieht. Wir setzen jetzt für $m \cdot L_{570}$ die gleich aussehende Mischung von L_{670} mit L_{535} ein, die in der Gleichung $o \cdot L_{670} + p \cdot L_{535} = m \cdot L_{570}$ gefunden worden sei. Dann müßte die dreifache Mischung $o \cdot L_{670} + p \cdot L_{535} + n \cdot L_{430}$ wiederum Weiß ergeben. Das ist in der Tat der Fall. Wir sehen daraus zugleich, daß die Weißempfindung in sehr verschiedener Weise erhalten werden kann (wobei unter Weiß die ganze Weiß-Grau-Reihe verstanden wird). Es sind mindestens zwei homogene Strahlungen erforderlich, die kompensativ sein müssen und im richtigen Mengenverhältnis einzustellen sind. Das gleiche kann durch drei passende Strahlungen erhalten werden.

Es liegen hier die Tatsachen zugrunde, welche in GRASSMANNs *Sätzen* zusammengefaßt sind, die etwa besagen: Ungleiche Lichter zu gleichen gemischt, geben ungleiche Mischungen; gleich aussehende Lichter gemischt geben gleich aussehende Mischungen. „Sätze, die eine physiologische Gleichwertigkeit verschiedener Lichter ausdrücken (sog. optische Gleichungen), sind demzufolge ähnlich wie algebraische Gleichungen, additiv und subtraktiv verknüpfbar" [v. KRIES (2)].

Danach müssen zwei Gleichungen mit gleichen Mengenverhältnissen addiert werden können, d. h. die Gleichung muß bei Verdoppelung der Intensitäten bestehen bleiben. Dies ist auch der Fall, aber nur so lange, wie die Bedingung der *Helladaptation* eingehalten wird. Im übrigen kann eine bei Helladaptation gültige Gleichung bei *Dunkelanpassung* ihre Gültigkeit verlieren.

Nicht alle Umstimmungen machen eine Gleichung ungültig. Stellen wir mit dem für weißes Licht gestimmten Auge etwa eine komplementäre Weißmischung ein oder die Gleichung $a \cdot L_{670} + b \cdot L_{535} = c \cdot L_{589}$, und stimmen wir nun das Auge farbig um, indem wir durch ein Farbglas auf eine hellweiße Fläche blicken, und nun wieder die Gleichung ansehen, so erweist sie sich als unverändert gültig, gleichviel, welche Farbe wir zur Umstimmung benutzten. Der Gesamteindruck des Farbfeldes wird zwar je nach umstimmendem Farbton verändert sein; unverändert bleibt die Farbvalenz, eine Größe, die der Strahlung im Hinblick auf die additive Farbenmischung zugeordnet ist.

Die erfolgte Umstimmung selbst wird leicht daran erkannt, daß eine weiße Fläche mit dem umgestimmten Auge nicht mehr weiß aussieht, sondern nach Grünumstimmung rot, nach Rotumstimmung grün, worauf wir bei Besprechung der Kontrasterscheinungen zurückkommen. Wir haben also streng zwischen Umstimmung im helladaptierten Zustand und Umstimmung durch Dunkeladaptation zu unterscheiden. Nur für erstere gilt der Satz von der *Persistenz der optischen Gleichungen* (v. KRIES).

Nach WRIGHT kann die Bedingung für die Persistenz allgemeiner gefaßt werden, indem der bei Herstellung der Gleichung gültig gewesene Hell- oder Dunkeladaptationszustand auch bei der Umstimmung erhalten bleiben muß. Blendende Voradaptation an Weiß einer Netzhautbeleuchtungsstärke von 15000 Troland (vgl. S. 146) und darüber ist nach seinen Befunden zu vermeiden. Sie bewirkt, daß in der obigen Gelbgleichung mehr Rot gefordert wird. Allerdings wird die Netzhaut dann in einen abnormen Zustand versetzt, der nicht mit den bei Farbmessungen üblichen Bedingungen verglichen werden kann.

Das Additivitätstheorem der Helligkeiten, wonach die Leuchtdichte einer Mischung gleich ist der Summe der Leuchtdichten der Komponenten, hat nur annähernde Gültigkeit und nur für mittlere Leuchtdichten. Im kurzwelligen Gebiet zeigen sich Abweichungen (FEDOROW), desgleichen bei Umstimmung mit stark gesättigten Farben (MC ADAM). Nach IVES LE GRAND ist die resultierende Leuchtdichte immer etwas niedriger als die Summe der Leuchtdichten der Komponenten.

Vom Standpunkt der nunmehr gewonnenen Kenntnisse über die Gesetze der Farbenmischung aus ist es zweckmäßig und angezeigt, der *Goetheschen Farbenlehre* zu gedenken. Der hier hervorzuhebende Kernpunkt scheint mir der zu sein, daß GOETHE der Newtonschen Lehre widersprach, nach der das Weiß etwas Zusammengesetztes ist, nämlich aus Strahlungen verschiedener Wellenlänge zusammengesetzt, obgleich es doch in der Empfindung etwas ebenso Einfaches, empfindungsgemäß nicht weiter Zerlegbares ist, wie z. B. die durch ein homogenes Licht hervorzurufende Rotempfindung. Diese Lehre widerspricht der Goetheschen Auffassung von der Gleichheit des Außen und Innen. Und doch hat sie sich in der Physik durchgesetzt und uns ermöglicht, eine große Reihe von Tatsachen zusammenfassend zu übersehen. Daher kann die heutige Naturwissenschaft der ablehnenden Haltung GOETHEs gegen NEWTON nicht folgen. Die Untersuchung der Gesichtsempfindungen zeigt, daß am normalen Sehorgan Weißempfindung nicht nur durch das Gemisch sämtlicher Strahlungen des Tageslichts hervorgerufen wird, sondern auch durch Zweifachgemische aus den vielen Paaren der Kompensationslichter, ja, daß bei hinreichend kleinem Feld und hinreichend kurzer Darbietungszeit jede homogene Strahlung Weißempfindung auslöst, die bei größerem Feld und längerer Darbietung Farbenempfindung bewirkt. Schließlich muß schon hier darauf hingewiesen werden, daß bei Anpassung des Auges an das Dunkle und bei geringer Intensität alle homogenen spektralen Lichter Weiß- bzw. Grauempfindung hervorrufen. Die Fülle der tatsächlichen Beobachtungen von GOETHE ist von großem Wert, und es ist das Verdienst von MATTHAEI besonders hervorzuheben, uns die Goetheschen Forschungen durch schriftliche Darstellung und durch seine Aufbauarbeit im Weimarer Goethehaus nahegebracht zu haben.

Zur Beurteilung des Kampfes GOETHEs gegen NEWTON sei besonders auf die Darstellung von HELMHOLTZ hingewiesen, der als genialer Physiologe und Physiker und hervorragender Psychologe wie kein anderer berufen ist, klarzustellen, was Wahrheit, was Irrtum und Irrweg war. HELMHOLTZ weist aber auch darauf hin, daß selbst ein bekannter Physiker, BREWSTER, die Newtonsche Lehre bestritt, weil es ihm nicht gelang, die spektrale Zerlegung des weißen Lichts hinreichend weit durchzuführen, wozu die GOETHE zur Verfügung stehenden Hilfsmittel noch weniger ausreichten. Auch muß GOETHEs Ansicht über die subjektive Weiß*empfindung* als etwas Einheitlichem entgegen NEWTON als durchaus zutreffend bezeichnet werden, so daß v. TSCHERMAK , der in der Untersuchung des Gesichtssinns in vieler Hinsicht von anderem Standpunkt ausgeht als HELMHOLTZ, die Verwirrung sehr treffend mit den Worten kennzeichnete: „Bei aller Wertung von GOETHEs geistvoll schöner Idee, wie von NEWTONs exakter Erkenntnis müssen wir heute erklären, daß in der Beurteilung von ‚Weiß‘ jeder auf seinem Gebiete Recht, jeder auf dem des anderen Unrecht hatte.“ „Mit Recht nannte GOETHE das subjektive Weiß einfach, elementar: zu Unrecht aber sagte er: ‚das (farblose) Licht ist das einfachste, unzerlegteste, homogenste Wesen, das wir kennen.‘ “ Reiz und Reizwirkung seien eben, wie v. TSCHERMAK fortfährt, nicht gleich, auch nicht parallel zu setzen, sondern es sei „das Verhältnis beider als das zwischen Frage und Antwort zu betrachten“, ein Standpunkt, den, wie wir sahen, zuerst SCHOPENHAUER klar aussprach. Der Physiker versucht möglichst alles unter einen Gesichtspunkt zusammenzufassen, selbst auf die Gefahr hin, dadurch unanschaulich zu werden. Die subjektive Welt GOETHEs dagegen gehört einem ganz anderen Bereich an. Die Frage, ob NEWTON oder GOETHE recht behalten hätte, ist deshalb gegenstandslos. Beide hatten recht von ihrem Standpunkt aus; unrecht hatte GOETHE nur insofern, als er die Verschiedenheit seines Standpunktes von dem der Physik nicht erkannt hat.

Anschließend sei noch auf die Ausführungen des Physikers M. WIEN und des Ophthalmologen RAEHLMANN hingewiesen, sowie insbesondere auf die des hervorragenden und begeisterten Anhängers von GOETHE, JOHANNES MÜLLER.

Einige Sätze aus JOH. MÜLLERs vergleichender Physiologie des Gesichtssinnes seien hier wiedergegeben:

„Ich meines Theils trage kein Bedenken, zu bekennen, wie sehr viel ich den Anregungen durch die Goethesche Farbenlehre verdanke, und kann wohl sagen, daß ohne mehrjährige Studien derselben in Verbindung mit der Anschauung der Phänomene selbst, die gegenwärtigen Untersuchungen wohl nicht entstanden wären. Insbesondere scheue ich mich nicht, zu bekennen, daß ich der Goetheschen Farbenlehre überall dort vertraue, wo sie einfach die Phänomene darlegt und in keine Erklärungen sich einläßt.“ Er fügt aber hinzu, daß er „mit dem genialen Urheber der Farbenlehre in bescheidener Bedenklichkeit nicht immer derselben Meinung seyn kann“.

„Von prismatischen Versuchen aus kann aber in alle Ewigkeit nichts über die Natur des Lichtes und der Farben entschieden werden; denn diese sind nur dem Sinne, nie dem Elementarischen selbst immanent.“

„Von dem Elementarischen kennen wir nichts, als die Gesetze seiner Bewegung in durchsichtigen und zugleich brechenden Medien.“

Man beachte, daß hier unter Elementarischem das verstanden ist, was wir heute den physikalischen Vorgang der Strahlung nennen würden (Licht im physikalischen Sinn), unter „Licht und Farben“ aber die subjektive Empfindung. So wird man den Standpunkt von JOH. MÜLLER verstehen und man kann ihm darin recht geben, daß die physikalische Untersuchung „sich der Erörterungen über die Natur des sinnlichen Lichtes und der Farben enthalte, und nur die Bewegungsgesetze des Elementarischen untersuche, welches die Lichtempfindung erweckt".

Angeregt durch GOETHEs Farbenlehre erkannte SCHOPENHAUER klar, daß die Farbe nicht Eigenschaft der Körper, sondern Wirkung in der Sinnesempfindung ist. Weißempfindung entsteht, wenn die Tätigkeit der Netzhaut „ungeteilt" vor sich geht. Grauempfindung entspricht einer „*quantitativ* geteilten" Tätigkeit. Farbe hingegen ist „*qualitativ* geteilte" Tätigkeit der Netzhaut. Wenn sich die Tätigkeit qualitativ im Verhältnis $1/_2$ zu $1/_2$ teilt, so entsteht die Rot- und die Grünempfindung. Dem Verhältnis $1/_3$ zu $2/_3$ entsprechen die Blau- und die Orangeempfindung, dem Verhältnis $1/_4$ zu $3/_4$ die Violett- und die Gelbempfindung. Bei Untätigkeit der Netzhaut herrscht die Empfindung Schwarz. Auch in jedem anderen Verhältnis kann sich die Tätigkeit der Netzhaut qualitativ teilen: aus den unendlich vielen Teilungsmöglichkeiten greife das Auge diejenigen heraus, deren Zahlenverhältnis besonders einfach ist. Diese tragen die Namen der sechs Goetheschen Grundfarben.

Es ergibt sich also die Reihe:

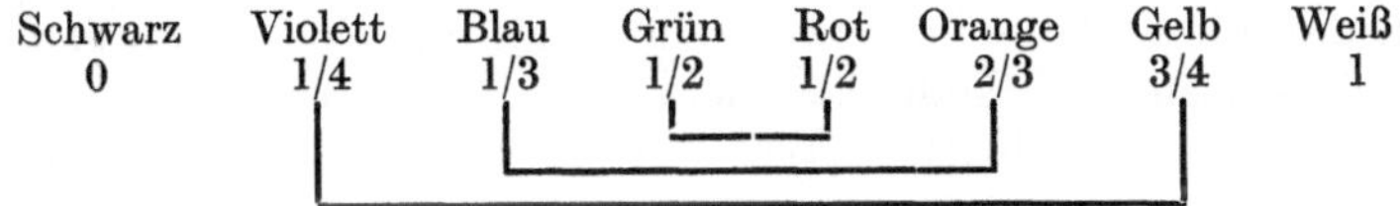

Man erkennt sogleich, daß bei dieser Vorstellung SCHOPENHAUERs die spezifische subjektive Helligkeit der Farben (s. später) eine entscheidende Rolle spielt. Gelb als hellste Farbe, Violett als dunkelste werden dargestellt als $3/_4$ und $1/_4$ der vollen Tätigkeit der Netzhaut, Grün und Rot als je $1/_2$ usw. Dabei ist zu beachten, daß die Teilung der Tätigkeit *keine quantitative* ist — sonst würde jede Buntfarbe einer Graustufe völlig gleich sein —, sondern eine *qualitative*. Es ist eine „in zwei sich bedingende, sich suchende und zur Wiedervereinigung strebende Hälften zerfallende Tätigkeit." Beide Tätigkeitshälften aber vereinigen sich zu Weiß, obwohl sie je für sich dunklere Empfindungen geben als Weiß. Das widerspricht der Goetheschen Grundauffassung:

„Licht ist das einfachste, unzerlegteste, homogenste Wesen, das wir kennen. Es ist nicht zusammengesetzt. Am allerwenigsten aus farbigen Lichtern. Jedes Licht, das eine Farbe angenommen hat, ist dunkler als das farblose Licht. Das Helle kann nicht aus Dunkelheit zusammengesetzt sein."

Hieraus geht hervor, daß SCHOPENHAUER wichtige Beziehungen der Buntempfindungen in seiner Theorie formal dargestellt und zu erklären versucht hat: Die Komplementäreigenschaft drückt sich in der *Summe* der Verhältniszahlen aus, die spezifische Helligkeit in ihrer *Größe*, die Urfarbigkeit in der *Einfachheit* des Zahlenverhältnisses. Gewiß ist das nur eine rein formale Annahme. Sie erinnert an die ganzzahligen Schwingungsverhältnisse harmonischer Intervalle im Gebiet des Gehörsinns. Es ist eben ein Versuch, sich die Beziehungen der Farbenempfindungen zu veranschaulichen, zu einer Zeit, zu der man noch keine Kenntnis von photochemischen Vorgängen hatte. SCHOPENHAUERs Theorie läßt sich ebensowenig photochemisch ausdeuten, wie HERINGs Theorie, von der weiter unten die Rede sein soll. Aber man kann HERINGs Gedanken von der teils auf-, teils abbauenden Wirkung von Spektralstrahlungen auf die Sehsubstanzen nicht deshalb jede Bedeutung absprechen, weil in der ganzen Photochemie kein Fall bekannt ist, in welchem die eine Strahlung ganz die entgegengesetzte Wirkung auf einen Stoff hat wie eine andere.

Es war SCHOPENHAUER sehr schmerzlich, daß GOETHE, der fühlte, daß der Schüler den Rahmen der Lehre des Meisters überschritten hatte, seine Theorie nicht als Vollendung eigenen Werkes anerkannte, sondern „seinem Unmut in Epigrammen Luft machte."

3. Darstellung der Tatsachen der Farbenmischung durch eine Schwerpunktskonstruktion (Farbendreieck)

Da das Ergebnis der Farbenmischung von dem Mengenverhältnis der Lichter abhängt, ist es möglich, zur Veranschaulichung einen Vergleich mit einem Massengleichgewicht der Mechanik heranzuziehen. Man denke sich an einem massenlosen Hebel an jedem Ende ein Gewicht angehängt. So wie die Lage des Schwerpunkts von dem Gewichtsverhältnis abhängt, der Schwerpunkt beliebig vom einen zum anderen Ende verlegt werden kann, so ist das Ergebnis der Farbenmischung von dem Mengenverhältnis der Lichter abhängig. Eine einzige solche *Schwerpunktslinie* genügt aber nicht, um alle Fälle der Farbenmischungen darzustellen. Aber es kann das Schema auf eine *Fläche* übertragen werden, die aus Gründen, die sich aus den Farbenmischungsgesetzen ergeben, annähernd Dreiecksform erhalten muß, das *Farbendreieck* (NEWTON). Es sei von vornherein betont, daß diese Darstellungsweise zunächst nur eine Zusammenfassung von Gesetzmäßigkeiten und keinerlei theoretische Annahme über die diesen Gesetzmäßigkeiten zugrunde liegende Bauart des Sinneswerkzeuges enthält.

In Abb. 44 ist eine solche Farbentafel nach v. KRIES (*2*) wiedergegeben. Die homogenen Strahlungen sind oben an der rechten und linken Kante eingetragen. Das Ergebnis der Mischungen wird durch die Benennung der betreffenden Empfindung angegeben. Verbindet man beispielsweise den Kantenpunkt 612 mμ mit 490 mμ oder 578 mit 474 mμ, so trifft man den Weißpunkt W und gewinnt eine Darstellung der kompensativen Gleichungen. Würde man die massenlos gedachte Tafel an der Stelle 612 und 490 mμ mit Gewichten belasten, so könnte man bei passenden Gewichtsgrößen den Schwerpunkt nach dem Punkt W verlegen. Belastet man an der Stelle 612 mμ stärker, so wandert der Schwerpunkt nach dorthin; dem entspricht, daß die Empfindung orangeähnlicher wird. Es sind also die Mischungen der Gruppe 1 auf der linken Dreieckskante, die von Gruppe 2 auf der unteren, von Gruppe 3 auf der rechten Kante dargestellt, während die Mischungen der 4. Gruppe auf Linien zur Darstellung kommen, welche über die Dreiecksfläche hinweg durch den Weißpunkt W gezogen werden.

Der Tatsache, daß bei Mischung *aller* Spektrallichter Weißempfindung auftritt, entspricht der Fall, daß durch Belastung des ganzen Tafelrandes mit vielen kleinen Gewichten der Schwerpunkt auf W fällt, wenn die Gewichtsverteilung der spektralen Reizwertverteilung entspricht.

Aus der die Farbenmischungsgesetze enthaltenden Tafel geht ferner die schon erwähnte wichtige Tatsache hervor, daß man auch dann durch Mischung *Weiß* erhalten kann, wenn man *drei passende Strahlungen*, etwa 670 mμ, 535 mμ und 460 mμ wählt. Denn man kann, im Vergleich gesprochen, durch ,passende Belastung der drei Ecken der Tafel den Schwerpunkt ebenfalls nach W bringen. Ja, man kann durch Veränderung der Stärke dieser drei Mischungsanteile jeden beliebigen Farbton innerhalb des Farbendreiecks herstellen, so wie im Vergleich eine passende Gewichtsverteilung den Schwerpunkt an jeden beliebigen Punkt der Tafel bringen kann. Die Farbvalenzen derartiger Strahlungen werden als *Primärvalenzen* eines Farbmeßsystems bezeichnet.

Wegen dieser Möglichkeit, die auftretenden Empfindungen mittels dreier Variablen der Mischung zu beherrschen, wird das hier in Rede stehende *normale farbenempfindende System* als *trichromatisch* bezeichnet.

Jeder Punkt der *Farbentafel bedeutet* also *gleichzeitig* etwas *Objektives* und etwas *Subjektives*, nämlich monochromatische Lichter bzw. Lichtermischungen einerseits und Farbenempfindungen andererseits. Die monochromatischen Lichter sind links und rechts auf den Seitenkanten angeordnet, mit Angabe der ihnen entsprechenden subjektiven verhältnismäßig gesättigten Empfindungen.

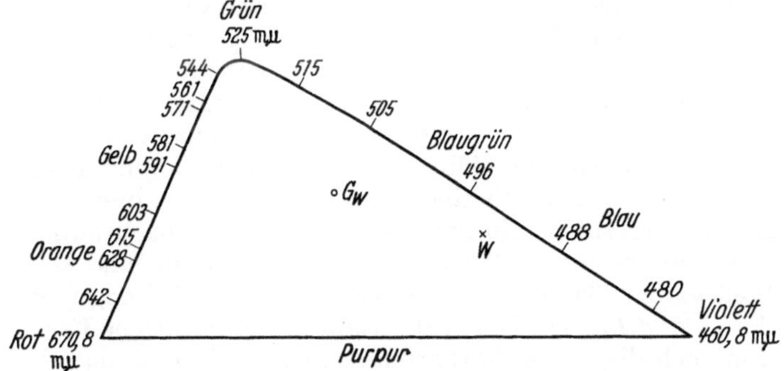

Abb. 44. *Farbentafel* nach v. KRIES (bezogen auf das prismatische Spektrum des Gaslichts). *W* der Weißpunkt, *Gw* der Ort eines weißlichen (ungesättigten) Gelb

Jeder Punkt der Basislinie bedeutet objektiv ein bestimmtes Mischungsverhältnis der Lichter 670 und 460 mμ, subjektiv eine bestimmte zwischen Rot und Violett liegende Purpurempfindung. Jeder Punkt in der Fläche des Dreiecks bedeutet subjektiv eine bestimmte Farbenempfindung, die ungesättigter ist als die durch monochromatische Lichter ausgelöste, da der Punkt in der Fläche dem *W*-Punkt näher liegt als ein Punkt am Rand. Die Zuordnung eines Flächenpunktes zu einer bestimmten Empfindung ist eine eindeutige. Objektiv bedeutet jeder Punkt der Tafelfläche ein bestimmtes Mengenverhältnis einer Mischung von zwei monochromatischen Lichtern, die nicht eindeutig festgelegt sind. Nehmen wir als Beispiel die in Abb. 44 mit einem Punkt G_w bezeichnete Stelle, die in der Mitte einer Verbindungslinie von 581 mμ mit dem Weißpunkt liegt. Diesem Ort entspricht subjektiv ein sehr ungesättigtes Gelb. Objektiv kann dieser

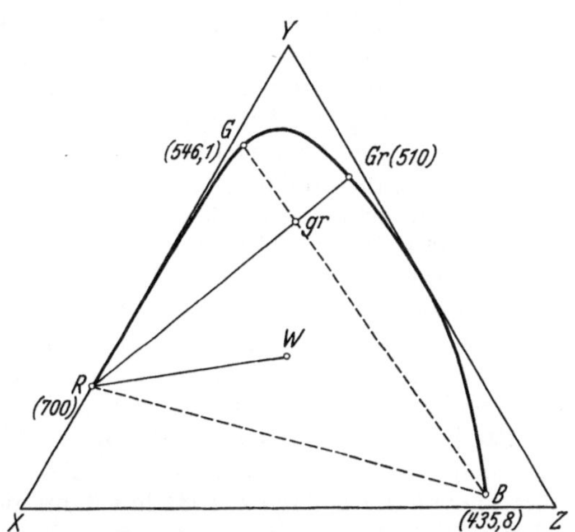

Abb. 45. Das Farbendreieck (gestrichelt) mit dem spektralen Farbenzug und dem umhüllenden Dreieck *XYZ*. (*IBK*- oder *CIE*-Dreieck). Nach BOUMA (etwas verändert)

Empfindung zugrunde liegen sowohl eine Mischung von 581 und etwa 486 mμ, als auch von etwa 603 und 498 mμ oder 670 und 502 mμ, stets bei passender Mengeneinstellung der genannten Mischlichter. Man findet diese und andere zu gleichem subjektiven Ergebnis führende Mischungen [welche nach v. KRIES (2) alle die „*gleiche Reizart*" (Farbart) haben] leicht, wenn man durch den Punkt G_w gerade Linien bis zu den Seitenlinien der Farbentafel führt.

Auch die Mischung kurzwelliger Strahlen mit solchen aus der Mitte des Spektrums bewirkt eine Empfindung, die sich auch auf andere Weise herstellen läßt.

Durch Mischung einer bestimmten Menge einer Strahlung von 546 mμ mit solcher
von 435 mμ z. B. erhält man eine Empfindung, die nur an Buntton den von
homogenen Lichtern ausgelösten gleich ist, jedoch eine geringere Sättigung
haben muß, weil sie dem Weißpunkt näher liegt. Nehmen wir an, sie läge bei
gr in Abb. 45; sie liegt dann innerhalb der in der Darstellung dick ausgezogenen
Spektralkurve. Wir können die Spektrallichter zwischen 546 mμ und dem Violett-
ende weder durch die Mischung der von uns gewählten Strahlenarten, noch durch
ein anderes Paar ersetzen. Die gleiche Empfindung (gr) können wir jedoch durch
ein Strahlungsgemisch von 510 und 700 mμ hervorrufen. Wenn wir mit a, b,
c und d die entsprechenden Anteile der vier Strahlungsarten bezeichnen, so ist
demnach $a\,L_{546} + b\,L_{435} = c\,L_{510} + d\,L_{700}$ oder anders ausgedrückt: die Mischung
bestimmter Anteile von 546 und 435 mμ führt zu einer Empfindung, die der von
510 mμ entspricht, der man noch einen Anteil von 700 mμ hinzugefügt hat. Die
durch 510 mμ hervorgerufene Empfindung kann man danach auffassen als bewirkt durch die Summe der Wellenlängen 546 und 435 mμ und einer negativen
Menge der Wellenlänge 700 mμ. Denn aus der obigen Gleichung folgt, daß $c\,L_{510}$
$= a\,L_{546} + b\,L_{435} - d\,L_{700}$ ist. Durch die Einführung negativer Farbkoordinaten
lassen sich also auch diejenigen Farbarten festlegen, die außerhalb des durch die
Primärvalenzen RGB in Abb. 45 gebildeten Dreiecks liegen. Dazu gehören zunächst die von den Strahlungen zwischen einer mittleren Wellenlänge und dem
kurzwelligen Ende des Spektrums hervorgerufenen Farbempfindungen. Weiter
gehören hierhin aber noch die stärker gesättigten Empfindungen, die dadurch
zustande kommen, daß wir unser Farbensystem für die Gegenfarbe „ermüden“.
So sieht z. B. das Spektrallicht 490 mμ nach vorheriger Anpassung an 670 mμ
satter (unweißlicher) blaugrün aus als bei Neutralstimmung. Der Ort dieser
Farbart liegt in der Farbentafel, also noch außerhalb des spektralen Farbenzuges,
auf der Verlängerung der vom Weißpunkt W zum Punkt 490 mμ der rechten
Tafelseite gezogenen Linie nach rechts über den Tafelrand hinaus. Um negative
Farbkoordinaten zu vermeiden, hat man die Farbentafel in der Weise erweitert,
daß man um das bisherige Farbendreieck ein größeres mit der Höhe 1 gezeichnet
hat. Ein derartiges, um die reale Farbentafel gezeichnetes Farbendreieck wurde
schon von KÖNIG und DIETERICI entworfen.

Die Farbvalenzen an den Ecken dieses Dreiecks bezeichnet man als *hypothetische* oder auch virtuelle *Farbvalenzen*, denn sie kommen in der Natur nicht
vor, da sie ja reiner sein müßten als die Spektralfarben. KÖNIG und DIETERICI
brachten sie mit den hypothetischen Fehlfarben partiell Farbenblinder in Zusammenhang. Auf der Theorie von YOUNG-HELMHOLTZ fußend, gingen sie von der
Vorstellung aus, daß dem Protanopen (vgl. S. 97) die in der Abb. 45 mit X bezeichnete Farbvalenz fehle, dem Deuteranopen die mit Y bezeichnete und dem
Tritanopen die Z-Valenz. 1931 hat dann die Internationale Beleuchtungskommission (IBK) ein Farbkoordinatensystem vorgeschlagen, das als IBK- oder jetzt
international meist als CIE-System (Commission Internationale de l'Eclairage)
bezeichnet wird. Dieses System ist frei von allen Bindungen an eine Theorie und
wird heute in der Farbmetrik weitgehend angewendet. Selbstverständlich sind
auch viele andere Arten der Darstellung denkbar. Die Transformation in ein
rechtwinkliges Koordinatensystem macht keinerlei Schwierigkeiten. Es handelt
sich dabei nicht um eine Verbesserung gegen die aus theoretischen Gründen
gewählte Dreiecksform, sondern um die Einführung einer für besondere Anwendung
geeigneten Darstellungsweise. Abb. 46 und Abb. 47 bringen nach RICHTER zwei
Beispiele. Abb. 46 die englische, Abb. 47 die amerikanische Form, erstere mit
den langwelligen Lichtern des Spektrums links. Die hypothetischen Farbvalenzen
sind mit $X\,Y\,Z$ bezeichnet.

Ein bestimmter Farbreiz wird in seiner Farbart durch die Abstände von den Dreieckseiten charakterisiert. Diese Koordinaten stellen die für die additive Nachmischung notwendigen Anteile der gewählten Primärvalenzen dar, die im CIE-System als relative *Normfarbwertanteile* ausgedrückt und durch die kleinen

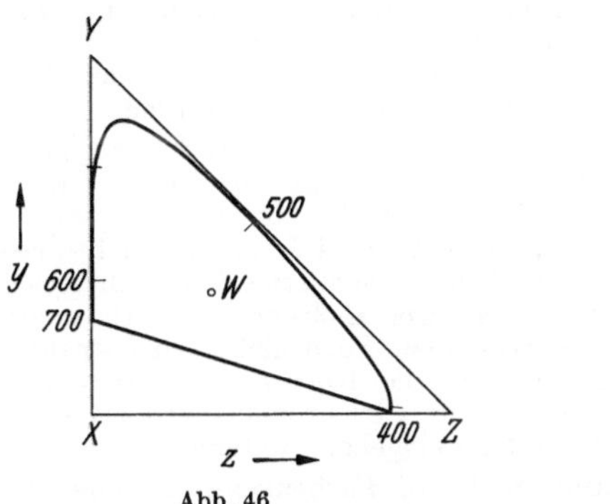

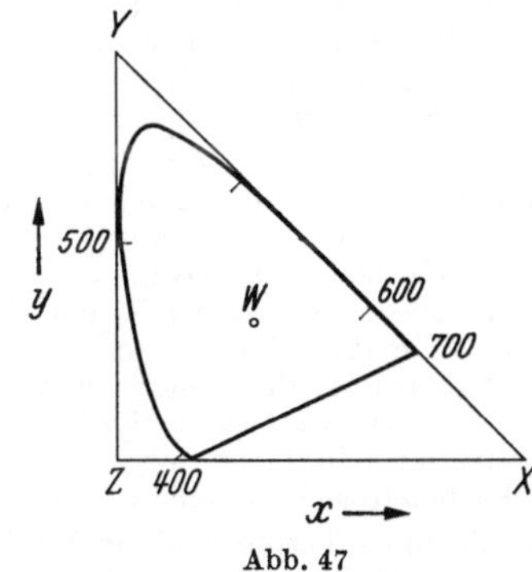

Abb. 46   Abb. 47

Abb. 46 und 47. *Farbentafel in rechtwinkeligem Farbendreieck.* Abb. 46 die englische Form (langwellige Lichter links, kurzwellige rechts). Abb. 47 die amerikanische Form (umgekehrte Anordnung des Spektrums). *X, Y, Z* ideelle (virtuelle) Normvalenzen. Nach M. RICHTER (S. 59)

Buchstaben x, y, z bezeichnet werden. Es besteht die Beziehung $x + y + z = 1$. Für das energiegleiche Spektrum sind die *Beträge* der Normspektralwerte des CIE-Systems (X-, Y-, Z-System) in Tabellen oder in Kurvenform festgelegt (s. Abb. 48) und durch $\bar{x}, \bar{y}, \bar{z}$ bezeichnet. Die Funktionen $\bar{x}, \bar{y}, \bar{z}$ sind so gewählt worden, daß die $\bar{y}_\lambda$ Kurve mit der spektralen Hellempfindlichkeitskurve V_λ übereinstimmt (s. später). Mit Hilfe dieser Tabellen können die Farbwertbeträge beliebiger Primärvalenzen, die zur Nachmischung eines Farbreizes dienten, nach Eliminierung der Energieungleichheit der benutzten Lampe auf Normfarbwertbeträge und schließlich Normfarbwertanteile umgerechnet werden. Damit ist der Farbort im Farbendreieck ermittelt.

Hinsichtlich der *Form der Farbentafel*, die, wie nochmals betont sei, zunächst nur eine übersichtliche Darstellung tatsächlicher Messungsergebnisse enthält, hat v. TSCHERMAK (*2*) die Ansicht vertreten, daß sie im Gebiet des Gelb nicht geradlinig sei, sondern so wie im Grün eine Knickung aufweise. v. TSCHERMAK gibt sogar geradezu ein rechteckiges Schema an,

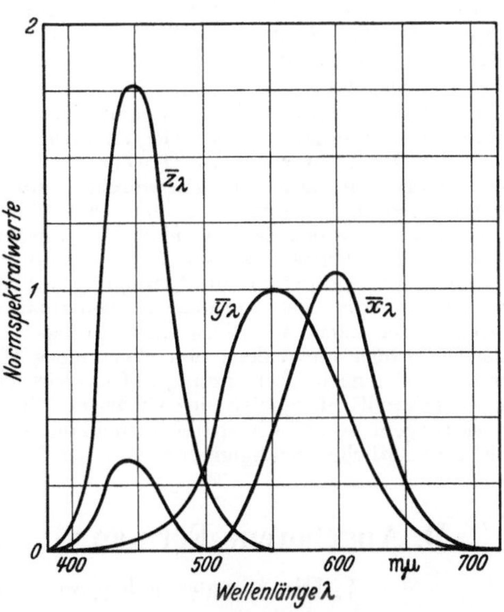

Abb. 48. Normspektralwertkurven bezogen auf das energiegleiche Spektrum (Beträge des Normalbeobachters CIE, 1931) (nach JUDD, aus RICHTER)

an dessen Ecken die Urlichter stehen. Es ist aber von KOHLRAUSCH (*3*) nachgewiesen worden, daß dieses Schema unhaltbar ist; wie schon erwähnt wurde, zeigen Gelbgleichungen der Lichter vom langwelligen Spektralende bis 545 mμ gegen spektrales Gelb bei *Normaltrichromaten* keine Sättigungsdifferenz.

Nach HERINGs (*48*) Ansicht ist „die ganze Doppelauffassung der Farbentafel als einer zugleich subjektiven und objektiven dadurch hinfällig, daß für jede Intensitäts- oder Helligkeitsstufe, bei welcher man sich die Farbentafel ausgeführt denkt, die Verteilung der Farbentöne und der Weißlichkeits- und Sättigungsstufen auf der Tafel eine andere werden müßte". Es ist aber klar ersichtlich, daß dieser Einwand gar nicht die Doppelauffassung an sich trifft, sondern nur die Annahme, daß eine für einen bestimmten Zustand des Auges, etwa Neutralstimmung, und bestimmte Lichtstärke festgestellte Tafel nun eine absolute Festlegung des betreffenden Farbensystems oder des „Farbtons" eines Pigmentpapieres sei. Der Einfluß der Stimmung läßt sich hinreichend vermeiden und so kann der Darstellung der Farbentafel ihre große theoretische und praktische Bedeutung nicht abgesprochen werden.

Die durch *Pigmente* oder *Farbanstriche* hervorgerufenen Buntempfindungen haben ebenfalls ihren Ort innerhalb der Farbentafel. Ihr Buntton muß mithin seinem Ort nach im Bezugssystem der Farbentafel angebbar sein. Hierauf beruht ein *lichttechnisch* wichtiges Prinzip der *Farbenmessung*. KOHLRAUSCH (*5*) sagt hierüber: „Für die Beleuchtungstechnik und die praktische Farbmessung ist ein allgemeingültig konstruiertes Farbendreieck das unveränderliche Urmaß." Jeder Buntton wird durch drei Eichwerte („Farbwertbeträge") angegeben. Näheres ist der Schrift von M. RICHTER über Farbenlehre zu entnehmen. Die Beziehungen des Ostwaldschen Systems, in welchem die Körperfarben nach Gehalt an Weiß, Schwarz und Vollfarbe dargestellt werden, zu der „trichromatischen Darstellung der Farbe" im Farbendreieck haben LUTHER und RICHTER eingehend untersucht.

Es sei noch einmal betont, daß die Ausführungen über die Farbenkennzeichnung keine Darstellung der Vielheit der Farbenempfindungen bedeutet. Man spricht deshalb auch von einer niederen Farbvalenzmetrik, die nur einen Übergang darstellt. Erst wenn es gelingen würde, eine Funktion zu finden, in der die Empfindung durch drei Zahlen dargestellt würde, die z. B. Farbton, Helligkeit und Sättigung entsprächen, wäre der letzte Schritt getan, um den man sich seit HELMHOLTZ in der höheren Farbmetrik bemüht.

Zu beachten ist, daß bei den technischen Messungen vollnormaler Farbensinn vorauszusetzen ist, da der Messung ein Vergleich der zu messenden Körperfarbe mit spektralen Farbenmischungen zugrunde liegt. Daß die technische Normierung einer Farbe nur bedingte Gültigkeit haben kann, da individuelle Unterschiede und Abhängigkeiten vom Zustand des Sinnesorgans und von Kontrastverhältnissen mitwirken, daß jedenfalls Farbennormung und Empfindungsanalyse auseinandergehalten werden müssen, hat v. TSCHERMAK (*2*) besonders betont. Die Farbenempfindung muß also durch bestimmte Vorschriften gewissermaßen normiert werden (BOUMA).

Gegenwärtig wird in der Farbmeßtechnik Bezug genommen auf die Normspektralwertkurven eines international festgelegten Normalbeobachters (CIE, 1931). Dieser ist ein hypothetischer Beobachter, dessen Farbensehen dem statistisch ermittelten Mittelwert von Beobachtern mit normalem Farbensehen entspricht. Diese Normspektralwertkurven sind die graphische Darstellung der schon obenerwähnten Normfarbwertbeträge $\bar{x}$, $\bar{y}$, $\bar{z}$. Man kann sie sich denken als das Ergebnis einer Nachmischung der Spektralfarben unter Benutzung der hypothetischen Primärvalenzen X, Y, Z und einer hypothetischen Lichtquelle mit gleichmäßiger Energieverteilung zur Erzeugung des Spektrums. Spektralwertkurven, sei es unter Verwendung von reellen Primärvalenzen (man spricht auch von Eichreizen; die moderne Farbenmetrik macht allerdings einen strengen Unterschied zwischen Farbreizen und Farbvalenzen, wobei Farbvalenz den Wert eines Farbreizes für die additive Farbenmischung darstellt) oder nach Umrechnung auf die virtuellen Primärvalenzen sind auch als Eichreizkurven bekannt. Sie spielen eine wichtige Rolle bei der genaueren Feststellung von Farbensinnstörungen, worauf wir später zurückkommen werden. Daß die Eichreizkurven Normaler eine jahreszeitliche Abhängigkeit zeigen, wurde von KOHLRAUSCH nachgewiesen.

D. Angeborene Formen von abweichendem Farbensinn

1. Die teilweise Farbenblindheit (Dichromasie)

Bei Männern (bei Frauen selten) findet man gelegentlich angeborene unter sich verwandte Formen des Farbensinnes, *partielle Farbenblindheit* benannt, welche von der bisher besprochenen normalen Grundform, dem trichromatischen System, bedeutend abweichen. Zur Erleichterung des Verständnisses sei vorangestellt, daß wir uns die zunächst zu besprechenden Formen als Vereinfachungen (Reduktionen) des normalen farbenempfindenden Systems vorstellen müssen, eine Annahme, die nachher weiter auszuführen ist.

Es kommen drei Formen von teilweiser Farbenblindheit vor, gewöhnlich als Rot-, Grün- und Violettblindheit bezeichnet. Zweckmäßiger sind die später zu erklärenden Bezeichnungen Prot-, Deuter- und Tritanopie. Die dritte Form ist höchst selten, wenn nur die angeborenen Fälle gerechnet werden. Praktisch kommt daher ganz vorwiegend die erste und die zweite Form in Betracht, auf die sich unsere weitere Erörterung zunächst allein bezieht.

a) Prot- und Deuteranopie (sogenannte Rot- und Grünblindheit)

Das hervorstechendste Merkmal dieser teilweise Farbenblinden ist die weitgehende *Verwechslung von Strahlungen im Gebiet des Spektrums* zwischen dem langwelligen Ende (für den Normalen Rot aussehend) und etwa bis 535 mμ (für den Normalen Grün aussehend). *Es wird also Rot mit Orange, Gelb und Grün* verwechselt. Am spektralen Farbenmischapparat erhält man also folgende, für den Normalen unmögliche Gleichungen.

670 mμ = 589 mμ und 535 mμ = 589 mμ, mithin auch 670 mμ = 535 mμ.

Nach den Mengen, in welchen diese spektralen Lichter den Farbenblinden völlig gleich erscheinen, kann man zwei Typen unterscheiden, die sog. Rot- und Grünblinden, welche besser als Prot- und Deuteranopen bezeichnet werden. Wir kommen darauf zurück.

Eine weitere leicht nachweisbare Abweichung von der Norm liegt bei den Teilfarbenblinden darin vor, daß sie in einem Spektrum eine Stelle völlig unbunt sehen, eine *Graustelle im Spektrum* haben. Diese Stelle sieht für den Normalen Blaugrün aus.

Der gleichen Verwechslung im Gebiet Rot, Orange, Gelb, Grün unterliegt der Farbenblinde nun auch bei *Pigmentfarben* und bei *Farben in der Natur*. So kann er die Früchte der Erdbeeren, Himbeeren, Preißelbeeren, Vogelbeeren zwischen den Blättern nicht erkennen, das Reh in der Wiese nicht sehen, auch dann, wenn seine Sehschärfe (Formerkennung) völlig normal ist. Die Formerkennung kann niemals das voll ersetzen, was an Farbenerkennung fehlt. Finden wir beim Wandern im Wald eine Erdbeere, so haben wir sie nicht an der Form, sondern an der Farbe erkannt.

Eine besondere Leistung wird vom Farbensinn in den Berufen verlangt, deren Dienst *farbige Signale* verwendet, die bekanntlich vorwiegend rot und grün sind (Eisenbahn, Schiffahrt, Flugwesen). Gerade in diesem Bereich liegen die Verwechslungen der Farbenblinden, welche deshalb für die genannten Dienstarten nicht voll tauglich sind, wie für den Eisenbahndienst zuerst HOLMGREN erkannte, nachdem in Schweden ein Eisenbahnunglück dadurch verursacht wurde, daß ein Farbenuntüchtiger die Signale verwechselte.

Man hat vorgeschlagen, die Farben der Signale so zu ändern, daß auch dem Farbenblinden die genannten Dienstarten voll zugänglich werden. Dafür wären die Farben Rot und Blau anstatt Rot und Grün geeignet — wobei allerdings die Fehlleistung zwischen Rot, Orange und Gelb bestehen bliebe, was schon wegen der stark gelblichen Farbe der künstlichen „weißen" Lichtquellen sehr nachteilig wäre. Es ist aber nicht zweckmäßig, diese Änderung durchzuführen. Rot und Grün sind für die weit in der Mehrzahl befindlichen Normalen die ihrer Gegensätzlichkeit wegen gerade am stärksten verschiedenen Farben, die auch unter ungünstigen Umständen (Nebel, Rauch, kleine Gesichtsfeldgröße, sehr kurze Sichtdauer der Signale) erkannt werden können. Auch dringt blaues Licht noch schlechter durch Dunst als grünes. Es wird aber berichtet, daß in Schweden bei der Eisenbahn rote Blinklichter mit 75 Unterbrechungen in der Minute, und blaue mit 20 Unterbrechungen verwendet werden. Für Farbenuntüchtige ist es vorteilhaft, wenn in einer Rot-Grün-Kombination ein Orangerot und ein bläuliches Grün verwendet werden, wie das in Signalen schon vielfach der Fall ist. In der Regelung des Straßenverkehrs ist zur Erleichterung für Farbenblinde die Einrichtung getroffen, daß an den Ampeln oben rot, in der Mitte gelb und unten grün gezeigt wird. So ist, vorausgesetzt, daß alle drei Felder auch im Dunkeln gut sichtbar sind, in der Reihenfolge ein Erkennungsmittel gegeben.

Die weitere Untersuchung der Farbenblinden mit den Verfahren der physiologischen Farbenmischung zeigt, daß bei ihnen alle überhaupt möglichen Farbenempfindungen erzielt werden, wenn nur *zwei* Strahlungen, eine lang- und eine kurzwellige, gemischt werden. Aus diesem Grunde wird bei den Teilfarbenblinden von einem *dichromatischen Farbensystem* gesprochen. Des näheren kann das System dadurch festgelegt werden, daß man für jedes spektrale homogene Licht ermittelt, in welchem Mengenverhältnis das lang- und das kurzwellige Licht, z. B. 670 mμ und 440 mμ, gemischt werden müssen, um nacheinander eine Gleichung mit den dazwischenliegenden homogenen Lichtern zu geben. Man nennt dieses Verfahren *Eichung*. Für das trichromatische System sind, wie erwähnt, für eine solche Eichung Mischungen aus *drei* passend gewählten homogenen Lichtern erforderlich.

Die *praktischen Methoden* zur Erkennung dieser Dichromaten sind nach dem Gesagten nicht schwer verständlich. HOLMGREN wandte in seinen grundlegenden Untersuchungen *gefärbte Wollproben* an: man fordert den zu Untersuchenden auf, zu einer Probe, etwa einem ungesättigten Grün, gleiche oder doch wenigstens im Farbton ähnliche Proben zu suchen. Der Farbenblinde wird z. B. ein Rosa oder Braun zu anderen richtig zum Grün gewählten Proben hinzulegen. So ist verständlich, daß, wie SCHIÖTZ berichtet, eine farbenblinde Bäuerin ihre kamelhaarfarbigen Fausthandschuhe mit grüner Wolle stopfte.

Bei den Nagelschen Täfelchen liegen Verwechslungsgleichungen der Dichromaten schon fertig vor: zwischen Farben gleichen Farbtons, aber verschiedener Sättigung sind Verwechslungsfarben eingestreut, die der Farbenblinde nicht als unterschiedlich erkennt.

Den Holmgrenschen Wollproben überlegen, vielfach benutzt und amtlich eingeführt sind die *Hertel-Stillingschen Tafeln*. Sie enthalten Zahlen, die aus verschiedenfarbigen Fleckchen zusammengesetzt sind und auf einem ebenfalls farbig gefleckten Grund stehen. Die Zahlen können nur dann gelesen werden, wenn ihre Farbtöne von denen des Grundes unterschieden werden. Dabei ist auszuschließen, daß die Bunttöne nur nach der Helligkeit unterscheidbar sind, sie müssen also in den verschiedensten Helligkeiten durchgemischt vorliegen. Werden Grund und Zahl in den Verwechslungsfarben der Farbenblinden gehalten, so sind die Zahlen nur für den Normalen lesbar. Sehr gut sind auch die Tafeln von ISHIHARA und die von BOSTRÖM und KUGELBERG. Die Tafeln von HARDY, RAND und RITTLER verwenden die Bunttöne der Neutralstellen der Dichromaten in ansteigender Sättigung und ermöglichen dadurch eine qualitative und quantitative Einstufung der Farbenuntüchtigen. Zur Einhaltung konstanter Versuchsbedingungen sollten Farbtafelprüfungen nur bei einer normierten Beleuchtung vorgenommen werden (vgl. S. 138).

Die diagnostische Wertigkeit der einzelnen Tafeln ist verschieden. Wenn man feststellt, wieviel Farbenfehlsichtige (entscheidende Diagnose durch das Anomaloskop, s. unten) durch jede einzelne Zahlentafel erfaßt werden, auf 100 bezogen, so kann man damit die *Trennschärfe* jeder Tafel ermitteln (W. T. 31). Die besten Tafeln sind diejenigen, welche 80% und mehr aller Farbenfehlsichtigen erfassen. Es sind das bei den Stillingschen Tafeln (20. Aufl.) vorwiegend die Nummern 6, 7, 10, 14, 18, 19, welche also bei abgekürzten Untersuchungsverfahren in erster Linie vorzulegen sind. Die Neuauflage der Stillingschen Tafeln (21. Aufl.) wurde von K. VELHAGEN in Leipzig besorgt. Die Anordnung der Tlafen ist im großen und ganzen unverändert geblieben. Über ihre Brauchbarkeit liegt bisher nur ein Referat von JAEGER vor.

Ein anderes Verfahren, das *Farbfleckverfahren* (W. T. 27, 29), verwendet kleine frei bewegliche, gefärbte Papierscheibchen, unter denen der Untersuchte die zu einem vorgelegten Buntton gehörigen Scheibchen herauszusuchen hat. Es werden die in Tafel III und Abb. 39 dargestellten Bunttöne und weißliche Abstufungen, die noch durch Braun, Grau-bräunlich (Sepia) und Grau-unbunt ergänzt werden, verwendet.

Von AHLENSTIEL wurde das Trendelenburgsche Farbfleckverfahren auf den 24teiligen Ostwaldschen Farbenkreis unter Hinzufügung einer siebenzeiligen Grauachse erweitert. AHLENSTIEL bevorzugt Quadrate statt der ursprünglichen Kreisscheibchen. Das Ergebnis kann in einem Diagramm übersichtlich dargestellt werden. Das Verfahren hat den Vorteil, daß man alle bei den Farben des täglichen Lebens möglichen Verwechslungen für den ganzen Buntkreis geordnet übersichtlich macht. Sehr geeignet erwies sich daher das Verfahren auch bei selteneren Fällen, die sich schwer systematisch einordnen lassen und bei denen schon die Prüfung an der Farbenzusammenstellung nach Tafel III oder der vereinfachten Zusammenstellung nach Abb. 39 wesentliche Ergebnisse über das Tatsächliche der vorliegenden Farbenfehlsichtigkeit brachte. Die Farbflecken werden in fovealer Größe (1 cm Durchmesser bei etwa 60 cm Betrachtungsabstand) beobachtet. Die Holmgrenschen Wollbündel sind zu groß und erleichtern daher die Erkennung; im praktischen Leben hingegen wird vorwiegend eine Farbenunterscheidung gerade bei nur fovealer Größe gefordert.

In gleichem Sinne wie das Farbfleckverfahren erstrebt der *Farnsworth-Munsell-Test* Unabhängigkeit vom Formerkennungsvermögen. Er enthält vier Serien von im ganzen 85 farbigen, in schwarzem Bakelit gefaßten Scheiben aus Munsell-Papieren von etwa gleicher Helligkeit und Sättigung für den Normalen, und für diesen jede in ihrem Farbton von den übrigen unterscheidbar. Bei Normbeleuchtung C (vgl. S. 138) muß jede Serie innerhalb von 2 min dem Farbton entsprechend zwischen zwei festgelegten äußeren Farbtönen in eine kontinuierliche Reihe geordnet werden. Das Ergebnis ist in einem Diagramm darstellbar und leistet in Spezialfällen gute Dienste.

Wenn man einem Farbenblinden den Ostwaldschen Buntkreis oder den in Tafel III vorliegenden Buntkreis (der nach Abb. 39 ergänzt werden kann) vorlegt und ihm die Frage stellt, wo Grau zu sehen ist, so wird er seine *Graustelle im Buntkreis* sehr genau angeben, und zwar im ersteren Fall bei Nr. 20 oder 21, im letzteren Fall bei der Buntfarbe VII, VIII oder IX. Schon diese Angabe genügt zur Feststellung von Farbenblindheit (oder Anomalie des Farbensinns bei starker Ausprägung, s. unten).

Auch mit dem gewöhnlichen *Farbenkreisel* kann man recht gut Farbenblindheit feststellen; man lasse bei der üblichen Scheibengröße von etwa 20 cm Durchmesser aus etwa 6 m Abstand beobachten und mische außen Blau mit Rot, innen Grün mit Schwarz. Die Gleichung, welche nun der Protanop (s. unten) findet, ist von der des Deuteranopen sehr deutlich verschieden; ersterer braucht ein viel dunkleres Grün als letzterer, um die Gleichung mit Purpur zu erhalten.

Zur Untersuchung auf Eignung für die besonderen Aufgaben des Signaldienstes hat man ferner Geräte gebaut, mit welchen dem Prüfling von rückwärts beleuchtete Farbgläser von wechselndem Buntton, Helligkeit und Sättigung dargeboten werden [*Signalapparat* W. T. (24), I. SCHMIDT, HEINSIUS, SLOAN u. a.]. Die Aufgabe besteht in der schnellen Benennung der gesehenen Farben. Solche Apparate sind vor allen Dingen auch geeignet, den Untersuchten selber davon zu überzeugen, daß er nicht in der Lage ist, farbige Signale zu unterscheiden.

Zur systematischen Erkennung nicht nur der partiellen Farbenblindheit in den erwähnten beiden Hauptformen, sondern auch anderer angeborener Farbenfehlsichtigkeiten ist die *Untersuchung mit Spektralfarben* unentbehrlich. Am geeignetsten ist ein Gerät von NAGEL, das als *Anomaloskop* bezeichnet wird. In ihm erscheint in einem kreisförmigen Feld von fovealer Größe in der einen Hälfte homogenes Licht von der Wellenlänge 589 mμ (Na-Licht), während in der anderen Hälfte eine Mischung von 670 mμ + 546 mμ (also von Li- und Hg-Licht) dargeboten werden kann. Durch WILLIS und FARNSWORTH wurde nachgewiesen, daß das Nagelsche Anomaloskop im Vergleich zu allen übrigen Anomaloskopen die größte Trennschärfe besitzt. In älteren Anomaloskopen wird noch das Grün der Thalliumlinie (535 mμ) mit dem Lithium-Rot gemischt. Da das aus dieser Mischung resultierende Gelb jedoch ungesättigter ist als das Natriumgelb, ist bei der Mischung der von KOHLRAUSCH vorgeschlagenen Wellenlänge des grünen Quecksilberlichtes der Vorzug zu geben (vgl. RICHTER). Die Mischung kann durch Spaltweitenänderungen in jedem Mengenverhältnis von Lithium-Rot und Quecksilber-Grün eingestellt werden, wobei sowohl Lithium-Rot als auch Quecksilber-Grün gleich Null werden können. Die Gesamtskala ist bei beiden Farben in 73 Teile eingeteilt. Die Helligkeit des Vergleichslichts wird ebenfalls durch Spaltweitenänderung variiert. Die hiermit feststellbaren Verwechslungen der partiell Farbenblinden wurden schon eingangs erwähnt.

Die nähere Untersuchung einer größeren Anzahl von Dichromaten ergab dabei, daß sich *zwei Unterformen*, zwei Haupttypen, aufstellen lassen, die sich, wie erwähnt, dadurch unterscheiden, daß sie in den Gleichungen 670 mμ = 589 mμ und 546 mμ = 589 mμ ganz verschiedene Mengen der Lichter benötigen. Die erste Unterform, als Rotblindheit oder *Protanopie* bezeichnet, ist unterempfindlich für Rot, muß also gegen ein sehr helles Rot ein nur wenig helles Gelb einstellen. Die zweite Unterform, als Grünblindheit oder *Deuteranopie* bezeichnet, ist hingegen für Rot empfindlicher und stellt daher zu hellem Rot ein wesentlich helleres Gelb ein. Dabei erkennt also ein Angehöriger des einen Typs die Gleichungen des anderen Typs nicht an.

Des näheren lauten die Gleichungen am Anomaloskop für eine bestimmte Lichtquelle (Farbtemperatur 2730° K):

Gelb-Rot-Gleichung: Protanop: 5,5 Na = 73 Li. Also 1 Na = 13 Li. Deuteranop: 14 Na = 73 Li. Also 1 Na = 5 Li.

Gelb-Grün-Gleichung: Protanop: 23 Na = 73 Hg. Also 1 Na = 3 Hg. Deuteranop: 4 Na = 73 Hg. Also 1 Na = 18 Hg.

Der Deuteranope sieht also 1 Teil Na ebenso hell wie 18 Teile Hg und wie 5 Teile Li. Der Protanope hingegen sieht 1 Teil Na so hell wie 3 Teile Hg und wie 13 Teile Li. Zwischen diesen beiden Typen gibt es keine Übergänge.

Mit der Unterempfindlichkeit der Protanopen für Rot hängt zusammen, daß sie das Spektrum am Rotende verkürzt sehen. Die Deuteranopen sehen das Spektrum hingegen in der gleichen Ausdehnung wie der Normale, wenn auch in anderen Bunttönen.

Das Sehen dieser Dichromaten weist ferner, wie schon kurz erwähnt, die Eigentümlichkeit auf, daß ihnen eine recht scharf begrenzte Stelle im Spektrum, die bei etwa 500 mμ (im Einzelfalle ein wenig verschieden) liegt, unbunt grau erscheint (*Graustelle* des Spektrum, auch *Neutralpunkt* genannt).

Die Lage der Graustelle hängt auch davon ab, ob mit oder ohne Vergleichsweiß untersucht wurde, von dessen Farbtemperatur und weiter von der Größe des Feldes (JAEGER und KROKER). Bei Normalbeleuchtung C und einem Vergleichsweiß konnten WALLS und HEATH am Farbenkreisel folgende Mittelwerte der Graustellen feststellen: Protanope 492,3 mμ mit einer Streuungsbreite von 3,7 mμ, Deuteranope 498,4 mμ mit einer Streuungsbreite von 5,8 mμ. Die Graustelle kann daher wohl als Unterscheidungsmerkmal dieser beiden Dichromatentypen verwendet werden. Die Autoren empfehlen als besonders geeignet Normalbeleuchtung D (7500° K), welche auch von Dichromaten als Weiß anerkannt wird, was bei Normalbeleuchtung C nicht der Fall ist.

Wenn es für rein praktische Zwecke auf eine Unterscheidung der Dichromaten von den eine Graustelle im Spektrum aufweisenden hochgradigen Anomalen nicht ankommt, kann man diese gemeinsame Gruppe von stark Farbenuntüchtigen mit Hilfe der Graustelle (Spektralapparat, Farbenkreis) feststellen, oder mit Hilfe des Hering-Tschermakschen *Leukoskopes*, in welchem ein ungeteiltes Feld durch Mischung auf subjektiv-unbunt eingestellt werden kann. Man verzichtet dabei aber auf die Feststellung der ganz überwiegenden Mehrheit der Anomalen, von denen später die Rede sein wird.

Es taucht immer wieder das Problem auf, ob Farbenfehlsichtigkeit durch Übung verbessert werden kann. Übungserfolge an Farbtafeln lassen sich fast immer auf Erlernung von nebensächlichen Merkmalen, z. B. Konturen, besondere Punktgruppen u. a. zurückführen. Therapeutische Maßnahmen (Medikamente, physikalische Heilmethoden) waren bei angeborenen Farbensinnstörungen bisher erfolglos, während eine kurzzeitige, geringgradige Beeinflussung des Farbensehens normaler und anomaler Trichromaten möglich ist (teilweise auch an Dichromaten) (MARCHESANI und SCHOBER). Bei den Erfolgen von v. STUDNITZ mit Helenien müßten die jahreszeitlichen Schwankungen des Farbensehens (DRESLER, RICHTER) erst eliminiert werden.

Eine besondere Aufgabe der Feststellung des Farbensinns liegt vor, wenn in allerdings nur sehr seltenen Fällen ein Normalfarbentüchtiger Farbenblindheit oder, was verhältnismäßig häufiger ist, ein Farbenuntüchtiger normalen Farbensinn *vortäuscht*. Schon die Stilling-schen Tafeln bieten zur Entlarvung Gelegenheit. Farbenuntüchtigkeit wird nur vorgetäuscht, wenn der Prüfling die Tafeln 1 und 2 z. B. angeblich nicht lesen kann. Um einer evtl. Dissimula-tion auf die Spur zu kommen, wird man die Tafeln nicht der Reihe nach, sondern außer der Reihe prüfen. Es empfiehlt sich auch, die Zahlen durch Farbfilter lesen zu lassen. Auch das Farbfleckverfahren leistet bei der Entlarvung von Simulation und Dissimulation gute Dienste, da man dasselbe nicht auswendig lernen kann. Im Kopf der neuen Anomaloskope befindet sich eine fest eingebaute Vierlingblende; diese Blende ermöglicht nach Belieben, den Rot-, Grün-oder Gelbanteil zu löschen, und dient zur Aufdeckung willkürlicher Angaben bei der Farben-sinnprüfung.

Eine praktisch nicht unwichtige Frage ist ferner die, ob man den *Farben-blinden ein Hilfsmittel* zur Verfügung stellen kann, mit dem sie gröbere *Fehler der Farbenerkennung vermeiden* können. Nehmen wir an, es läge dem Farben-blinden ein roter und ein grüner Farbfleck von einem für ihn völlig gleichen Aussehen auf weißem Grunde vor. Betrachtet er nun die Muster erst durch ein rotes, dann durch ein grünes Glas, so verdunkelt sich für ihn im ersteren Fall der grüne, im zweiten Fall der rote Fleck. Der Rotgrünblinde kann also aus dieser Verdunklungserscheinung auf die Farbe schließen. Auch kann er die Tatsache benutzen, daß ein rotes Feld auf weißem Grund bei Betrachtung durch ein rotes Glas fast oder ganz unsichtbar wird. Wir konnten feststellen, daß ein Farbenblinder durch Benutzung von vier möglichst sattfarbigen Gläsern, Rot, Orange, Grün, Blau, recht weitgehende Unterscheidungen bei Vorlegen der gesamten Farbflecken erreichen kann.

Diesem Verfahren liegt also die Tatsache zugrunde, daß ein gefärbtes Glas diejenigen Lichter nur kaum schwächt, welche der spektralen Durchlässigkeitskurve des Glases ent-sprechen, die übrigen aber verschluckt. Es könnte also ein Farbenblinder (Dichromat), der die Farben der Verkehrssignale ihrem Buntton nach nicht unterscheiden kann, durch Benutzung von Farbgläsern eine sichere Unterscheidung erreichen. Selbstverständlich wird er dadurch nicht vollwertig für Berufe, in welchen ohne Zeitverlust und auch unter un-günstigen Bedingungen alle Farben richtig erkannt werden müssen. AHLENSTIEL hat eine praktischen Zwecken dienende rot-grüne Farblupe für Farbenblinde angegeben, bei welcher für jede Dichromatengruppe zwei Filterpaare verwendet werden, das eine bei Tageslicht, das andere bei künstlichem Licht. Das grüne und das rote Filter werden nacheinander benutzt. Es kann sich dabei also nicht um ein sehr schnelles Erkennen handeln. Die oben angegebene Verwendung einiger Farbgläser kann besonders auch dem farbenblinden Arzt, Chemiker, Mineralogen nützlich sein, vor allem auch bei Betrachtung gefärbter mikroskopischer Präpa-rate.

Die Brauchbarkeit von Neophan-Gläsern bei angeborener Farbenuntüchtigkeit wird immer wieder behauptet, ist jedoch nach VELHAGEN abzulehnen.

Außer den besprochenen *typischen Dichromaten*, von denen die Protanopen und Deuteranopen sich dadurch kennzeichnen lassen, daß sie auch im neutral-gestimmten Zustand *beide* Grenzgleichungen (Li = Na und Hg = Na) anerken-nen, gibt es noch *atypische Dichromaten, Subdichromaten* (GÖTHLIN, I. SCHMIDT). Sie gehen mit den Verwechslungseinstellungen nicht ganz so weit, wie die typi-schen Dichromaten, sondern erkennen *eine* der beiden Grenzgleichungen der typi-schen Dichromaten nicht mehr an, entweder nicht die Gleichung Li = Na oder Hg = Na; es kommen auch Fälle vor, in denen die Verwechslungseinstellungen im Spektralgebiet zwischen Li und Hg weder ganz an Li noch ganz an Hg heran-gehen. Es genügt aber eine ganz geringe Beimischung von Hg zu Li bzw. Li zu Hg, um die Gleichung mit Na zu erhalten. Diese Fälle lassen sich sehr gut von den Anomalen unterscheiden. Das gilt auch für die Untersuchung mit dem Farb-fleckverfahren. Hier machen die atypischen Prot- und Deuteranopen — über atypische Tritanope ist noch nichts bekannt — weniger Verwechslungen als ty-pische Dichromaten, aber wesentlich mehr als Anomale. Nach einer Statistik von I. SCHMIDT ist bei den Deuteranopen das Häufigkeitsverhältnis der typischen zu den atypischen etwa 10:1.

b) Tritanopie (Violettblindheit, Blaublindheit)

Die dritte Form der partiellen Farbenblindheit, *Tritanopie*, kommt angeborenerweise höchst selten vor. Die Kenntnis der Tritanopie wurde durch Untersuchungen von WRIGHT wesentlich erweitert. Er stellte Massenuntersuchungen an, indem er die Farnsworth-Tafel in der Picture-Post veröffentlichte. Bei 17 Personen fand er eine sichere Tritanopie. Sie verwechselten besonders Blau und Grün, sowie Orange und Rosa, außerdem am Spektralapparat Gelb und Violett. Bei Betrachtung des Spektrums ergibt sich, daß am langwelligen Ende keine Verkürzung besteht. Am kurzwelligen ist das nicht immer sicher (JUDD, PLAZA u. a., FARNSWORTH). Auch der Tritanop hat eine Graustelle im Spektrum, sie liegt aber an ganz anderer Stelle als bei Prot- und Deuteranopen, nämlich bei etwa 575 mμ (für den Normalen gelbgrünlich aussehend). Die spektrale Tageswertkurve der Tritanopen entspricht nach WRIGHT etwa der normalen Kurve mit auffallender Streuung der Werte am kurzwelligen Ende. Nach anderen Beobachtungen zeigen sie einen weniger steilen Abfall im kurzwelligen Teil. Eine Übersicht der bisher bekannten Fälle spricht dafür, daß zwei Typen von Gelb-Blau-Blinden zu unterscheiden sind (GÖTHLIN, WALLS). Der eine Typ unterscheidet im Spektrum nacheinander rot-neutral-grün-rot, der andere rot-neutral-grün-neutral-rot oder rot-neutral-grün-neutral. Nach einem Vorschlag von G. E. MÜLLER würde nur der erstere Typ als Tritanoper zu bezeichnen sein, der letztere mit den zwei Graustellen, die er bei 577 mμ und bei 463 mμ angibt, als Tetartanoper. Unter den von WRIGHT mitgeteilten Fällen fand sich kein Tetartanoper.

Die Erkennung der Tritanopie wird besonders erschwert durch die Färbung der brechenden Medien und der Macula, die überdies noch altersabhängig ist. Die Voraussetzungen für eine Untersuchung sind daher andere als bei Störungen des Rot-Grün-Sinnes. Daher können die Methoden auch nicht ohne weiteres übernommen werden. Hinzu kommt, daß eine Mischung von Blau und Grün, die zur Untersuchung von Tritoformen geeignet wäre, ein hohes Sättigungsdefizit aufweist, das durch Beimischung von Weiß zunächst auskorrigiert werden müßte. Man ist deshalb auf Tafeluntersuchungen angewiesen. Geeignete Tafeln sind in der 21. Auflage der Stilling-Tafeln vermehrt worden, doch haben sie den Nachteil, schon bei normalem Farbensinn schwer lesbar zu sein. Auch das Farbfleckverfahren kann hier gute Dienste leisten. Sehr geeignet scheint die Farnsworth-Tafel zu sein, mit der WRIGHT seine Untersuchung angestellt hat. Unter den von W. TRENDELENBURG entwickelten Tafeln zur Farbensinnprüfung, die er leider nicht mehr veröffentlichen konnte, befanden sich auch zwei Tafeln zur Untersuchung von Tritostörungen.

c) Abhängigkeit von der Feldgröße

Das *Farbensystem der Dichromaten* wurde bisher für das *foveale Sehen* geschildert, d. h. für Farbfelder von höchstens $1^1/_2-2°$ Winkelgröße. Jede Stillingsche oder Ishiharasche Tafel geht zwar wesentlich über diese Größe hinaus, wenn sie aus 1 m Abstand betrachtet wird — die ganze Farbfläche hat dann etwa 5°, die Zahl für sich etwa 3° Gesichtswinkel —, aber es kommt für die Entzifferung mehr auf die Winkelgröße der Einzelheiten an, aus denen Zahl und Grund zusammengesetzt sind, und das sind kleine Fleckchen von unterfovealer Größe. In Analogie zu den Erscheinungen des peripheren Farbensinns der Normalen, der dem fovealen gegenüber herabgesetzt ist, könnte man auch für die Dichromaten wenigstens dann eine verminderte Farbenunterscheidung erwarten, wenn die Felder außerhalb der Fovea liegen. NAGEL, welcher deuteranop war, und zwar bei rein fovealem Sehen mit allen typischen Eigenschaften, hatte nun an sich beobachtet, daß er *bei Farbfeldern, deren Größe über die der Fovea beträchtlich hinausging* (etwa 10° Gesichtswinkel), eine *bessere* Farbenunterscheidung hatte. War auf dem Farbenkreisel eine Blaugrün-Grau-Gleichung oder eine Purpur-Grau-Gleichung eingestellt, so wurde sie bei Betrachtung aus 6 m Abstand (etwa 2°) anerkannt, nicht aber bei Betrachtung aus $^1/_2$ m Abstand (24°). Bei Betrachtung größerer Felder hatte NAGEL spezifische Rotempfindung, konnte also Rot auch bei Helligkeitsänderungen richtig aussuchen. Er erinnerte sich aus seiner Jugend, daß er nachts auf einem Schweizer See die Signallichter der Schiffe nicht wie andere Kinder erkannte; nur die roten Lichter aber erkannte er sofort, wenn sie sich auf dem Wasser in Form lang ausgezogener Streifen spiegelten. Grün löste auch bei großem Feld keine spezifische Empfindung aus. Er konnte aber am Vorhandensein oder Fehlen eines roten Nachbildes erkennen, ob er eine grüne oder graue Fläche angesehen hatte. Sehr bemerkenswert ist nun, daß der Farbensinn bei großer Fläche nicht dem normalen, sondern dem deuteranomalen nahestand: ein vom Normalen aus Rot und Grün gemischtes Gelb (Farbenkreisel) sah für NAGEL bei großem Feld stark rot aus, wie es auch bei kleinem Feld für den Deuteranomalen der Fall sein würde. NAGEL glaubte bei einigen Protanopen, die ebenfalls auf großem Feld kein rein dichromatisches Sehen hatten, gefunden zu haben, daß sie sich unter dieser Bedingung wie Protanomale verhielten.

Auch LENZ macht über sein im fovealen Sehen atypisch protanopes Farbensystem wichtige Angaben, ohne die Befunde von NAGEL zu kennen, also in unabhängiger Selbstbeobachtung. Er wurde von HESS als völlig rotgrünblind angesehen, konnte aber diesen Forscher davon überzeugen, daß er spezifische Empfindungen für Rot und für Grün habe. Aus seinen weiteren Angaben ist zu entnehmen, daß es sich auch hier um Sehen bei größerem Gesichtswinkel handelt; LENZ vermutet, daß die allermeisten sog. Rotgrünblinden Reste echter Rot- und Grünempfindung haben.

Die Fälle, in denen ein für die Dichromasie typisches Verhalten nur dann vorliegt, wenn die Feldgröße 1,5—2° nicht übersteigt, bezeichnet man als inkomplette Dichromasien (JAEGER und KROKER). Die Befunde sind auch vom theoretischen Standpunkt aus sehr wichtig und müssen weiter verfolgt werden.

Vom praktischen Standpunkt aus zeigen diese Ergebnisse, daß alle Proben zur Untersuchung auf Farbenfehlsichtigkeit den fovealen Farbensinn zu prüfen haben. Denn dieser ist für die praktische Aufgaben des Farbensinns im täglichen und beruflichen Leben entscheidend.

d) Bezeichnungen — Geschichtliches

Man hat die Bezeichnungen Prot-, Deuter-, Tritanopie bemängelt, weil sie den Theorien vorgreifen und einer immerhin noch im Widerstreit der Meinungen stehenden Theorie entnommen sind. Dieser Einwand ist nicht stichhaltig. Die Bezeichnungen sind sehr zweckmäßig und im Gebrauch bewährt, und sie können auch, ganz abgesehen von der Beziehung zu Theorien, rein sachlich ausgedeutet werden. Wir stellen uns das Spektrum links rot, rechts violett vor. Dann können wir den linken Abschnitt den ersten nennen. Die 1. Form der Teilfarbenblindheit ist mithin die, welche eine auffällige Unterwertigkeit am roten Ende des Spektrums, die 3. entsprechend am violetten Ende, zeigt. Dazwischen steht die 2. Form. Prot-, Deuter-, Trit- sind nun lediglich Bezeichnungen der ordnenden Übersicht geworden. Die Bezeichnungen werden außerdem durch die Grassmannschen Gesetze der Farbenmischung, die der oben besprochenen Farbvalenzmetrik zugrunde liegen, gerechtfertigt. Und über den Ausdrucksteil -anopie braucht man sich wohl kaum zu beunruhigen, weil er wörtlich übertragen nicht Teilfarbenblindheit heißt.

Angeborene Farbenblindheit wurde zuerst von PRIESTLEY (1777) beschrieben, sodann von dem Chemiker DALTON (1794), der selber Träger des abweichenden Farbensinns (Protanopie) war. Die beiden Typen der Rotgrünblindheit wurden aber erst von SEEBECK (1837) mit Hilfe einer Zusammenstellung von 300 farbigen Pigmentpapieren und den damit ermittelten Verwechslungen unterschieden. SEEBECKs 1. Klasse sind die Deuteranopen, die 2. Klasse die Protanopen. SEEBECK wendete auch schon die Betrachtung der von Farbenblinden als gleich zusammengelegten Farbpapiere durch bunte Gläser an, um den Farbenblinden die tatsächliche Verschiedenheit vorzuführen und Unterscheidungen zu ermöglichen, die ihnen mit freiem Auge nicht gelangen.

Auch GOETHE hat Farbenblinde untersucht (Absatz 101 bis 113 der Farbenlehre, Didaktischer Teil) und festgestellt, daß Purpur, Blau und Violett verwechselt wurden; ferner Grün mit Dunkelorange. Zur Erklärung nahm er an, daß bei dieser Störung, die „sich auf mehrere Familienglieder erstreckt und sich wahrscheinlich nicht heilen läßt", die Blauempfindung fehlt. Er hat deshalb „diese merkwürdige Abweichung vom gewöhnlichen Sehen *Akyanoblepsie*" genannt. Auch hat er farbige Zeichnungen, darunter ein kleines Landschaftsaquarell, angefertigt (Tafel I des didaktischen Teils), um die Art des Farbensehens bei diesem eingeschränkten Farbensinn zu erläutern. Es ist nun zu betonen, daß auch das Farbfleckverfahren die sehr auffällige Verwechslung der Rotgrünblinden von Blau über Violett bis Purpur, ja bis zu Bläulichrot (Carmin), ergibt, worauf sonst wenig geachtet wird. So ist es verständlich, wie GOETHE zu seiner Ansicht kam, daß der Blausinn fehle (Akyanoblepsie = Fehlen des Blausehens). Die Verwechslung von Grün mit Dunkelorange zeigt aber, daß es sich um einen Deuteranopen handelte. Die tatsächlichen Verwechslungen der Dichromaten erkennt man nur bei Untersuchung im ganzen Buntkreis, am besten mit dem Farbfleckverfahren, und dann findet man, wie richtig GOETHE beobachtet hat. Seine Feststellungen sind allerdings nicht ganz vollständig; die Verwechslungen reichen nicht nur von Grün bis Orange, sondern weiter bis zum reinen Rot. So ist es sehr fraglich, ob RÄHLMANN recht hat, wenn er meint, daß GOETHE in den beiden Farbenblinden „Repräsentanten einer seltenen Form der Empfindungsanomalie angetroffen hat", weil sie „Rosa und Grünblau, Grün und Rotbraun" verwechselten.

e) Die subjektive Beschaffenheit der Empfindungen der Dichromaten

Da die Dichromaten die Farbenbezeichnungen der Normalen übernehmen, benennen sie Empfindungen, die nur an Sättigung verschieden sind, mit Namen, welche für den Normalen Verschiedenheiten des Bunttons bedeuten. Infolgedessen ist diagnostisch auf die Farbenbenennungen der Dichromaten nicht viel zu geben. Wir stellen bei der Untersuchung in erster Linie fest, welche objektiv verschiedenen Lichter oder Lichtmischungen vom Dichromaten im Gegensatz zum Normalen nicht unterschieden werden.

Die Frage nach der subjektiven *Beschaffenheit der Empfindungen* hat beträchtliche theoretische Bedeutung. Sie läßt sich nur an Hand von Fällen beantworten, in denen das eine Auge des Untersuchten sich als vollnormal erweist, während das andere typisch farbenblind ist. Man kann folgendes als ziemlich gesichert ansehen. Der *Protanop* sieht die Spektrallichter vom langwelligen Ende bis zum Neutralpunkt hin mit der Empfindung Gelb des normalen Auges, und zwar langwellige Lichter in großer Sättigung. Mit fortschreitender Abnahme der Wellenlänge wird die Gelbempfindung immer ungesättigter, geht am Neutralpunkt in Grau über und wechselt dann in Blau (oder Blauviolett) von zuerst geringer, dann immer steigender Sättigung. Die Sättigungsunterschiede sind eine große Hilfe für den Dichromaten, besonders bei Unterscheidung von Aufstrichfarben. Der *Deuteranop* sieht, von der Helligkeit abgesehen, wahrscheinlich im wesentlichen ebenso. Der *Tritanop* sieht die langwellige Hälfte des Spektrums rot, und zwar wieder in einer mit abnehmender Wellenlänge abnehmenden Sättigung, bis am Neutralpunkt die unbunte Grauempfindung erreicht ist. Von da tritt mit zunehmender Sättigung Blaugrün-Empfindung auf.

Unter Verwertung der Angaben des Schrifttums stellte JUDD fest, daß die den Protanopen und Deuteranopen noch verbliebenen Farbenempfindungen Blau und Gelb etwa den Farbtönen 575 mμ und 470 mμ des Normalen entsprechen.

Eine gute Orientierung über die Farbwelt des Rotgrünblinden unter Verwendung der Ostwaldschen Terminologie gibt das Büchlein von AHLENSTIEL. Danach sind die verbliebenen Empfindungen bzw. Farbtöne der Dichromaten zitronengelb (OSTWALD Nr. 1) und kornblumenblau (OSTWALD Nr. 13). Tafel II (im Anhang) veranschaulicht die Farbenempfindungen von Farbenuntüchtigen beim Anblick des Spektrums im Vergleich zum Farbentüchtigen.

Es gibt nur ganz wenige Fälle von einseitiger Farbenblindheit mit hinreichend genauem Befund. Zu erwähnen sind besonders die Angaben von v. HIPPEL und HOLMGREN, sowie aus neuerer Zeit von DIETER und von L. SLOAN. Die Auffindung und genaue Untersuchung weiterer Fälle ist dringend erforderlich. Bei einem von Dieter beobachteten einseitigen Protanopen war das Spektrum am Rotende verkürzt. Die langwellige Hälfte des Spektrums wurde in etwa dem Farbton der Wellenlänge 575 mμ gesehen, was die Ansicht von Walls widerlegt, daß dieses Spektralgebiet dem Protanopen in einem grünen Ton erschiene. Bei etwa 500 mμ fand sich eine Graustelle, der Farbton der kurzwelligen Hälfte glich etwa dem der Wellenlänge 480 mμ.

Die Frage, ob Weiß von dem farbenfehlsichtigen Auge genauso hell empfunden wird wie von dem normalen, ist von Monjé dadurch geklärt worden, daß beim Normalen sowohl wie beim Farbenuntüchtigen die absolute Schwelle gleich hoch ist.

Die sich etwas widersprechenden Angaben von v. Hippel und Holmgren betreffen den gleichen Fall von einseitiger „Rotgrünblindheit" (nach Walls wahrscheinlich Deuteranopie), bei welchem am farbenblinden Auge keine Anzeichen einer vorausgehenden Netzhauterkrankung vorlagen. Es ist aber darauf hinzuweisen, daß die Sehschärfe des farbenblinden Auges nur etwa $^1/_3$ war, die des normalen hingegen 1, und daß vom 7. Lebensjahr an Konvergenzschielen des farbenblinden Auges auftrat. So wäre doch vielleicht möglich, daß in diesem Lebensalter eine die Sehschärfe (und damit auch das Fixieren) und den Farbensinn des einen Auges schädigende Erkrankung auftrat. Mit dem farbenblinden Auge wurden im Spektrum bei streifenförmiger Ausblendung alle Strahlungen vom langwelligen Ende bis zu der Gegend, welche dem Normalen blaugrün erscheint, als „gelb", von da bis zum kurzwelligen Ende alle als „blau" bezeichnet. Die Li-, Na- und Tl-Linie erschienen diesem Auge farbgleich „gelb", nur helligkeitsverschieden. Die Graustelle lag zwischen b und F (517 und 486 mμ).

Ein Fall von einseitiger Deuteranopie wurde kürzlich von Sloan und Wollach gefunden, und zwar war das rechte Auge deuteranop, das linke leicht deuteranomal. Die Graustelle des rechten Auges (501—505 mμ) wurde auf dem linken blaugrün gesehen, nur die Spektralgebiete 451—453 mμ, blau aussehend, und 584 mμ, gelb aussehend, stimmten auf beiden Augen überein. Berger, Graham und Hsia untersuchten die spektrale Hellempfindlichkeit einer einseitig deuteranopen Frau.

Für einseitige *Tritanopie* gibt Holmgren an, daß im Spektrum nur die Hauptfarbenempfindungen Rot und Grün gesehen werden. Das „Rot" erstrecke sich bis etwas über die D-Linie (589 mμ) hinaus, im Gelbgrün (des Normalen) liege eine schmale farblose Grenzzone, dann folge „Grün" in zunehmender Sättigung. Nach Dieter ist hingegen die Empfindung für den kurzwelligen Teil des Spektrums das grünliche Blau, wie sie für das normale Auge bei 487 mμ vorliegt (diese Empfindung wird auch „Cyanblau" genannt). Der langwellige Teil des Spektrums sieht für das tritanope Auge rot aus, vom gleichen Buntton wie für das normale Auge die Strecke vom langwelligen Ende bis 640 mμ. Das Rot und grünliche Blau des tritanopen Auges sind komplementär. Besonders bemerkenswert ist noch, daß nach dem kurzwelligen Ende zu der Farbeneindruck des Blau geringer und schließlich fast farblos wird; das sichtbare Spektrum endet, wie beim anderen normalen Auge, bei etwa 390 mμ. Da ein Bruder des Untersuchten ebenfalls einseitig tritanop war, ist sicher erwiesen, daß es sich hier um eine angeborene Fehlbildung handelte.

2. Der anomale Farbensinn

a) Prot- und Deuteranomalie

Erst längere Zeit nach Auffindung der Farbenblindheit ist man darauf aufmerksam geworden (Donders, Rayleigh, König, v. Kries), daß es noch eine andere Art von angeborener Abweichung vom normalen Farbensinn gibt, welche ebenfalls vorwiegend bei Männern vorkommt. Diese Farbenfehlsichtigkeit, die von König als *anomale Trichromasie* bezeichnet wurde, nimmt etwa die Mitte zwischen normalem Farbensinn und Dichromasie ein. Auch bei den Anomalen liegt eine Minderwertigkeit in der Farbenerkennung vor, so daß auch sie für Berufsarten, in denen eine genaue und schnelle Farbenunterscheidung nötig ist (Erkennung von Farbensignalen, besonders bei Nebel), nicht geeignet sind.

Die Feststellung der Anomalie geschieht am besten mit spektralen Farbenmischapparaten an Farbengleichungen besonders der langwelligen Hälfte des Spektrums. Aber auch die Zahlentafeln und das Farbfleckverfahren liefern gute Ergebnisse. Besonders geeignet ist das Nagelsche *Anomaloskop*. An diesem kann man auch die Anomalen sowohl gegen die Normalen als gegen die Dichromaten im allgemeinen sehr scharf abgrenzen. Zum Unterschied von den Dichromaten (hier kommen nur die Prot- und Deuteranopen in Betracht) erkennen die Anomalen die sog. Grenzgleichungen , Li = Na und Hg = Na, nicht an, wenn sich ihr oft etwas labiles Farbensystem auf der Höhe befindet. Wir unterscheiden sie andererseits von den Normalen dadurch, daß sie eine Rayleigh-Gleichung Li + Hg = Na einstellen können, und zwar oft mit sehr beträchtlicher Sicherheit, daß sie aber bei ihr ganz andere Mengenverhältnisse einstellen als der Normale. Somit ist für den Normalen die Anomalengleichung und für den Anomalen die Normalengleichung ungleich. Bei diesen Einstellungen ergibt sich nun, daß wieder *zwei Unterformen*, Typen, zu unterscheiden sind. Die eine braucht für die Gelbgleichung *mehr Rot* (Li) in der Mischung als der Normale, die andere Form braucht *mehr Grün* (Hg) als der Normale. Erstere Form nennen wir mit NAGEL *Protanomalie*, letztere *Deuteranomalie*. Hieraus geht hervor, daß der Normale die Gelbgleichung des Protanomalen in der Mischung zu rot sieht, die des Deuteranomalen hingegen in der Mischung zu grün. Der Protanomale sieht entsprechend die Gelbgleichung des Normalen in der Mischung zu grün, der Deuteranomale zu rot.

Für das Spektrum einer bestimmten Lichtquelle — man verwendet heute eine Lampe der Farbtemperatur 2730° K (s. S. 138) — am Anomaloskop mit Mittelnormwert bei Spaltstellung 40 gelten folgende Einstellungswerte: 1. Normal: 40 Li + 33 Hg = 15 Na. 2. Protanomal: 61 Li + 12 Hg = 9 Na. 3. Deuteranomal: 19 Li + 54 Hg = 15 Na.

Die Gleichung Normaler bezeichnet man als „Mittelnormgleichung". Ihre Notierung geschieht in der Form 40/15, also Einstellung der Mischschraube zur Einstellung der Gelbschraube (ENGELBRECHT). Entsprechend würde man die Gleichung eines Protanomalen, z. B. 61/9, die eines Deuteranomalen 19/15 notieren.

Um von der Art der Lichtquelle unabhängig zu werden und den Unterschied der Anomalie von der Norm durch eine einzige Zahl angeben zu können, bildet man nach v. KRIES einen *Quotienten*, nämlich aus den Lichtmengen, in denen die Mischlichter zur Gleichung eingestellt werden. Bezeichnet man der Einfachheit halber die Grünmenge mit Hg, die Rotmenge mit Li, so ist der Quotient = Hg/Li (anom):Hg/Li (norm). Der Quotient liegt beim Normalen zwischen 0,7 und 1,4. Bei einem Anomalquotienten über 2 handelt es sich um eine Deuteranomalie; von Protanomalie spricht man bei einem Anomalquotienten kleiner als 0,6. Es gibt also verschiedene Grade der Ausgeprägtheit der Anomalie, die von der Hellempfindlichkeit für die Mischungskomponenten unabhängig sind (DURUP und PIÉRON). Der Übergang von der Norm zur Protanomalie ist nicht so scharf wie der zur Deuteranomalie. Als Grund für die Schwierigkeit der Trennung der Protanomalen von den Normalen wird die verschieden starke Gelbfärbung der Macula angegeben.

Aus dem gleichen Grunde streuen nach v. KRIES die Quotienten der Normalen um die Mittelnorm.

Je stärker die Pigmentierung, desto mehr wird der Grünanteil der Rot-Grün-Mischung geschwächt, desto mehr Grünanteil muß also in der Mischung genommen werden, so daß der Quotient größer wird. Außerhalb der Macula fällt dieser Einfluß fort, deshalb sind die parafovealen Gleichungen von den fovealen etwas verschieden. Von OLSSON wird allerdings die Erklärung dieses Sachverhalts durch die Maculatingierung abgelehnt; es müßte also das Farben*system* foveal und parafoveal etwas verschieden sein.

Die Quotientenberechnung wurde sehr vereinfacht durch Einführung des von J. BEYERLEIN berechneten Anomalquotientenschiebers, an dem für jede Normaleinstellung der zugehörige Quotient eines Prüflings an Hand seiner Einstellung ermittelt werden kann. Man kann auch den augenärztlichen Rechenschieber von SCHOBER verwenden. Nach einem Vorschlag von I. SCHMIDT ist zur Ausschaltung der jahreszeitlichen Schwankungen der Farbenempfindlichkeit der Mittelwert von normalen Personen zu wählen, deren Einstellungen dem Mittelwert einer großen Gruppe entsprechen, die zu einem der Untersuchung des Prüflings naheliegenden Zeitpunkt untersucht wurden. Will man jahreszeitliche Schwankungen am Quotienten zeigen, so kann man den Jahresmittelwert von Normalen zur Quotientenberechnung verwenden.

Die Berechnung des Quotienten ist leicht aus folgenden Beispielen zu entnehmen. Für den Deuteranomalen ergibt sich aus den oben angegebenen Mengenverhältnissen:

$$\text{Hg/Li (anom)} \cdot \text{Li/Hg (norm)} = \tfrac{54}{19} \cdot \tfrac{40}{33} = \text{rund } 3,5.$$

Für den Protanomalen ergibt sich entsprechend:

$$\text{Hg/Li (anom)} \cdot \text{Li/Hg (norm)} = \tfrac{12}{61} \cdot \tfrac{40}{33} = \text{rund } 0,24.$$

Sodann unterscheiden sich die Einzelfälle der Anomalen noch in zweierlei Richtung. Die *Sicherheit der Einstellung* der Gleichungen, also der Streuungsbetrag der Einzeleinstellungen, kann groß oder gering sein. Insbesondere kommt zu der eigentlichen Anomalie eine Art „Ermüdbarkeit" hinzu, welche sich darin äußert, daß nach längeren Einstellungsversuchen Einstellungen als Gleichung anerkannt werden, die mit „ausgeruhtem Auge" (Blick auf weiße Fläche oder kurzes Schließen der Augen) wieder ungleich aussehen. Man bezeichnet den „ermüdeten" Zustand als *Umstimmung*, den „ausgeruhten" („unermüdeten") Zustand als *Neutralstimmung*. Auch im neutralgestimmten Zustand kann die Einstellungssicherheit größer oder geringer sein.

Zur Ausschaltung der Umstimmung dient am Anomaloskop von Nagel eine unter dem Okularrohr angebrachte Helladaptationsfläche, die auf eine Anregung von W. Trendelenburg zurückgeht.

Wenn im neutralgestimmten Zustand eine vermehrte Unsicherheit, also größere Streuung der Einzelwerte vorliegt, spricht man nach Engelking von Farben*amblyopie*. Wenn die Umstimmbarkeit vermehrt ist, liegt Farben*asthenopie* vor. Farbenasthenopie kann auch bei sonst normalem Farbensinn vorkommen [Engelking (5), Hartung, Schmidt]. In solchen Fällen liegt im neutralgestimmten Zustand normale Trichromasie vor; bei der sehr leicht eintretenden starken Umstimmung hingegen steht der Funktionszustand dieses Systems dem des angeboren deuteranopen Systems sehr nahe.

Zweitens haben die Anomalen meist eine *erhöhte Kontrastempfindung*. Legt man ihnen im einen Halbfeld des Anomaloskops Li (rot) vor, im anderen Na (für den Normalen gelb aussehend), so erscheint ihnen letzteres grün oder grünlich. Entsprechend kann, wenn man Hg (grün) neben Na vorlegt, dem Anomalen letzteres rot oder orange erscheinen. Wird das „kontrasterregende" Feld (Li oder Hg) abgedeckt, so geht das „kontrastleidende" Feld (Na) wieder auf die subjektive Farbe gelb zurück. Diese Eigentümlichkeit der Änderung des subjektiven Farbtons einer objektiv gleichbleibenden Farbfläche durch Kontrast kann namentlich beim Signaldienst schwerwiegende Fehler bewirken.

Bei Deuteranomalen scheint Rot stärker kontrasterregend zu wirken als Grün, bei Protanomalen umgekehrt.

Der *Betrag der Kontrastwirkung* läßt sich nach Holzlöhner und Stein zahlenmäßig festlegen. Man bietet monokular zwei Halbfelder und läßt zunächst in dem einen Urgelb einstellen. Nun wird im anderen Feld die kontrasterregende Strahlung, etwa Li oder Tl, aufgedeckt und im Feld der Kontrastwirkung die Wellenlänge des ersteren Halbfeldes so geändert, daß dieses wieder urgelb gefärbt erscheint. Ohne Kontrast lag bei der Mehrzahl der untersuchten Deuteranomalen Urgelb bei etwa 580 mμ, mit Kontrast durch Li bei etwa 610 mμ. Der so ermittelte Betrag des Kontrastes, der durch die Angabe „Urgelb durch Li um $+$ 30 mμ verschoben" angegeben werden könnte, ist unabhängig von der Größe des Anomalquotienten und vom Betrag der Umstimmbarkeit.

Die Frage, ob der *Kontrast* schon auf Grund der Vorgänge *in der Netzhaut entsteht oder zentral*, kann dadurch beantwortet werden, daß das kontrastleidende Feld dem einen Auge, das kontrasterregende dem anderen dargeboten wird. In der Tat ist die Verschiebung des Urgelb auch hierbei nachweisbar, in dem untersuchten Fall des Deuteranomalen von 589 mμ auf 597 mμ neben Li und auf 557 mμ neben Tl. Es ist also die Kontrasterhöhung mindestens zum Teil zentralen Ursprungs. Von Engelbrecht wird übrigens eine echte Kontraststeigerung bei anomalen Trichromaten bestritten. Es spricht manches dafür, daß sie durch eine Verschiebung des Urgelb im Spektrum des Anomalen vorgetäuscht wird (vgl. auch S. 109).

Daß die anomalen Trichromaten den Normalen an Leistung des Farbensinns nachstehen, läßt sich auch durch *Untersuchung der zeitlichen Verhältnisse der Farbenerkennung* nachweisen (Rydin). Die einfachen Reaktionszeiten der Anomalen (und der Dichromaten) sind denen der Normalen gleich. Die *Unterscheidungszeiten* für Bunttöne hingegen sind bei den Anomalen dreimal länger als bei den Normalen. Noch größer wird der Unterschied, wenn man nicht nur

Farbenunterscheidung, sondern auch *Farbenbenennung* verlangt. Daß die umstimmbaren Anomalen keine längere Unterscheidungszeit haben als die nichtumstimmbaren, beruht darauf, daß die Beurteilung bei Reaktionszeitversuchen stets nach kurzem Anblick erfolgt, wobei der Kürze der Einwirkungszeit wegen Umstimmung noch nicht auftreten kann. Die Versuche werden so ausgeführt, daß dem Untersuchten Lichtflächen in wechselnden Farben und Helligkeiten aufgedeckt werden, wobei er durch Fingerbewegung einen Stromkreis zu öffnen hat, wenn z. B. Rot erscheint, nicht aber, wenn Weiß, Grün, Blau erscheinen. In praktischer Hinsicht geht auch hieraus eine gewisse Unterwertigkeit des anomalen Farbensinns hervor, da es oft nicht nur auf die Farbenunterscheidung überhaupt, sondern auch auf die *Schnelligkeit der Farbenunterscheidung* ankommt. Die Unterscheidungszeit spielt eine um so größere Rolle, je mehr die Geschwindigkeit der heutigen Verkehrsmittel zunimmt.

Über die Abgrenzung der Norm gegen Anomalie ist noch folgendes zu sagen: Die Festlegung der Grenzen sollte nicht willkürlich erfolgen, sondern nach den Regeln der Statistik. Dieses würde den Fehler der falschen Einordnung gering machen. Die Grenze 3 σ ist in der Biostatistik erprobt. Sie geht auf GAUSS zurück. Die mittlere Abweichung σ kann berechnet oder der Kurve direkt entnommen werden. Eine Häufigkeitskurve des Anomalquotienten (I. SCHMIDT) von etwa 900 Personen (nach Eliminierung der jahreszeitlichen Schwankungen) ergab drei deutlich getrennte Kurven, von denen die mittlere, die der normalen Trichromaten, die höchste war. Der $\pm$ 3 σ-Bereich derselben reichte von dem Quotienten 1,5 bis 0,65. Es fehlen bisher Mitteilungen über Quotienten im Bereich von 0,41 bis 0,53 und von 1,66 bis 1,89. Aus dem Kurvenverlauf lassen sich folgende Grenzpunkte interpolieren: Zwischen Protanomalen und Normalen bei etwa 0,45, zwischen Normalen und Deuteranomalen bei etwa 2,0. Es ist die Frage, ob die mit dem Anomaloskop festgestellten Grenzfälle auch praktisch als farbentüchtig bzw. farbenuntüchtig zu bezeichnen sind. In der Praxis wird man sich häufig mit geringeren Genauigkeiten zufrieden geben müssen, um nicht alle Unterschiede zu verwischen. Mit der Abgrenzung der Farbensinntypen beschäftigt sich sehr eingehend das Buch von PICKFORD.

Gegen *Teilfarbenblindheit* (Dichromaten) ist *Anomalie* meist sicher *abgrenzbar*. Vor allem muß am Anomaloskop bei guter Neutralstimmung untersucht werden. Eine Besonderheit liegt bei einigen Fällen von Anomalie mit besonders niedrigem (Protanomalie) oder besonders hohem (Deuteranomalie) Quotienten darin vor, daß sie wie die Dichromaten eine Graustelle im Spektrum haben. Wir haben sie mit Hilfe des Nagelschen Anomaloskopes Modell II an 16 Deuteranomalen und 8 Protanomalen näher festgestellt und für erstere bei im Mittel 498 mμ gefunden (Streuung der einzelnen Fälle von 513 bis 489 mμ), für letztere bei im Mittel 496 mμ (mit Streuung der Einzelfälle von 504 bis 488 mμ, ohne Vergleichsweiß ermittelt). Die Graustelle läßt sich in der Regel auch am Buntkreis des Farbfleckverfahrens oder an dem der Ostwaldschen Farbenfibel nachweisen. Man darf also aus dem Vorhandensein einer Graustelle im Spektrum nicht ohne weiteres auf partielle Farbenblindheit schließen. Diese liegt nur dann vor, wenn die Grenzgleichungen Li = Na und Hg = Na auch mit neutralgestimmtem Auge anerkannt werden. Das Vorhandensein einer Graustelle bei anomalen Trichromaten wird von WALLS und HEATH bestritten.

Beim *Farbfleckverfahren* liegt der hauptsächlichste Unterschied zwischen Dichromaten und Anomalen darin, daß nur erstere Rot I mit Grün VI (etwa Urrot und Urgrün) verwechseln, letztere auch dann nicht, wenn sie eine Graustelle im Spektrum haben.

Auch durch die Stillingschen und die Ishiharaschen Tafeln werden die Anomalen gut erfaßt. Von den Deuteranomalen entgehen der Feststellung bei den Zahlentafeln einige von hundert Fällen (beim Farbfleckverfahren etwas mehr), die nach dem Anomaloskopbefund als Deuteranomale zu rechnen sind. Diese Leichtanomalen werden aber im praktischen Leben keine sehr auffälligen Farbenverwechslungen machen, es sei denn, daß gelegentlich eine erhöhte Kontrastempfindlichkeit eine gelbweiße Fläche neben Grün rötlich und neben Rot grünlich erscheinen läßt.

Bei den anomalen Trichromaten sind wir über die *subjektive Beschaffenheit der Farbenempfindungen* aus seltenen Fällen von einseitiger Anomalie zum Teil gut unterrichtet. So konnte ein Fall von einseitiger Deuteranomalie näher untersucht werden (W. T. 32, 33). Langwelliges Licht sah für das anomale Auge beträchtlich gelber aus als für das normale. Auch das normale Grün bis Blaugrün bei 496 bis 488 mμ sah für das anomale Auge fast bis ganz unbunt weiß aus, das normale Violett von 460 mμ hingegen blau. Es lag hier also ein Fall von Anomalie mit Graustelle vor. Bei Benutzung beider Augen war die Empfindung des normalen Auges entscheidend.

Mit der angegebenen Abweichung des Aussehens der langwelligen Lichter für den Deuteranomalen der Norm gegenüber hängt zusammen, daß Deuteranomale das Urgelb nicht nur um 580 mμ sehen, sondern bei etwa 595 mμ (NELSON) also nach Rot hin verschoben, während bei Protanomalen die Wellenlänge für Urgelb etwas grünwärts verschoben ist und von Individuum zu Individuum wechselt (Maculapigment).

Die beiden Formen der Anomalie werden auch als *Rotschwäche* bzw. *Grünschwäche* bezeichnet. Diese Benennungen sind aber nach W. A. NAGEL, von welchem die Ausdrücke Prot- und Deuteranomalie stammen, nicht sehr treffend. Die verminderte Farbenunterscheidung zeigt sich u. a. auch im Blauviolett bis Violett und in den Purpurtönen. In meinen eingehenden Untersuchungen hat sich sogar herausgestellt, daß man mit Zahlentafeln, deren Farben aus dem genannten Gebiet gewählt sind, die Prot- und Deuteranomalen besonders scharf erfassen kann.

Wegen der *großen praktischen Bedeutung des Anomaloskops* sei hier kurz der *Untersuchungsgang* angegeben:
1. Vorlegen der Mittelnormgleichung Li/Hg 40/15 Na. Beurteilung des Aussehens neutralgestimmt und umgestimmt. 2. Prüfung auf Li = Na und Hg = Na, neutralgestimmt und umgestimmt. 3. Vorlegen von verschiedenen Li/Hg-Mischungen, Selbsteinstellung von Na, Feststellung des Gleichheitsbereichs neutralgestimmt und umgestimmt. 4. Kontrastprüfung: a) Li-Spalt offen, Na-Spalt langsam aufgedreht; b) Hg-Spalt offen, Na-Spalt langsam aufgedreht; in beiden Fällen Angabe der Farbe in dem sich erhellenden Na-Feld und ihrer Veränderung. Eine ausführliche Anweisung zur Untersuchung des Farbensinns mit dem Anomaloskop hat der Fachnormenausschuß in der „Farbe" veröffentlicht. Für die Praxis brachte MONJÉ in den klinischen Monatsblättern für Augenheilkunde eine kurze Gebrauchsanweisung heraus.

b) Tritanomalie

Eine sehr seltene *dritte Form der angeborenen Anomalien*, von ENGELKING aufgefunden und von ihm mit HARTUNG näher untersucht, ist die *Tritanomalie*. Am Anomaloskop mit den Lichtern Li, Na und Hg entgeht sie dem Nachweis, der Tritanomale stellt ebenso ein wie der Normale. Anders ist es, wenn man die Lichter der kurzwelligen Hälfte des Spektrums entnimmt und etwa die Mischlichter 517 mμ und 470 mμ (für den Normalen grün und violett aussehend) und das Vergleichslicht 490 mμ (für den Normalen blau aussehend) wählt. Die Tritanomalen weichen bei dieser von ENGELKING empfohlenen Gleichung von den Mengenverhältnissen der Normalen ab. Auch haben sie erhöhte Kontrastempfindlichkeit: Tl (535 mμ) erscheint ihnen neben Na (589 mμ) blau anstatt grün. Da die Tritanomalen im Gebiet von 495 bis 440 mμ eine herabgesetzte Unterschiedsempfindlichkeit haben, verwechseln sie Blaugrün und Blau. Ein dem Normalen gelbgrün erscheinendes spektrales Licht wird vom Tritanomalen als Urgrün empfunden. Die spektrale Unterschiedsempfindlichkeit der Tritanomalen ist in der Gegend von 535 mμ hoch. Das Farbunterscheidungsvermögen nimmt gegen den kurzwelligen Bereich erheblich ab, um bei 420 mμ wieder anzusteigen (WRIGHT). Ein leicht gelbliches Rot (615 mμ) kann von bläulich Rot (Purpurmischung) nicht unterschieden werden. Am kurzwelligen Ende ist das Spektrum ein wenig verkürzt. Tritanopengleichungen werden von den Tritanomalen abgelehnt. Die spektralen Helligkeitswerte (Tageswerte) des Tritanomalen entsprechen, soweit untersucht, denen des Normalen.

Es wurde ein dem Anomaloskop entsprechender *Blaugleichungsapparat* (W. T. 30) angegeben, mit welchem auch die Tritanomalen nach der Größe eines Quotienten des Mittelwertes sowie der Streuung im neutralgestimmten und im umgestimmten Zustand festgelegt werden können. Das Tritanomaloskop wurde nach dem Kriege nicht wieder gebaut. Nach JAEGER wird es für Reihenuntersuchungen nicht allein ausreichen.

Um Tritanomale aufzufinden, hat ENGELKING den Stillingschen Tafeln besondere Zusatztafeln mit den Verwechslungsfarben der Tritanomalen beigefügt. Wegen der großen theoretischen Bedeutung auch dieser Abweichung ist zu hoffen,

daß mit der Zeit eine weitere Anzahl von Fällen bekannt wird und genauer untersucht werden kann. Dabei ist die *Quotientenberechnung* anzuwenden und darauf
zu achten, ob Verschiedenheiten der Quotientengröße vorkommen, ob alle Fälle
von Tritanomalie so umstimmbar („ermüdbar") sind wie die von ENGELKING
und ob die Abgrenzung der Tritanomalie gegen die Norm und gegen Tritanopie
sehr scharf durchführbar ist.

Bei einer von I. SCHMIDT entdeckten Frau, die nach den Stilling-Hertelschen Tafeln auf
Tritoform verdächtig war, erwies sich das Farbfleckverfahren sehr brauchbar. Es wurde
Grau XVIII mit Gelbgrün V und Violett XII verwechselt. Am Blaugleichungsapparat wurde
für die Mischung mehr kurzwelliges Licht gefordert als vom Normalen. Damit war Tritanomalie erwiesen. Bei dem Vater der Frau wurde ebenfalls eine Tritoform festgestellt, die aber
infolge seiner Altersschwachsichtigkeit nicht genau abgegrenzt werden konnte. Stärkere Abweichungen von dem oben beschriebenen Verhalten Tritanomaler weist ein Fall von MEITNER
auf. v. TSCHERMAK hat bei der Besprechung der Mitteilung MEITNERs die Vermutung geäußert, daß es sich dabei um einen vierten Typus der anomalen Trichromasie handele (vielleicht
Tetartanomalie).

c) Abhängigkeit von der Feldgröße

Zum Schluß ist noch für alle drei Formen der Anomalie die Frage aufzuwerfen, ob auch die Anomalen, so wie die Dichromaten, bei Betrachten größerer
Felder (über etwa $1^1/_2°$) eine bessere Farbenunterscheidung aufweisen als bei
Feldern von fovealer Größe.

3. Die Häufigkeit der angeborenen Abweichungen des Farbensinnes

Etwa 8% aller Männer, gegen etwa 0,4% aller Frauen, haben keinen normalen Farbensinn, sondern sind partiell farbenblind oder anomal.

Über die Häufigkeit der einzelnen Formen der Abweichung des Farbensinns
ist folgendes festgestellt (I. SCHMIDT):

Unter 100 Männern mit abweichendem Farbensinn finden sich

Protanope	14	Dichromaten	39
Deuteranope	25		
Protanomale	9	Anomale	61
Deuteranomale	52		

Es sind also die Anomalen fast doppelt so zahlreich wie die Dichromaten und
die Deuteroformen wesentlich häufiger als die Protoformen (bei Dichromaten
etwa zweimal, bei Anomalen etwa sechsmal). Deuteranomalie findet sich am häufigsten, und zwar in der Hälfte aller Fälle von angeborener Farbenfehlsichtigkeit.
Die Häufigkeit der Tritanopen beträgt nach WRIGHT 1:50000.

4. Besonderheiten des zentralen und peripheren Farbensehens beim Normalen

Die oben für den Normalen ausführlich geschilderten Gesetze des fovealen
Farbensehens gelten nicht für die Netzhautperipherie. Schon dicht neben der
Fovea, deren Winkelausdehnung etwas mehr als 1° beträgt, sind foveal eingestellte Farbengleichungen nicht mehr genau gültig. Es wird vermutet, daß dies
mit dem gelben Pigment der Macula lutea zusammenhängt. Dieses Pigment
ist ein Karotinoid und wahrscheinlich mit dem Lutein oder Blatt-Xanthophyll
identisch (WALD). Die äußeren Grenzen der Macula betragen etwa 7° in horizontaler und 5° in vertikaler Richtung. Die Angaben darüber sind etwas verschieden. Es ergab sich, daß das Zentrum der Fovea in einer Ausdehnung von etwa
30 bis 40 Winkelminuten praktisch pigmentfrei ist. Diese Zone entspricht etwa
einer schon von HELMHOLTZ entoptisch beobachteten Stelle von 40 bis 50 min,

die von einem dunklen Hof umgeben war. Falls das Maculapigment wirksam ist, müßten die stärker absorbierten Strahlungen bei Einstellungen im Bereich der Macula in der Farbenmischung stärker vertreten sein als außerhalb. Wie schon erwähnt, wird von manchen Autoren ein Einfluß der Maculapigmentierung auf das Farbensehen, ja das Vorhandensein von Maculapigment am lebenden Auge abgelehnt (GULLSTRAND, HARTRIDGE, NORDENSON), obwohl die Unterschiede der fovealen und parafovealen Farbenmischungen unumstritten sind.

Der Vergleich des Farbensehens bei fovealen und größeren Feldern (20°) ist von KOHLRAUSCH und GRÜTZNER zur quantitativen Bestimmung der Absorption durch das Maculapigment verwendet worden und läßt nach JAEGER sehr eindrucksvoll den Einfluß der Maculapigmentierung zutage treten.

Trifft ein Strahl die Fovea nicht senkrecht durch die Pupillenmitte, sondern fällt er schräg ein, so wird eine Farbtonänderung bewirkt, die sich nicht durch die Maculapigmentierung erklären läßt, z. B. ein durch die Pupillenmitte gesehenes Grün von etwa 520 mμ wird etwas bläulicher, wenn es schräg vom Pupillenrand einfällt, ein zentral gesehenes Gelb von 578 mμ wird um etwa 9 mμ maximal rötlicher gesehen. Die Wellenlänge 505 mμ ändert sich dagegen nicht. Dieser Effekt wurde von STILES und CRAWFORD und unabhängig von ihnen von HANSEN beobachtet und wird als Stiles-Crawford-Effekt zweiter Art bezeichnet (vgl. S. 23). Ein Rötlicherwerden von Gelb im peripheren Sehen wurde übrigens schon von DREHER (1911) beobachtet und damit in Zusammenhang gebracht, daß die Fovea keine Blutgefäße enthielte. WARAVEN und BOUMAN versuchen eine einheitliche Erklärung beider Arten.

Auch innerhalb der Fovea bestehen Empfindlichkeitsunterschiede. Beobachtungen zahlreicher Autoren sprechen dafür, daß das Foveazentrum relativ blauunempfindlich ist. Damit lebt eine alte Beobachtung von KÖNIG wieder auf, der mit lichtschwachen blauen Reizen an sich selbst eine blaublinde Area von 55—70' feststellte. Dieser „Tritanopie" der Fovea wird jetzt erneutes Interesse zugewandt (WILLMER und WRIGHT, MIDDLETON, HARTRIDGE).

Eine Auswertung der bisherigen Ergebnisse durch FARNSWORTH ergab, daß ein konstantes Produkt aus der Fläche des Farbreizes und aus der Netzhautbeleuchtungsstärke für das Auftreten von Tritanomalie der normalen Fovea maßgebend ist. Bei einem kleineren Wert dieses Produktes tritt Tritanopie auf. Dies ist nicht ausschließlich ein foveales oder ein Kleinfeldphänomen. Angeborene und „Schwellentritanomalie" oder „Schwellentritanopie" zeigen die gleichen Merkmale. Bei Verkleinerung des Farbreizes tritt etwas Ähnliches auf wie bei Intensitätsabnahme (Bezold-Brückesches Phänomen, S. 73). Die Farbtöne im Spektrum streben von Gelbgrün und Blau fort und nach Blaugrün und Orangerot hin. Gelbgrün und Violett erscheinen sehr ungesättigt und sind fast ununterscheidbar. Blau wird dunkler. Es gibt sehr verschiedene Erklärungen dieser Schwellentritanomalie: Da die Ausdehnung des relativ blaublinden Gebietes mit dem stäbchenfreien Gebiet der Fovea übereinstimmt, kommt WILLMER, ähnlich wie KÖNIG zu der Ansicht, daß das Blausehen durch eine Art Stäbchen vermittelt werde und damit vielleicht durch eine Abbaustufe des Sehpurpurs (vgl. S. 155) — eine originelle aber anfechtbare Theorie. WALLS und MATHEWS nehmen drei Receptorenarten an, für Rot, Grün und Blau, mit örtlich verschiedener Verteilung auf der Netzhaut. Im Foveazentrum treten die Blaureceptoren stark zurück und sind durch Rotreceptoren ersetzt. Diese Annahme erklärt die „Tetartanopie" des Foveazentrums, desgleichen den unterschiedlichen Bedarf an kurzwelligem Licht bei fovealen und parafovealen Farbenmischungen. Die Tritanopie der Foveamitte wird dagegen von KOHLRAUSCH auf Grund der Untersuchung seines Mitarbeiters GRÜTZNER energisch bestritten. Die gegenteiligen Befunde von KÖNIG, WILLMER-WRIGHT und THOMSON-WRIGHT sind nach seiner Meinung darauf zurückzuführen, daß sie nicht unter den Bedingungen des reinen Tagessehens gewonnen wurden. Nach der Kurve von FARNSWORTH würde bei der von GRÜTZNER benutzten Feldgröße von 20' Durchmesser eine Tritanopie der Fovea erst bei etwa log 0,5 Trolands eintreten (s. S. 146). Unter den von ihm benutzten Versuchsbedingungen ist also keine Tritanopie der Fovea zu erwarten, und es haben beide Teile recht.

Die Tritanopie der Fovea spielt im Signalwesen eine Rolle, indem es von ferne manchmal schwierig zu entscheiden ist, ob ein Licht blau oder grün ist, desgleichen bei Beobachtung von farbigen Flächen von Planeten, z. B. Mars (I. SCHMIDT).

Bedeutendere, von C. HESS untersuchte Veränderungen findet man im mittleren Bereich der Netzhaut. Die nähere Untersuchung ergibt, daß zunächst die Empfindung Rot und Grün aufhört, so daß in einem die zentralen Netzhautteile konzentrisch umschließenden Bereich nur Gelb und Blau empfunden wird; ersteres bei Einwirken der langwelligen, letzteres bei Einwirken der kurzwelligen Spektralhälfte. Dieser Bereich der Netzhaut ist also „rotgrünblind". Ein noch weiter außen gelegener Bereich ist als völlig farbenblind zu bezeichnen, d. h. es werden hier nur unbunte Helligkeitsempfindungen vermittelt, wobei die subjektive Helligkeit von der Wellenlänge abhängt. Die Helligkeitswerte spektraler Lichter in der Peripherie des helladaptierten Auges wurden von v. KRIES bestimmt und als „*Peripheriewerte*" bezeichnet. Ihre Kurve entspricht nur angenähert der der Tageswerte in Abb. 63, denn nach TSCHERMAK sind die Maxima verschieden. In pathologischen Fällen können die Grenzen der Farbenempfindung näher an die Fovea heranrücken, die farbenblinden Zonen also größer werden.

Die Untersuchung des peripheren Farbensinns geschieht am besten mit Farbenfeldern, die unter sich und mit dem grauen Hintergrund gleich hell („peripheriegleich") erscheinen (ENGELKING und ECKSTEIN). Die Grenzen der Netzhautteile, die verschiedenen Farbensinn zeigen, hängen von der verwendeten Lichtstärke ab, so daß wir von Zahlenangaben absehen können. Je stärker das Prüflicht ist, desto weiter peripherwärts werden die Grenzen verschoben gefunden.

Die Grenzen können durch Vitaminmangel oder -gabe beeinflußt werden, wie Versuche von MARCHESANI und SCHOBER und von BIERNACKA-BIESICKIERSKA zeigen.

Des näheren liegen nach C. HESS folgende Eigentümlichkeiten vor. Beim Übergang vom zentralen Gebiet der Netzhaut (Fovea und parafoveale Umgebung) in das mittlere Gebiet behalten nur vier Lichter (bzw. Lichtergemische) ihren Buntton, nämlich Urrot (spektrales Rot mit etwas Blauzusatz), Urgelb 575 mμ, Urgrün 495 mμ und Urblau 470 mμ. Diese Lichter werden deshalb invariabel genannt.

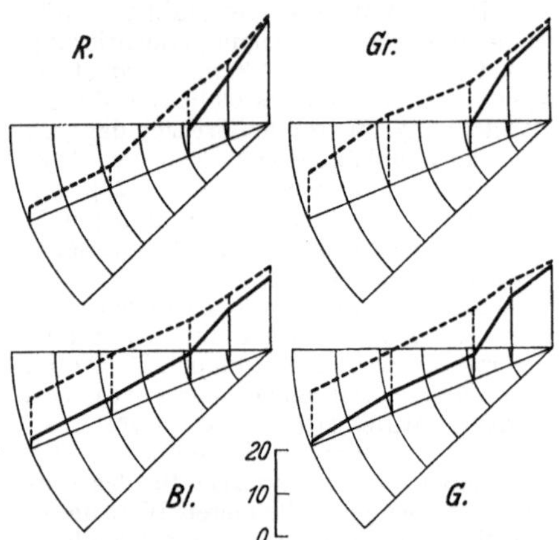

Abb. 49. Die Empfindlichkeit im nasalen Teil des Horizontalmeridians bei Verwendung farbiger Prüfreize. Gestrichelt: Absolute Empfindlichkeit; ausgezogen: Farbenempfindlichkeit (Nach M. MONJÉ)

Urrot und Urgrün werden ungesättigter und gehen in Unbunt über, Urgelb und Urblau bleiben bunt. Das spektrale Rot, Orange, Violett ändern hingegen beim Übergang vom Zentrum zur Peripherie ihre Buntheit; Rot, Orange, Gelbgrün werden gelb, Blaugrün, Violett und Purpur werden blau.

Einen Einblick in die Farbenempfindlichkeit der peripheren Netzhautbezirke gewinnt man auch durch die Untersuchung der Schwellenwerte (quantitative Perimetrie, HARMS, Lichtsinnperimetrie, MONJÉ). Bei Farbreizen muß man dabei unterscheiden zwischen der absoluten oder *generellen* Schwelle, bei deren Überschreiten eine farblose Empfindung auftritt, und der *spezifischen* Schwelle für die betreffende Farbe (v. KRIES). Der Intensitätsbereich zwischen beiden Schwellen ist als photochromatisches oder *farbloses Intervall* bekannt. Die Empfindlichkeit ergibt sich aus dem reziproken Wert der Schwellenwerte. In der Abb. 49 ist die Empfindlichkeit im nasalen Teil des Horizontalmeridians im Gesichtsfeld des rechten Auges bei Verwendung roter, grüner, blauer und gelber Prüfreize dargestellt, und zwar ist die Empfindlichkeit in logarithmischen Einheiten wiedergegeben. Bei Rot und Grün wird die Farbenschwelle in einem Abstand von der Foveamitte, der größer als 10° ist, nicht mehr erreicht. Rot- und Grünreize rufen nur noch eine farblose Empfindung hervor. Bei Blau und Gelb führt dagegen eine Steigerung der Intensität zur Farbenempfindung. Auch die absolute Empfindlichkeit, die dem reziproken Wert der absoluten Schwelle entspricht, ist, wie die gestrichelten Kurven der Abb. 49 zeigen, abhängig von der Reizfarbe. Während die spezifischen Empfindlichkeiten für Blau und Gelb sowie für Rot und Grün paarweise übereinstimmen, stellen die Rot- und Grünkurven der generellen Empfindlichkeit die beiden Extreme dar. Erstere sinkt in der Peripherie stark ab, letztere am wenigsten. Blau und Gelb liegen dazwischen. Das Absinken der farblosen Empfindlichkeit in der Peripherie ist in den verschiedenen Meridianen ganz verschieden.

Die Kurven zeigen, daß unter den gewählten Versuchsbedingungen in der Fovea das farblose Intervall für Rot nicht nachweisbar ist. Rot tritt also gleich spezifisch und als erstes über die Schwelle. Für die übrigen Farben ist das foveale Intervall sehr klein.

5. Farbentafel bei abweichendem Farbensinn

Wir sahen, daß für den Normalen jeder Punkt im Farbendreieck eine bestimmte Farbart darstellt. Da die dichromatischen Systeme als Vereinfachungsformen des normalen Systems aufgefaßt werden können, liegt es nahe, auch die Mischungsgleichungen der dichromatischen Systeme in die Farbentafeln einzutragen. PITT ging dabei von den eben unterscheidbaren Farbenstufen des Protanopen (17 Stufen) und des Deuteranopen (27 Stufen) aus, die tatsächlich verschiedene Sättigungsstufen der im ganzen unterscheidbaren zwei Farbtöne darstellen. Er trug diese Stufen auf den spektralen Farbenzug auf und verband sie mit den Verwechslungsfarben auf der Purpurlinie. Es ergaben sich bei Helligkeitsausgleich Zonen von ununterscheidbaren Farbarten, deren Grenzlinien fächerförmig in einem Punkt zusammenliefen. Dieser hat für die jeweilige Art von Farbensinnstörung eine charakteristische Lage. Die für Tritanopen vermutete Lage wurde durch die Beobachtungen von WRIGHT bestätigt. BOUMA berechnete für die CIE-Farbentafel die Lage der drei Punkte A_1, A_2, A_3 (s. Abb. 50). Bei dem Protanopen rufen alle Farben,

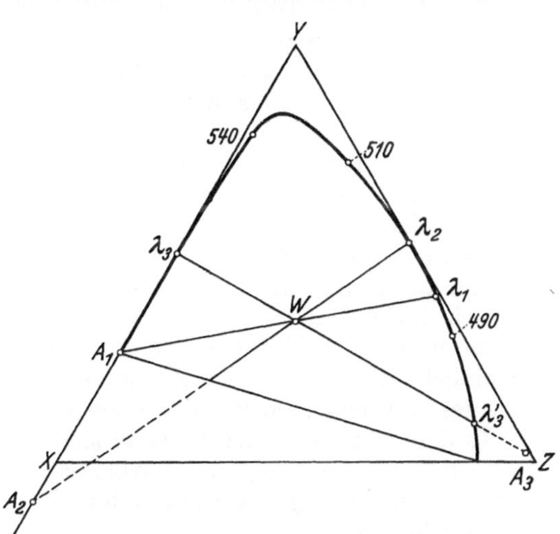

Abb. 50. Farbentafel für die drei Arten der Dichromaten. A_1, A_2, A_3 sind die Schnittpunkte der Farbentafel mit den drei farbengleichen Richtungen. (Nach BOUMA)

deren Punkte auf Geraden liegen, die durch A_1 gehen, die gleiche Farbempfindung hervor, d. h., er kann sie nicht voneinander unterscheiden und verwechselt daher z. B. Rot von 760 mμ mit Grün von 546 mμ. Eine der Geraden geht durch den Weißpunkt des Farbendreiecks. Sie trifft den Spektralfarbenzug bei λ_1, einer Stelle, die der Wellenlänge 496 entspricht. Da dem Protanopen alle auf dieser Linie gelegenen Farbreize grau erscheinen müssen, muß auch die Wellenlänge 496 grau erscheinen. Sie stellt den neutralen Punkt des Spektrums dar. Entsprechendes gilt bei Deuteranopen für den Punkt A_2 des erweiterten Farbendreiecks. Verbindet man A_2 mit W, so trifft man an der kurzwelligen Seite der Tafel die Graustelle des Deuteranopen, und man sieht, daß die Graustelle der Proto- und Deuteroform nicht sehr weit auseinander liegen, und zwar die erstere bei einer etwas kleineren Wellenlänge als die letztere. Das entspricht dem früher erwähnten tatsächlichen Befund. Für die Tritanopie ist der Punkt A_3 der erweiterten Farbtafel maßgebend. Zieht man von hier über den Weißpunkt zum linken Rand der realen Tafel eine Linie, so trifft man die Graustelle des Tritanopen, die etwa mit 575 mμ angegeben wird (3). Die Linie $A_3 - W$ läßt eine zweite Graustelle im Spektrum bei etwa 463 mμ erwarten. Bei der Seltenheit der Tritanopie ist das tatsächliche Vorkommen dieser Graustelle nur selten bestätigt worden.

Bei den Dichromaten lassen sich wie erwähnt bei Helligkeits- und Sättigungsausgleich durch Mischung einer Strahlung vom langwelligen und einer vom kurzwelligen Ende des Spektrums Gleichungen mit allen zwischenliegenden Lichtern erhalten. Ihr Farbensystem läßt sich infolgedessen in einer „Farbenlinie" darstellen.

Wenn hier das dichromatische System als durch eine „Zweilichter-Eichung" erfaßbar dargestellt wurde, so ist hervorzuheben, daß v. TSCHERMAK (*15*) für Dichromaten nur eine „*Dreilichter-Eichung*" für erschöpfend hält, weil sonst Sättigungsunterschiede bestehen bleiben. Er untersucht mit Feldern von 2° 20′ Winkelausdehnung, also von überfovealer Größe, und bis zu 15 min während der Dunkeladaptation. Es sind weitere Untersuchungen zur Klärung der Frage erwünscht, ebenso wie der „Vierlichter-Eichung" von normalen Trichromaten (v. TSCHERMAK), wobei zweckmäßig Felder von höchstens $1^1/_2$ Grad und Helladaptation anzuwenden sind. Übrigens spricht v. TSCHERMAK der Zweilichter-Eichung nicht jeden Wert ab, er findet sie sogar empirisch recht schätzbar.

Von WRIGHT konnte auch mit modernen Untersuchungsmethoden bestätigt werden, daß zwei Reize zur Eichung des Spektrums von Protanopen und Deuteranopen ausreichend sind.

6. Vererbung der angeborenen Farbenfehlsichtigkeiten

Von den angeborenen Farbensinnstörungen vererbt sich die Proto- und Deuteroform nach dem recessiv geschlechtsgebundenen Erbgang.

Geschlechtsgebunden heißt an die Geschlechtschromosomen gebunden, von denen zwei vorhanden sind, bei der Frau X und X, beim Mann X und Y. Der Mann XY ist farbenblind, wenn das X-Chromosom das Gen für Farbenblindheit enthält. Die Frau XX ist nur dann farbenblind, wenn beide X-Chromosomen das Gen der Farbenblindheit enthalten. Ist das Gen nur eines Chromosoms nicht normal, so ist die Frau „phänotypisch" normal. Sie ist dann aber Überträgerin (Konduktorin) für die Farbenfehlsichtigkeit. Eine Frau kann nur dann phänotypisch farbenfehlsichtig sein, wenn ihr Vater farbenfehlsichtig ist und ihre Mutter mindestens Überträgerin für Farbenfehlsichtigkeit. Aus der geringen Wahrscheinlichkeit eines solchen Zusammentreffens erklärt sich die erwähnte Seltenheit des abweichenden Farbensinnes bei der Frau.

In dem nachfolgenden Schema sind die verschiedenen Möglichkeiten für den Fall, daß nur *eine* Art von Farbenfehlsichtigkeit in Betracht kommt, wiedergegeben. Die Gene für abweichenden Farbensinn sind durch dickere Buchstaben hervorgehoben.

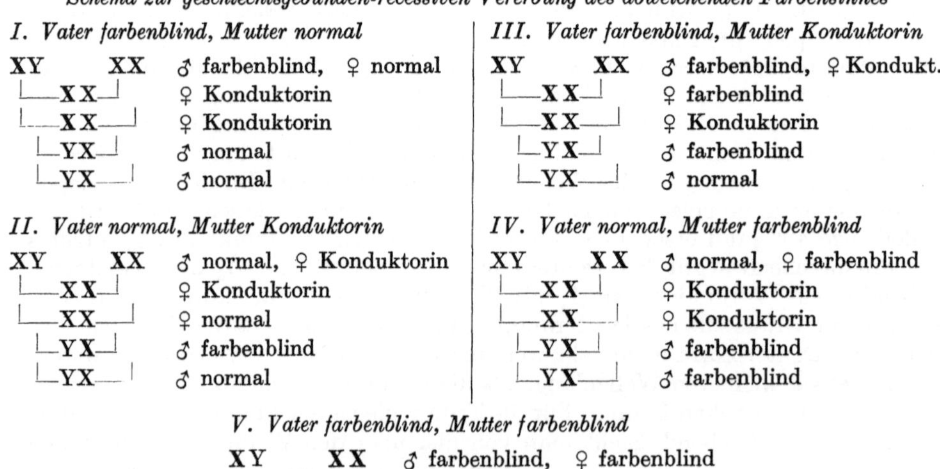

Schema zur geschlechtsgebunden-recessiven Vererbung des abweichenden Farbensinnes

Verfolgt man den abweichenden Farbensinn im Erbgang, so findet man, daß weder ein Wechsel zwischen Dichromasie und Anomalie vorkommt, noch zwischen Prot- und Deuteroform [W. T. mit Schmidt (25)]. Kommen in einer Familie zwei Formen von Farbenfehlsichtigkeit vor, so stammen sie nicht aus einer und derselben Quelle. I. Schmidt konnte nachweisen, daß Überträgerinnen von Protoformen eine Abweichung der spektralen Hellempfindlichkeit aufweisen (vgl. S. 141), trotz normaler Gleichungen am Anomaloskop. Auch aus dem gehäuften Auftreten einer Rotgrünschwäche bei Frauen einer mit Protostörungen behafteten Familie kann geschlossen werden, daß die Vererbung nur unvollständig recessiv ist. Es ist jedoch möglich, daß in solchen Fällen die Dominanzverhältnisse durch das Vorliegen anderer Fehlanlagen beeinflußt sind (Jaeger).

Weitere Besonderheiten ergeben sich, wenn bei der Frau zwei Fehlanlagen verschiedener Art zusammenkommen, z. B. die für Deuteranomalie und die für Deuteranopie (Brunner, Just, Waaler). So wie sich das Gen des abnormen Farbensinns gegen das des normalen recessiv verhält, so bestehen entsprechende Beziehungen zwischen den einzelnen Formen der Farbenfehlsichtigkeit. Diese Beziehungen lassen sich je getrennt für die Proto- und Deuteroformen durch die Formel angeben: Norm > anomal > anop. Es ist also protanop recessiv gegen protanomal, und protanomal recessiv gegen normal; ebenso bei deuteranop und -anomal. Wenn aber bei der Frau das eine Fehlgen der Protoform, das andere der Deuteroform angehört, so tritt ein sehr merkwürdiges Ergebnis auf: Frauen mit einer der vier Kombinationen 1. protanop-deuteranop, 2. protanop-deuteranomal, 3. protanomal-deuteranop, 4. protanomal-deuteranomal lassen sich nach Waaler kaum von Frauen mit zwei normalen Farbensinn-Genen unterscheiden, sie sind phänotypisch fast normal. Sie können jede ihrer Anlagen getrennt an ihre Söhne vererben, ihre Töchter werden zur Hälfte Konduktorinnen für die eine, zur Hälfte für die andere Anlage sein.

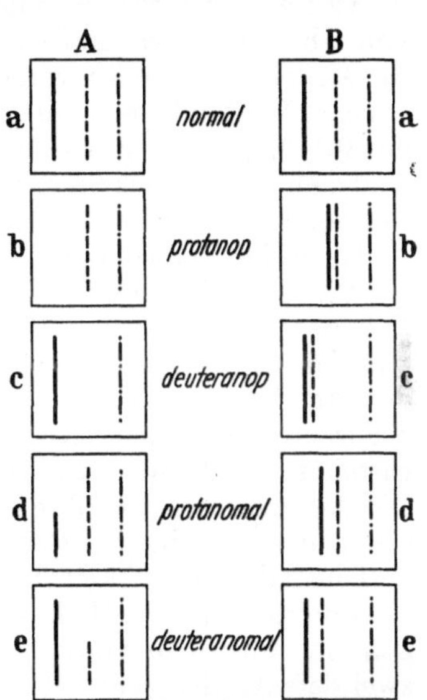

Abb. 51. Waalers Schema zur Veranschaulichung der Fehlanlagen des Farbensinns

Abb. 52. *Schema zur Erläuterung der Fehlanlagen des Farbensinns* in Anlehnung an die Helmholtzsche Theorie. *A* nach der Hypothese von Ausfall bzw. Abschwächung einer Komponente, *B* nach der Verschiebungs-Hypothese (Nach Trendelenburg)

Man kann sich diesen Sachverhalt, allerdings nur rein formal, nach einem Schema von Waaler (Abb. 51) veranschaulichen. Die Normalanlage ist gewissermaßen eine „vollständige Werkstätte“, dargestellt durch ein Viereck. Die Fehlanlagen entstehen durch eine Art „Abbau“, der bei den Prot- und Deuteroformen verschiedene Lage, bei Anomalie und Anopie verschiedenes Ausmaß hat. Tritt nun bei der Frau z. B. die Anlage Norm und Deuteranomalie zusammen, so entspricht das einem Aufeinanderlegen der beiden Schemata, also der „vollständigen Werkstatt“, dem Bild des normalen Farbensinnes. Bei Zusammentreffen von Deuter- und Protanomalie (oder -anopie) entsteht im Schema durch Zusammendecken wieder das Viereck, das Bild des normalen Farbensinnes.

Dieses Schema läßt sich nun der Helmholtzschen Komponententheorie angleichen, wie Abb. 52 zeigt (W. T. 33). Hier ist der normale Farbensinn durch drei verschiedenartige Striche dargestellt, die dichromatischen Systeme durch zwei Striche, in *A* die anomalen Systeme durch Höhenverminderung je des einen der Kennstriche des normalen Farbensinns. Legt man die Teilbilder *a*, *b* und so fort zu zweit aufeinander, so ergibt sich wieder ein Bild für die Regeln prot + deuter = normal, und normal > anomal > anop. In dieser Abb. *A* wurde die Auffassung zugrunde gelegt, daß bei Anopie eine Komponente fehlt, bei Anomalie eine geschwächt ist. Diese Auffassung stößt aber auf Schwierigkeiten, wie oben schon ausgeführt wurde. Die nächste Abb. *B* gibt die Verschiebungsvorstellung wieder. Auch hier gibt Aufeinanderlegen der Teilbilder *a, b* und so fort ein Bild der erwähnten Regeln.

Dieses Schema kann auch modifiziert werden für die Annahme, daß für die Protostörungen die Ausfalls- bzw. die Abschwächungshypothese gilt, für die Deuterostörungen die Verschiebungshypothese, und ist dann genau so gut brauchbar.

Durch die Tatsache, daß sich bei Zusammentreffen einer Proto- und einer Deuteroanlage sowie einer normalen und einer nichtnormalen Anlage bei der Frau normaler Farbensinn ergibt, kommt eine scheinbare Unstimmigkeit zwischen statistischer Berechnung und tatsächlichem Befund hinsichtlich der Häufigkeit von abweichendem Farbensinn bei der Frau zustande. WAALER berechnete für Mädchen den Wert von 0,64% als Häufigkeit der abweichenden Farbensinnanlage. Er fand bei den untersuchten sehr zahlreichen Schulmädchen aber nur 0,44% phänotypisch Nichtnormale. Die fehlenden 0,2% sind eben diejenigen Mädchen, bei welchen die genotypische Fehlanlage phänotypisch nicht zur Geltung kommt.

Nach der Vererbungslehre sind somit zwei getrennte Reihen von Genen oder Allelen anzunehmen: N (normal), PA (protanomal), P (protanop) und N (normal), DA (deuteranomal) und D (deuteranop). Die drei Gene jeder Reihe sind allelomorphe, d. h. sich entsprechende Erbanlagen. Beim Zusammentreffen zweier defekter Allele ergibt sich eine Störung. Dagegen sind ein Gen der Proto- und eines der Deuteroreihe keine Allele. Sie liegen an verschiedenen Stellen im Geschlechtschromosom. Wenn man die Konsequenz dieser Zweiortetheorie durchdenkt, wie das erst etwa 10 Jahre nach WAALERs grundlegenden Arbeiten durch KÜHN und neuerdings durch PICKFORD und durch WALLS und MATHEWS geschehen ist, muß man die Möglichkeit zulassen, daß beide X-Chromosomen der Frau zusammen 3—4 defekte Gene enthalten können, daß z. B. die Kombination $PD/PA\,DA$ möglich ist. Außerdem müßte auch das männliche X-Chromosom in manchen Fällen zwei defekte Gene enthalten, einen Vertreter aus jeden der beiden Allelenreihen, z. B. PD. Es ist nun die Frage, ob solche „Nichtallelomorph-Compounds" phänotypisch eine Mittelstellung zwischen Proto- und Deuterostörung nachweisen lassen. Am Schema von WAALER (Abb. 51) wurde sie dadurch dargestellt, daß in jedem der beiden Vierecke bei der Frau bzw. in dem einen Viereck beim Mann beide oberen Ecken fehlen. WALLS und MATHEWS beschreiben zwei männliche Nichtallelomorph-Compounds, die die erstere Annahme wahrscheinlich machen. Weitere Beiträge zu dieser Frage bleiben abzuwarten. Eine Annahme von vier oder mehr Allelen in jeder der obigen Allelenreihen (FRANCESCHETTI, PICKFORD) steht noch nicht außer Diskussion (PICKFORD). Über einen interessanten Fall berichtet W. LENZ: Ein deuteranoper Hermaphrodit, dessen Vater normales Farbensehen besaß, wurde auf Grund seiner Farbenblindheit als männlich eingestuft.

JAEGER fand bei zwei Nicht-Allelomorph-Compounds, den Töchtern eines deuteranomalen Vaters und einer Mutter, die Konduktorin für die Protanopie war, einen durchaus von der Norm abweichenden und sehr verschiedenen Farbensinn. Die eine der Töchter war protanop mit hochgradiger Unterwertigkeit des Blau-Gelb-Sinnes, die an die Kombination mit einer Tritanomalie denken ließ. Die andere Schwester ist der erste Fall einer sicher nachgewiesenen Kombination der Protanopie, der Deuteranomalie und der Tritanomalie. Protanopie und Deuteranomalie allein hätten einen normalen Farbensinn erwarten lassen. Durch Hinzukommen der dritten Störung ist aber nach seiner Meinung das Gleichgewicht zwischen Proto- und Deuterostörung nicht mehr erhalten. Dieses Beispiel zeigt, wie kompliziert die Verhältnisse der Vererbung der angeborenen Farbensinnstörungen sind (vgl. auch PICKFORD).

Vom Standpunkt der Vererbungslehre sind die schon erwähnten Fälle von *einseitiger Farbenfehlsichtigkeit* von Bedeutung, die uns ermöglichen, die Farbenempfindungen des Nichtnormalen mit denen des Normalen auch subjektiv zu vergleichen, da eben das eine Auge normal ist. Es fragt sich nun, ob die Einseitigkeit als solche vererbt wird oder wenn nicht, ob die Normalität des einen Auges oder die Fehlsichtigkeit des anderen Auges vererbt wird. Der Theoretiker wird sagen, daß *beide* Augen nicht normal sein können, daß also das „normale" Auge keiner Anlage für Vollnormal seine Entstehung verdankt, sondern nur einer Art Unterdrückung der Manifestierung der abnormen Anlage, die nur am anderen Auge voll zur Geltung kam. TRENDELENBURG (*32, 33*) untersuchte einen Fall von einseitiger Deuteranomalie beim Mann, bei welchem das eine Auge typisch deuteranomal war, das andere bei Untersuchung am Anomaloskop normal. In diesem Falle wurde zwar die Deuteranomalie, aber nicht die Einseitigkeit vererbt: der Mann hatte eine beiderseits deuteranomale Tochter und einen deuteranopen Sohn. Die Mutter muß also Überträgerin (Konduktorin) für Deuteranopie sein mit der Anlage normal-deuteranop, die Tochter deuteranomal-deuteranop. Hiermit stimmt überein, daß die Mutter phänotypisch fast ganz normal war, da ja bei der Anlage normal-deuteranop die normale Anlage überwiegt. Es war nun sehr merkwürdig, daß auch das „normale" Auge des einseitig-deuteranomalen Mannes bei den Stillingschen Tafeln Schwierigkeiten hatte; einige Zahlen, die jeder Vollnormale glatt liest, konnten nur bei Nachfahren mit einem Stift gelesen werden. Der einseitig Deuteranope von SLOAN und WOLLACH war auf dem anderen Auge leicht deuteranomal. Worauf die einseitige Unterdrückung der Fehlanlage beruht, die also offenbar nicht ganz restlos erfolgt, ist unbekannt. Ob in ähnlich liegenden Fällen auch die Einseitigkeit als solche vererbt werden kann, ist jedenfalls noch nicht bekannt.

Zu allen Fragen der Vererbung von Farbensinnstörungen, und auch zur Frage der Einseitigkeit der Vererbung einer Abweichung, hat A. KÜHN grundlegende und der weiteren Forschung richtunggebende Ausführungen gemacht, auf welche hier besonders hingewiesen sei.

Auch für die Tritanomalie hielt HARTUNG die geschlechtsgebunden-recessive Vererbung für wahrscheinlich. Dagegen spricht, daß sich unter den ersten 9 veröffentlichten Fällen von Tritanomalie 3 Frauen befinden. Außerdem ist es naheliegend, für die Tritanomalie und die Tritanopie die gleiche Vererbungsart anzunehmen. Bei der letzteren sprechen jedoch besonders die Befunde von WRIGHT gegen die geschlechtsgebunden-recessive Vererbung. Sie wurden von KALMUS ausgewertet mit dem Ergebnis, daß die Tritanopie autosomal-dominant vererbt wird.

E. Die Theorien des normalen und abweichenden Farbensinnes

Ein Versuch, das Zustandekommen der Farbenempfindung zu erklären, muß zwei Grundtatsachen berücksichtigen: 1. die Gesetze der Farbenmischung (GRASSMANN), 2. die Tatsache, daß es vier Urfarben gibt. Beide Tatsachen sind zunächst frei von aller Theorie, empirisch entdeckt, und müssen daher von allen Theorien des Farbensinnes erklärt werden können. Den Gesetzen der Farbenmischung wird am besten eine Hypothese gerecht, die drei verschiedene Teileinrichtungen annimmt.

Der Gedanke der Trichromasie des Sehens, der allgemein THOMAS YOUNG (1801) zugeschrieben wird, ist schon von einer Reihe von Gelehrten vor YOUNG unabhängig voneinander ausgesprochen worden, wie WALLS und wie WEALE feststellten, nämlich von MARIOTTE (um 1650), LOMONOSSOV (1759), PALMER, letzterer in einer Monographie „Theory of Colours and Vision", London 1777, MARAT (1780), WÜNSCH (1792). Sie ist dann von HELMHOLTZ weiter ausgebaut worden und wird häufig als Young-Helmholtzsche Theorie zitiert.

Die Helmholtzsche *Theorie* nimmt an, daß die drei Teilapparate (Komponenten) jede in verschiedenem Stärkegrade durch die einzelnen Strahlungen des Spektrums erregt werden. Graphisch ist diese Beziehung durch Abb. 53 wiedergegeben. Der erste Teilapparat wird vorwiegend durch Licht großer Wellenlänge, der zweite durch Licht mittlerer und der dritte durch Licht kleinerer Wellenlänge erregt. Ferner wurde angenommen, daß die alleinige oder vorwiegend alleinige Erregung des ersten Teilapparates (R) eine Rotempfindung ergibt, die des zweiten (G) eine Grünempfindung und die des dritten (B) eine Violettempfindung. Bei gleichzeitiger und gleich starker Erregung aller drei Teilapparate entsteht Weißempfindung, bei vorwiegender Erregung des ersten und zweiten Apparates Gelbempfindung. Hiergegen wendete HERING (*43*) mit Recht ein, daß nicht einzusehen sei, warum bei Erregung der rot- und grünempfindenden Fasern Gelbempfindung entstehen solle, die doch ebensosehr

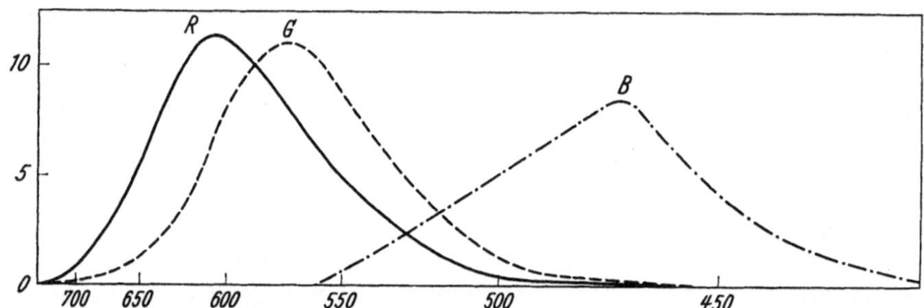

Abb. 53. Schema der *Reizwerte der Spektralstrahlungen* auf die drei von HELMHOLTZ angenommenen Teilstücke des trichromatischen Farbensystems (für das Dispersionsspektrum des Gaslichtes). A. KÖNIG (Berlin) benutzte die Bezeichnung „Kurven der *Grundempfindungen*". Für das Interferenzspektrum der Sonne sind die Kurven von A. KÖNIG bei SCHRÖDINGER in Fig. 306 wiedergegeben

spezifisch sei, wie die Rot- und Grünempfindung. Das gleiche gelte für die Entstehung der Blauempfindung durch gleichzeitige Erregung der grün- und violettempfindenden Fasern.

Die Farbe des dritten Grundreizes wurde durch Experimente festzustellen versucht. Die Ergebnisse sind nicht einheitlich. Während GÖTHLIN feststellte, daß im Gebiet von 425 bis 455 mμ der erste Farbeindruck blau ist, bestimmte SEGAL Violett als dritten Grundreiz .

Auf die Frage, was wir uns anatomisch und physiologisch-chemisch unter einem solchen Teilapparat vorzustellen haben, kommen wir noch zurück. Am nächsten lag die Vermutung, daß es verschiedene Arten von Zapfen und von zugehörigen Sehstoffen gibt; es sind aber auch die Eigenschaften der weiter zentral gelegenen Teile (Gehirn) maßgebend.

PUFF fand in der Netzhaut des Frosches bei energie- und quantengleichen Farbbelichtungen überall gleiche Kernschwellungen. Dieser morphologische Befund führt ihn zu dem Schluß, daß es in der Netzhaut keine drei streng in ihren Aufgaben getrennte Receptorengruppen gibt.

Nach POLYAK ist bisher histologisch keine strukturelle Verschiedenheit der Zapfen untereinander nachweisbar. Er glaubt vielmehr, daß ein Farbreiz in den Zapfen einen einheitlichen „panchromatischen" Prozeß hervorruft, und daß die Zapfenerregung in den Bipolaren und Ganglienzellen, die als Analysatoren dienen, in drei bis vier Grunderregungen umgewandelt werde.

Auf die Verfahren, aus welchen sich die Kurven der Abb. 53 ergeben, kann hier nicht näher eingegangen werden. Sie sind u. a. von KOHLRAUSCH (*3*) auseinandergesetzt worden. Zugrunde liegt die Feststellung der *Eichwerte* (Farbwerte) für das normale trichromatische System, d. h. der Mengen von drei passend gewählten Spektrallichtern, durch deren Mischung Gleichungen mit allen einzelnen Spektrallichtern hergestellt werden können. Dies Verfahren ist rein empirisch, theorienfrei. Durch weitere Überlegungen gelangt man zu den Kurven der Reizwerte für die hypothetischen Komponenten, den Normspektralwertkurven. Obgleich v. KRIES nachwies, daß sich in die Messungen von KÖNIG und DIETERICI Ungenauigkeiten infolge nicht hinreichender Ausschaltung von Dunkeladaptation einschlichen, welche sich nach Kohlrausch (*3*) im wesentlichen in einem Beginn der *B*-Kurve schon bei 560 mμ anstatt bei 545 mμ äußern, werden hier doch die Königschen Kurven gebracht, weil sie das Grundsätzliche erstmalig übersichtlich darstellten. Weitere Ergebnisse sind den Darstellungen von Kohlrausch (*3*) und Richter (*1*) zu entnehmen.

Das dichromatische Farbensystem läßt sich nach Helmholtz im Sinn des Fehlens eines der drei Teilapparate auffassen. Fehlt Teilapparat *R* (Abb. 53), so liegt Protanopie vor, Fehlen von Teilapparat *G* gibt Deuteranopie, Fehlen von Teilapparat *B* Tritanopie. Bei der Protanopie muß wegen des Fehlens des Teilapparates *R* und der dadurch bedingten geringen Kurvenhöhe im langwelligen Gebiet das Spektrum verkürzt und wenig hell sein. Am Schnittpunkt der Komponente *G* und *R* liegt die Graustelle des Spektrums. Bei der Deuteranopie ist die Kurvenhöhe im langwelligen Teil größer, das Spektrum ist nicht verkürzt. Die Graustelle liegt am Kurvenschnittpunkt von *R* und *B*, nahe der Graustelle der Protanopie. Bei der Tritanopie hingegen ist der Schnittpunkt weit mehr ins langwellige Gebiet verlegt, so daß die Graustelle eine ganz andere Lage hat.

Bei jeder Form der Dichromaten wird eine bestimmte homogene Strahlung des Spektrums die beiden noch vorhandenen Komponenten in einem bestimmten Stärkeverhältnis erregen. Es leuchtet ein, daß man mit zwei von den Enden des Spektrums entnommenen homogenen Lichtern, von denen das langwellige vorwiegend die eine, das kurzwellige vorwiegend die andere Komponente erregt, jedes beliebige Stärkeverhältnis der Erregung der beiden Komponenten, also Gleichungen mit jeder homogenen Lichtart, erzielen kann.

Die Hypothese des *Ausfalls* einer der normalen Komponenten, also der Auffassung der dichromatischen Systeme als *Reduktionsformen* des normalen Systems, stößt nun auf gewisse Schwierigkeiten. Beim Normalen soll Weißempfindung dann eintreten, wenn alle drei Komponenten gleich stark erregt werden. Fällt nun eine Komponente aus, so ist nicht einzusehen, daß wiederum Weißempfindung eintritt, wenn nur die beiden noch übrig bleibenden Komponenten gleich stark erregt werden. A. Fick hat daher die Hypothese aufgestellt, daß die dichromatischen Systeme dadurch aus dem normaltrichromatischen System entstehen, daß die Erregbarkeitskurve der einen Komponente mit der einer anderen identisch geworden ist, daß aber die betreffende Komponente mit ihren spezifischen Sinnesempfindungen an sich erhalten ist. Bei Protanopie würde dann die erste Komponente die gleiche Erregbarkeitskurve im Spektrum haben wie die zweite, bei Deuteranopie hingegen die zweite Komponente die gleiche Erregbarkeitskurve wie die erste. Entsprechend würde es sich bei Tritanopie verhalten. Die Lichtart der Graustelle im Spektrum würde nun tatsächlich gar nicht nur zwei Komponenten erregen, sondern alle drei, und zwar alle drei gleichstark, da alle drei Komponenten sich über der Wellenlänge der Graustelle schneiden, zwei in identischem Kurvenverlauf, die dritte dagegen gekreuzt verlaufend. So ist durch gleichstarke Erregung aller drei Komponenten erklärt, daß die dem Kurvenschnittpunkt entsprechende spektrale Lichtart Grauempfindung hervorruft, eine Tatsache, die durch die Fälle von einseitiger partieller Farbenblindheit bewiesen ist. Wir möchten die A. Ficksche Hypothese, die auch von A. König vertreten wird, als *Verschiebungshypothese* oder Angleichungshypothese bezeichnen. Sie besagt also nicht eine Identität zweier Komponenten, sondern nur die Identität der vorgelagerten, die spektrale Erregbarkeit bestimmenden Einrichtungen.

Es fragt sich nun weiter, wie die *anomalen Farbensysteme theoretisch zu deuten* sind. Dafür ist weder die Helmholtzsche noch, wie wir weiter unten sehen werden, die Heringsche Theorie ohne besondere Annahmen geeignet. Am besten gehen wir von der soeben dargestellten Fickschen Abwandlung der Helmholtzschen Erklärung der Farbenblindheit aus. Nehmen wir einmal an, der Verlagerungsvorgang, der zur Protanopie führt, ginge nicht so weit, daß die Erregbarkeitskurve der ersten Komponente der der zweiten gleich würde, sondern es käme nur zu einer Annäherung der Kurven, so müßte sich der Sachverhalt der Protanomalie ergeben. Man denke sich in Abb. 53 die erste (linke) Kurve nach rechts verschoben, so daß sie in der Mitte zwischen ihrem normalen Platz und der unveränderten zweiten Kurve steht. Entsprechend würde Deuteranomalie vorliegen, wenn die Erregbarkeitskurve der zweiten Komponente sich nach der ersten hin verschiebt, so daß sie z. B. in der Mitte zwischen der unveränderten ersten Kurve und dem normalen Platz der zweiten Kurve zu stehen kommt. Bei Tritanomalie würde die Erregbarkeitskurve der dritten Komponente etwas nach der langwelligen Seite verschoben sein, ohne mit der Kurve der zweiten Komponente zusammenzufallen. Tatsächlich fanden neuerdings KOHLRAUSCH, GRÜTZNER, HAENSEL, KRICK und SACHS bei anomalen Trichromaten die anomalen Rot- und Blauwert-Kurven gegen die normale Grünkurve und die anomalen Grünwert-Kurven gegen die normale Rotkurve hin verschoben; die Verschiebung war verschieden stark.

Da der Annahme nach dem Protanopen die erste Komponente fehlt, so wird er auch diejenigen Abweichungen in den Einstellungen der Mischungsgleichungen der Normalen und der Protanomalen nicht unterscheiden können, die auf der verschiedenen Lage der Kurve der ersten Komponente beruhen. Es müssen also danach die Protanopen die Mischungsgleichungen sowohl der Normalen, als auch der Protanomalen anerkennen. Das ist nun in der Tat der Fall. Gleiches gilt für Deuteranope hinsichtlich der zweiten Komponente und der Anerkennung der Gleichungen sowohl der Normalen als auch der Deuteranomalen.

Einfacher würde die Annahme sein, daß bei den Anomalien je eine Komponente *geschwächt* wäre. Diese Annahme wäre aber nur zulässig, wenn die Farbengleichungen des Normalen auch für den Anomalen gültig wären, was ja nicht der Fall ist.

Es ist also das theoretische Verständnis der Anomalien durch die Verschiebungshypothese (KÖNIG, v. KRIES, ENGELKING, KOHLRAUSCH) in sehr befriedigender Weise angebahnt. Es ist aber zu betonen, daß die erhöhte Kontrastempfindlichkeit, die Umstimmbarkeit, das Fehlen von Übergängen zwischen Norm und Deuteranomalie noch nicht erklärt werden können.

Man kann die Frage aufwerfen, ob nicht auch dichromatische Systeme vorkommen, welche durch *Reduktion der anomalen Systeme* entstehen. Dies wird von TSCHERNING und LARSEN in dem Sinne angenommen, daß zwar die Protanopie aus dem normaltrichromatischen System entstehe, nämlich durch Ausfall der „roten Grundfarbe" (also der ersten Komponente), daß aber die Deuteranopie eine Reduktionsform der Deuteranomalie sei, ebenfalls wieder durch Ausfall der ersten Komponente entstehend. Dann würde die langwellige Komponente des Deuteranopen nicht die normale erste Komponente sein, sondern die anomalverschobene zweite Komponente. Die Deuteranopen wären also „protanope Deuteranomale". Nun ist aber der Verschiebungsbetrag der zweiten Komponente der Deuteranomalen, wie die verschiedene Größe des Anomalquotienten zeigt, nicht stets von gleicher Größe; so müßte wohl erwartet werden, daß die Deuteranopen untereinander Unterschiede der in den Grenzgleichungen eingestellten Helligkeitsverhältnisse aufweisen, was nicht der Fall ist.

Durch Schwellenbestimmungen in der Fovea wiesen HECHT und HSIA nach, daß die Gesamthelligkeit des Spektrums sowohl für den Protanopen als auch für den Deuteranopen geringer ist als für den Normalen, was schon von ABNEY theoretisch abgeleitet wurde. Nach Messungen von HECHT und HSIA erleidet der Protanop 50%, der Deuteranop 40% und der Tritanop etwa 12% Helligkeitsverlust im Spektrum. Dieser Befund könnte zugunsten einer Ausfallshypothese gewertet werden. WALLS und MATHEWS hingegen sowie HEATH konnten den von HECHT und HSIA und auch später von HSIA und GRAHAM behaupteten Helligkeitsverlust für die Deuteranopen nicht bestätigen. MONJÉ fand, daß die Weißempfindlichkeit bei der Protostörung in Mitleidenschaft gezogen ist, dagegen nicht bei den Deuteroformen.

Versuche über isolierte Beeinflussung von Teilapparaten des Sehapparates können als Stütze für eine Dreifarbentheorie gedeutet werden. Mit Sympathicus-reizmitteln: Adrenalin, Gehörs- und Geruchsreizen, lokaler Anreicherung von Calciumionen durch Gleichstrom gelang es KRAVKOV u. Mitarb., die Empfindlichkeit für Grün zu erhöhen, durch Pilocarpin und lokale Anreicherung von Kaliumionen durch Gleichstrom dieselbe zu erniedrigen (KRAVKOV und GALOCHKINA). MOTOKAWA u. Mitarb. stellten fest, daß die Zeit des Maximums der Erregbarkeit für den elektrischen Strom zur Erzeugung eines Phosphens am Auge von der Wellenlänge der Vorbelichtung abhängt. In der Fovea ergaben sich drei Prozesse, ein Grün-, Rot- und Blauprozeß (in der Reihenfolge vom stärksten nach dem schwächsten Prozeß). Kurven mit der Wellenlänge auf der Abszisse, der elektrischen Erregbarkeit auf der Ordinate waren den König-Dietericischen Empfindungskurven sehr ähnlich. Bei Protanopen war der Rotprozeß, bei Deuteranopen der Grünprozeß geschwächt, aber kein Prozeß fiel ganz aus. Dagegen fand sich bei beiden Typen ein dominierender Gelbprozeß in der Fovea, wie er beim Normalen nur in der Peripherie der Netzhaut feststellbar ist. Bei anomalen Trichromaten fand sich ein nur quantitativer Unterschied zu den Dichromaten (EBE, ISOBE und MOTOKAWA). STILES stellte auf Grund von Versuchen über Schwellenmessungen mit farbigen Objekten bei farbiger Voradaptation drei unabhängige Mechanismen im Zapfenapparat fest, einen Blau-, Grün- und Rotmechanismus, von denen der erste einige Besonderheiten zeigte.

Eine Stütze erfuhr die Helmholtzsche Dreikomponententheorie durch die Messungen der elektrischen Vorgänge am Auge von GRANIT u. seinen Mitarb. Der Grundgedanke der Theorie GRANITs ist die Annahme zweier getrennter Mechanismen des Endorgans, eines für die Licht- und eines für die Farbenempfindung, eine Annahme, die auch den Theorien von WUNDT und von EDRIDGE-GREEN zugrunde liegt. Der Dominatormechanismus, der auf die Helligkeit des ganzen sichtbaren Spektrums anspricht, ergibt als Fundamentalempfindung ein farbloses „Weiß". Es gibt zwei Dominatorreaktionen — eine für das Tagessehen und eine für das Nachtsehen. Die Farbenempfindung wird durch Modulatorenmechanismen bewirkt. Diese modulieren den dominierenden Helligkeitseindruck so, daß er in den höheren Zentren zur Farbenempfindung wird. Es lassen sich mehrere Modulatoren mit auf enge Spektralbereiche beschränkten Empfindlichkeiten nachweisen, die man wieder in drei Hauptgruppen zusammenfassen kann: eine gelborange, eine grüne und eine blauviolette Gruppe, was aber noch nicht als bündiger Beweis für die Young-Helmholtzsche Theorie ausgelegt werden darf. Durch GRANITs Versuche wird auf jeden Fall gezeigt, daß im peripheren Apparat eine begrenzte Anzahl von Mechanismen vorhanden sein muß, die auf bestimmte Spektralgebiete abgestimmt sind. Die Modulatoren brauchten keine farbenempfindlichen Grundsubstanzen darzustellen, sondern Transformationen von spektralen Absorptionskurven solcher Substanzen durch Bahnungs- und Hemmungsvorgänge. Die Ergebnisse von GRANIT und seiner Schule sind so wichtig, daß eine moderne Farbensinntheorie an ihnen nicht vorbeigehen kann. Es ist allerdings einzuwenden, daß seine Befunde nicht bindend für das Menschenauge sind, da sie hauptsächlich an der Katze gewonnen wurden, die nach Verhaltensexperimenten farbenblind ist und die höchstens eine Vorstufe eines Farbensystems besitzt (WALLS). Auch ist nach RUSHTON die Existenz der photopischen Dominatoren nicht gesichert, da GRANITs Aktionspotentiale von Riesenganglienzellen der Retina herrühren, deren Funktion vor allem mit dem Nachtsehen verknüpft ist. Andererseits ist der Schluß nicht von der Hand zu weisen, daß eine elektrophysiologisch verschiedene Reaktion ein Unterscheidungsvermögen für die verschiedenen Wellenlängengebiete bedeutet. Bei der Protanopie und Deuteranopie nimmt GRANIT eine Affektion der roten und der grünen Modulatoren an. Bei Protanopen tritt eine solche des übergeordneten Dominatorenmechanismus hinzu. Reduktion und abnorme Verteilung der Modulatoren führen zu anomaler Trichromasie.

Auch WALLS und MATHEWS nehmen eine Trennung der Mechanismen für die Farben- und Helligkeitsempfindung an. Die Protanopie führen sie auf einen Ausfall, die Protanomalie auf eine Verminderung der Rotreceptoren zurück. Bei der Deuteranopie wären die Rot- und Grünreceptoren undifferenziert geblieben, bei der Deuteranomalie wird ein Gemisch von rot- und grünempfindlicher Substanz in den Grünreceptoren angenommen. Im Gegensatz zu diesen Anschauungen ist DE VRIES der Ansicht, daß den Deuteranopen die Grünreceptoren fehlen und die Hellempfindlichkeitskurve durch einen sehr verminderten Grünkoeffizienten bedingt sei.

Weitgehend durchgeführt ist die Trennung der Hellempfindung von der Farbenempfindung in der Theorie von PIÉRON, der drei Zapfenarten für die Farbenempfindung annimmt, für Rot-, Grün- und Blauempfindung, und einen vierten Zapfen, der die drei photosensiblen Substanzen enthält und für die Hellempfindung verantwortlich ist. Unter Berücksichtigung der Struktur der Netzhaut werden die Phänomene des normalen und abnormen Farbensehens erklärt. Bei Protanopen falle die rote Grundsubstanz sowohl in den Spezialzapfen als auch in den gemischten Zapfen fort, bei Deuteranopen enthalten die Zapfen möglicherweise ein Gemisch von zwei photosensiblen Substanzen zu gleichen Teilen und bilden eine Art Vorstufe zu den gemischten Zapfen. Ein leichtes Überwiegen der roten Substanz bedinge die Verschiebung der Hellempfindlichkeitskurve ein wenig nach Rot. Bei Tritanopen sei Fehlen der Blausubstanz anzunehmen. Weitere Einzelheiten sind dem Buch von PIÉRON zu entnehmen. Nach WALLS ist die Auffassung PIÉRONs nicht zutreffend, da sie ein zu grobes Netzhautmosaik zur Voraussetzung hat, wenn nur drei Viertel der Zapfen für die Farbe und ein Viertel für die Helligkeit maßgebend ist. Vielmehr sei anzunehmen, daß jeder Zapfen einen Beitrag zu Farbe und Helligkeit liefert, es gäbe rot-, grün- und blauperzipierende Zapfen mit relativen Farbbeträgen 1:1:1 und relativen Helligkeitsbeträgen 4:5:1.

Mehr als drei Elemente werden u. a. von HARTRIDGE gefordert. Er nimmt sieben Receptoren an, von denen einige nur bei sehr schwacher Beleuchtung erregt werden, andere bei sehr starker (polychromatische Theorie), während bei mittlerer Beleuchtung eine Art von Drei-Receptoren nach der Anschauung von HELMHOLTZ für das Farbensehen verantwortlich sein soll.

Auf der Basis der Young-Helmholtzschen Theorie wurden eine Reihe weiterer Theorien entwickelt, von denen aus neuerer Zeit u. a. diejenige von FRANZ (aus der Goetheschen Darstellung der Farbenempfindung gefolgerte Theorie), von v. STUDNITZ (auf Grund der Ergebnisse über Zapfensehstoffe), JORDAN (Präzisierung und Fortentwicklung der klassischen Dreifarbentheorie), NEUGEBAUER und WALLS zu nennen wären.

Die *Theorie* von EWALD HERING (*42*) geht von ganz anderen Grundanschauungen aus. Sie nimmt zwar auch drei Teilapparate an, Sehsubstanzen genannt. Jede von diesen Substanzen gibt aber nicht nur bei Zersetzung (Dissimilierung) eine Empfindung, sondern auch bei dem Wiederaufbau (Assimilierung). Die eine Substanz vermittelt bei Dissimilierung die Rot-, bei Assimilierung die Grünempfindung; die zweite bei Dissimilierung Gelb, bei Assimilierung Blauempfindung; die dritte wird durch jedweden Reiz lediglich dissimilierend beeinflußt und gibt dann die Weißempfindung, die assimilierenden Vorgänge bei Fehlen von Lichtreiz bewirken Schwarzempfindung. Wirken alle Strahlungen zusammen, so heben sich die dissimilierenden und assimilierenden Wirkungen auf die zwei

Substanzen der Buntempfindungen auf, und die Wirkung auf die schwarzweiße Substanz tritt rein hervor; daher entsteht Weißempfindung. Dasselbe ist der Fall, wenn zwei kompensative Strahlungen einwirken. Es sind dies nach HE-RINGs Auffassung Lichter, von denen das eine in derselben Sehsubstanz (etwa der rotgrünen) Dissimilierung, das andere im gleichen Betrag Assimilierung auslöst. Wegen der sich gegenseitig aufhebenden Wirkung der Lichter bezüglich der Farbenempfindung wird von *Gegenfarben* gesprochen.

Abb. 54 gibt die „*Valenzkurven*" der Heringschen bunten Sehsubstanzen wieder. Die Dissimilierungswirkung ist nach oben, die Assimilierungswirkung nach unten gezeichnet. Die rotgrüne Substanz hat ihr Dissimilierungsmaximum

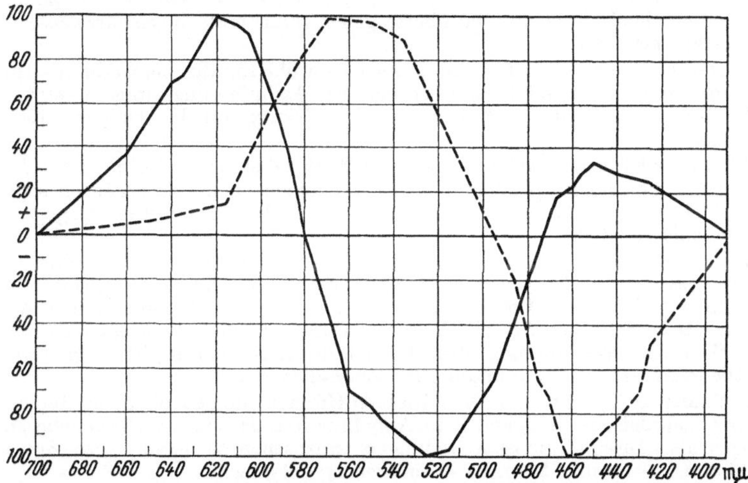

Abb. 54. „*Valenzkurven*" *des Spektrums* (Interferenzspektrum des Himmelslichts) für die *Heringschen rotgrünen und blaugelben Substanzen.* Nach BRÜCKNER. Rot-Grün-Kurve ausgezogen. Gelb-Blau-Kurve gestrichelt. Dissimilierung nach oben. Assimilierung nach unten gezeichnet. Die Kurve der Schwarz-Weiß-Substanz ist hier fortgelassen, sie entspricht nach HILLEBRAND und HERING der Kurve der „Dämmerungswerte" (vgl. Abb. 62); die spektralen Lichter haben auf die schwarzweiße Substanz ausschließlich dissimilierende Wirkung, die Kurve ist also nach oben zu zeichnen

bei etwa 615 mμ, das Assimilierungsmaximum bei etwa 525 mμ, der „Indifferenzpunkt", d. h. die Wellenlänge, die überhaupt nicht wirkt, liegt bei etwa 580 mμ. Die entsprechenden Werte für die blaugelbe Substanz liegen bei etwa 560, 460 und 495 mμ. Man beachte, daß die rotgrüne Substanz im kurzwelligen Spektralende nochmals erregt wird. Hierdurch wird erklärt, daß das Violett rötlich aussieht. Die Valenzkurven geben die Reizwerte der spektralen Lichter für die Sehsubstanzen an. Die Dissimilierungskurve der schwarzweißen Substanz ist in Abb. 54 nicht wiedergegeben. Sie entspricht nach HILLEBRAND und HERING der später zu erörternden Kurve der „Dämmerungswerte" des Spektrums (vgl. Abb. 62). Hiervon weichen aber die „Tageswerte" (Abb. 63) ab.

HERING (*41, 42*) ist der Auffassung, daß man aus den Gesichtsempfindungen zunächst nur auf die psychophysischen Vorgänge in der Sehsubstanz schließen kann; erst in zweiter Linie sei nach den Gesetzen des Zusammenhangs der psychophysischen Vorgänge mit den Ätherschwingungen zu suchen. Als *Sehsubstanz* wird kurz die „irgendwo im nervösen Apparat des Auges und den damit in funktioneller Beziehung stehenden Hirnteilen" zu suchende Substanz bezeichnet, „mit deren Veränderung oder Bewegung die Empfindung verknüpft ist". „Ob diese Sehsubstanz nur im Gehirn oder zugleich in der Netzhaut, und in welchen histologischen Bestandteilen derselben sie zu suchen ist, dies alles bleibt vorerst dahingestellt." (Sehsubstanz in diesem Sinne ist nicht nur Sehstoff im Sinn des später zu besprechenden Zapfenstoffs der Netzhaut.) Die weitere Grundvorstellung ist, „daß zwischen physischem und psychischem Geschehen ein gewisser Parallelismus bestehe, und daß insbesondere verschiedenen Qualitäten der Empfindung auch verschiedene Qualitäten oder Formen des psychophysischen Geschehens entsprechen". Unter Assimilierung wird der synthetische Prozeß verstanden, „durch welchen die lebendige organische Substanz den durch Erregung oder Tätigkeit erlittenen Verlust wieder ersetzt", unter Dissimilierung das Entstehen gewisser chemischer Produkte bei der Erregung. Beiden Vorgängen sei „gleich großer Wert für die Empfindung zuzuschreiben". Während HERING bei der schwarzweißen Substanz die Empfindung des „Weißen oder Hellen" der Dissimilierung, die Empfindung des „Schwarzen oder Dunklen" der Assimilierung zuschreibt, ließ er für die Sehsubstanzen der Buntempfindung zunächst ganz offen, welche Empfindung der Assimilierung, welche der Dissimilierung entspreche. Der möglichen Vorstellung, daß die Sehsubstanz homogen ist, aber zu drei verschiedenen Arten von Dissimilierung und Assimilierung fähig, wird die vorgezogen, daß ein Gemisch dreier chemisch verschiedener Substanzen vorliegt, die unabhängig voneinander dis- und assimilieren. Da sich die sechs Grundempfindungen der Substanz zu drei Paaren: Schwarz und Weiß, Blau und Gelb, Grün und Rot ordnen, werden drei verschiedene Bestandteile der Sehsubstanz angenommen, die schwarz-weiß empfindende, die blau-gelb empfindende und die rot-grün empfindende Substanz, im übertragenen Sinne einfach schwarzweiße, blaugelbe, rotgrüne Substanz genannt.

„Gemischtes Licht erscheint farblos, wenn es sowohl für die blaugelbe als für die rotgrüne Substanz ein gleichstarkes Dissimilierungs- wie Assimilierungsmoment setzt, weil dann beide Momente sich gegenseitig aufheben und die Wirkung auf die schwarzweiße Substanz rein hervortritt.

Zwei objektive Lichtarten, welche zusammen Weiß geben, sind also nicht als ‚*komplementäre*‘, sondern als *antagonistische* Lichtarten zu bezeichnen, denn sie ergänzen sich nicht zu Weiß, sondern lassen dieses nur rein hervortreten, weil sie als Antagonisten sich gegenseitig ihre Wirkung unmöglich machen."

Die sechs verschiedenen Arten der Erregbarkeit (die schwarze, weiße, grüne, rote, blaue und gelbe) sind variable Größen, es ist also die D-Erregbarkeit und entsprechende A-Erregbarkeit nicht immer gleich groß. Deshalb kann ein objektives Lichtgemisch verschieden aussehen. Die jeweils vorliegenden Erregbarkeitsverhältnisse werden als *Stimmung des Sehorgans* bezeichnet. Wenn die Dissimilierung überall gleich der Assimilierung ist, liegt *neutrale Stimmung* vor. Die entsprechende Empfindung ist das *mittlere Grau*.

Erst HILLEBRAND (*1*) legte auf Grund seiner Untersuchungen über die Helligkeitswerte des Spektrums („spezifische Helligkeit") die Annahme fest, daß die spezifisch helleren farbigen Empfindungen als „Dissimilationsempfindungen" anzusehen seien, daß also Rot und Gelb der Dissimilierung, Grün und Blau der Assimilierung entspreche.

Auch die Heringsche Theorie ist geeignet, die hauptsächlichen Tatsachen der Farbenmischung zu erklären. Ferner entspricht die Gegenfarbentheorie gut den vorhandenen Ähnlichkeiten und Ausschließlichkeiten unter den Farbenempfindungen. Die Tatsache, daß eine Empfindung wohl gleichzeitig rot- und gelbähnlich sein kann, nicht aber gleichzeitig rot- und grünähnlich, kommt in der Annahme zum Ausdruck, daß sich in der Rotgrün- und in der Gelbblausubstanz gleichzeitig Dissimilierung abspielen kann, wobei Orangeempfindung auftritt, daß aber nicht gleichzeitig Dissimilierung und Assimilierung in ein und derselben Substanz wirksam sein kann, wie es für das Zustandekommen einer Empfindung zu fordern wäre, die gleichzeitig mit Rot und Grün Ähnlichkeit haben sollte.

Grundsätzliche Schwierigkeiten ergeben sich aber für die Annahme, daß von den drei Sehsubstanzen zwei durch Licht teils dissimilierend, teils assimilierend (zersetzend und aufbauend) erregt werden, die dritte hingegen nur dissimilierend. Des weiteren bleibt unerklärlich, warum zwar bei den Substanzen für die Buntempfindungen im Übergang von Dissimilierung und Assimilierung Nichtempfinden auftritt, bei der schwarzweißen Substanz aber dem Übergang von Dis- in Assimilierung eine Empfindung zugeordnet ist, nämlich eine Empfindung zwischen Schwarz und Weiß. Das bei Lichtabschluß dem „Gleichgewicht" von As- und Dissimilierung entsprechende Grau ist in keiner Weise psychologisch ausgezeichnet. Es trennt keine gegensätzlichen Empfindungen. Ebensowenig hält es die Mitte zwischen Schwarz- und Weißempfindung ein, sondern es ist wesentlich dunkler als „Mittelgrau". Es ist also nur bei den Buntsehsubstanzen das Gleichgewicht zwischen As- und Dissimilierung auch psychologisch ausgezeichnet und es bleibt unverständlich, warum bei der Unbunt-Sehsubstanz diese Auszeichnung fehlt. Die Deutung der Kurve der „Dämmerungswerte", d. h. die Helligkeitswerte des lichtschwachen Spektrums auf die dunkeladaptierte Netzhautperipherie, als Ausdruck der schwarzweißen Substanz ist unhaltbar, wie aus späteren Besprechungen hervorgeht.

Die Auffassung der dichromatischen Systeme als Vereinfachungsformen des trichromatischen gilt auch für ihre *Erklärung aus der Heringschen Theorie (42, 43)*. Nach ihr kann es sich bei der Prot- und Deuteranopie nur um einen Ausfall der einheitlichen rotgrünen Substanz handeln. Die Spektralstrahlungen haben also nur noch gelbe und blaue Valenz. Es wird so ohne weiteres verständlich, daß diese Dichromaten die langwellige Hälfte des Spektrums gelb, die kurzwellige blau sehen. Die Graustelle liegt da, wo die Dissimilierung der Gelb-Blau-Substanz in die Assimilierung übergeht, wo also das Spektrallicht gar keine Wirkung auf die Buntsubstanz hat, so daß nur die Wirkung auf die Schwarzweiße Substanz übrigbleibt. Eine große Schwierigkeit liegt aber darin, daß die Heringsche Theorie eine einheitliche Rotgrünblindheit fordert, während tatsächlich, wie oben näher ausgeführt, mit den spektralen Gleichungsverfahren im Gebiet des „Rotgrünsinnes" *zwei* Typen von Farbenblindheit nachweisbar sind.

Nach HERINGs Gegenfarbentheorie kann ein Sehorgan, welches keinerlei rote Empfindung besitzt, auch keine grüne haben, und umgekehrt. Es fällt also die rote und grüne Valenz der Lichtstrahlen gleichzeitig aus. „Solche Augen sind rothgrünblind." „Das Spektrum des Rotgrünblinden zerfällt also in eine erste gelbe und eine zweite blaue Hälfte." Die Lichter der gelben Hälfte unterscheiden sich nur durch die verschiedene „Nuancierung", d. h. durch verschiedenen Zusatz von Weiß bzw. Schwarz. Die farblose Stelle der Rotgrünblinden fand HERING am Spektrum zwischen den Linien b und F (also zwischen 517 mμ und 486 mμ). Der nicht wegzuleugnende Unterschied zwischen Proto- und Deuterostörungen läßt sich nur mit Hilfe von einer relativen Gelb- und Blausichtigkeit erklären (v. TSCHERMAK). Die Einwände, die HERING (*62*) gegen die Ficksche Verschiebungshypothese macht, betonen besonders die grundsätzliche Schwierigkeit, daß es nach dieser Auffassung kein bestimmtes Gesetz für die Abhängigkeit der Erregung einer Faserart (mit ursprünglich besonderer spezifischer Energie) von der Lichtwellenlänge mehr gibt.

HESS wollte auf Grund von farbenperimetrischen Untersuchungen den Typenunterschied der Protanopen und Deuteranopen nicht gelten lassen. Er ist aber in der Netzhautmitte, in welcher der Farbensinn am höchsten entwickelt ist, sicher vorhanden, er muß infolgedessen von den theoretischen Vorstellungen mit erfaßt werden.

Die Heringsche Theorie ist schlecht geeignet, durch Zusatzannahmen über Veränderung des normalen Farbensystems die Anomalien zu erklären, hauptsächlich deshalb, weil der so große Unterschied zwischen den Protanomalen und den Deuteranomalen aus einer Abänderung der einheitlichen rotgrünen Substanz nicht hergeleitet werden kann.

Auf der anderen Seite ist die Heringsche Theorie geeigneter, die Vereinfachung des Farbensinns in der normalen Netzhautperipherie zu erklären. Es würde also in Richtung von der Fovea nach außen zuerst die rotgrüne Substanz fortfallen, weiter gegen die Peripherie hin auch die gelbblaue Substanz, so daß in der äußersten Peripherie allein die schwarzweiße Substanz übrigbleibt, deren Erregbarkeitskurve durch die Peripheriewerte dargestellt würde. Die Heringsche Ansicht, daß die später zu besprechenden Werte die Erregbarkeit der schwarzweißen Substanz darstellen, ist nicht haltbar gewesen. Wir kommen hierauf zurück.

Von weiteren Theorien wäre die Modulationstheorie von FRY zu erwähnen, die eine Weiterentwicklung der Theorie von TROLAND darstellt. FRY nimmt an, daß die Frequenzänderung der Erregungen in ableitenden Nerven pro Zeiteinheit die resultierenden Farbenempfindungen bestimmt. Es lassen sich vier Haupttypen solcher Frequenzkurven aufstellen, die zwei paarweise zusammengehörige Mechanismen bilden. PICKFORDs Vierfarbentheorie ist eine Variante der Heringschen

Ideen, modifiziert durch Houstons und eigene Beiträge. Jameson und Hurvich entwickeln eine quantitative Gegenfarbentheorie des Farbensehens. Die auf Grund ihrer Annahmen berechneten Farbgleichungen und Unterschiedsempfindlichkeiten stimmen mit den experimentellen Ergebnissen anderer Autoren gut überein. Unter gewissen Bedingungen wären drei Grundreize ausreichend.

Eine Stütze hat die Theorie Herings durch die elektro-physiologischen Befunde von Svaetichin bekommen. Svaetichin fand bei seinen Experimenten drei grundsätzlich verschiedene Typen spektraler Antworten. Der erste Typ antwortet mit maximaler Reaktion auf 742 mμ mit einer Hyperpolarisation, d. h. einem Anwachsen der intracellulären Negativität. Der zweite, sog. R-G-Typ antwortet mit einer maximalen Depolarisation bei Reizung mit 506 mμ und einer Hyperpolarisation auf 639 mμ. Die Blau-Gelb-Substanz reagiert mit Hyperpolarisation maximal auf 460 mμ und mit Depolarisation maximal auf 610 mμ. Anatomisch entspricht dem ersten der genannten Typen ein einzelner Zapfen, während dem zweiten und dritten Typ sog. Zwillingszapfen entsprechen, wie sie schon Walls 1942 beschrieben hat. Allerdings ist die Existenz von Zwillingszapfen bei den Receptoren der Fischretinae aufgewiesen worden, während sie bei den Vertebraten von anatomischer Seite abgelehnt wird. Auf mehr Einzelheiten einzugehen ist heute noch verfrüht.

Wenn wir im Vorigen sahen, daß manche Eigentümlichkeiten des Farbensinns in den Beziehungen der Empfindungen zueinander und zu den äußeren Reizen sowie in Abhängigkeit von den Netzhautorten sich besser nach der Heringschen, manche besser nach der Helmholtzschen Theorie erklären lassen, so ist verständlich, daß man versuchte, beiden Theorien gerecht zu werden. Man kam zu der Annahme, daß die ganzen zwischen lichtempfindlicher Netzhautschicht und Gehirnrinde liegenden Einrichtungen aus *mehreren Stufen* (Zonen) bestehen, deren *Funktionsweise verschieden* eingerichtet ist. So nimmt v. Kries an, daß die Vorgänge in der Peripherie des ganzen vom Auge bis zum Gehirn liegenden Farbensystems durch die Helmholtzsche Theorie zutreffend dargestellt werden, daß aber die Vorgänge in der Gehirnrinde mehr den Vorstellungen von Hering entsprechen. Diese Auffassung wird als *Zonentheorie* bezeichnet.

Die Grundzüge dieser Vorstellung hat v. Kries (*1*) schon im Jahr 1882 mitgeteilt. Er betonte, daß die Helmholtzsche Theorie ihrer Natur nach sich nur auf die Vorgänge in den peripheren Einrichtungen beziehe, aber über deren zentrale Umsetzungen nichts aussage. Eine Ausdehnung auf diese Vorgänge führe zu Widersprüchen mit den zu beobachtenden Tatsachen der Empfindung. „Die fast ausschließliche Verwertung der subjektiven Methode charakterisiert den geistvollen Versuch Herings. Das Wesentliche der Young-Helmholtzschen Theorie wurde hierbei adoptiert, nämlich die Componenten-Gliederung; diese erschienen aber in ganz veränderter Form." Der Haupteinwand: „ . . . die *Über-bestimmung*; die Gesichtsempfindungen sind nun einmal von nur dreifach bestimmter Mannigfaltigkeit, und ohne sehr gezwungene Annahme *kann* es nicht gelingen, sie mit einer sechsfach bestimmten zur Deckung zu bringen." Zum Zweck der einfachen Übersichtlichkeit sei es am richtigsten, „für den peripheren Teil den allgemeinen Ausdruck ‚Componente' beizubehalten und von *Rot-*, *Grün-* und *Violett-Componente* zu sprechen. Diese Componenten genauer zu untersuchen, sie vielleicht in drei lichtempfindlichen Substanzen direkt nachzuweisen, wird die Aufgabe der Zukunft sein. Neben diesen wird es am richtigsten sein, die centralen Bedingungen der Farbenempfindung etwa unter dem Namen des *terminalen Farbensinnes* zusammenzufassen." (Der Ausdruck zentraler Farbensinn führe zu Verwechslung mit dem fovealen.) Diese Vorstellung sei zwar verwickelter als die beiden Grundtheorien, es sei aber „viel wahrscheinlicher, daß der Fortgang der Untersuchungen die hier entwickelte Theorie als immer noch viel zu einfach ergeben wird, als daß umgekehrt zu einer einheitlichen Auffassung des ganzen Gesichtsorgans zurückgekehrt werden sollte ".

Auch seien die weiteren allgemeinen Ausführungen von v. KRIES (2, 67) erwähnt, sowie die Ableitungen, in welchen SCHOUTEN und neuerdings auch TALBOT bestrebt sind, die Vereinigung der Drei-Komponenten-Lehre mit der Vier-Farben-Theorie in bestimmte Form zu bringen. Auch CIBIS hat versucht, beide Theorien zu vereinigen. Er geht von der Vorstellung aus, daß der Lichtreiz zunächst in der lichtempfindlichen Substanz absorbiert wird und zu einem Energiezuwachs oder -verlust führt. Er nimmt drei lichtempfindliche Stoffe an, die sich nur durch die antagonistische Wirksamkeit der in einem Element vereinigten Substanz unterscheiden, nicht durch Assimilation und Dissimilation der gleichen Substanz im Sinne HERINGs. Die photosensiblen Komponenten haben Wirkungsbereiche in Übereinstimmung mit den von der CIE-Kurve festgelegten Werten für den Normalbeobachter (s. S. 96). Die Photoreceptoren befinden sich in einer ersten Zone, die zweite Zone umfaßt die nervösen Einrichtungen zwischen Photoreceptoren und terminalen Elementen. Die dritte terminale Zone stellt die Ganglienzellen für die Grundempfindungsqualitäten Rot, Grün, Blau, Gelb, Weiß und Schwarz dar. Aus dem Terzett der Reize ist ein Farbkontinuum mit vier ausgezeichneten Punkten, die den Urfarben entsprechen, entstanden. Die Farbensinnstörungen werden in einer phylogenetischen Betrachtungsweise durch Alterationen und Reduktionen der Komponenten erklärt. Die Theorie von CIBIS stützt sich auf bekannte Tatsachen. Es gelingt ihr besser als anderen Theorien, das Farbensehen zu erklären, aber sie stellt offensichtlich mehr ein Modell dar.

Eine erwähnenswerte ältere Theorie ist noch die von G. E. MÜLLER. Ausführliche Darstellungen der Theorien über das Farbensehen finden wir bei RICHTER, MÜLLER-LIMMROTH, BUCHWALD, SCHOBER und CIBIS.

Alle Theorien des Farbensinns werden immer nur eine Näherungslösung bedeuten können. E. HERING (43) sagt selbst darüber:

„Hat es je eine physikalische, chemische oder physiologische Theorie gegeben, welche mehr gewesen wäre als eine bloße Annäherung an die Wahrheit? Die großen Naturforscher früherer Zeit haben selten das Glück gehabt, ihre eigenen Theorien zu überleben. Bei den heutigen raschen Fortschritten der Wissenschaft aber ist es dem länger lebenden Forscher bisweilen vergönnt, seine Theorie nicht nur blühen und reiche Früchte tragen, sondern auch aus dem ausgestreuten Samen eine neue und der Wahrheit noch nähere Theorie sich entwickeln zu sehen. Sterile Theorien verfallen leicht der Unsterblichkeit; die fruchtbaren vererben ihren unsterblichen Teil ihren Kindern, während ihre sterbliche Hülle zerfällt."

F. Das Nachtsehen[1] und seine Beziehungen zum Tagessehen
1. Die Empfindlichkeitssteigerung im Dunkeln

Für die bisher besprochenen Tatsachen war eine weitere Gültigkeitsbedingung aufgestellt worden, nämlich die Anwendung verhältnismäßig starken Lichtes. Wir können auch sagen: die Bedingung ist die Anpassung des Auges an eine

---

[1] Unter Wahrung der von v. KRIES übernommenen Tradition verwendet W. TRENDELENBURG durchweg die Ausdrücke Dämmerungssehen, Dämmerungswerte, Dämmerwerte. Ein Unvoreingenommener würde wahrscheinlich unter Dämmerungssehen den Zustand verstehen, den W. TRENDELENBURG (auf S. 149) als Zwielichtsehen bezeichnet. Um Mißverständnissen vorzubeugen und dem jetzt üblichen Gebrauch zu folgen, haben wir uns daher nach reiflicher Überlegung entschlossen, die drei Stadien des Sehens folgendermaßen zu benennen: 1. Tagessehen, 2. Dämmerungssehen und 3. Nachtsehen, und die Ausdrücke „Dämmerung" oder „Dämmer" der ersten Auflage dieses Buches überall durch „Nacht" zu ersetzen.

Die Herausgeber

größere Helligkeit, etwa die eines hellen Sommertages. Nunmehr soll untersucht werden, in welcher Weise sich das Sehorgan verhält, wenn nur *schwaches Licht* einwirkt und *das Auge an stark herabgesetzte Beleuchtung angepaßt* ist. Einfache Beobachtungen zeigen schon, daß solche Anpassungen in der Tat stattfinden. Wenn wir nach längerem Hellaufenthalt ins Dunkle kommen, können wir zunächst nur wenig unterscheiden; nach langem Dunkelaufenthalt werden wir hingegen durch selbst mäßig helles Licht stark geblendet.

Die darin sich aussprechende *Steigerung der Empfindlichkeit* der Netzhaut läßt sich im Zahlenmaß verfolgen, wenn man zu verschiedenen Zeiten nach Eintritt ins Dunkle die *Reizschwelle* bestimmt, d. h. das Mindestmaß von Licht ermittelt, welches zur eben merklichen Erregung ausreicht. Die im Absinken der Schwellenwerte sich äußernde Empfindlichkeitssteigerung wird nach AUBERT als *Adaptation* bezeichnet. Zur genaueren Untersuchung des zeitlichen Verlaufs der Dunkelanpassung dienen die von NAGEL und PIPER angegebenen *Adaptometer* mit ausgiebiger Veränderungsmöglichkeit der Leuchtdichte des Beobachtungsfeldes. Abb. 55 gibt das Adaptometer von PIPER wieder, bei welchem in leicht übersehbarer Weise die Abstufung der Leuchtdichte durch zwei hintereinander geschaltete Aubertsche Blenden vorgenommen wird.

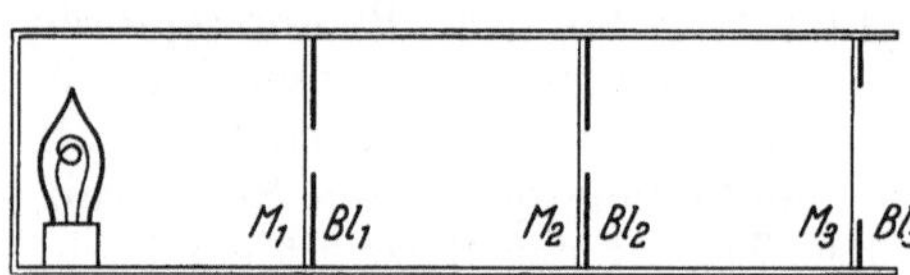

Abb. 55. *Adaptometer von* PIPER. M_1, M_2, M_3 Mattscheiben, Bl_1, Bl_2, Bl_3 Blenden. Bl_3 dient zur Einstellung der Feldgröße, Bl_1 und Bl_2 zur Abstufung der Beleuchtungsstärke von M_3. Die von Bl_1 auf Bl_2 bzw. von Bl_2 auf M_3 fallende Lichtmenge ist der Fläche der Blendenöffnung proportional. Nach ERGGELET (1) ist eine Eichung vorzunehmen

Viel benutzt wird ein Gerät von ENGELKING und HARTUNG, das neuerdings von ENGELKING und JAEGER verbessert herausgebracht worden ist; bei ihm werden außer der Aubertschen Blende geeignete Graugläser zur Lichtabschwächung hinzugenommen.

Um vergleichbare Ergebnisse zu erhalten, ist eine Vereinbarung über die Versuchsbedingungen notwendig. Geeignet ist ein kreisförmiges Lichtfeld (von rückwärts beleuchtete Milchglasscheibe) von 10 cm Durchmesser, das aus 60 cm Entfernung beobachtet wird, wobei es in einem Gesichtswinkel von 10° erscheint. Man beobachtet dieses Feld am besten mit einer extrafovealen (peripher von der Fovea gelegenen) Netzhautstelle mit etwa 18 bis 19° Winkelabstand von der Fovea, da die Empfindlichkeit in einem Winkelabstand von 18° einen Höchstwert erreicht. Um diese Augenstellung einhalten zu können, wird dem Auge in 20 cm Abstand von der Mitte des Prüffeldes ein kleiner roter Fixierpunkt dargeboten, dessen Helligkeit mit Hilfe eines veränderlichen Widerstandes möglichst gering einzustellen ist, so daß die Beobachtung nicht gestört wird. Um stets von guter Helladaptation ausgehen zu können, benutzt man eine künstlich beleuchtete weiße Fläche (Hohlhalbkugel W. T. 18) von der Leuchtdichte des Himmels an einem hellen Sommertag (etwa 1 Stilb 10^4 Nit), die einige Minuten lang betrachtet wird. Es wird dann in kurzen Zeitabständen die Leuchtdichteschwelle S ermittelt, am besten in der Weise, daß man, ausgehend von unterschwelligem Licht, die Leuchtdichte einstellt, bei welcher das Prüffeld eben sichtbar wird (Auftauchschwelle), da dabei die Ergebnisse gleichmäßiger ausfallen, als wenn man von überschwelliger Leuchtdichte ausgehend das Feld eben unsichtbar werden läßt. Nun wird der Kehrwert $1/S$ der ermittelten Schwelle als Ordinate, die Zeit als Abszisse aufgetragen. Auch beim Kehrwert sollte stets angegeben werden, aus welcher Leuchtdichteeinheit er gewonnen wurde. Üblicher ist es, den Briggsschen Logarithmus des Schwellenwertes S oder des Kehrwertes $1/S$ aufzutragen. Man erhält so die *Kurve des Adaptationsverlaufes.* Sie ist in Abb. 56 in beiden Darstellungsweisen ($1/S$ und log $1/S$) wiedergegeben.

Geht man von guter Helladaptation aus, so erreicht die Kurve erst nach etwa 1 Std., asymptotisch verlaufend, anscheinend ein Maximum. Genauere Untersuchung zeigte zwar ein langsames weiteres Ansteigen; die nach 1 Std. erreichte Höhe kann aber für manche Zwecke als Maß genügen. Wie PIPER zeigte, ist der nach 1 Std. vorliegende Adaptationsbetrag individuell verschieden. Wenn man die *Dunkeladaptation über längere Zeit* hinaus verfolgt, was von ACHMATOV bis zu

24 Std. ununterbrochener Beobachtungsdauer geschah, so findet man, wie schon
NAGEL zeigte, einen dauernd wachsenden Betrag der Empfindlichkeit. Trägt man
die Empfindlichkeit als Kehrwert der Schwellenintensitäten auf, so zeigt die Kurve
nach etwa 1 Std. gradlinig ansteigenden Weiterverlauf. Nach 24 Std. ist E
($= 1/S$) etwa 5,5mal so groß wie nach 1 Std. Dies gilt für ein Prüffeld von 6°
Durchmesser und Fixation in 5° Abstand von der Mitte des Prüffeldes. Es ist
anzunehmen, daß die Adaptation auch nach 24 Std. noch weiter ansteigt, ob
unbegrenzt oder schließlich doch zu einem wirklichen Maximum, ist nicht bekannt.

Eine entsprechende Steigerung konnte von GRAF im 24 Std.-Versuch mit verschiedenen
Nachtsehmeßgeräten nicht gefunden werden (zit. nach H. W. ROSE).

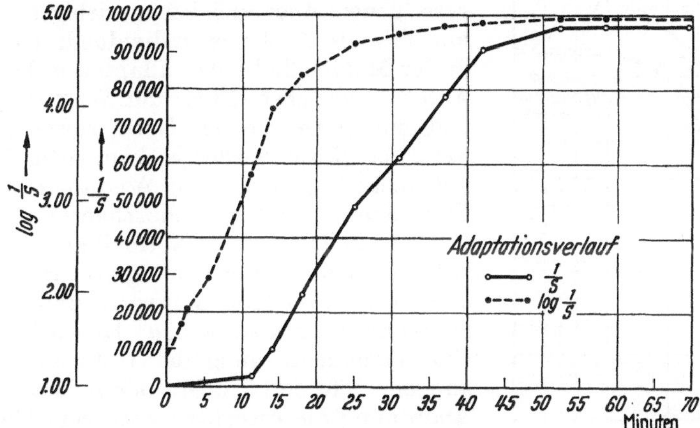

Abb. 56. *Kurven des Adaptationsverlaufes.* Nach Messungen von PIPER. Abszisse die Zeit in Minuten. Ordinaten die
Empfindlichkeit, ausgezogen in Kehrwerten der Schwellenreize, gestrichelt in $\log_{\mathrm{Brigg}}$ der Kehrwerte der Schwellenreize dargestellt. Es handelt sich also um zwei Darstellungsweisen des gleichen Adaptationsverlaufes

Dem Lebensalter hat man im allgemeinen vor dem 50. Lebensjahr einen Einfluß abgesprochen. LANGE konnte aber mit der Lichtsinnperimetrie (MONJÉ)
nachweisen, daß die Empfindlichkeit der Netzhaut bereits zwischen einer Gruppe
von 14 bis 24 Jahren und einer von 25 bis 45 Jahren deutlich verschieden ist
und bei einer Gruppe von 46 bis 60 Jahren noch weiter absinkt. Die Verschiebung
der Empfindlichkeit geht durchaus nicht der Pupillenweite parallel, wenn auch
diese gewiß nicht ganz ohne Einfluß ist. Vielmehr beginnt die Abnahme der Empfindlichkeit schon lange vor der Verminderung der Ausgangsweite und der Ansprechbarkeit der Pupille und geht eher der Abnahme der Akkommodationsbreite
parallel (vgl. auch McFARLAND).

Werden beide Augen zur Beobachtung benutzt, so ist nach PIPER (*2, 5*) unter
bestimmten Bedingungen (bis zu 14° Durchmesser des Prüffeldes) die Reizschwelle
halb so hoch, wie sie bei Beobachtung mit nur einem Auge gefunden wird. Diese
binokulare Reizaddition findet sich derart ausgeprägt nur im Nachtsehen. Grundsätzlich ist dieser wichtige Befund mehrfach bestätigt worden, wenn auch statt
des Zahlenwertes 2fach von LYTHGOE und PHILIPPS nur der Wert $1^{1}/_{2}$fach angegeben wird. Für eine Summation spricht auch die stärkere Pupillenverengerung
dunkeladaptierter Augen bei beidäugiger Beleuchtung. Die Lichtfläche muß
2—4mal größer genommen werden, um einäugig denselben Effekt zu erzielen
(THOMSON). Von MONJÉ und seinen Mitarb. konnte die Verbesserung der Dunkeladaptation bei binocularer Beobachtung bestätigt werden. Zu einem gegenteiligen Befund, d. h. zu einer Ablehnung der binokularen Summation, kam

M. Glees. Die Dunkeladaptation nur eines Auges verändert offenbar den Adaptationszustand des anderen Auges nicht (vgl. aber Aguillar).

Eine Ursache für die individuellen Unterschiede des Kurvenverlaufs kann in dem Gehalt der Nahrung an *Vitamin A* liegen, dem epithelschützenden Vitamin, dessen Entdeckung den Arbeiten von W. Stepp zu verdanken ist, und dessen Konstitution von H. v. Euler aufgeklärt wurde. Bei ausgesprochenem Vitamin A-Mangel fehlt die Empfindlichkeitssteigerung im Dunkeln fast völlig, es entsteht sog. *Nachtblindheit* (Hemeralopie), die bei hinreichender Zufuhr des Vitamins wieder verschwindet. Nicht immer geht Vitamin A-Mangel mit Hemeralopie einher, auch nicht bei merkbar niedrigem Vitamin A-Blutspiegel. Die Reaktion ist individuell sehr verschieden. Aber auch bei ausgiebiger Versorgung mit Vitamin A bleiben individuelle Unterschiede in der Maximalhöhe der Adaptation bestehen. In Abb. 57 ist, nach Pies und Wendt, die obere und untere Grenze der Norm sowie der Mittelwert der Norm wiedergegeben, nach Versuchen mit dem Engelkingschen Adaptometer und bei Einzeichnung in logarithmischen Ordinaten. Mit der Feststellung einer Normalkurve beschäftigt sich weiter die Untersuchung von H. K. Müller u. Mitarb. sowie von Matthey und von Heinsius und Hamburger u. a. Es wird mit Recht eine Vereinheitlichung der Untersuchungsbedingungen gefordert, über deren zweckmäßigste Anordnung die Ansichten noch verschieden sind.

Klinisch wichtig ist, daß bei *Lebererkrankungen*, besonders Schrumpfleber (Lebercirrhose), Hemeralopie auftritt. In der normalen Leber wird das Provitamin des Vitamin A, das Carotin, durch Spaltung in Vitamin A übergeführt. Der Grad der Hemeralopie entspricht annähernd dem Grad der Leberschädigung. Durch Störung der Aufsaugung des Vitamins können Darmkatarrhe Hemeralopie hervorrufen (Stepp).

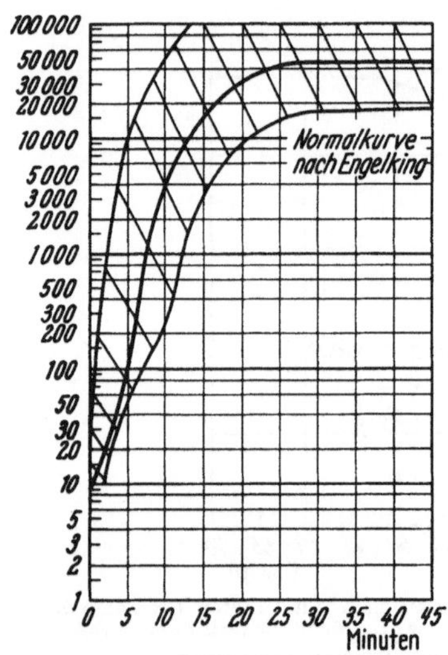

Abb. 57. *Grenzwerte der normalen Adaptation* bei ausreichender Versorgung mit Vitamin A. Nach Pies und Wendt. Die Einzelkurven von über 80 Fällen liegen innerhalb der angestrichenen Fläche. Die Engelkingsche Normalkurve liegt etwa in der Mitte des Streufeldes. Als Ordinaten sind die Logarithmen von 1/S eingetragen

Von Pock-Steen wird noch eine besondere „*Zwielichtblindheit*" unterschieden, die nicht mit Hemeralopie verwechselt werden darf. Sie wird nicht durch Vitamin A gebessert, sondern durch Lactoflavin. Lactoflavin beschleunigt nach Jungmann die Sehpurpurbildung.

Nach Pies und Wendt tritt bei Mangel an Vitamin A Hemeralopie ein, wenn der *Vitamin A-Spiegel im Blut* unter 0,6 LEB-Einheiten sinkt. Als optimale Vitamin A-Menge der Nahrung wird für den Menschen täglich 6 mg β-Carotin angegeben = 9800 I E von Vitamin A. Schwangere haben einen dreimal höheren Bedarf. Bei Ernährung ohne Zufuhr von Vitamin A sinkt die Adaptationsfähigkeit schon in wenigen Tagen sehr stark herab, insbesondere ist die Adaptationsgeschwindigkeit verlangsamt. Bei erneuter Vitaminzufuhr nach längerer Einstellung kehrt die Adaptation erst am 5. bis 6. Tag zur Norm zurück (Drigalski). Nach Hecht ist der Erholungsverlauf individuell sehr verschieden, es können Wochen und Monate bis zur völligen Wiederherstellung normaler Adaptation vergehen.

Sehr beachtenswert ist die Angabe von Høgaard, daß *Eskimos* den Durchschnittseuropäer beim Sehen im Dunkeln bei weitem übertreffen. An Vitamin A haben sie täglich in der Nahrung etwa 50000 I E, also eine sehr erhebliche Menge. Norwegische Studenten mit täglich 3600 I E Vitamin A waren im Dunkelsehen den Eskimos bedeutend unterlegen (vgl. später bei erworbener Hemeralopie). Künstliche Überdosierung von Vitamin A ergibt dagegen bei Personen mit normaler Dunkeladaptation entgegen anderweitigen Behauptungen (v. Studnitz) keine nachweisbare Verbesserung der Dunkeladaptation (H. W. Rose und I. Schmidt).

Dagegen fand Monjé, daß die Adaptation durch Helenien, einen Lutein-di-palmitinester, zunächst beschleunigt und in späteren Stadien in ihrem Gesamtverlauf verbessert wurde.

Die Wirkung erreichte ihr Maximum erst nach 2 bis 3 Monaten und hielt lange an. Über ähnliche Resultate berichteten neuerdings auf Grund von Versuchen an sehr großen Zahlen von Versuchspersonen LISCH und SCHMIDT. Auch CÜPPERS fand eine Verbesserung des Nachtsehens durch Helenien.

Es sei auch an die von JORES gefundene Verbesserung der Dunkeladaptationsgeschwindigkeit durch Einträufeln von Melanophorenhormon ins Auge erinnert.

Nach VOM HOFE und GLEES, die 100 im Dunkeln nicht gut sehende Kriegsteilnehmer untersuchten, muß von Hemeralopie erheblichen Grades gesprochen werden, wenn am Engelking-Hartungschen Adaptometer nach 30 min ein Empfindlichkeitswert von nur 5000 oder weniger erreicht wird, anstatt der normalen Zahl 15000 und mehr. Das entspricht einer Lichtschwächung durch ein Grauglas auf $^1/_3$. Als Ursache der Hemeralopie kommt nach den genannten Forschern bei

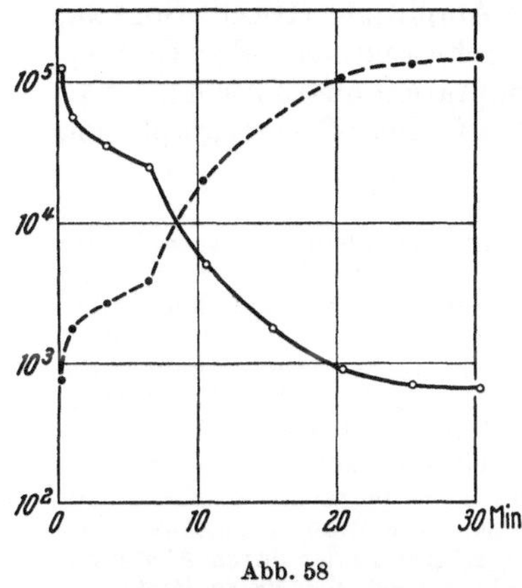

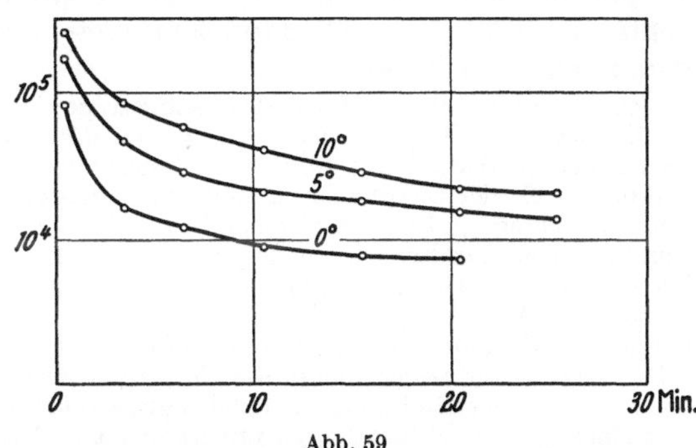

Abb. 58   Abb. 59

Abb. 58. *Dunkeladaptationsverlauf nach* KOHLRAUSCH *bei Verwendung von Licht mit Nachtwert.* Beobachtung in 5° Abstand von der Fovea. Mit ausgezogener Linie sind die Logarithmen der Schwellenwerte S gezeichnet, mit gestrichelten Linien die log $1/S$. Die Kurven sind spiegelbildlich gleich. Zu beachten ist der Kurvenknick in der 8. min nach Beginn des Dunkelaufenthaltes, dem 10 min langer Hellaufenthalt voranging

Abb. 59. *Dunkeladaptationsverlauf nach* KOHLRAUSCH *bei Verwendung von nachtwertfreiem rotem Licht.* Untersuchung in der Fovea sowie 5 bzw. 10° parafoveal. Man vergleiche den Kurvenverlauf mit dem Anfangsverlauf der vorigen Abbildung

weitem in der Mehrzahl der Fälle — von Netzhauterkrankungen und hochgradiger Myopie abgesehen — die angeborene Anlage in Betracht. Eine „Kriegshemeralopie" gibt es nicht. Der genannte Grenzwert für die Annahme einer erheblichen Hemeralopie wurde der Tatsache entnommen, daß der Adaptationsnormale durch ein das Licht auf $^1/_3$ abschwächendes Grauglas beim Sehen im Dunkeln schon beträchtlich gestört wird. Das entspricht bei der Kurvendarstellung mit $1/S$, daß die Kurvenhöhe auf $^1/_3$ herabgesetzt wird.

Auf *anderweitig verursachte Verminderung der Dunkeladaptation* kommen wir bei Besprechung der erworbenen Störungen des Nachtsehens zurück.

Wichtige Besonderheiten zeigt die Adaptationskurve in ihrem Anfangsteil. Geht man von starker Helladaptation aus, so findet man *zu Beginn der Dunkeladaptation* ein sich durch flacheren Verlauf hervorhebendes Kurvenstück, das nach etwa 8 min mit einem *Knick* gegen die weitere Kurve abgesetzt ist [KOHLRAUSCH (1)]. Abb. 58 gibt dieses Verhalten in logarithmischer Darstellung (sowohl mit log S als auch mit log $1/S$) wieder. Allerdings ist der Knick nicht immer so scharf wie in der Abbildung, weil die Netzhautelemente ja nicht alle die gleiche Nachtempfindlichkeit haben. Darauf hat J. K. MÜLLER hingewiesen und vorgeschlagen, lieber von einer Inflektion oder Umschlagstelle zu sprechen. Verwendet man möglichst homogenes *rotes Licht*, so setzt die Kurve ihren anfänglichen Verlauf *ohne Knick* fort, wie Abb. 59 zeigt, in welcher das Ergebnis für die Fovea (0°)

9*

und für Netzhautstellen gezeigt ist, die 5° bzw. 10° Abstand von der Fovea haben. Die Kurven haben gleichen Verlauf, ihr Abstand zeigt an, daß die Empfindlichkeit parafoveal geringer ist als foveal. Untersucht man die Dunkeladaptation von Farbenuntüchtigen mit langwelligem Licht, so sind die Schwellen bei Protanomalen und Protanopen in den ersten 12 min höher als beim Normalen. Deuteranopen und Deuteranomale zeigen dagegen keinen Unterschied (CHAPANIS).

Der Verlauf der Dunkeladaptation ist von der Dauer und Intensität der vorangehenden Helladaptation abhängig. Eine Helladaptation von 3000 asb (900 nt) braucht nicht über 10 min ausgedehnt zu werden. Aufenthalt im Freien bei hellem Wetter ohne Schutzbrille kann die Dunkeladaptationsschwelle nachhaltig heraufsetzen (HECHT, HENDLEY, ROSS und RICHMOND). Die Dunkeladaptation zeigt manchmal periodische Schwankungen von geringer Amplitude (GRAF, SULZER, zit. nach ROSE). Es wird auch über jahreszeitliche Schwankungen der Dunkeladaptation berichtet. Um die Vorgeschichte der Adaptation auszulöschen, empfiehlt es sich, der Helladaptation stets eine halbstündige Dunkeladaptation vorausgehen zu lassen.

Zur *Methodik* sei noch folgendes nachgetragen.

Ein *anderes Verfahren der Schwellenermittlung* beruht auf folgendem Sachverhalt. Im Tagessehen (helladaptierte Fovea) ist innerhalb weiter Grenzen die Helligkeitsempfindung von der Größe der Lichtfläche unabhängig; ein kleines Papierstück erscheint bei gleicher Beleuchtung einem großen von gleicher Beschaffenheit gleich hell. Erst bei Größen unter 10 Winkelminuten ist zur Erreichung des Schwellenwertes um so mehr Licht nötig, je kleiner die Fläche wird. Bei Dunkeladaptation hingegen erstreckt sich diese Flächenabhängigkeit sogar bis zu über 10 Winkelgrade, also über einen größeren Betrag. Man kann daher innerhalb dieses Bereichs zur Messung der Empfindlichkeitssteigerung im Dunkeln auch so verfahren, daß man bei unveränderter Leuchtdichte die Feldgröße (Gesichtswinkel) der betrachteten Fläche abstuft. Diese Größenänderung wird gleich gut erreicht durch Flächenänderung (z. B. durch Vorsatz einer großen Irisblende) bei unverändertem Betrachtungsabstand oder durch Abstandsänderung bei unveränderter Flächengröße. Auf die Lichtfläche können bei diesen Verfahren außerdem noch Schriftzeichen angebracht werden, deren richtige Erkennung angibt, ob der Reiz über die Schwelle trat; z. B. werden im Nowak-Wetthauer-Gerät, im Goldmann-Weekers und in dem Projektionsadaptometer von Schober Landoltsche Ringe verwendet.

Nach PIPER (*1*) nimmt der Reizwert einer Fläche für die *dunkel*adaptierte Peripherie der Netzhaut proportional der Quadratwurzel aus der Flächengröße zu; es ist hier also das Produkt aus Lichtschwellenwert und Wurzel der Flächengröße konstant. Bei *hell*adaptierter peripherer Netzhaut hingegen ist ein Einfluß der Flächengröße auf den Schwellenwert nach PIPER (*1*) nicht nachweisbar.

Aus der von PIPER aufgedeckten Beziehung geht auch hervor, daß der Kurvenverlauf der Dunkeladaptation und die erreichte Kurvenhöhe ganz von der Flächengröße des Prüffeldes abhängen. So fand PIPER nach etwa 30 min für die Prüffelder von 100, 25, 10 und 1 cm² die Empfindlichkeiten um 50000, 22000, 13000, 4500. Hieraus geht nochmals hervor, daß für vergleichende Adaptationsbestimmungen Normierungen notwendig sind, die sich auch auf die Feldgröße der Prüffläche zu beziehen haben. Nach einer Stunde Dunkeladaptation ergibt sich für eine Adaptationsfläche von 10° ein mittlerer Schwellenwert von etwa 10 μasb (3,18 · 10⁻⁶ nt).

Es ist auch zu beachten, daß Meßergebnisse der Dunkeladaptation übungsabhängig sind, was besonders für Sehschärfemessungen gilt (H. W. ROSE).

Seit dem letzten Krieg ist man bestrebt, durch eine *objektive Adaptometrie* von den Angaben des Untersuchten unabhängig zu werden. RIEKEN benutzt dabei die Tatsache, daß bei Vorbeibewegen von abwechselnd schwarzen und weißen Streifen vor dem Auge ein Nystagmus entsteht, und zwar auch bei schwacher Belichtung im reinen Nachtsehen. Über diesen optischen Nystagmus wird bei Besprechung der unwillkürlichen Augenbewegungen näher berichtet. Ein bewegtes Streifenmuster eignet sich auch für die Untersuchung der subjektiven Schwelle recht gut, weil dadurch die Feststellung des Augenblicks erleichtert wird, in dem die Versuchsperson etwas sieht.

Über das Verfahren bei der *Darstellung in Kurvenform* ist folgendes zu sagen. Die unmittelbare Verwertung der Reizschwellen S (bzw. ihrer Kehrwerte $1/S$)

ist vorzuziehen, wenn es auf die Frage ankommt, um wieviel die für zwei Beobachter nach gleicher Adaptationszeit für Ebensichtbarkeit notwendige Leuchtdichte verschieden ist. Die Kurvendarstellung durch die Logarithmen der Schwellenwerte (bzw. ihrer Kehrwerte) gibt hingegen den subjektiven Tatbestand richtig wieder, nach welchem die Empfindlichkeitssteigerung gerade im Anfang der Dunkeladaptation sehr schnell erfolgt. Es sei noch bemerkt, daß die mit S gezeichneten Kurven den mit $1/S$ gezeichneten spiegelbildlich gleich sind. Dasselbe gilt für die mit log S und mit log $1/S$ gezeichneten Kurven (vgl. Abb. 58).

Eine andere Darstellungsweise der Meßwerte trägt nicht nur die Schwellenhelligkeiten logarithmisch auf, sondern auch die Zeit (Hertel, vom Hofe). Das kann zunächst rein äußerlich den Vorteil haben, daß eine auf sehr lange Zeit sich erstreckende Meßreihe in kürzerem Kurvenbild zur Darstellung gelangt. 1941 hat Aeffner gezeigt, daß bei dieser „geometrischen" Teilung beider Koordinaten sich Gleichungen berechnen lassen und sich eine schärfere Erfassung der nicht normalen Adaptation der Norm gegenüber erreichen läßt. Daher ist für viele Zwecke die logarithmische Eintragung von Helligkeitsschwelle S und Zeit t vorzuziehen. Dabei wird als Einheit der Zeit $1/_{10}$ min gewählt. Hier sei noch auf das Adaptometer von Aeffner und Podestà sowie auf ein sehr vielseitig verwendbares Gerät von Schober (Möller, Wedel) hingewiesen. In den USA wird als Standardgerät das Adaptometer von Hecht und Shlaer benutzt. Es wird einäugig mit künstlicher Pupille und monochromatischem Testfeld untersucht, rot für das Zapfensehen, violett für das Stäbchensehen. Das Testfeld trägt eine Sehschärfemarke, seine Expositionszeit ist auf $1/_5$ sec begrenzt. Die Benutzung einer künstlichen Pupille wird von manchen Autoren als notwendig erachtet, um den Pupillenanteil der Empfindlichkeitssteigerung durch Erweiterung der natürlichen Pupille zu eliminieren. Manche ziehen es vor, die Adaptation ohne Verwendung eines *Fixierpunktes* zu untersuchen. Man wird dann annehmen müssen, daß der Prüfling von selbst mit Netzhautstellen maximaler Empfindlichkeit und nicht etwa bei der einen Einstellung mit einer, nachher mit einer anderen Netzhautstelle beobachtet. Das hat aber den Nachteil, daß dem Untersucher Veränderungen der Netzhaut so lange entgehen, wie sie nicht die empfindlichste Stelle der Netzhaut betreffen. So konnten Monjé und Schäfer z. B. eine Herabsetzung der Dunkelanpassung bei Drucksteigerung im Auge (Glaukom) mit dem Rieken-Meesmann-Projektionsadaptometer erst nachweisen, nachdem große Teile der Netzhaut bereits zerstört waren. Die Einwände gegen die Verwendung eines passend lichtschwachen und in der Lichtstärke ganz nach Bedarf veränderlichen Fixierpunktes sind nicht stichhaltig. Man hat nur in dieser Weise Gewähr, immer mit derselben Netzhautstelle zu beobachten. Ein einfaches Fixiergerät für das Engelking-Hartungsche Adaptometer hat Glees angegeben.

Wenn nicht nur das bloße Erkennen eines eben sichtbaren Feldes im *Dämmerungssehen* verlangt wird, sondern auch eine Formerkennung, also eine *Sehschärfeleistung*, so ist ohne Anwendung eines Fixierpunktes der Netzhautort, mit welchem die Beobachtung geschieht (mit dem also fixiert wird), von der Leuchtdichte und vom Adaptationsbetrag abhängig, in der Weise, daß die fixierende Stelle bei Anwachsen beider Faktoren sich der Fovea annähert, bis auf etwa 1° Abstand bei hoher Adaptation und verhältnismäßig hoher (aber stets unter der fovealen Schwelle gedachter) Leuchtdichte. Es wird dann mit einer etwas oberhalb der Fovea gelegenen Netzhautstelle fixiert.

2. Örtliche Unterschiede der Empfindlichkeit der Netzhaut

Adaptation der Fovea

Bei *Helladaptation* ist die *Empfindlichkeit* der Netzhaut, gemessen durch den Kehrwert des Schwellenreizes, in der Fovea am größten und *nimmt peripherwärts ab*. Wird ihre Größe in der Fovea zu 1000 gesetzt, so ist sie, wenn mit einem Prüffeld von 1° Größe gemessen wird, bei 20° seitlichem Abstand nur noch gleich 40.

Ganz anders ist das Verhalten bei *Dunkeladaptation*. Untersucht man nach einstündigem Dunkelaufenthalt, nach welchem ein beträchtlicher Wert der

Dunkeladaptation erreicht ist, mit einem Prüffeld von 5° Winkelgröße die *Empfindlichkeit* der Netzhaut von der Fovea nach der Peripherie hin, so findet man eine starke *Zunahme* bis zu einem Abstand von etwa 15°—18°. Abb. 60 gibt dies Verhalten für die ersten 4 Grade wieder; der Anstieg nimmt weiter peripherwärts an Steilheit stark ab. Man kann sich von der örtlich verschiedenen Empfindlichkeit der Netzhaut leicht durch folgenden Versuch überzeugen. Wenn man zunächst mit helladaptiertem Auge eine Anzahl von kleinen weißen Papieren ansieht, so erscheinen sie gleich hell, weil sie sich auf Netzhautstellen gleicher Empfindlichkeit abbilden. Geht man aber zu schwachem Licht und Dunkelanpassung über, so erscheinen die sich peripher abbildenden Papiere nun viel heller, die foveal abgebildeten können

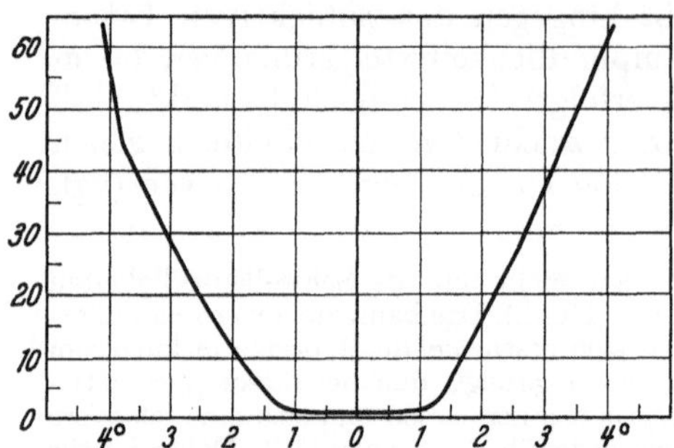

Abb. 60. *Örtliche Unterschiede der Empfindlichkeit in der dunkeladaptierten Netzhaut.* Nach V. KRIES. Abszisse: die Winkelabstände von der Fovea. Ordinate: die Größe der Empfindlichkeit bei voller Dunkeladaptation

bei schwacher Beleuchtung sogar ganz unsichtbar werden (foveales Verschwinden, foveales „Skotom") (vgl. S. 248).

Die Entstehung des Skotoms wird besonders deutlich, wenn man die Empfindlichkeit der Netzhaut bei verschiedenen Umfeldleuchtdichten mißt. In der Abb. 61 ist das Ergebnis einer solchen Untersuchung dargestellt. Bei einer Umfeldleuchtdichte von 8,9 asb (2,8 nt) ist die Fovea centralis des untersuchten Auges für eine weiße Prüfmarke am empfindlichsten. Es ist dabei zu berücksichtigen, daß

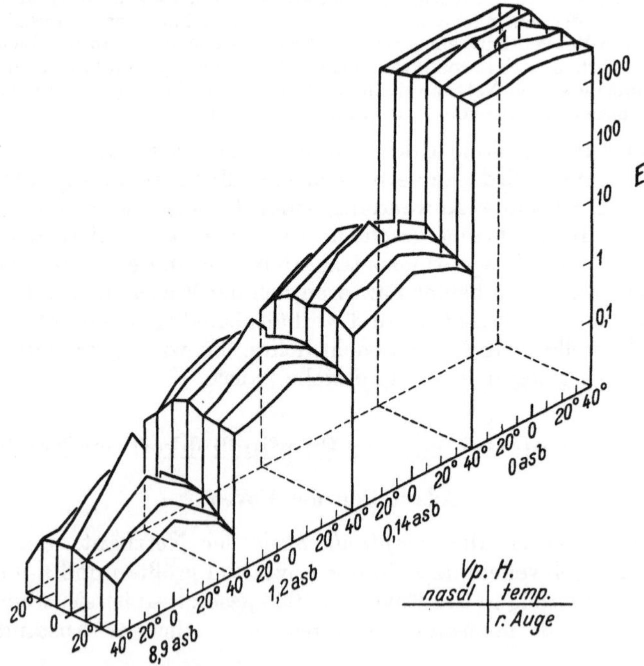

Abb. 61. *Räumliche Darstellung der Empfindlichkeit bei vier verschiedenen Adaptationszuständen* (Übersichtsbild). Das Gesichtsfeld ist in sieben Horizontalschnitte aufgeteilt; die über den Gesichtsfeldstellen errichteten Ordinaten entsprechen der Empfindlichkeit (log. Maßstab) (Nach H. HÖPKEN)

die Empfindlichkeit in der Abbildung in logarithmischen Einheiten aufgetragen ist. Sinkt die Umfeldleuchtdichte, so nimmt die Empfindlichkeit der gesamten Netzhaut zu, jedoch in der Peripherie schneller als in der Fovea centralis. Sie ist bei 0,14 asb (0,04 nt) Umfeldleuchtdichte in der Fovea immer noch größer als in der Peripherie. Erst bei 0,01 asb (0,003 nt) etwa ist die Empfindlichkeit in der gesamten Netzhaut die gleiche. Bei noch geringeren Umfeldleuchtdichten nimmt dann die Empfindlichkeit der peripheren Netzhaut zu, während die der Fovea etwa unverändert bleibt. Dadurch entsteht das oben beschriebene Skotom.

Die Adaptation in der Fovea fehlt also nicht völlig, ihre Empfindlichkeitssteigerung ist aber bei Dunkelaufenthalt im Gegensatz zur Netzhautperipherie nur gering und schon nach etwa 5—10 min praktisch beendet. Diese Feststellung weist auf tiefgreifende örtliche Unterschiede der Netzhautfunktion, auf die wir noch näher eingehen werden. Nach DITTLER ist für den Normalen bei fovealer Betrachtung eines Feldes von $1^{1}/_{2}°$ die Schwelle nach 5 min auf $^{1}/_{5}$, nach 30 min auf $^{1}/_{20}$ des Anfangswertes gesunken. Bei derartigen Versuchen ist streng darauf zu achten, daß Beobachtung mit parafovealen Netzhautteilen ausgeschlossen ist.

Nach WALD u. Mitarb. (7) sowie HECHT ist auch die Zapfenadaptation von Vitamin A-Zufuhr abhängig. Schon 24 Std. nach Vitaminentzug tritt die Störung hervor, die Zapfenschwelle geht auf den vierfachen Betrag in die Höhe (die Empfindlichkeit sinkt also auf $^{1}/_{4}$).

Für praktische Zwecke wird die foveale Dunkelanpassung nach Helladaptation mit Hilfe der Sehschärfeprüfung festgestellt, für die COMBERG ein besonderes Gerät, „Nyktometer", angegeben hat (ZEISS). Wie später näher zu besprechen ist, wird die Sehschärfe mit Buchstaben verschiedener Größe geprüft, die aus bestimmter Entfernung zu lesen sind. Je größer die foveale Adaptation, um so kleiner können unter sonst gleichen Umständen die Buchstaben sein.

Neuerdings hat SCHOBER ein neues Sofortadaptometer, den Nyktotest von Rodenstock, entwickelt, das dem Wunsch nach einer klinischen Schnelltestung des Adaptationsvermögens in den ersten Anpassungsminuten gerecht wird.

Es ist zu beachten, daß sich in der Fovea nur Zapfen befinden. Die Nyktometrie kann also nicht ohne weiteres die „Adaptometrie" ersetzen, da bei ersterer die Zapfen-, bei letzterer die Stäbchenanpassung geprüft wird, wie noch näher zu beweisen ist. Auch wird bei der Adaptometrie mit dem meist üblichen Verfahren (PIPER, NAGEL, ENGELKING u. a.) nicht die Sehschärfe, sondern die absolute Schwellenempfindlichkeit festgestellt. Selbstverständlich ist möglich, daß vielfach beide an sich verschiedene Funktionen prüfende Verfahren gleichgerichtete Ergebnisse aufweisen, etwa Herabsetzung der Leistung im Alter oder, wie schon angedeutet, bei Vitaminmangel. Es wird auch in verschiedenen Berufen oder Betätigungen beim Nachtsehen auf verschiedene Leistungen ankommen: teils auf möglichst hohe zentrale (Zapfen-) Sehschärfe bei foveal eben überschwelligem Licht, teils auf möglichst hohe (Stäbchen-) Sehschärfe bei foveal noch unterschwelligem Licht, teils auf möglichst hohe Endempfindlichkeit nach langem Dunkelaufenthalt zur Erkennung schwächster Lichter, mit oder ohne Erfordernis von Formerkennung. Adaptometrie und „Nyktometrie" ergänzen sich mithin.

Viel mehr als die völlige Dunkeladaptation interessiert im täglichen Leben das Sehen bei herabgesetzter Beleuchtung. Denn die Gesichtsfeldleuchtdichte beträgt selbst in mondloser, sternklarer Nacht noch etwa 0,003 asb (0.001 nt). Daher wird es häufig von Interesse sein, die Empfindlichkeit zu kennen, die das Auge erreicht, wenn es sich an die herrschende Leuchtdichte angepaßt hat. Es ist wichtig, hervorzuheben, daß aus der Geschwindigkeit der Anpassung an die völlige Dunkelheit keine Rückschlüsse auf den Grad der Empfindlichkeit gezogen werden können, der bei Anpassung an eine niedrige Leuchtdichte erreicht wird. MONJÉ fand bei einem Untersuchten eine ausgesprochen langsame Anpassung an die Dunkelheit, aber einen hohen Empfindlichkeitsgrad nach Anpassung an eine geringe, aber gleichbleibende Umfeldleuchtdichte. Es handelt sich bei der zunehmenden Anpassung und dem erreichten Endzustand um zwei verschiedene Vorgänge, die unabhängig voneinander sind (vgl. auch HECKMANN und HARMS). Es sei noch auf einige Prüfverfahren zur Messung der Unterschiedsempfindlichkeit bei geringen Umfeldleuchtdichten hingewiesen, z. B. das Scotopticometer von MØLLER und EDMUND, in dem schwach beleuchtete Testtypen auf verschieden hellem Hintergrund beobachtet werden, ebenso das Adaptometer von DELLA CASA, in dem ein Landolt-Ring von geringem Helligkeitsunterschied gegen den Grund gezeigt wird. Letzteres Gerät ist hauptsächlich für eine Schnellprüfung von Kraftfahrern gedacht und erfaßt nur die ersten 10 min der Dunkeladaptation.

Oben wurde angegeben, daß die parafovealen Netzhautteile den peripheren gegenüber eine geringere Adaptationsfähigkeit haben. Der Grund könnte darin liegen, daß die Konzentration des Sehpurpurs von der Netzhautmitte nach der Peripherie hin im Zustand voller Dunkeladaptation von kleineren zu großen Werten steigt. Mindestens mitbeteiligt wird aber ein anderes Moment sein. Die Anzahl der Stäbchen steigt von der parafovealen Gegend zur Peripherie hin an. So wird eine bestimmte Lichtfläche parafoveal auf einer geringeren Anzahl Stäbchen abgebildet als peripher (alle Stäbchen mit gleicher Konzentration des Sehpurpurs versehen vorausgesetzt). Nun addieren sich die Reizwerte der Flächeneinheiten in der dunkeladaptierten Netzhaut, d. h. also auch die Reizwerte für die einzelnen Stäbchen. Je mehr Stäbchen von dem Abbild der Fläche getroffen werden, um so höher ist der Reizwert der betreffenden Fläche, um so niedriger wird der die Empfindlichkeit angebende Schwellenwert gefunden.

3. Nachtwerte der Spektralstrahlungen

Beobachtet man im Zustand der Dunkelanpassung ein lichtschwaches Spektrum, so findet man die überraschende Tatsache, daß die einzelnen Strahlungen nun nicht mehr Farbenempfindungen von verschiedenem Buntton hervorrufen, sondern daß das ganze Spektrum grau aussieht, mit einer von beiden Enden zur Mitte hin ansteigenden Helligkeit. Am hellsten sieht die Gegend des Spektrums aus, welche bei Helladaptation und größerer Leuchtdichte grün erscheint. Man kann diese Helligkeitsverteilung des mit dunkeladaptiertem Auge betrachteten lichtschwachen Spektrums messen und in Kurvenform darstellen.

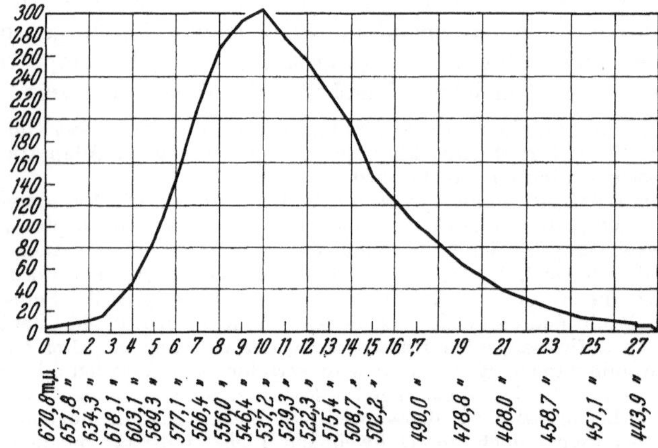

Abb. 62. *Kurve der Nachtwerte* für das Dispersionsspektrum des Gaslichtes. Nach SCHATERNIKOFF

Zur Ermittlung der Nachtwerte dürfen nur Lichtstärken verwendet werden, die unter der fovealen Schwelle liegen. Man kann dann entweder derart verfahren, daß man für die verschiedenen spektralen Lichter die Schwellenstärken ermittelt, bei welchen sie eben sichtbar werden (und zwar unter der genannten Voraussetzung stets farblos unbunt); oder man verwendet ein Vergleichslicht von konstanter Stärke und stellt die spektralen Lichter auf Helligkeitsgleichheit ein. In beiden Fällen setzt man die Empfindlichkeit den gefundenen Werten umgekehrt proportional. Die für die einzelnen spektralen Lichter erhaltenen Werte heißen *Nachtwerte des Spektrums*. Eine Kurve ist in Abb. 62 dargestellt. Man sieht, daß das langwellige und das kurzwellige Gebiet des Spektrums nur geringen Reizwert auf das dunkeladaptierte Auge haben und daß im Gaslichtspektrum eine dem helladaptierten Auge grün erscheinende Strahlung von etwa 535 mμ dem dunkeladaptierten Auge am hellsten erscheint. HILLEBRAND hat mit HERING solche Werte zuerst bestimmt und sie für den Ausdruck der Wirkung des Spektrums auf die von HERING angenommene Schwarz-Weiß-Substanz gehalten, eine Anschauung, die sich nicht aufrechterhalten läßt, wie noch gezeigt wird. Für die theoretische Deutung ist vor allem die Feststellung wichtig, daß bei den verschiedenen Formen von Farbensinn (Normale, Anomale, Dichromaten) die Kurve der Nachtwerte keinerlei Verschiedenheiten aufweist (v. KRIES und NAGEL).

Die *Empfindung*, welche die spektralen Lichter *im Nachtsehen* vermitteln, ist im allgemeinen unbunt Neutralgrau. Es wird aber angegeben (v. KRIES, KÖNIG), daß die Weiß- bzw. Grauempfindung ein wenig bläulich sei, entsprechend der Wirkung der Wellenlänge 485 mμ auf das helladaptierte Auge. Dieser geringe Buntgehalt der Empfindung macht sich aber im ganzen nicht bemerkbar, und es kommt ihm nur eine gewisse theoretische Bedeutung zu. Ich selbst konnte mich von der Bläulichkeit des reinen „Dämmerungsgrau" nicht überzeugen. Es ist möglich, daß individuelle Unterschiede vorkommen. G. E. MÜLLER (*1*) erörtert einige Erklärungsmöglichkeiten für die Bläulichkeit des „Dämmerungsgrau". (Die Bezeichnung „Dämmerungsblau" durch MÜLLER ist nicht geeignet, da sie die Buntheit des Eindrucks auf jeden Fall zu sehr betont.)

Da die Energieverteilung in den mit Hilfe verschiedener Lichtquellen entworfenen Spektren nicht übereinstimmt, ist es für manche vergleichenden Betrachtungen notwendig, die Kurve der Nachtwerte auf ein Spektrum zu beziehen, dessen Energie im ganzen Bereich der Strahlungen gleich ist. Hierfür ist der Nachtwert jeder Spektralstelle durch ihren Energiewert zu dividieren. Werden die so umgerechneten Werte weiter durch den maximalen Wert der Wellenlänge λ_m dividiert — wodurch der Wert für λ_m gleich 1 wird —, so ergeben sich spektrale Hellempfindlichkeitsgrade. Von der Internationalen Beleuchtungskommission (C.I.E.) werden spektrale Hellempfindlichkeitsgrade V'_λ für das Nachtsehen vorgeschlagen (vgl. Abb. 63). Sie stellen die Mittelnorm für das vollständig dunkeladaptierte Auge von Personen bis zu 30 Jahren dar und sind nur für Netzhautgebiete von 5° Fovealabstand und darüber hinaus gültig (vgl. a. die Tabelle S. 141). Obenstehende Tabellen geben die Energiewerte von früher verwendeten Spektren und die Farbtemperaturen einiger Lichtquellen an.

Energieverteilung im Dispersionsspektrum des Gaslichtes (Triplexgasbrenner), nach KÖNIG (Abh. S. 194). Energie bei 535 mμ willkürlich = 1 gesetzt

Wellenlänge mμ	Energie	Wellenlänge mμ	Energie
670	13,00	535	1,00
650	8,88	520	0,720
625	5,58	505	0,488
605	3,99	490	0,370
590	2,97	470	0,251
575	2,27	450	0,169
555	1,48	430	0,114

Energieverteilung im Dispersionsspektrum des Nernstlichtes, nach PFLÜGER. Energie bei 535 mμ = 1 gesetzt

Wellenlänge mμ	Energie	Wellenlänge mμ	Energie
671	6,48	525	0,815
639	3,96	510	0,586
609	2,90	495	0,422
583	2,15	483	0,314
561	1,56	472	0,233
542	1,13	461	0,170
535	1,00	443	0,086
		428	0,052

Farbtemperaturen
(nach Lehrbuch MÜLLER-POUILLET).

Hefnerlampe	1700° K
Offener Gasbrenner	2000° K
Gasglühlicht (Auer)	1900° K
Kohlefadenlampe	2120° K
Nernstlampe	2400° K
Gasgefüllte Wolframlampe	2935° K
Krater der Bogenlampe	4200° K
Sonne	6000° K

Der verschiedenen Energieverteilung in den Spektren von zwei Lichtquellen (s. oben) entspricht ihre verschiedene Farbe. Das Licht ist um so rötlicher, je größer der langwellige Anteil ist. Dieser ist um so geringer, je höher die Temperatur der Lichtquelle. Mit einem geeigneten Spektralapparat (Spektrophotometer) kann man das Spektrum einer gegebenen Lichtquelle mit dem einer spektral bekannten Lichtquelle vergleichen. Hierfür wurde als Normallicht z. B. das Licht der Wolframlampe verwendet, dessen Energiekurve berechnet werden konnte. Früher bezog man auf das von VALENTINER und RÖSSIGER untersuchte Spektrum der Hefnerlampe.

Die Verfahren zur Messung der Energieverteilung sind der Darstellung von DREISCH zu entnehmen.

Man kann Lichtquellen mit kontinuierlicher spektraler Energieverteilung mittels ihrer „Farbtemperatur" kennzeichnen. Als Farbtemperatur einer Lichtquelle gilt diejenige Temperatur des schwarzen Körpers, bei der dessen Strahlung die gleiche Farbart hervorruft wie die Strahlung der Lichtquelle. Die Farbtemperatur wird vom absoluten Nullpunkt aus gerechnet und mit ° K (Kelvin) oder ° abs bezeichnet. Obenstehende Tabelle gibt einige Zahlen. Zur Beleuchtung von Farbmustern werden sog. Normalbeleuchtungen empfohlen: Normalbeleuchtung A = 2854° K (Glühlampenlicht), B = 4800° K und C = 6500° K (B und C sind künstliches Tageslicht). Als achromatisch (neutral) gilt eine hypothetische Lichtquelle mit gleichmäßiger spektraler Energieverteilung und mit den Dreieckskoordinaten $x = y = z = {}^1/_3$. Ihre Farbtemperatur entspricht etwa 5000° K. Eine ausführliche Zusammenstellung findet sich in der Schrift von M. RICHTER. Über Farbtemperatur vergleiche ferner POHL (2).

Das früher bei Spektralapparaten ganz allgemein verwendete Licht des Triplexgasbrenners hat nach RICHTER eine Farbtemperatur von 2240° abs.

4. Nachtmyopie

Daß man bei schwacher Beleuchtung um einen geringen Betrag myop wird, ist seit längerem bekannt und wurde besonders im zweiten Weltkrieg beim Gebrauch von Nachtferngläsern beobachtet. Es werden Abweichungen von 0,5 bis 2,0 dptr Myopie angegeben. Die ursprüngliche Erklärung, wonach die Nachtmyopie auf einem Mehraufwand an Brechkraft infolge Verschiebung des Maximums der Hellempfindlichkeit im Nachtsehen nach kürzeren Wellenlängen beruhe, ist nicht ausreichend (vgl. auch S. 54). Erstens würde diese Verlagerung höchstens 0,3 bis 0,5 dptr Unterschied ausmachen, zweitens wurde von OTERO und DURAN nachgewiesen, daß die Nachtmyopie durch Atropin ausgeschaltet werden kann und bei Presbyopen nur gering ist. Nach SCHOBER kann sie, sowohl in roter als auch in rein blauer Beleuchtung auftreten. Chromatische Aberration und Purkinjesches Phänomen (s. S. 147) können daher die Nachtmyopie wohl unterstützen, sie aber keineswegs erklären (SCHOBER). Unterstützend wirkt ferner mit wachsendem Pupillendurchmesser die sphärische Aberration im abbildenden System, weil sie die Fernpunktlage des gesamten Akkommodationsbereiches gegen myope Werte verschiebt. Es ist hier daran zu erinnern, daß ERGGELET (1932) Augen mit weiter Pupille myopischer fand als solche mit enger Pupille. KOOMEN, SCOLNIK und TOUSEY gelang es nicht, durch Homatropin oder nahakkommodationsverhindernde optische Einrichtungen die Nachtmyopie auszuschalten, wohl aber durch Vorsetzen künstlicher Pupillen. Sie schließen daraus auf die durch Pupillenerweiterung im Dunkeln merkbar werdende sphärische Aberration als Hauptursache der Nachtmyopie. Von KÜHL wurde darauf hingewiesen, daß die Augenlinse in ihrer eigentlichen Ruhelage, die sie im Dunkeln einnimmt, gewölbter sei, als beim Sehen in die Ferne, was eine Myopie bis zu 2 dptr verursachen könnte. Die oben zitierten Untersuchungen von MEESMANN und MONJÉ machen es wahrscheinlich, daß die Ruhelage der Linse zwischen unendlich fern und nah gelegen ist. Desgleichen vermutet IVANOFF, daß die Linse im Dunkeln eine Deformation erleidet, die die sphärische Aberration verstärken soll. OTERO konnte durch Momentaufnahmen des Purkinje-Sansonschen Spiegelbildchens an der Vorderfläche der Linse bei Dunkeladaptierten feststellen, daß das Auge im Dunkeln auf 0,8 m Entfernung eingestellt ist, also um 1,2 dptr myopisch ist. Nach SCHOBER betreffen die physikalischen Ursachen nur ein Teilgebiet der Nachtmyopie, die in erster Linie wohl der Innervation der Akkommodation zuzuschreiben ist. Bei abnehmender Beleuchtung wird der Akkommodationsbereich eingeschränkt. Fernpunkt und Nahpunkt wandern sich entgegen und fallen bei sehr kleinen Gesichtsfeldleuchtdichten zusammen. PALACIOS hat dafür den Ausdruck „Nachtpresbyopie" geprägt. Interessant ist die Auffassung von MARQUEZ, der die Ursache der Nachtmyopie darin sieht, daß der Brennpunkt der Strahlen auch bei Nacht derselbe bleibt, sich aber die Zapfen im Dunkeln zurückziehen. Dagegen ist einzuwenden, daß beim Menschen diese Stellungsänderungen bisher nicht bekannt sind. IVANOFF fand bei Umfeldleuchtdichten von 0,003 asb (10^{-3} nt) und darunter eine zunehmende Konvergenz. Da Konvergenz mit Akkommodation gekoppelt ist, muß eine stärkere Vorwölbung der Linse die Folge sein. Aus dem Gesagten folgt, daß optische Instrumente bei Nacht um etwa 2 dptr negativer einzustellen sind als am Tage. Weiter muß eine Refraktionsbestimmung bei möglichst guter Beleuchtung durchgeführt werden.

5. Tageswerte der Spektralstrahlungen — Technische Lichtmessung

a) Tageswerte

Man kann nun auch für den Fall der Helladaptation und einer größeren Intensität der spektralen Strahlungen die Frage nach ihren Helligkeitswerten für das Auge stellen. Um diese Werte feststellen zu können, muß man die Empfindungen, welche von verschiedenen Spektralstellen ausgelöst werden, lediglich nach ihrer Helligkeit vergleichen und von dem verschiedenen Buntton der Empfindung ganz absehen. Da die Durchführung eines solchen Versuches zunächst einige Schwierigkeiten bringt, sind nach v. KRIES andere Verfahren vorzuziehen. Wir sahen, daß in der Peripherie der Netzhaut die Buntempfindung wegfällt; es lassen sich hier also die Empfindungen sehr leicht der Helligkeit nach vergleichen, und man erhält so die *Peripheriewerte* des Spektrums (v. KRIES). Ferner kann man dadurch die Buntempfindung zurückdrängen, daß man die Felder, in denen die Spektralstrahlungen dargeboten werden, sehr klein macht (*Minimalfeldhelligkeit*, R. SIEBECK) oder daß man die Einwirkungsdauer sehr verkürzt (*Minimalzeithelligkeit*, ZAHN). Ein anderes Verfahren besteht darin, daß man die auf ihren subjektiven Helligkeitswert zu untersuchende Spektralstrahlung sehr schnell mit einem weißen Vergleichsfeld dem Auge abwechselnd darbietet. Ist das Spektrallicht heller als das Vergleichslicht, so besteht der Eindruck des Flimmerns. Es wird nun die Stärke des Spektrallichts so eingestellt, daß das Flimmern bei sehr geringer Wechselfrequenz fortfällt bzw. minimal wird. Diese beiden Lichtstärken definiert man als gleich hell. Man erhält so die *Flimmerwerte* des Spektrums (POLIMANTI). Man kann auch so verfahren, daß man die zu vergleichenden Lichter nacheinander je für sich dem Auge rhythmisch unterbrochen darbietet und die Unterbrechungsfrequenz feststellt, bei der das Flimmern aufhört und die Lichtstöße eine ununterbrochene Empfindung geben (*Verschmelzungsfrequenz*). Man definiert nun zwei Lichter als gleich hell, wenn die Erscheinung der Verschmelzung bei der gleichen Unterbrechungsfrequenz auftritt. Dafür ist Voraussetzung, daß die im Auge vorliegenden Bedingungen bei beiden Versuchsreihen genau gleich sind, besonders der Adaptationszustand. Je geringer der subjektive Helligkeitswert eines Spektrallichts ist, um so niedriger liegt die Verschmelzungsfrequenz. Schließlich kann auch die später zu besprechende Sehschärfeprüfung herangezogen werden; zwei verschiedenfarbige Lichter können als gleich hell bezeichnet werden, wenn sie *gleiche Sehschärfeleistung* ermöglichen (vgl. S. 260). Bevorzugt werden das Flimmerverfahren und der Kleinstufenvergleich.

Der Kurvenverlauf ist bei den Peripherie-, Minimalfeld-, Minimalzeit- und Flimmerwerten des Spektrums zwar nicht genau der gleiche, die Unterschiede

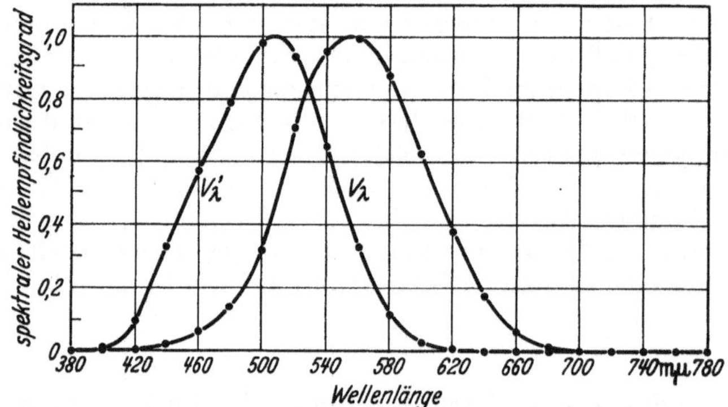

Abb. 63. *Kurven der spektralen Hellempfindlichkeitsgrade* (C.I.E.-Werte), V_λ-Tageswerte, V'_λ-Nachtwerte für das Spektrum mit gleichmäßiger Energieverteilung. Abszisse: Wellenlängen, Ordinate: relative Empfindlichkeit (Maximum = 1,0)

sind aber so gering, daß sie hier zunächst unberücksichtigt bleiben können. Wir können daher für diese für das helladaptierte Auge geltenden subjektiven Helligkeitswerte eine zusammenfassende Bezeichnung wählen und sie *Tageswerte* nennen. Ihr Maximum liegt im Dispersionsspektrum des Gaslichtes bei etwa 600 mμ (Orange). Der Kurvenverlauf ist von dem der Nachtwerte ganz verschieden, deren Maximum für das gleiche Spektrum bei etwa 530 mμ (bei Helladaptation grün aussehend) liegt. Es sei weiter auf Abb. 63 hingewiesen, welche die international als Maßstab vereinbarten C.I.E.-Kurven der spektralen Hellempfindlichkeitsgrade für Tages- und Nachtsehen für ein energiegleiches Spektrum wiedergibt. Das Maximum für das Tagessehen liegt bei 555 mμ, dasjenige für das Nachtsehen bei 507 mμ. Das Symbol eines spektralen Hellempfindlichkeitsgrades für das Tagessehen ist V_λ, dasjenige für das Nachtsehen V'_λ.

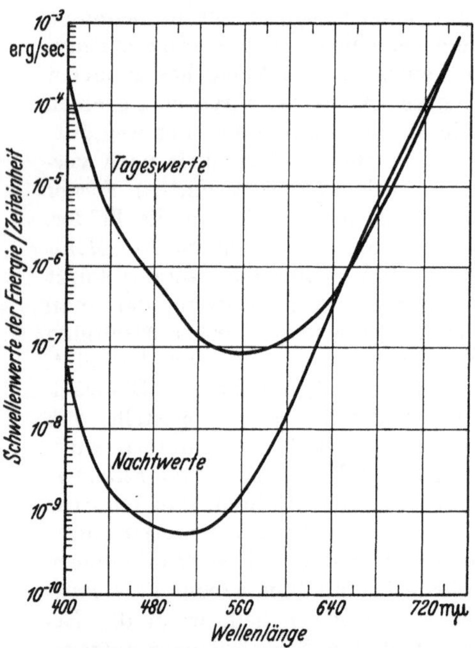

Abb. 64. Schwellenwerte der Energie pro Zeiteinheit unter Zugrundelegung des von v. KRIES gemessenen Wertes für die Wellenlänge 507 mμ und der von der C.I.E. festgelegten spektralen Hellempfindlichkeitskurven für das Tagessehen und Nachtsehen

In derartigen spektralen Empfindlichkeitskurven ist jeweils der Wert für das am hellsten empfundene Licht gleich 100 bzw. 1,0 gesetzt. Daher sind die Gipfel der beiden Kurven gleich hoch. Diese Art der Darstellung ist allgemein üblich, sie gibt aber die absolute Beziehung nicht richtig wieder. Um eine genauere Vorstellung von derselben zu erhalten, wurden die C.I.E.-Kurven der relativen spektralen Hellempfindlichkeit in Schwellenwerten der Energie je Zeiteinheit umgerechnet (Abb. 64). Bei Berechnung der Nachtwerte wurde die von v. KRIES für die Wellenlänge

507 mμ bei Dauerbeobachtung (parazentral für 10′ Feldgröße) ermittelte Schwelle von 5,6 · 10^{-10} erg p. sec (vgl. S. 232) zugrunde gelegt. Die Tageswerte wurden berechnet unter der Annahme, daß die Schwellen für beide Sehapparate bei der Wellenlänge 650 mμ gleich sind. Diese Wellenlänge ist je nach Versuchsbedingungen evtl. individuell etwas verschieden.

Abgesehen von dem beträchtlichen Höhenunterschied ist bei dieser Darstellung das enge Zusammenrücken der Kurvenschenkel am roten Spektralende und die stärker betonte Abweichung im kurzwelligen Teil auffallend. Die wieder höher werdende Empfindlichkeit des peripheren Apparates gegenüber dem fovealen im Ultrarot ist in der Kurve dadurch angedeutet, daß die beiden Kurvenschenkel einem zweiten Kreuzungspunkt zustreben. Die Eindellung der Tageswertkurve im kurzwelligen Teil in der Gegend von 460 mμ ist nach WALD auf die Maculaabsorption zurückzuführen, nach THOMSON auf unterschiedliche Empfindlichkeit der Netzhautreceptoren. Im Violett würde vielleicht die Hämoglobinabsorption merkbar. Die Rolle des Maculapigments würde in bezug auf die Hellempfindlichkeitskurve überschätzt. Auch nach dieser Art Darstellung besteht die Behauptung zu Recht, daß der Nachtsehapparat relativ unempfindlich für langwelliges Licht und vor allem relativ empfindlich für kurzwelliges Licht ist (vgl. Abb. 63). Es ist übrigens nicht erforderlich, alle derartigen Kurven *stets* nur für Spektren mit gleichmäßiger Energieverteilung anzugeben. Wir kennen aus vielen Vorführungsversuchen des Unterrichts seit der Schulzeit das Spektrum mit ungleichmäßiger Energieverteilung und wissen daher von der hellsten Stelle etwa im Gelb. Im Sonnenspektrum liegt das Maximum der „Tageswerte" bei etwa 590 mμ.

Auch hat von möglichst sattbunten Farbpapieren das gelbe die größte subjektive Helligkeit, nicht das grüngelbe (vgl. Tafel III und OSTWALDS Buntkreis in der Farbenfibel). So gibt uns die nicht umgerechnete Kurve in besonders anschaulicher Weise die genaue Darstellung dieser bekannten Tatsache und der im Nachtsehen eintretenden Veränderung. Wenn hingegen eine Funktionskurve in Richtung auf die zugrunde liegenden, an lichtabsorbierenden Stoffen sich abspielenden photochemischen Vorgänge untersucht werden soll, so wird die Umrechnung erforderlich. Auf diese Zusammenhänge kommen wir zurück.

Werden die Hellempfindlichkeitskurven für das Tagessehen auf gleiche Höhe umgerechnet, wie das früher üblich war, so ergibt sich eine Verschiebung der Kurve der *Protanopen* nach der kurzwelligen Seite (v. KRIES) entsprechend der Unterempfindlichkeit derselben für langwelliges Licht. Bei *Protanomalen* liegen die Kurven zwischen denen der Normalen und der Protanopen (KOHLRAUSCH), und zwar um so näher der Protanopie, je kleiner der Anomalquotient ist (je höher also der Betrag der Anomalie). Letzteres konnte von DURUP und PIÉRON nicht bestätigt werden. Wie schon erwähnt, nehmen die Hellempfindlichkeitskurven

Tabelle der spektralen Hellempfindlichkeitsgrade

Wellenlänge in mμ	Tageswerte V_λ	Nachtwerte V'_λ
380		0,0005893
390	0,0001	0,002209
400	0,0004	0,009292
410	0,0012	0,034834
420	0,0040	0,09661
430	0,0116	0,1998
440	0,023	0,3281
450	0,038	0,4550
460	0,060	0,5672
470	0,091	0,6756
480	0,139	0,7931
490	0,208	0,9043
500	0,323	0,9818
507		1,0000
510	0,503	0,9966
520	0,710	0,9352
530	0,862	0,8110
540	0,954	0,6497
550	0,995	0,4808
555	1,000	
560	0,995	0,3288
570	0,952	0,2076
580	0,870	0,1212
590	0,757	0,0655
600	0,631	0,03315
610	0,503	0,01593
620	0,381	0,007374
630	0,265	0,003335
640	0,175	0,001497
650	0,107	0,0006772
660	0,061	0,0003129
670	0,032	0,0001480
680	0,017	0,00007155
690	0,0082	0,00003533
700	0,0041	0,00001780
710	0,0021	0,000009143
720	0,00105	0,000004783
730	0,00052	0,0000025462
740	0,00025	0,0000013794
750	0,00012	0,0000007596
760	0,00006	0,0000004249
770		0,0000002413
780		0,0000001390

der *Überträgerinnen für Protoformen* eine Mittelstellung zwischen den Kurven der Normalen und denjenigen für Protoformen ein. Das Helligkeitsmaximum der *Deuteranopen* und der *Deuteranomalen* zeigt eine nur geringe Abweichung vom Normalen nach der langwelligen Seite. Kürzlich wurde von CRONE auch bei den *Überträgerinnen* für *Deuteroformen* im Mittel eine geringgradige Verschiebung der Tageswerte nach der langwelligen Seite gefunden. Nach Schwellenmessungen von HECHT und HSIA ergab sich unter Wahrung der gegenseitigen absoluten Hellempfindlichkeiten, daß die Gesamthelligkeit des Spektrums bei *Protanopen* und *Deuteranopen* weit geringer ist als bei den *Normalen*. Dieser Befund wurde von HEATH als unrichtig zurückgewiesen, da die Autoren nicht unter reinen Tagessehbedingungen gearbeitet hatten. HEATH stellte mit der Methode der Flimmerwerte fest, daß die Hellempfindlichkeitskurven im kurzwelligen Gebiet bei *Normalen*, *Protanopen* und *Deuteranopen* praktisch übereinstimmend verlaufen (Abb. 65). Dagegen weisen die *Protanopen* im langwelligen Gebiet einen Helligkeitsverlust, die *Deuteranopen* eine Helligkeitszunahme auf. Sowohl bei *Normalen* als auch

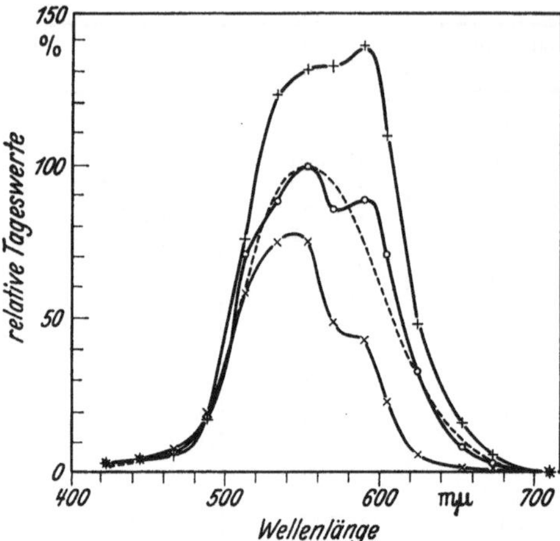

Abb. 65. *Spektrale Hellempfindlichkeitskurven für das Tagessehen.* o—o Mittelwerte von 6 Normalen, ×—× 5 Protanopen und +—+ 6 Deuteranopen. Zum Vergleich ist die V_λ-Kurve der C.I.E. mit eingezeichnet (gestrichelt). Kriterium: Gleichheit der Flimmerrate bei einer Frequenz von 30 p. sec (Nach HEATH)

bei *Deuteranopen* ergab sich eine individuell sehr verschiedene Lage des Helligkeitsmaximums, worauf die Zweigipfligkeit der Mittelwertskurven hinweist.

Bei Tieren kann zur Ermittlung der Tageswerte des Spektrums das Verfahren von HESS angewendet werden, bei welchem die Helligkeiten aufgesucht werden, bei denen die Farben gleiche Pupillenweite ergeben, bzw. bei denen bei Wechsel der farbigen Lichter keine Pupillenweitenänderung erfolgt (*pupillomotorische Werte des Spektrums*). ENGELKING (*1, 2*) konnte das gleiche Verfahren auch bei Totalfarbenblinden (Zapfenblinden) anwenden und deren von den normalen Tageswerten abweichende Helligkeitswerte auch an der Pupillenreaktion nachweisen.

Bei dem *Stufenverfahren*, welches verhältnismäßig leicht durchführbar ist, kann man den Helmholtzschen Farbenmischapparat verwenden. Man füllt beide Halbfelder monochromatisch mit geringem Unterschied der beiderseitigen Wellenlängen aus. Man stellt nun bei Feldgröße $1^{1}/_{2}°$, fovealer Beobachtung und guter Helladaptation Helligkeitsgleichungen ein von z. B. 670 mit 650 mμ, 650 mit 640 mμ, 640 mit 630 mμ usw. Wenn beispielsweise in der Helligkeitsgleichung von 670 mit 650 mμ das Energieverhältnis 2:1 ist, bei derjenigen von 650 mit 640 mμ ebenfalls 2:1, so verhalten sich die Empfindlichkeiten für 670, 650 und 640 mμ wie 1:2:4. Somit ergibt sich aus den Einzelwerten des Helligkeitsvergleichs die Kurve der gesamten spektralen Helligkeitsverteilung in einfacher Weise. Das Stufenverfahren kann bei richtiger Anwendung als sehr genau bezeichnet werden. Nähere Angaben über seine Prüfung enthält die Arbeit von KÖNIG (Jena) (*2*).

Von seiten der lichttechnischen Wissenschaft (vgl. RICHTER) wurden die Verfahren zur Feststellung der subjektiven Helligkeitswerte im Tagessehen einer sehr genauen Prüfung unterzogen. Es wurde dabei hauptsächlich der Grundsatz aufgestellt, daß nur solche Meßverfahren eindeutige Werte geben, welche addierbare Werte für verschiedene Lichter ergeben. Darunter ist zu verstehen, daß zwei gemeinsam untersuchte Lichter einen Helligkeitswert geben müssen, welcher der Summe der mit dem gleichen Verfahren ermittelten Einzelwerte entspricht (vgl. aber. S. 89).

Die C.I.E.-Tageswertkurve (Abb. 63) stellt eine international als Maßstab vereinbarte Kurve dar. Sie ist eine Mittelwertskurve von 278 normalen Beobachtern und wurde zum Teil mit der Flimmermethode, zum Teil im Kleinstufenvergleich gewonnen mit Feldgrößen von 1,5 bis 3° und bestimmt bei Netzhautbeleuchtungen von 20 bis 160 Troland (s. S. 146) (K. G. Gibson). Für Abweichungen von der C.I.E.-Kurve sind außer methodischen Unterschieden nach Dresler besonders Einflüsse der Jahreszeit maßgebend: Im Winter liegt für den gleichen Beobachter das Maximum mehr nach den längeren Wellen als im Sommer. Kravkov glaubt, daß diese jahreszeitlichen Schwankungen mit dem autonomen Nervensystem zusammenhängen. Fedorov weist ferner darauf hin, daß die Feldgröße nicht über $1^1/_2{}°$ betragen darf, und daß die Untersuchung bei guter Helladaptation im erhellten Raum (nicht Dunkelzimmer) vorzunehmen ist (vgl. auch S. 147).

Nähere Angaben über das Verfahren der Flimmerphotometrie findet man bei Brodhun, König (Jena) (*1*), Kohlrausch (*5*), Sewig.

Bei intensiver Helladaptation und kleinen fovealen Feldern (0,7 × 0,16°) ergeben sich Abweichungen von der V_λ-Kurve, indem die Tageswertkurve dreigipflig wird mit dem Hauptmaximum bei 540 mμ und den Nebenmaxima bei 440 und 600 mμ (Stiles und Crawford). Bei Übergang zu extramacularer Betrachtung werden mittel- und kurzwellige Strahlungen relativ heller. Gleichzeitig verlieren dabei langwellige Lichter absolut und relativ an Helligkeit (Tschermak). Wird peripher auf hellem Feld bei dunkler Umgebung gemessen (Testfeld 2°), so ist die Kurve der V_λ-Kurve ähnlich mit einem Maximum bei 540 mμ. Bei intensiver Helladaptation (300 nt) und kleinem Testfeld (40') wird die periphere Kurve zwei- oder dreigipflig bis in die totalfarbenblinde Zone hinein. Hierbei zeigt sich ein weiterer Anstieg der Blauempfindlichkeit, trotzdem von weiterem Fortfall des Maculapigments keine Rede mehr sein kann. Von 25° Zentralabstand an läßt sich unter diesen Bedingungen im kurzwelligen Teil kaum noch ein absteigender Schenkel der Kurve erkennen und der Gipfel im Blau ist am höchsten (Weale). Individuelle Abweichungen der spektralen Hellempfindlichkeitskurven sind beträchtlich.

Wenn auch die übrigen physiologischen Verfahren, das der Peripheriewerte, der Minimalfeld- und der Minimalzeitwerte, der strengen Anforderung der Additivität (s. S. 89) nicht voll entsprechen, so sind sie physiologisch darum nicht minder wichtig. Sie stellen Tatsachen fest, die in ihrer Abweichung von anderen Tatsachen der Erklärung bedürfen. Im übrigen sind diese Abweichungen gegenüber denen aller Tageswerte von den Nachtwerten verhältnismäßig nicht so groß, daß aus der bei den Tageswerten vorliegenden Unstimmigkeit Schwierigkeiten für die Duplizitätstheorie entnommen werden könnten.

Kohlrausch (*7*) gibt an, daß bei den Verfahren, bei welchen die Buntheit nicht ausgelöscht wird, eine gewisse „spezifische Helligkeit" der Buntempfindungen (in anderem Sinn als dem von Hering und Hillebrand) mitwirke. Dieser Einfluß liegt aber bei dem Verfahren der stufenweisen Vergleichung in kleinen Abständen nicht vor, bei welchem nach Fedorov (bei Stufen von 4 mμ bis 16 mμ) das Ergebnis mit dem des Flimmerverfahrens voll übereinstimmt. Auf die Einwände von Fedorov gegen Kohlrausch kann hier nur hingewiesen werden. Im Gegensatz zu Fedorov fanden Galifret und Piéron eine bedeutende Unterbewertung von langwelligem Licht im Flimmervergleich gegenüber dem Kleinstufenvergleich.

Hillebrand und Hering bestimmten, wie oben ausgeführt, die Helligkeit des farblos gesehenen lichtschwachen Spektrums bei Dunkeladaptation. Die Kurve konnte nur als Ausdruck der Eigenschaften der schwarzweißen Sehsubstanz gedeutet werden. Die Helligkeitsverteilung im Nachtsehen entspricht aber nicht der bei Helladaptation und Farbensehen. Zur Erklärung nahmen Hering und Hillebrand an, daß die bunten Sehsubstanzen zur Empfindung einen spezifischen Helligkeitswert hinzufügen, welcher also die Ursache für die Verschiebung der Helligkeitsverteilung sein würde. Hierbei bleibt aber unerklärt, daß die Netzhautperipherie ohne Mitwirken der Buntempfindungen (also der bunten Sehsubstanzen) bei Hell- und Dunkeladaptation verschiedene Helligkeitswerte des Spektrums hat, obwohl nach Hering in beiden Fällen nur die gleiche schwarzweiße Substanz beteiligt ist. Die Heringsche Farbentheorie ist für sich nicht ausreichend. Dementsprechend wird auch von v. Tschermak die Duplizitätstheorie, wenn auch nicht ohne Einschränkung, anerkannt.

b) Technische Lichtmessung

Wir haben bei Besprechungen der Tageswerte und Nachtwerte die *subjektive Helligkeit* der Strahlungen verschiedener Wellenlänge bestimmt, d. h. diejenigen Mengen aufgesucht, in denen die Strahlungen dem Auge gleich hell erscheinen, in denen sie also *subjektiv gleich hell sind.* Diese Mengen können objektiv sehr verschieden sein.

So werden wir uns hier noch mit der *objektiven Strahlungsmessung* befassen. Die physikalische Grundgröße ist die *Strahlungsleistung. Strahlungsstrom* ist die Strahlungsleistung in einen Raumwinkel. Die Einheit des Strahlungsstromes ist das Watt. Die Messung geschieht durch ein geeichtes Thermoelement.

Die physiologischen (psychophysischen) Begriffe und Einheiten werden auf Grund der Wirkung der physikalisch meßbaren Strahlungsleistung auf den Gesichtssinn aufgestellt. Mit Ausnahme der Einheiten Skot und Nox beziehen sich alle auf das helladaptierte Auge. Die Lichtmessung oder Photometrie wurde von LAMBERT (1728—1777) in „Photometria sive de mensura et gradibus luminis, colorum et umbrae" begründet. Sie gelangte aber erst mit der Entwicklung der Lichttechnik (1879, EDISON: Glühlampe) zur Geltung. Der *Lichtleistung* entspricht der *Lichtstrom* (Symbol Φ). Das ist die Energie pro Zeiteinheit, die von einer Lichtquelle ausgestrahlt und die entsprechend der spektralen Empfindlichkeit des helladaptierten Auges photometrisch bewertet wird. Die Einheit des Lichtstromes ist 1 Lumen (1 lm). Sie wird erhalten, wenn die Lichtstärke 1 Kerze von einer punktförmigen Lichtquelle in die Einheit des Raumwinkels geschickt wird. Steht im Mittelpunkt einer Kugel vom Radius r eine punktförmige Lichtquelle, die mit einem Lichtkegel eine Fläche F auf der Kugeloberfläche anleuchtet, so ergibt sich ein Raumwinkel $\omega = F/r^2$. Die *Raumwinkeleinheit* (ω) ist 1 Steradiant, wenn die Fläche F so groß wie eine ebene Fläche von r^2 wird. Die *Lichtmenge* (Q) ergibt sich aus dem Produkt aus Lichtstrom (Φ) und Zeit, nämlich $Q = \Phi \cdot t$. Sie wird in *Lumensekunden* (lmsec) bzw. Lumenstunden (lmh) gemessen.

Man kann Lumen zu Watt in Beziehung setzen, z. B. 1 Watt *Strahlungsstrom* der Wellenlänge 555 mμ (Maximum der Tageswertkurve) ist äquivalent 685 Lumen. Dieser Wert wird photometrisches Strahlungsäquivalent K_{555} genannt. Für andere Wellenlängen ist $K_\lambda = K_{555} \cdot V_\lambda$ (V_λ zu entnehmen aus Tabelle S. 141). Glühlichtbirnen von 75 bis 100 Watt liefern 12,5 Lumen pro Watt (1 Watt $= 1{,}003 \cdot 10^7$ erg/sec).

Die *Lichtstärke I* einer Lichtquelle in einer gegebenen Richtung ergibt sich aus dem Quotienten des Lichtstromes Φ dividiert durch den Raumwinkel (ω), in den sie ausstrahlt $I = \dfrac{\Phi}{\omega}$.

Die alte Einheit der *Lichtstärke* war die *Kerze.* Später führte man die *Hefnerkerze* (HK) ein [HEFNER-ALTENECK (1884); in England und Frankreich: *Internationale Kerze* (IK); 1 HK = 0,9 IK]. Ab 1941 in Deutschland, ab 1. Januar 1948 international eingeführt, gilt als *Candela-Urnormal* eine aus Platin und Thoriumoxyd bestehende und bis zur Schmelze erhitzbare Anordnung. Die *Lichtstärkeneinheit* (I) ist die Neue Kerze (NK) oder *Candela* (cd), $^1/_{60}$ *der Lichtstärke, die 1 cm² des schwarzen Körpers bei der Temperatur des erstarrenden Platins senkrecht zur Oberfläche abstrahlt.* Bei der Farbtemperatur 2047° K ist eine Neue Kerze gleich 1,09 Hefnerkerzen, 1 HK = 0,92 NK (cd). Eine punktförmige Lichtquelle, die in jeder Richtung die Lichtstärke 1 Kerze ausstrahlt, liefert einen Gesamtlichtstrom von 4 π = 12,57 Lumen in den Raumwinkel 4 π, also in den gesamten umgebenden Raum. Um keine Verwechslung aufkommen zu lassen, kann man die von der Hefnerkerze abgeleiteten Einheiten durch Vorsatz von „Hefner" oder „H" kennzeichnen, z. B. Hefnerlux, Hlumen usw.

Die *Beleuchtungsstärke E* ist der Quotient aus dem senkrecht einstrahlenden Lichtstrom Φ und der Oberfläche F $\left(E = \dfrac{\Phi}{F}\right)$. Die Einheit der Beleuchtungsstärke 1 *Lux* (1 lx) ergibt sich, wenn der Lichtstrom 1 Lumen auf eine Fläche 1 m² senkrecht eingestrahlt wird. Sie kann auch gefunden werden aus der Lichtstärke des Senders, dividiert durch das Quadrat des Senderabstandes in Metern. Sie wurde früher Meterkerze (MK) genannt. Für sehr geringe Beleuchtungsstärken, wie sie z. B. für Adaptationsmessungen benötigt werden, ist die kleinere Einheit 1 Mikrolux (μlx) = 10^{-6} lx. Die Einheit der Dunkelbeleuchtungsstärke 1 Nox (nx), die sich auf die spektrale Empfindlichkeit des dunkeladaptierten Auges (Stäbchensehen) bezieht, ist gleich 10^{-3} lx bei einer Farbtemperatur von 2360° K.

Die *Leuchtdichte L* einer ebenen, zur Ausstrahlungsrichtung senkrechten Senderfläche ist der Quotient aus der Lichtstärke, die ebenfalls senkrecht zu dieser Richtung bestimmt wurde, und der Fläche $\left(L = \dfrac{I}{F}\right)$. Wurde die Lichtstärke in einem Winkel zur Senkrechten gemessen und ist F die Flächengröße des Senders, so ist die scheinbare Senderfläche — ihre Projektion senkrecht zur Meßrichtung — gleich $F \cdot \cos \varepsilon$ bzw. $L_\varepsilon = \dfrac{I_\varepsilon}{F \cdot \cos \varepsilon}$. Bei vollkommen diffuser Strahlung einer Fläche ändert sich deren Intensität nach dem Lambertschen Kosinusgesetz, wird also gleich $I \cos \varepsilon$, wenn die Fläche unter dem Winkel ε gesehen wird. Ihre Leuchtdichte in dieser Richtung ist dann $L = \dfrac{I \cdot \cos \varepsilon}{F \cdot \cos \varepsilon} = \dfrac{I}{F}$, ist also von ε unabhängig. Die Einheit der Leuchtdichte ist das *Nit* (nt). Ein Nit entspricht der Leuchtdichte 1 candela pro m². Das Nit hat durch C.I.E.-Beschluß die bisher übliche Einheit *Stilb* abgelöst (1 Stilb = 10^4 Nit). Eine kleinere Einheit der Leuchtdichte ist 1 Apostilb (asb) = $\dfrac{1}{\pi \cdot 10^4}$ sb. Die Leuchtdichte von 1 asb wird erhalten bei Beleuchtung einer ideal diffus streuenden Fläche mit 1 lx — früher wurde diese Einheit auch mit 1 lx „auf Weiß" bezeichnet — oder einer ebenen Magnesiumoxydfläche mit 1,05 lx. 1 Mikroapostilb (μasb) = 10^{-6} asb. Für die Dunkelleuchtdichte, die sich auf die spektrale Empfindlichkeit des dunkeladaptierten Auges bezieht, gilt die Einheit *Skot* (sk), die bei einer Farbtemperatur von 2360° K gleich ist 10^{-3} asb ($3,18 \cdot 10^{-4}$ nt). Laut Beschluß der C.I.E. (1948) ist die Leuchtdichte die physiologische Grundgröße, da eine Gleichheit von Leuchtdichten direkt erkannt werden kann[1].

Der *Reflexions-, Absorptions-* und *Transmissionsgrad* eines Körpers ergibt sich aus dem Verhältnis des reflektierten, absorbierten oder durchgelassenen Lichtstroms zum auffallenden Lichtstrom.

Die wichtigsten physikalischen und physiologischen Begriffe und Einheiten werden in der folgenden Tabelle zur Übersicht wiedergegeben, wobei die Gruppierung

	Physikalische Größen		Physiologische Größen			
	Begriff	Einheit	Begriff	Symbol und Beziehung	Einheit	Abkürzung
Gültig für den Sender	Strahlungsstrom	Watt	Lichtstrom	$\Phi = I \cdot \omega$	Lumen	lm
	Strahlstärke	Watt/ω	Lichtstärke	$I = \dfrac{\Phi}{\omega}$	Candela	cd
	Strahldichte	Watt/m²	Leuchtdichte	$L = \dfrac{I}{m^2}$	Nit	nt
Gültig für den Empfänger	Bestrahlungsstärke	Watt/m²	Beleuchtungsstärke	$E = \dfrac{\Phi}{m^2}$	Lux	lx

[1] In den USA ist B das Symbol für die Leuchtdichte.

von Pohl nach ihrer Gültigkeit für den Lichtsender und den Lichtempfänger durchgeführt ist. Das ist stets zu beachten, da sonst die vielfach anzutreffenden Unklarheiten unvermeidlich sind.

Zur Erleichterung der Umrechnung von Leuchtdichten diene auch folgende Tabelle:

	Nit	Stilb	Apostilb	Lambert	Footlambert	Kerze pro Quadratfuß[1]	Kerze pro Quadrathektometer[2]
1 Nit =	1	10^{-4}	3,14	$3,14 \cdot 10^{-4}$	$2,919 \cdot 10^{-1}$	$9,29 \cdot 10^{-2}$	10^4
1 Stilb =	10^4	1	$3,14 \cdot 10^4$	3,14	$2,92 \cdot 10^2$	$9,3 \cdot 10^2$	10^8
1 Apostilb =	$3,183 \cdot 10^{-1}$	$3,18 \cdot 10^{-5}$	1	10^{-4}	$9,3 \cdot 10^{-2}$	$2,96 \cdot 10^{-2}$	$3,18 \cdot 10^3$
1 Lambert =	$3,183 \cdot 10^3$	$3,18 \cdot 10^{-1}$	10^4	1	$9,3 \cdot 10^2$	$2,96 \cdot 10^2$	$3,18 \cdot 10^7$
1 Footlamb. =	3,426	$3,43 \cdot 10^{-4}$	10,8	$1,08 \cdot 10^{-3}$	1	0,318	$3,43 \cdot 10^4$
1 Kerze pro Quadratfuß[1] =	$1,0764 \cdot 10$	$1,075 \cdot 10^{-3}$	$3,38 \cdot 10^1$	$3,38 \cdot 10^{-3}$	$3,38 \cdot 10^3$	1	$1,075 \cdot 10^5$
1 Kerze pro Quadrathektomet[2]. =	10^{-4}	10^{-8}	$3,14 \cdot 10^{-4}$	$3,14 \cdot 10^{-8}$	$2,92 \cdot 10^{-5}$	$9,3 \cdot 10^{-6}$	1

[1] Candle per square foot.
[2] Bougie hectomètre carré.

Weitere Angaben können den Darstellungen von Arndt, Meyer und Seitz und dem Lehrbuch von Pohl entnommen werden. Über Lichtquanten vgl. S. 232.

Nützlich für das Verständnis lichttechnischer Arbeiten werden noch folgende Angaben sein: Zur Bestimmung der tatsächlichen Netzhautbeleuchtung unter Berücksichtigung der Pupillenfläche schlug Troland eine Einheit vor, die er Photon nannte und die jetzt als Troland bezeichnet wird, um eine Verwechslung mit dem Synonym für Quant auszuschließen. Als 1 Troland wird diejenige Beleuchtungsstärke auf der Netzhaut bezeichnet, die von einer Leuchtdichte von 1 Nit bei einer Pupillenfläche von 1 mm² erzeugt wird. Maßgebend hierbei ist die Eintrittspupille des Auges oder eine nah am Auge gehaltene künstliche Pupille, falls dieselbe kleiner ist als die natürliche Pupille. Die Einheit Troland kann nicht direkt gemessen, nur berechnet werden aus der Formel Troland $= L \pi r^2$, worin L die Leuchtdichte der betrachteten Fläche in Nit und πr^2 die Pupillenfläche in mm² darstellt. Unter effektiven Trolands werden die auf den Stiles-Crawford-Effekt korrigierten Trolands verstanden. Die Einheit Troland berücksichtigt nicht den Lichtstromverlust durch Absorption der Augenmedien.

Es ist möglich, Lichtmengen in Decibel auszudrücken.

Bei dieser Gelegenheit sei noch folgendes bemerkt. Die Beleuchtungsstärke einer Fläche ist umgekehrt proportional dem Quadrat des Abstandes der Lichtquelle. Das Entfernungsquadratgesetz gilt streng nur für punktförmige Lichtquellen. Zum mindesten muß die Entfernung über das Zehnfache des Durchmessers der Lichtquelle betragen, wenn man es mit einiger Annäherung anwenden will. Außerdem gilt es genau nur im Vakuum oder in einem Medium, dessen Absorption vernachlässigt werden kann. Besondere Verhältnisse liegen vor, wenn man dem Auge eine weiße Fläche in verschiedenem Abstand darbietet. Bei Annäherung an das Auge wächst der in das Auge eintretende Lichtstrom, es wächst aber in gleichem Maße auch die Bildgröße auf der Netzhaut (die Größe der belichteten Fläche). Es bleibt mithin (gleichbleibende Pupillenweite vorausgesetzt) die auf die Flächeneinheit der Netzhaut fallende Lichtmenge, die Beleuchtungsstärke, und deshalb auch die subjektive Helligkeit, unverändert. Eine nähere Besprechung gibt v. Kries (3, III) in seiner Arbeit über die zur Erregung erforderlichen Energiemengen.

Zur *Abstufung der Beleuchtungsstärke* kann man außer den *Aubertschen Blenden* oder der *Abstandveränderung* auch *Graugläser* verwenden. Für quantitative Zwecke sind die Gläser von Tscherning sehr geeignet. Sie sind logarithmisch bezeichnet: Glas 1 läßt $^1/_{10}$ des auffallenden Lichts durch, Glas 2 entsprechend $^1/_{100}$. Die Gläser addieren die Wirkung entsprechend den Nummern: zwei Gläser 1 aufeinandergelegt geben die gleiche Lichtschwächung wie ein Glas 2, nämlich Schwächung auf $^1/_{100}$. Glas 3 schwächt auf $^1/_{1000}$, ebenso drei Gläser 1 aufeinandergelegt. Wichtig ist, daß Graugläser das Licht nicht selektiv schwächen, also von jeder Wellenlänge den gleichen Prozentsatz durchlassen. Diesen Anforderungen entsprechen weitgehend das Glas NG 3 der Firma Schott und die Wratten-Kodak-Gelatinefilter.

Sehr geeignet zur Lichtschwächung sind auch *Grauglaskeile* (oder Gelatine zwischen dünnen, in sehr kleinem Winkel zueinander gestellten Glasplättchen). Wenn der Keil an seiner Längenstelle 1 cm (von der Spitze an gemessen) das Licht auf $^1/_{10}$ schwächt, so wird er an der Längenstelle 2 cm auf $^1/_{100}$ schwächen, bei 3 cm auf $^1/_{1000}$ usf. Jedem Zentimeter Länge entspricht also eine Lichtschwächung auf $^1/_{10}$. Die Lichtschwächung durch den Keil ist mit der Keilkonstante C definiert. Es ist $C = (D_a - D_b) : (a - b)$. Hierin ist $D = \log_{10}(I/I')$; a und b sind die senkrechten Abstände zweier Keilstellen von der Keilkante; I ist die einfallende, I' die durchgelassene Lichtmenge.

Sodann kann man den Winkel a zwischen der auf einer weißen Fläche errichteten Senkrechten und der Einfallsrichtung des Lichts ändern. Ist dieser Winkel gleich Null, so ist der zurückgeworfene, etwa von einer Hefnerkerze ausgehende Lichtstrom am größten. Der Lichtstrom ist dem $\cos \alpha$ proportional (Näheres bei v. KRIES, s. oben).

Ferner wird vielfach die Lichtschwächung durch kreisende *Schlitzscheiben* (Episkotister) bewirkt, deren Schlitzgröße veränderlich ist. Auch Lochblenden sind gut brauchbar.

Für besondere Zwecke, z. B. an großen Spektralapparaten, werden zur Lichtschwächung *Nicolsche Prismen* verwendet, auf die polarisiertes Licht auffällt. Dieses wird durch Drehung des Nicols geschwächt, die Schwächung entspricht dem $\cos^2$ des Drehungswinkels.

Wenn Licht auf eine Fläche fällt, so wird im allgemeinen nur ein Teil des Lichts zurückgeworfen. Das *Reflexionsvermögen* wird als *Albedo* bezeichnet. Darunter wird das Verhältnis des zurückgeworfenen Lichtstromes zum auffallenden verstanden. Die Zahlen sind für Schnee 80%, weißes Papier 78%, Ackererde 8%. Man kann auch den von einer mit Magnesiumoxyd bedeckten weißen Papierfläche zurückgeworfenen Lichtstrom $= 100$ setzen. Dann kommt dem hellsten weißen Papier die Zahl 96 zu, hellstem weißen Karton 90, gewöhnlichem weißen Papier 83, Druckerschwärze 3,7, schwarzem Samt 0,225. Bunte Pigmentpapiere werfen das Licht nicht nur an der äußersten Oberflächenschicht zurück, sondern auch in etwas tieferen Schichten, in welchen eine teilweise Absorption stattfindet, welche die Ursache der Farbe des Papiers ist. Metallflächen zeigen reine Oberflächenreflexion. Gold reflektiert gelbes Licht, in dünne Goldplättchen und durch sie hindurch gelangt nur das purpurfarbige Licht (Farbe kolloidaler Goldlösung).

Über die *Beleuchtung durch natürliche Lichtquellen* sei noch folgendes mitgeteilt (NEWCOMB, KÖNIG, ARNDT u. a.). Mittags in der Sommersonne wird eine waagerechte Fläche mit etwa 100000 lx beleuchtet, bei Vollmond mit etwa 0,2 lx. Bei Sonnenuntergang beleuchtet der klare Himmel mit etwa 2000 lx, der sternklare Nachthimmel gibt etwa 0,0005 lx. Ausreichende Beleuchtung zum Lesen liegt von etwa 20 lx an aufwärts, gute Schreibtischbeleuchtung bei etwa 800 lx vor; angenehme Beleuchtungsstärke liegt von 100 lx an bis aufwärts zu etwa 3000 lx vor. Ausschlaggebend für den Adaptationszustand ist hierbei nicht die Beleuchtungsstärke am Auge, sondern die Leuchtdichte der betrachteten Fläche. Bei einer nicht vollkommen reflektierenden Fläche errechnet sich diese in Nit aus der Beleuchtungsstärke der Fläche in Lux mal ihrem Reflexionskoeffizienten dividiert durch π. Der Reflexionskoeffizient (Reflexionsgrad) muß dabei in Bruchteilen von 1 angegeben sein.

Bei über 100 asb (30 nt) herrscht reines Tages(Zapfen)sehen. Unter 0,01 asb ($3 \cdot 10^{-3}$ nt) scheidet das Zapfensehen aus und es herrscht reines Nachtsehen. Die Grenze hängt natürlich von dem Betrag der Zapfenadaptation ab. Zwischen 0,01 asb und 100 asb liegt also das Gebiet des Zwielichtsehens oder Dämmersehens, bei welchem sowohl Stäbchen als auch Zapfen mitwirken (Näheres hierüber s. unten). Das Tagessehen wird auch als photopisches, das Dämmersehen als *mesopisches* und das Nachtsehen als *skotopisches* Sehen bezeichnet.

Die *Leuchtdichte des Mittagshimmels* auf hellweißen Wolken im Sommer beträgt etwa 1 sb. Für das *Nachthimmellicht* in sternklarer, mondloser Nacht, welches verschiedenen Quellen entstammt und gewisse Ähnlichkeit mit dem Nordlicht hat (Linie 557,7 mμ), wird eine mittlere Leuchtdichte von 10^{-8} sb (10^{-4} nt) angegeben (LÖHLE), was einer Beleuchtungsstärke von $3 \cdot 10^{-4}$ lx auf ebener horizontaler Fläche entspricht.

6. Wechsel zwischen Tages- und Nachtsehen

Geht man vom Zustand des Nachtsehens in den des Tagessehens über, so ergeben sich einige schon lange bekannte, aber erst sehr viel später in Zusammenhang gebrachte besondere Erscheinungen.

Betrachtet man ein rotes und ein grünes Papier, die bei Helladaptation und starkem Licht einen etwa gleich hellen Eindruck machen, bei Dunkelanpassung und sehr schwachem Licht, so erscheint nunmehr das rote Papier wesentlich dunkler als das grüne. Diesen Wechsel des subjektiven Helligkeitsverhältnisses bezeichnet man als *Purkinjesches Phänomen*. Seine Erklärung geht aus den Kurven der Abb. 63 hervor. Nehmen wir die Strahlungen 550 mμ

und 507 mμ, so muß die erstere im helladaptierten Zustand, die letztere im dunkeladaptierten heller erscheinen als die andere, weil sich bei Übergang von Hell- zu Dunkelanpassung das Helligkeitsmaximum verschiebt.

Die allmähliche Verschiebung der Empfindlichkeit nach kürzeren Wellen offenbart sich an Hellempfindlichkeitskurven, die mit überfovealen Feldern (z. B. 5°) bei allmählich abnehmender Leuchtdichte des Testfeldes aufgenommen werden. Schon ein Feld von 2° Ausdehnung zeigt eine deutliche Abweichung von der V_λ-Kurve. Desgleichen offenbart sie sich bei Bestimmung dieser Kurven mit Schwellenreizen bei Dunkeladaptation auf kleinem Testfeld bei allmählich zunehmendem Winkelabstand von der Fovea. Ab etwa 5° Zentralabstand wird die Kurvenform konstant.

Mit ansteigender Leuchtdichte beginnt die Änderung der Hellempfindlichkeitskurve zuerst im langwelligen Teil (SMITH-KINNEY).

In der Parafovea ist die obere Grenze des Purkinje-Phänomens niedrig (3—4 nt). Das Purkinjesche Phänomen soll bei rein fovealer Betrachtung kleiner Farbfelder von bis $1^1/_4$° Winkelgröße fehlen (DIETER). Untersucht man foveal mit kleinen farbigen Reizlichtern, so kann man bei Dunkeladaptation ein sog. inverses Purkinjesches Phänomen beobachten, indem rote Lichter relativ hell erscheinen im Vergleich zu blauen (KOHLRAUSCH 1922, mit Filterfarben bestimmt). Spektrale Empfindlichkeitskurven in der Fovea, aufgenommen mit sehr kleinen Feldern oder Feldern geringer Intensität (SLOAN, WALTERS und WRIGHT), ergeben eine Abweichung von der C.I.E.-Kurve, und zwar einen zweiten, niedrigeren Gipfel im Rot, der nach THOMSON bei 610 mμ liegt. Über Besonderheiten der fovealen Hellempfindlichkeit im Tagessehen bei kleinen Feldern s. S. 143. In Übereinstimmung mit den Befunden von KOHLRAUSCH ist bei Reizung des dunkeladaptierten Auges mit schwellennahen, zapfenüberschwelligen, tagwertgleichen Lichtern ein Farbengesichtsfeld für Blau stärker geschrumpft als für Rot (SCHMIDT und KITZINGER). Bei Hemeralopen, bei denen der Nachtsehapparat nicht funktioniert, soll auf der ganzen Netzhaut ein inverses Purkinjesches Phänomen nachweisbar sein (SIEGERT, WALTERS und WRIGHT).

Es sei hier die Beschreibung mitgeteilt, die PURKINJE (2) von dem nach ihm benannten Phänomen gibt: ,,Objektiv hat der Grad der Beleuchtung großen Einfluß auf die Intensität der Farbenqualität. Um sich davon recht lebendig zu überzeugen, nehme man vor Anbruch des Tages, wo es eben schwach zu dämmern beginnt, die Farben vor sich. Anfangs sieht man nur schwarz und grau. Gerade die lebhaftesten Farben, das Rot und das Grün, erscheinen am schwärzesten. Das Gelb kann man von Rosenrot lange nicht unterscheiden. Das Blau war mir zuerst bemerkbar. Die roten Nuancen, die sonst beim Tageslicht am hellsten brennen, nämlich Carmin, Zinnober und Orange, zeigen sich lange am dunkelsten, durchaus nicht im Verhältnis ihrer mittleren Helligkeit. Das Grün erscheint mehr bläulich, und seine gelbe Tinte entwickelt sich erst mit zunehmendem Tage." Daß Grün so dunkel erschien, dürfte darin begründet sein, daß PURKINJE ein sehr dunkelgrünes Pigment beobachtete. Die Beobachtungen beziehen sich ja nicht auf das Spektrum. Das Wichtigste an ihnen ist die Feststellung, daß alle Farben anfangs, zu Beginn der Morgendämmerung, unbunt, grau bis schwarz erschienen und daß besonders für die Farben Carmin, Rot und Orange die Helligkeit viel geringer erschien, als dem Helligkeitsverhältnis bei mittlerem Tageslicht entspricht.

7. Theoretisches über die Erscheinungen des Nachtsehens

Weder auf Grund der Helmholtzschen noch auch der Heringschen Theorie über die Beschaffenheit der farbenperzipierenden Einrichtungen ist es möglich, die Erscheinungen des Nachtsehens zu verstehen. Die Heringsche Schwarz-Weiß-Substanz als Vermittler der Nachtwerte anzusehen, stößt wegen der völligen Verschiedenheit der Nachtwerte von den Tageswerten, welche beide auf die gleiche Substanz zu beziehen waren, auf Schwierigkeiten. HILLEBRAND und HERING glaubten, die Lösung in der Lehre von der spezifischen Helligkeit der Farben gefunden zu haben. Aber auch in der äußersten Netzhautperipherie besteht der Unterschied von Tages- und Nachtsehen, in welcher totale Farbenblindheit herrscht, also nach HERING nur noch die schwarzweiße Substanz mitwirkt. Sie müßte also selbst eine doppelte Funktionsweise haben. Mit der Helmholtzschen Vorstellung allein kommen wir ebenfalls nicht aus.

a) Grundzüge der Duplizitätstheorie

Es ist die Annahme nötig, daß außer dem entsprechend der einen oder anderen der besprochenen Theorien wirkenden farbentüchtigen Apparate im normalen Auge noch ein zweiter, das Dämmerungssehen vermittelnder Apparat vorhanden ist. Diese Annahme einer Doppelanordnung in der Netzhaut wurde von v. KRIES im Jahre 1894 aufgestellt und begründet und als *Duplizitätstheorie* bezeichnet. Als Vorläufer ist M. SCHULTZE zu nennen, der die morphologische Verschiedenheit von Zapfen- und Stäbchennetzhäuten mit dem Sehen bei Tag und bei Nacht in Beziehung setzte. PARINAUD hat die gleiche Grundlehre aufgestellt wie v. KRIES. Jedoch ist es den von PARINAUD unabhängigen Arbeiten von v. KRIES zuzusprechen, daß die *Lehre von der Doppelfunktion der Netzhaut* voll ausgebaut und heute Allgemeingut der Wissenschaft geworden ist.

Nach dieser Lehre kommt für den helladaptierten Zustand und stärkeres Licht, also im *Tagessehen,* ein voll farbentüchtiger Apparat in Betracht, der Bunt- *und* Unbuntempfindungen vermittelt und den man sich weiter in Teilapparate nach HELMHOLTZ oder HERING zerlegt oder nach der Zonentheorie eingerichtet denken muß. Dem *Nachtsehen* in schwachem Licht, unter 0,01 Lux Beleuchtungsstärke, soll aber der andere Apparat zugrunde liegen, der *nur* farblose (unbunte) Empfindungen vermittelt. Unter mittleren Bedingungen können, so nehmen wir weiter an, auch beide Apparate gleichzeitig in Anspruch genommen sein, doch so, daß in der Empfindung die Tätigkeitsanteile beider Apparate für gewöhnlich nicht trennbar sind. Das Sehen unter Benutzung beider Einrichtungen wollen wir *Zwielichtsehen* (Dämmersehen) nennen.

Geht man vom Zustand der Dunkeladaptation aus, so fängt der Tagesapparat erst bei einer höheren Leuchtdichte an zu wirken, als seiner Schwelle entspricht. Es scheint derjenige Apparat, der die höhere Funktion im gegebenen Adaptationszustand hat, auf den anderen hemmend einzuwirken, besonders wenn die Schwellen nahe beieinander liegen (von H.K. MÜLLER für rotes Licht bei Dunkeladaptation festgestellt; eine entsprechende Auffassung findet sich bei GRANIT). Daher werden berechnete Empfindlichkeitskurven nicht genau mit tatsächlich gemessenen übereinstimmen.

Mehrere Tatsachen weisen darauf hin, daß von den beiden verschiedenen Arten von Sehelementen der Netzhaut, den Zapfen und Stäbchen, die *Zapfen* dem *Tagesapparat,* die *Stäbchen* dem *Nachtapparat* zugehören. Dafür spricht der Umstand, daß gerade die Fovea centralis, nur Zapfen enthaltend, voll farbentüchtig ist, daß hingegen die Peripherie, vorwiegend Stäbchen enthaltend, ganz besonders der Empfindlichkeitssteigerung im Dunkeln fähig ist und schwache Spektrallichter farblos erscheinen läßt (Nachtwerte). Wir sprechen daher vom Zapfen- und Stäbchenapparat. Natürlich sind zu jedem Apparat auch die weiteren mit den Sinneszellen verbundenen Einrichtungen der Netzhaut und des Gehirns zu rechnen. Aus vergleichend-anatomischen Betrachtungen erschloß schon M. SCHULTZE die Bedeutung der Stäbchen für das nächtliche Sehen. Die sog. Nachttiere (Fledermaus, Maus, Igel, Kaninchen, manche Eulen), die bei sehr geringem Licht ihrer Beute oder Nahrung nachgehen, haben vorwiegend Stäbchen, Tagtiere (Eidechsen, Schildkröte, Chamäleon, Eichhörnchen, viele Vögel) vorwiegend Zapfen in der Netzhaut, während der Mensch und Tiere, die sowohl bei Tag wie bei Nacht gute Sehfähigkeit besitzen (Frosch, die meisten Affenarten) Zapfen und Stäbchen unterscheiden lassen. Die Stäbchen und Zapfen vom Frosch sind in Abb. 78 dargestellt (im linken Teil besonders deutlich sichtbar), die vom Menschen in Abb. 110.

Näheres über den mikroskopischen Bau der Stäbchen und Zapfen findet sich bei W. T. SCHMIDT. Es sei auch auf die Zusammenstellung der vergleichenden Anatomie der Netzhaut von G. L. WALLS hingewiesen.

Sowohl Zapfen- als auch Stäbchenaußenglieder bestehen aus abwechselnden Schichten von Protein- und Lipoidmolekülen. Das Zellprotein ist in Zapfen und Stäbchen verschieden. Im Elektronenmikroskop konnte SJÖSTRAND an den Stäbchen von Meerschweinchen nachweisen, daß das Außenglied aus etwa 700 Doppelmembranscheiben mit Lipoidtropfen zwischen den Scheiben besteht. Die Zapfenaußenglieder der Barschretina bestehen aus Einzelmembranescheiben.

Als Einwand gegen die Duplizitätstheorie wird gelegentlich angeführt, daß sich manchmal an Tiernetzhäuten keine morphologischen Unterschiede der fovealen und peripheren Sinneszellen nachweisen ließen. Das Wesentliche ist aber die funktionelle Verschiedenheit der Apparate, nicht ihre anatomische. Es wird angegeben, daß die peripheren Zapfen nicht genau dieselbe Funktionsweise hätten wie die zentralen, sowie daß es zwei Arten von Stäbchen gäbe (GRANIT, WILLMER). Auch wird darauf hingewiesen, daß die Stäbchenbipolaren mit den Zapfen verbunden sind, so daß die gleichen Bahnen, die nachts die Stäbchenerregungen weiterleiten, am Tage den Zapfenerregungen dienen (vgl. Tafel I). Nach SEGAL besteht die Duplizität in den verschiedenen Verbindungen der Sinneszellen mit den Ganglienzellen. Neuere elektrophysiologische Untersuchungen scheinen allerdings gegen eine wirkliche Duplizität von Stäbchen und Zapfen zu sprechen (TANSLEY).

Für die weitere *Ausgestaltung der Theorie der Doppelanordnung* ist die Feststellung von BOLL bedeutsam, die von KÜHNE weiter ausgearbeitet wurde, daß die *Netzhaut gewisser Tiere purpurfarben* ist, wenn sie bei nur schwachem Lichtzutritt herausgenommen wird, und daß die Färbung im Licht schnell vergeht. KÜHNE wies nach, daß dieser Färbung ein in gallensaurem Natrium löslicher Stoff, von ihm *Sehpurpur* genannt, zugrunde liegt und daß dieser Stoff *nur in den Stäbchenaußengliedern*, nicht in den Zapfen, vorkommt. Seine Lichtempfindlichkeit konnte KÜHNE dazu benutzen, um am Kaninchenauge sichtbare Abbilder, „Optogramme", von Gegenständen (ein helles Fenster) herzustellen, die mit Alaun einigermaßen haltbar gemacht werden können (Abb. 66).

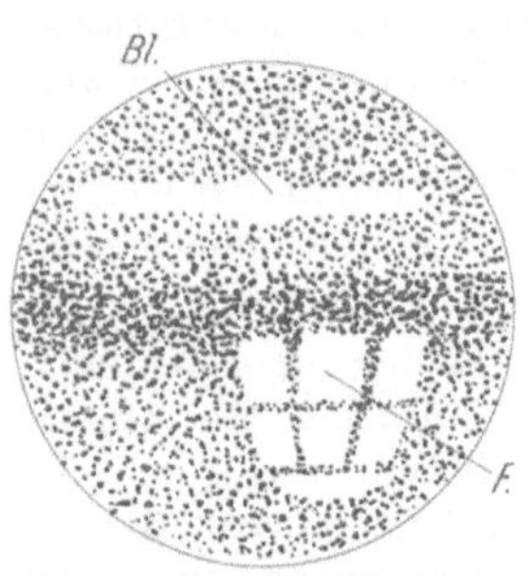

Abb. 66. *Photographie eines Fensters auf der sehpurpurhaltigen Kaninchennetzhaut.* Nach KÜHNE. Der obere waagerechte weiße Streifen ist der Sehnerveneintritt mit dem blinden Fleck (*Bl*). Darunter das umgekehrte, reelle Bild des dreiteiligen Fensters (*F*)

Besonders schöne Optogramme erhielt GARTEN, die er mit Platinchlorid lichtbeständig machte. Die zur Untersuchung des Sehpurpurs bevorzugten Formen der Tierreihe sind die mit stäbchenreichen Netzhäuten, die ausnahmslos viel Sehpurpur bilden, wie Fische, Frosch, Ratte, Kaninchen. Bei Reptilien fehlen den Eidechsen, Schildkröten, Ringelnattern sowohl Sehpurpur wie Stäbchen. Beim Gecko sowie Alligator hingegen stehen die Stäbchen im Vordergrund, und es wurde dementsprechend auch das Vorhandensein von Sehpurpur nachgewiesen. Bei Vögeln zeigen besonders die stäbchenreichen Netzhäute einiger Eulenarten starken Sehpurpurgehalt, während er bei Huhn und Taube, bei denen die Zapfen sehr im Vordergrund stehen, nur mit feineren Verfahren nachweisbar ist. Bei der Ente hingegen ist der Sehpurpur leicht nachweisbar. Auch bei Säugetieren bilden Netzhäute mit Stäbchen stets Sehpurpur. So ist er auch im Affenauge nachgewiesen. Besonders sehpurpurreich ist das Rinderauge. Ferner sei noch der Igel erwähnt; an der Fledermaus ließ sich Sehpurpur, entgegen den Angaben von KÜHNE, sicher feststellen (W. T. 2). Beim Dunkelauge des Menschen wies schon KÜHNE den Sehpurpur nach. Er fehlt in der Macula lutea und nimmt nach der Peripherie hin zugleich mit der Zahl der Stäbchen zu.

Auch über die *Neubildung* des Sehpurpurs nach Bleichung verdanken wir KÜHNE grundlegende Feststellungen. Der Sehpurpur regeneriert auch im ausgeschnittenen Froschauge, und zwar spielt dabei die Pigmentepithelschicht eine wichtige Rolle, welche, der hinteren Wand der Augenblase entstammend, zwischen Netzhaut und Aderhaut liegt. Das Pigment (Fuscin) dieser Zellen ist aber nicht beteiligt, was daraus zu schließen ist, daß auch in pigmentlosen Albinoaugen reichlich Sehpurpur gebildet und, wie hier zugesetzt sei, gute Adaptation erreicht wird. Nach BOLL und STUDNITZ enthalten die Öltropfen der Pigmentepithelzellen das Material zur Sehpurpurbildung. In der herausgenommenen Netzhaut bildet sich Sehpurpur neu, wenn sie der Pigmentschicht wieder aufgelegt wird. Aus seinen Beobachtungen zog KÜHNE den Schluß, daß vom Pigmentepithel ein besonderer Stoff, den er Rhodophylin nannte, an die Stäbchen abgegeben wird, welcher dort mit den Bleichungsprodukten des Sehpurpurs diesen wieder aufbaut.

Für eine derartige Beteiligung der Stäbchen scheinen auch zwei weitere Tatsachen zu sprechen. Die Zapfen stehen parafoveal und peripher in der gleichen engen räumlichen Beziehung zur Pigmentepithelschicht und bilden trotzdem keinen Sehpurpur. Sodann entdeckte BOLL in der Froschnetzhaut grüne Stäbchen. Falls es sich auch hier um einen unter Mitwirkung des Epithels gebildeten Farbstoff handelt, wird der Grund dafür, daß in einem bestimmten Stäbchen, das zwischen einer großen Zahl sehpurpurhaltiger Stäbchen steht, abweichend ein grüner Farbstoff gebildet wird, eben im betreffenden Stäbchen selber gesucht werden müssen.

Es erhebt sich nun die Frage, ob dieser Sehpurpur als Überträger der Lichtenergie auf das Stäbchenaußenglied angesehen, ob er als „Sehstoff" bezeichnet werden kann. Nach dem Satz: „lux non agit nisi absorpta" wird man die Lichtwirkung zunächst nach der *Absorptionskurve* der Sehpurpurlösung beurteilen können. Diese Kurve wurde zuerst von KÖNIG (2) aufgenommen und von anderen wiederholt bestimmt. Sie steigt vom langwelligen Spektralende bis zu einem bei etwa 503 mμ liegenden Maximum an und fällt gegen das kurzwellige Ende annähernd symmetrisch wieder ab. Abb. 67 gibt die Absorptionskurven des Sehpurpurs aus zwei älteren Untersuchungen wieder, die mit neueren Verfahren im wesentlichen bestätigt wurden. Auf einige offene Fragen kommen wir zurück.

Die Verfahren und Definitionen der Absorptionsmessung sind den hier und im folgenden aufgeführten Arbeiten und den Handbüchern der Physik zu entnehmen. Hingewiesen sei u. a. auf FINKELNBURG, GARTEN (1), LEY, POHL (2), MEYER und SEITZ.

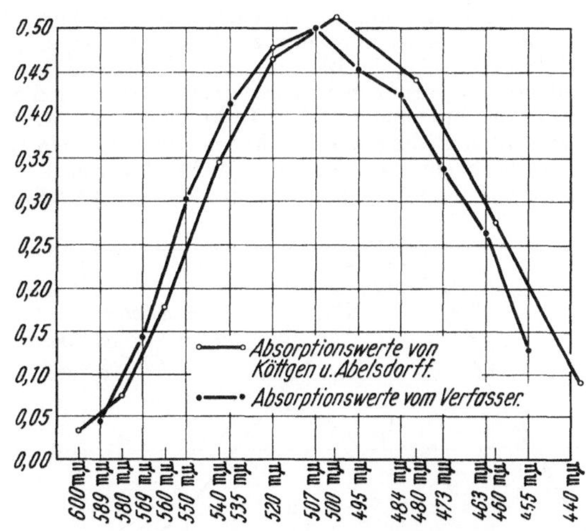

Abb. 67. *Absorptionskurve des Sehpurpurs* vom Kaninchen. Nach KÖTTGEN u. ABELSDORFF und TRENDELENBURG

Über die chemische Wirkung des Lichts war vor rund 50 Jahren zwar bekannt, daß Licht nur insofern wirken kann, als es absorbiert wird, quantitative Beziehungen waren aber nicht ermittelt. KÖNIG ging von der Annahme aus, daß für die photochemische Wirkung die *absorbierte Lichtenergie* maßgebend sei, und rechnete deshalb die Absorptionskurve in die Kurve der vom Sehpurpur absorbierten Energie um. Es war aber selbstverständlich notwendig, auch unmittelbar die *bleichende Wirkung spektraler Lichter* auf den Sehpurpur zu untersuchen und somit den tatsächlichen Beweis für die KÖNIGsche Annahme zu liefern. Die Kurve, welche angibt, wie stark die bleichende Wirkung der einzelnen Spektralstrahlungen auf den Sehpurpur ist, wird als Kurve der *Bleichungswerte* des Spektrums bezeichnet (W. T. 1). Es ergab sich nun, daß die Kurve der vom Sehpurpur absorbierten Energien und die Kurve der Bleichungswerte innerhalb der unvermeidlichen Fehlergrenzen recht genau übereinstimmen und daß beide sehr nahe mit der Kurve der Nacht-werte zusammenfallen. Die Abb. 68 und 69 geben diesen Sachverhalt wieder.

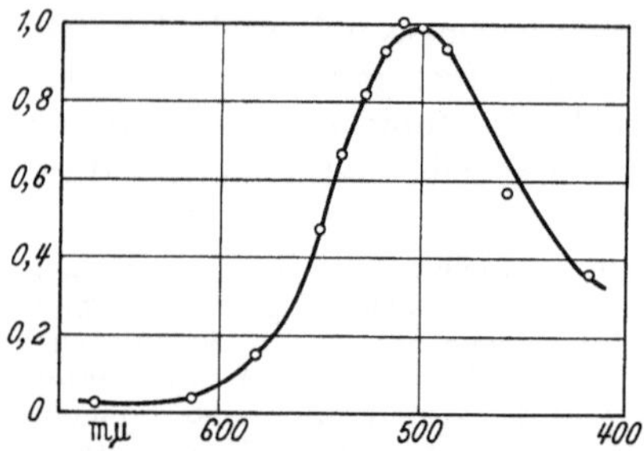

Abb. 68. *Vergleich der von Sehpurpur absorbierten Energiemengen mit den Nachtwerten des Auges* ○ ○ ○ Nachtwerte von HECHT und WILLIAMS, auf quantengleiches Spektrum und Absorption der präretinalen Augenmedien korrigiert; —— Absorptionskurve des Sehpurpus (maximale Absorption 5% = 1,0 gesetzt) Spiegelbildlich nach HECHT, SHLAER und PIRENNE

Aus diesen Untersuchungen ergibt sich mit größter Wahrscheinlichkeit, daß der *Sehpurpur* als *Sehstoff für den Stäbchenapparat* aufzufassen ist. Es ist also anzunehmen, daß nicht eigentlich das Licht an sich die Stäbchenaußenglieder reizt, sondern die durch das Licht aus dem Sehpurpur entstehenden Zersetzungsprodukte.

Daß das Ergebnis von KÖNIG sich nicht sogleich stärker auswirken konnte, dürfte vor allem daran gelegen haben, daß KÖNIG auf den Gedanken kam, die Fovea centralis sei blaublind. Er nahm an, daß bei schwacher Zersetzung des Sehpurpurs die für das Dämmerungssehen bekannte, unter der Farbenschwelle liegende unbunte Grauempfindung entsteht, daß aber bei stärkerer Zersetzung des Sehpurpurs, die sich nun auch auf das entstehende Sehgelb erstrecke, die Blauempfindung entstehe. Dem Sehpurpur wurde mithin eine doppelte Bedeutung zugesprochen. Diese Hypothese über die Vermittlung der Blauempfindung steht heute im Mittelpunkt der Diskussion. Es wurde schon erörtert (S. 110), daß unter bestimmten Bedingungen — kleines Feld, geringe Intensität — eine relative Tritanopie der Fovea beobachtet werden kann. Auf S. 148 wurde erwähnt, daß bei Dunkeladaptation in der Fovea das Blausehen relativ zum Rotsehen zurücktritt. Bei Hemeralopen kann das auf der ganzen Netzhaut der Fall sein. Daraus folgt aber nicht, daß der Sehpurpur oder seine Abbauprodukte die Ursache sind.

SEGAL stellt die Hypothese auf, daß das Maculapigment unvollständig regenerierter Sehpurpur sei und die Rolle des Violettempfängers beim Farbensehen spiele. Beim Maculapigment, das sich im übrigen in der nervösen Henleschen Faserschicht der Macula lutea vorfindet, handelt es sich nach WALD um Xanthophyll, das wie bei der Photosynthese der Pflanze unter Sauerstoffabgabe in Carotin verwandelt wird und darum möglicherweise in einem Sauerstofftransportsystem und nicht als Sehpigment eine Rolle spielt (DARTNALL und THOMSON). KÖNIG hat das große Verdienst des ersten Nachweises der Übereinstimmung der Nachtwerte mit den durch Sehpurpur absorbierten Energien — wodurch die Forschung allerdings nicht der Notwendigkeit enthoben war, auch unmittelbar die Beziehung durch Untersuchung der Bleichungswirkung der spektralen Lichter nachzuweisen. Das geschah zuerst im Jahr 1903 auf Anregung von v. KRIES durch W. TRENDELENBURG. Nach PLOTNIKOW hat aber VAN'T HOFF erst im Jahre 1904 die erste quantitative Fassung in ganz allgemeiner Form für die Wirkung der absorbierten Energie gegeben, und LASAREFF hat erst ab 1907 die am Sehpurpur vorliegenden Untersuchungen auf bleichbare organische Farbstoffe ausgedehnt, um festzustellen, ob auch hier die umgesetzte Stoffmenge der absorbierten Energiemenge proportional ist. Er fand, daß dies nur für solche Farbstoffe zutrifft, welche nur *ein* Absorptionsband haben, nicht aber für solche mit zwei Banden. Rein formal konnte er aber den zweiten Fall auf den ersten zurückführen.

Schon aus der ersten Zeit der Sehpurpurforschung ist bekannt, daß eine herauspräparierte dunkeladaptierte Netzhaut bei Belichtung unter Umständen nicht derart ausbleicht, daß die Purpurfarbe im Ton gleich bleibt und nur bis zu farblos abblaßt, sondern daß eine gelbe Zwischenstufe auftritt, *Sehgelb* genannt. Damit ist aber nicht gesagt, daß hierin der gesuchte Reizstoff zu sehen ist, jedenfalls hat die Lichtwirkung auf das dunkeladaptierte Auge mit der Absorptionskurve des Sehgelb nichts zu tun, sondern nur mit der des Sehpurpurs. Neuere sehr eingehende Forschungen (WALD u. a.) haben die Kenntnisse ins-

besondere über die chemische Natur des Sehpurpurs und die Art der sich an ihm abspielenden Lichtreaktionen sehr vertieft.

Daß die Empfindlichkeit des dunkeladaptierten Auges in ihrer Höhe nicht nur von der Menge (Konzentration) des Sehpurpurs abhängt, sondern verwickeltere Beziehungen vorliegen, ist sicher. Nachgewiesen ist aber, daß nach Belichtung im Dunkeln die Sehpurpurmenge stetig zunimmt und daß bei Mangel von Vitamin A weniger Sehpurpur unter sonst gleichen Umständen gefunden wird als bei hinreichender Versorgung mit Vitamin.

GRANIT u. Mitarb. kommen auf Grund von Aktionsstromuntersuchungen zu der Annahme, daß nur der an der Oberfläche der Stäbchenaußenglieder befindliche Sehpurpur durch Licht angreifbar ist, der im Inneren befindliche hingegen einen Vorrat darstellt. Danach würde die Adaptation des Auges nicht einfach der Sehpurpurmenge parallel verlaufen, sondern zu ihr in weniger einfacher Beziehung stehen.

Weitere Aufklärung bringen Absorptionsmessungen des Sehpurpurs am lebenden Tier (WEALE) sowie am Menschen (BRINDLEY

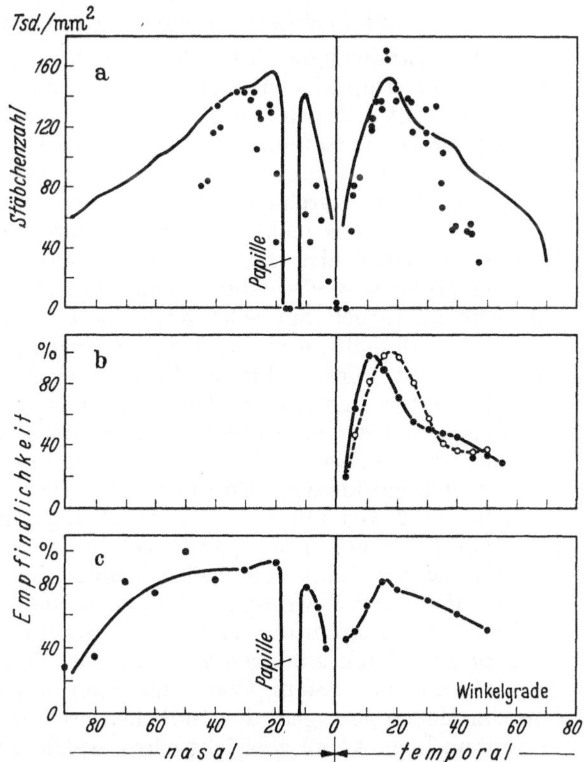

Abb. 70. *Vergleich zwischen Stäbchendichte, Sehpurpurdichte und absoluter Schwelle.* a Ausgezogen: Anzahl Stäbchen pro mm² im horizontalen Meridian des menschlichen Auges (nach ØSTERBERG, 1935). · Relative Sehpurpurdichte in Prozent im horizontalen Meridian (nach CAMPBELL und RUSHTON, 1955). b Relative Empfindlichkeit des dunkeladaptierten Auges im horizontalen temporalen Meridian, 2 Vpn., geprüft mit Lichtblitzen von 0,072° Ausdehnung und 0,05 sec Dauer (nach STILES und CRAWFORD, 1937). c Relative Empfindlichkeit des dunkeladaptierten Auges, Prüffleck 1°, 1 sec Dauer (nach SLOAN, 1950)

und WILLMER, CAMPBELL und RUSHTON). In ihrem Rhodopsinometer benutzen CAMPBELL und RUSHTON die Tatsache, daß der Lichtstrahl nach Passieren der Retina vom Fundus reflektiert wird. Wenn ein Teil des Lichtes in der Retina absorbiert wird, so wird er geschwächt zurückkehren. Sie vergleichen im Flimmerverfahren z. B. Grün mit Orange. Im dunkeladaptierten Auge wird Grün absorbiert, während Orange, für das der Sehpurpur gut durchlässig ist, fast unverändert reflektiert wird. Die Änderung der Graukeilstellung im Orange, die notwendig ist, um mit Grün Verschmelzung zu ergeben, ist das Maß für die optische Dichte des Sehpurpurs. Nach Bleichung wird die Absorption des grünen Lichts geringer, und es kehrt mehr Grün aus dem Auge zurück. Die Gesamtmenge des umgesetzten Sehpurpurs ist nicht in Übereinstimmung zu bringen mit dem Ausmaß der Empfindlichkeitsänderung während der Dunkeladaptation, woraus zu folgern ist, daß letztere nicht nur eine Funktion der Sehpurpurregeneration ist, sondern daß vielleicht auch eine neurale Integration eine Rolle spielt. Dagegen zeigt sich eine gute Parallele zwischen Stäbchendichte, Pigmentdichte und absoluter Schwelle (vgl. Abb. 70).

Gegen eine rein chemische Deutung der Dunkeladaptation spricht auch die Abhängigkeit derselben von der Feldgröße: ARDEN und WEALE konnten zeigen, daß die absolute Schwelle der Zapfen und Stäbchen etwa gleich ist, wenn man durch Anwendung kleiner Felder ($1'$) und kurzer Reize ($0,01''$) Reizaddition vermeidet. Daher sei der Unterschied zwischen fovealer und peripherer Dunkeladaptation weniger dem lichtempfindlichen Pigment zuzuschreiben, als dem Unterschied der Summationsfähigkeit der Sinneszellen.

Aus dem Gesagten folgt, daß gegenwärtig die Duplizitätstheorie weniger kraß aufzufassen ist.

b) Praktische Folgerung (Adaptationsbrille)

Aus den Erfahrungen über das Nachtsehen und den theoretischen Vorstellungen der Duplizitätstheorie wurde eine *praktische Folgerung* gezogen, die sich als recht nützlich erwies. Sie bezieht sich auf die Tätigkeit des Röntgenologen im Dunkelzimmer bei der Beobachtung des Schattenbildes auf dem Fluorescenzschirm. Röntgenstrahlen sind nicht unmittelbar sichtbar. Deshalb kann das Auge bei Durchleuchtung ohne weiteres nicht feststellen, in welchen Gegenden des Körpers mehr Röntgenstrahlung absorbiert wird als in anderen. Röntgenlicht erregt aber auf dem Platincyanurschirm Fluorescenzlicht, d. h. Licht von größerer Wellenlänge (etwa um $530\ m\mu$), welches sichtbar ist. Die Lichtstärke ist jedoch nur sehr gering und sie kann nicht beliebig gesteigert werden, schon deshalb, weil durch den Körper nicht beliebige Mengen Röntgenstrahlen gesandt werden dürfen. Deshalb muß man das Schirmbild mit gut dunkeladaptierten Augen betrachten. Die in den ersten 10 min erfolgende Dunkelanpassung ist zwar am auffälligsten, sie reicht aber für die Betrachtung von Durchleuchtungsbildern nicht aus. Man kann bei Dunkeladaptation leicht feststellen, daß ein kleines Feld des vom Körper beschatteten Schirmes bei Abbildung in der Fovea unter der Sichtbarkeitsgrenze liegt, bei Abbildung etwas seitlich von der Fovea (also „parafoveal") aber gut sichtbar ist. Nun muß aber der Röntgenarzt oftmals vom hellen Zimmer in das Dunkelzimmer gehen und zurück ins Helle und er würde zu viel Zeit verlieren, wenn er bei dem Aufenthalt im Hellen seine Adaptation verlöre oder wenn er erst bei Eintritt ins Dunkelzimmer zu adaptieren anfangen würde. Es ist deshalb von W. TRENDELENBURG (*11*) eine Brille aus rotem Glas angegeben worden (*Röntgenadaptationsbrille*), welche, im Hellen getragen, den Stäbchen ermöglicht, Sehpurpur zu bilden (der ja von rotem Licht kaum gebleicht wird), welche aber gleichzeitig noch ein gutes Sehen mit den Zapfen zuläßt, da für diese ja das rote Licht einen recht hohen Reizwert (Tageswert) besitzt. Es wurde festgestellt, daß sich im Hellaufenthalt bei Anwendung der roten Brille und guter Möglichkeit, sich mit Lesen, Untersuchen, Schreiben u. dgl. zu beschäftigen, bei einer Dauer von 15 min die gleiche Adaptation einstellt, wie bei 9 min Aufenthalt im völligen Dunkel. Das ist aber bei der praktischen Arbeit eine recht wesentliche Zeitersparnis. Hinzugefügt sei noch, daß man bei Anwendung einer grauen (schwarzen) Brille eine gleich starke Dunkeladaptation im Hellen nur erreichen würde, wenn die Brille so dunkel gewählt würde, daß man mit ihr im Hellaufenthalt keineswegs mehr lesen könnte. Mit der Wahl des roten Glases ist also der Vorteil ausgenutzt, der darin liegt, daß rotes Licht nur geringen Reizwert auf den Nachtapparat (Stäbchen), hingegen einen sehr hohen auf den Tagesapparat (Zapfen) besitzt.

Nach HECHT ist zur Erklärung dieser Wirkung die absolute Lage der spektralen Empfindlichkeitskurven für das Tag- und Nachtsehen heranzuziehen (Abb. 63). Man vergleiche die Fläche unter diesen Kurven, die dem Durchlaßgebiet des roten Filters entsprechen würde. Die für das Zapfensehen gültigen Durchlaßgebiete betragen etwa $^1/_{10}$ der Fläche, die der gesamten Lichtmenge einer weißen Lichtquelle entspricht, aber nur $^1/_{100}$ der für die Stäbchen gültigen Fläche für weißes Licht. Hieraus ist die Nützlichkeit der roten Brille als Vorbereitung für die Dunkeladaptation verständlich. Sie wurde erneut bestätigt durch MILES. Besonders günstig zur Voradaptation soll ein Filter mit dem Hauptdurchlaßgebiet bei 626 mμ sein (SMITH, MORRIS und DIMMICK).

Zwischenbelichtungen, etwa durch Öffnen der Tür des Dunkelraumes oder durch kurzes Einschalten der Beleuchtung, verschlechtern den Adaptationszustand nur wenig, wenn sie nicht allzu lange andauern (einige Sekunden). Das ist nach SCHOBER darauf zurückzuführen, daß die kurze Zwischenbelichtung nervöse Steuerungsvorgänge auslöst, die den Übergang von einem Adaptationszustand in einen anderen überbrücken, nämlich Änderungen der Pupillenweite und die Schoutensche α-Adaptation, eine etwa 0,05 sec dauernde, sofort einsetzende Empfindlichkeitsänderung der ganzen Netzhaut.

Sehr günstig wirkt sich der Umstand aus, daß das Fluorescenzlicht des Schirmbildes grünlich ist, also etwa dem Spektralgebiet entspricht, welches maximale Bleichwirkung auf den Sehpurpur (hohen Nachtwert) hat.

Da das Schirmbild also nur mit den Stäbchen gesehen wird und die Stäbchen nur eine geringe Sehschärfe haben, ist das Schirmbild subjektiv sehr wenig deutlich. Es könnte dadurch deutlicher gemacht werden, daß die Fluorescenzfarbe nach Orange verschoben und zugleich dadurch die Zapfen eingeschaltet würden, daß die Stärke der Fluorescenz (bei gleicher Röntgenbestrahlung) vermehrt würde. Bis auf weiteres kann man sich dadurch helfen, daß man das Schirmbild photographiert und nun die Platte im Hellen betrachtet. Dann wird man die im Schirmbild objektiv vorhandenen Feinheiten, die bei unmittelbarer Betrachtung nicht sichtbar sind, gut erkennen („Reihenuntersuchung" durch Kleinbildaufnahmen).

Die rote Adaptationsbrille wird zweifellos auch gute Dienste leisten, wenn die Aufgabe vorliegt, nachts sofort nach Verlassen eines künstlich ziemlich hell beleuchteten Raumes (z. B. Wachstube) im Freien bei geringstem Licht möglichst viel zu sehen, was nur bei Voradaptation möglich ist. Es ist übrigens für viele Zwecke schon eine verhältnismäßig kurzdauernde Voradaptation (1—2 min) von sehr günstiger Wirkung. Im zweiten Weltkriege ist tatsächlich rote Beleuchtung in den Aufenthaltsräumen für Nachtflieger zur Verwendung gekommen. Oft genügt es schon, für diese Zeit vor Eintritt ins Dunkle das eine Auge zu schließen. Es ist dabei zu beachten, daß einäugige Dunkeladaptation sich ungünstig auf das Raumsehen auswirkt.

c) Neuere Ergebnisse über den Sehpurpur und offene Fragen

α) *Chemische Eigenschaften, Regeneration*

Aus den Ergebnissen zahlreicher *neuerer Untersuchungen über den Sehpurpur* und seine Beziehungen zur Dunkeladaptation sei noch folgendes hervorgehoben.

KÜHNE benutzte als *Lösungsmittel* glykocholsaures Natrium. Hierbei ist nachteilig, daß die Lösung schwer farblos zu erhalten ist; der gelbliche Farbton beeinflußt die Sehpurpurabsorptionskurve und muß rechnerisch abgezogen werden. Neuerdings verwendet man nach HOSOYA andere cytolytische Mittel, wie Saponin und besonders Digitonin, welche farblose Lösungen geben. Das Digitonin hat den Vorzug, den Sehpurpur aus den Netzhäuten vollständig zu extrahieren, wenn es in frisch bereiteter 2%iger Lösung angewendet wird. Nach SUGITA ist auch cholsaures Natrium sehr geeignet, das man sich aus heißer Natronlauge und Cholsäure herstellt. Die 4%ige Lösung ist farblos und löst den Sehpurpur sehr leicht. DARTNALL empfiehlt 4%iges Cetyltrimethylammonium-bromid (CTAB) oder -chlorid (CTAC). Man kann die äußeren Segmente der retinalen Endorgane durch Waschen mit 35% Sucroselösung und nachfolgendem Zentrifugieren und Abpipettieren isolieren und dann den Sehpurpur mit Digitonin extrahieren.

Das hohe Molekulargewicht des Sehpurpurs, das neuerdings von HUBBARD auf rund 400000 geschätzt wird (nach WEALE 456000, nach HECHT und PICKELS 270000), und andere Eigenschaften, wie Aussalzbarkeit durch Magnesiumsulfat, Nichtdiffundierbarkeit, Zerstörung durch Hitze von über 60° C und durch Säuren und Alkalien, deuten darauf hin, daß im Sehpurpurmolekül ein kolloidaler Anteil, ein Chromoproteid, enthalten ist. Dieses ist nach WALD mit einer prosthetischen Carotinoidgruppe verbunden, die die Farbe und Lichtempfindlichkeit des Sehpurpurs bedingt. Durch Licht wird über Zwischenprodukte das Carotinoid Retinin[1] abgespalten. Diese Lichtwirkung ist temperatur*unabhängig*. Nach GOLDBERG haben photochemische Reaktionen eine RGT-Zahl für 10° von ungefähr 1, höchstens 1,4, gegenüber 2 bis 3 bei „anaktinischen" (nicht durch Strahlenwirkung bedingten) Reaktionen. HECHT fand für die Lichtwirkung an Mya die RGT-Zahl 1,06. Für Sehpurpur scheint die Zahl nicht genauer bestimmt worden zu sein; jedenfalls ist aber kein Zweifel, daß die primäre Reaktion eine photochemische ist. Das Retinin, welches dem Sehgelb entspricht, läßt sich nur aus dunkeladaptierten Augen gewinnen, helladaptierte Netzhäute enthalten dafür eine entsprechende Menge Vitamin A. Daraus folgert WALD, daß Retinin (Sehgelb) in Vitamin A (Sehweiß) übergeht. Dieser Vorgang ist temperatur*abhängig*, also nicht photochemisch. Deshalb bleichen bei 0° gehaltene Netzhäute selbst im Sonnenlicht nur bis zum Sehgelb aus, während bei 25° C und höheren Temperaturen das Sehgelb auch im Dunklen in Sehweiß übergeht. Bei der Sehpurpurregeneration geht Vitamin A wieder in Retinin und dieses in Sehpurpur über. Bei der Sehpurpurzersetzung geht Vitamin A verloren, so daß dieses stets aus der Nahrung ersetzt werden muß.

Auch die *Sehpurpurneubildung* aus Vitamin A ist ein *temperaturabhängiger* („thermischer") Vorgang; bei 0° erfolgt keine Regeneration. Ob in der belichteten Netzhaut Sehgelb erscheint, hängt von dem gleichzeitigen Wirken von photochemischer Bleichung des Sehpurpurs und dem thermischen Aufbau des Sehgelb ab. Bei hohen kurzdauernden Lichtstärken kann Sehgelb sichtbar werden, weil der photochemische Vorgang überwiegt. Bei geringeren Lichtstärken kommt der thermische Vorgang gewissermaßen mit und wandelt das Retinin gleich weiter um, so daß kein Sehgelb gefunden wird. Schon HOLM hatte für die Rattennetzhaut gefunden, daß die Netzhaut bei nicht zu starker Belichtung (Tageslicht) ohne Änderung des Farbtons von Purpur zu farblos ausbleicht, während bei greller Beleuchtung (Bogenlampenlicht) Gelbfärbung auftritt. Bei Albinoratten konnte HOLM die Sehgelbbildung durch grelle Beleuchtung auch am lebenden Auge nachweisen. Nach NAGEL und PIPER bleichen die Netzhäute von Eulen, die sich, wie bei allen Raubvögeln, leicht pigmentfrei gewinnen lassen, völlig ohne Farbtonänderung zu farblos aus, also ohne Sehgelbbildung.

Diese Befunde sind wichtig für die Frage, ob Sehgelb der eigentliche Reizstoff der Stäbchen ist, auf welche ja der Sehpurpur selber nicht wirkt. Nach Sehgelbbildung (starke Stäbchenreizung bewirkend) müßte dann auch nach Verdunklung die Helligkeitsempfindung so lange andauern, bis das Sehgelb durch den thermischen Vorgang weiter umgewandelt ist. Es ist sehr wahrscheinlich, daß die elektrischen Vorgänge im ableitenden Nerven, die der Belichtung sehr schnell folgen, von der Lichtreaktion unmittelbar abhängen und nicht erst die relativ langsame Umwandlung von Sehpurpur zu Retinin abwarten (WALD). Diese Zeiten geben einen Anhaltspunkt für die Frage, welches Reaktionsprodukt durch seine Konzentrationsvermehrung den eigentlichen Reiz für die Sinneszelle darstellt, eine Frage, die noch ihrer Lösung harrt. Während die Sehpurpurbleichung durch weißes Licht temperaturunabhängig verlaufen kann, ist das bei farbigem Licht von längerer Wellenlänge als 590 mμ nicht der Fall. Die Quanten (vgl. S. 232) des roten Lichtes sind zu energiearm, daher wird zur Aktivierung der Moleküle Erwärmung benötigt. Der Temperaturfaktor ist für die Bleichung des Sehpurpurs von größerer Bedeutung als für seine Absorption (vgl. S. 160 u.ff.) (ST. GEORGE).

Die chemischen Vorgänge bei der Sehpurpurbleichung und -regeneration konnten in letzter Zeit weiter aufgeklärt werden. Vor allem wurden neue Erkenntnisse über das Retinin gewonnen. Aus dem Sehpurpur entsteht $Retinin_1$, ein Vitamin A_1-Aldehyd (MORTON), welches durch einen Reduktionsvorgang unter Mitwirkung von zwei Fermenten, einer reduzierten Kozymase $DPN-H_2$, die als Koenzym dient, und einem Apoenzym, einer Retinin-Reduktase, in Vitamin A_1 übergeht. Die Hauptkomponente des Diphosphopyridinnucleotid (DPN) ist Nicotinamid. Im einzelnen geschieht folgendes: Die Reduktion der Kozymase wird katalysiert durch die $Retinin_1$-Reduktase. Hierbei wird in den äußeren Segmenten der Stäbchen DPN durch einen Wasserstofflieferanten, z. B. Hexosediphosphat, reduziert. Die zwei Wasserstoffatome der Kozymase $DPN-H_2$ werden auf das $Retinin_1$-Molekül übertragen, dadurch wird seine Carbonylgruppe zur der primären Alkoholgruppe des Vitamin A_1 reduziert.

---

[1] In manchen Arbeiten, namentlich des Auslandes, wird eine auf Doppelbindungen hindeutende Schreibweise „Retinen" vorgezogen.

Das entstehende Produkt kann wieder in Sehpurpur rückverwandelt werden. Der Vorgang ist etwa folgender:

$$C_{19}H_{27}CHO + DPN\text{-}H_2 \quad \text{Retinin}_1\text{-Reduktase} \quad C_{19}H_{27}CH_2OH + DPN$$

$$\text{Retinin}_1 \qquad \text{Koenzym} \qquad \text{Apoenzym} \qquad \text{Vitamin A}_1$$

Die Retinin$_1$-Reduktase ist vermutlich eine Alkoholdehydrogenase. Das Optimum der Fermentwirksamkeit liegt bei einem p_H von 6,7. Die Reaktion konnte an ganzen Netzhäuten und in Suspensionen der äußeren Segmente der Stäbchen in frischen Sehpurpurlösungen in wäßrigem Digitonin beobachtet werden (WALD und HUBBARD). Das Retinin ist fettlöslich; besonders Leichtpetrol ist zu seiner Extraktion geeignet. Retinin verbindet sich primär mit Proteinen. Als Carotinoide geben Retinin und Vitamin A die Reaktion mit Antimontrichlorid (gesättigt in Chloroform gelöst) von CARR und PRICE, die im allgemeinen Blaufärbung ergibt (die bald verblaßt). Retinin und Vitamin A unterscheiden sich dabei durch die verschiedene Lage der Absorptionsbanden (664 bzw. 615 mμ). Synthetisch hergestelltes Retinin$_1$ ist mit dem natürlichen in bezug auf Absorptionsspektrum und Ausfall der Carr-Price-Reaktion identisch (BALL, GOODWIN und MORTON, WALD).

Gegen die Ansichten von WALD vertritt A. C. KRAUSE die Auffassung, daß *Sehpurpur eine Verbindung von Protein mit Lipoid ist*, in der auf 3 Teile Protein 1 Teil Lipoid kommt. Licht spalte das goldgelbe Lipoid, das Sehgelb, ab. Dieses gehe in der Wärme in farbloses Lipoid über. Vitamin A entstehe bei dem Bleichungsvorgang nicht, es finde sich gar nicht in der Stäbchenschicht, wohl aber in den anderen Netzhautschichten. Während proteolytische und glykolytische Fermente auf Sehpurpur keine Wirkung haben, wird er durch lipolytische Fermente erst gelb und dann farblos. Das Auftreten von Lipoiden außer Retinin bei Belichtung von dunkeladaptierten Frosch- oder Rindernetzhäuten wird von WALD und seiner Schule nicht bestritten. Es bestehe aber keine Bindung zwischen Retinin und den Phospholipoiden. In gebleichten Sehpurpurlösungen würden diese Lipoide dagegen nicht gefunden (ISHIMOTO und WALD).

Ferner wies v. EULER wasserlösliche fluoreszierende *Lyochrome* nach, welche dem Vitamin B$_2$ nahestehen. Sie sind ausschließlich im Pigmentepithel vorhanden.

Für die Ansichten von WALD sprechen die Befunde von KLEINAU sowie von N. und H. v. JANCSÓ (bestätigt von GREENBERG und POPPER). Nach den letztgenannten kann man das Vitamin A mittels Fluorescenz bei Ultraviolettbestrahlung bei der Ratte nur in der helladaptierten Netzhaut, und zwar in deren Pigmentepithel, nachweisen, während in der dunkeladaptierten Netzhaut die Fluorescenz fehlt. Die Fluorescenz wird durch feine Lipoidtröpfchen in den Randpartien der sechseckigen Epithelzellen bedingt. Durch fortdauernde Einwirkung der Ultraviolettbestrahlung verschwindet die Fluorescenz (Deluminescenz), infolge Veränderung der Leuchtsubstanz. Das ist nach v. QUERNER für Vitamin A kennzeichnend; das gleiche Leuchtvermögen zeigen Vitamin A-Präparate des Handels. Bei Vitamin A-Mangelernährung wird die Fluorescenz fast ganz vermißt. Über Fluorescenz durch *Flavin* (Vitamin B$_2$) haben v. EULER u. Mitarb. Angaben gemacht.

Zur genaueren Untersuchung der *Verteilung des Sehpurpurs an den Stäbchen* verwendet man die Eigenschaft des Platinchlorids, in 2,5%iger Lösung die sehpurpurhaltigen Außenglieder der Stäbchen intensiv orange zu färben, unter gleichzeitiger Fixierung der Netzhaut. Die Präparate können nach Behandlung mit Alkohol, Xylol, Paraffin, geschnitten werden. Die Farbe ist so gut wie lichtbeständig und offenbar auch hitzebeständig. Vermutlich handelt es sich um eine Abänderung des Sehgelb oder um LYTHGOES Sehorange (transient vermilionorange), das nach LYTHGOE sattrotorange aussieht (vgl. LYTHGOE und QUILLIAM). Es sei hier als *Sehorange* bezeichnet. Das Sehorange bildet sich, wenn eine auf Eis gehaltene Sehpurpurlösung bei starkem Licht ausgebleicht wird, während eine bei 30° C gehaltene Lösung nach Bleichen ein blasses Gelb zeigt, welches LYTHGOE Indicatorgelb nennt, weil es indicatorartig in saurer Lösung (p_H um 6 bis 7) tiefgelb, in alkalischer (p_H um 9,3) blaßgelb ist.

Es spricht manches dafür, daß Indicatorgelb und Retinin verschiedene Produkte sind. Das Wesentliche scheint zu sein, daß Indicatorgelb noch Protein enthält, während Retinin proteinfrei ist (WALD, DURELL und ST. GEORGE; COLLINS, LOVE und MORTON). Während Sehorange und Indicatorgelb in Petroläther unlöslich sind, ist Retinin, das eigentliche Sehgelb, darin löslich. KRAUSE isolierte aus der Ochsenretina im ganzen fünf verschiedene Stoffe, das Pro-Sehrot, dem Sehorange entsprechend, das Sehrot, dann ein gelbes Lipoid, das Pro-Indicatorgelb, das nach alkoholischer Hydrolyse eine Fettsäure und Indicatorgelb ergab, letzteres qualitativ verschieden von dem fünften Stoff, dem Carotinoid Sehgelb. Das Absorptionsmaximum des letzteren geht mit steigender Acidität nach längeren Wellen über. Nach WALD hat weder das Sehorange noch das Indicatorgelb eine selbständige Existenz. Er gibt aber zu, daß ein Komplex von intermediären Zwischenprodukten bei der Entstehung von Retinin aus dem Sehpurpur eingeschaltet ist.

Es ist möglich, Sehpurpur für einige Zeit lichtbeständig aufzubewahren. Wenn man nach einem von Kühne angegebenen Verfahren Sehpurpur in Glycerol und Wasser löst und dann unter — 30° abkühlt, erhält man ein etwas röteres (Absorptionsmaximum um 5—10 mμ nach Rot wandernd) und stärker absorbierendes Produkt. Wird dieses belichtet, so wandert das Absorptionsmaximum wieder zurück, die Form der Kurve bleibt aber erhalten. Dieses Produkt nennen Wald u. Mitarb. Lumirhodopsin, und zwar wird es als das einzige photochemische Produkt im Sehpurpur bezeichnet. Bei Erwärmung bis auf — 20° und mehr entsteht im Dunkeln ein gegen Belichtung und gegen p_H-Änderung von 6—9 p_H beständiges Produkt, das Metarhodopsin, vom Sehpurpur in der Farbe kaum verschieden. Bei Herstellung seiner lichtbeständigen, trockenen Gelatinefilme hat übrigens schon Weigert zwei Stufen unterscheiden können — zuerst ein wohl dem Lumirhodopsin entsprechendes Produkt, das bei weiterer Belichtung oder im Dunkeln in den nächsten 15 min in ein relativ lichtbeständiges Produkt überging, das wohl mit Metarhodopsin identisch ist. Auch Kühne fand schon, daß ein über Schwefelsäure getrocknetes Sehpurpurpräparat gegen Licht resistent ist (Wald, Durell und St. George).

Es sei hier noch das Schema von Wald wiedergegeben, welches den Abbau des Sehpurpurs über Retinin zu Vitamin A sowie die Regeneration von Vitamin A + Protein zum Sehpurpur zeigt. Der Sehpurpur wird von Wald Rhodopsin genannt, eine von Kühne stammende Bezeichnung; das Protein des Sehpurpurs nennt Wald Scotopsin. Der Abbau führt zu einer inaktiven Form des Retinins, dem all-trans-Retinin, das weiter in eine inaktive Form des Vitamin A übergeführt wird. Eine Regeneration des Sehpurpurs kann nur aus einer aktiven Form des Vitamin A vor sich gehen, wie sich bei einer in-vitro-Synthese herausstellte, der cis-Form, die Neo-b-Vitamin A genannt wird, die in das entsprechende aktive cis-Retinin und dann weiter in Rhodopsin übergeht.

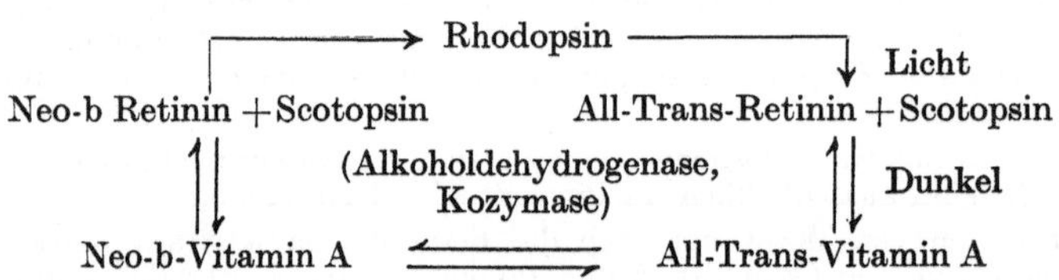

Die Synthese von Sehpurpur aus Retinin$_1$ und Protein hängt von der Gegenwart von freien Sulfhydryl(— SH)gruppen in letzterem Molekül ab. Belichtung von Sehpurpur macht solche Sulfhydrylgruppen frei, je zwei Gruppen für jedes Retinin$_1$-Molekül. Es scheint daher, daß die prosthetische Gruppe durch diese Sulfhydrylgruppen mit dem Protein verbunden ist (Wald). Die Anhänger von Lythgoe nehmen dagegen eine Kohlenstoff-Stickstoff-Bindung zwischen Retinin und Protein an. Die Synthese des Sehpurpurs aus Retinin + Opsin ist ein energieliefernder Prozeß, der spontan im Dunkeln erfolgt, während die Bildung von Retinin aus Vitamin A + Opsin ein energieverbrauchender Prozeß ist. Im Auge wird dieser Prozeß begünstigt durch Einströmen von neuem Vitamin A vom Pigmentepithel und von Fermenten und Abgabe des inaktiven Vitamins an das Blut. Der Vorgang des Abbaus und Wiederaufbaus ist auch in vitro möglich.

Die Regeneration aus den farblosen Ausgangsstoffen nannte Kühne „Neogenesis" (Neubildung), die aus dem gelben Zwischenstoff „Anagenesis" (Wiederaufbau) (vgl. auch Karrer). Die Neogenese erfolgt langsam, die Anagenese schneller. Dem entspricht nach Wald und Clark die Tatsache, daß nach Belichten des dunkeladaptierten Auges durch einen kurzen hellen Lichtblitz (Bildung von viel Sehgelb und wenig Abbau zu Sehweiß) die neue Dunkelanpassung sehr schnell erfolgt, während sie nach langer Belichtung (während welcher das Sehgelb weiter abgebaut wird) langsamer erfolgt.

Auch für die foveale Adaptation wurde die Frage untersucht, wie sich die Dunkeladaptation der Fovea nach kurzer Einwirkung hellen Lichtes wieder herstellt, wenn Stärke und Zeitdauer dieses Lichtes abgeändert werden. Man könnte vermuten, daß es auf den Gesamtwert $i \cdot t$ ankommt (wobei i die Intensität, t die Zeitdauer bedeuten). Dann würde bei konstantem $i \cdot t$ (also proportionaler Vermehrung von i, wenn t vermindert wird, und umgekehrt) die vorher vorhandene Dunkeladaptation nach der gleichen Zeit wieder erreicht werden. Das ist aber nach Elsberg und Spotnitz nicht der Fall, sondern i hat einen viel kleineren Einfluß als t.

Es ist etwa der Wert $\sqrt[3]{i} \cdot t$ konstant. Rein foveal wurde mit rotem Licht untersucht. Denkbar wäre es nun, daß auch die Zapfenstoffe in Stufen abgebaut werden, die A und B genannt sein mögen, so daß nur bei längerer Einwirkung, wenn auch schwachen Lichtes, viel B entsteht und die Regeneration längere Zeit braucht, als wenn bei kurzer, wenn auch starker Lichtwirkung die Zersetzung nur bis zum Stoff A führt, der schneller zum Zapfenstoff rückverwandelt werden kann.

Der Nachweis der Abhängigkeit der Zeitdauer erneuter Dunkeladaptation von Zeitdauer und Intensität des Lichtreizes hat auch praktische Bedeutung, wenn es darauf ankommt, die Adaptation durch eine Belichtung für nur möglichst kurze Zeit zu schädigen.

Auch ZEWI findet eine Doppelnatur der Sehpurpurregeneration: Am lebenden Froschauge haben bei 8° C Pilocarpin und Atropin keinen Einfluß auf die Sehpurpurregeneration; bei 22° C hingegen hat Pilocarpin eine beschleunigende, Atropin eine verzögernde Wirkung auf die Regeneration. Von den Ergebnissen von ZEWI sei noch hervorgehoben, daß bei Abschluß von Sauerstoff die Regeneration des Sehpurpurs stark abgeschwächt ist. Hierdurch erklärt sich der Befund von FISCHER und JONGBLOED u. a., daß beim Menschen Sauerstoffmangel die Dunkeladaptation schädigt. Daß Sauerstoff im Sehpurpursystem eine Rolle spielt, geht aus dem Vorangehenden hervor (vgl. auch S. 183).

Die schon von KÜHNE beobachtete *Sehpurpurregeneration* in *Lösungen* wurde von CHASE und SMITH näher untersucht. Vor allem ergab sich, daß eine mit blauem und violettem Licht gebleichte Sehpurpurlösung im Dunkeln stärker regeneriert als eine gleich schnell mit von Blau und Violett freiem Licht gebleichte Lösung. Es ist daher anzunehmen, daß Sehpurpurlösungen eine lichtempfindliche Substanz mit einer im kurzwelligen Licht zunehmend ansteigenden Absorptionskurve enthalten, welche entweder schon in der ungebleichten Lösung vorhanden ist oder erst bei der Bleichung entsteht, und deren Zersetzung Vorbedingung der Regeneration ist. Man neigt neuerdings zu der Annahme, daß diese Substanz das Sehgelb ist.

Daß helle Vorbelichtung die Regeneration begünstigt, wurde schon von LYTHGOE beobachtet. In Lösungen regeneriert der menschliche Sehpurpur zur Hälfte schon nach 2,5 min, also viel schneller als im lebenden Auge und als die Dunkeladaptation beansprucht. Da im lebenden Auge eine Kette von Reaktionen hierzu erforderlich ist, geht der Prozeß langsamer vor sich (WALD und BROWN).

Die *Geschwindigkeit* der Sehpurpurausbleichung ist nach KUNITA von der Zeit t und Lichtstärke I in der Weise abhängig, daß $t \cdot \log I$ konstant ist. Es muß also z. B. bei Herabsetzung der Einwirkungszeit auf $^1/_2$ die Lichtstärke, um gleiche Bleichungswirkung zu erzielen, von I auf I^2 erhöht werden.

Erwähnenswert ist die Ansicht von MIRSKY (vgl. KLEINAU), der den Sehpurpur als zusammengesetzten Eiweißkörper (Proteid) mit dem Hämoglobin vergleicht. In diesem ist natives Eiweiß (Globin) an das Häm fest gebunden. Wird das Globin denaturiert, so liegt eine Gleichgewichtsreaktion zwischen diesem und dem Häm vor. Die Denaturierung ist reversibel. Nach MIRSKY wird nun das Protein des Sehpurpurs, der aus Protein und einer prosthetischen Farbstoffgruppe besteht, durch Licht reversibel denaturiert. Im Dunkeln erfolgt die Umkehr von selbst. Bei allen aus Protein mit Carotinen als prosthetischer Gruppe bestehenden Proteiden wechsle die Farbe des nativen Komplexes von Purpur zu Grün und die des denaturierten Komplexes von Rot zu Gelb. Die prosthetische Gruppe ist an das native Protein fest gebunden, an das denaturierte locker in Gleichgewichtsreaktion. Bei der Wirkung des Lichtes auf den Sehpurpur sollen sich also die in folgendem Schema dargestellten Vorgänge abspielen:

(Licht)
Nativer Sehpurpur $\rightleftarrows$ denaturierter Sehpurpur $\rightleftarrows$ denaturiertes Protein + Retinin.
(Dunkel)

Die Funktion des Retinins im *Sehpurpur* sei, einen erhöhten Absorptionskoeffizienten im sichtbaren Teil des Spektrums zu schaffen, also das Protein zu *sensibilisieren*, so daß es von sichtbarem Licht denaturiert wird, was sonst nur durch ultraviolettes Licht möglich wäre.

β) *Absorptionskurve*

Die Absorptionskurve des Sehpurpurs ist mehrfach bestimmt worden. Bei der Vielzahl der neuerdings ermittelten Sehstoffe oder Sehstoffmodifikationen dient das Absorptionsmaximum als Unterscheidungsmerkmal. Für den Froschsehpurpur geben als Maximum an: KÖNIG 503 mμ, LYTHGOE 502 mμ, HOSOYA und SAITO 500 mμ, WALD 500 mμ, für das Kaninchen TRENDELENBURG 507 mμ, KÖTTGEN und ABELSDORFF 503 mμ, für das Kalb KRAUSE 495 mμ, für die Katze (am lebenden Tier gemessen) WEALE 498 mμ, für den Menschen WALD und BROWN 493 mμ, CRESCITELLI und DARTNALL 497 mμ (von RUSHTON und CAMPBELL durch Messungen am lebenden Auge bestätigt). CRESCITELLI und DARTNALL schlagen vor, den menschlichen Sehpurpur „Sehpigment 497" zu nennen.

WALD unterscheidet zwei Arten von Sehstoffen des Stäbchenapparates, das schon besprochene Rhodopsin mit dem Absorptionsmaximum bei 500 mμ und das Porphyropsin mit dem Maximum bei 522 mμ, letzteres ebenfalls eine purpurfarbene Substanz, die in Netzhäuten von

Süßwasserfischen gefunden wird. Sehpurpurformen mit Maxima zwischen den genannten Werten sind Gemische von Rhodopsin und Porphyropsin. Das Porphyropsin hat nach WALD ein mit dem Sehpurpur fast identisches Ab- und Wiederaufbauschema mit dem Unterschied, daß Porphyropsin zu Retinin$_2$ und Vitamin A$_2$ abgebaut wird. Interessant ist, daß der Ochsenfrosch als Kaulquappe Porphyropsin entwickelt, als ausgewachsener Frosch Rhodopsin. Wenn eine avitaminotische Ratte mit Vitamin A$_2$ gefüttert wird, entwickelt sie Porphyropsin (SHANTZ). Junge Männer, denen man Vitamin A$_2$ gibt, zeigen einen Abfall der Schwelle für rotes Licht um 30%, was als Überwechseln von Rhodopsin zu Porphyropsin gedeutet werden kann, da letzteres mit seinem Maximum mehr nach langwellig gelagert ist (MILLARD und McCANN). Es wird noch von einer Reihe weiterer Pigmente berichtet. DARTNALL fand bei der Schleie ein rotempfindliches Pigment mit dem Maximum bei 533 mμ, gemischt mit einem anderen rotunempfindlichen mit dem Maximum bei 467 mμ. Bei Tiefseefischen findet sich ein Chrysopsin oder Sehgold, das den Bruchteil des Tageslichtes (etwa 475 mμ), der noch in größere Wassertiefen eindringt, optimal ausnutzt (DENTON und WARREN).

Über den Kurvenverlauf auf der langwelligen Seite besteht gute Übereinstimmung. Ebenso sind die Abweichungen vom Gipfel abwärts zur kurzwelligen Seite bis etwa 460 mμ nicht beträchtlich. Nach DARTNALL ist die Form der Kurve mit wenigen Ausnahmen bei allen Sehpurpurarten die gleiche. Die Absorption im Violett wird nicht allein vom Sehpurpur der Lösungen bestimmt, sondern auch von mitgelösten gelblichen Stoffen, die als fremde Beimengungen aufzufassen sind. Bestimmt man deren Absorption nach Bleichung des Purpurs und zieht die betreffenden Werte von den Werten der ungebleichten Lösung ab, so würde man die Kurve für den Sehpurpur allein erhalten, wenn man sicher wäre, daß alles Sehgelb bei der Bleichung in völlig farblose Substanz (mit im sichtbaren Teil gradlinig horizontaler Absorptionskurve) verwandelt wäre. Die Theorie dieses Abzugsverfahrens, welches KÖNIG, KÖTTGEN und ABELSDORFF, TRENDELENBURG und neuere Untersucher anwendeten, ist von GARTEN (3) und neuerdings von DARTNALL ausführlich abgeleitet worden. Wird die Absorption bestimmt aus der Differenz des auffallenden (I_o) zum durchgelassenen (I_t) Licht, $I_o - I_\tau$ oder in Prozenten aus $\dfrac{(I_o - I_t)}{I_o} \cdot 100$, so hängt die Form der Kurve von der Konzentration der Sehpurpurlösung ab. Je größer die Konzentration, umso weiter weichen die Kurvenschenkel auseinander. Jetzt ist es üblicher, die optische Dichte der Lösungen zu bestimmen. Sie ergibt sich aus $\log I_o/I_\tau = \alpha_\lambda \cdot c \cdot d$, worin α_λ ein von dem Pigment und von der Wellenlänge abhängiger Extinktionskoeffizient ist, c die Konzentration der Lösung und d die Schichtdicke darstellt. Gewöhnlich werden Briggsche Logarithmen benutzt und die Dichte als $\log_{10} I_o/I_t$ angegeben. Dichtespektra haben den Vorteil, daß ihre Kurven unabhängig von der Konzentration identisch werden, wenn man die Werte in Prozenten des sich ergebenden Maximums ausdrückt. Zieht man das Dichtespektrum nach Bleichung von dem vor der Bleichung ab, so ergibt sich ein Differenzspektrum, das den Dichteverlust anzeigt. Das Maximum ergibt den größten Dichteverlust nach Bleichung. Dichtespektra werden in der Literatur manchmal ungenauerweise als Absorptionsspektra bezeichnet, während Extinktion korrekt ist. Bildet sich erst während der Bleichung aus dem Sehpurpur Sehgelb, das nicht völlig bleichbar ist, so zieht man mit dem Differenzverfahren im Violett zu viel ab und es ergeben sich negative Werte. Es ist zu fordern, daß die Lösungen während der Messung im ungebleichten und im gebleichten Zustand stabil sind. Daher ist eine Kontrolle der Temperatur und des p$_H$ notwendig.

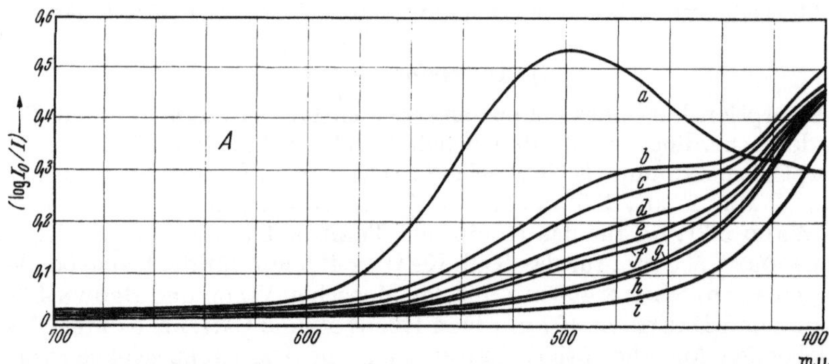

Abb. 71. *Absorptionskurven des Froschsehpurpurs*, nach WALD (3). Sehpurpur in Digitonin gelöst, *a* ungebleicht, *b* nach 1$^1/_2$ min Bleichung in starkem Licht, *c* bis *i* nach Dunkelaufenthalt von zunehmender Dauer, zweimal von kurzer Belichtung unterbrochen. Daß unter den vorliegenden Bedingungen aus Sehpurpur Sehgelb gebildet wurde, geht aus der Verschiebung des Absorptionsmaximums der ursprünglichen Lösung bei 500 mμ nach der kurzwelligen Seite hervor, sowie aus dem Anstieg der Absorption im Violett über den Anfangsbetrag hinaus

Dartnall empfiehlt ein p_H von 8 bis 9 und eine Temperatur von 20°. Das Sehgelb ist nach Lythgoe bei p_H 9,3 und 30° C am stärksten entfärbbar. Damit sind die optimalen Bedingungen für das Abzugsverfahren festgestellt. Lythgoes Kurve der Sehpurpurabsorption ist in Abb. 75 im Vergleich mit der Köttgen-Abelsdorffschen Kurve wiedergegeben. (Wir kommen auf die Abbildung noch zurück.) Die Kurven lassen die obenerwähnten Übereinstimmungen und Abweichungen gut erkennen. Die Absorption des restlichen Sehgelb scheint nach den Kurven von Lythgoe erst von 455 mμ an über die der sonstigen gelblichen Beimengungen hinauszugehen, die nicht aus dem Sehpurpur stammen. Auch hiernach ist *wahrscheinlich,*

daß die Absorptionskurve vom langwelligen Ende bis etwa 460 mμ hinreichend bekannt ist, um den Vergleich mit den Nachtwerten zu er möglichen. Der gleiche Schluß kann aus den Absorptionskurven von Wald (3) gezogen werden, die in Abb. 71 wiedergegeben werden. Sie sind mit einem Spektralphotometer mit Photozellenanordnung an einer Digitoninlösung des Froschsehpurpurs gewonnen, bei einem p_H-Wert von 6,9. Die Kurve *a* stammt von der ursprünglichen Lösung, *b* nach $1^1/_2$ min Bleichung mit starkem Licht, die übrigen Kurven nach Dunkelaufenthalt von zunehmender Dauer, in den zwischen *f* und *g* sowie zwischen *g* und *h* nochmalige Belichtungen eingeschaltet wurden. Man erkennt, daß durch die Bleichung und bei der anschließenden thermischen Reaktion des Dunkelaufenthaltes das Absorptionsmaximum sich nach kürzerer Wellenlänge verschiebt, weil gelb gefärbte Stoffe entstehen, und daß die Reaktionsprodukte im Violett, etwa ab 430 mμ, stärker absorbieren als die ursprüngliche Lösung. Das gelbe Produkt (Sehgelb) entsteht also offenbar aus dem Sehpurpur, und es kann deshalb der Restfarbstoff — wenigstens soweit er aus dem Sehpurpur stammt und nicht aus Beimengungen der Zapfenkugeln und des Pigmentepithels — nicht abgezogen werden. Das ändert aber vom langwelligen Ende bis etwa 460 mμ nicht viel am Kurvenverlauf, wie schon aus Lythgoes Kurven geschlossen wurde.

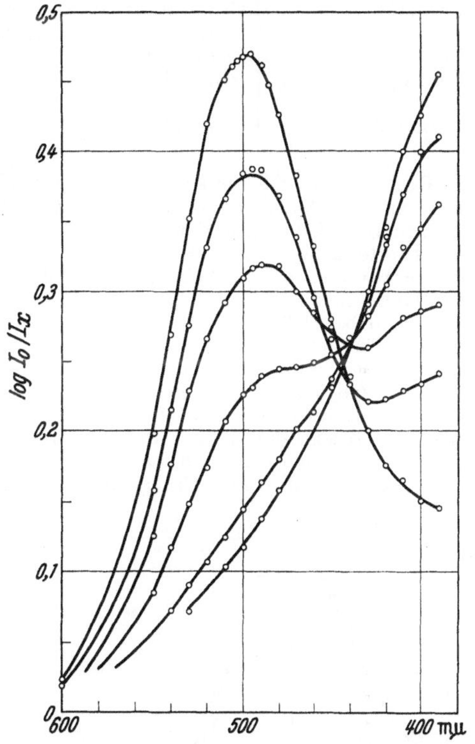

Zur Feststellung der Reinheit einer Sehpurpurlösung schlägt Wald vor, einen 400mμ/ 500 mμ Absorptionsquotienten zu bilden, der für den Ochsenfrosch- und Rindersehpurpur 0,2 bis 0,26 beträgt. Es sei nochmals darauf hingewiesen, daß die Netzhaut nach Holm bei schwacher Belichtung von purpur ohne Übergang durch gelb gleich zu farblos ausbleicht. Mithin wird unter solchen Be-

Abb. 72. *Absorptionskurve einer Sehpurpurlösung* vom Kalbsauge bei stufenweiser Bleichung. Nach Krause und Sidwell. Die höchste Kurve entspricht der ungebleichten Lösung. Die Kurven abnehmender Höhe entsprechen einer Bleichung von 1, 2, 4, 8 und 12 min Dauer. Man beachte, daß sich die Absorptionsmaxima nicht verschieben. Es steigt aber die Absorption im Violett bei der Bleichung zunehmend an (Sehgelbbildung)

dingungen das Abzugsverfahren bei der Absorptionsbestimmung an Berechtigung gewinnen. So hatten sowohl Köttgen und Abelsdorff als auch Trendelenburg bei teilweiser Bleichung *keine* Verschiebung des Absorptionsmaximums, wie es durch Sehgelbbildung verursacht werden müßte, erhalten. Das gleiche gilt, entgegen Wald (vgl. Abb. 71), für die Versuche von Krause und Sidwell, welche ebenfalls eine unveränderte Lage des Absorptionsmaximums im Verlauf der Bleichung fanden (Abb. 72). Für den Froschsehpurpur geben die Arbeiten von Chase wichtige Hinweise.

Es folgt eine Übersicht über die Absorptionsmaxima des Sehpurpurs und seiner Bleichprodukte in Abhängigkeit von Lösungsmitteln und p_H nach Angaben von Ball u. Mitarb. (Ball, Collins, Morton und Stubbs).

Je nach Bedingung kann also eine Verschiebung des Maximums oder auch Mehrgipfligkeit auftreten. Erwähnenswert ist die gute Übereinstimmung der Absorptionsmaxima der in starken Säuren gelösten Stoffe mit den Maxima von Granits Modulatoren. Der Gedanke ist naheliegend, daß ein Oxydations-Reduktionssystem von Vitamin A oder Retinin für die elektrophysiologischen Netzhautreaktionen verantwortlich gemacht werden kann. Es ist aber verfrüht, aus den obigen Befunden Schlüsse zu ziehen, da diese Lösungsbedingungen unphysiologisch sind.

Stoff	Lösungsmittel	Absorptionsmaxima in mμ				
Sehpurpur			500			
Retinin$_1$	Neutral, Äthanol + Leichtpetrol + Chloroform				385	
Retinin$_1$	Neutral, Äthanol + Leichtpetrol + Carr-Price-Reagens	664				
Retinin$_1$	conc. H_2SO_4	664	560	520	460—440	
Retinin$_1$	conc. H_3PO_4	590	550	500	470	
Vitamin A	conc. H_2SO_4	620	590	530	465	
Vitamin A	conc. H_3PO_4		600	520	480—440	

Rechnet man die für ein bestimmtes Spektrum gefundenen Nachtwerte auf ein Spektrum mit gleichmäßiger Energieverteilung (bei welcher das Spektrum an allen Stellen gleichen Energiebetrag hat) um, so muß nach der Duplizitätstheorie der Kurvenverlauf der Nachtwerte mit dem der Lichtabsorption im Sehpurpur übereinstimmen (Umkehr der weiter oben erwähnten und in Abb. 68 dargestellten Umrechnung). Die Nachtwerte zeigen dabei ein Maximum bei etwa 510 mμ, die Sehpurpur-absorption bei 503 mμ; im aufsteigenden lang-welligen Teil der Kurven besteht eine gute Über-einstimmung, während im absteigenden kurz-welligen Teil die Nachtwertkurve unterhalb der Sehpurpurkurve liegt. Dementsprechend wies auch HECHT darauf hin, daß die Maxima der beiden Kurven etwas auseinanderfallen. Es fragt sich nun, ob dieser Unterschied reell ist

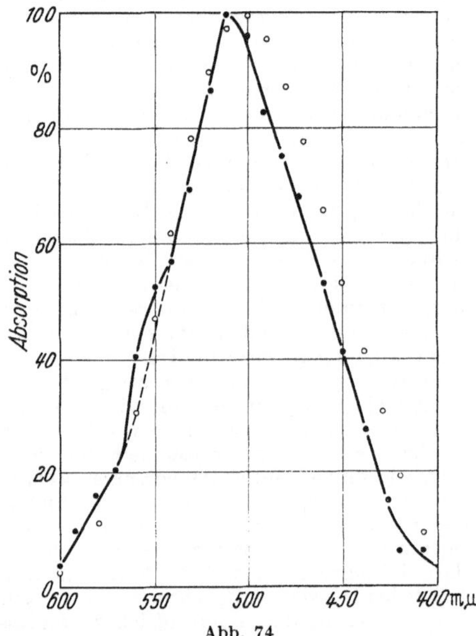

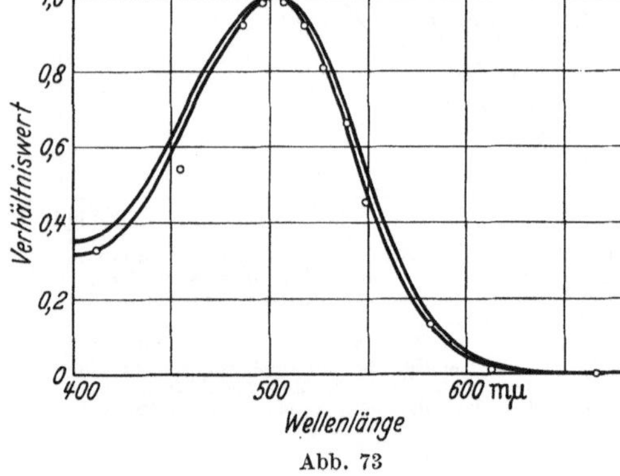

Abb. 73.

Abb. 74.

Abb. 73. *Vergleich der retinalen Nachtwerte und der Absorptionskurve des Sehpurpurs.* Die Kreise geben die auf quantengleiches Spektrum und auf Absorption der präretinalen Augenmedien korrigierten Nachtwerte von HECHT und WILLIAMS wieder. Die ausgezogenen Kurven sind die Absorptionskurven des Sehpurpurs, die obere mit einer maximalen Absorption von 20%, die untere mit 5%. Alle Kurven sind zum Vergleich auf das Maximum 1,0 bei der Wellenlänge 500 mμ umgerechnet. (Nach HECHT, SHLAER und PIRENNE)

Abb. 74. *Sehpurpurabsorption.* Nach GRANIT (*10*). ●—● von GRANIT aus Aktionsstromkurven berechnet, ○○○ von LYTHGOE an Lösungen von Sehpurpur gemessen

oder auf methodischen Schwierigkeiten beruht. Man könnte an folgenden Sachverhalt denken. Der Vergleich der auf energiegleiches Spektrum bezogenen Nachtwerte mit den Sehpurpurabsorptionswerten schließt stillschweigend die Voraussetzung ein, daß die spektrale Strahlung die Netzhaut auch wirklich mit der angenommenen Energie erreicht. Das kann nun wegen der Absorption in den Augenmedien nicht genau der Fall sein. Vielmehr wird das Spektrum gegen den kurzwelligen Teil in zunehmendem Maße in den Augenmedien absorbiert. Das hat schon A. KÖNIG bei seinem Vergleich der Sehpurpurabsorption mit den Nachtwerten berücksichtigt. Die Kurve der Nachtwerte würde bei Wegfall der Absorption in den Augenmedien auf der kurzwelligen Seite etwas höher liegen, wohl mit Verschiebung auch des Maximums nach der kurzwelligen Seite hin.

Für die photochemische Wirksamkeit des Lichtes in der Netzhaut ist die Anzahl auftreffender Quanten je Sekunde maßgebend, nicht die Energie. Deshalb muß die Nachtwertkurve, die zum Vergleich mit der Sehpurpurabsorptionskurve herangezogen wird, nicht auf ein energiegleiches, sondern auf ein quantengleiches Spektrum bezogen werden. Hierzu werden die für ein energiegleiches Spektrum ermittelten relativen Empfindlichkeitswerte durch die entsprechenden Wellenlängen dividiert, da die Energie eines Quantums einer Strahlung proportional ihrer Frequenz und somit umgekehrt proportional ihrer Wellenlänge ist. Will man die tatsächlich die Retina erreichenden Quanten ermitteln, so müssen die auf die Hornhaut auftreffenden physikalisch bestimmten Energiemengen in Quanten umgerechnet (vgl. S. 232), außerdem mit den Durchlässigkeitszahlen der Augenmedien multipliziert werden. Für einen Vergleich mit der Sehpurpurabsorptionskurve wird die auf quantengleiches Spektrum umgerechnete V_λ-Kurve durch die entsprechenden Durchlässigkeitszahlen der Augenmedien dividiert (vgl. S. 68). Das Empfindlichkeitsmaximum verschiebt sich dabei um etwa 10 mμ nach der kurzwelligen Seite.

In wäßrigen Lösungen von menschlichem Sehpurpur fanden WALD und BROWN das Maximum bei 493 mμ. Sie sind aber der Ansicht, daß für die Netzhaut der Wert 500 mμ gilt, da sich der Sehpurpur in den Stäbchen in orientiertem Zustand befände, wodurch sich das Absorptionsspektrum etwas nach langwellig verschiebe. CRESCITELLI und DARTNALL fanden dagegen eine gute Übereinstimmung ihres Wertes von 497 mμ mit dem Maximum der Nachtwertkurve, wenn letztere auf ein quantengleiches Spektrum und auf Durchlässigkeit der Augenmedien korrigiert wurde. Unter Annahme einer gleichmäßigen Verteilung des Pigments über eine Retinafläche von 9 cm² ergibt sich für 497 mμ eine optische Dichte des Sehpurpurs von 0,016, die mit dem von KÖNIG errechneten Wert von 0,0165 gut übereinstimmt und die einer Absorption von 3,5% statt der von WALD angenommenen 20% entspricht. RUSHTON fand durch Messung am lebenden Auge, daß die Sehpurpurdichte 20° extrafoveal zwischen den Werten 0,09 und 0,15 liegen muß. Bei einem Protanopen ergab sich eine um etwa 50% größere optische Dichte als beim Normalen. Bei einem Deuteranopen und einem Deuteranomalen erwies sich die Sehstoffdichte zu schwach, um noch brauchbare Werte zu ergeben.

Zum Vergleich sei noch eine Kurve der Sehpurpurabsorption gegeben, die GRANIT (*10*) nach seinen mit MUNSTERHJELM ausgeführten Aktionsstromuntersuchungen (aus der Größe der *b*-Welle, s. später) berechnet hat. Abb. 74 zeigt in der ausgezogenen Kurve die berechnete Sehpurpurabsorption. Mit kleinen Kreisen sind die Meßwerte der Sehpurpurabsorption nach LYTHGOE wiedergegeben. Wieder ist die Übereinstimmung im langwelligen Teil sehr gut (die kleine Abweichung bei etwa 560 mμ dürfte auf Mitwirkung von Zapfenerregung beruhen), im kurzwelligen Teil liegt die Lythgoesche, unmittelbar an Sehpurpurlösungen gewonnene Kurve höher.

Die Frage nach der *Form der Absorptionskurve* des Sehpurpurs bedarf weiterer Klärung. Das von KÖTTGEN und ABELSDORFF, KÖNIG, TRENDELENBURG u. a. angewendete Abzugsverfahren, bei welchem die Kurve der ungebleichten Lösung minus der Kurve der gebleichten Lösung der Sehpurpurabsorptionskurve gleichgesetzt wird, ist gewiß nicht ganz einwandfrei. Es ist aber fraglich, ob die in anderer Weise gewonnenen Kurven die Absorption einer von gelben Produkten freien Lösung des reinen Sehpurpurs darstellen. DARTNALL und GOODEVE geben zu, daß die Lythgoesche Lösung kleine Mengen von gelben Beistoffen enthalten kann. Es ist durchaus möglich, daß jede Sehpurpurlösung schon vor der Bleichung etwas Sehgelb enthält, worauf die starke Unsymmetrie der Kurve hindeuten könnte. Falls in der Netzhaut ein Gleichgewicht Sehpurpur ⇄ Sehgelb vorliegt (welches durch Licht nach → verschoben würde), so würde eine nur Sehpurpur enthaltende Lösung nicht herstellbar sein.

Es läßt sich nun die *Frage des Verlaufes der Absorptionskurve eines Farbstoffes* auch *vom theoretischen Standpunkt* aus untersuchen. Nach der *Resonatorentheorie* von PLANCK befinden sich in dem lichtabsorbierenden Stoff kleine Resonatoren von bestimmter Eigenschwingungszahl. Diese werden durch die absorbierten Lichtwellen in Mitschwingung versetzt, welche eine durch Strahlungsabgabe und andere Vorgänge verursachte Dämpfung erfährt. Die Größe der

Dämpfung wird durch das logarithmische Dekrement angegeben. PLANCK berechnete aus drei Konstanten: der Anzahl der in der Volumeneinheit enthaltenen Resonatoren, deren Eigenschwingungszahl und dem Dekrement, eine Formel, aus der sich die Absorptionskurve über das Spektrum ergibt. RENQVIST-REENPÄÄ wandte diese Rechnung auf die Absorptionskurven von KÖTTGEN und ABELSDORFF sowie von TRENDELENBURG an und fand aus den Kurven das Dekrement zu 0,47. Hieraus ließ sich die Plancksche Kurve, und zwar die des 2. Typs (Extinktionskoeffizient im Verhältnis zu 1 klein), welche wahrscheinlich auf den Sehpurpur anzuwenden ist, berechnen. Es besteht eine recht weitgehende Annäherung dieser Kurve an die Kurve von KÖTTGEN und ABELSDORFF, während die Lythgoesche Kurve im kurzwelligen Teil höher liegt, wie Abb. 75 zeigt. Auch die Waldsche Kurve der unbelichteten Digitoninlösung des Sehpurpurs (Abb. 71) liegt im kurzwelligen Teil über der Planckschen. Die nach PLANCK berechnete Kurve ist ebenso wie die von KÖTTGEN und ABELSDORFF und TRENDELENBURG nach dem Differenzverfahren gefundene symmetrisch, die Kurven von LYTHGOE und WALD sind sehr deutlich unsymmetrisch. So liegt immerhin, wenn

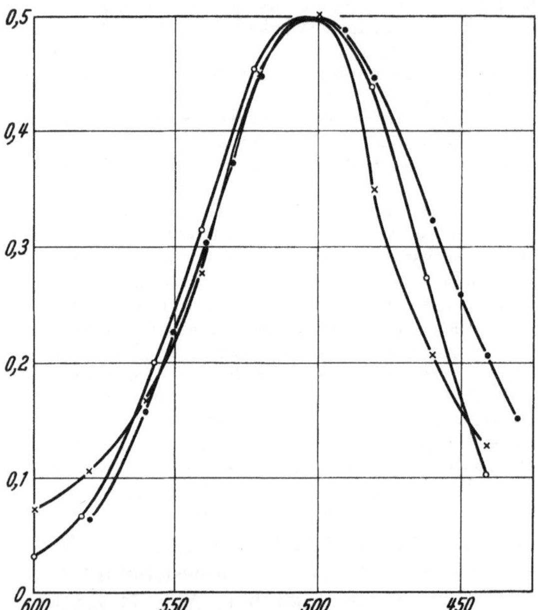

Abb. 75. *Spektrale Absorption* des Sehpurpurs. + — + — nach PLANCK berechnete Kurve (REENPÄÄ-RENQVIST), o—o—o von KÖTTGEN und ABELSDORFF am Kaninchen, ●—●—● von LYTHGOE am Frosch } mit dem Differenzverfahren gemessen

nicht die Wahrscheinlichkeit, so doch die Möglichkeit vor, daß die letztgenannten Kurven vom *Gemisch zweier Farbstoffe* stammen, nämlich *von Sehgelb*, das dann schon in der ursprünglichen, noch nicht belichteten Lösung vorhanden war, *mit dem Sehpurpur.* Für den für uns im Vordergrund des Interesses stehenden Vergleich mit den Nachtwerten kommt es aber auf die Absorptionskurve des unvermischten Sehpurpurs an. In dieser Richtung sind weitere Aufklärungen erforderlich. Vor allem ist dabei nochmals zu prüfen, ob die Anwendung der Planckschen Formel des 2. Typs auf den Sehpurpur zu Recht besteht, welche dem Fall entspricht, daß der Extinktionskoeffizient klein im Verhältnis zu 1 ist. Es sind nämlich die Absorptionskurven des 1. und 3. Typs (Extinktionskoeffizient im Verhältnis zu 1 groß oder mittelgroß) nicht symmetrisch, sondern sie senken sich nach den längeren Wellen hin steiler als nach den kürzeren und sind mehr über das Spektrum hin verbreitet. Diese Asymmetrie würde der Richtung nach der Asymmetrie der Lythgoeschen Sehpurpurabsorptionskurve entsprechen.

Aus neuerer Zeit ist uns keine Arbeit bekannt, die auf die wichtige Ableitung von REENPÄÄ Bezug nimmt, die unter der Voraussetzung der Anwendbarkeit der Planckschen Gleichung des 1. Typs auf die Sehpurpurlösung die Beantwortung offener Fragen ermöglicht. POHL (2) leitet die Gleichung der Absorptionskonstante für verdünnte Lösungen, für welche die wechselseitige Beeinflussung der absorbierenden Moleküle außer Ansatz bleiben kann, ab. Es liegt der Gedanke zugrunde: „Das einfallende Licht soll elektrische Resonatoren in den Molekülen zu erzwungenen Schwingungen anregen. Dabei soll ein Teil der Lichtenergie durch den Dämpfungsmechanismus der Resonatoren in eine andere Energieform, z. B. in Wärme, umgesetzt werden. Zugunsten dieser Deutung spricht schon die Gestalt einzelner, d. h. von ihren Nachbarn gut getrennter Absorptionsbanden. Sie zeigen oft eine auffallende Ähnlichkeit mit der *Energie-Resonanzkurve* erzwungener Schwingungen, also mit Abb. 332." In dieser Kurve ist die Abszisse der Wert $v/v_0 =$ Frequenz des Erregers dividiert durch die Eigenfrequenz des Resonators, in den Ordinaten die kinetische Energie der erzwungenen Schwingung bzw. die durch Dämpfung verzehrte Leistung gezeichnet. POHL bringt nun weiter zwei Beispiele (Abb. 388 und 389) von guter Übereinstimmung zwischen berechneter und gemessener Absorptionskurve, und zwar für eine feste Lösung von Kalium in einem KBr-Kristall und für eine dampfförmige Lösung von Hg in verdichtetem Wasserstoff. „In beiden Beispielen stimmen die berechneten Kurven recht befriedigend mit den Meßpunkten überein. Somit liefert die Voraussetzung der Rechnung, die Annahme *exponentiell* gedämpfter Resonatoren, ein durchaus brauchbares Bild der tatsächlichen Verhältnisse. (Bei experimenteller Dämpfung unterscheiden sich zwei im Abstand der Schwingungsdauer aufeinanderfolgende Amplituden um den Faktor $e^{-\varLambda}$, genannt Dämpfungsverhältnis. Der Exponent $\varLambda$ heißt logarithmisches Dekrement.) Das ist aber keineswegs bei allen Absorptionsbanden der Fall. Die systematischen Abweichungen zwischen Rechnung und Messung werden in den meisten Fällen erheblich größer als in den Abb. 388/389. Dann kann man *exponentiell* gedämpfte Resonatoren nur noch als rohes Bild bewerten." Da nun die berechnete und die gemessene Kurve der Sehpurpurabsorption (unsere Abb. 75) im ganzen ebenfalls recht befriedigend übereinstimmt, kann angenommen werden, daß die weitere Verfolgung dieser Beziehung von hinreichend sicherer Grundlage ausgeht und für den kurzwelligen Teil der Absorptionskurve nähere Aufklärung ermöglichen wird.

Hier sei noch auf die Arbeiten von EXNER hingewiesen, welcher untersuchte, ob die Königschen Grundempfindungskurven (Abb. 53) als Resonanzkurven stark gedämpfter Resonatoren aufgefaßt werden können. EXNER fand eine im allgemeinen befriedigende Übereinstimmung, mit Ausnahme des Gebiets der niederen Ordinaten. Sehr gut stimmte die Helligkeitskurve eines Zapfenfarbenblinden (Kurve der Tageswerte) mit dem Resonanzkurvenverlauf überein. Das logarithmische Dekrement war hier 0,44, bei den Grundempfindungskurven 0,56 bis 0,72. EXNER hält danach die Annahme von Resonatoren „als das Licht percipierende Organe im Auge" für zulässig. In den Stäbchen sollen die drei Resonatoren ganz oder nahezu ganz gleich sein und daher Weißempfindung bewirken. EXNER bezieht sich zwar auf die Duplizitätstheorie, befaßt sich aber überhaupt nicht mit dem Sehpurpur und dessen damals schon wohlbekannter Absorptionskurve. Die Dreiresonatorentheorie der Stäbchen ist abzulehnen. Die oben am Sehpurpur eingehend erörterten Fragen sind auf die Kurven der Zapfenstoffe zu übertragen, deren genauere Kenntnis erforderlich ist. Wenn SCHRÖDINGER sagt, daß das Bild der Resonanzvorstellung „vor anderen, z. B. der Vorstellung chemischer Prozesse, manches voraus hat", so darf darauf hingewiesen werden, daß nach PLANCKs und POHLs Auffassung kein Gegensatz vorliegt: elektrische Resonanz und chemische Wirkung hängen zusammen, erstere ist Voraussetzung der letzteren.

Von großer Bedeutung sind auch die Feststellungen über die *Absorption der ultravioletten Strahlen* durch Sehpurpur. In dem an das sichtbare kurzwellige Licht anschließenden Gebiet steigt die Absorption bei der Bleichung (Abb. 72 und 73) offenbar durch Sehgelbbildung. Im übrigen weist die Absorption im Ultraviolett auf die Eiweißkomponente hin. PINEGIN konnte in der Nachtwertkurve ein sekundäres Maximum zwischen 334 und 365 mμ feststellen, das mit der Absorptionskurve des Sehpurpurs völlig übereinstimmt.

Den *zeitlichen Ablauf des Bleichungsvorgangs* bei Einwirkung monochromatischen Lichts (506 mμ) haben DARTNALL (*1*), GOODEVE und LYTHGOE theoretisch und experimentell untersucht. Übereinstimmend mit der Theorie ergab sich, daß der Wert $\log_{10}[I_t/(I_f - I_t)]$, auf die Zeitabszisse aufgetragen, eine geradlinige Kurve darstellt. Hierbei bedeutet I_t die durch die Lösung zur Zeit t durchgelassene Lichtintensität, I_f desgleichen nach völliger Bleichung.

γ) *Lichtwirkung*

Über die *physikalischen Grundlagen der Lichtwirkung* sei hier nach POHL (*2, 3*) und GUDDEN folgendes ausgeführt. Außerdem kann auf BONHOEFFER und HARTECK, JOLY, RISSE und die einführende Darstellung von LENARD hingewiesen werden.

Absorption (Umsetzung von Strahlungsenergie in Bewegungsenergie der Moleküle), *photochemische Wirkung* (chemische Veränderung der Moleküle des durchstrahlten Körpers), *lichtelektrische Wirkung* (Abtrennung von Elektronen aus den Molekülen des durchstrahlten Körpers), *Fluorescenz* (während der Durchstrahlung geben die Moleküle neue Strahlen anderer, meist größerer Wellenlänge ab) und *Phosphorescenz* (die Moleküle geben überdauernd

Strahlungen anderer Wellenlänge ab) hängen eng zusammen; sie können gleichzeitig auftreten. Bei der Lichtabsorption besteht die Anregung in einer Abspaltung eines Elektrons, das in eine andere Bahn oder Lage im Molekül gebracht wird, unter Aufnahme von Energie, die bei der Emission wieder abgegeben wird, unter Rückkehr des Elektrons. Der erregte Zustand ist also energiereicher und daher weniger stabil als der unerregte. Bei einatomigen Gasen liegt der Lichtemission durch Fluorescenz stets die Rückkehr eines abgetrennten Elektrons zugrunde. In Flüssigkeiten liegen verwickeltere Verhältnisse vor, da sich die Moleküle gegenseitig beeinflussen. Absorption und Emission erfolgt in $h\nu$-Quanten (vgl. S. 232). Da ein Teil des absorbierten $h\nu$ in Wärmebewegung der Moleküle umgesetzt wird, ist die emittierte Energie geringer, die Strahlung also langwelliger (ν kleiner). Die Wärmebewegung kann aber auch einen Zuschuß geben, so daß das emittierte Fluorescenzlicht kurzwelliger wird als das absorbierte. Bei Benzolverbindungen (zu denen auch das Fluorescin gehört) werden die Spektralgebiete der Absorption und Emission mit komplizierterer Struktur nach längeren Wellen verschoben. Das Fluorescenzlicht kann allmählich abnehmen, wenn sich die angeregten Moleküle mit anderen Molekülen zu neuen Molekülen vereinigen, die nicht mehr fluorescenzfähig sind. Fluorescin wird erst durch Anlagerung an Wasser fluorescenzfähig.

Am Ende einer ungestörten Fluorescenz befindet sich ein Molekül wieder in seinem ursprünglichen Zustand. Photochemisch wirksam ist wesentlich nur eine durch *äußere* Elektronen, welche die chemischen Bindungen bedingen, verursachte Lichtabsorption. Die geringe Wirkung von Temperaturänderungen auf die photochemischen Vorgänge beruht auf den sehr hohen Energiebeträgen, welche die einzelnen Moleküle erhalten.

Zur *Theorie der Lichtwirkung* auf den Sehpurpur und der Reizwirkung auf die Stäbchen liegt eine Anzahl von Arbeiten vor, die man auch auf die noch zu besprechenden Zapfenstoffe wird beziehen können. LASAREFF geht, wie JOLY, POOLE und SCHANZ, davon aus, daß bei jeder photochemischen Reaktion zunächst eine Aussendung von Elektronen aus den Molekülen erfolgt, wenn diese durch Resonanz in hinreichend starke Mitschwingung versetzt werden. Die Elektronen verbinden sich in Lösungen mit Neutralmolekülen und bilden Ionen. Diese bedingen den Erregungszustand des Nerven nach Maßgabe ihrer Konzentration, wie zuerst NERNST in seiner allgemeinen Theorie der Nervenreizung ableitete.

POOLE konnte, wie JOLY, eine Abgabe freier Elektronen aus der Netzhaut heraus (wie bei Metallen) nicht nachweisen. Es sei die zweite Möglichkeit die, daß die Lichtwirkung weniger heftig sei und nur das Gleichgewicht der Elektronen in seinem Molekül störe und dadurch die chemische Eigenschaft des lichtempfindlichen Stoffes ändere.

Bei der Lichtwirkung auf den Sehpurpur und andere bleichbare organische Farbstoffe wird die absorbierte Lichtenergie zur chemischen Veränderung des absorbierenden Stoffes selbst verwendet (wobei der größte Teil dieser Energie in Wärme verwandelt wird, nur ein kleiner Teil die chemische Umsetzung bewirkt). Anders liegt es bei der *photochemischen Sensibilisierung*. Bei dieser wirkt das vom Sensibilisator absorbierte Licht auf einen anderen Stoff. Sie wird bei photographischen Platten angewendet, um sie für langwelliges Licht empfindlicher zu machen. Ferner können lebende Gewebe durch organische Farbstoffe, z. B. Eosin, sensibilisiert werden (TAPPEINER, BUSCK), so daß Licht, welches vom Farbstoff absorbiert wird, schädlich auf die Gewebe, auf die roten Blutkörperchen wirkt. Bekannt ist auch die sensibilisierende Wirkung von Hämatoporphyrin.

Diese Stoffe haben alle die Eigenschaft, zwar ganz wenig bleichbar zu sein, aber sich doch nur als unverändert bleibende Überträger der Lichtwirkung zu beteiligen. Alle diese Stoffe fluorescieren. Licht wirkt unter Vermittlung der organischen biologischen Sensibilisatoren nur dann, wenn es Strahlen enthält, die im Sensibilisator absorbiert werden, wobei Fluorescenz auftritt. Es gehen aber hohe Wirksamkeit und starke Fluorescenz nicht parallel. Bei den photographischen Sensibilisatoren hebt der Akt der Lichtabsorption den absorbierenden Stoff auf ein höheres Energieniveau und befähigt ihn dadurch zu einer sonst nicht auftretenden Umsetzung (BODENSTEIN). Das Wesen der Lichtwirkung auf das Bromsilber besteht nach BODENSTEIN darin, daß das von einem Bromion absorbierte Lichtquant ein Elektron abspaltet, welches sich mit dem Silberion zu einem Silberatom verbindet. Der sensibilisierende Farbstoff muß an das Brom adsorbiert (nicht etwa nur in der Gelatine gelöst) sein, um die Energie übertragen zu können.

Auch mit Sehpurpur konnte die photographische Platte sensibilisiert werden (Kögel). Es geht zwar nicht mit Bromsilberplatten, wohl aber mit Jodsilberplatten. Diese sind vorwiegend blauempfindlich und werden durch Sehpurpur vorwiegend für Gelbgrün empfindlich. Der Sehpurpur wird dabei nicht verbraucht, oder jedenfalls wieder regeneriert.

Es fragt sich noch, welche Rolle die Fluorescenz bei der Wirkung der Sehpurpurbleichung auf die Stäbchen spielt. Hosoya hat die *Fluorescenz der Netzhaut* mit dem Luminescenzmikroskop an frischen Netzhäuten von Fröschen, Kaninchen, Sperlingen untersucht. An der Dunkelnetzhaut des Frosches fluoresciert hauptsächlich die Schicht der Stäbchenaußenglieder; die Fluorescenz nimmt mit Bleichung des Sehpurpurs zu, aber erst bei der weiteren Umwandlung des Sehgelb zu Sehweiß. Die minimale Fluorescenz der übrigen Netzhaut bleibt bei Belichtung fast unverändert. Auch beim Kaninchen nimmt die Fluorescenz der dunkeladaptierten Stäbchenaußenglieder bei Belichtung zu. Hier sei nochmals an den übereinstimmenden Befund von Jancó an der Rattennetzhaut erinnert. Die stets sehpurpurfreie Dunkelnetzhaut des Sperlings ändert die Fluorescenz bei Belichtung nicht merklich. Die Öltropfen des Pigmentepithels der Kaninchennetzhaut geben in der Dunkelnetzhaut schwache, in der Hellnetzhaut starke Fluorescenz. Aus den Befunden an der Stäbchenschicht kann geschlossen werden, daß hauptsächlich das Sehgelb die Fluorescenz bewirkt, nach Jancó und Querner die Vitamin A-Komponente. Es kann vermutet werden, daß diese Fluorescenz nur eine für den Erregungsvorgang unwichtige Nebenerscheinung ist. Sie ist nach Dartnall (*1*) u. Mitarb. vielleicht so zu deuten, daß das Molekül, welches ein Lichtquant absorbiert, den Energiegewinn durch Fluorescenz wieder abgibt.

Über die *allen organischen Farbstoffen gemeinsame Eigenschaft* ist ermittelt (Kauffmann, Hausser und Kuhn), daß sie in einer Häufung von nahe beieinander liegenden, in Konjugation stehenden Doppelbindungen besteht, und daß sich die Absorption und die Fluorescenz mit wachsender Anzahl der Doppelbindungen nach kleineren Schwingungszahlen (längere Wellen) verschieben.

Weitere Angaben über die Beziehungen zwischen Absorption organischer Farbstoffe und chemischer Konstitution enthält das Buch von Ostwald (*3, III*) und Ristenpart. Hier ist insbesondere auch die Lehre von den chromophoren Gruppen und den Valenzelektronen dargestellt. Ferner sei auf Nernst sowie Pestemer u. Mitarb. verwiesen.

Hinsichtlich der *Wirkung der Sehpurpurzersetzung auf das Stäbchenaußenglied* liegen zwei Möglichkeiten vor. Entweder stellt das erste der photochemischen Reaktion entstammende Zersetzungsprodukt den Reizstoff dar, dessen Konzentration für die Reizwirkung maßgebend ist, oder dieses erste photochemisch (temperaturunabhängig) entstandene Zersetzungsprodukt löst weitere chemische (temperaturabhängige) von der weiteren Lichtwirkung an sich unabhängige Reaktionen aus, welche nun erst den Reizstoff liefern. Sowohl Lasareff (*2*) als auch Dartnall kommen zum Schluß, daß die erstere Annahme zutrifft: das erste photochemisch hergestellte Zersetzungsprodukt gibt den Reiz.

Die Geschwindigkeit, mit der der N. opticus die Belichtung mit Potentialschwankungen beantwortet, deutet darauf hin, daß die Lichtreaktion selbst und nicht der langdauernde Bleichungsprozeß des Sehpurpurs zu Retinin für den Erregungsvorgang maßgebend ist.

d) Wirkung inadäquater Reize bei Dunkeladaptation

Die *Vorstellung von der Doppeleinrichtung in der Netzhaut*, von der grundsätzlichen Verschiedenheit des Zapfen- und des Stäbchensehens, wurde bisher durch subjektive Beobachtungen über Empfindungen sowie objektive Feststellungen vorwiegend über den Sehpurpur begründet. Auf weitere Begründungen durch Untersuchung anderer objektiv nachweisbarer Vorgänge am Auge werden wir zurückkommen.

Es fragt sich nun noch, ob auch durch *Anwendung von inadäquater Reizung*, insbesondere von elektrischer Reizung, *Stützen für die Duplizitätstheorie* gewonnen werden können. Es ist wohl wenig wahrscheinlich, daß der elektrische Reiz — falls er, wie hier zunächst angenommen sei, auf Zapfen- und Stäbchenaußenglieder wirkt —, über den Umweg einer Zersetzung der Sehstoffe diese Wirkung ausübt. Sehpurpur wird durch elektrischen Strom nicht zersetzt.

So ist nicht zu erwarten, daß etwa der elektrische Reiz mit fortschreitender Dunkeladaptation wirksamer wird. Weniger sicher läßt sich voraussagen, ob das helladaptierte Auge eine geringere Erregbarkeit für den elektrischen Reiz besitzt als das dunkeladaptierte, wenn der Reiz nicht über die Sehstoffe, sondern unmittelbar auf das Sinnesepithel wirkt. Diese Fragen sind von BOUMAN sowie von IWAMA und MOTOKAWA eingehend untersucht worden. Sie bestätigen den auffälligen, schon von ACHELIS erhobenen Befund, daß nicht das dunkeladaptierte, sondern das helladaptierte menschliche Auge die höhere Erregbarkeit (tiefer liegende Rheobase) hat. Nach weiteren Untersuchungsreihen von BOUMAN ist wahrscheinlich, daß der elektrische Reiz gar nicht am Sinnesepithel angreift, sondern an den Nervenfasern entweder der Netzhaut (vielleicht auch an deren Ganglienzellschicht) oder des Sehnerven. Wenn dies zutrifft, so bietet die Untersuchung mit elektrischen Reizen keine Möglichkeit, die funktionellen Unterschiede des Hell- und Dunkeladaptationszustandes im Sinne der Duplizitätstheorie weiter aufzuklären. Es ist aber nicht verständlich, warum die Sehnervenfasern, die durch elektrischen Reiz unmittelbar gereizt werden, bei den beiden Adaptationszuständen verschiedene Erregbarkeit besitzen, obwohl die adaptativen Veränderungen sich im peripher angeschlossenen Sinnesepithel abspielen, und warum gerade bei Helladaptation die höhere Empfindlichkeit vorliegt. BOUMAN nimmt an, daß dem Einfluß der Adaptation auf die Nervenerregbarkeit *Adaptationsvorgänge im Zentralnervensystem* zugrunde liegen. Eine nervöse Steuerung der Adaptationsvorgänge, durch die die Empfindlichkeit schlagartig geändert werden kann, wird heute weitgehend angenommen (SCHOBER, SCHOUTEN). Sie läßt u. a. die Wiederanpassung nach kurz dauernder Blendung verstehen (ECKEL, PAPST und ECHTE). THOMSON hält es für wahrscheinlich, daß die Netzhautelemente ihre Empfindlichkeit gegen photochemische Stoffe unter dem Einfluß des Nervensystems ändern können. Ob diese Annahmen die einzigen Erklärungsmöglichkeiten für die beobachteten Tatsachen sind, läßt sich zur Zeit noch nicht übersehen.

8. Zapfensehstoffe

Nach den am Nachtsehapparat gemachten Feststellungen spricht alles für die Annahme, daß auch bei der Zapfenfunktion ein Sehstoff vorliegt oder möglicherweise mehrere Sehstoffe beteiligt sind.

WEIGERT hatte auch hier den Sehpurpur herangezogen. Er wies in photochemischen Untersuchungen über das Verhalten von bleichbaren Farbstoffen in sehr dünner Schicht nach, daß hierbei im Gegensatz zum Verhalten in dickerer Schicht (größerer Konzentration) die Absorptionskurve von der Art des auffallenden Lichts abhängt, daß also der Farbstoff eine Art Anpassung an das auffallende Licht zeigt. Darauf gründete WEIGERT die Ansicht, daß auch in den Zapfen Sehpurpur vorhanden sei, wenn auch nur in sehr geringer Konzentration und deshalb unsichtbar, und daß der Zapfensehpurpur nach Art des bei anderen Farbstoffen gefundenen Verhaltens je nach der Wellenlänge des auffallenden Lichts verschiedene Bleichungskurven habe. MINOSHIMA führte diese Untersuchungen fort. Hiergegen ist vieles einzuwenden. Stäbchen- und Zapfensehpurpur müßten eine ganz verschiedene Lichtempfindlichkeit haben, wenn im hellen Tageslicht der Stäbchensehpurpur fehlt, aber der Zapfensehpurpur gerade im Höchstmaß die Lichtwirkung vermittelt. Zu Beginn der Dunkeladaptation nach Helladaptation würde auch in den Stäbchen der Sehpurpur zunächst nur in sehr geringer Konzentration vorliegen, und es müßte dann die Stäbchenfunktion zunächst mit der Zapfenfunktion übereinstimmen. Bei erworbener Nachtblindheit, die auf Sehpurpurmangel in den Stäbchen beruht (Mangel an Vitamin A), müßte auch die Zapfenfunktion viel mehr beeinträchtigt werden, als es der Fall ist, da kaum anzunehmen ist, daß der Sehpurpur zwar in den Stäbchen fehlt, in den Zapfen aber unverändert gebildet wird. Vor allem sprechen weiter auch die Vererbungsverhältnisse klar gegen diese Annahmen. Die angeborene Nachtblindheit (Stäbchenfunktionsausfall) vererbt sich dominant, die angeborene Tagesblindheit (Zapfenfunktionsausfall) vererbt sich nach den heutigen Anschauungen recessiv (W. JAEGER). Hierfür wie auch zur Erklärung der Teilfarbenblindheit und der Anomalien wären jedenfalls verwickelte Hilfsannahmen erforderlich.

Von der Tatsache ausgehend, daß die Kurve der Tageswerte und die der Nachtwerte (die wieder der Sehpurpurabsorptionskurve entspricht) von der Lage des Maximums abgesehen identischen Verlauf habe, stellt auch HECHT die Ansicht auf, daß für beide Funktionsweisen nur *ein* Sehstoff vorliege, der Sehpurpur.

Es sei hier auf die schon erwähnten Zusammenhänge zwischen Lösungsmittel und Absorptionswirkung der Bleichungsprodukte des Sehpurpurs hingewiesen, die eine gemeinsame Ursubstanz für den Tag- und Nachtsehapparat vermuten lassen.

Für die Verschiedenheit der Lage des Absorptionsmaximums sei, nach KUNDTs Feststellung, das Brechungsvermögen des Lösungsmittels maßgebend. Je höher das Brechungsvermögen, desto mehr verschiebt sich nach KUNDT das Absorptionsmaximum zum Rot hin. Die

Zapfen sollen ein höheres Brechungsvermögen haben als die Stäbchen; daher sei die Kurve des in den Zapfen gelösten Sehpurpurs gegen die des in den Stäbchen gelösten nach Rot hin verschoben. Es wird nichts darüber mitgeteilt, wie groß der angenommene Brechkraftunterschied der Substanz der Zapfen und der Stäbchen ist, und ob der Brechkraftunterschied quantitativ zur Erklärung des hohen Betrags der Verschiebung von 503 mμ auf (nach HECHT) 555 mμ ausreicht. Weiter wäre wohl die Hilfshypothese nötig, daß drei verschiedene Zapfenarten vorliegen mit drei verschiedenen Brechungsexponenten, da man ohne die Annahme von drei Funktionsweisen des Zapfenstoffes, falls er einheitlich ist, nicht wird auskommen können. FRANÇOIS und PIÉRON haben aus den nachweislich stäbchenfreien Netzhäuten von 24 Eidechsen (Lacerta viridis) Lösungen hergestellt, die keine Spur von Rosafärbung erkennen ließen. Sie sind daher gegen WEIGERT, HECHT u. a. der Ansicht, daß in den Zapfen eine Substanz vorhanden sein müsse, die von Sehpurpur verschieden ist. Keinesfalls kann für die fovealen Zapfen aus dem Purkinjeschen Phänomen erschlossen werden, daß der Sehpurpur, wenn auch in sehr geringer Konzentration, als Sehstoff beteiligt sei, solange die DIETERsche Feststellung unwiderlegt ist, daß im stäbchenfreien Bezirk der Fovea in einer Ausdehnung bis zu 1^1/$_2$ Grad das Purkinjesche Phänomen fehlt. Die DIETERsche Feststellung wird aber von einigen Autoren, z. B. von FRÖHLICH, angezweifelt. Neuerdings haben HURVICH und JAMESON in der Fovea centralis ein Purkinjesches Phänomen andeutungsweise beobachtet.

Wie schon WEIGERT, A. KÖNIG, HECHT, so haben auch LYTHGOE und SEGAL den *Sehpurpur* wieder zu dem *Farbensehen* in Beziehung gebracht. Für die „Differenzierung der Farben" sei das wechselnde Mischungsverhältnis zwischen Sehpurpur und Sehgelb verschiedener Modifikation maßgebend. LYTHGOE gibt jedoch zu, daß mit seiner Hypothese die Größe der Lageverschiedenheit des Helligkeitsmaximums bei Tages- und Nachtsehen nicht erklärbar ist.

SEGAL baut seine Dreischichtentheorie des Farbensehens auf der Annahme auf, daß der Sehpurpur der einzige im Auge vorhandene Sehstoff sei. Den Rotempfänger bilde eine Schicht kristallisierten Sehpurpurs, der in Form von Pigmentkörnchen in der Pigmentepithelschicht, also außerhalb der Zapfen- und Stäbchenschicht gelagert ist. Der Grünempfänger wäre der in den Außengliedern der Zapfen gelöste Sehpurpur. Die Violettempfindung werde durch abgebauten oder unvollständig regenerierten Sehpurpur, das Sehorange, vermittelt, das mit dem Maculapigment wohl identisch und in der Henleschen Faserschicht zu suchen sei. SEGAL ist kein Gegner der Duplizitätstheorie, er nimmt aber an, daß auch die Zapfen Sehpurpur enthalten, der bisher wegen seiner geringen Menge dem Nachweis entgangen wäre, betrage doch die optische Dichte von Sehpurpurlösungen aus reinen Zapfennetzhäuten 0,0008 bis 0,0025 gegen etwa 0,4 beim Frosch.

An der stäbchenfreien Reptiliennetzhaut wies v. STUDNITZ (1932 und folgende Jahre) durch Absorptionsmessung nach, daß nach Dunkelaufenthalt eine Absorptionskurve gewonnen wird, welche ihr Maximum bei 560 mμ hat, und daß bei Belichtung diese Absorption verschwindet. Es muß also im Dunkeln ein Stoff gebildet werden, der von v. STUDNITZ Zapfensubstanz genannt wird. v. STUDNITZ führt die Gründe an, welche seiner Meinung nach ausschließen, daß dieser Stoff mit Sehpurpur identisch ist. Vor allem ist die gesamte Lichtabsorption in der zapfenstoffhaltigen Netzhaut so groß, daß sie nur durch eine Sehpurpurmenge hervorgerufen sein könnte, die deutlich sichtbar sein müßte.

Es erhob sich nun zunächst die Frage, ob tatsächlich nur ein *einheitlicher Zapfensehstoff* vorhanden sei oder, wie man auf Grund der Young-Helmholtzschen Theorie erwarten könnte, drei Stoffe mit je einer besonderen Absorptionskurve. Dann könnte die Studnitzsche, zunächst aus den Messungen abgeleitete Kurve entweder auf die Absorption in allen drei Zapfenstoffen zu beziehen sein, oder es könnte der eine dieser Stoffe ganz im Vordergrund der Nachweisbarkeit stehen. Daß *drei* Sehstoffe mit erheblicher Verschiedenheit der Lage des Absorptionsmaximums bei der Gesamtabsorptionsbestimmung nur *einen* Gipfel ergeben, ist aber nicht wahrscheinlich. Wenn nur ein einheitlicher Zapfenstoff mit dem Absorptionsmaximum bei 560 mμ (Grüngelb) vorliegt, so müßte er eine violette Farbe haben, die wegen der geringen Konzentration des Stoffes nicht sichtbar wäre. Es würde dann die weitere Aufgabe vorliegen, durch zusätzliche Annahmen die Tatsachen des Farbensehens verständlich zu machen. Ohne weiteres verständlich sein würde die Kurve der Tageswerte, welche in einem Spektrum mit gleichmäßiger Energieverteilung ihr Maximum bei 555 mμ

hat (vgl. Abb. 63), also an etwa gleicher Stelle wie die erstgewonnene Absorptionskurve der Zapfensubstanz.

Die *ursprüngliche Absorptionskurve* von sehpurpurfreien Netzhäuten hatte aber noch *zwei Nebenmaxima*, das eine im Rot, das andere im Blau. Letzteres bezog v. STUDNITZ auf die gelben Ölkugeln der Zapfen, ersteres blieb unerklärt, beide wurden aus dem Kurvenbild eliminiert. BIRUKOW wies jedoch darauf hin, daß die erwähnten Nebenmaxima durch zwei weitere Sehstoffe bewirkt sein könnten. Nun konnte v. STUDNITZ an von Sehpurpur und von Zapfenölkugeln freien Netzhäuten von Tagesnattern den Absorptionsanstieg im Blau ebenfalls finden, und er leitete aus der Gesamtabsorptionskurve den vermutlichen Verlauf der Absorptionskurven von *drei Zapfensehstoffen* her mit den Absorptionsmaxima bei 670, 560 und 470 mμ.

Solange nicht der genaue Verlauf der drei Absorptionskurven getrennt festgestellt werden kann, ist wohl eine hinreichend sichere Entscheidung noch nicht möglich darüber, ob an den Helmholtzschen Vorstellungen auf Grund des Nachweises der Zapfenstoffe wesentliche Änderungen erforderlich sind. Die rein schematische Zeichnung, die HELMHOLTZ lediglich zur Veranschaulichung für die spektrale „Erregungsstärke der drei Arten von Fasern" gab, die TH. YOUNG annahm, ist als Ausdruck der Lichtabsorption in Sehstoffen zu deuten; den Gipfellagen und der besonderen Verlaufsform sollte aber von HELMHOLTZ damit wohl kaum eine endgültige Form zugesprochen werden. Über die Grundempfindungen, die den drei Faserarten zugehörig sind, sagt HELMHOLTZ: „Die Wahl der drei Grundfarben hat zunächst etwas Willkürliches." Später hat er auf Grund einer Berechnung von Versuchsergebnissen die „drei physiologisch einfachen Farbenempfindungen", die er auch Grundfarben oder Urempfindungen nennt, als Carminrot, gelblich Grün („Blattgrün") und Ultramarinblau angegeben. Nach seiner Abbildung entspricht die grüne Grundfarbe der Wellenlänge 565 mμ. v. STUDNITZ ist der Ansicht, daß zur Rotsubstanz der einen Zapfenart Ganglienzellen mit der spezifischen Energie der rötlichen Empfindungen, zur Gelbsubstanz solche für die gelblichen, zur Blausubstanz solche für die bläulichen Empfindungen gehören. Falls sich die Befunde bestätigen, wäre damit der Helmholtzschen Farbensehtheorie ein fester Boden gegeben.

Es darf nun nicht außer acht gelassen werden, daß die Frage nach dem Buntton der jeder der drei Helmholtzschen Komponenten zugeordneten Empfindung nur dann Berechtigung hat, wenn man annimmt, daß die in der Netzhaut vorliegende Dreigliederung auch die Vorgänge in der Sehrinde umfaßt, welche der Empfindung zugrunde liegen. Steht man aber auf dem Standpunkt der Zonentheorie, nach welcher die einzelnen Abschnitte des ganzen trichromatischen Systems von der Netzhaut bis zur Hirnrinde nicht einheitlich gleichbleibend gegliedert sind, sondern für die peripheren Vorgänge die Young-Helmholtzschen, für die zentralen die Heringschen Vorstellungen ein in erster Annäherung zutreffendes Bild geben, so verliert die Frage nach der Empfindung, die auftritt, wenn nur eine der drei peripheren Komponenten (Sehstoff und Nervenfaser) erregt wird, an Bedeutung. Auf jeden Fall läßt sich dann aus der Absorptionskurve des Sehstoffes in dieser Richtung kein Schluß ziehen.

Nach der ursprünglichen Theorie der durchgehenden Dreigliederung war zu erwarten, daß Protanope keine Rotempfindung haben, Deuteranope keine Grünempfindung. Es dürfte aber sehr wahrscheinlich sein, daß *beide*, Protanope und Deuteranope, für das foveale Sehen die Rot- *und* Grünempfindung entbehren, bei erhaltener Gelb- und Blauempfindung, mit dem Unterschied, daß den Protanopen die langwellige Hälfte des Spektrums dunkler erscheint als den Deuteranopen. Sobald dies als Tatsache feststeht, ist die Theorie einer durchgehenden Dreigliederung nach YOUNG-HELMHOLTZ von der Netzhaut bis zur Hirnrinde nicht mehr aufrechtzuerhalten.

Über die *Sehstoffe* sei ergänzend noch folgendes mitgeteilt.

Daß die *Zapfenstoffe nicht mit Sehpurpur identisch* sind, geht weiter auch aus der von v. STUDNITZ ermittelten Tatsache hervor, daß sie nicht, wie Sehpurpur, in Digitonin löslich sind, wohl aber in Äther. Im Gegensatz zum Sehpurpur sind die Zapfensehstoffe jedenfalls in ihren Einzelfarben nicht sichtbar. Diese Unsichtbarkeit der Zapfenstoffe beruht nicht auf ihrer geringen Konzentration (eine Annahme, die nur bei Voraussetzung eines einheitlichen Zapfenstoffes zwingend war), sondern darauf, daß das Gemisch der drei Zapfenstoffe vom weißen Tageslicht nur farblose Mischungen gebende Lichter durchläßt.

Bei Bleichung der Zapfennetzhaut tritt saure Reaktion auf, nach LANGE und SIMON durch Abspaltung von Phosphorsäure. v. STUDNITZ nimmt an, daß diese aus der Zersetzung der Zapfenstoffe stammt; ihr Betrag entspricht bei farbigen Lichtern dem Bleichwert der Farbe für das Gemisch der Zapfenstoffe. Die Säuerung bewirkt, wie schon DITTLER vermutete, die im Hellen auftretende Verkürzung der Zapfeninnenglieder, auf die wir zurückkommen. Bei Bleichung von Lösungen der Zapfenstoffe zeigt die Absorptionskurve etwa von der 3. min der Belichtung an einen vorübergehenden Anstieg, der bei Bleichung von Sehpurpur fehlt. Dieser Anstieg soll auf zeitweiser Regeneration der Zapfenstoffe sowie darauf beruhen, daß die Zapfenstoffbleichung nicht in einfacher Konzentrationsabnahme besteht, sondern im Auftreten mehrerer verschiedener Bleichungsstufen von verschiedener Absorptionskurve. Die ausgeblichenen Zapfenstoffe können sowohl in der Netzhaut als auch in Lösungen ohne Mitwirkung von Bestandteilen des Pigmentepithels regenerieren. Die Neubildung ist nach 10 bis 15 min beendet, was etwa der Adaptationszeit der menschlichen fovealen Zapfen entspricht. An der Neubildung der Zapfenstoffe sind nach STUDNITZ die Stoffe der Ölkugeln der Zapfen beteiligt, die bei vielen Amphibien, Reptilien und Vögeln verschieden gefärbt sind. Es konnten drei Arten von Ölkugeln isoliert werden mit entsprechenden Durchlässigkeiten für die Bereiche, in denen die Farbsubstanzen maximale Absorption aufweisen (BUSCH, LÖVENICH, NEUMANN und WIGGERS, v. STUDNITZ).

Nun fehlen aber bei manchen Reptilien (z. B. gerade bei der Ringelnatter, von welcher die besten Absorptionskurven des Zapfenstoffgemisches gewonnen wurden), bei Säugern und Mensch die Zapfenölkugeln völlig, so daß zum mindesten bei diesen ein anderer Neubildungsmodus vorliegen muß. Nach WALLS dienen die Ölkugeln zur Verminderung der chromatischen Aberration und der Blendung vor allem durch kurzwelliges Licht.

WALD (*6, 7*) hat aus der Hühnchennetzhaut durch Extraktion mit Digitonin neben Sehpurpur einen lichtempfindlichen Zapfenstoff nachweisen können, dessen Absorption durch

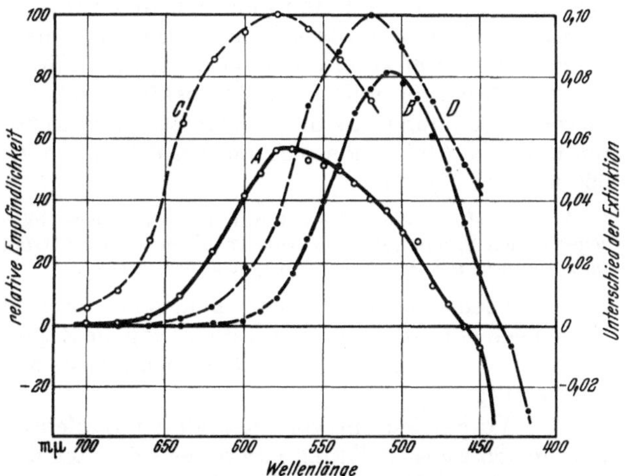

Abb. 76. *Spektrale Absorption in Extrakten der Hühnchen-Netzhaut.* Nach WALD (*6*). *A* Zapfenstoff (Kurve gewonnen als Differenzkurve ungebleicht und mit rotem Licht gebleicht), *B* Sehpurpur (Kurve gewonnen als Differenzkurve gebleicht durch rotes Licht und nachgebleicht mit weißem Licht). *Spektrale Empfindlichkeit des Hühnchens*, nach HONIGMANN, *C* bei Helladaptation, *D* bei Dunkeladaptation. Abszisse: Spektrum mit gleichmäßiger Energieverteilung

Belichtung mit rotem Licht (welches den Sehpurpur unverändert läßt) bei 575 mμ und Umgebung stark herabgesetzt wird. Hier liegt also das Absorptionsmaximum. Die Abb. 76 zeigt die Differenzkurve der Dichte der ungebleichten und der gebleichten Lösung. Wird die Netzhaut mit Alaun vorbehandelt, welches nach KÜHNEs Feststellung den Sehpurpur unverändert läßt, den Zapfenstoff aber offenbar zerstört, so geht nur Sehpurpur in Lösung (Kurve *B*). Die Abbildung enthält außerdem noch in den Kurven *C* und *D* die spektrale

Empfindlichkeit des Hühnchens im hell- und dunkeladaptierten Zustand. Diese Kurven stimmen in der Lage des Maximums gut mit den Kurven der Sehstoffe überein. Bei Bleichung des Zapfenstoffes, den WALD nach der vermutlichen violetten Farbe Jodopsin nennt, steigt die Absorption unterhalb von 460 mμ an (kenntlich an den negativen Werten der Differenzkurve), woraus auf eine gelbe Farbe von Bleichungsprodukten zu schließen ist.

Nach WALD ist auch im Jodopsin eine Carotinoidgruppe enthalten, verbunden mit einem spezifischen Protein oder Opsin, das als Photopsin bezeichnet wird. Die Carotinoidgruppe wäre identisch mit der des Rhodopsins. Der Ab- und Wiederaufbau geschehe nach dem gleichen Schema wie bei Rhodopsin, nur daß statt Scotopsin Photopsin zu setzen sei. Eine Mischung von farblosem Scotopsin und Photopsin plus Neo-b-Retinin regenerierte zu einem Gemisch von Rhodopsin und Jodopsin, letzteres bildete sich schneller. Von BLISS wurde die Ähnlichkeit der Bleichungsprodukte des Jodopsins und Rhodopsins nachgewiesen, eine weitere Bestätigung für die Vermutung der Schule von HECHT, daß ein Parallelismus zwischen Zapfen- und Stäbchentätigkeit besteht. Zwei weitere Zapfenstoffe mit den Absorptionsmaxima bei 467 und 510 mμ wurden von DARTNALL in der Netzhaut von Fischen isoliert.

Wie schon erwähnt, ist SEGAL der Ansicht, daß es nur eine Art Sehstoff gibt, den Sehpurpur, und daß das Jodopsin von WALD das Ergebnis einer fraktionierten Photolyse des Sehpurpurs ist.

WEALE stellte durch Messungen am lebenden Auge in der Fovea das Vorhandensein von zum mindesten zwei Sehstoffen fest, die er nach ihrem Absorptionsmaximum Conepigments CP 540 und CP 600 nennt. Einen dem Jodopsin entsprechenden Stoff konnte er dagegen nicht nachweisen. Es wäre noch hinzuzufügen, daß NODDACK und JARCZYK aus der Erscheinungsweise des Spektrums nach extremer Blendung mit monochromatischen Lichtern drei Farbsehstoffe ableiteten mit den Absorptionsmaxima bei 650 mμ (mit Nebenmaximum bei 420 mμ), 560 mμ und 470 mμ.

Weitere Möglichkeiten, Auskunft über die Eigenschaften von Zapfenstoffen zu erhalten, liegen in den Ergebnissen von GRANIT mit der Aktionsstromuntersuchung vor. Sie gehen nicht ganz konform mit den Befunden von v. STUDNITZ.

Erstrebenswert wird es vor allem sein, durch Herstellung von Auszügen und Messungen von Absorption und Bleichung die Zapfenstoffe mit der gleichen Sicherheit und Eindeutigkeit getrennt nachzuweisen, wie sie im Nachweis des Sehpurpurs vorliegt.

Das Vorhandensein von besonderen Zapfenstoffen ist schon früh vermutet worden. So sagte v. KRIES (1905), es sei unter den möglichen Vorstellungen die plausibelste, daß es sich überall um chemische Wirkungen handle, und daß daher in den Zapfen eine Mischung dreier verschiedener lichtempfindlicher Substanzen anzunehmen sei. Es könne sich aber auch um drei Modalitäten der Zersetzung eines und desselben Stoffes handeln. Ferner liege die Möglichkeit vor, daß die Lichtwirkung auf die Ausgangsform des Zapfenstoffes *einen* Empfindungserfolg und die weitere Lichtwirkung auf ein hierbei gebildetes ebenfalls lichtempfindliches Zersetzungsprodukt einen *anderen* Empfindungserfolg habe.

Würde der Sehpurpur der Stäbchen in vollkommen unveränderter Eigenschaft auch der Sehstoff der Zapfen sein, so würde kaum ein einziges sicheres Kriterium vorliegen, nach welchem Stäbchen und Zapfen voneinander unterschieden werden könnten. Denn wie schon auf S. 150 erwähnt wurde, ist diese Unterscheidung rein morphologisch oft sehr unsicher. Die Unterschiede können die Außenglieder, die Innenglieder, die Kerne und die weiteren Neuronenverbindungen der Sehzellenneurone betreffen. Wie besonders GRANIT (*4*) und später STUD-NITZ betonten, können diese Unterschiede zum Teil sehr gering sein. Auch ist der für die menschliche Netzhaut berichtete Unterschied der Verbindung mit den Netzhautganglienzellen (Tafel I) bei niederen Wirbeltieren nicht in gleicher Weise vorhanden. So bleibt als Hauptunterscheidungsmerkmal das Vorhandensein oder Nichtvorhandensein des Sehpurpurs. Wenn WEIGERTs Ansicht über die Bedeutung des sehr verdünnten Sehpurpurs als Zapfenstoff zutreffen würde, so läge in den Fällen des Versagens morphologischer Kriterien kein Unterscheidungsmerkmal mehr vor, und die Duplizitätstheorie müßte zum mindesten einer Neufassung unterzogen werden.

Es bleiben also noch viele Fragen offen. Immerhin kann man aber doch GRANIT (*4*), dem hervorragenden Kenner der Netzhauterregungsvorgänge, nicht voll zustimmen, wenn er annimmt, daß ein Stäbchen sich nach hochgradiger Ausbleichung des Sehpurpurs wie ein Zapfen verhalten müsse, und wenn er die Annahme der „Farbenblindheit" der Stäbchen noch nicht gesichert findet.

Über die Berechtigung der Grundlagen der Duplizitätstheorie kann wohl kaum ein Zweifel bestehen. Um so mehr Wert ist darauf zu legen, daß sie immer erneut kritisch und unabhängig geprüft und, wenn notwendig, einer Abänderung unterzogen wird. Daß die subjektive Sinnesphysiologie von den neueren Untersuchungen des Erregungsablaufs mit Hilfe der Aktionsströme, über die noch berichtet wird, sehr bedeutende Anregungen erhält, sei auch hier schon betont. So arbeiten beide Richtungen auf das engste zusammen.

9. Angeborene totale Farbenblindheit

a) Zapfenblindheit (Tagblindheit, Nyktalopie)

Waren die Formen von teilweiser Farbenblindheit eine wichtige Stütze unserer Anschauung über die Zusammensetzung des farbentüchtigen Apparates aus Teilapparaten (Komponenten), so können zur Stütze der Theorie über die Doppelanordnung (Stäbchen-Zapfen-Apparat) Fälle von *angeborener totaler Farbenblindheit* herangezogen werden. Es handelt sich bei dieser Farbenfehlsichtigkeit um den Zustand einer *vollständigen Strahlenverwechslung*, nicht nur, wie bei uns Normalen, im dunkeladaptierten Zustand, sondern auch im Hellen. Alle spektralen Strahlungen vermitteln also dem Totalfarbenblinden Empfindungen, die nur in der Stärke verschieden sind. Die Kurve der spektralen *Helligkeitsverteilung* [HERING (*69*)] stimmt in den fraglichen Fällen genau mit den Nachtwerten des Normalen und also auch mit den Sehpurpurbleichungswerten überein. Eine Änderung der subjektiven Helligkeitswerte bei wechselnder Beleuchtungsstärke fehlt. Man kann mithin für diese Fälle von totaler Farbenblindheit annehmen, daß aus irgendwelchem Grunde der Zapfenapparat entweder fehlt oder nicht funktionsfähig ist (*„Zapfenblindheit"*). Diese Farbenblinden vermögen also nur noch mit Hilfe der Stäbchen zu sehen (*Stäbchenseher*).

Damit stimmt weiter überein, daß die Strahlungen des langwelligen Spektralendes (Rot) sehr geringen Reizwert für diese Totalfarbenblinden besitzen, sie sehen das Spektrum am langwelligen Ende verkürzt, das kurzwellige Ende ist normal. Das oft nachweisbare zentrale Skotom (eine der Fovea entsprechende Gesichtsfeldlücke), die damit zusammenhängende mangelhafte Fixation des Auges, welche zu Augenunruhe (Nystagmus) führt, die Lichtscheu sowie die geringe Sehschärfe (etwa $^{1}/_{10}$ der normalen) der Totalfarbenblinden sprechen in gleichem Sinne. Die Abhängigkeit der Sehschärfe von der Lichtstärke und die Verschmelzungsfrequenz des Totalfarbenblinden zeigt ebenfalls mit der Theorie übereinstimmende Besonderheiten. Wegen des im Dunkeln guten, im Hellen aber infolge

des Zapfenausfalls und Sehpurpurmangels sehr schlechten Sehens werden diese
Totalfarbenblinden auch *Nyktalope* (Nachtseher) genannt. Die Angaben über ihre
Häufigkeit schwanken sehr, sie liegen zwischen 1 auf 1000 und 1 auf 100000 Nor-
male.

Wie verschieden aber die Erscheinungen bei Totalfarbenblinden sein können, zeigt ein
Fall von HERING (*78*) und HESS, in welchem zwar die Helligkeitswerte des Spektrums bei
Helladaptation sehr angenähert den Dämmerungswerten des normalen Auges entsprachen,
die Zapfen also der Theorie nach fehlten, bei denen aber dennoch kein Nystagmus vorlag,
und ein foveales Skotom vermißt wurde. Vielleicht kann vermutet werden, daß die Stäbchen
auch die Fovea ausfüllten; doch ist dann die geringere zentrale Empfindlichkeit der dunkeladaptierten Netzhaut auffällig, die auch bei diesem Fall vorlag. Von W. JAEGER sind neuerdings mehrere Fälle von inkompletter Achromatopsie beschrieben worden, bei denen wahrscheinlich neben den Receptoren des Nachtsehapparates noch solche des Tagessehens funktionieren. Da die Rudimente verschiedenen Komponenten des trichromatischen Tagessehens
angehören können, variiert die Lage des Helligkeitsmaximums, und das Spektrum ist nicht in
allen Fällen am langwelligen Ende verkürzt. Der *Verlauf der Adaptation* kann bei den Zapfenblinden ganz normal sein [ENGELKING (*8*)].

Nach WALLS und HEATH ist die Annahme von reinen Stäbchensehern unvereinbar mit
der Tatsache, daß diese bei schwacher Beleuchtung ein zentrales Skotom aufweisen. Die Auto-
ren nehmen an, daß deren Netzhaut außer „gewöhnlichen" Stäbchen die normale Anzahl
Zapfen enthält, die aber nur von einer Art sind, nämlich die normalerweise die Empfindung
Blau vermittelt. Da die Zapfen photochemisch gleichartig sind, kann nach der Theorie von
WALLS kein Farbensehen entstehen, auch kein Blausehen.

LOUISE L. SLOAN berichtet über Befunde an 16 Personen mit kompletter und drei mit
inkompletter Achromatopsie. Die Adaptationskurven waren auch bei totaler Farbenblindheit
normal und zeigten auch den Knick, der nach KOHLRAUSCH auf die Zapfenadaptation zurückzuführen ist. Sie folgert daraus, daß noch Elemente vorhanden sind, die am Tage funktionieren,
entweder Tagesstäbchen, die auch von HECHT angenommen wurden, oder besondere Zapfen,
deren Zahl aber zu gering ist, um die spektrale Helligkeitskurve zu beeinflussen.

In einigen Fällen wurde verzögerter Adaptationsverlauf festgestellt. Es ist
aber durchaus wahrscheinlich, daß auch bei Totalfarbenblinden erhebliche
Unterschiede der Stäbchenadaptation vorkommen können, wie dies beim Normalen der Fall ist. Die Lichtscheu der Totalfarbenblinden soll damit zusammenhängen, daß bei ihnen die Pupillenverengerung in hellem Licht geringer ist als normal.
Daraus kann geschlossen werden, daß normalerweise die Pupillenverengerung
vorwiegend von der Zapfenerregung ausgelöst wird. ENGELKING wies nach, daß
nach Dunkeladaptation bei den Zapfenblinden die Pupillenreaktion zunächst
ausgiebig ist, sich dann aber bei Wiederholung schnell erschöpft, offenbar wegen
Ausbleichen des Sehpurpurs. Die einzelnen spektralen Lichter wirken auf die
Pupille des Zapfenblinden nach Maßgabe der Nachtwerte der Lichter. Nach ausgiebiger Helladaptation erweitert sich die Pupille des Zapfenblinden viel langsamer
als beim Normalen.

Da sich die Proto- und Deuteroform geschlechtsgebunden-recessiv vererbt,
sollte man für die *Zapfenblindheit* den gleichen *Erbgang* vermuten, wenn Totalfarbenblindheit gewissermaßen als Addition von Prot-, Deuter- und Tritanopie
aufgefaßt werden kann (allerdings nur vom Standpunkt der *Ausfall*hypothese
aus). Es vererbt sich aber nach FRANCESCHETTI die angeborene Totalfarbenblindheit im Gegensatz zur „Rotgrünblindheit" einfach-recessiv. Ob diese Tatsachen des Erbgangs in Widerspruch zu unseren farbentheoretischen Annahmen
stehen, darf als noch nicht hinreichend entschieden betrachtet werden, solange
nicht umfassendere Erbuntersuchungen von möglichst zahlreichen Fällen der
Totalfarbenblindheit vorliegen, bei denen genau zwischen Zapfenblindheit und
Zapfenfarbenblindheit unterschieden werden muß. GÖTHLIN stellt ebenfalls
für die typischen Fälle von totaler Farbenblindheit mit bedeutender Herabsetzung der zentralen Sehschärfe und Lichtscheu auf Grund statistischer Untersuchungen zweifelsfrei fest, daß einfach-recessiver, nicht geschlechtsgebundener
Erbgang vorliegt.

Zunächst scheint aber noch eine andere Erklärung möglich. Bei der Totalfarbenblindheit müssen wir einen Funktionsausfall des ganzen Zapfenapparats annehmen. Bei den Formen von partieller Farbenblindheit ist hingegen nach der Hypothese von A. FICK vielleicht kein Ausfall einer der drei Komponenten des Farbensystems anzunehmen, sondern ein Zusammenfallen von zweien derselben (*Verschiebungshypothese*). Bei Protanopie würde also die erste Komponente zur zweiten hin verschoben sein, bei Deuteranopie die zweite zur ersten hin. Es ist also nicht eine Komponente ausgefallen, sondern sie hat ihre Eigenschaft so geändert, daß sie mit einer anderen „identisch" wird. Für diese Eigenschaftsverschiebung ist dann der recessiv-geschlechtsgebundene Erbgang maßgebend, für den völligen Ausfall aller Komponenten der einfach-recessive Erbgang. Vielleicht ist die Erklärung für den verschiedenen Erbgang darin zu suchen, daß die Störung, die zu teilweiser Farbenblindheit, und die, welche zu totaler Farbenblindheit führt, an verschiedener Stelle der zonischen Gliederung des Farbensystems (Zonentheorie) angreift, und es besteht vielleicht Aussicht, daß weitere Erkenntnisse der Vererbung der Farbenfehlsichtigkeit auch Fortschritte in Richtung der Zonentheorie ermöglichen.

Die in ganz anderer Richtung liegende Ansicht von TSCHERNING und LARSEN, daß Totalfarbenblindheit dem alleinigen Vorhandensein der dritten Komponente von HELMHOLTZ entspreche, kann nicht damit begründet werden, daß man im Nachtsehen alles in „schön violetter Farbe" sähe, was für gewöhnlich nur deshalb nicht bemerkt werde, weil der Vergleich mit dem Weiß des Tagessehens fehle. Es ist demgegenüber darauf hinzuweisen, daß wir auch ohne jede Vergleichsmöglichkeit im allgemeinen ein sehr sicheres Urteil über Buntbeimischung in der Empfindung haben. Es ist nicht einzusehen, daß diese Fähigkeit zur absoluten Beurteilung des Buntgehalts der Empfindung den Zentralteilen nur unter der Bedingung des helladaptierten Zustandes zukommen sollte, nicht aber bei Dunkeladaptation. Auch ist darauf hinzuweisen, daß die übrigen Beobachter, welche dem Dämmerungssehen einen leichten Buntton zuerkennen, von grünlich Blau sprechen, und keineswegs von rötlich Blau, also nicht von Violett.

Wenn die Ansicht von TSCHERNING und LARSEN zutreffen würde, so wäre der Sehpurpur Sehstoff für die dritte Komponente, wie schon KÖNIG behauptete. Die Einwände gegen diese Annahme sind schon ausgeführt worden.

b) Zapfenfarbenblindheit

Es gibt noch eine zweite, sehr seltene Art monochromatischen Sehens, die ebenfalls vererbbar ist, und zwar wahrscheinlich recessiv-geschlechtsgebunden, bei welcher Nystagmus, Lichtscheu, geringe Sehschärfe fehlen und nur totale Farbenblindheit vorliegt. Hier ist die spektrale Helligkeitsverteilung bei Hell- und Dunkeladaptation verschieden, und zwar entsprechend den Tages- und Dämmerungswerten der Normalen. Es kann hier also der Zapfenapparat nicht völlig ausgefallen oder funktionsuntüchtig sein und lediglich das Stäbchensehen erhalten sein. Vielmehr ist anzunehmen, daß der Zapfenapparat an sich am Sehakt voll beteiligt ist, wenn auch in abnormer Weise, nämlich *ohne* Vermittlung von *Bunt*empfindungen. Man kann deshalb von *totaler Zapfenfarbenblindheit* sprechen. Man spricht auch von *einfacher Form* der angeborenen totalen Farbenblindheit, während die vorige durch die Folgen des Fehlens der zentralen Sehschärfe und die Lichtscheu vielseitigere Störungen aufweist und deshalb *komplizierte Form* genannt wurde (PODESTÀ, HEINSIUS).

Es sind auch Fälle beobachtet worden, in denen zu der angeborenen Zapfenfarbenblindheit eine ebenfalls angeborene Beeinträchtigung der Dunkeladaptation hinzukommt, bei normalem Befund des Augenhintergrundes.

10. Angeborene Nachtblindheit (Hemeralopie)

Auf Grund der theoretischen Vorstellungen ist zu vermuten, daß auch ein angeborener *Ausfall der Funktion des Stäbchenapparates* vorkommen kann. In der Tat kann die Fähigkeit der Dunkeladaptation infolge angeborener Fehlanlage stark herabgesetzt sein, während im Hellen gut gesehen wird, normaler Farbensinn besteht und auch der Augenspiegelbefund normal ist. Dieser Zustand wird als *Hemeralopie* bezeichnet oder als *Nachtblindheit*. Eine bessere Bezeichnung würde sein Nachtsehschwäche. Der Mangel an Adaptation geht aus Abb. 77 hervor, in welcher die Logarithmen der Schwellenwerte als Ordinaten auf die Zeitabszisse aufgetragen sind. Alles spricht dafür, daß in diesen Fällen ein Ausfall der Sehpurpurbildung oder des ganzen Stäbchenapparates anzunehmen ist, daß also *Stäbchenblindheit* vorliegt.

Daß bei angeborener (idiopathischer) Hemeralopie der Tagesapparat isoliert, aber unverändert funktioniert, geht besonders aus den eingehenden Untersuchungen von DIETER hervor. Bei einer Feldgröße von 10° und binokularer Beobachtung entspricht die Adaptationskurve des Hemeralopen ganz der fovealen

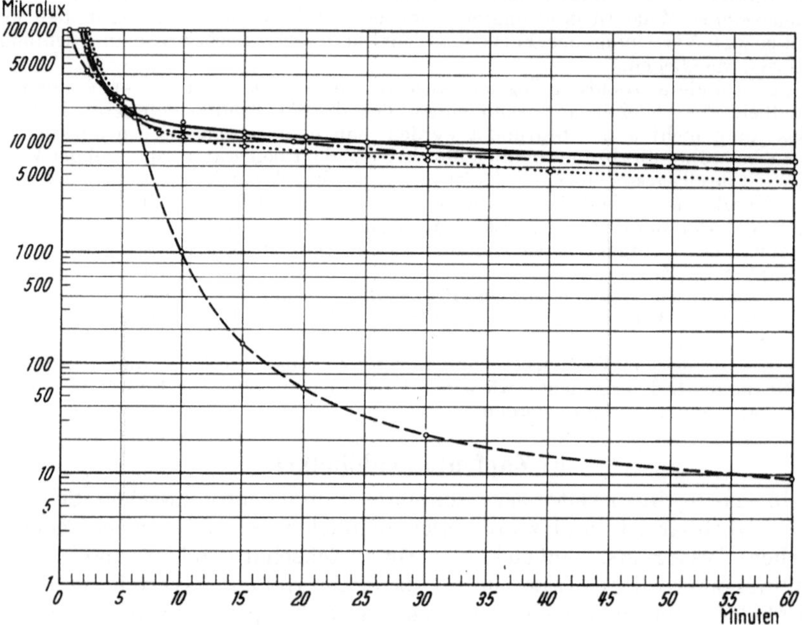

Abb. 77. *Dunkeladaptation bei angeborener Hemeralopie* (die drei oberen Kurven), verglichen mit normaler Adaptation (untere Kurve). Nach DIETER

Zapfenadaptationskurve des Normalen (Abb. 59 bei 0°). Der für die Gesamt-adaptationskurve (Stäbchen und Zapfen) charakteristische Kurvenknick fehlt bei den Hemeralopen. Er wird von manchen Autoren als Zeichen des Übergangs vom reinen Zapfensehen zum Stäbchensehen angesehen. Die Schwelle liegt für den Normalen sogleich nach Ende des Hellaufenthaltes bei 100000 Mikrolux (μlx), für den Hemeralopen nach etwa 1—2 min ebenso. Nach 1 Std. liegt die Schwelle der Hemeralopen bei etwa 6000 μlx, die des Normalen aber bei 10 μlx. Bei den Hemeralopen soll bei Einwirken farbigen Lichts das farblose Intervall fehlen, spezifische und generelle Schwellen fallen also zusammen. Ferner fehlt bei ihnen das „nachlaufende Bild" sowie das Purkinjesche Phänomen. Die spektrale Helligkeitsverteilung stimmt bei Helladaptation mit der des Normalen überein und erfährt durch Dunkeladaptation keine Veränderung. Alle diese Erscheinungen weisen deutlich auf einen gesonderten Ausfall der Stäbchenfunktion hin.

Unter den Hemeralopiefällen lassen sich 2 Gruppen unterscheiden, solche, die nicht mit Myopie verbunden sind, und solche, bei denen das der Fall ist. Die *reine Hemeralopie* (1. Gruppe) *vererbt sich dominant*, unterscheidet sich also im Erbgang scharf von den angeborenen Abweichungen der Zapfenfunktion. Von CUNIER und von NETTLESHIP wurde ein Familienstamm untersucht und in 10 Generationen bis zum Jahre 1637 zurückverfolgt, in welchem unter 2116 Personen 153 Nachtblinde gefunden wurden. Es lag ausnahmslos der einfach dominante Erbgang vor. Das gleiche gilt von drei von DIETER untersuchten Fällen. Die stets mit Myopie (nach FRANCESCHETTI wahrscheinlich in echter Koppelung) verbundene Hemeralopie vererbt sich hingegen recessivgeschlechtsgebunden. ·Es gibt aber noch eine weitere Form von Hemeralopie, die ebenfalls mit Myopie verkoppelt ist, bei der der Erbgang einfach-recessiv ist.

Bei der Nachtblindheit würden also nur diejenigen Fälle als genetischer Beweis für die Sonderstellung des Stäbchenapparates dem Zapfenapparat gegenüber herangezogen werden können, bei welchen die Koppelung mit Myopie fehlt und der Erbgang der dominante ist. Es erhebt sich die Frage, ob die Erscheinungsweise der Hemeralopie bei allen drei Formen, also unabhängig von der Art der Vererbung, genau die gleiche ist. Jedenfalls ist es berechtigt, bei unserer Fragestellung die reine, mit Myopie nicht verbundene Hemeralopie in erster Linie zu berücksichtigen. Man kann dann sagen, daß die Vererbungsverhältnisse im Sinne der Duplizitätstheorie sprechen, da sich die Zapfenstörung zum Teil recessiv-geschlechtsgebunden, die Stäbchenstörung dominant vererbt.

11. Erworbene Nachtblindheit

Die durch Mangel an Vitamin A erworbene Nachtblindheit und die Adaptationsstörung bei Mangel an Lactoflavin (Vitamin B_2) wurden schon früher erwähnt.

Von *Giften* und anderen Stoffen wirken nach E. METZGER Chinin, Schwefelkohlenstoff, Alkohol, Adrenalin adaptationsschädigend.

Auch bei der *Pellagrakrankheit* ist die Adaptation herabgesetzt. Ferner können *Thyreotoxikosen* von Hemeralopie begleitet sein.

Hemeralopie tritt auf bei *Netzhautablösung*, die z. B. bei *hochgradiger Kurzsichtigkeit* (Bulbusverlängerung) eintreten kann. Es trennt sich dabei die Netzhaut von dem Pigmentepithel, welches an der Aderhaut festsitzen bleibt. Die abgelöste Netzhaut kann auffälligerweise bei Helladaptation noch normal funktionieren, während die Fähigkeit zur Dunkeladaptation stets völlig aufgehoben ist. Wenn sich bei Ausheilung der Schädigung die Netzhaut wieder anlegt, wird die Dunkeladaptation wieder normal. Die Erklärung ergibt sich aus den Beziehungen zwischen Pigmentepithel und Sehpurpurbildung.

Fortschreitend zunehmende Hemeralopie tritt ferner bei der *Retinitis pigmentosa* auf.

Bei *Sehnervenerkrankungen* ist die Adaptation nach BEHR vorwiegend bei entzündlichen und chronisch degenerativen Vorgängen herabgesetzt, weniger nach mechanischen (Stauungspapille durch Geschwülste). Besonders zu erwähnen ist die Adaptationsstörung bei *tabischer Opticusatrophie*. Sie kann als Frühsymptom auftreten, ehe die Sehschärfe und der Farbensinn verändert sind.

Auch in den *zentralgelegenen Teilen* können Läsionen Adaptationsstörungen hervorrufen. Besondere Beziehung zur Dunkeladaptation scheint der *äußere Kniehöcker* zu haben.

G. Erworbene Störungen des Farbensinnes

Durch Erkrankungen, sei es der Netzhaut, sei es der anschließenden Leitungsbahnen oder Zentralteile, kann ein ursprünglich normaler Farbensinn mannigfach verschlechtert werden. Das sich in den einzelnen Fällen darbietende Bild ist sehr wechselnd, ja, auch im Einzelfall ändern sich die Erscheinungen mit der Zeit und in der Ausdehnung des Gesichtsfeldteils, der von der Verminderung des Farbensinns getroffen ist. Im allgemeinen beginnt die Störung an nur einem Auge und in einem nur beschränkten Teil des Gesichtsfeldes. Mit der Zeit breitet sich die Abschwächung des Farbensinns örtlich aus, ergreift beide Augen, nimmt an Stärke zu und kann in totale Farbenblindheit und auch in völlige Blindheit übergehen. Ebensowohl sind aber auch Besserungen und völlige Rückbildungen der Störung möglich.

Auch über die Art der Störung kann nicht ohne weiteres eine sehr bestimmte Aussage gemacht werden. Da die angeborenen Farbenfehlsichtigkeiten recht genau definiert sind, liegt es nahe, die erworbenen Formen ihrer Art nach mit den angeborenen zu vergleichen. Es ist das aber bei dem sehr verschiedenen und wechselnden Verlauf in nur recht beschränktem Maße möglich. Für die Theorien des Farbensinns sind aus den erworbenen Störungen nur wenig sichere Erkenntnisse zu entnehmen, was vorwiegend damit zusammenhängt, daß die erworbene Störung weniger ausschließlich nur eines der vorhandenen Teil-systeme des Farbensinns treffen wird und daß die Erscheinungen eben zeitlich und individuell recht verschieden sind. Es können aber der Untersuchung der erworbenen Störungen des Farbensinns manche auch theoretisch wertvolle Auf-schlüsse entnommen werden. Denn die Störungen treten vielfach einseitig auf, so daß der Träger der Störungen die Farbenempfindungen des gestörten Auges mit denen des gesunden vergleichen kann, ohne dabei für den gestörten Farben-sinn eine dem Normalen fremde Bezeichnungsweise anzuwenden, wie es der angeboren Farbenblinde tut, wenn er seine nur an Sättigung verschiedenen Emp-findungen mit verschiedenen Buntnamen belegt.

Man kann *vier Hauptgruppen von erworbenen Störungen des Farbensinns* unterscheiden (KÖLLNER, HELMBOLD): *Blaugelbblindheit, Rotgrünblindheit, totale Farbenblindheit* und *Farbigsehen* von normalerweise farblos (unbunt) erscheinenden Lichtern.

Wenn hier die Benennung der beiden ersten Formen der erworbenen Farbensinnstörungen der Ausdrucksweise der HERINGschen Auffassungen entnommen ist, so ist damit in theore-tischer Hinsicht nichts ausgesagt. Die erworbene Blaugelbblindheit wird vielfach auch als Blaublindheit oder Tritanopie bezeichnet. Die einheitliche Bezeichnung der zweiten Form, welche der angeborenen Prot- und Deuteranopie nahesteht, als Rotgrünblindheit ist ge-eignet, weil eine Trennung in Unterformen hier noch nicht möglich ist.

1. Erworbene Rotgrünblindheit

Die *erworbene Rotgrünblindheit* beginnt schleichend mit gewissen Abwei-chungen von der Norm, die hier nicht näher berücksichtigt seien, geht dann in ein einigermaßen typisches Stadium über, in dem sie mit der angeborenen Prot-Deuteranopie viel Übereinstimmung aufweist, und kann schließlich bei weiterer Verschlechterung in totale Farbenblindheit übergehen. Im dichro-matischen Stadium wird das Spektrum im langwelligen Teil gelb gesehen, und zwar um so ungesättigter, grauähnlicher, je kleiner die Wellenlänge, bis bei etwa 495 mμ die Graustelle des Spektrums erreicht ist. Diese liegt also an glei-cher Stelle wie bei den angeborenen Fällen. Die kurzwellige Spektralhälfte jenseits der Graustelle wird Blau oder Violettblau gesehen. Von etwa 470 mμ abwärts fehlt eine Unterscheidung für Wellenlängenunterschiede (einfarbige Endstrecke des Spektrums). Spektrale Eichwertkurven lassen eine Verschieden-heit zweier Typen vermissen, die Kurven entsprechen vielmehr ziemlich genau der angeborenen Deuteranopie. Die Rayleigh-Gleichung (Li + Tl bzw. Hg = Na) des Normalen wird von den erworben Rotgrünblinden anerkannt. Ausnahmen erklären sich wahrscheinlich dadurch, daß die Erkrankung nicht ursprünglich normale, sondern anomale Trichromaten betraf. Die Gleichung Li = Na wird im Helligkeitsverhältnis der Deuteranopen eingestellt, jedoch ist die Einstellungs-genauigkeit geringer. Über das Verhalten des Farbensinns in der Netzhaut-peripherie sei hier nur erwähnt, daß sich die Einzelfälle sehr verschieden verhalten und daß im allgemeinen die Grenzen der Gesichtsfelder der verschiedenen Farben näher an die Netzhautmitte heranrücken.

Erworbene Rotgrünblindheit tritt bei Erkrankung der Bahnen zwischen Netzhaut und Großhirnrinde auf und ist in fast allen Fällen mit einer Störung des Blau-Gelb-Sinnes vergesellschaftet, so daß ENGELKING vorgeschlagen hat, besser von einer „progressiven konkomittierenden Farbensinnstörung" zu sprechen.

Bei erworbener einseitiger Rotgrünblindheit konnte festgestellt werden, daß die beiden Empfindungsarten des dichromatischen Auges denen entsprechen, welche das normale Auge durch die Wellenlängen 575 mμ (etwa Urgelb) und 471 mμ (etwa Urblau) erhielt.

Erworben Rotgrünblinde lassen sich also nicht in Proto- und Deuteroformen trennen. Eine Erklärung dieser Unterschiede gegen die angeborenen Formen dürfte in Richtung der Zonentheorie zu suchen sein.

2. Erworbene Blaugelbblindheit

Die *erworbene Blaugelbblindheit (Tritanopie)* findet sich in der Regel bei Erkrankungen der Netzhaut. In einem Teil der Fälle entspricht diese erworbene Form recht weitgehend der angeborenen Tritanopie, und manche angeblich angeborene Störung des Blau-Gelb-Sinnes ist wahrscheinlich doch erworben. Jedenfalls sprechen die Eichwertkurven, die KÖNIG, PIPER, KÖLLNER aufnehmen konnten, für eine derartige Übereinstimmung. Bei Betrachtung des Spektrums zeigt sich aufgehobene Farbenunterscheidung von dem verkürzten, kurzwelligen Ende des dem Blaugelbblinden sichtbaren Spektrums bis gegen 490 mμ, also bis in das dem Normalen blau aussehende Gebiet hinein (einfarbige Endstrecke). Der Blaugelblinde hat aber keine Violett- und Blauempfindung, sondern er sieht die kurzwellige, ihm buntgleiche Endstrecke „Grün" (so wie etwa 490 mμ für das normale Auge). Am langwelligen Ende ist das Spektrum nicht verkürzt, die Farbenempfindung ist rot, sie ändert sich bei abnehmender Wellenlänge zu ungesättigtem Rot, das dann immer weißlicher wird und in der Gegend von 570 mμ ganz in Grau übergeht (KÖNIG, NAGEL, KÖLLNER). Hier, bei einer Wellenlänge, die für manche Normale noch Urgelb, für andere schon ein wenig Grünlichgelb aussieht, liegt also für den erworben Blaugelbblinden die Graustelle des Spektrums (Neutralpunkt), ebenso wie dies für den angeboren Tritanopen der Fall war. Für diese Feststellungen waren diejenigen Fälle wichtig, in denen das eine Auge normal, das andere erworben blaugelbblind war.

Während zu erwarten ist, daß bei angeborener Tritanopie eine normale Rayleigh-Gleichung anerkannt wird, ist das bei den Fällen von erworbener Tritanopie nicht der Fall. Es wird vielmehr ein größerer Anteil Li eingestellt. Das erinnert an das Verhalten der Protanomalen, ohne daß daraus eine innere Beziehung hergeleitet werden könnte.

Häufig ist erworbene Tritanopie mit Nachtblindheit (Hemeralopie) verbunden. Man könnte an die Idee von WILLMER denken, wonach Stäbchen das Blausehen vermitteln sollen. Die Hemeralopie braucht aber zur Tritanopie keine engeren Beziehungen zu haben, als zur Prot- und Deuteranopie. Das gleichzeitige Vorkommen kann vielmehr darauf beruhen, daß auch die Hemeralopie vorwiegend bei Erkrankungen der Netzhaut oder ihrer unmittelbaren Nachbarschaft auftritt. Die Störung des Blau-Gelb-Sinnes wird seit KÖLLNER mit Erkrankungen der Netzhaut in Zusammenhang gebracht. Ursächlich kommen u. a. in Frage Netzhautablösung und Chorioretinitis centralis serosa. Bei beiden könnte allerdings das auftretende sub- und intraretinale Exsudat insofern eine Rolle spielen, als es wie ein absorbierendes Filter wirkt. Tritostörungen findet man auch bei hereditärer Maculadegeneration (LANDOLT). Gegen die Regel scheint ihr Vorkommen bei der toxischen und dominant vererbten Opticusatrophie zu sein. Bei letzterer ist sie nach W. JAEGER ein geradezu regelmäßiges Symptom; sie wurde vielfach nur deswegen nicht gefunden, weil geeignete Untersuchungsmethoden fehlen. Da sie sich sowohl bei Netzhaut- als auch bei Sehnervenerkrankungen findet, hat die Auffassung, daß Netzhauterkrankungen zu Blau-Gelb-Störungen,

Sehnervenerkrankungen zu Rot-Grün-Sinnstörungen führen, die Basis verloren. Zusammenstellungen der Literatur finden sich bei ZANEN und W. JAEGER.

Die erworbene Tritanopie kann das ganze Gesichtsfeld umfassen oder sich nur auf Teilfelder von verschiedener und wechselnder Lage und Größe erstrecken. Vorwiegend ist das Gebiet der Macula lutea mit der Fovea ergriffen, wodurch der dort hohen Sehschärfe wegen die Untersuchung dieser Farbensinnstörung sehr erleichtert wird.

3. Erworbene totale Farbenblindheit

Die *erworbene totale Farbenblindheit* kann sich aus der erworbenen Rotgrün- oder Blaugelbblindheit entwickeln, wenn diese nicht auf dem dichromatischen Stadium stehen bleibt. Sie kann vorübergehend bestehen und zum dichromatischen Stadium rückgebildet werden (KÖLLNER).

Der Totalfarbenblinde kann bei passender Helligkeit alle spektralen Strahlungen einander gleich einstellen, und er sieht auch bei helladaptiertem Auge das ganze Spektrum unbunt grau. Die größte Helligkeit empfindet er im gewöhnlichen Spektrum der üblichen Lichtquellen bei den Strahlungen um 590 bis 570 mμ. Das ist die Gegend, welche für den Normalen gelb aussieht und ebenfalls als hellste Stelle des Spektrums erscheint (Stelle des Maximums der normalen Peripheriewerte). Die erworbene totale Farbenblindheit entspricht also nicht der angeborenen Zapfen*blindheit*, bei welcher nur noch die Stäbchen empfindlich sind, sondern der angeborenen Zapfen*farbenblindheit*, bei welcher die Zapfen nach wie vor empfindlich sind, aber nur Unbuntempfindung vermitteln, keine Buntempfindungen mehr. Während die angeboren Zapfenblinden eine sehr geringe Sehschärfe, eben nur die Stäbchensehschärfe, haben, kann die Sehschärfe des erworben Zapfenfarbenblinden noch verhältnismäßig hoch sein.

Im Gebiet des Zapfensehens ist die Schwelle der Reizstärke, der Zeitdauer und der räumlichen Ausdehnung der Reize für die Buntempfindung höher als für die Schwarz-Weiß-Empfindungen. Hieraus und aus dem Fehlen von Buntunterscheidung bei erhaltenem Schwarz-Weiß-Sehen schließt EBBECKE, daß die Leitung der zur Buntempfindung führenden Erregungen mehr Neuronenglieder (Synapsenstellen zwischen zwei Neuronen) enthält als die der Schwarz-Weiß-Empfindung zugrunde liegenden Bahnen. Ersterer Weg sei für die Erregungen schwerer gangbar. Wenn auch jeder Zapfen Bunt- wie Unbuntempfindung vermittle, so seien doch die Wege für beide Erregungen getrennt, ähnlich etwa, wie das für die Erregungen des Tast- und Schmerzsinnes anzunehmen ist (vgl. auch die Theorien von PIÉRON und von WALLS, S. 122). Hiernach wäre verständlich, daß Störungen am Zapfenapparat nicht zu gänzlicher Funktionsaufhebung zu führen brauchen, sondern daß es unter Umständen nur zur Aufhebung der Buntempfindung kommt.

Bei der nicht geringen Häufigkeit der angeborenen Prot- und Deuteranopie muß es wohl gelegentlich vorkommen können, daß sich eine *erworbene retinal bedingte Tritanopie an einem angeborenen prot- oder deuteranopen Auge* einstellt. Dadurch muß ein monochromatisches, totalfarbenblindes System zustande kommen. Solche Fälle sind tatsächlich beobachtet (KÖLLNER, KÖNIG). In einem Fall von Deuteranopie trat die zusätzliche Netzhautveränderung (Herderkrankung der Macula nach Staroperation) nur an einem Auge ein. Die Neutralstelle des Spektrums bei 500 mμ erschien nun dem monochromatischen Auge in der gleichen Farbqualität, wie für das unverändert dichromatische. Die Verwandlung in das monochromatische System verschwand übrigens an dem Auge wieder, ohne daß ein Unterschied für die beiden dichromatischen Augen zurückblieb.

4. Farbigsehen von Weiß

Farbigsehen von Lichtern, die normal farblos (unbunt) aussehen, kann unter sehr verschiedenen Umständen auftreten. Tritt man nach längerem Aufenthalt in sonnenbeleuchteter Schneelandschaft in einen mäßig erhellten Raum, etwa einen Hausflur, so sieht man weiße Gegenstände rot (Rotsehen, *Erythropsie*), über dunkle Gegenstände lagert sich ein Grünton. Nach Einnehmen von *Santonin* (ärztlich als wurmabtreibendes Mittel verwendet) kann Gelbsehen *(Xanthopsie)* auftreten, bei welchem weiße Gegenstände sattgelb (etwas grünlich) aussehen, während dunkle Gegenstände violett erscheinen können, wohl infolge erhöhten Kontrastes. Violettsehen ist nach *Pilzvergiftung* beobachtet worden.

In diesen Fällen handelt es sich offenbar um Reiz- oder Ausfallerscheinungen an Teilen des Farbensystems, die bisher einer näheren Deutung noch nicht zugänglich sind.

Durch ganz andere Ursachen treten veränderte Farbenwahrnehmungen auf, wenn das auf die Netzhaut fallende Licht durch *vorgelagerte absorbierende Stoffe* verändert ist. Wenn im Alter die Linse gelb wird (bis satt bernstein-braungelb), gewöhnt sich das Auge daran, das von weißen Flächen zum Auge gelangende gelbliche Licht für Weiß zu nehmen. Die durch die Gelbfärbung der Linse bedingte stärkere Blauabsorption führt zur Bevorzugung stark blauer Farbtöne bei den Malern im hohen Alter. Ein besonders instruktives Beispiel dafür sind die Gemälde des alten Tizian. Wird nun nach Trübung der Linse die Staroperation ausgeführt, so fällt das Gelbfilter weg, ohne daß sich zunächst die Einstellung auf das subjektive Weiß ändert. Deshalb erscheinen nun weiße Flächen bläulich (*Blausehen*). — Wenn bei Ikterus Gallenfarbstoff in das Augeninnere gelangt, tritt Gelbsehen weißer Flächen ein. Zugleich ist das Spektrum am kurzwelligen Ende verkürzt. Man kann sich den Zustand vorstellen, wenn man durch ein gelbes Glas sieht. Gleichzeitig ist die Dunkeladaptation, wie vielfach bei Lebererkrankungen, gestört. Es bleibe dahingestellt, ob das zum Teil damit zusammenhängt, daß gallensaures Natron den Sehpurpur löst. Im übrigen sei auf das bei der erworbenen Hemeralopie und Dunkeladaptation Gesagte hingewiesen.

Besonders starke *Erythropsie* tritt *nach Staroperation* auf, verursacht durch die durch langdauernde hochgradige Dunkeladaptation gesteigerte Empfindlichkeit des Auges. Das Rotsehen tritt auf, wenn der Aphakische nach den ersten der Operation folgenden Spaziergängen im Hellen wieder in einen dunkleren Raum zurückkehrt; die Erscheinung kann stundenlang andauern. Der ultraviolette Anteil des Tageslichts ist daran nicht beteiligt (STAHEL).

5. Teilfarbenblindheit durch Blendung

Wenn man einige Zeit auf ein von starker Sonne beleuchtetes weißes Papier blickt, kann man danach feststellen, daß z. B. rote Briefmarken gelb aussehen; Purpur sieht nun blau aus, Gelb und Blau sind nur wenig verändert. Man kann also sagen, daß das normale trichromatische Sehen der Fovea durch *Blendung* auf das dichromatische der nächsten peripheren Zone reduziert wird.

Nach WRIGHT werden durch blendende Helladaptation die für den Zustand guter Helladaptation gültigen Farbengleichungen ungültig. So sieht nach Blendungswirkung das dem Gelb gleiche Rot-Grün-Gemisch zu grün aus, zur Herstellung der Gleichheit muß die Rotmenge der Mischung vermehrt werden. Nach WRIGHT liegt keine Änderung an den Komponenten des Farbensystems, sondern die Bleichungswirkung auf einen Farbstoff zugrunde. Daß dies Sehpurpur sei, ist unwahrscheinlich.

Nach Blendung durch monochromatisches Licht hoher Intensität erscheint das der Wellenlänge des Blendlichts entsprechende Gebiet des Spektrums abgeschwächt bis farblos. Bei größerer Intensität der Vorblendung werden ganze Gebiete im Spektrum farblos oder ändern ihren Farbton, z. B. kann Rot durch intensive Vorblendung an 680 mμ grün erscheinen. Die charakteristischen Blendungsergebnisse führten NODDACK und JARCZYK zu der Annahme von drei Sehstoffen. Ähnliche Versuche wurden auch von SEGAL ausgeführt, der feststellte, daß bei Anwendung von Netzhautbeleuchtungsstärken von 6000 Troland (vgl. S. 146) und darüber der Erfolg der chromatischen Adaptation anderen Gesetzmäßigkeiten unterliegt als bei geringerer Blendung. Dies wird durch die ungleichmäßige Photolyse der Sehstoffe gedeutet. Z. B. verschieben sich die Farbtöne im Spektrum nicht mehr nach Blau und Grünlichgelb, sondern im Blau besteht eine Tendenz nach Purpur, im Grün, Gelb und Rot nach Orange. Die negativen Nachbilder sind nicht mehr zur Farbe der Reize komplementär. Das Aussehen des Spektrums verändert sich stark in Abhängigkeit von der Wellenlänge und Intensität des Lichtes. Z. B. erscheint bei Adaptation an Weiß von 7 Mill. Troland das Spektrum schließlich nur noch grau und purpurrot. Versuche über Blendwirkung auf die Empfindlichkeit für monochromatisches Licht sind auch von BRINDLEY angestellt worden.

Verwendet man weniger starke Reize, so wird die Erscheinung der veränderten Leistung des Farbensystems nicht als Blendung bezeichnet, sondern als *Umstimmung* (vgl. S. 72).

6. Einwirkung der Höhenluft

Der besonderen Bedeutung wegen seien hier die Störungen zusammengestellt, welche bei starker *Verminderung* des *Sauerstoffteildruckes* auftreten.

Beeinträchtigungen der Aufmerksamkeit können nach KYRIELEIS und SIEGERT wie eine organische Einschränkung des *Gesichtsfeldes* wirken, die aber tatsächlich nicht auftritt, auch wenn die Druckerniedrigung einer Höhe von 8000 m entspricht.

Nach VELHAGEN kann bei Druckerniedrigung mäßige Herabsetzung der *Unterschiedsempfindlichkeit* für Farben und Helligkeiten auftreten. Bei anderen Normalen kann der Farbensinn in der Richtung anomal verschoben werden, bei Anomalen in Richtung dichromat.

Erhöhte Umstimmbarkeit kann durch Sauerstoffmangel weiter gesteigert werden (I. SCHMIDT).

Die Dunkeladaptation wird durch Herabsetzung des Sauerstoffteildruckes stark verzögert (FISCHER und JONGBLOED, CLAMANN, MCFARLAND und EVANS), worauf wir bei Besprechung der Netzhautatmung zurückkommen.

H. Objektive Lichtwirkungen

Aus der Benennung des zweiten Abschnittes der physiologischen Optik als Physiologie der Gesichts*empfindungen* geht schon hervor, daß die *subjektiven Erscheinungen* im Vordergrund stehen. Sie wurden vorwiegend in ihren Beziehungen zu den einwirkenden Reizen untersucht, und es wurden Vorstellungen darüber entwickelt, wie man sich die Funktionsweise der Sinneseinrichtungen zu denken hat, um auf diesem theoretischen Wege zum Verständnis der erwähnten Zusammenhänge von Reiz und Empfindung zu gelangen. Wieso es kommt, daß durch subjektive Reize und Erregungen Bewußtseinsvorgänge, Empfindungen und Wahrnehmungen ausgelöst werden, wird wohl stets unergründbar bleiben. Es ist aber ein erstrebenswertes und grundsätzlich erreichbares Ziel, diejenigen an den Reizvorgang sich anschließenden *objektiven Vorgänge* in der Netzhaut sowie mit den ihr verbundenen Leitungsbahnen und Zentralteilen zu erforschen, welche die physischen Parallelvorgänge zu den psychischen Erscheinungen darstellen.

1. Photochemische und chemische Vorgänge

Von den objektiven Vorgängen wurde schon in anderem Zusammenhang die *Bleichung des Sehpurpurs* und die *Absorptionsänderung des Zapfensehstoffes* besprochen. Mit diesen Lichtwirkungen geht eine *Änderung der chemischen Reaktion* der Netzhaut einher, die bei Belichtung sauer wird. Diese Tatsache wurde von ANGELUCCI gefunden und vor allem von DITTLER weiter verfolgt. Er zeigte, daß eine schwach alkalische, rotgefärbte Phenolphthaleinlösung von der Dunkelnetzhaut nicht verändert, aber bei Belichtung der Netzhaut schnell entfärbt wird. Es handelt sich um Abspaltung anorganischer Phosphorsäure aus organischer Bindung. Der Abbau der organischen Bindungen geht mit Freiwerden von Energie einher. Die Säuerung bei Belichtung wurde nur in zapfenhaltigen Netzhäuten gefunden (v. STUDNITZ). Von WIGGER wurde auch im Dunkeln Säurebildung festgestellt. BLISS konnte allerdings bei Nachprüfung der Versuche von DITTLER die pH-Änderung und den Anstieg von anorganischer Phosphorsäure nicht bestätigen. Dagegen scheint sicher zu sein, daß Belichtung eine Bildung von Ammoniak in der Retina hervorruft. Der Mechanismus scheint eine Hydrolyse von Glutamin zu sein, die eine Carboxylgruppe für die Säuerung und Ammoniak ergibt. Näher ist hier auf diese Untersuchungen über den Chemismus der Netzhaut nicht einzugehen, weil sie schon bei Besprechung der Sehstoffe berührt wurden. Auch sei auf die Bücher von v. STUDNITZ, A. C. KRAUSE, PIRIE und VAN HEYNINGEN sowie auf das Referat von A. C. KRAUSE und J. A. SIBLEY hingewiesen. Es sei noch der hohe Flavingehalt der Netzhaut erwähnt, dessen Bedeutung nicht feststeht (v. EULER und ADLER). Der Sauerstoffverbrauch und die Bildung von Kohlendioxyd ist nach JONGBLOED und NOYONS an der mit Pigmentepithel verbundenen Netzhaut des Froschauges im Dunkeln über 20% höher als bei starker Beleuchtung mit weißem Licht.

Die Regeneration des Sehpurpurs geht also mit starkem Sauerstoffverbrauch einher. Damit hängt zusammen, daß nach FISCHER und JONGBLOED beim Menschen die Adaptation bei Druckerniedrigung auf etwa 400 mm Hg stark verzögert verläuft. Wie von WARBURG festgestellt wurde, ist die glykolytische Tätigkeit der Retina eine sehr große. Sie übertrifft die Milchsäureproduktion von vielen Tumoren. Hemmung der Milchsäureproduktion durch Jodessigsäure vernichtet die Erregbarkeit der Sehzellen von Säugetieren in wenigen Minuten. Es scheint, daß für gewisse Erregungsvorgänge in den Sehzellen die Energieproduktion durch Glykolyse (Fermentation der Glucose) von größerer Bedeutung ist als jene, welche an Atmungsprozesse (Sauerstoffverbrauch) gebunden ist (NOELL). Nach neueren Untersuchungen scheinen die Sehzellen stoffwechselmäßig mehr verwandt zu sein mit dem Pigmentepithel als mit den Ganglienzellen und Bipolaren. Grundsätzlich wirkt Sauerstoffmangel sowohl auf retinale als auch auf zentrale Prozesse. Es ist noch nicht sicher, ob Einzelprozesse innerhalb der Retina empfindlicher gegen Sauerstoffmangel sind als die Prozesse in der Sehrinde. Bei den Menschen scheinen der empfindlichste Teil für die Retina die Ganglienzellenschicht und die optischen Nervenfasern zu sein. Ähnlich wie Sauerstoffmangel wirkt auch Hypoglykämie auf die Dunkeladaptation vermutlich durch Herabsetzung der oxydativen Prozesse im nervösen Gewebe des Gehirns und des Auges (McFARLAND und FORBES). Umgekehrt bewirkt erhöhte Sauerstoffzufuhr bei Frühgeburten retrolentale Fibroplasie, eine Störung der Vascularisation der Retina, während die übrigen Gefäße des Körpers nicht betroffen sind.

Daß die Receptoren in der Netzhaut während der Erblindung durch Absperrung der Blutzufuhr noch funktionsfähig sind, beweist 1., daß das Elektroretinogramm ableitbar bleibt und 2., daß die Belichtung, die nur während der Amaurose durch Abklemmung der Blutzufuhr (Druck auf das Auge) verabfolgt wurde, ein Nachbild erzeugt, sobald die Abklemmung aufgehoben wird (CRAIK, CIBIS und NOTHDURFT).

Neuerdings hat POPP mit dem Elektroretinogramm zeigen können, daß die Kaninchennetzhaut eine Ischämie von 60—90 min Dauer erträgt, d. h., daß eine Unterbrechung der Blutzufuhr über 60 min ohne Funktionsschädigung ertragen wird. Er konnte damit eine vor 25 Jahren durchgeführte Beobachtung von WEGENER bestätigen. Obwohl die Netzhaut aus dem Zwischenhirn gebildet wird, übertrifft ihre Wiederbelebungszeit die der Großhirnrinde um mehr als das 20fache. Das ist nach PAPST und HECK auf den Umstand zurückzuführen, daß Netzhaut und Gehirn verschieden hohe Glykogenreserven haben. Sie konnten zeigen, daß die Wiederbelebungszeit der Netzhaut nicht nur vom Sauerstoff, sondern auch vom Glykogenvorrat abhängig ist. Hypoglykämie und Ischämie verstärken sich gegenseitig in ihrer Wirkung.

2. Morphologische Änderungen

Bei manchen niederen Wirbeltieren, vor allem bei Fisch und Frosch, werden durch Belichtung *Veränderungen* im *Pigmentepithel der Netzhaut* hervorgerufen. Innerhalb der Epithelzellen rücken die Pigmentschollen bei Belichtung in Richtung zum Glaskörper vor (dem Licht entgegen), während bei Verdunklung eine Rückwanderung gegen den Grund der Pigmentepithelzelle erfolgt (BOLL und KÜHNE). Abb. 78 zeigt den Unterschied der Pigmentstellung bei Hell- und Dunkeladaptation. Bei denjenigen Reptilien, welche keine Stäbchen in der Netzhaut haben, scheint die Pigmentverschiebung zu fehlen (Schildkröte, Chamäleon, nach GARTEN). Während bei einigen Vogelarten die Pigmentwanderung ebenfalls nachgewiesen wurde, fehlt sie bei Säugetieren und beim Menschen völlig, sie ist jedenfalls auch bei schnellstem histologischem Fixieren der Gewebe des Auges nicht nachweisbar (GARTEN). Wir müssen daher annehmen, daß bei Säugetier und Mensch eine Pigmentwanderung zum mindesten ohne wesentliche Bedeutung für den Adaptationsvorgang ist.

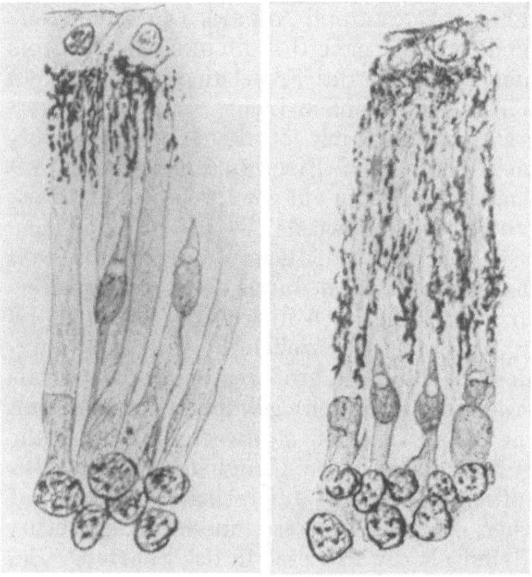

Bei Fischen und Fröschen liegt die Bedeutung der Pigmentwanderung darin, daß durch das Vorschieben im Hellen die sehpurpurhaltigen Stäbchen vor Licht geschützt, durch Zurückwandern im Dunkeln der Lichtwirkung wieder freigegeben werden.

Von niederen Tieren seien die Cephalopoden (Tintenfisch) erwähnt. Bei ihnen hat die Pigmentwanderung an der Anpassung des Auges an wechselnde Helligkeit wesentlichen Anteil. Die Netzhaut hat hier bekanntlich die umgekehrte Lage zum Lichteinfall wie beim Wirbeltier. Die langen und schmalen Stäbchen sind, wie RAWITZ fand, im Hellen bis an ihr dem Licht entgegengerichtetes Ende von Pigmentkörnchen umgeben, ja an der Spitze der Sehstäbe kann sich das Pigment so zusammenschließen, daß so gut wie kein Licht durchkommen kann. Im Dunkeln hingegen zieht sich das Pigment zurück, so daß die ganze Länge der Sehstäbe freiliegt und die wirksame Lichtmenge bedeutend vergrößert wird. Zusammen mit dem ausgiebigen Pupillenspiel und der Anhäufung des hier von HESS gefundenen Sehpurpurs wird das Cephalopodenauge dadurch befähigt, sich der Lichtstärke der Umgebung in weitgehender Weise anzupassen. Erwähnt sei noch, daß bei der Cephalopodennetzhaut das Pigment im *Innern* der Stäbchen (Rhabdome) liegt, die aus mehreren Zellen entstehen und eine zentrale vom Pigment umgebene Fibrille enthalten. Daraus ist zu schließen, daß diese Fibrille das lichtaufnehmende Element des Stäbchens ist.

Abb. 78. *Pigmentwanderung im Froschauge.* Links *Dunkelstellung*, rechts *Hellstellung* von Pigment und Zapfen. In jedem Teilbild in der Mitte zwei Zapfen, kenntlich an den Ölkugeln. Einfallsrichtung des Lichtes von unten. Nach Zeichnung von W. TRENDELENBURG: Präparate von KINGSBURY

Mit der Pigmentwanderung sind noch andere Veränderungen verbunden, die allerdings wiederum beim Säugetier und Menschen vermißt werden. Es handelt sich um die von VAN GENDEREN STORT gefundene *Verkürzung der Zapfeninnenglieder bei Belichtung* und ihre Wiederstreckung nach Verdunklung. Dadurch werden die Zapfen bei Belichtung der Einhüllung durch das vorwandernde Pigment entzogen. Die Lichtwirkung findet auch am ausgeschnittenen Auge statt. Die Zapfenzusammenziehung ist nach DITTLER nicht auf die belichtete Stelle beschränkt, sondern breitet sich auf die Umgebung aus. Daraus schließt DITTLER auf die Mitwirkung eines im Licht in der Netzhaut entstehenden Stoffes, als den er eine Säure vermutet. Neuerdings ist nachgewiesen, daß es sich um die schon erwähnte Phosphorsäure handelt, die nach STUDNITZ aus der Bleichung der Zapfenstoffe stammt. Bleichung reiner Stäbchennetzhäute bewirkt keine Säuerung. Bei Fischen kommt bei Belichtung noch eine *Streckung der Stäbchen-innenglieder* hinzu, durch welche die Stäbchenaußenglieder hinter das vorwandernde Pigment geraten und der Lichtwirkung entzogen werden. Abb. 79 gibt die Veränderungen an den Innengliedern der Zapfen und Stäbchen beim Fisch wieder. Im linken Bilde (Hellstellung) sind die verkürzten Zapfen sehr deutlich, im rechten Bilde (Dunkelstellung) stehen die verlängerten Zapfen etwas versteckt zwischen den verkürzten Stäbchen. Die Einfallsrichtung des Lichtes ist im Bilde von unten nach oben.

GARTEN hat diese Vorgänge mit der Duplizitätstheorie in Zusammenhang gebracht. Mit dieser Auffassung stimmt gut überein, daß sich nach v. FRISCH bei der auf Farben dressierten Ellritze die Zapfen bei derjenigen Lichtstärke zu strecken beginnen, bei der dieser Fisch farbige und farblose Dinge zu verwechseln beginnt, bei der also das Licht unter die Zapfenschwelle herabsinkt. Die Hellstellung der Zapfen beim Frosch ist am stärksten in gelbem Licht, also im Maximum der Tageswerte (NOVER).

So sind diese objektiven Änderungen wertvolle vergleichend-physiologische Stützen der Duplizitätslehre.

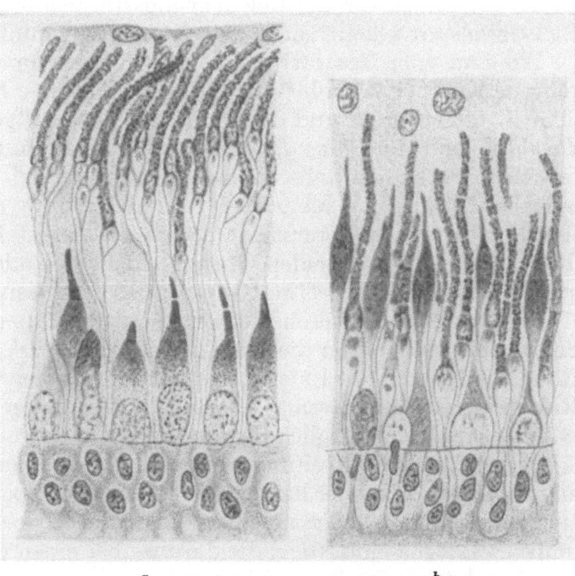

a   b

Abb. 79. *Hell- und Dunkelstellung von Zapfen und Stäbchen im Fischauge.* Nach GARTEN. In *a* Hellstellung: Zapfen gegen das Licht (in der Abbildung nach unten) vorgezogen, Stäbchen gegen die Pigmentzellen zurückgezogen. In *b* Dunkelstellung: Zapfen zurückgezogen, Stäbchen vorgezogen

Daran ändert die Tatsache nichts, daß bei Säugetier und Mensch, vielleicht im Zusammenhang mit der größeren Geschwindigkeit der Erregungs- und Anpassungsvorgänge, die Stellungsänderungen am Pigment sowie an den Stäbchen und Zapfen entbehrlich wurden.

3. Elektrische Vorgänge

Unter den objektiven Lichtwirkungen in der Retina nehmen die bioelektrischen Erscheinungen eine Schlüsselstellung ein, da sie in der Trias Reiz-Erregung-Empfindung gleichsam das Bindeglied zwischen dem durch Belichtung ausgelösten photochemischen Primärprozeß und den Gesichtsempfindungen darstellen. Manche Befunde der Physiologie des Auges sind darum mit elektrophysiologischen Methoden erneut bestätigt worden.

a) Das Ruhepotential des Auges

Legt man an den isolierten Bulbus zwei Elektroden an, so kann man zwischen dem Fundus oculi und der Cornea ein Ruhe- oder Bestandpotential abgreifen (DU BOIS-REYMOND, 1849). Dieses ist bei allen Wirbeltieren gleich. Die Cornea verhält sich zum Fundus positiv. Da es auch nach Entfernung von Linse, Kammerwasser und Glaskörper bestehen bleibt und an der Ora serrata steil ansteigt, dürfte es im wesentlichen von der Retina selbst produziert werden. Die *Ruhepotentialhöhe* schwankt zwischen 2 und 17 mV und steht in linearer Beziehung zum Lebensalter. Auch die Elektrodenlage ist für die Potentialhöhe wichtig. Die größte Potentialdifferenz besteht zwischen der Cornea und dem Fundus. *Pharmaka*, Änderungen der *Versuchstemperatur* sowie *Druck*einwirkungen auf den Bulbus können das Ruhepotential in Höhe und Richtung beeinträchtigen.

Durch *Belichtung* wird das Ruhepotential erhöht, durch Dunkelheit auf den Ausgangswert vermindert. Diese Einstellung ist von der Dauer der Hell-Dunkel-Phasen und auch von der Beleuchtungsstärke abhängig. Die Abhängigkeit von der Lichtintensität scheint einer logarithmischen Funktion zu entsprechen.

An dem vom Gesamtbulbus abgegriffenen Potential sind retinale und extraretinale Komponenten beteiligt. Als extraretinale Faktoren kommen das zwischen dem Kammerwasser und dem Blut der Netzhautgefäße sich ausbildende *Donnan-Potential* und auch das *Ruhepotential* der Linse in Frage. Zur Ausbildung des retinalen Potentialanteils ist das Pigmentepithel mit der Lamina basalis chorioideae (Bruchschen Membran oder Glashaut) einerseits und die Membrana limitans externa andererseits unerläßlich. Sie stellen Ionenbarrieren dar, die in dem Raum zwischen beiden Grenzflächen eine andere Elektrolytkombination entstehen lassen als retroretinal oder in den nervösen Schichten der Retina. Bei der Ausbildung von Ionenkonzentrationen spielen hier wie in der Elektrophysiologie des peripheren Nerven die Natrium-, Kalium-, Wasserstoff- und Chlorionen eine Rolle. Auf Grund der Ionenkonzentrationsgradienten muß jedoch das abgreifbare Ruhepotential der Retina die Resultante zweier entgegengerichteter Potentialanteile darstellen. Möglicherweise kommt zu dieser retinalen Komponente noch ein durch die Querstreifung der Receptorenaußenglieder bedingter Spannungsanteil hinzu, der wie bei einer Voltaschen Spannungssäule sich entlang der Receptorenaußenglieder ausbildet. Auch hierbei spielt die erwähnte Membrana limitans externa eine Rolle, die darum über einen relativ hohen Ohmschen Widerstand und über eine Kapazität verfügt.

Die Aufgabe des retinalen Ruhepotentials liegt wahrscheinlich darin, die Erregbarkeit der Netzhaut im Verlauf der photochemischen Primärprozesse zu steuern. Möglicherweise erleichtert das katelektrotonische Feld zwischen der Membrana limitans externa und der Bruchschen Membran das Wirksamwerden von Lichtquanten bei der Auslösung der primären Ladungsverschiebungen in den Sehstoffen.

Da das Ruhepotential des Auges ausgerichtet ist in bezug auf die optische Achse und in der Nachbarschaft ein elektrisches Feld ausbildet, kommt es mit jeder Augenbewegung synonym zu Verschiebungen des Spannungsvektors. Es bildet sich ein kinetisches Potential aus, das der Augenbewegung proportional ist. Damit ergibt sich die Registrierungsmöglichkeit für Augenbewegungen (*Elektrooculographie*: EOG; *Elektronystagmographie*: ENG). Mit diesen Methoden ist u. a. nachgewiesen worden, daß bei binocularer Fixation eine weitgehende Coincidenz im Ausmaß der Potentialabweichung besteht, während bei zunehmender Adduktion des monocular fixierenden Auges die konsensuelle Reaktion des anderen stärker zurückbleibt. Im Schlaf wurden zwei Augenbewegungen nachgewiesen, eine langsame, reflektorisch entstehende und eine rasche, mit visuellen Traumvorstellungen zusammenhängende Bewegung. Dabei nimmt die EOG-Amplitude über ein vor dem Einschlafen liegendes Minimum zu. Auch im Wachzustand gibt es periodische Schwankungen in der EOG-Amplitude.

Selbst die wechselnde Beteiligung der Augenmuskeln bei Rotationsbewegungen oder bei Augenmuskellähmungen ist mit dem EOG aufdeckbar. Dabei ist bei kongenitalen Lähmungen im Verlauf der Ab- und Adduktion die EOG-Amplitude normal, bei erworbenen Lähmungen des M. rectus internus bei Adduktion kleiner, bei Abduktion dagegen größer. Das kann die Folge von Geschwindigkeitsänderungen in den Augenbewegungen sein, weil bei Lähmungen der Gegenzug durch den gelähmten Antagonisten fehlt. Bei schwachen Augenmuskellähmungen kann bei extremen Bulbusbewegungen das EOG auch größer als normal sein, bei kleineren Bewegungen wie beim Lesen oder im Ablauf des optokinetischen Nystagmus kleiner. Darüber hinaus liefert das EOG Hinweise auf den gelähmten Muskel bei einem Strabismus concomitans auf paretischer Grundlage. Mit dem EOG ist zudem der *Lesevorgang* einer Analyse zugänglich geworden. Während des Lesens tritt ein großes Potential auf, wenn das Auge vom Zeilenende zum Beginn der nächsten Zeile rückt. Kleinere, umgekehrt gepolte Potentiale entstehen durch Refixation des Gelesenen, deren Zahl von der Aufmerksamkeit abhängt (vgl. S. 285).

Da das Ruhepotential z. T. in der Retina entsteht, gibt dessen Amplitude Aufschluß über den retinalen Funktionszustand. Zur Erzielung reproduzierbarer Ergebnisse ist jedoch eine Standardisierung unerläßlich. Meist wird dazu eine Bulbusbewegung von extremer Abduktion zu extremer Adduktion ausgeführt, wodurch ein Potential von etwa 400 μV entsteht. Das so registrierte EOG ist bei Störungen im Bereich der nervalen Strukturen der Retina stets normal, bei pathologischen Prozessen in tieferen Netzhautschichten, im Pigmentepithel, in den Receptorenaußengliedern oder im Bereich der Chorioidea stets verkleinert. Das ist ein weiterer Beweis dafür, daß das retinale Ruhepotential in diesen Bezirken entstehen muß.

Mit dem *Elektronystagmogramm* (ENG) hat sich ergeben, daß der *optokinetische Nystagmus* seine höchste Amplitude dann besitzt, wenn das Auge einen bewegten Punkt fixiert, der zentral im Gesichtsfeld liegt (vgl. S. 286). Demgegenüber wird die langsame Komponente dieses Nystagmus vom Reizmuster gesteuert. Im übrigen löst der optische Reiz mit seinen Erregungen einen zentral bedingten *optokinetischen Nachnystagmus* aus. Dieser ist für die Dauer einer erneuten Belichtung hemmbar und verschwindet allmählich bei Augenschluß und beim Einschlafen; er kann dabei mit dem Bellschen Phänomen in Interaktion treten. Auch nichtoptische Weckreize können den optokinetischen Nachnystagmus erneut aktivieren. Deshalb muß an diesem Nachnystagmus die Reticularformation beteiligt sein, und darum treten auch mit den spontanen Augenbewegungen im Schlaf typische EEG-Veränderungen auf. Vom optokinetischen Nystagmus ist der kongenitale abzugrenzen, der durch proprioceptive Afferenzen aus den Augenmuskeln in Frequenz und Amplitude beeinflußt wird. Die Folge davon ist, daß beim *kongenitalen Nystagmus* Kopf und Bulbi stets die Stellung einnehmen, bei der die Nystagmusamplitude am geringsten ist. Es kommt dadurch zum kompensatorischen Schiefhals. Die günstigste Blickrichtung ist dabei aus dem ENG vorherzusagen.

Nach dem ENG beträgt für den *vestibulären Nystagmus* die erforderliche Schwellenbeschleunigung 0,8°/sec². Beim *calorischen Nystagmus* tritt die Reaktion nach einer Kaltspülung 30 sec später zur ungespülten Seite auf, erreicht nach 60—80 sec ihr Maximum mit Amplituden von 5°. Bei einer Warmspülung tritt der Nystagmus nach 30 sec zur gespülten Seite auf mit einem Frequenz- und Amplitudenmaximum nach 1 min, jedoch klingt dieser Nystagmus wesentlich rascher wieder ab.

In diesem Zusammenhang sei noch auf die *Elektromyographie der Augenmuskeln* hingewiesen. Die Augenmuskeln treten danach rasch in Tätigkeit und müssen infolgedessen gut kontrolliert werden. Ihr Aktionspotential ist kurz und die Entladungsfrequenz sehr hoch. Oft ist sie höher als in der übrigen Skeletmuskulatur. Dabei kommt es frühzeitig schon zu einer Beteiligung neuer, bisher untätiger Einheiten, zu einem sog. Recruitment. Wenn aber schon bei relativ schwachen Kontraktionen in den Augenmuskeln ein solches Recruitment eintritt, müssen die einzelnen motorischen Einheiten sehr klein sein. Die Amplitude beträgt nur 25% der Amplituden aus den Mm. interossei.

Beim Geradeausblick finden sich in allen Muskeln Aktionspotentiale in wechselnden Intervallen mit Fixationsschwankungen. Diese Fixationsschwankungen sollen eine ständige Erneuerung des retinalen Erregungsmusters bewirken und damit ein Formensehen überhaupt ermöglichen. Ein absolut ruhendes Bild auf der Retina bleibt daher nur 1—2 sec bewußt und verschwindet dann (vgl. S. 267).

Zur *Kontrolle der Augenbewegungen* dienen Muskelspindeln und Sehnenendorgane als proprioceptive Elemente. Dabei sind die Sehnenendorgane weniger erregbar als die Muskelspindeln. Ihre Aktivität wird den verschiedensten Regionen des Mittelhirns, des Kleinhirns und auch des Großhirns zugeleitet, wobei auch Hemmungseffekte möglich sind.

Die elektromyographischen Untersuchungen des *Lidschlags* haben ergeben, daß im M. orbicularis eine Fasergruppe in Lidrandnähe vorhanden ist, die beim bewußten und unbewußten Lidschlag sowie bei einem Cornealreflex in Tätigkeit gerät. In einer lidrandfernen Muskelgruppe sieht man Aktionspotentiale beim Lidschlag und dauerndem Lidschluß, wohingegen eine dritte, gleichmäßig verteilte Gruppe nur beim Lidschluß eine Aktivität aufweist. Die Aktionspotentiale der zweiten und dritten Gruppe finden sich auch bei Lidspaltvergrößerungen und den mit vertikalen Bulbusbewegungen einhergehenden Lidbewegungen. Die Aktionspotentiale im M. levator palpebrae nehmen schon vor dem Lidschlag an Frequenz ab, so daß dadurch das Lid passiv ein wenig herunterfällt.

Abschließend sei noch auf das *Aktionspotential der Akkommodationsmuskulatur* hingewiesen, das unter Umständen auch im Ruhepotential enthalten sein kann. Es ist bei Nahakkommodation positiv und bei Entspannung negativ, wobei dessen Amplitude wiederum wie beim EOG von der Geschwindigkeit der akkommodativen Einstellung abhängt. Da der Ciliarmuskel eigentlich nur Spikes liefern kann, dürfte das Akkommodationspotential eine Folge einer Synchronisation aus vielen Muskelfasern darstellen.

b) Das Elektroretinogramm

1865 stellte HOLMGREN fest, daß ein dunkeladaptiertes Auge auf Belichtung sein Ruhepotential in charakteristischer Weise verändert. Unabhängig von dieser Entdeckung machten 1873 DEWAR und MCKENDRICK die gleiche Beobachtung. Daß es sich bei dieser charakteristischen Potentialänderung um ein *Elektroretinogramm* (ERG) handelt, beweist das Fehlen eines ERG der pigmentepithelfreien Retina aus der Bulbusschale. Die ERG-Form ist in der gesamten Wirbeltierreihe polyphasisch und gleichartig [Übersicht s. MÜLLER-LIMMROTH (1959)]. Das ERG (Abb. 80) beginnt nach kurzer Latenz mit einer negativen *a*-Welle, der die positive

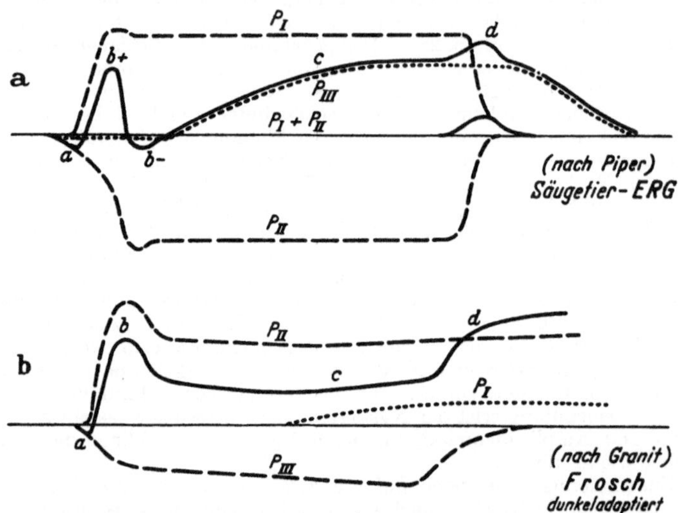

Abb. 80. Schema der Differenzkonstruktion a) nach PIPER am ERG des Warmblüterauges und b) nach GRANIT am ERG des Kaltblüterauges durchgeführt. Man erkennt in beiden schematischen Zeichnungen die drei Phasen P_I, P_{II} und P_{III}: GRANIT hat die Bezeichnung der Phasen P_{II} und P_{III} im Vergleich zur älteren Konstruktion von PIPER vertauscht (näheres s. Text) (nach MÜLLER-LIMMROTH)

b-Welle folgt. Mitunter fällt die positive *b*-Welle bis unter die Ausgangslinie ab und bildet so das b^--Potential. *a*- und *b*-Welle gemeinsam stellen den on-Effekt dar. Die *b*-Welle biegt vor allem bei längeren Belichtungen in die *c*-Welle um, die die Belichtung erheblich überdauern kann. Kurz nach dem Belichtungsende — mitunter in die *c*-Welle eingelagert — tritt die *d*-Welle als off-Effekt auf. Außer diesen vier Wellen des ERG sind in gemischten Retinae weitere Potentialanteile nachweisbar. So enthält die *a*-Welle eine rasche und eine träge Komponente, und in der *d*-Welle sind gleichfalls mehrere Komponenten enthalten. In den aufsteigenden Schenkel der *b*-Welle gelangt gelegentlich eine *x*-Welle zur Abzeichnung, die auch „frühe *b*-Welle" genannt wird.

Abgesehen von ersten Ansätzen einer *Phasenanalyse des ERG* in den Anfangszeiten der Untersuchungen über bioelektrische Erscheinungen am Auge sind die Differenzkonstruktionen von PIPER (1911) und GRANIT (1932) die ersten realisierbaren Deutungsversuche des ERG geblieben. Nach der heute üblichen Differenzkonstruktion von GRANIT wird das ERG im wesentlichen von drei Komponenten gebildet. Die negative Phase P_{III} tritt zuerst auf und gestaltet die *a*-Welle. Mit dieser interferiert die etwas später einsetzende positive Phase P_{II}, die die *b*-Welle gestaltet und am Ende der Belichtung mit der Phase P_{III} zur *d*-Welle interferiert. Die *c*-Welle wird von einer eigenen Phase P_I entwickelt. Sicherlich vereinfacht diese Differenzkonstruktion; denn die Phasen P_{II} und P_{III} setzen sich in gemischten Retinae jeweils aus zwei Unterkomponenten zusammen.

Über die *Höhe des ERG* läßt sich wenig Definitives sagen, da sie weitgehend von den jeweiligen Versuchs- und Ableitungsbedingungen abhängt. Im günstigsten Fall erreicht das ERG 3—10% der Ruhepotentialhöhe. Bei Ableitung in situ ist das ERG im allgemeinen kleiner, weil die leitfähigen Nachbargewebe des Auges einen gewissen Potentialanteil kurzschließen.

Unter den nichtoptischen Faktoren, die die ERG-Amplitude beeinflussen, steht der *Sauerstoffmangel* an erster Stelle. Nach Enucleation des Bulbus nimmt die ERG-Amplitude mehr oder weniger rasch ab. Dieser Absterbeprozeß ist bei Warmblütern rascher als bei Kaltblütern. Die ERG-Veränderungen im Sauerstoffmangel sind teilweise reversibel, so daß die ausgelöschte b-Welle nach Zufuhr von Sauerstoff wieder erscheint. Die ERG-Veränderungen nach intraoculärer Druckerhöhung dürften im wesentlichen auch durch den dadurch bedingten Sauerstoffmangel entstanden sein. Hält allerdings die Druckerhöhung bzw. der Sauerstoffmangel längere Zeit an, so wird die das ERG erzeugende Struktur irreversibel geschädigt, was im ERG nachweisbar ist. Außer dem Sauerstoffmangel haben aber auch zu hohe Sauerstoffpartialdrucke eine potentialvermindernde Wirkung. Dem Sauerstoff kommt ein cytotoxischer Effekt zu, der bei Frühgeborenen, die in sauerstoffreicher Atmosphäre gehalten werden, nicht nur für die Ausbildung einer retrolentalen Fibroplasie, sondern auch für die Potentialentwicklung in der Retina von Wichtigkeit ist.

Während *Druck und Massage* das Ruhepotential erhöhen, löschen derartige Manipulationen die positiven Komponenten im ERG aus. P_{III} ist also druckresistenter als P_I und P_{II}. Insgesamt ist die Retina erheblich druckempfindlicher als das Gehirn, da schon bei 400 atü Druck das ERG vollständig verschwindet. Die *Versuchstemperatur* wirkt sich auf das ERG so aus, daß eine schrittweise Senkung auf den Gefrierpunkt die negativen ERG-Komponenten isoliert zur Darstellung bringt, ein Vorgang, der teilweise reversibel ist. P_I und P_{II} sind also temperaturabhängig. Die Bestimmung der Temperaturkoeffizienten der übrigbleibenden Phase P_{III}, die bei einigen Avertebraten praktisch die einzige Komponente des ERG darstellt, hat zu der Vorstellung geführt, daß das ERG nicht der unmittelbare Ausdruck von photochemischen Primärreaktionen mit Energieübertragungen sein kann, vielmehr muß der photochemische Prozeß zunächst „chemische Energie" liefern, die dann die dem ERG entsprechenden Potentiale veranlaßt, und zwar einmal durch chemische Umsetzung direkt und zum anderen durch einen mehr physikochemischen, möglicherweise Diffusionsvorgang auf dem Wege einer Leitfähigkeitsänderung an einer bioelektrisch aktiven Trennfläche.

Nach den mannigfachen Untersuchungen über die Wirkung von *Ionen* auf das ERG ist die negative Phase P_{III} gegen Kalium resistent, wobei der Kalium-Calcium-Antagonismus Gültigkeit hat. Daß Kaliumionen so starke Wirkungen auf das ERG entfalten, kann damit zusammenhängen, daß eine Erhöhung der Kaliumaußenkonzentration das Konzentrationsgefälle zum Zellinneren aufhebt oder sogar umkehrt. Die Zelloberfläche wird dadurch negativ, ein Vorgang, der sich vor allem an den Stäbchen abspielen muß, weil diese diffus Kalium verteilt enthalten. P_{II} hat somit als kaliumempfindliche Komponente auch mit Ionenverschiebungen zu tun, und wegen ihres Kaliumgehalts darf man wenigstens die Stäbchen als die wesentlichsten Generatoren für die Komponente P_{II} ansehen. Andererseits ist aber auch das Natrium für die Ausbildung von a- und b-Welle notwendig; denn bei Natrium-Verlust bleibt ebenfalls nur P_{III} übrig. Dazu paßt die Beobachtung, daß alle Pharmaka, die die b-Welle verringern, auch den Natriumgehalt der Retina sowie den Kaliumgehalt beeinflussen. An dieser Stelle sei erwähnt, daß das ERG von zahlreichen *Pharmaka* in Höhe und Verlauf beeinflußt werden kann. Es ist die ERG-Registrierung daher ein geeignetes Mittel, über den Angriffspunkt von Stoffen im Bereich der Retina Aussagen zu machen. Jedenfalls haben die pharmakologischen ERG-Untersuchungen die Komponentenanalyse von GRANIT gestützt, darüber hinaus aber wahrscheinlich gemacht, daß in P_{II} und P_{III} weitere Unterkomponenten enthalten sind.

Über die Polarität der ERG-Komponenten vermag die *Polarisation* mit elektrischem Strom gewisse Aufschlüsse zu liefern. Der Form nach sind die ERG-Phasen Lokalpotentiale, zumal für eine Erregungsleitung entweder lange Leitungswege oder geringe Leitungsgeschwindigkeiten angenommen werden müssen. Eine Vektorelektroretinographie ist folglich wenig erfolgversprechend. Die für das ERG belanglose Nervenschicht hat eine Leitungsgeschwindigkeit von 1,7—3,6 m/sec, die also 12—20mal langsamer ist als in den retrobulbär gelegenen Sehnervenfasern. Es gibt allerdings bei Bulbuspunktionen gewisse Vektordrehungen in der Retina, eine Leitung der ERG-Teilphasen ist aber ausgeschlossen. Vielmehr handelt es sich um stationäre Potentiale in bestimmten Retinaschichten. In der Netzhaut müssen parallel zur Oberfläche ausgerichtete polarisierte Grenzflächen vorhanden sein. Dann müßte aber eine Gleichstrompolarisation des Auges die Ruhepolarität dieser Schichten und somit auch das ERG beeinflussen. Liegt die Polarisationskathode der inneren Retinaoberfläche an, so werden P_{II} und P_{III} größer. Bei umgekehrter Polarisation und höheren Stromstärken werden dagegen beide Phasen gedämpft. Dieser Befund erinnert an die depressive Kathodenwirkung am peripheren Nerven. Die Umkehrschwelle liegt bei einer Durchströmung mit der Kathode in der Retina bei 100 μA, bei innen liegender Anode bei 125 μA. Die ERG-Vergrößerungen und -Verminderungen lassen sich mit elektrotonischen Schwankungen erklären. Dabei können die ERG-Veränderungen wellenförmig ablaufen und Phasenverschiebungen aufweisen. Gelegentlich vorkommende Aufsplitterungen bestätigen erneut die Zusammensetzung der ERG-Komponenten aus Unterkomponenten, von denen eine in der Receptorenschicht und die andere im Lager der Bipolaren gebildet wird.

Da jedes polarisierte Gewebe in der Nachbarschaft ein elektrisches Feld mit Äquipotentialschalen ausbildet, muß das aus dem Feld abgegriffene ERG sich in seiner Höhe nicht nur nach der tatsächlich entstandenen Potentialdifferenz richten, sondern auch nach der Spannungsdifferenz zwischen den Äquipotentialschalen, auf denen die Ableitungselektroden liegen. Die ERG-Größe ist folglich vom Abgriff abhängig. Das höchste ERG erfaßt man bei Ableitung zwischen Fundus und Cornea. Liegen beide Ableitungselektroden auf der gleichen Äquipotentialschale, so gibt es bei Belichtung kein ERG. Das ERG kann auch sein Vorzeichen umkehren,wenn die Ableitelektrode aus der Bulbusinnenschale über den Rand auf die Bulbusaußenseite wandert. Daraus lassen sich folgende Erkenntnisse gewinnen: 1. Interferieren unter jeder Ableitungselektrode die Komponenten der dort lokalisierten Strukturen zu einem polyphasischen Potential und 2. treten diese unter jeder Elektrode ablaufenden Polyphasien miteinander in Interferenz. Das übrigbleibende ist das ERG. Da die Aktionspotentiale an einer bestimmten Stelle je nach dessen Abstand vom Retinazentrum verschieden groß sind, bestimmt der übrigbleibende Anteil des größeren Potentials die ERG-Richtung. Ist aber das ERG Ausdruck von Erregungen in verschiedenen Etappen des intraretinalen Leitungsweges, so kann man das Fehlen eines zeitlichen Verzuges im ERG damit erklären, daß die Ableitungsachse senkrecht zur Potentialausbreitungsrichtung verläuft und Leitungen nicht stattfinden. Die Retina ist ein Volumenleiter mit einer elektrischen Doppelschicht.

Untersuchungen über die Wirkung *fleckförmiger Belichtung* sind schwierig, weil Streulicht nie vollständig ausgeschlossen werden kann. Eine elektroretinographisch durchgeführte Perimetrie ist darum fragwürdig. Der Streulichteffekt ist zwar nicht sonderlich groß, aber doch wohl vorhanden; denn eine Belichtung des blinden Flecks liefert ein ERG. Eine lokale Auslösung eines ERG ist aber auch aus dem Grunde schwierig, weil die im ERG enthaltenen Wellen Interaktionsphänomene räumlich und zeitlich verschiedener Vorgänge darstellen. Deshalb beeinflußt jede Größenänderung des belichteten Areals auch das ERG in seiner Amplitude. Bei diesen Verfahren muß aber berücksichtigt werden, daß jede Arealvergrößerung auch den Lichtstrom verstärkt, so daß echte Arealeffekte nur dann vorliegen, wenn entsprechend der Arealvergrößerung die Lichtintensität verringert worden ist. Außer der Arealabhängigkeit wird die b-Wellenamplitude auch von der Größe der Haftschalenelektrode und der Dicke der zwischen Haftschale und Cornea liegenden Flüssigkeitsschicht verändert[1]. Schließlich spielt bei solchen fleckförmigen Belichtungen auch die belichtete Netzhautstelle selbst eine Rolle; denn bei konstantem Abgriff ist das ERG des Menschen um so kleiner, je weiter sich die belichtete Stelle zur Retinaperipherie bewegt.

Mit steigender *Lichtintensität* nimmt bei mittleren Reizintensitäten die ERG-Höhe logarithmisch zu. Das gilt auch für die einzelnen ERG-Wellen. Auffallend ist aber, daß mit jeder Senkung der Reizintensität das ERG nicht nur kleiner, sondern auch einfacher wird, bis schließlich nur ein kleines, positives Potential übrigbleibt. Demgegenüber sind bei höheren Intensitäten die negativen ERG-Anteile deutlicher. Mit steigender Lichtintensität verkürzt sich darüber hinaus auch die Gipfelzeit und die Gesamtlatenz. Das *Webersche Gesetz* (vgl. S. 227) gilt für das ERG nur in einem eng begrenzten Intensitätsbereich. Man erhält nämlich eine S-förmige Kurve, wenn man die ERG-Höhe gegen den Logarithmus der Reizstärke aufträgt. Folglich wird die Einengung des *Weber-Fechnerschen Gesetzes* auf einen kleinen Bereich schon im peripheren Sinnesorgan bewirkt. Die Sehschärfe gibt bei steigender Lichtintensität den gleichen Kurvenverlauf wieder. Das kann durch den wachsenden Streulichtanteil verursacht sein, der Blendungen auslöst. Streulicht entspricht aber einer Reizfeldvergrößerung. Darum müßte eigentlich das ERG größer sein. Das Gegenteil ist aber der Fall, weil bei hohen Reizstärken Hemmungen das ERG vermindern und damit auch die Sehschärfe verschlechtern. Diese Hemmungsfunktion wird von der Phase P_{III} ausgeübt. Sie ist bei schwachen Intensitäten wenig, bei hohen jedoch deutlich ausgeprägt (Abb. 81). Es ist daher verständlich, warum das ERG über die Sehschärfe nichts aussagen kann.

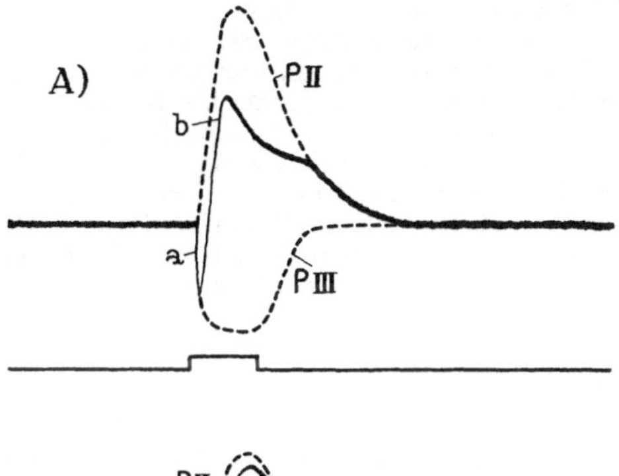

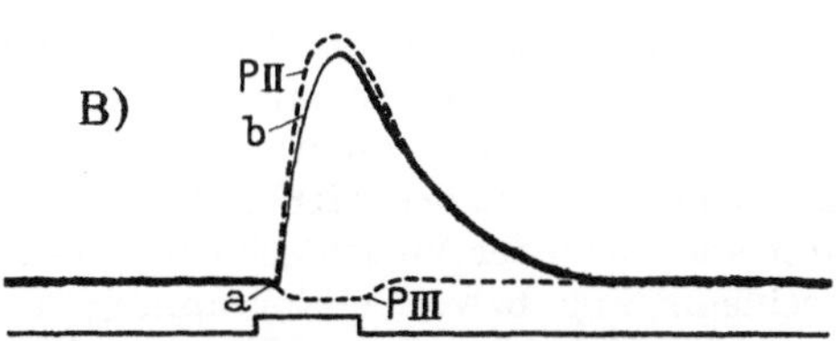

Abb. 81. Der Unterschied im ERG des Menschen bei blendender (A) und nicht blendender Beleuchtung (B). Die Phasen P_{II} und P_{III} sind mit eingezeichnet (Zeitschreibung: 0,2 sec). Die Phase P_{III} ist erst bei hohen Reizstärken deutlich ausgeprägt vorhanden und bestimmt dadurch die ERG-Form (A). Die a-Welle wird vertieft und die b-Welle wird durch P_{III} in typischer Weise konfiguriert. Bei schwacher Reizstärke (B) bestimmt P_{II} im wesentlichen die Form des ERG (MOTOKAWA)

Die bei verschiedenen Reizstärken gefundenen ERG-Veränderungen sind auch durch Änderung des *Anstiegsgradienten des Lichtreizes* erreichbar, wobei bei träge ansteigenden Reizen die trägen ERG-Komponenten die raschen zu hemmen scheinen. Räumliche und zeitliche Gradienten steigern dabei die Wirksamkeit des Lichtreizes. Dieser Tatbestand ist für das Flimmer-ERG wichtig, weil sich mit der Rotationsgeschwindigkeit von Sektorenscheiben nicht nur die Reizfrequenz, sondern auch die Anstiegsgeschwindigkeit des Lichtreizes ändert.

Natürlich spielt bei der Abhängigkeit des ERG von der Lichtintensität auch die Lichtreflexion und -absorption in den vorgeschalteten Medien des Auges eine Rolle. Diese Faktoren

---

[1] Zur Ableitung des ERG vom Menschen wird eine Haftschalenelektrode als differente Elektrode direkt der Cornea aufgesetzt. Die Haftschalenelektrode besitzt zur Ableitung des ERG einen Silberstift oder einen Silberring mit einem Ableitkabel. Die indifferente Elektrode besteht aus Silberblech und wird mit einem Gummiband der Schläfe angelegt. Der Kontakt zur Haut wird mit einer Elektrodenpaste hergestellt. Zusätzlich werden beide Ohrläppchen geerdet.

sind mit dem ERG bestimmbar, wobei sich nachweisen läßt, daß bei einer Aphakie die ERG-Empfindlichkeit für Lichter kurzer Wellenlängen ansteigt.

Da sich eine *Reizfeldverkleinerung* im Prinzip so auswirkt wie eine Senkung der Reizintensität, müßte der Effekt einer Arealverkleinerung durch eine entsprechende Verstärkung der Reizintensität kompensierbar sein. Die Beziehung der x- oder b-Welle des ERG zum Logarithmus der Reizintensität bei Arealgrößenänderungen ist jedoch verschieden. Zwar kann man bei Dunkeladaptation für die x- und b-Welle bestimmter Größe Intensitäts- und Arealgröße gegeneinander austauschen, was jedoch bei Helladaptation nicht vollständig möglich ist. Weil zudem b-Wellen in allen Retinabezirken mit gleicher Empfindlichkeit, x-Wellen dagegen in der Fovea leichter als peripher auszulösen sind, müssen x- und b-Welle in verschiedenen Netzhautstrukturen entstehen.

Für ein normal ausgeprägtes ERG soll das Areal im allgemeinen nicht kleiner als 5 mm im Durchmesser sein. Wird das Areal kleiner als 2 mm Durchmesser, so tritt nur ein positives Belichtungspotential auf. Das ist ein weiterer Grund, die ERG-Perimetrie abzulehnen, zumal bei maximalen Lichtstärken Streulicht unvermeidbar wird und bei geringen Lichtstärken die ERG zu klein werden. Im übrigen reagiert die Gipfelzeit der b-Welle auf Intensitäts- und Arealänderungen empfindlicher als die b-Wellen-Höhe.

Wird zur ERG-Auslösung eine Belichtung auf eine diffuse Grundbelichtung gegeben, so wird das ERG ausgelöscht, wenn die Grundbelichtung 10fach stärker als die das ERG auslösende Intensität ist. Umgekehrt ist bei einer Herabsetzung der Grundbelichtung auf $^1/_{10}$ der Belichtungsintensität der Einfluß auf das ERG gering. Bei fehlender Grundbelichtung und kleinen Arealen ist das registrierte ERG im wesentlichen durch Streulicht entstanden. Wird das Areal größer als 0,5 mm², so entspricht die ERG-Höhe der Summe der Reaktionen aller Felder in diesem Areal ohne Unterschied zwischen zentraler und peripherer Retina. Für foveal abgebildete Areale ist auch für das ERG der Riccosche Satz gültig, während bei größeren, die Fovea überschreitenden Arealen der Pipersche Satz zur Anwendung gelangt.

Weil bei den retinalen Primärprozessen der Zeitfaktor eine Rolle spielt, gibt es auch eine Abhängigkeit des ERG von der *Reizdauer*. Der Zeitbedarf der Retina hängt mit den physikochemischen Vorgängen eng zusammen, deren Reaktionsgeschwindigkeiten im wesentlichen die Latenz und die Refraktärphase bestimmen. Daß sich die Latenz des ERG mit steigender Temperatur und Lichtintensität verkürzt und mit jeder Verschlechterung der Retinafunktion verlängert, liegt an der Beschleunigung bzw. Verlangsamung des Retinastoffwechsels und der photochemischen Primärreaktion. Eine bestimmte Latenz ist aber immer erforderlich. Sie schwankt im menschlichen ERG je nach der Lichtintensität zwischen 40 und 120 msec.

Mit der Reizdauer ändert sich das ERG in typischer Weise, was schon bei rascher Folge von Lichtreizen eintritt. Neben der b-Wellenverkleinerung ändert sich mit kürzerer Reizdauer die d-Welle am deutlichsten. Dementsprechend wird mit jeder Reizzeitverkürzung das ERG einfacher. Auch die c-Welle hat eine Beziehung zur Reizdauer, indem ihr Amplitudenmaximum geringer wird und eine Vorverlegung erfährt, wenn die Reizdauer sich verkürzt. Bei sehr kurzen Reizen fehlt die c-Welle vollständig. Kurze Reize hoher Intensität von der Art der Elektronenblitze lösen beim Menschen ein ERG kurzer Latenz aus, das aus doppelten a-Wellen, einer x- und b^+-Welle mit einer nachfolgenden b^--Welle und einer eingelagerten d-Welle besteht. Auch hieraus geht die Doppelnatur der Komponenten P_{II} und P_{III} hervor. Außerdem zeigt sich, daß bei kurzen Reizen die Phase P_I bedeutungslos ist. Es sei am Rande vermerkt, daß unter diesen Versuchsbedingungen doppelte a-Wellen möglicherweise durch eine kleine positive Welle entstehen. Die a-Wellen bei Lichtblitzen wären dann als negative Komponenten vorgetäuscht. Aus allem geht hervor, daß einfache Phasenverläufe von P_{II} und P_{III} die polyphasischen ERG nach kurzen und intensiven Lichtreizen nicht zu erklären vermögen. Auffallend ist vor allem deren extrem kurze Latenz. Da aber das ERG stets mit der a-Welle, also mit P_{III} beginnt, ist die Latenz von P_{III} mit der des Gesamt-ERG identisch.

In diesem Zusammenhang sei kurz noch auf das Verhalten des ERG nach Belichtung mit Blendlichtern eingegangen. Werden einem Blendlicht Lichtblitze überlagert, so sieht bei einer

Blitzfolge von 50/sec das ERG wie nach einem Dauerlichtreiz aus. Bei niedrigerer Frequenz treten negative a-Wellen als Flimmerwellen auf. Deshalb soll die a-Welle das Äquivalent der Erregung darstellen und nicht die b-Welle.

Bei kurzen Lichtreizen gilt auch für das ERG das *Bunsen-Roscoesche Gesetz.* Vergleicht man die ERG-Veränderungen mit Abnahme der Lichtintensität bei Kompensation durch die Reizdauer, so findet man tatsächlich ähnliche oder sogar gleiche ERG. Allerdings bleibt bei ausreichender Lichtintensität selbst bei kürzesten Lichtreizen die a-Welle stets erhalten, während sie bei sinkender Helligkeit relativ früh verschwindet. Das hängt damit zusammen, daß die Phase P_{III} erst bei höheren Reizintensitäten deutlicher in Erscheinung tritt. Aus manchen Untersuchungen geht aber hervor, daß das Gesetz nur für solche Reizzeiten gilt, die kürzer als die jeweilige Latenz des ERG sind. Damit gilt es für solche Sehprozesse, die innerhalb der Latenz zur ERG-Auslösung erforderlich sind.

Entsprechend dem Stäbchenanteil im ERG gibt es Veränderungen mit dem Verlauf der *Dunkeladaptation.* Dunkeladaptierte Tiere liefern im allgemeinen höhere ERG, vor allem höhere c-Wellen, die bei Helladaptation verschwinden. Auch die b-Wellenhöhe nimmt mit der Dunkeladaptation zu und erreicht schließlich einen konstanten Endwert. Im Vitamin A-Mangel sind b-Wellenzunahme und Endwert niedriger. Daß die b-Welle mit dem skotopischen Apparat der Retina zu tun hat, beweist das Vorhandensein im ERG des dunkeladaptierten Meerschweinchens, während unter Helladaptation die b-Welle vollständig verschwindet. Zugleich wird das b^--Potential als photopische Komponente deutlicher und nach abgeschlossener Helladaptation am größten. Die b-Welle steigt mit der Dunkeladaptation aber nicht kontinuierlich an, sondern zeigt in der zehnten Minute der Dunkeladaptation einen anderen Zeitgang. Dadurch findet sich in der elektroretinographisch aufgezeichneten Dunkeladaptationskurve die Doppelnatur des Dunkeladaptationsvorgangs wieder (vgl. S. 131).

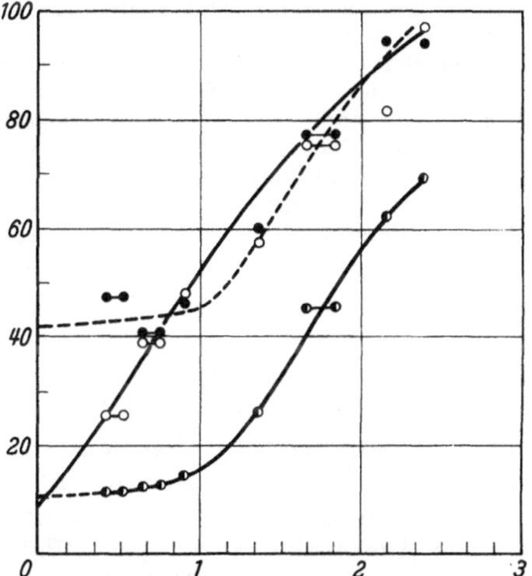

Abb. 82. Das Verhalten der b-Wellenhöhe in Prozent des Maximums im Frosch-ERG während der Dunkeladaptation (Abszisse in Std. bei verschiedenen Reizstärken (● = hohe und ◑ = schwache Reizintensität). Gleichzeitig ist die Rhodopsinkonzentration (○) eingetragen. Man sieht, daß die b-Welle erst dann an Amplitude zunimmt, wenn die Rhodopsinkonzentration 50% des Maximalwertes beträgt (GRANIT, MUNSTERHJELM u. ZEWI)

Die Größenzunahme der b-Welle im Verlauf der Dunkeladaptation hängt nicht mit der jeweils vorhandenen Rhodopsinmenge zusammen; denn am Erregungsvorgang selbst sind kaum meßbare Sehstoffanteile beteiligt. Es ist angenommen worden, daß in den Stäbchenaußengliedern inaktives Rhodopsin in so hoher Konzentration vorliegt, daß es dem Konzentrationsgradienten folgend zu den Außengliedoberflächen diffundieren kann. Dort sollen die Rhodopsinmoleküle mit einem „Receptorenmolekül" aktiviert werden und einen dünnen Oberflächenfilm bilden. Dieses Rhodopsin ist dann der am Erregungsvorgang beteiligte Anteil, der in seinem Ausmaß von der jeweiligen Konzentration im Inneren des Außengliedes abhängt. Bei Helladaptation ist er klein und wird mit Dunkeladaptation größer. Die für den Rhodopsintransport erforderliche Zeit entspräche dann der der Erregung vorausgehenden "silent period". Man sieht also, daß eine rein chemisch begründete Duplizitätstheorie unhaltbar ist. Eine Gegenüberstellung der b-Wellenzunahme mit der Dunkeladaptation und die jeweilige Sehpurpurkonzentration in der Retina zeigt, daß mit der Dunkeladaptation die Rhodopsinregeneration zwar einsetzt, die b-Welle zunächst jedoch unverändert bleibt. Sie steigt erst an, wenn die Rhodopsinkonzentration etwa 50% des Maximalwertes erreicht hat (Abb. 82). Große b-Wellen stehen also mit hohen Sehpurpurkonzentrationen im Zusammenhang, andererseits genügen schon geringe Konzentrationsverminderungen, um die b-Welle excessiv zu verkleinern. Merkwürdig ist nun, daß eine kurze Helladaptation von einer Minute die vorhandene Rhodopsinmenge kaum verringert, die b-Welle aber stark verkleinert, die erst in der anschließenden Dunkeladaptation rasch wieder anwächst. Die verzögerte Zunahme der Rhodopsinkonzentration nach Helladaptation kann durch das Fehlen eines Stoffwechselvorganges für den Rhodopsintransport an die Stäbchenoberfläche zustandekommen, der bei hohen Temperaturkoeffizienten lange dauert und erst bei einer Rhodopsinkonzentration von 50% seine Tätigkeit wieder aufnimmt. Wenn dieser Prozeß in der ersten Adaptationsphase fehlt, ebenso ein Unterschied in der b-Wellenhöhe bei verschiedenen Reizstärken, so bedeutet das, daß die Rhodopsinspaltprodukte erst entfernt werden müssen. Deshalb ist die retinale Empfindlichkeit stark herabgesetzt, die Rhodopsinkonzentration jedoch nicht in dem Ausmaß. Ist dann aber der träge bleichbare Sehpurpur durch den intermediären Prozeß an der Stäbchenmembran aktiviert worden, so nimmt er an dem Erregungsvorgang teil. Zu diesem Zwischenprozeß in der Adaptation gehört auch eine „Neuordnung" der nervösen Verbindungen, so daß die Retina aus der Befähigung zur Differenzierung im Verlauf der Dunkeladaptation in die der Integration überwechselt. Jedenfalls ist die b-Welle keineswegs Ausdruck der jeweiligen Sehstoffkonzentration, sondern die ihr zugeordnete Phase P_{II} enthält auch noch eine Komponente anderer Genese. Das geht auch daraus hervor, daß sich die b-Welle während der Dunkeladaptation um so langsamer erholt, je länger die Helladaptation zuvor gedauert hat. Eine Helladaptation garantiert die photopische Retinafunktion durch langdauernde Hemmung der Stäbchen, deren Funktion die b-Welle exakter erfaßt als die Rhodopsinregeneration.

Im *Adaptationsverlauf des menschlichen ERG* zeigt sich, daß die a-Welle dabei reduziert wird oder sogar verschwindet, während sich die b-Welle vergrößert und die gesamte bioelektrische Reaktion länger wird. Auch hierbei zeigt sich nach 10 min Dunkeladaptation der bereits erwähnte Knick in der Adaptationskurve, von dem an die retinale Empfindlichkeit stärker zunimmt. Da dieser zweite Teil der Adaptationskurve allgemein der Stäbchenempfindlichkeit entspricht, darf man bei der b-Welle in diesem Fall von einem Äquivalent der Stäbchenaktivität sprechen. Im großen und ganzen stimmt aber die subjektive Adaptationskurve mit der Adaptationskurve der b-Welle nicht überein. Bestimmt man nämlich die zur Auslösung einer b-Welle bestimmter Größe erforderliche Reizintensität, so fällt die Empfindlichkeitskurve der b-Welle je nach der b-Wellenhöhe verschieden aus. Vor allem nimmt nach der 7. Minute der Dunkeladaptation die subjektive Lichtempfindlichkeit stärker zu als die b-Welle an Höhe gewinnt. Der erste Teil in der Adaptationskurve soll zapfenbedingt sein, der zweite wäre eine Angelegenheit der Stäbchen. Der Knick in der Adaptationskurve, der aus subjektiven Versuchen als *Kohlrausch'scher Knick* bekannt ist, ist somit auch mit elektrophysiologischen Mitteln nachzuweisen (vgl. S. 131). Die Ausbildung dieses Knicks und seine Lage hängt von der Dauer der vorangegangenen Helladaptation ab. Mit abnehmender Helladaptation verlagert sich dieser Knick unter Änderung des Zapfenanteils der Kurve, während der Verlauf der Stäbchenkurve erhalten bleibt. Der Kurvenknick rückt dadurch weiter an den Beginn der Adaptationskurve.

Mit der Dunkeladaptation ändert sich die Form des ERG nicht nur quantitativ. Während man bei Dunkeladaptation eine tiefe, spitze a-Welle mit nachfolgender hoher b-Welle registriert, erkennt man unter Helladaptation eine flache, muldenförmige a-Welle mit nachfolgender spitzer x-Welle. In bestimmten Intensitätsbereichen sind in a- und b-Welle jeweils zwei Anteile enthalten. Dadurch entsteht in der a-Welle eine Stufe und in dem aufsteigenden Schenkel der b-Welle ein Kurvenknick durch Interferenz mit der x-Welle (Abb. 83). Die muldenförmige a-Welle und die kleine spitze x-Welle gehören zusammen und sind photopischer Natur. Dementsprechend hat auch die flache a-Welle eine kürzere Latenz als die spitze skotopische a-Welle. Da der Knick im aufsteigenden Schenkel der b-Welle erscheint, ist auch die x-Welle früher als die b-Welle. Nach abgeschlossener Dunkeladaptation verschwinden die Stufenbildungen und Kurvenknicke, mit anderen Worten: die photopischen Komponenten werden unterdrückt, und es besteht lediglich ein skotopisches ERG. Unter extremer Helladaptation hingegen werden die skotopischen Anteile ausgelöscht, und es bleiben nur die photopische a-Welle und die spitze x-Welle als photopisches ERG übrig. Auch in der d-Welle sind derartige phot- und skotopische Komponenten enthalten.

Das komplexe Geschehen am Anfang und Ende des ERG unter den verschiedenen Adaptationsbedingungen liefert weiteres Beweismaterial dafür, daß die klassischen ERG-Komponenten P_I, P_{II} und P_{III} nicht einheitlich sind, sondern Unterkomponenten verschiedener Latenz besitzen. Dieses Nebeneinander der Phasen spricht für ihre Entstehung in verschiedenen Strukturen. Die plötzlichen Veränderungen in der a-Welle mit der Adaptation könnten z. B. ein Zeichen dafür sein, daß die spitze, tiefe skotopische a-Welle nervösen Ursprungs ist. Die Bildung der a-Welle aus zwei negativen Komponenten läßt sie als „primus motor" der zur Ganglienzellentladung führenden Ereignisse und als Ausdruck der Bipolaren-Tätigkeit erscheinen.

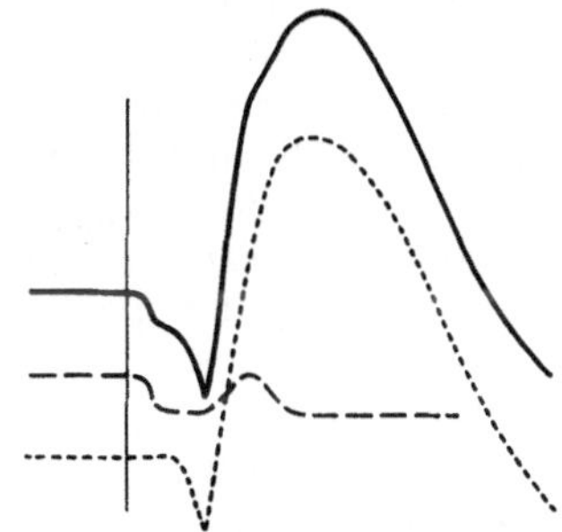

Abb. 83. Analyse des menschlichen ERG in eine photopische (gestrichelt) und eine skotopische (punktiert) Komponente. Bei Dunkeladaptation und hoher Reizstärke kurzer Dauer (weißes Licht oder von mittlerer Wellenlänge) sind beide Komponenten vorhanden (ARMINGTON, JOHNSON u. RIGGS)

Möglicherweise besteht hier ein Zusammenhang mit der α-Adaptation, die auch die plötzliche Abnahme der b-Welle zu Beginn der Helladaptation verursachen könnte. Die spätere langsamere Einstellung mit einem Wiederanstieg der b-Welle entspräche dann einem Einspielen eines photochemischen Gleichgewichts und damit dem Beginn einer β-Adaptation. Jedenfalls ist die Adaptation kein ausschließlich photochemisches Phänomen.

Die funktionelle Doppelnatur der Retina wird auch im ERG bei Verwendung farbiger Lichter deutlich. Sie liefert spezifische Antworten auf *Wellenlängenunterschiede*. Zunächst einmal rufen heller erscheinende Farblichter höhere ERG hervor als die dunkleren, lang- und kurzwelligen Lichter. Durch Multiplikation der unter Helladaptation erhaltenen ERG-Höhen mit einer Konstanten, damit ein gleich hohes Maximum wie bei Dunkeladaptation erhalten wird, hat KOHLRAUSCH gefunden, daß das Maximum der spektralen Empfindlichkeitskurve des ERG bei Dunkeladaptation zwischen 540—560 mμ, die spektrale Empfindlichkeitskurve unter Helladaptation dagegen bei 590 mμ liegt (unter Verwendung eines nicht energiegleichen Dispersionsspektrums des Gaslichtes). Damit war erstmalig auf elektrophysiologischem Wege das *Purkinjesche Phänomen* nachgewiesen worden. Diese Art der Ermittlung von spektralen Unterschieden im ERG ist jedoch un

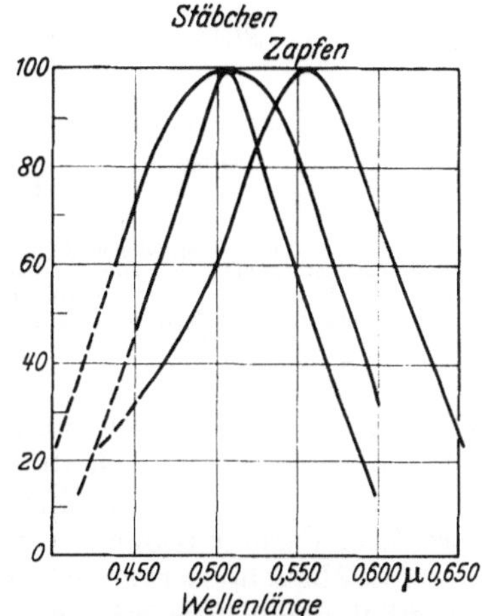

Abb. 84. Das Verhalten der b-Wellenhöhe bei energiegleichen Lichtern verschiedener Wellenlängen unter skotopischen und photopischen Bedingungen. Unter skotopischen Verhältnissen erhält man eine größere Streubreite und damit keine spektrale Empfindlichkeits„kurve", sondern eine -bande mit einem Maximum bei 507 mμ, während die photopische spektrale Empfindlichkeitskurve ihr Maximum bei 556 mμ aufweist (GRANIT u. WREDE)

zureichend. Besser ist die Bestimmung der zur Auslösung eines ERG konstanter Größe erforderlichen spektralen Lichtenergie. Reizt man so ein Auge bei Dunkeladaptation mit schwachen und bei Helladaptation mit hohen Intensitäten bei jeweils physikalischer Lichtenergiegleichheit, so ergibt sich unter den skotopischen Bedingungen eine spektrale Empfindlichkeitsbande mit einem Maximum bei

13*

507 mμ und unter photopischen Bedingungen eine Kurve geringerer Streuung mit einem Maximum bei 560 mμ (Abb. 84). Wie die Abb. 84 zeigt, verläuft die skotopische Kurve symmetrisch, die photopische Kurve hingegen asymmetrisch und reicht auch weiter in den kurzwelligen Spektralbereich hinein. Darüber hinaus zeigt die Überschneidung beider Kurven, daß man mit ausgewählten Wellenlängen hinreichender Energie und bei verschiedenen Adaptationszuständen die Stäbchen- von den Zapfenprozessen abtrennen kann und daß es Adaptationszustände und Reizintensitäten gibt, bei denen beide Receptorentypen aktiv sind. Die Bestimmung der spektralen ERG-Schwellenwerte führt darüber hinaus zu der Feststellung, daß unter skotopischen Bedingungen die Schwellen nicht sehr voneinander verschieden sind, wohl aber unter photopischen Bedingungen.

Vergleicht man die skotopische spektrale Empfindlichkeitskurve des ERG mit der spektralen Hellempfindlichkeitskurve des Menschen im Nachtsehen, so findet man eine gute Übereinstimmung. Ein mitunter bei 560 mμ nachweisbarer Buckel in der Kurve weist auf eine gewisse Zapfenaktivität auch in der Dunkeladaptation hin. Bei solchen Versuchen können auch Veränderungen in der spektralen Empfindlichkeitskurve durch die Blutreflexion eintreten, sofern es sich um Albinos handelt. Dann steigt die Empfindlichkeit besonders im langwelligen Spektralbereich an. Da sich die skotopische und photopische spektrale Empfindlichkeitskurve im kurzwelligen Spektralbereich überschneiden, tragen im kurzwelligen Spektrum beide Rezeptionssysteme zur b-Welle des ERG bei, wohingegen im langwelligen Spektralbereich hauptsächlich das photopische System mit einer x-Welle reagiert. Folglich dürfte die photopische x-Welle die der skotopischen Stäbchen-b-Welle analoge Zapfenreaktion darstellen. Welche Sehstoffe für die jeweiligen Farbreaktionen zuständig sind, kann das ERG nicht aussagen, da in ihnen als Massenreaktion nicht nur die skotopischen und photopischen Komponenten miteinander interferieren, sondern auch spektral unterschiedlich empfindliche Strukturen. Trotzdem lassen die mitunter gefundenen Kurvenbuckel in den spektralen Empfindlichkeitskurven des ERG die Annahme zu, daß in der Retina ein trichromatisches System vorliegt mit Wellenlängenmaxima bei 600 mμ, um 560 mμ und bei 460 mμ. (Die entsprechenden Sehstoffe könnten dabei nach WALD Derivate des Jodopsins sein, wobei eine Änderung des angekoppelten Opsinmoleküls an das Retinen schon ausreichen würde, um verschiedene Sehstoffe mit anderen Absorptionseigenschaften auszubilden.) Daß die b-Welle neben der skotopischen Stäbchenkomponente auch noch einen Zapfenanteil enthält, zeigt das menschliche ERG (Abb. 85). So löst ein dunkelrotes Licht nur die photopische Komponente, blaues die skotopische Komponente aus, und orange-rotes Licht bringt bei Dunkeladaptation beide Komponenten zur Darstellung. Entsprechend liefert die Zapfenretina der Taube auch nur ein sehr kleines Blau-ERG, dagegen ein deutlich ausgeprägtes Rot-ERG. Die photopische Komponente, der die

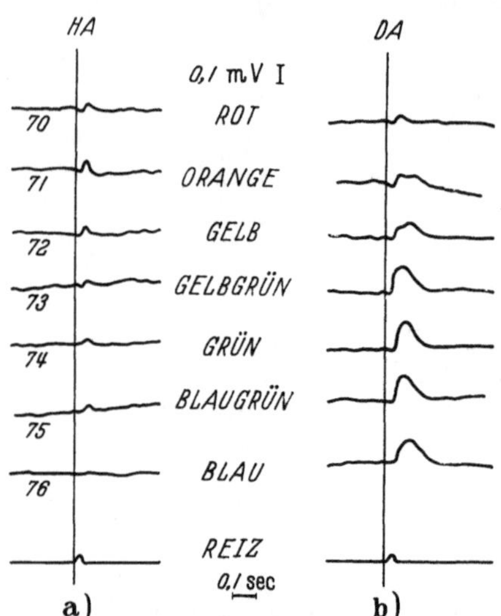

Abb. 85. Das ERG bei verschiedenen Wellenlängen des hell- (a) und dunkeladaptierten (b) Menschenauges. Auf blaues Licht reagiert unter Dunkeladaptation nur die skotopische ERG-Komponente (ADRIAN)

x-Welle entspricht, steht also mit einem spezifischen Rotreceptorsystem im Zusammenhang. Sie fehlt bei Protanopen, nicht hingegen bei Deuter- oder Tritanopen bzw. Hemeralopen. Die Analyse des ERG vom Grauhörnchen hat darüber hinaus auch die Existenz eines Grünreceptorsystems wahrscheinlich gemacht, und im Ziesel-ERG ist ein besonderer Blaumechanismus nachgewiesen worden.

Viele Befunde mit *Flimmerlicht* sind mit Hilfe des ERG deutbar geworden. Mit ihm konnte bestätigt werden, daß die Flimmerverschmelzungsfrequenz einer Zapfenretina (Taube) höher ist als die einer Stäbchenretina (Katze, Eule). Bemerkenswert ist, daß erst nach der b-Welle Flimmerwellen auftreten. Offenbar läßt sich die b-Welle als „initiale Explosion" durch keinen Flimmerreiz stören. Die Tatsache, daß Retinae, die mit großen d-Wellen reagieren, sich auf Flimmerlicht anders verhalten als solche mit kleiner d-Welle, hat zu einer funktionellen Unterscheidung der einzelnen Retinaarten geführt. Beim Frosch ist z. B. die erste Flimmerreaktion eine negative, bei der Katze eine positive Welle. Die positiven Flimmerwellen haben aber eine größere Latenz als die initiale b-Welle. Hier bildet P_{III} gegen P_{II} offenbar keine sichtbare Negativität aus. Bei hohen Reizstärken würde P_{III} jedoch stärker auftreten, und es müßten dann negative Flimmerwellen vorkommen. Man nennt Retinae, die mit positiven Flimmerwellen reagieren, *E-Retinae* (E = excitation, Erregung) und die, die im Flimmer-ERG Einkerbungen ("negative notches") aufweisen, *I-Retinae* (I = inhibition, Hemmung). Tatsächlich gehen die negativen Wellen im Flimmer-ERG mit einer Hemmung der Sehnervenladungen einher, während rasche positive Wellen den Sehnerven erregen. Folglich reagiert eine E-Retina auf Flimmerlicht mit rhythmischen Erregungssalven und eine I-Retina mit Erregungsunterbrechungen. Neuere sorgfältige Untersuchungen haben allerdings diese krasse Unterteilung in E- und I-Retinae nicht bestätigen können; denn es gibt Retinatypen, die je nach ihrer Besiedlung mit Stäbchen und Zapfen I- und E-Komponenten gleichzeitig besitzen, die dabei miteinander interferieren. Die menschliche Retina gehört zu diesem Typ.

Mit der Tatsache, daß bei einer konstanten Flimmerbelichtung die b-Welle sich zunächst entwickelt, steht auch ein weiterer Befund im Zusammenhang. Die Flimmerwellen kommen nämlich erst eine gewisse Zeit nach dem Abfall der b-Welle zur Registrierung. In jedem Flimmer-ERG besteht also ein nichtflimmerndes Intervall, ein sog. *"non flickering part"* (DODT). Möglicherweise hat dieser mit der Blendung zu tun, zumal er in seinem Ausmaß von der Adaptation abhängt. Unter Helladaptation sind die nach dem „non flickering part" auftretenden Wellen polyphasisch, nach Dunkeladaptation zunächst Sinuswellen, die langsam an Amplitude zunehmen und erst nach 30 sec langer Helladaptation polyphasischen Charakter annehmen. Je nach der Retinaart kann der "non flickering part" mehrere Sekunden, aber auch nur einige Zehntelsekunden andauern.

Aufschluß über die Erregbarkeit der Retina im Ablauf eines ERG liefern *Doppelbelichtungen*. Danach läßt sich zeigen, daß entsprechend dem "non flickering part" jeder b-Welle eine Art Refraktärphase folgt. Die normale Erregbarkeit stellt sich nach ihr erst langsam wieder her, so daß die zweite b-Welle erst mit der Vergrößerung des Reizintervalls einsetzt. Da der off-Effekt durch eine Abnahme von P_{III} und eine gleichzeitige Reaktivierung von P_{II} zustandekommt, muß dieser ebenfalls innerhalb der Refraktärphase kleiner werden. Folglich ist ein Teil des off-Effekts durch eine vorausgehende d-Welle refraktär, was vermutlich P_{II} des zweiten Lichtreizes verursacht. Die b-Welle kann also auch im off-Effekt refraktär werden. Überlagert man einen kurzen Lichtreiz einem off-Effekt von einem längeren Reiz, so entsteht dadurch eine Einkerbung ("negative notch"). Sie ist bei kurzem Reizabstand klein, wird bei Reizabstandvergrößerung zunehmend tiefer und erreicht ihr Maximum auf dem Gipfel des off-Effekts des ersten Reizes. Weil im superponierten ERG die a-Welle fehlt, gibt es vor dem off-Effekt eine absolute Refraktärphase, auf die sich eine relative Refraktärphase und eine supernormale Phase mit extrem tiefen a-Wellen anschließen. Der off-Effekt besteht also aus Anteilen von P_{III} und P_{II}. Der letztere wird durch eine vor den off-Effekt gesetzte Belichtung refraktär gemacht, ist aber an der "negative notch" nicht beteiligt: *non-inhibitable off-effect*. Der P_{III} zugehörige Teil liefert bei Zweitbelichtungen die "negative notch" und ist damit hemmbar: *inhibitable off-effect*. Wenn aber P_{II} erregend, P_{III} dagegen hemmend wirkt, so muß nach einem ERG noch für einige Zeit eine Hemmung folgen: "*postexcitatory inhibition*", die von Reizdauer und -intensität abhängig ist. Übt die "negative notch" aber eine Hemmung aus, so kommt der gewöhnlichen a-Welle als Äquivalent auch eine solche zu: "*praeexcitatory inhibition*".

In der *ontogenetischen Entwicklung des ERG* des Frosches zeigen sich am 6.—10. Lebenstag nur positive Monophasien. Die Latenz ist groß und eine Amplitudenvergrößerung durch Intensitätssteigerung nicht erreichbar. Nach dem 10. Lebenstag tritt unter Latenzverkürzung die a-Welle hinzu. Auch die b-Welle wächst weiter an. Zwischen dem 20. und 22. Lebenstag setzt dann sprunghaft die Farbdifferenzierung des ERG ein mit dem Auftreten der Polyphasie des normalen ERG. Das erste positive Potential soll beim Frosch P_{II} sein, das aber eine Stäbchenkomponente und eine photopische Komponente enthalten muß. Möglicherweise ist das die Reaktion von hell-dunkel-perzipierenden Zapfen, die erst später farbspezifisch ausdifferenziert werden. Man kann annehmen, daß es eine wenig differenzierte, zapfenähnliche Zapfen-Stäbchen-Urform mit einer Sehursubstanz gibt, die bereits funktionstüchtig, aber nicht so lichtempfindlich wie die endgültigen Sehstoffe ist.

Bei der Hausmaus setzt die ERG-Entwicklung erst am 13. Tag nach der Geburt mit einer a-Welle und einer flachen, breiten b-Welle ein. Erst vom 21. Lebenstag sind auch hier ERG wie bei den erwachsenen Tieren ableitbar. Beim Hühnerembryo wird trotz früher Anlegung der Retina innerhalb der Embryonalentwicklung erst am 19. Bebrütungstag eine bioelektrische Reaktion von der Art einer kleinen, negativen Monophasie nachweisbar.

Bei neugeborenen Katzen, die erst am 6. bis 10. Lebenstag ihre Augenspalten öffnen, erhält man zu diesem Zeitpunkt ein kleines ERG. In der Folgezeit wird die darin enthaltene d-Welle größer und steiler. Wie bei der Froschlarve und dem Hühnerembryo fehlt zunächst die a-Welle. Allerdings liefern neugeborene Katzen in Narkose oder ante exitum ein rein negatives Potential, so daß trotz fehlender a-Welle im Interferenz-ERG P_{III} enthalten sein muß. Beim Kaninchen soll die a-Wellenentwicklung vor der der d-Welle eintreten. Bei Katzen wird die endgültige Höhe der b-Welle erst mit der 8. Lebenswoche erreicht. Bemerkenswert ist, daß bei Katzen und Kaninchen in den ersten vier Lebenswochen ein ERG fehlen kann. Ist es vorhanden, so ist die Latenz verlängert. Erst danach wird die Latenz normal, unabhängig davon, ob die Katzen dem Tageslicht oder der Dunkelheit ausgesetzt wurden. Da auch die Größe des belichteten Areals die Ableitbarkeit eines ERG bei neugeborenen Katzen bestimmt, spielt offenbar die Zahl der in den ersten Lebenstagen funktionstüchtigen Receptoren eine Rolle. Hier fördert Licht die Entwicklung, allerdings nur in den ersten vier Lebenswochen. Es beeinflußt möglicherweise die enzymatischen Vorgänge, die die Lichtenergie in elektrische Energie überführen. Es ist nicht ausgeschlossen, daß der fördernde Einfluß des Lichtes auf die ERG-Entwicklung mit der Energieumwandlung im Rahmen der Phosphorylierung unter Beteiligung von Sulfhydrylgruppen zu tun hat. Immerhin bleibt bei in Dunkelheit gehaltenen Katzen die Dicke der Retina, vor allem der inneren plexiformen Schicht und der inneren Körnerschicht sowie die Dichte der Müllerschen Stützfasern wesentlich geringer. Bei Affen atrophieren sogar bei Aufzucht in Dunkelheit die nervösen Strukturen. Wahrscheinlich setzen die Sulfhydrylgruppen den elektrischen Spannungsgenerator der Retina in Betrieb, was auch mit der ERG-Abnahme nach Einwirkung von Monojodessigsäure in Einklang steht; denn diese inaktiviert die Sulfhydrylgruppen. Topochemisch enthalten die äußere Körnerschicht die meisten, die innere Körnerschicht weniger und die großen Ganglienzellen nur einige Sulfhydrilgruppen. Bei den im Dunkeln gehaltenen Kätzchen sind diese Unterschiede erst später nachweisbar, vor allem scheint der Sulfhydrylgruppengehalt in der äußeren Körnerschicht deutlich abzunehmen.

Auch der *Säugling* liefert in den ersten drei Lebenstagen kein ERG oder höchstens ein kleines träges positives Potential. In der ersten Hälfte des ersten Lebensjahres nimmt dann die b-Welle an Höhe deutlich zu. Im ERG des Kleinkindes fehlt wiederum P_{III}, erkennbar an der fehlenden a-Welle und der breiten b-Welle. Die geringe b-Wellenhöhe weist auf eine spärliche Entwicklung von P_{II} hin, obgleich die größere Latenz des kindlichen ERG dafür spricht, daß das ERG von dieser spärlichen Phase P_{II} bestimmt wird. P_I scheint unbeteiligt zu sein. Das Fehlen eines ERG in den ersten Lebenstagen ist damit erklärbar, daß wirksames Rhodopsin noch fehlt. Erst die Lichteinwirkung verursacht eine Aktivierung der photochemischen Reaktionssysteme. Sie garantieren die Lichttransformation in elektrische Energie. Möglicherweise kann in den ersten Lebenstagen die Carboanhydrase fehlen oder inaktiv sein. Daß die Entwicklung des ERG mit der Ausreifung der Retina zu tun hat, beweisen die größere ERG-Latenz und das späte Auftreten des ersten ERG nach der Geburt. Offenbar werden erst verschiedene Enzymsysteme aktiviert, die z. B. in den Retinae Frühgeborener noch nicht entwickelt sind.

Die *Flimmer-ERG neugeborener Kinder* machen in den ersten Lebenswochen entsprechend charakteristische Entwicklungen durch. 24 Std. nach der Geburt fehlt noch jede Flimmerreaktion oder ist nur bei höheren Reizstärken niederfrequent auslösbar. Aber schon in der ersten Lebenswoche steigt die Flimmerverschmelzungsfrequenz rasch an und erreicht mit der

8. Lebenswoche die Werte des Erwachsenen. Wird die Flimmerverschmelzungsfrequenz des ERG zur Reizstärke in Beziehung gesetzt, so zeigt sich bei Kindern im Vergleich zum Erwachsenen ein Zurückbleiben des ersten skotopischen Anteils dieser Kurve. Bei 3—4 Wochen alten Kindern fehlt er. Erst danach bildet er sich stärker aus und beginnt im Koordinatensystem weiter links. Der Übergang vom skotopischen Flimmern auf photopisches Flimmern vollzieht sich jedoch stets an der gleichen Stelle. Dieser Befund stützt die Ansicht, daß der photopische Anteil der primäre ist und erst danach ein skotopischer Apparat ausdifferenziert wird.

Mit dem *Alter* nimmt die ERG-Höhe ab, und zwar oberhalb des 50. Lebensjahres um rund 60 μV. Außerdem gibt es *geschlechtliche Unterschiede* in der ERG-Höhe. Beim weiblichen Geschlecht beträgt die ERG-Höhe rund 390 μV, beim männlichen nur 340 μV, weil Bulbi weiblicher Individuen gewöhnlich kleiner sind und darum der Potentialabgriff günstiger sein soll.

Bei der Frage nach dem *Ursprung des ERG* sind verschiedene Potentialquellen zu berücksichtigen. Gewöhnlich entstehen Potentiale durch physikalisch-chemische Vorgänge an Zellmembranen. In den Receptoren der Retina finden dagegen lichtelektrische Prozesse statt, die photochemisch elektrische Energie hervorbringen, die im Erregungsablauf eine andere Rolle spielt als die sonst bei Erregungsvorgängen auftretenden Potentiale. Vieles spricht dafür, daß der photochemische Primärprozeß nach der Lichtabsorption im wesentlichen eine Umordnung der lichtempfindlichen Moleküle von der Art einer Stereoisomerisation am Retinin darstellt. Dadurch kann die Bindung des Retinins an das Protein Opsin verändert werden, wodurch eine elektrische Ladungsverschiebung zustande kommt. Es ist nicht die Ausbleichung der Sehstoffe, die die primäre Lichtreaktion darstellt, weil sich der Erregungsvorgang schon unmittelbar an die Lumirhodopsinbildung anschließt. Die Ausbleichung des Rhodopsins hat wohl mehr mit dem Adaptationszustand zu tun. Bei dieser Vorstellung ergibt sich nur insofern eine Schwierigkeit, als die eingestrahlte Lichtenergie zu der freigewordenen elektrischen Energie nicht in einer proportionalen Relation steht. Das müßte aber der Fall sein, wenn ein photoelektrischer Vorgang als Primärprozeß für das ERG verantwortlich wäre. Es liegt daher nahe, eine Beeinflussung dieses Primärprozesses durch nervöse Elemente anzunehmen. Es gibt Anhaltspunkte dafür, daß das hinter der Retina gelegene Ganglion die Receptorpotentiale selbst beeinflußt (AUTRUM). Damit ist also das ERG keineswegs eine ausschließliche Angelegenheit der Receptoren, sondern schließt eine Beteiligung wenigstens des nächsten Neurons in der Retina ein. Die komplexe Natur des ERG und die mehrfach erwähnte Doppelnatur der Komponenten stützen diese Auffassung, daß räumlich verschiedene Retinastrukturen die bioelektrischen Reaktionen erzeugen. Trotz vieler Untersuchungen auf diesem Gebiet ist jedoch die Entstehungsweise des ERG noch ungeklärt.

Die Mikroelektrodentechnik gestattet die Ableitung der bioelektrischen Aktivität einzelner Sehnervenfasern vom letzten Retinaganglion, aber auch der bioelektrischen Spannungsproduktion aus verschiedenen Retinaschichten. Liegt eine Mikroelektrode auf der Bruchschen Membran, eine andere an der Membrana limitans externa, so läßt sich ein extracelluläres Ruhepotential von 6—10 mV nachweisen. Dieses Potential verschwindet, wenn die Membrana limitans externa von der Mikroelektrode durchstoßen wird. Das Potential entsteht folglich zwischen diesen beiden Grenzflächen. Löst man nun ein ERG aus, während die Mikroelektrode von der Glaskörperseite her schrittweise in die Retina vorgeschoben wird, so bleibt das ERG bis zu einer Tiefe von 150—175 μ ziemlich konstant, nimmt aber nach Passage der Receptorenschicht rasch auf Null ab (Abb. 86). Auch beim Vordringen der Mikroelektrode von der Receptorenseite her nach Entfernung des Pigmentepithels und der Bruchschen Membran (Lamina basalis chorioideae, Glashaut) steigt das ERG in einer von der Glaskörperseite an gerechneten Tiefe von 175 μ abrupt an und erreicht dabei sehr bald sein Maximum. Daraus

kann der Schluß gezogen werden, daß die für das ERG wesentlichen Spannungs-
generatoren im Bereich der Receptorenschicht und der Membrana limitans
externa liegen.

Es fragt sich nun zunächst, wie das Receptorpotential, also die primäre bioelektrische Reaktion auf Lichteinfall selbst aussieht. Das von OTTOSON und
SVAETICHIN zuerst abgeleitete Receptorenpotential entspricht einer Veränderung
des Membranpotentials von 70 mV durch Licht. Es stellt eine Monophasie dar,
wie sie auch in der Phasenanalyse von GRANIT angenommen wird. Während
SVAETICHIN u. Mitarb. hierbei Hyper- und Depolarisationen gefunden haben
wollen, die von verschiedenen Zapfen
stammen sollen und entsprechend der
Heringschen Gegenfarbentheorie zusam-
mengeschaltet seien, haben neuere
Untersuchungen ergeben, daß es sich
bei diesen Reaktionen doch um extra-
celluläre Ableitungen gehandelt hat.
Es liegen keine Anhaltspunkte dafür
vor, daß es Hyper- und Depolarisa-
tionszapfenmyoide gibt. Immerhin ist
bemerkenswert, daß ein derartiges
Zapfenaktionspotential manches Gesetz
der physiologischen Optik widerspiegelt.
Es besteht kein Zweifel mehr daran,
daß das monophasische Potential ein
Receptorenpotential darstellt. Wohl ist
zweifelhaft, daß das ERG nur durch
Interferenz verschiedener De- bzw.
Hyperpolarisationen im Bereich der

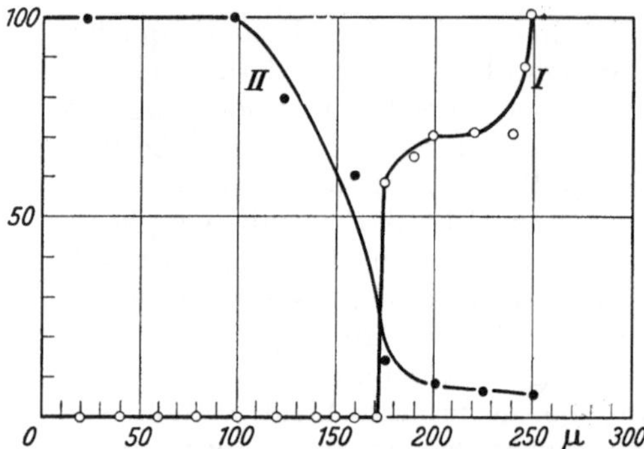

Abb. 86. Die Beziehung zwischen der Amplitude der
mit Mikroelektroden abgeleiteten intraretinalen elektrischen Reaktionen in % der Maximalantwort und
dem Abstand in μ von der Membrana limitans interna.
(Bei der I. Kurve lag die indifferente Elektrode an der
Membrana limitans interna und bei der II. auf der
freien Oberfläche der Receptorenschicht) (OTTOSON u.
SVAETICHIN)

Receptoraußenglieder entsteht (TOMITA). Es dürfte sicher sein, daß neben dem
Receptorenpotential, bzw. Receptorenpotentialpaar eine Anzahl von Komponenten im Bereich des zweiten retinalen Neurons entstehen. Diese Unterkomponenten
interferieren mit dem Receptorenpotential und verursachen so die komplizierte
ERG-Form. Folglich sind die Phasenanalysen noch keineswegs experimentell
gesichert. Man darf aber mit einiger Berechtigung annehmen, daß die herkömm-
lichen Komponenten P_{II} und P_{III} als Receptorenpotentiale sich als intraretinales
Potentialpaar wiederholen. Daß Ganglienzellen Gleichspannungen produzieren
können, ist dabei nicht verwunderlich. Sie werden durch Zusammenwirken
mehrerer Neurone produziert. Selbst die bis jetzt als einfach angesehene Komponente P_I ist eine zusammengesetzte Größe. Mit Sicherheit stammt der wesentlich-
ste Anteil von P_I, und zwar der positive aus dem Pigmentepithel. Eine weitere
negative P_I-Komponente sollen die Receptoren selbst hervorbringen. Man wird
der Wirklichkeit am nächsten kommen, wenn man P_{II} und P_{III} als Receptoren-
komponenten auffaßt, die mit entsprechenden, durch Synchronisation oder Interaktion entstandenen Komponenten gleicher Art im Bereich der Bipolaren interferieren. Die bipolaren Komponenten entstehen durch Synchronisation vieler
kurzdauernder Entladungen, was als multiple *b*-Wellen und ERG-Oscillationen
mitunter sichtbar wird. Schließlich dürfte es für P_I eine Pigmentepithel- und eine
Receptorenkomponente geben (NOELL). Zweifellos sind weitere Untersuchungen
erforderlich, um die genaue Entstehungsweise des ERG zu analysieren. Dabei wird
man vor allem die Aufmerksamkeit auf die Membrana limitans externa richten
müssen, von der man bis jetzt lediglich den Ohmschen Widerstand und die Kapazität kennt (BRINDLEY).

Auch *extraretinale Faktoren* sind im ERG enthalten. Die Pupillenreaktion geht z. B. mit einem trägen Potential in die Phase P_I ein. Außerdem ist noch eine ERG-Beeinflussung über zentrifugale Fasern aus dem Corpus geniculatum laterale möglich. Es existiert eine biretinale Assoziation, wodurch möglicherweise eine Erregbarkeitssteuerung im binokularen Sehakt vorgenommen werden kann.

Die *Elektroretinographie* ist auch *in der Klinik* anwendbar (KARPE). Manche Erkrankungen der Retina sind differentialdiagnostisch und prognostisch mit dem ERG besser zu beurteilen. Bei *Erkrankungen der vorderen Partien des Auge*s ist natürlich — entsprechend dem Entstehungsort des ERG in bestimmten Retina-schichten — das ERG meist normal. Das gilt z. B. für Hornhauttrübungen. Erst wenn durch die Trübungen oder Glaskörperblutungen eine stärkere Lichtabsorp-tion in den vorgeschalteten Medien zustande kommt, wird das ERG subnormal. Auch bei einer Linsentrübung ist das ERG gewöhnlich normal, sofern nicht bei der Cataracta complicata eine zusätzliche Retinaschädigung vorliegt. Gerade aber hierbei spielt das ERG eine diagnostische Rolle. Kann nämlich wegen Hornhaut- und Linsentrübung die Netzhaut ophthalmoskopisch nicht beurteilt werden, so hilft in diesen Fällen das ERG weiter. Ein normales ERG zeigt bei einer Cataracta complicata eine gute Retinafunktion an.

Im *Vitamin A-Mangel* fehlt auch das photopische ERG. Zwar wird unter Vitamin A-Zufuhr das ERG qualitativ wieder normal, aber die *b*-Welle bleibt gewöhnlich niedriger. Die Adaptationskurve des ERG ergibt außerdem im Vitamin A-Mangel um 2—3 logarithmische Einheiten erhöhte Schwellenwerte sowohl im ersten photopischen Kurventeil als auch im zweiten skotopischen Kurvenabschnitt. Ein Vitamin A-Mangel betrifft eben die Stäbchen und die Zapfen. Im Gegensatz dazu verhält sich das ERG bei der *kongenitalen Hemeralopie*. Hierbei fehlt die skotopische *b*-Welle und bei mittleren Reizstärken das ERG überhaupt. Höhere Reizstärken produzieren ERG aus *a*- und *x*-Wellen. Darüber hinaus fehlt das skotopische Flimmer-ERG und nur bei höheren Reizstärken erhält man photopische Potentiale. Obgleich man in der *a*-Welle phot- und skot-opische Anteile annehmen muß, dürfte bei der kongenitalen Hemeralopie in erster Linie der skotopische Apparat betroffen sein. Interessant ist, daß der Patient mit einer kongenitalen Hemeralopie dem ERG nach blauempfindlicher sein muß, als der normalen photopischen Helligkeitskurve entspricht.

Bemerkenswert sind die Befunde bei *Farbensinnstörungen*. Bei einer Deuterano-pie ist die *x*-Welle normal, während sie bei Protanopie unter langwelliger Belichtung fehlt. Bei Verwendung intensiver Spektrallichter bekommt man vom normalen Trichromaten zwei negative und vier positive Wellen, von denen durch Rotadap-tation die dritte verschwindet und durch Grünadaptation die vierte vergrößert wird. Bei Dunkeladaptation treten je eine positive und negative Welle hinzu. Beim Protanopen soll die zweite positive Welle fehlen, während beim Deuteran-open dieses ERG normal ist. Bei Deuteranomalie und Deuteranopie wird dem-gegenüber unter Grünadaptation die vierte positive Welle unterschiedlich beein-flußt. Bei der Protanomalie fehlt wie bei der Protanopie die *x*-Welle selbst in leichten Fällen, während sie bei kongenitaler Tritanopie erhalten bleibt. Prot-anomalien verkürzen die spektrale ERG-Empfindlichkeitskurve im langwelligen Spektrum und verschieben ihr Maximum in den kurzwelligen Bereich. Bei kon-genitaler Achromasie fehlt elektroretinographisch das *Purkinjesche Phänomen* bei normalem Verhalten bei Dunkeladaptation. Im ERG ist dann bei allen Reiz-stärken und Wellenlängen nur eine *a*- und *b*-Welle vorhanden, die *x*-Welle fehlt. Die *a*-Welle ist aber um 80% und die *b*-Welle um 50% reduziert. Auffallend ist ferner das Ausbleiben der in der Intensitätskurve der *a*-Welle charakteristischen Steilheitszunahme in der Kurve. Da beim Trichromaten die *a*-Welle beim

Übergang von fovealer zur peripheren Ableitung kleiner wird, entspricht somit das Achromaten-ERG dem peripheren ERG des Farbentüchtigen. Das foveale ERG des Farbentüchtigen muß demnach zwei a-Wellen verschiedener Latenz enthalten, von denen die photopische im Achromaten-ERG fehlt, so daß nur die kleine skotopische a-Welle übrigbleibt. Das Achromaten-ERG ist folglich das Gegenstück zum Hemeralopen-ERG. Entsprechend ist auch bei der Achromasie das skotopische Flimmer-ERG erhalten, während das photopische fehlt. Damit vermag das Flimmer-ERG bei Achromasie infolge spezifischer Netzhautdegenerationen die gestörte Retinafunktion anzuzeigen.

Bei der *Ablatio retinae* ist das ERG stets subnormal und in älteren Fällen ausgelöscht. Ist noch ein Rest-ERG vorhanden, so kann dieses durch wiederholte Belichtungen zur Erschöpfung gebracht werden. Bei einseitiger Netzhautablösung dient das ERG des gesunden Auges zum Vergleich.

Entsprechend der Stoffwechselabhängigkeit der ERG-Produktion findet man auch bei *Zirkulationsstörungen* in der Retina ERG-Veränderungen. Da bei Drosselung des arteriellen Zuflusses im Tierexperiment P_{III} isoliert zur Darstellung gelangt, ist verständlich, daß das ERG nach einer solchen Zirkulationsstörung in der a-Welle wenig beeinflußt wird. Bei einer Stase in den Fundusvenen wird demgegenüber das ERG supernormal. Diese Supernormalität soll toxisch bedingt sein.

Bei einem *Glaukom* ist das ERG gewöhnlich normal. Weil die glaukomatösen Degenerationen das letzte retinale Ganglion betreffen, können selbst blinde Glaukomaugen noch ein ERG liefern.

Bei einer *retrobulbären Opticusneuritis* oder einer *Opticusatrophie* ist das ERG normal oder supernormal. Man kann trotz dieser geringen Befunde bei Opticusatrophien mit dem ERG differenzieren, ob eine auf- oder absteigende Opticusatrophie vorliegt. Bei einer aufsteigenden Atrophie sind ERG-Veränderungen vorhanden, sofern die Atrophie auch die das ERG erzeugende Struktur erfaßt.

In charakteristischer Weise wird das ERG bei einer *Siderose* frühzeitig verändert. Offenbar scheint die beginnende Siderose eine Erregbarkeitssteigerung in der Retina herbeizuführen unter Erhöhung von P_{II} und P_{III}. Diese Erregbarkeitssteigerung ist aber bei rechtzeitiger Entfernung des Metallsplitters reversibel. Sonst wird das ERG irreversibel negativ und schließlich ausgelöscht.

Eine Domäne der elektroretinographischen Untersuchung bildet die Differentialdiagnostik bei den *tapetoretinalen Degenerationen*. Bekanntlich unterscheidet man die Retinitis pigmentosa von den nichthereditären Formen nach gewissen Infektionskrankheiten, Vergiftungen und Verletzungen. Aus der Schwierigkeit der Differenzierung beider Gruppen führt das ERG. Bei der hereditären Retinitis pigmentosa ist das ERG frühzeitig — zumindest die b-Welle — ausgelöscht, selbst in leichten Fällen trotz guter Sehschärfe. Nur bei extremer Verstärkung sind bei einer solchen Retinitis pigmentosa kleine photopische Reaktionen noch ableitbar. Im Gegensatz dazu bleibt das ERG bei der sekundären Retinitis pigmentosa subnormal und fehlt nur in weit fortgeschrittenen Fällen. Schließlich ist auch bei bestimmten Maculadegenerationen mit erheblicher Sehverschlechterung das ERG mitunter wertvoll. Fälle mit seniler Maculadegeneration haben gewöhnlich subnormale ERG, wobei das fehlende Rot-ERG typisch ist, da hierbei der photopische Mechanismus eine stärkere Schädigung erlitten hat. Diese klinischen Bemerkungen mögen genügen. Weitere Einzelheiten finden sich in der Monographie von MÜLLER-LIMMROTH (1959).

c) Aktionspotentiale der Sehbahn

α) Der Sehnerv

Es ist nunmehr die Frage, wie das ERG in *Opticusimpulse* transformiert wird und auf welche Weise diese Impulse der Sehsphäre mitgeteilt werden. Schon FRÖHLICH beobachtete im monophasischen Cephalopoden-ERG Oscillationen, deren Frequenz von der Reizstärke und der Erregbarkeit abhingen. Diese Oscillationen sind später als die Aktionspotentiale des Sehnerven identifiziert worden. Im Auge muß demnach eine Transformation des kontinuierlich ablaufenden ERG in einen diskontinuierlichen, rhythmischen Prozeß stattfinden. Diese Übertragung erfolgt über ein *elektrotonisches Potential*, das man mit exponentiellem Abfall bis zur Sehnervenkreuzung nachweisen kann. Offenbar hat dieses Potential die Aufgabe, durch elektrotonische Beeinflussung die Ganglienzellen des letzten retinalen Ganglions zur Entladung zu bringen. Wie man in Abb. 87 sieht, kommt es erst nach Ausbildung der ERG-Phasen P_{II} und P_{III} zu einem elektrotonischen Potential (EP), das dann die Entladungen im Sehnerven (N) auslöst.

Legt man eine Elektrode an den Sehnerven an, so lassen sich folgende *Gesetzmäßigkeiten an der Einzelfaser* ableiten. Die Spike-Entladung nach Belichtung beginnt erst nach einer sich mit der Reizstärke verkürzenden Latenz. Weiterhin ist zu Belichtungsbeginn die Spike-Frequenz höher als im späteren Verlauf. Häufig kommt es nach einer initialen Spike-Serie zu einer Ruheperiode ohne Impulse, nach der für die Dauer der Belichtung die Impulsentladung konstant bleibt. Bei starken Reizen kommt auch ein off-Effekt als kurze Spike-Salve zustande. Schließlich folgen die Spikes dem Alles-oder-nichts-Gesetz und sind damit in Höhe und Form unveränderlich. Weiterhin haben die Untersuchungen an der Einzelfaser des Seh-

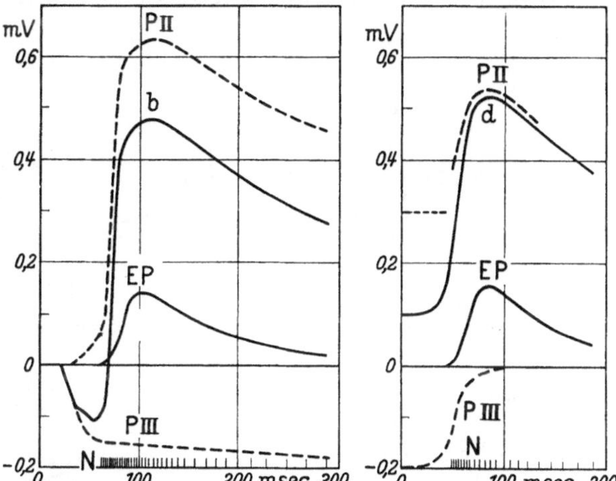

Abb. 87. Schematische Darstellung des Zusammenhangs zwischen dem ERG, seinen Komponenten P_{II} und P_{III}, dem elektrotonischen Potential (*EP*) und den Nervenaktionspotentialen (*N*) bei "on" (links) und "off" (rechts) der Belichtung einer I-Retina (BERNHARD)

nerven gezeigt, daß die Einzelfaser-Spikes dem Bunsen-Roscoeschen Gesetz folgen, den Dunkeladaptationsverlauf wiedergeben und sich mit steigender Intensität in der Entladungsfrequenz ändern. Somit erfolgt im Sehnerven wie auch in anderen erregbaren Strukturen die Übertragung der Reizparameter durch Frequenzmodulation. Die unterschiedliche Verteilung der Spikes im Verlauf einer Belichtung hat zur Unterscheidung von verschiedenen Reaktionstypen geführt. Man spricht dabei von *Elementen* und versteht darunter eine Anzahl von Receptoren und Neuronen, die von einer Ganglienzelle des letzten retinalen Ganglions erfaßt werden (HARTLINE). Da gibt es zunächst die *on-Elemente*, die auf Belichtung mit einer initialen Impulssalve und nachfolgender Ruheperiode reagieren, an die sich eine konstante und von der Reizstärke abhängige, niederfrequentere Impulsserie anschließt. Fasern mit initialer Impulsserie hoher Frequenz, die trotz Belichtung abgebrochen wird, um nach dem Belichtungsende noch einmal kurz aufzutreten, gehören zu den *on-off-Elementen*. Eine letzte Faserart entlädt sich stets am Belichtungsende mit einer länger dauernden Serie, das ist ein *off-Element*. Off-Elemente haben wie die *a*-Welle kürzere Latenzen als die on-Elemente. Die Verteilung der drei Elementtypen ist in den einzelnen Retinae unterschiedlich. Die Spike-Höhe beträgt gewöhnlich 300 μV, daneben sind aber auch kleinere Spikes beobachtet worden. Möglicherweise stammen die großen und kleinen Spikes von verschiedenen Ganglienzellen. Die Spikes der Elemente breiten sich über einen bestimmten, etwa 100 μ im Durchmesser großen Retinabezirk mit exponentiell abfallender Amplitude aus.

Das von einer Ganglienzelle und ihrem Dendritennetzwerk erfaßte Gebiet stellt das sog. *rezeptive Feld* dar. Es ist um so größer, je mehr nervöse Querverbindungen vorhanden sind. Die Arealgröße des rezeptiven Feldes ist daher keine konstante Größe, sondern kann sich je nach der Belichtungsintensität ändern. Je stärker der Reiz ist, um so größer ist das rezeptive Feld. Bei fleckförmiger Belichtung läßt sich zeigen, daß das Zentrum des Feldes die größte Empfindlichkeit besitzt, die dann zur Peripherie hin abnimmt. Dabei ist aber das Feld gegen die Nachbarfelder gut abgegrenzt; denn eine Faser wird außerhalb des Feldes durch die Aktion des rezeptiven Feldes selbst nicht gebahnt. Bei den on-off-Elementen erfolgt die Abgrenzung durch laterale Ausbreitung über Schaltneurone

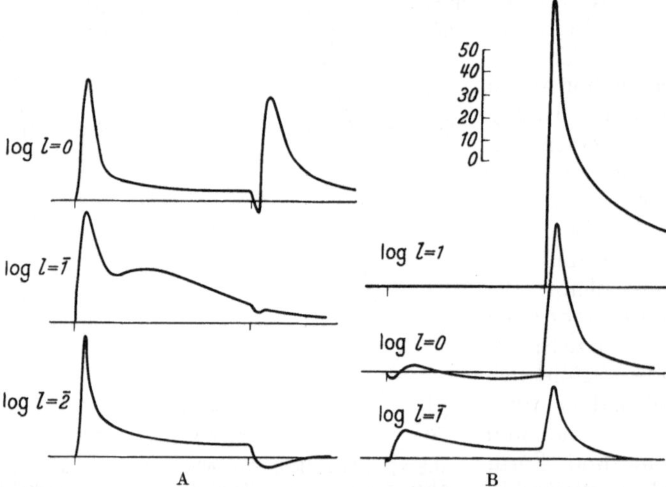

Abb. 88. A Der Übergang einer on-Entladung in eine on-off-Entladung, wenn die Reizstärke erhöht wird. B Der Übergang eines on-off-Elements in ein off-Element mit steigender Reizintensität. (Alle Kurven sind von unten nach oben zu lesen; Ordinate: Impulsfrequenz, Abszisse: Reizdauer 3 sec) (DONNER u. WILLMER)

mit einem Hemmungsring, der bei Belichtung die Entladung im Zentrum des Feldes unterdrückt, ohne selbst Impulse abzugeben. Möglicherweise sind solche Hemmungsphänomene für das Zustandekommen des Simultankontrastes verantwortlich. Ein weißer Fleck im schwarzen Umfeld liefert mehr Impulse und erscheint damit heller als in einem helleren Umfeld, weil das letztere den Hemmungsring aktiviert und so das Zentrum des rezeptiven Feldes dämpft. Auch die Organisation eines rezeptiven Feldes ist nicht fixiert. Findet sich im Inneren des Feldes eine on-Aktivität, so findet man in einer Zwischenzone on-off-Entladungen und in der Randzone off-Entladungen. Auch eine umgekehrte Organisation ist möglich, die sogar mit dem Reizmodus im gleichen Feld wechseln kann (Abb. 88). Schließlich kann eine hohe on-Entladung die off-Entladung unterdrücken und umgekehrt. Eine solche Gegensätzlichkeit im on- und off-System scheint etwas mit einander entgegengerichteten Gleichspannungskomponenten in der Retina zu tun zu haben.

Außer dieser Belichtungsaktivität gibt es bei den Sehnervenfasern eine *Spontanaktivität*, die bei Dunkeladaptation in Stäbchen- und in Zapfenretinae vorhanden ist. Bei intraokulärer Drucksteigerung verschwindet sie.

In der Katzenretina sind die *off-Elemente* selten und herrschen die on- und on-off-Elemente vor. Bei den spontan tätigen Elementen ist nach intensiven Belichtungen eine Impulsblockade nachweisbar, die man *postexcitatorische Hemmung* nennt. Findet sich diese bei vielen retinalen Elementen, so ist die *d*-Welle im ERG dieser Retina klein. Vielleicht soll die postexcitatorische Hemmung durch Hyperpolarisation bei der erregbaren Struktur nach erfolgter Erregung (= Depolarisation) Nachentladungen verhindern. Das wäre also eine sekundäre Hyperpolarisation. Der Phase P_{III} des ERG käme dann die Aufgabe einer primären Hyperpolarisation zu; denn sie übt Hemmungsfunktionen aus, und ihre *präexcitatorische Hemmung* spiegelt sich in der Spike-Aktivität wider.

Interessant ist, daß die blauempfindlichen Elemente immer reine *on-Elemente* sind und sich aus Stäbchen zusammensetzen. Sie sind die einfachsten Sinnesreceptoren, und als Stäbchenaggregate stimmt ihre Spektralempfindlichkeit unter skotopischen Bedingungen mit der Absorptionskurve des Rhodopsins überein. Entsprechend gibt es bei Photopie auch kein *Purkinjesches Phänomen.* Die on-Elemente werden kathodisch erregt und anodisch gehemmt. Eine postexcitatorische Hemmung findet sich bei ihnen selten, und ihre Maximalfrequenz beträgt höchstens 100/sec.

Im Gegensatz zu den on-Elementen werden die *off-Elemente* anodisch erregt und kathodisch gehemmt. Dementsprechend muß ihre Eigenpolarität der der on-Elemente entgegengerichtet sein. Sie reagieren auf Licht mit Hyperpolarisationen, also mit Hemmungen.

Die off-Elemente sind wie die *on-off-Elemente* eine Eigenart aller zapfenhaltigen Retinae. Trotzdem aber weist eine off-Entladung nicht unbedingt auf eine Zapfenbesiedlung hin, weil die Impulsfrequenzen einiger off-Elemente und on-off-Elemente die spektrale Absorptionskurve des Rhodopsins wiedergeben, wonach Stäbchen zu vermuten sind. Das Unterscheidungsvermögen eines on-off-Elements ist immer besser als eines on-Elementes, weil es bei Intensitätserhöhung des Reizes mit einer höheren Entladungsfrequenz bis zu 300/sec reagieren kann. Von Element zu Element ist aber die Frequenzabhängigkeit der Impulse von der Reizintensität unterschiedlich. Die meisten on-off-Elemente verlieren bei hohen Reizstärken ihren on-Anteil, so als ob die Hemmung zu Belichtungsbeginn den Vorrang über die Erregung hätte. Bei anderen Elementen kann die off-Komponente verlorengehen. Am on-off-Element sind Receptoren verschiedener spektraler Empfindlichkeit und Reizschwelle beteiligt, so daß Verschiebungen zwischen den Erregungs- und Hemmungskomponenten vorkommen. Diese Verschiebungen zeigen die verschiedenen Verhältniszahlen bei Aufstellung der *off/on-Relation.* Das zeigt sich sowohl bei Polarisation des Elements als auch bei Belichtung mit verschiedenen Spektrallichtern. Die Gegensätzlichkeit im Verhalten der on- bzw. off-Komponenten macht die on-off-Elemente für die Signalisierung von Spektrallichtern und für die Garantie eines guten Unterscheidungsvermögens hinsichtlich der Sehschärfe geeignet. Die on-off-Entladung spielt deshalb bei der Reaktionsweise eines Elements auf Flimmerbelichtung eine große Rolle.

Die reziproken Energiewerte der Spektrallichter für die Entladung eines Elements in Prozenten des Maximums sind ein Maß für die Spektralempfindlichkeit, und man gelangt auf diese Weise zu der *spektralen Empfindlichkeitskurve eines Elements.* Vergleicht man das elektrophysiologische Verhalten der Elementtypen mit der Absorptionskurve des Rhodopsins, so stimmt die Spektralempfindlichkeit der on-Elemente damit gut überein. Diese den on-Elementen eigene spektrale Empfindlichkeitskurve wird von GRANIT *skotopischer Dominator* genannt, dem als Stäbchenaggregat die Aufgabe der Helligkeitsvermittlung beim Dämmersehen zukommt.

Enthält die Retina genügend Zapfen, so wird diese spektrale Empfindlichkeitskurve des skotopischen Dominators mit seinem Maximum um 497 mμ durch Helladaptation um 60 mμ zum langwelligen Spektrum auf 560 mμ verschoben. Diese neue Kurve entspricht dem *photopischen Dominator,* und dieser Befund ist ein elektrophysiologisches Äquivalent des *Purkinjeschen Phänomens.* Ein solches Überwechseln von einem auf den anderen Dominator kann auch am gleichen Element vorkommen, das dann eine bestimmte Zapfenankopplung erfahren haben muß. Da im photopischen Dominator häufig kleine Kurvenbuckel enthalten sind, wird von GRANIT eine Entstehungsweise des photopischen Dominators aus Teilkurven angenommen. Der photopische Dominator hat die Aufgabe der Helligkeitsvermittlung unter photopischen Bedingungen.

Bei der Prüfung der Spektralempfindlichkeit von Elementen unter Helladaptation gelangt man häufig nicht zu der breiten photopischen Dominatorkurve. Statt dessen erhält man mehrere Engbandkurven, die GRANIT Modulatoren genannt hat. Am leichtesten läßt sich der *Rotmodulator* mit einem Maximum bei 600 mμ und ein *Blaumodulator* bei 460 mμ nachweisen. Der *Grünmodulator* ist schwieriger zu isolieren, weil im Experiment die Retina dunkel adaptiert und die allgemeine Verschiebung zum skotopischen Dominator die Grünkurve verdeckt. Die Modulatoren brauchen keine reinen Zapfenaggregate zu sein, zumal sie sich auch in zapfenarmen Retinae in wechselnder Verteilung vorfinden. In diesen

Fällen müssen sich offenbar helladaptierte Stäbchen wie Zapfen verhalten. Jedenfalls hat eine ausgedehnte Analyse der verschiedenen Retinae und ihre statistische Bearbeitung ergeben, daß es drei Modulatoren gibt: den Rot-, Grün- und Blaumodulator (Abb. 89).

Die Buckel in der photopischen Dominatorkurve machen wahrscheinlich, daß der photopische Dominator sich aus den genannten Modulatoren zusammensetzt. Das kann photochemisch oder auch nervös über synaptische Interaktionen zustandegekommen sein. Ein solches System könnte jedenfalls gut erklären, warum eine additive Farbenmischung aus Rot, Grün und Blau eine Unbuntempfindung hervorruft. Darüberhinaus könnten die Modulatoren entsprechend der Heringschen Gegenfarbentheorie zu antagonistischen Paaren zusammengefaßt sein, um in einer zentral gelegenen Stelle wieder entkoppelt zu werden. Weiterhin ist denkbar, daß die Modulatoren den photopischen Modulator selbst modifizieren und so die Helligkeitsverteilung der Farben garantieren. Eine Farbe erscheint um so heller, je näher sie am Maximum des photopischen Dominators liegt. Die Dominator-Modulatortheorie liefert somit Anhaltspunkte sowohl für die Young-Helmholtzsche als auch für die Heringsche Farbentheorie. Die Existenz der Modulatoren ist inzwischen auch mit anderen Methoden, wie z. B. der selektiven Adaptation, der Polarisation eines Elements und der Farbenmischung in einem Element bestätigt worden (vgl. a. S. 121).

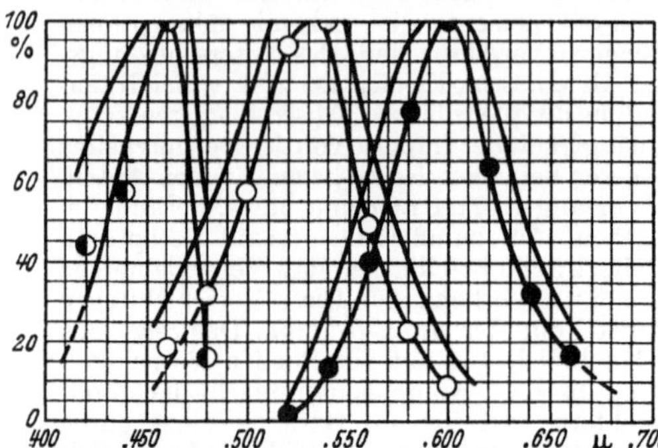

Abb. 89. Die drei Modulatorkurven der Katzenretina, erhalten mit der Methode der selektiven Adaptation. Die von den Doppelkurven eingegrenzte Fläche gibt den Streubereich an. (● = rot, ○ = grün, ◐ = blau) (GRANIT)

Welcher Zusammenhang besteht nun zwischen den Receptorpotentialen von SVAETICHIN und den Modulatoren von GRANIT ? Nach SVAETICHIN soll es Doppelwellenlängendiskriminatoren für Rot-Grün und Gelb-Blau entsprechend der Heringschen Gegenfarbentheorie und außerdem L-Zapfen für die Vermittlung von Helligkeit geben. Dabei sollen die Doppelzapfen je nach der Wellenlänge Hyper- bzw. Depolarisationen für Rot bzw. für Grün und Gelb bzw. für Blau liefern. Die L-Zapfen produzieren dagegen nur negative Monophasien mit einer der spektralen Helligkeitskurve entsprechenden Amplitudenabhängigkeit. Nach SVAETICHIN liefert im ERG ein Farbreceptor on-off-Reaktionen nur bei farblosen oder solchen Lichtern, deren Wellenlängen an den Neutralstellen der spektralen Empfindlichkeitskurve eines Zapfenpaares liegen. Sonst sollen die Farbreaktionen nur monophasisch sein. Deshalb seien die von GRANIT gefundenen Modulatoren mit ihren on-off-Reaktionen Unbuntreaktionen (vgl. die Einwände auf S. 121). Der Gegensatz zwischen der Dominator-Modulatortheorie und den elektrophysiologischen Befunden bedarf sicherlich noch weiterer experimenteller Klärung, zumal noch fraglich ist, ob die sog. Receptorenpotentiale wirklich intracellulär von den Receptorenaußengliedern abgeleitet worden sind.

Abschließend sei erwähnt, daß die Leitungsgeschwindigkeit in den Sehnervenfasern unterschiedlich ist. Die mittlere Geschwindigkeit beträgt 34 m/sec. Dünnere, halb so rasch leitende Fasern verlaufen gekreuzt und ungekreuzt. Auch die retrobulbären Opticusfasern sind in zwei Gruppen unterteilbar. Im Tractus opticus liegen sie getrennt, und zwar die dicken Fasern caudal und die dünnen kranial. Im homolateralen Sehnerven existieren vorwiegend dünne Fasern. Da die Leitungsgeschwindigkeit der Nervenfasern mit der Dicke der Markscheide wächst, gibt es zwischen der intraretinalen und retrobulbären Leitungsgeschwindigkeit Unterschiede, weil die Sehnerven in der Retina markärmer sind. Die intraretinale Leitungsgeschwindigkeit beträgt bei der einen Gruppe 2,9—3,6 m/sec und bei der anderen 1,7—1,9 m/sec. Damit leiten die retinalen Fasern nur mit $^1/_{10}$ der retrobulbär vorhandenen Leitungsgeschwindigkeit.

Die elektrische Reizung des Sehnerven hat darüber hinaus *zentrifugale Nervenbahnen* nachweisen können. Teilweise handelt es sich dabei um rücklaufende Axonkollaterale. Es ist noch unbekannt, wo diese Nervenfasern in der Netzhaut enden. Sicherlich stammt ein Teil dieser

Fasern aus der Reticulärformation. Die Aufgabe einer solchen antidromen Spike-Tätigkeit könnte in einer Kontrolle der Impulsabsendung durch das letzte retinale Ganglion liegen.

β) Die Sehzentren

Das *Corpus geniculatum laterale* ist die erste Station der Sehnervenfaserimpulse auf ihrem Weg zur Sehsphäre. Der seitliche Kniehöcker besitzt eine Spontanaktivität, die je nach der Narkosetiefe aus kleinen 3—10/sec-Wellenrhythmen besteht. Beim Menschen liegt die Frequenz im Bereich der α-Wellen des EEG, sie sind aber wesentlich stabiler als die des optischen Cortex. Eine Analyse der bioelektrischen Kniehöckerreaktion ist erst nach Ableitung der *Potentiale im Tractus opticus* nach elektrischer Sehnervenreizung oder Augenbelichtung möglich. 15 und 50 msec nach Belichtungsbeginn treten im Tractus opticus eine frühe und späte on-Welle auf, von denen die letztere eine niedrigere Schwelle besitzt und bei hohen Reizstärken ausgelöscht wird. Die off-Reaktionen sind komplexer. Somit gibt es also auch hier on-, off- und on-off-Reaktionen. Die langsam leitenden on-Fasern sind blauempfindlich und reagieren auf Belichtung nicht sehr aktiv. Die on-Fasern haben im Gegensatz zu den sehr lichtempfindlichen, aber farbunempfindlichen on-off-Fasern keine Spontanaktivität. Nach elektrischer Reizung findet man im Tractus opticus drei nach Latenz und Leitungsgeschwindigkeit verschiedene Potentiale. Diese treten nicht immer auf, sondern es hängt von der Reizstärke und Elektrodenanlage sowie davon ab, welcher der beiden Tractus gereizt worden ist. Die mittelgroßen Fasern liegen danach in der äußeren Hälfte des homolateralen und der inneren Hälfte des contralateralen Tractus opticus. Die dicken Fasern beider Seiten gelangen in das Innere des Tractus opticus.

Bei Ableitung von der Einzelfaser des Tractus erweist sich der von der postsynaptischen Reaktion verschiedene Spike als positiv monophasisch, dessen Anstieg und Refraktärphase mit der Latenz und Leitungsgeschwindigkeit im Zusammenhang steht. Entsprechend den drei Spikes bei Massenableitungen gibt es drei verschieden rasch leitende Fasern mit Leitungsgeschwindigkeiten von 52, 37 und 16 m/sec. Nach Reizung der Brachia conjunctiva des Colliculus superior erhält man nur einen Spike, der bei dem längeren Leitungsweg dem ersten Spike nach Tractusreizung entspricht. Es handelt sich dabei wahrscheinlich um dicke Fasern, die vom Prätectum und den vorderen Vierhügeln kommen. Diese dringen hauptsächlich in den seitlichen Kniehöcker ein, um die Impulse aus der Retina auf die Sehrinde zu übertragen. In die vorderen Vierhügel ziehen nur mittelgroße Fasern. Im Tractus opticus gibt es keine Kollateralen von einem Tractus zum anderen.

Aus der Nachbarschaft des *Dorsalkerns des Corpus geniculatum laterale* erhält man nur einen Spike mit einer nachfolgenden Welle. Beide Anteile sind variabler als die Tractuspotentiale und auch von der Elektrodenlage abhängig. Die Potentiale sind dabei nach elektrischer oder optischer Reizung verschieden. Nach elektrischer Sehnervenreizung tritt eine Reaktion mit einem initialen positiven Spike auf, dessen Latenz der Zeit zur Überwindung einer Synapse mit kurzer Refraktärphase im Kniehöcker entspricht. Folglich ist die nachfolgende Reaktion das Somapotential der Kniehöckerzelle. Es dauert kürzer als das formal gleiche Somapotential der Kniehöckerzelle nach Belichtung. Bei optischer Reizung ist die erste Kniehöckerreaktion oft eine starke Negativität mit drei nachfolgenden positiven Spikes.

Bei Ableitung von der einzelnen Einheit des Kniehöckers findet man nach einem kurzen Reiz ebenfalls Spikes. Durch Sehnervenreizung werden eine frühe und eine später einsetzende Spike-Gruppe ausgelöst. Bei Lichtreizung neigen die frühen Spikes zur Gruppenbildung. Die späten Spikes fehlen im Thalamus und auch in der Rinde. In der Reaktion der einzelnen Einheit im seitlichen Kniehöcker lassen sich prä- und postsynaptische Axon-, Zellkörper- und Dendritenreaktionen voneinander abgrenzen. Die Axonreaktionen dauern kürzer als die der Zellkörper. Auch die Dendritenreaktion ist wesentlich länger.

Die einzelne Kniehöckerzelle besitzt überdies eine Spontanaktivität, die durch eine Sehnervenreizung unterdrückt werden kann. Diese rhythmische Spontanaktivität soll durch ein Spannungsfeld um die Neuronenkörper zustande kommen. Entsprechend bildet sich auch durch eine wiederholte Sehnervenreizung im Dorsalkern des Kniehöckers eine von Reizstärke und Reizfrequenz abhängige Ruhepotentialgröße aus, die das Reizende lange überdauern kann. Man gewinnt den Eindruck, als ob sich das Ruhepotential mit einem Spannungsgradienten entlang des proximalen Neuronenteils ausbildet, wobei sich das Zellsoma zum Axon negativ verhält. Möglicherweise ist die Hemmung der Spontanaktivität in den Kniehöckerelementen durch Sehnervenreizung für die Ausbildung einer solchen Reizspannungskomponente verantwortlich, die auch das durch optische Reizung ausgelöste Impulsmuster widerspiegelt.

Die spektrale Empfindlichkeitskurve der bioelektrischen Aktivität einer Kniehöckerzelle aus dem Dorsalkern zeigt im übrigen 5 Maxima, von denen das bei 510 mμ dem skotopischen System entspricht. Die übrigen vier Maxima sind oft miteinander gekoppelt. Damit scheint auch die Impulstransmission vom Kniehöcker in die Sehsphäre farbspezifisch zu sein, zumal bei Farbreizen mit Intensitäten für eine konstante Latenz der Kniehöckerreaktion in der Sehsphäre trotzdem Reaktionen verschiedener, von Rot über Gelb, Blau und Grün ansteigender Latenz ausgelöst werden (M. LENNOX). Schließlich ist auch eine antidrome Reizung des Dorsalkerns möglich, wobei ein triphasischer Komplex zur Ableitung gelangt, in dem der erste Anteil den Axonspike und der zweite den Somaspike darstellt. Der dritte Spike ist in seiner Genese ungeklärt.

Die aus dem Sinnesorgan stammenden Signale, die zum Kniehöcker geleitet und von dort wahrscheinlich schon farbspezifisch zur Sehsphäre weiter übertragen werden, beeinflussen die *bioelektrischen Phänomene des Cortex*. Dabei werden einmal die elektrische Spontanaktivität der Hirnrinde, das *Elektrencephalogramm* und zum anderen entsprechende Aktionspotentiale in der Sehsphäre beeinflußt.

Das Elektrencephalogramm (EEG) besteht nach BERGER beim wachen Menschen aus α-Wellen (8—12/sec) mit frontal nach occipital und temporo-parietal anwachsender Amplitude und Häufigkeit. Dabei kommt es zu einem periodischen An- und Abschwellen der α-Wellen, die vor allem occipital zu dem typischen Schwebungscharakter führen. Optische, akustische und taktile Reize sowie geistige Betätigung führen zu einer Blockierung der α-Wellen mit einer Am-

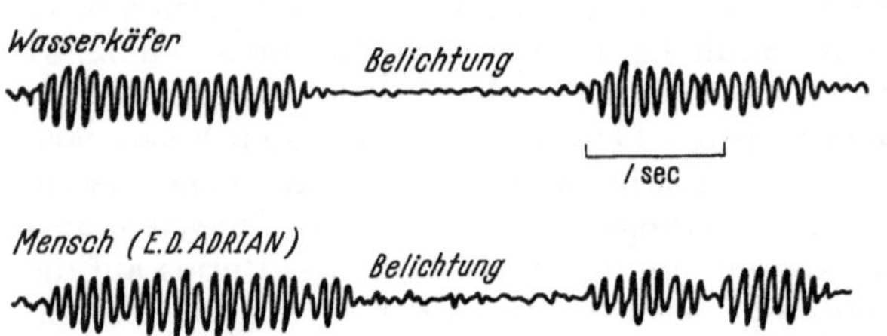

Abb. 90. Der Vergleich zwischen den α-Wellen des Wasserkäfers (obere Kurve) und denen des Menschen (untere Kurve). Die α-Wellen werden durch eine Augenbelichtung gehemmt (ADRIAN u. MATTHEWS, 2)

plituden- und Häufigkeitsverminderung zugunsten der höherfrequenten, aber kleinen β-Wellen (14—30/sec) (Abb. 90). Diese sind präzentral am deutlichsten und durch Willkürhandlungen oder Bewegungsbereitschaft hemmbar. Eine intensive Lichtreizung kann über der Sehsphäre auch λ-Wellen auslösen, die bei Augenschluß, Fixation oder Betrachtung eines uniformen Feldes wieder verschwinden. Nach Dauerbelichtung kommt es in der Hemisphäre zum Auftreten träger Wellen, die weniger afferente Impulse erhalten. In der dem belichteten Auge zugehörigen Hemisphäre wird dagegen die α-Wellen-Tätigkeit verstärkt. Da die α-Wellen-Hemmung bei Blinden durch visuelle Vorstellung bereits auslösbar ist, bei Gesunden über dem gesamten Cortex auftritt und schließlich für das EEG des Gelbrandkäfers genauso wie für das EEG des Menschen gilt, liegt die Vermutung nahe, daß die bioelektrische Aktivität des Cortex von subcorticalen Hirnstrukturen über ein allgemeines, aufsteigendes, unspezifisches Projektionssystem beeinflußt wird. Als solches gilt das Projektionssystem der Reticulärformation. Wahrscheinlich wird ein Teil der Impulsmuster aus dem peripheren Sinnesorgan im Bereich der Schleifenbahnen über Kollaterale unter Verlust ihres Musters zur Reticulärformation geleitet. Von hier aus erfolgt dann über die Projektionsbahn die α-Wellenhemmung nach optischen Reizen. Zur optischen Aktivierung des Cortex sollen vier Bahnen vorhanden sein.

Eine α-Wellenhemmung durch Augenbelichtung tritt entsprechend dem Zeitbedarf der Erregungsleitung nach einer *Blockierungszeit der α-Wellen* auf. Diese hängt vom Logarithmus der Reizstärke in einer exponentiell abfallenden Kurve ab. Wie die Adaptationskurve besteht die Latenzkurve der α-Wellenblockierung aus zwei Abschnitten. In der Blockierungszeit sind mehrere Zeitanteile enthalten. Der sog. präretinale Abschnitt reicht bis zum Einsetzen der b-Welle des ERG. Der postretinale Abschnitt ist schwer erfaßbar, weil man aus dem ERG nicht ablesen kann, wann Impulse in den Sehnerven abgegeben werden. Sie liegen jedenfalls vor dem b-Wellengipfel. Um so erstaunlicher ist dann der relativ große postretinale Anteil in der Blockierungszeit, zumal die Leitungsgeschwindigkeit im Sehnerven bei dem kurzen Weg auf erheblich kürzere Latenzen schließen läßt. Zieht man von der Blockierungszeit der α-Wellen die retinale Latenz ab, so gelangt man zur *Zentralzeit*. Sie entspricht der Dauer einer α-Welle. Da die Frequenz der α-Wellen mit dem Lebensalter ansteigt, muß die Blockierungszeit entsprechend kürzer werden.

Vor der α-Wellenhemmung auf Belichtung kommt es über dem occipitalen Cortex zu einem sog. *K-Komplex* mit den corticalen b-, c-, d- und e-Wellen (Abb. 91). Die corticale b-Welle setzt nach etwa 40 msec ein und erreicht ihren Gipfel 10 bis 20 msec später. Diese bis zum Auftreten der corticalen b-Wellen notwendige *Corticalzeit* dürfte mit der *Empfindungszeit* identisch sein (vgl. S. 213). Bei einer ERG-Latenz von 30 msec bleibt dann eine *retinocorticale* Zeit von 10 msec übrig. Auf die corticale b-Welle folgen α-wellenähnliche c-, d- und e-Wellen. Innerhalb der Reaktionszeit setzt die motorische Antwort im Elektromyogramm erst nach der corticalen c-Welle ein. Diese Zeit beträgt nach MONNIER 115 msec. Zieht man davon 10 msec Leitungszeit von der motorischen Region bis zum Muskel und 40 msec der corticalen Zeit ab, so gelangt man zu einer *optomotorischen Integrationszeit* von 60—70 msec. Der gesamte K-Komplex verschwindet in tiefer Narkose, nicht aber im Schlaf und bei Bewußtlosigkeit. Er kann überdies als bedingter Reflex ausgebildet werden. Neben diesem K-Komplex als on-Reaktion gibt es auch off-Reaktionen. Sie stellen eine Aktivierung nach vorangegangener Hemmung und damit ein postinhibitorisches Rückschlagphänomen dar. Bei Lichtblitzserien können die on- und off-Reaktionen miteinander interferieren.

Im EEG wird auch frontal ein durch Belichtung ausgelöster Rhythmus beobachtet. Dieser geht mit Lidflattern einher und wird bei geöffneten Augen gehemmt, bei psychischer Aktivität verstärkt. Aber auch die occipitalen on- und off-Reaktionen sind mit ruckartigen Augenbewegungen gekoppelt. Von diesen sind aber die spontanen Augenbewegungen abzugrenzen, die man in bestimmten EEG-Stadien des Schlafes findet.

Auch die Simultan- und Sukzessivkontraste lösen ERG- und EEG-Veränderungen aus. Entsprechend der α-Wellenhemmung auf Belichtung führt jedes Nachbild zum Verschwinden des α-Wellenrhythmus. Dieses Phänomen ist aber nicht bei allen Menschen vorhanden.

Da die Photostimulation über die Reticularformation einen Aktivierungseffekt bewirkt, ist die Lichtreizung in der klinischen Elektrencephalographie als Provokationsmethode anwendbar. Dabei erweist sich eine rhythmische Augenbelichtung als besonders wirksam. Entsprechend steht der K-Komplex in einer gesetzmäßigen Beziehung zur Reizfrequenz der Augenbelichtung. Eine solche rhythmische Augenbelichtung ist in der Lage, bei Patienten mit einer photogenen Epilepsie Krampfpotentiale im EEG auszulösen (vgl. S. 225).

Neben diesen Photostimulationseffekten im EEG gibt es spezifische Reaktionen in der Sehsphäre nach Retinabelichtung. Hiermit sind die eigentlichen

Aktionspotentiale der Sehsphäre gemeint. Sie lassen sich in Primär- und Sekundärreaktionen unterscheiden. Die *Primärreaktion* ist verschieden je nachdem, ob die
Retina belichtet oder die Sehbahn elektrisch gereizt wurde. Im Gegensatz zu der

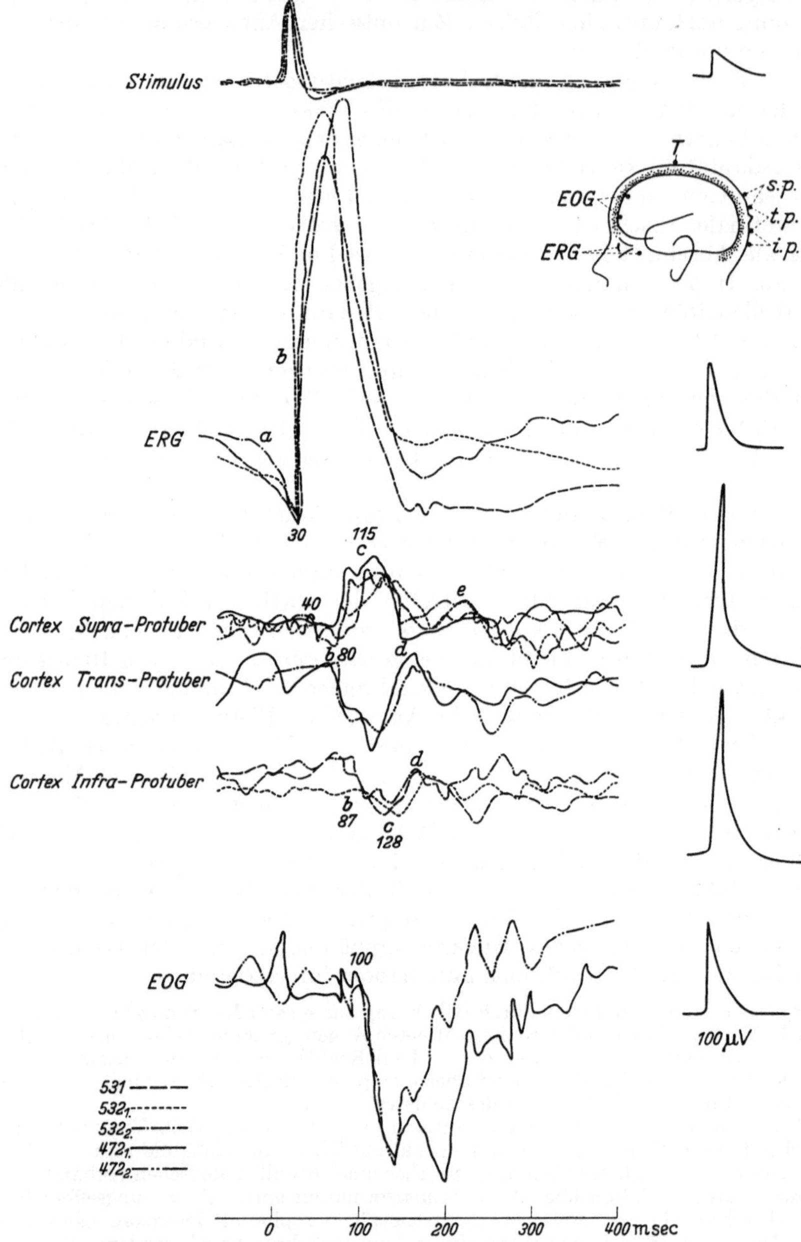

Abb. 91. Messung der retino-corticalen Zeit beim Menschen (LAUE u. MONNIER)

bi- oder gelegentlich triphasischen Belichtungsreaktion ist das Potentialbild nach
elektrischer Sehnervenreizung komplexer. Die Komponenten der Primärreaktion
reagieren verschieden empfindlich gegenüber Temperaturänderungen oder einer

Ischämie. Die *Sekundärreaktion* besteht beim wachen Tier aus raschen, regelmäßigen Wellen des Spontanrhythmus, in Narkose aus gedämpften Wellenzügen. Die Primär- und Sekundärreaktionen nach elektrischer Reizung sind beim Menschen schon zum Zeitpunkt der Geburt vorhanden, nicht dagegen die optisch auslösbaren Reaktionen. Die ersteren werden in der Folgezeit komplizierter, wobei Potentialumkehrungen vorkommen können. Von den 6 Komponenten in der Primärreaktion stammen wahrscheinlich nur die letzten beiden aus dem Cortex. Die fünfte Komponente stellt eine negative Oberflächenreaktion dar, die sich dekrementiell ausbreitet und zu der in der IV. Schicht bei höheren Reizstärken noch eine tiefe Negativität als sechste Komponente mit relativer Positivität der Rindenoberfläche kommt. Diese letztere breitet sich ohne Dekrement radiär aus. Der Oberflächenreaktion entspricht ein Erregungsvorgang in der oberflächlichen Molekularschicht; denn 1,5—2 mm tiefer ist sie nicht mehr vorhanden. Sie soll von den Dendriten der Horizontal- oder Pyramidenzellen produziert werden und durch eine Impulsausbreitung entlang den apikalen Dendriten der Pyramidenzellen zustande kommen. Die Oberflächennegativität ist wahrscheinlich ein Dendriteneffekt, die Oberflächenpositivität dagegen ein Somaprozeß an den Pyramidenzellen selbst. Die gesamte Reaktion stellt aber die postsynaptischen Potentiale der Pyramidenzellen dar, die mit corticocorticalen Fasern in synaptischer Verbindung stehen und subcortical unterhalten werden. Umgekehrt vermag auch die paraoccipitale Cortexregion die trägen Leitungsbahnen im Hirnstamm zu beeinflussen. Diese Kopplung führt zu der Vorstellung von Erregungskreisen. Die oberflächenpositive Welle soll mit dem afferenten, thalamocorticalen Erregungseinstrom zusammenhängen.

Mit der Oberflächenpositivität gelangen auch einzelne Spikes in den Cortex. Meist kommen drei Spikes vor, von denen der erste mit 35 m/sec, der zweite mit 21 m/sec geleitet werden. Diese beiden ersten Spikes sind afferenter Natur und stammen aus den beiden Tractusfaserarten. Nur der dritte Spike und die nachfolgende oberflächenpositive Welle sind echte corticale Reaktionen auf den afferenten Erregungseinstrom. Dabei ist die Erregbarkeit der Neuronen in der Sehsphäre inkonstant; denn sie durchlaufen eine kurze Bahnungs- und eine längere Hemmungsphase. Dabei vermag die Hemmungsphase die Spontanaktivität zu unterdrücken, so daß die danach auftretenden Nachentladungen eine Wiederkehr zur Spontanaktivität bedeuten. Hemmungsphänomene dieser Art gibt es auch im Kniehöcker, so daß die Rindenreaktion nacheinander von zwei Hemmungsmechanismen beeinflußt wird, einmal vom Corpus geniculatum laterale und zum anderen durch die eigene corticale Hemmung. Der oberflächenpositiven Welle soll eine Bahnungsfunktion zukommen. Schließlich ist die Sehbahn auch noch von anderen Arealen her beeinflußbar. Hierfür kommen die spezifischen Assoziationsareale, das Parietal-, Occipital- und Temporalhirn sowie die thalamischen Relaiskerne in Betracht. Selbst vom Corpus callosum werden Impulse zur Sehsphäre geleitet, die dort das gleiche tun wie die Impulse aus den gekreuzten Opticusfasern. Über Projektionen der Sehbahnen, über tecto-fronto-cerebellare Bahnen kommt es letztlich auch im Kleinhirn, vor allem in den Pedunculi cerebelli zu einer oberflächenpositiven Welle mit nachfolgender Oberflächennegativität.

Die Reaktionen in den verschiedenen Sehsphärenbezirken sind unterschiedlich. Man gewinnt den Eindruck, daß die Sehbahnenimpulse zunächst zum hinteren Teil der Sehsphäre und von dort zum vorderen geleitet werden. Dagegen spricht aber, daß die Latenzunterschiede nicht gleich bleiben. Wahrscheinlich ziehen in den vorderen Teil der Sehsphäre Fasern mit geringerer Leitungsgeschwindigkeit als zum hinteren Sehsphärenbereich.

Die Amplitude der Rindenreaktionen unterliegt periodischen Schwankungen. So kann eine Dauerbelichtung, die von rhythmischen Lichtblitzen oder einer rhythmischen Sehnervenreizung überlagert wird, die Amplitude der Rindenreaktion verändern. Licht übt dabei im allgemeinen einen Verstärkungseffekt aus, der sich mit einem gedämpften Schwingungszug binnen 1 sec auf seinen Maximalwert einstellt. Das gilt entsprechend auch für die off-Reaktionen bei Ausschaltung der Dauerbelichtung.

14*

Die komplexe Rindenreaktion und das vielfältige Verhalten gegenüber den Reizeinflüssen führen zwangsläufig zu der Frage nach dem Aktionspotential des einzelnen corticalen Neurons in der Sehsphäre. Die von ihnen ableitbaren, häufig negativen Spikes sollen eigentlich diphasisch sein. Die Form der Aktionspotentiale ist nämlich abgriffsbedingt. Dem Verhalten auf Belichtung nach kann man folgende Neuronentypen im optischen Cortex unterscheiden (JUNG). (Abb. 92).

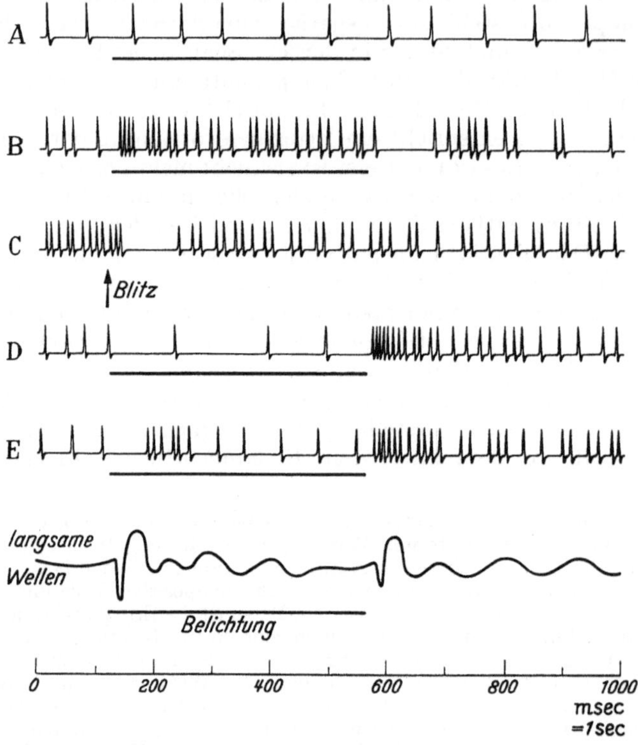

Abb. 92. Schematische Darstellung der verschiedenen Reaktionstypen der corticalen Neurone der Sehsphäre (BAUMGARTNER u. JUNG)

Die *A-Neurone* zeigen keine Lichtreaktion, sind aber spontan aktiv und gruppieren sich in Dunkelheit zum α-Rhythmus. Die *B-Neurone* werden durch Licht zu einer aus 3—6 Impulsen bestehenden Spike-Gruppe aktiviert und gehen dann in eine zur Ruheentladung erhöhte, aber unregelmäßige Aktivität über. Nach Belichtung reagieren sie über eine "silent period" mit einer Nachaktivierung. Die *C-Neurone* werden durch intensive Belichtung gehemmt und reagieren auf längere Belichtungen oder Dunkelpausen nicht. Die kleinen Spikes der *D-Neurone* werden durch Ausschalten des Lichtes aktiviert und durch Belichtung gehemmt. Schließlich entladen sich die *E-Neurone* beim Ausschalten der Lichtquelle mit einer intensiven Impulssalve und bei Belichtung über eine "silent period" mit einer schwächeren. Es gibt auch noch auf Lichtbewegung oder Arealveränderungen reagierende Neurone, deren Reaktionsart aber weitgehend vom Wachzustand bestimmt wird. Die häufig vorkommenden B-Neurone ähneln also den on-Elementen der Retina, die D-Neurone den off-Elementen und die E-Neurone den on-off-Elementen. Die B-Neurone haben zur Rindenreaktion nur eine lose Beziehung; denn kurz vor der Rindenreaktion tritt die kurze Impulsserie des B-Neurons auf, während die "silent period" und die Frequenzabnahme der Impulsserie in der negativen

Rindenreaktion liegen. Die initialen B-Neuronenspikes setzen schon vor dem Anstieg der oberflächenpositiven Welle ein. Die A-Neurone sollen an den Makrorhythmen des EEG beteiligt sein.

Diese Darstellung der bioelektrischen Vorgänge der Netzhaut, der Sehbahn und des Sehnerven hat gezeigt, daß die Elektrophysiologie des Gesichtssinns der Sinnesphysiologie nicht nur wesentliche Anregungen zu geben vermag, sondern auch objektivierbare Anhaltspunkte dafür liefert, nach welchen Gesetzen das Photorezeptionssystem mit seinen nachgeschalteten, zentralnervösen Strukturen und Zentren funktioniert.

J. Zeitliche und örtliche Beziehungen der Erregungs- und Empfindungsvorgänge zum Reiz

1. Zeitbeziehungen

Die Frage, welche zeitlichen Beziehungen zwischen Reiz und Erregungsprozeß bestehen, wurde schon bei der Methode des Farbenkreisels gestreift, als die gleichzeitige Wirkung zweier Reize durch ein Nacheinander ersetzt wurde. Das hat zur Voraussetzung, daß die Erregung in der Netzhaut den Reiz überdauert. In der Tat läßt sich nachweisen, daß die *Erregungsdauer* nicht an die *Reizdauer* gebunden ist. Die zeitlichen Beziehungen zwischen Reiz, Erregung und Empfindung lassen sich in ihrem allgemeinen Verlauf am besten darstellen an Hand einer von CIBIS entworfenen schematischen Zeichnung (Abb. 93), die für den Fall der Reizung einer umschriebenen Netzhautstelle gilt.

a) Empfindungs(latenz)zeit

Zu Beginn einer *Lichtreizung* liegen *besondere Beziehungen zwischen Reiz und Empfindung* vor. Der neu eintreffende Reiz findet schon ein mehr oder weniger konstantes Empfindlichkeitsniveau der Netzhaut vor (in dem Schema die zwischen +- und — Schwelle durchgezogene Gerade), ein Konzentrationsgleichgewicht der photosensiblen Substanz. Der neue Reiz ruft seinerseits einen *photochemischen Primärprozeß* hervor (mittlere Kurve, s. auch das Kapitel über die Sehstoffe). Sobald dessen Konzentration nach einer Latenzzeit eine bestimmte Höhe erreicht hat, setzt ein Sekundärprozeß ein, unter dem alle weiteren Vorgänge bis zur Empfindung, also auch Erregung und Weiterleitung, verstanden werden.

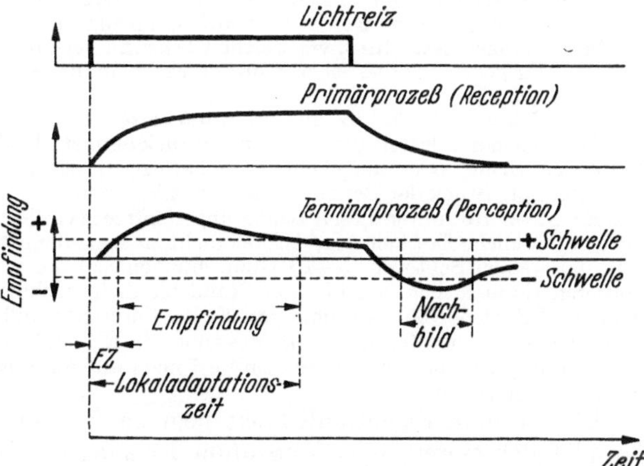

Abb. 93. Schematische Darstellung der Beziehungen zwischen Lichtreiz, Primär- und Terminalprozessen des Sehorgans und den Schwellen der Gesichtsempfindung bei Reizung einer umschriebenen Netzhautstelle (nach CIBIS)

Sobald dieser Prozeß überschwellig geworden ist, kommt es zur Empfindung. Der *Terminalprozeß* der Sekundärprozesse (untere Kurve) geht der *Empfindung* parallel. Die Zeit zwischen Reizbeginn und Empfindungsbeginn wird nach FRÖHLICH als *Empfindungszeit* (EZ), nach STRUGHOLD als *Empfindungslatenzzeit* bezeichnet. Die EZ beträgt je nach der verwendeten Intensität 35—150 msec, sie nimmt mit wachsender Intensität ab.

Nach Fröhlich und Monjé ist sie für das hell- und dunkeladaptierte Auge umgekehrt proportional dem Logarithmus der Reizstärke. Einen großen Einfluß auf die Größe der EZ hat vor allem der zeitliche Verlauf des Reizes. Bewegt sich z. B. ein runder Reiz mit sehr langsamer Geschwindigkeit (etwa 2,5 Bogenmin/sec) durch das Gesichtsfeld, so kann seine EZ auf 2 sec anwachsen. Zwischen der Geschwindigkeit und der EZ besteht wiederum eine logarithmische Beziehung (Hirschberg). Andere Faktoren, die einen Einfluß auf die EZ haben, sind Dauer des Reizes, Adaptationszustand, Aufmerksamkeit des Beobachters usw. Von großem Einfluß auf die EZ sind weiter individuelle Unterschiede, die sich sowohl auf alle als auch auf einzelne Bedingungen erstrecken können. Bei Monjé ist z. B. die EZ nur bei Dunkeladaptation verlängert. Die EZ ist ein Teil der *Reaktionszeit*, d. h. der Zeit, die bei der Aufgabe, auf einen Lichtreiz eine verabredete Antworthandlung auszuführen (z. B. mittels eines Tasters einen Stromkreis zu unterbrechen; Blickwendung auf einen Lichtreiz), zwischen Reiz und Beginn einer Muskelaktion vergeht. Der motorische Anteil der Reaktionszeit beträgt 150 msec; er ist unabhängig vom Adaptationszustand und der Intensität des Reizes.

Auf die große Bedeutung der EZ im *Schnellflug* wurde von Strughold hingewiesen. Bei einer Fluggeschwindigkeit von 3 Mach (1000 m/sec) wird in $^1/_{10}$ sec eine Strecke von 100 m zurückgelegt. Eine solche Strecke würde durch eine EZ von $^1/_{10}$ sec verschluckt, die der Empfindung vorangeht. Diese Strecke existiert somit praktisch nicht und kann als kinetisches Raumskotom oder als nicht wahrnehmbares Intervall bezeichnet werden. Nach Fröhlich sind in einer EZ von z. B. 35 msec inbegriffen: eine retinale Latenzzeit von 20 msec, eine Leitungszeit von 2 msec und eine Latenzzeit der Sehsphäre von 13 msec. Noell konnte am Kaninchen feststellen, daß bei starken Lichtreizen die Impulse im Nervus opticus nach 15 msec auftreten, in der Cortex nach 23 msec. Laue und Monnier fanden eine retinale Latenzzeit von 33—40 msec, eine zentrale von 27—30 msec (vgl. S. 210).

Die EZ wurde für die Fovea kürzer gefunden als für die Peripherie (Arden und Weale; Sweet; vgl. aber Fröhlich u. Vogelsang).

Auf der Abhängigkeit der EZ von der Stärke des Reizes (log I) beruht ein von Wolf erstmalig erwähnter und von Fertsch gedeuteter Stereoeffekt, der unter dem Namen *Pulfrich-Effekt* bekannt geworden ist. Er tritt auf, wenn man ein weißes Pendel auf dunklem Grund mit beiden Augen betrachtet, vor welche Gläser mit verschiedenem Verdunklungswert gehalten werden. Wir gehen auf diese merkwürdige Erscheinung bei der Besprechung der Stereoskopie näher ein (S. 337).

Auf *Unterschiede der EZ für verschiedenartige Reize* wurde schon von Helmholtz die Erscheinung der „flatternden Herzen" zurückgeführt. Legt man sattrote Papierstücke auf tiefblauen Grund oder umgekehrt und bewegt die Unterlage etwas hin und her, so scheint das aufgelegte Stück der Bewegung des Grundes voranzueilen oder hinter ihr zurückzubleiben. Die EZ ist für Rot unter diesen Bedingungen kürzer (v. Kries, Piéron). Hierauf beruht auch die eigentümliche Erscheinung, daß bei nicht zu schnellem Rotieren einer Scheibe mit schwarzen und weißen Sektoren (9—16 Umdrehungen/sec) der weiße Sektor am vorauslaufenden, vorderen Rand rötlich, am hinteren Rand bläulich erscheint (Benham, Fechner). Weiteres über die EZ ist der Monographie von F. W. Fröhlich und der Darstellung von Vogelsang zu entnehmen. Die Methoden zur Messung der EZ sind von Monjé zusammengestellt. Zur Erscheinung der „flatternden Herzen" sei noch auf die abweichende Erklärung von Schapringer hingewiesen.

Eine weitere Eigentümlichkeit liegt zu Beginn der Lichtwirkung darin, daß bei plötzlich einsetzender konstanter Reizung die Empfindung (nach Ablauf der EZ) nicht sogleich in voller Stärke auftritt, sondern eine *Anstiegszeit* hat (s. Abb. 93 und 94). Sie hängt wieder von der Reizstärke ab.

Einen Weg, den zeitlichen Verlauf der Gesichtsempfindung zu messen, hat bereits Exner angegeben, doch ist das Verfahren etwas umständlich. Viel einfacher und eindrucksvoller ist die Methode Fröhlichs: Wird ein bewegter, spaltförmiger Lichtreiz mit ruhendem Auge beobachtet, so erscheint er als mehr oder minder breiter Lichtstreifen, dessen Helligkeit von Null zu einem Maximum ansteigt und wieder absinkt, und zwar deshalb, weil die Empfindung in den zuletzt getroffenen Netzhautelementen eben anklingt, während in den vorher belichteten die Empfindung gerade ihr Maximum erreicht hat oder schon wieder abklingt.

Der Abb. 94 können wir entnehmen, daß sich der gesamte zeitliche Verlauf der Gesichtsempfindung mit anwachsender Reizintensität ändert: Die EZ nimmt ab, die Dauer der primären Empfindung wird kürzer, die Helligkeit nimmt zu, das Maximum der Helligkeit rückt an den Anfang, und der Helligkeitsanstieg wird steiler. Die minimale EZ von 35 msec wird bereits bei einer mittleren Reizintensität erreicht, unabhängig von den übrigen Veränderungen. Bei großer Leuchtdichte des Reizes treten dunkle Intervalle (Charpentiersche Intervalle) auf, die durch Eindellungen an den Kurven angedeutet sind. Es handelt sich dabei um die Abspaltung von Nachbildern, auf die wir weiter unten zu sprechen kommen. Die dargestellten Veränderungen sind von individuellen Unterschieden abhängig.

Ähnlich liegen die Verhältnisse bei Bestehenbleiben des Lichtreizes. Wir sehen im Schema von Cibis, daß die Empfindung abzusinken beginnt, nachdem der Terminalprozeß und damit die Empfindung ihr Maximum erreicht hat, während der Primärprozeß auf gleicher Höhe weiterläuft. Hier setzt

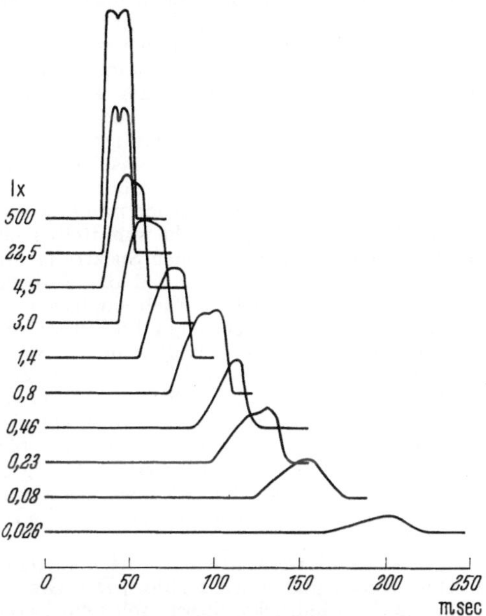

Abb. 94. Zeitlicher Verlauf der Gesichtsempfindung in Abhängigkeit von der Reizintensität. Die Abszissen geben die Zeit in msec, die Ordinaten die Helligkeiten an (nach M. Monjé)

ein Vorgang ein, der nach v. Kries *Lokaladaptation* genannt wird, allgemeiner ist er als Umstimmung zu bezeichnen (vgl. S. 72). Die Umstimmung hängt von Netzhautort, Zeitdauer und Intensität des umschriebenen Reizes ab.

b) Nachbilder nach kurzdauernder Reizung

Die Abb. 94 zeigte bereits, daß bei großer Intensität eines über die Netzhaut bewegten Spaltes in der zugehörigen Empfindung dunkle Intervalle auftreten, die die Empfindung spalten (Charpentier). Diese Beobachtung deutet bereits darauf hin, daß der Ablauf der Gesichtsempfindung ein periodischer ist. Wir bezeichnen den Teil der Empfindung, der sich zuerst entwickelt, rein konventionell als primäre Empfindung, alle weiteren als Nachbilder. Nach kurzdauernder Belichtung des Sehorgans kann man außer der Primärempfindung vier Nachbildphasen nachweisen: Das Heringsche Nachbild, ein kurzdauerndes Nachbild, das der Primärempfindung in einem Abstand von etwa 0,4 sec folgt und annähernd gleich gefärbt ist. Mit einem Abstand von etwa $^1/_5$ sec folgt der Primärempfindung ein zweites Nachbild, das nach Purkinje genannt ist und bei farblosem Reizlicht einen bläulichen, geisterhaften Eindruck macht; es wird deshalb auch in den englisch sprechenden Ländern als ''ghost'' bezeichnet. Bei farbigem Reiz ist es etwa gegenfarbig. Das Purkinjesche Nachbild kann auch am nicht bewegten Spalt beobachtet werden, wenn die Darbietungszeit kurz ist (0,01 sec). Ungefähr 0,3 sec später folgt dann eine langdauernde, dem primären Bild gleichgefärbte Nachbildphase, das Heßsche Nachbild. Gelegentlich schließt sich an diese noch eine länger dauernde, komplementär gefärbte Phase an. Der gesamte, nach einer kurz dauernden Reizung auftretende Erregungsablauf kann 15—30 sec in Anspruch nehmen.

Unter den geschilderten Versuchsbedingungen kann der Eindruck entstehen, als ob die Nachbilder dem primären Bilde nachliefen. Richtet man die Bedingung so ein, daß der Spalt über die Fovea läuft, und macht ihn nicht zu hell, so läßt sich beobachten, daß das Purkinjesche Nachbild wie in einem Tunnel verschwindet, wenn es sich dem Fixierpunkt nähert, und auf der anderen Seite des Fixierpunktes wieder auftaucht. Die Strecke des Verschwindens (Länge des Tunnels) entspricht dem Gebiet der Fovea centralis. Das Verschwinden ist jedoch nur bei Dunkeladaptation zu beobachten und auch nur dann, wenn der Lichtreiz nicht zu stark ist. v. KRIES hat darin eine gesonderte Reaktion des Stäbchenapparates gesehen. In gleicher Richtung läßt sich die Tatsache deuten, daß das Nachbild bei herabgesetztem Adaptationszustand nur sehr schwer zu beobachten ist, wenn der Lichtspalt rot gefärbt ist, so daß eine Wirkung auf den Sehpurpur minimal ist. Dafür schließt sich in diesem Stadium der Adaptation dem primären Bild unmittelbar ein weißer Streifen an, dessen Helligkeit nach M. H. FISCHER bei verschiedenen Spektralfarben wieder deren Nachtwerten entspricht. Auch diese Erscheinung ist mithin auf die Stäbchen zu beziehen. Allerdings sind dann auch andere schnell verlaufende Nachbildphasen nicht gut zu sehen. Auf eine Beteiligung der sehpurpurhaltigen Stäbchen am Purkinjeschen Nachbild weist auch die Beobachtung hin, daß die Helligkeit dieses Nachbildes dessen Nachtwert entspricht. Eine eingehende Darstellung der Nachbilder (Nachreaktionen) findet man bei v. TSCHERMAK (2) und F. W. FRÖHLICH.

Die Bezeichnung „Nachbilder" ist nicht besonders glücklich; besser wäre es, von Nachempfindung oder Nachwahrnehmung zu sprechen, je nachdem, ob wir uns für die Farbigkeit des Nacheindruckes interessieren oder mehr für seine gegenständliche Form. Die Nachbilder können wir auch, späteren Erörterungen vorgreifend, als „Sehdinge" bezeichnen.

Das nachlaufende Bild ist auch bei totaler Farbenblindheit nachweisbar. Es scheint ihm mithin, wie schon angedeutet, eine zweite Erregung des Stäbchenapparates zu entsprechen (NAGEL).

PURKINJE (2) beobachtete das nachlaufende Bild mit Hilfe einer mäßig schnell im Kreise geschwungenen glühenden Kohle. „Das Glutbild zeigt ein rotes Band als Spur des ersten Moments des Eindrucks, diesem folgt ein leeres Intervall, dann das grüne Spektrum, ebenfalls in ein Band verzogen und jenem ersten im Kreise nachlaufend, endlich eine schwarze Furche, von einem grauen Nebel umgeben." Das „grüne Spektrum" (ein nicht streng physikalisch zu nehmender Ausdruck) ist als das gegenfarbige nachlaufende Bild aufzufassen. Das Gelbrot der glühenden Kohle hat nicht unbeträchtlichen Nachtwert, so daß das nachlaufende Bild gut in Erscheinung treten kann.

Mit dem periodischen Ablauf der Nachbilder bei kurzer Wirkung auf die Netzhaut hängt auch eine Erscheinung zusammen, die man bei GOETHE beschrieben findet. „Man erzählt, daß gewisse Blumen im Sommer bei Abendzeit gleichsam blitzen, phosphorescieren oder ein augenblickliches Licht ausströmen." Er bemerkte dann in einer späten Abendstunde des Juni, im Garten mit einem Freunde auf und ab gehend, „sehr deutlich an den Blumen des orientalischen Mohns, die vor allen anderen eine sehr mächtig rote Farbe haben, etwas Flammenähnliches, das sich in ihrer Nähe zeigte". Sie fanden dann, daß sich diese Erscheinung bei Seitwärtsblicken (also bei Blickbewegungen) beliebig oft wiederholen ließ. „Es zeigte sich, daß es ein physiologisches Farbenphänomen und der scheinbare Blitz eigentlich das Scheinbild der Blume in der geforderten blaugrünen Farbe sei." Das „Scheinbild", das *Blitzen der Blüten*, ist also das sekundäre, kontrastgefärbte Nachbild.

Eine Beobachtung, die durchaus der oben geschilderten Anordnung mit dem bewegten Spalt entspricht, machte GOETHE einmal, als er am Fenster saß und ein schwarzer Pudel über die Straße lief. GOETHE, der das Straßenpflaster fixierte, sah dem Pudel einen weißen Schein folgen. Er setzt ihn in Beziehung zu dem Feuerstrudel, den Faust dem Pudel beim Osterspaziergang folgen sah. Die damals herrschende Auffassung von den Nachbildern legt er Wagner in den Mund, der in dem Feuerstrudel nur eine Augentäuschung sah. Selbst HELMHOLTZ hat bestimmte Nachbilderscheinungen, die wir noch kennenlernen werden, als Täuschungen bezeichnet. Es ist unzweifelhaft das Verdienst GOETHEs, in ihnen die „natürliche Funktion des Auges" erkannt zu haben.

c) Nachbilder bei etwas längerer Reizdauer

Blickt man einen hellen, unbunten oder bunten Gegenstand etwas länger an, so daß der vorbesprochene Nachbildablauf in die Reizzeit fällt und der Beobachtung entgeht, so äußert sich die *Nachdauer der Erregung* wieder in einem „Nachbild", einer fortdauernden Wahrnehmung des Gegenstandes also, welche dem Gegenstand entspricht. Dies Nachbild bietet sich in verschiedener Weise dar, je nachdem ob man nach der Belichtung bei völliger Dunkelheit weiter beobachtet oder ob man den Blick auf eine gleichmäßig belichtete graue Fläche wendet. Im ersteren Fall erscheinen die hellen Stellen des betrachteten Gegenstandes auch im Nachbild hell, die bunten im gleichen Buntton. Man bezeichnet diese gleichfarbige Nachwirkung wohl auch als „*positives* Nachbild". Es kann aber die Empfindung im Abklingen der Nachbilderscheinung den Buntton ändern (farbiges Abklingen), wie man z. B. nach äußerst kurzem, mit der nötigen Vorsicht ausgeführtem Anblick der Sonne (keinesfalls genau foveal beobachten!) feststellen kann. Die Erklärung ist vielleicht in einer verschiedenen Dauer der Nacherregung in den einzelnen Bestandstücken der farbenempfindenden Einrichtungen zu suchen. Betrachtet man im zweiten Fall nach Belichtung des Auges eine graue Fläche, so erscheint der Gegenstand im Nachbild in seinen hellen Teilen dunkel, in seinen dunklen hell, in seinen roten grün, in seinen blauen gelb usw., also in den Gegenfarben. Dieses gegenfarbige Nachbild wird *negatives* genannt. Weil das negative Nachbild in Buntton und Helligkeit im Gegensatz zum Vorbild steht und ihm zeitlich folgt, nennt man die Erscheinung auch *Sukzessivkontrast*.

Die Entwicklung der lang dauernden Nachbildphasen ist viel mehr vom zeitlichen Verlauf des Reizes als von der Belichtungsdauer abhängig. Nur durch Änderung der Spalt*geschwindigkeit* z. B. kann man die oben geschilderten schnell verlaufenden oder auch die lang dauernde Nachbildphase bekommen, auch wenn man durch entsprechende Änderung der Spaltbreite die Belichtungsdauer konstant hält. Das „*positive* Nachbild" ist durch die *Nachdauer der Erregungsvorgänge* in der Netzhaut zu erklären.

Wenn wir hier wieder das Schema von CIBIS heranziehen, so wird das „*positive* Nachbild" dann ausgelöst, wenn der Lichtreiz nicht länger dauert, als der Gipfelzeit der positiv anschwellenden Erregung (Anstiegszeit) entspricht. Die den Reiz überdauernde Erregung löst die positive Empfindung aus. Das *negative* Nachbild beruht nach FECHNER und HELMHOLTZ auf einer verminderten Erregbarkeit der vorbelichteten (in Nacherregung befindlichen) Netzhautteile, also auf *Ermüdung*. Eine stark belichtete Netzhautstelle ist für den nachfolgenden Graureiz der angeblickten Fläche nicht so empfänglich wie eine unbelichtet gebliebene Stelle. War der erste Reiz farbig, so betrifft die Ermüdung nur einen Teil des farbenperzipierenden Systems; der Graureiz trifft also den übrigen Teil unermüdet an, so daß die durch diesen vermittelte Empfindung überwiegt. Nach HERING (*70*) hingegen folgt einer durch den Reiz ausgelösten Dissimilierung D von selbst eine das Gleichgewicht wieder herstellende Assimilierung A nach; gab z. B. der Dissimilierungsreiz Rotempfindung, so folgt dieser mithin die Grünempfindung nach. Bei der schwarzweißen Substanz entspricht der Zustand $D = A$ der Empfindung des „neutralen Grau", den Zuständen der „absteigenden" Änderung $D > A$ die mehr nach Weiß, den Zuständen der „aufsteigenden" Änderung $A > D$ die mehr nach Schwarz hin gelegene Empfindung. Es würde also $D > A$ einen Verbrauch, eine „Ermüdung" bedeuten und $A > D$ einen Wiederersatz, eine Erholung. Das Nachbild, welches hiernach dem Vorgang $A > D$ entspricht, ist also nach HERING nicht eine Ermüdungserscheinung, sondern geradezu eine Erholungserscheinung.

Unter neueren Arbeiten zur Theorie der Nachbilder sei besonders auf die von KÜHL (*6*) hingewiesen.

Nach KÜHL ist das negative Nachbild das bei plötzlichem Wechsel der Umfeldbeleuchtung sichtbar werdende Bild des örtlichen Adaptationszustandes der Netzhaut. Es kommt zustande, indem man den Blick nach Fixieren eines Testfeldes auf eine andere Stelle des Umfeldes fallen läßt oder auf ein Umfeld anderer Leuchtdichte lenkt. Bisher wurde diese Theorie nur für unbunte Reize aufgestellt.

Anhand des Schemas von CIBIS läßt sich das negative Nachbild folgendermaßen veranschaulichen: Hört der Reiz auf, sinkt der Primärprozeß steil bis auf sein Ausgangsniveau ab, während die Sekundärprozesse nun als Wiederherstellungsprozesse den spiegelbildlich umgekehrten Verlauf nehmen. Nach einer kurzen Latenzzeit, der Dunkelpause zwischen dem primären und sekundären Bild, setzt die entgegengesetzte Empfindung, das negative Nachbild ein. Es ist möglich, ein Nachbild durch Belichtung eines durch Sperrung der Blutzufuhr amaurotisch gemachten Auges zu erzeugen. Sobald der Druck aufhört, erscheint ein positives Nachbild. Wird ein Auge belichtet und noch während der Belichtung eine Amaurose erzeugt, so wird auf dem blinden Auge ein negatives Nachbild wahrgenommen. Das erstere Nachbild ist retinal bedingt, das Vorbild war in der Netzhaut wirksam, obwohl die nervöse Weiterleitung aufgehoben war. Im zweiten Fall kommt der cerebrale Anteil des Nachbildes zur Wahrnehmung (CIBIS und NOTHDURFT).

Zur *Farbe* des negativen Nachbildes ist noch folgendes zu sagen: Wenn es auf einem neutral gefärbten Hintergrund beobachtet wird, ist es dem Farbton des Vorbildes komplementär, der am Schluß der Beobachtung wahrgenommen wurde, also dem durch chromatische Adaptation (vgl. S. 73) veränderten Farbton des Vorbildes. Daß die negativen Nachbilder bei sehr hoher Intensität des Vorbildes nicht mehr komplementär sind, wurde schon erwähnt. Außerdem bleiben sie dann viel länger, mindestens einige Minuten bestehen (SEGAL).

Es gibt noch andere Nacherscheinungen, die als eidetische bezeichnet werden. Der Name kommt von εἶδος, der Anblick. Eidetisches Sehen ist wieder „bildhaftes" Sehen, als Folge des Anblickens von Gegenständen, aber nicht im Sinne von Nachbildern, die Nacherregungen in der Netzhaut zur Voraussetzung haben. Von diesen ist *eidetisches Sehen* unabhängig. Es ist aber auch nicht reines Erinnern, also gewöhnliches Gedächtnis, sondern subjektiv wirkliche Empfindung und Wahrnehmung, wohl auf Grund von Nacherregungen in der Gehirnrinde oder weitgehender Reproduzierbarkeit bestimmter früherer Erregungssachlagen. Die eidetischen Phänomene werden als „buchstäblich sichtbare" Erinnerungsvorstellungen bezeichnet, die zwischen Vorstellungen und Nachbildern in der Mitte stehen (JAENSCH). Die Fähigkeit zum eidetischen Sehen ist besonders bei Kindern sehr entwickelt.

Das Anschauungsbild des eidetischen Sehens ist von dem reinen *Vorstellungsbild* zu unterscheiden, welches nicht mehr in unmittelbarem Zusammenhang mit dem Anblick des Gegenstandes und den durch ihn hervorgerufenen Gehirnvorgängen steht, bei welchem vielmehr diese Gehirnerregungen durch Willens- und Aufmerksamkeitseinstellung wieder frei und in nur allgemeinen Umrissen hervorgerufen werden.

Mit der Fähigkeit zu eidetischem Sehen mag die Fähigkeit zusammenhängen, nach Aufwachen aus Traumschlaf zunächst noch eine unmittelbare Anschauung eines Traumbildes zu haben, mit Einzelheiten der Formen und Farben.

2. Ortsbeziehungen

Wenn ein Reiz die Netzhaut trifft, so entsteht der die Empfindung bedingende Erregungsprozeß in erster Linie auf der unmittelbar vom Reiz getroffenen Netzhautstelle. Es treten aber auch Einflüsse auf die Nachbarschaft auf, die von HERING als Einwirkung der gereizten Sehfeldstellen auf benachbarte Stellen, von HELMHOLTZ psychologisch erklärt werden. Es treten hier jedenfalls örtliche, gleichzeitig vorhandene Gegensätzlichkeiten auf, man spricht daher von *Simultankontrast*. Nimmt man rechteckige Papiere von Grau verschiedener Helligkeit und legt sie so übereinander, daß jedes nächste vom vorigen einen Streifen frei läßt, so erscheint jeder objektiv gleichhelle Streifen nicht gleichhell, sondern gegen den helleren verdunkelt, gegen den dunkleren hin aufgehellt. Bei Regen kann man an fernen Höhenzügen einer Gebirgslandschaft ähnliche Beobachtungen machen. Zwei Blätter des gleichen grauen Papiers erscheinen verschieden hell, wenn das eine auf schwarzem, das andere auf weißem Grund liegt (Abb. 95). Blicken wir aus dem völlig dunklen Zimmer gegen den Nachthimmel, so erscheint er verhältnismäßig hell im schwarz erscheinenden Fensterrahmen; schalten wir nun im Zimmer eine Beleuchtung ein, so erscheint derselbe Nachthimmel tiefschwarz gegen den hellen Fensterrahmen.

Besteht in einem Feld ein kontinuierlicher Leuchtdichteabfall von ungleichmäßiger Steilheit, so erscheinen an den Grenzen von flachem zu steilem Abfall Machsche Kontraststreifen bzw. -ringe, die in Wirklichkeit nicht vorhandene Helligkeitsstufen vortäuschen.

Außer diesem *farblosen* Kontrast kann auch *farbiger Simultankontrast* beobachtet werden. Klebt man auf ein rotes Papier ein kleines graues, und bedeckt man beide mit einem sehr dünnen Seidenpapier (sog. Florpapier), so erscheint die

Stelle des grauen Papiers nicht grau, sondern grünlich; auf gelbem Papier erscheint sie bläulich, auf grünem rötlich *(Florkontrast)*. Die Umgebung bestimmt also die von dem Mittelfeld verursachte Empfindung mit, und zwar im Sinne der Komplementärfärbung.

Zum mindesten für einige Farben stimmen Kontrast- und Komplementärfarbe überein. Es besteht eine Abhängigkeit der Kontrastfarbe von der Ausdehnung des kontrastleidenden Feldes, z. B. erscheint auf Orange ein Grau von 10′ in einem grüneren Blaugrün als ein Grau von 1° (I. SCHMIDT u. PH. E. GRUSH).

Die Gesetzmäßigkeit den des simultanen farbigen Kontrasts wurden von KIRSCHMANN zusammengefaßt.

Die Erscheinung des farbigen Simultankontrastes ist besonders eindrucksvoll in Form des folgenden Versuches der *farbigen Schatten* (Abb. 96). Zwei Lichtquellen L_b und L_w beleuchten die Fläche *Fl.* Durch einen Gegenstand (z. B. Holzlatte) G wird das Licht L_b von einem Flächenstück *Fl'* abgehalten. *Fl'* ist also Schatten von G, wird aber von L_w beleuchtet. Während man die Farbe von L_w unverändert läßt, färbt man das Licht L_b durch Vorsatz von Farben-

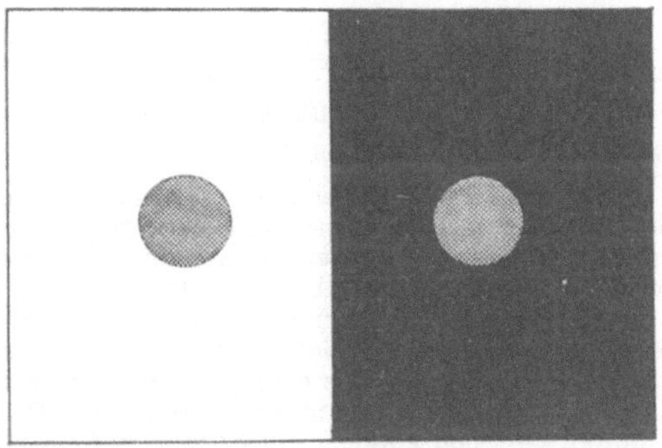

Abb. 95. *Farbloser Kontrast* (Simultankontrast) (nach HERING). Die kreisrunden Mittelfelder sind objektiv gleich hell, erscheinen aber auf weißem Grund dunkler als auf schwarzem Grund

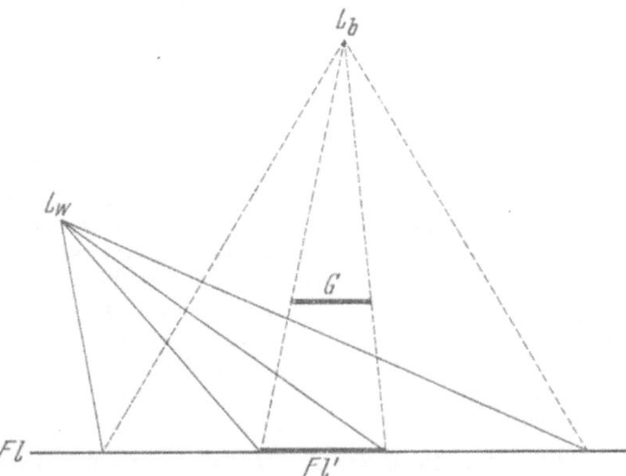

Abb. 96. *Zustandekommen der farbigen „Schatten".* L_b Licht, dem nacheinander eine verschiedene bunte Färbung gegeben wird, L_w Licht von unverändert weißlicher Farbe, G ein Gegenstand, *Fl'* sein Schatten auf der Fläche *Fl.* Das Schattenstück *Fl'* wird nur von L_w beleuchtet, die Nachbarschaft von L_w und L_b

gläsern nacheinander etwa rot, blau, grün, gelb. Man beobachtet dabei, daß das Flächenstück *Fl'*, obgleich sich an seiner Belichtung objektiv nichts ändert, unter dem Einfluß der wechselnden Farben der Nachbarflächen nacheinander grün, gelb, rot, blau (also stets in der Gegenfarbe) erscheint. Hierher gehört auch die Bläue der Schatten in einer Schneelandschaft, wenn am frühen Wintermorgen die Sonne orangerot aufgeht.

Eine besondere Art von Kontrasterscheinung wurde von HELSON eingehend untersucht und ist in der amerikanischen Literatur als Judd-Helson-Effekt bekannt. Wenn man ein Feld farbig beleuchtet, das aus neutralgrauen Flecken verschiedener Helligkeit auf neutralgrauem Grund besteht, so erscheinen nur diejenigen Flecken in der Farbe der Beleuchtung, die heller sind als die mittlere Helligkeit, an die der Beobachter adaptiert ist. Diese mittlere Helligkeit ergibt sich aus der Helligkeit des Hintergrundes und der vorhandenen Flecken. Die Flecken, deren Helligkeit mit dieser mittleren Adaptationshelligkeit übereinstimmt, erscheinen farblos, dunklere Flecken erscheinen in einer Farbe, die annähernd der Beleuchtungsfarbe komplementär ist, von HELSON als Nachbildfarbe bezeichnet, da sie eher der Nachbildfarbe des durch chromatische Adaptation veränderten Vorbildes entspricht als der Komplementärfarbe, die bei Mischung mit der Beleuchtungsfarbe Weiß ergeben würde. Bei orangefarbener Beleuchtung ist die Farbe der dunklen Flecken z. B. nicht blaugrün, sondern blauviolett, entsprechend der Komplementärfarbe zu Gelb. Ist die beleuchtete Fläche farbig, so tendiert sie, ihre Eigenfarbe konstant zu erhalten, wenn ihre farbtongleiche Wellenlänge im Spektrum der beleuchtenden Lichtquelle enthalten ist.

Alle Kontrasterscheinungen, sukzessive wie simultane, fallen unter den früher erörterten *Begriff der Umstimmung*.

Goethe hat den Sukzessiv- wie den Simultankontrast so treffend und schön beschrieben, daß hier einige seiner Schilderungen wiedergegeben seien.

„Ich befand mich gegen Abend in einer Eisenschmiede, als eben die glühende Masse unter den Hammer gebracht wurde. Ich hatte scharf darauf gesehen, wendete mich um und blickte zufällig in einen offenstehenden Kohlenschuppen. Ein ungeheures purpurfarbenes Bild schwebte nun vor meinen Augen, und als ich den Blick von der dunklen Öffnung weg nach dem hellen Bretterverschlag wendete, so erschien mir das Phänomen halb grün, halb purpurfarben, je nachdem es einen dunklern oder helleren Grund hinter sich hatte."

„Haben wir bisher die entgegengesetzten Farben sich einander sukzessiv auf der Retina fordern sehen, so bleibt uns noch übrig, zu erfahren, daß diese gesetzliche Forderung auch simultan bestehen könne." Blickt man auf ein gelbes, an einer weißen Wand angebrachtes Papier, so ist „das wenige Gelbe nicht mächtig genug, jene Wirkung deutlich zu leisten. Bringt man aber auf eine gelbe Wand weiße Papiere, so wird man sie mit einem violetten Ton überzogen sehen."

„Man setze bei der Dämmerung auf ein weißes Papier eine niedrig brennende Kerze; zwischen sie und das abnehmende Tageslicht stelle man einen Bleistift aufrecht, so daß der Schatten, welchen die Kerze wirft, von dem schwachen Tageslicht erhellt, aber nicht aufgehoben werden kann, und der Schatten wird von dem schönsten Blau erscheinen."

Bei einem abendlichen Abstieg vom Brocken im Winter beobachtete er:

„Waren den Tag über, bei dem gelblichen Ton des Schnees, schon leise violette Schatten bemerklich gewesen, so mußte man sie nun für hochblau ansprechen, als ein gesteigertes Gelb von den beleuchteten Teilen widerschien. Als aber die Sonne sich endlich ihrem Niedergang näherte und ihr durch die stärkeren Dünste höchst gemäßigter Strahl die ganze mich umgebende Welt mit der schönsten Purpurfarbe überzog, da verwandelte sich die Schattenfarbe in ein Grün, das nach seiner Klarheit einem Meergrün, nach seiner Schönheit einem Smaragdgrün verglichen werden konnte. Die Erscheinung ward immer lebhafter, man glaubte sich in einer Feenwelt zu befinden, denn alles hatte sich in die zwei lebhaften und so schön übereinstimmenden Farben gekleidet, bis endlich mit dem Sonnenuntergang die Prachterscheinung sich in eine graue Dämmerung und nach und nach in eine mond- und sternhelle Nacht verlor."

Die *Bedeutung des Kontrastes* liegt nach E. Hering (*41*) darin, daß er die Sichtbarkeit von Grenzen verschieden heller oder verschieden gefärbter Flächen erhöht, also die Sehschärfe unterstützt. Die Kontrastwirkung hebt die Nachteile der unvermeidlichen Lichtzerstreuung auf oder vermindert sie wenigstens, welche durch Mehrfachreflexion von Licht an den Flächen im Auge, durch Rückstrahlung von Licht an der Netzhaut und durch die Sklera durchdringendes Licht veranlaßt wird. Das zerstreute Licht verhindert eine Abbildung mit scharfen Konturen. Wir sehen vielmehr in Zerstreuungskreisen und würden ohne die Retusche durch den Kontrast kaum in der Lage sein zu lesen.

Eine einheitliche Erklärung des Kontrastes ist zur Zeit noch nicht möglich. Es stehen sich mehrere Auffassungen gegenüber. Helmholtz war der Ansicht, daß dem Simultankontrast nicht eine Änderung der Empfindung, sondern eine *Urteilstäuschung* zugrunde liege, daß der Kontrast also rein *psycho*logisch zu erklären sei. Wird an einer Stelle Helligkeit wahrgenommen, so unterliege man leicht der Täuschung, daß die Nachbarschaft besonders lichtschwach sei. Sie erscheint daher nach Helmholtz dunkler. Ein Grau auf rotem Umfeld erscheine grünlich, weil der Gegensatz zwischen beiden unbewußt vergrößert werde. Es handele sich dabei also um eine Urteilstäuschung. Obwohl diese Anschauung wenig befriedigt, hat sie in der neueren Psychologie eine Auferstehung erlebt, und zwar einmal in der Lehre von der Farbentransformation von R. A. Jaensch und zweitens in der

Gestaltlehre. Bei der ersteren spielen die Gedächtnisfarben, bei letzterer der Umstand eine Rolle, daß die gegebene Gestalt unbewußt aus der Umgebung herausgehoben und zu ihr in Gegensatz gebracht wird.

Demgegenüber vertrat HERING (*38*) die Auffassung, daß der Kontrast in einer *physiologisch* bedingten *Änderung der Empfindung* bestehe. Die Lichtempfindung einer Netzhautstelle hänge, wie er sagt, nicht bloß von der Beleuchtung der letzteren, sondern auch von der Beleuchtung der übrigen Netzhaut ab. Die Nachbarschaft des durch direkte Reizung in gesteigerte Dissimilierung versetzten Teils gerate in gesteigerte Assimilierung, eine Tatsache, die nicht weiter erklärt werden könne. Dabei hat HERING aber nicht nur an die Netzhaut, sondern auch an die Zentralteile gedacht. Die anatomische Grundlage für eine Beeinflussung der Nachbarschaft eines unmittelbar gereizten Netzhautfeldes könnte in den Querneuronen der Netzhaut gelegen sein; daß die Erregung nicht auf die unmittelbar gereizte Fläche begrenzt bleibt, geht aus den Aktionsstromuntersuchungen hervor, über die wir berichtet haben. v. TSCHERMAK (*1*) ist aber der Ansicht, daß die Querneurone der Netzhaut für die Wechselwirkung im Sehfeld keine Bedeutung haben. Die Kontrastwirkung kann sich auf verhältnismäßig große Gebiete gleichmäßig erstrecken, was kaum durch die Netzhautquerverbindungen bewirkt werden kann. Jedenfalls ist der Kontrast wenigstens zum Teil in weiter zentral gelegenen Vorgängen begründet. Das hat schon HERING durch Aufdeckung des binokularen Kontrastes bewiesen. Auch die früher berichteten Untersuchungen über die erhöhte Kontrastempfindlichkeit bei anomalen Trichromaten deuten auf Beteiligung zentraler Vorgänge hin. HERING (*41*) ist aber der Meinung, daß sich diese Vorgänge nicht erst „in der psychophysischen Sphäre, an terminaler Stätte“ [v. TSCHERMAK (*1*)] abspielen. Auch durch diese Auffassung steht er abseits von der rein psychologischen Erklärung — auch wenn man bei dieser voraussetzt, daß auch der Urteilstäuschung irgendein materieller Vorgang in der Großhirnrinde entspricht. Schon GOETHE bemerkte, daß „der Kontrast eines gewissen Zeitmomentes zu seiner Entwicklung bedarf“. Diese Zeit wurde von K. SCHÜLER, einem Mitarbeiter MONJÉs, an dem oben beschriebenen farbigen Schatten untersucht. Sie beträgt 0,3—0,4 sec, ist also größer als die zur Empfindung notwendige Zeit (EZ), jedoch zu klein, als daß der Kontrast auf psychologische Prozesse zurückgeführt werden könnte. Bei sehr heller Beleuchtung ist eine Andeutung von Kontrast schon in 0,01 sec wahrnehmbar (I. SCHMIDT u. PH. E. GRUSH).

v. KRIES (*2*) steht auf dem Standpunkt, daß auch die verwickeltsten psychischen Vorgänge in einem physiologischen Geschehen ihre Unterlage finden. HELMHOLTZ hat zu dieser Frage keine Stellung genommen. Jedenfalls hat heute die Frage: psychologisch oder physiologisch? an Schärfe der Gegensätzlichkeit und an Bedeutung verloren. So kann man sich der Ansicht von v. KRIES anschließen, daß für die Erklärung der Kontrasterscheinungen die Frage im Vordergrund steht, in welchem Teil des „somatischen Sehfeldes“, worunter HERING (*70*) die Netzhäute, die Sehnerven und die zugehörigen Zentralteile in ihrer Gesamtheit versteht, die dem Kontrast entsprechenden physiologischen Vorgänge sich abspielen. Während nach v. KRIES im Anschluß an HELMHOLTZ „intercorticale“ Vorgänge, also solche in der höchsten Schicht, sehr wesentlich im Vordergrund stehen, ist HERING, wie erwähnt, geradezu der Ansicht, daß diese terminale Schicht unbeteiligt ist; den binokularen Kontrast verlegt HERING in die subcorticale Schicht. Die Beteiligung schon peripherer Einrichtungen wird aber besonders aus dem Versuch von SHERRINGTON geschlossen, welcher zeigt, daß die Verschmelzungsfrequenz in einem ringförmigen Feld in heller und dunkler Umgebung verschieden ist. G. E. MÜLLER lehnt die Netzhaut als Ort der Kontrastentstehung ab, und ebenso „die Zone der den Gesichtsempfindungen unmittelbar zugrunde liegenden psycho-physischen Prozesse“; die Kontrastzone liege aber in der Rinde der Sehsphäre. CIBIS versucht die Anschauung HERINGs photochemisch zu unterbauen. Die von ihm angenommenen Prozesse induzieren in der Umgebung entgegengesetzte Vorgänge. F. W. FRÖHLICH gründet seine physiologische Kontrasttheorie auf die Beobachtung, daß der Kontrast verstärkt wird, wenn man Augenbewegungen ausführt. Wenn man z. B. bei dem oben geschilderten Florkontrast auf dem dünnen Seidenpapier einen Fixierpunkt anbringt und das Papier nicht festklebt, sondern zwischen dem roten und dem Seidenpapier hin und her bewegt, so kann man eine deutliche Verstärkung der Grünfärbung feststellen. Umgekehrt geht diese Grünfärbung sofort zurück, wenn man das Papier still hält und Augenbewegungen vermeidet. FRÖHLICH hat dafür folgende Erklärung: Die Netzhaut wird an der Stelle des Netzhautbildes wesentlich stärker gereizt als an den mehr oder weniger benachbarten Netzhautstellen, welche vom zerstreuten Licht getroffen werden. Bei Augenbewegungen kommt es infolgedessen an benachbarten Netzhautstellen zu einem verschiedenen Ablauf der periodischen Nachbilder. Im Experiment konnte er die Bedingungen leicht so herstellen, daß verschieden gefärbte Phasen zusammentreffen. Der Simultankontrast würde demnach eine Untergruppe des Sukzessivkontrastes darstellen.

Die große Bedeutung, die dem Randkontrast für unser Sehen zukommt, ist schon von v. TSCHERMAK betont worden. Wenn wir eine helle Kreisscheibe auf dunklem Grund betrachten, so erscheint die Mitte der Scheibe dunkler als der Rand. Außerdem erscheint sie von einem dunkleren Ring umgeben. MONJÉ stellte fest, daß die Empfindlichkeit in der Umgebung der Scheibe absinkt. Im Inneren der Scheibe nimmt sie vom Rande zur Mitte hin ab. Die Steilheit der Empfindlichkeitsabnahme ist in den einzelnen Meridianen verschieden. Sie ist von individuellen Faktoren abhängig. Der Einfluß, den die Scheibe auf die Empfindlichkeit in der Umgebung hat, ist um so größer und reicht um so weiter, je höher ihre Leuchtdichte ist. Auch beim Stabgitterkontrast (HERMANN) ist die gemessene Empfindlichkeit da am größten, wo der Kontrast am stärksten aufhellend wirkt. MONJÉ glaubte deshalb, daß die Kontrastempfindungen die Folge veränderter Netzhautempfindlichkeit sind. In der Senkung der Empfindlichkeit in der Umgebung eines Lichtpunktes sieht MONJÉ ferner die Voraussetzung dafür, daß das Auge in der Lage ist, den Lichtpunkt zu fixieren. Bei farbigen Lichtreizen sind die Verhältnisse ähnlich. HARMS und AULHORN kamen zu dem überraschenden Ergebnis, daß die Empfindlichkeit zu beiden Seiten einer Grenze zwischen zwei verschieden hellen Feldern, im Mittel in einem Bereich von etwa 30 Bogenminuten beiderseits, absinkt und daß sie in der Mitte einer Kreisscheibe höher ist als am Rande. Die Empfindlichkeitssenkung ist um so größer, je größer der Leuchtdichteunterschied beider Felder ist, je stärker das Auge helladaptiert und je weiter entfernt vom Netzhautmittelpunkt untersucht wird. Dieses Grenzphänomen, das mit der Empfindung nicht konform geht, bedarf noch einer weiteren Aufklärung.

Ausführliche Darstellungen der Kontrasterscheinungen und der aufgestellten Theorien findet man bei HELMHOLTZ (*1*), HERING (*38, 41, 50, 57, 65*), v. KRIES (*2*), G. E. MÜLLER (*4*) und v. TSCHERMAK (*1*). Der in subjektivem Sinne gemeinte Kontrast wird von v. TSCHERMAK auch als „physiologischer Kontrast" bezeichnet.

Man findet den Ausdruck *Kontrast* auch in einem *objektiven Sinn* angewendet, was zu Mißverständnissen führen kann. Wenn zwei aneinandergrenzende Flächen verschiedene Leuchtdichte haben, so sollte man diesen Sachverhalt jedenfalls in einer physiologische Fragen berührenden Darstellung *nicht* „Kontrast" nennen, sondern von Leuchtdichteunterschied sprechen (SCHOBER) (vgl. S. 227 über Unterschiedsschwellen). Das *Kontrastphänomen* tritt als *rein subjektive Erscheinung* bei Betrachtung von aneinandergrenzenden Flächen unterschiedlicher Leuchtdichte auf, und es bewirkt, daß die objektiv gleiche Fläche verschieden hell *erscheint*, nämlich neben der weniger leuchtdichten aufgehellt, neben der leuchtdichteren gedunkelt. Entsprechendes gilt für Buntheitsunterschiede.

Eine besondere Art von Beeinflussung einer benachbarten Sehfeldstelle liegt in folgendem Fall vor: Werden 2 Reize auf benachbarten Netzhautstellen kurz nacheinander verabfolgt, z. B. durch Projektion der beleuchteten Hälften eines Kreises, so kann der erste Reiz durch den zweiten gehemmt werden. Die erstprojizierte Kreishälfte bleibt dunkel, bis auf einen schmalen äußeren Rand. Diese Erscheinung wird als Metakontrast bezeichnet (STIGLER).

K. Unterscheidungsfähigkeit

Eine weitere Reihe von Tatsachen können wir unter dem Begriff der *Unterscheidungsfähigkeit* des Auges für *Reizunterschiede* der verschiedensten Art zusammenfassen. Zum Teil sind die in diesem Abschnitt gehörenden Erscheinungen schon in anderem Zusammenhang erwähnt.

Die Frage lautet hier, welche Verschiedenheit zwei Reize haben müssen, damit die auftretende Empfindung eine Unterscheidung gestattet. Den mindestens notwendigen Reizunterschied bezeichnen wir als *Unterscheidungsschwelle*. Sie kann *absolut* oder *relativ* bestimmt werden. Im ersten Fall wird ein Reiz mit dem Reiz Null verglichen; im zweiten Fall sind beide Reize größer als Null. Abwesenheit des äußeren Reizes bedeutet aber streng genommen nicht Abwesenheit von Reizen überhaupt. Durch den Kreislauf, durch Stoffwechselprozesse finden stets schwache Erregungen im Auge und Gehirn statt, die zu unbestimmten Empfindungen im Dunkeln führen („Lichtnebel", „Eigenlicht"). Bei der absoluten Schwelle wird also eigentlich die Unterscheidbarkeit des äußeren Reizes von diesen inneren Reizen bestimmt.

Die Unterscheidungsfähigkeit kann bestimmt werden für Verschiedenheit zweier Reize der Zeit, der Art und dem Raume nach.

1. Zeitliche Unterscheidungsfähigkeit für Lichtreize

a) Zeitabstand der Reize

Aus dem über die Nachdauer der Empfindung Gesagten folgt schon, daß das Auge nicht unbegrenzt zwei oder mehr Reize, die einander schnell folgen, unterscheiden kann. Bei einer gewissen Häufigkeit des Wechsels der beiden Reize in der Sekunde tritt vielmehr eine gleichmäßige einheitliche Empfindung auf, die Verschmelzung wird erreicht (*Verschmelzungsfrequenz* der Reize). Bei etwas langsamerer Reizfolge ist zwar keine völlige Trennung mehr möglich, die Empfindung ist aber die der Unstetigkeit, Flimmern genannt *(Flimmerfrequenz)*. Bei noch langsamerer Frequenz tritt Flackern, schließlich Intermittieren auf.

Die Reizfolge wird am einfachsten mit einem Farbenkreisel, der halb mit weißem, halb mit schwarzem Papier versehen ist, erzielt. Bei Einstellung auf Verschmelzungsfrequenz ist die Helligkeit der Empfindung die gleiche, die erzielt würde, wenn die Lichtmenge gleichmäßig auf die Zeit verteilt würde *(Talbotscher Satz)*. Wenn also bei der Verschmelzungsfrequenz die Dauer des Lichtreizes gleich A ist, die des dunklen Intervalls gleich B, dann entspricht die Leuchtdichte des verschmolzenen Reizes der Leuchtdichte des Lichtreizes mal dem Faktor $A/(A + B)$ oder, falls eine Kreisscheibe verwendet wurde, mal dem Faktor Winkelgrad des hellen Sektors dividiert durch 360°. Auf diese Weise kann eine Lichtabschwächung durch einen Episkotister (vgl. S. 147) berechnet werden. Dieser Talbotsche Satz hängt mit der im *Bunsen-Roscoe*-Gesetz ausgesprochenen Beziehung zusammen, wonach bei kurzdauernden Reizen die Wirkung dem Wert it proportional ist. Bei langsamen Frequenzen, unterhalb der sog. kritischen Verschmelzungsfrequenz, stimmt der Talbotsche Satz nicht mehr. Bei einer Frequenz von 8—10 in der Sekunde (Flackerlicht) wirkt ein mit einer dunklen Phase intermittierendes Licht sogar heller, als wenn es konstant dargeboten wird (Brücke-Effekt, von BRÜCKE 1864 an einer Schwarz-Weiß-Sektorenscheibe gefunden, für Lichtblitze neu entdeckt von BARTLEY). Bei einer Frequenz von 10 in der Sekunde ist die Aufhellung am größten, wenn die Leuchtdichte des Lichtblitzes etwa 600—1000 asb ($\sim$ 200 bis 300 nt) beträgt, während sie bei höheren Leuchtdichten wieder abnimmt. Sie ist stärker, wenn die Hellphase $^1/_3$ der Zeit beträgt, als bei gleicher Hell-Dunkel-Phase (BARTLEY). Daß die Nachwirkung des ersten Reizes auf den zweiten eine größere Helligkeit der Empfindung bedingt, ist auch schon von CHARPENTIER und MARTIUS beschrieben worden. Manche Beobachtungen können hiermit in Zusammenhang gebracht werden, so z. B. die von STRUGHOLD beobachtete Verbesserung der Unterschiedsempfindlichkeit im Flackerlicht von 5—6 in der Sekunde. Während die Flimmer-Flackergrenze ziemlich konstant bei 18 pro sec durchschnittlich gefunden wird, weil sie durch das Refraktärstadium gewisser Ganglienzellen im Zentralnervensystem bedingt wird (BRECHER), hängt die kritische Verschmelzungsfrequenz von verschiedenen Faktoren ab. Zwei Lichtreize können nur dann miteinander verschmelzen, wenn die zugehörigen Empfindungen so dicht beieinander liegen, daß sie nicht mehr unterschieden werden können. Nun haben wir aber schon oben bei Erörterung des zeitlichen Verlaufs der Gesichtsempfindung gesehen, daß die Dauer der primären Empfindung des Einzelreizes mit anwachsender Intensität abnimmt und das Maximum der Helligkeit mehr an den Anfang rückt (vgl. Abb. 94). Da die Beziehung zwischen diesen Faktoren und der Reizintensität eine logarithmische ist, wird man erwarten dürfen, daß auch die Verschmelzungsfrequenz mit dem Anwachsen des Logarithmus der Intensität zunimmt. PORTER hat bereits 1902 auf die logarithmische Beziehung zwischen Intensität und Verschmelzungsfrequenz hingewiesen. (Ferry-Portersches Gesetz: Verschmelzungsfrequenz $= K \cdot \log I + K'$, worin K und K' Konstanten darstellen, die von Netzhautregion und Adaptationszustand abhängen.) Für foveale Felder von 2° gilt das Gesetz bis herab zum Nachtsehen. Bei hohen Leuchtdichten ist die Beziehung nicht mehr linear. Größere Felder zeigen höhere Verschmelzungsfrequenz. Die Abhängigkeit von der Feldgröße zeigt nicht die gleiche Linearität wie die von der Helligkeit (BERGER). Die widersprechenden Ergebnisse der Literatur mögen z. T. auf ungenügende Beachtung der angewendeten Feldgrößen und der Umgebungshelligkeit zurückzuführen sein.

Ähnliche Veränderungen, wie bei Zunahme der Reizintensität, finden sich bei zunehmender Dauer des Lichtreizes. Bei genauerer Untersuchung zeigt sich allerdings, daß die Verhältnisse nicht ganz so einfach liegen; vielmehr beeinflußt die voranlaufende Empfindung die nachfolgende. Je schneller zwei Reize einander folgen, um so kleiner wird auch das räumliche Intervall, in dem sie erscheinen. Da sie außerdem zu einem Lichtband auseinander gezogen werden, scheinen sie mit anwachsender Geschwindigkeit aneinandergerückt (verdichtet; MONJÉ). Folgen sich die beiden Reize in einem Abstand von etwa 150 msec, so verschmelzen zunächst die Purkinjeschen Nachbilder (Nachbilderverschmelzung; FRÖHLICH). Wird der zeitliche Abstand der beiden Reize auf 30—40 msec herabgesetzt, so verschmilzt das Heringsche Nachbild des ersten Reizes mit der primären Empfindung des zweiten Reizes, die dadurch so verstärkt wird, daß sie nicht nur, wie wir oben bereits sahen, heller erscheint, sondern auch ein deutlicheres positives Nachbild hat, so daß man den Eindruck einer Phasenvermehrung gewinnt. Eine solche Phasenvermehrung läßt sich mit Hilfe eines Kreisels sehr leicht vorführen.

Von großem Einfluß auf die Verschmelzungsfrequenz ist auch die Lokaladaptation. Wenn bei herabgesetztem Adaptationszustand foveal Verschmelzung eintrat, so kann das Feld wieder anfangen zu flimmern, sobald die Blickstellung verändert wird. Während im helladaptierten Zustand und bei Helligkeit des gewöhnlichen Tageslichtes etwa 60 Reize in der Sekunde zur Verschmelzung der Eindrücke nötig sind, geht die Zahl im dunkeladaptierten Zustand und bei schwachem Licht auf etwa 20 herunter. Nur bei Totalfarbenblinden bleibt auch bei verhältnismäßig hellem Licht die niedrige Verschmelzungsfrequenz von 20 Reizen in der Sekunde bestehen. Eine Erklärung gibt uns wieder die Theorie der Doppelanordnung in der Netzhaut an die Hand. Die niedrigen Verschmelzungsfrequenzen im Dunkeln und beim Totalfarbenblinden sind auf die Stäbchen, die hohen im Hellen auf die Zapfen zu beziehen, aus deren in der Theorie angenommenem Fehlen beim Totalfarbenblinden sich das Gleichbleiben seiner Verschmelzungsfrequenz erklärt. Es ist also anzunehmen, daß die Stäbchen träger reagieren als die Zapfen. Auch am Tierauge konnten diese Schlüsse durch Untersuchung der Aktionsströme bei wiederholten Reizen bestätigt werden (PIPER). Binokular liegt die Verschmelzungsgrenze höher als monokular, aber nur, wenn Hell- und Dunkelphasen auf beiden Augen gleichzeitig zur Wirkung kommen (PERRIN). Ist das nicht der Fall, kommt es nicht zur Verschmelzung.

Der *Grund für die Verschmelzung* intermittierender Reize in der Empfindung liegt zweifellos schon in der Eigenschaft des Sinnesepithels begründet. Darauf deutet vor allem der durch die Adaptation herbeigeführte Unterschied der Verschmelzungsfrequenz. Die durch einen kurzdauernden Lichtreiz gebildeten Zersetzungsprodukte der Sehstoffe wirken nach Lichtabschluß noch nach, bei den Stäbchen länger als bei den Zapfen. Bei Anwendung intermittierender elektrischer Reize, die wahrscheinlich nicht auf das Sinnesepithel wirken, sondern auf die Nervenfasern, fand BOUMAN eine weit höhere Verschmelzungsfrequenz der Lichtempfindungen, nämlich von 120 in der Sekunde. Dieser Wert dürfte von den Vorgängen in der Gehirnrinde bestimmt sein.

Die Gesetzmäßigkeiten der intermittierenden Reize haben mit ihrer Anwendung im Verkehrswesen, in der Medizin und zu Reklamezwecken praktisches Interesse erlangt. Intermittierendes Licht hoher Leuchtdichte und langsamer Frequenz (3—5 pro sec) ruft Unbehagen hervor (STRUGHOLD). Beleuchtung mit Leuchtstoffröhren kann aus ähnlichen Gründen zu stroboskopischen Effekten und zu asthenopischen Beschwerden führen (SCHOBER), auf die wir noch zurückkommen werden. Bei manchen Individuen rufen bestimmte Flackerfrequenzen myotonische Reaktionen hervor, die den Reiz überdauern können. Neuerdings wird daher Flackerlicht zur Diagnose von Epilepsie verwendet. Bei Hirngeschädigten sind die Frequenzen verändert, woraus auf eine zentrale Lokalisation dieser Funktion zu schließen ist. Die Bestimmung der Verschmelzungsfrequenz wurde von MILES als Ersatzmethode der Perimetrie ausgearbeitet. Sauerstoffmangel kann die Verschmelzungsfrequenz beeinträchtigen. Sobald das der Fall ist, finden sich auch im EEG Veränderungen. Es handelt sich demnach nicht um Aufmerksamkeitsveränderungen, sondern um einen tatsächlichen Eingriff in die am Sehakt beteiligten Neurone (GELLHORN und HAILMAN).

Wegen der Abhängigkeit der Verschmelzungszahl von der Helligkeit konnte auf der Bestimmung dieser Zahl das schon erwähnte photometrische Verfahren gegründet werden, die *Flimmerphotometrie*, welche besonders dem Vergleich von Strahlungen von verschiedener spektraler Zusammensetzung (Farbe) dient und daher auch als heterochrome Photometrie bezeichnet wird.

Auch für die *Kinematographie* ist die Verschmelzungsfrequenz von großer Bedeutung, sie ist sogar deren wesentliche Grundlage. Bei der üblichen großen Bildhelligkeit müßte eine Bildfrequenz von etwa 60 in der Sekunde erforderlich sein, um einen flimmerfreien Eindruck zu erreichen. Tatsächlich kommen aber für die Verschmelzung weitere begünstigende Momente hinzu, so daß der Bildwechsel weniger häufig zu erfolgen braucht. Es sind das zum Teil technische Einrichtungen, zum Teil Eigenschaften der Gehirnrinde. Wenn zwei Lichtlinien schnell nacheinander und in nicht zu großem Abstand voneinander kurz aufleuchten, so hat man nicht den Eindruck *zweier* Lichtlinien, die an zwei verschiedenen Orten aufleuchten, sondern *einer* einzigen Lichtlinie, die vom Ort der ersten zum Ort der zweiten tatsächlich vorhandenen Linie hinwandert. In der Psychologie wird diese Erscheinung als β-Bewegung bezeichnet. Wenn also mit etwa $^1/_{25}$ sec Intervall ein laufender Mensch aufgenommen wird, so erhält das Auge zwei getrennte, auf verschiedenen, aber nahe benachbarten Netzhautstellen liegende Bilder. Die Wahrnehmung zeigt aber schon in diesem einfachsten Fall von zwei einander folgenden Reizen eine Bewegung vom einen Ort zum anderen. Der weitere rein technische Kunstgriff besteht darin, daß das stehende Bild durch eine kurze Verdunklung unterbrochen wird. Dadurch nimmt die Anzahl der Belichtungsperioden in der Zeiteinheit zu, wodurch die Verschmelzung begünstigt wird.

Es werden 25 Bilder in der Sekunde entworfen, die Periodendauer ist also 0,04 sec. Diese Periode wird so eingeteilt, daß während 0,03 sec das Bild steht, während in 0,01 sec der Bildwechsel (Vorschub) erfolgt. In die Mitte der Zeit des Bildstillstandes wird nun eine Verdunklung (Bildabdeckung) von 0,01 sec Dauer eingeschaltet, so daß sich in jeder Periode aufeinander folgen: Vorschub, Stehbild, Dunkel, Stehbild nochmals, worauf die nächste Periode folgt. In dieser Weise ist erreicht, daß der „Flimmerleinwand" diese Bezeichnung nicht mehr zukommt, weil ein völlig gleichförmig fließender Bewegungsablauf erreicht wird. Wenn die Blende sägezackenartig ausgebildet ist, ist die Verschmelzungsfrequenz niedriger.

Die Verschmelzungsfrequenz ist sowohl für die Stäbchen als auch für die Zapfen von der Leuchtdichte abhängig, und zwar wächst, wie gesagt, die Verschmelzungsfrequenz mit dem Logarithmus der Reizstärke. Hiernach ist für Flimmerfreiheit des Bewegungsbildes günstig, eine nicht zu hohe Leuchtdichte zu verwenden.

Anhangsweise sei erwähnt, daß nach den Versuchen von KECK und SCHWARZ unterschwellige rhythmische Lichtreize vom Auge summiert werden. Ein für sich unterschwelliger Reiz erhöht also für etwa 2—3 sec die Erregbarkeit, und zwar insbesondere für gegenfarbige Reize. Reizsummation ist eine Eigenschaft vorwiegend der Zentralteile, im Auge findet sie vielleicht in der Ganglienzellschicht der Netzhaut statt, falls nicht ein zentrales Phänomen vorliegt.

b) Zeitschwelle für Einzelreize

Bei Bestimmung der *absoluten Zeitschwelle*, d. h. der kürzesten zur Auslösung einer Empfindung nötigen Zeitdauer, findet man keine untere Grenze, wenn man die Stärke des Reizes entsprechend der Abnahme der Zeitdauer erhöht. Es findet sich, wie schon angedeutet, bis zur Reizdauer von $^1/_{20}$ sec für den Schwellenwert das Produkt $i \cdot t$ konstant, wenn i die Stärke, t die Dauer des Reizes bedeutet. Erst bei längerer Zeitdauer ist die Empfindungsstärke von der Reizdauer unabhängig. Dies deutet darauf hin, daß bei kurzen Einwirkungszeiten nur die Menge des zersetzten chemischen Stoffes für die Wirkung maßgebend ist. Bei längerer Reizdauer wird sich hingegen ein chemischer Gleichgewichtszustand zwischen Zersetzung und Wiederaufbau einstellen, der bedingt, daß bei fortdauerndem Reiz die Empfindungsstärke nicht ins Unbegrenzte wächst. Allgemein gesagt gilt das Bunsen-Roscoe-Blochsche *Gesetz*, $i \cdot t =$ konst., für jeden photochemischen Prozeß, der nicht durch sekundäre Reaktionen verwickelt ist.

In der Netzhaut haben wir mit solchen sekundären Reaktionen zu rechnen, weil der Abbau der photochemischen Substanz mit einer sofortigen Resynthese eines Teiles dieser Substanz verknüpft ist. Diesem Befund wird man gerecht, wenn man die Zeit mit einem Exponenten p versieht; es ist demnach $s \cdot t^p =$ konst. MONJÉ konnte zeigen, daß p in der gleichen Größenordnung liegt wie der von SCHWARZSCHILD für die photographische Platte eingeführte Exponent, wenn man mit s den Sehwinkel in Bogenminuten und mit t die Darbietungszeit in msec bezeichnet.

Der Exponent ändert sich mit dem Leuchtdichteunterschied zwischen Sehzeichen und Umfeld, dem Adaptationszustand und dem Netzhautort; er ist größer, wenn der Leuchtdichteunterschied gering ist. In demselben Sinn wirkt große Helladaptation des Beobachters. In der Netzhautperipherie ist p kleiner als in der Fovea, gleiche Bedingungen vorausgesetzt. Das entspricht der Tatsache, daß die Sehschärfe in der Netzhautperipherie bei unbegrenzter Darbietungsdauer geringer ist als bei begrenzter, im Bereich der Nutzzeit liegender Darbietung von etwa $^1/_2$ min (vgl. S. 253), und sie steht in guter Übereinstimmung mit den Befunden von CIBIS über die Lokaladaptation (S. 215).

Die Befunde zeigen, daß der Exponent keine Konstante ist, sondern experimentell geändert werden kann. MONJÉ folgert daraus, daß er sich nicht nur unter verschiedenen Versuchsbedingungen, sondern auch unter pathologischen Bedingungen ändert und seine Bestimmung eine Bereicherung der diagnostischen Möglichkeiten des Augenarztes darstellt.

LASAREFF nimmt für die Entstehung der Erregung durch Licht die Wirkung von erregenden und hemmenden Ionen an und leitet aus der Grundvorstellung die Beziehung ab $i \cdot t = a + b \cdot t$, worin i die Lichtintensität bei der Reizschwelle, a und b Konstanten bedeuten, t die Zeit. Ist t vernachlässigbar klein, so wird $i \cdot t = a$, also konstant. Es ist das die schon erwähnte, nur für kurze Zeiten gültige Beziehung. Die Lasareffsche Formel (gleichzeitig ebenso BLONDEL und REY) entspricht ganz der von WEISS für die elektrische Reizung des Nerven aufgestellten Formel $Q = i \cdot t = a + b \cdot t$, worin Q die zur Erregung notwendige Elektrizitätsmenge, b die Rheobase (Schwellenstromstärke für sehr lange Stromdauer) und a/b die Chronaxie ist. Die Übereinstimmung zwischen dem Lichtreiz und dem elektrischen Reiz wird verständlich, wenn man sich überlegt, daß der Unterschied zwischen den beiden darin besteht, daß der eine, der optische, ein Dauerreiz ist, der elektrische dagegen ein Übergangsreiz, der nur zu Beginn und am Ende eine sichtbare Wirkung hervorruft. Durch Verringerung der Intensität des optischen Reizes läßt sich dieser jedoch zu einem Übergangsreiz machen, und aus dem elektrischen Reiz wird ein Dauerreiz, wenn die Intensität nur hoch genug ist (GILDEMEISTER). Daraus folgt, daß auch zwischen den Reizwirkungen Analogien bestehen müssen. Diese Überlegungen haben MONJÉ dazu geführt, einen der Chronaxie entsprechenden Begriff der *Chronopsie* abzuleiten, zu deren Bestimmung an Stelle der elektrischen Reize adäquate Lichtreize verwendet werden.

Die kritische Zeitdauer, bei der $i \cdot t$ aufhört konstant zu sein (etwa $^1/_{20}$ sec), vergrößert sich, und der Grenzwert hebt sich schärfer ab, wenn die Feldgröße des Netzhautbildes, also die Anzahl der beteiligten Sinneselemente, verkleinert wird (GRAHAM und MARGARIA).

Von allgemeinerem Standpunkt aus behandeln diese Fragen REENPÄÄ und NIINI für die verschiedenen Sinnesgebiete.

2. Unterscheidung von Reizstärken

a) Unterschiedsempfindlichkeit

Zwei an Stärke etwas verschiedene Reize können nur dann unterschieden werden, wenn die Reizverschiedenheit einen gewissen Mindestwert hat. Nach dem bei allen Sinnesorganen in Annäherung und in Grenzen gültigen *Weberschen Gesetz* ist der *eben merkliche Reizunterschied* keine stets gleiche Größe, sondern er ist von der absoluten Reizhöhe abhängig; der Reizunterschied muß bei Helligkeiten etwas mehr als $^1/_{100}$ sein, um erkannt zu werden. Zum Nachweis kann man den Farbenkreisel benutzen, auf dem man ein Mittelfeld und ein äußeres Ringfeld von etwas verschiedener Helligkeit dadurch einstellt, daß man verstellbare Schwarz-Weiß-Sektoren verwendet. So würde also das Feld mit dem Weißsektor 190° von einem mit dem Weißsektor $190 + 190/100 = $ (etwa) 192 eben unterscheidbar sein, und ein Feld mit 300° Weiß von einem solchen mit 303°, gleichbleibende Beleuchtung vorausgesetzt. Allgemein kann gesagt werden: Ist

I die Helligkeit, $\varDelta I$ der Helligkeitsunterschied, so ergibt sich $\varDelta I/I$ als konstant. Der Betrag $\varDelta I/I$ oder besser in Leuchtdichte ausgedrückt $\varDelta L/L$ wird als Unterschiedsschwelle bezeichnet.

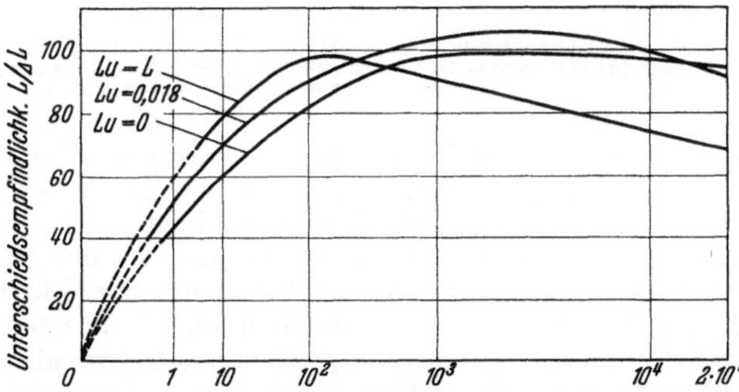

Daß die Sterne bei Tage unsichtbar sind und sie abends in der Reihenfolge ihrer Helligkeit sichtbar werden, beruht darauf, daß bei Tag der Reizzuwachs durch das Sternlicht zu gering ist und erst mit eintretender Dämmerung das der Unterschiedsempfindlichkeit entsprechende Stärkeverhältnis zum Himmelslicht erhält, und zwar um so früher, je heller der Stern ist.

Abb. 97. Abhängigkeit der Unterschiedsempfindlichkeit von der Infeldleuchtdichte bei verschieden hellen Umfeldern (nach SCHUMACHER). $L_u = 0$, vollkommen dunkles Umfeld, $L_u = 0{,}018$, Umfeld von 0,018 asb. $L_u = L$, Infeld- und Umfeldleuchtdichte etwa gleich. Infeld 20° mit Prüffleck 1°, Umfeld = Gesamtgesichtsfeld

Des Näheren hängt die Unterschiedsempfindlichkeit von verschiedenen Umständen ab, insbesondere von der Beleuchtung. So würde bei sehr schwacher Beleuchtung der genannte Unterschied von $^1/_{100}$ nicht ausreichen, während bei starker Beleuchtung der Unterschied verkleinert werden kann, ohne daß er

15*

unter die Schwelle sinkt; bei zu hoher Beleuchtungsstärke hingegen ist die Unterschiedsempfindlichkeit wieder geringer. Es gilt also das Webersche Gesetz der Konstanz des Reizunterschiedes nur innerhalb der Grenzen von Beleuchtungsstärken, wie sie dem Tagessehen entsprechen (KÖNIG und BLANCHARD, vgl. SCHUMACHER).

Wie aus der Abb. 97 hervorgeht, in der die Unterschiedsempfindlichkeit als reziproker Wert der Unterschiedsschwelle aufgetragen ist, ist dieselbe bis zu einem bestimmten Betrag der Umfeldleuchtdichte am höchsten, wenn Infeld und Umfeld von annähernd gleicher Leuchtdichte sind. Dieser Betrag liegt nach SCHJELDERUP bei etwa 200 asb ($\sim$ 65 nt). Bei sehr hohen Leuchtdichten des Infeldes ist

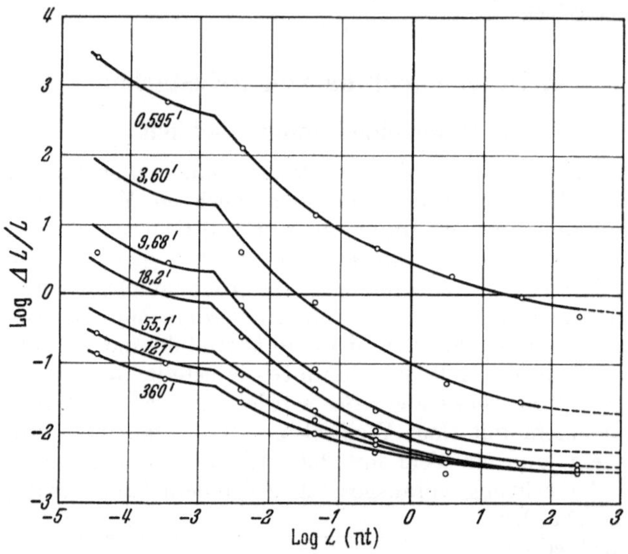

Abb. 98. Unterschiedsschwellen als Funktion der Hintergrundsleuchtdichte L und der Größe des Prüffeldes (in Winkelminuten). Schwelle bei Sichtbarkeit in 50% der Fälle. Mittelwerte von 25 Vpn. Prüffeld heller als Hintergrund. Unbegrenzte Dauer des Reizes (nach BLACKWELL)

eine geringere Umfeldleuchtdichte günstiger. Weiterhin ist die Unterschiedsschwelle abhängig von der Feldgröße: ein großes schwellennahes Feld wird eher erkannt als ein kleines gleicher Leuchtdichte. Verschiedene Autoren, u. a. KÜHL, WEIGEL und KNOLL, SCHÖNWALD, SIEDENTOPF und BLACKWELL, untersuchten die Abhängigkeit der Unterschiedsschwelle von der Feldgröße und der Hintergrundshelligkeit. Abb. 98 zeigt solche Kurven für 7 verschiedene Testfeldgrößen. Es war den Versuchspersonen gestattet, mit frei wanderndem Blick zu beobachten, was zur Folge hatte, daß sie bei niedrigen Hintergrundsleuchtdichten parafoveal beobachteten. Der Knick in den Kurven zeigt den Übergang von parafovealer zu fovealer Beobachtung. Es ist ersichtlich, daß die Kurven für die größeren Testfelder bei ansteigender Hintergrundsleuchtdichte einem gemeinsamen konstanten Wert zustreben, wie nach dem Weberschen Gesetz zu erwarten ist.

Die Unterschiedsempfindlichkeit ist geringer, wenn die zu vergleichenden Felder sich nicht umschließen und nicht berühren. In diesem Zusammenhang mag eine schon von BLACHOWSKI (1913) beobachtete und von FRY und BARTLEY weiter aufgeklärte Erscheinung erwähnt werden. Zur Sichtbarkeit eines kleinen Kreises auf einer größeren Fläche ist eine höhere Leuchtdichte erforderlich, wenn man einen schwarzen Ring um diesen Kreis zieht. Dieser Ring übt keine hemmende Wirkung mehr aus, wenn sein Abstand von der Kontur des Kreises über 4° beträgt.

Bei kleinen Figuren, z. B. Kreisen, scheinen die gegenüberliegenden Seiten eine hemmende Wirkung auf die Sichtbarkeit der Figur auszuüben, was auch mit den Befunden von Monjé und von Harms und Aulhorn in Einklang steht.

Die Unterschiedsempfindlichkeit hängt auch von der Form der Objekte ab. Die bekannte Erscheinung, daß längliche Objekte besser sichtbar sind als quadratische, wird dadurch erklärt, daß der empfundene Helligkeitsunterschied nicht von der gesamten Fläche bestimmt wird, sondern innerhalb einer schmalen Randzone, und zwar an langseitigen Grenzen merkbarer als an kurzseitigen, desgleichen an geraden Grenzen merkbarer als an gezackten (Fry, Bouman). Damit ein Unterschied wahrgenommen werden kann, muß je ein Receptor eine Mindestzahl Quanten mehr absorbieren, als von der Umgebung des Objektes geliefert wird, und je länger der Umfang, um so mehr solche Quanten können einbezogen werden (Lamar, Hecht u. Mitarb.).

Die Darbietungszeit ist auch für die Unterschiedsschwelle maßgebend. Auch hier gilt das Bunsen-Roscoesche Gesetz, das die folgende Form annimmt: $(\Delta I/I) \cdot t$ = konst. Oberhalb einer kritischen Zeitdauer geht es in das Webersche Gesetz $\Delta I/I$ = konst. über (Graham und Kemp).

Nach König kann man 660 Helligkeitsstufen unterscheiden innerhalb des Lichtstärkenbereichs von Null bis zur oberen Grenze, an der wegen übermäßiger Reizung („Blendung") die Unterschiedsempfindlichkeit schließlich ganz aufhört.

Aus dem Weberschen Gesetz der Konstanz des Verhältnisses des eben merklichen Reizunterschiedes zur Reizgröße (allgemein $\Delta R/R = k$) hat Fechner eine Beziehung zwischen *Reizgröße* und *Empfindungsgröße* abgeleitet. Fechner stellte die Hypothese auf, daß der Empfindungsunterschied bei allen eben merklichen Reizunterschieden gleich groß sei. Aus dieser Annahme folgt, daß die Empfindungsstärke mit dem Logarithmus der Reizstärke wächst: Fechners *„psychophysisches Gesetz"*. Hiergegen sind bedeutende Einwände erhoben worden, welche die Berechtigung der gemachten Annahme bezweifeln und hervorheben, daß die Webersche Beziehung nur in verhältnismäßig engen Grenzen von Reizstärken und Reizgrößen gilt. Es sei besonders auf die Kritik von Hering (*1*), Wright und Piéron hingewiesen.

Der Haupteinwand bezieht sich darauf, daß Empfindungen nicht der Größe nach meßbar sind. Pauli sieht den Ausweg darin, daß er die logarithmische Beziehung nicht in den Endvorgang zwischen Reiz und Empfindung verlegt (psychologische Deutung), sondern in die Stufe zwischen Reiz und Erregung (physiologische Deutung). Da die Webersche Beziehung nicht zutrifft, wenn man die ganze Skala physiologischer Reizstärken untersucht und sich nicht nur auf mittlere Bereiche beschränkt, so kommt jedenfalls dem Fechnerschen Gesetz nur beschränkte Bedeutung zu. Immerhin besteht die Tatsache, daß vielfach eine logarithmische Auftragung von Reizstärken zu einer sehr übersichtlichen Darstellung der Beziehung von Reiz zu Sinnesleistung führt.

Des Näheren sei auf v. Kries (*7*) und Stumpf hingewiesen. Letzterer hebt besonders hervor, wie viel Anregung zu theoretischen Forschungen und praktisch wertvollen Untersuchungen durch Fechners „mühe- und geistvoll durchgeführtes Unternehmen" veranlaßt wurden.

In Anwendung der Fechnerschen Beziehung bezeichnen die Astronomen die *Sternhelligkeit* nach dem Logarithmus des objektiven Intensitätsverhältnisses. Sterne benachbarter Größenklassen stehen im gleichen Intensitäts*verhältnis* und haben nicht etwa gleichen objektiven Intensitäts*unterschied*.

Man kann wohl allgemein sagen, daß die logarithmische Darstellung dann berechtigt ist, wenn das Gebiet der Reizstärken, auf welche sich die Beobachtung bezieht, nicht sehr umfangreich ist, und wenn durch diese Darstellung das Ergebnis übersichtlicher wird.

Bei Helladaptation und rein fovealer Feldgröße ist die *Unterschiedsempfindlichkeit bei Benutzung beider Augen* nicht größer als bei Benutzung nur eines Auges. Bei überfovealer Feldgröße und Dunkeladaptation hingegen ist die Unterscheidungsleistung binokular größer. Diese Tatsache, die für die Beobachtung an

Photometern (Einstellung zweier Halbkreisflächen auf gleiche Helligkeit) von Bedeutung ist, dürfte mit der früher erwähnten binokularen Reizaddition des Stäbchenapparates zusammenhängen.

Die Kenntnis von den Gesetzmäßigkeiten der Reizunterscheidung hat in jüngster Zeit besondere Bedeutung durch die Beobachtung von Erdsatelliten und durch die Vorbereitungen für die Weltraumfahrt erhalten. Künstliche Erdsatelliten können mit bloßem Auge eine ganze Zeit nach Sonnenuntergang oder vor Sonnenaufgang gesehen werden, wenn der Beobachter noch im Erdschatten ist, der Satellit aber schon von der Sonne beschienen wird. Seine Sichtbarkeit ist sowohl eine Funktion des Leuchtdichteunterschiedes gegen den Himmel als Hintergrund, als auch des Gesichtswinkels (Näheres s. bei SCHMIDT, TOUSEY).

Über den Einfluß der Atmosphäre auf die Sichtbarkeit von Objekten ist in den Büchern von LÖHLE, MIDDLETON u. a. nachzulesen. In einem Weltraumfahrzeug bestehen besondere „photoskotische" Bedingungen (STRUGHOLD), indem der Himmel vollständig dunkel ist, da die Zerstreuung des Sonnenlichtes durch die Atmosphäre fehlt; die Sterne und die Sonne erscheinen viel heller wegen fehlender Absorption und Zerstreuung durch die Atmosphäre. Es bestehen starke Helligkeitsunterschiede zwischen beleuchteten und unbeleuchteten Flächen. Das Auge des Astronauten wechselt zwischen starker Helladaptation z. B. in Erdnähe und Dunkeladaptation. Einen Tag-Nacht-Zyklus gibt es nicht.

b) Absolute Schwellenempfindlichkeit

Über die *absoluten Schwellen* der Reize, also die Unterscheidungsfähigkeit eines schwachen Lichtreizes von der Reizstärke Null, wurde früher in anderem Zusammenhang schon einiges gesagt. Die Schwellen zeigten sich vom Adaptationszustand und vom Netzhautort abhängig. Auch ist die Größe der gereizten Netzhautfläche maßgebend, wobei sich wieder Unterschiede im hell- und dunkeladaptierten Zustand zeigen (Zapfen- und Stäbchenfunktion). Die Abhängigkeit der absoluten Schwellen von der Wellenlänge des Lichts sowie vom Adaptationszustand ging aus den Nacht- und Tageswerten hervor. Der Einfluß der Pupille auf die Netzhautbildhelligkeit wurde S. 22 erörtert.

Besonders im dunkeladaptierten Zustand erwies sich die Schwelle von der Größe der Reizfläche abhängig. Es addieren sich dabei die Reizwirkungen der Flächenelemente. Besondere Verhältnisse liegen vor, wenn die Flächenstücke nicht ohne Grenze ineinander übergehen, sondern wenn in einigem Abstand neben einer schwachen Reizfläche eine zweite gesetzt wird. Ist erstere für sich allein unterschwellig, letztere für sich allein überschwellig, so kann die erste Fläche unter Wirkung der zweiten sichtbar werden. Ist aber die Zusatzfläche zu hell, so wird im Gegenteil eine Verschlechterung der Sichtbarkeit der lichtschwachen Fläche erreicht. Diese Blendung beruht zum Teil auf der Lichtzerstreuung im Auge. Durch diese wird das lichtschwache Prüffeld auf einer schon vorbelichteten Netzhaut abgebildet, der Reizzuwachs durch das Prüffeld sinkt unter die Schwelle. Diese Blendung ist besonders störend, wenn wir im Dunkeln einen lichtschwachen Gegenstand sehen wollen, und nun seitlich ein helleres Licht auftaucht, z. B. bei der nächtlichen Dunkelheit auf den Straßen die Lampe eines Radfahrers, eines Autos. Die „Sofortblendung" (COMBERG) ist um so beträchtlicher, je kleiner der Winkel zwischen der Gesichtslinie und der Einfallsrichtung des Blendlichtes ist. Bei Nebel ist die Blendung besonders groß, weil das störende Licht schon außerhalb des Auges zerstreut wird, also die ganze Netzhaut belichtet, so daß das schwache Prüflicht einen zu geringen Reizzuwachs darstellt. Selbst wenn Licht punktförmig auf den Sehnerveneintritt fällt, tritt Blendung ein, weil dabei die Lichtzerstreuung ebenso wirkt, als wenn das Licht auf eine empfindliche Netzhautstelle fällt.

Des Näheren liegen nach PIPER und LÖSER folgende Verhältnisse der Schwellenabhängigkeit von der Größe der Reizfläche vor. Bei Dunkeladaptation und reinem Nachtsehen (nur Stäbchen beteiligt) sinkt die Leuchtdichteschwelle (L) mit zunehmender Flächengröße (Fl) in der Weise, daß das Produkt $L \cdot \sqrt{Fl}$ konstant ist. Bei Helladaptation (nur Zapfen beteiligt) ist in der Netzhautperipherie die Leuchtdichteschwelle von der Feldgröße so gut wie unabhängig. Bei rein fovealem Sehen hingegen wird die Leuchtdichteschwelle um ebensoviel niedriger gefunden, wie die Fläche vergrößert wird; es ist also $L \cdot Fl = $ konst. Diese Beziehung wurde zuerst von Riccò gefunden und von Löser bestätigt. Nach Löhle [vgl. auch Kühl (2, 4)] gilt der Riccòsche Satz $L \cdot Fl = $ konst. (oder: der Schwellenwert der Leuchtdichte ist dem Quadrat des Sehwinkels umgekehrt proportional) sowohl foveal als auch parafoveal, beides dunkeladaptiert, streng für Sehwinkel von 0,1—10'. Nach Piéron gilt bei genau eingehaltenem fovealen Sehen für Sehwinkel von 7' bis 1° die Beziehung $L \cdot \sqrt[3]{Fl} = $ konst. Das Pipersche Gesetz (der Schwellenwert der Leuchtdichte ist dem Sehwinkel umgekehrt proportional) gilt nach Löhle, welcher extrafoveal nur dunkeladaptiert untersuchte, im Bereich von 2—7° Sehwinkel. Im Zwischenbereich gehe die Riccòsche Regel in die Pipersche stetig über.

Bei Sehwinkeln über 7° nimmt der Schwellenwert des Lichtstroms schneller ab als dem Piperschen Gesetz entspricht. Man kann annehmen, daß die eben merkliche Leuchtdichte für immer größer werdende Sehwinkel einem konstanten Wert zustrebt, der aber bei 14° Sehwinkelgröße noch nicht erreicht ist. Auf größere Winkel wurden die Beobachtungen nicht ausgedehnt. Der Zentralabstand der extrafovealen Beobachtung war etwa 10—20°.

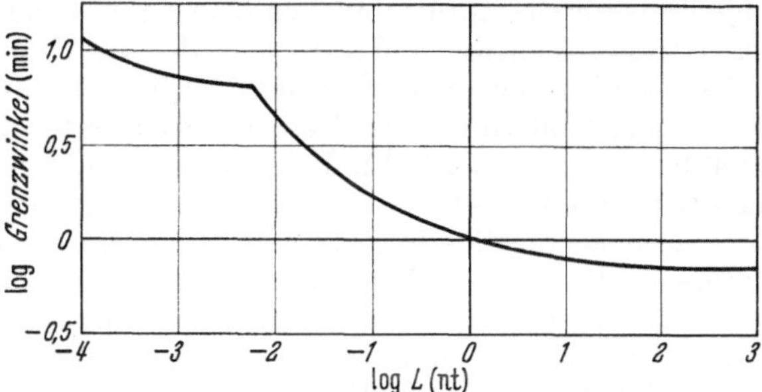

Abb. 99. Grenzwinkel für die Gültigkeit des Riccòschen Gesetzes als Funktion der Adaptationsleuchtdichte. Das Gebiet unter der Kurve entspricht „punktförmigen" Lichtquellen (nach Blackwell)

In der angegebenen Form gelten Riccòsches und Pipersches Gesetz unter der Bedingung, daß die Entfernung konstant gehalten wird. Unter Berücksichtigung der Entfernung wird das Riccòsche Gesetz nach Yves Le Grand ausgedrückt durch die Formel $L \cdot \omega = $ konst., das Pipersche Gesetz durch $L \sqrt{\omega} = $ konst., also durch Einbeziehung des Raumwinkels, den das Objekt am Auge bildet. Aus dem Riccòschen Gesetz folgt, daß unter den Bedingungen seiner Gültigkeit die Wirkung auf das Auge proportional ist der Intensität (I) der Lichtquelle und somit auch als Beleuchtungsstärke am Auge ausgedrückt werden kann. Die Lichtquelle ist also in diesem Bereich als physiologisch punktförmig anzusehen. Der Zusammenhang zwischen Adaptationszustand und dem Grenzwinkel für die Gültigkeit des Riccòschen Gesetzes ergibt sich aus einer Abbildung nach Blackwell (Abb. 99). Die praktische Bedeutung der soeben erwähnten Gesetzmäßigkeiten wird beim Gebrauch von Nachtferngläsern ersichtlich: Objekte, die in den Riccòschen Bereich gehören, werden damit heller gesehen als mit bloßem Auge, da mehr Lichtstrom ins Auge gelangt. Im Piperschen Bereich ist die Vergrößerung nicht mehr so vorteilhaft. Bei ausgedehnten Flächen hat man keinen Lichtgewinn mehr, im Gegenteil, die Leuchtdichte wird durch die Absorption des Glases herabgesetzt, und die Fläche erscheint dadurch dunkler.

Die Erklärung für die Verschiedenheit bei Reizung der fovealen und der peripheren Zapfen ergibt sich aus der Netzhaut-Feinstruktur (Löser). In der Fovea gehört zu jedem Zapfen nur *eine* bipolare Zelle und zu dieser wieder nur *eine* Ganglienzelle der Netzhaut. In der Peripherie hingegen ist jeder Zapfen (der vom Nachbarzapfen durch eine Reihe von 3 bis 4 Stäbchen getrennt ist) mit *mehreren* anderen Zapfen zusammen mit *einer* Bipolaren und einer Ganglienzelle verbunden. Es kann hier die Erregung des einzelnen Zapfens nicht für sich weitergeleitet werden, so daß eine „Reizaddition" nicht zustande kommen kann.

Warum bei den (fovealen) Zapfen die Fläche, bei den Stäbchen die Quadratwurzel aus der Fläche maßgebend ist, bleibt weiter aufzuklären. Wird die Reizzeit begrenzt, so gilt eine Kombination des Riccòschen bzw. Piperschen Gesetzes mit dem Bunsen-Roscoe-Gesetz $t \cdot L \cdot Fl = $ konst. bzw. $t \cdot L \cdot \sqrt{Fl} = $ konst. (Baumgardt).

Die *absolute Endschwelle* — die Schwelle nach vollendeter Dunkeladaptation — wird für ausgedehnte Flächen in Leuchtdichtewerten angegeben. Sie entspricht nach Denton und Pirenne $0,85 \cdot 10^{-7}$ Nit ($2,5 \cdot 10^{-7}$ asb) für weißes Licht der Farbtemperatur 2400° K. Es ist auch üblich, für ausgedehnte Flächen Schwellenangaben in Mikrowatt oder erg pro sec und pro cm² des äußeren Feldes anzugeben, wobei der vom Reizlicht gelieferte Energiestrom mit Hilfe eines geeichten Thermoelementes gemessen werden kann. Die zur *Schwellenreizung notwendige Lichtenergie*

für kleine Flächen, in erg pro sec Gesamtstrahlungsstrom bestimmt, ist sehr gering.
FRIEDRICH und SCHREIBER geben, bei Dunkeladaptation 10° temporal gemessen,
für 546 mμ (grüne Linie des Quecksilbers) etwa 10^{-8} erg/cm²sec an, für 365 mμ
(ultraviolette Hg-Linie) je nach dem Alter des Beobachters zwischen 10^{-5} und
10^{-3} erg/cm²sec (letzteres bei älteren Leuten). v. KRIES fand parazentral bei
10′ Feldgröße bestimmt, unter Bestbedingungen, nämlich bei Dunkeladaptation
und im Grün des Spektrums (507 mμ), also im Bereich der stärksten Wirkung auf
die Stäbchen, als Minimum perceptibile für Momentbeleuchtung einen Wert von
durchschnittlich $2 \cdot 10^{-10}$ erg. Bei Dauerbelichtung wurden $5,6 \cdot 10^{-10}$ erg für die
Sekunde gefunden. Ist die Schwelle für eine Wellenlänge ermittelt, so kann man
diejenigen für die übrigen Wellenlängen mit Hilfe der entsprechenden Empfindlichkeitskurve, entweder der V_λ oder der V_λ' Kurve berechnen (s. S. 140). Es ist
vielfach üblich, die Lichtschwellen in Quanten anzugeben, da nicht die Mindest-
reizenergie, sondern die Mindestzahl absorbierter Quanten für die Empfindungsschwelle maßgebend ist. Im Folgenden sollen die Gedankengänge der Quanten-
theorie kurz dargestellt werden: Die Strahlung verhält sich in ihrer Reaktion mit
Materie so, als ob sie selber Materie von corpuscularer Struktur wäre. Wie bei der
Materie findet man, daß die minimalste Menge Licht, die in einem Experiment
verwendet werden kann, ein unteilbares Ganzes bildet, 1 Quant (Photon nach
EINSTEIN). Und zwar sind die Quanten des kurzwelligen Lichtes energiereicher als
die des langwelligen. Die Frequenz v einer Wellenlänge λ beträgt, wenn c die

Lichtgeschwindigkeit ist, $v = \dfrac{c}{\lambda}$; die Energie eines Quants der Strahlung von

der Frequenz v ist proportional dieser Frequenz und gleich hv, worin h eine von
PLANCK gefundene Konstante, das elementare Wirkungsquantum bedeutet. Dieses
hat die Größe $6,62 \cdot 10^{-34}$ Watt · sec² oder $6,62 \cdot 10^{-27}$ erg · sec. Die Energie eines
Lichtquants der Wellenlänge 510 mμ ergibt sich aus $E = h \cdot v = 3,89 \cdot 10^{-12}$ erg. Zur
Berechnung der tatsächlich die Netzhaut erreichenden Lichtquanten ist der Verlust beim Passieren der Augenmedien zu berücksichtigen, und zwar gehen durch
Reflexion an Cornea und Linse etwa 3% verloren, durch Absorption der Augenmedien mindestens 50%. Im Sehpurpur werden schließlich, je nach seiner
Konzentration und nach der Wellenlänge, maximal bei 510 mμ, 10—20% absorbiert; das übrige im Pigmentepithel der Retina. Der Gesamtverlust beträgt
etwa 90% (HECHT, SHLAER, PIRENNE). Nach HECHT und Mitarbeitern sind
mindestens 5—14 Quanten notwendig, um zu einer Empfindung zu führen
(bestimmt für die Wellenlänge 510 mμ), bei Momentbelichtung (0,001″) auf einem
Feld von 10′ (= 500 Stäbchen) bei 20° peripherer Beobachtung und Dunkeladaptation. BOUMAN und VAN DER VELDEN (1948) fanden für das Stäbchensehen,
7° nasal bei 530 mμ innerhalb einer Zeit $t \simeq 0,02$ sec und auf einem Mindestareal
von 10′ (= 100 Receptoren) nach Korrektur auf die oben angegebenen Verluste
2 Quanten.

Die gleiche Zahl stellten sie für das foveale Zapfensehen fest bei Prüfung mit
weißem Licht innerhalb einer Zeit von 0,2 sec und auf einem Areal von 2 bis 4′
(20 bis 90 Receptoren). Auch ARDEN und WEALE fanden etwa gleiche Empfindlichkeit für Stäbchen und Zapfen unter der Bedingung, daß räumliche Summation
vermieden wurde. Wenn sie bei Dunkeladaptation mit Lichtblitzen über 0,01 sec
Dauer und mehr als 1 Winkelminute Ausdehnung untersuchten, trat Summation
ein.

Die Diskrepanz zwischen den Angaben der 5 Quanten gegen 2 Quanten wird
nach PIRENNE und DENTON dahin erklärt, daß HECHT Reiz und Fixierpunkt mit
dem gleichen Auge beobachten ließ, BOUMAN und VAN DER VELDEN den Fixierpunkt mit dem anderen Auge beobachteten. Wie schon erwähnt führen DARTNALL

und CRESCITELLI den Unterschied darauf zurück, daß HECHT 20% Absorption im Sehpurpur annahm, während diese Autoren nur 3,5% feststellten. BAUMGARDT weist darauf hin, daß zwar 2 Quanten innerhalb einer bestimmten Fläche und einer bestimmten Zeit ausreichend seien, um eine Ganglienzelle der Netzhaut zu erregen, daß aber meist mehrere solcher Doubletten für eine Schwellenempfindung notwendig seien, da nicht jede Reizung ein Treffer sei. Es ist aber nicht sehr wahrscheinlich, daß beide Quanten auf nur ein Stäbchen (oder nur einen Zapfen) fallen werden. Ein Quant reagiert mit einem Molekül Sehpurpur, daher ist es richtig zu behaupten, daß *ein* Quant *ausreichend ist*, um ein Stäbchen zu reizen (NODDACK, vgl. auch AUTRUM).

Wenn man die von den verschiedenen Autoren gefundenen Werte auf die von HECHT und Mitarbeitern angegebenen Verluste korrigiert, ergibt sich folgende Tabelle (nach HARTRIDGE), die für Dunkeladaptation und Momentbelichtung gilt und eine gute Übereinstimmung zeigt:

Name	Jahr	Wellenlänge	Anzahl der auf die Cornea auftreffenden Quanten	Anzahl der mit dem Sehpurpur reagierenden Quanten
v. KRIES u. EYSTER	1909	507	34—68	3—7
CHARITON u. LEA	1929	505	17—30	2—3
BARNES u. CZERNY	1932	530	40—90	4—9
HECHT, SHLAER u. PIRENNE	1942	510	54—148	5—15
VAN DER VELDEN u. BOUMAN	1946	530		2

Rechnet man den von v. KRIES ermittelten Wert für Dauerbelichtung in Quanten um, (1 Quant der Wellenlänge 510 mμ entspricht $3{,}9 \cdot 10^{-12}$ erg), so ergibt sich, daß 150 Quanten in der Sekunde auf die Cornea auftreffen. CZERNY fand ebenfalls für Dunkeladaptation und grünes Licht den Wert von 150 Quanten. Er führt weiter aus, daß bei dieser Schwellenenergie eben noch eine gleichmäßig ablaufende Lichtempfindung möglich ist, in der die Unregelmäßigkeiten der Lichtemission noch nicht störend zur Geltung kommen.

So ist die Erregbarkeit des Sinnesorgans bis nahe an die mögliche Grenze ausgebildet, deren Überschreitung ähnliche Störungen mit sich bringen würde wie beim Gehörsinn, bei welchem durch eine weitere Empfindlichkeitssteigerung bald die ungeordneten Bewegungen der Luftmoleküle hörbar werden würden. Das Auge erreicht, wie BOHR sagt, die absolute Grenze der Empfindlichkeit, die durch den atomistischen Charakter der Lichtphänomene gesetzt ist.

Eine Sinnesschwelle ist nicht in dem Sinne konstant, daß auf einen konstanten Reiz immer eine Empfindung folgt. Auch die Energieschwelle des Auges zeigt Schwankungen. Unter den physikalisch einwandfreiesten Bedingungen wird einmal wahrgenommen, ein anderes Mal nicht. Der Unterschied zwischen dem Reiz, der überhaupt nicht gesehen wird, und dem Reiz, der jedesmal ein Treffer ist, beträgt mindestens eine Zehnerpotenz (PIRENNE). Werden z. B. immer genau 6 Quanten pro Lichtreiz verabfolgt, so kann es möglich sein, daß das Auge nur in 60% der Versuche das Licht sieht, d. h. in 60% der Fälle ist eine Absorption von 6 Quanten ausreichend. In 40% der Fälle war das Auge unempfindlicher und hätte mehr Quanten benötigt. Nun ist es aber unmöglich, in jedem Versuch genau 6 Quanten pro Zeiteinheit auf die Retina zu verabfolgen; daher muß die Schwelle auch aus physikalischen Gründen schwanken. Je höher die Anzahl der verabfolgten Quanten ist, um so größer ist die Trefferwahrscheinlichkeit.

Wir haben bereits kurz erwähnt, daß die Tendenz besteht, eine Parallele zwischen Erscheinungen des Gesichtssinns und Gehörsinns zu ziehen. Von BARLOW wird auf das „Rauschen" als Ursache für die Streuung bei Schwellenmessungen des dunkeladaptierten Auges hingewiesen, das von den Schwankungen der absorbierten Quanten und von der Grundhelligkeit des Feldes sowie vom „Eigenlicht" der Netzhaut herrühre.

Aus den Ausführungen folgt, daß zur Bestimmung einer Schwelle eine große Anzahl von Einzelwerten erforderlich ist, die statistisch ausgewertet werden müssen, wobei festzustellen ist, bei welcher Häufigkeit des Sehens die *Schwelle* liegt; z. B. kann sie bei dem Leuchtdichtewert liegen, der in 50% der Fälle gesehen wird. Näheres ist den Lehrbüchern der Statistik zu entnehmen.

Daß die binokulare Schwelle niedriger ist als die monokulare (vgl. S. 129), ist nach PIRENNE dadurch zu erklären, daß auf zwei Augen die Gesamtfläche größer ist, auf der Treffermöglichkeit besteht. Die Empfindung weiß nichts davon, ob die Treffer auf einem Auge passiert sind oder auf zwei verschiedenen. Bei reiner Summation müßte danach beim beidäugigen Sehen die halbe Helligkeit des einäugigen erforderlich sein, was nicht der Fall ist. Daß binokular in der Fovea keine Summationserscheinungen beobachtet werden, liegt nach PIRENNE daran, daß die Messungen meist bei Helligkeiten ausgeführt werden, bei denen die Trefferwahrscheinlichkeit gleich 100% ist, da genügend Quanten zur Verfügung stehen. Eine physiologische Summation kann dagegen stattfinden, wenn zwei benachbarte Felder auf einem Auge gereizt werden, z. B. zwei Felder von je 10′ Ausdehnung in 30′ Abstand, 20° peripher. Ein Abstand von 3,5° ergibt unter diesen Umständen keine Summation mehr. Es kommt hier wohl darauf an, daß die beiden Reize im Zentrum eines Receptionsfeldes liegen (DENTON und PIRENNE). Die Größe eines zu einer Opticusfaser gehörenden Receptionsfeldes wurde von HARTLINE für die Froschretina festgestellt und bis zu 0,5 mm Durchmesser gefunden. Als Hinweis darauf, daß die Ursache der Schwellenschwankungen nicht nur physikalischer, sondern auch biologischer Natur ist, lassen sich die Fluktuationen der Hirnwellen anführen (GRANIT).

3. Unterscheidung von Reizarten (homogene Strahlungen)

Hier liegt die Frage vor, welche qualitativen Verschiedenheiten der Reizart durch Verschiedenheit der ausgelösten Empfindung unterscheidbar sind. Die Verschiedenheit der Reizart besteht in der verschiedenen spektralen Zusammensetzung des Reizlichtes. Am einfachsten ist es, mit homogenen Lichtern zu arbeiten, also die *Unterschiedsempfindlichkeit für Wellenlängen* zu ermitteln. Daß die Unterscheidungsfähigkeit für Farben auch beim normalen Auge eine nur begrenzte ist, geht übrigens aus früher Gesagtem schon hervor.

Bei der Untersuchung geht man so vor, daß man zwei aneinandergrenzende spektrale Halbfelder mit Licht von nur wenig verschiedener Wellenlänge erfüllt und den eben merklichen Unterschied feststellt. Man findet die höchste Unterscheidung (den kleinsten Betrag des eben erkennbaren Unterschieds) für *Normale* im Gelb und Blaugrün bei den Wellenlängen 590 und 490 mμ (UHTHOFF). Die Kurve der Unterschiedsempfindlichkeit hat also zwei Hauptmaxima, die bei den angegebenen Wellenlängen liegen. Hier geben Wellenlängenunterschiede von 1 bis 3 mμ noch Buntempfindungsunterschiede. Ferner sind, nach HAMILTON und LAURENS u. a., noch Nebenmaxima im Orange und Violett nachweisbar (die aber von CORBETT nicht anerkannt werden). Am langwelligen Spektralende bis etwa 655 mμ und am kurzwelligen Spektralende von etwa 430 mμ an abwärts fehlt die Unterscheidungsfähigkeit, weil hier alle Strahlungen im wesentlichen nur einen einzigen Teilapparat (Komponente) erregen, welcher keine verschiedenen Farbenempfindungen vermitteln kann. Durch Ermüdung des normalen Auges mit starkem rotem, grünem oder blauem Licht wird die Unterschiedsempfindlichkeit herabgesetzt in Richtung zu Prot-, Deuter- oder Tritanopie (HAMILTON und LAURENS). Die Unterschiedsempfindlichkeit wird begünstigt durch Voradaptation an neutrales Licht. Besonders vorteilhaft scheint weißes Licht von der Leuchtdichte des beobachteten Farbfeldes zu sein. Der Einfluß farbiger Voradaptation auf die Unterschiedsempfindlichkeit wurde von WRIGHT genauer untersucht.

Beim Rotgrünblinden erstreckt sich der Mangel der Unterscheidungsfähigkeit auf die langwellige Hälfte des Spektrums bis etwa 530 mμ und auf die kurzwellige von 460 mμ abwärts. In der Zwischenstrecke von 530 bis 460 mμ ist Unterschiedsempfindlichkeit für Bunttöne vorhanden, und zwar maximal in der Gegend des Neutralpunktes. Hier, am Schnittpunkt der beiden Komponenten der Rotgrünblinden, ist die Empfindung unbunt grau, auf der langwelligen Seite nach gelb, auf der kurzwelligen nach blau übergehend. Deuteranope unterscheiden unter gleichen Bedingungen mehr Buntstufen als Protanope.

Die Untersuchung von vier Tritanopen (WRIGHT) ergab gute Unterschiedsempfindlichkeit an der Übergangsstelle von Rot zu Grün, in der Gegend ihrer Neutralstelle, sowie am kurzwelligen Spektralende, wo die Unterschiedsempfindlichkeit sogar besser zu sein scheint als beim Normalen. Bei etwa den Wellenlängen 440 und 510 mμ ist die Unterschiedsempfindlichkeit der Tritanopen sehr mangelhaft (Abb. 100).

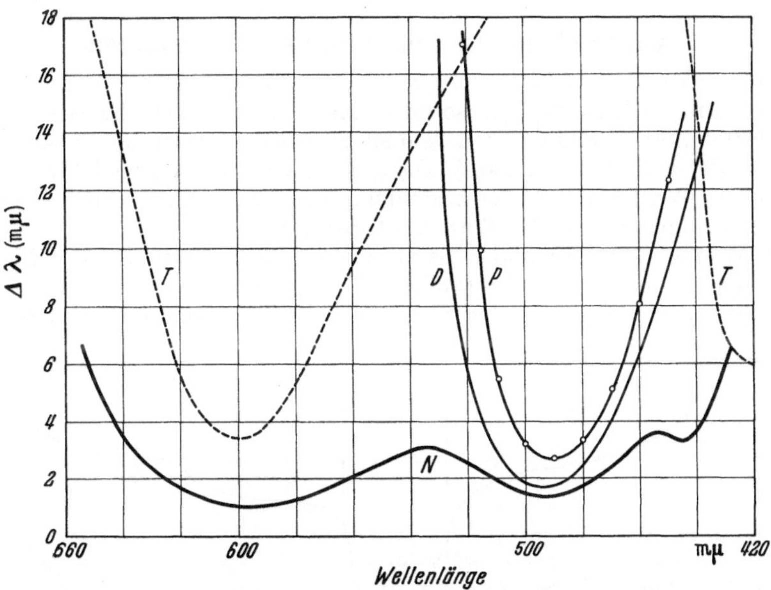

Abb. 100. Eben erkennbare Wellenlängenunterschiede. Mittelwerte N von 5 Normalen, P von 6 Protanopen, D von 6 Deuteranopen, T von 1 Tritanopen. Umgezeichnet nach WRIGHT

Den *Totalfarbenblinden* fehlt die Unterschiedsempfindlichkeit für Wellenlängen über das ganze Spektrum hin. Bei den *anomalen Trichromaten*, bei denen die Unterschiedsempfindlichkeit wieder wie bei den Normalen zwei Maxima hat, liegt das zweite Maximum wie in der Norm bei 495 mμ; das erste Maximum ist bei den Protanomalen von 590 mμ auf 575 mμ (Grünlichgelb), bei Deuteranomalen auf 610 mμ (Rötlichgelb) verschoben [ENGELKING (6)]. NELSON sowie McKEON und WRIGHT fanden das erste Maximum bei Protanomalen bei etwa 600 mμ, das des Deuteranomalen bei etwa 620 mμ. Hierin spricht sich die „Alteration" ihres Farbensystems, die Verschiebung einer Komponente und eines Schnittpunktes der Komponentenkurven aus. Tritanomale haben bei 535 mμ (Gelblichgrün) ein Maximum der Unterschiedsempfindlichkeit und bei 495 mμ ein Minimum (an der Stelle also, bei denen Normale, Prot- und Deuteranomale sowie Prot- und Deuteranopen ein Maximum haben).

Nach KÖNIG kann der normale Trichromat auf Grund seiner Unterschiedsempfindlichkeit im Spektrum etwa 160 Buntstufen unterscheiden. Voraussetzung ist ein Leuchtdichtebereich von etwa 50—6000 asb ($\sim$ 15—3000 nt); bei geringeren oder höheren Leuchtdichten nimmt die Zahl der unterscheidbaren Farbtöne ab. Das erscheint sehr viel gegenüber der Tatsache, daß mit einem nichtzusammengesetzten Wort nur die Empfindungen Rot, Orange, Gelb, Grün, Blau, Violett, Purpur, bezeichnet werden, wozu noch einige weniger übliche Bezeichnungen, wie Indigo, kommen.

MacAdam stellt fest, daß im CIE-Farbendreieck die nicht unterscheidbaren Farbengebiete
Ellipsenform haben und daß diese Ellipsen im Gebiet der mittleren Wellenlängen am größten
sind. Es ist deshalb der Versuch gemacht worden, ein Dreieck zu schaffen mit gleichmäßigerer
Farbtonabstufung (Judd, Breckenridge und Schaub).

Die Unterschiedsempfindlichkeit des Auges für Buntunterschiede (Wellenlängenunter-
schiede) ist für die praktische Aufgabe der Physik wichtig, sehr hohe Temperaturen von
Strahlern zu ermitteln. Nach Pohl (2) ist oberhalb von 2600° C nur noch eine optische Tem-
peraturmessung möglich. Sie beruht auf der Tatsache, daß die Farbe des Lichts von der
Temperatur des Strahlers abhängt. Pohl gibt einen anschaulichen Versuch zur Messung der
,,Farbtemperatur" in seiner Abb. 513.

4. Unterscheidung von Sättigungsabstufungen

Wenn man zu weißem Licht geringe, eben merkliche Mengen von monochro-
matisch-spektralem Licht zusetzt, so findet man für die Unterschiedsempfindlichkeit bei 570 mμ ein Minimum, von dem sie zu beiden Enden des Spektrums ansteigt (Wright und Pitt, Nelson). Die geringe Unterscheidungsfähigkeit gegen
Gelbzusatz zu Weiß hängt damit zusammen, daß in der Gegend des Urgelb der
Buntton schon an sich dem Weiß am ähnlichsten ist.

Bei Prot- und Deuteranomalen ist die Unterschiedsempfindlichkeit für Bunt-
zusatz zu Weiß besonders im langwelligen Teil gegenüber dem Normalen herabgesetzt. Das scharfe Minimum der Normalen im Gelb verläuft bei ihnen flacher.

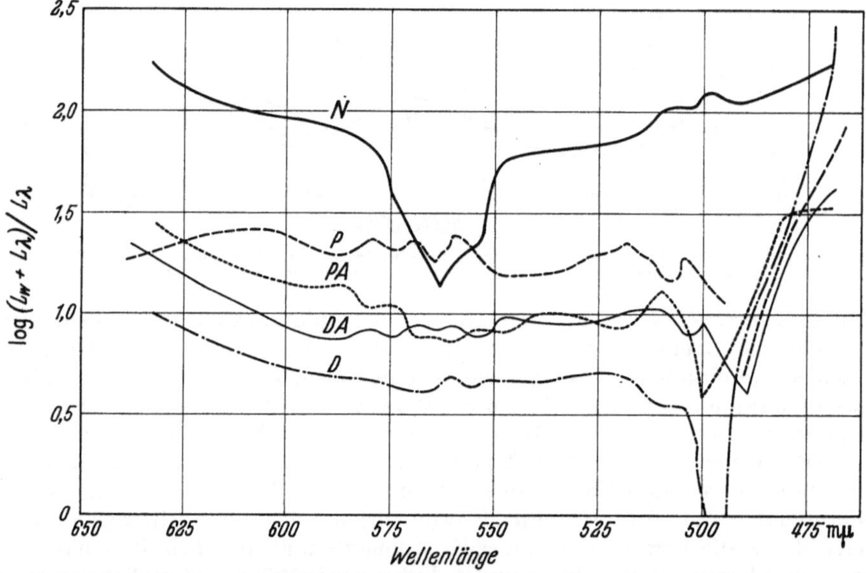

Abb. 101. Sättigungsschwellenempfindlichkeit eines Normalen (N), eines Protanomalen (PA), eines Deuteranomalen (DA), eines Deuteranopen (D) und eines Protanopen (P). L_w Helligkeit von Weiß, L_λ Helligkeit der farbton-
gleichen Wellenlängen, die ein Gemisch $L_w + L_\lambda$ von Weiß oder Grau gerade unterscheidbar macht (umgezeichnet
nach Chapanis)

Im kurzwelligen Teil ist die Abweichung weniger beträchtlich. Alle Rotgrün-
untüchtigen haben ein Minimum in der Gegend der Graustelle (Nelson; Chapanis;
s. Abb. 101).

Die Sättigung ändert sich mit der Leuchtdichte. Nach Purdy gibt es für jede
Wellenlänge eine Leuchtdichte, bei der ein Höchstmaß an Sättigung besteht.

Beimischung von Weiß zu einer Farbe ändert deren Farbton. Die Angaben
über die Farbtonänderungen sind nicht eindeutig. Jedenfalls macht Beimischung
von Weiß ein Gelb grünlicher.

Hier sei ferner noch die Untersuchung von KLUGHARDT und RICHTER erwähnt, in welcher Buntempfindungen gleicher Sättigung aufgesucht und in der Farbentafel zur Darstellung gebracht werden. Man kann hier von einem heterochromen Sättigungsvergleich sprechen.

HERING (48) weist darauf hin, daß bei Untersuchung auf Sättigungsunterschiede notwendig ist, mit ausgeruhtem Auge zu beobachten. Bei etwas längerem Betrachten können vorher bemerkte Sättigungsunterschiede wieder unmerklich werden.

Im ganzen kann man nach einer Schätzung von v. KRIES etwa 600000 Farbtöne unterscheiden, wenn für die Unterscheidung besonders günstige Umstände vorliegen. Tatsächlich kommt man technisch mit viel weniger Farbmustern aus. Die von den italienischen Mosaikarbeitern, wie berichtet wird [v. KRIES (1)], unterschiedene Zahl von 30000 Mustern ist schon recht hoch.

L. Vergleichend-Physiologisches über den Farbensinn

Aus dem Abschnitt über die Aktionsströme bei Belichtung des Tierauges waren schon manche Schlüsse auf den tierischen Gesichtssinn zu entnehmen. Hier sei kurz über die unmittelbar am Tier gewonnenen Kenntnisse über Tagessehen und Nachtsehen berichtet. Es können dabei nur die Säuger berücksichtigt werden. Ferner sei kurz der Farbensinn beim Kinde und bei Naturvölkern berührt.

1. Farbensinn bei Säugetieren, insbesondere Affen

Es ist nicht leicht, zu einem einwandfreien Ergebnis über den Farbensinn eines Tieres zu kommen, da aus naheliegenden Gründen die am Menschen üblichen Verfahren nicht ohne weiteres angewendet werden können. In den letzteren erhalten wir Aussagen über Gleichheit oder Ungleichheit von Farbenfeldern, hinsichtlich Buntton, Helligkeit, Sättigung der Empfindung. Beim Tier müssen wir derartige eindeutige „Aussagen" durch besondere Lernverfahren (Dressur) erreichen. Verstehen wir zunächst unter Farbensinn das Vorhandensein spezifisch verschiedener Buntempfindungen, so müssen wir bei dem Nachweis ausschließen, daß das Tier Reize, die für uns verschiedenen Buntton haben, nicht nur nach Helligkeitsverschiedenheit unterscheiden kann, wie besonders W. A. NAGEL betonte. Es müssen also die farbigen Prüffelder in sehr wechselnden Helligkeiten (und Sättigungen) dargeboten werden, und es darf auf Farbenunterscheidung erst dann geschlossen werden, wenn zwei Bunttöne auch bei sehr wechselnden Helligkeits- und Sättigungsverschiedenheiten sicher unterschieden werden. Durch besondere Abrichtungsverfahren, bei welchen der Nahrungstrieb des Tieres zu sehr wesentlicher Mitwirkung herangezogen wird, muß eine möglichst eindeutige „Äußerung" des Tieres über Unterscheidung oder Nichtunterscheidung zweier qualitativ verschiedener Lichter erzielt werden.

Beim Hund ist das Farbenunterscheidungsvermögen nur gering (GREGG). Jedoch reagiert er nach Untersuchungen von BARTENSTEIN auf Sättigungsunterschiede der Farben. Es lassen sich auch Rückschlüsse auf die Wahrnehmung von Komplementärfarben bei Hunden ziehen sowie auf das Vorhandensein eines geschlossenen Farbenkreises. Katze, Kaninchen, Ratte können praktisch als farbenblind bezeichnet werden. Ihre Netzhäute enthalten verhältnismäßig wenig Zapfen und überwiegend Stäbchen mit reichlicher Sehpurpurbildung.

Besonderes Interesse darf den Untersuchungen über den Farbensinn höherer und niederer Affen entgegengebracht werden, unter anderem auch von der Fragestellung aus, ob sich der hochentwickelte Farbensinn des Menschen aus niederen

Stufen entwickelt hat. Farbenunterscheidung konnte am Affen schon mit verhältnismäßig einfachen Mitteln nachgewiesen werden. KINNAMAN verwendete farbige und farblose Pigmentpapiere, die er um Futterbehälter klebte. Die Helligkeiten wurden genau bestimmt, und es wurden Buntpapiere abwechselnd mit grauen von gleicher Helligkeit (gleiche Flimmerwerte) dargeboten. Der Affe konnte Bunt und Grau unterscheiden. Damit ist nun aber über das *Farbensystem des Affen* noch nichts ausgesagt. Es gelang W. TRENDELENBURG und I. SCHMIDT auch am Affen (Javaaffe und Rhesus) den Betrag der Unterschiedsempfindlichkeit

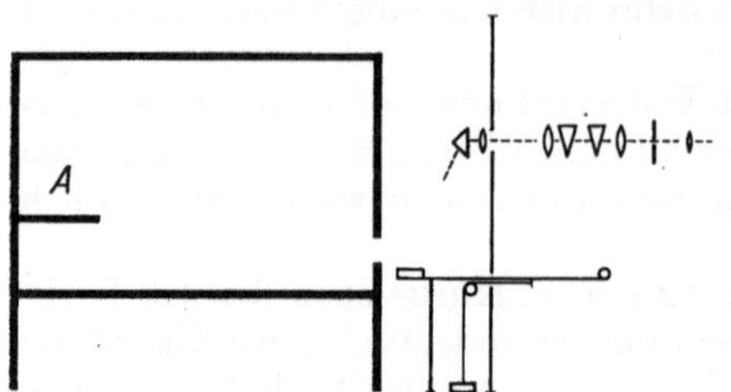

Abb. 102. Versuchsanordnung zur Untersuchung des Farbensinns beim Affen. Nach W. TRENDELENBURG und I. SCHMIDT

für spektrale Lichter an mehreren Stellen des Spektrums festzustellen, sowie das Verfahren der Farbenmischung anzuwenden.

Die Versuchsanordnung (Abb. 102) ist folgende. Der Affe *A* sitzt in einem großen Drahtkäfig auf einem Hockplatz. An der gegenüberliegenden Schmalwand kann er nach einem Kästchen durchgreifen und dessen Deckel öffnen. Das Kästchen kann aus einem anschließenden Versuchsraum (im Bilde rechts) durch Auslösung eines Gewichtszuges vorgeschoben werden. Von oben her wird das weiß gestrichene Kästchen mit Spektralfarben bestimmter Wellenlänge (oder auch mit Mischungen) beleuchtet; ein Spektralapparat ist in der Abbildung angedeutet. Bei Untersuchung auf Unterschiedsempfindlichkeit (UE) wird z. B. das Licht 589 mμ zur Prüffarbe gemacht. Stets wenn dieses Licht, in weitgehend abgestuften Helligkeiten, auf das Kästchen fällt, enthält es eine Kirsche; es ist hingegen leer, wenn eine benachbarte Wellenlänge, die mehr oder weniger weitab liegt, benutzt wird. Der Affe lernt bald, den Farbenanblick mit der Vorstellung des Inhalts „leer oder gefüllt" zu verbinden, und er verläßt den Hockplatz nur, wenn das Prüflicht erscheint.

Nach hinreichender Einübung kann der Affe bei der vorliegenden Versuchsanordnung mit nicht sehr gesättigten Spektrallichtern einen Wellenlängenunterschied von nur ± 8 mμ von 589 mμ unterscheiden. Eine sehr geübte normale Versuchsperson konnte unter hinsichtlich der optischen Anordnung genau den gleichen Versuchsbedingungen die Unterscheidung sogar ein wenig schlechter ausführen, ihre UE war ± 11 mμ. Bei 535 mμ und 490 mμ wurden die gleichen Untersuchungen durchgeführt. Auch hier hatte der Affe die gleiche bis etwas bessere UE als ein sehr geübter normaler Trichromat (Abb. 103). Ferner ließ sich

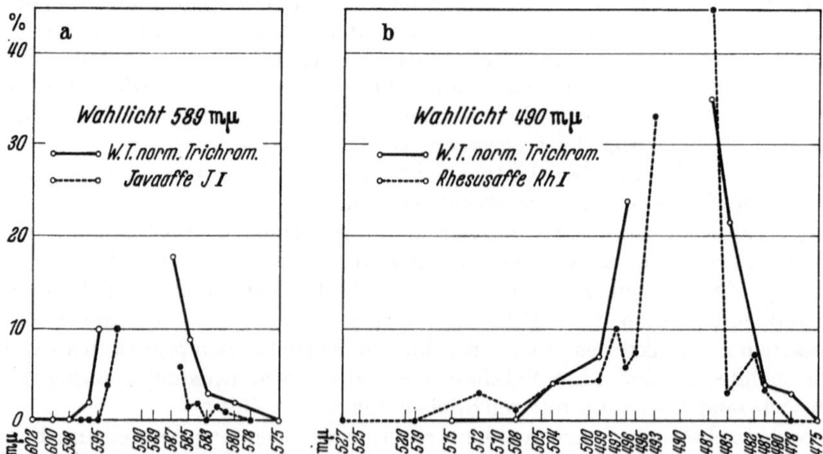

Abb. 103. Farbenunterscheidungsvermögen der Affen (Javaaffe und Rhesus), verglichen mit dem des normaltrichromatischen Menschen. Nach W. TRENDELENBURG und I. SCHMIDT

nachweisen, daß der Affe 589 mμ sowie 520 mμ von Weiß in verschiedensten Helligkeitsstufen unterscheiden konnte. Schließlich konnte in folgender Weise die Rayleigh-Gleichung erprobt werden, deren Bedeutung zur systematischen Erkennung der Form des Farbensinns eingehend dargestellt wurde. War der Affe auf sein Höchstmaß von Unterschiedsempfindlichkeit bei 589 mμ eingeübt, so wurde diese Strahlung durch eine Mischung von Li + Tl ersetzt, die für den normalen Trichromaten dem Na (589 mμ) genau gleich aussah. Es ergab sich, daß der Affe diese Mischung ebenfalls mit Herabkommen beantwortete, daß er aber auf dem Hocpplatz blieb, wenn die Intensitätsverhältnisse der Mischlichter nur ein wenig geändert waren, so daß die Farbe ein wenig nach Orange oder nach Grünlich abgewandelt war. So werden Mischungen, welche gleich 582 mμ und gleich 595 mμ aussehen, auch vom Affen von derjenigen unterschieden, die gleich 589 mμ aussieht. Hieraus kann geschlossen werden, daß schon der niedere Affe ein normal trichromatisches Farbensystem von gleicher Leistungsfähigkeit besitzt wie der Mensch. Eine besondere Frage ist natürlich die, ob auch bei Affen in Einzelfällen, also nicht als „Norm", Farbenblindheit oder Anomalie vorkommt und wie sich das im Daseinskampf auswirkt.

An *Schimpansen* (Anthropoide) stellte GRETHER (2) Untersuchungen mit spektralen Lichtern an. Die Unterschiedsempfindlichkeit wurde bei 640 mμ, 589 und 500 mμ festgestellt und mit der am Menschen und am *Cebus* (Neuweltaffe) verglichen. Es ergaben sich folgende Mittelwerte:

	Schimpanse	Mensch	Cebus
640 mμ	11 mμ	5 mμ	40 mμ
589 mμ	2 mμ	1 mμ	6 mμ
500 mμ	6 mμ	5 mμ	8 mμ

Bei 500 mμ ist also die Unterschiedsempfindlichkeit der untersuchten Affen der des Menschen gleich, bei 589 mμ ist der Cebusaffe weniger sicher (ob hier dem Unterschied zwischen Schimpanse und Mensch von 1 mμ reelle Bedeutung zukommt, bleibe dahingestellt), und bei 640 mμ steht der Schimpanse etwas, der Cebus stärker an Leistung zurück. Wenn weiter geschlossen wird, daß der Cebus protanop sei (die Gegend um 515 mμ erscheint ihm gleich weiß), so widerspricht diesem Schluß die nicht unbeträchtliche Unterscheidungsfähigkeit bei 640 mμ und die sehr erhebliche bei 589 mμ. Ein Dichromat verwechselt bekanntlich sogar 670 und 589 mμ, wenn Erkennen an der Helligkeit ausgeschlossen ist. Die Neutralstelle der Protanopen liegt zudem bei kürzerer Wellenlänge. Der Cebus könnte übrigens auch protanomal gewesen sein: eine Graustelle im Spektrum ist keineswegs ausschließlich für Dichromasie kennzeichnend. Auch der Befund, daß dem Cebusaffen das verwendete Rot etwa $^1/_3$ so hell erschien wie dem Rhesusaffen und dem Menschen, kann sowohl Protanopie als auch Protanomalie bedeuten (MALMO und GRETHER). Es wäre erwünscht, bei weiteren Untersuchungen an Cebusaffen nicht nur Normale, sondern auch Protanomale und Protanope an den gleichen Versuchsanordnungen zu untersuchen. So sind auch die weiteren phylogenetischen Schlüsse über Entwicklung des Farbensinns aus einem dichromatischen System noch nicht hinreichend gesichert. Gegen den Schluß, daß das Farbensehen auch des Schimpansen in der entwicklungsgeschichtlichen Stellung noch unter dem menschlichen Farbensehen stehe, sprechen die weiteren Feststellungen von GRETHER, nach denen auch der Schimpanse in einer Gelbgleichung (640 mμ bis 560 mμ) sich nicht greifbar vom Menschen unterscheidet. Er braucht etwas weniger vom langwelligen Licht. Man kann aus den Angaben GRETHERs bei dieser Gleichung für den Schimpansen den Quotienten 1,05 berechnen, wenn man den Mittelwert des Menschen = 1 setzt. Die Abweichung ist also sehr gering. In einer komplementären Weißmischung aus 610 mμ und 495 mμ brauchen Schimpansen ein wenig *mehr* von der langwelligen Komponente als der Mensch. Auch hieraus läßt sich kein greifbarer Unterschied gegen den Menschen entnehmen. Ebensowenig gilt das für die Bestimmung der Grenzen des Spektrums für den Schimpansen. Sie fanden sich bei 704 und 402 mμ, gegen 681 (692) und 406 (399) mμ beim Menschen. Für den Schimpansen ist das Spektrum am langwelligen Ende also sogar etwas weiter sichtbar als für den Menschen. Auch daraus läßt sich kein Unterschied des Farbensystems herleiten, daß das Spektrum für den Menschen nach GRETHER (3) die geringste Sättigung bei 575 mμ habe, für den Schimpansen aber bei 570 mμ.

Die Affennetzhaut ist der des Menschen recht ähnlich. So besitzt sie neben Zapfen auch Stäbchen mit Sehpurpur. Dementsprechend konnte BRECHER, z. T. im Anschluß an das Versuchsverfahren unserer besprochenen Arbeit, nachweisen, daß für den *Affen* (Mangabe) die *Helligkeitswerte des Spektrums* sowohl bei *Hell-adaptation* als auch bei *Dunkeladaptation* mit denen des Menschen übereinstimmen, daß also die Voraussetzungen für das Purkinje-Phänomen vorliegen.

Zur Untersuchung verwendete BRECHER die Tatsache, daß die Verschmelzungsfrequenz periodischer Lichtreize um so höher liegt, je größer die Lichtstärke ist. Er richtete also den Affen darauf ab, das Futterkästchen nur dann aufzusuchen, wenn es gleichmäßig beleuchtet war (es enthielt dann Futter), aber auf dem Hockplatz zu bleiben, wenn es intermittierend beleuchtet war (es enthielt dann kein Futter). Die Unterscheidung konnte natürlich nur bis zu derjenigen Frequenz der Unterbrechungen geleistet werden, die unterhalb der Verschmelzungsfrequenz lag. Es zeigte sich zunächst, daß beim Affen, ebenso wie beim Menschen, die Verschmelzungsfrequenz mit dem Logarithmus der Reizintensität zunimmt und daß die Werte nicht viel unter denen des Menschen liegen.

Nun wurden mit Hilfe des Monochromators die verschiedenen Lichter des Spektrums auf die Verschmelzungsfrequenz geprüft, d. h. auf diejenige Unterbrechungsfrequenz, die der Affe nicht mehr von Dauerbeleuchtung unterscheiden konnte. Bei Helladaptation und fovealer Feldgröße (1,5°) lag der Höchstwert bei 588 mμ, beim Menschen bei 578 mμ, was kaum als wesentlicher Unterschied aufzufassen ist. Im Nachtsehen lag das Maximum sowohl für den Affen wie für den Menschen bei 540 mμ. Da das Flimmerverfahren aber bei Dunkeladaptation nicht zum Ziel führte, wurde hier ein anderes Verfahren angewendet, nämlich die Feststellung der geringsten Beleuchtungsstärke, bei welcher eine hingelegte, an sich farblose (unbunte) Frucht, die von einer Spektralstrahlung beleuchtet wurde, vom Affen eben noch erkannt, also nach Verlassen des Hockplatzes ergriffen wurde.

Im Gegensatz zu den *Affen* (Simiae) sind die *Lemuren* (Prosimiae) nach BIERENS DE HAAN praktisch *totalfarbenblind*. Es wird angegeben, daß die Lemuren typische Nachttiere sind. In diesem Zusammenhang ist ein Befund wichtig, den HENSCHEN angibt. Er unterscheidet in der Sehrinde des Großhirns zwei Zellarten, großkernige und kleinkernige, von denen erstere der Lichtempfindung (Schwarz-Weiß-Empfindung), letztere der Farbenempfindung dienen sollen. Der Lemur gehöre in die Gruppe ohne Macula (Area centralis) und ohne Zapfen, und er habe in der Sehrinde nur spärliche „Farbensinnzellen", zum Unterschied von den Affen mit Farbensinn.

2. Farbensinn bei den Kulturvölkern des Altertums und bei Naturvölkern sowie dem Eiszeitmenschen

Aus den Untersuchungen läßt sich über den Farbensinn der Affen keine hinreichende Stütze für die von Farbentheoretikern aufgestellte Ansicht entnehmen, daß sich der beim Menschen so feine Farbensinn der normalen Trichromaten phylogenetisch aus Vorstufen entwickelt habe, etwa aus einem dichromatischen System. Eine andere Stütze für diese theoretische Auffassung könnte man der Meinung derer entnehmen, die aus der geringen Anzahl von Farbennamen in den Sprachen des klassischen Altertums (griechisch, lateinisch) schließen wollen, daß die alten Griechen zu homerischen Zeiten noch farbenblind gewesen seien. Diese Annahme geht auf W. E. GLADSTONE zurück, dessen Studien über Homer 1858 erschienen. Näheres über diese Fragen kann den Ausführungen von BLÜMNER, PARSONS, PODESTÀ (3) und insbesondere von VECKENSTEDT entnommen werden. Zunächst ist es schon höchst unwahrscheinlich, daß sich ein so großer Fortschritt der Farbensysteme, wie er bei Übergang von Dichromasie in Trichromasie vorliegt, in so kurzem Zeitraum entwickelt haben soll. Handelt es sich doch um den nachträglichen Einbau einer zweiten Bunt-Sehsubstanz, etwa der Rot-Grün-Substanz nach HERING oder etwa der Rotkomponente nach HELMHOLTZ. Aber ganz abgesehen davon: die zugrunde liegende Schlußfolgerung von der Mannigfaltigkeit der Benennungen auf die Mannigfaltigkeit der Unterscheidungen ist unhaltbar. Wir machten schon darauf aufmerksam, daß wir im Deutschen der heutigen Zeit ebenfalls nur wenige spezifische, nicht unmittelbar von Gegenständen entlehnte Farbenbenennungen haben. Daß die Griechen und Römer der klassischen Zeit einen hochentwickelten Farbensinn hatten, geht wohl unzweifelhaft aus den auf uns überkommenen herrlichen Mosaiken und Wandgemälden in Pompeji und Herkulanum hervor. VECKENSTEDT hebt hervor, daß auch die alten Ägypter Gras, Wasser, Tiere stets mit der zutreffenden Farbe, also ohne Verwechslungen, darstellten.

Nach OBERMAIER „interessierte sich bereits der Mensch des Altpaläolithikums, welcher dem primitiven Typus des Paläanthropus angehörte, für Farben". Als Farben findet man nur einige leicht zugängliche Erdfarben, Ocker und Rötel, und außerdem Holzkohle. Diese ergaben „immerhin Farbtöne in allen Abstufungen von Gelb, Orange, Hell- und Dunkelrot, Rotbraun und Braungrau", also in Buntstufen, welche innerhalb des Verwechslungsbereichs der Dichromaten liegen und daher für Dichromaten kaum Anlaß zur unterschiedlichen Verwendung gegeben hätten.

Auch die *heutigen Naturvölker* haben nur wenige Farbenbenennungen, bei völlig normalem Farbensinn. Ja, es ist z. T. bei ihnen die Farbenblindheit, soweit die bisher vorliegenden Angaben eine Beurteilung zulassen, weniger häufig als bei uns. KÖNIG untersuchte einige Zulukaffern. Eigene Bezeichnungen haben sie für Schwarz (= dunkel), Weiß (= hell), Rot, Gelb, Blau. Entlehnte Bezeichnungen haben sie für Grün (= grasfarbig) und Violett (durch das Wort eines im Zululand häufigen Steins bezeichnet); Rotpurpur und Rotorange werden durch Angabe von Blumen bezeichnet, welche diese Farbe tragen. Für weißliche, ungesättigte Farbenabstufungen wird eine Silbe angehängt, die „jung", „hübsch" bedeutet. RAY fand bei seinen Untersuchungen an neun Indianerstämmen, daß einige von ihnen mehr, andere weniger Farbenbezeichnungen haben als die Weißen. Man dürfe aber die letzteren nicht für farbenschwach halten. GARTH fand bei Vollblutindianern, die er mittels der Ishiharatafeln untersuchte, nur 1—2,5% Farbenfehlsichtigkeit, gegen 8,4% bei Weißen. APPELMANS, WEYTS und VANKAM kamen bei Schuluntersuchungen, die sie in Belgisch-Kongo durchführten, zum gleichen Ergebnis. Sie fanden nur 1,7% angeborene Farbensinnstörungen trotz gleicher Vererbungen, halten es aber für möglich, daß unter den veränderten Beleuchtungsbedingungen nicht alle Farbenuntüchtigen erfaßt worden sind.

Nach einer Literaturübersicht von KHERUMIAN und PICKFORD ist die Anzahl farbenuntüchtiger Männer bei den heutigen Naturvölkern auf der ganzen Welt bedeutend niedriger als bei den Weißen, z. B. fanden sich folgende Werte für Farbenuntüchtige: sibirische Eskimos 2,5% Männer, 0,37% Frauen; Indianer von Nordamerika 1,9% Männer, 0,30% Frauen; Afrikaneger 2,31% Männer, 0,36% Frauen. Unter den Negern fanden sich keine Tritanopen. Auch für Chinesen und für Inder sind die Werte niedriger als für Europäer. Diese Ergebnisse stehen der Vorstellung einer phylogenetischen Entwicklung des trichromatischen Farbensinns aus einem dichromatischen völlig entgegen. Es ist als wahrscheinlich anzunehmen, daß bei Natur- und Kulturvölkern die *Auslese* sehr verschieden wirkt. Für das Naturvolk ist normaler Farbensinn daseinsentscheidend, für das Kulturvolk nicht. So ist es wahrscheinlich, daß beim Naturvolk die (durch Mutation entstehenden) Fehlanlagen in stärkerem Maße durch Auslese beseitigt werden.

3. Farbensinn beim Kleinkind

Schließlich sei hier noch kurz ein Blick auf die ontogenetische Entwicklung des Farbensinns geworfen. Auch ohne an das „phylogenetische Grundgesetz‟ der Wiederholung der Phylogenese in der Ontogenese zu denken, wird uns die Frage bedeutsam erscheinen, wie früh man beim *Kinde* den vollentwickelten Farbensinn nachweisen kann, und ob diesem etwa eine dichromatische Vorstufe vorangeht. Selbstverständlich hängt die Möglichkeit des Nachweises der Form des Farbensinns sehr von der geistigen Entwicklung des Kleinkindes ab.

TRINCKER benutzte zur Untersuchung dieser Fragen den optokinetischen Nystagmus, der nach seinen Erfahrungen an 114 Neugeborenen schon in den ersten Lebenstagen, oft wenige Stunden nach der Geburt, nachweisbar ist. Er bewegte vor den Augen des Kindes mittels einer Drehtrommel Schleifen, die abwechselnd aus farbigen und grauen Streifen bestanden. Bei einer überschwelligen Helligkeitsdifferenz zwischen den verschiedenen Streifen traten fast bei allen Kindern eindeutige optomotorische Reflexe auf. Innerhalb der ersten beiden Lebenswochen fand er in keinem Falle eine Farbenunterscheidung; bei gleicher Helligkeit von Farbe und Grau fehlte die Reaktion. Als erste Farbe führte in der 3. oder 4. Woche Blau in Kombination mit helligkeitsgleichem Grau zu einer Reaktion; Rot und Gelb folgten in der 4. bis 8. Woche; zuletzt folgt die Unterscheidung des Grün in der 7. bis 11. Woche.

Die Tatsache, daß Blau die erste Reaktion hervorruft, steht mit Befunden von BIRUKOW am Frosch in Übereinstimmung. Am Beginn des zweiten Vierteljahres ist bei Säuglingen die Farbenunterscheidung auch mittels bedingter Reflexe nachzuweisen. Bei Kindern von 2, 3 und 5 Jahren konnte TRENDELENBURG mit dem Farbfleckverfahren und den Stillingschen und Ishiharaschen Tafeln mit Sicherheit anomalen Farbensinn ausschließen.

Die ontogenetische Entwicklung des normaltrichromatischen Farbensinns aus einer einfachen Vorstufe ist daher wahrscheinlich, wenn auch der sichere Nachweis der phylogenetischen Entwicklung noch aussteht.

III. Die Gesichtswahrnehmungen

A. Einleitung

Im dritten Hauptabschnitt befassen wir uns mit den auf den Gesichtsempfindungen sich aufbauenden Raumwahrnehmungen. Die räumliche Anordnung des Gesehenen im Gesichtsfeld, die Augenbewegungen, die Richtungs- und Entfernungswahrnehmung, die Fehler der Wahrnehmung sind zu untersuchen.

Die subjektiven Eindrücke, die wir durch unseren Gesichtssinn von den äußeren Gegenständen (Dingen) erhalten, nennen wir mit HERING *Sehdinge.* Gewissermaßen als Stoff dieser Sehdinge können wir die Farbenempfindungen bezeichnen, worunter wir die bunten ebensowohl verstehen wie die unbunten. Bei der Untersuchung unserer Farbenempfindungen hatten wir weitgehend davon abgesehen, daß sie sich stets räumlich eingegliedert erweisen, daß es also einen

Farbensinn unabhängig von einem Raumsinn strenggenommen nicht gibt. Es ist aber diese „Abstraktion" zweckmäßig zur Gewinnung einer geordneten Übersicht über die Leistungen unseres Gesichtssinnes. Nunmehr wird also die räumliche Anordnung der Gesichtsempfindungen Gegenstand der Untersuchung sein. Ob man diesen Abschnitt als Lehre vom *Raumsinn* des Auges bezeichnet oder als Lehre von den *Gesichtswahrnehmungen*, ersteres nach HERING, letzteres nach HELMHOLTZ, ist Sache des Standpunktes und der Betrachtungsweise.

Nach HELMHOLTZ kann nur das als Empfindung anerkannt werden, was durch Erfahrungsmomente nicht im Anschauungsbild überwunden oder in sein Gegenteil verkehrt werden kann. Die hiergegen vorgebrachten Einwände, über die HOFMANN (*1*) berichtet, erscheinen nicht stichhaltig. Wenn z. B. durch Hinlenken der Aufmerksamkeit aus einer zunächst einheitlichen Klangempfindung Teilempfindungen (Obertonempfindungen) heraustreten, so kann dabei doch nicht von einer Überwindung der Klangempfindung durch Erfahrung die Rede sein. Sobald die besondere Aufmerksamkeitshinwendung aufhört, liegt auch wieder die einheitliche Klangempfindung vor; niemand wird bei Anhören des Klarinettenspiels ständig die Obertöne heraushören, auch wenn er darauf eingeübt ist.

v. KRIES (*5*) hält die Zurechnung der räumlichen Bestimmungen zur Empfindung für sehr unratsam. Sie seien durch ihre psychologische Beschaffenheit und die Bedingungen, von denen sie abhängen, von den Empfindungen tiefgreifend verschieden. Andererseits seien sie, obgleich in gewissem Sinne als Urteile zu bezeichnen, von dem was hauptsächlich unter Urteil verstanden wird, wieder verschieden. So sei der Helmholtzsche Ausdruck der Wahrnehmungen als zweckentsprechend und sachgemäß vorzuziehen.

Bei der Besprechung des Farbensinns hatten wir von vornherein betont, wie notwendig es ist, das *Subjektive vom Objektiven zu unterscheiden* und für beides eigene Bezeichnungen zu wählen, wenigstens stets dann, wenn nicht ohne weiteres klar liegt, was gemeint ist. Das gilt auch im Gebiet der Gesichtswahrnehmungen. Das geht schon daraus hervor, daß wir unter Umständen eine größere Anzahl „von Dingen sehen" können, als tatsächlich vorhanden sind. In unserem *subjektiven Gesichtsfeld*, dem Sehdingfeld, können also *Sehdinge* vorhanden sein, die im *objektiven Gesichtsfeld* als *Dinge* nicht in gleicher Weise vorhanden sind. Das gilt nicht nur für den Traum, sondern auch für die Wirklichkeit, wie die Darlegungen über beidäugiges Doppelsehen zeigen werden.

Sehr eindringlich ergibt sich der Unterschied zwischen objektiven und subjektiven Dingen bei der Beobachtung der entoptischen Erscheinungen. Hier liegt das Ding im Auge, das Sehding außerhalb. Bei den Nachbilderscheinungen ferner ist ein Sehding vorhanden, aber kein Ding, sondern nur noch die von ihm ausgelöste Nacherregung.

Auch bei anderen Fragen der räumlichen Anordnung ergibt sich in gleicher Weise die Notwendigkeit der Unterscheidung und oft auch verschiedenen Benennung (falls sonst Mißverständnisse auftreten) des Objektiven und Subjektiven. Objektiv unterscheiden wir z. B. im Raum die lotrechte Richtung von der waagerechten Richtung. Das Hilfsmittel der objektiven Feststellung ist das Senklot und die Wasserwaage, die ja beide auch für die Namengebung bestimmend waren. Es fragt sich nun, ob wir auch rein subjektiv die lotrechte und waagerechte Richtung angeben können, und ob subjektive und objektive Angaben übereinstimmen. Man wird die Bestimmung in der Weise ausführen können, daß man im sonst völlig verdunkelten Raum eine Lichtlinie so einstellen läßt, daß sie waagerecht bzw. lotrecht *erscheint* („zu sein scheint") und wird dann feststellen, ob die subjektive Einstellung mit dem objektiven Sachverhalt genau übereinstimmt. Das ist im allgemeinen nicht der Fall. So ändert sich auch die Richtung der subjektiven Senkrechten bei einer Neigung des Kopfes (Aubertsches Phänomen). Man kann daher den Ausdruck lotrecht für die objektive, den Ausdruck vertikal für die subjektive Richtung verwenden, ebenso den Ausdruck waagerecht für die objektive, horizontal für die subjektive Richtung. Der am Meer gesehene Horizont ist ja eigentlich als „Ding" nicht da, sondern nur als „Sehding"; so ist er geeignet, die Bezeichnung für das Subjektive abzugeben. Auch bei der Aufgabe, im völlig dunklen Raum einen Lichtpunkt so einzustellen, daß er in der subjektiven Mittelebene des Kopfes liegt (also in der objektiven Mittelebene „zu liegen scheint"), findet man Abweichungen, die mehrere Grade betragen können. Wird auf die subjektive Körpermittelebene eingestellt, so nehmen die Fehler bei Drehung des Kopfes zu, indem die subjektive Mittelebene sich etwas in Richtung der Kopfdrehung mit verlagert (vom Hofe).

Wenn wir oben in einer streng genommen nur in erster Annäherung zutreffenden Ausdrucksweise sagten, daß die Raumwahrnehmungen sich auf den Gesichtsempfindungen aufbauen, so ist damit, wie gesagt, nicht gemeint, daß die Gesichtsempfindungen als an sich raumlos aufgefaßt werden, daß die Gesichtswahrnehmung dadurch zustande komme, daß die Gesichtsempfindungen „nach außen verlegt", „nach außen projiziert" würden. Wird auf einen Punkt der Netzhaut ein Bild entworfen, so ist die auftretende Empfindung schon ohne weiteres mit einem Ortswert verbunden. Das ist eine Tatsache, die nicht weiter erklärt werden kann oder hier wenigstens als gegeben zu erachten ist. Verschiedenen Netzhautpunkten entsprechen im allgemeinen auch verschiedene Ortswahrnehmungen. Von der Art und Weise, in welcher die Erregung des Netzhautpunktes zustande kommt, ist die Ortswahrnehmung weitgehend unabhängig. So *sehen* wir beispielsweise im Scheinerschen Versuch *zwei* Gegenstände, den beiden kleinen Zerstreuungskreisen entsprechend, welche durch den Vorsatz der Doppellochblende entstehen; und doch wissen wir genau, daß nur *ein* Gegenstand *da ist*. Verschieben wir das Bild eines Gegenstandes auf der Netzhaut durch Prismenvorsatz oder durch Verschiebung eines Brillenglases, so kommt die Wahrnehmung eines *bewegten* Gegenstandes ebenso zustande, als ob die Bildverschiebung durch wirkliche Bewegung des Gegenstandes hervorgerufen wäre. Diese Versuche zeigen also, daß zunächst nur die Netzhauterregung, nicht die Art ihres Zustandekommens für den Seherfolg maßgebend ist. Aber auch bei gegebenem Netzhautbild kann der Seherfolg von weiteren zusätzlichen Umständen abhängen. Wir kommen auf sie bei späterer Gelegenheit zurück.

B. Allgemeine räumliche Anordnung des Wahrgenommenen
1. Das Gesichtsfeld

Die Gesamtheit aller derjenigen Gegenstände, die bei *ruhendem* Auge gleichzeitig in bestimmter räumlicher Anordnung wahrgenommen werden, bezeichnet man als *Gesichtsfeld*. Man denke sich dafür die Gegenstände auf der Fläche einer Halbkugel, in deren Mittelpunkt das Auge steht. Die Grenzen des Gesichtsfeldes jedes Auges werden z. T. durch die Grenzen der perzipierenden Teile der Netzhaut, z. T. durch die Umgebung des Auges (Nase, Backe, Augenbrauen) bestimmt. Ferner ist, wie schon früher erwähnt wurde, die Eintrittspupille insofern maßgebend, als nur von denjenigen äußeren Punkten Strahlen in das Auge gelangen können, von denen aus die Eintrittspupille sichtbar ist. Das Gesichtsfeld wird in der Weise untersucht, daß man bei ruhig gehaltenem Auge ein kleines Objekt seitlich, oben oder unten ein wenig bewegt (um die Aufmerksamkeit darauf zu lenken) und den Winkelabstand feststellt, in welchem es soeben auftaucht. Zweckmäßig sind die als *Perimeter* bezeichneten besonderen Apparate von Halbkugel- oder Kreisbogenform mit Gradeinteilung.

Abb. 104 zeigt die schematische Aufzeichnung des Gesichtsfeldbefundes. Der Mittelpunkt der Kreise entspricht dem angeblickten Punkte, die Kreise stellen Winkelabstände bis zu 90° dar. Man sieht, daß das *Gesichtsfeld für weißes Licht* oben etwa 50°, unten etwa 70°, innen (nasal, in der Zeichnung links) 60° und außen (temporal) etwa 90—100° beträgt. Daß bei *Prüfung mit Farben* das Gesichtsfeld kleiner ist, wurde schon in dem Abschnitt über den Farbensinn der Netzhautperipherie besprochen.

Die angegebenen Gesichtsfeldgrenzen sind nicht als ganz unveränderlich anzusehen. Besonders hängt die gefundene Grenze von der angewendeten *Beleuchtungsstärke* der Prüffläche ab. Seine größte Ausdehnung für Weiß wird bei etwa 1000—2000 Lux gefunden. Helles Tageslicht ist zur Beleuchtung geeignet.

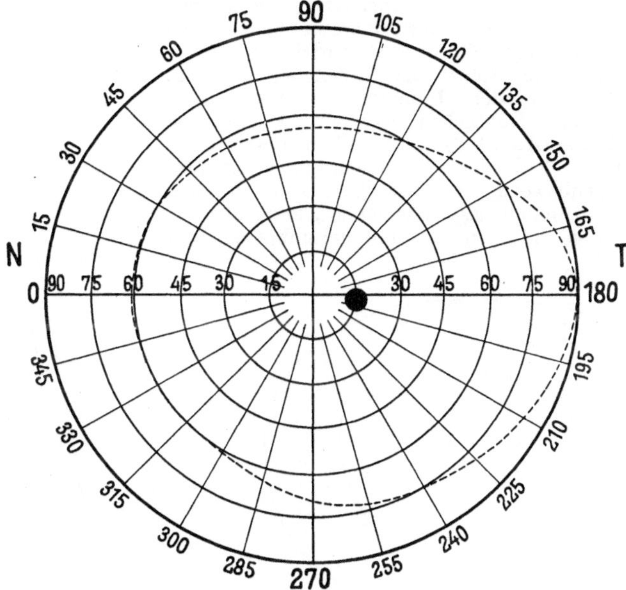

Abb. 104. Gesichtsfeld des rechten Auges

Von den Farbengrenzen ist besonders die für Blau von der Beleuchtungsstärke abhängig (AKAGI).

v. TSCHERMAK (2) betont, daß man keine Absolutgrenzen für den „Rotgrünsinn" und „Blaugelbsinn" aufstellen kann, sondern daß die Grenzen relative sind und von den verschiedensten Umständen abhängen. Maßgebend ist die Leuchtdichte, die Sättigung und die Flächengröße der Prüfmarke und der Adaptationszustand. Es empfiehlt sich zur Feststellung, ob in einem Fall die Grenzen des Farbengesichtsfelds normal sind, stets zum Vergleich einen sicher Normalen mit der gleichen Versuchseinrichtung zu prüfen.

Bei stark lateral gewendetem Auge findet man das Gesichtsfeld nasal erweitert, aber nicht bis auf den temporalen Wert, obgleich in dieser Augenstellung die Nase keine Behinderung des Gesichtsfeldes mehr darstellt. Die Netzhaut ist temporal (dem nasalen Gesichtsfeld entsprechend) weniger weit nach außen voll ausgebildet als nasal.

Fixieren wir einen Punkt mit beiden Augen, so erhalten wir das *beidäugige Gesichtsfeld* als Gesamtheit aller mit beiden ruhenden Augen gleichzeitig wahrgenommenen Gegenstände. Die Ausdehnung dieses Gesichtsfeldes ergibt sich leicht, wenn man die getrennt aufgenommenen Einzelgesichtsfelder zusammenlegt. Man denke sich dafür zu Abb. 104, welche das Gesichtsfeld des rechten Auges darstellt, die spiegelbildliche Zeichnung und lege beide passend so aufeinander, daß sich die Koordinaten decken. Das binokulare Gesamtgesichtsfeld besteht aus einem gemeinsamen Teil und seitlichen nur einäugig wahrgenommenen

Ergänzungen (Abb. 105). Das gemeinsame Gesichtsfeld ist am größten bei parallel stehenden Augenachsen (Mensch, Affe) und um so kleiner, je divergenter die Augenachsen stehen. Es haben aber auch Vögel und andere Tiere ein kleines gemeinsames Gesichtsfeld (v. TSCHERMAK). Auf die Bedeutung des gemeinsamen Gesichtsfeldes kommen wir zurück.

Mit zunehmender Divergenz der Augen, gemessen an dem Winkel zwischen ihren Blicklinien, nimmt zwar die Größe des gemeinsamen Gesichtsfeldes ab, aber die Größe des Gesamtgesichtsfeldes zu. Tiere mit seitlich stehenden Augen können auch „nach hinten sehen" und haben dadurch einen Vorteil auf Kosten der Größe des gemeinsamen Gesichtsfeldes. Dessen Bedeutung liegt auf dem Gebiet der Tiefenwahrnehmung, wie wir noch ausführen werden. Immerhin hat das gemeinsame Gesichtsfeld beim Kaninchen noch eine Ausdehnung von 35°, bei der Taube (Abb. 106) von 20°. Dementsprechend haben diese Tiere auch beiderseits gemeinsam verknüpfte („assoziierte") Augenbewegungen. Das Chamäleon hingegen bewegt beide Augen unabhängig voneinander, kann also bei ruhendem einen Auge mit dem anderen herumblicken und

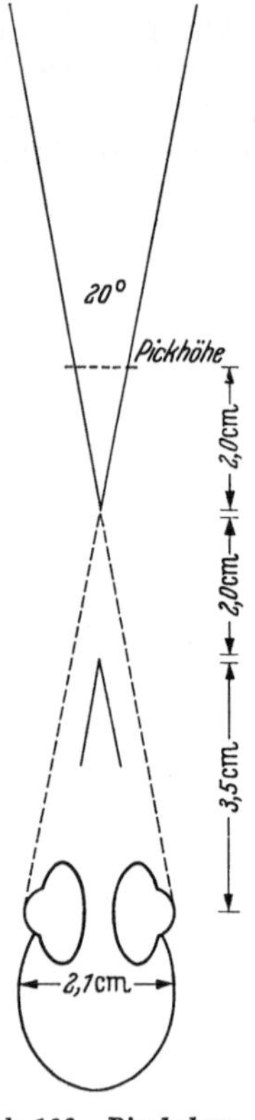

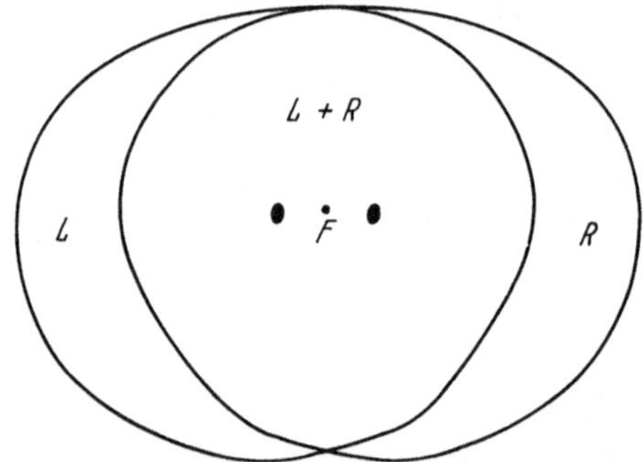

Abb. 105. *Beidäugiges Gesichtsfeld*. Nach F. B. HOFMANN. *F* Fixierpunkt, rechts und links davon die dem blinden Fleck entsprechende Lücke. *L + R* das gemeinsame, *L* das linke Rand-, *R* das rechte Rand-Gesichtsfeld

Abb. 106. *Binokulares Gesichtsfeld* der Taube. Nach V. TSCHERMAK

hat wohl nur bei starker „Einwärtswendung" der seitlich stehenden Augen ein kleines gemeinsames Gesichtsfeld.

Der Winkel zwischen beiden Blicklinien beträgt beim Menschen und den Affen 0°, bei Löwe 10°, Katze 16°, Hund 40°, Pferd 80°, Elefant 110°, Kamel 125°, Giraffe 145°, Hase 170° (LINDSAY und JOHNSTON). Das hängt auf das engste mit den Anforderungen zusammen, welche die Lebensnotwendigkeiten an jedes Tier stellen und die für jede Tierart verschieden sind; je nachdem ist mehr ein großes Gesamtgesichtsfeld oder mehr ein großes gemeinsames Gesichtsfeld erforderlich.

Die genaue Untersuchung des Gesichtsfeldes ist praktisch von großer Wichtigkeit. *Gesichtsfeldausfälle* entstehen z. B. bei Netzhautablösung, bei Atrophie des Sehnerven, Erkrankungen des Chiasma u. a. m.; die Gesichtsfelduntersuchung ist ein wichtiges Mittel der Diagnostik. Die Abb. 107 zeigt, nach GREEFF, zwei Beispiele von Gesichtsfeldausfällen.

In *größerer Höhe über dem Meere* (ab etwa 5500 m) treten infolge Herabsetzung der Sauerstoffversorgung (Abnahme des Sauerstoffteildrucks) *Einschränkungen des Gesichtsfelds* für Weiß nasal und oben ein. Sie verschwinden sofort bei künstlicher Zufuhr von Sauerstoff. Der Grund für die besondere Lage der Gesichtsfeldeinengung ist wahrscheinlich darin gelegen, daß in der Netzhautperipherie die äußeren (temporalen) Teile an sich weniger gut durchblutet sind (SCHUBERT, vgl. aber KYRIELEIS).

Eine Frage von großer theoretischer Bedeutung ist die nach dem Grund für die *Unsichtbarkeit* der *normalen Gesichtsfeldlücken*, durch den Sehnerveneintritt, durch die Fovea bei Dunkeladaptation bedingt. Man könnte annehmen, daß die *Sehnerveneintrittsstelle* der Netzhaut überhaupt keinen „Ortswert" habe, daß sich also an den Ortswert des linken Randes der des rechten Randes gleich anschließt. Dann kann auch keine Lücke wahrnehmbar sein. Dagegen spricht aber die Tatsache, daß der blinde Fleck tatsächlich sichtbar gemacht werden kann; er wird

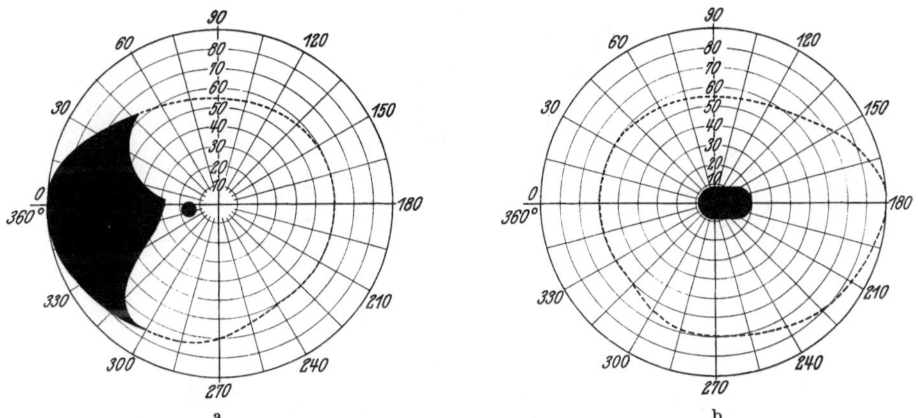

Abb. 107. *Gesichtsfeldausfall bei Erkrankung.* a bei beginnender Opticusatrophie, linkes Auge, b bei Tabak- und Alkoholvergiftung, rechtes Auge. Nach GREEFF

also für gewöhnlich gewissermaßen durch die Wahrnehmung der Umgebung ausgefüllt. Zur Wahrnehmung des blinden Flecks als Gesichtsfeldlücke verwendet man bei Dunkeladaptation einen schmalen weißen Streifen auf schwarzem Grund (NUSSBAUM). Bei Fixation des Streifens kann man sein Verschwinden im blinden Fleck beobachten. Auch kann man, nach EBBECKE, den blinden Fleck als dunkle Scheibe für einige Sekunden sehen, wenn man nach längerer Dunkeladaptation die Augen gegen eine mäßig helle Fläche, etwa den dämmerigen Abendhimmel, aufschlägt. Gleichzeitig sieht man die Schatten der größeren von der Papille des Sehnerven kommenden Gefäße. Die Papille ist also mit eigenen Raumwerten im Akt der Wahrnehmung vertreten. Und doch wird sie meist nicht bemerkt. Bei beidäugigem Sehen liegt das z. T. daran, daß ein Gegenstand nicht gleichzeitig auf beide Papillen abgebildet werden kann, da sie einwärts von den Foveae liegen. Ferner kommt in Betracht, daß die Lücke peripher liegt, von Netzhautteilen umgeben, die nur geringe Sehschärfe vermitteln. So wird die Lücke in den undeutlich wahrgenommenen Gegenständen nicht bemerkt, um so weniger, als die steten Augenbewegungen in schneller Folge bald diese, bald jene Gegenstandteile auf den Sehnerveneintritt fallen lassen. Hinzu kommt eine gewisse „Angleichung der Lücke an die Umgebung" (EBBECKE), woran eine Lokaladaptation, und unter Umständen auch ein rein psychologischer Akt der Ergänzung beteiligt ist. Nach v. TSCHERMAK, auf dessen eingehende Darlegungen verwiesen sei, spielt die „psychologische Ausfüllung" nach der Wahrscheinlichkeit der Übereinstimmung mit der Umgebung des Flecks jedenfalls meist eine untergeordnete Rolle, ebenso eine „physiologische Ausfüllung" durch zentrale Miterregung aus der Umgebung. Maßgebend ist vielmehr vor allem das „geringe Gewicht", die geringe Sinnfälligkeit der Fleckgegend (HERING).

Entsprechendes gilt auch für *erworbene Gesichtsfeldlücken* (pathologische „Skotome"), durch Netzhautablösung u. a. m.

Die *foveale Gesichtsfeldlücke* bei Dunkeladaptation wurde schon in früherem Zusammenhang besprochen. Das Dunkelgesichtsfeld zeigt mit zunehmendem Alter eine Tendenz zur Einengung. Auch findet man bei Vitamin A-Mangel Einengungen der Gesichtsfeldgrenzen bei Dunkeladaptation.

Man kann bei der Untersuchung des Gesichtsfeldes auch so vorgehen, daß man die Empfindlichkeit an den interessierenden Stellen mißt und sie dann als Modell zur Darstellung bringt (HARMS) oder in der Art der Abb. 108 (MONJÉ). In dieser

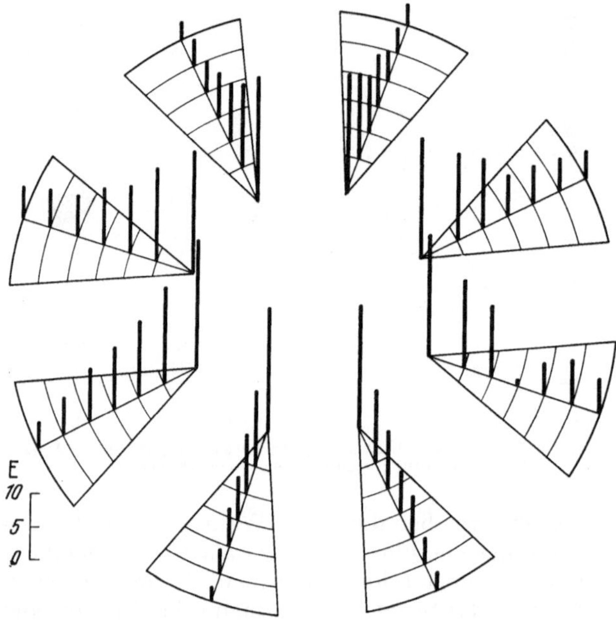

Abb. 108. Empfindlichkeit im normalen Gesichtsfeld bei Helladaptation, dargestellt durch die Höhe der Senkrechten in logarithmischem Maßstab; Abstand der Kreisbögen 5°. Der Horizontalmeridian verläuft von links oben nach rechts unten. Nach M. MONJÉ

Abbildung ist das Gesichtsfeld in acht Stücke aufgeteilt; die Mitte eines jeden Stückes ragt in die Fovea hinein. Außerdem ist das Gesichtsfeld im Uhrzeigersinn gedreht. Die Höhe der Senkrechten entspricht der Empfindlichkeit an der betreffenden Gesichtsfeldstelle. Bei Helladaptation ist die Empfindlichkeit in der Fovea am größten und nimmt nach der Peripherie ab. Solche Untersuchungen haben den Vorteil, nicht nur das Vorhandensein von Skotomen aufzudecken, sondern auch den Grad der Herabsetzung der Empfindlichkeit zu erfassen (über die klinische Bedeutung siehe bei HARMS).

Zum *Begriff Gesichtsfeld* sei noch folgendes ausgeführt. Man kann das Gesichtsfeld nicht als Summe der auf der Netzhaut *abgebildeten* Gegenstände bezeichnen, denn es werden z. B. auf dem Sehnerveneintritt (Papille) ebenfalls Gegenstände abgebildet, das Gesichtsfeld hat hier aber eine Lücke, da diese Gegenstände nicht wahrgenommen werden. Gesichtsfeld ist also Gesamtheit der *wahrgenommenen* Gegenstände. Noch zutreffender ist es, das Gesichtsfeld als *Sehdingfeld* zu definieren, d. h. als Gesamtheit aller gleichzeitig in der Wahrnehmung befindlichen Sehdinge. Schon der Doppelwahrnehmungen wegen, die später besprochen werden, weicht das Sehdingfeld vom Dingfeld (der Gesamtheit aller abgebildeten Gegenstände) ab. HERING (70) bezeichnet das Sehdingfeld als „psychisches Sehfeld"; das „somatische Sehfeld" wird nach seiner Bezeichnungsweise von den Netzhäuten, den Sehnerven und den zugehörigen Hirnteilen gebildet.

Es sei hier noch darauf hingewiesen, daß bei einseitigem Verlust der Sehsphäre die gegenseitige Gesichtsfeldhälfte ausfällt, die Gegenstände dieser Seite werden aber nach wie vor abgebildet.

2. Die Sehschärfe

a) Punktsehschärfe

Wenn, wie eben bemerkt wurde, *zwei benachbarten Netzhautorten* im allgemeinen *getrennte Ortswahrnehmungen* zukommen, so muß den Erregungen zweier benachbarter Netzhautstellen irgend etwas anhaften, worauf sich die Verschiedenheit der Ortswahrnehmung gründet. Das seinem Wesen nach nicht näher bekannte *unterscheidende Merkmal der Erregung einer bestimmten Netzhautstelle* wird als Raumwert oder mit Lotze als „*Lokalzeichen*" bezeichnet.

Die Zuordnung einer besonderen Ortswahrnehmung an jede Netzhautstelle ist aber nicht ganz streng gültig. Fallen zwei punktförmige Bilder auf zwei zu nahe aneinander liegende Netzhautstellen, so

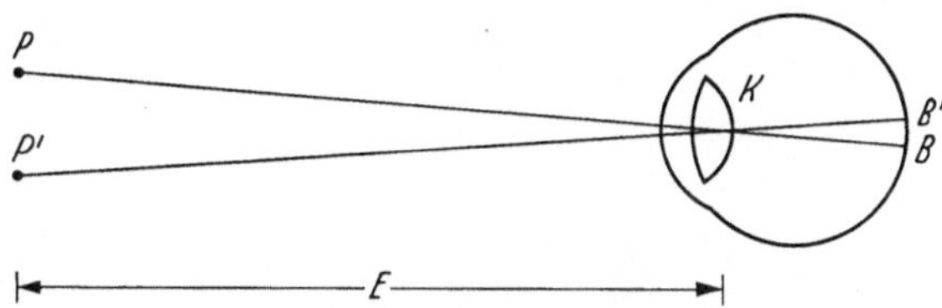

Abb. 109. *Berechnung des Sehschärfewinkels P K P'. P* und *P'* die Objektpunkte, *B, B'* die zugehörigen Bildpunkte, *K* Knotenpunkt des Auges, *P P'* Punktabstand (= *d*), *E* Beobachtungsentfernung, *d/E* Gesichtswinkel (im Grenzfall der Unterscheidbarkeit = Sehschärfewinkel)

können die Punkte nicht mehr getrennt, d. h. also nicht mehr an zwei verschiedenen Orten, wahrgenommen werden. Die bis zu dieser Grenze mögliche *Unterscheidungsfähigkeit* für den seitlichen *Abstand zweier Punkte* heißt *Sehschärfe*. Sie wird am einfachsten dadurch bestimmt, daß man zwei feine, in einem Abstand (*d*) etwa 5 mm seitlich nebeneinander oder übereinander stehende Löcher *P* und *P'*, in einem geschwärzten Blech gebohrt, vor eine Milchglaslampe hält und die Entfernung *E* feststellt, aus der die Löcher bei fovealer Beobachtung eben noch getrennt wahrgenommen werden können (Abb. 109). Man kann auch bei festgelegter Beobachtungsentfernung *E* den Lochabstand *d* verändern. Man findet, daß *d/E* konstant ist, und zwar gleich 40 bis 60 Winkelsekunden. Dieser Wert wurde schon vor langer Zeit für die Unterscheidbarkeit von Doppelsternen gefunden. Die Sehschärfe wird also mit dem kleinsten Gesichtswinkel (Sehwinkel) gemessen, unter dem noch eine Unterscheidung zweier Punkte möglich ist (*Punktsehschärfe*). Bezeichnet man die bei dem Grenzwinkel von *1'* vorliegende Sehschärfe mit *1*, so ist allgemein gesagt die Sehschärfe (Visus) gleich dem Kehrwert des in Minuten angegebenen im Einzelfall gefundenen Grenzwinkels. Denn die Sehschärfe ist um so größer, je näher die unterscheidbaren Punkte beieinander liegen. Findet man also einen Gesichtswinkel von $30'' = 1/2$ min, so ist die Sehschärfe gleich 2, bei einem Winkel von $50'' = 50/60$ min gleich 1,2.

Ein Winkel von $60''$ liegt vor, wenn $E = 3438 \cdot d$ ist. Bei einer Entfernung $E = 10$ m und einem Punktabstand $d = 1$ mm beträgt der Winkel $20''$. Es ist also bei Bestimmung der Punktsehschärfe zweckmäßig, eine Entfernung von 10 m zu wählen, da dann die Berechnung einfach ist.

Der *Grund* für den genannten Grenzwert der Sehschärfe liegt im *Bau der Netzhaut*. Wenn man für den Gesichtswinkel von $60''$ den Abstand der Punktbildchen auf der Netzhaut berechnet, so findet man einen Wert von etwa $5\,\mu$. Die Berechnung geht aus Abb. 109 hervor, in welcher PP' den Punktabstand d, PK die Entfernung E und KB den Knotenpunktabstand k, BB' den Abstand der beiden Bildpunkte bedeuten. Es ist $k = 17$ mm. Für $E = 10$ m ergibt sich PP' zu 3 mm und BB' zu $5\,\mu$ (genau $4{,}96\,\mu$). Die Zapfen (Abb. 110 u. 111) haben in der Fovea einen Durchmesser von etwa 3 μ. Daraus geht hervor, daß man zwei Punkte nur dann unterscheiden kann, wenn ihre Bilder um mehr als Zapfenbreite auseinanderfallen, so daß also zwischen zwei erregten Zapfen ein unerregter steht. Wäre der Bildabstand der beiden Punkte kleiner als die Breite eines Netzhautelementes, „so würden beide Bilder immer auf dasselbe oder auf zwei benachbarte Elemente fallen müssen. Im ersteren Falle würden beide nur eine einzige Empfindung auslösen, im zweiten Falle zwar zwei Empfindungen, aber in benachbarten Nervenelementen, wobei nicht unterschieden werden könnte, ob zwei gesonderte Lichtpunkte oder einer da ist, dessen Bild auf die Grenze beider Elemente fällt. Erst wenn der Abstand der beiden hellen Bilder, oder wenigstens ihrer Mitte, voneinander größer ist als die Breite eines empfindenden Elements, erst dann können die beiden Bilder auf zwei verschiedene Elemente fallen, die sich gegenseitig nicht berühren, und zwischen denen ein Element zurückbleibt, welches nicht oder wenigstens schwächer als die beiden ersten von Licht getroffen wird" (HELMHOLTZ).

Tatsächlich haben die *Durchmesser der Zapfen*, nach FRITSCH, in der Mitte der Fovea eine recht wechselnde Größe, die feinsten etwa 1,5 μ, die gröbsten 4,5 μ.

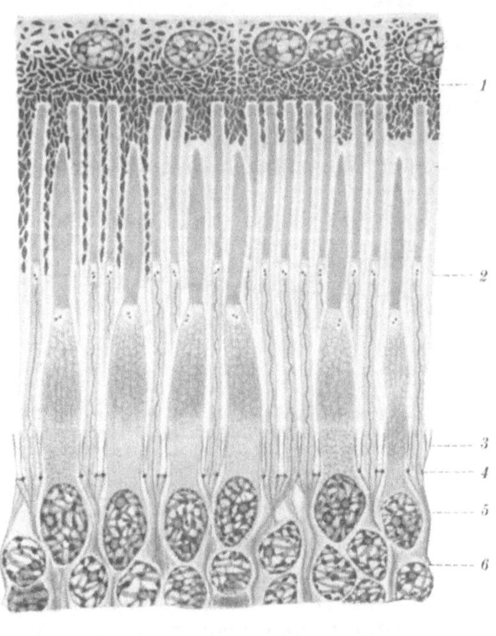

Abb. 110. *Zapfen und Stäbchen der menschlichen Netzhaut.* Nach EISLER, Präparat von HELD. Von oben nach unten: *1* Pigmentepithel, *2* Grenze von Stäbchenaußen- und -innengliedern, sowie Gegend der dickeren Zapfenaußenglieder, *3* Faserkörbe, *4* Membrana limitans externa, *5* Zapfenkörner, *6* Stäbchenkörner

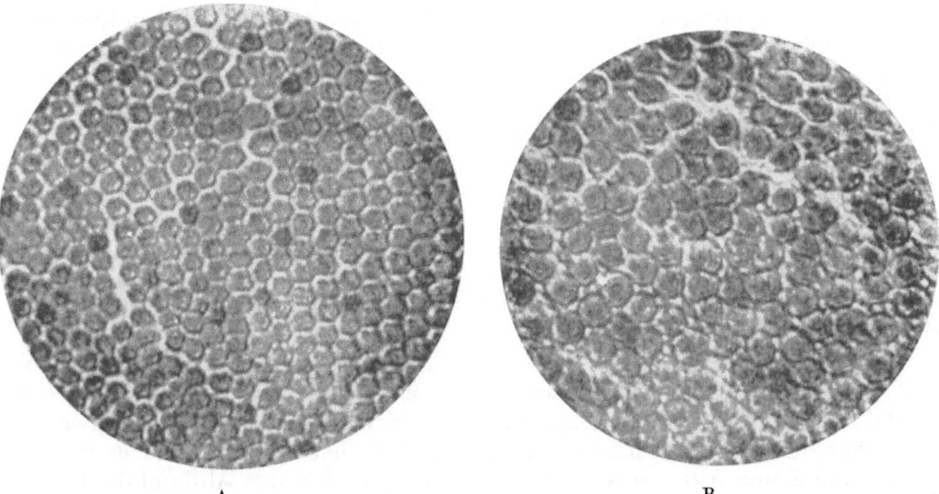

Abb. 111. A *Querschnitte der Zapfen* in Mitte der Fovea. B *Zapfen- und Stäbchenquerschnitte* in $^1/_2$ mm Abstand von *A* ($^1/_2$ mm = < 1° 40'). Nach HEINE

Etwas weiter peripher, in der Gegend, in welcher die ersten Stäbchen auftreten (nach
FRITSCH in etwa 2° Zentralabstand), haben die Zapfen etwa den doppelten Durchmesser der
Zentralzapfen. Hierin liegt mit ein Grund für die geringere periphere Sehschärfe, auf die wir
noch zurückkommen.

Eine sechseckige Form des Querschnittes der Zapfeninnenglieder in der Fovea, wie sie
schon von HEINE festgestellt wurde, konnte weiterhin bestätigt werden. Diese Anordnung ist
zur Unterbringung möglichst vieler gleicher Gebilde auf kleiner Fläche viel sparsamer als die
kreisrunde Form. Die Trennschärfe wird durch die Form der Zapfen sehr begünstigt. Ein
Zapfen besteht aus einem zylinderförmigen breiten Innenglied, einem kegelförmigen Zwischen-
glied, dem Zapfenconoid, und einem sehr viel schmaleren zylinderförmigen Außenglied. Ein
durch das Innenglied axial eintretender Strahl wird im Conoid total reflektiert, da der Kegel-
inhalt einen höheren Brechungsindex hat als die umgebende Flüssigkeit. Durch mehrfache
Totalreflexion wird das Licht an der Kegelspitze konzentriert und läuft nun im zylinderförmigen schmalen Zapfenaußenglied weiter. Nicht axial auftreffende Strahlen können in die
intercellulare Flüssigkeit übertreten und erreichen von dort das Pigmentepithel, in dem sie
absorbiert werden. Dadurch wird Streulicht und damit Bildunschärfe vermieden (vgl. a. S. 23;
BRÜCKE, O'BRIEN). Die sehr viel schmaleren Stäbchen haben einen ähnlichen Bau wie die
Zapfen. Der Abfall des Durchmessers vom Außenglied zum Innenglied ist hier viel geringer.

Im Zusammenhang mit Fragen der Sehschärfe können noch folgende Angaben von Wert
sein. Es wurde gefunden, daß in der Mitte der Fovea auf 1 mm² etwa 150 000 Zapfen kommen.
Stellt man in 1 m Abstand vor das Auge ein quadratisches Feld von 6 cm Seitenlänge (etwa
ein photographisches Bild) auf, so würden seine Einzelheiten mit der angegebenen Zahl von
Zapfen unterschieden werden, da sein Abbild auf der Netzhaut 1 mm² groß sein würde.

Es scheint, daß die fovealen Zapfen auch *entoptisch sichtbar* gemacht werden können.
Wenn man nach kurzer Dunkeladaptation gegen eine mäßig helle Fläche, etwa den grauen
Himmel, blickt, kann man feine leuchtende Pünktchen sehen (HESS), welche in der Mitte des
fovealen Gebiets zahlreicher, gegen seinen Rand heller und größer sind. Wird auf der Sclera,
nahe der Hornhaut, ein Brennfleck bewegt, so sieht man eine ähnliche punktförmige Erscheinung, das *Maculachagrin*. Es ist auch von diagnostischer Bedeutung (POPP u. EHRICH,
EHRICH). Sehr geeignet scheint das bei Besprechung der Wahrnehmung der Blutkörperchen
erwähnte Fortinsche Verfahren zu sein. Es handelt sich hier wohl um entoptische Sichtbarkeit der Zapfen.

Bei früherer Gelegenheit wurde schon darauf hingewiesen, daß der subjektive
Kontrast eine große Bedeutung für die Sehschärfe hat, die von HERING (86) aufgedeckt wurde. Grenzen eine schwarze und eine weiße Fläche aneinander, so wird
im Netzhautbild die Grenze durch die Abbildungsfehler verwaschen. Dieser Fehler
wird durch die Wirkung des subjektiven Kontrastes gewissermaßen rückgängig
gemacht, da dieser das Schwarz neben Weiß verdunkelt, Weiß neben Schwarz
erhellt erscheinen läßt. Die Wechselwirkung der beiden Grenzbezirke wirkt nach
HERING auf die Helligkeiten entgegengesetzt der lokalen Abirrung des Lichtes,
deren Folgen also durch erstere kompensiert werden. v. TSCHERMAK (1) drückt diese
Wirkung dahin aus, daß der Kontrast trotz der unscharfen Verteilung des Lichtreizes auf Elemente*gruppen* eine distinkte örtlich begrenzte Wirkung auf *Einzel*-
elemente vermittelt. (Unter Elementen sind die einzelnen Zapfen zu verstehen.)
Die Bedeutung des Kontrastes sei so groß, daß wir ohne seine Wirkung nicht zu
lesen vermöchten.

Dem Kontrast kommt also bei der Sehschärfe eine große Bedeutung zu, und
es ist sehr wahrscheinlich, daß der Grenzwert der Sehschärfe nicht nur anatomisch
begründet ist (Durchmesser der Zapfen), sondern auch physiologisch durch die
Kontrastempfindlichkeit. HARMS und MONJÉ glauben durch die Untersuchung der
Empfindlichkeit in der Umgebung von Lichtreizen einen Weg gefunden zu haben,
der geeignet ist, die „bisher so undurchsichtigen Beziehungen zwischen Lichtsinn
und Sehschärfe zu erhellen".

Verwendet man zur Sehschärfeprüfung weiße Quadrate auf schwarzem Grund,
so ist die Sehschärfe für den schwarzen Zwischenstreifen zwischen den parallel verlaufenden Innenrändern der Quadrate um so größer, je größer die Quadrate sind
(AUBERT). Folgende kleine Tabelle stellt einige abgerundete Werte zusammen
(aus ZOTH).

Wird der Helligkeitsunterschied zwischen Sehzeichen und Untergrund vermindert, so nimmt die Sehschärfe ab.

Hieraus geht schon hervor, daß die Sehfähigkeit von verschiedenen Umständen abhängt und daß eine Vereinbarung über Normumstände notwendig ist, damit man zu einem einheitlich gültigen Sehschärfemaß gelangt.

Winkelgröße der Quadratseite	Sehschärfewinkel für den Zwischenraum
2′	30″
1′ 20″	1′
60″	1′ 40″
45″	1′ 50″

b) Noniussehschärfe

Eine *höhere Sehschärfe* als bei Verwendung von Punkten erhält man *mit zwei Linien*, die *noniusartig* gegeneinander verschieblich sind (*Noniussehschärfe*). Die Abb. 112 zeigt nach HERING [79], daß bei dieser Anordnung die Linienbilder nicht um Zapfenbreite voneinander abzustehen brauchen. Die normale Sehschärfe beträgt bei diesem Verfahren etwa 10″, ja bis herunter zu 5″; die *Noniussehschärfe* ist also um sechsmal *größer als die Punktsehschärfe*. Daß die Noniussehschärfe besser ist als die Punktsehschärfe, ist nicht verwunderlich, da dabei mehr Zapfen einbezogen werden.

Zur Abb. 112 ist noch folgendes auszuführen. Es wird oft der Fall vorliegen, der im Teilbild a dargestellt ist, daß nämlich die obere Linie (hier die gradlinige Grenze eines weißen und eines schwarzen Feldes) eine Zapfenreihe, die untere eine nächst benachbarte Reihe trifft. Es ist aber auch möglich, und es wird das wegen der kleinen Fixationsschwankungen auch eintreten, daß beide Linien die gleiche Zapfenreihe treffen. Im Fall a kann unterschieden werden, falls die Zapfenreihen *mm* und *nn* eine örtlich eben verschiedene Wahrnehmung vermitteln („eben merklich verschiedene Ortswerte" haben, HERING) und die Mitreizung der Zapfenreihe *nn* im oberen Teil einen eben überschwelligen Betrag hat. Nach neueren Überlegungen ist auch im Fall b Unterscheidung möglich, wenn nur die

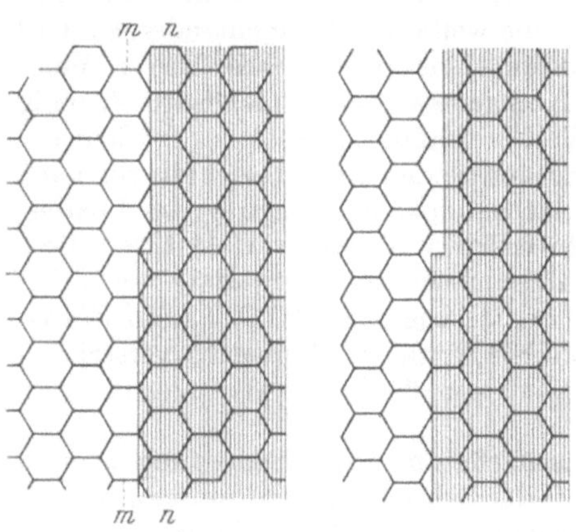

Abb. 112. *Nonius-Sehschärfe*. Nach HERING

Reizdifferenz im oberen und unteren Teil der gleichen Zapfenreihe überschwellig ist. Auch für den Fall, daß bei gleicher Anordnung des Zapfenmosaiks die Linien nicht senkrecht, sondern horizontal verlaufen, wobei nun in ihrer Verlaufsrichtung die Zapfenreihe ein Zick-Zack bildet, ist eine ähnliche Erklärung der Sehschärfeleistung möglich.

Bei der Noniussehschärfe kommt es darauf an, noch wahrzunehmen, ob eine Linie die unmittelbare gleichgerichtete *Fortsetzung* einer anderen ist. (Die Darbietung zweier paralleler Linien stellt hingegen der Anwendung zweier Punkte gegenüber keine neue Aufgabe dar.) Statt Linien kann man auch geradlinig aneinander grenzende schwarze und weiße Flächen verwenden (BEST). Bei dem Noniusverfahren von einer Bestimmung der „Breitensehschärfe" zu sprechen, ist nicht sehr zweckmäßig. Wir nennen „Breite" die horizontale Erstreckung unserer Gesichtswahrnehmungen, „Höhe" die senkrechte. Das Linienverfahren hat aber mit der Breitenerstreckung gar nichts zu tun. Jede Sehschärfebestimmung, ob mit dem Punkt- oder dem Noniusverfahren, ist eine Bestimmung der „Höhen- und Breitensehschärfe", zum Unterschied von der später zu besprechenden „Tiefensehschärfe" auch Tiefenwahrnehmungsschärfe genannt. Bei der Bestimmung der hier gemeinten Sehschärfe kommt es nur darauf an, daß die Prüfzeichen in einer frontalparallelen Ebene aufgestellt sind, oder noch genauer gesagt, bei der Sehschärfeprüfung kommt nur der auf eine frontalparallele Ebene sich projizierende Abstand der Prüfzeichen in Frage. Dabei ist es grundsätzlich gleichgültig, ob sie in Breiten- oder Höhenrichtung stehen. Die Vertikale scheint psychologisch mehr bevorzugt (s. a. FRY). Die Schräglage soll nach Angaben von HIGGINS und STULZ ungünstig sein.

c) Sichtbarkeit einzelner Linien

Ein feiner Draht kann gegen hellen Hintergrund noch wahrgenommen werden, wenn er eine Breite von $^1/_2$ Bogensekunde Gesichtswinkel besitzt. Allerdings muß er eine Mindestlänge von über 1° haben. Hierbei erleidet die Reihe der getroffenen Zapfen einen sehr geringen Helligkeitsverlust gegenüber der nichtgetroffenen Reihe. Die geringen Intrafixationsbewegungen (vgl. S. 266) des Auges spielen hierbei eine wichtige Rolle. Durch sie entsteht ein Wechsel von belichteten und unbelichteten Zapfenreihen (HECHT, ROSS und C. S. MÜLLER). Außerdem könnte die Verminderung der Empfindlichkeit, die MONJÉ in der Nähe heller Flecken fand, von Bedeutung sein. Schwarze Quadrate werden gegen hellen Hintergrund, z. B. den Mittagshimmel, wahrgenommen, wenn die Seitenlänge nicht kleiner als 20 Winkelsekunden, die Quadrate also 400 sec^2 groß sind; eine feine Linie von 0,5 Winkelsekunden wird dagegen erst erkannt, wenn sie 1° lang ist, also eine Fläche von 1800 sec^2 bedeckt (HECHT, ROSS und MÜLLER).

d) Sehschärfe in der Netzhautperipherie

Untersucht man bei *Helladaptation* die *Netzhautperipherie,* so findet man eine viel *geringere Sehschärfe.* Bei 5° Abstand von der Fovea beträgt die Sehschärfe nur noch etwa $^1/_3$, bei 10° Abstand etwa $^1/_5$ der fovealen Sehschärfe. Der Abfall der Sehschärfe gegen die Peripherie erfolgt in gleichmäßigem Kurvenzug, den Abb. 113 wiedergibt. Nach WEYMOUTH beginnt er am Fixierpunkt. Die Sehschärfe sinkt viel langsamer ab, wenn man die Sehzeichen nur kurzzeitig (0,5 bis 1 sec) darbietet (gestrichelte Kurve in der Abb. 113), weil dadurch die Lokaladaptation vermieden wird. Bei der üblichen Darbietung weicht die Schwelle gewissermaßen aus, ein Vorgang, der in der Nervenphysiologie durchaus bekannt ist. Die Verschlechterung der Sehschärfe in der Netzhautperipherie hängt damit zusammen, daß die Zapfen nach der Peripherie gröber werden und dadurch in einem größeren Abstand voneinander

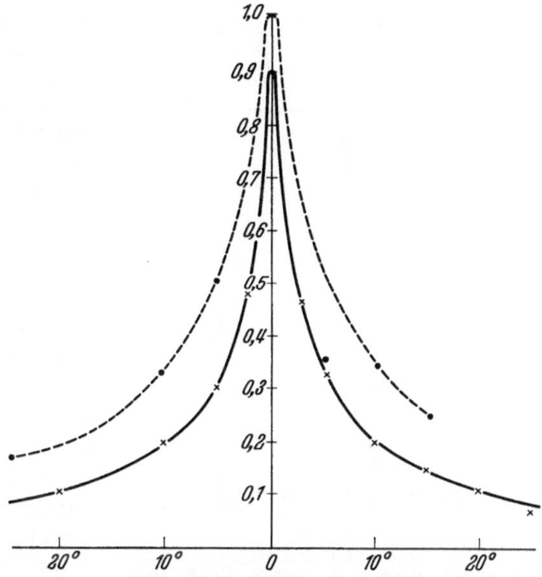

Abb. 113. Verteilung der Sehschärfe über der Netzhaut. Abszisse: Sehwinkel in Graden; Ordinate: Sehschärfe, in der Fovea = 1 gesetzt. ———— Normalkurve nach KÖNIG bei Dauerdarbietung; ·—·—· Kurve bei kurzzeitiger Darbietung; Testzeichen: LANDOLT-Ring. Nach M. MONJÉ

stehen, sowie, daß sie mit Stäbchen untermischt sind, die bei Helladaptation an der Sehschärfeleistung unbeteiligt sind. Außerdem spielt die Art der nervösen Verbindung eine Rolle. Während jeder foveale Zapfen für sich mit einer Ganglienzelle verbunden ist, bilden mehrere periphere Zapfen eine funktionelle Einheit. Es ist daher nicht verwunderlich, daß die Sehschärfe nach der Peripherie hin stärker abnimmt, als auf Grund der Abnahme der Zapfen zu erwarten wäre.

Nach diesem Sachverhalt ist klar, daß bei Ausblendung der Fovea, z. B. bei unzweckmäßigem Blicken in zu helles Licht (Sonne), die Beeinträchtigung sehr bedeutend ist, da die hohe foveale Sehschärfe nicht ersetzt werden kann. Die Hilfsbedürftigkeit ist aber bei Verlust des ganzen peripheren Gesichtsfelds und erhaltener Fovea viel größer, als bei Verlust nur der Fovea und erhaltenem peripheren Gesichtsfeld. Ohne letzteres ist die zur Orientierung unentbehrliche Übersicht nicht möglich.

e) Abhängigkeit der Sehschärfe von Beleuchtung, Adaptation, Blendung, Dunst

Im Bereich der bisher vorausgesetzten *guten Tagesbeleuchtung* ist die Abhängigkeit der Sehschärfe von mäßigen Änderungen der Beleuchtungsstärke nicht sehr groß. Bei schwacher Beleuchtung kann zunächst die Pupillenerweiterung ungünstig wirken, da die sphärische Aberration stärker zur Geltung kommt. So setzt auch Erweiterung der Pupille durch Atropin die Sehschärfe unabhängig von der Lähmung der Nahakkommodation herab. Das Maximum der Sehschärfe wird bei einer Pupillenweite von etwa 2 mm gefunden, bei Vorsatz einer engeren Blende setzt der Einfluß der Lichtbeugung die Sehschärfe herab. Im Alter kann die Sehschärfe durch Lichtabsorption in der braungelb gewordenen Linse oder durch diffuse Lichtstreuung bei Linsentrübung abnehmen.

Die gesamte *Abhängigkeit der Sehschärfe von der Beleuchtung* hat A. KÖNIG näher untersucht. Hier seien nur die Bestimmungen für weißes Licht berücksichtigt. Die Lichteinheit war 1 Meterkerze (1 lx) senkrecht auf weißes Papier, das entspricht einer Leuchtdichte von 0,25 nt bei einem Reflexionskoeffizienten 0,8 (vgl. S. 145), wie er für das als Hintergrund für die Snellenschen Haken verwendete Papier angenommen werden kann. Als Einheit der Sehschärfe wurde 60″ angenommen. Die Ergebnisse lassen sich sehr übersichtlich darstellen, wenn die

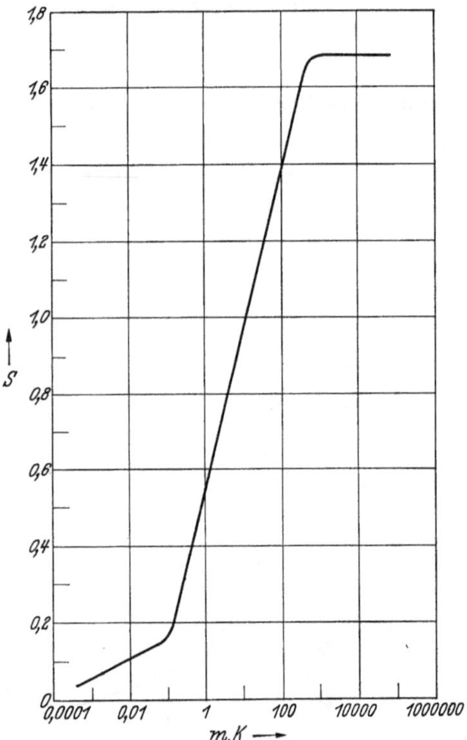

Abb. 114. *Abhängigkeit der Sehschärfe von der Beleuchtung mit weißem Licht.* Nach A. KÖNIG. Ordinate: Sehschärfe S. Abszisse: Beleuchtung des Snellenschen Hakens in Meterkerzen

Sehschärfen als Ordinaten, die Logarithmen der Beleuchtungsstärken als Abszissen aufgetragen werden. Abb. 114 zeigt, daß die Sehschärfe mit wachsender Beleuchtung, ausgehend von etwa 0,0004 lx, erst langsam ansteigt, und zwar geradlinig (also den Beleuchtungslogarithmen proportional); bei etwa 0,1 lx biegt die Kurve ziemlich plötzlich zu einem schnelleren Anstieg ab, der ebenfalls geradlinig ist, um bei etwa 1000 lx waagerecht weiterzulaufen. Die Sehschärfe ist also von 1000 lx bis zu der von König untersuchten Grenze von 65000 lx konstant. Die Abhängigkeit von der Beleuchtung ist unterhalb und oberhalb 0,1 lx verschieden. Schon König bezog diesen Kurvenknick auf den Beginn des Zapfensehens; der anfänglich langsamere Anstieg der Sehschärfe würde also den Stäbchen zukommen, der schnellere den Zapfen.

Für die mit der Beleuchtung B ansteigenden Teile der Kurve der Sehschärfe gibt König die Formel: Stäbchensehschärfe $S_{st} = 0{,}04\ (\log B + 4{,}26)$; Zapfensehschärfe $S_z = 0{,}43\ (\log B + 1{,}29)$.

Mit der Deutung der zwei Kurventeile als Ausdruck der Stäbchen- und Zapfentätigkeit stimmt gut der Befund von König an einem angeboren Totalfarbenblinden (Stäbchenseher) überein. Der Kurvenverlauf fällt hier zunächst (bis 0,1 lx entsprechend etwa 0,025 nt Leuchtdichte) mit der schwach ansteigenden Strecke des Normalen zusammen: dieser Kurvenverlauf bleibt aber bei ersterem ohne Abknickung bis zu blendender Leuchtdichte bestehen, während beim Normalen der Verlauf in den steilen Teil abknickt, sobald die Zapfenerregung auftritt.

Es ist zu beachten, daß die Befunde von König nur für die von ihm benutzte Versuchsanordnung gültig sind, also schwarze Objekte, die auf einer begrenzten weißen Fläche gesehen werden. Verwendet man zwei Leuchtlinien auf dunklem Grunde, so steigt die Sehschärfe mit deren Leuchtdichte zuerst auch an, um dann aber wieder leicht abzunehmen. Nach Fry und Cobb handelt es sich dabei um Irradiationserscheinungen, Grenzlinienphänomene und infolge des schwarzen Hintergrundes um schwer zu kontrollierende Adaptationsbedingungen. Die Auflösung eines Rasters aus weißen und schwarzen Linien hängt nicht von der Breite dieser Linien ab, sondern von dem Abstand der Maxima und Minima der retinalen Beleuchtung, die durch den Raster hervorgerufen wird. Mit ansteigender Beleuchtung ist die Grenze für die Auflösung eines Rasters erreicht, wenn dieser Abstand der Breite eines fovealen Zapfens entspricht (Lehmann, Shlaer). Dagegen steigt die Sehschärfe für einen Landoltring weiter an. Das Erkennen der Lücke im Ring wird durch Mitwirken von psychologischen und Gestaltfaktoren erklärt. Von arbeitsphysiologischen und anderen Gesichtspunkten aus angestellte Untersuchungen haben ergeben, daß es nicht nur auf die Beleuchtung der Prüfzeichen, sondern auch auf die Helligkeit der weiteren Umgebung ankommt, also den Adaptationszustand der ganzen Netzhaut. In Ergänzung von Versuchen von Lythgoe fanden Foxell und Stevens, daß die Sehschärfe für niedrige und mittlere Leuchtdichten am besten ist, wenn die Leuchtdichte des zentralen Feldes und der Umgebung gleich sind; bei höherer Leuchtdichte wird die beste Sehschärfe erreicht, wenn die Umgebungsleuchtdichte etwas unter

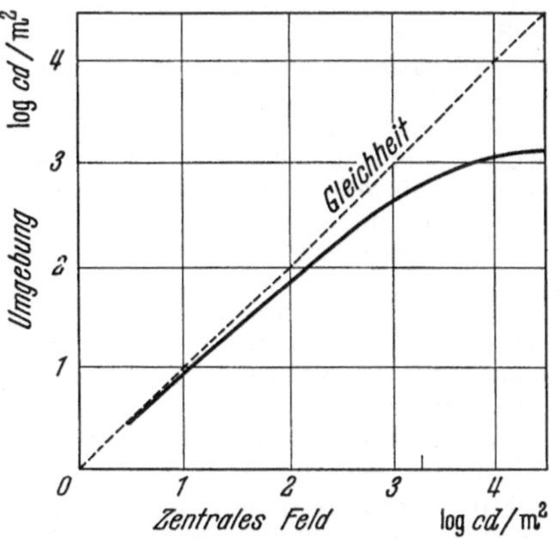

Abb. 115. Leuchtdichte der Umgebung zur Erzielung maximaler Sehschärfe bei ansteigender Leuchtdichte des zentralen Feldes. Zum Vergleich ist eine Linie (gestrichelt) für gleiche Leuchtdichte von zentralem Feld und Umgebung eingezeichnet. Durchmesser des zentralen Feldes 0,5°, der Umgebung 120° (umgezeichnet nach Foxell und Stevens)

derjenigen des zentralen Feldes mit dem Sehzeichen liegt, wie auch aus Abb. 115 hervorgeht. Die helle Umgebung braucht nicht über 40° ausgedehnt zu werden. Auch eine Umgebung von 6° Durchmesser ist schon von Nutzen. Diese Befunde könnten insbesondere für die Astronomie und für die Mikroskopie von Bedeutung sein, da es nicht zu schwierig sein müßte, einen Ring mit einer regulierbaren Umgebungsleuchtdichte in die Instrumente einzubauen.

Zur Erklärung der Abhängigkeit der Sehschärfe von der retinalen Beleuchtung innerhalb der Zapfensehschärfe nimmt Hecht an, daß die einzelnen Zapfen eine verschiedene Erregbarkeit haben. Bei schwacher Beleuchtung nehmen nicht alle Zapfen des belichteten Netzhautfeldes an der Erregung teil. Solange noch unerregte Zapfen zwischen den erregten stehen, ist die Sehschärfe von der retinalen Beleuchtung abhängig. Erst wenn alle Zapfen in den Erregungsvorgang eingeschaltet sind, nimmt die Sehschärfe bei weiterer Steigerung der retinalen Beleuchtung nicht mehr zu. Entsprechendes gilt für die Stäbchen. Die sich ergebende S-Kurve

(s. Abb. 114) kann als Poissonsches Integral der Receptorenschwellen in Abhängigkeit von der Beleuchtung angesehen werden. Gegen diese Ansicht von HECHT ist vor allem einzuwenden (BEST), daß sie eine sehr verschiedene Erregbarkeit der einzelnen Zapfen (entsprechend bei den Stäbchen) annehmen muß, für die eine Erklärung ausstehen würde.

Nach der Auffassung von CROZIER ist nicht die Receptorenschwelle die maßgebende Größe, sondern die unterschiedliche Schwellenerregbarkeit der nervösen Elemente.

Nach der quantenphysiologischen Betrachtungsweise wird hingegen angenommen, daß wohl jeder Zapfen dem Alles-oder-Nichts-Gesetz folgt, daß aber bei niederer retinaler Beleuchtung pro Zeiteinheit nicht jedes Quant je einen Zapfen trifft. Mit ansteigender retinaler Beleuchtung wird die Wahrscheinlichkeit, daß ein Receptor bzw. eine Receptoreneinheit gereizt wird, größer. Wird diese Wahrscheinlichkeit mit p bezeichnet, die Anzahl vorhandener Receptoren mit N, so beträgt die mittlere Anzahl gereizter Receptoren pN. Sobald $p = 1$ wird, ist die Anzahl der gereizten Receptoren gleich N; es sind dann alle Receptoren, z. B. alle Zapfen, in den Erregungsvorgang eingeschaltet. Die Sehschärfe nimmt dann bei weiterer Steigerung der retinalen Beleuchtung nicht mehr zu. Mit steigender retinaler Beleuchtung (und damit steigendem p) steigt funktionell die Feinheit des Netzhautmosaiks, obgleich es anatomisch dasselbe bleibt und auch die Empfindlichkeit der Receptoren dieselbe sein kann (M. H. PIRENNE).

Eine andere Erklärung stellt den *Anstieg der Unterschiedsempfindlichkeit* in den Vordergrund, welcher innerhalb gewisser Grenzen bei ansteigender Beleuchtung erfolgt. KÜHL zieht zu seiner theoretischen Erklärung das Riccòsche Gesetz und die mit dem Landoltschen Ring (s. später) von SCHOBER bei sehr verschiedenen Leuchtdichten ausgeführten Sehschärfemessungen heran. Er leitet ab, daß um so mehr Zapfen zu einer „Empfangszelle" „vergesellschaftet" sind, also gemeinsam bei der Ebenwahrnehmbarkeit der Ringlücke mitwirken, je geringer die Leuchtdichte der weißen Grundfläche ist. Wenn die retinale Beleuchtungsstärke so groß geworden ist, daß die von den zusammenwirkenden Zapfen dargestellte „Empfangszelle" nur noch aus *einem* Zapfen besteht, also infolge der hohen retinalen Beleuchtungsstärke die Erregung nur *eines* Zapfens für Ebenmerklichkeit ausreicht, ist das absolute Maximum der Sehschärfe erreicht und eine Steigerung durch weitere Beleuchtungszunahme nicht mehr möglich. Diese maximale Sehschärfe ist 2,45 (bezogen auf die Sehschärfe bei Sehwinkel $60'' = 1$). KÜHL hält es aber nicht für zutreffend, aus dem Sehwinkel $60/2,45 = 25''$, welcher bei der maximalen Sehschärfe vorliegt, auf eine Zapfengröße von $1,9\ \mu$ zu schließen. Er nimmt nach den mikroskopischen Befunden $3\ \mu$ an und zeigt, daß die Sehschärfenwerte dieser Annahme nicht entgegenstehen.

Das früher schon besprochene Riccòsche Gesetz, welches besagt, daß für kleine Sehwinkel das Produkt aus Flächengröße und Leuchtdichte im Fall der Schwellenwirkung konstant ist, wird von KÜHL als der Schlüssel zum Verständnis der vielfach auf verschiedene Netzhautfunktionen zurückgeführten Leistungen der Erkennung kleinster Gegenstände (Minimum visibile), der Unterscheidung zweier kleiner Gegenstände (Minimum separabile) und der Lesbarkeit kleiner Buchstaben (Minimum legibile) bezeichnet. Allen diesen Leistungen, die z. T. im folgenden noch weiter besprochen werden, liegt die Unterschiedsempfindlichkeit für Helligkeiten zugrunde.

Untersucht man die Sehschärfe bei *Dunkeladaptation* mit einer für die Zapfen unterschwelligen Beleuchtung, so ist sie in der Fovea gleich Null. In der Netzhautperipherie steigt die Dunkelsehschärfe bis 5° stark an und bleibt weiter nach außen annähernd gleich groß, und zwar wesentlich geringer als die foveale Sehschärfe bei Tageslicht. LAURENS fand für die Punktsehschärfe bei den oben genannten Beleuchtungsbedingungen (und mit parallelen Linien untersucht) 5—6', mit dem Noniusverfahren $1^{1}/_{2}'$, also etwa $^{1}/_{5}$ der bei Tageslicht vorhandenen fovealen Sehschärfe.

Die periphere Sehschärfe bei Dunkeladaptation ist also nicht am größten im Gebiet der höchsten Lichtempfindlichkeit bzw. der höchsten Dichte der Stäbchen. Der Minimalwert der Sehschärfe bei Dunkeladaptation ist etwa 0,03 (PIRENNE). Nach NOWACK wird bei Nacht parazentral beobachtet, mit Netzhautstellen, die schon brauchbare Lichtempfindung (Stäbchen) und noch genügend Auflösungsvermögen (Zapfen) besitzen, am besten mit einem Gebiet 1° parazentral und oberhalb der Fovea.

Wird für Hell- und Dunkeladaptation die Beleuchtung so abgestuft, daß sie *subjektiv* gleich hell erscheint, so findet man einen Unterschied in der Richtung, daß die periphere Sehschärfe des Dunkelauges geringer ist als die des Hellauges. Auch bei *objektiv* gleich gehaltener geringer Beleuchtungsstärke ist die periphere Sehschärfe des Hellauges größer als die des Dunkelauges, obgleich unter diesen

Bedingungen die subjektive Helligkeit für das dunkeladaptierte Auge viel größer ist. Das dunkeladaptierte Auge erreicht nie die maximale Sehschärfe des helladaptierten Auges [GARTEN (4)].

Da die „Stäbchenseher" (Zapfenblinden) auch bei hellem Licht eine nur geringe Sehschärfe haben, ist nicht wahrscheinlich, daß der Stäbchenapparat auch bei stärkerer Beleuchtung die Sehschärfe des Zapfenapparates erreichen würde. Das ist auffällig in Anbetracht der Tatsache, daß die Stäbchen sehr fein sind (Durchmesser etwa 2 μ). Sie sind aber mit Zapfen untermischt (Abb. 116) und ferner durch Querneurone miteinander verbunden, stellen also wohl nicht je ein Wahrnehmungselement dar. Ihre Feinheit ist vielleicht mehr für Menge und Schnelligkeit der Sehpurpurbildung von Bedeutung. Auch schafft sie für das auffallende Licht eine sehr große Gesamtoberfläche.

Steigert man die *Beleuchtung über das zulässige Maß*, so nimmt die Sehschärfe wieder ab. Das Auge wird vorübergehend „*geblendet*". Eine andere Art von *Blendung* kann aber auch schon bei im übrigen durchaus zulässigen Beleuchtungsstärken eintreten und die Sehschärfe stark herabsetzen, nämlich wenn nicht nur die beleuchteten Gegenstände oder Sehproben auf der Netzhaut abgebildet werden, sondern, sei es auch ganz seitlich, eine Lichtquelle. Diese Blendung beruht auf Lichtzerstreuung im Auge besonders infolge von Reflexion vom hellen Netzhautbild aus. Das Auge wirkt wie eine Ulbrichtkugel. Auch dringt von einer stärkeren Lichtquelle Licht durch die Lederhaut und die Iris zur Netzhaut. Es wurde schon bei früherer Gelegenheit diese Blendung erwähnt, die besonders bei Dunkeladaptation und lichtschwachen Gegenständen sehr störend ist, wenn etwa eine an sich nicht besonders helle „Blendlampe" (Taschenlampe) auftaucht. Bekannt ist die sehr starke Blendung durch Autoscheinwerfer. Besonders blendend wirkt das helle Meer der von der Sonne beleuchteten Wolken vom Flugzeug aus, wenn das Auge des Piloten an die Beleuchtung der dunklen Kanzel adaptiert ist. Auch die ungewohnte Anordnung der helleren oberen und dunkleren unteren Netzhauthälfte mag hier eine Rolle spielen.

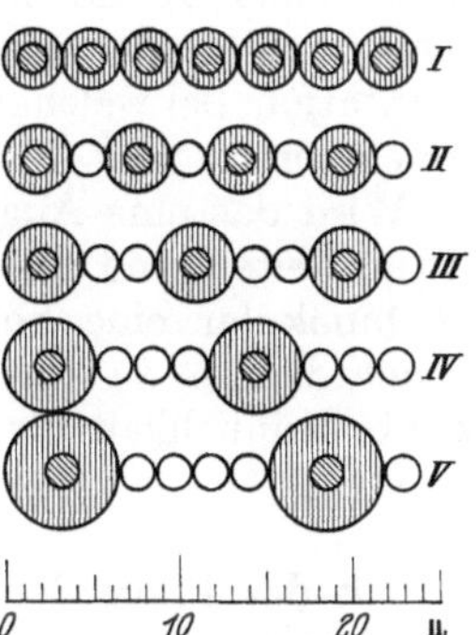

Abb. 116. *Verteilung der Zapfen und Stäbchen.* Nach ZOTH schematisch. *I* Zapfen in der Fovea, *II* Zapfen und Stäbchen vom Rande der Macula, *III* dgl. weiter peripher, *IV*, *V* fortschreitend weiter nach dem Augenäquator hin. Die kleinen hellen Kreise sind die Stäbchen

Die Blendung wurde besonders von HERING (86) eingehend dargestellt und neuerdings von SCHOUTEN genau untersucht. Das Blendlicht kann entweder die Adaptation ungünstig beeinflussen oder schlechtere Bedingungen für die Unterschiedsempfindlichkeit schaffen („verschleiernde Wirkung"). Ein in völlig lichtloser Umgebung schwach beleuchteter Gegenstand kann nur gesehen werden, wenn sein Netzhautbild hell genug ist, um gegen das „Eigenlicht" der Netzhaut unterschieden zu werden. Das „verschleiernde" Zusatzlicht drückt diesen Unterschied unter die Unterscheidungsgrenze herunter. Nach HERING wird ganz allgemein der Helligkeitsunterschied, mit welchem uns zwei verschiedene Lichtstärken erscheinen, unter sonst gleichbleibenden Umständen verkleinert, wenn man beiden Lichtstärken einen gleich großen Zuwachs erteilt. Der störende Einfluß des blendenden Lichts ist um so geringer, je weiter peripher in der Netzhaut es abgebildet wird.

Beeinträchtigungen der Sehschärfe treten ferner ein bei *Flimmern der Luft* über erhitzten Flächen, so bei Mittagssonne über Grasboden, infolge Störung des geordneten Strahlengangs durch Verschiedenheiten des Brechungsexponenten in der Luft. Sodann setzt *Dunst* in der Luft die Sehleistung herab, vor allem dadurch, daß er den objektiven Helligkeits-(Leuchtdichte-)Unterschied der Flächen, denen er vorgelagert ist, herabsetzt. Hier liegen wichtige Fragen des Flugwesens vor, die von Löhle erörtert werden.

f) Ein- und beidäugige Sehschärfe

Die *beidäugige Sehschärfe* ist an sich der einäugigen gleich. Es findet also nicht etwa eine „Addition" statt, wie bei den Lichtschwellenwerten im dunkeladaptierten Zustand. Dennoch findet man die beidäugig untersuchte Sehschärfe etwas höher als die einäugig untersuchte, weil im letzteren Fall das „Eigenlicht" des verschlossenen Auges eine leichte Störung darstellt, besonders bei Dunkeladaptation, bei welcher die subjektiven Lichterscheinungen (Nebelwallen) im Auge zunehmen.

Wird das eine Auge geschlossen, so wird die Pupille auf dem anderen Auge etwas weiter, und dessen Sehschärfe sinkt (Horowitz). Nach der Treffertheorie ist binokular eine höhere Sehschärfe gegenüber monokular nur bei geringen Leuchtdichten zu erwarten, bei höheren dagegen nicht mehr, sobald die Trefferwahrscheinlichkeit gleich 1 wird.

g) Sichtbarkeit kleinster Punkte

Mit der Frage der Sehschärfe (auch als Trennschärfe, Auflösungsvermögen, „Minimum separabile" bezeichnet) hängt jedenfalls äußerlich eine weitere Frage zusammen, die vielleicht mehr in das Gebiet der Unterschiedsempfindlichkeit für Helligkeiten gehört, die Frage nach der *Winkelgröße*, die ein *sehr kleiner Gegenstand* haben muß, damit er eben noch wahrgenommen wird. Es ist das also die Frage nach der zulässigen *Mindestgröße des Abbildes auf der Netzhaut*, nach dem „Minimum perceptibile". Diese Frage läßt sich für helle Punkte auf dunklem Grund leicht beantworten bei Betrachtung des Sternenhimmels. Fixsterne erscheinen uns ihrer sehr großen Entfernung wegen praktisch unter dem Gesichtswinkel Null und werden dennoch gesehen, falls sie hinreichende Helligkeit haben. Bei genügender Helligkeit ist also der Winkelgröße der Abbildung nach unten keine Grenze gesetzt. Helmholtz sagt hierüber: „Es können lichte Punkte wahrgenommen werden, deren Netzhautbild sehr viel kleiner ist als ein empfindendes Netzhautelement" (ein Zapfen), „vorausgesetzt, daß die Lichtmenge, die von ihnen in das Auge fällt, groß genug ist, ein Netzhautelement merklich zu affizieren. So werden z. B. die Fixsterne, als Objekte von großer Lichtstärke, trotz ihrer verschwindend kleinen scheinbaren Größe vom Auge wahrgenommen. Ebenso können auch dunkle Objekte auf hellem Grunde wahrgenommen werden, obgleich ihre Bilder kleiner sind als ein empfindendes Nervenelement, vorausgesetzt nur, daß die Lichtmenge, welche auf das Element fällt, durch das dahin treffende dunkle Bild um einen wahrnehmbaren Teil verringert wird". Außerdem ist aber noch zu bedenken, daß von einem unendlich kleinen Gegenstand wegen der Abweichungen von der punktförmigen Strahlenvereinigung gar kein punktförmiges Bild entworfen wird. Die *Sichtbarkeit unendlich kleiner Gegenstände* ist keine Frage der Abbildungs*schärfe*, sondern eine Frage der Abbildungs*helligkeit*, mithin also der Unterschiedsempfindlichkeit für Helligkeiten (vgl. S. 227 u. 231).

Für schwarze und graue Flecke auf weißem Grund wurde festgestellt, daß ziemlich unabhängig von den Helligkeitsverhältnissen der dunkle Fleck (Kreis, Quadrat) noch sichtbar ist, wenn der Gesichtswinkel etwa 30″ beträgt.

h) Sehschärfe und Bildschärfe

Voraussetzung für die Leistungen der Sehschärfe ist das Vorliegen einer *normalen Abbildungsschärfe*, d. h. Bildschärfe auf der Netzhaut. Ist diese z. B. durch

Trübung der Augenmedien herabgesetzt, so ist die Sehschärfe vermindert. Über die normale Abbildungsschärfe hat uns Ko Hidano eine Anschauung verschafft, indem er am herausgeschnittenen Auge am Hinterpol ein Stück der Sklera herausnahm, durch besondere Hilfsmittel die normale Form und den normalen Binnendruck herstellte und nun die auf der Netzhaut entworfenen Bilder photographierte. Abb. 117 gibt zwei Beispiele, das eine von einem Haus, das andere von einem Schachbrettmuster. Man sieht die hohe Bildschärfe und die geringe Verzerrung des Bildes. Nach Helm-

holtz wäre übrigens eine Bildverzerrung für das Sehen belanglos, das nur ein scharfes Bild auf gleichbleibend geformter Netzhaut verlange, nicht aber unbedingt ein geometrisch ähnliches Bild.

Daß an dem geringeren Betrag der peripheren Sehschärfe nicht in erster Linie eine geringere Bildschärfe

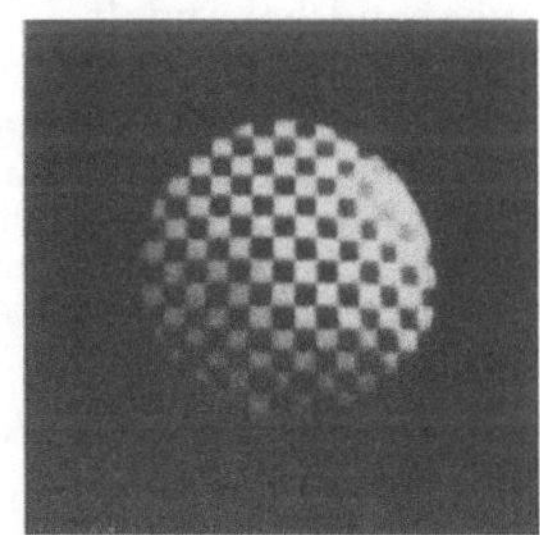

Abb. 117. *Photogramme von Netzhautbildern.* Nach Ko Hidano. Die Augenhäute, auch die Netzhaut, sind entfernt

schuld ist, hatte schon Aubert am albinotischen Kaninchen gezeigt, bei welchem die Netzhautbilder bis weit in die Peripherie gleichmäßig scharf sind.

Die Tatsache, daß die Netzhautbilder bei unmittelbarer Betrachtung oder bei Betrachtung ihrer photographischen Abbilder verhältnismäßig scharf erscheinen, widerspricht nicht der Behauptung ihrer Unschärfe durch Abbildungsmängel im Auge. Vor allem ist zu beachten, daß bei jedweder Bildbetrachtung durch den Subjektivkontrast eine „Bildverschärfung" eintritt. Wir sehen also ein Bild nie in seiner vollen tatsächlichen Unschärfe.

Nach den Darlegungen über den Strahlengang im Auge ist aber klar, daß eine streng punktförmige Abbildung niemals vorliegt, sondern stets eine Abbildung in einem Zerstreuungskreis. So ist denn auch die oben gemachte Feststellung, daß im Grenzfall der Sehschärfe ein unerregter Zapfen zwischen zwei erregten steht, eine nur für die erste Übersicht zulässige Schematisierung. Der Zerstreuungskreis ist bei „punktförmiger" Abbildung größer als ein Zapfendurchmesser, so daß auch der zwischenliegende Zapfen belichtet wird, und es richtiger ist, zu sagen, daß im *Grenzfall der Sehschärfe ein merklich weniger erregter Zapfen zwischen zwei stärker erregten* steht. Es kommt mithin darauf an, daß der *Belichtungsunterschied* des mittleren Zapfens und der beiden seitlichen Zapfen merklich ist, über der Schwelle der Unterschiedsempfindlichkeit liegt. So spielt auch bei der Sehschärfe die Empfindlichkeit für Helligkeitsunterschiede eine wichtige Rolle.

Tonner geht diesen Fragen weiter nach. Aus seinen Untersuchungen sei folgendes hervorgehoben: Tonner verwendet drei helle Punkte, von denen der mittlere aus der Verbindungslinie der seitlichen nach oben verschoben werden kann. Er geht von der Annahme aus, daß die Verschiebung des mittleren Punktes eben wahrnehmbar wird, wenn sie einer Zapfenbreite entspricht, weil dann der Bildpunkt von einem vorher belichteten Zapfen auf den nächst benachbarten, vorher nicht belichteten Zapfen verschoben wird. Er fand, daß die eben merkliche Verschiebung bei einer Winkelgröße von 23'' lag, entsprechend 2 μ auf der Netzhaut. Aus den Angaben des Schrifttums über die mikroskopisch gemessene Zapfenbreite ist nach Tonner für die fovealen Zapfen ebenfalls ein Durchmesser von 2 μ zu entnehmen. Es stimmt also der subjektiv gemessene Wert mit dem objektiv gemessenen gut überein.

Ferner hat Tonner versucht, die Größe der „Erregungsfläche" des Zerstreuungsbildes eines Lichtpunktes zu bestimmen. Der Lichtpunkt wird ja wegen der chromatischen und sphärischen Aberration, der Lichtzerstreuung in den Augenmedien und der Beugung am Pupillenrand als objektiv nicht scharf begrenzte Zerstreuungsscheibe von in der Mitte großer, nach dem Rand abnehmender Helligkeit abgebildet. Von dieser Scheibe wird am Rande ein Teil unterschwellig sein. Der überschwellige Teil der Zerstreuungsscheibe ist die „Erregungsfläche". TONNER verschiebt den mittleren Punkt seiner Anordnung so weit, daß dieser Punkt um seinen eigenen Durchmesser aus der Verbindungslinie der beiden anderen Punkte herausgerückt erscheint (also nicht nur eben merklich, wie im vorigen Versuch). Es ergibt sich dabei bei einer berechneten Punktbildgröße von 7 μ eine Verschiebung um 70''. Die Erregungsfläche ist also 10mal so groß wie die fiktive „scharfe Abbildung" des Punktes. In der Erregungsfläche, deren Größe von der Farbe der Punkte unabhängig ist, haben bei sechseckiger Anordnung 7 Zapfen (1 Mittelzapfen und 6 Kranzzapfen) Platz.

Die Abhängigkeit der Sehschärfe von der Unschärfe des Netzhautbildes und die Berechnung der Unschärfe aus einer Vielzahl von Faktoren wird von FRY eingehend behandelt.

Die Zerstreuungskreise durch Beugung nehmen mit Verengerung der Pupille an Größe zu, was vermindernd auf die Sehschärfe wirken sollte. Da die Sehschärfe aber mit Erweiterung der Pupille abnimmt, ist zu schließen, daß der Einfluß der Beugung auf die Sehschärfe nicht im Vordergrund steht, sondern der der sphärischen Aberration (vgl. SCHOBER). Daß die chromatische Aberration nicht wesentlich ist, zeigte schon HELMHOLTZ durch Benutzung eines die Chromasie korrigierenden Brillensystems, welches die Sehschärfe nicht erhöhte.

i) Sehschärfe in Abhängigkeit von der Wellenlänge der abbildenden Strahlen

Eine besondere Frage von vorwiegend theoretischem Belang ist noch die, ob die *Sehschärfe bei verschiedener Farbe* unter sonst gleichen Umständen verschieden ist. Dabei ist zunächst zu beachten, daß die subjektive Helligkeit der verschiedenfarbigen Objekte Unterschiede der Sehschärfe bedingen könnte. Deshalb muß mit subjektiv gleichhellen tageswertgleichen farbigen Lichtern geprüft werden. Hierbei findet man die Sehschärfe am größten bei Weiß, dann folgen Gelb, Rot, Grün und schließlich Blau (KÖNIG, OERUM, PAULI, RICE).

Als erster hatte wohl BRÜCKE aus den beiden für die Helmholtzsche Theorie vorliegenden Möglichkeiten, nämlich, daß jeder Zapfen die drei „Grundempfindungen" vermittle (also die drei Sehstoffe enthalte), oder daß für jede Grundempfindung eine besondere Zapfenart vorhanden sei, den Schluß gezogen, daß eine Entscheidung durch die Sehschärfeprüfung erreicht werden könne. Enthält jeder Zapfen alle drei Komponenten, so ist *jeder* Zapfen an der Sehschärfeleistung ganz unabhängig von der Farbe des Prüflichts beteiligt, die Sehschärfe muß also von der Farbe unabhängig sein. Gibt es aber drei Zapfenarten, etwa mit rot-, grün- und violettempfindlichem Sehstoff, so müßte die Sehschärfe bei Weiß am größten sein, da alle Zapfen beteiligt sind; bei farbigem Licht aber ist nur *ein Teil* der Zapfen beteiligt, die Sehschärfe müßte also geringer sein. Für die *Punktsehschärfe* fand TONNER unter optimalen Bedingungen (die allerdings für jede Farbe verschieden sind) den von der Farbe weitgehend unabhängigen Wert von etwa 65'', nur für Blau 72''. Bei weiter Pupille sinkt die Sehschärfe um etwa 20%. Hieraus geht auch hervor, daß die Randbeugung an der Pupille (die bei enger Öffnung zunimmt) und die Lichtzerstreuung keinen wesentlichen Einfluß haben, sondern daß für die Größe der „Erregungsfläche" des Zerstreuungskreises die sphärische Aberration maßgebend ist.

Bei Vorhandensein von drei spezifisch verschiedenen Zapfenarten müßte bei streng punktförmiger Abbildung ein weißer Punkt bei Blickschwankungen bald rot, grün oder violett aussehen. TONNER fand das Ergebnis derartiger Versuche negativ, was sich aus der Größe des Zerstreuungskreises (der Erregungsfläche) erklärt. Nach WALLS und MATHEWS ist die Sehschärfe in blauem Licht am geringsten wegen der geringen Anzahl blauer Receptoren im Vergleich zu roten und grünen, die nach einem bestimmten Plan in der Netzhaut verteilt sind, nicht nach Art von HARTRIDGEs Trauben.

A. PETER untersuchte die Empfindlichkeit der Fovea für Rot und Grün. Er fand sie für die gleiche Farbe an verschiedenen Stellen ungleich; es bestand aber Abhängigkeit von der

Farbe. In der Umgebung der Fixiermarke dominierte stets die Empfindlichkeit derjenigen Farbe, die die Fixiermarke hatte. Das führte ihn zu dem Schluß, daß eine Verteilung der Farbenreceptoren etwa im Sinne der Trauben von HARTRIDGE vorliegen müsse. Gegenüber Blaureizen fand auch er die Fovea sehr unempfindlich.

An der Herabsetzung der Sehschärfe im kurzwelligen Licht, die von allen Untersuchern gefunden wurde, könnte der Umstand beteiligt sein, daß für kurzwelliges Licht der Brennpunkt des emmetropen Auges *vor* der Netzhaut liegt, so daß für dieses Licht das für Licht mittlerer Wellenlänge emmetrope Auge kurzsichtig ist und der Korrektion bedarf. Beträgt doch der Unterschied der Brechkraft des Auges für 589 mμ und 486 mμ etwa 1 dptr. Ein Mischlicht aus zwei weitauseinander liegenden monochromatischen Lichtern erfordert zwei verschiedene Refraktionszustände, ergibt daher keine ideale Sehschärfe. Verengerung der Pupille unter 2 mm, also auf schon unphysiologische Pupillenweiten, führt zu einer Verbesserung der Sehschärfe im kurzwelligen Licht (vgl. S. 54), oberhalb dieser Pupillenweite ist die Sehschärfe in farbigem Licht unabhängig von der Pupillenweite (ARNULF und FLAMANT).

k) Sehschärfe für bewegte Objekte

Die bisher geschilderten Beobachtungen beziehen sich auf die Bedingung, daß Beobachter und Objekt eine unveränderte Lage zueinander einnehmen. Mit der Entwicklung des Schnellverkehrs, besonders des Flugwesens, gewinnt die Erkennung von Einzelheiten an relativ zum Beobachter sich bewegenden Objekten Bedeutung. Hierbei kann entweder der Beobachter stillstehen und sich das Objekt bewegen oder umgekehrt, oder beide bewegen sich, z. B. in zwei sich bewegenden Fahrzeugen.

Bei horizontaler Bewegung und gleichbleibendem Abstand vom Auge des Beobachters verschlechtert sich die Sehschärfe mit steigender Winkelgeschwindigkeit, wenn das Auge dem bewegten Objekt zu folgen versucht (LUDVIGH). Bei Kreisbewegung hat eine geringere Winkelgeschwindigkeit eine Verschlechterung der Sehschärfe zur Folge als bei horizontaler Bewegung. Das mag daran liegen, daß das Auge einer Kreisbewegung weniger gut folgen kann als einer horizontalen (GERATHEWOHL und STRUGHOLD). Eine derartige Sehschärfebeanspruchung liegt vor bei Beobachtung am Radargerät. Hierbei folgen die Augen des Beobachters einem leuchtenden, rotierenden Zeiger, der auf einem fluorescierenden Schirm ein Bild anregt. In der Peripherie ist die Sehschärfe für bewegte Objekte wesentlich schlechter, als wenn das Objekt still steht (LOW). Daher ist im Schnellflug das Gesichts- und Blickfeld für nutzbare Reaktionsobjekte sehr eingeschränkt (WHITESIDE).

Aus den Beobachtungen von LUDVIGH geht hervor, daß für eine Unterscheidung von sich bewegenden Objekten höhere Beleuchtungsstärken erforderlich erscheinen als für stillstehende. In Übereinstimmung damit wurde von GULLEDGE u. a. festgestellt, daß die Schwellenleuchtdichte eines sich bewegenden punktförmigen Objektes höher liegt als die eines stillstehenden. Unter Bedingungen, wie sie bei Beobachtung von Erdsatelliten vorkommen: Winkelgeschwindigkeit 3° pro sec, Sterne als Vergleichsobjekte, Nachthimmel als Hintergrund, beträgt die Differenz etwa 0,4 log Einheiten, während der Unterschied im Zapfensehen, bei Fehlen von Vergleichsobjekten und hellem Hintergrund bedeutend größer ist.

Die *dynamische* Sehschärfe — für ein sich bewegendes Objekt — steht in keiner strengen Abhängigkeit zu der *statischen* — der für ein stationäres Objekt (LUDVIGH und MILLER).

Die Sehschärfe für bewegte Objekte ist zu trennen von der im nächsten Kapitel zu besprechenden Bewegungssehschärfe, die das Unterscheiden der Bewegung vom Zustand des Stillstands betrifft.

l) Bewegungssehschärfe

Bei der Sehschärfebestimmung werden *zwei Punkte* bzw. Linien *gleichzeitig* nebeneinander dargeboten. Wenn *ein Bildpunkt* auf der Netzhaut *wandert*, nehmen wir eine *Punktbewegung* wahr, vorausgesetzt, daß die Wanderung innerhalb gewisser Grenzen des Ausmaßes und der Geschwindigkeit stattfindet. Die

Leistung des *Sehens kleiner Bewegungen* steht der Sehschärfe nahe, so daß ihre Besprechung hier angeschlossen sei.

Zunächst muß die Verschiebung des Punktes eine *Mindestgeschwindigkeit* erreichen, damit sie als Bewegung wahrgenommen wird. Nach AUBERT liegt die Schwelle für das unmittelbare sofortige Wahrnehmen der Bewegungen bei einer Winkelgeschwindigkeit (Sehwinkel) von 1 bis 2 min je sec, falls der bewegte Gegenstand mit ruhenden Gegenständen verglichen werden kann und fixiert wird. Bei Fehlen jedes Vergleichsgegenstandes (Lichtpunkt im sonst völlig dunklen Raum) liegt die Schwelle der Geschwindigkeit höher, bei 15—30 Winkelminuten. Unter sonst gleichen Umständen liegt die Schwelle peripher höher als zentral. Sodann muß eine *Mindestgröße* der Bewegung vorliegen. Bei diesen Versuchen, für welche die Bewegungsgeschwindigkeit auf das Optimum eingestellt wird, findet man für die Fovea eine Schwelle von 20 Winkelsekunden (BASLER), wenn ruhende Vergleichsgegenstände da sind, während im völlig dunklen Raum das etwa vierfache Ausmaß der Bewegungsgröße notwendig ist. Die Bewegungssehschärfe übertrifft also die Punktsehschärfe. Zur Deutung zieht BASLER das Heringsche Prinzip der Erklärung der Liniensehschärfe heran. Auch in der Netzhautperipherie ist die Bewegungssehschärfe größer als die Punktsehschärfe, und zwar ist hier der Unterschied größer als in der Fovea. Die *Netzhautperipherie* dient vorwiegend dazu, *auf bewegte Gegenstände aufmerksam zu machen*, während ruhende bei indirekter Beobachtung leicht der Wahrnehmung entgehen, wobei die Lokaladaptation eine Rolle spielen mag, die, wie schon S. 253 erörtert, in der Peripherie sehr bald einsetzt. Mit dieser besonderen Aufgabe der Netzhautperipherie hängt wohl auch zusammen, daß ein und dieselbe Bewegung bei peripherer Beobachtung von größerem Ausmaß zu sein scheint als bei darauffolgender direkter Beobachtung. Man kann den Versuch mit einem an einer Schnur aufgehängten Licht ausführen, welches hin und her pendelt. Beobachtet man es zunächst im peripheren Gesichtsfeld und wendet man ihm darauf den Blick zu, so scheint es überraschenderweise im ersten Fall ausgiebiger zu schwingen als im zweiten Fall. Man kann die Beobachtung auch sehr einfach an einem Uhrpendel machen. In diesem Zusammenhang ist noch folgende Tatsache bemerkenswert: Wird eine Bewegung mit dem Auge verfolgt, so erscheint sie weniger ausgiebig (bis um die Hälfte kleiner), als wenn das Auge einen festen Punkt anblickt. Es kann auch eine obere Grenze festgestellt werden, bis zu der noch Winkelgeschwindigkeit wahrgenommen wird, die Grenze, von der an Verschwommenheit beginnt. Nach OGLE liegt sie bei 1,4° bis 3,5° pro 0,01 sec. Ebenso kann eine Mindestzeit ermittelt werden, in der noch Bewegung wahrgenommen wird; sie beträgt, wenn Anfang und Ende der Bewegung feststehen, 0,027—0,079 sec für einen Bereich von 10° (OGLE).

Mit diesen Beobachtungen, welche die Bedeutung der Bewegung für die Erregung der Aufmerksamkeit klar erkennen lassen, für welche aber eine theoretische Erklärung noch aussteht, gelangen wir schon in das Gebiet der *Bewegungstäuschungen*. Kurz angeschlossen sei hier noch der Hinweis auf den successiven *Bewegungskontrast*, der sich darin zeigt, daß bei Anhalten einer drehenden Bewegung, z. B. einer für physiologische Untersuchungen dienenden Schreibtrommel, die mit hinreichender Geschwindigkeit umlief, eine Scheindrehung nach der entgegengesetzten Seite erfolgt, also eine Bewegungswahrnehmung bei ruhendem Netzhautbild.

Auf diese und andere Bewegungstäuschungen kommen wir zurück.

m) Vergleichendes über Sehschärfe

Vielfach ist angegeben worden, daß die *Sehschärfe bei Naturvölkern* größer sei als bei Kulturvölkern. Es hat sich aber ergeben, daß kein besonders greifbarer Unterschied besteht. Es ist nur notwendig, unter genau übereinstimmenden Umständen, insbesondere auch der Beleuchtung, zu untersuchen, wie es z. B. GREEFF getan hat, welcher an Wüstenbewohnern aus Afrika, Hirten aus Mazedonien und afrikanischen Jägern keine erheblich größere Sehschärfe fand, als er selbst hatte. Die oft vorhandene bessere „Sehleistung" beruht bei dem Angehörigen eines Naturvolks auf besserer Ausnutzung der Erfahrung, besserer Beachtung weniger auffälliger Anzeichen, die auf das Vorhandensein eines Gegenstandes in der Ferne oder dergleichen hindeuten. IRMAK gibt an, daß bei Sehschärfeuntersuchung an einem kleinasiatischen *Nomadenstamm* mit Hilfe des Landoltschen Ringes bei unmittelbarer Sonnenbeleuchtung Sehschärfen bis zum Neunfachen der Norm gefunden wurden. Die Angabe, daß dominante Vererbung vorliege, scheint der weiteren Angabe zu widersprechen, daß die gute Sehschärfe an den Genuß von Fleisch gebunden sei und bei Fleischmangel merklich abnähme. Die Frage bedarf näherer Untersuchung und des Vergleichs mit anderen Beobachtern unter genau gleichen Bedingungen.

Bei *Tieren* hängt die Sehschärfe außer von der *Feinheit der Netzhautelemente* von der Augenlänge ab, weil mit dieser die *Größe des Bildes* auf der Netzhaut zunimmt. Es wird berichtet, daß bei einer 1875 bei Irland gefangenen Riesenkrake (Cephalopode) der Augendurchmesser 37 cm betragen habe. Bei einem Wal von 22 m Länge ist die Augenlänge immerhin noch 11 cm (PÜTTER). Das Netzhautbild des Pferdes ist etwa dreimal, das des Wals sechsmal so groß wie das des Menschen. Auch die Augen mancher Vögel, z. B. Raubvögel, sind sehr groß, so daß sie einen beträchtlichen Teil des Kopfraumes einnehmen. Wohl zur Platzersparnis sind sie oft nicht kugelförmig, sondern äquatorial eingezogen und dort mittels eines Knochenrings gestützt. Während beim Menschen das Verhältnis des Augengewichts zum Körpergewicht 1/10000 ist, beträgt es bei dem Vogel um 1/30. Bei Affen (Cebus, Rhesus, Schimpanse) entspricht die Sehschärfe etwa der des Menschen (JOHNSON, GRETHER, KLÜVER).

n) Klinische Sehschärfeprüfung

Die *praktische Untersuchung* der Sehschärfe, welche für die Brillenverordnung eine sehr wichtige Rolle spielt, geschieht aus Zweckmäßigkeitsgründen nicht mit Punkten oder Linien, sondern *mit Buchstaben* (Snellensche oder Heßsche internationale Sehproben), deren Größe so eingerichtet ist, daß sie bei normaler Sehschärfe aus bestimmter Entfernung gelesen werden können. Werden sie erst in der halben vorgeschriebenen Entfernung gelesen, so ist die Sehschärfe $^1/_2$, bei ein Drittel Entfernung $^1/_3$ usf. Es wird also die normale Sehschärfe gleich 1 gesetzt. In der vorgeschriebenen Entfernung bilden sich bei den Snellenschen Proben die *einzelnen Linienbreiten* der Buchstaben im Gesichtswinkel von 60″ ab, der *Gesamtbuchstabe* in dem fünffachen Winkel, da er aus 5 Einzelbreiten besteht.

Da auch bei gleicher Druckart die einzelnen Buchstaben verschieden leicht erkannt werden, verwendet man besser einen *mit Lücke versehenen Ring*, den Landoltschen Ring (Abb. 118), welcher bei gegebener Entfernung in verschiedener Größe und in verschiedenen Lagen dargeboten wird. Der Untersuchte hat dann nur anzugeben, nach welcher Richtung sich der Ring öffnet.

Abb. 118. *Landoltsche Ringe zur klinischen Sehschärfeprüfung.* Der größere Ring hat eine Lücke von 3 mm Breite. Bei normaler Sehschärfe kann noch aus 10 m Entfernung gesehen werden, in welcher Richtung die Lücke liegt. Für den kleineren Ring gilt das gleiche bei 5 m Abstand. Wer den größeren Ring erst aus 5 m Abstand nach Lage der Lücke wahrnimmt, hat die Sehschärfe 0,5, wer noch aus 20 m Abstand (oder bei dem kleineren Ring aus 10 m Abstand) die Lücke richtig angibt, hat die Sehschärfe 2. Normale Sehschärfe (Mittelnorm der Sehschärfe) besteht bei einem Sehwinkel der Lücke von 60″, d. h. bei Erkennung der 3 mm breiten Lücke aus 10 m Entfernung

Auch Schachbrettmuster verschiedener Größe erfreuen sich einiger Beliebtheit. Die Muster bestehen aus 4 Vierecken, von denen das eine ein Linienmuster ist. Es wird wohl dabei nicht die Breite der Zapfen, sondern die Breite der Zerstreuungskreise auf der Retina geprüft.

Die Entfernung des Untersuchten von der Sehprobe muß so groß sein, daß sie auch die Untersuchung eines auf unendlich eingestellten Auges erlaubt. Dieses ist bei 5 m Abstand hinreichend der Fall. Einmal sind die Zerstreuungskreise bei diesem Abstand noch so gering, daß sie durch den Kontrast kompensiert werden können und deshalb nicht wesentlich stören. Außerdem besitzt die lichtempfindliche Netzhautschicht eine gewisse Dicke und erlaubt dadurch eine Verschiebung des Objektes in geringen Grenzen. Das Maximum der Sehschärfe fand BOUMA bei einem Objektabstand von 3—5 m. Da der Abstand, in dem untersucht wird, nicht ohne Einfluß auf das Ergebnis ist, ist es üblich, die Sehschärfe nicht durch einen Dezimalbruch, sondern durch einen gemeinen Bruch anzugeben, dessen Zähler den Abstand des Untersuchten von der Prüftafel angibt, während im Nenner die Distanz steht, in der die Striche oder Lücken der Sehzeichen unter einem Winkel von einer Bogenminute erscheinen.

Die Sehzeichen werden bei der üblichen Sehschärfebestimmung beliebig lange dargeboten. Untersuchungen über die Abhängigkeit der Sehschärfe von der Darbietungszeit haben aber gezeigt, daß es keineswegs gleichgültig ist, wie lange man die Sehzeichen darbietet. Die Beziehungen zwischen der Größe des Sehwinkels und der Darbietungszeit lassen sich als Hyperbel darstellen. Bei großen Landoltringen ist die Stellung der Lücke bereits nach einer relativ kurzen Zeit zu erkennen, für kleine Sehzeichen wird die Zeit immer länger, bis an der Schwelle bei voller Sehschärfe eine Darbietungszeit von etwa 0,5 sec notwendig ist. Bezeichnet man den Sehwinkel bei unendlich langer Darbietungszeit als Grundschwelle, so ergibt sich für den doppelten Winkel eine Darbietungszeit, bei der das Auge auf die geringste Lichtenergie anspricht. Diese Darbietungszeit entspricht in der Nervenphysiologie der Chronaxie. Da unter der Chronaxie des Auges ein Zeitwert verstanden wird, der sich auf die elektrische Reizung des Sehorgans bezieht, hat MONJÉ für die entsprechende, durch optische Reize bedingte Zeit die Bezeichnung *Chroncpsie* vorgeschlagen. Ihre Messung ist am Auge ebenso exakt möglich wie die Chronaxie am Nerven. Der Einfluß der Darbietungszeit auf die Sehschärfe der Netzhautperipherie wurde oben bereits erwähnt. In der Klinik wurde die Darbietungszeit vor allem von EHLERS in Kopenhagen berücksichtigt; er konnte mit ihrer Hilfe zeigen, daß die Abblassung der Papilla n. o. bei Achromatopsie nicht die Folge einer Sehnervenatrophie ist (DEKKING).

Der „Distinktionswinkel" von 1' wurde 1862 von SNELLEN eingeführt und 1909 international angenommen. Die diesem Gesichtswinkel entsprechende Sehschärfe ist Durchschnitt von jüngeren und höheren Lebensaltern. Die Bezeichnung „Einheitssehschärfe" ist der Bezeichnung „Normalsehschärfe" vorzuziehen. Zur Beleuchtung sind 100 lx geeignet. Das Sehschärfemaximum um 2 wird aber nach SCHOBER erst bei 1000 lx gefunden (Abb. 114). Wir haben oben (S. 139) bereits darauf hingewiesen, daß die Untersuchung der Sehschärfe in einem gut beleuchteten Raum erfolgen muß, damit sie nicht durch die Nachtmyopie verfälscht wird. Es ist wichtig, die Beleuchtung der Tafeln zu normieren, da mit steigender Beleuchtung die weißen Zwischenräume besser beleuchtet sind und die Zeichen besser erkennbar werden. Wenn die Sehschärfetafeln in durchscheinendem Licht geboten werden, wird der Glanz auf den schwarzen Sehzeichen vermieden, der bei Beleuchtung von vorn sichtbar werden kann.

Nach einem Vorschlag von FRY sollte die Beleuchtung der Sehschärfetafeln weit über Zapfenschwelle sein, aber etwas niedriger als diejenige, bei der die Auflösung eines Rasters seine Grenze an der Zapfenbreite findet, z. B. 270 lx. Der Hintergrund sollte nicht weniger als 4° betragen, um den Blachowskieffekt zu vermeiden (vgl. S. 228); andererseits sollte er nicht zu groß sein wegen des Streulichtes, das dadurch im Auge erzeugt würde. (Vgl. auch von die auf S. 255 erwähnten Ergebnisse von FOXELL und STEVENS).

Es ist noch besonders hervorzuheben, daß vor allem bei Jugendlichen die Sehschärfe häufig über 1 liegt, also die Lücke bei einem kleineren Winkel als 60″ noch richtig angegeben wird. So kann man sagen, daß die normale Sehschärfe eher höher ist als 1. Es ist aber nicht notwendig oder zweckmäßig, deshalb von der übersichtlichen Festlegung der Sehschärfe 1 bei Gesichtswinkel 1′ abzugehen.

In *pathologischen Fällen* kann die Sehschärfe bei dioptrisch normalem Auge und normalem Gesichtsfeld herabgesetzt sein. Von *Schwachsichtigkeit* (Amblyopie) wird gesprochen, wenn die Sehschärfe unter $^1/_{10}$ der Norm liegt, wobei das Lesen nicht mehr möglich ist.

Bei fast allen Sehproben ist es üblich, mehrere Ziffern, Buchstaben oder Zeichen gleicher Größe in einer Reihe anzuordnen. Es hat sich jedoch gezeigt, daß dadurch Irrtümer hervorgerufen werden können. Gar nicht so selten findet man, daß ein Untersuchter bereits bei recht großen Sehzeichen Fehler macht, die darin bestehen, daß er einzelne Zeichen ausläßt, sie überspringt und später nachholt, also die Reihenfolge verwechselt. Das ist nicht der Fall, wenn man den Abstand der Prüfzeichen vergrößert oder einzelne Prüfzeichen nimmt. Man spricht deshalb heute von Trennschwierigkeiten. Sie sind charakteristisch für eine Reihe amblyoper Augen. Untersucht man bei derartigen Patienten die Empfindlichkeit innerhalb der Fovea, so findet man, daß die fixierende Stelle von mehreren konzentrischen Zonen umgeben ist, in denen die Empfindlichkeit herabgesetzt ist. Monjé hat daraus geschlossen, daß es sich dabei um eine Erscheinung handelt, die der physiologischen im Bereich des Kontrastes ähnlich, jedoch pathologisch übersteigert ist, denn die Empfindlichkeit ist in der Umgebung einer hellen Marke stets etwas gesenkt. Das Minimum separabile ist bei der pathologischen Übersteigerung an einzelnen Stellen der Fovea normal, gestört ist durch die Lücken das Minimum legibile. Deshalb ist es unter Umständen wichtig, nicht mit Reihen von Prüfzeichen, sondern mit einzelnen Zeichen zu untersuchen.

Die Sehschärfe läßt sich natürlich auch in der Lese- und Arbeitsentfernung untersuchen. Voraussetzung ist, daß man ähnliche Bedingungen wählt, z. B. entsprechend verkleinerte Landoltringe oder Zahlen, wie sie auf den Leseprobentafeln zu finden sind. Aber selbst unter solchen Bedingungen wird man Abweichungen zwischen den in 5 m und den in 30 cm gewonnenen Sehschärfewerten finden, weil der Objektabstand eine bisher noch nicht ganz geklärte Rolle spielt. Gewöhnlich interessiert den Untersucher aber viel weniger die Nahsehschärfe als solche als die Lesefähigkeit. Zu ihrer Untersuchung sind am gebräuchlichsten die Niedentafeln, deren Text keinen Sinn gibt, daher auch nicht erraten werden kann.

o) Bezugspunkte für den Gesichtswinkel. Benennungen

Nach dieser Übersichtsdarstellung sind noch einige nähere Ausführungen notwendig. Strenggenommen wird die Sehschärfe nach der *Tangente* des obengenannten Winkels gemessen. Da es sich aber um nur kleine Winkel handelt, konnte die Tangente dem Winkel gleichgesetzt werden. Der *Scheitelpunkt des Gesichtswinkels* wurde von Donders in den *Knotenpunkt* (Kreuzungspunkt der Richtungslinien) verlegt, wie es früher bei dem Gesichtswinkel allgemein üblich war. Man hat dabei den Vorteil der sehr einfachen Berechnung der Größe des Netzhautbildes und der Möglichkeit, die Sehschärfe zur Netzhautstruktur in Beziehung zu setzen, wie es oben geschah. Schon Helmholtz hat aber den Scheitelpunkt des Gesichtswinkels in den Kreuzungspunkt der Visierlinien verlegt, welcher in der Mitte der *Eintrittspupille* liegt. Neuerdings wird der Winkelscheitel bei Sehschärfenmessung weder in den Knotenpunkt noch in die Eintrittspupille gelegt, sondern aus bestimmten Gründen entweder in den *vorderen Brennpunkt* des Auges oder in seinen (vereinigten) *Hauptpunkt*.

Die *Beziehung zum vorderen Brennpunkt* wird gewählt, wenn die Sehschärfe von Augen verschiedener Refraktion (Achsenlänge) untereinander und mit der eines emmetropen Auges verglichen werden soll. Es ist dafür notwendig, daß von dem gleichen Gegenstand in allen diesen Fällen ein gleich großes Bild auf der Netzhaut entworfen wird. Das ist nur möglich, wenn bei Ametropie (Kurz- und Übersichtigkeit) das *Korrektionsglas am Ort des vorderen Brennpunkts* steht. Es wird dabei der Knotenpunkt im Auge um ebensoviel zurück- (vor-) verlegt, wie der Bulbus zu lang (kurz) ist. Entsprechend muß der Gesichtswinkel vom vorderen Brennpunkt aus gerechnet werden. Der erhaltene Wert wird nach Donders als *absolute Sehschärfe* bezeichnet.

Die *natürliche Sehschärfe* (Gullstrand) erhält man, wenn man den Gesichtswinkel auf den *Hauptpunkt* bezieht, also den „Hauptpunktswinkel" bestimmt. Man ist dann *vom Akkommodationszustand unabhängig*, weil sich der Hauptpunkt bei Akkommodation nur sehr wenig verschiebt (der vordere Brennpunkt hingegen beträchtlicher). Die natürliche Sehschärfe wird am nicht mit Brille versehenen Auge bestimmt, wobei das *Bild auf der Netzhaut*, der Gegenstand also zwischen Fern- und Nahpunkt des Auges liegen muß (vgl. KIRSCH, ERGGELET). Das emmetrope Auge gibt für die absolute und natürliche Sehschärfe den gleichen Wert, bei Achsenanomalien steigt und fällt die natürliche Sehschärfe mit der Achsenlänge. Das myope Auge hat also eine höhere natürliche Sehschärfe als absolute Sehschärfe, weil bei der ersteren Bestimmung das Bild auf der Netzhaut bei gleicher Schärfe der Abbildung größer ist.

Bei Bestimmung der *relativen Sehschärfe* wird der Gesichtswinkel auf den *vorderen Brennpunkt des vorgeschalteten Korrektionssystems* bezogen.

Die am fernakkommodierten, nichtkorrigierten Auge gefundene Sehschärfe wird als *freie* (oder relative) *Sehschärfe* oder auch als *Sehleistung* bezeichnet.

Wird das Auge durch Brille (die im gewöhnlichen Abstand vor dem Auge steht) auf Emmetropie korrigiert, so erhält man *seine Bestsehschärfe* (maximale oder absolute Sehschärfe). Bei Emmetropen ist die freie Sehschärfe zugleich Bestsehschärfe, da er keines Korrektionsglases bedarf.

Vom praktischen Standpunkt aus ist die Sehschärfe zweier Augen gleich, wenn sie einen gleich großen *Gegenstands*abstand eben unterscheiden. Die absolute Sehschärfe, auch physiologische Sehschärfe genannt, ist gleich, wenn der gleiche *Netzhautbild*abstand eben unterschieden werden kann.

C. Die Augenbewegungen

Ist schon die Gesamtheit der mit beiden ruhenden Augen wahrnehmbaren Gegenstände (binokulares Gesichtsfeld) viel größer als bei Benutzung nur eines Auges, so erweitert sich unser Überblick über die Außendinge, wenn wir die *Augenbewegungen* zu Hilfe nehmen.

1. Das Blicken (Fixieren)

Durch die in der Fovea des helladaptierten Auges so besonders hohe Sehschärfe ist bedingt, daß wir diejenigen Gegenstände, welche gerade unsere Aufmerksamkeit auf sich lenken, auf unsere Fovea abbilden, daß wir sie *anblicken*, *fixieren*. Für gewöhnlich fixieren beide Augen den gleichen Punkt. Die Festhaltung des Auges in einer bestimmten Fixationsstellung wird durch die örtlich in der Fovea so überragende Sehschärfe ermöglicht.

Daher können wir im dunkeladaptierten Zustand, wie schon in anderem Zusammenhang besprochen wurde, das Bild eines angeblickten lichtschwachen Gegenstandes nicht auf die Fovea einstellen. Wir bilden ihn vielmehr parafoveal ab und nicht auf eine voraus bestimmte, in allen Einzelfällen gleiche Stelle, denn im dunkeladaptierten Auge fehlt eine umgrenzte Stelle besonders hoher Sehschärfe. Hiermit hängt auch zusammen, daß Tagblinde (angeborene totale Farbenblindheit), denen das foveale Sehen fehlt, nicht ruhig fixieren können, sondern einen flackernden Blick haben (*Nystagmus*).

Auch der Normale kann beim Fixieren die Augen nicht völlig unbewegt im Kopfe halten. Sie führen vielmehr zitternde Blickschwankungen aus, sog. Intrafixationsbewegungen, die aber nur durch besondere Untersuchungsverfahren festgestellt werden können [z. B. W. T. (6)] und uns für gewöhnlich unbemerkt bleiben. Bei längerem Fixieren können sie durch Ermüdung verstärkt auftreten. Der Umfang der normalen Zitterbewegungen bewegt sich in Größen um 5 Winkelminuten und mehr (bis zu 30′); auch kleinste Schwankungen von einem Ausmaß bis zu 15 Bogensekunden und einer Frequenz von 90 pro sec wurden beobachtet (LORD u. WRIGHT; DOHLMANN, HIGGINS und STULZ, RIGGS und RATCLIFF, BARLOW u. a.). Das Netzhautbild des angeblickten Punktes verschiebt sich nur innerhalb des fovealen Gebiets, in welchem das Bild des Fixierpunktes infolge der hohen fovealen Sehschärfe gewissermaßen festgehalten wird. Es wird aber nicht dauernd ein und derselbe Zapfen gereizt.

Den Augenbewegungen, die beim Fixieren auftreten, ist eine große Reihe neuerer Untersuchungen gewidmet, in denen der Lichtreflex der Cornea oder kleiner Marken oder Spiegelchen, die auf der Cornea selbst oder auch auf sorgfältig angepaßten Haftschalen angebracht waren, direkt oder über eine Photozelle registriert wurde. EHRICH benutzte als Fixationsobjekt Marken eines elektrischen Augenspiegels, der ihm gleichzeitig ermöglichte, die Lokalisation des Bildes auf dem Augenhintergrund zu beobachten. Mit guter Übereinstimmung wurde von allen Autoren bestätigt, daß das Auge mit einem zentralen Bereich der Fovea fixiert, der etwa eine Ausdehnung von 100 μ hat und nach POLYAK die grazilsten Zapfen enthält. COLENBRANDER spricht deshalb nicht von einem Fixierpunkt, sondern von einer Fixationsfläche. Er meint, daß die Einstellung des Fixationsortes von Sehelementen geleitet wird, die um das Foveazentrum angeordnet sind. Sicher ist, daß ein Auswandern verhindert wird durch ruckartige Bulbusbewegungen von etwa 20 msec Dauer, die z. T. zu Gruppen zusammengefaßt sind. In den Pausen zwischen den Perioden treten Deviationen und langsame Wellen auf, offenbar mit dem Zweck, stets neue Elemente zu belichten. Für die Zwischenzeiten, sog. „Fixationspausen", wird eine sehr verschiedene Dauer angegeben, die zwischen 0,03 und 5 sec schwankt (LORD und WRIGHT, DITCHBURN und GINSBORG). Es sind in diesen Pausen auch höher frequente Zitterbewegungen angegeben. Da ein „Stabilisieren" nach Versuchen von DITCHBURN und GINSBORG sowie RIGGS, RATCLIFF, CORNSWEET und CORNSWEET dazu führt, daß das Netzhautbild zeitweilig nicht mehr gesehen wird, wird den unwillkürlichen Augenbewegungen eine wichtige Funktion für das Zustandekommen des normalen Sehaktes zugeschrieben. EHRICH konnte neuerdings zeigen, daß der Fixationsort und auch die Fixationszeit, worunter er diejenige Zeit versteht, die bis zum Auftreten der ersten größeren ausfahrenden Bewegung des Auges vergeht, vom unterschiedlichen Aussehen des Objektes beeinflußt werden. Ein heller Kreis wurde stets mit der Fovea fixiert, eine Sternfigur dagegen nur von der Hälfte seiner Versuchspersonen foveal fixiert. In der anderen Hälfte wurde neben der Fovea fixiert. Im letzteren Falle ist das Fixationshaltevermögen geringer als im ersteren. EHRICH hält eine Deutungsmöglichkeit auf Grund des Rand- oder Grenzkontrastes für möglich und bringt seine Beobachtung in Beziehung zu der von MONJÉ (zentral) und HARMS und AULHORN (peripher) beobachteten Tatsache, daß die Empfindlichkeit in unmittelbarer Umgebung eines Lichtpunktes geringer ist als in größerer Entfernung. Daß unter identischen Bedingungen stets mit der gleichen Stelle der Fovea fixiert wird, hatte MONJÉ aus seinen Untersuchungen der fovealen Empfindlichkeit geschlossen.

DRISCHEL und LANGE, die sich neuerdings sehr gründlich mit den unwillkürlichen Augenbewegungen bei einäugigem Fixieren befaßt haben, bringen mit diesen Augenbewegungen rhythmische Kopfbewegungen in Zusammenhang, die auch bei bestem Fixieren des Kopfes nachweisbar sind und in ihrer Frequenz dem Alpha-Rhythmus der Hirnrinde entsprechen (8—12 Hz). Zwischen den Kopfschwingungen und den Ruckbewegungen des Bulbus finden sie einen auffallend engen Zusammenhang. Die Ruckbewegungen treten nicht in allen Phasen der Kopfschwingungen gleich häufig auf, sondern vorwiegend dann, wenn die Kopfschwingungen in rascher Bewegung auf die Mittellage zu begriffen sind. Sie schließen daraus auf eine funktionelle Bedeutung der Kopfschwankungen für das normale Sehen.

Nach DITCHBURN und GINSBORG besteht zwischen den Fixationsbewegungen bei monokularer und binokularer Fixation im allgemeinen kein Unterschied.

Mit dem Umfang dieser unvermeidlichen Blickunruhe hängt auch folgende Tatsache eng zusammen. Wenn man zwei gut beleuchtete Punkte oder parallele Linien aus verschiedenen Entfernungen betrachtet, so kann man bei einem Abstand von über 5 Winkelminuten leicht die Blickeinstellung von dem einen Punkt (oder Linie) zum anderen wandern lassen. Man hat deutlich den Eindruck, jetzt den einen, jetzt den anderen Punkt zu fixieren. Geht aber der Winkelabstand unter 5' herunter, so besteht keine Möglichkeit mehr, abwechselnd den einen oder anderen Punkt zu fixieren, da die unvermeidlichen Fixationsschwankungen den Blick schon sowieso vom einen zum anderen Punkt hin und her führen.

Die Ursache für das normale Augenzittern liegt in der tetanischen Innervation der Augenmuskeln. Alle Augenmuskeln sind „tonisch" erregt, der Tonus besteht in einer schwachen tetanischen Innervation mit etwa 100—150 Erregungen je Sekunde. Größere und kleinere Innervations- und Kontraktionsstöße wechseln unregelmäßig ab, und die gröberen Stöße vermögen das Auge, das nur geringe Masse besitzt und sich mit wenig Reibungswiderstand bewegt, ein wenig aus der Ruhelage zu bringen. Das Augenzittern beider Augen ist unabhängig voneinander (RIGGS und RATCLIFF).

Von pathologischen Mängeln der Fixation sei das *Augenzittern der Bergleute* erwähnt, das von ÖHM eingehend untersucht wurde. Nach E. ZEISS sind die Hauptursachen Sauerstoffmangel durch Anreicherung der Luft mit Methan, Kohlendioxyd und Kohlenoxyd sowie schlechte Lichtverhältnisse. Die zentrale Schädigung hat nach BARTELS vielleicht im Zwischenhirn ihren Sitz.

Eine sehr merkwürdige Erscheinung zeigt sich, wenn man im sonst völlig dunklen Raum einen einzelnen Lichtpunkt fixiert. Er scheint sich bald von selbst unregelmäßig zu bewegen, so daß man von „*autokinetischen Empfindungen*" spricht. Es wäre nun möglich, daß unter diesen Umständen stärkere Fixationsschwankungen auftreten, so daß das Bild des Punktes aus der Fovea vorübergehend heraustritt. Da die Unstetigkeit der Augenstellung nicht bewußt wird, müßte dabei der Eindruck der Bewegung des Punktes auftreten. Man kann aber durch plötzliches Aufblitzenlassen einer Lichtlinie z. Z. des scheinbaren Punktwanderns leicht zeigen, daß die Fixationsschwankung auch unter diesen Umständen nicht über den gewöhnlichen Betrag hinausgeht. Die autokinetischen Empfindungen beruhen also nicht auf vermehrten Blickschwankungen (W. T. 6b). Das Fixieren wird von Zeit zu Zeit unterbrochen durch den Lidschlagreflex (vgl. S. 6). Seine Frequenz hängt von physiologischen Faktoren ab, Akkommodation und Konvergenz beschleunigen sein Auftreten. Durch den Lidschlag geht ein Teil des Sehens verloren; während des Schließens und des Wiederöffnens der Lider entsteht ein Stadium des unscharfen Sehens, ein sog. „mobiles" Sehen im Gegensatz zum „statischen" Sehen in der „Interblinkperiode" (HARTRIDGE). Das Auge verändert hierbei seine Stellung, kehrt aber nach vollendeter Augenöffnung sofort zur Fixationsstellung zurück. Im ganzen gehen während eines Lidschlages etwa 0,4 sec des Sehens verloren, die Lidschlagfrequenz ist individuell sehr verschieden, die „Interblinkperioden" können 2,8—12 sec betragen. Bei einer Zwischenperiode von 2,8 sec gehen im ganzen etwa 20% des Gesamtsehens verloren (LAWSON).

2. Das Blickfeld

Sind die Augen, während der Kopf im Raume feststehend gehalten wird, mit ihren Achsen horizontal geradeaus gerichtet, so können sie von dieser Ausgangsstellung derart bewegt werden, daß in großem Umkreis Gegenstände nacheinander in der Fovea abgebildet werden. Dieses Sehen mit bewegtem Auge wird, wie gesagt, als *Blicken* bezeichnet. Die Gesamtheit der nacheinander angeblickten Gegenstände heißt das *Blickfeld* des Auges. Es kann bei Benutzung nur eines Auges oder beider Augen gemeinsam bestimmt werden und ist in beiden Fällen verschieden (*unokulares* und *binokulares Blickfeld*).

Die Ausdehnung des binokularen Blickfeldes ist in Abb. 119 nach HERING (*34*) schematisch wiedergegeben, und zwar für Blick mit parallelen Blicklinien in die Ferne; das Blickfeld ist auf eine im Abstand *d* vom Auge befindliche Fläche projiziert dargestellt. Das Blickfeld für das rechte Auge ist ausgezogen, das des linken Auges gestrichelt angegeben. Das gemeinsame Blickfeld, die Gesamtheit aller Gegenstände, die durch binokulares Fixieren gleichzeitig in beiden Foveae abgebildet werden können, ist schraffiert wiedergegeben. Das gemeinsame Blickfeld ist also kleiner als die zusammenfallenden Teile der Einzelblickfelder.

Das Blickfeld ist natürlich dem Gesichtsfeld weder an Wesen noch an Ausdehnung gleich; letzteres bezieht sich auf das ruhende Auge und auf die Wahrnehmung der in der ganzen Netzhaut *gleichzeitig* abgebildeten Gegenstände, ersteres bezieht sich hingegen auf die *nacheinander* in der Foveamitte abgebildeten Gegenstände. Bei bestimmter Augenstellung werden, wie wir uns ausdrücken, die in der Fovea abgebildeten Gegenstände *direkt* gesehen, die außerhalb der Fovea abgebildeten *indirekt*. Daher kann man auch sagen, daß das Blickfeld sich nur auf das direkte, das Gesichtsfeld auch auf das indirekte Sehen bezieht.

Abb. 119 gibt die Blickfelder wieder, die HERING an seinen eigenen Augen feststellte. Umfassendere Angaben findet man bei F. B. HOFMANN (*1*) und v. TSCHERMAK (*4*). Es kommen nicht unerhebliche Unterschiede je nach der Beweglichkeit der Augen im Einzelfall vor. Der Grund dafür, daß das binokulare Blickfeld bei Blick mit parallelen Blicklinien in die Ferne kleiner ist als der gemeinsame Teil der Einzelblickfelder, liegt nach HERING darin, daß wir die Seitenwender des Doppelauges nicht so stark innervieren können wie die übrigen Muskelgruppen. Bei Blick stark nach unten ist offensichtlich die Blicksenkung mit Konvergenzbewegung unlöslich verbunden, so daß eine starke Blicksenkung mit parallelen Blicklinien unmöglich ist.

Ob ein Punkt nicht mehr mit beiden Blicklinien gleichzeitig getroffen werden kann, ist an dem Auftreten von Doppeltsehen kenntlich, auf das wir bei Besprechung der Richtungswahrnehmung zurückkommen.

Innerhalb des Blickfeldes können Bewegungen in kleinerem oder größerem Ausmaß erfolgen. CHIBA ist der Ansicht, daß die kleinsten Seitenbewegungen durch Innervation nur einzelner Nervenfasern zustande kommen, daß allgemein der Betrag der Zusammenziehung von der Zahl der erregten Nervenfasern abhänge. Das *Ausmaß* der Bewegung (Drehungswinkel) wird aber vor allem auch von der *Dauer* der tetanischen Zusammenziehung abhängen; es ist anzunehmen, daß die Drehung sogleich aufhört, wenn der Tetanus abbricht. Die *Geschwindigkeit* der Bewegung wird hingegen von der Kontraktions*stärke*, also von der Anzahl der erregten Muskelfasern abhängen.

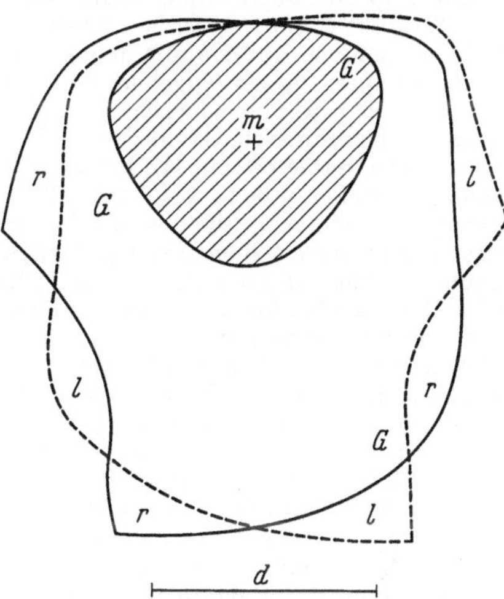

Abb. 119. *Blickfelder* bei Blick in die Ferne. Nach HERING. Ausgezogen die Grenzen des rechten, gestrichelt die des linken Blickfelds, schraffiert das gemeinsame Blickfeld. *d* ist die Entfernung des Augendrehpunktes von der Zeichnung

3. Das Auge und die Augenmuskeln

Das *Auge* kann angenähert als *eine Kugel* von 11 mm Halbmesser aufgefaßt werden, welcher vorn eine Schale von 2 mm Höhe und 7,8 mm Halbmesser aufgesetzt ist, die Hornhaut. Die folgenden Bezeichnungen sind einem Vergleich mit der Erdkugel entnommen. Die optische Achse trifft den Augapfel in den *Augenpolen*, dem vorderen und hinteren. Von den sog. größten Kreisen, welche die Kugel umschreiben, werden der mit seiner Ebene senkrecht zur optischen Achse liegende Kreis als *Äquator*, alle durch die optische Achse verlaufenden Kreise als *Meridiane* bezeichnet. Von den Meridianen werden der *horizontale* und der *senkrechte* besonders benannt.

Das Auge bewegt sich in der *Tenonschen Kapsel*, die mit Fett und den intraorbitalen Gefäßen hinterlegt ist. Die Kapsel, die nach vorn durch die *Augenlider* ergänzt wird, ist also ein wenig nachgiebig.

Die äußeren *Augenmuskeln*, welche außerhalb der Kapsel entspringen und sie durchsetzen, sind als *Antagonistenpaare* angeordnet, zwei Paar gerade Muskeln (Rectus superior-inferior und Rectus externus-internus, jetzt temporalis und nasalis genannt) und ein Paar schräge Muskeln (Obliquus superior-inferior). Da die Orbitalachse nicht parallel zur Medianebene liegt, haben auch die sog. geraden Muskeln einen schrägen Verlauf. Obgleich der Muskelteil des Obl. sup. einen Verlauf hat, der dem des Obl. inf. nicht entspricht, sind beide Muskeln dennoch Antagonisten, weil der erstere Muskel durch die Schlaufe der Trochlea zieht und mit seiner Sehne in die Richtung des Obl. inf. abbiegt.

4. Die Mechanik der Augenbewegungen

a) Das Kugelgelenk

Das Auge stellt mit seiner Kapsel ein *Kugelgelenk* dar. Der Augapfel ist der Gelenkkopf, die Tenonsche Kapsel die Gelenkpfanne. In einem Kugelgelenk können grundsätzlich Bewegungen in unendlich vielen verschiedenen Richtungen ausgeführt werden. Wir können uns diese Tatsache leicht veranschaulichen, wenn wir eine Holzkugel (oder einen kleinen Ball) in die Hand nehmen und sie mit den Fingern leicht umfassen. Mit der anderen Hand können wir die Stellung dieser Kugel in ihrer „Pfanne" beliebig durch Drehung verändern. Dabei verschiebt sich also ein Oberflächenpunkt der Kugel bald in dieser, bald in jener Richtung gegen das Koordinatensystem der im Raum feststehend gedachten Pfanne. Bei allen diesen Bewegungen verändert nur *ein* Punkt in der Kugel seine Lage zur Pfanne *nicht*, er dreht sich vielmehr gewissermaßen nur in sich selbst am gleichen Ort, das ist der Mittelpunkt der Kugel. Mittelpunkt ist ein geometrischer Begriff. Vom drehmechanischen Standpunkt aus erhält dieser Punkt einen neuen Namen, *Drehpunkt*. Beachten wir nun eine einzige bestimmte Bewegung, welche wir der Kugel erteilen (die Bewegung möge nur ein geringes Ausmaß haben), so ist klar, daß bei ihr nicht nur der Drehpunkt seinen Ort in der Pfanne beibehält, sondern noch eine Summe von Punkten, die zusammen eine Linie bilden. Diese Linie dreht sich, am gleichen Ort bleibend, in sich selbst. Sie heißt die *Drehachse* für die ausgeführte Bewegung. Es ist also die Drehachse ebenso wie der Drehpunkt als mit dem bewegten Teil fest verbunden vorzustellen. Aus dem Gesagten geht weiter hervor, daß der Drehpunkt allen Drehachsen gemeinsam ist oder, anders ausgedrückt, daß sich die Drehachsen im Drehpunkt schneiden. Da wir die Kugel ganz beliebig drehen können, sind *unendlich viele Drehachsen möglich*. Für eine bestimmte Bewegung findet man die zugehörige Drehachse durch folgende Überlegung. Wir befestigen an der in einer Pfanne drehbaren Kugel mit einem Reißnagel einen Faden und ziehen an ihm in einer bestimmten Richtung. Das in den Fingern gehaltene Fadenende stellt den Ursprungsort der Kraft, der Fadenanfang an der Kugel den Ansatzpunkt der Kraft dar, die Fadenrichtung gibt die Richtung der Kraft an. Nun legen wir durch Ansatz- und Endpunkt des Fadens und den Drehpunkt der Kugel (der also mit ihrem Mittelpunkt zusammenfällt) eine Ebene und errichten auf dieser Ebene im Drehpunkt eine senkrechte Linie. Diese Linie ist die *Drehachse für die ausgeführte Bewegung*. Würden wir in der Kugel an den Stellen der Oberfläche, an denen die Drehachse die Fläche schneidet, zwei Stifte anbringen und diese festhalten, so würde die Bewegung unverändert die gleiche sein.

b) Der Drehpunkt des Auges und die Drehachsen seiner Muskeln

Da das Auge nicht ganz genau kugelförmig ist, kann sein Mittelpunkt nur mit Annäherung angegeben werden. Er liegt etwa 13,6 mm hinter dem Hornhautscheitel. Da die Hornhaut etwa 2 mm über die gedachte Kugelfläche vorragt, ergibt sich der Kugelradius des Augapfels zu etwa 11 mm.

Der *Augendrehpunkt* kann im Versuch in folgender Weise mit einer für unsere Darstellung hinreichenden Annäherung bestimmt werden. Man ermittelt bei feststehendem Kopf nacheinander für zwei verschiedene Stellungen des Auges je zwei Punkte, welche genau hintereinanderliegen (sich decken). Zur-Deckung-Bringen wird auch Visieren genannt; die Verbindungslinie der visierten Punkte heißt *Visierlinie*. Der *Drehpunkt* des Auges liegt im Schnittpunkt dieser beiden Visierlinien (VOLKMANN). Es ergibt sich, daß der Drehpunkt um 1,3 mm hinter dem Mittelpunkt des Augapfels liegt und etwas nasal. Der Drehpunkt des Auges ist kein ideal feststehender Punkt. Bei Drehung des Auges verändert er seine Lage, er schwingt innerhalb eines begrenzten Raumes von etwa 0,3 mm Durchmesser ein wenig hin und her. Die aufgestellten Gesetze für die Augenbewegungen, die unter Annahme eines feststehenden Drehpunktes gemacht sind, gelten trotzdem mit weitgehender Annäherung.

Um die Stellungsänderungen des Augapfels bei den Augenbewegungen übersehen zu können, könnte man die Lageänderungen der optischen Achse verfolgen. Diese hat aber mit der Drehbewegung nichts zu tun, sie ist rein dioptrisch definiert. Man wählt daher eine andere, ebenfalls annähernd durch die Hornhautmitte gehende und auf der Hornhautkalotte senkrecht stehende Linie, nämlich die Verbindungslinie des Drehpunktes mit dem angeblickten Punkt, der als der auf der

Foveamitte abgebildete Punkt definiert ist. Diese Verbindungslinie heißt *Blicklinie*. Sie fällt weder mit der optischen Achse noch mit der Gesichtslinie genau zusammen. Darin liegt aber nicht der Grund für die besondere Benennung. Zwei (oder mehr) nach verschiedenen Gesichtspunkten definierte Punkte oder Linien (geometrisch, dioptrisch, bewegungsmechanisch definiert) erhalten auch dann entsprechend verschiedene Bezeichnungen, wenn sie räumlich zusammenfallen.

Nach dem oben über die Bewegung einer Kugel im Modell mittels eines Fadens Gesagten ist klar, daß jedem *einzelnen Augenmuskel* eine *besondere Drehachse* zukommt. Ein Unterschied besteht zwar darin, daß der Faden in einem Punkt, der Muskel in einer Linie an der Kugel ansetzt. Wir können uns aber den Muskel durch einen Faden ersetzt denken, der in der Mitte der tatsächlichen Ansatzlinie des Muskels am Augapfel ansetzt und in der Mitte des Ursprungs des Muskels in der Tiefe der Augenhöhle (Orbita) endet. Wenden wir nun die oben ausgeführte Überlegung an, so finden wir für jeden einzelnen Augenmuskel die zugehörige Drehachse, wenn wir *durch den gedachten Ursprungs- und Endpunkt und den Augendrehpunkt eine Ebene legen und auf dieser im Drehpunkt eine Senkrechte errichten*. Diese ist die gesuchte Drehachse. Führt man dies für jeden Muskel einzeln aus, so ergibt sich, daß die Drehachsen von je zwei Muskeln annähernd zusammenfallen, nämlich von den Muskelpaaren Rect. ext.-int., Rect. sup.-inf. und Obl. sup.-inf. Für den Obl. sup. ist noch nachzutragen, daß zur Auffindung

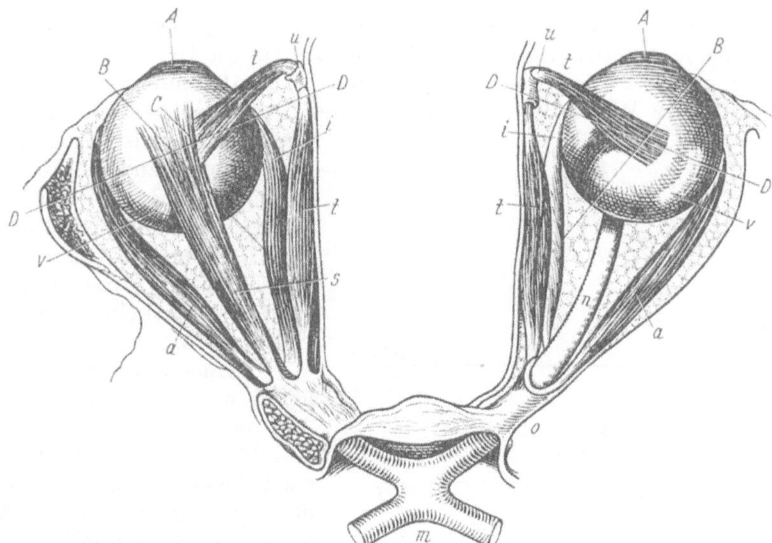

Abb. 120. *Augenmuskeln und ihre Drehachsen*, von oben gesehen. Nach HELMHOLTZ. *A* Augenachse, *B* Drehachse des Obl. sup. und inf., *C* (Buchstabe mitten auf dem Augapfel) Schnitt durch die senkrecht zur Papierfläche stehende Drehachse des Rect. ext. und int., *DD* Drehachse des Rect. sup. und inf., *a* Rect. ext., *i* Rect. int., *m* Chiasma, *n* Sehnerv, *o* Foramen opticum, *s* Rect. sup. (rechts entfernt), *t* Obl. sup., *u* Trochlea, *v* Ansatz des Obl. inf.

seiner Drehachse nicht die Ursprungs- und Endpunkte des Muskels, sondern die seiner Sehne zu nehmen sind; der Ursprung ist also an die Trochlea zu legen. Zwei Muskeln, deren Drehachsen zusammenfallen, heißen *Antagonisten* (Gegenwirker), wenn beide Muskeln Bewegungen von entgegengesetztem *Drehsinn* bewirken.

In Abb. 120 sind die Augenmuskeln und die zugehörigen Drehachsen von oben gesehen dargestellt. Die Ebene der Zeichnung ist also die Horizontalebene. In ihr liegen zwei der Achsen; die dritte steht auf ihr senkrecht; sie wird im Punkt C von der Zeichenebene geschnitten.

Die Abb. 120 zeigt noch eine wichtige Tatsache, nämlich, daß die Ansätze der Augenmuskeln am Augapfel weit über den Äquator bzw. den senkrecht zum Muskel liegenden größten Kreis vorgreifen. Dadurch wird das *Ausmaß an Bewegung*, um welches der einzelne Muskel das Auge drehen kann, besonders groß. Von der Ausgangsstellung aus kann jeder Muskel so lange drehen, bis Ursprungs- und Endpunkt mit dem Drehpunkt in gerader Linie liegen. (Tatsächlich ist diese Größe des Drehwinkels schon deshalb nicht erreichbar, weil der Gegenmuskel nicht so stark gedehnt werden kann.) Das Vorgreifen des Muskelansatzes ist besonders deutlich an der Endsehne des Obl. inf., die von oben sichtbar wird (bei v der Abb. 120). Ferner ist die große Länge der Muskeln zu beachten. Ihre Aufgabe ist nicht, große Widerstände zu überwinden, sondern durch beträchtliche Verkürzung umfangreiche Drehbewegungen zu ermöglichen. Je länger ein Muskel, desto größer ist der (absolut genommene) Verkürzungsbetrag. Ferner üben die Muskeln dadurch, daß alle Sehnen der Muskeln sich eine Strecke weit der Augapfelwand anlegen, „wie Bänder, welche über eine Rolle laufen", den Zug in tangentialer Richtung aus. Die Richtung des Zuges ergibt sich aus einer Linie, die vom Muskelursprung in der Orbita (bzw. der Trochlea) aus tangential an den Augapfel zur Sehnenmitte gezogen wird (HELMHOLTZ).

Abb. 120 zeigt ferner die besondere Verlaufsrichtung der Muskeln, die zum Verständnis der tatsächlich vorkommenden Augenbewegungen zu beachten ist. Sie spricht sich in der *Richtung der Drehachsen* aus. Nur die Drehachsen des inneren und äußeren geraden Augenmuskels (Rect. int., s. nasalis und Rect. ext., s. temporalis) laufen der Mittelebene des Kopfes und der Augen parallel, die anderen verlaufen zu ihr in einem von Null abweichenden Winkel. Die Achsen DD des oberen und unteren geraden Muskels bilden mit der Medianebene einen Winkel von etwa 70°, die Achsen der schrägen Muskeln einen solchen von etwa 35°.

Hieraus kann man sich ableiten, welche Bewegung das Auge und damit die Blicklinie (in der Abbildung von HELMHOLTZ ist statt dessen die mit der Blicklinie nahe zusammenfallende Augenachse A gezeichnet) ausführen würde, wenn sich nur ein einziger Augenmuskel betätigen könnte. Man denke sich, daß die Blicklinie auf einer vor dem Auge liegenden Zeichenfläche ihre Bewegungsbahn aufzeichnet. Bei Wirkung nur eines Muskels wird diese Bewegungsbahn nur durch

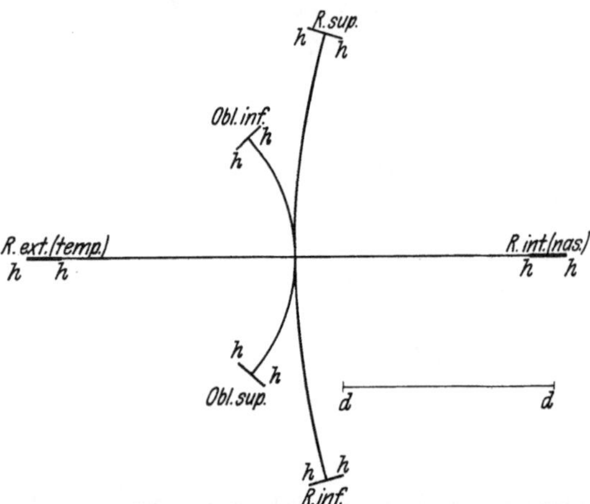

Abb. 121. *Schema der Wege der Blicklinie des linken Auges* bei Wirkung je nur *eines* Augenmuskels. Nach HERING. Man denke sich das Auge im Abstand dd von der Zeichenfläche, auf welcher das Ende der Blicklinie zeichnet. Die am Bahnende gezogenen kurzen Linien hh geben die Stellung des Netzhauthorizontes am Bewegungsende an. Ihr Winkel mit der Horizontalrichtung der Zeichnung ist der „Raddrehungswinkel". Die Länge jeder Bahn entspricht einer Drehung des Auges von 50 Grad um die entsprechende Achse

die Drehachse und die Lage der Blicklinie zu dieser Achse bestimmt. Das Nähere zeigt Abb. 121 nach HERING (*34*) für das linke Auge. Man hat sich vorzustellen, daß der Drehpunkt des Auges sich im Abstand dd von dem Linienschnittpunkt befindet und daß bei Ausgangsstellung des Auges dieser Punkt angeblickt wird.

Nun wirke der linke äußere Augenmuskel: die Blicklinie schreibt eine waagerechte Linie und steht (wenn die Bewegung einer Drehung um 50° entspricht) an deren mit Rect. ext. bezeichnetem Ende. Entsprechendes gilt nach der anderen Seite hin für den inneren geraden Muskel. Die Blicklinie bewegt sich deshalb in einer waagerechten Ebene, weil die Drehachse dieser Bewegung auf der waagerechten Ebene (in welcher die betreffenden Muskeln verlaufen) senkrecht steht. Anders verhält es sich bei den Hebern und Senkern des Auges. Zieht nur der Rect. sup., so beschreibt die Blicklinie ein Stück Kegelmantel, dessen Spitze im Drehpunkt liegt; das Ende der Blicklinie zeichnet also einen Kreisbogen, auf dem sie nach Drehung um 50° die Stelle Rect. sup. der Abbildung erreicht hat. Entsprechendes gilt nach unten für den Augensenker, den Rect. inf. Wenn diese Muskeln allein für sich abwechselnd wirkten, könnte der Blick nie geradlinig senkrecht auf- oder abwärts bewegt werden. Ähnliches gilt für die schrägen Augenmuskeln: zieht nur der Obl. sup., so gelangt die Blicklinie mit ihrem Ende im Bogen nach links unten, bei Wirkung nur des Obl. inf. entsprechend nach oben. Die Bewegungsrichtung weicht um so stärker von der geraden Linie ab, je kleiner der Winkel zwischen Drehachse und Blicklinie ist (vgl. Abb. 120).

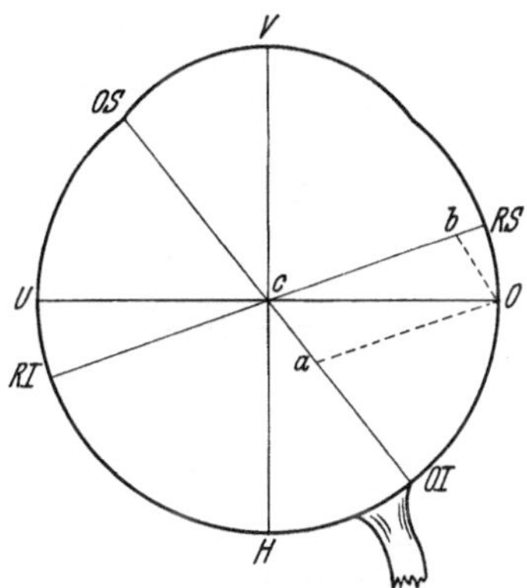

Abb. 122. *Drehachsen der Muskeln des von oben gesehenen linken Auges.* Nach HELMHOLTZ. *V* vorderer, *H* hinterer Augenpol. *c* Drehpunkt und Schnittpunkt der auf der Zeichenebene senkrecht stehenden Drehachse des Rect. ext. (temp.) und int. (nas.) *OS—OI* Achse für die Obl. sup. und inf. *RS—RI* Drehachse für die Rect. sup. und inf. *O—U* Achse für Blickbewegungen senkrecht nach oben und unten. *cb* Anteil des Rect. sup., *ca* Anteil des Obl. inf. bei senkrechter Blickerhebung

Es fragt sich nun, durch welche Muskelbetätigung die uns so gewohnte Hebung und Senkung der Blicklinie in einer senkrechten, der Mittelebene des Kopfes parallelen Ebene ausgeführt wird. Die Antwort kann aus Abb. 122 hergeleitet werden, die wiederum für das linke Auge gilt und die mit den vorigen beiden Abbildungen zu vergleichen ist. In diesem Bilde sind wieder die Drehachsen der Muskelpaare eingezeichnet, die des Rect. ext.-int. wieder als Punkt *c*, die des Rect. inf.-sup. als eine mit *RI RS* bezeichnete Linie. Durch diese Bezeichnung wird für die gemeinsame Drehachse der *Drehsinn* angegeben; die entgegengesetzten Achsenenden tragen die Bezeichnungen der Gegenwirker, weil deren Drehung entgegengesetzt gerichtet ist. Entsprechendes gilt für die gemeinsame Achse der schrägen Muskeln, die am einen Ende mit *OS* (Drehsinn des Obl. sup.), am anderen mit *OI* (Obl. inf.) bezeichnet ist. Um nun das Auge so zu bewegen, daß die Blicklinie eine senkrechte Ebene beschreibt, ist eine von links nach rechts laufende Achse *UO* notwendig, wo *U* den Drehsinn nach unten, *O* den nach oben bedeutet. Diese Achse wird bei Aufwärtsblicken durch gemeinsame Betätigung des Rect. sup. mit dem Obl. inf. (bzw. bei Abwärtsblicken des Rect. inf. und Obl. sup.) erhalten, welche mit den Drehmomenten *cb* und *ca* wirken.

Wir ersehen daraus, daß schon bei den leichtest ausführbaren Augenbewegungen z. T. mehrere Muskeln zusammenwirken.

Zu den Abbildungen ist noch folgendes im einzelnen nachzutragen. In Abb. 121 befinden sich am Ende der aufgezeichneten Blickbahnen kurze teils längs, teils quergerichtete Striche. Sie geben an, welche Stellung eine ursprünglich in der Grundstellung waagerechte Netzhautlinie (man denke sich am hinteren Pol eines Augenmodells einen kleinen waagerechten Strich angebracht) nach der Drehung des Auges einnimmt. Bei reiner Seitwärtswendung des Blicks durch den Rect. ext. und int. tritt keine Rollung auf, wohl aber bei den gedachten Einzelwirkungen der übrigen Muskeln. Zu Abb. 122 denke man sich selbst in den Drehpunkt einer entsprechend großen Kugel versetzt und an der Drehachse entlang blickend. Bei gemeinsamer

Achse wird der Name desjenigen Muskels an das jetzt vordere Achsenende geschrieben, welcher die Kugel um die Achse vom Betrachter aus im Sinne des Uhrzeigers dreht. Eine Drehung um die frontale Achse OU nach oben benötigt die gleichzeitige Wirkung des Rect. sup. mit dem Drehmoment cb und des Obl. inf. mit dem Drehmoment ca. Daraus ergibt sich das Drehmoment cO, welches bei alleiniger Wirkung nur ein genau sagittalparallel verlaufender Muskel haben könnte. Das *Drehmoment* ist das Produkt aus der Kraft und der vom Drehpunkt auf die Kraftrichtung gefällten Senkrechten.

Bei der Ermittlung der Drehachse für einen Muskel nahmen wir eine mittlere Kraftrichtung, mit anderen Worten einen punktförmigen Ansatz und Endpunkt an. Tatsächlich setzt jeder Muskel mit seiner Sehne am Augapfel in ziemlich breiter Linie an. Es wurde also die Mitte dieser Ansatzlinie der Überlegung zugrunde gelegt. Die Angaben über die Achsen entsprachen der Grundstellung des Auges. Es fragt sich nun, ob die Achse für einen bestimmten Muskel auch bei einer anderen Ausgangsstellung des Auges unverändert die gleiche Lage im Raum beibehält. Das würde bei punktförmigem Ansatz nicht der Fall sein. Nach HELMHOLTZ wirkt hier nun die Breite der Ansatzlinie ausgleichend, indem sie auf die Richtung des Muskelzuges Einfluß hat. Zum Beispiel wirkt bei Einwärtswendung des Auges der Teil des Rect. sup.

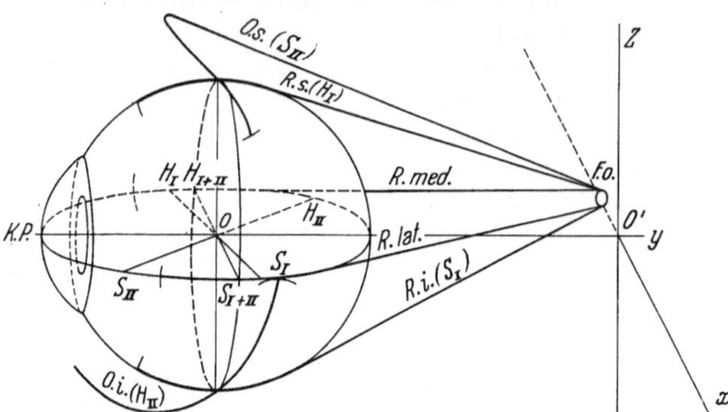

Abb. 123. *Schema des linken Auges*, von links seitlich gesehen, mit Muskeln, Drehachsen und Koordinaten der Orbita. Nach v. TSCHERMAK. *K. P.* Vorderer Pol. *F. o.* Foramen opticum. *R. med.* Rect. med. (int., s. nasal.). *R. lat.* Rect. later. (ext., s. tempor.). $R. s. (H_I)$ Rect. sup., Heber I, mit zugehöriger Drehachse H_I. $O. i.$ (H_{II}) M. obl. inf., Heber II mit zugehöriger Drehachse H_{II}. $R. i. (S_I)$ Rect. inf. Senker I mit zugehöriger Drehachse S_I. $O. s.$ (S_{II}) M. obl. sup., Senker II, mit zugehöriger Drehachse S_{II}. x, y, z die Koordinaten der Orbita. x frontalhorizontal, y sagittal, zu voriger senkrecht, z vertikal. H_{I+II} S_{I+II} Achse für reine Hebung und Senkung durch gemeinsame Tätigkeit von Rect. sup. + Obl. inf. bzw. Rect. inf. + Obl. sup.

stärker, welcher dem äußeren Ende der Ansatzlinie zugehört, weil er stärker gespannt ist als der innere Teil. Das Umgekehrte ist bei Auswärtswendung der Fall.

Sehr lehrreich und zu einer zusammenfassenden Betrachtung geeignet ist die folgende Abb. 123 nach v. TSCHERMAK. Sie stellt in perspektivischer Ansicht, von außen seitlich gesehen, das linke Auge, die Augenmuskeln, die Drehachsen und das Koordinatensystem der Orbita dar. Zur Erleichterung des Vergleichs mit Abb. 122 sei erwähnt, daß die Ebene der letzteren Zeichnung zu der Zeichenebene der Abb. 123 senkrecht steht. Ferner denke man sich Abb. 122 entgegen dem Uhrzeigersinn um 90° gedreht.

5. Die Gesetze der Augenbewegungen

a) Benennungen

Auf Grund nur der anatomischen Gegebenheiten würde am Einzelauge jede Bewegung in einem gewissen Ausmaß möglich sein, die sich aus der alleinigen Wirkung eines Muskels oder aus der gemeinsamen Betätigung mehrerer Muskeln ergibt. Tatsächlich aber sind diese Möglichkeiten der Augenbewegungen durch einige Gesetze sehr wesentlich eingeschränkt.

Die auftretende Bewegung wird nach der Stellungsänderung der Blicklinie beurteilt. Für die verschiedenen *Augenstellungen* sind besondere *Benennungen* notwendig.

Als Ausgangsstellung ist diejenige Augenstellung anzusehen, bei welcher bei gewöhnlicher aufrechter Haltung von Körper und Kopf der Blick in die Ferne auf einen in der Körpermedianen gelegenen Punkt gerichtet ist. Diese Stellung heißt

Grundstellung oder *Primärstellung*. Es liegt nahe, anzunehmen, daß bei ihr im allgemeinen alle Muskeln nur wenig gespannt sind, wenn sie sich auch nicht in genau gleichem Tonus befinden werden. Eine genauere Festlegung der Primärstellung folgt später. Gehen wir nun bei völlig unbewegtem Kopf und Körper zu einer anderen Blicklage über, so ist der einfachste Fall der, daß sich die (stets in die Ferne gerichteten, also parallelen) Blicklinien in der Ebene ihrer primären Stellung (primäre Blickebene) nach rechts oder links seitlich bewegen, also dem Horizont entlang. Diese Bewegung wird *Seitenwendung* des Blicks genannt, und zwar negative bei Wendung nach links, positive bei Wendung nach rechts. Der Winkel, um welchen die Blicklinie verlagert wird, heißt *Seitenwendungswinkel*. Sodann können wir, wiederum von der Primärstellung ausgehend, die Blicklinien in senkrechter Richtung auf und ab bewegen. Diese Bewegung wird *Erhebung* genannt, und positiv nach oben, negativ nach unten vom primären Blickpunkt aus gerechnet. Der Winkel der Bewegung heißt *Erhebungswinkel*. Solche Stellungen der Blicklinien, welche durch Seitenwendung *oder* durch Erhebung aus der Primärstellung erreicht werden, heißen *Sekundärstellungen*. Wenn Seitenwendung *und* Erhebung nacheinander oder gleichzeitig ausgeführt werden, gelangt das Auge aus Primärstellung in *Tertiärstellungen*.

Netzhauthorizont nennt man denjenigen Schnitt, in welchem die Netzhaut bei Primärstellung des Auges von der Horizontalebene getroffen wird. Der Netzhauthorizont, der als mit dem Auge fest verbunden vorzustellen ist, entspricht also dem *horizontalen Meridian* des Auges. Der auf ihm senkrecht stehende, durch die Fovea gehende Meridian heißt *mittlerer Vertikalmeridian*. Auch er ist als mit dem Augapfel fest verbunden vorzustellen. Auf die als *Rollung* bezeichnete Drehung des Augapfels um die Blicklinie als Achse und die Benennung von die Stellung des Auges kennzeichnenden Winkeln kommen wir zurück.

b) Gesetz der binokularen Gemeinschaft (Assoziation)

Die beiden Augen können nicht unabhängig voneinander bewegt werden, sondern nur in *binokularer Gemeinschaft*. Diese äußert sich darin, daß beide Blicklinien stets in einer Ebene liegen, der *Blickebene*. Es kommt also normalerweise keine Hebung oder Senkung der einen Blicklinie ohne die andere vor. Eine weitere Einschränkung liegt darin, daß die in gemeinsamer Ebene liegenden Blicklinien sich *vor dem Kopfe schneiden*, sei es bei konvergentem Verlauf in der Nähe, sei es bei parallelem Verlauf in der Ferne. Der *Blickpunkt* ist also *stets gemeinsam*, Auseinanderweichen der Blicklinien vor dem Auge (Divergenz) kommt normalerweise nicht vor.

Begründet sind die Gemeinschaftsbewegungen beider Augen in der Anordnung der Augenmuskelkerne im Mittelhirn und ihren Faserverbindungen. Daher kommt es, daß auch bei Reizung der Fasern der inneren Kapsel des Großhirns Gemeinschaftsbewegungen der Augen auftreten.

Unwillkürliche Abweichungen von diesem Verhalten können durch Vorschalten von Prismen oder durch Betrachtung höhendistanter oder seitlich zu weit voneinander abstehender stereoskopischer Bilder erzwungen werden, wie noch näher ausgeführt wird (vgl. Fusionsbewegungen).

Die Unmöglichkeit, beide Blicklinien auf den gewünschten gemeinsamen Blickpunkt zu richten, wird als *Schielen* bezeichnet. *Lähmungsschielen* liegt vor, wenn ein Muskel z. B. durch Kernschädigung gelähmt ist. Wir kommen hierauf bei Besprechung der pathologischen Doppelbilder zurück.

Außer diesem *Lähmungsschielen* (paralytisches Schielen) gibt es noch eine andere Art von Schielen, *Begleitschielen* genannt (konkomitierendes Schielen). Es kommt z. B. bei starker Hypermetropie vor. Diese wird, wenn keine Brille verordnet ist, durch Nahakkommodation ausgeglichen. Nahakkommodation ist aber mit Konvergenz gepaart, beide sind nur in begrenztem Maße voneinander unabhängig. Wird diese Grenze überschritten, so tritt bei Nahakkommodation des Hyperopen zum Zweck des Sehens in der Ferne eine Konvergenz ein, die Blicklinien schneiden sich also nicht erst in der Ferne, sondern in der Nähe, es liegt *Einwärtsschielen* vor. Bei Korrektion des Auges fällt die Schielstellung weg. *Auswärtsschielen* kommt bei Myopie vor. Oft ist das schielende Auge *schwachsichtig* (amblyop). Es kann hierin die Folge des Nichtgebrauches vorliegen oder auch die Ursache des Schielens.

Sodann gibt es noch *scheinbares Schielen*. Wie in der Lehre vom Strahlengang besprochen und in Abb. 8 dargestellt ist, weicht die Gesichtslinie etwas von der optischen Achse ab, die Fovea liegt meist etwas temporalwärts vom hinteren Augenpol. Das Auge wird aber immer so eingestellt, daß der angeblickte Gegenstand in der Fovea abgebildet wird. Ist nun die Abweichung der Gesichtslinie von der optischen Achse ungewöhnlich groß, so „schielt" die optische Achse, d. h. sie weicht beim Fixieren sichtlich nach außen ab, so daß für den Betrachter der Eindruck einer eigentlichen Schielstellung entsteht.

In ganz bedeutendem Maß fallen Gesichtslinie und optische Achse bei denjenigen Vögeln auseinander, welche außer der mittleren Fovea (bzw. Area) centralis noch eine dem Binokularsehen dienende seitliche Fovea besitzen. Wenn sie also binokular nach vorn hin fixieren, weichen die optischen Achsen unverändert stark auseinander, es besteht also ein starkes scheinbares Schielen.

c) Donders' Gesetz der konstanten Orientierung

Durch die Gemeinsamkeit des vor dem Auge gelegenen Blickpunktes ist die Stellung, welche die Augäpfel bei willkürlichen Bewegungen einnehmen können, schon weitgehend festgelegt. Jede Stellung ist durch Angabe des Erhebungs- und Seitenwendungswinkels bestimmt. Diese Bestimmung ist aber noch nicht eindeutig. Denn es wäre möglich, daß bei einer Sekundärstellung der ursprünglich horizontale Netzhautmeridian das eine Mal ebenfalls horizontal, ein anderes Mal aber schräg stünde, daß also Rollungen um die Blicklinie als Achse auftreten. Es würde dann bei Seitenwendungen des Auges der Horizont der Landschaft bald auf dem ursprünglich horizontalen, bald auf einem schrägen Meridian der Netzhaut abgebildet werden. Die andere Möglichkeit wäre die, daß für jede Stellung der Blicklinie die Lage des Auges festgelegt ist, daß, anders ausgedrückt, ein noch zu definierender Stellungswinkel eine feste Funktionsbeziehung zum Erhebungs- und Seitenwendungswinkel hat.

Donders hat gezeigt, daß die zweite Möglichkeit verwirklicht ist. Bei einer bestimmten Lage des Fixierpunktes ist auch die Lage des Augapfels gegeben. Geht man aus der Primärstellung zu einem anderen Blickpunkt über, so ist bei Wiederholung der gleichen Bewegung die Stellung des Auges immer die gleiche, ebenso wie auch in Primärstellung immer der gleiche Meridian des Augapfels horizontal steht.

Dieses wichtige *Gesetz der konstanten Orientierung* läßt sich leicht mit folgendem subjektiven Verfahren beweisen. Man betrachtet bei festgestelltem Kopf in Primärstellung der Augen eine geradeaus in Augenhöhe auf eine ferne Wand entworfene waagerechte (oder senkrechte) helle Linie und ruft durch genaues Fixieren ein kräftiges *Nachbild* hervor. Wendet man nun ohne Kopfbewegung den Blick genau senkrecht nach oben oder unten, so bleibt das Nachbild stets waagerecht (bzw. senkrecht) stehen. Dasselbe ist bei reinen Seitenwendungen der Fall. Geht man zu einer Tertiärstellung über, indem man z. B. einen links schräg oben gelegenen Punkt der Wand fixiert, so ist die Stellung des Nachbildes, also auch die Lage des Auges in der Augenhöhle immer dieselbe, gleichgültig, wie oft wir den Blick (bei völlig unveränderter Kopfhaltung) hin und her wandern und wieder zum gleichen Punkt zurückkehren lassen. Nach dem Dondersschen Gesetz ist also bei festgestelltem Kopf die Augenstellung bei gegebenem Blickpunkt konstant.

d) Listings Gesetz

Das *Listingsche Gesetz* gibt an, welche *Richtung* die Drehachsen haben, wenn man das Auge aus der Grundstellung in eine andere Stellung überführt. Man denkt sich durch die beiden Blicklinien des Einzelauges, die primäre und die durch Augenbewegung erreichte neue Blicklinie, eine Ebene (Bahnebene) gelegt und auf dieser im Drehpunkt eine Senkrechte errichtet. Diese Senkrechte ist die gesuchte Drehachse. Bei diesen Drehungen führt der Augapfel keine Rollung aus. Das Gesetz gilt für den Übergang in Sekundärstellungen ebenso wie für den in Tertiär-stellungen. Strenggenommen ist, nach Helmholtz, die Fassung des Gesetzes etwas abzuändern: Wenn die Blicklinie aus ihrer Primärstellung in irgendeine andere Stellung übergeführt wird, so ist die Lage des Augapfels in dieser zweiten Stellung der Blicklinie eine solche, als wäre der Augapfel um eine feste Achse gedreht worden, die zur ersten und zweiten Richtung der Blicklinien senkrecht steht. Eine Folgerung des Gesetzes ist, daß bei Blickänderung aus der Primär-stellung heraus die *Drehachse* stets in einer frontalparallelen Ebene liegt, d. h. *in der Äquatorialebene* des primär gestellten Auges.

Das Listingsche Gesetz wurde zuerst von Ruete in folgender Fassung mitgeteilt (nach Donders): „Aus der normalen (primären) Stellung wird das Auge in irgendeine andere, sekundäre, in der Weise versetzt, daß man sich diese Versetzung als das Resultat einer Drehung um eine bestimmte Drehungsachse vorstellen kann, welche jederzeit, durch das Augenzentrum gehend, auf der primären und der sekundären Richtung der optischen Achse zugleich senkrecht steht, so daß also jede sekundäre Stellung des Auges zur primären in der Relation steht, vermöge welcher die auf die optische Achse projizierte Drehung = 0 wird." Die „auf die optische Achse projizierte Drehung" wird jetzt meist als Rollung bezeichnet. Als sekundäre Stellung wird neuerdings meist nur die durch reine Hebung oder reine Seiten-wendung erreichte Stellung bezeichnet, alle anderen (für die, schematisch betrachtet, ein Nacheinander von Seitenwendung und Erhebung erforderlich ist, bzw. die durch Drehung um eine schräg stehende Achse zu erreichen sind), werden als tertiäre Stellungen bezeichnet.

Zur subjektiven Prüfung des Listingschen Gesetzes verwendet man nach Helm-holtz folgendes Nachbildverfahren. Auf einer ziemlich fernen senkrechten Wand befestigt man ein rechtwinkliges farbiges Kreuz, das um seinen Mittelpunkt gedreht werden kann. Vom Mittelpunkt des Kreuzes gehen auf der Wand auf-gezeichnete radiäre Linien sternförmig aus. Bei Blick auf die Kreuzmitte seien die Augen in Primärstellung. Das Kreuz stehe zunächst senkrecht-waagerecht und werde zur Hervorrufung des Nachbildes einige Zeit angeblickt. Wird nun der Blick entlang der senkrechten Wandlinie gehoben oder entlang der waagerechten ge-wendet, so bleibt das Nachbildkreuz senkrecht-waagerecht stehen. Nun wird das Kreuz auf der Wand so schräg gestellt, daß der vorher waagerechte Arm nunmehr z. B. im Winkel von 45° gegen die Horizontale steht. Wird nun wiederum ein Nachbild hervorgerufen und sodann der Blick von der Kreuzmitte entlang der diesem Kreuzarm entsprechenden Linie z. B. schräg aufwärts geführt, so behält das Nachbild seine Schräglage, sein einer Arm deckt sich also wiederum mit der die beiden Blickpunkte verbindenden Linie. Das ist nur möglich, wenn die Dreh-achse auf der ersten (primären) und der zweiten (tertiären) Blicklinie senkrecht steht. Das ist wiederum nur möglich, wenn die Drehachse stets frontalparallel in der Äquatorialebene des primär gestellten Auges liegt.

Wenn hiermit die *Lage der Achsen* bei Drehungen aus der Primärstellung heraus angegeben ist, so ist weiter die *Stellung des Augapfels* zu den Ebenen des im Raum feststehenden Kopfes (also auch zum Außenraum) anzugeben, wenn die Blicklinie auf sekundäre oder tertiäre Blickpunkte gerichtet ist. Ein die Stel-lung des Auges kennzeichnender Winkel heißt *Neigungswinkel*. Für die Wahl des Winkels liegen mehrere Möglichkeiten vor. HELMHOLTZ wählte einen nach der *horizontalen* Ebene festgelegten Winkel γ, nämlich den Winkel zwischen dem in Primärstellung horizontalen Schnitt durch das Auge (Netzhauthorizont genannt) und der jeweils durch beide Blicklinien gelegten Ebene. Der Netzhauthorizont ist also als im Auge festliegend, sich mitbewegend anzusehen. Dieser Winkel γ sei als *Helmholtzscher Neigungswinkel* bezeichnet, er ist binokular definiert. DONDERS und v. TSCHERMAK legen den kennzeichnenden Winkel nach der *vertikalen* Richtung fest, und zwar definiert v. TSCHERMAK den von ihm als *Neigungswinkel* bezeichneten Winkel α als den zwischen der Ebene des primären Vertikalmeridians des Auges (der wieder im Auge als festliegend vorzustellen ist) und derjenigen Ebene, welche lotrecht durch die sekundär oder tertiär gestellte Blicklinie gelegt ist. Dieser v. Tschermaksche Neigungswinkel α steht in fester Beziehung zum Helmholtzschen Winkel γ. Beide sind gleich und haben entgegengesetztes Vorzeichen.

Die Stellungen des Auges sind nun dadurch ausgezeichnet, daß bei Sekundärstellungen (reine Erhebung oder reine Seitenwendung) der Neigungswinkel = 0 ist und daß er bei tertiären Stellungen — die formal entstanden gedacht werden können durch eine einer Seitenwendung folgende Erhebung und Drehung — von Null abweicht. Seine Größe hängt ab von dem gedachten Erhebungs- und Seitenwendungswinkel. HELMHOLTZ hat eine Formel entwickelt, welche diese Abhängigkeit seines Neigungswinkels vom Erhebungs- und Seitenwendungswinkel wiedergibt. Entsprechend stellten v. TSCHERMAK und SCHUBERT die Abhängigkeit ihres Neigungswinkels vom Erhebungs- und Seitenwendungswinkel fest. Bei allen nach dem Listingschen Gesetz aus der Primärstellung heraus erfolgenden Bewegungen kommen Rollungen des Auges um die Blicklinie nicht vor. Das Auftreten eines von Null abweichenden Neigungswinkels bedeutet also nicht Rollung um die Blicklinie.

HELMHOLTZ nannte die Rollung des Auges Raddrehung. Seinen Neigungswinkel nannte er Raddrehungswinkel. Da dieser nun ohne Rollung, also ohne Raddrehung, zustande kommt, gab diese Benennung zu Mißverständnissen Anlaß. Deshalb ist es notwendig, nach dem Vorgehen von HERING und v. KRIES den Ausdruck Rollung zur Bezeichnung der Art der Bewegung, den Ausdruck Raddrehungswinkel zur Bezeichnung der Stellung zu verwenden. Noch besser erscheint es, den Ausdruck Raddrehungswinkel ganz aufzugeben und durch die Bezeichnung Helmholtzscher Neigungswinkel zu ersetzen. HELMHOLTZ kam auf seine Bezeichnung durch folgende mathematische Zerlegung, der nach DONDERS keine „physiologische Realität" zukommt. Wird das rechte Auge um eine Listingsche im Winkel von 45° stehende Achse aus Primärstellung zu einem rechts oben seitlich liegenden Blickpunkt geführt, so kann die gleiche Stellung der Blicklinie durch *drei nacheinander ausgeführt gedachte Bewegungen* erzielt werden: 1. eine Erhebung um die Querachse, 2. eine Seitenwendung um eine senkrecht zum Netzhauthorizont stehende Achse, 3. eine Rollung um die Blicklinie, welche die Neigung vermindert, also — Vorzeichen hat. Nach den Bewegungen 1. und 2. hat zwar das Auge die gleiche Richtung der Blicklinie wie bei der Bewegung um die schräge Listingsche Achse, die zum gleichen Fixierpunkt führt, aber eine andere Stellung. Die Helmholtzsche Zerlegung dient zur *Berechnung des Neigungswinkels*; die entsprechende Bewegungsfolge kommt aber tatsächlich nicht vor, sie ist nur am Modell herstellbar.

Liegt der Fixierpunkt bei den Blickbewegungen weit weg, so sind die Neigungswinkel an beiden Augen stets gleich.

Wir hatten bisher die *Primärstellung des Auges* nur vorläufig und ungefähr festgelegt als die Stellung, welche das Auge bei gewöhnlicher aufrechter Kopfhaltung und bei Blick geradeaus in die Ferne auf den Horizont einnimmt. Die strengere Definition bestimmt diejenige Stellung als Primärstellung, von der aus das Auge reine Seitenwendungen oder Erhebungen ohne Auftreten eines von Null verschiedenen Neigungswinkels ausführen kann.

Zur subjektiven Feststellung der Stellungsänderung des Auges bei Übergang aus Primärstellung in Tertiärstellungen verfährt man folgendermaßen. Man bringt auf einer Ebene, auf welche die primäre Blicklinie senkrecht auffällt, ein waagerecht-senkrecht stehendes rechtwinkliges Kreuz an und ruft im primär gestellten Auge ein Nachbild hervor. Nun geht man durch reine Seitenwendung oder Erhebung in eine Sekundärstellung über und blickt auf eine wiederum zur Blicklinie senkrecht stehende Ebene; das Nachbildkreuz bleibt senkrecht-waagerecht stehen.

Geht man hingegen in eine Tertiärstellung über, so steht das Nachbild nunmehr schief, es bleibt aber rechtwinklig, falls die Fläche, auf welche das Nachbild „projiziert" wird, wieder senkrecht zur neuen Blicklinienrichtung steht. Die Schräglage des Nachbildes ist um so beträchtlicher, je weiter das Auge abgewendet wird. Die erforderliche, stets senkrechte Stellung der Blicklinie zu der Fläche, auf welcher das Nachbild erscheint, würde am besten dadurch erreicht, daß sich das Auge im Mittelpunkt einer sehr großen Halbkugel (etwa im Projektionsraum eines Planetariums) befände. Am einfachsten ist es, die Nachbilder auf das „Gewölbe" des natürlichen Himmels zu entwerfen (Schön).

Da die Beschaffung einer zur Blicklinie stets senkrechten Fläche umständlich ist, wird für gewöhnlich zur Nachbildbeobachtung eine frontalparallele Fläche benutzt, die also nur zur primären Blicklinie senkrecht steht. Dadurch kommen bei Tertiärstellungen des Auges zur Schiefstellung des Nachbildkreuzes Winkelverzerrungen hinzu, die rein geometrisch-perspektivisch verursacht sind und das, worauf es eigentlich ankommt, verdecken. Abb. 124 stellt die Winkelverzerrungen bei den in dieser Weise ausgeführten Nachbildbeobachtungen dar. Es entspricht nach v. Tschermak und Schubert, welche diesen Sachverhalt theoretisch und experimentell eingehend erforschten, die Verzerrung des Nachbildkreuzes in Tertiärstellungen der algebraischen Summe von tatsächlicher Neigung der Netzhautmeridiane und perspektivischer Abänderung. Bei einer um 45° geneigten Blickbahn steht der vertikale Schenkel des Nachbildkreuzes unverzerrt. Hermann hatte abgeleitet, daß bei Verwendung einer frontalparallelen Ebene der Winkel, welchen der vertikale Kreuzschenkel des Nachbildes mit der Lotrechten bildet, gleich dem Helmholtzschen Neigungs- (Raddrehungs-) Winkel γ ist.

Abb. 125a zeigt nach Donders in den ausgezogenen Linien das in Primärstellung entworfene Nachbild vch zweier senkrecht zueinander stehender Linien, in den punktierten Linien das Nachbild $v'ch'$ bei Blick nach rechts und oben. Das Nachbild der vertikalen Linie ist nach der gleichen Richtung abgelenkt wie der Blick, das Nachbild der horizontalen Linie nach der entgegengesetzten Richtung. Dies gilt für Blick auf eine frontalparallele Ebene, die nur auf der primären Blicklinie senkrecht steht, nicht auf der tertiären. Für den anderen Fall, in welchem die in Tertiärstellung angeblickte Fläche ebenfalls senkrecht zur Blicklinie steht gibt Abb. 125b das Nachbild für beide Stellungen an: auch in Tertiärstellung ist das Nachbild $v'ch'$ rechtwinklig. In beiden Fällen a und b ist die Richtung des Schenkels $v'c$ die gleiche.

Man vergleiche noch Abb. 125 a mit Abb. 124 bei b.

Abb. 124. *Stellung der Nachbilder,* entworfen in Primärstellung *von einem Kreuz* mit waagerecht und senkrecht stehenden Armen. Das auf eine frontalparallele Ebene entworfene Nachbild bleibt bei Seitenwendungen und Erhebungen aus der Primärstellung p in Lage und Form unverändert. Bei Tertiärstellungen (Blickwendung nach a, b, c oder d) tritt Schiefstellung und Winkelverzerrung ein. Nach Hering

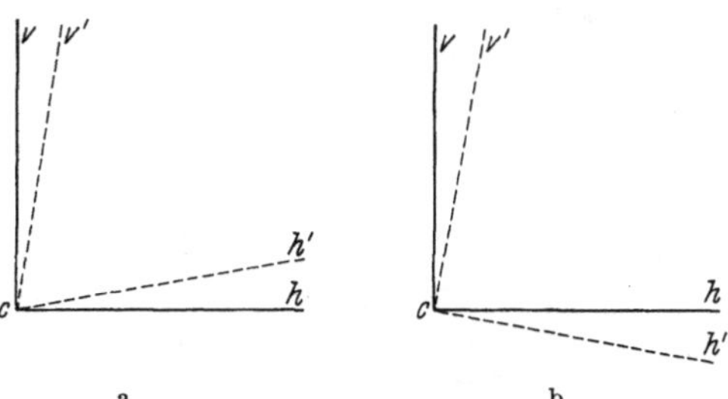

Abb. 125 a u. b. *Nachbilder bei Primärstellung und Tertiärstellung* (nach rechts und oben) des Auges. a bei Anblicken einer frontalparallelen Ebene, b bei Anblicken einer stets senkrecht zur Blicklinie stehenden Ebene. Nach Donders

Bisher wurden die nach dem Listingschen Gesetz aus der Primärstellung heraus erfolgenden Bewegungen erörtert. Die Achsen lagen in der primären Äquatorialebene des Auges. Wie liegen nun die Achsen, wenn das Auge sich aus einer nichtprimären (sekundären oder tertiären) Stellung heraus in eine zweite nichtprimäre Stellung bewegt, ohne dabei wieder die Primärstellung zu durchlaufen? Für den *Übergang aus einer Sekundärstellung in eine andere Stellung* findet man nach HELMHOLTZ die Achsenebene in folgender Weise. Man halbiert den Winkel, den die Äquatorialebene des primär gestellten Auges und die des sekundär gestellten Auges miteinander bilden, durch eine Ebene; in dieser liegen die Achsen für Bewegungen aus dieser Sekundärstellung heraus. Für den Übergang des Augapfels von irgendeiner Stellung *a* in eine andere Stellung *b* findet man nach HELMHOLTZ die Achse, indem man für beide Stellungen nach dem eben angegebenen Prinzip die Ebenen der Drehachsen konstruiert; die Schnittlinie dieser beiden Ebenen ist die gesuchte Drehachse. Beim Übergang aus einer nichtprimären Stellung in eine tertiäre und beim Übergang aus einer Seitenwendungsstellung in eine Erhebungsstellung (oder umgekehrt) liegen die Achsen nicht in der zur Blicklinie senkrecht stehenden Äquatorialebene des Auges. Die Achsen laufen vielmehr schräg zur Blicklinie, es treten deshalb *Rollungen um die Blicklinie* auf.

Man kann den Sachverhalt auch so ausdrücken: bei den hier in Rede stehenden Bewegungen hat die der jeweiligen Achse zugeordnete bewegende Kraft eine senkrecht zur Blicklinie gerichtete Komponente, welche bei allen aus Primärstellung erfolgenden Bewegungen fehlt.

Nach SCHUBERT behält das Listingsche Gesetz seine Gültigkeit auch dann, wenn der Kopf gegen den primär gestellten Körper gehoben, seitengewendet oder geneigt wird.

Zur *Veranschaulichung der Gesetze der Augenbewegungen* sind *Augenmodelle* angegeben worden, in einfacher Ausführungsform von v. KRIES, BASLER, v. TSCHERMAK, SHERRINGTON.

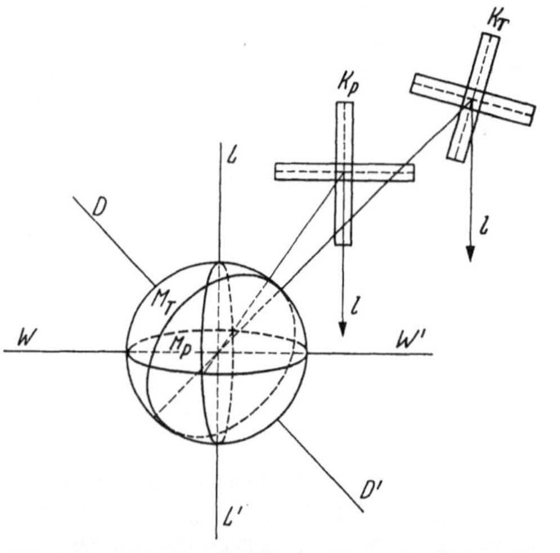

Das v. Kriessche *Modell* besteht aus einer mit abbildender Linse versehenen Hohlkugel, in deren Hinterwand in einem Ausschnitt zwei sich rechtwinklig kreuzende Platinfäden angebracht sind, die durch Strom leuchtend gemacht werden können. Sie stellen die Nachbilder dar, die nun von der Linse auf eine ebene Fläche projiziert werden. Am Äquator des Auges sind acht in 45° Abstand stehende Zapfenlöcher angebracht, in welche Stifte gesteckt werden können, die durch entsprechende Löcher eines das Augenmodell umgebenden Ringes als Drehachsen festgehalten werden. Es sind Drehungen um Achsen möglich, die in der frontalparallelen Ebene liegen, da der feststehende Ring bei Primärstellung des Augenmodells in der Ebene des Augenäquators liegt. Führt man mit dem Modell ausgiebige Bewegungen aus, so kann man bei ebener Projektionsfläche gut beobachten, ob und in welcher Weise das Projektionsbild von der rechtwinkligen Kreuzform abweicht, und man findet die gleichen Abweichungen wie bei dem subjektiven Nachbildverfahren. Nach BASLER und SHERRINGTON kann man bei jeder Stellung des Augenmodells eine kleinere Projektionsfläche jeweils senkrecht zur optischen Achse (Blicklinie) stellen, wobei die Stellungsänderungen ohne Winkelverzerrung beobachtet werden.

Abb. 126. *Einfaches Modell zur Veranschaulichung des Listingschen Gesetzes.* Nachbilddrehung bei Übergang in Tertiärstellung durch Drehung um die Achse *DD'*. Weitere Erklärung im Text. Nach v. TSCHERMAK

Abb. 126 zeigt nach v. TSCHERMAK in perspektivischer Darstellung ein einfaches Modell zur Darstellung des „Neigungswinkels". An einer Kugel sind in

Ausgangsstellung ein senkrechter und ein waagerechter Meridian angezeichnet. Die Blicklinie ist durch eine Stricknadel dargestellt, an der vorn ein in Primärstellung senkrecht-waagerecht stehendes Kreuz K_P in der zur Stricknadel senkrechten Ebene angebracht ist. Die Zeichnungsebene ist die Äquatorialebene des primär gestellten Auges. In dieser liegen die lotrechte Achse LL' für Seitenwendungen und die waagerechte Achse WW' für Erhebungen. Der primär senkrechte Meridian ist M_P (in der Zeichnung das flache senkrechte Oval rechts von der Bezeichnung M_P). Wird das Auge um die schräge Achse DD' gedreht, so geht die Blicklinie aus der Primärstellung K_P in die Tertiärstellung K_T über und die primär lotrechte Ebene M_P in die Lage M_T (wenig verkürztes Kreisoval rechts von der Bezeichnung M_T). Das Lot l gibt die Neigung des Nachbildkreuzes bei Projektion auf eine zur tertiären Blicklinie senkrechten Ebene an. Bei Drehung um die Achsen LL' und WW' wären die Lotabweichungen gleich Null.

Vollständigere Modelle zur Veranschaulichung des Listingschen Gesetzes sind zuerst von Donders, Schön und Hermann angegeben worden. Hier können die Neigungswinkel ihrer Größe nach abgelesen werden. O. Fischer, welcher nachwies, daß auch die Bewegungen der Hand gegen den Vorderarm und die Bewegungen der mittleren Finger in den Grundgelenken nach dem Listingschen Gesetz erfolgen, und welcher bei der theoretischen Untersuchung die Poinsotsche Kegelabrollung anwendete, hat Modelle angegeben, bei welchen alle dem Listingschen Gesetz nicht entsprechenden Bewegungen durch sinnreiche Zusatzmechanismen ausgeschlossen sind. In neuerer Zeit hat sich besonders v. Tschermak zusammen mit Schubert sehr eingehend mit dem Listingschen Gesetz und mit der Konstruktion sehr vollkommener Modelle befaßt, auf welche hier ebenfalls besonders hingewiesen sei.

Die *Bedeutung der Augenbewegungsgesetze* von Donders und von Listing liegt nach Helmholtz darin, daß sie uns eine möglichst leichte Orientierung erlauben. Wir betrachten die Gegenstände mit hin und her wanderndem Blick und kehren dabei oft zum gleichen Blickpunkt zurück. Würde dabei die Stellung des Auges das eine und das andere Mal eine verschiedene sein (verschiedener Neigungswinkel), so würde die Bildlage auf der Netzhaut wechseln. Hierin würde eine Erschwerung für die Wahrnehmung der unveränderten Lage der Gegenstände vorliegen, da die Änderung der Bildlage auf der Netzhaut bei gleicher Blickstellung sowohl durch veränderte Lage der Gegenstände als auch durch veränderte Lage des Augapfels zustande kommen könnte. Es ist nach klinisch-pathologischen Erfahrungen wahrscheinlich, daß den einzelnen Feldern (Quadranten) der Netzhaut bestimmte Abschnitte der Sehsphäre im Hinterhauptlappen der Großhirnrinde vorwiegend zugeordnet sind, daß also eine Art „Projektion" der Netzhaut auf die Sehsphäre vorliegt. Wird also bei Rückkehren auf einen Blickpunkt das Bild wieder auf die gleiche Stelle der Netzhaut entworfen, so wird der Erregungsvorgang auch wieder dem gleichen Rindenort in der Sehsphäre zugeleitet. In ähnlicher Weise leitet Helmholtz auch ab, daß das Listingsche Gesetz die vorteilhafteste Anordnung darstellt. Denn nur bei diesem wird, soweit wie möglich, erreicht, daß bei kleinen von beliebiger Ausgangslage ausgehenden Augenbewegungen das Bild eines bestimmten Raumpunktes sich um stets gleiche Beträge verschiebt. Dadurch ist das Wandern des Netzhautbildes leichter als Folge der Augenbewegung aufzufassen, als wenn der Betrag der Wanderung je nach der Augenstellung verschieden wäre.

Hering *(34)*, auf dessen kritische Einwendungen gegen Helmholtz hier nur hingewiesen werden kann, hebt die Bedeutung des Listingschen Gesetzes in folgenden Ausführungen hervor:

„Fixieren wir eine lange gerade Linie, so bildet sich diese auf einem bestimmten Netzhautmeridiane ab. Von dem Bilde dieser Linie fassen wir besonders den in der Nähe des Gesichtspunktes gelegenen Teil genauer auf. Bewegen wir dann den Blick entlang der Linie, und bleibt dabei das Bild derselben immer auf demselben Netzhautmeridiane, so verschiebt es sich auf der Netzhaut sozusagen in sich selbst, die einzelnen nacheinander scharf aufgefaßten Linienteile werden also immer wieder dieselbe Richtung zu haben scheinen. Anders würde es sich verhalten, wenn das Auge während der Bewegung des Blickes entlang der Linie zugleich eine Rollung um die Gesichtslinie erlitte; dann würde das Bild der Linie auf immer andere Netzhautmeridiane fallen, das jeweilig am schärfsten gesehene Stück der Linie würde dem entsprechend eine andere Lage zu haben scheinen, als das nächstfolgende Stück u.s.f.; kurzum, die einzelnen Teile der Linie würden stetig ihre scheinbare Richtung ändern, und wir würden eine Linie zu sehen glauben, deren einzelne Teile nicht dieselbe Richtung haben, die also eine Kurve darstellen. Oder wenigstens müßte die Linie, falls wir sie wegen ihres in jedem Augenblicke geraden Netzhautbildes doch als eine Gerade auffassen könnten, fortwährend ihre Lage zu ändern scheinen, während der Blick an ihr hingleitet, und diese scheinbare Drehung müßte im entgegengesetzten Sinne erfolgen, als die dabei stattfindende Drehung der Netzhaut um die Gesichtslinie."

In *Rollung* bestehende *Abweichungen* vom Listingschen Gesetz, für dessen Gültigkeit bei gemeinsamen Augenbewegungen parallele Blicklinien vorausgesetzt sind, treten bei Blick auf einen nahe gelegenen Punkt auf, also bei *konvergenten Blicklinien* (VOLKMANN). Die Beträge der Abweichung sind im ganzen nur gering: die Rollung bei Blick in die Nähe (welche auch als „Näherungsrollung" bezeichnet wird) beträgt 0—10° und besteht meist in Auswärtsrollung („Disklination"). Bei konvergierendem Blick sind die Abweichungen vom Listingschen Gesetz nach HERING am geringsten bei einer Blicksenkung um 25°, die bei Konvergenz am meisten benutzt wird, z. B. beim Lesen. HERING (*36*) führt des Näheren aus, welche große Bedeutung diese Abweichungen für das Einfachsehen beim Lesen haben. Bei gesenktem Blick würden die Netzhauthorizonte ohne den Ausgleich durch Rollung nicht in der Blickebene liegen, sondern schräg, mit dem äußeren Teil gehoben, dem inneren gesenkt. Es müßte dann jede Zeile in spitzwinklig gekreuzten Doppelbildern erscheinen. Der Ausgleich erfolgt durch eine mit der Konvergenzbewegung verbundene Betätigung der unteren Obliqui. Bei stark kurzsichtigen Augen treten Abweichungen vom Listingschen Gesetz auch bei fernem Blickpunkt auf. Vielleicht liegt das an der durch die Achsenverlängerung bedingten Behinderung der Augenbewegung.

Als *Ausnahme* vom Listingschen Gesetz werden ferner die *ausgleichenden Rollungen* aufgefaßt, welche eintreten, wenn wir den Kopf schief halten. Zum Nachweis befestigt man an einem Lineal, welches man mit den Zähnen in Richtung geradeaus festhält, am freien Ende einen bei Grundstellung des Kopfes horizontal laufenden Papierstreifen, mit dem man ein Nachbild erzeugt. Neigt man nun den Kopf mitsamt dem Lineal und Papierstreifen, so müßte das Nachbild auch jetzt mit dem Streifen der Richtung nach zusammenfallen, wenn das Auge eine unveränderte Lage in der Augenhöhle behielte. Da es sich aber entgegen der Kopfneigung rückrollt, weicht nun die Richtung des Nachbildes von der Richtung des Streifens entsprechend ab. Bei geringen Kopfneigungen wird das Auge um den ganzen Neigungswinkel zurückgerollt, so daß der ursprünglich horizontale Schnitt der Netzhaut wieder horizontal steht.

Diese unwillkürlichen Rollungen um die Blicklinie können nun nach v. TSCHERMAK nicht eigentlich als Ausnahmen vom Listingschen Gesetz bezeichnet werden, sondern sie beruhen auf einer zweiten Art der funktionellen Zusammenschaltung der Bewegungsmuskeln. Für willkürliche reine Hebung wirken der Rect. sup. und Obl. inf. zusammen, wobei sich die Hebungswirkungen addieren, die Rollungswirkungen aufheben. Entsprechendes gilt für den Rect. inf. und Obl. sup. Unwillkürlich können der Rect. sup. und Obl. sup. zusammenwirken, unter Aufhebung der Hebungswirkungen (die hier entgegengesetztes Vorzeichen haben) und Addierung der Rollungswirkung nach einwärts. Entsprechendes gilt für den Rect. inf. und Obl. inf. hinsichtlich Auswärtsrollung. Die kompensatorischen Rollungen werden hiernach also nicht allein durch die Obliqui bewirkt. Der Sinn der Beteiligung von *drei* Antagonistenpaaren an dem Zustandekommen der Augenbewegungen liegt nach v. TSCHERMAK nicht darin, daß das Listingsche Gesetz der willkürlichen Augenbewegungen eine solche Anordnung fordere — hierfür wären nur zwei Antagonistenpaare, eines für Erhebungen, eines für Seitenwendungen, notwendig —, sondern in der Möglichkeit, *zwei Funktionsverknüpfungen* („Kooperationen") zu ermöglichen, die eine für die willkürlichen Bewegungen, die andere für die unwillkürlichen Rollungen. Nach v. TSCHERMAK (*4*) verhält sich das Auge funktionell sehr angenähert so, als ob es je einen reinen Innen- und Außenwender und je einen reinen Heber und Senker mit einer gemeinsamen Achsenebene sowie einen reinen Auswärts- und Einwärtsroller besäße, wobei die beiden letzteren nur unwillkürlich in Tätigkeit träten.

e) Regel der beiderseits gleichen Innervation

Die *Regel der beiderseits gleichen Innervation* (HERING) besagt, daß die Muskeln beider Seiten, welche zu einer gemeinsamen Tätigkeit benutzt werden, eine gleich starke Innervation erfahren. Das ist ohne weiteres für die beiden Einwärtswender (Rect. int. s. nas.) einleuchtend, wenn wir von dem der Grundstellung entsprechenden Blick in die Ferne ausgehend den Blick durch Konvergenzbewegung auf einen in der Symmetrieebene gelegenen nahen Punkt richten. Gehen wir wieder von der Grundstellung aus und wenden den Blick dem Horizont entlang nach links (oder rechts), so wird jetzt der linke (rechte) Außenwender gemeinsam mit dem rechten (linken) Innenwender betätigt, und hier ist wiederum die Innervationsstärke für beide Muskeln gleich, wenn der Fixierungspunkt in der Ferne bleibt. Anders scheint der Fall bei unsymmetrischer Konvergenzbewegung zu liegen, dann also, wenn wir von der Grundstellung ausgehend einen in der Blicklinie des einen Auges, also seitlich von der Symmetrieebene gelegenen nahen Punkt anblicken. Dabei wird ja nur für das *eine* Auge die Stellung der Blicklinie verändert. Nach HERING finden hierbei aber *zwei* an beiden Augen gleichstarke Innervationen statt, die sich summieren. Es werde ein in der linken Blicklinie liegender naher Punkt fixiert. Dann wird 1. symmetrisch konvergiert durch gleichstarke Innervation des rechten und des linken Innenwenders, 2. beiderseits nach links seitengewendet durch gleichstarke Innervation des rechten Innenwenders und linken Außenwenders. Hierbei wird die Außenwendung des linken Auges unterdrückt, weil sich die unter 1. erwähnte Innenwendung mit der unter 2. stehenden Außenwendung gegenseitig aufhebt zu Bewegungslosigkeit des linken Auges. Es bleibt also nur die Innenwendung des rechten Auges übrig, die bei 1. und bei 2. als Teilinnervation vorliegt.

Zur Veranschaulichung diene der von HERING angeführte Vergleich mit der Lenkung zweier Wagenpferde: durch Zug am *einen* Zügel werden *beide* Pferde zur gleichen Seitenwendung veranlaßt. Wir können den Vergleich erweitern: Würde man zwei Zügel verwenden, von denen sich der linke in üblicher Weise zu den beiden linken Trensenringen, der rechte aber zu den beiden inneren Trensenringen gabelt, so würde Zug an beiden Zügeln bei dem linken Pferd trotz Zügelzuges keine Kopfwendung, bei dem rechten eine solche nach links bewirken. Dies würde also dem Fall des in der linken Blicklinie liegenden nahen Fixierpunktes entsprechen.

Ferner leitete HERING ab, daß bei allen Augenbewegungen sowohl aus der Primärstellung als auch aus Sekundärstellungen heraus immer dieselben Muskeln in annähernd gleichem Verhältnis der Innervationsstärke betätigt werden. Jedoch liegen nach F. B. HOFMANN im ganzen die Verhältnisse so verwickelt, daß dieser Satz keine strenge Gültigkeit hat.

6. Verlauf der willkürlichen Augenbewegungen

Wenn man von einer Augenstellung zu einer anderen übergeht, also z. B. von der Primärstellung aus zu einem senkrecht darüber oder seitlich daneben liegenden Fixierpunkt, so bleibt die Blicklinie nicht genau in der durch den Drehpunkt und

die beiden Fixierpunkte gegebenen Ebene, sondern sie führt leichte und schnelle
Schwankungen aus. Die Bewegung wird also tatsächlich nicht um eine feststehende Listingsche Achse ausgeführt, sondern es ist, wie schon früher hervorgehoben wurde, nur die Endstellung so, als ob sie um eine feste in der Äquatorialebene liegende Achse erfolgt wäre. Man kann diese verhältnismäßig geringe
Genauigkeit der Augenbewegungen leicht feststellen, wenn man mit dem Blick über
eine rhythmisch unterbrochene helle Lichtquelle, am besten einen Lichtpunkt,
hinweggeht. Man bemerkt dabei, daß die Nachbilder nicht auf einer geraden Linie
liegen, sondern daß sie unregelmäßig nach beiden Seiten streuen, bei manchen
Bewegungen um eine gekrümmte mittlere Bahn. Am besten geradlinig verlaufen
die Horizontalbewegungen (die Seitenwendungen) des Auges. Die Schwankungen
beruhen auf der Innervationsweise der willkürlichen Muskelbewegungen, bei denen
bis über 100 Einzelimpulse in der Sekunde, mit unregelmäßigen gröberen Stößen
von etwa 30 bis 40 in der Sekunde, erfolgen. Diese sprechen sich schon in den
geschilderten Schwankungen des fixierenden Auges aus.

Die Bewegung auf einen neuen Fixierpunkt zu wird um so weniger genau sein,
je peripherer dieser Punkt liegt. Da in der Peripherie mehrere Sehelemente mit
einem Sehnerven verknüpft sind, bekommt das Gehirn nur ungenaue Mitteilung
von der Lage dieses Punktes. Das Auge macht zunächst eine oder, falls diese noch
nicht genügt, mehrere Ruckbewegungen, die es in die Richtung des neuen Punktes
bringen. An diese scharfen Ruckbewegungen, die auch über das Ziel hinausschießen
können, schließen sich gleitende Bewegungen an, wenn das Auge einen geringeren
Abstand als etwa 10 Bogenminuten hat. Die gleitenden Augenbewegungen erfolgen
unbewußt, daher hat man auch subjektiv bereits die Empfindung einer ausreichenden Bewegung, wenn sich das Bild noch neben der Fovea befindet
(GINSBORG). Bei binokularer Einstellung müssen die Bewegungen beider Augen
nicht unbedingt übereinstimmen. Sakkadierte Bewegungen werden auch bei Konvergenzbewegungen beschrieben. Sie können bei beiden Augen verschieden sein
(LORD). Es soll allerdings auch möglich sein, zwischen 2 bis zu 30° horizontal aus-
einanderliegenden Punkten gleichmäßige Bewegungen auszuführen (WESTHEIMER).

Drei Arten des Sehens lassen sich unterscheiden: das Fixieren, das Betrachten
und das Konturenverfolgen. Beim Fixieren werden die oben schon besprochenen
Zitterbewegungen neben den Ausgleichsbewegungen durchgeführt. Beim Betrachten führt das Auge Bewegungen aus, die keine Beziehungen zu dem gesehenen
Objekt erkennen lassen und ihm kaum ähnlich sind. Beim Konturenverfolgen
beschreiben die Augen individuell charakteristische Kurven, die in etwa der
objektiven Kontur gleichen. Dazwischen liegen Pausen, in denen ein Punkt fixiert
wird, und Sakkaden. Ganz ähnliche Augenbewegungen werden ausgeführt, wenn
der Auftrag erteilt wird, sich den vorher angesehenen Gegenstand vorzustellen. Nur
ist das Ausmaß etwas geringer (MOREL, SCHIFFERLI, BURGERMEISTER und DICK).
Auch im Schlaf werden Augenbewegungen ausgeführt, die mit Sicherheit auf
Träume, evtl. auch auf allgemeine motorische Unruhe zurückgeführt werden
können und mit einer Beschleunigung von Atmung und Puls einhergehen
(ASERINSKY und KLEITMAN).

Die *Geschwindigkeit der Augenbewegungen*, die sich gleichfalls mit dem Nach-
bilderverfahren bestimmen läßt, ist recht erheblich. Es fand sich die Winkelgeschwindigkeit im Mittel von 2- bis 4mal 360° in der Sekunde (also etwa 70—150°
Drehung in $^1/_{10}$ Sekunde). Die Geschwindigkeit ist bei horizontaler Bewegung
etwas größer als bei senkrechter (LAMANSKI). Das mag daran liegen, daß die
Seitenwender ihrer Verlaufsrichtung wegen günstigere Wirkungsbedingungen
haben als die Heber. Die Anfangsgeschwindigkeit ist bei umfangreicherer Blickbewegung größer als bei einer Bewegung geringeren Ausmaßes (BRÜCKNER).

Trotz der großen Geschwindigkeit schießt die Augapfelbewegung nicht über das Ziel hinaus, etwa infolge Massenträgheit. Es ist zu beachten, daß die Bewegung eines Agonisten z. B. eines Außenwenders durch den Antagonisten, also den Innenwender, gedämpft wird. In Ruhelage sind alle Augenmuskeln tonisch innerviert. Bei Zusammenziehung des Agonisten wird der Tonus des Antagonisten gehemmt, für ersteren der Bewegungswiderstand also zunächst vermindert (SHERRINGTON). Je größer aber der Winkel der Augenbewegung wird, um so stärker wird der elastische Widerstand der Antagonisten.

Bei der *gewöhnlichen Benutzung der Augen* außerhalb der Berufsarbeit wird bald der bald jener Punkt fixiert, wobei der Blick je nach den besonderen Umständen etwa $^1/_2$—2 sec verweilt, ehe er wieder springt (sakkadierte Bewegungen). Besondere Verhältnisse liegen beim *Lesen* vor. Bei einer Zeile von 12 cm Länge durchläuft der Blick die Zeile in etwa 3 sec und führt dabei etwa 5 Sprünge aus. Es findet also kein gleichmäßiges Durchlaufen der Zeile statt. Bei jeder der einzelnen Fixierstellungen können so viel Buchstaben gleichzeitig scharf gesehen werden, wie im Sehwinkel von etwa $1^1/_2$—2° (Größe der Fovea) Platz haben; das trifft bei 30 cm Leseweite für Buchstaben zu, welche auf einer Strecke von etwa 1 cm nebeneinander stehen. Weiter seitlich werden noch einige Buchstaben hinreichend deutlich erkannt, wenn es sich um Wörter handelt. Hierin liegt der Grund für die ruckweise erfolgende Bewegungsausführung und die verhältnismäßige Größe der Sprünge. In Reihen von beliebigen Buchstabenzusammenstellungen können nur Gruppen von 4 bis 5 Buchstaben bei einer Fixierstellung erkannt werden (DODGE). Eine Analyse der Augenbewegungen wurde in jüngerer Zeit von O. und E. AULHORN durchgeführt. Sie studierten die Lesegeschwindigkeit bei Texten, deren Zeilenrichtung und Buchstabenanordnung verändert wurde. Die mathematische Behandlung der Meßergebnisse ermöglicht, Vorgänge im Zentralnervensystem quantitativ zu erfassen, die bisher nur qualitativ bekannt waren.

Daraus, daß die Augen beim Lesen sprungweise bewegt werden, kann nicht geschlossen werden, daß eine gleichförmige langsame Bewegung für das Auge ganz unmöglich ist. Läßt man das Auge einen neben einer Druckzeile sich gleichförmig bewegenden Punkt fixieren, so folgt es in ebenfalls gleichförmiger Bewegung, wie durch mikroskopische Beobachtung festgestellt werden kann. Bis zu einer Geschwindigkeit von 2 cm/sec kann bei diesem Verfahren auch gelesen werden; bei sprungweisem Lesen mit nicht geführtem Auge kann aber doppelt so schnell gelesen werden. Auch dann, wenn man den Blick an einer Linie entlang wandern läßt, erfolgen die Augenbewegungen sprungweise (ÖHRWALL). Gleichförmige langsame Bewegungen des Auges erfolgen also nur, wenn der Blick durch einen gleichförmig bewegten Gegenstandspunkt geführt wird. Der Umfang, um den ein Auge aus seiner Primärstellung abgelenkt werden kann, beträgt zwischen 40 und 60°. Er ist abhängig von der Richtung der Augenbewegung und vom Alter. Bis zum 30. Lebensjahr bleibt die Gesamtexkursionsfähigkeit des Auges annähernd konstant. Dann aber erfolgt eine erhebliche Verminderung, die bis zu 20% betragen kann. Die Exkursionsfähigkeit nach unten und nach nasal übertrifft im allgemeinen die nach oben und temporal. Die größte Bewegungsfähigkeit liegt vor beim Blick nach nasal unten (HOLLAND).

Das Ausmaß der wirklich ausgenutzten Augenbewegungen ist individuell verschieden groß. Bei Menschen mit „lebhaftem Blick", d. h. ausgiebigen Augenbewegungen ist das *Gebrauchsblickfeld*, welches im allgemeinen kleiner ist als das oben besprochene *maximale Blickfeld*, größer als bei Menschen mit „ruhigem Blick". Man gibt als Durchschnittswert eine Größe der Blickbewegungen von 10 bis 15° aus der Grundstellung heraus an, falls die Kopfbewegungen nicht behindert sind. Zur Ergänzung des Gebrauchsblickfeldes werden bekanntlich die

Kopfbewegungen ergänzend zugezogen. Denkt man sich die Augen in den Augenhöhlen in Grundstellung festgelegt, so könnte man als *Kopfbewegungsfeld* dasjenige Feld des Außenraums, in Winkeln angegeben, verstehen, welches vermittels ausschließlich der Kopfbewegungen durch die festgestellte Blicklinie umfahren wird. Dieses Kopfbewegungsfeld wird dann durch Blickbewegungen noch erweitert. In der Regel wird ein peripher im Gesichtsfeld erscheinender Gegenstand, welcher die Aufmerksamkeit erregt, unter wesentlicher Zuhilfenahme von Kopfbewegungen fixiert.

COMBERG unterscheidet weiter ein *Umblickfeld.* Er versteht darunter das Feld, das ein stehender Mensch mit dem Blickpunkt ohne Veränderung der Ausgangsfußstellung bei Ausnutzung aller Bewegungsmöglichkeiten durchlaufen kann. Er hat ein besonderes Gerät angegeben, das geeignet ist, das Umblickfeld zu messen. Ein großes Umblickfeld ist vor allem für Autofahrer und Flieger von Bedeutung.

7. Unwillkürliche Augenbewegungen

Unwillkürliche Augenbewegungen können durch verschiedene Ursachen veranlaßt werden. Wie bei den eben besprochenen Versuchen mit Führung des Auges durch einen bewegten Punkt entlang einer Druckzeile gleichförmige als willkürlich zu bezeichnende Augenbewegungen eintreten (es besteht ja der Wille, der Punktbewegung zum Zweck des Lesens der Zeile zu folgen), so können durch einen bewegten Gegenstand auch unwillkürliche Augenbewegungen entstehen. Am bekanntesten ist die Erscheinung des *optischen Nystagmus* in Form des sog. *Eisenbahnnystagmus.* Wenn wir aus dem Fenster des Zuges die rückwärts eilende Landschaft betrachten, bleibt unser Blick vorübergehend an einem Landschaftspunkt haften, der Blick folgt also der sich fortbewegenden Landschaft. Sobald die Blickwendung ein bestimmtes Ausmaß erreicht hat, springt der Blick wieder in die Grundstellung zurück, ein anderer Landschaftspunkt wird fixiert; das Auge folgt nun wieder diesem, bis der Blicksprung zurück von neuem auftritt. Dieser Wechsel des Blicks, mit einer langsamen Bewegung entgegen der Fahrtrichtung (1. Phase) und einer schnellen Bewegung mit der Fahrt (2. Phase), wird als Nystagmus bezeichnet. Es liegt also ein *rein optisch ausgelöster Nystagmus* vor.

Ein derartiger Nystagmus tritt immer dann auf, wenn optomotorische Reflexe nicht imstande sind, die beabsichtigte Blickrichtung festzuhalten. Er wird auch als psychooptischer Reflex aufgefaßt, der sowohl von optischen Faktoren, wie Reizfeld, Akkommodation, als auch von psychischen (Konzentration der Aufmerksamkeit z. B.) beeinflußt wird. Nach MACKENSEN ist der Einfluß der Aufmerksamkeit von größerer Bedeutung als der der scharfen Abbildung des Reizmusters.

Zur näheren Untersuchung kann ein an der Decke aufgehängter großer Papierzylinder verwendet werden, innerhalb dessen sich der Beobachtete oder das Versuchstier befindet; der Zylinder wird um seine Achse gedreht. Er ist innen mit abwechselnd schwarzen und weißen breiten Streifen versehen und wird gut beleuchtet (optokinetische Trommel). Da der optische Nystagmus bei Blindheit fehlt, ist dieser Versuch geeignet, um zu entscheiden, ob Blindheit vorliegt. Der optische Nystagmus wird sowohl vom Zapfen-, als auch vom Stäbchenapparat aus hervorgerufen. Er tritt bei allen Lichtstärken auf, die über der Schwelle liegen, und kann mithin zur Ermittlung der Lichtschwelle verwendet werden (objektive Adaptometrie nach RIEKEN und MEESMANN). OHM, GOLDMANN, GÜNTHER, v. ROMBERG, ROCHELS u. a. haben versucht, den Nystagmus zu einer objektiven Sehschärfebestimmung zu verwenden. Daß man auch rotatorischen Nystagmus (ruckende Rollbewegungen) optisch auslösen kann, zeigte BRECHER (4), welcher eine langsam gedrehte Kreisscheibe mit schwarzen und weißen Sektoren betrachten ließ. Einseitige Reizung bewirkt beiderseitigen Nystagmus. Manche Personen vermögen einen Nystagmus willkürlich auszulösen.

Man kann eine cerebrale (corticale) und eine subcorticale Komponente des optisch ausgelösten Nystagmus unterscheiden. Cerebraler Nystagmus liegt vor, wenn ein Gegenstand, z. B. eine bestimmte Linie in der optokinetischen Trommel, willkürlich verfolgt wird, bis das Auge das Ende des Ausmaßes seiner Bewegung erreicht hat. Wird eine Linie nicht willkürlich verfolgt, so wird ein Streifen nur für eine kurze Strecke fixiert, dann springt das Auge wieder zurück, um einen neuen Streifen zu fixieren. Diese Art Nystagmus wird als subcorticaler bezeichnet. Bei Tieren kann man den cerebralen Nystagmus aufheben, indem man die Hemisphären abträgt. Der subcorticale Nystagmus bleibt dann bestehen (RADEMAKER und TER BRAAK). Während bei bilateraler Entfernung der Sehsphäre bei der Katze der Nystagmus in der optokinetischen Trommel erhalten bleibt, ist die Reaktion vermindert, wenn der Colliculus superior ein- oder beidseitig verletzt wird (SMITH).

Die nystagmischen Bewegungen können als *Ausgleichbewegungen* bezeichnet werden: das Wandern der Gegenstände wird durch Augenbewegung ausgeglichen, so daß das Netzhautbild in der langsamen Phase nicht wandert.

Andere Theorien von OHM und ROELOFS sind von letzterem ausführlich abgehandelt.

Weiterhin können durch Augenbewegung *Ausgleichstellungen* bewirkt werden. Sie lassen sich leicht bei Anwendung von *Prismen* beobachten. Schiebt man vor das eine Auge ein Prisma bis 10° Stärke, wobei man einen Punkt in bequemer Sehweite fixiert, so wird für dieses Auge das Bild aus der Fovea heraus nach seitlich verlagert. Die reflektorische Folge davon ist eine Ausgleichbewegung des Auges, welche die Fovea auf den Bildort verschiebt; diese Ausgleichsstellung wird so lange inne gehalten, wie das Prisma vor dem Auge steht. Wird nun das Prisma entfernt, so liegt in dem betreffenden Auge das Bild von neuem neben der Fovea. Dies gibt zur Rückbewegung des Auges Anlaß. Diese Ausgleichbewegungen werden als *Fusionsbewegungen* bezeichnet. Die Dauer der Fusionsbewegungen beträgt beim Blick geradeaus etwa 0,7 sec (BRECHER, PIPER). G. SCHMIDT fand, daß sie am kürzesten ist, wenn der Blick um 15° gesenkt wird. Bei Seitenwendung des Blickes wird sie größer. Da nach Konvergenz- oder Divergenzbewegungen in den Augenmuskeln tonische Innervationsreste überdauern (HOFMANN und BIELSCHOWSKY), hat auch die Änderung der Blickweite einen Einfluß auf die Fusionszeit. Von HOLLAND wurde neuerdings festgestellt, daß die Fusion der Bilder eines Gegenstandes in 5 m Entfernung einen tonischen Innervationsrest hinterläßt, der erst nach 5—10 sec ausgeglichen wird. Das schnelle Ansprechen des Fusionsmechanismus im täglichen Leben dürfte mit diesem Innervationsrest zusammenhängen. Fusionsbewegungen können auch in Rollungen des Auges bestehen, wenn das Netzhautbild einer senkrechten Linie in einem Auge künstlich schräg gestellt wird (Drehung eines Umkehrprismas um die Gesichtslinie). Periphere Bildverlagerungen können unter Umständen eine foveale Fusion stören (BURIAN). Die Fusionsbewegungen können nur dann einen völligen Ausgleich schaffen, wenn die Bildverlagerung keinen zu hohen Betrag hat. In diesem Fall wird also das Donderssche Gesetz der konstanten Orientierung durchbrochen, nicht aber das Gesetz der symmetrischen Innervation beider Augen, da sich die Fusion gleichmäßig auf beide Augen verteilt.

Während normalerweise beim Blick in die Ferne keine besondere Innervierung notwendig ist — die Augen nehmen auch im völlig dunklen Raum bei offenen Augen annähernd Primärstellung ein —, sind in anderen Fällen *dauernde Fusionen* notwendig, um die Stellungsabweichung auszugleichen. Diese Stellungsabweichungen werden *Heterophorien* genannt. Sie sind daran kenntlich, daß das betreffende Auge bei Verdecken vom Blickpunkt abweicht und sich nach Aufdecken erneut einstellen muß. Die Abweichung kann nach außen oder innen, nach oben oder unten erfolgen oder in Rollung bestehen [Exo-, Endo- (= Eso-), Hyper-, Hypo-, Zyklophorie]. Die Exophorie ist in geringem Grade sehr häufig vorhanden, nach augenärztlicher Angabe (BIELSCHOWSKY) bei der Mehrzahl der Erwachsenen. Der Fusionszwang entsteht aus dem bei abweichender Stellung auftretenden Doppeltsehen, auf das wir bei Besprechung der Richtungswahrnehmung zurückkommen. Weil bei den Heterophorien die Schielstellung bei offenen Augen durch die Fusions-

bewegungen verborgen ist, während sie sich bei Verdecken des Auges sogleich
einstellt, spricht man von *latentem Schielen*. Die nach Alkoholgenuß (COLSON) und
bei kurzzeitigem Sauerstoffmangel (VELHAGEN) auftretende Esophorie wird mit
Tonusänderungen im autonomen Nervensystem in Zusammenhang gebracht
(ADLER, ROSE).

Unwillkürliche Augenbewegungen werden ferner vom *Vestibularorgan* aus hervorgerufen. Dieses besteht aus den Ampullen mit den Bogengängen und dem
Sacculus und Utriculus mit ihren Receptoren für Trägheitswirkung der Endo-
lymphe bzw. Schwerewirkung der Statolithen. Bei Schräghaltung des Kopfes
nehmen die Augen im Kopf die schon besprochene *Ausgleichstellung* ein; der in
Grundstellung waagerechte Netzhautschnitt würde schräg stehen, wenn nicht
die Augen den Neigungswinkel des Kopfes durch diese Rückrollung ausgleichen
würden. Dadurch wird eine Verlagerung des Bildes auf der Netzhaut vermieden.
Beim Menschen kann der Ausgleich nur in geringem Umfang der Neigung stattfinden (Näheres bei M. H. FISCHER). Bei Kopfbewegung um die frontale Querachse treten beim Menschen kompensatorische Hebungen und Senkungen des
Blicks auf, nachweisbar bei Blinden, und bei Normalen im Dunkeln. Bei vielen
Tieren sind die Kompensationen sehr umfangreich, bis zu 90° bei Heben und
Senken des Kopfes (z. B. beim Hirsch).

Bei Drehung des Körpers in Grundstellung um eine senkrechte Achse tritt
Nystagmus ein, und zwar auch dann, wenn seine optische Auslösung ausgeschlossen
ist. Zu diesem Zweck gestaltet man das Gesichtsfeld völlig gleichmäßig, etwa
durch Anwendung eines großen weißen Papierzylinders, oder indem man die Augen
lichtdicht verschließt oder im völlig Dunkeln untersucht. Es liegt dann ein
vestibulärer Nystagmus vor. Er beginnt mit der vestibulär ausgelösten, der Drehung entgegengerichteten Bewegung. Ihr folgt eine schnellende Rückbewegung,
der sich von neuem die langsame (von der Geschwindigkeit der Drehung
abhängige) Gegenphase anschließt. Man kann den Nystagmus leicht an sich
selbst beobachten, wenn man Zeige- und Mittelfinger innen und außen auf die
geschlossenen Lider legt und sich stehend in den Hüften dreht. Auch kann
man einen Drehstuhl verwenden. Fehlt der Nystagmus, so liegt eine
Schädigung des Vestibularorgans vor. Bei der Drehung mit offenen Augen
besteht ein Zusammenspiel von optisch und vestibulär ausgelöstem Nystagmus
(vgl. a. S. 357).

Auf die *nichtvestibuläre reflektorische* Auslösung von *Augenbewegungen* durch
Hals- und Rumpfreflexe kann hier nur kurz hingewiesen werden. Sie lassen sich
gut an Fischen beobachten. Am Aal führen bei Biegungen des vorderen Körper-
teils die Augen kompensierende Gegenbewegungen aus. Diese sind auch für den
Menschen anzunehmen. BAUER führt zum Beweis folgenden Versuch an. Bewegt
man vor den Augen eine Druckschrift ziemlich schnell um etwa 6 cm auf und ab,
so vermag der Blick schwer zu folgen. Leicht folgt er dagegen, wenn die Relativbewegung von Schrift gegen Augen durch Kopfnicken hervorgerufen wird. Im
ersteren Fall folgen die Augen der Bewegung nur durch optischen Reflex, im
letzteren wird dieser noch durch Labyrinth- und Halsreflex unterstützt. Die biologische Bedeutung liegt jedenfalls bei den erwähnten Tieren klar zutage: die bei
der Fortbewegung unvermeidlichen seitlichen Kopfbewegungen werden durch die
nicht nur vom Labyrinth ausgelösten Gegenbewegungen der Augen mit dem
Erfolg einer unveränderten Lage der Netzhautbilder kompensiert.

Sehr beweisend für wirksame Halsreflexe auf die Augen würde es sein, wenn sich zeigen
ließe, daß Taubstumme mit völligem Verlust des Vestibularorgans bei schnellen Kopfneigungen ebenfalls viel besser lesen können als bei gleich schnellen Auf- und Abbewegungen
der Schrift.

Zu den unwillkürlichen Augenbewegungen gehören auch diejenigen, welche die *Schlafstellung der Augen* herbeiführen. Bei Lidschluß, der im Schlaf durch eine tonische Innervierung des M. orbicularis der Lider unterhalten wird (feststellbar am Muskelton), werden die Bulbi nach oben und außen gedreht (Bellsches Phänomen). Auch hier liegen tonische Innervationen vor. Vielleicht dient diese Schlafstellung der Entlastung der Hornhaut vom Druck der Lider. Daß uns bei starker Müdigkeit „die Augen übergehen", liegt an dem mit der Lidsenkung verbundenen zu Doppelwahrnehmung führenden Übergang der Augäpfel in die Schlafstellung.

8. Konvergenzbewegungen

Die Konvergenzbewegungen beider Augen nehmen insofern eine Zwischenstellung zwischen willkürlichen und unwillkürlichen Augenbewegungen ein, als es noch ungeklärt ist, ob sie primär ausgelöst werden können oder nur sekundär erfolgen. Es ist nämlich möglich, bei gleichbleibendem Abstand einer Leseprobe, also bei konstanter Konvergenz, die Akkommodation durch Vorsetzen von + oder — Gläsern um einen größeren Betrag zu ändern. Wenn diese „relative Amplitude" der Akkommodation für mehrere Konvergenzzustände innerhalb des Bereichs zwischen Konvergenzfern- und -nahpunkt bestimmt wird, kann ein Diagramm gezeichnet werden, das für einen bestimmten Akkommodationszustand eine Amplitude der „relativen" Konvergenz abzulesen gestattet (EMSLEY). Ebenso kann auch die Konvergenz bei konstantbleibender Akkommodation oder wenigstens ohne daß das Objekt unscharf wird, geändert werden. Einige Autoren (FRY, MORGAN, HOFSTETTER u. a.) unterscheiden daher drei Arten von Konvergenz:

1. die *akkommodative Konvergenz*, die mit Veränderungen der Akkommodation einhergeht. Sie wird mit dissoziierten Augen bestimmt. Ausgehend von der Primärstellung wird dem unverdeckten Auge ein nahes Objekt in Richtung seiner Visierlinie dargeboten, so daß eine Akkommodation erfolgt. Das verdeckte Auge führt eine Konvergenzbewegung aus, die als akkommodative Konvergenz bezeichnet wird. Sie wird von der Lage des Auges beim Blick in die Ferne berechnet, auch wenn diese durch eine Heterophorie beeinflußt ist. Wird nun auch das bedeckte Auge freigegeben, so führt es eine

2. *fusionale Konvergenzbewegung* aus, die eine Antwortreaktion auf die retinale Disparation ist. Sie kann in positiver oder negativer Richtung erfolgen. Ein geringer Betrag der gefundenen Einwärtswendung ist der

3. *proximalen* oder *psychischen Konvergenz* zuzuschreiben, die durch eine scheinbare Entfernungsänderung oder scheinbare Nähe des Objekts induziert wird. Sie kann z. B. bei plötzlicher Größenänderung eines Objektes ohne dessen Ortsänderung beobachtet werden (ITTELSON und AMES, HANSEN).

Die Frage nach dem Zusammenhang zwischen Akkommodation und Konvergenz wird sehr verschieden beantwortet. MADDOX nimmt an, daß der primäre Vorgang die Akkommodation ist, der dann die Konvergenzbewegung folge. Diese Ansicht konnte jüngst durch H. T. HANSEN experimentell bestätigt werden. Er fand unter anderem, daß der Akkommodationseinstellung des einen Auges nicht nur ein gesundes, abgedecktes Auge, sondern auch ein sehschwaches Auge folgt, das jahrelang vom Sehakt ausgeschlossen war. — Von ROELOFS, TAET u. a. wird die Vorherrschaft der Akkommodation bestritten und völlige Gleichberechtigung zwischen Akkommodation und Konvergenz angenommen. Akkommodation kann nach ihnen sowohl Konvergenzbewegungen auslösen, wie Konvergenz Akkommodation. — Schließlich besteht noch die Möglichkeit, daß der Konvergenzvorgang der primäre ist und seinerseits den Akkommodationsprozeß auslöst. Als

Beweis hierfür wird angeführt, daß die Entwicklung der Akkommodation und der Konvergenz ganz verschiedenartig sei, daß die Anforderungen sehr unterschiedlich seien und die Konvergenz der Akkommodation, wenn auch nur wenig, voraneile. Nach dieser Auffassung ist die Vermeidung von Doppelbildern der primär auslösende Prozeß. Sie wird heute u. a. von PIPER vertreten, der die verschiedenen Arten des Schielens auf eine Lösung und Umkehrung der physiologischen Verhältnisse zurückführt. Eine Beantwortung der Frage ist deshalb von besonderem Interesse, weil gleichzeitig mit ihr die Antwort auf die Frage gefunden würde, wodurch der Akkommodationsvorgang ausgelöst wird. Zunächst wird man sich damit bescheiden müssen anzunehmen, daß jeder dieser Vorgänge in der Lage ist, den anderen durch einen entsprechenden Impuls auszulösen, und zwar auch dann, wenn die Linse z.B. bei Presbyopie dem Impuls selber nicht mehr Folge leisten kann.

Zur Untersuchung des Konvergenzvermögens läßt man den zu Untersuchenden auf einen vorgehaltenen Bleistift blicken, den man langsam dem Auge nähert. Genauere Werte bekommt man mit dem Nahpunktsbestimmungsgerät von MONJÉ, von dem bereits die Rede war. Die Lage des Konvergenznahpunktes muß auf die Verbindungslinie der Drehpunkte beider Augen bezogen werden. Das ist bei dem Gerät von MONJÉ besonders einfach, weil seine Stutzen an die äußeren Orbitalränder angelegt werden, deren Verbindungslinie ziemlich genau durch die Drehpunkte hindurchgeht. Ein Nadelkopf wird auf einer Mittelschiene dieser Verbindungslinie solange genähert, bis er dem Untersuchten doppelt erscheint. Der Abstand des Nadelkopfes von der Verbindungslinie wird in Zentimeter oder nach einem Vorschlag von NAGEL in m-Winkel ausgedrückt. 1 m-Winkel ist das Maß für den Winkel, um den das Einzelauge aus der Primärstellung gedreht werden muß, um ein Objekt in 1 m Entfernung zu fixieren. Die Anzahl der m-Winkel wird gefunden, indem man 100 durch die Objektentfernung in Zentimeter dividiert. Diese Einheit ist variabel, da sie vom Augenabstand abhängt. Zu seiner Messung benutzt man am besten ein Gerät von TRENDELENBURG, auf das wir noch zu sprechen kommen (S. 310). Bei Kenntnis des Augenabstandes kann man sehr einfach auf Prismendioptrie (prdptr) umrechnen, indem man die m-Winkel mit dem Augenabstand (in Zentimeter) multipliziert.

Aus dem Verhältnis der akkommodativen Konvergenz und der gegebenen Akkommodation kann ein Quotient berechnet werden, der im amerikanischen Schrifttum als ACA-Gradient bekannt ist. Beträgt z. B. die akkommodative Konvergenz 15 prdptr, die Entfernung des Objektes 40 cm, die Akkommodation also $2^1/_2$ dptr, dann ist der Quotient = 6. Als Mittelwert wurde für eine gemischte Bevölkerung ein Wert von 4,3 gefunden. Dieser Quotient ist bezeichnend für das Individuum; bei Verletzungen im Gebiet des Konvergenzmechanismus sinkt er, bei Verletzungen im Gebiet des Akkommodationsmechanismus steigt er.

Die Lage des Konvergenznahpunktes ist vom Alter praktisch unabhängig. Sie soll mindestens 10 Meterwinkel betragen. Bei Blick nach oben ist die Konvergenzbewegung erschwert. Über die Altersabhängigkeit der Akkommodation s. die Kurve von DUANE Abb. 19.

9. Augen- und Kopfbewegungen

Es wurde schon hervorgehoben, daß zur Wendung des Blicks auf Gegenstände, die an der Grenze des Blickfeldes liegen, Kopfbewegungen zu Hilfe genommen werden. Es fragt sich, in welcher Weise diese erfolgen und welche Beziehungen sie zu den Augenbewegungen haben. Nach v. KRIES (5) sind zwei Fragen auseinanderzuhalten, einmal die nach den Gesetzen der Kopfbewegung aus der Primärstellung heraus, sodann die nach dem Zusammenhang zwischen den Kopfstellungen und -bewegungen mit den Augenstellungen und -bewegungen.

Zunächst lassen sich auch bei den Kopfbewegungen die Grundstellung (Primärstellung), die Seitenwendung, die Erhebung und die (der Rollung des Auges entsprechende) Neigung, mit senkrechter, waagerecht-frontaler und waagerecht-sagittaler Achse unterscheiden. Mit der Blicklinie wäre die waagerechte Längsachse des primär gehaltenen Kopfes zu vergleichen. Bei Untersuchung ausschließlich der Kopfbewegungen sind die Augen in Primärstellung bleibend vorzustellen. In Analogie zu dem Dondersschen Gesetz von der konstanten Lage des Augapfels bei gegebenem Blickpunkt kann gefragt werden, ob die Kopfhaltung zum primär gestellten (in Grundstellung befindlichen) Körper bei gegebenem Richtpunkt für die Längsachse immer die gleiche ist. Das ist im allgemeinen der Fall, weil wir bei aufrechter Körperhaltung den Kopf bei den dem Herumblicken dienenden kleineren Bewegungen nicht schief (geneigt) zu halten pflegen oder bei starken Kopfverstellungen nach schräg seitlich-oben die Schiefstellung von Kopf (und oft auch von Oberkörper) in annähernd stets gleicher Weise vornehmen. Hinsichtlich der ersten Frage von v. KRIES ist ermittelt worden, daß die Kopfbewegungen dem Listingschen Gesetz (Bewegung aus Primärstellung um frontale Achsen) jedenfalls nur sehr wenig angenähert folgen, und hinsichtlich der zweiten Frage, daß zwischen Kopf- und Augenstellungen kein gesetzmäßiger Zusammenhang besteht.

Wenn wir auf einen weit seitlich, oben oder unten befindlichen Gegenstand unseren Blick durch Benutzung von Augen- *und* Kopfbewegung richten, so wird die neue Stellung in der Regel nur kurze Zeit zur ersten Feststellung über den Gegenstand eingehalten. Erweckt er weiter kein Interesse, so wandert Blick und Kopf zurück. Ist eine eingehendere Beobachtung erforderlich, so wird meist der ganze Körper gewendet, so daß der Kopf und die Augen bei einem in Kopfhöhe befindlichen Gegenstand wieder in Primärstellung kommen. Befindet sich der Gegenstand aber über (unter) Augenhöhe, so pflegen wir den Kopf so zu heben (senken), daß die Augen im Kopf wieder annähernd Primärstellung haben, wobei also wieder die gleichen Bewegungsgesetze der Augen gelten wie bei primär gestelltem Kopf. Vielleicht liegt in diesem Sachverhalt der Grund dafür, daß eine nähere Verknüpfung der Gesetze der Augenbewegung mit denen der Kopfbewegung zum Zweck der „leichtesten Orientierung" nicht erforderlich ist.

10. Latenzzeiten beim Sehen und ihre praktische Bedeutung

Im einzelnen wurde schon darauf hingewiesen, daß die am Sehen beteiligten Vorgänge Zeit verbrauchen. Im Hinblick auf die Schnelligkeit der modernen Verkehrsmittel ist diese nicht bedeutungslos. Es sollen deshalb die einzelnen Vorgänge in ihrem zeitlichen Verlauf noch einmal im Zusammenhang besprochen werden, unter Zugrundelegung der Ausführungen von H. STRUGHOLD.

Fällt ein Lichtreiz auf eine periphere Netzhautstelle, so wird er nach einer bestimmten Latenzzeit dort unscharf wahrgenommen. Es setzt nun eine Kette von Reaktionen ein: Nach einer Reaktionszeit von etwa 180 msec erfolgen Augen- (bzw. auch Kopf-)bewegungen, um den Lichtreiz in das Zentrum des Gesichtsfeldes zu bringen. Hierbei wird eine konjugierte, sakkadierte Interfixationsbewegung (vgl. S. 266) ausgeführt, denn das Auge geht von einem zu einem anderen Fixationspunkt über. Die Interfixationsbewegung erfordert je nach Ausmaß 30—100 msec. Man kann die Fixationsbewegung als psycho-optischen Reflex betrachten, da die Aufmerksamkeit das retinale Bild in einen Reflexreiz verwandelt (HERING). Alles in allem sind von der Reizung der peripheren Retina bis zum deutlichen Sehen mindestens etwa $^1/_4$ sec erforderlich, einschließlich der peripheren Empfindungs(latenz)zeit (35—150 msec), der Reaktionszeit für die Interfixationsbewegung (180 msec), der Bewegung selbst (30—100 msec) und der Empfindungs(latenz)zeit der Fovea (50 msec). Die Kopfbewegung, deren Reaktionszeit und Winkelgeschwindigkeit nicht bekannt sind, unterstützt die grobe Einstellung auf ein Objekt, das Auge besorgt die Feineinstellung. Für eine Umstellung von Fern- auf Nahsehen werden weitere Reaktionen benötigt: Konvergenz (S. 289), Akkommodation (S. 24), Pupillenreaktion (S. 19). Die Reaktionszeiten für Akkommodation und Konvergenz sind nicht bekannt. Der Vorgang von einer

Fixation zur anderen besteht somit aus mehreren Komponenten; Interfixationsbewegung und Konvergenz können als ophthalmokinetische Einstellung des Auges
für deutliches Sehen bezeichnet werden, Akkommodation und Pupillenreaktion
als dioptrische Einstellung. Die ophthalmokinetische Einstellung ist kurz, da sie
von quergestreiften Muskeln mit schnell reagierenden animalen Nerven ausgeführt
wird, die dioptrische relativ langsam, da sie durch autonome Innervation und
glatte Muskulatur betätigt wird.

Die gesamte Reihe von Latenzzeiten erfordert im Minimum 200 msec bis über
eine Sekunde, eine beachtliche Zeit. Diese Latenzzeitketten kann man als sensorische Latenzen niederer Ordnung zusammenfassen, da die intermediären Prozesse
Reflexe sind, und da sie mehr oder weniger unwillkürlich verlaufen und ihr End-
produkt eine einfache Wahrnehmung ist, während zu den sensorischen Latenzen
höherer Ordnung diejenigen der höheren Assoziationen, das Erkennen, Unterscheiden und Begreifen gehören. Diese Latenzen höherer Ordnung weisen zeitlich
eine größere Variabilität auf, während die niederen mehr oder weniger konstant
sind. TRAVIS konnte in einem Versuch zeigen, daß Übung auf Akkommodation
und Konvergenz kaum einen Einfluß hatte, während die Erkennungszeit von
1050 auf 650 msec deutlich verkürzt wurde.

Auch für die Berufsauslese sind diese Betrachtungen wichtig. Personen über
40 Jahre mögen kurze Latenzen höherer Ordnung haben. Kommt es aber auf die
Akkommodationszeit an, so sind sie im Nachteil, da diese bei ihnen verlängert ist.
Besondere Beachtung verdienen die Latenzzeitketten bei Vorgängen, die unter
geringstem Zeitverlust zu erfolgen haben, z. B. die Steuerung eines Schnell-
flugzeuges. Hieraus folgt, daß die Instrumentenbretter für Piloten so anzuordnen
sind, daß letztere mit einem Minimum an Kopf- und Augenbewegungen auskommen.

D. Die Richtungswahrnehmung

1. Grundtatsachen

Für die Richtungswahrnehmung sind zunächst einige *Grundtatsachen* aufzu-
führen, die z. T. durch Erfahrung nicht erklärbar oder jedenfalls hier als gegeben
hinzunehmen sind.

Dazu gehört sogleich die Tatsache, daß unsere *Gesichtswahrnehmungen außerhalb von uns erscheinen*, während doch der Vorgang, der ihnen zugrunde liegt,
in der Netzhaut seinen Ursprung hat und sich im Gehirn abspielt. Das ist ebensowenig erklärbar wie die Tatsache, daß auch unsere Gehörswahrnehmungen für
uns keine Beziehung zum Ort des Gehirns oder des Gehörorgans haben, sondern
in der Regel ebenfalls „außerhalb liegen". Ebenso unerklärlich ist, daß unsere
Tastempfindungen, denen wiederum Vorgänge in der Großhirnrinde zugrunde
liegen, in der Sinnesfläche, der Haut, empfunden werden und nicht außerhalb
von uns. Das wäre dem Fall zu vergleichen, daß unsere Gesichtsempfindungen
im Auge (auf der Netzhaut) liegend empfunden würden, was wir uns nicht einmal
vorstellen können. Wenn gesagt wird, daß unsere Gesichtswahrnehmungen nach
außen „projiziert" werden, so ist das natürlich keine Erklärung, sondern eine
nicht einmal sonderlich treffende Umschreibung der Tatsache, daß wir unsere
Gesichtswahrnehmungen außen *haben*. Sie *liegen* dort, und werden nicht erst
dorthin geworfen.

Eine zweite Tatsache ist das *Aufrechtsehen trotz umgekehrter Lage des Netzhautbildes*. Ein im Raum oben liegender Punkt bildet sich auf der Netzhaut unten
ab, da ja das Bild des einfachen optischen Systems, also auch des auf ein solches
zurückführbaren Auges, ein reelles umgekehrtes ist, wie Abb. 3 zeigte. Ferner

liegt im Bild rechts, was im Gegenstand links liegt. Es ist aber nicht zutreffend, in der Tatsache des Aufrechtsehens bei umgekehrter Lage des Netzhautbildes ein Verhalten zu finden, das paradox ist, das also einer berechtigten Erwartung zuwiderläuft. Denn letzten Endes sind gar nicht die von dem Abbild ausgelösten Erregungsvorgänge in der Netzhaut die Grundlage der Empfindungen und Wahrnehmungen, sondern die Vorgänge in der Großhirnrinde. Diese aber können nicht ohne weiteres als von gleicher räumlicher Anordnung angenommen werden, wie sie im Netzhautbild vorliegt. Von den Netzhautbildern wissen wir nur durch die wissenschaftliche Untersuchung, während im natürlichen Bewußtsein des Sehenden die Netzhaut gar nicht existiert, wie HELMHOLTZ sich ausdrückt. „Wir hätten gerade ebensoviel Recht, uns darüber zu wundern, warum die Buchstaben eines gedruckten Buches nicht von rechts nach links verkehrt sind, da ja doch die metallenen Lettern, mit denen gedruckt ist, verkehrt sind."

Eingehend hat LOTZE in seiner Medizinischen Psychologie die Frage des Aufrechtsehens abgehandelt. Auf seine Ausführungen sei hier besonders hingewiesen. Es kommt nur darauf an, daß die Erregung eines unteren Netzhautpunktes eine Wahrnehmung an einem Raumpunkt bewirkt, „der in dem Raume des Tast- und Muskelgefühls oben ist". Bei der Verbindung der Netzhaut mit den motorischen Einrichtungen „war es nun ganz gleich, ob die Natur die unteren Punkte der Retina so mit jenen motorischen Elementen verband, daß sie im Raumbilde des Muskelgefühls oben, oder so, daß sie in ihm unten, oder endlich so, daß sie quer oder sonstwie erscheinen mußten. Keine dieser Einrichtungen wäre schwieriger gewesen als andere, so daß es einer besonderen mechanischen Erklärung für die, welche wirklich getroffen ist, gar nicht bedarf". Die Zwecke der Augenbewegungen seien aber „nur durch zwei Einrichtungen erfüllbar: durch ein *verkehrt stehendes* Netzhautbild auf dem *konkaven Hintergrund* des Auges, oder durch ein *aufrecht stehendes* Bild auf seiner *konvexen* vorderen Oberfläche".

Sodann sei auf die Ausführungen von HAMBURGER hingewiesen und schließlich ganz besonders JOH. MÜLLER (2) hervorgehoben. Er sagt: „Es wird eben alles und auch die Teile unseres Körpers verkehrt gesehen und alles behält seine relative Lage. Auch das Bild unserer tastenden Hand kehrt sich um. Wir nennen daher die Gegenstände aufrecht, wie wir sie eben sehen." Auch VOLKMANN sei der Ansicht, daß es einer Erklärung des Aufrechtsehens nicht bedarf, so lange das Auge nicht Einzelnes, sondern alles verkehrt sieht. Die Begriffe aufrecht und umgekehrt existieren nur im Gegensatz.

Eine dritte Tatsache drängt sich uns auf, wenn wir beachten, daß wir mit *zwei* Augen sehen. Trotzdem sehen wir *einfach*, — wenigstens entgeht uns, genauer gesagt, für gewöhnlich die durch das Vorhandensein zweier Augen bedingte Möglichkeit, von *einem* Gegenstand unter Umständen auch *zwei* Wahrnehmungen zu haben. Es liegen hier also recht verwickelte Beziehungen vor. Während das Gesamtauge bald eine einfache, bald eine zweifache Wahrnehmung gibt, vermittelt uns das ebenfalls doppelt angelegte Gehörorgan im gesunden Zustand stets nur Einfachhören. Das doppelte Gehörorgan zeigt uns also nur eine einzige Schallquelle an, das doppelt angelegte Gesichtsorgan aber bald eine einzige, bald eine doppelte Lichtquelle, beides im Fall des Vorhandenseins nur eines einzigen Schall oder Licht aussendenden Punktes.

2. Die Richtungswahrnehmung bei ruhendem Auge

Da die örtlich auf der Netzhaut verteilten Bildpunkte die Grundlage für unsere Richtungswahrnehmung sind, findet diese unter sehr verschiedenen Umständen statt, wenn das Auge und die Gegenstände ruhen, die Bilder auf der Netzhaut also ihre Lage beibehalten, oder wenn das Auge sich bei ruhenden Gegenständen bewegt, mithin das Bild auf der Netzhaut gleitet. Deshalb sei zuerst die *Richtungswahrnehmung bei ruhendem Auge* untersucht.

Wenn wir einen Gegenstand mit beiden Augen nur einfach sehen, nehmen wir ihn in nur *einer* Richtung wahr. Das ist der einfachere Fall dem Doppeltsehen gegenüber, bei dem wir einen Gegenstand in *zwei* Richtungen wahrnehmen. Deshalb besprechen wir zunächst die *Richtungswahrnehmung für einfach gesehene Raumpunkte.*

a) Die Richtungswahrnehmung für einfach gesehene Raumpunkte
(binokulares Einfachsehen)

Es sind die Bedingungen aufzufinden, unter denen wir trotz der Zweifach-anordnung des Auges einen Punkt einfach sehen und die, unter denen er doppelt erscheint. Eine uns ganz geläufige Beobachtung ergibt zunächst, daß jeder mit beiden Augen unmittelbar *angeblickte Punkt einfach* erscheint. Bekanntlich liegt dabei das Bild des Punktes beiderseits in der Fovea centralis. Es gilt ganz allgemein der Satz, daß ein in beiden Foveae abgebildeter Punkt einfach wahrgenommen wird. Wir können uns nun leicht davon überzeugen, daß bei Blickrichtung beider Augen auf einen Punkt, etwa auf die Spitze eines in der rechten Hand gehaltenen Bleistiftes, ein anderer Punkt, etwa ein etwas vor oder hinter jenem in der linken Hand gehaltener zweiter Bleistift, keineswegs einfach erscheint, sondern doppelt. Verschieben wir aber den zweiten Bleistift neben den ersten in annähernd die gleiche Entfernung, so erscheint auch er einfach.

Die genauere Untersuchung hat ergeben, daß bei beidäugigem Sehen ein Gegenstand stets dann einfach erscheint, wenn seine Bilder auf Stellen der rechten und der linken Netzhaut fallen, die als *einander zugeordnete*, als *korrespondierende Stellen* (FECHNER) zu bezeichnen sind. Die beiden Foveae centrales sind einander in diesem Sinne zugeordnet. Die weiteren Zuordnungen übersieht man in einer zunächst hinlänglichen Annäherung, wenn man sich folgenden Versuch ausgeführt vorstellt. Man legt durch beide horizontal geradeaus gerichtete Augen einen waagerechten und einen senkrechten Schnitt, die sich in der Foveamitte kreuzen. Die Schnittlinien durch die Netzhaut fassen wir als Koordinaten auf. Jeder Punkt der Netzhaut des einen Auges ist nach dieser vereinfachten Vorstellung jedem Punkte des anderen Auges als zugeordnet für Einfachsehen aufzufassen, der den gleichen Ordinaten- und Abszissenwert hat. Oder wir stellen uns vor, daß die beiden Netzhäute so ineinander gelegt werden, daß sich die durch die Schnittlinien markierten horizontalen und vertikalen Meridiane decken; nun sind alle Punkte beider Netzhäute einander zugeordnet, welche sich ebenfalls decken. Sehr anschaulich ist die Vorstellung von HERING (*25*), daß der Sternenhimmel beidäugig angeblickt wird und die Netzhäute so aufeinander gelegt werden, daß die zugehörigen Sternbilder sich decken. Deshalb werden die einander zugeordneten Punkte beider Netzhäute auch als *Deckpunkte* bezeichnet. Eine andere Bezeichnung ist die der *identischen Stellen* (JOH. MÜLLER). Dieser Ausdruck soll nur bezeichnen, daß die betreffenden Stellen gleichwertig sind in Hinsicht der mit ihnen verbundenen Richtungswahrnehmung, nicht aber, daß sie im vollen Sinne gleich (idem) sind.

Schon JOH. MÜLLER (*2*) wies darauf hin, daß die „Identität der beiden Netzhäute"nur „in Hinsicht des Ortes im subjektiven Gesichtsfelde unbezweifelbar" ist, daß sie aber „in Hinsicht der Qualität des Eindruckes" different sind, und er führt zum Beweis die Wechselerscheinungen an, jetzt als Wettstreit bezeichnet, die man erhält, wenn man mit beiden Augen durch verschieden gefärbte Gläser blickt.

Bei völliger Identität der zugeordneten Stellen müßte ferner ununterscheidbar sein, welche Wahrnehmungen uns vom linken, welche vom rechten Auge vermittelt werden. Das trifft aber nicht ausnahmslos zu. Wenn wir mit einerseits helladaptiertem, andererseits dunkeladaptiertem Auge bei sehr schwachem Licht beobachten, so haben wir auf dem weniger empfindlichen, schlechter sehenden Auge ein eigentümliches „Abblendungsgefühl" (v. BRÜCKE und BRÜCKNER), so, als ob das Augenlid der betreffenden Seite heruntergesunken wäre. Man kann auch in folgender Weise verfahren: Dem Beobachter wird im Dunkelzimmer bei geschlossenen Augen ein Brillengestell aufgesetzt, welches das eine Auge durch eine Blendscheibe verdeckt, ohne daß der Beobachter weiß, ob das rechte oder linke Auge verdeckt ist. Unter gleichzeitiger Öffnung beider Augen hat nun der Beobachter einen Lichtpunkt zu betrachten. Am Abblendungsgefühl kann er angeben, welches Auge verdeckt wurde. Es genügt schon, daß das Bild auf der einen Netzhaut in irgendeiner Weise minderwertig ist, um das die Erregung beider Augen unterscheidende Abblendungsgefühl hervorzurufen.

Für das Einfachsehen ist nur maßgebend, ob zwei Deckstellen erregt werden, nicht aber, ob die beiderseitigen Erregungen von ein und demselben Lichtpunkt bewirkt werden oder von zweien. Blicken wir auf einen fernen Gegenstand, so können wir vor jedem Auge eine Nadelspitze so anordnen, daß nur eine einzige Nadel gesehen wird. Die Nadeln müssen in die Blicklinien gebracht werden, d. h. in die Verbindungslinien des angeblickten fernen Punktes mit den Foveae. Wir kommen auf diesen Versuch bei der Besprechung des Augenabstandes zurück.

Daß die sich geometrisch deckenden Punkte beider Netzhäute nicht stets ganz streng auch korrespondierende Punkte sind, geht aus den als *Netzhautinkongruenz* (HELMHOLTZ) bezeichneten Tatsachen hervor. Die bei Grundstellung der Augen lotrechten Schnitte der Netzhäute fallen im Mittelauge zusammen, sind Deckstellen. Eine ferne senkrechte Linie wird also auf geometrischen Deckpunkten abgebildet und sollte somit einfach erscheinen. Sie wird aber als zwei sich in kleinem Winkel kreuzende Linien gesehen, oder als eine aus der frontalparallelen Ebene heraustretende Linie, je nachdem, ob die Abweichung der Abbildung von der genauen Korrespondenz als Doppelbild oder nur als Tiefenunterschied zur Geltung kommt. Die Lage korrespondierender Netzhautpunkte ist also im rechten und linken Auge in der senkrechten Richtung etwas verschieden, die Netzhäute sind inkongruent.

Die Inkongruenz läßt sich nach DONDERS leicht feststellen, wenn man ein Prisma mit der brechenden Kante nach oben vor das eine Auge hält und eine lotrechte Linie betrachtet. Diese zeigt an der Stelle eine leichte Knickung, an welcher das Sehen mit dem einen Auge in das Sehen mit dem anderen Auge übergeht. Oder man betrachtet freiäugig einen fernen lotrechten Faden und verdeckt schnell abwechselnd das eine oder andere Auge: jedes Auge zeigt den Faden etwas schräg stehend, mit entgegengesetzter Neigung. Mit jedem Auge für sich wird eine Linie nur dann vertikal gesehen, wenn sie um etwa 1° von der Senkrechten abweicht, und zwar mit dem oberen Ende temporalwärts. Bei beidäugiger Betrachtung hebt sich die Wirkung der Inkongruenz auf. In waagerechter Richtung liegt keine Inkongruenz vor, waagerechte Linien erscheinen daher auch bei einäugiger Betrachtung horizontal.

Wo liegen nun im Außenraum diejenigen *Gegenstandspunkte*, welche bei gegebenem Fixierpunkt *auf Deckpunkten abgebildet* werden? Diese Frage läßt sich für konvergenten Blick mit Annäherung beantworten, wenn wir dabei nur Punkte berücksichtigen, die in einer durch die Mitte der Augen und durch den Fixierpunkt gehenden horizontalen Ebene liegen. Wie JOH. MÜLLER und vor ihm VIETH zeigten, liegen die gesuchten Punkte auf einem Kreise, welcher durch den angeblickten Punkt und die Knotenpunkte der beiden Augen gelegt wird. Abb. 127 läßt die Beziehungen erkennen. Sie gibt die beiden Augen wieder und den durch den angeblickten Punkt P und die beiden Knotenpunkte der Augen gelegten Kreis, der als *Horopterkreis* bezeichnet wird. P' ist ein auf dem Horopterkreis, P'' ein einwärts vom Horopterkreis gelegener indirekt gesehener (d. h. nicht angeblickter) Punkt. Die Bilder des ersteren (β') liegen in beiden Augen um gleiche Strecken nach links von der Fovea, während das Bild des letzteren im linken Auge nach links, im rechten nach rechts von der Fovea liegt (β''). Auch ein außerhalb des Horopterkreises gelegener Punkt wird nicht identisch abgebildet, wie sich leicht durch Zeichnung finden läßt. Wir können den Horopterkreis als geometrischen Ort aller in der Horizontalebene gelegenen Punkte bezeichnen, welche bei gegebener Lage des Fixierpunktes auf Deckstellen abgebildet werden.

In neuerer Zeit wird der Horopterkreis nicht durch die Knotenpunkte, sondern durch die Eintrittspupillen beider Augen gelegt. Der Horopter*kreis* ist nun lediglich als Horizontalschnitt durch eine Horopter*fläche* anzusehen, welche sämtliche Punkte umfaßt, die bei gegebener Blickstellung einfach gesehen werden. Man unterscheidet den *Totalhoropter* vom *Vertikalhoropter* (HELMHOLTZ), welcher von HERING als Längshoropter bezeichnet wurde. Der *Totalhoropter*, auch Punkthoropter genannt, ist die Gesamtheit aller Punkte im Außenraum, welche bei gegebener Blickstellung auf identischen Netzhautstellen abgebildet werden. Der Totalhoropter hat nach F. B. HOFMANN (2) eine vorwiegend theoretische

Bedeutung. Der *Vertikalhoropter* ist die Gesamtheit aller Punkte im Außenraum, welche bei gegebener Blickstellung auf korrespondierenden Vertikalschnitten, also *ohne Querdisparation*, abgebildet werden. Vertikalschnitte (= Längsschnitte) sind diejenigen Schnitte durch die Netzhaut, auf welchen vertikale Linien abgebildet werden, Horizontalschnitte (= Querschnitte) diejenigen, auf welchen horizontale Linien abgebildet werden. Für *konvergente Blicklinien* hat der Vertikalhoropter die Form einer senkrecht zum J. Müllerschen Horopterkreis stehenden Zylinderfläche. Bei *parallelen Blicklinien* ist eine unendlich ferne frontalparallele Ebene Horopterfläche, z. B. der gestirnte Himmel. Über den Horopter bei parallelen Blicklinien sagt HELMHOLTZ ferner: „Wenn wir geradeaus nach einem Punkt des Horizonts blicken, ist der Horopter eine unterhalb der Visierebene liegende horizontale Ebene, welche bei normalsichtigen Augen meist ganz oder nahehin mit der Fußbodenfläche des stehenden Beobachters zusammenzufallen scheint." HELMHOLTZ zeigt nun, daß die Beurteilung des „Reliefs", der Unebenheiten der Fußbodenebene deshalb besonders genau ist, weil diese Ebene Horopterfläche ist. Es wird das deutlich, wenn man durch künstliche Mittel (Blick mit dem Kopf zwischen den Beinen durch oder Anwendung von Umkehrprismen bei gewöhnlicher Kopfhaltung) den Boden umgekehrt abbildet; die Unebenheiten sind nun viel weniger deutlich, während die Reliefanordnung niedrig hängender Wolken besser gesehen wird. Durch die Anordnung des Horopters wird also offenbar die für das sichere Gehen so wichtige Wahrnehmung der Unebenheiten des Bodens begünstigt.

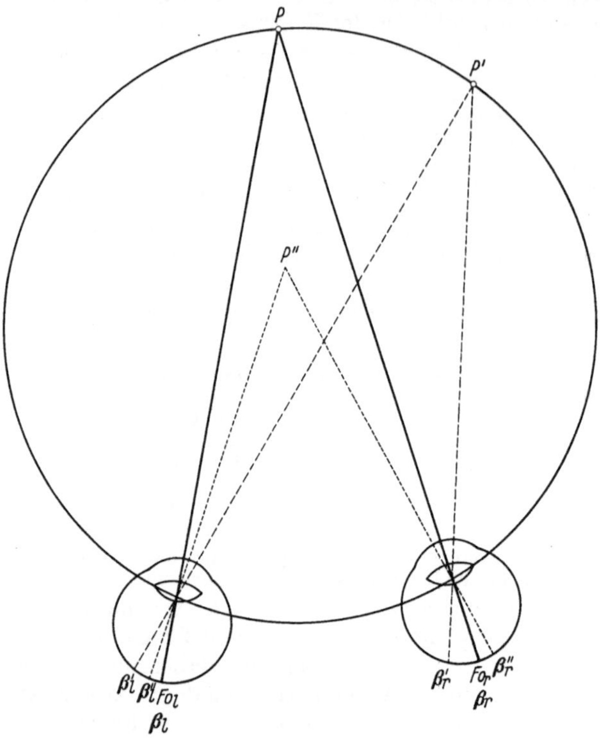

Es wurde schon angedeutet, daß die rein geometrische Festlegung der zugeordneten Netzhautpunkte nur eine vorläufige Schematisierung bedeutet. Tatsächlich ist erforderlich, die Zuordnung der Netzhautpunkte und damit die wahre Form des Horopters durch Versuche festzustellen. Dabei ergeben sich *Abweichungen vom geometrischen Schema*, welches trotzdem seine große, besonders einführende Bedeutung behält. Ja, HILLEBRAND (2) sagt geradezu, daß eine Horopterlehre kaum entstanden sein würde, wenn man den tatsächlichen Abweichungen schon von Anfang an hätte Rechnung tragen wollen. Zur Bestimmung des empirischen Horopters dienen verschiedene Verfahren, über deren Bewertung nach der Ansicht von V. KRIES (5) noch verschiedene Meinung herrschen kann.

Abb. 127. *Horopterkreis.* P der beidäugige Blickpunkt; P', auf dem Horopterkreis liegend, wird „identisch" abgebildet und einfach gesehen; P'', innerhalb des Kreises, nicht identisch abgebildet, wird doppelt gesehen

Nach v. Tschermak (5) weicht bei Fixieren eines in der Nähe gelegenen Punktes der empirische Horopter vom geometrischen darin ab, daß er flacher verläuft als der Müllersche Horopterkreis, immerhin aber noch gegen den Beobachter konkav gekrümmt. Bei weiter ab liegendem Fixierpunkt wird die Krümmung zur Geraden, ja die Horopterkurve kann bei noch weiter ab gelegenem Fixierpunkt sogar vom Beobachter aus gesehen konvex verlaufen (Hering-Hillebrandsche Horopterabweichung). Die Abweichung der Zuordnung der beiderseitigen Netzhautpunkte vom geometrischen Schema besteht hauptsächlich darin, daß zu einem in bestimmtem Winkelabstand temporal von der Fovea gelegenen Punkt der einen Netzhaut ein etwas weiter ab gelegener nasaler Punkt der anderen Netzhaut zugeordnet ist. Diese binokulare funktionelle Netzhautasymmetrie nimmt zu, wenn die visuelle Entfernung abnimmt. Im einzelnen liegen individuelle Unterschiede vor. Durch die schon besprochene Netzhautinkongruenz wird bewirkt, daß die dem Müllerschen Kreis zugehörige Horopterfläche tatsächlich nicht die Form einer Zylinderfläche hat, sondern der Fläche eines mit der Spitze nach unten gerichteten Kegels. Im ganzen dürften diese Abweichungen praktisch für den binokularen Sehakt keine besonders große Bedeutung haben.

Des Näheren sei auf die Darstellungen von Helmholtz (1), Hering (25, H. 3 u. 4), Hofmann (1, 2), Hillebrand (2), v. Kries (5), v. Tschermak (5), Ogle und Linksz hingewiesen.

Die *Richtung*, in welcher wir den beidäugig angeblickten und einfach wahrgenommenen Gegenstand sehen, wird nun nicht auf das eine oder andere Auge bezogen, sondern auf die Mitte dazwischen, so, als ob dort mitten zwischen den beiden tatsächlichen Augen ein einziges Auge gelegen wäre, das sog. *Zyklopenauge* oder *Mittelauge*. Wir können uns dies Auge so entstehend denken, daß beide Augen zur Mitte verschoben und so ineinander geschoben werden, daß die Netzhäute mit Deckstellen übereinander gelagert werden. Die Richtung, in der binokular einfach

gesehene Gegenstände wahrgenommen werden, entspricht nun der *Richtungslinie* dieses imaginären Mittelauges. Als Richtungslinie bezeichnet man die Verbindungslinie eines Bildpunktes mit dem Knotenpunkt, also z. B. F_0A_m in Abb. 129 u. 130, ihre Verlängerung nach außen, also nach P, gibt die Richtung der Wahrnehmung, des „Sehdinges", an, die in diesem Fall mit der Richtung des Dingpunktes zusammenfällt.

Die besprochenen Tatsachen werden als das *Heringsche Gesetz der identischen Sehrichtungen* bezeichnet (Hering *29, 85*).

Hierzu stellen wir nach Hering folgenden (hier unwesentlich abgeänderten) Grundversuch an (Abb. 128).

Auf dem Tisch steht senkrecht vor uns eine Glasplatte, auf der mit Tinte oder durch ein aufgeklebtes Papierscheibchen ein Fixierpunkt angebracht ist. Wir beobachten sitzend und stellen den Kopf mittels Kinn- und Stirnstütze fest. Wir blicken nun den Fixierpunkt an, schließen dann das rechte Auge und bringen einen grünen Stab, der auf dem Tisch senkrecht verschieblich ist, hinter der Glasplatte in die Visierlinie des linken Auges, so also, daß er sich mit dem Fixierpunkt deckt. Das gleiche führen wir bei Schließen des linken Auges für das offene rechte Auge mit einem roten Stab aus. Betrachten wir nun mit beiden Augen den Fixierpunkt, so erscheint uns der rote und der grüne Stab in der gleichen Richtung geradeaus vor uns wie der Fixier-

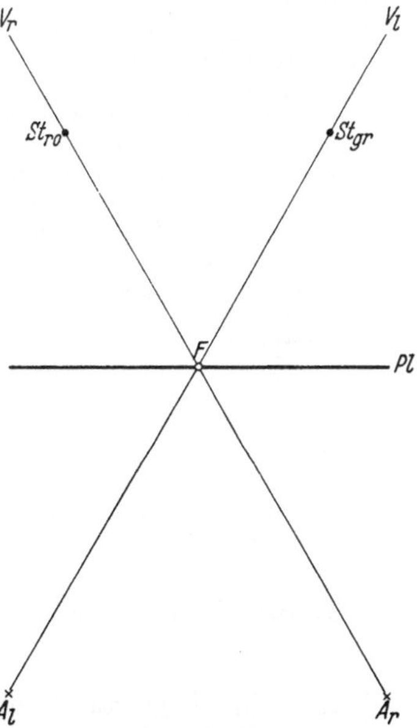

Abb. 128. Herings *Grundversuch der identischen Sehrichtungen*. A_l, A_r die beiden Augen, F Fixierpunkt auf der Glasplatte Pl, St_{ro} und St_{gr} ein roter und ein grüner Stab, V_r und V_l die rechte und linke Visierlinie

punkt, die Sehrichtung ist identisch. (Daß wir außerdem noch weiter seitlich einen grünen und einen roten Stab sehen, beruht auf der Tatsache, daß der rote Stab auch im linken, der grüne auch im rechten Auge abgebildet wird, so daß jeder Stab zweimal wahrgenommen wird. Die Farbe der Stäbe dient nur zur Erleichterung der Unterscheidung der Wahrnehmungen.)

Das imaginäre Einauge, Zyklopenauge, ist als von gleicher Größe mit dem tatsächlichen Auge anzunehmen. Der Ausdruck *Mittelauge* gibt die Vorstellung daher besser wieder. Dies

Auge darf man sich nicht als Einzelauge vorstellen, sondern als *zwei* sich durchdringende, *ineinandergeschachtelte Augen*, die nur äußerlich die Form eines einzigen Auges haben.

Die Vorstellung des Ineinanderlegens der beiden Netzhäute zur Veranschaulichung der identischen Stellen findet sich schon bei JOHANNES MÜLLER. Die „vollkommen übereinstimmenden" Stellen sind identisch, d. h. die Stellen, die in beiden Augen im gleichen Meridian und gleichen Parallelkreis liegen. Einen angenäherten Beweis bringt JOHANNES MÜLLER (*2*) mit Druckreizung des Augapfels. Werden identische Stellen gedrückt, so nimmt man nur einen einzigen „Feuerkreis" wahr, zwei hingegen bei Druck auf nichtidentische Stellen. „Geht man beim Drücken mit dem Finger von identischen Stellen beider Augen aus, z. B. von der linken Seite beider Augen, und rückt gleichmäßig in beiden Augen mit dem Drücken nach oben fort, so bleibt die Druckfigur immer einfach, und so kann man im Kreise herumgehen und die Figur immer einfach sehen. Sobald man sich aber von diesen identischen Stellen beider Augen mit dem drückenden Finger entfernt, so erscheinen sofort Doppelbilder."

Gegen die Joh. Müllersche Lehre von der Identität der Netzhautstellen als Grundlage des Einfachsehens hatten NAGEL sen. und WUNDT Einwände erhoben, die von HERING (*25*) widerlegt wurden. NAGEL vertrat die „*Projektionstheorie*", welche die Richtung der Wahrnehmung nicht auf ein Mittelauge bezogen wissen will, sondern den Ort der Wahrnehmung in dem Schnittpunkt der beiden Richtungslinien annimmt. Es ist klar, daß sich diese Richtungslinien allerdings immer am Dingort schneiden, daß diese Annahme aber die Doppelwahrnehmung nicht angeblickter und nicht auf Deckstellen abgebildeter Punkte unverständlich bleiben läßt. Die Doppelbildwahrnehmung kann nur bei mangelndem binokularen Sehakt oder bei mangelnder Übung übersehen werden; sie ist, wie wir sehen werden, auch schon bei kleinen Abweichungen von der Abbildungsidentität nachweisbar.

Nach F. B. HOFMANN liegt das Zentrum der Sehrichtungsgemeinschaft beider Augen, also die Eintrittspupille des Mittelauges, nicht in der Mitte der Verbindungslinie der beiden Einzelaugen, sondern etwas dahinter; es wäre also in Abb. 129 das Mittelauge etwas nach unten zu verschieben.

FRY u. a. nehmen nicht bezug auf ein Mittelauge, sondern sprechen von einem Projektionszentrum, das beim Normalen etwa in der Mitte der Verbindungslinie der Eintrittspupillen der beiden Augen liegt. Für die „Projektion" des Fixierpunktes ergibt sich von diesem Zentrum aus eine gemeinsame Projektionslinie für beide Augen. Fallen sekundäre Projektionslinien (d. h. solche, die nicht nach dem angeblickten Punkt weisen) zusammen, so ergibt sich Einfachsehen, tun sie es nicht, so ergeben sich im allgemeinen Doppelbilder. Das Sehding kann durch Richtung und Entfernung vom Projektionszentrum definiert werden. Durch Bezug auf die Eintrittspupillen wird eine Diskussion über die Diskrepanz zwischen den Deckstellen und der funktionellen Asymmetrie der Netzhauthälften vermieden. Falls ein dominantes Auge vorhanden ist, liegt das Projektionszentrum diesem näher. Bei Fixation eines seitlich gelegenen Punktes verschiebt sich das Projektionszentrum zusammen mit der Verbindungslinie der Eintrittspupillen.

KÖLLNER gab an, daß zwar die foveale Gegend beider Netzhäute in einem Umkreis von etwa 15° eine gemeinsame, durch das Mittelauge darstellbare Sehrichtung habe, daß aber die links seitlich im binokularen Gesichtsfeld gelegenen Gegenstände in der Richtung auf das linke, die rechts gelegenen auf das rechte Einzelauge bezogen würden. Das ist nach HOFMANN nicht zutreffend.

Bei Verlust eines Auges bleibt zunächst der Bezug der Sehrichtung auf das Mittelauge bestehen, sie stellt sich erst allmählich auf das noch vorhandene Einzelauge um (KÖLLNER).

b) Die Richtungswahrnehmung für doppelt gesehene Raumpunkte
(binokulares Doppeltsehen)

Wenn ein Gegenstand unsere Aufmerksamkeit erweckt, wenden wir in der Regel den Blick auf ihn; der Gegenstand erscheint uns dabei einfach, weil er auf identischen Stellen (den Foveae) abgebildet wird. Obwohl jetzt eine große Reihe anderer Gegenstände nicht identisch abgebildet wird, also in „Doppelbildern" wahrgenommen werden sollte, sind doch oft besondere Maßnahmen notwendig, um dem Ungeübten die zweifache Wahrnehmung zum Bewußtsein zu bringen. Zum Teil ist daran die geringe periphere Sehschärfe schuld.

Man kann zur besseren Wahrnehmung der Doppelbilder verschiedene Verfahren anwenden. Stellt man einen roten und einen grünen Stab so auf, daß der eine vor dem anderen steht, so sieht man bei Anblicken des vorderen, etwa des roten Stabes *zwei* grüne seitlich vom roten Stab erscheinende Stäbe. Die

Verschiedenheit der Farbe erleichtert die Beobachtung. Sehr eindringlich wird die Doppelwahrnehmung ferner, wenn man einem in Augenhöhe in sagittaler Richtung verlaufenden Faden entlang sieht (v. KRIES). Der Faden erscheint in *zwei* sich überkreuzende Fäden zerlegt. Der mit dem Blick wechselnde Schnittpunkt der beiden gesehenen Fäden entspricht der jeweils fixierten Fadenstelle.

Manche Beobachter können auch unter diesen Umständen die Doppelbilder nicht wahrnehmen. Das beruht meist auf einem mangelhaften beidäugigen Sehakt. Berufsmäßiges einäugiges Sehen (z. B. einäugiges Mikroskopieren), einseitige Refraktionsanomalie oder aus anderem Grund vorliegende einseitige Verminderung der Sehschärfe kann ebenfalls die volle Ausnutzung des beidäugigen Sehaktes verhindern. Durch Übung kann eine wesentliche Besserung erreicht werden.

Die *Art* der Doppelbilder kann verschieden sein. Blicken wir bei dem Versuch mit den Stäben den *nahen*, roten Stab an, und verdecken wir jetzt das *rechte* Auge, so verschwindet der *rechts* erscheinende der grünen Stäbe (*gleichseitiges Doppelbild*). Richten wir nun aber den Blick auf den *ferneren*, grünen Stab, so verschwindet bei Verdecken des *rechten* Auges der links erscheinende der roten Stäbe (*gekreuztes Doppelbild*).

Die *Richtung*, in welche die beiden Sehdinge des nicht angeblickten Punktes (Doppelbilder) verlegt werden, weist keine unmittelbaren Beziehungen zu den beiden Augen auf. Das geht unmittelbar aus der einfachen Selbstbeobachtung hervor. Ein nicht angeblickter Punkt erscheint uns ebenso wie der angeblickte Punkt nicht in einer bestimmten Richtung zum rechten oder zum linken Auge, sondern zur Gegend an der Nasenwurzel zwischen beiden Augen. Die Richtungswahrnehmung bezieht sich also auf das dort liegende *imaginäre Mittelauge*, welches schon zur Erklärung des beidäugigen Einfachsehens und der Richtung der Wahrnehmung einfach gesehener Raumpunkte herangezogen wurde. Trägt man in der Netzhaut dieses Mittelauges die Blickpunkte beider tatsächlichen Netzhäute ein, so findet man die Richtungen, in welchen der nicht auf Deckstellen abgebildete Gegenstand zweifach gesehen wird, indem man von den betreffenden Bildpunkten aus die Richtungslinien des Mittelauges zieht.

In Abb. 129 sind A_r und A_l die beiden tatsächlichen Augen, A_m das imaginäre Mittelauge. Der Punkt P (Fixationspunkt) wird in beiden Foveae F_0 abgebildet, also einfach gesehen. Der weiter abgelegene Punkt P' wird in den Punkten β'_r und β'_l abgebildet, die keine Deckpunkte sind,

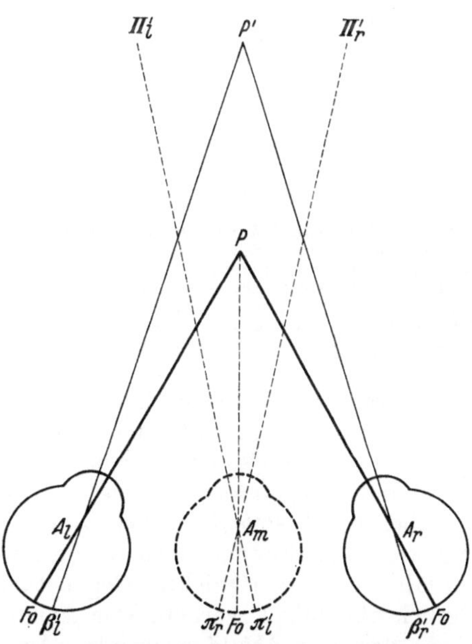

Abb. 129. *Veranschaulichung der Richtungswahrnehmung durch das imaginäre Mittelauge.* Anblicken des näher gelegenen Punktes P. Das Sehding des angeblickten Punktes fällt mit dem Punkt zusammen. Der indirekt gesehene Punkt P' liefert zwei Sehdinge π'_l und π'_r, er wird also doppelt gesehen. Die „Doppelbilder" sind ungekreuzt

also Doppelwahrnehmung bewirken. Legt man nun beide Netzhäute unter Verschiebung nach A_m aufeinander, so daß die Blicklinien sich decken, so erhält man für die Doppelbilder die Richtungen $\pi'_r\Pi'_r$ und $\pi'_l\Pi'_l$, während der einfach gesehene Punkt P in der Richtung A_mP gesehen wird. Man erkennt sogleich, daß die Doppelbilder ungekreuzte sind, da bei Zudecken des linken Auges das links stehende Doppelbild Π'_l wegfällt. Abb. 130 gibt den Fall wieder, daß gekreuzte Doppelbilder auftreten, wenn der angeblickte Punkt weiter ab liegt als der nicht angeblickte.

Unter *Querdisparation* oder *Parallaxe* versteht man die Differenz der Bildlagen, also den Betrag $Fo_r\, \beta_r'' - (-Fo_l\, \beta_l'')$ der Abb. 127, oder die Strecke $\pi_l'\, \pi_r'$ der Abb. 129 und 130. Die Parallaxe ist um so kleiner, je näher der nicht angeblickte Punkt dem angeblickten liegt, bei identischer Abbildung ist die Parallaxe gleich Null.

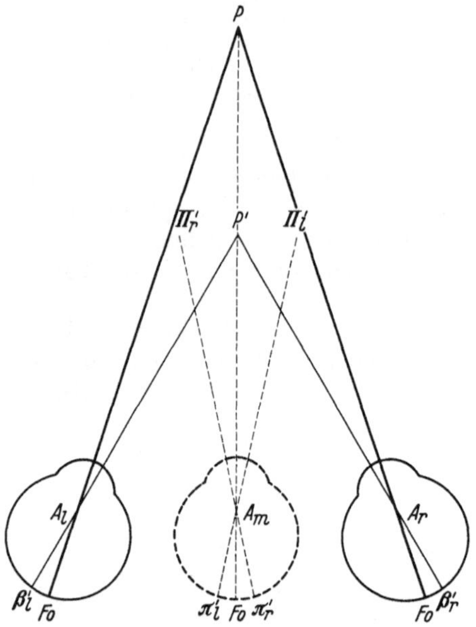

Die hier besprochenen Grundtatsachen beziehen sich auf den Fall der symmetrischen Konvergenz beider Augen, wobei nur horizontale Disparation beider Bilder besteht. Bei asymmetrischer Konvergenz sind die Beziehungen verwickelter. Bei nahe gelegenen Objekten tritt hierbei auch vertikale Disparation auf, da das Doppelbild auf dem Auge, das dem Gegenstand näher steht, etwas größer ist als auf dem anderen Auge (vgl. S. 323). Genaueres hierüber findet man in dem Buch von OGLE.

Zweifellos können in gewisser Hinsicht die Doppelbilder, d. h. die *Wahrnehmung zweier* Gegenstände statt des *vorhandenen einen* Gegenstandes als Nachteil der zweifachen Ausbildung des Sehapparates bezeichnet werden. Stellen sie doch eine Täuschung durch unser Sinneswerkzeug dar. Wir werden aber sehen, daß an den Doppelbildern eine wichtige Leistung des Gesichtssinnes hängt, nämlich die unmittelbare Tiefenwahrnehmung. Auch muß hier auf den im Vorhandensein zweier Augen gelegenen Vorteil des großen binokularen Gesichtsfeldes hingewiesen werden. Sollte nur ein einziges Auge ein solches Gesichtsfeld haben, so müßte es hervorstehen und würde nicht so geschützt liegen können, wie es für beide Augen tatsächlich der Fall ist.

Abb. 130. *Veranschaulichung der Richtungswahrnehmung durch das imaginäre Mittelauge.* Anblicken des ferner gelegenen Punktes. Verlagerung der Netzhautbilder beider Augen bei Anblicken des Punktes *P* in das fiktive Mittelauge. Herleitung der Doppelwahrnehmung des nicht angeblickten *näheren* Punktes *P'*. „Doppelbilder" gekreuzt

Über die *physiologische Benennungsweise der Wahrnehmungen* sei in Ergänzung früherer Bemerkungen noch folgendes ausgeführt. Die reale Welt des Physikers enthält die *Dinge* (Objekte, Gegenstände), welche auf der Netzhaut geometrisch ähnlich abgebildet werden. Der Ausdruck Bild wird zweckmäßig nur in diesem Sinne, dem von *Abbild* verwendet. Auf Grund der durch das Abbild verursachten *Erregungsvorgänge* der Netzhaut und der sich anschließenden Einrichtungen einschließlich Großhirnrinde entsteht die *Wahrnehmung* des Dings, d. h. wir „nehmen für wahr an", daß dem subjektiven Vorgang unseres Bewußtseins ein reales Ding der Außenwelt im Sinne der Physik entspricht. Dieser subjektive Vorgang ist aber streng vom Ding zu trennen; er ist ja nur die Wahrnehmung des Dings. Es ist deshalb zweckmäßig, für dieses Wahrnehmungsding einen eigenen Ausdruck zu haben, und das ist der Begriff *Sehding*. Falls wir ein Ding nur einfach wahrnehmen, erscheint uns das Sehding in der Regel am Ort des Dings, beide fallen sozusagen zusammen. Die begriffliche Trennung ist aber trotzdem erforderlich. So nennt HERING (*25*) den scheinbaren Ort des Blickpunktes, also das Sehding des Fixierpunktes, *Kernpunkt* des Sehraumes und die Summe aller mit ihm gleichabständig einfach erscheinenden Punkte die *Kernfläche*. Falls wir ein Ding doppelt wahrnehmen, *entsprechen dem einen Ding zwei getrennte Sehdinge*. In diesem Fall pflegt man meist von Sehen eines Dings in *Doppelbildern* zu sprechen. Es ist gut, sich klarzumachen, daß hier das Wort „Bild" nicht sehr zweckmäßig angewendet ist. Ein Sehding ist vom subjektiven Standpunkt aus, der in der Sinnesphysiologie stets im Vordergrund steht, durchaus real. Das Sehding des einfach wahrgenommenen Punktes und die beiden Sehdinge des doppelt wahrgenommenen unterscheiden sich subjektiv in keiner Weise, sie haben in der Wahrnehmung gleiche subjektive Wirklichkeit. Ebenso wie das Ding im physikalischen Raum kann auch das Sehding im Sehraum durch ein Koordinatensystem festgelegt werden. Nur dann, wenn über den ganzen objektiven und subjektiven Sachverhalt Klarheit herrscht, kann man auch weiterhin von Doppel*bildern* oder von *Schein*wahrnehmungen sprechen.

c) Gelegentliche und pathologische Doppelwahrnehmungen

Waren bisher die regelmäßig vorhandenen, aber nicht immer bewußt werdenden Doppelbilder untersucht, so ist noch die Möglichkeit des gelegentlichen oder pathologischen Auftretens von Doppelbildern zu besprechen.

Die Grundlage der Entstehung einer doppelten Wahrnehmung ist stets die Abbildung auf nichtidentische Netzhautstellen. Es kann auch mit disparaten Netzhautstellen zeitweilig einfach gesehen werden, wenn diese sog. Verschmelzungskreisen nach PANUM zugehören. Die Größe solcher Areale ist von verschiedenen Bedingungen abhängig. In oder nahe der Macula wurden sie in einer horizontalen Ausdehnung von 6,3—9 min, in einer vertikalen von 6,4—7,5 min gefunden (BRECHER). Eine nichtidentische Abbildung kann am normalen Auge erzwungen werden, wenn man etwa dem einen Auge ein *Prisma* vorsetzt. Dadurch werden die Strahlen so abgelenkt, daß der Fixationspunkt des einen Auges nicht auf die dem anderen Auge entsprechende Deckstelle (Fovea) abgebildet wird. Der Punkt wird also doppelt gesehen.

Dabei kann aber, wie schon besprochen wurde, besonders bei schwachen Prismen schon nach ganz kurzer Zeit das Doppeltsehen verschwinden, um nach Entfernen des Prismas für einen Augenblick wieder aufzutreten. Der Grund liegt in unbemerkten Einstellbewegungen der Augen (Verschmelzungs- oder Fusionsbewegungen), welche die Einstellung der Blicklinien kurz nach Vorsetzen des Prismas so ändern, daß die Bilder des Blickpunktes auf beiden Netzhäuten wieder auf Deckstellen, also den Foveae, zu liegen kommen. Da die neue Einstellung der Augen nach Wegnahme des Prismas noch einen Augenblick bestehen bleibt, ist nun zunächst wieder nichtidentische Abbildung mit der Folge der Doppelwahrnehmung vorhanden, bis die Blicklinien wieder zur normalen Stellung zurückgekehrt sind. Sind die Prismen zu stark, so kann das Fusionsvermögen der Augen die Ablenkung nicht ausgleichen, und die Doppelwahrnehmung bleibt während des Prismenvorsatzes bestehen.

Ferner kann auch dadurch die Abbildung eines angeblickten Punktes nichtidentisch werden, daß man das eine *Auge* durch sanften Druck *mit dem Finger* in der Orbita *verschiebt*. Durch die mechanisch hervorgerufene Stellungsänderung des einen Auges wird das Bild des Punktes in diesem Auge auf einen seitlich von der Fovea gelegenen Punkt verschoben, während es im anderen Auge in der Fovea liegen bleibt. Die Folge davon ist Doppeltsehen, solange die Verschiebung anhält.

Weitere Stellungsfehler des Auges treten auf, wenn eine einseitige Schwächung oder *Lähmung eines Muskels* oder mehrerer Muskeln vorliegt. Dann ist es unmöglich, beide Blicklinien auf den gewünschten Fixierpunkt zu richten, es tritt nichtidentische Abbildung auf. Bei diesem *paralytischen Schielen* ist die Schielstellung verschieden groß, je nachdem, ob bei der Blickhaltung der gelähmte Muskel wesentlich mitzuwirken hat oder nicht. Eine Lähmung des Außenwenders führt also bei Außenwendung des Blicks zur stärksten Schielstellung. Subjektiv tritt bei dem Lähmungsschielen *Doppeltsehen* ein. Aus Seite und Lage der Doppelbilder kann erschlossen werden, welcher Muskel gelähmt ist. Wir müssen uns vorstellen, daß die Bilder beider Netzhäute im Mittelauge zusammengelegt werden, und zwar unter Deckung der ursprünglich einander zugeordneten Stellen, also mit normal gestellten Augen. Da die Schielstellung der Größe nach wechselt, ändert sich der Abstand der Doppelbilder, wodurch es zu Schwindelgefühl erregenden Scheinbewegungen der Gegenstände kommt. Der Kranke hält unwillkürlich seinen Kopf so, daß der geschädigte Muskel möglichst wenig beansprucht wird, die Doppelbilder also weitgehend vermieden werden.

Aus dem Bezug der Netzhautbilder auf das fiktive Mittelauge läßt sich leicht herleiten, daß bei Lähmung eines Rect. int. s. nasalis, welche Auswärtsschielen herbeiführt, die Doppelbilder gekreuzt sind, bei Lähmung des Rect. ext. s. temporalis (Einwärtsschielen) aber ungekreuzt, gleichseitig. Die Doppelbilder können, je nach dem Muskel, welcher geschädigt ist, auch Höhenunterschiede zeigen, sowie gegeneinander geneigt sein. Letzteres ist z. B. der Fall bei Lähmung eines Obliquus, dessen Tonusausfall eine Rollung des Auges um die Blicklinie bewirkt. So wird im falsch gestellten Auge eine horizontale Linie auf einem ursprünglich schrägen, nur wegen der Schielstellung horizontal liegenden Meridian abgebildet. Beim Zusammenlegen in das fiktive Mittelauge ist aber das gerollte Auge der geschädigten Seite wieder in die Normalstellung zurückgerollt vorzustellen, so daß im fiktiven Mittelauge das dem geschädigten Auge entsprechende Netzhautbild der Linie und folglich auch das Sehding der Linie schräg liegt.

Bei *Lähmung sämtlicher Augenmuskeln* („totale Ophthalmoplegie") tritt ebenfalls Doppeltsehen auf, das einer Divergenz von etwa 7° entspricht. Hieraus geht hervor, daß zur Einhaltung der Primärstellung ein steter Konvergenzimpuls notwendig ist, daß also bei Primärstellung nicht etwa der Tonus in allen Augenmuskeln aufgehoben ist.

Die abnormen, durch Augenmuskelschwäche bedingten Schielstellungen müßten nach dem Gesagten stets zu abnormem Doppeltsehen führen. Das ist aber in vielen Fällen nicht der Fall. Der Grund dafür liegt darin, daß sich *neue Identitätsbeziehungen*, neue Zuordnungen zwischen ursprünglich nicht zugeordneten Punkten beider Netzhäute ausbilden können, daß also die Fovea des einen Auges mit einem parafovealen Punkt des anderen Auges „identisch wird" (anomale Korrespondenz). Zum Teil aber ist der Ausgleich des Doppeltsehens nur ein scheinbarer, indem die *Erregungen des einen Auges*, das sehschwächer ist, *in der Wahrnehmung unterdrückt* werden, so daß im Grunde die Verhältnisse des einäugigen Sehens vorliegen. Auch können die Augen dabei durch entsprechende Aufmerksamkeitseinstellung abwechselnd benutzt werden. Wird die Schielstellung nach Ausbildung der veränderten Sehrichtungsgemeinschaft durch Operation beseitigt, so kann sich die normale Beziehung wieder ausbilden.

Bei Schielstellung infolge Augenmuskellähmung wird ein Punkt doppelt gesehen, weil er nicht identisch abgebildet wird. Dabei besteht aber die Fähigkeit des Einfachsehens mit identischer Netzhaut unverändert fort. Bildet man je einen Punkt in den Foveae des Schielenden ab, so wird nur ein Punkt wahrgenommen. Darauf gründet sich ein Verfahren von W. R. Hess zur Prüfung auf Schielstellung bei Augenbewegungen und zur Feststellung der Art der Bewegungsstörung. Neuerdings hat Barthelmess eine einfache Anordnung zur Untersuchung der motorischen und sensorischen Funktionen von Schielaugen angegeben. Auch der Maxwellsche Fleck ist dafür geeignet.

3. Die Richtungswahrnehmung bei bewegtem Auge

Für die Richtungswahrnehmung bei ruhendem Auge ist die Lage der Bilder auf der Netzhaut maßgebend; eine verschiedene Lage der Bilder auf der Netzhaut bewirkt eine verschiedene Richtung der Wahrnehmung. Daraus folgt, daß, wenn die Bilder auf der ruhenden Netzhaut infolge von Verschiebung des Gegenstandes wandern, der Gegenstand in fortschreitend anderer Richtung, also in Bewegung gesehen wird.

Es kann nun aber auch noch in anderer Weise eine Verlagerung der Bilder auf der Netzhaut auftreten, nämlich dadurch, daß bei ruhendem Gegenstand die Augen (oder der Kopf mit den Augen) sich bewegen. Wir müßten also erwarten, daß auch bei dieser Bildverlagerung die Gegenstände in veränderter Richtung wahrgenommen würden. Es läßt sich aber leicht feststellen, daß sich *die wahrgenommene Richtung eines Gegenstandes bei Augenbewegungen nicht ändert*. Es müssen also besondere, wohl sicher zentrale Vorgänge stattfinden, welche bei den durch Augenbewegungen hervorgerufenen Bildverlagerungen das Zustandekommen einer Änderung der Richtungswahrnehmung verhindern.

Diese Vorgänge wird man als „*innere Umstellung*" bezeichnen können, womit über ihre Natur noch nichts ausgesagt ist. Sie werden nicht erst durch die Augenbewegung ausgelöst. Jedenfalls rufen *passive Augenbewegungen*, z. B. durch Zug an der Haut des äußeren Lidwinkels hervorgerufen, eine *veränderte Richtungswahrnehmung*, eine „Scheinverschiebung der Gegenstände" hervor, die innere Umstellung bleibt aus. Sie erfolgt nur bei den durch aktive Augenmuskelinnervation hervorgerufenen Augenbewegungen. Beobachtungen an Fällen von Augenmuskellähmungen kann entnommen werden, daß allein schon der zentrale Innervationsimpuls oder vielleicht sogar die vorausgehende *Aufmerksamkeitszuwendung* an den indirekt gesehenen Punkt, dem nun der Blick zugewendet werden soll, für die innere Umstellung maßgebend ist [HERING (*85*)]. Denn in den Fällen, in denen zwar der Innervationsimpuls noch ausgeführt wird, die Augenbewegung selbst aber der Muskellähmung wegen ausbleibt, finden bei dem Versuch der Blickbewegung Scheinbewegungen der Gegenstände statt. Es ist das so zu erklären, daß die innere Umstellung der Größe der *gewünschten* Augenbewegung entspricht, hinter der die *tatsächliche* Augenbewegung zurückbleibt. Wenn unter normalen Verhältnissen die Umstellung, Umwertung, gewissermaßen der Wanderung des Netzhautbildes ausgleichend entgegenarbeitet, so wird bei verminderter Wanderung, aber gleichbleibender Umwertung der Ausgleich zu stark; es wird also eine Wanderung des Netzhautbildes im entgegengesetzten Sinne, der Gegenstände im gleichen Sinne, wie die beabsichtigte Augenbewegung verläuft, vorgetäuscht. So kommt es, daß z. B. bei Schwächung des N. abducens bzw. M. rect. ext. (temporalis) und Intention zur Seitenwendung des Auges nach außen der mit dem Blick erstrebte seitliche Gegenstand dem Blick zu entfliehen scheint (v. GRAEFE, nach v. TSCHERMAK). Bei reflektorischen Bewegungen, z. B. den Fusionsbewegungen bei latentem Schielen, kommt es zu keiner Umwertung, sondern zu Scheinbewegungen.

Bemerkenswert ist noch, daß die innere Umstellung nur bei langsamen Augenbewegungen voll wirksam ist, während bei schnellen, ruckenden Willkürbewegungen besonders zu Beginn eine Scheinverschiebung deutlich wahrnehmbar ist, die auf eine gewisse Latenz der Umwertung hinweist. Auch bei schnellen Hin- und Herbewegungen und bei schnellen kreisenden Bewegungen der Augen sind die Scheinverschiebungen der Dinge sehr auffällig.

Daß eine leichte Scheinverschiebung auch bei langsamen Bewegungen sichtbar ist, beruht darauf, daß der Drehpunkt des Auges nicht mit dem perspektivischen Zentrum für das ruhende Auge zusammenfällt. Nach v. ROHR ist das Zentrum der Perspektive bei ruhendem Auge die Pupillenmitte, bei bewegtem Auge der Drehpunkt. Man könnte von der Gleichzeitig- oder Visierlinienperspektive sprechen und von der Nacheinander- oder Blicklinienperspektive.

Die Pupillenmitte liegt etwa 10 mm vor dem Drehpunkt. Deshalb decken sich die Visierlinien- und Blicklinienperspektive nicht ganz, und es treten bei Übergang von der einen zur anderen Perspektive geringe Scheinverschiebungen auf, die nicht sehr stören, weil bei ruhendem Auge im wesentlichen nur der foveale Teil des perspektivischen Anblicks beachtet wird. Nach CZAPSKI ist die Parallaxe zwischen der scheinbaren Lage der Gegenstände bei direktem und indirektem Sehen zuerst von LISTING bemerkt worden; er zog aber anstatt der Eintrittspupille den vorderen Knotenpunkt in Betracht (also die Richtungslinien statt der Visierlinien).

Entwirft man sich ein starkes Nachbild auf der Netzhaut, so stellt man bei willkürlichen Augenbewegungen, bei denen die äußeren Gegenstände nicht scheinbewegt werden, ein Mitgehen des Nachbildes fest. Umgekehrt bleibt das Nachbild in den Fällen von Augenbewegungen ruhend, in welchen die Gegenstände scheinbewegt werden. Man kann also aus dem Verhalten der Nachbilder auf Vorhandensein oder Ausbleiben der Umstellung schließen. Da das Nachbild seinen Ort auf der Netzhaut nicht ändert, kann die Umwertung, die sich nur auf Bildverlagerungen erstreckt, auf die Lokalisation des Nachbildes (also auf die Lage des betreffenden Sehdings) keinen Einfluß haben.

Über die Natur der inneren Umstellung bei Aufmerksamkeitshinwendung ist noch nichts bekannt. Die Vorgänge sind einstweilen nur psychologisch zu charakterisieren. Sehr schwierig wird es sein, auf dem Boden der Aufmerksamkeitstheorie, welche auch HILLEBRAND (2) in seinen Ausführungen vertritt, zu erklären, warum bei optischem Nystagmus (Eisenbahnnystagmus) die schnelle Rückbewegung ohne Scheinbewegung abläuft, obgleich sie nicht willkürlich ist. Bei den durch Drehung vom Vestibularapparat ausgelösten Augenbewegungen liegen verwickelte Verhältnisse vor, die von DITTLER (3, 7) untersucht wurden. Auch nach VOM HOFE kommt es bei horizontalem Drehnachnystagmus zu einer nun vom Vestibularorgan ausgehenden Umänderung der Raumwerte der Netzhaut. v. TSCHERMAK (5) ist der Ansicht, daß eine lokalisatorische Umwertung der Eindrücke der einzelnen Netzhautelemente nicht nur bei den eigentlich willkürlichen Augenbewegungen erfolgt, sondern auch bei gewissen Stellungsänderungen, „welche nur vom Willen zugelassen und nicht willkürlich gebremst werden".

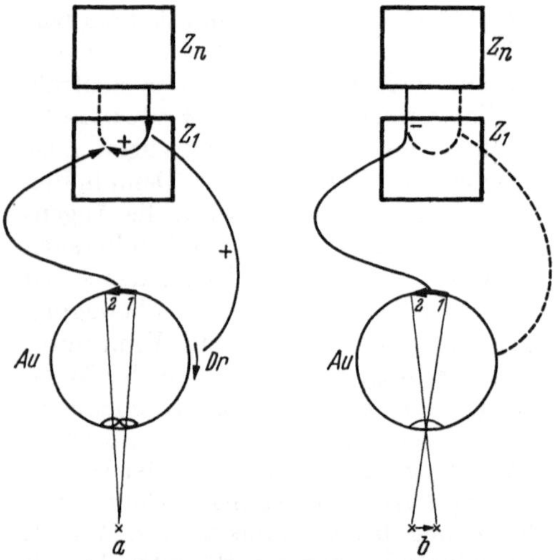

Auch nach KÖLLNER ist jede Innervation der Augenmuskeln, sowohl die willkürliche als auch die reflektorische, mit „raumumstimmender Valenz" verknüpft. Zu dem gleichen Ergebnis kommt M. H. FISCHER mittels Nachbild einer senkrechten Linie und Körperdrehung nach links (von oben gesehen entgegen dem Uhrzeiger) im Dunkeln bei geschlossenen Augen.

Gegen die Theorie von der Wirksamkeit der Aufmerksamkeitsverlagerung kann wohl eingewendet werden, daß diese auch dann wirksam sein müßte, wenn sie ohne nachfolgende Blickbewegung vorgenommen wird. Wir machen so viele willkürliche Blickbewegungen ohne ausdrückliche Aufmerksamkeitsverlagerung und haben keine Scheinbewegungen, da die Bildverschiebung durch Änderung der Netzhautraumwerte im entgegengesetzten Sinne eine Kompensierung erfährt. Wenn wir aber ohne Augenbewegung noch so sehr die Aufmerksamkeit auf einen indirekt gesehenen Punkt richten, haben wir keine Scheinbewegung, wie sie infolge der Umwertung zu erwarten wäre. Es müßte schon die Hilfsannahme gemacht

Abb. 131. Erläuterung der Bewegungswahrnehmung nach dem Reafferenzprinzip. Au Auge; Z_1 niederes, Zn höheres optisches Zentrum; Dr Drehimpuls zur Rechtswendung. In a führt das Auge eine aktive (kommandierte) Blickwendung nach rechts aus, das ruhende Kreuz wandert auf der Retina von 1 nach 2; in b bewegt sich das gesehene Kreuz objektiv nach links, das Bild wandert auf der Retina wieder von 1 nach 2. (Nach v. HOLST und MITTELSTAEDT) (etwas abgeändert)

werden, daß die willkürliche Unterdrückung der Augenbewegung bei reiner Aufmerksamkeitsverlagerung auch die Umwertung unterdrücke.

In jüngerer Zeit sind die Zusammenhänge zwischen Augen- und Umweltbewegung von v. HOLST und MITTELSTAEDT auf intrazentrale Rückmeldungsprozesse zurückgeführt worden. Das Prinzip solcher Rückmeldung (Reafferenz) läßt sich am besten anhand einer Abbildung darstellen. Von einem höheren Zentrum (Zn, Abb. 131 a) gelange ein Impulsstrom (Efferenz) über mehrere Zwischenstufen schließlich zu dem niederen optischen Zentrum Z_1 und von da aus weiter zum Auge, dem er das Kommando, nach rechts zu blicken, erteile (Drehimpuls Dr zur

Rechtswendung). Die Bewegung des Auges (Au) führt dazu, daß sich das Bild eines Kreuzes auf der Netzhaut von 1 nach 2 verschiebt. Die daraus resultierende Reafferenz gelangt zum Zentrum Z_1, dessen Zustand durch den Kommandoimpuls aber verändert ist. Mit dieser durch die Efferenz bedingten Zustandsänderung gleicht sich die Rückmeldung, Reafferenz genannt, aus, und es kommt daher zu keiner weiteren Rückmeldung an übergeordnete Zentren, das bedeutet, daß sich das Kreuz nicht bewegt hat. Anders liegen die Verhältnisse, wenn sich das Objekt bewegt. Die Bildverschiebung auf der Netzhaut ist in Abb. 131 b die gleiche wie in a. Der Unterschied aber besteht darin, daß die Reafferenz ein unverändertes Zentrum Z_1 trifft und deshalb unbeeinflußt zentralwärts weitergeleitet wird. Dadurch wird die Wahrnehmung hervorgerufen: die Umwelt bewegt sich nach links. Kann bei Lähmung eines Muskels das Kommando, nach rechts zu blicken, nicht wie im Falle a befolgt werden, so bleibt die Rückmeldung vom Auge aus, und die vom Kommandoimpuls von Z_1 hervorgerufene Zustandsänderung führt ihrerseits zu einer Rückmeldung, die der Rückmeldung in b entspricht und eine Scheinbewegung hervorruft. v. Holst kann mit Recht darauf hinweisen, daß die Annahme bestimmter Zustandsänderungen, die seiner Theorie zugrunde liegen, nicht nur für höhere Zentren plausibel ist, sondern heute auch auf Grund der Aktionsstromuntersuchungen am Rückenmark für niedere Zentren als begründet gelten darf (Tönnies). Aus Versuchen von Siebeck geht hervor, daß für die Beurteilung der Sehrichtung und für das Sehen von Bewegungen neben den den Augen erteilten Impulsen auch die von dem Auge tatsächlich eingenommene Stellung von wesentlichem Einfluß sein kann. Die retinale Bildverschiebung soll jedoch den Bewegungseindruck stärker beeinflussen als die übrigen Faktoren.

Daß nicht die Empfindungen der Augenbewegung selbst, die sog. *kinästhetischen Erregungen*, die Umwertung bewirken, zeigen besonders die erwähnten Fälle von Augenmuskellähmung, bei denen keine Bewegung, also auch keine Bewegungsempfindung möglich ist, und die Umwertung dennoch stattfindet. Es bliebe noch die Annahme, daß *Innervationsempfindungen* maßgebend sind. Sie wären aber keinesfalls hinreichend fein, um die Feinheit der Kompensierung zu bewirken (vgl. Haberlandt, Hillebrand).

Die Erscheinungen, welche auf eine unmittelbare Einwirkung des *Vestibularorgans* auf die Netzhautraumwerte hinweisen, werden, wie erwähnt, von Dittler (3) erörtert. Hierher gehört auch das *Aubertsche Phänomen*, die Tatsache, daß bei seitlicher Kopfneigung eine objektiv schräg stehende Linie subjektiv vertikal empfunden wird. Wir kommen hierauf bei Besprechung von Richtungsbeziehungen zurück.

E. Die Entfernungswahrnehmung

Die Einordnung des Gesehenen im Raum umfaßt außer der Richtungswahrnehmung noch die *Wahrnehmung der Entfernung*. Die Bedingungen für diese sind bei einäugigem Sehen andere als bei beidäugigem Sehen.

Unter Entfernung verstehen wir den Abstand in der Richtung geradeaus von uns weg. Diese Richtung des mit dem Auge wahrgenommenen Raumes, des subjektiven Raumes, wird als *Tiefe* bezeichnet. Die Richtung von links nach rechts heißt *Breite* (nach links −, nach rechts +), die Richtung nach oben und unten *Höhe* (nach oben +, nach unten −). Der Schnittpunkt dieses subjektiven Koordinatensystems liegt im imaginären Mittelauge, das schon abgeleitet wurde.

1. Hilfsmittel der einäugigen Entfernungswahrnehmung

Eine Reihe von Umständen ermöglicht bei einäugigem Sehen die Beurteilung oder Schätzung der Entfernung. Die gleichen Umstände stellen auch für beidäugiges Sehen stets dann das einzige Hilfsmittel zur Entfernungsbeurteilung dar, wenn der Abstand der Gegenstände vom Auge sehr groß ist. Bei geringerer Entfernung sind aber für das beidäugige Sehen in erster Linie ganz andere Verhältnisse maßgebend als für das einäugige.

Die wichtigsten *Hilfsmittel der einäugigen Entfernungswahrnehmung* sind folgende.

a) Scheinbare Größe (Sehgröße)

Ist die absolute Größe eines Gegenstandes bekannt, so kann die von der Netzhautbildgröße abhängende *scheinbare Größe* zur Entfernungsbeurteilung herangezogen werden. Je weiter der Gegenstand, etwa ein Mensch, entfernt ist, um so kleiner ist sein Bild auf der Netzhaut, um so geringer seine „scheinbare Größe" und mithin um so größer seine vermutliche Entfernung. Täuschungen der Entfernungsbeurteilung sind sogleich vorhanden, wenn die Annahme über die absolute Größe nicht zutraf. So kann eine im indirekten Sehen am Fenster bemerkte (aber nicht als solche erkannte) Fliege bei falschem Urteil über die absolute Größe für einen sehr fern am Himmel schwebenden Vogel gehalten werden (HERING).

Als „scheinbare Größe" bezeichnet man die Tangente des Gesichtswinkels, unter dem der Gegenstand gesehen wird. Bei kleinem Gesichtswinkel ist die Tangente dem Winkel gleich, kann also der *Gesichtswinkel als Maß der scheinbaren Größe* benutzt werden.

Der Gesichtswinkel bestimmt die Größe des Netzhautbildes. Somit wäre die „scheinbare Größe" eines Gegenstandes durch die Größe seines Bildes auf der Netzhaut definiert, mithin rein physikalisch. Gemeint ist aber mit „scheinbarer Größe" der subjektive Eindruck. Somit wäre diese rein physikalische Definition nur zulässig, wenn der subjektive Größeneindruck lediglich von der Größe des Netzhautbildes abhängen würde. Das ist aber nicht durchweg der Fall. Deshalb ist es besser, die Bezeichnung „scheinbare Größe" ganz fallen zu lassen (wenigstens in Gleichbedeutung mit Gesichtswinkel) und durch die eindeutige Bezeichnung *Sehgröße* zu ersetzen. Der *Gesichtswinkel* ist also das *Maß der Netzhautbildgröße*, während *Sehgröße* die *Größe der Wahrnehmung*, des Sehdings, bedeutet. Die Sehgröße ist ein bei einäugiger Entfernungswahrnehmung ausschlaggebender Faktor, wie neuere Untersuchungen von CIBIS ergeben haben.

b) Linienüberschneidung

Oft kann die *Linienüberschneidung* über das Vor und Hinter Auskunft geben, z. B. wenn ein neben und vor einem Haus stehender Baum mit dem Teil seines Umrisses für den Betrachter den Umriß des Hauses verdeckt, wenn er näher steht als das Haus, oder der Hausumriß den Baum teilweise verdeckt, wenn der Baum weiter zurück steht. Oder es wird, wenn zwei Balken oder Äste, etwa ein waagerechter und ein senkrechter, verschiedenen Abstand haben, der weiter vorn gelegene die Kontur des zurückstehenden verdecken. Liegen keine Überschneidungen vor, so kann man sie sich oft durch Ortswechsel verschaffen, indem man z. B. etwas zur Seite geht, wobei nun entweder die Linien des Hauses von denen des Baumes überschnitten werden oder umgekehrt.

c) Perspektivische Verkürzung

Ferner ist die *perspektivische Verkürzung* für die einäugige Entfernungsbeurteilung maßgebend, wenn wir z. B. in einem Säulengang stehen, in welchem die Abstände aller Säulen gleich *sind*, aber zunehmend kleiner *erscheinen*. Bei einäugiger Betrachtung eines Würfels, der lediglich in seinen Kanten aus Draht hergestellt ist, können wir nach dem Größeneindruck feststellen, welche Kante vor, welche zurückliegt. In geometrischen Zeichnungen von Gegenständen, z. B. wieder eines Würfels, wird die perspektivische Verkürzung dargestellt, so daß die Zeichnungen den unokularen Eindruck der Entfernung wiedergeben. Werden aber die perspektivischen Verkürzungen in der Zeichnung fortgelassen, liegt also der Zentralpunkt der Perspektive unendlich fern, so tritt Unsicherheit und Wechsel in der Entfernungsauffassung ein. Das zeigt sehr schön die Schrödersche Figur (Abb. 132). Es kann hier die Ecke *a* ebensogut wie die Ecke *b* als vorn liegend gedeutet werden, weil in der Zeichnung an sich die Tiefendeutung nicht zwangsläufig festgelegt ist. Demnach kann die Zeichnung

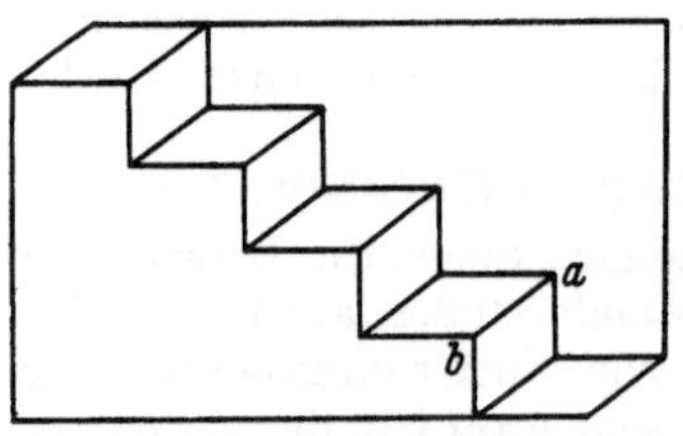

Abb. 132. *Unbestimmtheit der Tiefendeutung. Schrödersche Figur,* die bei Blick auf *b* als Treppe, bei Blick auf *a* als überhängende Mauer erscheint

willkürlich bald als „Treppe", bald als „überhängendes Mauerstück" nicht nur gedeutet werden, sondern auch erscheinen.

Diese *Umdeutungen* bei *fehlender perspektivischer Verkürzung* werden auch als *Inversionen* bezeichnet. Die weitere Verfolgung der Umstände, von denen die Inversion abhängt, hat vorwiegend psychologisches Interesse (vgl. ZIMMER). Physiologisch ist vor allem hervorzuheben, daß zwar im allgemeinen das Netzhautbild für die Wahrnehmung, für die Form der Sehdinge, maßgebend ist, daß aber, wie der hier vorliegende Fall der Mehrdeutigkeit beweist, Zusatzumstände entscheidend mitwirken können. Es sei noch hervorgehoben, daß es sich hier nicht etwa um eine geometrisch-optische Täuschung handelt; die eine und die andere „Deutung" der Zeichnung hat ganz gleiche Berechtigung.

d) Verteilung von Licht und Schatten

Ein weiterer für die einäugige Entfernungsbeurteilung wichtiger Umstand liegt in der *Verteilung von Licht und Schatten*. Ist der Ort der Lichtquelle bekannt, so geht aus der Schattenverteilung die Tiefengliederung hervor, etwa in der Landschaft, wenn ein Baum einen Schatten auf ein Haus wirft, auch ohne daß sich im übrigen die Linien überschneiden. Auch dieses Hilfsmittel der Tiefenbeurteilung kann versagen. So kann bei passender Beleuchtung und bei Unkenntnis der Richtung, aus der das Licht fällt, ein Hohlrelief (Matrize) als Hochrelief (Patrize) gesehen werden.

In dem Fall, daß ein Gegenstand nur deshalb in Tiefenausdehnung gesehen werden kann, weil sich bei gewöhnlicher Beleuchtung die Netzhautbilder beider Augen nur infolge verschiedener Verteilung von Licht und Schatten unterscheiden, fällt die Möglichkeit zur Tiefenwahrnehmung dann völlig fort, wenn man den Gegenstand von allen Seiten ganz gleichmäßig beleuchtet (WAGNER). Hierfür läßt sich eine Hohlkugel verwenden, welche innen mit Leuchtfarbe angestrichen und vorbelichtet ist. Dann wird der Gegenstand in sie hinein gebracht und durch zwei Gucklöcher beobachtet. Ähnliche Verhältnisse können in freier Natur bei dichtem, stark beleuchtetem Nebel vorliegen, in welchem das Licht derart diffus zerstreut wird, daß die Gegenstände von allen Seiten gleich beleuchtet werden. Es können jetzt Tiefenunterschiede am Boden nicht mehr erkannt werden, die bei nur einseitiger Beleuchtung leicht erkennbar sind. Bei der Beleuchtung von Arbeitsräumen mit Leuchtstoffröhren führt die langgestreckte Form dieser Röhren leicht zu einer indirekten oder mindestens vorwiegend indirekten Beleuchtung des Arbeitsplatzes, die das plastische Sehen beeinträchtigen kann (W. HOFFMANN).

e) Luftperspektive

In der freien Landschaft spielt die sog. *Luftperspektive* eine große Rolle bei der Entfernungsbeurteilung. Sie hat nichts mit geometrischer Perspektive zu tun. Es handelt sich vielmehr um die mehr oder weniger vollkommene *Durchsichtigkeit der Luft*. Staub und Wasserdampfgehalt der Luft bewirken, daß die fernen Gegenstände, z. B. Berge, trübe, in unscharfen Umrissen, und wegen Besonderheiten der Lichtabsorption in der Atmosphäre bläulich erscheinen. Bei sehr klarer Luft (Föhntage) fehlt diese Veränderung. Kennt man nun den Grad der Luftdurchsichtigkeit, so kann man die Entfernung des Berges aus dem Betrag der Trübung und Verfärbung beurteilen. Ist aber die Luftdurchsichtigkeit ungewohnt verändert, so wird das Urteil falsch ausfallen. So wird der Neuling an klaren Hochgebirgstagen die Entfernungen unterschätzen, weil bei dem ihm aus der Ebene gewohnten geringen Durchsichtigkeitsgrad der Luft ein Berg nur aus geringer Entfernung so klar aussehen kann, wie in der reineren Gebirgsluft auch aus großer Ferne.

20*

Sehr belehrend ist eine Schilderung von MORTENSEN über *Entfernungstäuschung im nord-
chilenischen Wüstengebiet,* der trockensten Gegend der Erde, in welchem wegen Verbackung
der Erdoberfläche auch kein Staub vorkommt, in welchem es bis zu zehn Jahre lang nicht
regnet. MORTENSEN sagt: „In dieser ausgesprochensten Staubwüste der Erde ist trotz des
meist herrschenden recht kräftigen Windes die Luft so völlig staubfrei, wie wahrscheinlich
sonst nirgends. Über 100 km weit entfernte Gebirgszüge sehen zum Greifen nahe aus, als
ob man sie in weniger als einer Reitstunde erreichen könnte. Nachts kann es passieren,
daß man sich auf den wenigen Autowegen dieses Wüstengebiets vorsieht, nicht innerhalb
der nächsten Minuten mit einem entgegenkommenden Auto zusammenzufahren, um nachher
zu erkennen, daß dieses Auto gerade einen Berghang herunter fuhr, der mindestens 80, wenn
nicht 100 km entfernt ist!" Solche Täuschungen, sagt er, erziehen zur Geduld, und so kommt
denn dort die Bezeichnung „Llanos de paciencia" (Ebene der Geduld) oft vor.

f) Bildanordnung

Bei *Landschaftsaufnahmen* kommt noch folgender Umstand für die Entfernungsbeurteilung in Frage, auf den PULFRICH aufmerksam machte. Nehmen
wir an, es handle sich um eine Gebirgslandschaft, in welcher weder Bäume noch
Häuser zu sehen sind, auch alle Linienüberschneidungen fehlen. Dann beurteilen
wir gewohnheitsmäßig nach der Erfahrung, daß uns der *näher* liegende Teil
unseres Weges *unter* dem ferneren und unter dem Horizont zu liegen scheint,
das Bild so, daß wir *die unteren Teile als näher, die oberen als ferner deuten.* Stellen
wir jetzt das Bild auf den Kopf, so ergibt sich ein ganz anderer Eindruck: die
Bildteile, die eben hinten gesehen wurden, erscheinen jetzt vorne, weil sie nun
im Bilde nicht mehr oben, sondern unten liegen. Die Wirkung kann sehr überraschend sein, wenn man es so einrichtet, daß das Bild erst bei der zweiten Lage
in seiner richtigen Stellung vorliegt, die aufgenommene Landschaft so wieder-
gebend wie sie war.

Die bisher besprochenen Hilfsmittel der Entfernungsbeurteilung stehen auch
dem Maler zur Verfügung, um in seinem *Gemälde* eine eindeutige *Tiefendarstellung*
zu erreichen.

g) Akkommodation

Da bei Betrachtung von Gegenständen, die sich in verschiedener Entfernung
von uns befinden, die *Akkommodation* nacheinander auf verschiedene Werte
eingestellt wird, könnte man vermuten, daß hierin ein weiteres *Hilfsmittel der
einäugigen Entfernungsbeurteilung* gegeben sei. Die Entfernungswahrnehmung nur
auf Grund der Akkommodation ist jedoch äußerst *mangelhaft,* so daß sie tatsächlich kaum als Hilfsmittel bezeichnet werden kann. Die Versuche zu dieser
Feststellung sind im völlig verdunkelten Raum mit einem beweglichen Lichtpunkt
auszuführen, dessen Größe unregelmäßig wechselnd zu ändern ist, damit eine
Beurteilung aus der scheinbaren Größe nicht mitwirken kann.

Hiermit hängt zusammen, daß wir in der *nächtlichen Verdunklung* die Entfernungen von Lichtern, z. B. eines Fahrrades, nur schwer beurteilen können.
Besonders ungünstig ist, wenn ein Fahrzeug, z. B. eine elektrische Bahn, nur ein
einziges Licht in der Mitte der Stirnseite hat, nicht zwei seitliche. Im letzteren
Fall kann der scheinbare Abstand der beiden Lichter zur Beurteilung beitragen.

h) Bewegungen

Es kommt nun noch ein *weiteres, sehr wesentliches Moment* zur einäugigen
Entfernungsbeurteilung hinzu, durch das *nicht nur eine Tiefenbeurteilung, sondern
geradezu eine Tiefenwahrnehmung* zustande kommt, das aber nur auftritt, wenn
verhältnismäßig *schnelle Bewegungen,* relativ zwischen Gegenständen und Betrachter, stattfinden. Da diese Erscheinungen denen der binokularen Raumwahrnehmung nahestehen, sollen sie erst an späterer Stelle besprochen werden.

Es handelt sich um ein besonders für den Einäugigen sehr wichtiges Hilfsmittel, welches ihm ermöglicht, auch bei naheliegenden Gegenständen eine recht sichere Entfernungswahrnehmung zu haben, so daß bei ihm der Funktionsausfall infolge Verlustes des einen Auges keineswegs so groß ist, wie es sonst der Fall sein würde.

2. Beidäugige Entfernungswahrnehmung

a) Absolute und relative Entfernungswahrnehmung

Wie bei Benutzung nur eines Auges leistet auch bei dem beidäugigen Sehen die Entfernungswahrnehmung zweierlei: die *Wahrnehmung der absoluten Entfernung* eines Gegenstandes für sich und die *Wahrnehmung relativer Entfernungsunterschiede* verschiedener Gegenstände zueinander. Für die „absolute Entfernungswahrnehmung" kommt außer einigen schon im vorigen Abschnitt besprochenen Momenten der einäugigen Entfernungswahrnehmung noch die *Konvergenz der Blicklinien* in Frage. Wenn wir eine sehr feine Unterschiedsempfindlichkeit für verschiedene Konvergenzgrade besäßen, so würde uns die Konvergenzempfindung die Möglichkeit einer genauen absoluten Entfernungswahrnehmung bieten. Die Untersuchung hierüber ist so auszuführen, wie oben bei Besprechung des Akkommodationseinflusses geschildert wurde, ja es handelt sich im Grunde um den gleichen Versuch, da Akkommodation und Konvergenz gekoppelt sind. Es ist also im sonst völlig dunklen Raum nur ein einziger Punkt (oder Linie) darzubieten, unter Ausschluß der Möglichkeit, daß aus der scheinbaren Größe geschlossen werden kann. Es ergibt sich, daß die absolute Entfernungswahrnehmung nur mit Hilfe der Konvergenz sehr ungenau ist, wie besonders HILLEBRAND (2) zeigte. Immerhin konnte BOURDON (vgl. v. KRIES 5) bei einwandfreier Versuchsanordnung die Entfernung 1 m von der Entfernung 1,3 m nur auf Grund der Konvergenzänderung sicher unterscheiden. Bei geringer Konvergenz (großer Entfernung) sind schon kleinere Konvergenzänderungen merklich als bei stärkerer Konvergenz. Die Höchstleistung lag für 10 m Entfernung bei einer Blicklinienänderung von 7 Winkelminuten. Erschwerte Konvergenz führt ebenso wie Akkommodationsstörung zu einer Mikropsie, weil der Innervationsimpuls mit der Vorstellung größerer Nähe eines Objektes verknüpft ist.

Die Entfernungsschätzung bei Darbietung eines Lichtpunktes bei sonst völliger Dunkelheit, z. B. zur Nachtzeit im Freien, ergibt bei großen Entfernungen eine beträchtliche Unterschätzung. Das beruht auf dem Fehlen einer *Unterteilung der zu schätzenden Strecke* (HOFMANN 1, 2). Der Lichtpunkt erscheint in einem „strukturlosen Feld". Es ist verständlich, daß z. B. eine nach der Tiefe verlaufende Reihe gleichabständiger Telegraphenstangen oder dergleichen die Entfernungsschätzung bei Tage ebenso erleichtert, wie bei Nacht eine Reihe von Lichtern der normalen Straßenbeleuchtung. Außerdem wird die Entfernungswahrnehmung im Dunkeln auch schon dadurch sehr unbestimmt, daß die sonst sichtbaren Teile des eigenen Körpers nicht mehr sichtbar sind. Daher wird auch bei Blick durch ein einfaches Rohr oder durch einen Spalt, wobei der Körper und die nächste Umgebung verdeckt werden, die Entfernungsschätzung sehr unsicher (HOFMANN 1, 2), und zwar nicht im Sinne von Unterschätzung, sondern von Unbestimmtheit.

Im folgenden ist die *relative Entfernungswahrnehmung* zu untersuchen, d. h. die Wahrnehmung der Tiefenabstände verschiedener Gegenstände voneinander. Auf die vorbesprochenen Fragen kommen wir zurück und wir werden sehen, daß die Unterscheidung in „absolute und relative Tiefenlokalisation" doch nur mehr den Wert einer vorläufigen und schematischen Einteilung hat, gegen die sich hauptsächlich HILLEBRAND (2) gewendet hat.

b) Bedeutung der beidäugigen Bildverschiedenheit (WHEATSTONE)

Es wurde schon betont, daß die bisher besprochenen Hilfsmittel nicht nur für einäugiges Sehen in Frage kommen, sondern auch für beidäugiges, wenn die Gegenstände sehr weit abliegen. Liegen aber die Gegenstände im Bereich der bequemen Sehweite bis einige Meter vom Auge entfernt, so haben wir eine ganz *unmittelbare* und viel leistungsfähigere *Entfernungswahrnehmung*, welche an das Vorhandensein zweier Augen gebunden ist.

Den großen Unterschied des Tiefeneindruckes bei einäugiger und beidäugiger Betrachtung kann man sehr leicht feststellen, wenn man seine eigene Hand von der Hohlseite aus betrachtet und dabei die Finger den Augen entgegenstreckt. Eine unmittelbare Tiefen*wahrnehmung* besteht nur bei beidäugiger Betrachtung. Sehr geeignet ist auch das Drahtmodell eines Würfels oder einer abgestumpften Pyramide; bei Aufdecken des zweiten Auges springt der vorher flach erscheinende Körper dem Betrachter geradezu entgegen.

Man kann bei diesem Versuch zugleich eine *grundlegende Tatsache* feststellen: betrachtet man nämlich die Hand oder das Drahtmodell abwechselnd *mit dem linken und mit dem rechten Auge* für sich, so ist *der Anblick ein verschiedener.* Wenn sich z. B. der Daumen der linken Hand für das rechte Auge mit dem Zeigefinger deckt, so verschiebt er sich für das linke Auge auf den Raum zwischen Mittel- und Ringfinger. Das Netzhautbild des rechten Auges ist also von dem des linken Auges verschieden. Die Erklärung ergibt sich leicht daraus, daß der *Standort* beider Augen zum Gegenstand etwas verschieden ist, und zwar um den Betrag des seitlichen Augenabstandes (Augendistanz), welcher als Standlinie der Betrachtung (Betrachtungsbasis) bezeichnet werden kann. Das rechte Auge blickt von anderer Richtung auf (oder durch) den Gegenstand als das linke; mithin werden die Bilder auf beiden Netzhäuten als perspektivisch verschieden bezeichnet (perspicere = durchblicken). Diese *binokulare Bildverschiedenheit* ist zuerst von WHEATSTONE im Jahre 1838 klar erkannt worden. WHEATSTONE stellte sodann die *grundlegende Lehre* auf, *daß die unmittelbare beidäugige Tiefenwahrnehmung auf der beidäugigen Bildverschiedenheit beruht.* Wir kommen auf ihre Begründung eingehend zurück.

c) Der Augenabstand

Wenn die unmittelbare Tiefenwahrnehmung auf der beidäugigen Bildverschiedenheit beruht, ist die Messung des Augenabstandes von Bedeutung. Denn es wird der Betrag dieser Verschiedenheit von der Größe des Augenabstandes abhängen. Ferner hängt die Bildverschiedenheit von der Entfernung des betrachteten Gegenstandes ab; je größer die Entfernung, desto kleiner die Bildverschiedenheit. Bei sehr großer Entfernung wird die Bildverschiedenheit wegfallen. Hierin liegt der Grund dafür, daß nunmehr auch bei beidäugiger Betrachtung nur die für einäugige Betrachtung vorliegenden Hilfsmittel der Entfernungsbeurteilung zur Verfügung stehen.

Der *seitliche Abstand* kann mit verschiedenen Verfahren *gemessen* werden. Am einfachsten ist es, sich einen Millimetermaßstab über die Augen an die Stirn zu halten, sich dabei in einem Spiegel zu betrachten und den Pupillenabstand mit dem Maßstab zu vergleichen. Ein genaueres subjektives Verfahren (d. h. zur Messung an sich selbst) besteht darin, daß man an einem Zirkel zwei Blechscheiben befestigt, welche je ein feines Loch tragen; man blickt durch die in passenden Abstand gestellten Löcher nach einem fernen Gegenstand, der ebenso wie die Löcher einfach gesehen werden muß. Dann ist der Augenabstand gleich dem Lochabstand.

Abb. 133 zeigt ein kleines Gerät, mit welchem man mit Hilfe dieses Lochprinzips sehr genaue Messungen ausführen kann. In einem flachen Metallstück ist links ein kleines Loch eingebohrt, ein zweites rechts auf dem beweglichen Schieber an seinem Nullpunkt. Der Abstand der beiden Löcher ist an einem Nonius auf $^1/_{10}$ mm Genauigkeit ablesbar. Man hält die Löcher dicht vor die Augen und stellt sie so ein, daß die *beiden* Löcher zu *einem* Sehding Loch verschmelzen und daß ein ferner Gegenstand, z. B. ein Blitzableiter, innerhalb des Sehdings Loch einfach

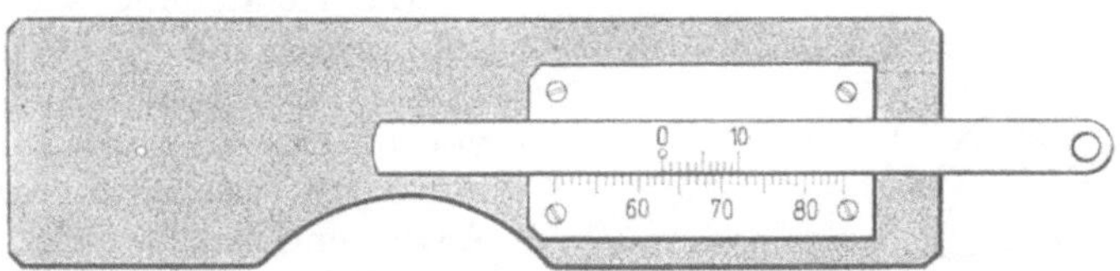

Abb. 133. *Gerät zur subjektiven Messung des Augenabstandes* mit Noniusablesung. Nach W. Trendelenburg (*14*)

erscheint. Es fallen nun in die Foveae die Bilder des Blitzableiters und je eines Loches zusammen, folglich tritt Einfachwahrnehmung auf. Diese foveale Abbildung ist nur möglich, wenn die Löcher so weit voneinander abstehen, wie der Augenabstand beträgt.

Dieser Versuch ist zugleich sehr lehrreich für das Verständnis der Gesetze der Wahrnehmung. Wir sehen, daß *ein* Ding einfach gesehen wird, wenn es auf Deckstellen beider Netzhäute abgebildet wird. Hier liegen *zwei* der Form nach übereinstimmende *Dinge*, die beiden Löcher, vor, es entsteht aber nur *ein Sehding*, da nun zwei Abbilder von gleicher Form in den Foveae liegen. Daß das Sehding Loch so groß, das Ding so klein ist, beruht auf der Abbildung im Zerstreuungskreis, der eine verhältnismäßig große Ausdehnung hat, nämlich die der Pupillenöffnung, wenn die Löcher im vorderen Brennpunkt der Augen stehen. Das geht aus der früheren Besprechung der entoptischen Wahrnehmung der Pupille hervor (Abb. 9). Für die Wahrnehmung ist in erster Linie nur das auf der Mittel-Doppel-Netzhaut vereinigt gedachte Gesamtbild maßgebend, nicht die Art und Weise, wie es zustande kommt. Ist im Mittelauge nur *ein* Bild vorhanden, so entsteht nur *ein* Sehding, auch dann, wenn die beiden zusammenfallenden Bilder von *zwei* (der .Form nach übereinstimmenden) Dingen stammen.

Für praktische Zwecke kommt nur die objektive Messung des Augenabstandes in Betracht, d. h. die ohne Mitwirkung des Untersuchten. Dafür ist das Spiegelverfahren weiter ausgebildet worden, durch Verwendung eines zweiten Spiegels, in welchen der Beobachter hineinblickt. Viel gebraucht ist das Gerät von Czapski-Zeiss (Hertel, Dönitz). Die Kenntnis des Augenabstandes ist übrigens auch für eine gute Auswahl des Brillengestells wichtig.

Man findet für die Augendistanz des Erwachsenen im Mittel 63 mm, mit den Grenzwerten von 55 und 70 mm. Bei Kindern ist der Mittelwert im Alter von 9 Jahren 56 mm, im Alter von 14 Jahren 59 mm.

d) Die Stereoskopie

Der Beweis für die oben dargelegte Wheatstonesche Behauptung der Bedeutung der beidäugigen Bildverschiedenheit für die Tiefenwahrnehmung ist einer Erfindung Wheatstones zu entnehmen, der *Stereoskopie*. Das Wort bedeutet eigentlich Raumsehen schlechtweg, gemeint ist aber das Tiefensehen nicht auf Grund der Betrachtung der Gegenstände selbst, sondern von *Bildern* der *Gegenstände*, perspektivischen Zeichnungen oder Photographien.

Ist wirklich die beidäugige Verschiedenheit der Grund für die binokulare Tiefenwahrnehmung, so muß es auch dann zu einem Tiefeneindruck kommen, wenn den beiden Augen nicht der Anblick des Gegenstandes selbst geboten wird, sondern jedem Auge eine entsprechende Zeichnung des Gegenstandes. Die Tiefenwahrnehmung ist also nicht an das Anblicken eines tiefenerstreckten Gegenstandes gebunden. In der Betrachtung zweier etwas verschiedener Zeichnungen liegt das Wesen der Stereoskopie, besondere Apparate sind nicht unbedingt erforderlich.

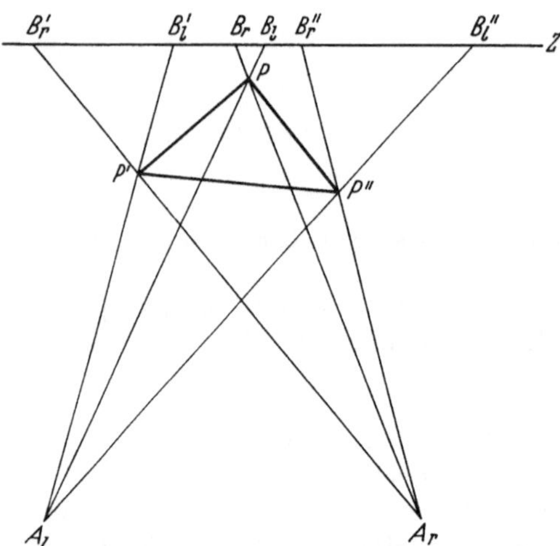

Abb. 134. *Herstellung stereoskopischer Zeichnungen* des Gegenstandes *P P′ P″* auf der hinter dem Gegenstand befindlichen Zeichenebene *Z*. A_l und A_r linkes und rechtes Auge. B_r B_r' B_r'' die Bildpunkte für das rechte, B_l B_l' B_l'' die für das linke Auge. (Zur Verdeutlichung wurde der Augenabstand übermäßig groß gezeichnet)

Die Herstellung solcher stereoskopischer Bilder ist nicht schwierig. Wir stellen (Abb. 134) etwa 50 cm vor uns eine schwarze Tafel auf und vor diese, etwa 30 cm von unserem Auge entfernt, ein Drahtmodell eines Prismas oder dergleichen. Bei gut feststehendem Kopf und verschlossenem rechtem Auge zeichnen wir die Linien des Prismas auf der Tafel so nach, daß die Kreidespitze stets von der Prismenkante verdeckt wird. So erhalten wir das linksäugige Bild, das sich für das linke Auge Linie für Linie mit dem Prisma selber deckt. In gleicher Weise wird bei verschlossenem linken Auge das rechtsäugige Bild gezeichnet. Entfernen wir nun das Prisma, so können wir schon den „Raumeindruck“ des Prismas ganz deutlich vor uns schweben sehen, welchen

unser Sehorgan aus den beiden Flächenbildern aufbaut. Noch vollkommener wird der Eindruck, wenn jedes Auge nur die ihm zugehörige Zeichnung sieht. Diese *Bildtrennung* kann sehr einfach dadurch herbeigeführt werden, daß wir das linksäugige Bild mit blauer Kreide und das rechtsäugige mit roter Kreide zeichnen und bei der Betrachtung dem rechten Auge ein rotes Glas, dem linken ein blaues Glas vorsetzen (Verfahren von D'ALMEIDA und ROLLMANN).

Weil bei dieser Herstellung des Bildes durch den Gegenstand hindurch zur Zeichenfläche geblickt wird, heißt die Zeichnung perspektivisch. Das Auge stellt das perspektivische Zentrum dar.

Wenn man bei diesem Versuch auf weißem Papier zeichnen will, so muß man, wiederum bei Verwendung der roten Farbe für die rechtsäugige Zeichnung, der blauen für die linksäugige, bei der Betrachtung die Farbbrille umgekehrt anwenden, mit dem blauen Glas vor dem rechten und dem roten Glas vor dem linken Auge. Die Erklärung ergibt sich leicht aus den Gesetzen der Lichtabsorption in Farbgläsern. Einen roten Strich auf schwarzer Tafel sieht man nur durch das rote Glas, nicht durch das blaue, weil letzteres weder vom Tafelgrund noch von der roten Farbe des Striches etwas durchläßt. Einen roten Strich auf weißem Papier sieht man nicht durch das rote Glas, weil dieses annähernd gleichviel Licht vom weißen Grund wie von der Farbe des Striches durchläßt; ein blaues Glas aber läßt vom weißen Grund viel Licht, vom roten Strich kein Licht durch. Voraussetzung ist, daß die Farben und Gläser passend ausgewählt sind, so daß das rein rote Glas kein Blau, das rein blaue Glas kein Rot durchläßt. Neuerdings hat STOHLER gezeigt, daß man die farbigen Teilbilder bei Anaglyphen auch durch schwarz-weiße auf buntem Grund ersetzen kann. Bei Verwendung der handelsüblichen Blau-Grün-Brillen empfiehlt sich ein roter bzw. orange gefärbter Untergrund. Die Schwarz-Weiß-Anaglyphen liefern dann dem einen Auge eine schwarze Zeichnung auf hellem Untergrund, dem andern Auge eine helle Zeichnung auf dunklem Untergrund.

Das beschriebene Farbenverfahren der Betrachtung stereoskopischer Abbilder ist für genauere Untersuchungen weniger geeignet als das von WHEATSTONE erfundene Verfahren, welches im *Spiegelstereoskop* vorliegt. Bei diesem Verfahren werden nicht die Zeichnungen selber, sondern ihre von Spiegeln entworfenen virtuellen Bilder betrachtet, welche dorthin geworfen werden, wo eigentlich die Zeichnungen selbst liegen sollten. Abb. 135 gibt das Wesentliche wieder. Bei Pl_l und Pl_r liegen die Zeichnungen, die wir uns zunächst mit Bleistift nach dem erwähnten Verfahren auf je ein besonderes Blatt Papier gezeichnet vorstellen können.

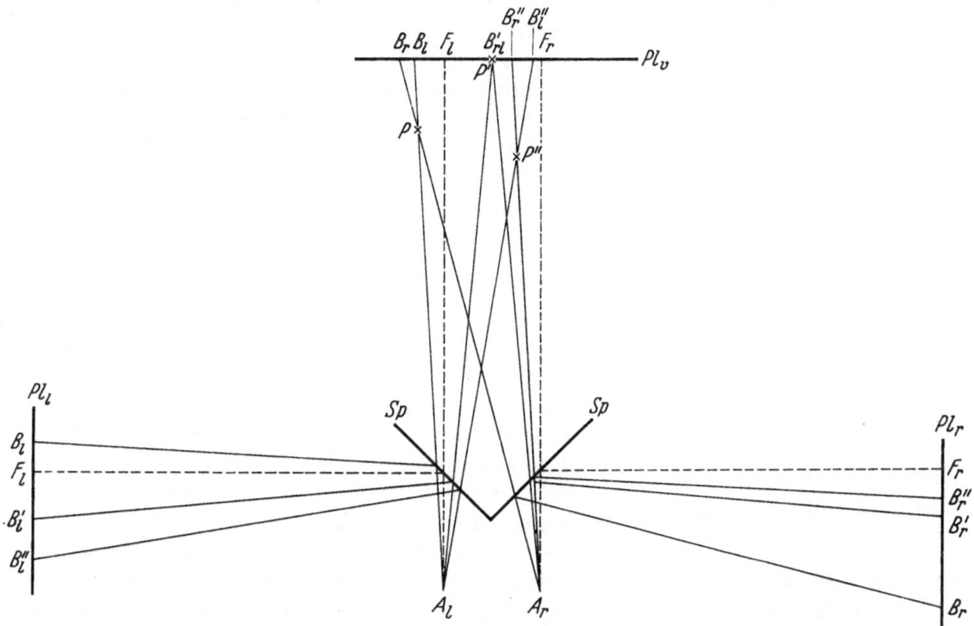

Abb. 135. WHEATSTONES *Spiegelstereoskop.* [Nach W. T. (*12*).] A_l, A_r die Augen, Pl die perspektivischen Zeichnungen mit den Bildpunkten $B\ B'\ B''$, Pl_v die virtuellen Spiegelbilder der Zeichnungen Pl, $P\ P'\ P''$ die Punkte des Sehdings (,,Raumbildes'') des in den perspektivischen Zeichnungen dargestellten Gegenstandes

$B_l\ B'_l\ B''_l$, $B_r\ B'_r\ B''_r$ sind paarweise zum gleichen Gegenstandspunkt gehörige Bildpunkte. Die Augen blicken von A_l und A_r aus auf zwei zueinander rechtwinklig stehende Spiegel $Sp\,Sp$, welche von den Zeichnungen am Ort Pl_v virtuelle Bilder entwerfen, die nun gewissermaßen an Stelle der Zeichnungen betrachtet und auf den Netzhäuten abgebildet werden. Dabei entsteht das Raumbild am Ort $P\ P'\ P''$. Dieses Raumbild ist nun nicht etwa flächenförmig, sondern es hat auch eine Tiefenerstreckung, ist also ,,plastisch'', ganz so, als ob der abgezeichnete Gegenstand (von dem hier der Übersichtlichkeit wegen nur drei Punkte wiedergegeben sind) am Ort $P\ P'\ P''$ stünde und unmittelbar betrachtet würde.

Die Übereinstimmung des Raumbildes mit dem Gegenstand ist um so größer, je genauer die beiden perspektivischen Abbilder den Gegenstand in Form und Farbe wiedergeben. Ist der Gegenstand ein Drahtmodell, z. B. eines Würfels oder einer Pyramide, so kann das *Schattenbild* die Form in perspektivischer Zeichnung sehr genau wiedergeben. Man verwendet ein punktförmiges Licht, welches das Zentrum der Perspektive darstellt, und entwirft nacheinander von zwei um Augenabstand verschiedenen Standpunkten Schattenbilder auf eine mit photographischem Papier belegte Fläche und vereinigt die beiden Photographien im Spiegelstereoskop. Dieses Verfahren verwendet die *Röntgenstereoskopie*, bei welcher der annähernd punktförmige Brennfleck der Antikathode der Röntgenröhre, von welchem die Röntgenstrahlen ausgehen, der Zentralpunkt der Perspektive ist.

Sehr verbreitet ist ferner das Verfahren, die perspektivisch verschiedenen Abbilder der Gegenstände mittels *gewöhnlicher Photographie* herzustellen. Hierbei sind die Projektionsverhältnisse insofern etwas andere, als die „Zeichenebene" (die photographische Platte) nicht hinter, sondern vor dem Gegenstand liegt, und als nicht die Platten selbst, sondern ihre Positivabzüge betrachtet werden.

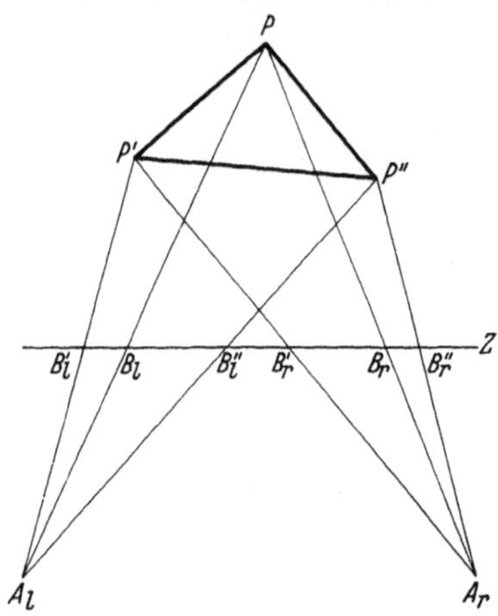

Abb. 136. *Herstellung stereoskopischer Zeichnungen* des Gegenstandes $P\,P'\,P''$ auf der zwischen Gegenstand und Augen (A_l und A_r) gelegenen Zeichenebene Z. Die Lage der Augen zum Gegenstand ist die gleiche wie in Abb. 134

Es liegen dann die Verhältnisse der Abb. 136 vor. Zunächst stellen wir uns $P\,P'\,P''$ als Gegenstand, Z als Zeichenebene vor, auf der wir von den Augen $A_l\,A_r$ aus die perspektivischen Zeichnungen $B_l\,B_l'\,B_l''$ und $B_r\,B_r'\,B_r''$ entwerfen. Nehmen wir jetzt den Gegenstand fort, so sehen wir an seiner Stelle sein stereoskopisches Raumbild. Das gleiche ist, nur in viel vollkommenerer Wiedergabe, der Fall, wenn wir bei Z die beiden mit Hilfe einer Stereokammer aufgenommenen Stereobilder, als Diapositive hergestellt, anbringen. Es wäre das wieder Stereoskopie ohne Spiegelanwendung. Sind die Aufnahmen verhältnismäßig klein, so wendet man nach WHEATSTONE bei der Betrachtung einen Vorsatz von Konvexlinsen vor den Augen an (Linsenstereoskop), damit die Bilder ohne Nahakkommodation besehen werden können. Wenn die Bilder zu breit sind, als daß sie nebeneinander in einem dem Augenabstand entsprechenden Abstand Platz haben, so kann man nach BREWSTER Prismen vor die Augen setzen (Prismenstereoskop), welche deren Blicklinien gewissermaßen divergent machen. Größere Stereophotographien werden am besten im Wheatstoneschen Spiegelstereoskop betrachtet.

Zur Technik der Aufnahmen ist kurz folgendes zu bemerken. Entweder verwendet man die bekannten Doppelkameras mit zwei Objektiven und parallelen optischen Achsen. Oder man macht, bei völlig ruhigen Gegenständen, Sukzessivaufnahmen mit der gleichen Kamera, die nach der ersten Aufnahme etwas verschoben wird. Man kann dabei entweder Parallelverschiebung oder Winkelverschiebung (Drehung um einen Punkt in der Mitte des nahe liegenden Gegenstandes) anwenden. Im letzteren Fall müssen bei der Betrachtung die beiden Aufnahmen im gleichen Winkel zueinander stehen, wie die optische Achse des Apparats bei den Aufnahmen. Neuerdings wurden die Kleinbildapparate für stereoskopische Aufnahmen verwendbar gemacht (VIERLING). Den beiden Objektiven werden bei Aufnahmen von etwas weiter ab gelegenen Gegenständen rhombische Prismen vorgesetzt, welche nach dem Prinzip des Telestereoskopes (vgl. S. 339) die Aufnahmebasis auf etwa 60 mm bringen. Die Ausbildung der stereoskopischen Aufnahmeverfahren mittels Mikroskops ist durch DRÜNER erfolgt.

e) Einwände gegen WHEATSTONEs Auffassung

So einleuchtend die Wheatstonesche Beweisführung für die maßgebende Bedeutung der beidäugigen Bildverschiedenheit für die Tiefenwahrnehmung ist, so wenig hat es aber in Anbetracht der ungewohnten Neuheit der Erklärung an Einwänden gefehlt. Waren doch bis dahin die Verschiedenheiten der binokularen Perspektive, so einfach sie sich nachweisen lassen, noch nicht allgemein erkannt worden. Später wurden außerdem eine Reihe von Beobachtungen beschrieben, die sich der Auffassung WHEATSTONEs nicht ohne weiteres unterordnen ließen.

Unter anderem wurde der bei der Betrachtung verschiedener Gegenstandspunkte eintretende Wechsel der *Konvergenz* der Blicklinien als bestimmend für
die Entfernungswahrnehmung angesehen (BRÜCKE). Das scheint dadurch widerlegt, daß man auch bei *Momentbeleuchtung* von einer die Konvergenzbewegung
ausschließenden sehr kurzen Dauer von nahen Gegenständen eine binokulare
Tiefenwahrnehmung erhält. Voraussetzung ist allerdings, daß die Gegenstände
eine deutliche Tiefenausdehnung (große Querdisparation) haben. Je geringer die
Tiefenausdehnung ist, um so länger muß die Darbietungszeit sein. Zusammen mit
HERTEL konnte MONJÉ die Beziehung als Intensitätszeitkurve darstellen; andere
Autoren (WAGNER, VILMAR; s. a. RICHARDS) kamen zu ähnlichen Resultaten. Wir
werden darauf noch zurückkommen. Damit ist nicht ausgeschlossen, daß bei
längerer Betrachtung, besonders von stereoskopischen Aufnahmen, die wechselnde
Konvergenz als unterstützendes Moment der Tiefenwahrnehmung eine Rolle
spielt. Ein anderer Hinweis auf die Bedeutung der Wheatstoneschen Erklärung
ergibt sich, wie schon WHEATSTONE selbst hervorhob, aus der stereoskopischen
Vereinigung von Nachbildern. Man betrachtet im Dunkelraum bei festgestelltem
Kopf ein weiß angestrichenes, grell beleuchtetes Drahtmodell eines Würfels, wobei
die Blicklinien auf eine seiner Ecken gerichtet sind, an welcher ein kleines, rotes
Fixierlämpchen angebracht ist. Nach einigen Sekunden wird die Beleuchtung aus-
gedreht und der Blick weiter auf den roten Fixierpunkt gerichtet. Sogleich tauchen
nun die Nachbilder auf und man bemerkt leicht, daß sie zu einem dreidimensionalen
Raumbild verschmelzen, das in den Strecken und Winkeln ganz genau dem Würfel
entspricht. Von einem Abtasten mit wechselnd konvergentem Blick kann jetzt
keine Rede mehr sein, da die Fixierstellung ganz unverändert bleibt.

Man könnte nun noch meinen, es sei eine Täuschung, daß man ein sich auch in
die Tiefe erstreckendes Raumgebilde sähe. Dieser Einwand läßt sich leicht durch
Ausmessung des Raumbildes widerlegen (W. TRENDELENBURG 20), worauf wir
zurückkommen.

Um schärfere Nachbilder zu erhalten, als es bei einer mehrere Sekunden währenden Belichtung möglich ist, kann man Blitzlicht verwenden. Damit lassen sich auch von nicht zu
dunklen Gegenständen, z. B. einem menschlichen Skeletschädel, sehr gute Nachbilder erhalten,
für kurze Zeit positive, für längere Zeit negative. Allerdings ist auch hierzu wieder eine Voraussetzung, daß das Objekt, dessen Nachbilder vereinigt werden sollen, eine deutliche Tiefenausdehnung hat (MONJÉ).

Der Nachbildversuch ist zugleich lehrreich für die Frage der Identität der beiden Netzhäute. Wäre diese in jeder Beziehung vorhanden, so müßte der auf Grund von Nachbildern gewonnene Raumeindruck, wie HELMHOLTZ hervorhebt, bald tiefenrichtig, bald tiefenverkehrt
(pseudomorph) sein, was durchaus nicht der Fall ist; der Eindruck ist stets tiefenrichtig.
Pseudoskopie tritt, wie wir sehen werden, nur bei Vertauschung des rechten und des linken
Netzhautbildes ein, die bei Nachbildern natürlich unmöglich ist.

Wenn wir bisher festgestellt haben, daß eine Tiefenwahrnehmung auf einer
in querer Richtung liegenden Parallaxe (*Querdisparation*) beruht, so erhebt sich
jetzt die wichtige Frage, ob auch ein in *Höhenrichtung* liegender Unterschied
der beidäugigen Abbildung (*Längsdisparation* genannt) eine Tiefenwahrnehmung
ermöglicht. Entgegen früheren Ansichten ist einwandfrei bewiesen, daß dies nicht
der Fall ist. Besonders deutlich geht das aus dem Versuch von HEINE (6) hervor,
welcher die Augen durch eine Prismenzusammenstellung übereinander lagert,
wodurch Längsdisparation auftritt, ohne daß Tiefenwahrnehmung erfolgt (vgl.
a. S. 323 unter Aniseikonie).

f) Genauigkeit der binokularen Tiefenwahrnehmung

Wenn die beidäugige Bildverschiedenheit die Grundlage für die binokulare
Tiefenwahrnehmung ist, so muß deren Genauigkeit, die *Tiefenwahrnehmungsschärfe*, mit dem Betrage dieser Bildverschiedenheit zusammenhängen und an

dieser gemessen werden können. Diese Verschiedenheit der Bilder des Gegenstandes auf beiden Netzhäuten können wir uns am besten im imaginären Mittelauge gemessen denken. Würden die Bilder in jedem tatsächlichen Auge nach Art einer Photographie festgelegt sein und nun die beiden Netzhäute zu der Netzhaut des in der Nasenwurzel liegenden Mittelauges zusammengelegt werden, so würden die einem bestimmten nicht fixierten Gegenstandspunkt zugehörigen Bildpunkte nicht aufeinander liegen (vgl. Abb. 129).

Verschiedene Beobachtungen zeigten schon bald, daß der Grenzwinkel der merklichen Bildverschiedenheit jedenfalls nur sehr klein ist. So konnte DOVE die sehr geringen Unterschiede einer echten und einer unechten Banknote bei stereoskopischer Betrachtung als Tiefenunterschiede wahrnehmen. Ähnlich kann unterschieden werden, ob von einem bestimmten Drucksatz zwei Abzüge vorliegen oder ob beide einem gesonderten Drucksatz entsprechen; bei stereoskopischer Vereinigung sieht man in dem letzteren Falle einzelne Buchstaben herausspringen, weil in beiden Drucksätzen die Abstände der Buchstaben voneinander hier und dort ein wenig verschieden sind. Ebenso verhält es sich mit Schreibmaschinenschrift. Auch Münzen aus verschiedenem Metall und Maßstäbe lassen bei stereoskopischer Vereinigung Verschiedenheiten als Tiefenunterschiede erkennen (DOVE).

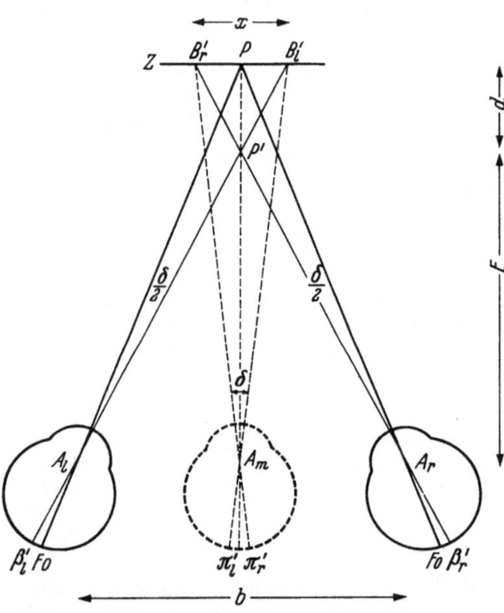

Abb. 137. *Anordnung zur Messung der Tiefenwahrnehmungsschärfe.* Ausgezogen: der tatsächliche Strahlengang. Gestrichelt: Übertragung dieses Strahlengangs auf das fiktive Mittelauge (Doppelauge). Der Winkel $\delta \left(= \dfrac{x}{E} \right)$ ist das Maß der Tiefenwahrnehmungsschärfe. x ist die beidäugige Projektion von d (der eben noch wahrgenommene Tiefenabstand PP') auf die Ebene Z. Hierbei ist $x = d\,\dfrac{b}{E}$, also $\delta = \dfrac{d \cdot b}{E^2}$

Zur genauen *Messung der Tiefenwahrnehmungsschärfe* dient das Helmholtzsche Verfahren, das zunächst in seinen Grundzügen beschrieben und an Abb. 137 erklärt sei. Vor den Augen A_l und A_r sind zwei Punkte angebracht, P und P', von denen der vordere P' in der Medianlinie verschiebbar ist. Es wird derjenige Abstand d (Distanz) aufgesucht, in welcher der Tiefenunterschied von P und P' eben noch bzw. eben nicht mehr wahrgenommen werden kann. Die Größe von d hängt vom Augenabstand b und von der Entfernung E ab, in welcher die Punkte zum Auge liegen. Es ist also eine Beziehung zwischen den genannten Größen aufzustellen, welche ein geeignetes Maß für die Tiefenwahrnehmungsschärfe darstellt. Diese Beziehung ergibt sich, wenn wir die Bilder beider Netzhäute auf das imaginäre Mittelauge A_m übertragen. Das Bild von P fällt dann in die Fovea des Mittelauges. Das linksäugige Bild von P' (β'_l) kommt nach π'_l, das rechtsäugige Bild von P' (β'_r)

nach π'_r. Die Bildverschiedenheit ($\pi'_l \pi'_r$) wird als *Netzhautbildparallaxe* bezeichnet, von HERING *Querdisparation* genannt. Nun zeichnen wir die Projektion der Bilder des Punktes P' im Mittelauge auf die durch den Punkt P gehende Ebene Z auf und erhalten dort die Punkte B'_l und B'_r. Ihr Abstand, der x genannt sei, wird von HELMHOLTZ als „*stereoskopische Parallaxe*" bezeichnet.

Man erkennt leicht, daß x gleich der Summe der links- und rechtsäugigen Projektionen der Strecke PP' auf die Ebene Z ist. Der Gesichtswinkel für diese Strecke PP' ist für jedes Auge gleich $\delta/2$. Aus den beiden Dreiecken $A_l A_r P'$ und $B'_r B'_l P'$ ergibt sich die Proportion $x = \dfrac{d \cdot b}{E}$. Aus dem Dreieck $B'_r B'_l A_m$ ergibt sich ferner, unter Berücksichtigung, daß im Grenzfall der Unterscheidung x sehr klein ist im Verhältnis zu E, der Wert für δ zu $\dfrac{x}{E}$. Werden beide Gleichungen vereinigt, so ergibt sich $\delta = \dfrac{d \cdot b}{E^2}$. Damit ist die gesuchte Beziehung gefunden.

Im Versuch ergibt sich der foveale Grenzwinkel der Unterscheidbarkeit (PULFRICH, HEINE) zu etwa 10″ bis herunter zu 5″, was einer Parallaxe von 1 bzw. 0,5 μ entspricht. Nach BOURDON entspricht der Grenzwinkel von 5″ bei 1 m Entfernung der Erkennung eines Tiefenabstandes von 0,4 mm, bei 10 m von 4 cm, bei 100 m von 3,7 m und bei einer Entfernung von 1000 m einem Tiefenabstand von 274 m. Schon bei größerer Entfernung als 200 m wird die binokulare Tiefenwahrnehmung praktisch als verschwindend klein bezeichnet werden können. Bei 10″ Tiefenwahrnehmungsschärfewert und 65 mm Augendistanz ist die Entfernung von ungefähr 1200 m nicht mehr von ∞ unterscheidbar. Peripher liegt diese Grenze bedeutend näher, z. B. bei 15° Abstand von der Fovea in 75 m Entfernung. Die Genauigkeit der Tiefenwahrnehmung scheint mit der Disparation exponentiell abzunehmen (OGLE).

Während nach TEN DOESSCHATE in einem Abstand von 50 m die binokulare Parallaxe noch eine nicht unbedeutende Rolle spielt, tritt sie nach CIBIS bei größeren Entfernungen, mit denen es der Flieger zu tun hat, in den Hintergrund gegenüber den Hilfsmitteln der einäugigen Entfernungswahrnehmung, vor allem der Netzhautbildgröße.

Bei der Durchführung des Helmholtzschen Verfahrens werden statt Punkten dünne Stäbe angewendet, und zwar ein verschieblicher Stab P', und anstatt des einen feststehenden Stabes P zwei seitlich von dem Ort P stehende Stäbe. Es ist nun der Stab P' so einzustellen, daß sein Abstand von der Verbindungslinie der beiden unverschieblichen Stäbe eben nicht mehr erkannt wird. Hiernach wird das Helmholtzsche Verfahren als *Dreistäbchenmethode* bezeichnet.

Die Berechnung wird in der Weise vorgenommen, daß die Werte für d von allen Einzelfällen addiert werden und die Summe durch die Anzahl der Einzelfälle (wobei die Fälle mit $d = 0$ natürlich mitzuzählen sind) dividiert wird. Aus dem sich ergebenden Mittelwert wird der Winkel nach der angegebenen Formel berechnet.

Man kann das Verfahren nach MONJÉ sehr zweckmäßig dahin abändern, daß man den Stäben einen konstanten kleinen Abstand d erteilt, der gut unterscheidbar ist, wenn die Stäbe, wie bisher vorausgesetzt, senkrecht stehen. Befestigt man aber die Stäbe an einer Drehscheibe und dreht sie nun in die horizontale Richtung, so kann der Abstand d auch dann nicht erkannt werden, wenn er weit über den bei senkrechter Richtung gefundenen Grenzwert hinausgeht. Der Grund liegt darin, daß nun keine Querdisparation mehr vorliegt, sondern nur „Längsdisparation", welche keine Tiefenwahrnehmung bewirkt. Diese tritt aber auf, wenn wir die Stäbe langsam wieder in die senkrechte Richtung zurückdrehen. Aus dem Winkel der Schräglage der Stäbe, bei welcher ein bestimmter Abstand eben wahrgenommen wird, läßt sich die Parallaxe berechnen. Sie ist proportional dem Sinus des Winkels, um den die Stäbe aus der horizontalen Stellung herausgedreht sind (Prinzip des *Stereo-Eidometers*).

Ein von HERING angegebenes Verfahren ist besonders dann geeignet, wenn es nur darauf ankommt, festzustellen, ob binokulares Sehen im Sinne einer guten Tiefenwahrnehmung vorliegt oder nicht. Bei dem Heringschen *Fallversuch* (vgl. GREEFF) wird eine kleine, an einem senkrecht ausgespannten Faden befestigte Kugel fixiert; der Versuchsleiter läßt bald vor, bald hinter ihr (und stets ein wenig seitlich von ihr) eine andere Kugel fallen, wobei der Untersuchte anzugeben hat, ob er die Kugel vor oder dahinter fallen sah. Bei schlechtem beidäugigen Sehen ist die Unterscheidung unmöglich.

Auf dem Prinzip von ROLLMANN beruht auch das Anaglyphen-Stereoskop von MONJÉ. Es besteht im wesentlichen aus einer Art Lesepult mit einem Brillengestell mit veränderlichem Augenabstand. In dem Brillengestell befinden sich die Farbgläser, außerdem können Korrektionsgläser, Graugläser usw. angebracht werden. Zur Kontrolle der Augenbewegungen des Untersuchten ist ein besonderer Spiegel angebracht. Als Testobjekte benutzt MONJÉ einfache Strichfiguren, die mit Rot-Grün-Stiften auf durchscheinendes sog. Ultraphanpapier gezeichnet werden. Das Anaglyphen-Stereoskop ist zur Untersuchung Schielender entwickelt worden und dient gleichzeitig zur Übung stereoskopischen Sehens.

KOCH verwendet zum Nachweis des binokularen Sehaktes ein stereoskopisches Verfahren, nämlich die nach ROLLMANN mit verschiedenen Farben gezeichneten Projektionen, die mit verschiedenfarbiger Brille betrachtet werden. Der dargestellte Gegenstand ist eine aus Draht hergestellte Pyramide. Die Aufgabe besteht darin, mit einem Zeiger auf die Spitze der Raumbildpyramide zu weisen. Mit diesem Apparat läßt sich die Leistungsgrenze des Raumsehens für verschiedene Bildunterschiede bestimmen.

Bei den *stereoskopischen Prüftafeln* von PULFRICH sind Häuser, Kirchen, Freiballons usw. in Schattenbildern dargestellt, und zwar in den beiden Teilbildern mit verschiedenen Parallaxenwerten, die als Abbildparallaxen zu bezeichnen sind. Denkt man sich die beiden stereoskopischen Zeichnungen so aufeinandergelegt, daß die zugehörigen Bilder des fernsten Gegenstandes, z. B. einer Kirchturmspitze, sich decken, so würden z. B. die beiden Bilder eines vor der Kirche schwebenden Freiballons etwas gegeneinander verschoben sein. Ist diese Bildparallaxe sehr klein, so wird die Netzhautbildparallaxe zu klein, als daß der Abstand des Ballons vom Kirchturm noch wahrgenommen werden könnte. Haben die dargestellten Gegenstände verschieden große Abbildparallaxen, so kann die Tiefenwahrnehmungsschärfe leicht danach beurteilt werden, welche Abstände vom Untersuchten noch wahrgenommen werden können, welche nicht.

ZIEGLER hat verschiedene Verfahren, darunter auch das dem Helmholtzschen nachgebildete von CORDS, miteinander verglichen und eine Regel aufgestellt, nach der zu entscheiden ist, ob ein Prüfling als mit „schlechtem Raumsehen" behaftet zu bezeichnen ist. Es kommt dabei auch darauf an, ob die Tiefenwahrnehmung durch Übung gebessert werden kann oder nicht.

Praktische Bedeutung, z. B. für die Luftfahrt, hat die Frage nach der Genauigkeit der *Tiefenwahrnehmung bei bewegten* Gegenständen, die von KILCHES untersucht wurde. Die beiden seitlichen Nadeln des Helmholtzschen Dreistäbchenverfahrens wurden mit gleichbleibender Geschwindigkeit auf den Beobachter zu oder von ihm weg bewegt. Bei Annäherung war die Tiefenwahrnehmungsschärfe größer als bei Entfernung [vgl. SCHUBERT (5)].

Bei dem für die Tiefenunterscheidung genannten Grenzwert von etwa 10″ fällt die Übereinstimmung mit den für die *Sehschärfe* angegebenen Werten sehr auf. Es fragt sich, ob dem ein innerer Zusammenhang entspricht. Das ist offenbar nicht der Fall. Wenn man einem Emmetropen beiderseits Plus- oder Minusgläser vorsetzt, so ist das räumliche Sehen in Leseweite nicht nur möglich, so lange die Gläser durch Akkommodation ausgeglichen werden können, sondern auch darüber hinaus z. B. beim Vorschalten von + 4,0 und − 5,0 dptr, obwohl dadurch das Bild der drei Fäden unscharf wird (MONJÉ mit RECCIUS). Brechungsunterschiede beeinflussen das Tiefensehen in der Leseweite selbst bei einem Unterschied von 3 dptr nur unwesentlich (MONJÉ mit POCHE). In größerer Entfernung scheinen nach SACHSENWEGER die Verhältnisse etwas anders, im Prinzip jedoch ähnlich zu liegen, so daß SACHSENWEGER es als „gewagt" bezeichnet, ohne weiteres vom Visus auf die Tiefensehschärfe schließen zu wollen. In diesem Zusammenhang ist auch hervorzuheben, daß echtes Tiefensehen auch dann noch beobachtet wurde, wenn die Fovea des einen Auges mit irgendeiner exzentrischen Stelle des anderen Auges zusammenarbeitet (anomale Korrespondenz) (vgl. MONJÉ). Keinesfalls dürfen daher beide Leistungen — die Sehschärfe, d. h. die Unterscheidung des Abstandes zweier nebeneinander liegender Punkte, und die Unterscheidung des Tiefenabstandes zweier Raumpunkte mittels der Verschiedenheit der in beiden Augen entworfenen Bilder — miteinander verwechselt werden. Denken wir uns aber, wie es oben schon zur Erläuterung des Begriffes der Parallaxe getan wurde, beide Netzhäute zu der des imaginären Mittelauges zusammengelegt, so wird der fixierte Punkt in diesem ohne Parallaxe in der Fovea abgebildet, der davon entfernte nicht fixierte Punkt aber mit Parallaxe; und zwar entspricht dem Winkel von 10″ eine Strecke von etwa 1 μ. Diese Abweichung von der identischen Abbildung vermag das imaginäre Mittelauge gerade noch wahrzunehmen, wie das tatsächliche Einzelauge ebenfalls diesen Abbildungsunterschied noch wahrzunehmen vermag. Nach dieser Betrachtungsweise könnte man die Tiefenwahrnehmungsschärfe als die Sehschärfe des imaginären Mittelauges bezeichnen.

Man kann nun die Genauigkeit der Tiefenwahrnehmung noch in einer anderen Beziehung untersuchen. Es ist von Interesse, welche größte Disparation auch bei schon bestehenden Doppelbildern noch räumliches Sehen ermöglicht. Für die Fovea ergibt sich vorzügliches Raumsehen bei Parallaxenwinkeln nicht größer als 20′; bei 6° Abstand von der Fovea ist dieser Winkel etwa 90′. Bei einem Parallaxenwinkel von 25′ hört in der Fovea eine Tiefenunterscheidung der Doppelbilder im Fixationspunkt auf, die Lokalisation ist unbestimmt. In 6° Zentralabstand ist dieser Parallaxenwinkel 4°. Die Ursache ist wohl in der neuroanatomischen Struktur zu suchen (OGLE).

Bisher wurde gefragt, welche kleinste Parallaxe einen eben merklichen Tiefenunterschied ergibt. Eine weitere *Frage* ist die, ob zwei sich in die Tiefe erstreckende *gleich lange Linien* auch als *gleich lang wahrgenommen* werden. Diese Frage hängt mit der anderen eng zusammen, ob ein *bestimmter* überschwelliger *Parallaxenbetrag* stets die *Wahrnehmung einer gleichen Tiefenerstreckung* ergibt, gleichgültig welche Entfernung die Gegenstände haben, welche mit diesem Parallaxenbetrag abgebildet werden. Wenn das zuträfe, müßten zwei in verschiedener Entfernung vom Auge sich in die Tiefe erstreckende *gleich lange* Linien den Eindruck *verschiedener* Länge machen, und zwar müßte die nähere länger gesehen werden. Es gibt ja die gleiche Tiefenerstreckung in geringer Entfernung vom Auge eine größere Parallaxe, als weiter ab vom Auge. ISSEL untersucht diese Frage in der Weise, daß er die Aufgabe stellt, eine längere nach der Tiefe verlaufende Strecke in zwei gleiche Teile zu teilen, oder zwei von einander ganz getrennte nach der Tiefe verlaufende Strecken auf gleiche Länge einzustellen. Es zeigt sich im ersteren Fall eine *Überschätzung* der entfernteren Strecke, im letzteren eine *Unter*schätzung. In beiden Fällen aber entspricht der *gleichen Parallaxe keineswegs eine scheinbar gleiche Tiefenerstreckung.* Es bestehen vielmehr verwickeltere Beziehungen, die sich noch nicht näher übersehen lassen. Nach v. KRIES (5) ist der Eindruck der Entfernung mitbestimmend. Daran, daß bei dem ersterwähnten Versuch der „Gleichteilung" die fernere Hälfte der Linie zu kurz ausfällt (da ihre Länge überschätzt wird), soll nach HOFMANN (1) auch der Sachverhalt der Mikropsie beteiligt sein. Nach WESTHEIMER und TANZMAN werden Objekte, die ungekreuzte Disparation bewirken, genauer lokalisiert als solche mit gekreuzter.

g) Erweiterung des Augenabstandes (Telestereoskop)

Aus der Abb. 137 geht hervor, daß die Parallaxe, welche einem bestimmten Tiefenunterschied d entspricht, und mithin auch die Tiefenwahrnehmungsschärfe mit der Entfernung abnimmt, hingegen mit dem seitlichen Augenabstand b (d. h. mit der Betrachtungsbasis) zunimmt. Unter sonst gleichen Umständen wird derjenige von zwei Beobachtern, welcher den größeren Augenabstand besitzt, eine bessere Tiefenunterscheidung haben.

Wollen wir einen Tiefenabstand deutlicher wahrnehmen, so steht uns das Hilfsmittel zur Verfügung, näher an den Gegenstand heranzugehen. Die *Verminderung der Betrachtungsentfernung* wird aber nicht immer möglich sein. HELMHOLTZ zeigte nun, daß bei gleichbleibender Entfernung die andere Möglichkeit ausgenutzt werden kann, die *Vergrößerung der Betrachtungsbasis.* Würden wir unsere Augen auf Stielen seitlich herausziehen können, so würden wir nach Belieben unsere Tiefenwahrnehmungsschärfe verbessern können. Auf optischem

Wege konnte HELMHOLTZ die Wirkung einer Erweiterung des Augenabstandes
erreichen, indem er jederseits zwei parallel gerichtete Spiegel anwendete. Er
bezeichnete diese Einrichtung als *Telestereoskop.*

Die Abb. 138 gibt die Anordnung wieder. Hierin bedeuten A_l und A_r die
Augen des Beobachters. Dieser blickt in die in einem rechten Winkel zueinander
gestellten Spiegel Sp_m in der Rich-
tung der zum Gegenstandspunkt P
gestrichelt gezogenen Linien. Tatsächlich aber gelangen in das Auge
jederseits die Strahlen, die von P

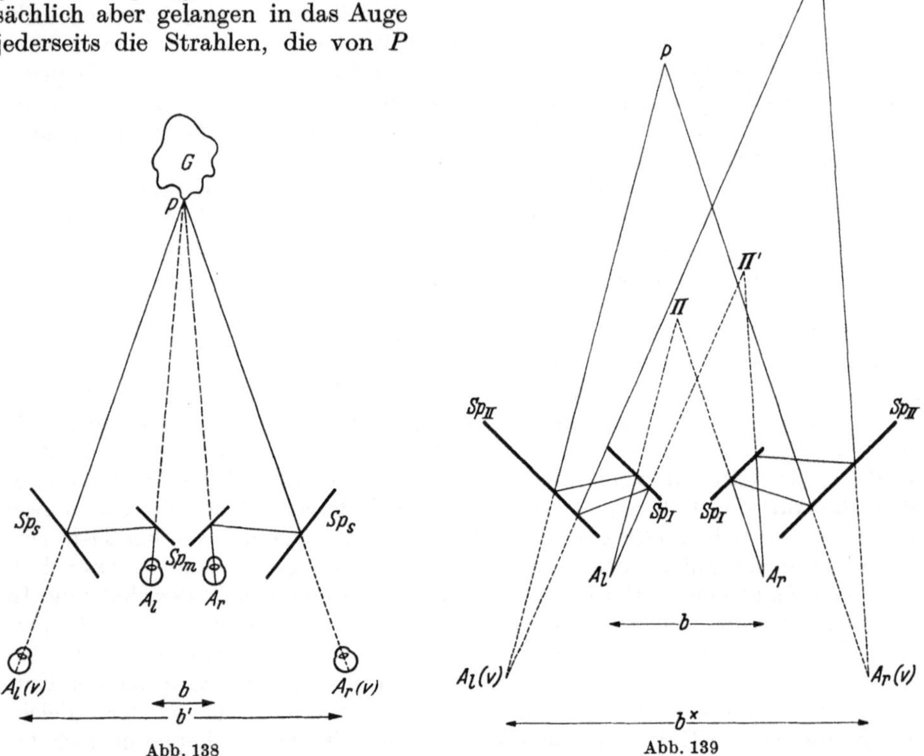

Abb. 138   Abb. 139

Abb. 138. *Plan des Helmholtzschen Spiegeltelestereoskops zur Erweiterung des Augenabstandes.* A_l und A_r die Augen
des Beobachters, $A_l(v)$ und $A_r(v)$ die virtuellen Spiegelbilder der Augen, entworfen durch jederseits zwei Spiegel
Sp_m und Sp_s. P ein Punkt des Gegenstandes G. Die von P nach den Spiegeln gezogenen Linien zeigen die Vermehrung des Richtungsunterschiedes bei Anblick des Gegenstandes ohne und mit den Spiegeln. b der tatsächliche
Augenabstand, b' der „erweiterte" Augenabstand. Bei Betrachtung naher Gegenstände sind, genau genommen,
beide linke und beide rechte Spiegel je genau parallel zu stellen, damit das Raumbild das richtige Verhältnis
zwischen Tiefe und Breite hat (HELMHOLTZ). Das Helmholtzsche Gerät ist in Abb. 149 wiedergegeben

Abb. 139. *Modellwirkung des Helmholtzschen Telestereoskops.* Die bei A_l und A_r stehenden Augen sehen den Gegenstand $P\,P'$ so, als ob sich bei $\Pi\,\Pi'$ ein verkleinertes Modell des Gegenstandes befände. $A_l(v)$ und $A_r(v)$ sind die
virtuellen Spiegelbilder der Augen. Die Augendistanz ist also von b auf $b^\times$ erweitert, wodurch die Tiefenwahrnehmung vermehrt ist

auf die seitlichen Spiegel Sp_s fallen. Dadurch wird die Richtungsverschieden-
heit, mit welcher beide Augen auf den Gegenstand G blicken, so vergrößert,
als ob die Augen bei $A_l(v)$ und $A_r(v)$ liegen würden. Geometrisch-optisch
sind $A_l(v)$ und $A_r(v)$ als Spiegelbilder der tatsächlichen Augen A_l und A_r zu
bezeichnen, entworfen durch je zwei Spiegel. Es wird also die Betrachtungsbasis
vom Wert b bei freiäugigem Sehen auf den Wert b' bei Anwendung des Telestereoskops vergrößert. Um den gleichen Betrag $b':b$ nimmt die Netzhautbildparallaxe
und mit ihr die Tiefenwahrnehmungsschärfe zu. Nimmt man als Gegenstand zwei
frontal angeordnete Stäbe, vor denen in ganz geringem Abstand ein dritter Stab

steht, so daß man mit freiem Auge den Abstand eben deutlich wahrnehmen kann, so erscheint er bei Betrachtung durch die Spiegelanordnung in einem bedeutend vermehrten Abstand. Ein flaches Relief erscheint „plastischer". Daß, wie die Abbildung zeigt, die Augen nicht nur zur Seite, sondern auch etwas nach rückwärts verlagert werden, daß also die Betrachtungsentfernung vermehrt wird (wodurch an sich die Parallaxe abnimmt), spielt praktisch keine Rolle, da diese Rückverlagerung gegen die Gegenstandsentfernung nicht in Betracht kommt, die tatsächlich viel beträchtlicher ist als in der Zeichnung aus Raumgründen dargestellt wurde.

Außer der vermehrten Tiefenerstreckung zeigt das Raumbild bei Anwendung der telestereoskopischen Spiegel noch eine andere Eigentümlichkeit, die an Hand von Abb. 139 verständlich ist. Hier bedeuten wieder A_l und A_r die tatsächlichen Augen, $A_l(v)$ und $A_r(v)$ ihre durch die mittleren und seitlichen Spiegel Sp_I und Sp_{II} entworfenen virtuellen Bilder, b den tatsächlichen, $b^\times$ den „erweiterten" Augenabstand. P und P' sind zwei Gegenstandspunkte und $\pi\,\pi'$ die zugehörigen Raumbildpunkte. Die bei A_l und A_r stehenden Augen sehen den Gegenstand PP' so, als ob sich bei $\Pi\Pi'$ ein verkleinertes Modell des Gegenstandes befände. Tatsächlich sieht ein durch das Telestereoskop betrachteter Gegenstand kleiner aus, obgleich die Netzhautbilder unveränderte Größe haben. Man nennt das eine *Modellwirkung*. Dabei ist die Deutlichkeit der Tiefenerstreckung bei Betrachtung dieses „Modellraumbildes" $\Pi\Pi'$ vom Ort A_lA_r aus um so größer als bei Betrachtung des Gegenstandes PP' vom gleichen Ort aus, je mehr der Augenabstand erweitert wurde.

Es ist nun notwendig, den *Begriff des Raumbildes* ausdrücklich genau festzulegen und ihn nicht nur stillschweigend als gegeben zu behandeln. Das Raumbild finden wir durch eine rein geometrische Konstruktion. Es ist also zunächst keine Wahrnehmung, kein Sehding. Diese Konstruktion liegt in den Abb. 135 und 139 vor. In Abb. 135 wurde die Lage der virtuellen Platten gezeichnet (Pl_v) mit ihren rechts- und linksäugigen Bildpunkten. Von A_l und A_r gehen Linien aus, welche bei ruhendem Auge als Richtungslinien gedeutet werden können. Da aber bei der Betrachtung größerer stereoskopischer Aufnahmen der Blick wandert, ist es üblich, diese Linien als Blicklinien aufzufassen. Die Punkte P, P' und P'' liegen da, wo sich die beiden Blicklinien kreuzen, wenn die Blicklinien auf zugeordnete Bildpunkte, z. B. die Bildpunkte B_l und B_r der virtuellen Platten gerichtet sind. *Die Summe dieser Kreuzungsstellen der Blicklinien nennt man das Raumbild.* Mithin ist das *Raumbild objektiv* definiert. Bei dem stereoskopischen Sehen sind also die Netzhautbilder und die Konvergenzstellungen der Augen so, als ob sich am Ort des Raumbildes ein tatsächlicher Gegenstand befände. So wie nun bei Betrachtung eines Gegenstandes dessen Form von der Form der Wahrnehmung, dem Sehding, streng unterschieden werden muß, so ist auch bei dem stereoskopischen Sehen die Wahrnehmung, das *plastische Sehding*, das hier meist als *Raumeindruck* bezeichnet wird, nicht ohne weiteres dem Raumbild gleich, sie muß jedenfalls von ihm streng unterschieden werden. So wäre denkbar, daß wir das Raumbild nicht am Ort $P\,P'\,P''$ wahrnehmen, sondern in geringerer oder größerer Entfernung. In Abb. 139 sind (abweichend von Abb. 135) die Gegenstandspunkte mit P und P' bezeichnet, die Raumbildpunkte mit Π und Π'. Die ausgezeichneten Linien bedeuten die (gewissermaßen durch Spiegelung gebrochenen) Blicklinien nach den Gegenstandspunkten. Da wo die durch Strichelung nach vorn verlängerten Blicklinien sich treffen, liegen die Raumbildpunkte Π und Π'. [Durch gestrichelte Verlängerung nach rückwärts wird der Ort der virtuellen Augen $A_l(v)$ und $A_r(v)$ gefunden.] Auch hier ist mit der Lage und Form des Raumbildes $\Pi\Pi'$ der Raumeindruck, das Sehding, noch nicht eindeutig festgelegt. Vor allem fragt sich, ob bei Betrachtung des Modell*raumbildes* auch der *Eindruck* der eines verkleinerten sehr nahen Modells ist. Das ist nun im allgemeinen nicht der Fall. Weder entspricht die Verkleinerung noch die Entfernung des Raumeindrucks der Größe und Entfernung des Raumbildes. So kann der Raumeindruck der einer übertriebenen Tiefenerstreckung des Raumbildes sein. Ebenso ist bei der Betrachtung richtig aufgenommener und richtig betrachteter stereoskopischer Landschaftsaufnahmen nicht immer der Eindruck von unendlich fernen Raumbildteilen (etwa eines sehr fernen Bergzuges) auch der einer sehr großen Ferne. Wir kommen auf diese Fragen zurück, die hier in erster Linie nur zum Zweck der begrifflichen Festlegung zu erörtern waren.

Das *Helmholtzsche Spiegelprinzip* hat in neuerer Zeit *in Verbindung mit Fernrohren* eine große praktische Bedeutung erhalten, worauf wir zurückkommen.

Es sei hier noch bemerkt, daß die Bezeichnung der Spiegelanordnung als Tele*stereoskop* zu Mißverständnis Anlaß geben könnte insofern, als man für gewöhnlich nur die Tiefenwahrnehmung auf Grund von *Flächenzeichnungen* als Stereoskopie bezeichnet, während es sich hier um vermehrte Tiefenwahrnehmung *angeblickter Gegenstände* handelt. In den USA wird unter Stereoskopie die Leistung des beidäugigen Sehens infolge Querdisparation verstanden, unabhängig davon, ob letztere durch Anblick eines Objekts oder durch Zeichnungen hervorgerufen wird.

h) Tiefenwahrnehmung und Doppelwahrnehmung

Wir zeigten, daß uns eine wenn auch nur kleine Abweichung von der identischen Abbildung, also die Netzhautbildparallaxe oder Querdisparation, die unmittelbare Wahrnehmung von Tiefenunterschieden ermöglicht. Früher haben wir festgestellt, daß bei größeren Abweichungen von der Identität der Abbildung der nicht fixierte Punkt oder Stab doppelt wahrgenommen wird. Es scheint also die Querdisparation bald als Tiefenwahrnehmung, bald als Doppelwahrnehmung ausgewertet zu werden. Gehen wir aber den Beziehungen zwischen Tiefenwahrnehmung und Doppelwahrnehmung näher nach, so finden wir, daß hier nicht die Beziehung der Ausschließlichkeit, sondern der Gleichzeitigkeit vorliegt: bei deutlichem Doppelterscheinen des nicht angeblickten Gegenstandes ist gleichzeitig ein deutlicher Tiefeneindruck, der Eindruck einer bestimmten Entfernung der Doppelerscheinung, vorhanden, wie v. TSCHERMAK mit HOEFER näher feststellte. Es erhebt sich nun die Frage, ob auch bei denjenigen sehr kleinen Parallaxen, die für gewöhnlich ohne besondere Hinwendung der Aufmerksamkeit nur als Tiefenunterschied wahrgenommen werden, unter günstigen Umständen gleichzeitig eine doppelte Wahrnehmung zustande kommen kann. Das ist in der Tat der Fall. *Eine Netzhautbildparallaxe führt stets sowohl zu Tiefenwahrnehmung als auch gleichzeitig zu Doppelwahrnehmung.* Beobachtet man zwei in sagittaler Richtung gegeneinander verschiebliche Punkte oder Nadelspitzen, so ist allerdings eine Doppelwahrnehmung des nicht angeblickten Punktes erst bei einer Parallaxe (Winkel δ) von etwa 3 bis 4 Winkelminuten deutlich, ein Tiefenunterschied aber schon bei etwa 15''. Man kann aber die Grenze des Doppeltwahrnehmens bis auf die des Tiefenwahrnehmens herabdrücken, wenn man nach TRENDELENBURG und DRESCHER einen sagittal ausgespannten dünnen schwarzen Faden etwas von oben her beobachtet und einen Punkt desselben fixiert [vgl. auch HERING (*25*)]. Würde auch hierbei die Grenze für Tiefen- und für Doppelwahrnehmung so weit auseinander fallen, wie bei den Versuchen mit Punkten oder Nadeln, so müßte man den Faden etwa so wahrnehmen, wie in Abb. 140 links veranschaulicht ist, in welcher F den Fixierpunkt bedeutet. Es müßte also in der Nähe des Fixierpunktes der Faden eine Strecke weit einfach gesehen werden und erst weiter ab doppelt. Das ist aber keineswegs der Fall, man sieht vielmehr ganz deutlich, daß zwei Fäden sich kreuzen, daß also der tatsächliche Faden schon in unmittelbarer Nachbarschaft des Fixierpunktes doppelt erscheint (Abb. 140 rechts). Die Grenze der Tiefenwahrnehmung fällt mit der Grenze der Doppeltwahrnehmung zusammen. Es können aber zusätzliche Umstände die Wahrnehmung der Doppelbilder erschweren, so daß sie bei kleinen Parallaxen für gewöhnlich nicht bemerkt werden. Das beruht z. T. auf den unvermeidlichen Blickschwankungen beim Fixieren, z. T. auf „Wettstreiterscheinungen", d. h. auf einem nacheinander erfolgenden Hervortreten der Wahrnehmung bald des einen, bald des anderen Netzhautbildes. Den Wettstreiterscheinungen kommt wahrscheinlich auch eine Bedeutung für das Tiefensehen zu. Je lebhafter die Frequenz des Wettstreites ist, um so besser ist die Tiefenwahrnehmung (HAMBURGER). Bei peripherer Abbildung kommt auch die geringe Sehschärfe als Hindernis der Doppelbildwahrnehmung bei kleinen Parallaxen hinzu.

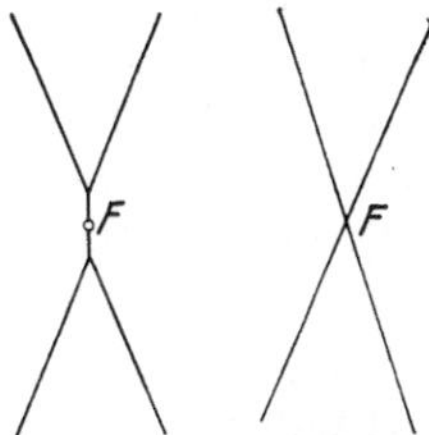

Abb. 140. *Zur Doppelbild- und Tiefenwahrnehmung.* Nach W. TRENDELENBURG und DRESCHER

Im reinen Dämmerungssehen führt der Fadenversuch zu dem gleichen Ergebnis wie bei dem im vorigen vorausgesetzten Tagessehen (W. TRENDELENBURG mit MATSUDA).

Nach SACHSENWEGER reicht der stereoskopisch erfaßbare Raum über den Raum des binokularen Einfachsehens (Panum-Bereich) hinaus, besonders für gekreuzte Disparationen. Der Panumbereich nimmt parazentral an Breite zu, der stereoskopische Raum ab, in der Peripherie schließlich überschneiden sich beide Bereiche, so daß eine Verschmelzung querdisparater Netzhauteindrücke möglich ist, ohne daß daraus räumliches Lokalisationsvermögen resultiert. Die Grenzen dieser Räume hängen von den Versuchsbedingungen ab. Zu ähnlichen Befunden kam auch OGLE.

i) Aniseikonie

Die Ungleichheit der Größe der von beiden Augen *wahrgenommenen* Bilder wird als *Aniseikonie* bezeichnet. Diese Bezeichnung ist dem Griechischen entlehnt; α privativum, ἴσος gleich, εἰκών Bild. Man unterscheidet normale oder physiologische und anomale oder pathologische Aniseikonie. Die unter die physiologische Aniseikonie zu rechnenden Erscheinungen wurden schon in anderem Zusammenhang besprochen. Hierzu gehört die Bildverschiedenheit durch Netzhautquerdisparation, die zur Erreichung des räumlichen Sehens führt. Dann die in der Form des Horopters erkennbaren Abweichungen der Zuordnung der beiderseitigen Netzhautpunkte vom geometrischen Schema (S. 296), wonach ein in der nasalen Netzhauthälfte abgebildeter Gegenstand schmaler erscheint als in der temporalen (vgl. auch S. 295 über Netzhautinkongruenz und S. 362 über die Kundtsche Teilung). Blickt man mit asymmetrischer Konvergenz im Nahsehen nach einem seitlich gelegenen Objekt, so ist das Retinabild des dem Objekt näher liegenden Auges größer, wie man an den entsprechenden Doppelbildern feststellen kann. Es wird dabei einfach gesehen. — Anomale Aniseikonie kann hervorgerufen werden durch a) optische Ursachen: Refraktionsunterschiede, b) anatomischpathologische Ursachen: Unterschiede in der Verteilung der Netzhautelemente, wobei die beiden Netzhautbilder gleich sind. Unter diese Rubrik gehören wohl auch die Erscheinungen der Raumverzerrung durch Herabsetzung der Empfindlichkeit auf einem Auge, wie sie durch Vorsatz eines Grauglases oder rotierender Sektoren bewirkt werden kann (SCHÄFER; CIBIS und HABER).

Die häufigste Ursache der Aniseikonie ist die Anisometropie (S. 39). Bei reiner Achsenametropie verschwindet sie nach Korrektur durch die Brillengläser. Bei reiner Refraktionsametropie tritt sie erst nach Korrektur durch die Brillengläser auf, so besonders bei einseitiger korrigierter Aphakie. Haftschalen haben einen weit geringeren Einfluß auf die Netzhautbildgröße als gewöhnliche Brillengläser.

Eine Bildverschiedenheit kann sich auf alle Meridiane erstrecken (overall-Aniseikonie) oder nur auf einen Meridian (meridionale Aniseikonie) oder die beiden Bilder können unsymmetrisch verzerrt sein. Geringe Grade von Aniseikonie können ohne Korrektur kompensiert werden, und zwar können kleine Bilder verschiedener Größe in der Wahrnehmung einfach gesehen werden, wenn sie innerhalb korrespondierender Fusionsareale, sog. Panumscher Areale, liegen. Stärkere Unterschiede können Störungen des Raumsehens bewirken. Wenn nicht mehr fusioniert werden kann, ergeben sich Doppelbilder, oder es resultiert Raumverzerrung, wobei auch psychische Momente eine Rolle spielen.

Die Aniseikonie wird durch spezielle Brillengläser (Größenlinsen) ausgeglichen, welche die Netzhautbildgröße verändern, aber die Brechkraft des Systems Brillenglas-Auge und den Entfernungseindruck des Objekts unbeeinflußt lassen (afokale Linsen). Eine Größenlinse stellt ein kleines Galileisches Fernrohr dar mit einer vorderen positiven und einer hinteren negativen Fläche. Für die Brechkraftbeziehungen gilt die folgende Formel $D_1 + D_2 - D_1 D_2 t/n = 0$, worin D_1 und D_2 die Brechkräfte der Vorder- und Rückfläche in Dioptrien, t die Dicke der Linse in Metern und n der Brechungsindex des Glases ist. Die Winkelvergrößerung eines entfernten Objektes, gemessen in der Ebene der Eintrittspupille des Auges, ist $M = \dfrac{D_2}{D_1}$ oder in Prozenten ausgedrückt m % = $100 \times (M - 1)$. Die Linsen können so gebaut werden, daß sie für jede beliebige Beobachtungsentfernung ein und dieselbe Winkelvergrößerung ergeben. Es gibt zwei Hauptarten von afokalen Linsen: solche mit sphärischen Oberflächen, die in allen Meridianen vergrößernd wirken (overall sizes lenses) und meridionale, die nur in einer Richtung, senkrecht zu ihrer Achse, vergrößern (meridional size lenses). Auch planparallele Platten und gewöhnliche, fokale Linsen verändern die Größe. Eine einschlägige Beobachtung wurde erstmalig von HILLEBRAND beschrieben, der durch Vorsatz einer dicken planparallelen Platte vor ein Auge im binokularen Nahsehen eine Drehung der scheinbaren frontalparallelen Ebene erhielt. Als ERGGELET auf einem Auge eine künstliche Aphakie durch ein Kontaktglas hervorrief, und diese dann mit einer 13 dptr-Linse korrigieren wollte, ergab sich eine starke Größenverschiedenheit der beiden Netzhautbilder.

Fokale Brillen, die zur Korrektur von Ametropie benutzt werden, zeigen beim Blick durch Randteile Prismenwirkung. Das lateral gesehene Objekt wirkt durch eine Hyperopenbrille größer, eine Myopenbrille kleiner als ohne Brille. Das Ausmaß der Bewegung des Auges in Richtung zum Objektpunkt hin muß im ersten Fall größer, im zweiten Fall kleiner sein, kurz gesagt, die positive Linse vergrößert das Blickfeld, die negative verkleinert es. Bei Anisometropien mag dieses Problem eine Rolle spielen, da die beiden Augen bei Lateralwendungen ein unkoordiniertes Ausmaß der Bewegung benötigen (M. v. ROHR).

Die Aniseikonie kommt häufig vor, besonders die meridionale. Ähnlich wie die Heterophorie führt sie jedoch in nur wenigen Fällen zu Beschwerden, und das Tiefensehen wird selbst von höheren Graden der Bildgrößenverschiedenheit nur geringfügig beeinflußt. MONJÉ und BERGER fanden selbst bei einer Größenverschiedenheit der Bilder von 16% nur eine unwesentliche Störung der Tiefensehschärfe. Störungen des binokularen Sehens, die durch verschieden starke Gläser bedingt werden, sind viel weniger auf den Größenunterschied als auf eine ungleiche Ablenkung der schiefen Hauptstrahlen bei seitlicher Blickrichtung, Unterschiede des Blickhubes, Veränderungen der Blickwinkel und andere physikalisch-optische Störungen zurückzuführen (v. ROHR und ERGGELET). Bemerkenswert ist in diesem Zusammenhang eine Beobachtung von HERZAU und OGLE: Bietet man im Haploskop beiden Augen gleich große Bilder und schwenkt die Arme seitwärts, z. B. nach rechts, so kann man beobachten, daß das Bild des rechten Auges kleiner erscheint als das des linken. Es ist, als ob eine kompensatorische Bildgrößenveränderung eintrete, die geeignet ist, bei asymmetrischer Konvergenz auftretende Bildgrößenunterschiede auszugleichen. Nach HERZAU kommt dafür ein indirekter, myosensorischer Einfluß der Augenmuskeln im Sinne v. TSCHERMAKs in Frage, ausgelöst durch den differenten Tonus der äußeren Augenmuskeln. Es ist jedoch auch eine andere Deutung denkbar. Bei der asymmetrischen Konvergenz ist die Entfernung des Objektes von den beiden Augen verschieden. Um ein scharfes Netzhautbild zu bekommen, müßten daher beide Augen verschieden akkommodieren. Da scharfe Bilder aber zum Tiefensehen nicht erforderlich sind, liegt die Annahme nahe, daß die beiden Augen so eingestellt werden, daß beide eine möglichst optimale Abbildung erhalten, d. h. sie gleichen sich in ihrer Akkommodation möglichst an. Trotzdem akkommodiert das rechte Auge, wenn sich der Gegenstand auf der rechten Seite befindet, relativ zu stark, das linke umgekehrt zu wenig. Die dadurch bedingte Mikropsie und Makropsie gleicht die wirklich vorhandenen Bildgrößenunterschiede aus. Ähnlich läßt sich auch der Herzau-Ogle-Effekt deuten.

Die Wirkung einer meridionalen Größenlinse wird in Abb. 141 veranschaulicht. Eine frontal-parallele Platte erscheint so gedreht, daß die rechte Kante weiter, die linke näher gerückt ist (geometrischer Effekt der Aniseikonie nach OGLE). Der Betrag der Raumverzerrung kann gemessen werden, indem der Beobachter die Platte solange dreht, bis sie wieder frontal-parallel erscheint. Wird eine meridional vergrößernde Linse so vor das eine Auge gesetzt, daß der vertikale Meridian vergrößernd wirkt, so wird auf dem anderen freien Auge eine Vergrößerung im horizontalen Meridian induziert, ein Effekt psychischer Natur in Abhängigkeit von physiologischen Reizen, der als Antwortreaktion auf vertikale Disparation erfolgt. Diese wird im gewöhnlichen Sehen nur bei asymmetrischer Konvergenz gefunden (s. o.). Eine Größenlinse in schräger Achse vor einem Auge hat ebenfalls raumverzerrenden Effekt. Am geringsten ist die Raumverzerrung bei Verwendung einer Linse mit einem Vergrößerungseffekt in allen Meridianen (overall Größenlinse), da sich geometrischer und induzierter Effekt gegenseitig aufheben. Wird eine meridionale Größenlinse Achse 90° oder Achse 180° mehrere Tage getragen, so tritt nach einigen Tagen in einer bekannten Umgebung eine Anpassung ein, durch die die Raumverzerrung aufhört. Trotzdem bleibt eine meßbare Aniseikonie bestehen. Bei

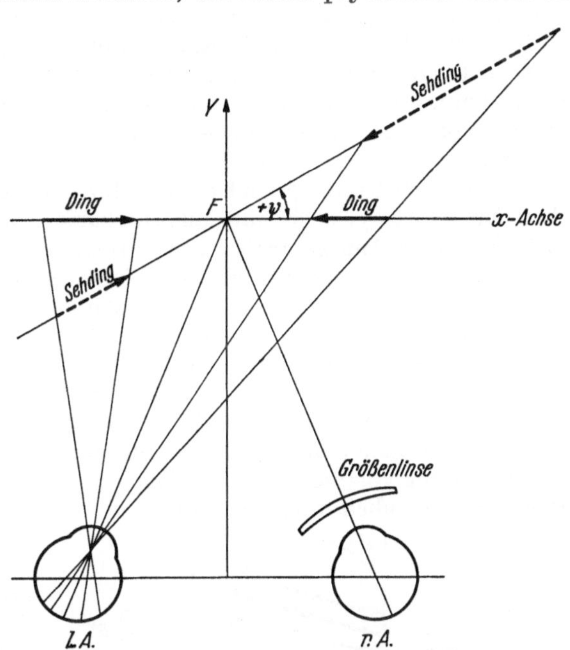

Abb. 141. Sehdingverzerrung infolge Aniseikonie durch Vergrößerung des rechtsäugigen Bildes im horizontalen Meridian. Winkel der scheinbaren Drehung der frontoparallelen Ebene um den Fixationspunkt als Drehpunkt (nach OGLE)

Fortnahme der Größenlinse erfolgt für einige Zeit eine Raumverzerrung im entgegengesetzten Sinn. Beim Tragen von Größenlinsen mit schrägen Achsen ist keine Anpassung möglich (BURIAN; MILES). Eine „Gewöhnung" an eine neue Korrektionsbrille ist wohl oft nichts weiter als eine Anpassung an die Raumverzerrung durch Aniseikonie.

Die Feststellung der Aniseikonie ist dadurch erschwert, daß man sich auf subjektive Angaben verlassen muß. Personen mit normaler Sehschärfe können im horizontalen Meridian 0,5% Bildunterschied wahrnehmen, im vertikalen weniger. Unter 1% Bildunterschied macht keine Beschwerden, 5% stört das binokulare Sehen. Höhere Grade müssen durch die afokalen Linsen, gegebenenfalls kombiniert mit fokalen Linsen, auskorrigiert werden. Die Entwicklung der afokalen Linsen ist noch nicht abgeschlossen. Die Aniseikonie wird mit Geräten untersucht, die als *Eikonometer* bezeichnet werden. Eine Zusammenstellung aller Geräte befindet sich in der Arbeit von BRECHER, s. auch die Monographie von K. N. OGLE, weiter die Arbeiten von HERZAU und SCHUBERT, AMES jr., LANCASTER und die Zusammenfassung von SACHSENWEGER im Augenarzt, Bd. II.

k) Die Bedeutung der Parallaxe für die „absolute" Tiefenwahrnehmung

Wir kommen nun nochmals auf die Frage der absoluten Tiefenlokalisation zurück. Mit Recht beanstandet HILLEBRAND den Ausdruck absolute Lokalisation. Es handelt sich immer um die Lokalisation relativ zu unserem Körper und es fragt sich, ob wir zu dieser „neue Mittel überhaupt brauchen (wie z. B. Konvergenz oder Akkommodation) oder ob wir mit dem Mittel der Disparation ausreichen, das sich ja für die relative Lokalisation bisher als ausreichend erwiesen hat". Wenn wir auf Grund der „gekreuzten Parallaxe" die sichtbaren Teile unseres Körpers relativ zu unserem Fixierpunkt lokalisieren können, so haben wir damit zugleich den Fixierpunkt relativ zum Körper lokalisiert. Bei weit entfernten Gegenständen lokalisiere man nur dann mit Sicherheit, wenn zwischen dem fixierten Gegenstand und dem eigenen Körper noch andere sichtbare Gegenstände lägen und der Blick längs diesen Gegenständen wandern könne. Die Lokalisation geschehe dann durch eine rasche Aneinanderreihung von Entfernungsunterschieden.

Nach HILLEBRAND ist also die Querdisparation (Parallaxe) nicht nur für die Wahrnehmung der Tiefenunterschiede der Gegenstände, sondern auch der Entfernung von uns selbst entscheidend. HOFMANN (1) steht auf dem gleichen Standpunkt.

Zu dieser Feststellung sind jedoch einige Ergänzungen notwendig. Es wurde schon auf S. 318 gezeigt, daß Bildunschärfe das Tiefensehen nur unwesentlich stört. Bei einer Anisometropie von 3 dptr, die zu keiner Verschlechterung des Tiefensehens führte, konnte MONJÉ folgendes beobachten: Wurde während der Untersuchung ein Auge geschlossen, so sah der Untersuchte mit dem freien Auge zunächst unscharf, mußte erst akkommodieren und sah dann ein scharfes, aber nicht plastisches Bild. Wurde darauf das zweite Auge freigegeben, wurde das gesamte Bild unscharf, dafür aber räumlich gesehen. Diese Beobachtung kann nur so ausgelegt werden, daß mit beiden Augen so akkommodiert wurde, daß die Verhältnisse auf beiden Seiten möglichst optimal waren. Eine ungleiche Akkommodationseinstellung von mehr als einer Dioptrie darf man nach GRIMM und SCHUBERT als unwahrscheinlich ablehnen. Aus dem Versuch folgt, daß *beiderseitige scharfe Abbildung* des räumlichen Gegenstandes keine unbedingte Voraussetzung für die Entstehung des Tiefeneindrucks ist. Desgleichen stört ein selbst erheblicher Größenunterschied der beiden Bilder das Tiefensehen nur wenig (ERGGELET, MONJÉ und BERGER). Wir sind bei der Erörterung der Aniseikonie schon darauf eingegangen. Weiter ist in diesem Zusammenhang der Einfluß der Darbietungszeit auf die Tiefensehschärfe zu erwähnen. MONJÉ und HERTEL benutzten das Prinzip des Stereoeidometers und bestimmten den Winkel der Schräglage der Fäden (α in Abb. 142a), bei welchem die Tiefenverschiebung gerade wahrgenommen wird. Dieser Winkel kann als Maß für die Tiefensehschärfe dienen; aus ihm läßt sich die Parallaxe berechnen. Die Größe dieses Winkels setzten sie in Beziehung zur Darbietungszeit. Erstere ist in der Abb. 142b auf der Ordinate, letztere auf der Abszissenachse dargestellt. Ist die Darbietungszeit sehr kurz, so muß der Winkel, um den die Fäden aus der Waagerechten herausgedreht werden, sehr groß sein, d. h., es müssen die den Raumeindruck bedingenden Faktoren mehr zur Geltung kommen. Bei einer Darbietungszeit von 0,5 sec oder länger genügt dagegen ein Winkel von 8°. Die von anderen Autoren

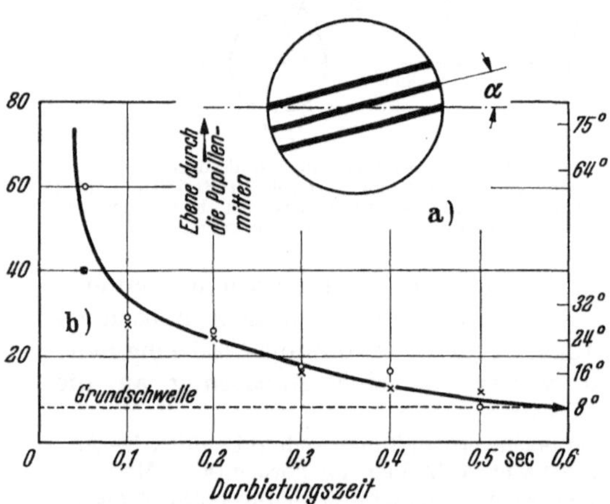

Abb. 142. Die Beziehungen zwischen dem Schwellenwinkel und der Darbietungszeit

angegebenen Zeitwerte variieren; das ist durchaus verständlich, denn die Versuchsbedingungen sind viel zu verschieden, als daß die Ergebnisse übereinstimmen könnten. Man denke nur an den Einfluß der Leuchtdichte auf die Primärempfindung (S. 215), die Nachbilder, den Einfluß des Adaptationszustandes und anderes mehr. Für den Einfluß der Darbietungszeit sprechen auch die Versuche von PAULI, der eine Abhängigkeit der stereoskopischen Reaktionszeit von dem Ausmaß der Querdisparation fand (vgl. dazu auch OGLE und WEIL).

Auf die Frage, wozu diese Zeit notwendig ist, kommen wir noch zurück. Ist eine zu kurze Zeit der Ausbildung des binokularen Eindrucks ungünstig, so ist es eine zu lange ebenfalls. Beim Fixieren ist die Verflachung leicht zu beobachten. Sie tritt auch in der Natur auf und wurde von EBBECKE beschrieben, ist aber schon HELMHOLTZ und HERING bekannt gewesen. Als Ursache wird von ihnen angenommen, daß die Querdisparation erst durch die Konvergenzbewegungen voll ausgenutzt und verwertet würde, und zwar dadurch, daß Bilder verschiedener Teile der Objekte in die Fovea gebracht und dadurch deutlich gemacht würden. Durch die Blickbewegung soll, wie HELMHOLTZ betont, die bei andauernder Fixation matt gewordene Tiefenempfindung wieder aufgefrischt werden. Wir würden dieses „Mattwerden" heute als Folge der Lokaladaptation bezeichnen, die, wie wir bereits sahen, auch in der Fovea centralis zu beobachten ist, wenn Fixationsbewegungen vermieden werden (vgl. dazu die Versuche von RIGGS, RATCLIFF, CORNSWEET und CORNSWEET S. 267). Die Bedeutung der Augenbewegungen wird darin gesehen, daß das Bild ständig auf neue Netzhautelemente trifft (*dynamische Theorie des Sehens*).

Ähnliche Augenbewegungen werden von einer großen Reihe von Untersuchern auch für das Tiefensehen als notwendig erachtet (ADAMSON, ALAGNA, RADY und ISHAK, OGLE und WEIL u. a.). SCHUBERT sagt dazu: „Allein infolge der ... Oscillationen, deren Frequenz das Minimum der Perzeptionszeit weit unterschreitet, und die an beiden Augen völlig unabhängig voneinander ablaufen, ist mit einem binokularen Fixationsfeld von 100 Winkelsekunden Durchmesser zu rechnen. Wie hierbei eine Tiefensehschärfe von 6″ bis 10″ durch elektive Erregung „querdisparater" Netzhautelemente zustande kommen kann, ist völlig unklar." Größere Augenbewegungen werden bei Fixation durch Nachbarelemente korrigiert (COLENBRANDER). In ähnlicher Weise könnte man sich nun das Zustandekommen der Tiefenwahrnehmung vorstellen, nämlich als Folge ähnlicher Augenbewegungen, wie sie zur Korrektur der Fixation dienen. Die Augenbewegungen werden bedingt durch die querdisparate Abbildung. Die Querdisparation ist also keineswegs, wie z. B. WILDE und seine Schule meinen, bedeutungslos. Sie regt vielmehr die notwendigen Augenbewegungen an, die ihrerseits erst die eigentliche Tiefenempfindung vermitteln. Die Augenbewegungen brauchen dabei selbst nicht ausgeführt zu sein. Es genügt bereits, daß das Netzhautbild den entsprechenden Impuls auslöst. Daher kann auch bei kurzer Belichtungszeit oder im Nachbild ein Raumeindruck entstehen, wenn nur die auslösende, querdisparate Abbildung genügt, um eine entsprechende Innervationstendenz hervorzurufen. *Höchstleistung kann aber erst erzielt werden, wenn dem Betasten auf haptischem Gebiet auf dem optischen das „Besehen" entspricht.*

Bei Dunkeladaptation ist die Tiefensehschärfe herabgesetzt, und zwar auch dann, wenn die Leuchtdichte des Objektes längst über der fovealen Schwelle liegt (MONJÉ und STRECKFUSS). Das ist verständlich, wenn man berücksichtigt, daß die Augenbewegungen allgemein und auch die Fusionsbewegungen im Dunkeln unabhängig von der Reizintensität langsamer ablaufen als beim helladaptierten Auge (PIPER).

Die Heterophorie (vgl. S. 287) hat im allgemeinen nur geringen Einfluß auf das Tiefensehen. Sie kann sich verschieden auswirken bei verschiedenen Untersuchungsmethoden. Bei Vorliegen einer Exophorie z. B. wird man im allgemeinen in der Leseweite gute Leistungen finden, dagegen oft Versagen, wenn man Untersuchungsmethoden anwendet, bei denen die Gesichtslinien parallel stehen (Stereoskop). Das Umgekehrte ist bei der Esophorie der Fall. Man wird sich deshalb überlegen müssen, welche Untersuchungsmethode man anwendet und sich unter Umständen nicht mit einer einzigen begnügen.

Die in der Abb. 142 wiedergegebene Darstellung der Beziehungen zwischen der Größe des Winkels α und der Zeit ist eine Intensitätskurve; sie läßt sich zur Reizzeit-Spannungskurve in Parallele setzen, hat wie diese die Form einer Hyperbel und ermöglicht, Zeitwerte abzulesen, die der Hauptnutzzeit und der Chronaxie entsprechen.

Ebenso wie die Sehschärfe könnten wir also auch das räumliche Sehen durch „Chronopsie" messen (s. S. 264).

Vom Standpunkt der Reafferenztheorie aus könnte man sich das Zustandekommen der Tiefenwahrnehmung folgendermaßen vorstellen. Beide Augen bekommen von dem höheren Zentrum das Kommando (Efferenz), eine bestimmte Augenbewegung vom Punkte A zum Punkte B eines Objektes zu machen. Liegen beide Punkte in einer Ebene, so wird die vom Auge zurückkommende Meldung (Reafferenz) dem Kommando, der Efferenz, entsprechen und von dieser „neutralisiert" (vgl. Abb. 131, S. 304). Befindet sich jedoch der Punkt B vor oder hinter dem Punkt A, so wird die Bewegung beider Augen eine verschiedene sein. Die Rückmeldung wird daher auch nur in dem niederen Zentrum eines der beiden Augen völlig neutralisiert werden können, im anderen wird ein Rest überbleiben, der als Rückmeldung zum höheren Zentrum gelangt. Diese Rückmeldung wäre dann die Ursache für den Tiefeneindruck. — Erwähnt sei noch, daß Ogle zwei Arten stereoskopischer Tiefenempfindungen unterscheidet, eine obligatorische, echte Tiefenempfindung, die auf gleichzeitiger Reizung querdisparater Netzhautstellen beruht, und eine fakultative Tiefenerfassung, die zwar ebenfalls aus disparaten Bildern stammt, aber nicht von speziell assoziierten, retinalen Elementen. Sie soll sich auf das „näher zum" oder „ferner vom" Fixierpunkt beschränken und mehr empirischen Ursprungs sein. Von vielen Forschern wird der psychologischen Seite der Tiefenwahrnehmung besondere Beachtung geschenkt. Wenn wir sie bisher nicht erwähnten, und die entsprechenden Theorien nicht zitierten, so soll damit nicht gesagt sein, daß wir sie für überflüssig halten und ablehnen. Vielmehr würde ihre Erörterung den Rahmen des Buches überschreiten. Sie sind ausführlich abgehandelt in dem jüngst erschienen Buch von Linschoten.

l) Vergleichendes über Tiefenwahrnehmung

Daß die Lokalisation in Nähe des Körpers sehr genau ist, kann besonders an Affen festgestellt werden, wenn man sie durch ein Gitter nach einer Frucht greifen läßt oder wenn man eine Frucht so aufhängt, daß sie nur im Sprung erreicht werden kann (W. T. u. Mitarb., *35*). Ein erwachsener Rhesusaffe wird niemals zum Sprung ansetzen, oder durch das Gitter durchgreifen, ohne die Frucht auch wirklich zu erhaschen. Er muß also eine sehr sichere Wahrnehmung der Entfernung verhältnismäßig nahe liegender Gegenstände vom eigenen Körper haben. Es wäre von Interesse, diese Fähigkeit unter Bedingungen zu untersuchen, unter denen weder der eigene Körper noch sonstige Gegenstände dem Tier sichtbar sind, außer dem zu erreichenden Ziel. Über entsprechende am Menschen ausgeführte Versuche berichtet Hofmann (*2*).

Da für die Tiefenwahrnehmung der Augenabstand eine große Rolle spielt, kann man vermuten, daß unter sonst gleichen Umständen ein Tier ein um so besseres Tiefenunterscheidungsvermögen hat, je größer sein Augenabstand ist. Er beträgt beim Pferd 20 cm, beim Elefanten 40 cm. Binokulare Tiefenwahrnehmung ist aber nur möglich, wenn ein gemeinsames Gesichtsfeld vorliegt, welches seinerseits wieder von dem Winkel zwischen den beiden optischen Achsen abhängt. Hierüber wurde bei Besprechung des Gesichtsfeldes schon einiges gesagt. v. Tschermak hat am Tierkopf das gemeinsame Gesichtsfeld in der Weise ermitteln können, daß er das Auge hinten-seitlich „fensterte" (Entfernung eines Stückes Leder- und Aderhaut) und nun ein Licht vor der Schnauze bzw. dem Schnabel des Tieres bewegte.

Es ergab sich, daß das Licht dann auf *beiden* Netzhäuten abgebildet wurde, wenn es in einem schmalen kegelförmigen Raum bewegt wurde, dessen Spitze in kleinem Abstand von der Schnauzen- bzw. Schnabelspitze liegt. Dieser Raum (Abb. 106) hat bei der Taube eine Öffnung von 20°, beim Kaninchen von 34°. Lage und Größe dieses Raumes sind den Anforderungen beim Futtersuchen angepaßt; beim Vogel entspricht der Abstand der Kegelspitze von der Schnabelspitze der „Pickhöhe", der Vogel zieht den Kopf soweit zurück, daß das gesuchte Korn im binokularen Gesichtsfeld liegt. Der Vogel hat außer der zentralen Area noch eine zweite periphere Area, welche eben dem binokularen Sehen dient. Da bei Vögeln die Sehnerven total gekreuzt sind, ist zu schließen, daß die partielle Sehnervenkreuzung nicht absolute Vorbedingung des beidäugigen Sehaktes ist. Sie scheint vielmehr im Dienst der motorischen Koordination zu stehen. Sie findet sich nur bei Säugern, die ihre Augen nicht unabhängig voneinander bewegen können.

Nach Canella ist bei allen Tieren mit stark divergenten Augenachsen die monokulare Entfernungsschätzung, gemessen z. B. aus der Sicherheit des Fliegenfangens beim einäugigen Chamäleon oder Frosch, sehr sicher. Hieran dürften die Sukzessivparallaxen sehr wesentlich beteiligt sein, die bei Relativbewegungen zwischen Auge und Gegenstand auftreten. Im selben Sinn ist auch das seitliche Bewegen des Kopfes bei Schlangen, das Vor- und Zurückbewegen des Kopfes bei Möven und Strandläufern, die pendelnden Körperbewegungen der Pinguine und das Umherschwimmen von Fischen zu deuten.

m) Besonderheiten des stereoskopischen Sehens

Im Hinblick auf die große theoretische und praktische Bedeutung der Stereoskopie seien hier noch einige Besonderheiten des stereoskopischen Sehens besprochen. Zu ihrer Erläuterung empfiehlt es sich, einen Apparat zu benutzen, der

Abb. 143. Apparat zur Erläuterung des orthomorphen, heteromorphen und pseudomorphen Raumbildes. Nach E. Schütz

von Schütz angegeben und in Abb. 143 abgebildet ist. Er besteht aus 2 Lichtquellen, von denen die eine rot, die andere grün gefärbt ist. Die Lichtquellen werfen Schatten auf eine Mattscheibe, die durch eine Rot-Grünbrille betrachtet werden. Die Anordnung gestattet, das orthomorphe, das heteromorphe und das pseudomorphe Raumbild und das Prinzip der messenden Stereoskopie durch unmittelbaren Vergleich der Abmessungen des Raumbildes mit dem Gegenstand

(z. B. einem Drahtwürfel) zu erläutern. Betrachtung ohne Brille läßt die binokulare Bildverschiedenheit erkennen.

α) *Die Orthoskopie*

Wenn wir stereoskopische Aufnahmen eines Gegenstandes binokular zu einem sich in drei Richtungen erstreckenden Raumbild vereinigen, kann dieses Raumbild entweder mit dem Gegenstand in allen Winkeln und Strecken voll übereinstimmen oder nicht.

Werden die Bedingungen so eingerichtet, daß Raumbild und Gegenstand an Winkeln und Strecken gleich sind, so nennt man das *Raumbild orthomorph.* Dieser Fall liegt vor, wenn Betrachtungsstandpunkt und Betrachtungsbasis dem Aufnahmestandpunkt und der Aufnahmebasis genau gleich sind. Die Verhältnisse werden durch Abb. 144 veranschaulicht. Der Gegenstand $P\,P'\,P''\,P'''$ werde durch das Objektiv (O) auf der Platte (Pl) aufgenommen. Es entstehen auf dieser Platte (im Bilde unten) die Bildpunkte $B\,B'\,B''\,B'''$. Der Positivabzug von (Pl) wird bei Pl (im Bilde oben) in der Entfernung $A\,Pl$ gleich $(O)\,(Pl)$ vom Auge A gehalten. Die räumliche Anordnung des Netzhautbildes ist nun die gleiche wie bei Betrachtung des Gegenstandes selbst vom Ort A aus. Man denke sich das gleiche nun für das andere Auge und erkennt, daß, wenn *beide* Augen die richtige Perspektive des Gegenstandes im Netzhautbild erhalten, auch das Raumbild richtiggestaltet, orthomorph, werden muß.

Auch bei gewöhnlicher Betrachtung einer einzelnen photographischen Aufnahme, sei es einer Landschaft, eines Gebäudes oder einer Porträtaufnahme, erhält man nur dann den richtigen Eindruck, wenn man die hier festgestellte Bedingung einhält. Das geht bei Aufnahmen, die mit kurzer Brennweite hergestellt wurden, nur bei Benutzung einer Betrachtungslupe von gleicher Brennweite, wie der des Objektives. Bei Vergrößerungen ist der Betrachtungsabstand entsprechend der Vergrößerung zu vermehren.

Bei den gewöhnlich benutzten Stereoskopen ist die Bedingung der Orthomorphie nicht eingehalten, es entstehen daher *verzerrte, heteromorphe* (andersgestaltige) *Raumbilder*, die für eine wissenschaftliche Verwertung nicht geeignet sind. Das in Abb. 135 dargestellte Stereoskop liefert streng orthomorphe Raumbilder. Für die Betrachtung kleinerer Stereoskopbilder, z. B. auch der Pulfrichschen Prüftafeln, hat v. ROHR das Orthomorphie liefernde *Verantstereoskop* konstruiert, welches ein Linsenstereoskop ist. Auch HELMHOLTZ hat ein Linsenstereoskop angegeben. Das Brewstersche Prismenstereoskop, im Handel als amerikanisches Stereoskop bezeichnet, liefert hingegen verzerrte Raumbilder.

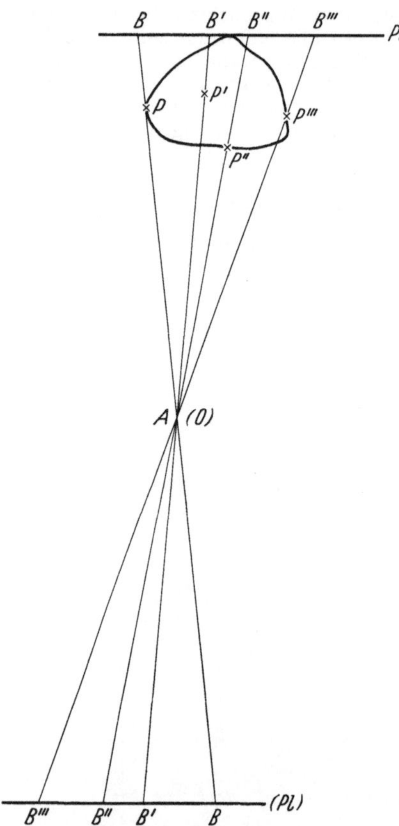

Abb. 144. *Raumrichtige (orthomorphe) Betrachtung.* Aufnahme des Gegenstandes P mit dem Objektiv (O) auf der Platte (Pl). Betrachtung des Abzuges Pl mit dem Auge A aus gleicher Entfernung gibt richtige Perspektive

Eine weitere Frage ist nun die, ob im Fall eines orthomorphen *Raumbildes* auch der *Raumeindruck* (das Sehding) orthomorph ist, insbesondere ob die Entfernung, in welchem uns das Sehding erscheint, auch mit der wirklichen Entfernung übereinstimmt. Das ist nach HEINE u. a. im allgemeinen der Fall, wenn die tatsächliche Entfernung des Raumbildes der unseres gewöhnlichen Betrachtungsabstandes von etwa 50 cm gleich ist. Man kann diese Frage in der Weise untersuchen, daß man ein Wheatstonesches Stereoskop nach Art des in Abb. 135 dargestellten benutzt, an welchem die Spiegel unbelegt, also durchsichtig sind. Man kann nun mit einer Bleistiftspitze schnell auf einen Punkt des Raumbildes zustoßen und feststellen, ob die durch den Eindruck der Entfernung geleitete Spitze genau an den Ort der sich schneidenden Blicklinien, also des Raumbildpunktes, gelangte. Hierher gehört auch die Frage, ob wir bei freiäugiger Betrachtung einer Kugel sie als Kugel oder eiförmig verzerrt, und zwar bei Betrachtung aus sehr großer Nähe mit verhältnismäßig vermehrter Tiefenausdehnung, sehen. Letzteres ist der Fall, wenn wir den Gegenstand ungewohnt nahe heranbringen. Es sind dann die Parallaxen größer als bei der gewohnten Betrachtungsentfernung von 50 bis 30 cm. Hierdurch entsteht die Wahrnehmung einer vermehrten Tiefenausdehnung, weil die Parallaxenvermehrung in der Wahrnehmung unbewußt nicht auf die vorhandene außergewöhnlich kleine Betrachtungsentfernung, sondern auf die gewöhnliche Entfernung von 50 cm bezogen wird (HEINE, KOTHE). In dieser würde eben die vorliegende Parallaxe nur durch einen Gegenstand von größerer Tiefenausdehnung zustande kommen. Man kann also sagen, *daß der Tiefenwert, der einer bestimmten Parallaxe bei der Tiefenwahrnehmung zukommt, nicht konstant ist, sondern von der vorgestellten absoluten Entfernung abhängt.* Je weiter entfernt der Tiefenabstand zu liegen scheint, desto größer ist der Tiefenwert einer bestimmten Parallaxe. Wir kommen auf dieses schon bei Erörterung der Genauigkeit der Tiefenwahrnehmung erhaltene Ergebnis bei Besprechung der Entfernungstäuschungen zurück.

β) *Die Pseudoskopie* (WHEATSTONE)

Eine besondere Verzerrung des Raumbildes tritt ein, wenn man die beiden Stereoaufnahmen miteinander vertauscht, also dem rechten Auge die für das linke Auge bestimmte Platte darbietet und umgekehrt. Das Raumbild kehrt sich nun um: was in Wirklichkeit dem Auge (bzw. dem Aufnahmeobjektiv) näher lag, erscheint ferner, was ferner lag, näher. Gleichzeitig ist das Raumbild verzerrt, d. h. die Winkel und Strecken entsprechen nicht mehr dem aufgenommenen Gegenstand bzw. dem orthomorphen Raumbild bei richtiger Lagerung der Platten. Abb. 145 veranschaulicht die *pseudoskopische Anordnung*, die unter der Abbildung näher erläutert ist.

Nach WHEATSTONE und EWALD kann man auch *Gegenstände selbst pseudoskopisch betrachten,* so daß sie also tiefenverkehrt, verzerrt und seitenverkehrt erscheinen. Man setzt dazu den Augen ein Prismensystem vor, welches bewirkt, daß die vom Gegenstand zunächst in Richtung zum rechten Auge ausgehenden Strahlen in das linke Auge geleitet werden und umgekehrt.

Bei dem Rollmannschen Verfahren verschiedenfarbiger Zeichnungen braucht man nur die Farbenbrille mit vertauschten Gläsern vor die Augen zu setzen, um ein pseudoskopisches Raumbild zu erhalten. In ähnlicher Weise gelangt man bei dem Apparat von SCHÜTZ (Abb. 143) zu einem pseudoskopischen Raumbild.

Der pseudoskopische Eindruck kommt besonders dann gewissermaßen widerspruchslos und zwingend zustande, wenn der dargestellte Gegenstand in der umgekehrten Form ebenfalls vorkommen könnte. So sind Röntgenaufnahmen, z. B. des Schädels, sehr leicht in pseudoskopischem Raumeindruck aufzufassen, Stereoaufnahmen eines Hauses hingegen nicht. Schwierigkeiten entstehen dann, wenn ein monokulares Beurteilungsmoment, z. B. die Linienüberschneidung, der pseudoskopischen Tiefenwahrnehmung widerspricht, wobei aber letztere das größere Gewicht hat.

Sehr merkwürdig ist, daß der pseudoskopische Eindruck bei vertauscht betrachteten Stereoskopbildern leichter zustande kommt, wenn man sie um 180° gedreht (auf den Kopf gestellt) in das Stereoskop legt. Es dürfte daran der Umstand beteiligt sein, daß das im Bild unten Gelegene gewohnheitsmäßig als vorn, das im Bild oben Gelegene als hinten gedeutet wird. Bei der Umkehr kommt ja der bei richtiger Bildhaltung oben gelegene (in der Landschaft entferntere) Teil nach unten, der unten gelegene (in der Landschaft nähere) nach oben.

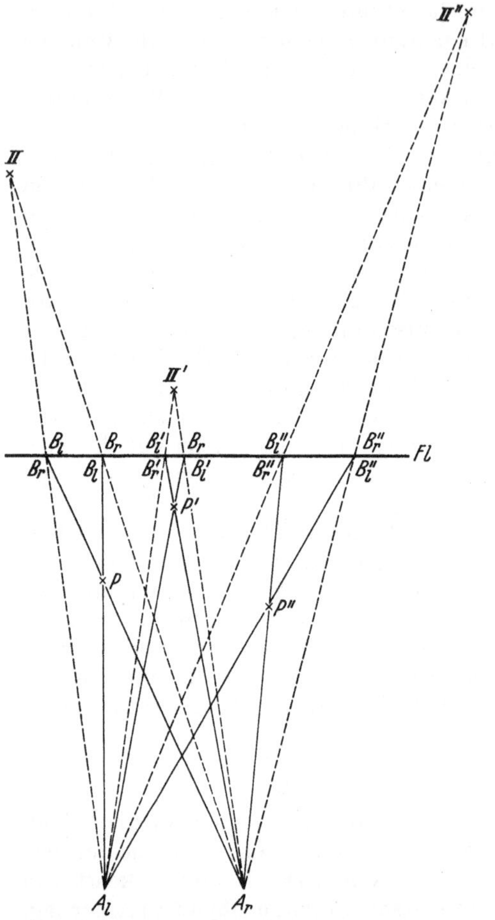

γ) Das Modellraumbild

Das Verfahren der *Vergrößerung der Betrachtungsbasis*, das wir oben für die Betrachtung der Gegenstände selbst im Prinzip des Helmholtzschen Telestereoskops kennenlernten, kann auch *in der Bildstereoskopie verwendet* werden (BREWSTER). Man kann bei dem Telestereoskop die beiden äußeren Spiegel als „Aufnahmebasis" deuten, die beiden inneren als „Betrachtungsbasis", um nun die entsprechenden Verhältnisse bei der Stereoskopie schnell übersehen zu können. Bei dieser muß also auch die Aufnahmebasis vermehrt, die Betrachtungsbasis unverändert gelassen werden. Man nimmt die stereoskopischen Bilder mit einer Aufnahmestandlinie von 126 mm auf und betrachtet sie mit dem Augenabstand 63 mm; das entspricht der Betrachtung der dargestellten Gegenstände selbst mit einem auf das Doppelte erweiterten Augenabstand. Da die Parallaxen nun ganz dem Fall entsprechen, daß wir ohne Basisvergrößerung ein um die Hälfte kleineres *Modell* des Gegenstandes aus halber Entfernung betrachten, wird auch hier von einem „*Modellraumbild*" gesprochen. Es sei nochmals Abb. 139 zum Vergleich herangezogen. Eine weitere Frage, die hier aber nur kurz gestreift sei, ist wiederum die, ob auch der *Raumeindruck*, den wir von diesem Raumbild haben, so ist, als ob wir ein halb so großes Modell in halber Entfernung betrachten. Wir kommen hierauf zurück.

Die *Aufnahmebasis* kann zu besonderen Zwecken auch *verkleinert* werden, bei unverändert bleibender Betrachtungsbasis. Es wird hiermit das stereoskopische Raumbild so gestaltet, wie es bei Betrachtung des Gegenstandes bei zusammengerückten Augen sein würde. Bei

Abb. 145. *Raumverkehrte Betrachtung* (Pseudoskopie). *P P′ P″* der Gegenstand, der von den Orten A_l und A_r auf die Fläche *Fl* projiziert wird. Die Bildpunkte sind unterhalb des die Fläche *Fl* darstellenden Striches angezeichnet, die zum rechten Auge gehörigen mit *r*, die zum linken Auge gehörigen mit *l* kenntlich gemacht. Orthoskopische Betrachtung, Entstehung des raumrichtigen Sehdings *P P′ P″*, wenn die Augen von A_l und A_r aus die zugehörigen Bildpunkte betrachten. Die Blicklinien (Gesichtslinien) sind mit ausgezogenen Linien gezeichnet. Wird der Versuch so eingerichtet, daß das linke Auge die Bildpunkte B_r, das rechte die Bildpunkte B_l betrachtet (Blicklinien punktiert), so ergibt sich das pseudoskopische Sehding *II II′ II″*. Es ist vorn-hinten vertauscht, verzerrt (pseudomorph) und zudem seitenverkehrt (ähnlich einem Spiegelbild). Die Bildvertauschung ist durch die Buchstabenbezeichnung oberhalb der Fläche *Fl* angedeutet

Aufnahmebasis 31,5 mm und Betrachtungsbasis 63 mm entsteht das Raumbild eines auf doppelte Größe und doppelte Entfernung gebrachten Modells. Hierbei sind die Netzhautbilder die gleichen wie bei Betrachtung des Gegenstandes mit auf die Hälfte des Abstandes zusammengerückten Augen.

δ) Monokulare Stereoskopie und monokulare Entfernungswahrnehmung

Bei der eigentlichen, binokularen Stereoskopie werden *auf beide Augen gleichzeitig* perspektivisch verschiedene Bilder eines Gegenstandes geworfen. Man kann nun fragen, welcher

Eindruck entsteht, wenn nur *ein Auge* benutzt wird und auf seine Netzhaut schnell *nacheinander* perspektivisch verschiedene Bilder geworfen werden. Entsteht dabei auch eine *unmittelbare Tiefenwahrnehmung*?

STRAUB hat mit Hilfe des Stroboskops, des Vorläufers des Kinematographen, gezeigt, daß auch eine einäugige Stereoskopie möglich ist. Abb. 146 gibt den Ausschnitt aus einer Bilderreihe, welche die Aufnahmen des Drahtmodells eines abgestumpften Kegels darstellt, gewissermaßen mit hin und her bewegtem Kopf betrachtet. Bei der stroboskopischen Betrachtung sieht man die kleinere Scheibe sich deutlich *über* der größeren hin und her bewegen. Wesentlich vollkommener läßt sich dieser Versuch der monokularen Stereoskopie mit der heutigen kinematographischen Technik ausführen. In Aufnahmen etwa aus dem fahrenden Wagen einer alpinen Drahtseilbahn hinein in lichten Wald oder Felsen in unmittelbarer Umgebung, in Aufnahmen von auf einem Platz stehenden und sich bewegenden Menschen aus einem dicht vorbeifahrenden Wagen heraus, in Großaufnahmen von Tieren, wie sie sich zufällig mit dem Kopf dem seitlich stehenden Aufnahmeapparat zuwenden, in den Aufnahmen von vielfach gegliederten Gegenständen (es genügt ein Drahtgewirr), welche um ihre senkrechte Achse vor

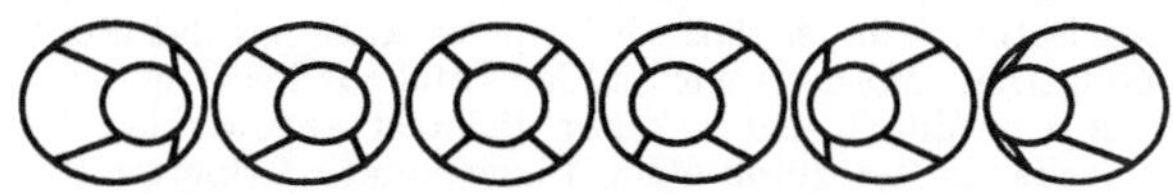

Abb. 146. *Sukzessivparallaxen* eines mit bewegtem Kopf monokular betrachteten abgestumpften Kegels. Nach M. STRAUB

dem Aufnahmeapparat gedreht werden — in allen diesen und ähnlichen Aufnahmen wird man eine ganz überraschende unmittelbare Tiefen*wahrnehmung*, nicht etwa eine bloß mittelbare Tiefen*auslegung* erhalten, durch welche Filmaufnahmen so besonders natürlich wirken. Das Filmbild wird hierdurch *plastisch* in dem Sinne, daß das Sehding zu der Höhen- und Breitenausdehnung auch noch Tiefenausdehnung erhält. Die Wirkung ist sowohl bei ein- als auch bei beidäugiger Betrachtung vorhanden. Denn beide Augen erhalten die gleichen Netzhautbilder, es liegt dem Wesen nach monokulare Stereoskopie vor. Der Tiefeneindruck ist bei einäugiger Betrachtung deutlicher, da die fehlende Querdisparation im Binokularsehen der Raumwahrnehmung entgegenwirkt.

In diesem Zusammenhang kann auch darauf hingewiesen werden, daß an Schattenbildern, wie sie z. B. bei der Röntgendurchleuchtung beobachtet werden, die Tiefenbeurteilung durch die *Veränderungen* des *Schattenbildes* ermöglicht wird, die bei Drehungen des Gegenstandes auftreten.

Hier ist nun der Ort, ein sehr wesentliches Moment der *einäugigen Entfernungswahrnehmung* bei freiäugiger Betrachtung von bewegten Gegenständen oder bei eigener Bewegung vor den ruhenden Gegenständen nachträglich hervorzuheben. Wenn wir mit der Eisenbahn durch einen Wald fahren oder an einem nicht zu fernen Gebüsch vorbei, so haben wir auch bei einäugiger Betrachtung den unmittelbaren Eindruck einer Tiefengliederung, der, wenn die Gegenstände nicht besonders nahe sind, sich bei Öffnen des anderen Auges nicht verstärkt. Das gleiche ist der Fall, wenn wir z. B. von Nahem das Gewirr sehr dünner Drähte mit nur einem Auge betrachten. Halten wir Kopf und Körper ruhig, so können wir nicht erkennen, ob ein Draht vor oder hinter dem anderen liegt. Sobald wir nun aber den Kopf und Oberkörper langsam pendelnd hin und her bewegen, wird der Anblick plötzlich plastisch, gewinnt Tiefenunterschied und es ist die Lage aller Drähte der Tiefe nach ganz deutlich. Es erhellt nun ohne weiteres, daß *der Einäugige* durch dieses Moment der *sukzessiven Parallaxe des einäugigen Sehens* einen sehr wertvollen Ersatz für den Ausfall der *simultanen Parallaxe des beidäugigen Sehens* erhält, der ihn befähigt, als Kraftfahrer ebenso wie als Fußgänger und als Betrachter bewegter Gegenstände seine Leistung praktisch der des Zweiäugigen sehr weitgehend anzugleichen. Nach v. TSCHERMAK (*13*) sind in dieser Hinsicht für den Fußgänger schon die beim Gehen in Seiten- und Höhenrichtung erfolgenden Schwankungen des Körpers von Bedeutung, und zwar im Gegensatz zur binokularen Tiefenwahrnehmung nicht nur zur Tiefenunterscheidung für senkrechte, sondern auch für waagerechte Linien.

Zur Untersuchung der Tiefensehschärfe durch Sukzessivparallaxe entwickelte H. W. ROSE einen Dreistäbchenapparat, in dem die horizontal gelagerten Stäbchen in vertikaler Richtung bewegt werden.

ε) Stereoskopische Projektion

Die naheliegende Aufgabe, das stereoskopische Verfahren durch Projektion gleichzeitig einem größeren Zuschauerkreis zugänglich zu machen, wurde in verschiedener Weise gelöst. Man kann die beiden stereoskopischen Aufnahmen mit zwei Projektionsapparaten in verschiedener Farbe auf den Schirm projizieren und nun durch eine entsprechend rechts und links verschieden gefärbte Brille betrachten [HERING (81)].

Oder man projiziert das eine Bild mit senkrecht, das andere mit horizontal polarisiertem Licht und betrachtet durch ein rechts und links verschieden gerichtetes, dem Auge vorgesetztes Polarisationsfilter, so daß wieder jedes Auge nur das ihm bestimmte Bild erhält (v. ARDENNE, LOOS). Diese Methode wird in der Tafel zur Prüfung des stereoskopischen Sehens in dem von THIELE u. Mitarb. entwickelten Polatest angewendet. Im binokularen Sehen scheinen zwei Dreiecke vor der durch einen Fixierpunkt markierten Testebene zu schweben. Bei manchen Anomalien ist der Raumeindruck nicht sofort vorhanden, sondern die Dreiecke bewegen sich aus der Testebene heraus auf den Beobachter zu.

R. WAGNER verwendet ein Rasterverfahren, durch welches ohne Brillenanwendung erreicht wird, daß jedes Auge von den auf *eine* Platte aufgenommenen, auf den Wandschirm projizierten beiden Bildern nur die ihm zugehörigen Bildteile sieht. (Die Rasterstereoskopie wurde für unmittelbare Bildbetrachtung von W. R. HESS zu hoher Vollkommenheit gebracht.)

Diese Verfahren lassen sich ohne weiteres auf kinematographische Aufnahmen übertragen. Ein Nachteil wird immer sein, daß Orthoskopie immer nur von verhältnismäßig wenigen Plätzen aus möglich ist, und daß die Verzerrung bei seitlichem Betrachten von ungünstigerem Platz aus vielleicht bei diesem *plastischen Film* noch mehr stört als beim Flachfilmsehen.

ζ) Messende Stereoskopie

Nicht nur die bloße stereoskopische Betrachtung von Bildern (von gewöhnlichen photographischen Aufnahmen und von Röntgenaufnahmen) spielt eine immer größere Rolle in der Wissenschaft, sondern auch die *Ausmessung von stereoskopischen Aufnahmen* als Ersatz für die nicht durchführbare Messung des Gegenstandes selbst.

Zunächst sei das Meßverfahren an *Röntgenaufnahmen* geschildert, welches als das der *unmittelbaren Raumbildmessung* bezeichnet werden kann. Das Wesentliche dieser Messung können wir schon an unserem früheren Versuch mit der Zeichnung eines Gegenstandes, dort eines Drahtwürfels, in seiner rechts- und linksäugigen Perspektive mit verschiedenen Farben und Betrachtung mit der Farbbrille zeigen. Wir brauchen nur bei der Betrachtung mit dem „Zirkel" unserer Finger (wenn wir die Zeichnungen recht genau und mit sehr feinen Linien gemacht haben, lohnt es auch, einen wirklichen Zirkel zu nehmen) an den Ort des Raumbildes vor der Zeichentafel zu gehen und die gesehene Würfelkante der Länge nach abzugreifen und mit der Länge des tatsächlichen Würfels zu vergleichen: wir finden genaue Übereinstimmung. Die gleiche Übereinstimmung würde eine Winkelmessung ergeben. Nun betrachten wir nochmals die Abb. 135 und stellen uns das Wheatstonesche *Stereoskop mit unbelegten*, durchsichtigen *Spiegeln* ausgestattet vor. Wir können jetzt wieder an den Ort des Raumbildes, etwa eines mit Röntgenlicht aufgenommenen Schädels, den Zirkel oder das Winkelmaß bringen und das Raumbild in jeder Hinsicht ausmessen. Haben wir die Aufnahme von einem Skeletschädel hergestellt, so können wir die Maße mit denen des Gegenstandes vergleichen und finden große Übereinstimmung. Des näheren kann auf die Schriften von W. TRENDELENBURG hingewiesen werden.

Dieses Verfahren wurde zuerst von DEVILLE an Landschaftsaufnahmen angewendet, hat sich aber der hierfür zu geringen Genauigkeit wegen (die Landschaft wird ja in sehr verkleinertem Maßstab wiedergegeben) nicht bewährt. Auf Röntgenbilder wurde es gleichzeitig von PULFRICH, HASSELWANDER und TRENDELENBURG (12) angewendet. Man kann noch weitergehen und in das Raumbild ein Zeichenbrett bringen, beliebig schräg derjenigen Ebene des Raumbildes angepaßt, in welcher man einen Quer- oder Längsschnitt entwerfen will, den man aus freier Hand dort dem Raumbild nachzeichnet (W. T. *13*).

In folgender Weise kann man auch Gegenstände im Raumbild ausmessen, ohne sie zu berühren und ohne stereoskopische Aufnahmen zu machen. Als Beispiel sei die Messung des Augenabstandes mit diesem Verfahren erwähnt (Abb. 147). Der Beobachter (Arzt) erhält von den Augen des Untersuchten (Patient) durch den unbelegten Spiegel das hinter dem Spiegel liegende Raumbild. Dieses ist, wie jedes beidäugig betrachtete Spiegelbild, plastisch. (Das kann man leicht feststellen, wenn man sich selbst in der Scheibe eines halbgeöffneten Fensters spiegelt: greift man hinter das Fenster, so kann man leicht mit dem Finger den Ort und die Tiefenerstreckung seines Kopfes abtasten, ja sogar mit einem Zirkel ausmessen.) Zur Messung des Pupillenabstandes braucht man nur in das Raumbild einen Maßstab zu halten und den Abstand abzulesen. In entsprechender Weise kann man unmittelbare Raumbildmessungen im Inneren des Kehlkopfes ausführen (W. T. *19*).

Zur *stereoskopischen Ausmessung von Landschaftsaufnahmen* dient der *Pulfrichsche Stereokomparator*. Mit ihm kann man durch binokulare Vereinigung großer Stereoaufnahmen die Parallaxen der verschiedenen Punkte der Landschaft ausmessen und danach die Entfernungen berechnen. Durch weiteren Ausbau des Verfahrens (v. OREL mit PULFRICH) gelang es dann, durch Bewegen einer „wandernden Marke" im stereoskopischen Raumbild z. B. die ganze Schichtenkarte eines photographierten Talabschlusses im Gebirge oder dergleichen automatisch aufzuzeichnen (*Stereoautograph*). Des näheren sei hier auf PULFRICH, v. HÜBL, BRÜCKNER verwiesen. Diese Andeutungen mögen genügen, um die große praktische Bedeutung der messenden Stereoskopie hervorzuheben.

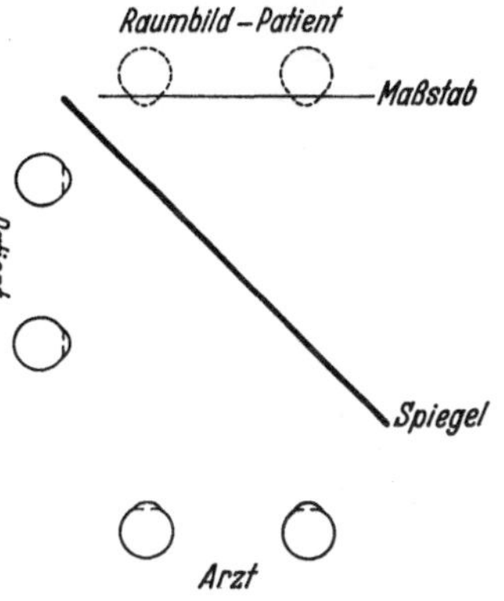

Abb. 147. *Messung des Augenabstandes im Raumbild.* Nach W. T.

Eine besondere Bedeutung hat der Stereokomparator auch für die *Vermessung von photographischen Aufnahmen der Gestirne*. Die große Aufnahmebasis erhält man bei Sukzessivaufnahmen durch die Relativbewegungen von Gestirnen zum Aufnahmestandort auf der Erde. Insbesondere kann die stereoskopische Basis mittels der Erdbahn gewonnen werden (PULFRICH, STOLZE).

η) *Farbenstereoskopie, stereoskopischer Glanz, Wettstreit, binokulare Farbenmischung*

a) Farbenstereoskopie. Betrachtet man mit einer Leselupe beidäugig eine rote Briefmarke, auf welcher ein schwarzer oder blauer senkrechter Strich angebracht ist (es genügt schon der Poststempel), so sieht man den Strich *über* der roten Fläche schweben. Diese Erscheinung wird als *Farbenstereoskopie* bezeichnet. Sie beruht nach EINTHOVEN auf der Chromasie des Auges und der Abweichung der Gesichtslinie von der optischen Achse, durch welche es zu einer binokularen Parallaxe kommt. Die Lupe dient zur Vergrößerung der Netzhautbilder und mithin ihrer Parallaxe; sie ist bei Betrachten größerer Buntzeichnungen, z. B. Werbeplakate, entbehrlich.

Des näheren sei auf I. SCHMIDT und AMMANN verwiesen. Letzterer unterscheidet drei Arten von Farbenstereoskopie: 1. als Folge der verschiedenen Knotenpunktslage für lang- und kurzwelliges Licht, 2. als Folge von Nichtzusammenfallen von Gesichtslinie und optischer Augenachse und 3. als Folge von für Farben ungleicher Reflexion opaker Medien: bei blauem Papier erfolgt mehr Oberflächenreflexion, bei rotem mehr Tiefenreflexion.

b) Stereoskopischer Glanz. Betrachtet man eine glatte Fläche, welche in das eine Auge sehr starkes Licht reflektiert, in das andere nicht, so glänzt die Fläche. Dementsprechend tritt die Erscheinung des Glanzes auch auf, wenn im Stereoskop eine schwarze und eine weiße Fläche zur Vereinigung kommen.

c) Stereoskopischer Wettstreit. Schon bei dem Versuch mit der schwarzen und weißen Fläche, besser noch bei Anwendung bunter Farben, die für beide Augen verschieden gewählt werden, wird beobachtet, daß sich bald die Farbe der einen Fläche vordrängt, bald die der anderen, daß es also nicht zu einer binokularen Verschmelzung kommt (falls die Flächen nicht verhältnismäßig klein sind), sondern zu einem abwechselnden Vorherrschen des rechts- oder des linksäugigen Eindrucks.

d) Binokulare Farbenmischung. Wenn die korrespondierenden Punkte der Netzhäute in jeder Hinsicht „identisch" wären, nicht nur hinsichtlich der Richtungswahrnehmung, so müßte bei verschiedenfarbiger Belichtung beider Netzhäute stets statt des Wettstreits eine Farbenmischung erzielt werden, so wie sie erhalten wird, wenn die beiden Farbenwirkungen gleichzeitig auf die gleiche Netzhaut erfolgen. Es tritt aber nur unter besonderen Umständen, vor allem bei kleinen Feldern, binokulare Farbenmischung ein.

Sie gelingt leichter mit hellen und im Spektrum nah aneinander liegenden Farben, dagegen ist sie schwierig bei Komplementärfarben. Sie ist mit Flimmerreizen leichter zu erzielen als mit Dauerreizen (SCHWARZ). Man erhält sie am einfachsten, wenn man zwei verschiedenfarbige, aber gleichgeprägte Briefmarken binokular vereinigt (ein Verfahren, welches natürlich nicht mit der „Farbenstereoskopie" verwechselt werden darf). Die bei Anwendung von spektralen Lichtern von W. TRENDELENBURG festgestellten *Gesetze der binokularen Farbenmischung* stimmen mit den monokularen Gesetzen nur qualitativ, nicht quantitativ überein.

Zur binokularen Mischung von Spektralfarben wurde zunächst ein Helmholtzscher Farbenmischungsapparat so umgeändert, daß mit Hilfe zweier Zusatzprismen das Licht des einen Kollimators in das eine, das des anderen Kollimators in das andere Auge gelangt (Abb. 148). Ferner wurde ein Vergleichsfeld angebracht. Es ergab sich, daß bei den Gleichungen 670 mμ + 535 mμ = 589 mμ binokular mehr vom langwelligen Anteil 670 mμ (Rot) benötigt wurde als monokular. In der

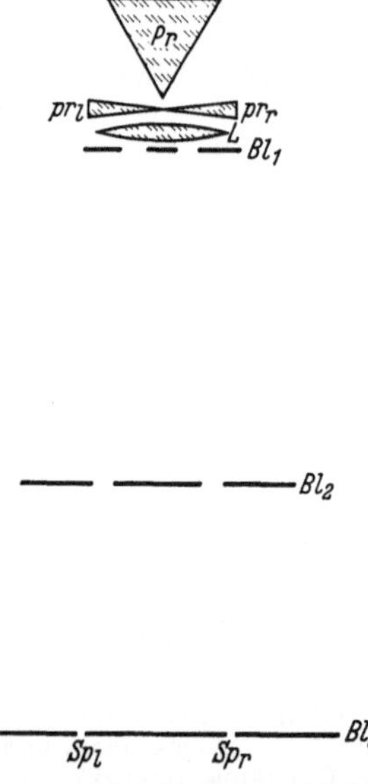

Abb. 148. *Zur binokularen Farbenmischung*, nach W. T. Zusätzliche Anordnung zum Helmholtzschen Spektralapparat (vgl. Abb. 42). *Pr* das Prisma, *pr$_l$* und *pr$_r$* die Zusatzprismen, *Bl$_1$* Blende mit Löchern zur Feldbegrenzung, *Bl$_2$* Abblendung des rechtsäugigen Feldes vom linken Auge und umgekehrt. *Sp$_l$* und *Sp$_r$* in *Bl$_3$* die Okularspalte für das linke und rechte Auge. *L* entspricht *L$_3$* in Abb. 42

Purpurmischung   670 mμ + 461 mμ = Purpur   mußte binokular mehr von 670 mμ genommen werden als monokular, um in beiden Fällen den gleichen Purpurton zu erhalten. Bei komplementären Weißmischungen nehmen die Unterschiede der Mengen der Mischlichter ab, wenn der langwellige Anteil von 670 bis auf 580 mμ abnimmt. Zunächst ist mehr langwelliges Licht erforderlich; bei der Weißmischung mit etwa 580 mμ ist monokular und binokular das Mengenverhältnis das gleiche; geht das langwellige Licht unter 580 mμ herunter, so kehrt sich das Verhältnis um, und es wird binokular mehr kurzwelliges Licht benötigt als monokular (W. T. *9, 10*). Bei binokularer Farbenmischung muß sehr genau auf die Einfallsrichtung der zu mischenden Farbreize geachtet werden, da der *Stiles-Crawford-Effekt* das Ergebnis beeinflussen kann.

SCHRÖDINGER hat einen Weg angedeutet, auf dem eine Erklärung für diese Tatsachen gefunden werden kann.

SCHRÖDINGER weist darauf hin, daß bei Helladaptation die beidäugige Darbietung einer weißen Fläche keine größere Helligkeitsempfindung gibt als die einäugige. Wird jedem Auge eine weiße Fläche dargeboten, so ist die subjektive Helligkeit die gleiche, als ob das eine

Auge die weiße, das andere eine schwarze Fläche anblickt. Bei binokularer Mischung von Weiß und mittlerem Grau tritt eine Helligkeitsherabsetzung ein. SCHRÖDINGER vermutet, „daß zur rechnerischen Ermittlung der binokularen Mischfarbe jede der beiden Komponenten noch mit einem besonderen Gewichtsfaktor zu belegen ist, welcher gleich ist *ihrer Helligkeit,* dividiert durch die *Summe der beiden Helligkeiten.* Die binokulare Mischung würde dann also stets der helleren Komponente näher liegen als die monokulare. Diese Annahme erklärt tatsächlich die paradoxe Gleichung Weiß + Schwarz = Weiß + Weiß und führt auf ein flaches Minimum für ein gewisses mittleres Grau. Doch scheint es, daß die extremen, von TRENDELENBURG aufgefundenen Verhältnisse auf diese Weise nicht voll aufgeklärt werden können". Die Erscheinung, daß bei ungleicher Helligkeit der monokularen Komponenten die Helligkeit der binokularen Mischung unter der helleren Komponente liegt, ist auch als FECH-NERs Paradoxon bekannt. Es wird von FRY durch hemmende Effekte der Umgrenzung der Testflächen erklärt. Bei W + S ist diejenige des schwarzen Feldes auf schwarzem Hintergrund nicht sichtbar, daher unwirksam.

LIVSHITZ hat an den von ihm ermittelten binokularen Gleichungen die Schrödingersche Rechnung durchgeführt und eine Übereinstimmung der monokularen Gleichungen mit den *umgerechneten* binokularen Gleichungen gefunden. Selbstverständlich bleibt dabei die von TRENDELENBURG auf Grund seiner Untersuchungen erhobene Feststellung der Tatsache zu Recht bestehen, daß die Mengenverhältnisse, in denen die spektralen Lichter monokular und binokular in Gleichungen eingehen, verschieden sind. Durch die Schrödingersche Rechnung ist dieser Sachverhalt auf den Sachverhalt bei „binokularen Weißmischungen" zurückgeführt. Es bleibt aber nach wie vor unerklärt, warum bei monokularer Belichtung mit Weiß + Weiß eine verstärkte Helligkeitsempfindung auftritt, bei binokularer hingegen nicht (vgl. S. 89). Unter bestimmten Versuchsbedingungen kann man auch binokular eine Summation nachweisen (FRY und BARTLEY), wobei aber W + W kleiner ist als 2 W.

ϑ) Stereoeffekt und Stereophotometrie

Betrachtet man eine in frontalparalleler Ebene pendelnde Kugel mit verschieden hell beleuchteten Augen, indem man vor das eine Auge ein Rauchglas, eine künstliche Pupille oder ein Farbglas hält, so erhält man den Eindruck, daß die Kugel kreisförmig pendelt, also den Umfang eines horizontalen Kreises beschreibt (*Stereoeffekt*). Wird vor beide Augen das gleiche Rauchglas gehalten, so tritt wieder der Eindruck der gradlinigen Bewegung in der frontalparallelen Ebene auf, wie bei freier Beobachtung. Man kann auch so verfahren, daß man eine ruhende Marke betrachtet, über die eine bewegliche hin und her gleitet. Der Erscheinung liegt die früher besprochene Tatsache zugrunde, daß zwischen Reiz und Empfindung eine als Empfindungszeit bezeichnete Zeit verstreicht. Diese ist um so länger, je schwächer die Belichtung des Auges ist (vgl. S. 214). Bei verschieden starker Belichtung beider Augen wird also bei einer bestimmten Stellung der Kugel in einem bestimmten Zeitmoment die Empfindung vom stärker belichteten Auge dann auftreten, wenn vom schwächer belichteten erst die Empfindung einer vorangehenden Stellung vorliegt. Hieraus ergibt sich also eine parallaktische Bilddifferenz, die als Tiefenabstand zur Wahrnehmung gelangt.

Nach FISCHER und HABERICH spielt neben der Empfindungszeitdifferenz noch die Geschwindigkeit der bewegten Marke, also ein optokinetischer Effekt, eine Rolle. Wenn man das von HESS im Jahre 1904 beschriebene Phänomen, das wir bereits kennenlernten, in der Weise durchführt, daß man zwei senkrecht untereinander stehende Lichtreize verschiedener Leuchtdichte mit gleicher Geschwindigkeit durch das Gesichtsfeld führt, so kann man beobachten, daß der hellere Spalt dem weniger hellen vorauseilt. Der Unterschied ist um so größer, je höher die Geschwindigkeit ist, mit der die Spalte bewegt werden. Der Leuchtdichteunterschied der beiden Spalte, der zwangsläufig eine Empfindungszeitdifferenz zur Folge hat, bewirkt in diesem Falle also einen räumlich verschiedenen Effekt. Auf beide Augen übertragen, bedeutet das aber, daß das Bild eines helleren Spaltes auf dem einen Auge dem eines weniger hellen auf dem anderen voraneilen muß. Daran, daß ein Zeitunterschied zu einer Querdisparation führt, kann also nicht mehr gezweifelt werden (sie folgt auch aus den Versuchen von KLEMM).

Wir haben Grund anzunehmen, daß sich die durch die Zeitdifferenz erzeugte Parallaxe in der gleichen Art auswirkt, wie die von Objekten mit räumlicher Ausdehnung erzeugte Querdisparation. Letztere ruft aber, wie wir sahen, eine Augenbewegung oder zumindesten eine Innervationstendenz hervor, die zum Tiefeneindruck umgedeutet wird. Die Tatsache, daß bei der Beobachtung der pendelnden Marke keine gröberen, optokinetischen Bewegungen zu beobachten sind (ROSEMANN und BUCHMANN), ist kein Gegenbeweis gegen die Anschauung FISCHERs. Vielmehr paßt sich letztere durchaus unseren Vorstellungen vom räumlichen Sehen überhaupt an. Daß die Beziehungen zwischen dem *Pulfricheffekt* und dem Tiefensehen keine einfachen sind, konnte MONJÉ durch Parallelversuche zeigen. Der Stereo-Effekt zeigt eine deutliche Abhängigkeit von den Beleuchtungsschwankungen; er ist um so kleiner, je größer die Leuchtdichte ist und nimmt mit abnehmender Leuchtdichte zu. Da eine Anordnung zur Untersuchung des Stereo-Effektes sehr leicht zu improvisieren, seine Untersuchung sehr einfach, aber trotzdem recht genau ist, könnte man ihn zur Definition des Adaptationszustandes wohl gebrauchen.

Die Bahn des Pendels ist gewöhnlich nicht genau kreisförmig, sondern elliptisch. Nach TRINCKER, der mit einer schwarzen Kugel vor hellem Hintergrund experimentierte, ist sie eiförmig, wobei die Längsachse dem unbedeckten Auge näher steht. Er hat daraus geschlossen, daß der Zeitunterschied nicht der einzige, die Bahn bestimmende Faktor ist.

Beim Nachvornschwingen verkleinert sich die Kugel, beim Schwingen nach rückwärts vergrößert sie sich, wie schon FRÖHLICH beobachtete. Man gewinnt den Eindruck eines Pulsierens der Kugel, das dadurch hervorgerufen wird, daß sich wohl die Sehferne, nicht aber die objektive Größe der Kugel ändert (vgl. S. 346 u. 354).

Wird ein Auge durch ein Graufilter verdunkelt, so erscheint ein helles Objekt vor dunklem Grund auf diesem Auge verkleinert. Wird eine entsprechende Größenverschiedenheit im binokularen Sehen durch Verdunklung nur eines Auges erzeugt, so erscheint das Objekt aus der frontalparallelen Ebene heraus- und dem Auge mit dem kleineren Netzhautbild zugedreht (Irradiationsstereoskopie oder Anisopie nach CIBIS und HABER). Künstliche Aniseikonie durch Vorsatz einer meridionalen Größenlinse vor ein Auge bewirkt, daß Objekte auf der Seite des Auges mit dem größeren Netzhautbild im Binokularsehen weiter entfernt und vergrößert zu sein scheinen (s. Abb. 141). Es ist möglich, durch Aniseikonie einen Stereoeffekt zu erzielen, wobei die Längsachse der Bahn des Pendels dem Auge mit dem kleineren Netzhautbild näher steht (Ames-Effekt nach MILES). Die Schräglage der Bahn beim Pulfricheffekt kann also mit Aniseikonie in Zusammenhang gebracht werden, wie aus der von WEALE entwickelten Theorie hervorgeht.

Der Stereoeffekt wurde von MAX WOLF an einem Stereokomparator der Heidelberger Sternwarte entdeckt. Wenn die Stereoaufnahmen schnell seitlich bewegt wurden, schienen sich die Sterne vor oder hinter der Meßmarke zu bewegen. Die Erscheinung wurde von FERTSCH richtig gedeutet und von PULFRICH analysiert und ausgewertet. Im einfachsten Versuch läßt sich der Stereoeffekt schon nachweisen, wenn man einen Bleistift senkrecht auf der Fensterscheibe anklebt, einen zweiten auf der Scheibe bewegt und dabei ein Auge etwas zukneift, um sein Bild lichtschwächer zu machen.

Auf dieser Erscheinung hat PULFRICH ein *photometrisches Verfahren* zur Messung der subjektiven Helligkeit von Rauch- und Farbgläsern gegründet. Als gleich hell werden diejenigen Lichter definiert, welche gleiche „Latenz" haben, diejenigen Gläser also, bei deren Benutzung vor den Augen der Stereoeffekt ausbleibt, das Pendel nicht zu kreisen scheint. Nach v. KRIES bleibt eine im Hellen bei größerer Lichtstärke eingestellte Stereogleichung zwischen z. B. Grau und Rot bei Herabsetzung der Lichtstärke und Dunkeladaptation nicht bestehen. Die Änderung konnte auf Grundlage der Stäbchenhypothese in einfacher Weise erklärt werden.

Nach ENGELKING ändert sich der Stereoeffekt beim Normalen mit der Adaptation ganz anders als die subjektive Helligkeit (Eindruckshelligkeit), so daß das Stereoverfahren nicht ohne weiteres als Methode der heterochromen Helligkeitsvergleichung angesehen werden kann.

An dieser Stelle ist noch ein anderes Stereophänomen zu erwähnen: Der *Mach*-Dvořák-Effekt. Beobachtet man durch eine langsam kreisende Episkotisterscheibe eine sich in einer Ebene bewegende Marke, z. B. ein schwingendes Pendel, so scheint diese eine Kreisbewegung zu machen. Dieser Effekt kommt dadurch zustande, daß bei der Drehung der Episkotisterscheibe zuerst das eine, dann kurze Zeit später das andere Auge freigegeben wird. Es kommt also zu einer querdisparaten Abbildung der Marke.

n) Die binokularen Instrumente

Auch das Stereoskop ist ein binokulares Instrument. Im engeren Sinne gehören aber zu den *binokularen Instrumenten* nur die zur *Gegenstandsbetrachtung* gehörigen Geräte, z. B. das Helmholtzsche *Telestereoskop*. Es seien hier weiter nur diejenigen Instrumente berücksichtigt, bei denen eine *Vermehrung oder Verminderung der Betrachtungsbasis* eine Rolle spielt. Die binokularen Instrumente sind in der Regel mit einer *Fernrohr-* oder *Mikroskopvergrößerung verbunden.*

α) *Prismenfernrohre*

Schon HELMHOLTZ hatte sein Telestereoskop, das in der bisher beschriebenen einfachsten Form nur der Erhöhung der Tiefenwahrnehmung um den Betrag der Basisvermehrung diente, mit Prismenspiegeln und Fernrohrlinsen versehen, so daß darin das Vorbild der heutigen, den Augenabstand vermehrenden *Prismenfernrohre* gegeben ist. Die Anwendung der reflektierenden Prismen anstatt der Spiegel, die erst später allgemein üblich wurde, hat vor allem den großen Vorzug, schärfere Spiegelbilder zu geben, weil die Zweifachspiegelung am belegten Spiegel fortfällt. Hinzu kommt der Vorteil, daß durch Verwendung mehrerer Prismen das Gesichtsfeld des Fernrohres vergrößert werden kann. Durch die Fernrohranwendung, also die Bildvergrößerung auf der Netzhaut, wird die Sehschärfe des Auges vermehrt ausgenützt. Ferner wird schon allein durch die Fernrohrvergrößerung die Parallaxe mit vergrößert. Deshalb gibt schon ein gewöhnliches Doppelfernrohr *ohne* Basisvergrößerung (ein Opernglas z. B.) eine vermehrte Tiefenwahrnehmung. Wenn dieses Glas die Netzhautbilder z. B. auf das Dreifache vergrößert, so vergrößert es damit auch die Parallaxe der Netzhautbildpunkte um den gleichen Betrag, die „*Plastik*" des Opernglases ist mithin dreifach. Bei Doppelfernrohren *mit* Basisvergrößerung ist die „*totale Plastik*" dann gleich dem Produkt aus Fernrohrvergrößerung und Betrag der Augenabstandserweiterung.

Das Helmholtzsche Telestereoskop ist in Abb. 149 wiedergegeben. Man sieht deutlich, daß HELMHOLTZ auf der Okularseite schon Prismen als Spiegel anwendete, während auf der Objektseite gewöhnliche Spiegel, durch Schrauben justierbar, benutzt wurden. Die Helmholtzsche Erfindung wurde in der Folgezeit fast vergessen, jedenfalls in der praktischen Anwendbarkeit nicht erkannt, bis die Optischen Werke von C. Zeiss die Konstruktion weiterführten und zu so großer Höhe brachten. Vorher hatte ein italienischer Ingenieur, PORRO, die Verwendung von Umkehrprismen in Fernrohren erfunden, welche ermöglichen, das Bild aufzurichten und die Länge des Fernrohres wesentlich zu verringern und damit, wie erwähnt, das Gesichtsfeld zu vergrößern. In den sog. *Feldstechern* ist die Prismenbenutzung sowohl zur Gesichtsfeldvergrößerung als auch zur Augenabstandserweiterung angewendet.

Die bekannteste Form der stärker vergrößernden Doppelfernrohre mit Erweiterung des Augenabstandes ist das *Scherenfernrohr*. Der Name ist von einer nebensächlichen Eigenschaft genommen. Man denke sich die seitlichen Arme des Helmholtzschen Telestereoskops derart schwenkbar, daß sie bei unveränderter Stellung der Okularansätze scherenförmig zusammengeklappt werden können. Es ist dann zwar die Erweiterung des Augenabstandes aufgehoben, man hat aber die Möglichkeit, über ein Hindernis, etwa eine schützende Mauer, hinwegzusehen. Bei nur halber Schließung der Schere kann man mit geringer Erweiterung des Augenabstandes rechts und links seitlich

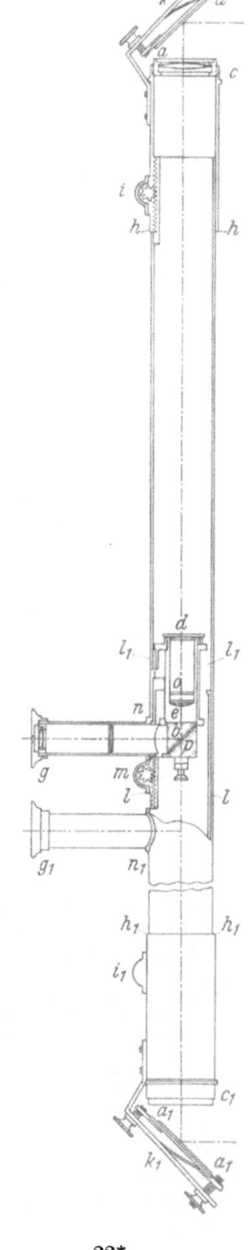

Abb. 149. *Helmholtz-Telestereoskop mit Fernrohr. aa* und a_1a_1 die äußeren Spiegel, justierbar gegen die Platten k und k_1, c und c_1 die Objektivlinsen der Fernrohre, d und e Okularlinsen, b totalreflektierendes Prisma, g und g_1 Okularlinsen, p ein Metallprisma zur Justierung von b, m Zahntrieb zur Anpassung des Okularabstandes an den Augenabstand des Beobachters. Der Abstand aa_1 beträgt 1080 mm, 16mal Augenabstand. Vergrößerung des Fernrohres ebenfalls 16fach. (Der Raumersparnis halber ist der rechte Arm — im Bild unten — des Gerätes abgekürzt gezeichnet)

22*

an einem Baum vorbeisehen. Abb. 150 gibt eine Zeichnung eines kleineren Instruments dieser Ausführungsform wieder.

Auf die größeren, noch beweglichen *Doppelfernrohre* mit vermehrter Basis und auf die *Standfernrohre* kommen wir bei Besprechung der Entfernungsmesser zurück.

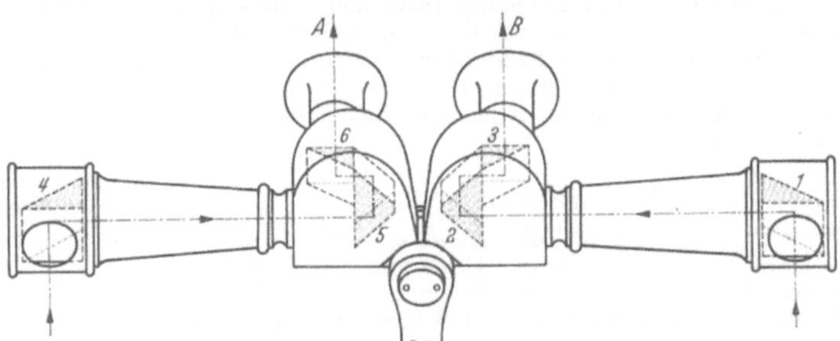

Abb. 150. *Strahlengang im Scherenfernrohr mit Erweiterung des Augenabstandes*, von der Gegenstandsseite aus gesehen (aus PAULI). *A* und *B* die Okulare, links und rechts seitlich die Objektive. *1, 2, 3* die linksseitigen, *4, 5, 6* die rechtsseitigen Prismen, die mit ihren Hypotenusenflächen als Spiegel wirken

Hier ist noch die Frage zu erörtern, ob der *Raumeindruck*, den wir in einem Doppelfernrohr erhalten, orthomorph ist. Das ist nach v. KRIES immer dann, wenn zu der Augenabstandserweiterung die Fernrohrvergrößerung hinzukommt, nicht der Fall. Es spielt das zwar im praktischen Gebrauch keine Rolle im Sinne eines Fehlers oder einer wesentlichen Täuschungsmöglichkeit über die wahren Raumverhältnisse; man kann aber mit einem Feldstecher mit nicht zu starker Vergrößerung und mäßiger Vermehrung des Augenabstandes leicht die *kulissenartige Wirkung* beobachten, die darin besteht, daß die Tiefenerstreckung weniger zugenommen zu haben scheint als die Höhen- und Breitenerstreckung des Sehdings.

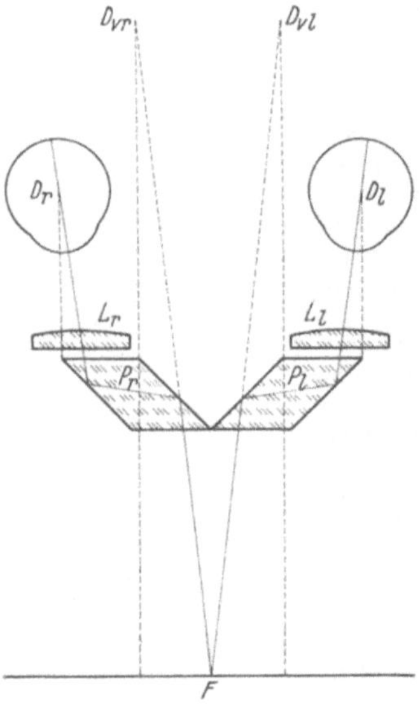

Bei dem Zeissschen *Theaterglas* wird der *Augenabstand* sogar *vermindert*, ähnlich wie bei den gleich zu besprechenden binokularen Lupen, wodurch eine noch bessere Übereinstimmung des Eindrucks der flachen Kulissen und der tiefenerstreckten Gegenstände und handelnden Personen der Bühne erstrebt wird. Das Prinzip der Augenabstandsverminderung kann als die Umkehr des Prinzips der Augenabstandserweiterung bezeichnet werden.

Man denke sich einen Riesen, der ein Helmholtzsches Telestereoskop ohne Fernrohreinbau von der Gegenstandsseite aus, also von den ursprünglichen Ausblickprismen aus, benutzt, wobei also die Gegenstände jetzt auf der Seite der ursprünglichen Einblickprismen liegen. Er würde eine verminderte Tiefenwahrnehmung und ein vergrößertes Modellraumbild erhalten, weiter abgelegen als die Gegenstände.

Im Synopter von v. ROHR wird durch eine Prismeneinrichtung erreicht, daß die Objekte zusammenfallen, daß also bei Betrachtung beliebig entfernter Objekte keine Querdisparation auftritt. Nahe Dinge erscheinen im Synopter vergrößert und in die Ferne gerückt. Die Naturtreue von Gemälden erfährt eine Steigerung, ohne daß ein Auge verdeckt zu werden braucht.

Abb. 151. *Augenabstandsverminderung* bei der Zeiss'schen *binokularen Lupe*. D_r und D_l Drehpunkte der Augen, D_{vr} und D_{vl} „scheinbare Drehpunkte" bzw. Drehpunkte der virtuellen Augen, L_r und L_l die Lupenlinsen, P_r und P_l die rhombischen Spiegelprismen, F der fixierte Punkt des Gegenstandes

β) Binokulare Lupen und Mikroskope, binokularer Augenspiegel

Bei den *binokularen Lupen* wird *Augenabstandsverminderung* gleichzeitig mit *Lupenvergrößerung* angewendet. Abb. 151 zeigt die Drehpunkte der tatsächlichen und die der virtuellen Augen und läßt die Augenabstandsverminderung leicht erkennen. Diese Lupe setzt die infolge des geringen Betrachtungsabstandes an sich notwendige Konvergenz passend herab und ermöglicht vor allen Dingen, daß man noch mit beiden Augen in ein enges Rohr,

z. B. den Gehörgang bzw. den Ohrentrichter des Ohrenarztes, mit beiden Augen gleichzeitig hineinsehen und das Trommelfell binokular beobachten kann. Ebenso kann die Lupe bei den Kehlkopfspiegeln verwendet werden. Man kann dabei zugleich das Verfahren der unmittelbaren Raumbildmessung (W. T. *12*) anwenden, worauf schon hingewiesen wurde. Dabei ist das Fehlen der Orthomorphie des Raumbildes ohne Belang, denn dies wird durch den gleichen Fehler des Raumbildes des messenden Gegenstandes aufgehoben.

Auch bei den *binokularen Augenspiegeln* müssen die Augen optisch zusammengerückt werden, damit sie beide durch das zentrale Loch des Hohlspiegels und die erweiterte Pupille hindurchblicken können. Die von HELMHOLTZ gebrachte Zeichnung des Nachetschen Geräts (Abb. 152) zeigt die hierfür erforderliche Prismenanordnung, die im wesentlichen schon ganz

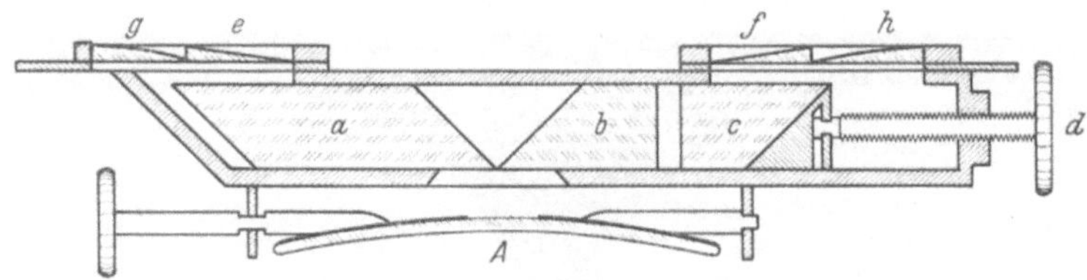

Abb. 152. *Binokularer Augenspiegel* von NACHET. Nach HELMHOLTZ. *A* Konkavspiegel, *a*, *b*, *c* Reflexionsprismen, *c* verschieblich mittels Einstellschraube *d* zwecks Anpassung an Augenabstand, *e* und *f* Einblickstellen der Augen. Die schwachen Prismen ermöglichen eine Beobachtung mit schwacher Konvergenz. *g* und *h* vergrößernde (konvexe Fläche) Prismen, die an die Stelle von *e* und *f* geschoben werden können

der bei der später konstruierten binokularen Lupe (Abb. 151) entspricht, deren Konvexgläser am Augenspiegel fortfallen können, aber auch schon von NACHET vorgesehen sind. Bei richtiger Anwendung mit dem Verfahren des Spiegelns im umgekehrten Bild sieht nach HELMHOLTZ das rechte Auge den Hintergrund des beobachteten Auges so, wie er von der linken Pupillenhälfte aus erscheint, das linke Auge entsprechend von der rechten Hälfte aus. Die Parallaxe ist nur gering, sie reicht aber für eine gute Tiefenwirkung aus.

Man kann übrigens auch mit dem gewöhnlichen einäugigen Augenspiegel Tiefenunterschiede, z. B. einer Excavation der Sehnervenpapille, mittels Sukzessivparallaxen bei Bewegungen feststellen.

Die *binokularen Mikroskope* vermitteln z. T. keine Tiefenwahrnehmung, sondern bieten nur den Vorteil, daß beide Augen benutzt werden können, wodurch die Gefahr vermieden wird, daß durch ständige Unterdrückung der Wahrnehmung des nicht mikroskopierenden Auges der binokulare Sehakt leidet. Es kann aber bei binokularen Miskroskopen auch eine Tiefenwahrnehmung erreicht werden. Das geschieht entweder durch Verwendung je zweier Okular- und Objektivtubusteile, also auch Anwendung von zwei Okularen und zwei Objektiven (mit zwischengeschalteten Prismensystemen zur Bildaufrichtung) oder durch Verwendung nur eines Objektivs, aber zweier Okulare und Okulartuben. Der erste Fall ist im Greenoughschen binokularen Mikroskop (bzw. bei schwächeren Objektiven noch Lupe genannt) durchgeführt, der zweite bei dem C. Zeissschen Bitumi-Aufsatz, einem Doppelokular, welches den vom Objektiv kommenden Strahlengang hälftig auf beide Augen verteilt und bei welchem auf den Okularen noch je eine Halbblende zu verwenden ist, damit das rechte Auge die Strahlen aus etwas anderer Richtung erhält als das linke, damit also Netzhautbildparallaxe entsteht. Binokulare Mikroskope, bei deren Gebrauch die Gesichtslinien parallel gestellt sind, werden vor solchen bevorzugt, die sie konvergent machen, da meist mit auf die Ferne akkommodierten Augen beobachtet wird und Konvergenz dabei Schwierigkeiten verursachen würde.

Näheres über binokulare Mikroskope kann der Darstellung von BOEGEHOLD entnommen werden.

γ) Entfernungsmeßgeräte

Eine sehr wichtige Anwendung haben die binokularen Fernrohre in Verbindung mit dem *Verfahren der Entfernungsmessung* gefunden (PULFRICH). Bei den Fernrohren entwirft das Objekt in der „Bildfeldebene" des Okulars ein reelles Bild der Landschaft. Man kann also in dieser Ebene diejenigen *wandernden Meßmarken* anbringen und verschieben, welche oben für die mittelbare Methode der stereoskopischen Messung angegeben wurden. Es ist eben im Grunde das gleiche, ob die Marken auf einem photographierten Bild oder im reellen durch Strahlenvereinigung gewonnenen Bild der Landschaft bewegt werden. In beiden Fällen werden die beiden Marken, welche bald in dieser, bald in jener Parallaxe eingestellt werden, binokular zum Raumbild vereinigt („in den Raum hinausprojiziert"), und es kann nun aus der eingestellten und ablesbaren Parallaxe infolge einfacher geometrischer Beziehungen der Abstand desjenigen Landschaftspunktes berechnet werden, der mit der Raummarke zusammenzufallen scheint. (Es kann auch so verfahren werden, daß die Meßmarken unveränderlich festliegen und nun das eine „Zielbild“, d. h. das objektive Abbild der Landschaft im einen Okular, verschoben wird, bis die Marke mit dem zu messenden Gegenstand in der Raumbildlandschaft zusammenfällt.) Die physiologische Grundlage des Verfahrens ist die Tatsache, daß jede Netzhautbildparallaxe durch binokulare Vereinigung die Wahrnehmung eines Raumpunktes hervorruft, auch wenn gar nicht *ein* Punkt vorliegt, sondern jedem Auge eine besondere punktförmige Marke geboten wird.

Ein anderes, älteres Verfahren ist das der *schwebenden Meßmarke.* Wir können uns dieses Prinzip am einfachsten an Hand von Abb. 153 klarmachen, in welcher die durch das Doppelfernrohr zu betrachtende Landschaft durch ihre beiden stereoskopischen Aufnahmen ersetzt ist. Diese Landschaft wird, wie erwähnt, beiderseits in der Okularblendebene des Fernrohres

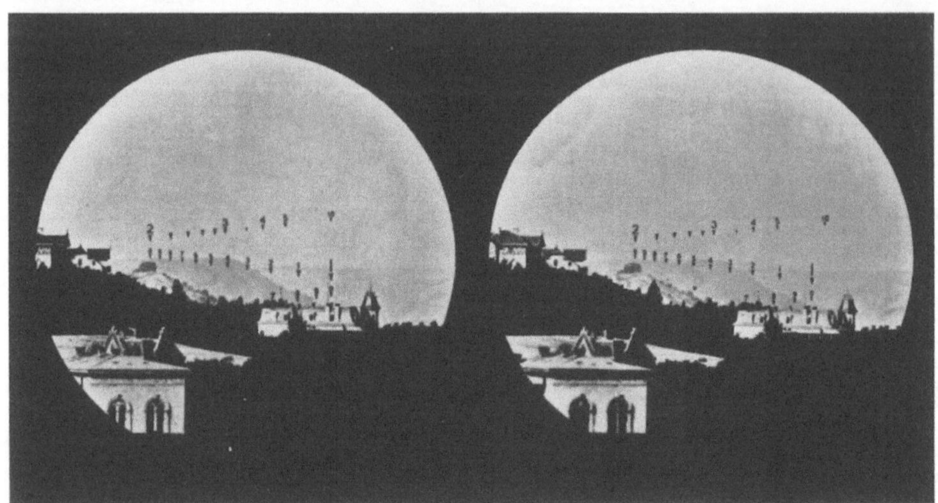

Abb. 153. *Verfahren der Entfernungsmessung mit schwebenden Meßmarken* von PULFRICH. Bilder der C. Zeiss-Werke

abgebildet und durch die Okularfrontlinse als Lupe betrachtet. Nun wird beiderseits in diese Okularblendebene eine dünne Glasplatte gelegt, auf welcher Marken in Form senkrechter Striche angebracht sind. Wir denken uns zunächst im rechten und linken Fernrohrteil je einen Strich genau in der Mitte der Blendebene. Dann haben diese Striche bei der binokularen Vereinigung die Parallaxe Null und sie werden als dünner, frei im Raum in unendlicher Entfernung schwebender Faden wahrgenommen. Diese Marken seien daher auf den Platten mit dem Zeichen ∞ versehen, welches dann ebenfalls in *unendlicher* Entfernung erscheint. Blicken wir nun nach der Landschaft, so scheint diese Marke mit dem Horizont oder einem sehr weit entfernten Flugzeug zusammenzufallen. Nun wird auf der einen Platte links von dem Mittelstrich, auf der anderen rechts von ihm ein weiterer Strich angebracht, der die Zahl 5 tragen möge. Es liegt jetzt Parallaxe vor, der „Sehdingfaden“ schwebt nun in *endlicher* Entfernung in der Landschaft. Ist die Parallaxe der beiden Striche passend gewählt, so schwebt der Faden genau über einem 500 m entfernten Landschaftspunkt, z. B. einer Kirchturmspitze. Werden die parallaktisch verschiedenen Marken vermehrt, in der aus Abb. 153 ersichtlichen Weise in verschiedener Höhenanordnung verteilt und mit entsprechenden Zahlen versehen, so kann jeder Landschaftspunkt von 100 zu 100 Metern gemessen bzw. dazwischen geschätzt werden. Bei stärkerer Fernrohrvergrößerung und großer Basisvermehrung kann die Einheit auch in 1000 m genommen werden, je nachdem, bis in welche Entfernung die Verbesserung der Tiefenwahrnehmung reicht.

Das Verfahren der in der Landschaft schwebenden Meßmarken wurde von dem Physiologen ROLLET erfunden (vgl. BECKER und ROLLET). Er brachte bei freiäugigem Sehen zwei frontal aufgestellte, mit den oberen Enden divergierende Fäden zur Vereinigung, an denen Querstäbe angebracht waren. Es ergab sich der Eindruck einer zum Himmel schräg ansteigenden Leiter. Werden zwei senkrechte Fäden verwendet, so scheint in der Landschaft ein einziger senkrechter Faden zu schweben. ROLLET verband aber dieses Prinzip noch nicht mit dem der Erweiterung des Augenabstandes und mußte somit zur Ansicht kommen, daß sich das Verfahren nicht zur Distanzmessung in der Landschaft verwerten lasse, da mit der zunehmenden Entfernung die Parallaxe zu klein werde. Praktisch verwendbar war das Prinzip erst in den Zeissschen Geräten. „Zuerst erschien 1899 das nach der Idee von

H. DE GROUSILLIERS konstruierte Stereotelemeter, ein Doppelfernrohr mit erweitertem Objektivabstand, in dessen Bildfeldebenen mehrere Reihen von Marken eingesetzt sind, an denen man dann wie an Telegraphenstangen einer Straße die Entfernungen der Gegenstände in der Landschaft einfach ablesen kann" (PULFRICH). H. DE GROUSILLIERS war Ingenieur in Charlottenburg. Die Meßmarken auf den Glasplättchen werden auf photographischem Wege hergestellt.

Auf die *neueren Ausführungsformen* der binokularen Entfernungsmeßgeräte, über die MÜNSTER berichtet, können wir nicht näher eingehen. Es kommt hier nur auf das Grundsätzliche der Verwendung der Tiefenwahrnehmungsschärfe zur Entfernungsmessung an. Zur vollen Ausnutzung der Geräte ist ein gutes binokulares Sehen erforderlich, woraus die Notwendigkeit erhellt, daß diese Leistung genau festgestellt werden muß und daß sie im Einzelfall durch Übung möglichst verbessert wird.

Eine *verminderte Fähigkeit zum binokularen Sehen* würde vorliegen, wenn *beide Augen* in ähnlicher Weise eine *Leistungsverschiedenheit* aufwiesen, wie es für die rechte und linke Hand bzw. die zugeordnete linke und rechte Bewegungssphäre der Großhirnrinde zutrifft. Die meisten Menschen sind rechtshändig, eine Minderzahl linkshändig. Man hat von einer „Händigkeit" gesprochen und die Frage aufgeworfen, ob ihr eine „*Äugigkeit*" entspricht. Diese Frage ist vielfach sehr weitgehend bejaht worden. Es sollen bei einer großen Anzahl von Menschen die Eindrücke des rechten oder des linken Auges zurückstehen, so weit, daß sogar die Richtungswahrnehmung nicht auf das Mittelauge bezogen werde, sondern auf das Einzelauge. Aus unseren zahlreichen Beobachtungen über die Wahrnehmung der Doppelbilder mit farbigen Stäben, die bei Vorliegen von „Äugigkeit" erschwert sein müßte, sowie besonders aus den Untersuchungen von JAHN geht aber hervor, daß bei der Mehrzahl der Versuchspersonen bei den Gesichtswahrnehmungen nichts vorliegt, was einer Rechts- oder Linkshändigkeit entsprechen würde, es sei denn, man nimmt mit HAMBURGER an, daß die relative Minderwertigkeit der Eindrücke des einen Auges nicht für den ganzen Gesichtsfeldanteil gilt.

Die funktionellen Beziehungen beider Augen zueinander liegen ja auch wohl wesentlich anders, als die beider Hände zueinander. Beide Augen können nur beim Chamäleon selbständige Wege gehen, nicht aber beim Menschen. Bei diesem aber gehen beide Hände auch bei Gemeinschaftsarbeit, z. B. bei dem Streichinstrumentspiel, selbständige und getrennte Wege. Ja, es kommen Einzelbewegungen der einen oder der anderen Hand vor, z. B. beim Greifen nach rechts-seitlich oder nach links-seitlich. Das Augenpaar ist ein Gespann, dessen Leistung nur dann vollkommen sein kann, wenn beide Partner genau gleichwertig sind. Bei den Händen hingegen kann gerade dadurch eine höhere Gesamtleistung erzielt werden, daß bei besonders schwierigen Gemeinschaftsaufgaben die eine Hand Vorarbeiterin, die andere Hilfsarbeiterin ist. Von der „Händigkeit" braucht ebensowenig auf eine „Äugigkeit" geschlossen zu werden wie aus ihr auf eine verschiedene Ausbildung des rechts- und linksseitigen Hörvermögens oder Tastsinnes geschlossen zu werden braucht, die ja in der Tat normalerweise ebenfalls nicht vorliegt. Ein Zusammenhang zwischen Äugigkeit und Händigkeit wird deshalb auch abgelehnt (RASKI).

F. Wahrnehmung und Wirklichkeit

Wenn wir zu unterscheiden haben zwischen den Dingen und den Sehdingen, so erhebt sich die *Frage, inwieweit die Wahrnehmung mit der Wirklichkeit übereinstimmt.* Schon mehrfach haben wir in unserer Darstellung auf eine gelegentliche „Unzuverlässigkeit" der Angaben unseres Sinnesorgans hinweisen müssen. Das einäugig vermittelte Doppeltsehen bei dem Scheinerschen Versuch, das beidäugig vermittelte Doppelterscheinen der mit Parallaxe abgebildeten Raumpunkte, das

Einfachsehen zweier getrennter gleicher Gegenstände bei Abbildung in beiden Foveae gehört hierher. Als weiteres Beispiel kann auch die scheinbare Knickung angeführt werden, die ein in Wasser getauchter Stab oder die Spitze des durch die Hornhaut in das Kammerwasser vordringenden Messerchens zeigen. In den Fällen, in denen die Täuschung, der Widerspruch zwischen Wahrnehmung und Wirklichkeit (zwischen Sehding und Ding) bei einäugigem Sehen auftritt, liegt der Grund der Täuschung darin, daß sich die Richtungswahrnehmung nur nach dem Abbild auf der Netzhaut richtet, nicht aber nach dem Verlauf der abbildenden Strahlen.

Es ist nun noch einer weiteren Reihe von Erscheinungen nachzugehen, bei welchen die *Beziehungen zwischen Wahrnehmung und Wirklichkeit* teils wechselnd, teils geradezu widerspruchsvoll sind. Der Wahrnehmung liegt in erster Linie das Netzhautbild im gedachten Mittelauge zugrunde. Aber nicht dieses allein ist bestimmend, sondern wesentlich mitbestimmend ist eine Reihe von zusätzlichen Momenten. Das zeigte sich ja schon bei der zunächst auffälligen Tatsache, daß die Dinge bei willkürlichen Augenbewegungen in gleichbleibender Richtung wahrgenommen werden, obgleich ihre Bilder auf der Netzhaut wandern. Durch einen „Stellungsfaktor" wird die auf der Netzhaut vorliegende Sachlage gewissermaßen umgedeutet, so daß in diesem Fall das zusätzliche Moment einen Widerspruch zwischen Wahrnehmung und Wirklichkeit geradezu verhindert.

Der umgekehrte Vorgang steht im folgenden im Vordergrund.

1. Richtungsbeziehungen

Beobachten wir im Hellen bei Vorhandensein von Vergleichsgegenständen eine lotrechte Linie mit beiden Augen, so erscheint sie auch subjektiv als Vertikale. Das bleibt unverändert, wenn wir den Kopf zur Schulter neigen, also der Vertikalebene des Kopfes eine andere Richtung zur Lotrechten geben. Wenn wir den Versuch aber im sonst dunklen Raum, in welchem lediglich die Lichtlinie sichtbar ist, ausführen, so *scheint die lotrechte Linie schräg* zu stehen, und zwar entgegengesetzt zur Kopfneigung geneigt. Diese Erscheinung wird als *Aubertsches Phänomen* bezeichnet. Damit eine Linie bei Kopfneigung im Dunkeln vertikal erscheint, muß sie objektiv etwas im Sinne der Kopfneigung geneigt eingestellt werden. Das Aubertsche Phänomen ist deutlicher bei Aufblitzen einer Lichtlinie als bei dauerndem Anblick (Sachs und Meller). Bei nur geringer Neigung des Kopfes oder des ganzen Körpers erscheint die Linie gelegentlich in derselben Richtung geneigt (E-Phänomen von Müller).

Die Wahrnehmung der Vertikalen ist offenbar auch von der Körperorientierung abhängig: Sitzt eine Person in einem Raum, in dem Stuhl und Raum unabhängig voneinander geneigt werden können, so ist es schwierig, den Raum vertikal zu richten, wenn der Stuhl geneigt ist und umgekehrt (Witkin). Auch für die Einstellung der subjektiven Horizontalen im Dunkeln wurden bei Neigung des Kopfes oder des ganzen Körpers Abweichungen gefunden (Witkin und Asch). Versuche mit schrägen Linien ergeben, daß die Vertikale und Horizontale für unsere Orientierung im Raume eine bevorzugte Stellung einnehmen.

Eine befriedigende Erklärung scheint noch nicht gefunden zu sein. Helmholtz wollte die Täuschung darauf zurückführen, daß wir im Dunkeln die Seitenneigung unseres Kopfes für kleiner halten, als sie wirklich ist. Es scheint aber das Vestibularorgan beteiligt zu sein. Nach F. B. Hofmann (1) sind an dem Zustandekommen der Erscheinung mehrere miteinander im Wettstreit stehende Faktoren beteiligt. Die bei Kopfneigung erfolgende Gegenrollung der Augen ist zu gering, als daß sie auf das Phänomen wesentlichen Einfluß haben könnte.

Hier ist nochmals eine andere Abweichung zu erwähnen, die *Netzhautinkongruenz.* Sie tritt hervor, wenn wir eine lotrechte Linie mit nur einem Auge beobachten. Sie scheint dann nicht senkrecht zu stehen, sondern mit dem oberen Ende nach außen geneigt. Die Abweichung ist für gewöhnlich nur gering, bis etwa 3°. In Fällen von außergewöhnlicher Abweichung kann diese bis zu 7° für jedes Auge betragen, für beide zusammen also 14° (SACHS und MELLER). Es ist also zu unterscheiden zwischen dem in Primärstellung objektiv lotrechten Meridian und dem subjektiv empfundenen Meridian.

Eine eigentümliche Richtungsabweichung ergibt sich, wenn lange *gerade Linien* vorwiegend *im peripheren Gesichtsfeld* bei fixiertem Auge betrachtet werden. Sie *scheinen* dann gegen den Fixierpunkt hin konkav *gekrümmt zu sein*. Um gerade zu erscheinen, müssen sie also vom Fixierpunkt aus konvex gebogen verlaufen. Betrachtet man von nahem ein großes Schachbrettmuster, so erscheint es am Rande nicht rechtwinklig, sondern in den Feldern verkleinert. Sollen alle Felder gleich groß und rechtwinklig erscheinen, so müssen die Begrenzungslinien nach der Peripherie hin in Hyperbelform auseinanderweichen (HELMHOLTZ).

Wenn man eine gebogene Linie für einige Minuten beidäugig beobachtet, so erscheint sie mit der Zeit weniger gebogen. Betrachtet man sofort danach an der gleichen Stelle eine gerade Linie, so erscheint dieselbe in der Gegenrichtung gebogen (GIBSON). Beobachtet man für etwa 2 min einen großen Kreis und dann sofort danach am selben Ort einen kleineren, so erscheint letzterer geschrumpft. Entsprechende Erscheinungen sind auch in der dritten Dimension möglich. Wird zuerst eine konkav gekrümmte Fläche gesehen, die durch schwarze vertikale Striche markiert ist, und beobachtet man dann am gleichen Ort eine plane Fläche mit entsprechenden Strichen, so erscheint diese konvex gekrümmt (KÖHLER und EMERY). Die Erscheinungen können bis zu 2 min anhalten. Gute Fixation, am besten eines außerhalb der Figuren befindlichen Fixierpunktes, ist Voraussetzung. Diese Phänomene der Versetzung oder Verlagerung eines Testobjektes oder eines Teiles des Objektes, das in einer gewissen räumlichen und zeitlichen Beziehung zur erstgesehenen Figur steht, werden nach KÖHLER und WALLACH als „figurale Nacheffekte" bezeichnet. Sie sind im Auge zu behalten bei Versuchen, die längere Betrachtung eines Objektes erfordern.

Bei weiteren *Richtungstäuschungen* handelt es sich darum, daß ein und dasselbe Netzhautbild hinsichtlich der objektiven Senkrechten und Waagerechten unter verschiedenen Umständen verschieden gedeutet wird. *Fahren wir in der Eisenbahn durch eine Kurve*, so scheinen uns die durch den Fensterrahmen gesehenen *Häuser schief* zu stehen, der Rahmen aber vertikal; der Eindruck ist dabei völlig zwingend, obgleich wir doch wissen, daß wir einer Täuschung unterliegen. Bedingung für diese ist, daß der Zug mit derjenigen Geschwindigkeit durch die Kurve fährt, für welche der Höhenunterschied der Schienen berechnet ist. Es verläuft dann die Resultierende aus Schwerkraft und Zentrifugalkraft in der Höhenrichtung des Wagens. Es kann für den Eindruck aber auch mitbestimmend sein, ob wir das Haus oder den Fensterrahmen des Wagens fixieren.

In verstärktem Maß treten solche Richtungstäuschungen im *Flugzeug* auf (RUFF und STRUGHOLD, SCHUBERT). Der Kurvenflug kann nur mit dem Auge erkannt werden, und zwar daraus, daß die subjektive Horizontale mit dem objektiven Horizont in der Kurve einen Winkel bildet. Dabei hat der Anfänger den Eindruck, daß er selbst eine unveränderte Lage im Raum einnimmt, also nicht schräg gerichtet ist, und daß der objektive Horizont schräg steht. Diese natürliche „egozentrische Beurteilung" (die keine bewußte Überlegung enthält, sondern unmittelbare Wahrnehmung darstellt) muß offenbar durch Übung erst verlernt, in Wahrnehmung der objektiven Sachlage umgeschaltet werden.

2. Größenbeziehungen

Unter gleichen Umständen werden zwei gleich große Gegenstände auf der Netzhaut gleich groß abgebildet. Es können aber auch zwei verschieden große Gegenstände gleich groß abgebildet werden, wenn sie verschieden weit entfernt sind, in beiden Fällen aber die gleichen Gesichtswinkel vorliegen. Es fragt sich nun zunächst, ob *bei gleich großen Netzhautbildern* auch der *Eindruck gleich groß* vorliegt, ob also der Größeneindruck nur von der Größe des Netzhautbildes abhängt oder ob die Akkommodation (und Konvergenz) einen maßgebenden Einfluß nimmt. Hierüber hat ASCHER ermittelt, daß Akkommodationsunterschiede bis zu $^3/_4$ dptr ohne Einfluß sind. Zwei in verschiedener Entfernung befindliche Dreiecke, die unter gleichem Gesichtswinkel dargeboten werden (also mit gleich großen Netzhautbildern), erscheinen gleich groß, wenn der Akkommodationsunterschied für sie nur bis zu $^3/_4$ dptr beträgt. Bei größeren Akkommodationsunterschieden erscheint das weiter entfernte Dreieck größer, das nähere Dreieck muß also unter vergrößertem Gesichtswinkel dargeboten werden, um gleich groß zu erscheinen.

Daß die *gesehene Größe* nicht nur von der *Größe des Netzhautbildes* abhängt, zeigt sodann folgender einfacher Versuch. Wir rufen durch Betrachten einer Opalglaslampe ein kräftiges Nachbild hervor und betrachten nun Flächen verschiedener Entfernung. Das Sehding erscheint um so größer, je ferner die Fläche. Der Größeneindruck hängt also ganz von der *vorgestellten Entfernung* ab.

Eine *Änderung der scheinbaren Größe* eines Gegenstandes *bei gleichbleibender Größe des Netzhautbildes und gleichbleibender Entfernung* tritt ein, wenn wir bei weit ausgestrecktem Arm unsere Hand ansehen und sie so halten, daß sie vor einem an der Wand stehenden Schrank mittlerer Größe erscheint. Wir fixieren die Hand, am besten bei Verschluß des einen Auges, und führen sie nun bis nahe an unser Auge heran. Die Hand scheint nur wenig größer zu werden, was der Vergrößerung ihres Netzhautbildes nicht voll entspricht, und zugleich scheint der Schrank an der Wand *kleiner zu werden, obgleich sein Netzhautbild unverändert* bleibt. Gleichzeitig scheint die Wand in etwas größere Entfernung verschoben zu werden, worauf wir bei Besprechung der Entfernungsbeziehungen zurückkommen. Der Versuch hat auch dann den gleichen Erfolg, wenn wegen Alters die Akkommodation nicht mehr erfolgen kann, sondern nur noch die Akkommodationsbemühung und wahrscheinlich die Kontraktion des Ciliarmuskels übrigbleibt und die gleichzeitig auftretende Konvergenz. Wird nun bei dem gleichen Versuch der Gegenstand an der Wand angeblickt, so wird dieser in unveränderter Größe wahrgenommen, und die Hand scheint mit der Entfernung die Größe zu ändern. Im ersteren Fall ist die Hand „Maßstab des jeweiligen Sehraums", im letzteren Fall der Schrank [HERING (25)]. Diese „Umstellung" ist sehr deutlich, wenn man abwechselnd den nahen Finger und den fernen Schrank betrachtet (einäugig, weil sonst die Doppelwahrnehmungen stören).

Die übliche *Erklärung dieser Mikropsie* genannten Erscheinung geht dahin, daß bei der vermehrten Akkommodationsanstrengung die Lage des Gegenstandes auf diejenige geringere Entfernung bezogen wird, welche der aufgewendeten vermehrten Akkommodationsinnervation entspricht (LOHMANN). Das unverändert bleibende Netzhautbild ist kleiner als dieser vorgestellten geringeren Entfernung entspricht. Deshalb erscheint der Gegenstand kleiner. Nach HOFMANN zeigt aber der oben beschriebene Grundversuch, daß beim Blick in die Nähe sich der „subjektive Maßstab" des gesamten Sehfeldes, nicht bloß der für den unmittelbar angeblickten Gegenstand, ändert. „Diese Änderung des subjektiven Maßstabes des Sehfeldes (Gesamtheit aller Sehdinge) wirkt der Verkleinerung der Netzhautbilder bei der Entfernung der Objekte vom Auge entgegen, und sie kann dieselbe, wie der Versuch mit der Hand zeigt, innerhalb gewisser Grenzen völlig kompensieren." Bis zu dieser Grenze ist also die Sehgröße nicht allein vom Gesichtswinkel abhängig, sondern zugleich von dem „subjektiven Maßstab".

Dieses Verkleinertsehen kann in pathologischen Fällen von erschwerter Akkommodation besonders auffällig sein. Besonders stark ist die Mikropsie, *wenn die Nahakkommodation durch Atropin gelähmt* ist, wenn also besonders starke Akkommodationsanstrengungen auf die Nähe erfolgen.

Bei *Akkommodationskrampf durch Eserin* hingegen tritt bei der Bemühung, in der Ferne scharf zu sehen, *Makropsie*, abnorme *Vergrößerung der Sehdinge*, ein.

Die Bedeutung dieser bei Annäherung eines Gegenstandes infolge der Akkommodationsanstrengung auftretenden Maßstabumstellung wird man darin sehen können, daß es uns dadurch erleichtert wird, den Gegenstand trotz Vergrößerung seines Netzhautbildes als objektiv gleich groß bleibend aufzufassen. Das scheinbare Kleinerwerden der fernen Gegenstände entgeht für gewöhnlich der Beobachtung, da die Aufmerksamkeit dem nahen Gegenstand zugewendet ist.

Man kann *Mikro- und Makropsie* auch hervorrufen *durch Änderung der Konvergenz* bei gleichbleibender Akkommodation bzw. Akkommodationsanstrengung, wenn man nach KOSTER eine Art von stereoskopischem Verfahren anwendet, am besten mit Hilfe des Heringschen *Haploskopes*. Es ist das ein besonderes Wheatstonesches Stereoskop, dessen die Bilder tragenden Arme sich je um eine unter dem Drehpunkt des betrachtenden Auges liegende Achse schwenken lassen. Je nachdem, in welchem Winkel man die beiden Arme einstellt, wechselt die Konvergenz, bei gleicher Akkommodation, da der Bildabstand sich nicht ändert. Wird die Konvergenz vermehrt, so tritt starke Mikropsie ein, wird sie vermindert, so erfolgt Makropsie. Hiernach erfolgt also die Umstellung des subjektiven Größenmaßstabes für das gegebene Netzhautbild auch durch Konvergenz- ohne Akkommodationsänderung.

Daß *Mikropsie* auch ohne Konvergenzänderung *nur durch Akkommodationsänderung* zustande kommt, zeigte v. ALBADA in folgender Weise. Die Augen stehen im Brennpunkt der Objektivlinsen eines Doppelfernrohres, dessen Okulare abgeschraubt sind. Vor den Objektivlinsen sind die Teilbilder einer Stereoaufnahme vor- und rückwärts verschieblich angebracht. Konvergenz und Netzhautbildgröße bleiben gleich, die Akkommodation ändert sich. Bei Annäherung der Stereobilder nähert und *verkleinert* sich der Raumeindruck.

Eine viel erörterte Größentäuschung besteht darin, daß der *Mond* bei Aufgehen *über dem Horizont viel größer erscheint*, als wenn er hoch am Himmel steht. Das gleiche gilt für die Sonne, doch können wir sie der großen schädigenden Helligkeit wegen nicht so ungestört beobachten; auch wird angegeben, daß die Erscheinung am Mond deutlicher ist (vielleicht, weil die abends undeutlichere Landschaft weniger stört). Entgegen einer Reihe von z. T. mehr psychologisch ausgerichteten Erklärungsversuchen (vgl. u. a. KOSTER) hat ZOTH die scheinbare Größenänderung des Mondes auf ein physiologisches Moment zurückgeführt, nämlich auf die Verschiedenheit der Blickrichtung, mit welcher der aufgehende und der am Zenit stehende Mond beobachtet wird. Unter gewöhnlichen Umständen beobachten wir den Mond am Horizont mit geradeaus, d. h. senkrecht zur Frontalebene, gerichtetem Blick, den hochstehenden Mond aber mit gehobenem Blick. Daß bei der scheinbaren Größenänderung keine Urteilstäuschung durch Vergleich mit anderen Gegenständen des Gesichtsfeldes vorliegt, kann man nach ZOTH dadurch beweisen, daß man den Mond am Horizont und bei Hochstand durch ein passend geschwärztes Glas beobachtet, welches den Mond noch gut sichtbar bleiben, alle anderen Gegenstände des Gesichtsfeldes aber verschwinden läßt. Der Einfluß der Blickstellung gehe auch daraus hervor, daß die Größentäuschung fortfalle, wenn man den Mond am Horizont mit gesenktem Kopf und gehobenem Blick oder den höher oben stehenden Mond mit gehobenem Kopf und geradeaus gerichtetem Blick beobachtet.

Auf dieses Prinzip führt ZOTH auch die Erklärung der *scheinbaren Form des Himmelsgewölbes* zurück, welches bekanntlich nicht als halbkugelförmig, sondern als schalenförmig abgeflacht gesehen bzw. bezeichnet wird. Diese scheinbare Form ändert sich nach ZOTH in gesetzmäßiger Weise, wenn mit hängendem Kopf (Kniehang am Reck) oder bei liegender Körperhaltung (Betrachten des Himmels beim Ausruhen auf einem Berg) beobachtet wird. Die Verhältnisse sind aber verwickelter. „Was die scheinbare Gestalt des Himmels betrifft," sagt HERING (25), „so erscheint er am Tage, und wenn man die Erdoberfläche mit sieht, nicht als Kugelfläche, sondern von oben nach unten platt gedrückt. Hinter einer Wand aber, die nur so hoch zu sein braucht, daß sie alles Irdische verdeckt, steigt mir der Himmel stets senkrecht aus der Erde empor, und bei völlig klarer Nacht erscheint er mir durchaus als Kugelfläche, sobald es so finster ist, daß die irdischen Dinge nur in ihren Umrissen am Himmel, nicht aber körperlich in die Tiefe gesehen werden". Hiernach ist die Blickrichtung keineswegs allein maßgebend.

Nach GÜNTHER erscheint der Himmel am Tage schalenförmig abgeflacht, weil seine Leuchtdichte vom Horizont nach dem Zenit zunimmt. In der Nacht ist sie im Zenit am geringsten.

F. P. FISCHER, LUDWIG und WARTMANN haben die scheinbare Form des Himmelsgewölbes aus dem Horopter erklärt. Die Form, in der eine objektiv frontal-parallel verlaufende Linie wahrgenommen wird, hängt im wesentlichen von der Entfernung des Beschauers vom Fixationsort ab. Sie kann konkav, parallel oder konvex sein. Daraus folgt, daß die Wölbung bei bedecktem Himmel anders sein muß als bei blauem oder sternenklaren Nachthimmel. Als Gegenstück zur Krümmung des Himmelsgewölbes wird die Beobachtung von Fliegern angeführt, daß ihnen aus einer größeren Entfernung die Erdoberfläche nicht konvex, sondern konkav erscheint (v. UEXKÜLL, SCHUBERT).

Den Einfluß der Blickstellung denkt sich ZOTH in folgender Weise zustande kommend. Bei Hebung des Blicks bestehe ein rein mechanisch bedingter Zug zur Auswärtswendung der Augäpfel, welchem durch einen Konvergenzimpuls entgegengewirkt wird. Dieser bewirke die Umstellung des Größenwertes. So bringt ZOTH diese Erscheinungen auch mit der Mikropsie in Verbindung.

Die Zothschen Versuchsergebnisse wurden neuerdings von HOLWAY und BORING bestätigt. Sie haben die scheinbare Größe des Mondes mit der von Scheiben verglichen, welche auf einen Schirm projiziert wurden. Zwischen Horizont und größter Höhe von 60° konnte die scheinbare Größe des Mondes sich bis zu 1:2 ändern. Sie führten auch den von HELMHOLTZ angegebenen Spiegelversuch aus und fanden den mittels Spiegel auf 38° Höhe entworfenen aufgehenden Mond, den Spiegelmond, auffällig klein, ganz als ob der Mond dort tatsächlich stünde. Die Täuschung ist also nur vom Blickwinkel (bezogen auf die Stirnebene) abhängig, bei welchem der Mond beobachtet wird. Es sei noch erwähnt, daß der Gesichtswinkel des Vollmondes etwa $1/_2$° beträgt. Dieser Wert tritt also in der Wahrnehmung je nach der Blickrichtung in verschiedener Größe in Erscheinung.

Nach SCHUR und LEIRI ist hingegen der von ZOTH nachgewiesene Einfluß der Blickrichtung quantitativ zur Erklärung der Mondtäuschung nicht ausreichend. LEIRI ist der Ansicht, daß die rote Farbe eine Rolle spielt, welche die Himmelskörper des Dunstes wegen am Horizont haben. Ist das Auge auf Weiß eingestellt, kann Rot nicht gleichzeitig scharf abgebildet werden, die Abbildung wird also durch den Zerstreuungskreis vergrößert. Es ist aber dadurch, wie auch LEIRI hervorhebt, nicht erklärbar, daß der gegenseitige Abstand zweier Sterne am Horizont größer erscheint als bei höherem Stand. Wenn die Färbung maßgebend wäre, müßte der Mond durch ein rotes Glas betrachtet am Horizont und in größerer Höhe gleich groß erscheinen, da jetzt die Bilder gleiche Größe haben. Keinesfalls sind rein physikalisch-atmosphärische Einflüsse der Dunstschicht (Änderung des Strahlengangs in der Luft) beteiligt, was besonders deutlich daraus hervorgeht, daß nach HERING (25) auch ein *Nachbild der Sonne* bei Verlegen an den Horizont *größer erscheint* als bei Hebung des Blickes.

Keinesfalls ist die Blickrichtungstheorie für alle Beobachter eine hinreichende Erklärung. TRENDELENBURG selbst sah die im Spätherbst dunkelrot und klar hinter fernen Häusern untergehende Sonne in schätzungsweise doppelter Sehgröße gegen den Stand hoch am Himmel. Es gelang ihm aber nicht, die Sonne am Horizont bei gehobenem Blick (und entsprechend gesenktem Kopf) kleiner zu sehen, als bei Grundstellung von Kopf und Augen. Ihm schien ferner, daß die Größentäuschung bei untergehender Sonne weniger auffällig ist, wenn diese am Horizont des Meeres untertaucht, also bei Fehlen von nahen Vergleichsgegenständen, als bei deren Vorhandensein, auch wenn die atmosphärischen Verhältnisse in beiden Fällen annähernd übereinstimmende sind. Nach v. STERNECK erscheint der Mond in der Dämmerung vergrößert und nähert sich mit zunehmender Dunkelheit wieder der bei Tage wahrgenommenen Größe. Der tiefstehende Mond erscheint bei Nacht um so mehr vergrößert, je mehr er den ihn umgebenden Teil des Firmamentes erleuchtet.

Besonders hingewiesen sei noch auf die Darlegungen von HELMHOLTZ, sowie die von v. KRIES im dritten Band des Helmholtzschen Handbuches. Auch HELMHOLTZ hebt die Mitwirkung der Luftdurchsichtigkeit hervor, aber in anderem Sinne als LEIRI. HELMHOLTZ sagt: „Recht entschieden und überraschend tritt übrigens die Vergrößerung des Mondes und der Sonne nur dann auf, wenn die Luft am Horizont recht dunstig ist und die genannten Himmelskörper nur noch eine geringe Lichtstärke zeigen. Dann haben wir an ihnen dieselbe Wirkung wie an fernen Bergen, sie sehen viel entfernter als bei klarer Luft und deshalb größer aus. Auch verstärken passende irdische Objekte am Horizont die Wirkung sehr." Hiernach ist also die Entfernungstäuschung Ursache der Größentäuschung.

BEKESY sucht die *Sehgrößenkonstanz* zur Erklärung der Mondtäuschung heranzuziehen. Als Sehgrößenkonstanz wird die Erscheinung bezeichnet, nach der die Sehgröße eines Gegenstandes bei Annäherung oder Entfernung trotz Änderung der retinalen Bildgröße konstant bleibt, wie z. B. die fixierte Hand in dem oben geschilderten Versuch. Die Sehgrößenkonstanz ist in horizontaler Richtung deutlich, wahrscheinlich, weil sich der Mensch meist in horizontaler Richtung bewegt und aus Erfahrung gelernt hat, die Retinabilder von an sich physikalisch gleichgroß bleibenden Gegenständen zu korrigieren. Ein unterstützendes Moment für die Sehgrößenkonstanz ist die „Struktur" des Feldes, die Anhaltspunkte für die Entfernung des Objektes liefert. In vertikaler Richtung bleibt die Sehgrößenkonstanz aus und die Sehgröße ist proportional der Retinabildgröße. Ein gutes Beispiel für Sehgrößenkonstanz ist ein am Boden wegrollender Ball, der an Sehgröße viel langsamer abnimmt, als ein gleich großer senkrecht in die Höhe steigender Ballon. Es gibt somit zwei Arten der Sehfunktionen: in einem Fall fragen wir „wie groß ist das Objekt"? Wir schätzen seine Größe ab. Hierbei ist die Sehgrößenkonstanz maßgebend. Sie ist wirksam, wenn z. B. die Aufgabe gestellt wird, die Größe eines Stabes, der in verschiedener Entfernung gesehen wird, zu vergleichen mit einer Reihe von Stäben in der Nähe der Versuchsperson. Die Aufgabe wird richtig gelöst, wenn im Gelände genügend Merkmale vorhanden sind, die die Entfernung des Stabes erkennen lassen, da wir aus Erfahrung über eine psychologische Skala der Sehgröße von bekannten Objekten in bezug auf ihre Sehferne verfügen (GIBSON). Eine andere Art des Sehens wird betätigt, wenn es festzustellen gilt, wie groß der von dem Objekt eingenommene Bereich im Gesamtgesichtsfeld ist. Die zu stellende Frage ist nun „Wie groß sehe ich das Objekt?" Die Größe eines Stabes wird nun proportional der Größe des Gesichtswinkels angegeben. Bei dieser Art des Sehens erfolgt ein unmittelbares Erlebnis (HERING) der Größe des Objekts. Beide Sehfunktionen, *Abschätzung* und *perspektivisches Sehen* werden gewöhnlich nicht voneinander getrennt (vgl. auch den im Kapitel Augenmaß geschilderten Versuch von GILINSKY).

Nach Versuchen von ROELOFS und ZEEMAN ist in einem strukturlosen Feld Sehgrößenkonstanz im binokularen Sehen nur in sehr geringer Entfernung (bis zu 4,5 m) nachweisbar, d. h. solange Konvergenzimpulse auslösbar sind. In monokularem Sehen und in größerer Entfernung ist die Sehgröße nur von der retinalen Bildgröße und der vorgestellten Entfernung abhängig. Demnach ist für das Ausbleiben der Sehgrößenkonstanz bei Beobachtung des Mondes in vertikaler Richtung die Strukturlosigkeit des Raumes maßgebend, das Fehlen von Gegenständen bekannter Größe, die die Entfernung markieren, wie schon TRENDELENBURG vermutete.

Es dürfte jedenfalls die Blickrichtung nur eines der maßgebenden Momente darstellen, dessen Wirkung durch Zusatzmomente, wie Helligkeit von Mond oder Sonne, Vergleichsgegenstände am Horizont, Dunstigkeit der Luft, Vorstellung der größeren Entfernung, sehr wesentlich unterstützt wird.

Eigenartig ist folgende *Auslegung der Verkleinerung des Netzhautbildes* bei zunehmender Entfernung. Unter den gewöhnlichen Bedingungen der rein monokularen Tiefenbeurteilung nehmen wir bei der bei zunehmender Entfernung auftretenden Verkleinerung der Netzhautbilder wahr, daß der Gegenstand sich entfernt, und wir beurteilen ihn als von objektiv gleichbleibender Größe. Beobachtet man von einer niedrigen Brücke aus einen unter ihr durchfahrenden Zug und blickt man dabei etwas seitlich vom Zug auf die Böschung, so hat man, besonders wenn der letzte Wagen mit seiner Rückwand sichtbar wird, nicht so sehr den Eindruck, daß er sich entfernt, sondern daß er gewissermaßen zusammenschrumpft, schmaler und niedriger wird; der Eindruck des sich Entfernens kann daneben völlig zurücktreten. Es wird dabei auf eine bestimmte nicht zu geringe Geschwindigkeit ankommen.

Die umgekehrte Täuschung tritt auf, wenn im sonst völlig *dunklen Raum* eine in gleicher Entfernung bleibende beleuchtete *Irisblende verkleinert* wird: die Wahrnehmung ist dann die einer *gleichgroß* bleibenden, sich entfernenden Lichtfläche. Es entspricht das der gewöhnlichen Erfahrung, nach der im allgemeinen aus scheinbarer Verkleinerung auf zunehmende Entfernung zu schließen ist.

Schubert berichtet über folgende *Täuschung über die Größe von Teilflächen der Erde*, die *beim Flug in größerer Höhe* betrachtet werden. Es handelt sich um Flächen, die sich von der Umgebung durch Helligkeit, Farbe oder scharfe Umgrenzung hervorheben. Sie sehen aus großer Höhe betrachtet verhältnismäßig zur Umgebung zu groß aus; erst bei einer Beobachtungshöhe von 500 bis 200 m wird das wahrgenommene Größenverhältnis zur Umgebung richtig. Daher kommt es, daß diese Flächen beim Niedersteigen aus großer Höhe (z. B. 4000 m) zunächst kleiner zu werden scheinen, die Umgebung hingegen (entsprechend der Vergrößerung des Gesichtswinkels) größer. Der Umschwung der Wahrnehmung bei 500 bis 200 m liegt daran, daß von dieser Höhe an abwärts die bisher weniger auffällige Umgebung Einzelheiten, Formen und Abgrenzungen erkennen läßt und zudem von hier ab die binokulare Tiefenwahrnehmung wieder zur Geltung kommt. Als verursachendes Moment kann bei dieser Täuschung die große Eindringlichkeit, das „Gewicht", der sich hervorhebenden Fläche angesehen werden, welches die Aufmerksamkeit besonders anzieht. Jedenfalls kann der den Einfluß der Gesichtswinkelgröße überdeckende Faktor nur ein psychischer sein.

3. Entfernungsbeziehungen

Aus der früheren Darstellung geht schon hervor, daß auch ohne Mitwirkung des beidäugigen Sehens in der Regel kein Widerspruch zwischen wahrgenommener und wirklicher Entfernung besteht. Bei der verhältnismäßig geringen Sicherheit der Entfernungsbeurteilung sehr ferner Gegenstände ist aber nicht zu verwundern, daß häufiger irrtümliche Wahrnehmungen oder Beurteilungen auftreten. Einige Entfernungstäuschungen wurden schon bei Besprechung der Hilfsmittel für die monokulare Entfernungsbeurteilung erwähnt; sie traten auf, wenn die *Durchsichtigkeit der Luft* nicht richtig bewertet oder wenn die absolute *Größe* des auf seine Entfernung zu beurteilenden Gegenstandes *irrtümlich aufgefaßt* wurde.

Für die letztere Täuschung sei noch ein recht anschauliches von Trendelenburg selbst erlebtes Beispiel gebracht. Im Hessenland kamen des Sonntags zwei Personen auf einer Landstraße dem keineswegs mit physiologisch-optischen Gedanken beschäftigten Beobachter entgegen. Die eine war mit kurzer Jacke, langen Hosen, großem, breitrandigem Hut bekleidet, die andere mit Häubchen und den vielen weitabstehenden kurzen Röcken, wie sie dort die Frauen tragen. So erschien das Paar dem Beobachter als Mann und Frau in weiter Ferne. Als der Blick, der kurze Zeit abgewendet war, wieder auf das Paar fiel, war es zur Verwunderung des Beobachters ein Kinderpaar im Alter von etwa 6 Jahren geworden, in geringer

Entfernung. Die anfängliche Täuschung war durch die Art der Kleidung, der Form nach mit derjenigen der Erwachsenen völlig übereinstimmend, hervorgerufen worden.

Das Ursprüngliche ist hier also die Größentäuschung, aus der sich dann die Entfernungstäuschung ergibt. Kleine Menschen wurden hier für groß gehalten. Daß auch das umgekehrte möglich ist, geht aus folgender Schilderung von HELMHOLTZ (*11*) hervor.

„Was die Beurteilung der Entfernung durch die Augen betrifft, so können wir wohl nicht zweifeln, daß diese durch Einübung angelernt sei. — Ich entsinne mich selbst noch deutlich des Augenblickes, wo mir das Gesetz der Perspektive aufging, daß entfernte Dinge klein aussehen. Ich ging an einem hohen Turme vorbei, auf dessen oberster Galerie sich Menschen befanden, und mutete meiner Mutter zu, mir die niedlichen Püppchen herunter zu langen, da ich durchaus der Meinung war, wenn sie den Arm ausrecke, werde sie nach der Galerie des Turmes hingreifen können. Später habe ich noch oft nach der Galerie jenes Turmes emporgesehen, wenn sich Menschen darauf befanden, aber sie wollten dem geübten Auge nicht mehr zu niedlichen Püppchen werden."
Hier liegt also eine Größentäuschung auf Grund einer Entfernungstäuschung vor. Für das Kind *sind* die Menschen auf dem Turme klein, dem Erwachsenen *scheinen* sie klein. Wie von Fliegern mitgeteilt wird, erschwert ein leeres Gesichtsfeld die Entfernungsabschätzung; Entfernungen werden dabei überschätzt (WHITESIDE).

Ein unsicherer und wechselnder Entfernungseindruck liegt bei folgendem *Tapetenmusterversuch* vor (H. MEYER). Man stelle sich vor eine mit dem früher allgemein üblichen, sich in der Horizontalen stets wiederholenden Tapetenmuster beklebten Wand und betrachte sie unter *Konvergenz der Blicklinien* so, daß die eine Blicklinie auf das Muster *a*, die andere aber auf das zweitnächste Muster *b* oder das drittnächste *c* gerichtet ist. Man wird dann die Doppelbilder nicht wahrnehmen, weil jedes Doppelbild mit einem ihm gleichen Bild zusammenfällt. Dabei scheint das Tapetenmuster in einem subjektiv mehr oder weniger bestimmt erscheinenden Abstand *vor* der Wand zu schweben. Fährt man nun mit dem Zeigefinger der rechten Hand schnell auf den Seheindruck des Musters zu, so stellt man fest, daß man ziemlich weit hinter den Schnittpunkt der Blicklinien, also hinter den Ort des Raumbildes gestoßen hat. Der Versuch läßt sich auch sehr schön mit Hilfe zweier genau gleicher Münzen oder Marken ausführen, die man auf eine möglichst strukturlose Fläche weißen Kartons legt und mit gekreuzten Blicklinien betrachtend vereinigt. Das mittlere, den fovealen Abbildungen entsprechende „Sammelbild" (Sehding) der Münzen erscheint, oft erst nach einiger Zeit, *über* der Tischfläche zu schweben (und dabei gleichzeitig verkleinert, was unter Mikropsie besprochen wurde). Stößt man wiederum mit dem Finger auf den Scheinort, so trifft man zwischen Tischplatte und Konvergenzpunkt. F. B. HOFMANN sagt: „Man nimmt gewöhnlich an, daß das Sammelbild in diesen Versuchen an den Kreuzungspunkt der Gesichtslinien lokalisiert wird, und man schließt dies daraus, daß man bei nahe vor den Augen gekreuzten Gesichtslinien ein feines Objekt (z. B. eine Nadelspitze), das man in den Kreuzungspunkt der Gesichtslinien hineinbringt, in derselben Sehferne sieht, wie das vereinigte Muster." Diese Angabe kann nicht als allgemein zutreffend bezeichnet werden. Zum mindesten bestehen individuell große Unterschiede. Wohl stets aber kommt der Eindruck zustande, daß das „Sammelbild" vor (bzw. bei Betrachten von oben über) der Fläche liegt, auf der sich die Marken befinden. Man kann nun in folgender Weise die Wahrnehmung des Sammelbildes in den Kreuzungspunkt der Blicklinien (Gesichtslinien) hineinführen. Man fährt mit einem Bleistift, mit dem man zunächst auf den scheinbaren Ort des Sammelbildes unterhalb des Kreuzungspunktes zugestoßen hatte, in dieser Entfernung mit leichten Bewegungen hin und her und wiederholt diese Bewegungen auch oberhalb des Kreuzungspunktes. Jetzt wird deutlich, daß sich der Bleistift im ersten Fall unterhalb, im letzteren oberhalb des scheinbaren Ortes des Sammelbildes bewegt. Unterläßt man die Bewegungen, so scheint das Sammelbild wieder ferner. Wenn man bei gleicher Konvergenz auf einen Punkt in der Luft vor der Fläche ein wenig über oder unter den Marken fixiert, so daß diese parafoveal abgebildet werden, so tritt der Eindruck, daß diese Sammelmarke in der Entfernung des Fixierpunktes schwebe, leichter ein. In jüngerer Zeit haben sich EBBECKE und A. JÄGER u. Mitarb. mit dem Tapetenphänomen befaßt.

Wenn man die beiden Münzen mit *divergenten* Blicklinien betrachten will, d. h. mit Kreuzung der Blicklinien *unterhalb* der Fläche derart, daß das linke Auge auf die linke, das rechte auf die rechte Münze blickt, so klebt man die Münzen (oder Marken) in etwa 4 cm Abstand (von Mitte zu Mitte) auf eine Glasplatte 9:12 cm und blickt durch diese auf den möglichst strukturlosen Fußboden (ungemustertes Linoleum). Man bemerkt, daß das „Sammelbild" größer erscheint als bei Blicklinienkreuzung oberhalb der Fläche. Weniger deutlich ist zunächst die Wahrnehmung der vermehrten Entfernung des Sehdings. Wenn man die Glasplatte so hält, daß man sich selbst darin spiegelt, wobei das Spiegelbild des Gesichts ebensoweit unterhalb der Platte liegt, wie das Gesicht darüber steht, so kann man deutlich sehen, daß das Sammelbild der Marke unterhalb des Spiegelbildes liegt. Es ist dabei zweckmäßig, die Glasplatte etwas hin und her zu kippen.

Daß hierbei eine durch die Akkommodationseinstellung bedingte Größenänderung des Netzhautbildes unbeteiligt ist, geht daraus hervor, daß auch Presbyopen die Änderung der Größen- und Entfernungswahrnehmung sehr deutlich ist.

Entsprechende *Beobachtungen* lassen sich *an stereoskopischen Aufnahmen* machen, wenn man sie *mit veränderter Konvergenz* betrachtet. Man kann ein Heringsches Haploskop [beschrieben bei HOFMANN (3)] mit um die Augendrehpunkte schwenkbaren Armen benutzen, eine Vorrichtung, die schon WHEATSTONE verwendete. Oder man verschiebt am Wheatstoneschen Stereoskop (Abb. 135) die Platten auf dem Plattenträger in waagerechter Richtung zum Beobachter hin, wenn die Konvergenz vermehrt werden soll. Verwendet man dabei ein Stereoskop mit durchsichtigen Spiegeln, so kann man mit dem Finger oder mit einer von Hand geführten Bleistiftspitze den Ort des Raumbildes erreichen und feststellen, ob er mit dem Ort des Raumeindruckes übereinstimmt. Es zeigt sich, daß bei „tautomorpher" Anordnung — d. h. wenn das Raumbild an Strecken und Winkeln dem Gegenstand völlig gleich ist und wenn die Entfernung des Raumbildes vom Auge der Entfernung des Gegenstandes vom Aufnahmeapparat gleich ist — die gesehene (subjektive) Entfernung der tatsächlichen entspricht, falls diese in der bequemen Sehweite (30—50 cm) liegt. Wird bei vermehrter Konvergenz beobachtet (z. B. auf 20 cm Entfernung anstatt auf 30 cm), so wird die Entfernung um etwa 20% überschätzt, der Raumeindruck liegt weiter ab als das Raumbild. Umgekehrt ist es bei Verminderung der Konvergenz, z. B. auf Entfernung 45 cm anstatt 30 cm; es liegt der Raumeindruck jetzt näher als das Raumbild (W. T. mit MATSUDA).

Zur Veranschaulichung der objektiven Sachlage diene Abb. 154, welche bei *A* das tautomorphe, bei *B* das nähergerückte und verzerrte, und bei *C* das ferner gerückte und verzerrte Raumbild darstellt. Der dargestellte Gegenstand ist ein Drahtwürfel. Es sind die Bildpunkte nur der einen Ecke *P* des Würfels gezeichnet. Es stimmen also nur bei Anordnung *A* Entfernung und Entfernungseindruck überein, bei *B* ist die Eindrucksentfernung zu weit, bei *C* zu nahe. Der Apparat von SCHÜTZ (Abb. 143) ist besonders geeignet, die Verhältnisse zur Darstellung zu bringen, indem man die Mattscheibe dem Beobachter oder den Lampen nähert; die Veränderung des Raumbildes läßt sich nicht nur beobachten, sondern auch messen.

Weitere Entfernungstäuschungen beobachtet man bei *Betrachtung von Gegenständen* durch eine *telestereoskopische* Anordnung, ohne Verwendung von Fernrohrvergrößerung. Nach GRÜTZNER (vgl. ERGGELET) erscheint das verkleinerte Modellraumbild nicht so nahe, wie es liegt. Eine Messung des Unterschieds zwischen gesehener und tatsächlicher Entfernung hat GRÜTZNER nicht ausgeführt.

Es sei noch hervorgehoben, daß diese *Entfernungstäuschungen* stets *gleichzeitig mit den erwähnten Größentäuschungen* stattfinden. Die getrennte Darstellung wurde nur aus Gründen der Übersichtlichkeit gewählt. So erscheint bei den Grütznerschen telestereoskopischen Beobachtungen das Modellraumbild gleichzeitig weiter ab und größer als dem Modellmaßstab entspricht. Bei dem obenerwähnten Versuch der Plattenverschiebung am Stereoskop wird der Raumeindruck (das plastische Sehding) bei Annäherung gleichzeitig auffällig kleiner, bei Entfernung größer. Es entspricht das dem bei den Größenbeziehungen besprochenen Versuch von KOSTER.

So ist die Änderung der Entfernungswahrnehmung auch bei dem MikropsieVersuch sehr deutlich. Man führe ihn in folgender Weise aus. Man blickt einäugig abwärts auf seine etwas auseinandergestellten Füße und sodann auf den in der Blickrichtung nahe am Auge gehaltenen Finger: dabei nimmt man nicht nur eine Verkleinerung der Füße und Verminderung ihres gegenseitigen Abstandes wahr (Mikropsie), sondern auch eine Vergrößerung der Entfernung, ja geradezu eine Verlängerung der Beine. Der Eindruck ist bei guter Beleuchtung sehr deutlich.

Auch bei normaler (nicht schielender) *freiäugiger Betrachtung von Gegenständen* können Entfernungstäuschungen auftreten, und zwar besonders über Entfernungs*unterschiede*. HEINE untersuchte die Frage, bei welchem Beobachtungsabstand ein objektiv gleichseitiges Prisma auch wirklich gleichseitig *erscheint*, und ob bei Ausschluß anderer Beurteilungsmomente die Entfernung richtig geschätzt wird. Es ergab sich, daß eine richtige Beurteilung von Form und Entfernung des Objektes bei einer Entfernung von etwa $^1/_3$ bis $^1/_2$ m vorlag. Ein gleichseitiges Prisma ist also in der angegebenen Entfernung auch im Seheindruck

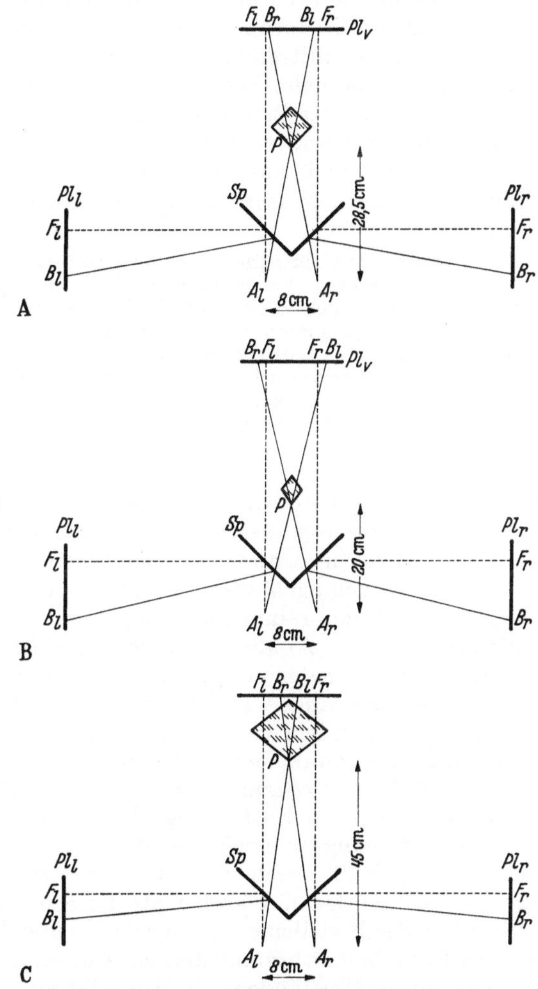

Abb. 154. *Unterschied von Entfernung und Entfernungseindruck*, gemessen am stereoskopischen Raumbild. *A* bei tautomorpher Anordnung, also bei richtiger Konvergenz, *B* und *C* bei heteromorpher Anordnung, d. h. *B* mit vermehrter, *C* mit verminderter Konvergenz. Die Augendistanz ist zu 8 cm eingetragen, weil hier ein die persönlichen Unterschiede der Augendistanz ausgleichender Prismenvorsatz von PULFRICH (vgl. W. T. *12*) verwendet wurde. Die stereoskopischen Aufnahmen erfolgten ebenfalls mit Basis 8 cm.
Nach W. TRENDELENBURG und MATSUDA

gleichseitig; bei größerer Entfernung des Prismas von den Augen erscheint aber die Vorderkante der Basis zu nahe, bei kleinerer Entfernung zu weit abliegend.

Es wäre nun, wie schon F. B. HOFMANN ausführte, möglich, ja es ist wohl sehr wahrscheinlich, daß der Abstand von $^1/_2$ bis $^1/_3$ m diese besondere Rolle deshalb spielt, weil er dem gewohnten Betrachtungsabstand eines in der Hand gehaltenen Gegenstandes, der bequemen Sehweite, entspricht. Sie steht in engem Zusammenhang mit der Reichweite der etwas gebeugten Arme.

Mittels der Stereoskopie läßt sich noch ein Eindruck erzielen, der in anderer Weise nicht hervorgerufen werden kann, nämlich der *Eindruck ferner als unendlich fern*. Wenn bei Betrachtung einer stereoskopischen Landschaft die Blicklinien bei Einstellung auf die Fernpunkte parallel stehen, so sollte der Entfernungseindruck „unendlich fern" auftreten. Das ist aber in der Regel nicht der Fall. Daran dürfte die Struktur der nahe dem Auge liegenden Bildfläche mit schuld sein. Um so merkwürdiger ist der Erfolg einer Betrachtung mit divergenten Blicklinien. Schon ROLLET, ferner BECKER, HELMHOLTZ, PULFRICH zeigten, daß dabei der Eindruck ferner als unendlich auftritt, wenn man dafür sorgt, daß das stereoskopische Raumbild mit einem tatsächlich sehr fernen Gegenstand unmittelbar verglichen werden kann.

HELMHOLTZ (1) blickte über das Stereoskop hinweg zu den fernen Gegenständen. ROLLET vereinigte zwei schräge Fäden zu einem in die Landschaft hinauslaufenden Fadenraumbild; richtete er den Versuch so ein, daß die Fadenenden nur mit divergentem Blick zu vereinigen waren, so sah er „das letzte Ende des gespannten Seiles weiter entfernt, als unendlich fern". Hier wurde also auch mit unendlich fernen Gegenständen verglichen. BECKER zeichnete sich auf Glastafeln stereoskopische Bilder abgestumpfter Kegel, durch die hindurch er gleichzeitig ferne Gegenstände sehen konnte.

Hiernach dürfte bei Betrachtung einer stereoskopischen Landschaft mit parallelen Blicklinien der Eindruck unendlicher Ferne begünstigt werden, wenn man in entsprechender Weise gleichzeitig zum Vergleich sehr weit entfernte Gegenstände mitbetrachten würde.

Für alle Fragen der Entfernungswahrnehmung bei Benutzung der Stereoskopie oder der binokularen Instrumente sei aus den grundlegenden Ausführungen von v. KRIES (5) zusammenfassend noch folgende hervorgehoben. Zu einer Übersicht kann man nur gelangen, wenn man nach seiner Forderung das Raum*bild* und den Raum*eindruck* (den räumlichen Ding-Ersatz von dem räumlichen Sehding) streng unterscheidet. Der *Eindruck der absoluten Entfernung* (die „Sehferne", HERING) hängt von verschiedenen Umständen ab und ist nicht einfach durch den Konvergenzgrad der Augen bestimmt. Gleiche Netzhautbilder bei gleichen Augenstellungen können sehr verschiedene Entfernungseindrücke hervorrufen. Die durch die binokulare Parallaxe der Netzhautbilder bedingten Eindrücke der Tiefenabstände (*relative Entfernungswahrnehmung*) hängen von dem veränderlichen Eindruck der absoluten Entfernung ab. Ist die Eindrucksentfernung kleiner als die Sehdingentfernung, so erscheinen die Tiefenabstände vermindert (hypoplastisches Sehen); umgekehrt erscheinen die Tiefenabstände vermehrt (Hyperplasie), wenn die Eindrucksentfernung größer als die Sehdingentfernung ist. So kann am Telestereoskop der Modelleindruck nur dann entstehen, wenn die Eindrucksentfernung mit der Raumbildentfernung übereinstimmt. Ob dies zutrifft, hängt von individuell verschiedenen Umständen ab. Im allgemeinen wird die Eindrucksentfernung nicht unter die gewohnte bequeme Sehweite heruntergehen. Daher treten bei Betrachtung naher Gegenstände im Telestereoskop starke hyperplastische Entstellungen ein. Bei Stereolandschaftsbildern pflegt der Eindruck der richtigen sehr großen Entfernung nicht zustande zu kommen, so daß der Tiefeneindruck abgeflacht, kulissenartig wird. Das hypoplastische Sehen bei binokularen Fernrohren wird von v. KRIES darauf zurückgeführt, daß uns die Gegenstände durch das Fernrohr nicht in ihrer wahren Entfernung und dabei vergrößert erscheinen, sondern unvergrößert in größerer Nähe. Dies wiederum hänge damit zusammen, daß es uns geläufig ist, ferne Gegenstände nach Herangehen auch aus größerer Nähe zu betrachten.

4. Bewegungsbeziehungen

Auch im Gebiet der *Bewegungswahrnehmungen* wurden schon gelegentlich einige *Täuschungen* erwähnt. Sie treten ein, wenn das Bild eines ruhenden Gegenstandes seinen Ort auf der Netzhaut verändert, ohne daß die „innere Umstellung" erfolgt, welche bei willkürlichen Augenbewegungen bewirkt, daß trotz wandernder Netzhautbilder die Richtungswahrnehmung nicht ebenfalls wandert, sondern das Sehding am gleichbleibenden Ort erscheint.

Ferner wurden schon die Scheinbewegungen gestreift, die beim beidäugigen Sehen auftreten, wenn wir von zwei hintereinanderstehenden Stäben schnell nacheinander bald den einen, bald den anderen anblicken. Die sich trennenden Doppelbilder des jeweils nicht fixierten Stabes führen Scheinbewegungen aus, weil sich die Bildparallaxe auf der Netzhaut des Mittelauges beim Übergang der Fixation vom einen zum anderen Punkt ändert.

Sodann wurde schon auf eine für die Kinematographie wichtige Täuschung hingewiesen. Tauchen nacheinander und in einigem Abstand voneinander zwei Punkte oder Lichtlinien im dunklen Gesichtsfeld auf, so entsteht der Eindruck, als ob ein Punkt oder eine einzige Linie im Gesichtsfeld um den gleichen Abstand verschoben würde (sog. Betabewegung).

Erinnert sei schließlich an die Scheinbewegungen eines im Dunklen fixierten Punktes. Die Tatsachen und Erklärungsversuche sind von HOFMANN (1) eingehend dargestellt. Nach ÖHRWALL u. a. ist das auf den leichten Zitterbewegungen der fixierenden Augen beruhende *Punktschwanken* von dem *Punktwandern* zu unterscheiden. Letzteres wird von ÖHRWALL auf Ermüdung der Muskeln des seitlich fixierenden Auges zurückgeführt, welche zu verstärkter Innervation führt. Der Punkt scheint dementsprechend nach der Seite der Blickwendung zu wandern. HOFMANN denkt an den Einfluß einer gewissen Schläfrigkeit mit unwillkürlichen Augenbewegungen, gegen die willkürlich angearbeitet wird. Auch nach dieser Auffassung wären die verstärkten Innervationen ausschlaggebend. Nach HORSTEN und WINKELMANN ist das Punktwandern dagegen zu groß, um sich in dieser Weise erklären zu lassen. Vgl. auch das über Fixation auf S. 253 und S. 266 Gesagte.

Weitere Besonderheiten des Bewegungseindrucks und weitere Bewegungstäuschungen können unter mancherlei Umständen zustande kommen.

Bei *Relativbewegungen von Gegenständen zueinander* kann der bewegte Teil für feststehend, der feststehende für bewegt gehalten werden. Das ist z. B. der Fall, *wenn Wolken am Mond vorbeiziehen*. Dabei scheinen unter Umständen nicht die Wolken am stillstehenden Mond vorbeizuziehen, sondern es scheint der Mond hinter den stehenbleibenden Wolken fortzueilen. Hierfür ist bestimmend, daß die Wolken eine größere Fläche einnehmen, also leichter als festes Bezugssystem aufgefaßt werden. Nach v. KRIES tritt die Täuschung sowohl ein, wenn wir den Mond, als auch, wenn wir die Wolken fixieren. Die Täuschung beruht darin, daß wir bei Fixieren des Mondes „das Auge für bewegt halten, während es in Wirklichkeit feststeht, oder umgekehrt, wenn wir eine Wolke fixieren".

Blicken wir aus der fahrenden Eisenbahn in die ebene *Landschaft*, so scheint uns diese teils rückwärts zu enteilen, teils mit uns voranzulaufen, also *eine drehende Bewegung auszuführen*. Entscheidend hierfür ist unser Blickpunkt. Blicken wir etwa in den Mittelgrund der flachen Landschaft, so scheint der Vordergrund sich gegen die Fahrt, der Hintergrund mit der Fahrt zu bewegen. Die Erklärung ergibt sich daraus, daß sich aus rein dioptrischen Gründen die Bilder auf der Netzhaut des fixierenden, aber im Raum fortbewegten Auges (dessen Blickrichtung zur Landschaft sich mithin stetig ändert), für die näheren Gegenstände gleichsinnig zur Fahrtrichtung, für die ferneren gegensinnig verschieben. Die gleichen Veränderungen des Netzhautbildes würden auftreten, wenn nicht wir uns bewegten, sondern wirklich ein Ausschnitt der Landschaft um unseren Fixationspunkt gedreht würde.

23*

Besonders auffällig sind die Scheinbewegungen, wenn wir nachts bei Mondschein wandern und die Bäume zur Seite der Straße in rückwärtiger Bewegung befindlich erscheinen; der Mond aber scheint mit uns zu wandern. Für ein Kind wandert er wirklich mit, und es fragt uns: „Warum geht der Mond immer mit?"

Die gleichen Scheinbewegungen können wir im Zimmer beobachten, wenn wir einen Gegenstand in der Zimmermitte anblicken und nun unseren Körper hin und her bewegen, wobei wir unsere Aufmerksamkeit auf die fernere Zimmerwand und auf nähere Gegenstände richten.

Wenn wir uns aktiv bewegen, so ist bei unvoreingenommener Beobachtung der Eindruck nicht der, daß wir uns in der feststehenden Umgebung vorbewegen, sondern daß die Umgebung unter und neben uns zurückweicht. Sehr deutlich wird dieser Eindruck erzielt, wenn man langsam mit kleinen Schritten geht und durch eine dicht vor sich gehaltene Zeitung, in der man liest, die eigenen Füße verdeckt. Die Beurteilung der Relativbewegung erfolgt also „egozentrisch", wir sind geneigt, *uns selbst als das feste Bezugssystem* anzusehen. Gehen wir auf einen Laternenpfahl zu, so haben wir, besonders wenn wir nahe herangekommen sind, durchaus den Eindruck, daß der Laternenpfahl auf uns zukommt, nicht wir auf ihn. Die Bewegungsempfindungen in den Beinen sind nicht stark oder bewußt genug, um diesen Eindruck zu verdrängen.

Umgekehrt verhält es sich im folgenden Fall: Wir *gehen* auf einem schmalen Steg *über einen reißenden Gebirgsbach.* Oft erhalten wir dabei den völlig zwangsmäßigen Eindruck, daß der Steg, das Ufer, der *eigene Körper in entgegengesetzter Richtung*, wie das Wasser tatsächlich fließt, *verschoben* würden und das *Wasser stillstehe.* Es kann dadurch ein erhebliches Schwindelgefühl ausgelöst werden, um so mehr, als ein gewisser Zwang zur Änderung der eigenen Bewegungsrichtung entgegen der Wasserströmung auftritt.

Folgender vereinfachter Versuch von MACH zeigt, daß es bei dieser Bewegungstäuschung auf den Blickpunkt ankommt. Ein langer, schmaler, gemusterter Teppich wird als endloses Band über Walzen gezogen. Wird der Teppich angeblickt und seine Bewegung mit dem Blick verfolgt, so entsteht der Eindruck, daß dieser fortläuft und der Betrachter stillsteht. Wird aber ein über dem Teppich befindlicher Punkt (Knoten in einem Faden) angeblickt, so scheint der Teppich stillzustehen, während der Betrachter die Empfindung hat, sich mit der Umgebung in entgegengesetzter Richtung zu bewegen. Bei Wechsel des Blickpunktes kann willkürlich bald dieser, bald jener Eindruck hervorgerufen werden. MACH gibt an, daß er diesen Versuch immer wieder mit dem gleichen Erfolg ausgeführt habe.

Für die Richtigkeit der MACHschen Beobachtung spricht auch ein Versuch von M. H. FISCHER. Man sitzt in einem weißen Papierzylinder von etwa 1 m Durchmesser, der mit schwarzen Streifen bemalt ist und um die senkrechte Achse gedreht wird. Fixiert man die sich fortbewegenden Streifen, so ist auch der Eindruck der, daß sie sich bewegen: es besteht dabei der optische Nystagmus mit langsamer Phase in der Bewegungsrichtung des Zylinders. Fixiert man hingegen den vor die bewegte Papierfläche gehaltenen Finger, so scheint ganz kurz darauf der Zylinder stillzustehen und man selbst nach der anderen Seite rotiert zu werden, wobei der optische Nystagmus mit dem Fixieren aufhört.

MACH berichtet noch folgende hierhergehörige Täuschung: „Als einmal im Winter bei Windstille und starkem Schneefall meine kleine Tochter am Fenster stand, rief sie plötzlich, sie steige mit dem ganzen Hause in die Höhe." Auch hier wird das Fixieren einer Stelle vor dem fallenden Schnee, vielleicht eines Punktes der Fensterscheibe, die Veranlassung der Bewegungstäuschung gewesen sein.

MACHs *Erklärung* dieser Erscheinungen geht davon aus, daß die Augen durch den optisch-reflektorischen Reiz der Bewegung mitgenommen werden (optischer Nystagmus, langsame Phase), und daß nun, wenn sie ruhig gehalten werden sollen, eine konstante Willkürinnervation notwendig ist, welche die Wirkung des reflektorischen Reizes kompensiert. Diese Willkürinnervation aber ist die gleiche, wie wenn der ruhende fixierte Punkt nicht ruhen, sondern entgegengesetzt bewegt und willkürlich mit dem Blick verfolgt würde. „Tritt dies aber ein, so muß alles fixierte Unbewegte bewegt erscheinen."

Bekannt ist die Täuschung, wenn wir aus einem Eisenbahnfenster mit einem durch den Fensterrahmen beschränkten Gesichtsfeld einen auf dem Nebengleis stehenden gegengerichteten Zug erblicken und beide Züge zunächst halten. Wenn nun der andere Zug in entgegengesetzter Richtung langsam abfährt, also wenn eine Relativbewegung beider Züge eintritt, erhalten wir oft den *Eindruck, als ob der andere Zug weiter stillstehe und wir selbst abführen.* Fahren wir mit etwas größerer Geschwindigkeit an einem etwas langsamer in gleicher Richtung fahrenden Zug vorbei, so erhalten wir den Eindruck, daß der andere Zug rückwärts fahre. Merkwürdigerweise stellen wir uns im ersteren Fall als bewegten Teil, im letzteren als ruhenden vor. Im ersteren Fall mag daran die Einstellung „mein Zug wird gleich abfahren" beteiligt sein.

Fahren wir mit gleichförmiger Geschwindigkeit, so daß anderweitige Bewegungsempfindungen ausgeschaltet sind, im Eisenbahnzug, in dessen Abteil sich ein größerer quer gerichteter Spiegel befindet, so erhalten wir den Eindruck, in umgekehrter Richtung zu fahren, wenn wir die vorbeiziehende Landschaft nur im Spiegel sehen. Die Umkehr bei Betrachten der Landschaft selbst wirkt sehr überraschend. Richten wir aber den Blick so, daß wir im Gesichtsfeld gleichzeitig die Landschaft und ihr Spiegelbild haben, so kann der sehr eigentümliche Eindruck einer Fahrt quer zur Zugrichtung entstehen. Es beruht das darauf, daß wir bei Blick in Fahrtrichtung die herankommenden Gegenstände der Landschaft sich zur Seite voneinander entfernen sehen (Vermehrung des scheinbaren Abstandes zweier seitlicher Bäume). Wird dieses Auseinanderweichen durch Spiegelwirkung hervorgerufen, so entsteht der entsprechende Eindruck geänderter Fahrtrichtung.

Auf die Scheinbewegungen, die, als *Gesichtsschwindel* bezeichnet, *bei passiver Körperdrehung* mit offenen Augen und stillstehender Umgebung auftreten, kann hier nicht näher eingegangen werden; es sei auf M. H. Fischer hingewiesen. Man untersucht sie auf einer Schaukel, deren Seile umeinander gedreht sind, die sich also nach Loslassen zurückdreht. Besonders merkwürdig ist, daß während der Drehung um eine senkrechte Achse die Empfindung auftreten kann, daß man still stehe, die Umgebung sich aber nach der anderen Seite drehe. Erwähnenswert ist ferner der Spiegelversuch von Aubert. Hält man während der Drehung einen größeren Spiegel vor sich, so scheinen sich wegen der Rechts-Links-Vertauschung die gespiegelten Dinge entgegengesetzt den unmittelbar gesehenen zu bewegen, was nicht weiter merkwürdig ist. Hält man nun aber den Spiegel so dicht vor die Augen, daß man nur gespiegelte Dinge sieht, so entsteht die Empfindung, daß man selbst nach der entgegengesetzten Seite gedreht wird und die Dinge ruhen.

Bewegungstäuschungen treten dadurch auf, daß der bei Augenbewegungen die Richtungswahrnehmung umstellende *Stellungsfaktor* eine gewisse *Trägheit* (Latenz) besitzt. Bewegen wir die Augen bei stillstehendem Kopf ganz langsam im Blickfeld herum, so ruhen die Dinge, und zwar auch am Anfang jeder neu einsetzenden Bewegung, wenn diese langsam beginnt. Führen wir aber möglichst schnelle, hin und her fahrende und kreisende Bewegungen aus, so tanzen die Dinge scheinbar herum. Besonders auffällig ist die Erscheinung, wenn wir, etwa zum Zweck gymnastischer Übung, Kopf und Rumpfbewegungen vorwärts, rückwärts, seitwärts ausführen, ohne bewußte Augenbewegungen hinzuzunehmen. Wir können dann mit den an den Lidwinkel aufgelegten Fingern leicht den optischen Nystagmus fühlen. Wird die Bewegung langsam ausgeführt, so ruhen die Sehdinge, von perspektivischen Verschiebungen tiefenerstreckter Dinge abgesehen. Bei schnellem Schwingen von Kopf und Körper nach seitlich bewegt sich das Gesichtsfeld nach der entgegengesetzten Seite.

Weiter seien folgende *im Flugzeug auftretende Bewegungstäuschungen* (Ruff und Strughold, Schubert) aufgeführt, die z. T. ganz den schon erwähnten

Täuschungen entsprechen. Wenn die Höhengrenze überschritten ist, von der aus man auf der Erde noch Einzelheiten erkennen kann, hat der Ungeübte den Eindruck, daß das Flugzeug stillsteht und die Landschaft unter ihm durchzieht. Bei Kreisbewegung in der Vertikalebene (Looping) hat der Neuling den Eindruck, daß er mit dem Flugzeug horizontal weiterfliegt und die Erde sich um ihn wie eine große Schale dreht. In allen diesen Fällen ist die Sachlage derart, daß andere Sinnesorgane, vor allem das Vestibularorgan, keine Auskunft über den objektiven Tatbestand geben können, weil zur Wirkung der Erdbeschleunigung eine Zentrifugalbeschleunigung hinzukommt. Ist das Auge durch Nebel ausgeschaltet, so müssen besondere Meßinstrumente für das Auge eintreten.

Bei schnellem Hochsteigen eines Luftballons (entsprechend beim Flugzeug) entsteht für den Insassen der Gondel der Eindruck, als ob der Ballon stillstehe und die Erdoberfläche unter ihm absinke. Umgekehrt ist es bei schnellem Fallen des Ballons: die Erdoberfläche scheint dem stillstehenden Ballon sich vergrößernd entgegenzueilen. Bewegt sich ein Mensch in Richtung der Resultanten von einwirkenden Kräften, wie das im Fliegen vorkommt, so können Objekte, die in bezug auf den Beobachter stillstehen, Ortsveränderungen oder Bewegungstäuschungen, z. B. Rotationen, zeigen (A. GRAYBIEL).

Man kann bei allen diesen Richtungs- und Bewegungstäuschungen von einem *ichbezogenen* (egozentrischen) *Standpunkt* der Wahrnehmung sprechen. Bei ein und derselben Gegebenheit zentraler Erregungsvorgänge, welche eine Relativbewegung zwischen Dingen und Körper anzeigen, können bald die Dinge als ruhend, der Körper als bewegt angesehen werden, wie es dem objektiven Tatbestand entspricht, bald der Körper als ruhend, die Dinge als bewegt erscheinen (also der ichbezogene Standpunkt eintreten), wenn keine zusätzliche Empfindung dieser letzteren Deutung widerspricht. Der Widerspruch des besseren Wissens hat kein entscheidendes Gewicht.

Umgekehrt liegen die Verhältnisse im folgenden Fall. Befinden wir uns in einer der Untersuchung des optisch ausgelösten Nystagmus dienenden *Drehtrommel*, welche mit senkrechten schwarzen und weißen Streifen bemalt ist, so haben wir zuerst den zutreffenden Eindruck, daß wir stillstehen und die Streifen sich bewegen; in der Regel ändert sich dann aber der Eindruck, und wir empfinden uns selbst als gedreht und die Streifen als stillstehend (GRÜTTNER).

Eine sehr merkwürdige Bewegungstäuschung tritt auf, als *Zaunphänomen* (Staketenphänomen) bezeichnet, wenn wir an zwei in geringem Abstand voneinander stehenden, aus senkrechten Latten gefertigten Zäunen entlang gehen. Es scheint dann ein dritter Zaun mit größerem Lattenabstand mit uns zu wandern. Wir können die Erscheinung am einfachsten an zwei annähernd gleichen Kämmen beobachten, die wir mit passender Geschwindigkeit gegeneinander bewegen, senkrecht zu unserem Blick und in kleinem Abstand voneinander. Dann läuft scheinbar ein Kamm mit viel größerem Abstand viel breiterer Zinken der Bewegung entgegen. Am besten ist es, mit nur einem Auge zu beobachten. Wegen der Erklärung sei auf F. B. HOFMANN sowie auf NIEDERHOFF verwiesen, welche sich eingehend mit der Erscheinung beschäftigten.

Hiernach ist die „Gestalt", die sich hernach bewegt, schon vor der Bewegung des einen Gitters gegen das andere da, sie wird aber meist noch nicht beachtet. Sie kommt dadurch zustande, daß eine Strecke weit die hinteren Stäbe durch die vorderen verdeckt sind, so daß die Zwischenräume hervortreten, während in bestimmten Intervallen die hinteren Stäbe zwischen den vorderen, deren Zwischenräume ausfüllend, sichtbar werden. Dadurch entsteht die „Gestalt" einer Folge weiter auseinanderstehender hellerer und dunklerer Streifen. Beim Verschieben des einen Gitters verschieben sich die Stellen der Freilassung und der Verdeckung, wodurch die Wahrnehmung der Scheinbewegung der Streifen zustande kommt. Die Erscheinung läßt sich auch an einem Gitter mit seinem auf eine Fläche entworfenen Schatten beobachten.

Zu den Bewegungstäuschungen gehören auch die Erscheinungen der *Stroboskopie*. Stellen wir uns ein Rad mit 25 Speichen vor, das sich viermal in der Sekunde umdreht. Es werde mit Lichtblitzen von einer Frequenz 100 je Sekunde beobachtet. Bei dem ersten Blitz stehe eine Speiche genau senkrecht nach oben. Es wird dann bei dem zweiten Blitz die nachfolgende Speiche, bei dem dritten die wiederum nächste nach oben stehen usf. Das Auge sieht also das Rad nur in den Augenblicken, in denen eine Speiche genau oben steht. Infolgedessen *scheint das Rad stillzustehen*. Jetzt verlangsamen wir die Frequenz der Lichtblitze ein wenig. Es wird nun der zweite Blitz kommen, wenn die zweite Speiche schon ein wenig schräg steht, der dritte, wenn die dritte Speiche noch schräger steht usw. Mithin ist der durch Verschmelzung entstehende Eindruck jetzt der, *daß das Rad sich ganz langsam drehe*. Nun beschleunigen wir die Frequenz etwas über 100 je Sekunde. Jetzt steht die zweite Speiche, wenn der zweite Lichtblitz kommt, noch nicht ganz senkrecht, die dritte ist bei dem dritten Blitz noch etwas mehr zurück usf. Wir erhalten also den *Eindruck einer langsamen Rückwärtsdrehung* des Rades. Das Verfahren ist sehr geeignet zur Untersuchung streng periodischer Schwingungen, z. B. der Schwingungen der Stimmlippen des Kehlkopfes.

Wenn wir einige Zeit einen bewegten Gegenstand, am besten einen in Kreisbewegung befindlichen, angeblickt haben, so treten nach Anhalten scheinbare Bewegungen im entgegengesetzten Sinne auf, sog. *Nachbewegungen*. Man kann sie gut bei Betrachten einer Schreibtrommel (Kymographion) beobachten; diese scheint nach Anhalten des Uhrwerkes sich in entgegengesetzter Richtung zu drehen, als sie sich vorher tatsächlich drehte. Es kann hier von einem sukzessiven Bewegungskontrast gesprochen werden. HELMHOLTZ führte die Erscheinung darauf zurück, daß wir dem bewegten Gegenstand immer eine Strecke weit folgen, bis der Blick wieder zurückspringt, und daß wir nun nach Anhalten der Bewegung des Gegenstandes diese Blickbewegungen unbewußt eine Zeitlang beibehalten, also den vermeintlich angeblickten Punkt tatsächlich gar nicht fixieren. Dann würden sich trotz ruhenden Gegenstandes die Netzhautbilder verschieben, woraus die Wahrnehmung einer tatsächlich nicht vorhandenen Bewegung im entgegengesetzten Sinne folge. Nach v. KRIES tritt aber die Täuschung der entgegengesetzten Nachbewegung auch ein, wenn der Blick während der Bewegung auf einen ruhenden Punkt in unmittelbarer Nähe des bewegten Gegenstandes gerichtet ist. Es ruft also das Gleiten der Netzhautbilder in einer Richtung im Nachkontrast ein scheinbares Gleiten in entgegengesetzter Richtung hervor. Das „Bewegungsnachbild" kann in der Wirkung aufgehoben werden, wenn man nach der auslösenden Bewegung dem Auge eine langsame gleichgerichtete Bewegung darbietet. Diese gleichgerichtete Bewegung kompensiert dann die entgegengesetzte Scheinbewegung, so daß der Eindruck des Stillstandes entsteht. Es ist möglich, ein Bewegungsnachbild auch auf dem ungereizten Auge zu erzeugen. Nach WALLS ergibt sich bei Reizung z. B. einer nasalen Retinahälfte eines Auges ein Nachbild auf einer Stelle des anderen Auges, die dessen temporalem corticalen Retinaanteil entspricht.

Eine besondere Art der Scheinbewegung liefert die *Plateausche Spirale*. Dreht man eine auf eine Kreiselscheibe gezeichnete Spirale, so scheint sie, je nach der Drehrichtung, zu schrumpfen oder sich zu weiten. Bei Anhalten der Drehung zeigen angeblickte Gegenstände die entgegengesetzte Scheinbewegung (*Bewegungssukzessivkontrast*). Augenbewegungen sind an dieser Erscheinung, über die HOFMANN (1) eingehender berichtet, nicht beteiligt.

5. Geometrisch-optische Täuschungen

Eine besondere Gruppe bilden die *geometrisch-optischen Täuschungen*. Man versteht darunter Täuschungen über die Größe von Strecken, Flächen und Winkeln,

welche an geometrischen Zeichnungen besonderer Art auftreten und die auch bei
Betrachtung von Gegenständen mitspielen können. Es handelt sich stets darum,
daß die Größenwahrnehmung von hauptsächlichen Zeichnungsteilen durch hinzukommende Zeichnungsbestandteile maßgebend beeinflußt wird.

Nach F. B. HOFMANN können wir der Hauptsache nach *vier Arten von geometrisch-optischen Täuschungen* unterscheiden: 1. ungeteilte Flächen, Strecken
oder Winkel sehen kleiner aus als geteilte; 2. spitze Winkel werden in der Größe
überschätzt; 3. kleine Flächen, Strecken oder Winkel von objektiv gleicher Größe
können in der Nähe kleinerer gleichartiger Gebilde größer aussehen als in der Nähe

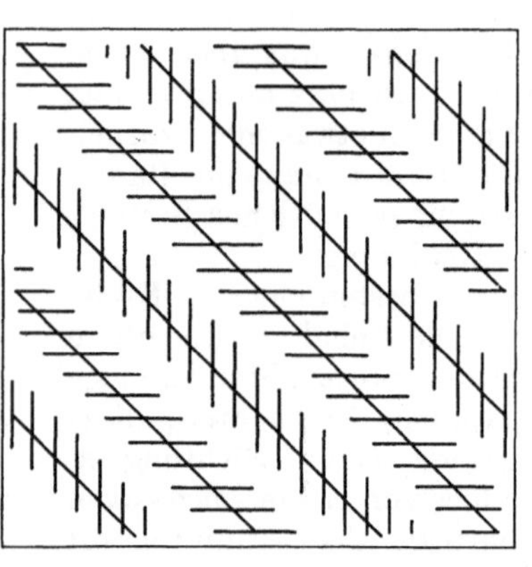

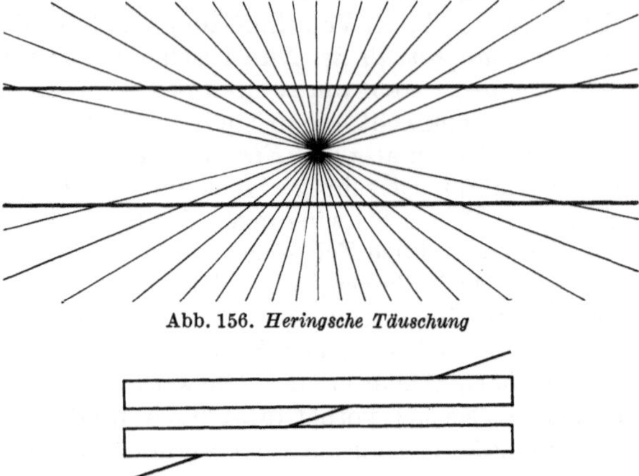

Abb. 156. *Heringsche Täuschung*

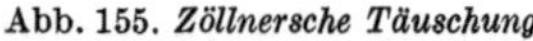

Abb. 155. *Zöllnersche Täuschung*   Abb. 157. *Poggendorffsche Täuschung*

größerer Gebilde; 4. Raumgrößen oder Richtungen können benachbarten Raumgrößen oder Richtungen, die nur wenig von ihnen verschieden sind, ähnlicher
aussehen.

Um ein Beispiel der ersten Gruppe zu erhalten, zeichnet man in eine Quadratfläche gerade Linien von gleichem gegenseitigem Abstand. Nun sieht das Quadrat,
je nachdem ob man waagerecht oder senkrecht unterteilt hat, höher als breit oder
breiter als hoch aus. Ein Zimmer mit waagerecht gestreifter Tapete erscheint
also höher als bei senkrechter Streifung. Entsprechend verhält es sich bei Vergleich
einer ungeteilten mit einer unterteilten gleichlangen Strecke; letztere erscheint
länger.

Zur zweiten Gruppe gehören die Zöllnersche (Abb. 155), die Heringsche (*25*)
Täuschung (Abb. 156) und die Täuschung von POGGENDORFF (Abb. 157). Die
beiden erstgenannnten Täuschungen über parallel verlaufende bzw. gerade Linien
werden noch deutlicher, wenn man die Hauptlinien und die abgewinkelten Nebenlinien getrennt auf Vorder- und Rückseite des Papiers zeichnet und dieses erst
von der Seite der Hauptlinien aus in Aufsicht und dann in Durchsicht betrachtet.
Bei der Poggendorffschen Täuschung scheint das mittlere Stück der unterbrochenen schrägen Linie nicht im Verlauf der äußeren Stücke zu liegen. Über den
tatsächlichen Sachverhalt kann man sich leicht unterrichten, wenn man die
Hauptlinien bei stark geneigter Papierfläche anblickt, wobei der Einfluß der
Nebenlinien zurücktritt. Ebenso läßt eine streifende Betrachtung der stark schräg
gehaltenen Zöllnerschen und Heringschen Täuschung leicht erkennen, daß die
Hauptlinien tatsächlich parallel sind.

Für die dritte Gruppe von Täuschungen ist in Abb. 158 ein Beispiel gegeben.
Die von kleineren Kreisflächen eingeschlossene mittlere Kreisfläche erscheint

größer als die gleichgroße von größeren Kreisflächen eingeschlossene. Diese und ähnliche Täuschungen sind den Kontrasterscheinungen vergleichbar.

Eine Täuschung der vierten Art ist in Abb. 159 in Form der Müller-Lyerschen Täuschung wiedergegeben. Die linke Strecke mit den angelagerten nach innen offenen Winkeln erscheint kürzer als die gleichlange rechte Strecke mit den angelagerten nach außen geöffneten Winkeln. Hier kann von einer Angleicherscheinung gesprochen werden. Sie ist besonders deutlich bei den Kreiszeichnungen der Abb. 160, die gleich großen Kreise — links der äußere, rechts der innere — erscheinen verschieden groß, da *in* den ersteren ein kleinerer, *um* den letzteren ein größerer Kreis gelegt ist.

Davon, wie beträchtlich die Müller-Lyersche Täuschung ist, kann man sich leicht überzeugen, wenn man in Abb. 159 am äußeren Ende der rechten Strecke einen kleinen senkrechten Querstrich so anbringt, daß die nun verkürzte rechte Strecke der linken gleichlang erscheint. Man ist überrascht, wenn man die Strecken mit dem Zirkel nachmißt, und wird die rechte Strecke jetzt objektiv fast 5 mm kürzer finden.

Eine einheitliche *Erklärung* für die geometrisch-optischen Täuschungen ist schwerlich zu geben. EINTHOVEN nahm an, daß die *geringe Sehschärfe der Netzhautperipherie*, welche ähnlich einer Abbildung in Zerstreuungskreisen wirke, für viele dieser Täuschungen entscheidend sei, während LEHMANN die *Irradiation* als Ursache ansah.

Bei vielen Täuschungen spielen sicherlich Augenbewegungen eine Rolle. Die *Gestaltlehre* hat das Verständnis der geometrisch-optischen Täuschungen sehr gefördert. Die

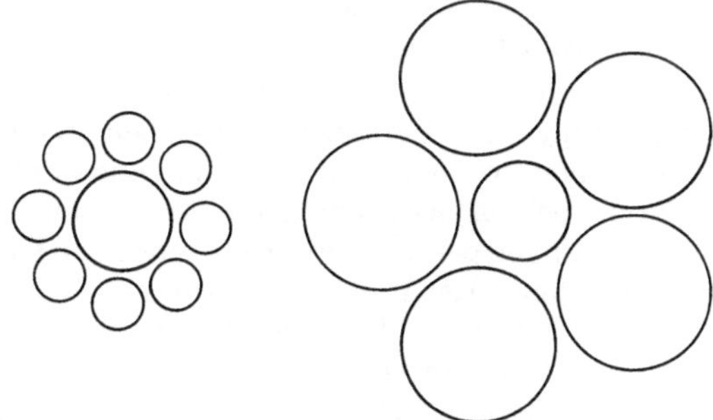

Abb. 158. *Täuschung über Größe des umschlossenen Kreisfeldes* durch Kontrastwirkung

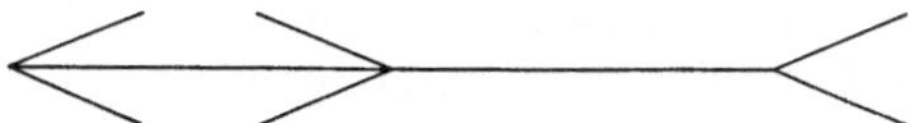

Abb. 159. *Müller-Lyersche Täuschung*

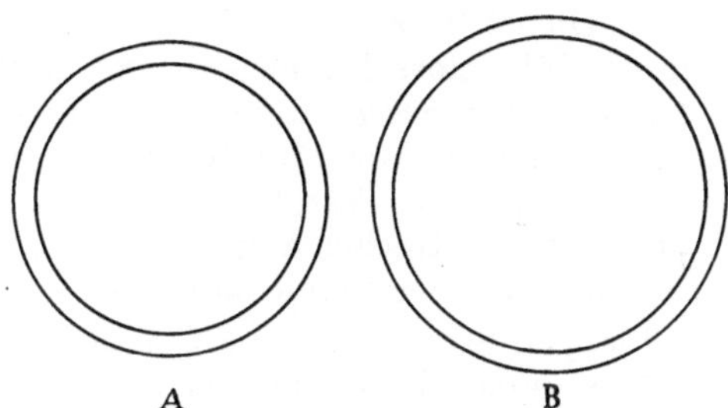

Abb. 160. *Täuschung über Größe des umschlossenen Kreisfeldes* durch Angleichungswirkung

Täuschungen sind um so eindringlicher, je weniger man die Aufmerksamkeit auf Einzelheiten der Zeichnung richtet, je mehr man den Gesamteindruck beachtet. Eine nur flüchtige Betrachtung läßt deshalb die Täuschung mehr hervortreten, als eine ins einzelne gehende Beobachtung. Vor allem stehen die beiden Teilfragen zur Erörterung (F. B. HOFMANN), ob die Täuschungen schon durch Sachverhalte in der Netzhaut zustande kommen, wie von EINTHOVEN und LEHMANN angenommen wurde, oder ob sie vorwiegend oder ausschließlich zentralen Vorgängen zuzuschreiben sind, ob also die psychologischen Erklärungen im Vordergrund stehen. Die Antwort fällt im ganzen in der Richtung der zweiten Möglichkeit aus. Dafür spricht auch, daß man die Täuschungen durch Übung weitgehend unterdrücken kann. Somit knüpft sich an sie vorwiegend das Interesse der Psychologie, welche versucht, an die physiologisch wenig greifbaren zugrunde liegenden zentralen Vorgänge von der psychischen Seite heranzukommen.

Über die Gestaltlehre, deren Ausführung den Rahmen unserer Darstellung überschreiten würde, kann weitere Aufklärung entnommen werden u. a. der Über-

sicht von Matthaei, dem Buch von Metzger, sowie einem kritisch Stellung
nehmenden Abschnitt in Stumpfs Erkenntnislehre.

6. Augenmaß

So deutlich und zwingend die geometrisch-optischen Täuschungen auch sind,
so spielen sie doch *praktisch* keine sehr erhebliche Rolle für unser vom Gesichtssinn geleitetes Zurechtfinden im Raum. Immerhin aber können diese Täuschungen
die richtige Abschätzung von Strecken und Winkeln mit dem bloßen „Augenmaß" beeinträchtigen.

Wir verstehen unter *Augenmaß* die Schätzung von Ausdehnungen ohne
Benutzung von Vergleichsmaßstäben. Vom Augenmaß wird in der Regel nur
gesprochen, wenn sich die zu schätzenden Größen in Höhen- oder Breitenrichtung
oder in beiden erstrecken, nicht aber in Tiefenrichtung, oder wenn die Tiefenerstreckungen perspektivisch auf eine nach Höhe und Breite ausgedehnte Fläche verlegt werden. Das Augenmaß kann also vorwiegend als Funktion des Einzelauges
bezeichnet werden. Die Schätzung wird entweder *mit ruhendem Auge* vorgenommen, wenn die zu schätzenden Strecken nur kurz sind, oder *unter Zuhilfenahme
von Augenbewegungen*, wenn längere Strecken vorliegen. Es liegt auf der Hand,
daß in beiden Fällen die Grundlagen der Schätzung verschiedene sind. Sodann
kann man entweder Verhältnisschätzungen ausführen oder Absolutschätzungen.
Ohne Augenbewegung wird man bei Ablesung z. B. eines Galvanometerausschlages
mit Fernrohr die Zehntel des kleinsten Teilstrichabstandes schätzen, um welche
der Lichtzeiger vom nächsten Teilstrich absteht. Das ist eine *Verhältnisschätzung*.
Mit Augenbewegung ist eine derartige Schätzung auszuführen, wenn eine längere
Linie möglichst genau nach Augenmaß in zwei gleiche Teile zu teilen ist, oder
wenn die Höhe eines Raumes mit seiner Breite zu vergleichen ist. Eine *Absolut-
schätzung* wird verlangt, wenn die Aufgabe gestellt wird, die Länge einer Linie,
den Abstand von zwei Punkten in Zentimeter zu schätzen. Genau genommen
wird auch dabei ein „Vergleichsmaßstab" benutzt, nämlich das Vorstellungsbild
der geforderten Streckenlänge. Es war aber in der oben gegebenen Festlegung
nur ein tatsächlicher Vergleichsmaßstab gemeint.

Bei langen Strecken ist die Genauigkeit des Augenmaßes größer mit als ohne
Augenbewegung. Es ist aber nicht die Größe der notwendigen gesamten Blickbewegung die Grundlage der Schätzung, sondern nach Hering geht der Blickbewegung vom einen bis zum anderen Ende der Strecke die zu ihrer Ausführung
notwendige Streckenschätzung voraus. Das langsame Durchwandern der Strecke
mit dem Blick ist aber ein begünstigendes Moment.

v. Kries (5) stellte fest, daß auch ohne die Möglichkeit, die Größe des Netzhautbildes zur Beurteilung zu verwerten, allein durch die Augenbewegung eine
Schätzung der Strecke möglich ist. In den Versuchen wurde eine Nadelspitze
zwischen zwei unsichtbaren Anschlägen verschoben, und es war die Aufgabe
gestellt, die Bahn auf 50 mm Länge einzustellen.

Beim geometrischen Zeichnen mit Hilfe eines Lineals, aber ohne Zirkel, ist eine
häufige Aufgabe die, zu schätzen, ob zwei Linien einander parallel laufen oder
ob eine Gerade auf einer anderen senkrecht steht, ob zwei aneinanderliegende
Winkel gleich sind. Hierin ist das Augenmaß z. T. sehr genau. Bei Schätzung von
rechten Winkeln, deren einer Schenkel horizontal liegt, treten Fehler auf, welche
Helmholtz näher untersuchte.

Wenn man eine quer verlaufende *Linie einäugig* zu *halbieren* versucht, so fällt
der auf der nasalen Netzhauthälfte sich abbildende Teil zu lang aus (*Kundtsche*

Teilung). Es liegt das an der bei Besprechung des Horopters erwähnten Verschiedenheit der „Breitenwerte" der Netzhauthälften. Bei Benutzung beider Augen heben sich die Fehler auf, da jede Linienhälfte im einen Auge temporal, im anderen nasal abgebildet wird.

Eine Linie erscheint verschieden lang, je nachdem, ob man sie horizontal oder vertikal stellt. Wird eine horizontale Linie allmählich in eine vertikale übergeführt, so scheint sie bis zu einer bestimmten Stellung an Länge zuzunehmen, um dann wieder leicht abzunehmen. Länge und Breite der Linie spielen hierbei eine Rolle (SHIPLEY, NANN und PENFIELD). Vertikale Entfernungen werden gegenüber horizontalen überschätzt (KÜNNAPAS).

Maßgebend für die vergleichende Schätzung von weiter auseinander liegenden Größen ist, daß sie nacheinander auf die gleiche Netzhautstelle abgebildet werden. Dieses „Abtasten" mit der Netzhaut vergleicht HELMHOLTZ mit der Anwendung eines Zirkels.

Für die *Genauigkeit des Augenmaßes* in der Breitenrichtung sei als Beispiel ein Ergebnis von VOLKMANN wiedergegeben. Er stellte zwei senkrechte Fäden in festem Abstand auf und verschob seitlich davon einen dritten Faden so, daß die Abstände der seitlichen Fäden vom mittleren gleich erschienen. Der Einstellungsfehler war in einem verhältnismäßig weiten Bereich der Streckenlängen etwa $^1/_{100}$ der Länge. Dies bedeutet auch hier Gültigkeit des Weberschen Gesetzes. Bei kurzen Strecken (unter 1′ Gesichtswinkel) nimmt die Unterschiedsempfindlichkeit aber ab und erhält schließlich den konstanten Wert von 11″, also den Wert der Noniussehschärfe nach HOFMANN (1).

Über das *Augenmaß in Tiefenrichtung*, also über die Beurteilung von Tiefenerstreckungen ohne Anwendung eines Vergleichsmaßstabes (einschließlich der stereoskopischen Meßmarken) wurde schon in den Abschnitten über absolute Entfernungswahrnehmung und über Entfernungsbeziehungen hingewiesen.

Es seien hier noch einige hierher gehörige Experimente geschildert, z. B. ein Versuch von GILINSKY. Es wird die Aufgabe gestellt, anzugeben, wann ein mit gleichbleibender Geschwindigkeit am Boden entlang geführter Stab 1 m von dem Beobachter entfernt erscheint. Diese Stelle wird markiert und von der Marke aus der Versuch wiederholt, bis der Stab 1 m von der Marke entfernt erscheint. Die Marke wird dann an der neu bezeichneten Stelle eingesteckt und der Versuch wiederholt usf. Die Versuchsperson versucht also nach Augenmaß 1 m lange Strecken in zunehmender Entfernung abzuschätzen. Es ergibt sich, daß mit zunehmender Entfernung die als 1 m lang geschätzten Strecken größer werden, die physikalische Strecke wird also unterschätzt. Aus diesen Versuchen zieht GILINSKY den Schluß, daß unsere Sehfunktionen bei der Herstellung der Beziehung zwischen der Sehgröße und der Sehferne eine Mittelstellung einnehmen zwischen der Sehgrößenkonstanzfunktion und der Funktion des perspektivischen Sehens (vgl. S. 349).

An dieser Stelle mag auch eine Versuchsanordnung von HILLEBRAND erwähnt werden, der jetzt erneutes Interesse zugewandt wird und die als *Blumenfeldallee* bekannt ist. Die Aufgabe besteht darin, 2 Reihen von Lichtern in einem Dunkelraum anzuordnen: 1. als *parallele Allee*, so daß sie bei Fixation des am meisten entfernten Lichterpaares parallel zueinander und parallel zur Mediane verlaufen; 2. als *Entfernungsallee*, so daß die Lichter symmetrisch zur Mediane erscheinen und daß die Entfernung eines symmetrischen Lichterpaares gleich ist der visuellen Entfernung der beiden Fixationslichter. Es ergibt sich, daß die Kriterien der Parallelität und der Entfernungsgleichheit nicht zu gleichem Ergebnis führen, sondern daß die parallele Allee der Mediane näher und leicht konvex gekrümmt nach ihr hin eingestellt wird, die Entfernungsallee weiter von der Mediane und leicht konkav gegen sie gekrümmt. Man kann sagen, daß beide Alleen Hyperbeln darstellen. Aus diesen und anderen Versuchen zog LÜNEBURG den Schluß, daß für den binokularen Sehraum die Gesetze der hyperbolischen Geometrie von BOLYAI und LOBASCHEWSKI gelten. Während für den physikalischen Raum die Euklidische Geometrie gilt, ist der binokulare Sehraum ein Raum mit eigener Metrik, die von LÜNEBURG mathematisch formuliert wurde, in Übereinstimmung mit v. TSCHERMAKs Forderungen für eine Theorie des optischen Raumsinnes, aber wahrscheinlich ohne dieselben zu kennen.

G. Allgemeines und Theoretisches aus dem Gebiet der Gesichtswahrnehmungen

Sowohl *im Gebiet der Gesichtsempfindungen* als auch in dem der *Gesichtswahrnehmungen* ist *vieles als gegeben zu betrachten,* was durch keine in der Erfahrung gestützte Theorie verständlich gemacht werden kann. Die besondere Beschaffenheit (Qualität) einer Rotempfindung oder Grünempfindung werden wir niemals auf eine Eigentümlichkeit des Reizes oder der sich anschließenden Erregungsvorgänge im Auge oder Gehirn zurückführen können. Es wird zwar bei Rotempfindung ein der Grünempfindung gegenüber besonders gearteter Erregungsvorgang im Gehirn vorliegen. Aber warum gerade dieser Vorgang mit der für Rot eigentümlichen Empfindungsbeschaffenheit verbunden ist, ein anderer mit der für Grün, das entzieht sich der Feststellung, da der objektive Gehirnvorgang mit dem subjektiven Empfindungsinhalt zwar verbunden, aber nicht vergleichbar ist; beide sind ihrem Inhalt nach inkommensurabel. Auch werden wir nie feststellen können, ob die subjektive Erscheinungsweise der auf einen „Rotreiz" erfolgenden Empfindung bei dem einen Farbentüchtigen genau die gleiche ist wie bei dem anderen (wenn das auch als wahrscheinlich angesehen werden darf).

Ebensowenig wird sich die noch weiter gehende Frage beantworten lassen, wie es kommt, daß mit einem Erregungsvorgang des Gehirns das rein subjektive Phänomen der Empfindung verknüpft ist.

An der gleichen Grenze der Erkenntnis befinden wir uns bei der Frage nach der *Erklärung der Raumwahrnehmung* aus den Erregungsvorgängen des Gehirns. Auch hier besteht wieder Unvergleichbarkeit, Unmöglichkeit des Zurückführens auf ein gemeinsames übergeordnetes Prinzip. Nicht *daß* die in erster Linie durch die Erregung der Netzhaut bestimmten Vorgänge der Gehirnrinde mit Wahrnehmungen verknüpft sind, kann weiter aufgeklärt werden, sondern nur, *wie* diese Verknüpfung im einzelnen und unter verschiedenen Umständen geartet ist, und vielleicht auch, wieweit sie infolge ererbter Anlage unveränderlich vorgebildet, wieweit sie durch erlernte Zutaten abgeändert werden kann.

Da wir die den Gesichtswahrnehmungen zugrunde liegenden Gehirnvorgänge des näheren noch wenig kennen — die genaueste Aktionsstromuntersuchung wird immer nur ein recht summarisches Ergebnis über örtliche und zeitliche wie quantitative Unterschiede liefern — werden wir uns vorerst an die Netzhautvorgänge halten, die ein Abbild der äußeren Dinge sind, aber schon Abänderungen aufweisen durch unscharfe Abbildung, oft durch äußere Einwirkung auf den Strahlengang. Im Vordergrund steht hier die Frage nach den Beziehungen der *Wahrnehmung* zu dem, was als *Wirklichkeit* bezeichnet werden kann — wobei festzustellen wäre, was unter Wirklichkeit zu verstehen ist und wie wir erkennen, wie die Außenwelt nun wirklich beschaffen ist.

In der allgemeinen Erörterung der großen Meister unseres Gebietes steht die Frage im Vordergrund, wieweit bei der Raumwahrnehmung *angeborene,* wieweit durch *Erfahrung* im Einzelleben erworbene Einrichtungen in Betracht kommen. Die Annahme vorwiegend angeborener Bildungen wird als *nativistische,* die Annahme der wesentlichen Bestimmung durch erworbene Zusammenhänge als *empiristische* Auffassungsweise bezeichnet.

Bei der empiristischen Deutung kann es sich aber nicht um die Raumwahrnehmung als solche handeln. Die *Raumvorstellung an sich* ist nicht das Ergebnis der Erfahrung, sondern *Voraussetzung der Erfahrung.* Das drückt JOHANNES MÜLLER, der geniale Begründer der neueren Physiologie, mit den Worten aus: „Der Begriff des Raumes kann nicht erzogen werden, vielmehr ist die Anschauung des Raumes und der Zeit eine notwendige Voraussetzung, selbst Anschauungsform für alle Empfindungen." Die zugrunde liegende Kantsche Lehre über die räumliche Form der Wahrnehmungen ist von v. KRIES (*13*) in dem Satz zuzusammengefaßt, daß nach KANT der Raum eine notwendige Anschauung a priori sei. Es ist nach v. KRIES erforderlich, den Sinn der angenommenen Apriorität dahin festzulegen, „daß unsere sinnlichen Wahrnehmungen durchweg in räumlicher Form gegeben sind, und daß eben dies in einer, sei es nun psychologischen oder physiologischen Beschaffenheit unser selbst seinen Grund hat und seine Erklärung findet". Der Widerspruch von HELMHOLTZ gegen KANT entfalle bei dieser Festlegung, die sich auf eine allgemein gehaltene Fassung beschränkt. Sie wird von v. KRIES als grundlegend hingestellt.

In gleicher Richtung drückt sich LOTZE mit den Worten aus, „daß die Raumanschauung ein der Natur der Seele ursprünglich und a priori angehöriges Besitztum sei, das durch äußere Eindrücke nicht erzeugt, sondern nur zu bestimmten Anwendungen provoziert wird". Die Lokalzeichen sind nur Merkzeichen der einzelnen Empfindungen, „aus welchen die Seele die räumliche Ordnung wiederherstellen kann". Es leitet sich aber die Fähigkeit, „Raum überhaupt anzuschauen", nicht aus den Lokalzeichen ab.

Somit kann es sich bei der nativistischen und empiristischen Vorstellung über die Raumwahrnehmung nicht ganz allgemein um diese selbst handeln, sondern nur um die besonderen Verhältnisse der räumlichen Einordnung des Wahrgenommenen.

Die *empiristische Auffassung* wurde in erster Linie von HELMHOLTZ (1) begründet und in den Hauptsatz zusammengefaßt, daß die Sinnesempfindungen für unser Bewußtsein nur Zeichen sind, deren Bedeutung verstehen zu lernen unserem Verstande überlassen ist. Es steht also der Lernvorgang ganz im Vordergrund. Diese Zeichen sind nach Intensität und Qualität (Helligkeit und Farbe) verschieden und haben außerdem noch eine von der gereizten Netzhautstelle abhängige Verschiedenheit, ein Lokalzeichen (über dessen objektives oder subjektives Wesen sich weiter nichts aussagen läßt). Die Raumanschauung an sich wird als gegeben angenommen. Durch Zusammenfassung der mit allen Sinnen bei Betrachten, Berühren und Bewegen eines Objektes gewonnenen Erfahrungen bildet sich die Vorstellung von dem Körper, „welche wir Wahrnehmung nennen, solange sie durch gegenwärtige Empfindungen unterstützt ist, Erinnerungsbild, wenn sie das nicht ist". Für die empiristische Auffassung sei es gleichgültig, wie die Netzhaut gestaltet ist, wie das Bild auf ihr liegt und wie es verzerrt ist, wenn es nur scharf begrenzt ist. Anatomische Mechanismen wirken, soweit sie bestehen, „nur erleichternd, nicht zwingend", z. B. bei der Ausbildung der gesetzmäßigen Augenbewegungen.

Einen zusammenfassenden Überblick über seine empiristische Auffassung gibt HELMHOLTZ (2) in den Vorträgen über die Gesichtswahrnehmungen und über die Tatsachen in der Wahrnehmung.

Der Kernpunkt der *nativistischen Auffassung*, die auf JOHANNES MÜLLER (1) zurückgeht, liegt nach HELMHOLTZ darin, daß sie die örtliche Einordnung des Wahrgenommenen im Gesichtsfeld auf eine angeborene Einrichtung zurückführt, „entweder so, daß die Seele eine direkte Kenntnis der Ausdehnungen der Netzhaut haben soll, oder so, daß infolge der Reizung bestimmter Nervenfasern gewisse Raumvorstellungen vermittels eines angeborenen, nicht weiter definierbaren Mechanismus entstehen". JOHANNES MÜLLER faßt diese Ansicht in die Worte, die Netzhaut sehe in jedem Sehfelde nur sich selbst in ihrer räumlichen Ausdehnung im Zustande der Erregung und räumlich dunkel im Zustande größter Ruhe und Abgeschlossenheit des Auges. Nach dieser Auffassung wird also die Beschaffenheit der Netzhautbilder unmittelbar wahrgenommen, die örtliche

Einordnung der Wahrnehmungen im Gesichtsfeld ist ursprünglich gegeben, eine Annahme, in der HELMHOLTZ eine „Verzichtleistung auf jede Erklärung der Lokalisationsphänomene" sieht.

Als Hauptvertreter der nativistischen Auffassung in der Folgezeit wird HERING angesehen. Er hat aber nicht etwa der Erfahrung, dem Einüben und Erlernen, keinen Einfluß zugeschrieben. HOFMANN (1) sagt, daß es seit HELMHOLTZ' Versuch einer strengen Durchführung des Empirismus wohl niemanden mehr gegeben habe, der bloß „Nativist" oder „Empirist" in dem Sinne gewesen wäre, wie es gewöhnlich dargestellt werde. Nach HERING hat zunächst einmal die Tiefenwahrnehmung eine angeborene Grundlage. Alle Gesichtsempfindungen sind angeborenerweise räumlich. Daß dies nicht undenkbar sei, zeige das Verhalten frisch ausgeschlüpfter Hühnchen mit ihrem bereits weit entwickelten Vermögen der Tiefenwahrnehmung. Die genauere Unterscheidung müsse aber erlernt werden. Die Assoziation der Augenbewegungen ist angeboren, wie Beobachtungen an solchen Säuglingen zeigen, bei denen mit dem Schlaf Zeiten „spontaner Munterkeit" abwechseln. Nach DONDERS kann schon wenige Minuten nach der Geburt binokulares Fixieren und Verfolgen eines Gegenstandes bei seitlicher Bewegung oder Annäherung beobachtet werden. Ebenso sind die Verbindungen der Hebungen von Augen, Lidern und Kopf angeboren sowie zwischen Seitwärtswendung von Augen und Kopf. Angeboren ist ferner die Assoziation von Akkommodation und Konvergenz, welche jugendliche Myope und Hypermetrope bis zu gewissem Grade zu lockern vermögen. Die von Deckstellen der Netzhäute ausgelösten Empfindungen haben angeborenermaßen einen verschiedenen räumlichen Charakter, einen verschiedenen „Tiefenwert". Auf dem Boden der Heringschen Auffassung hat später HILLEBRAND (2) eine eingehende Kritik des Empirismus gegeben.

Wie schon aus dieser kurzen Darstellung der beiden Grundansichten über die Entstehung der gesetzmäßigen Gesichtswahrnehmungen in ihrer örtlichen Verteilung und der Augenbewegungen hervorgeht, liegen scheinbar unvereinbare Widersprüche der Auffassungen vor. So ist es von ganz besonderem Wert, daß v. KRIES (5) in einer auch heute noch richtunggebenden Weise die ganzen Fragen von hoher Warte aus, auf Grund seiner umfassenden Kenntnisse und seiner klaren Schau in die Tiefe der Zusammenhänge, einer kritischen Besprechung unterzog, in welcher das Für und Wider abgewogen wird. Die Grundlage dieser Erörterung ist die Feststellung, daß es bei der Klärung der Meinungsverschiedenheiten über Empirie und Nativismus nicht auf ein Entweder-Oder ankommt, sondern auf eine *Ermittelung des Anteils*, den bei einer bestimmten Leistung die *Anlage* und das *Erlernen* haben. Die Aufgabe sieht v. KRIES darin, „die Bedeutung einerseits bildungsgesetzlich fixierter Grundlagen, andererseits der den allgemeinen Einübungsgesetzen folgenden Vorgänge darzulegen und in die Art, wie sie zusammenwirken und ineinandergreifen, einen Einblick zu gewinnen". Die Erörterungen erstrecken sich auf die Richtungsanordnung der gesehenen Dinge im Gesichtsfeld, auf die Korrespondenzbeziehungen der Augen, auf die Tiefen- (Entfernungs-) Bestimmungen und auf die Augenbewegungen. Es ist hier nicht möglich, den Ausführungen des näheren nachzugehen. Sie ergeben im allgemeinen, daß bildungsgesetzliche Einrichtungen überall wesentlich bestimmend sind, womit die nativistische Auffassung zu ihrem Recht kommt. Unter Bildungsgesetzen versteht v. KRIES die aus der Zugehörigkeit zu einer bestimmten Art und aus den Vererbungsverhältnissen entspringenden, die Gesamtheit der Vorgänge beherrschenden Gesetze. Dem bildungsgesetzlich Bestimmten steht das Erworbene gegenüber. Ist somit die bildungsgesetzliche Grundlage stets ausschlaggebend, so ist doch bei allen den genannten Leistungen ein wesentlicher abändernder Einfluß der Übung, des Erlernens anzunehmen, in einem von Fall zu Fall wechselnden Betrag.

Abgelehnt wird dabei die Annahme, daß nicht nur die besondere Art der örtlichen Einordnung der Wahrnehmungen, sondern die Raumvorstellung selbst Erwerb durch Erfahrung sei; die empiristische Erklärung kann auf die Raumanschauung als solche nicht ausgedehnt werden. Der Ausgangspunkt der Heringschen Betrachtung, daß die räumlichen Eigenschaften ebenso zwingend und unmittelbar den optischen Empfindungen zukommen, wie die Eigenschaften Licht und Farbe, wird als unbestreitbare Tatsache anerkannt. Es wird aber auch hervorgehoben, daß die Unmittelbarkeit einer psychischen Erscheinung an sich keinen sicheren Schluß auf ihre Entstehung gestattet.

Im ganzen kann man sagen, daß v. KRIES zu einem *vermittelnden Standpunkt* gelangt. Er möchte seine Anschauung, trotz der großen Bedeutung, die er der bildungsgesetzlichen Grundlage zuspricht, eine empiristische nennen. Es wird aber besser sein, in Zukunft die, wie HOFMANN sagt, etwas nach philosophischen Systemen klingenden Ausdrücke Empirismus und Nativismus ganz fallen zu lassen, da sie zu sehr ein Entweder-Oder bezeichnen.

Das allgemeine Ergebnis steht in guter Übereinstimmung mit den neueren Kenntnissen über den Einfluß der *Vererbung* und der *äußeren Einwirkungen* auf das „Erscheinungsbild". Der Einfluß der Vererbung erweist sich überall als beherrschend und doch als sehr verschieden groß.

Sehr bedeutsam ist die auch schon von HERING in den Vordergrund gestellte Frage: *wie äußert sich die ererbte Anlage des Gesichtssinns sogleich bei der Geburt,* ehe Erfahrung einsetzen konnte? Aber diese Frage läßt sich vorwiegend nur bei einigen Tieren verfolgen, nämlich bei denen die Anlage bei der Geburt schon völlig fertig ist, also z. B. beim Hühnchen, welches ja als schon recht fertiges Wesen aus dem Ei schlüpft und sogleich in normaler Ordnung läuft und sein Futter sieht und selber aufnimmt. Ganz anders beim Menschen. Dieser kommt mit teilweise recht unfertiger Großhirnrinde zur Welt. Also tritt die Möglichkeit der Erfahrung im allgemeinen ein, ehe in jeder Beziehung feststeht, was durch Anlage gegeben ist. Vererbt angelegt ist hier nicht das gleiche, wie angeboren im Sinne von „bei der Geburt schon vorhanden". Es ist für die Klärung dieser Fragen die vergleichend-physiologische Untersuchung vielleicht noch stärker heranzuziehen. Bei Neugeborenen ist, was HERING schon andeutet, die verschiedene bei der Geburt vorliegende Reife zu berücksichtigen und auf günstige Beobachtungsumstände zu achten. Auch die rein morphologische Betrachtung kann wohl Hinweise bringen. Erinnern wir uns an den Bau und die Faserverbindungen der Kerngruppen des Oculomotorius, auf die auch v. KRIES als Beispiel hinweist, so können wir uns des Eindrucks nicht erwehren, daß vieles, was sich nach der Geburt als Gesetzmäßigkeit der Augenbewegungen herausstellt oder herausbildet, sehr wesentlich in dieser gegebenen Bauweise der zentralen Einrichtungen begründet ist. So wird für die Korrespondenz der Netzhauthälften eine wesentliche Voraussetzung sein, daß die rechten Netzhauthälften ihre Fasern zur rechten, die linken zur linken Sehsphärenhälfte senden.

Wie groß andererseits die *Lernfähigkeit* des fertig ausgebildeten Zentralnervensystems ist, das zeigt sich an den funktionellen Umstellungen, z. B. bei Tieren, wenn ein Glied verloren geht, oder am Menschen, wenn Streckernerven auf Beugermuskeln überpflanzt werden. Auch an die Ausbildung so mannigfaltiger bedingter Reflexe ist zu erinnern. Eine funktionelle Umstellung ist im Gebiet der Gesichtswahrnehmungen die Ausbildung einer „anomalen Sehrichtungsgemeinschaft", also eine erworbene Abweichung von den normalen Korrespondenzbeziehungen. Eine große Rolle hat ferner die *Untersuchung Blindgeborener* gespielt, welche durch Entfernung der trüben Linse wieder *sehend wurden*. Zunächst besteht in solchen Fällen die Unmöglichkeit, allein mit dem neu gewonnenen Gesichtssinn die bei dem gewohnten Betasten bekannten Gegenstände zu erkennen, falls es sich nicht um sehr einfache Formen (z. B. eine Schachtel) handelt. Die räumliche Einordnung der Gesichtswahrnehmungen ist aber sogleich vorhanden. Die Dinge werden sogleich einfach gesehen (und dabei nicht etwa zunächst umgekehrt). Ein Einwand liegt darin, daß die Blindgeborenen oft auch vor der Operation bei Beleuchtung Lichtempfindung und eine Wahrnehmung der Richtung des Lichteinfalls haben. Bei Druckreizung des Auges wird aber nach SCHLODTMANN von Blindgeborenen als Ort der scheinbaren Lichtquelle auch dann die gegenüberliegende Seite angegeben, wenn bei Belichtung der Ort der Lichtquelle nicht angebbar ist, wenn also in der Hinsicht keine Vorerfahrung vorliegt.

Nähere Angaben über das Sehen Blindgeborener macht HOFMANN (1). DUFOUR berichtet, daß ein Patient beim Vorhalten einer Uhr nicht sagen kann, ob der Gegenstand rund oder viereckig sei. Erst nach Betasten kann die Form angegeben werden. Nach HOFMANN liegt hier nicht ein mangelndes optisches Unterscheidungsvermögen vor, sondern ein Mangel an Verständnis, was lang, kurz, rund, eckig auf optischem Gebiet bedeutet. Das Verständnis hierfür wird auf dem Umweg des Betastens erreicht, worauf die Benennung der optischen Eindrücke nunmehr richtig erfolgt. HOFMANN macht den sehr bemerkenswerten Vorschlag, daß es in Analogie zur Farbensinnprüfung richtiger sei, bei der Untersuchung der operierten Blindgeborenen unter verschiedenen Formen die gleichen oder ähnlichen heraussuchen zu lassen, damit die Benennungsschwierigkeit ganz fortfällt. Auch die Entfernungs- und Tiefenwahrnehmung wurde an den operierten Blindgeborenen untersucht. Es ergibt sich zunächst eine große Unsicherheit, besonders in der monokularen absoluten Entfernungsauffassung: in einer Alleereihe erschienen die Bäume nicht zunehmend ferner, sondern zunehmend kleiner. Nach einer vorgehaltenen Uhr wird in der Richtung zutreffend, aber in der Entfernung ganz unzutreffend gegriffen. Auch das relative Tiefensehen ist unentwickelt: eine Scheibe wird nicht von einer Kugel unterschieden. Daraus ergibt sich die Bedeutung der Erfahrung. Auf die Kritik von HILLEBRAND (2) an manchen Beobachtungen über das Sehen operierter Blindgeborener sei noch besonders hingewiesen.

Auch in den *Beziehungen des Gesehenen zu den willkürlichen Bewegungen* ist vieles erlernbar. So lernen wir bekanntlich, verwickelte Bewegungen unter Leitung unseres Spiegelbildes auszuführen. Hierbei müssen wir ja, damit die Spiegel-Hand sich von uns entfernt, also sich dem Spiegel-Kopf nähert, die Hand an uns heranziehen. Wir müssen also in den Beziehungen der optischen Eindrücke zu den Bewegungen umlernen.

Noch weiter reicht das Umlernen, wenn man sich nach STRATTON und KRÜGER eine *optische Umkehrvorrichtung* vor die Augen setzt, so daß jetzt die *Außenwelt „auf dem Kopf stehend" gesehen* wird. KRÜGER verwendete eine besonders geeignete umkehrende Spiegelanordnung mit großem Gesichtsfeld, wobei aber die Spiegelvorrichtung die Sicht auf den eigenen Körper abdeckte. Wurde diese Vorrichtung längere Zeit den Augen vorgesetzt, so mußten zunächst einige Bewegungszusammenhänge umgestellt und neu gelernt werden, so beim Zeichnen. Diese Schwierigkeit wurde verhältnismäßig schnell überwunden, ebenso wurde das Schreiben an einer Wandtafel gelernt, bei dem ja nun die Aufwärtsbewegungen der Hand als Abwärtsbewegungen erschienen. Es wäre aber nicht zutreffend, aus diesen lehrreichen Beobachtungen nun etwas in Hinsicht auf die empiristische Auffassung des Zustandekommens der Gesichtswahrnehmungen schließen zu wollen. Es ist nur ein Schluß möglich auf die vorwiegend unter dem Einfluß des

Erlernens stehenden funktionellen Verbindungen der Gesichtswahrnehmungen mit den von ihnen geleiteten Willkürbewegungen.

Wenn nun im Gebiet der Theorie der Gesichtswahrnehmungen eine Entscheidung zwischen scheinbar Gegensätzlichem nicht möglich ist, sondern ein Zusammenwirken zweier verschiedener Faktoren anzunehmen ist, so werden wir an eine ähnliche Sachlage im Gebiet des Farbensinnes erinnert. Aber vom allgemeinen Standpunkt aus betrachtet ist doch die Sachlage in beiden Gebieten grundsätzlich verschieden. In der Farbenlehre suchen wir die *Leistungen* des Farbensinnes, die ermittelten Tatsachen, durch Hypothesen über Bau und Funktionsweise des „Farbensystems" verständlich zu machen. Nicht aber beziehen sich diese Theorien auf die *Entstehung* des Farbensinnes, oder es sind nur andere zusätzliche Theorien, welche sich mit der letzteren Frage beschäftigen. Im Gebiet der Gesichtswahrnehmungen hingegen befassen sich die beiden Ansichten nicht mit der Leistung, z. B. der Sehschärfe oder der Augenbewegungen, sondern mit der Frage der Entstehung. Würden wir den Netzhautbau nicht kennen und nicht erforschen können, so würden wir die Theorie erfinden müssen, daß in der Netzhaut feinste Empfänger mit isolierter Verbindung zum Gehirn vorliegen, und vielleicht würde dann auch eine ganz andersartige Gegentheorie aufgestellt werden. Die gleiche Fiktion kann man sich für die Augenbewegungen ausdenken; die Theorien hätten sich Muskeln vorzustellen, durch deren Zusammenwirken und funktionelles Verknüpftsein mit den Zentralteilen alle tatsächlich vorkommenden Bewegungen verständlich würden. Soviel also im Gebiet der Gesichtswahrnehmungen und der Augenbewegungen noch aufzuklären ist: in einer Hinsicht sind unsere Kenntnisse in diesem Gebiet weiter vorgeschritten als in der Farbensinnlehre, daß uns nämlich die Einrichtungen, durch welche jene Leistungen ermöglicht werden, schon besser bekannt sind. Nur darüber, wie diese Einrichtungen (womit auch die funktionellen Zusammenhänge gemeint sind) entstanden sind, ist in beiden Gebieten unser Wissen noch recht unbestimmt.

Eine noch größere Bedeutung als den Fragen, welche die besprochenen Theorien zu beantworten versuchen, kommt nun wohl einer weiteren oben schon angedeuteten Frage zu, nämlich: wie weit können wir mit Hilfe des Gesichtssinnes *die äußeren Dinge,* so wie sie sind und sich verändern, *erkennen?*

Die Antwort fällt zunächst sehr verschieden für den Normalen und für den Totalfarbenblinden aus. Unsere Vorstellung von den äußeren Dingen wäre ganz anders, wenn wir alle ausschließlich Stäbchenseher wären. Es würde aber ein tetrachromatisches Farbensystem oder gar ein nach dem Prinzip des Gehörorganes mit einer großen Anzahl optischer Resonatoren mit je einem engen Resonanzgebiet gebautes Farbensystem uns noch mehr von der objektiven Beschaffenheit der Dinge unmittelbar berichten. So können wir mithin nicht erwarten, mit unserem Gesichtssinn die Wirklichkeit voll zu erfassen.

Dies gilt insbesondere in dem Tatsachengebiet, in welchem so offensichtliche Unstimmigkeiten oder doch wenigstens Unsicherheiten der Wahrnehmung vorliegen, so daß manche dieser Tatsachen geradezu als optische Täuschungen bezeichnet werden müssen. Auf dieses Gebiet haben wir hier noch etwas einzugehen.

Wenn wir den betreffenden Abschnitt unserer Darstellung benannt haben „Wahrnehmung und Wirklichkeit", so ist zunächst näher festzulegen, was unter Wirklichkeit zu verstehen ist. *Wirklichkeit* ist die objektive Welt im Sinne der Physik, ist das, was nach übereinstimmender Aussage aller unserer Sinnesorgane und der aus ihr sich ergebenden Folgerungen angenommen werden kann als außer uns vorhanden. Es ist gut, über diesen Begriff noch den Physiker und den Philosophen zu befragen. M. WIEN sagt: „Die Wirklichkeit selbst bleibt uns unbekannt. Wir können uns nur mit Hilfe unserer Verstandeskräfte Bilder von ihr machen, die von der Art sein müssen, daß die logischen Folgerungen aus unseren Theorien mit dem Ablauf der Wirklichkeit übereinstimmen. Dann haben wir die Natur begriffen." Und v. KRIES (*13*) sagt, daß wir als das Verwirklichte etwas in Anspruch nehmen, was gewissen allgemeinen Gesetzmäßigkeiten entspricht. „Unsere tatsächlich gegebenen Erlebnisse als Teil eines gesetzmäßig geordneten Ganzen darzustellen und in diesem Sinne verständlich zu machen: darin werden wir in letzter Instanz die unserem Wirklichkeitserkennen gestellte Aufgabe erblicken. Mit der Gewinnung des Weltbildes, das dieser Anforderung genügt, werden wir unsere berechtigten intellektuellen Bedürfnisse als befriedigt erklären müssen." Da wir nach KANT die Dinge nicht nach den ihnen „an sich" zukommenden Beschaffenheiten erkennen können, sondern stets nur nach Maßgabe und Vermittlung unserer Subjektivität, so finde jedes Weltbild „nicht allein die Grundlage seiner logischen Geltung, sondern auch seinen endgültigen Sinn in dem, was es an direkt erkennbaren psychischen Tatsachen enthält und behauptet".

Zur Ergänzung seien noch folgende Ausführungen von v. KRIES (*13*) mitgeteilt: „Daran also ist festzuhalten, daß nur unser eigenes Erleben uns in wirklich zwingender Weise feststeht. Alles aber, was wir über ein äußeres Verhalten aussagen, findet seine Begründung darin, daß es diese endgültig gegebenen Tatsachen als Teile eines gesetzmäßig geordneten Ganzen, eben unseres ganzen Weltbildes, darstellt. Damit ist allerdings vereinbar, daß gewissen Teilen dieses ganzen Weltbildes eine so hohe Wahrscheinlichkeit zukommt, daß wir uns ohne praktischen Nachteil über die Erwähnung des vollständigen logischen Zusammenhanges hinwegsetzen und jene Verhältnisse als direkt erkennbar zugrunde legen können."

So werden wir nicht die Frage in den Vordergrund stellen: Können wir die Umwelt mittels unseres Gesichtssinnes so erkennen, wie sie wirklich ist?, sondern die Frage: *Können wir die Umwelt so erkennen, daß wir uns widerspruchslos in ihr bewegen, auf sie wirken* und sie auf uns einwirken lassen können?

So gewiß diese Frage bejaht werden kann, so gewiß ist es auch, daß unter Umständen starke *Widersprüche* auftreten können. Wenn wir „naiv", ohne wissenschaftliche Absicht, unserer täglichen Verrichtung, etwa der Schreibarbeit, nachgehen, so werden wir nicht gewahr, daß fast alle nicht unmittelbar angeblickten Gegenstände uns doppelt erscheinen, wie eine Hinwendung der Aufmerksamkeit ohne weiteres erkennen läßt. Aber diese Wahrnehmungstäuschung hat kein „Gewicht", sie kommt im täglichen Leben nicht störend zur Geltung, ja viele werden sie nie bemerkt haben, da die Natur sie durch die Undeutlichkeit der nicht unmittelbar angeblickten Dinge, durch das ständige Wechseln der Blickpunkte, durch die Verbindung der Aufmerksamkeit vorwiegend mit dem jeweiligen Blickpunkte sowie durch eine gewisse Unteilbarkeit der Aufmerksamkeit unbemerkbar gemacht hat.

HELMHOLTZ stellt in seiner Einleitung zur Lehre von den Gesichtswahrnehmungen eine *allgemeine Eigentümlichkeit unserer Sinneswahrnehmungen* dahin fest, „daß wir auf unsere Sinnesempfindungen nur so weit leicht und genau aufmerksam werden, als wir sie für die Erkenntnis äußerer Objekte verwerten können, daß wir dagegen von allen denjenigen Teilen der Sinnesempfindungen zu abstrahieren gewöhnt sind, welche keine Bedeutung für die äußeren Objekte haben". „Wir müssen es also erst lernen, unseren einzelnen Empfindungen die Aufmerksamkeit zuzuwenden, und wir lernen dies für gewöhnlich nur für die Empfindungen, die uns als Mittel zur Erkenntnis der Außenwelt dienen." Das gilt besonders auch für die subjektiven Erscheinungen, z. B. die Gesichtsfeldlücke des blinden Flecks.

Besonders erheblich sind die Widersprüche, welche bei den geometrisch-optischen Täuschungen vorliegen, die ja nicht erst bei Hinwendung der Aufmerksamkeit bemerkbar werden, die vielmehr bei unaufmerksamem Betrachten besonders stark hervortreten. Aber die praktische Bedeutung dieser Täuschungen ist nicht sehr groß, da sie nur an geometrischen Anordnungen zustande kommen, die an äußeren Gegenständen seltener vorliegen. Oder, wenn sie bei der Betrachtung von Bauwerken mitspielen, so können sie unter Umständen am ästhetischen Eindruck beteiligt sein. So führt LOTZE an, daß uns die horizontalen Glieder eines gotischen Bauwerkes weit kleiner erscheinen, als sie wirklich im Verhältnis zu den vertikalen Elementen sind, welche, weil mehrfach übereinandergereiht, größer gesehen werden.

Die eigenartigen Verhältnisse des *Größeneindrucks bei wechselnder Akkommodation und Konvergenz* können auch kaum zu praktisch nennenswerten Täuschungen führen. Ändert sich bei Annähern eines Gegenstandes der subjektive Maßstab, so daß jener trotz Größerwerden des Netzhautbildes nicht größer erscheint, so wird dadurch die Auffassung des unverändert bleibenden Gegenstandes erleichtert. Daß dabei ferne, nichtangeblickte Gegenstände infolge der *Maßstabänderung* scheinbar kleiner werden, trotz unveränderter Größe des Netzhautbildes, kann ohne Schaden sozusagen in Kauf genommen werden, da ja der ferne, nichtangeblickte Gegenstand nicht beachtet wird, falls nicht die Aufmerksamkeit im wissenschaftlichen Versuch ihm ausdrücklich zugewendet wird. Ganz entsprechende Verhältnisse liegen im Gebiet des Farbensinnes bei gewissen Umstimmungen vor. Abends empfinden wir ein künstlich beleuchtetes, „objektiv weißes" Papier als rein weiß, obgleich es, verglichen mit der maßgeblichen Tagesbeleuchtung, nun stark gelblich ist. Diese Umstimmung erleichtert die Feststellung des unverändert gebliebenen Zustandes des Gegenstandes selbst, unabhängig von wissenschaftlicher Überlegung.

Auch die erwähnten *Tiefentäuschungen* bei kurzen Betrachtungsabständen, die von dem gewohnten Arbeitsabstand von etwa 30 bis 50 cm abweichen, fallen nicht ins Gewicht, da diese kleinen Abstände praktisch wenig benutzt werden. Zudem hilft hier der Tastsinn aus. Wollte man etwa feststellen, ob eine Perle genau kugelig ist oder eiförmig, so wird man sie wohl näher als 30 cm an das Auge heranbringen, wobei die Möglichkeit vorliegt, daß die Kugel eiförmig erscheint, also in vermehrter Tiefenausdehnung; es wird aber die Beurteilung der Form in erster Linie mit dem Tastsinn der Finger erfolgen, zwischen denen die Perle gerollt wird.

Auch bei den *Bewegungswahrnehmungen* kann die Frage aufgeworfen werden, ob die bei ihnen vorkommenden Unsicherheiten und Unstimmigkeiten zu einer im praktischen Leben tatsächlich störenden Täuschung führen können. Dies ist im allgemeinen nicht der Fall. Der Ballonfahrer oder Flugzeugführer wird ebensogut beurteilen können, wie nahe er dem Erdboden ist, wenn in seinem Gesichtsfeld er selbst und sein Flugzeug sich dem Boden nähert, wie wenn sich eindrucksgemäß der Boden ihm und seinem Flugzeug nähert. Auch für den Läufer ist es belanglos, ob er den Eindruck hat, über den Boden wegzueilen, oder den Eindruck, daß der Boden unter seinen sich bewegenden Füßen rückwärts enteile, oder ob beide Eindrücke gleichzeitig bestehen. Es kommt ja in der praktischen Beurteilung des Läufers über das Ausmaß seiner Bewegungsleistung nur auf den Unterschied der Geschwindigkeit zweier Sehdinge an, der Umgebung und des eigenen Körpers. Und dieser Unterschied wird richtig angezeigt, gleichgültig, ob der Läufer die Bewegung vom Standpunkt des Erdbodens aus „empfindet" oder vom Standpunkt des Egozentrums aus. Das gleiche gilt für den Lenker des Kraftfahrzeuges. Ebenso gilt für die meisten Richtungs- und Größentäuschungen, daß sie im allgemeinen keinen Nachteil bringen. Höchstens könnte die an schwieriger Wegstelle durch den fließenden Bach ausgelöste, Schwindel hervorrufende Bewegungstäuschung gelegentlich Gefahr bringen, die durch richtige Wahl des Blickpunktes vermindert werden dürfte.

Zu besprechen wären noch die *Scheinbewegungen der Gegenstände bei unserer eigenen Bewegung* im Raum. Die Sehdinge ändern dabei ihre gegenseitige Lager obgleich die gegenseitige Lage der Dinge selbst unverändert bleibt. Aber wir werden auf eine Änderung der gegenseitigen Lage der Dinge gewohnheits- und erfahrungsgemäß nur dann schließen, wenn wir uns nicht bewegen, und wir können, wenn wir uns im ganzen oder durch seitliches Neigen nur des Oberkörpers bewegen, an den Scheinbewegungen der Dinge deren Anordnung im Raum erschließen und an den Sukzessivparallaxen manches feststellen, was die ruhenden Sehdinge nicht so deutlich erkennen lassen. Über die unveränderte Lage der Dinge im Raum gibt die Tatsache Auskunft, daß wir nach Einnehmen der gleichen Grundstellung oder Grundhaltung auch wieder den gleichen Anblick von den Dingen erhalten, den wir vorher bei dieser Stellung hatten. So werden die *Scheinbewegungen* jedenfalls nicht als Täuschungen empfunden, sondern sie sind *ein wichtiges Hilfsmittel* zur Zurechtfindung im Raum.

Es ergibt sich mithin, daß *nicht* etwa allgemein von *Unvollkommenheiten der optischen Raumwahrnehmung* gesprochen werden kann, ähnlich wie wegen der sphärischen und chromatischen Aberration des Strahlenganges kein Anlaß vorliegt, das Auge als Ganzes in dioptrischer Beziehung als unvollkommen zu bezeichnen. Das war auch gewiß nicht die Meinung von HELMHOLTZ (2). Er sagte nur, daß unsere künstlichen Instrumente nicht die Abweichungen der Strahlenvereinigung von der Punktförmigkeit haben dürften, welche am Auge nachweisbar sind, die sich hier aber nicht auswirken, weil sie durch andere Eigenschaften ausgeglichen werden. HELMHOLTZ selber zeigte ja, daß die Sehschärfe durch Korrektion der chromatischen Aberration mit Hilfe einer von ihm hergestellten geeigneten Brille gar nicht verbessert wird. Die Sehschärfe hat auch bei Mitwirken der Mängel der Strahlenvereinigung das Höchstmaß der Leistung, das sie auf Grund der vorhandenen Netzhautfeinstruktur eben haben kann und das für die Aufgaben des Natur- wie des Kulturmenschen ausreicht. Mancher wird bei Verwendung einer gewöhnlichen Leselupe schon die farbigen Erscheinungen der chromatischen Abweichung im Leseglas als störend empfunden haben, niemand aber die der chromatischen Aberration im Auge, wenn er nicht durch die Wissenschaft ihre Anwesenheit durch besondere Versuche vorgeführt bekam.

Ähnliches gilt von den meisten Widersprüchen zwischen Wahrnehmung und Wirklichkeit. Sie sind theoretisch von großer Bedeutung, sie spielen aber im praktischen Leben nur eine verhältnismäßig nebensächliche Rolle, da die Bedingungen, unter denen diese „Täuschungen" auftreten, vielfach von den natürlichen Bedingungen abweichen.

So sehen wir, wie vollkommen die Einrichtungen der Natur in der Gesamtleistung auch des höchsten Sinnesorganes sind.

Nachtrag zu S. 208

Laut persönlicher Mitteilung hat A. KOHLRAUSCH, Tübingen, einen leicht grün anomalen Übergangsfall untersucht: Vp Dr. med. H.; er liest sämtliche Farbtafeln prompt und fehlerfrei, hat eine geringe Macula-Pigmentierung; $AQ = 1{,}65$. Spektralwert-Messung: Nach Umrechnung auf mittleren Macula-Durchlaß ist seine Grünkurve im Gesamtdurchschnitt um 5 mμ gegen Rot hin verschoben.

Literaturverzeichnis

ABELSDORFF, G.: Beobachtungen der Blutbewegung im Auge. Pflügers Arch. ges. Physiol. **168**, 599 (1917).

ABNEY, W.: Researches in colour vision and the trichromatic theory. London 1913.

ACHELIS, D., u. J. MERKULOW: Die elektrische Erregbarkeit des menschlichen Auges während der Dunkeladaptation. Z. Sinnesphysiol. **60**, 95 (1929).

ACHMATOV, A. S.: Eine experimentelle Untersuchung der Dunkeladaptationsgleichungen. Pflügers Arch. ges. Physiol. **215**, 10 (1927).

ADAMSON, J.: Ocular scanning and depth perception. Nature (Lond.) **168**, 345 (1951).

ADLER, F. H.: Effect of anoxia on heterophoria and its analogy with convergent concomitant squint. Arch. Ophthal. (Chicago) **34**, 227 (1945).

— Physiology of the eye. 6. Aufl. St. Louis: C. V. Mosby Comp. 1953.

ADRIAN, E. D.: (1) The basis of sensation: the action of the sense organs. London 1928.

— (2) Die Untersuchung der Sinnesorgane mit Hilfe elektrophysiologischer Methoden. Ergebn. Physiol. **26**, 501 (1928).

— (3) The mechanism of nervous action. Oxford 1932. (Vortr. a. d. Univ. Philadelphia.)

— The electric response of the human eye. J. Physiol. (Lond.) **104**, 84 (1945).

— Rod and cone components in the electric response of the eye. J. Physiol. (Lond.) **105**, 24 (1946).

— u. R. MATTHEWS: The action of light on the eye. J. Physiol. (Lond.) **63**, 378 (1927); **64**, 279 (1927); **65**, 273 (1928).

AEFFNER, W.: Gleichung, Norm und Bewertung der Dunkeladaptation. Pflügers Arch. ges. Physiol. **245**, 121 (1941).

— u. H. H. PODESTÀ: Über ein Gerät zur Messung der Dunkeladaptation. Pflügers Arch. ges. Physiol. **245**, 661 (1941).

AGUILAR, M.: Sur la sommation binoculaire. Optica Acta (Paris) **2**, Nr. 2, 105 (1955).

AHLENSTIEL, H.: TRENDELENBURGs Farbfleckverfahren auf gleichabständigem Ostwaldschen Normfarbkreis. Albrecht v. Graefes Arch. Ophthal. **145**, 549 (1943).

— Rot-Grün-Blindheit als Erlebnis. Göttingen: „Musterschmidt" Verlag 1951.

— E. SACHS u. H. STRECKFUSS: Filtergebrauch bei Farbenblindheit. Arch. Augenheilk. **102**, 271 (1929).

AIGNER, FR.: Zur Resonanztheorie des Farbensehens. S.-B. Akad. Wiss. Wien, Math.-nat. Kl., Abt. II a, **131**, 299 (1922).

AKAGI, G.: Von der Beziehung zwischen Beleuchtungsstärke und Gesichtsfeldgröße. Acta Soc. ophthalm. jap. **41**, 93 (1937).

ALAGNA, G.: Sul meccanismo della visione stereoscopica. Arch. Ophthal. (Chicago) **57**, 445 (1953).

ALAJMO, A.: Beitrag zum Studium der „negativen Akkommodation" von LE GRAND. Ital. Oftalm. **7**, 414 (1954).

— Untersuchungen zur Eikonometrie. Beitrag zum Studium der Häufigkeit der Aniseikonie und ihrer klinischen Bedeutung. Arch. Soc. oftal. hisp.-amer. **14**, 642 (1954).

ALBADA, L. E. W. v.: Der Einfluß der Akkommodation auf die Wahrnehmung von Tiefenunterschieden. Albrecht v. Graefes Arch. Ophthal. **54**, 430 (1902).

D'ALMEIDA, J. CH.: Ein neuer Stereoskopapparat. C. R. Acad. Sci. (Paris) **47**, 61 (1858) — Ostw. Klassiker Nr. 168, 103; s. v. ROHR.

AMES, A. jr.: Aniseikonia — a factor in the functioning of vision. Amer. J. Ophthal. **18**, 1014 (1935).

AMMANN, E.: Zur Farbenstereoskopie. Klin. Mbl. Augenheilk. **74**, 587 (1925).

APPELMANS, M., J. WEYTS et J. VANKAM: Enquête sur les anomalies de la perception des couleurs chez les indigènes du Congo Belge. Bull. Soc. belge Ophtal. **103**, 226 (1953).

APPUHN, H.: Ein denkwürdiger Fund. Zeiss-Werkz. **6**, 27 (1958).

— Wie alt sind die Nietbrillen von Wienhausen? Zeiss-Werkz. **6**, 62 (1958).

ARDEN, G. B.: Light-sensitive pigment in the visual cells of the frog. J. Physiol. (Lond.) **123**, 377 (1954).

— The dark reactions in visual cell suspensions. J. Physiol. (Lond.) **123**, 386 (1954).

— A narrow-band pigment in visual cell suspensions. J. Physiol. (Lond.) **123**, 396 (1954).

ARDEN, G. B., and R. A. WEALE: Nervous mechanism and dark adaptation. J. Physiol. (Lond.) **125**, 417 (1954).
— — Retinal irradiation and aniseikonia. J. Ophthal. **38**, 248 (1954).
— — Variations of latent period of vision. Proc. Roy. Soc. London B, **142**, 258 (1954).
ARDENNE, M. v.: Versuche und Messungen über stereoskopische Projektion mit polarisiertem Licht. Z. techn. Physik **17**, 332 (1936).
ARMINGTON, C. J., E. P. JOHNSON and L. A. RIGGS: The scotopic a-wave in the electrical response of the human retina. J. Physiol. (Lond.) **118**, 289 (1952).
ARNDT, W.: Praktische Lichttechnik. Berlin 1938.
ARNULF, A., et F. FLAMANT: Les limites de résolution de l'oeuil en lumière monochromatique. C. R. Acad. Sci. (Paris) **230**, 1791 (1950).
ASCHER, K. W.: Zur Frage nach dem Einfluß von Akkommodation und Konvergenz auf die Tiefenlokalisation und die scheinbare Größe der Sehdinge. Z. Biol. **62**, 508 (1913).
— Aqueous veins. Amer. J. Ophthal. **25**, 31 (1942).
ASERINSKY, E., and N. KLEITMAN: Regularly occurring periods of eye motility, and concomitant phenomena, during sleep. Science **118**, 273 (1953).
AUBERT, H.: Physiologie der Netzhaut. Berlin 1865.
AULHORN, E.: Über Fixationsbreite und Fixationsfrequenz beim Lesen gerichteter Konturen. Pflügers Arch. ges. Physiol. **257**, 318 (1953).
— u. H. HARMS: Untersuchungen über das Wesen des Grenzkontrastes. Ber. ophthal. Ges. Heidelberg **60**, 7 (1956).
AULHORN, O.: Die Lesegeschwindigkeit als Funktion von Buchstaben- und Zeilenlage. Ein quantitativer Beitrag zum Problem der „Konstanz der Wahrnehmungsdinge". Pflügers Arch. ges. Physiol. **250**, 12 (1948).
— Über die analytische Darstellung der optischen Wahrnehmung gerichteter Konturen. Pflügers Arch. ges. Physiol. **251**, 609 (1949).
AUTRUM, H.: Über Energie- und Zeitgrenzen der Sinnesempfindungen. Naturwissenschaften **35**, 361 (1948).
— Die Belichtungspotentiale und das Sehen der Insekten. Z. vergl. Physiol. **32**, 176 (1950).
— Elektrobiologie des Auges. Klin. Wschr. **31**, 241 (1953).
BALKIN, W.: Der plastische Film. Umschau **39**, 395 (1935).
BALL, S., F. D. COLLINS, R. A. MORTON and A. L. STUBBS: Chemistry of visual processes. Nature (Lond.) **161**, 424 (1948).
— W. GOODWIN and R. A. MORTON: Studies on Vitamin A. The preparation of Vitamin A Aldehyde. Biochem. J. **42**, 56 (1948).
BARLOW, H. B.: Eye movements during fixation. J. Physiol. (Lond.) **116**, 290 (1952).
— (1) Action potentials from the frog's retina. J. Physiol. (Lond.) **119**, 58 (1953).
— (2) Summation and inhibition in the frog's retina. J. Physiol. (Lond.) **119**, 69 (1953).
— H. J. KOHN and E. S. WALSH: Visual sensations aroused by magnetic fields. Amer. J. Physiol. **148**, 372 (1947).
BARNES, R. B., u. M. CZERNY: Läßt sich ein Schroteffekt der Photonen mit dem Auge beobachten? Z. Physik **79**, 436 (1932).
BARTLEY, S. H.: Subjective brightness in relation to flash rate and the light-dark ratio. J. exp. Psychol. **23**, 313 (1938).
— G. PACZEWITZ and E. VALSI: Brightness enhancement and the stimulus cycle. J. Physiol. (Lond.) **43**, 187 (1957).
BASLER, A.: Über das Sehen von Bewegungen. I. Mitt. Die Wahrnehmung kleinster Bewegungen. Pflügers Arch. ges. Physiol. **115**, 582 (1906).
— II. Mitt. Die Wahrnehmung kleinster Bewegungen bei Ausschluß aller Vergleichsgegenstände. Pflügers Arch. ges. Physiol. **124**, 313 (1908).
— Ein Modell, welches die bei bestimmten Stellungen des Auges auftretende scheinbare Verzerrung eines Nachbildes anschaulich macht. Pflügers Arch. ges. Physiol. **126**, 323 (1909).
BAUER, V.: Beiträge zur Kenntnis der kompensatorischen Augenbewegungen. Pflügers Arch. ges. Physiol. **205**, 628 (1924).
BAUMGARDT, E.: Sur la loi spatiale de la brilliance liminaire en vision extrafovéale. C. R. Acad. Sci. (Paris) **225**/4, 259 (1947).
— Les bâtonnets sont-ils plus sensibles que les cônes. C. R. Soc. Biol. (Paris) **143**, 786 (1949).
— Sehmechanismus und Quantenstruktur des Lichtes. Naturwissenschaften **39**, 388 (1952).
— et J. SÉGAL: Paramètres des functions visuelles. Ann. psychol. **43**, 54 (1947).
BAURMANN, H.: Das Phänomen der entoptisch sichtbaren Blutbewegung. Klin. Mbl. Augenheilk. **137**, 621 (1960).
BAURMANN, M.: Der Wasserhaushalt des Auges. Bethes Handb. d. Physiol. **12**(2), 1319 (1931).
BAYLISS, L. E., R. J. LYTHGOE and K. TANSLEY: Some new forms of visual purple found in sea fishes with a note on the visual cells of origin. Proc. roy. Soc. Lond. (B) **120**, 95 (1936).

BECHER, H.: Sekretorische Vorgänge in den Ganglienzellen der Netzhaut und ihre biologische Bedeutung. Naturwiss. Abt. Bd. 27 und Festschrift W. J. Schmidt 215 (1954).
— Beitrag zum feineren Bau der Retina. Erg.-Heft zu Bd. 100 (1953/54) d. Anat. Anz. 166, (1954).
— Über ein vegetatives, zentralnervöses Kerngebiet in der Netzhaut des Menschen und der Säugetiere. Acta neuroveg. (Wien) 8, 421—436 (1954).
BECKER, B.: Chemical composition of human aqueous humor. Arch. Ophthal. (Chicago) 57, 793 (1957).
BECKER, O., u. A. ROLLET: Beiträge zur Lehre vom Sehen der dritten Dimension. S.-B. Akad. Wiss. Wien, Math.-nat. Kl. 43 (2), 667 (1861). — Vgl. ROLLET.
BEDFORD, R. E., and G. WYSZECKI: Axial chromatic aberration of the human eye. J. opt. soc. Amer. 47, 564 (1957).
— — Luminosity functions for various field sizes and levels of retinal illuminance. J. opt. soc. Amer. 48, 406 (1958).
BEHR, C.: (1) Die Lehre von den Pupillenbewegungen. Berlin: Springer 1924. (Zugleich Band 2 der Untersuchungsmeth. von Graefe-Saemisch, Handb. d. ges. Augenheilkunde 3. Aufl.)
— (2) Anatomie, Physiologie und Pathologie der Sehbahn. Axenfeld-Hertels Lehrb. d. Augenheilk., 8. Aufl., 583. 1935.
— (3) Die Pupille und ihre Reaktionsstörungen. Axenfeld-Hertels Lehrb. d. Augenheilk., 8. Aufl., 621. 1935.
— (4) Der Reflexcharakter der Adaptationsvorgänge, insbesondere der Dunkeladaptation, und deren Beziehungen zur topischen Diagnose und zur Hemeralopie. Albrecht v. Graefes Arch. Ophthal. 75, 201 (1910).
BÉKÉSY, G. v.: Über die Mondillusion. Experientia (Basel) 5, 326 (1949).
BENOIT, J.: Der Einfluss des Augenlichtes auf die Regulation des Stoffwechsels. Aus: Auge und Zwischenhirn, Beiheft klin. Mbl. f. Augenheilk. 23, 95 (1955): C. R. Soc. Biol. (Paris) 127, 909 (1938).
— I. ASSENMACHER u. F. X. WALTER: Différences de sensibilité de la rétine du canard aux radiations colorées dans le reflexe pupillaire et dans le reflexe opto-sexuel. (Unterschiede der Netzhautempfindlichkeit der Ente auf farbige Strahlungen beim opto-sexuellen Reflex.) C. R. Soc. Biol. (Paris) 146, 1027 (1952).
BERGER, A., u. M. MONJÉ: Über den Einfluß der Aniseikonie auf das Tiefensehen. Albrecht v. Graefes Arch. Ophthal. 148, 515 (1948).
BERGER, C.: Area of retinal image and flicker-fusion frequency. Acta physiol. scand. 28, 224 (1953).
— R. A. McFARLAND, M. H. HALPERIN and J. T. NIVEN: The effect of anoxia on visual resolving power. Amer. J. Psych. 56, 395 (1943).
BERGER, E., C. H. GRAHAM and Y. HSIA: Some visual functions of a unilaterally color-blind person. J. opt. soc. Amer. 48, 614 (1958).
BERGER, H.: Über das Elektroencephalogramm des Menschen. Arch. Psychiat. Nervenkr. 87, 527 (1929).
BERGMEISTER, R.: Über die Sichtbarkeitsgrenzen des optischen Spektrums. Z. Augenheilk. 86, 98 (1935).
BERNAYS, A.: Die Farbenfibel von WILHELM OSTWALD. Naturwissenschaften 21, 846 (1933). (Kritisches vom psychologischen Standpunkt aus.)
BERNHARD, C. G.: Contributions to the neurophysiology of the optic pathway. Acta physiol. scand. 1, Suppl. 1 (1940).
— Temporal sequence of component potentials in the frog's retina and the electronic potential in the optic nerve. Acta physiol. scand. 3, 301 (1942).
BERTEAU, B., and D. G. JONES: The dilator mechanism of the pupil. Anat. Rec. 106, 264 (1950).
BETHE, A.: Wie kann man sich die Transformierung eines kontinuierlichen Lichtreizes in eine Reihe rhythmischer Aktionsströme vorstellen? Pflügers Arch. ges. Physiol. 244, 583 (1941).
BEUNINGEN, E. G. A. VAN: Der gegenwärtige Entwicklungsstand der Tonographie. Ber. ophthal. Ges. 60, 67 (1956).
BIELSCHOWSKY, A.: (1) Methoden zur Untersuchung des binokularen Sehens und des Augenbewegungsapparates. Abderhaldens Handb. d. biol. Arbeitsmeth. Abt. V, Teil 6, Heft 5, S. 757. 1925.
— (2) Die Motilitätsstörungen und Stellungsanomalien. Axenfeld-Hertels Lehrb. d. Augenheilk., 8. Aufl., S. 141. 1935.
— (3) Der Sehakt bei Störungen im Bewegungsapparate der Augen. Bethes Handb. d. Physiol. 12 (2), 1095 (1931).
BIERENS DE HAAN, J. A., u. M. F. FRIMA: Versuche über den Farbensinn der Lemuren. Z. vergl. Physiol. 12, 603 (1930).

BIERNACKA-BIESIEKIERSKA, J., u. M. SZCZYGLOWA: Bedeutung der Ascorbinsäure für die Physiologie des Sehens. Klin. oczna **24**, 1 (1954).

BIRUKOW, G.: Purkinjesches Phänomen und Farbensehen beim Grasfrosch (Rana temporaria). Z. vergl. Physiol. **27**, 41 (1940).

— Die Entwicklung des Tages- und des Dämmerungssehens im Auge des Grasfrosches. Z. vergl. Physiol. **31**, 322 (1949).

BISONETTE, T. A.: Beziehungen zwischen Haarwechsel, Hypophyse und Lichtwechsel beim Frettchen. Anat. Rec. **63**, 159 (1935).

BLACHOWSKI, S.: Studien über den Binnenkontrast. Z. Sinnesphys. **47 II**, 291 (1912/13).

BLACKWELL, H. R.: Contrast thresholds of the human eye. J. opt. soc. Amer. **36**, 624 (1946).

— Studies of psychophysical methods for measuring visual thresholds. J. opt. soc. Amer. **42**, 606 (1952).

BLANCHARD, J.: Physic. Rev. **11**, (2), 81 (1918). — Angeführt nach Müller-Pouillets Lehrb. d. Physik, 11. Aufl., **2** (II, 1), 1145 (1929).

BLEICHERT, A., u. R. WAGNER: Versuche zur Erfassung des Pupillenspiels als Regelungs-Vorgang. Z. Biol. **109**, 70, 281 (1956).

BLISS, A. F.: The chemistry of daylight vision. J. gen. Physiol. **29**, 277 (1946). Photolytic lipids from visual pigments. J. gen. Physiol. **29**, 299 (1946).

— The mechanism of retinal vitamin A formation. J. biol. Chem. **172**, 165 (1948).

BLÜMNER, H.: Die Farbenbezeichnungen der römischen Dichter. Berl. Stud. f. klass. Phil. u. Arch. **13** (3) (1892).

BODENSTEIN, M.: (1) Photochemische Sensibilisation. Naturwissenschaften **28**, 145 (1940).

— (2) Photochemie. Naturwissenschaften **23**, 10 (1935).

— (3) Die Entstehung des latenten Bildes und die Entwicklung desselben in der Photographie. Abh. Preuß. Akad. Wiss., Physik.-math. Kl. **1942**, Nr. 19.

BOEGEHOLD, H.: Die Lupe, das zusammengesetzte Mikroskop. Geiger u. Scheels Handb. d. Physik 18, 463 (1927). Darin S. 521.

BOGOSLOVSKI, H. J., u. J. SÉGAL: Zit. nach W. MÜLLER-LIMMROTH.

BOHNENBERGER, FR.: Die Bedeutung der Ostwaldschen Farbenlehre. Tübinger naturwiss. Abh., 7. Heft. Mohr-Siebeck 1924.

BOHR, N.: Licht und Leben. Naturwissenschaften **21**, 245 (1933).

BOIS-REYMOND, E. DU: Untersuchungen über tierische Elektrizität. Berlin: G. Reimer 1849.

BOLL, F.: Zur Anatomie und Physiologie der Retina. Arch. f. (An. u.) Physiol. **1877**, 1. — Weitere Arbeiten in Mber. d. Akad. d. Wiss. Berlin 1876 und 1877.

BONHOEFFER, K. F., u. P. HARTECK: Grundlagen der Photochemie. (Die Chem. Reaktion, Band 1.) Steinkopff 1933.

BOSTRÖM, C. G., u. I. KUGELBERG: Tabulae Pseudo-Isochromaticae (Tavler för Färgsinnes-prövning) Stockholm: Kifa 1944.

BOUMA, P. J.: Farbe und Wahrnehmung. Philips' Techn. Biblioth. Eindhoven 1951.

BOUMAN, H. D.: Experiments on the electrical excitability of the eye. Arch. néerl. physiol. **20**, 430 (1935).

BOUMAN, M. A.: Peripheral contrast thresholds of the human eye. J. opt. soc. Amer. **40**, 825 (1950).

— Quanta explanation of vision. Docum. ophthal. (s'-Grav.) **5**, 25 (1950).

— and J. TEN DOESSCHATE: Nervous and photochemical components in visual adaptation. Ophthalmologica (Basel) **126**, 222 (1953).

— — u. H. A. VAN DER VELDEN: Electrical stimulation of the human eye by means of periodical rectangular stimuli. Docum. ophthal. (s'-Grav.) **5—6**, 151 (1951).

— and H. A. VAN DER VELDEN: The two-quanta hypothesis as a general explanation for the behavior of threshold values and visual acuity for the several receptors of the human eye. J. opt. soc. Amer. **38**, 570 (1948).

BOURGUIGNON, G.: La chronaxie chez l'homme. Paris 1923.

BRAMMERTZ, W.: Über das normale Vorkommen von Glykogen in der Retina. Arch. mikr. Anat. **86**, 1 (1914).

BRANDES, S.: Astigmatische Akkommodation unter dem Einfluß einseitiger Einwirkung von Homatropin und Eserin. Arch. Augenheilk. **49**, 255 (1903).

BRECHER, G. A.: (1) Die Verschmelzungsgrenze von Lichtreizen beim Affen. Z. vergl. Physiol. **22**, 539 (1935).

— (2) Optisch ausgelöste Augen- und Körperreflexe am Kaninchen. Z. vergl. Physiol. **23**, 374 (1936).

— (3) Die subjektiven Helligkeitswerte des Spektrums beim Affen. Z. vergl. Physiol. **23**, 771 (1936).

— (4) Die optokinetische Auslösung von Augenrollung und rotatorischem Nystagmus. Pflügers Arch. ges. Physiol. **234**, 13 (1934).

— Die Momentgrenze im optischen Gebiet. Z. Biol. **98**, 232 (1937).

BRECHER, G. A.: Form und Ausdehnung der Panumschen Areale bei fovealem Sehen. Pflügers Arch. ges. Physiol. **246**, 315 (1942).
— Quantitative studies of binocular fusion. Amer. J. Ophthal. **38**, 134 (1954).
BREWSTER, D., siehe v. ROHR.
BRINDLEY, G. S.: The effects on colour vision of adaptation to very bright lights. J. Physiol. (Lond.) **122**, 332 (1953).
— The summation areas of human colour-receptive mechanisms at increment threshold. J. Physiol. (Lond.) **124**, 400 (1954).
— The passive electrical properties of the frog's retina, choroid and sclera for radial fields and currents. J. Physiol. (Lond.) **134**, 339 (1956).
— The passive electrical properties of the retina and the sources of the electroretinogram. Bibl. ophthal. **48**, 24 (1956).
— and E. N. WILLMER: Reflexion of light from macular and peripheral fundus oculi in man. J. Physiol. (Lond.) **116**, 350 (1952).
BRODA, E. E., C. F. GOODEVE and R. J. LYTHGOE: The weight of the chromophore carrier in the visual purple molecule. J. Physiol. (Lond.) **98**, 397 (1940).
BRODHUN, E.: Photometrie. Geiger u. Scheels Handb. d. Physik 19, 468 (1928). Es sei hier weiter auf die Darstellung der Photometrie in Müller-Pouillets Lehrb. d. Physik, 11. Aufl., 2 (2), 1. Teil, 1198 (1929) hingewiesen.
BRONS, J.: The blind spot of Mariotte. Its ordinary imperceptibility or filling-in and its facultative visibility. Diss. Kopenhagen 1939: A. Brusck, und London: Lewis & Co.
BROWN, E.V. L.: Use-abuse theory of changes in refraction versus biologic theory. Arch. Ophthal. (Chicago) **28**, 845 (1942).
BRÜCKE, E.: Die Physiologie der Farben für die Zwecke der Kunstgewerbe bearbeitet. Leipzig 1866.
BRÜCKE, E. TH. v., u. A. BRÜCKNER: Über ein scheinbares Organgefühl des Auges. Pflügers Arch. ges. Physiol. **91**, 360 (1902).
BRÜCKNER, A.: (1) Klinische Untersuchungsmethoden. K. Handb. d. Ophthalm. 2, 835 (1932).
— (2) Über die Anfangsgeschwindigkeit der Augenbewegungen. Pflügers Arch. ges. Physiol. **90**, 73 (1902).
— (3) Zur Frage der Eichung von Farbensystemen. Z. Sinnesphysiol. **58**, 322 (1927).
BRÜCKNER, E.: Oberleutnant Ed. Ritter v. Orels Stereoautograph als Mittel zur automatischen Herstellung von Schichtplänen und Karten. Mitt. d. k. k. Geograph. Ges. in Wien 1911,227.
BRUNNER, O., u. E. BARONI: Zur Kenntnis der Netzhautstoffe IV. Über die Flavine der Netzhaut. Mh. Chem. **68**, 264 (1936). (Weitere Arbeiten vgl. bei KLEINAU.)
BRUNNER, W.: Über den Vererbungsmodus der verschiedenen Typen der angeborenen Rotgrünblindheit. Albrecht v. Graefes Arch. Ophthal. **124**, 1 (1930).
BUCHWALD, E.: Fünf Kapitel Farbenlehre. Mosbach/Baden: Physik-Verlag 1957.
BÜHLER, A.: Beobachtungen der Blutbewegung im Auge. Pflügers Arch. ges. Physiol. **165**, 150 (1916).
BÜTTNER, K.: Akkommodation und spektrale Dispersion des menschlichen Auges. Z. ophthal. Optik **20**, 35 (1932).
BUMKE, O.: Die Pupillenstörungen bei Nerven- und Geisteskrankheiten, 2. Aufl. Jena: Fischer 1911.
BURIAN, H. M.: Fusionsbewegung bei Strabismus: Die Rolle peripherer Netzhautreize. Albrecht v. Graefes Arch. Ophthal. **21**, 486 (1939).
— Influence of prolonged wearing of meridional size lenses in spatial localization. Arch. Ophthal. (Chicago) **30**, 645 (1943).
— and K. N. OGLE: Meridional aniseikonia at oblique axes. Arch. Ophthal. (Chicago) **33**, 293 (1945).
BUSCH, L., H. J. NEUMANN u. G. v. STUDNITZ: Sehpurpurlöslichkeit in Zephirol. Naturwissenschaften **29**, 781 (1941).
CAMPBELL, F. W., and W. A. H. RUSHTON: Measurement of the scotopic pigment in the living human eye. J. Physiol. (Lond.) **130**, 131 (1955).
CANELLA, F.: Quelques recherches sur la vision monoculaire. C. R. Soc. Biol. Paris **122**, 1221 (1936). (Entfernungswahrnehmung bei einäugigen Tieren.)
CHAPANIS, A.: Spectral saturation and its relation to color-vision defects. J. exp. Psychol. **34**, 24 (1944).
— The dark adaptation of color anomalous measured with lights of different hues. J. gen. Physiol. **30**, 423 (1947).
— Relationship between visual acuity and color vision. Hum. Biol. **22**, 1 (1950).
CHASE, A. M.: Anomalies in the absorption spectrum and bleaching kinetics of visual purple. J. gen. Physiol. **19**, 577 (1936).
— and E. L. SMITH: Regeneration of visual purple in solution. J. gen. Physiol. **23**, 21 (1939).

CIBIS, P.: Zur Struktur und Histochemie der Neuroepithelien der menschlichen Netzhaut. Klin. Mbl. Augenheilk. **106**, 160 (1941).
— Zur Pathologie der Lokaladaptation. Albrecht v. Graefes Arch. Ophthal. **148**, 1 (1947). I. Mitt.
— Zur Pathologie der Lokaladaptation. Albrecht v. Graefes Arch. Ophthal. **148**, 216 (1948). II. Mitt.
— Über den gegenwärtigen Stand der Theorie des Farbensinnes. Ber. ophthal. Ges. **54**, 62 (1948).
— Retinal adaptation of night flying. J. Aviat. Med. **23**, 168 (1952).
— Problems of depth perception in monocular and binocular flying. J. Aviat. Med. **23**, 612 (1952).
— and H. HABER: Anisopia and perception of space. J. opt. soc. Amer. **41**, 676 (1951).
— u. H. NOTHDURFT: Experimentelle Trennung eines zentralen und eines peripheren Anteils von unbunten Nachbildern. Lokalisation der Leitungsunterbrechung, die bei experimenteller Netzhautanämie zu temporärer Amaurose führt. Pflügers Arch. ges. Physiol. **250**, 501 (1948).
CLAMANN, H. G.: (1) Über die Möglichkeit von Augenschädigungen durch Sonnenstrahlung beim Höhenflug. Dtsch. Mil.arzt **1**, 160 (1936).
— (2) Die Dunkeladaptationskurve des Auges bei Sauerstoffmangel. Luftf.med. **2**, 223 (1938).
CLAUSEN, J.: Visual sensations (phosphenes) produced by AC sine wave stimulation. Acta psychiat. (Kbh.) Suppl. **94**, 9 (1955).
COGAN, D. C.: Accommodation and the autonomic nervous system. Arch. Ophthal. (Chicago) **18**, 739 (1937).
COLENBRANDER, M. C.: Monocular depth perception. Ophthalmologica (Basel) **117**, 358 (1949).
— What is fixation? Ophthalmologica (Basel) **128**, 253 (1954).
COMBERG, W.: (1) Das Sehen bei herabgesetzter Beleuchtung. (Darin u. a. über das Nyktometer und Blendungseinfluß.) 53. Ber. dtsch. ophthal. Ges. **1940**, 6.
— (2) Lichtsinn. K. Handb. d. Ophthal. **2**, 172 (1932).
— (3) Sichtbarkeit gelber Maculafarbe im gewöhnlichen Spiegellicht. Klin. Mbl. Augenheilk. **79**, 479 (1929).
— Blickfeld des Auges und Umblickfeld. Ber. ophthal. Ges. **58**, 6 (1953).
— Prüfung des Umblickfeldes (zugleich ein Beitrag für die Untersuchung von Autofahrern u.Fliegern). Forsch. u. Prax. **2**, 102 (1954).
CORBETT, H. V.: Hue discrimination in normal and abnormal colour vision. J. Physiol. (Lond.) **88**, 176 (1937).
CRAIK, K. I. W.: Origin of visual afterimages. Nature (Lond.) **145**, 512 (1940).
CRESCITELLI, F., and H. J. A. DARTNALL: Human visual purple. Nature (Lond.) **172**, 195 (1953).
CRONE, R. A.: Spectral sensitivity in color-defective subjects and heterozygous carriers. Amer. J. Ophthal. **48**, 231 (1959).
CROZIER, W. J.: The theory of the visual threshold. Time and intensity. Proc. Nat. Acad. Sci. (Wash.) **26**, 54 (1940).
— On the kinetics of adaptation. Proc. Nat. Acad. Sci. (Wash.) **26**, 334 (1940).
CÜPPERS, C.: Die fortlaufende Registrierung der direkten und der konsensuellen Pupillenreaktion. Albrecht v. Graefes Arch. Ophthal. **155**, 588 (1954).
— u. E. WAGNER: Zur pharmakologischen Beeinflussung der Netzhautfunktion. Klin. Mbl. Augenheilk. **117**, 59 (1950); **118**, 288 (1951).
CZAPSKI, S.: (1) Das Auge. Winkelmanns Handb. d. Physik **6** (1), 261 (1904).
— (2) Das zusammengesetzte Mikroskop. Winkelmanns Handb. d. Physik **6** (1), Optik I. 335 (1904). (Darin S. 369 über binokulare Mikroskope.)
CZERMAK: Über Schopenhauers Theorie der Farbe. Ber. Akad. d. Wiss. Wien **62**, 2 (1870).
DAHMS, O.: Über halbseitige Farbenblindheit (homonyme Hemiachromatopsie). Med. Diss. Leipzig 1895 (Halle: Kämmerer).
DARTNALL, H. J. A.: Interpretation of spectral sensitivity curves. Brit. med. Bull. **9**, 24 (1953).
— The visual pigments. 216 S. London: Methuen a. Co Ltd. 1957.
— and C. F. GOODEVE: Scotopic luminosity curve and the absorption spectrum of visual purple. Nature (Lond.) **139**, 409 (1937).
— and L. C. THOMSON: Retinal oxygen supply and macular pigmentation. Nature (Lond.) **164**, 876 (1949).
DAVSON, H.: The physiology of the eye. S. 451. Philadelphia: Blakistone Company 1950.
— Physiology of the ocular and cerebrospinal fluids. Boston: Little, Brown & Co 1956.
— and W. ST. DUKE-ELDER: The distribution of reducing substances between the intraocular fluids and blood plasma and the kinetics of penetration of various sugars into these fluids. J. Physiol. (Lond.) **107**, 141 (1948); **108**, 203 (1949).
DEKKING, H. M.: An instrument for measuring visual power. Ophthalmologica (Basel) **130**, 225 (1955).

DELLA CASA, F.: Ein Adaptometer für den prakt. Arzt. Ophthalmologica (Basel) **106**, 143 (1943).

DENTON, E. J., and M. H. PIRENNE: Spatial summation at the absolute threshold of peripheral vision. J. Physiol. (Lond.) **116**, 32 (1952).

— — The absolute sensitivity and functional stability of the human eye. J. Physiol. (Lond.) **123**, 417 (1954).

DEWAR, J., and J. G. McKENDRICK: On the physiological action of light. J. Anat. Physiol. **17**, 275 (1873).

— — On the physiological action of light. Trans. roy. Soc. (Edinb.) **27**, 141 (1873).

DIETER, W.: (1) Demonstrationsmethoden zur Bestimmung des Blutdruckes im Auge. Pflügers Arch. ges. Physiol. **220**, 317 (1928).

— (2) Die angeborene, familiär erbliche, stationäre (idiopathische) Hemeralopie. Pflügers Arch. ges. Physiol. **196**, 113 (1922).

— (3) Über die subjektiven Farbenempfindungen bei angeborenen Störungen des Farbensinnes. Z. Sinnesphysiol. **58**, 73 (1927).

— (4) Allgemeine Störungen der Adaptation des Sehorganes. Bethes Handb. d. Physiol. **12** (2), 1895 (1931).

— (5) Über das Purkinjesche Phänomen im stäbchenfreien Bezirk der Netzhaut. Albrecht v. Graefes Arch. Ophthal. **113**, 141 (1924).

— (6) Über Aktionsströme. 53. Ber. dtsch. ophthal. Ges. **1940**, 53 (betr. Aktionsstrom der zentripetalen Fasern der Nn. ciliares brev. des Auges).

DITCHBURN, R. W.: Eye-movements in relation to retinal action. Opt. Acta (Paris) **1**, 171 (1955).

— and D. H. FENDER: The stabilized retinal image. Optica Acta (Paris) **2**, 128 (1955).

— and B. L. GINSBORG: Vision with a stabilized retinal image. Nature (Lond.) **170**, 36 (1952).

— — Involuntary eye movements during fixation. J. Physiol. (Lond.) **119**, 1 (1953).

DITTLER, R.: (1) Über die Zapfenkontraktion an der isolierten Froschnetzhaut. Pflügers Arch. ges. Physiol. **117**, 1 (1907).

— (2) Die objektiven Veränderungen der Netzhaut bei Belichtung. Bethes Handb. d. Physiol. **12** (1), 266 (1929). — Vgl. DONTAS et KOTSAFTIS: Prakt. de l'Acad. d'Athènes **12**, 122 (1937).

— (3) Die Physiologie des optischen Raumsinnes. K. Handb. d. Ophthalm. **2**, 378 (1932).

— (4) Der Sehpurpur. K. Handb. d. Ophthal. **2**, 93 (1932).

— (5) Die chemischen Vorgänge in der Netzhaut. K. Handb. d. Ophthal. **2**, 112 (1932).

— (6) Gesichtssinn. Handwörterb. d. Naturwissenschaften, 2. Aufl., S. 1208. 1933.

— (7) Über die Raumfunktion der Netzhaut in ihrer Abhängigkeit vom Lagegefühl der Augen und vom Labyrinth. Z. Sinnesphysiol. **52**, 274 (1921).

— u. J. KOIKE: Über die Adaptationsfähigkeit der Fovea centralis. Z. Sinnesphysiol. **46**, 166 (1912). Vgl. NAGEL und SCHAEFER.

DODT, E.: Beiträge zur Elektrophysiologie des Auges. Albrecht v. Graefes Arch. Ophthal. **151**, 672 (1951).

DÖNITZ, E.: Augenabstandmesser. Z. Instrumentenkde **21**, 260 (1901).

DÖRING, G. K., u. F. SCHAEFERS: Über die Tagesrhythmik der Pupillenweite beim Menschen. Pflügers Arch. ges. Physiol. **252**, 537 (1950).

TEN DOESSCHATE, G., and M. P. LANDSBERG: Time consumption in eye movements. Ophthalmologica (Basel) **128**, 298 (1954).

TEN DOESSCHATE, J.: Unterscheidungsschwelle und Adaptation. Nederl. T. Geneesk. **86** 1375 (1942).

— Electrical Stimulation of the visual apparatus. Ophthalmologica (Basel) **121**, 44 (1951).

— Observation on the entoptic foveal "chagrin". Ophthalmologica (Basel) **126**, 148 (1953).

— Die Netzhautperspektive. Albrecht v. Graefes Arch. Ophthal. **154**, 79 (1953).

DOHLMANN, G.: Physikalische und physiologische Studien zur Theorie des kalorischen Nystagmus. Acta oto-laryng. (Stockh.) Suppl. 5 (1925).

DONDERS, F. C.: Die Bewegungen des Auges, veranschaulicht durch das Phaenophthalmotrop. Albrecht v. Graefes Arch. Ophthal. **16** (1), 154 (1870).

— Die Projektion der Gesichtserscheinungen nach den Richtungslinien. Albrecht v. Graefes Arch. Ophthal. **17** (2), 1 (1871).

DONNER, K. O., and E. N. WILLMER: An analysis of the response from single visual purple-dependent elements in the retina of the cat. J. Physiol. (Lond.) **111**, 160 (1950).

DREHER, E.: Methodische Untersuchung der Farbtonänderungen homogener Lichter bei zunehmend indirektem Sehen und veränderter Intensität. Z. Sinnesphysiol. **46**, 1 (1911).

DREISCH, TH.: Messung der Energieverteilung im Spektrum und der Gesamtenergie. Geiger u. Scheels Handb. d. Physik **19**, 829 (1928).

DRESLER, A.: (1) Die subjektive Photometrie farbiger Lichter. Naturwissenschaften **29**, 225 (1941).

— (2) Über eine jahreszeitliche Schwankung der spektralen Helligkeitsempfindlichkeit. Das Licht **10**, H. 4 (1940).

DRIGALSKI, W. v.: (1) Über den Vitamin A-Bedarf des Menschen. I. Der gesunde Erwachsene. II. Schwangere, Stillende und Kranke. Klin. Wschr. 18, 1269 und 1318 (1939).
— (2) Die Vitamin A-Versorgung der deutschen Bevölkerung. Klin. Wschr. 19, 294 (1940).
— (3) Experimenteller Vitamin A-Mangel am Menschen. Zugleich ein Beitrag über den Wert der Adaptometrie. Z. Vitaminforsch. 9, 325 (1939).
DRISCHEL, H.: Untersuchungen über die Dynamik des Lichtreflexes der menschlichen Pupille. Der normale Reflexablauf nach kurzdauernder Belichtung und seine Variabilität. Pflügers Arch. ges. Physiol. 264, 145 (1957).
— u. C. LANGE: Über unwillkürliche Augapfelbewegungen beim einäugigen Fixieren. Pflügers Arch. ges. Physiol. 262, 307 (1956).
DRÜNER, L.: Über Mikrostereoskopie und eine neue vergrößernde Stereoskopkamera. Z. Mikrosk. 17, 281 (1900).
DUANE, A.: Normal values of accommodation at all ages. J. Amer. med. Ass. 59, 1010 (1912).
DURUP, G., et H. PIÉRON: L'équation de Rayleigh et la dissociation des valences chromatiques et lumineuses. Rev. Opht. 22, 224 (1945).
DVOŘÁK, V.: Über Analoga der persönlichen Differenz zwischen beiden Augen und den Netzhautstellen desselben Auges. S.-B. kgl. Böhm. Ges. d. Wiss. 1872, 65.
EBBECKE, U.: (1) Der farbenblinde und schwachsichtige Saum des blinden Flecks. Pflügers Arch. ges. Physiol. 185, 173 (1920).
— (2) Über das Augenblickssehen. Pflügers Arch. ges. Physiol. 185, 181 (1920). (Betr. Sichtbarkeit der Fovea.)
— (3) Entoptische Versuche über Netzhautdurchblutung. Pflügers Arch. ges. Physiol. 186,, 220 (1921).
— (4) Receptorenapparat und entoptische Erscheinungen. Bethes Handb. d. Physiol. 12 (1), 233 (1929).
— Konvergenz und Tiefenlokalisation. Pflügers Arch. ges. Physiol. 248, 262 (1944).
— Über eine Umwandlung des Gesichtsfeldes bei Dauerexposition. Pflügers Arch. ges. Physiol. 249, 87 (1948).
— Über einen durch Orangefilter bewirkten Farbwechsel. Pflügers Arch. ges. Physiol. 250, 414 (1948); 251, 230 (1949).
— Spontane Erregungsschwankungen des Sehfelds u. elektrophysiologische Schwankungen (α-Wellen). Pflügers Arch. ges. Physiol. 250, 421 (1948).
— Wirklichkeit und Täuschung. Vom richtigen und falschen Sehen. 85. S. (Kleine Vandenhoeck-Reihe 36). Göttingen: Vandenhoeck & Ruprecht 1956.
EBE, W., K. ISOBE and K. MOTOKAWA: Physiological mechanisms of color blindness. Science 113, 353 (1951).
ECKEL, K.: Der Adaptationsverlauf unter verschieden starker Ausbleichung und kurzfristiger Blendung (sowie unter Sauerstoffatmung). Ophthalmologica (Basel) 122, 325 (1951).
EDRIDGE-GREEN, F. W.: The theory of vision. Brit. J. Ophthalm. 4, 409 (1920).
EHLERS, H.: On the clinical evaluation of the visual acuity. Bull. ophthal. Soc. Egypt. 46, 638 (1953).
EHRICH, W.: Die Diagnose der Trennschwierigkeit bei der Amblyopie und ihre Behandlungsmethodik mit einem neuen Trennungstrainer. Klin. Mbl. Augenheilk. 127, 221 (1955).
— Die Trenn- und Leseunfähigkeit bei der Schielamblyopie. Med. Klin. 51, 1236 (1956).
— Fixationszeit und Fixationsort. Albrecht v. Graefes Arch. Ophthal. 158, 149 (1956).
— Methodische Richtlinien zur entoptischen Funktionsprüfung. Klin. Mbl. Augenheilk. 133, 396 (1958).
EINTHOVEN, W.: Eine einfache physiologische Erklärung für verschiedene geometrisch-optische Täuschungen. Pflügers Arch. ges. Physiol. 71, 7 (1898).
EISLER, P.: Die Anatomie des menschlichen Auges. K. Handb. d. Ophthal. 1, 1 (1930).
ELSBERG, CH. A., and H. SPOTNITZ: A theory of retino-cerebral function with formulas for threshold vision and light and dark adaptation at the fovea. Amer. J. Physiol. 121, 454 (1938). Vgl. 120, 689 (1937).
EMSLEY, H. H.: Visual Optics. Vol. I, II. London: Hatton Press Ltd. 1957.
ENGELBRECHT, K.: Der echte Simultankontrast und die falsche Kontraststeigerung. Klin. Mbl. Augenheilk. 127, 163 (1955).
ENGELKING, E.: (1) Über die Pupillenreaktion bei angeborener totaler Farbenblindheit. Ein Beitrag zum Problem der pupillomotorischen Aufnahmeorgane. Klin. Mbl. Augenheilk. 66, 707 (1921). Vgl. Z. Sinnesphysiol. 50, 319 (1919).
— (2) Vergleichende Untersuchungen über die Pupillenreaktion bei der angeborenen totalen Farbenblindheit. Klin. Mbl. Augenheilk. 69, 177 (1922).
— (3) Die Tritanomalie, ein bisher unbekannter Typus der anomalen Trichromasie. Albrecht v. Graefes Arch. Ophthal. 116, 196 (1925).
— (4) Über den Verlauf der Eichwertkurven bei den anomalen Trichromaten. Klin. Mbl. Augenheilk. 78, 209 (1927).

ENGELKING, E.: (5) Farbenschwäche und künstliche zeitweilige Farbenblindheit. Klin. Mbl. Augenheilk. **90**, 9 (1933). (Darin über Farbenamblyopie und -asthenopie.)
— (6) Über die spektrale Verteilung der Unterschiedsempfindlichkeit für Farbentöne bei den verschiedenen Formen der anomalen Trichromasie. Klin. Mbl. Augenheilk. **77**, Beilageheft, 61 (1926).
— (7) Über den Stereowert und Zeitdifferenzwert verschiedenfarbiger Lichter und die relative Empfindungszeit der Stäbchen und Zapfen bei den angeborenen Störungen des Farbensinnes. Klin. Mbl. Augenheilk. **73**, 1 (1924 II).
— (8) Über den Nystagmus bei der angeborenen Farbenblindheit. Pflügers Arch. ges. Physiol. **201**, 220 (1923).
— u. A. ECKSTEIN: Neue Farbenobjekte für die klinische Perimetrie. Klin. Mbl. Augenheilk. **64**, 664 (1920). — Albrecht v. Graefes Arch. Ophthal. **104**, 75 (1921).
— u. W. JAEGER: Neukonstruktion eines Adaptometers auf der Grundlage des früheren Engelking-Hartungschen Instrumentes. Ber. ophthal. Ges. **60**, 279 (1956).
— u. F. POOS: Über die Bedeutung des Stereophänomens für die isochrome und heterochrome Helligkeitsvergleichung. Albrecht v. Graefes Arch. Ophthal. **114**, 340 (1924).
ERBSLÖH, J.: Die Adipositas und ihre Behandlung aus der Sicht der Farbenpsychologie. Medizinische **1957**, 349.
ERGGELET, H.: (1) Bemerkungen zum Piperschen Adaptometer. 53. Ber. dtsch. ophthal. Ges. **1940**, 42.
— (2) Die Refraktion und die Akkommodation mit ihren Störungen. K. Handb. d. Ophthal. **2**, 460 (1932).
— (3) Brillenlehre. K. Handb. d. Ophthal. **2**, 745 (1932).
— (4) Zur Raumauffassung bei der Änderung der Augenstandlinie. Verh. Ophthal. Ges. Wien **1921**, 317.
— Über Brillenwirkungen. Z. ophthal. Opt. **3**, 170 (1916).
— Über den äußeren Erfolg der Akkommodation beim Brillenträger. Z. ophthal. Opt. **8**, 161 (1920).
— Versuche zur beidäugigen Tiefenwahrnehmung bei hoher Ungleichsichtigkeit. Klin. Mbl. Augenheilk. **66**, 685 (1921).
ESSER, A.: Zur Genese der akkommodativen Mikropsie und Makropsie. Z. Augenheilk. **44**, 132 (1920).
EULER, H. v., u. E. ADLER: Über den Nachweis eines Lyochroms im Pigmentepithel des Auges. Arkiv Kemi, Mineral. Geol. 11 B, Nr. 21 (1933).
— — Beobachtungen über den Sehpurpur. Arkiv Kemi, Mineral. Geol. 11 B, Nr. 20 (1933).
— — Über das Vorkommen von Flavin in tierischen Geweben. Hoppe-Seylers Z. physiol. Chem. **223**, 105 (1934).
— u. H. HELLSTRÖM: Über Carotin in der Retina und die vermutliche Beziehung zwischen Carotinoid-Mangel und Nachtblindheit. Sv. Kemisk Tidskr. **45**, 203 (1933).
— u. E. ADLER: Fluorescenzmikroskopische Studien über das Flavin in Augen. Z. vergl. Physiol. **21**, 739 (1935).
EWALD, J. R., u. W. KÜHNE: Untersuchungen über den Sehpurpur. Unters. a. d. Physiol. Inst. Heidelberg, ab 1878. — Vgl. KÜHNE.
— u. O. GROSS: Über Stereoskopie und Pseudoskopie. Pflügers Arch. ges. Physiol. **115**, 514 (1906).
EXNER, FR.: (1) Zur Kenntnis der Grundempfindungen im Helmholtzschen Farbensystem. S.-B. Akad. Wiss. Wien, Math.-naturwiss. Kl., Abt. II a, **129**, 27 (1920).
— (2) Versuch einer Theorie des Farbensehens. S.-B. Akad. Wiss. Wien, Math.-naturwiss. Kl., Abt. II a, **131**, 615 (1922).
FABRO, C.: La fenomenologia della percepzione. Milano 1941, ed. Vita e pensiero. Publ. d. Univ. S. Cuore, ser. 6, Sc. biol., **13**. (Angef. n. Ber. v. SKRAMLIK.)
FARNSWORTH, D.: Description of a subject congenitally deficient in violet-yellow vision. J. opt. soc. Amer. **33**, 350 (1943).
— The Farnsworth-Munsell 100 hue and dichotomous tests for color vision. J. opt. soc. Amer. **33**, 568 (1943).
— Tritanomalous vision as a threshold function. Farbe **4**, 185 (1955).
FEDOROV, N. T. u. Mitarb.: A new determination of the relative luminosity curve. J. Physics (USSR) **3**, 1 (1940).
— Quelques recherches dans la domaine de la colorimétrie spéciale. Comm. Internat. de l'Eclairage 13. session. Zürich 13. bis 22. Juni 1955.
FG: Zum Sehschärfe-Problem. Bl. f. U.- u. Forschungs-Instrum. (Busch, Rathenow) **14**, 21 (1940).
FICK, A.: Dioptrik, Nebenapparate des Auges. Hermanns Handb. d. Physiol. **3**, 3 (1879).
— Die Lehre von der Lichtempfindung. Hermanns Handb. d. Physiol. **3**, 139 (1879).

FINCHAM, E. F.: The change in the form of the crystalline lens in accommodation. Trans. opt. Soc. Lond. **26**, 235 (1924/25). — Besprochen von H. ERGGELET: Z. ophthal. Opt. **14**, 22 (1927) (mit Abbildungen).
— Defects of the colour-sense mechanism as indicated by the accommodation. J. Physiol. (Lond.) **121**, 510 (1953).
FINKELNBURG, W.: Kontinuierliche Spektren. Springer 1938 (Struktur und Eigensch. d. Materie XX).
FISCHER, FR., u. B. GUDDEN: Die Augenempfindlichkeit im Ultrarot. S.-B. physiol. med. Soc. Erlangen **70**, 378 (1939).
FISCHER, F. P.: Ernährung und Stoffwechsel der Gewebe des Auges. Ergebn. Physiol. **31**, 507 (1931).
— Filme und Phasengrenzen im Auge. Ophthalmologica (Basel) **118**, 335 (1949).
— u. J. JONGBLOED: Untersuchungen über die Dunkeladaptation bei herabgesetztem Sauerstoffdruck der Atemluft. Arch. Augenheilk. **109**, 452 (1936). — (Vgl. JONGBLOED u. NOYONS.)
FISCHER, M. H.: Die Regulationsfunktionen des menschlichen Labyrinthes und die Zusammenhänge mit verwandten Funktionen. Ergebn. Physiol. **27**, 209 (1928).
— Messende Untersuchungen über das Purkinjesche Phänomen im Nachbilde. Pflügers Arch. ges. Physiol. **198**, 311 (1923).
— u. F. J. HABERICH: Messende Untersuchungen über einige wesentliche Geschehnisse beim Pulfricheffekt. Pflügers Arch. ges. Physiol. **257**, 290 (1953).
FISCHER, O.: Zur Kinematik des Listingschen Gesetzes. Abh. Sächs. Ges. Wiss., Math.-phys. Kl. **31**, 1 (1909).
FISCHER, T. P., and J. W. WAGENAAR: Binocular vision and fusion movements. Docum. ophthal. ('s-Grav.) **7**, 359 (1954).
FLAMANT, F., and W. S. STILES: The directional and spectral sensitivities of the retinal rods to the adapting fields of different wavelengths. J. Physiol. (Lond.) **107**, 187 (1948).
FORTIN, E. P.: Zit. nach H. BAURMANN.
FOXELL, C. A. P., and W. P. STEVENS: Measurements of visual acuity. Brit. J. Ophthal. **39**, 513 (1955).
FRANCESCHETTI, A.: Die Vererbung von Augenleiden. K. Handb. d. Ophthal. **1**, 631 (1930).
FRANÇOIS, M., et H. PIÉRON: Le pourpre rétinien est-il l'unique substance photochimique commune aux cônes et aux bâtonets de la rétine? C. R. Soc. Biol. Paris **91**, 1073 (1924).
FRANZ, W.: Zur Theorie des Farbensehens. Pflügers Arch. ges. Physiol. **246**, 112 (1942).
FREY, M. v., and H. STRUGHOLD: Weitere Untersuchungen über das Verhalten von Hornhaut und Bindehaut des menschlichen Auges gegen Berührungsreize. Z. Biol. **84**, 321 (1925).
FRICKE, H.: Die Bildvertauschung in der Stereoskopie. Z. wiss. Photogr. **5**, 205 (1907).
FRIEDENWALD, J. S.: The formation of the intraocular fluid. Amer. J. Ophthal. **32**, 9 (1949).
FRIEDRICH, W., u. H. SCHREIBER: Vortrag, gehalten auf d. Tagg. d. Lichttechn. Ges. Hannover 1942.
— — Das Sehen des menschlichen Auges im Ultraviolett. Die extra-fovealen Schwellenwerte für 365 mμ u. 546 mμ 1. Mitt. Pflügers Arch. ges. Physiol. **246**, 621 (1943).
FRITSCH, G.: Über Bau und Bedeutung der Area centralis des Menschen. Berlin 1908.
FRÖHLICH, FR. W.: Über die Messung der Empfindungszeit. Z. Sinnesphysiol. **54**, 58 (1923).
— Die Empfindungszeit. Jena: S. Fischer 1929.
— Ein Spaltapparat zur Demonstration der Empfindungszeit. Z. Sinnesphysiol. **60**, 127 (1930).
— u. K. VOGELSANG: Über eine physiologische Methode, die Ausdehnung der Fovea centralis zu bestimmen. Pflügers Arch. ges. Physiol. **207**, 110 (1925).
FRY, G. A.: The relation of the configuration of a brightness contrast border to its visibility. J. opt. soc. Amer. **37**, 166 (1947).
— Monocular Measurement of visual acuity corrected. Optometric Weekly, Dec. 19, 1949.
— The relation between perceived size and perceived distance. Amer. J. Optom. **30**, 73 (1953).
— Blur of the retinal image. Columbus, Ohio: Ohio State Univ. Press 1955.
— and S. H. BARTLEY: The brillance of an object seen binocularly. Amer. J. Ophthal. **16**, 687 (1933).
— — The effect of one border in the visual field upon the threshold of another. Amer. J. Physiol. **112**, 414 (1935).
— and P. W. COBB: Visual discrimination of two parallel bright bars in a dark field. Amer. J. Psychol. **49**, 265 (1937).
— and H. O. WARD: Effect of chromatic adaptation upon normal color vision. US Office of Naval Research R. F. Project No 537, Phase **2**, 22 (1954).
FUNAISHI, S.: Über das Zentrum der Sehrichtungen. Albrecht v. Graefes Arch. Ophthal. **116**, 126 (1925).
GALIFRET, Y., et H. PIÉRON: De l'erreur systématique que comporte la méthode du papillotement en photométrie hétérochrome. Rev. opt. **36**, 157 (1957).

GARTEN, S.: (1) Über die Veränderungen des Sehpurpurs durch Licht. Albrecht v. Graefes Arch. Ophthal. **63**, 112 (1906).
— (2) Die Veränderungen der Netzhaut durch Licht. Handb. d. ges. Augenheilk., 2. Aufl., **3**, Kap. XII, Anhang, 1 (1925).
— (3) Herings Farbenmischapparat für spektrale Lichter. Z. Biol. **72**, 89 (1920). — Vgl. C. HESS: Abderhaldens Handb. Abt. V, Teil 6, S. 159. 1921. — GOLDMANN, H.: Pflügers Arch. ges. Physiol. **194**, 506 (1922).
— u. S. BLOOM: Vergleichende Untersuchung der Sehschärfe des hell- und des dunkeladaptierten Auges. Pflügers Arch. ges, Physiol. **72**, 372 (1898).
GARTH, T. R.: (1) Colour blindness and race. Z. Rassenkde **4**, 33 (1936).
— (2) A colour preference scale for one thousand white children. J. exper. Psychol. **7**, 233 (1924). — Weitere Arbeiten J. exper. Psychol. **5**, 392 (1922); **9**, 397 (1929). Vgl. LOBSIEN.
GELLHORN, E., and H. HAILMAN: The parallelism in changes of sensory function and EEG in anoxia and the effect of hypercapnia under these conditions. Psychos. Med. **6**, 23 (1944).
GERATHEWOHL, S. J.: Die Physiologie des Menschen im Flugzeug. München: Joh. Ambrosius Barth 1954.
— and H. STRUGHOLD: Motoric responses of eyes when exposed to light flashes of high intensities and short duration. J. Aviat. Med. **24**, 200 (1953).
— — Time consumption of eye movements and highspeed flying. J. Aviat. Med. **25**, 38 (1954).
— — The oculomotoric pattern of circular eye movements during increasing speed of rotation. J. exp. Psychol. **53**, 249 (1957).
GESCHER, J.: Zur physikalisch-optischen Deutung der entoptischen Sichtbarkeit der Blutbewegung im Auge. Arch. Augenheilk. **98**, 375 (1927).
GIBSON, J. J.: Adaptation, after-effect and contrast in the perception of curved lines. J. exp. Psychol. **16**, 1 (1933).
— The perception of the visual world. Cambridge Mass. USA: The Riverside Press 1950.
GIBSON, K. G.: Spectral luminosity factors. J. opt. soc. Amer. **30**, 51 (1940).
GILDEMEISTER, M., u. W. DIETER: Über die Erlernung von Farbengleichungen. Ein Beitrag zur Technik der Untersuchung Farbenuntüchtiger. Albrecht v. Graefes Arch. Ophthal. **107**, 26 (1921).
GILINSKY, A. G.: Perceived size and distance in visual space. Psychol. Rev. **58**, 460 (1951).
GINSBORG, B. L.: Rotation of the eyes during involuntary blinking. Nature (Lond.) **169**, 412 (1952).
— Small voluntary movements of the eye. Brit. J. Ophthal. **37**, 746 (1953).
GLASER, TH.: Zit. nach K. MÜTZE.
GLEES, M.: Über normale und gestörte Dunkeladaptation. Albrecht v. Graefes Arch. Ophthal. **145**, Nr. 4, 465 (1943).
— Über einige strittige Probleme der sogenannten normalen Dunkeladaptation. Ber. ophthal. Ges. **55**, 286 (1949).
— Ein einfaches Fixiergerät für das Engelking-Hartungsche Adaptometer. Ber. opthal. Ges. **57**, 333 (1951).
GLEICHEN, A.: Die Theorie der modernen optischen Instrumente. Stuttgart: Enke 1911.
GOETHE: Zur Farbenlehre, I. Band. (Didaktischer und polemischer Teil.) II. Band. (Materialien zur Geschichte der Farbenlehre. Nachträge.) Sämtliche Werke, 34. und 35. Band. Cotta 1895. Erstausgabe der Farbenlehre 1810 erschienen. Die teils farbigen Abbildungen sind enthalten in der Ausgabe des Verlags Diederichs, Jena 1928.
GÖTHLIN, G. F.: Die Erblichkeit angeborener totaler Farbenblindheit mit Lichtscheu. Acta ophthal. (Kbh.) **19**, 202 (1941).
— An analysis of the perception in published and spectroscopically investigated cases of congenital tritanopia. Acta ophthal. (Kbh.) **21**, 88 (1943).
— Experimental determination of the short wave fundamental color in man's color sense. J. opt. soc. Amer. **34**, 147 (1944).
GOLDBERG, E.: Beiträge zur Kinetik photochem. Reaktionen. Z. wiss. Photogr. **4**, 61 (1906).
GOLDMANN, H.: Abfluß des Kammerwassers beim Menschen. Ophthalmologica (Basel) **111**, 146 (1946).
— Demonstration unseres neuen Projektionsperimeters. Ophthalmologica (Basel) **111**, 187 (1946).
— Studien über den Abflußdruck des Kammerwassers beim Menschen. Ophthalmologica (Basel) **114**, 81 u. 216 (1947).
— Wert der objektiven Sehschärfebestimmung. Schweiz. med. Wschr. **1948**, 397.
— Un nouveau tonomètre à aplanation. Bull. Soc. Franç. d'Opht. **67**, 474 (1955).
— u. TH. SCHMIDT: Zur Prüfung und Standardisierung von Schiötztonometern. Klin. Mbl. Augenheilk. **127**, 12 (1955).
— — Über Applanationstonometrie. Ophthalmologica (Basel) **134**, 221 (1957).
GORDON, G.: Observations upon the movements of the eye lids. Brit. J. Ophthal. **35**, 339 (1951).

384   Literaturverzeichnis

GOSSEN, H.: Medizin- und naturwissenschaftshistorische Lesefrüchte. Med. Welt 11, 333 (1937). (Darin über die Regenbogenfarben bei Plutarch.)

GRAFE, E.: Pharmakologische Wirkungen auf Iris und Ciliarmuskel. Bethes Handb. d. Physiol. 12, (1), 196 (1929).

GRAFF, TH.: Grundlagen der Akkommodationsmessung. Pflügers Arch. ges. Physiol. 255, 302 (1952).

— Messungen augen- und brillenoptischer Größen. Karlsruhe: Verlag G. Braun 1960.

GRAHAM, C. H., and E. H. KEMP: Brightness discrimination as a function of the duration of the increment in intensity. J. gen. Physiol. 21, 635 (1938).

GRAHAM, S. H., and R. MARGARIA: Area and the intensity-time relation in the peripheral retina. Amer. J. Physiol. 113, 295 (1935).

GRANIT, R.: (1) Isolation of components in the retinal action potential of the decerebrate dark-adapted cat. J. Physiol. (Lond.) 76 (1932), Proc. physiol. Soc. 1—2.

— (2) The components of the retinal action potential in mammals and their relation to the discharge in the optic nerve. J. Physiol. (Lond.) 77, 207 (1933).

— (3) The retinal centre as an amplifier of potential differences. Nature (Lond.) 139, 719 (1937 II).

— (4) Die Elektrophysiologie der Netzhaut und des Sehnerven (mit besonderer Berücksichtigung der theoretischen Begründung der Flimmermethode). Acta ophthal. (Kbh.) 14. Suppl. VIII (1936).

— (5) Two types of retinae and their electrical responses to intermittent stimuli in light and dark adaptation. J. Physiol. (Lond.) 85, 421 (1935).

— (6) Processes of adaptation in the vertebrate retina in the light of recent photochemical and electrophysiological research. Docum. ophthal. 1, 7 (1938).

— (7) Sehpurpur, Lichtempfindlichkeit, Vitamin A. (Schwedisch.) Norsk Mag. Laegevidensk. 3, 2 (1939), III B, 2700. — Vgl. Ber. Physiol. 118, 92 (1940) (GUDZEIT).

— (8) Isolation of colour-sensitive elements in a mammalian retina. Acta physiol. scand. 2, 93 (1941).

— (9) A relation between rod and cone substances based on scotopic and photopic spectra of Cyprinus, Tinca, Anguilla and Testudo. Acta physiol. scand. 2, 334 (1941).

— (10) Rotation of activity and spontaneous rhythms in the retina. Acta physiol. scand. 1, 370 (1941).

— (11) The "red" receptor of testudo. Acta physiol. scand. 1, 386 (1941).

— (12) Colour receptors of the frog's retina. Acta physiol. scand. 3, 137 (1942).

— (13) The photopic spectrum of the pigeon. Acta physiol. scand. 4, 118 (1942).

— (14) The spectral properties of the visual receptors of the cat. Acta physiol. scand. 5, 219 (1943).

— (15) "Red" and "green" receptors in the retina of Tropidanotus. Acta physiol. scand. 5, 108 (1943).

— (16) Neural organization of the retinal elements, as revealed by polarization. J. Neurophysiol. 10, 139 (1947).

— (17) Sensory mechanisms of the retina. London-New York-Toronto: Oxford Univ. Press 1947.

— (18) The mammalian colour modulators. J. Neurophysiol. 11, 253 (1948).

— (19) The effect of two wave-lengths of light upon the same retinal element. Acta physiol. scand. 18, 281 (1949).

— (20) The organization of the vertebrate retinal elements. Ergebn. Physiol. 46, 31 (1950).

— (21) The antagonism between the on- and off-systems in the cat's retina. Ann. physiol. 50, 129 (1951).

— (22) Receptors and sensory perception. New Haven: Yale Univ. Press 1955.

— (23) Centrifugal and antidromic effects on ganglion cells of retina. J. Neurophysiol. 18, 388 (1955).

— (24) Möglichkeiten und Grenzen der Elektroretinographie. In SAUTTER u. STRAUB: Elektroretinographie Bibliotheca ophthalmologica Bd. 48, S. 38. Basel u. New York: S. Karger 1957.

— S. COOPER and R. S. CREED: A note on the retinal action potential of the human eye. J. Physiol. (Lond.) 79, 185 (1933).

— and R. S. CREED: Observations on the retinal action potential with especial reference to the response to intermittent stimulation. J. Physiol. (Lond.) 78, 419 (1933).

— T. HOLMBERG and M. ZEWI: On the mode of action of visual purple on the rod cell. J. Physiol. (Lond.) 94, 430 (1938) und Nature (Lond.) 142, 397 (1938). (Betrifft Sehpurpurmenge und Aktionsstromgröße.)

— L. LEKSELL and C. R. SKOGLUND: Fiber interaction in injured or compressed region of nerve. Brain 67, 125 (1944).

GRANIT, R., A. MUNSTERHJELM: The electrical responses of dark-adapted frog's eyes to monochromatic stimuli. J. Physiol. (Lond.) 88, 436 (1937).
— — and M. ZEWI: The relation between concentration of visual purple and retinal sensitivity to light during dark adaptation. J. Physiol. (Lond.) 96, 31 (1939).
— and L. A. RIDDELL: The electrical responses of light- and dark-adapted frog's eyes to rhythmic and continuous stimuli. J. Physiol. (Lond.) 81, 1 (1934).
— and G. SVAETICHIN: Principles and technique of the electrophysiological analysis of colour reception with the aid of microelectrodes. Festschr. f. G. Fr. Göthlin, S. 161. Upsala 1939.
— and P. O. THERMAN: Excitation and inhibition in the retina and in the optic nerve. J. Physiol. (Lond.) 83, 359 (1935).
— and K. TANSLEY: Rods, cones and the localization of preexcitatory inhibition in the mammalian retina. J. Physiol. (Lond.) 107, 54 (1948).
— and C. M. WREDE: The electrical response of light-adapted frog's eyes to monochromatic stimuli. J. Physiol. (Lond.) 89, 239 (1937).
GRANT, W. M.: Tonographic method for measuring the facility and rate of aqueous flow in human eyes. Arch. Ophthal. (Chicago) 44, 204 (1950).
GRAYBIEL, A.: Oculogravic illusion. Arch. Ophthal. (Chicago) 48, 605 (1952).
GREAVES, D. P., and E. S. PERKINS: The 7th cranial nerve and intraocular pressure. J. Physiol. (Lond.) 134, 393 (1956).
GREEFF, R.: (1) Die mikroskopische Anatomie der Sehnerven und der Netzhaut. Handb. d. ges. Augenheilk. (GRAEFE-SAEMISCH), 2. Aufl., 1 (2), Kap. V. Springer 1900 (ganzer Band 1 erschienen 1931).
— (2) Das menschliche Auge. Der Augenoptiker Bd. 2. Weimar: Verl. Panse 1933.
— (3) Untersuchungen über binokulares Sehen mit Anwendung des Heringschen Fallversuchs. Z. Sinnesphysiol. 3, 21 (1892).
GREENBERG, R., and H. POPPER: Demonstration of Vitamin A in the retina by fluorescence microscopy. Amer. J. Physiol. 134, 114 (1941).
GREGG, F. M., E. JAMISON, R. WILKIE and R. RADINSKY: Are dogs, cats and raccoons colour blind ? J. comp. Psychol. 9, 397 (1929).
GRETHER, W. F.: (1) Color vision and color blindness in monkeys. Comp. Psychol. Monogr. 15, Nr. 4, 1 (1939). — Vgl. Besprechung von v. STUDNITZ in Ber. Physiol. 118, 629 (1940).
— (2) Chimpanzee color vision. J. comp. Psychol. 29, (1940). I. Hue discrimination at three spectral points 167. II. Colour mixture proportions. 179. III. Spectral limits. 187.
— (3) Spectral saturation curves for chimpanzee and man. J. exp. Psychol. 28, 419 (1941).
GREY, W. W., V. I. DONEY and H. W. SHIPTON: Analysis of the electrical response of the human cortex to photic stimulation. Nature (Lond.) 158, 540 (1946).
GRIFFIN, W. R., R. HUBBARD and G. WALD: The sensitivity of the human eye to infrared radiation. J. opt. soc. Amer. 37, 546 (1947).
GRIMM, R.: Über die Möglichkeit, binokular ungleich zu akkommodieren und über das Wesen der Akkommodation. Albrecht v. Graefes Arch. Ophthal. 131, 127 (1934).
GROETHUYSEN, G.: Dioptrik des Auges. Refraktionsanomalien. Augenleuchten und Augenspiegel. Bethes Handb. d. Physiol. 12 (1), 70 (1929).
GROOT, I. S. DE, and I. V. GEBHARD: Pupil size as determined by adaptation luminance. J. opt. soc. Amer. 42, 492 (1952).
GROSS, K.: Über vergleichende Helligkeitsmessungen am albinotischen Kaninchenauge. Z. Sinnesphysiol. 62, 38 (1932).
GROTRIAN, O.: Notizen über eine Größentäuschung und über einige scheinbare Bewegungen. Physik. Z. 18, 369 (1917).
GRÜTTNER, R.: Experimentelle Untersuchungen über den optokinetischen Nystagmus. Z. Sinnesphysiol. 68, 1 (1939).
GRÜTZNER, H. P.: Der Lichtverlust in der Macula lutea und die Einstellung von Farbengleichungen auf kleinem und großem Gesichtsfeld. Diss. Med. Fak. Tübingen 1955.
GRÜTZNER, P.: Einige Versuche über stereoskopisches Sehen. Pflügers Arch. ges. Physiol. 90, 525 (1902).
GUDDEN, B.: Phosphorescenz. Müller-Pouillets Lehrbuch d. Physik, 11. Aufl., 2 (2, II) 2326 (1929).
— Photochemie. Müller-Pouillets Lehrb. d. Physik, 11. Aufl., 2 (2, II), 2350 (1929).
GÜNTHER, G.: Objektive Sehschärfenbestimmung. Zwanglose Abhandlungen aus dem Gebiet der Augenheilk. Bd. 1. Halle 1950.
GÜNTHER, N.: Die Struktur des Sehraumes. Stuttgart: Wiss. Verl.-Ges. 1955.
GUILINO, H.: Welche Brillengläser sind als „punktuell abbildend" zu bezeichnen ? PO 42, Optische Werke G. Rodenstock, München (1951).

GUILLERY, H.: Sehschärfe. Bethes Handb. d. Physiol. **12** (2), 745 (1931).

GULLEDGE, I. S., M. J. KOOMEN, D. M. PACKER and R. TOUSEY: Visual thresholds for detecting an earth satellite. Science **127**, 1242 (1958).

GULLSTRAND, A.: (1) Über die Bedeutung der Dioptrie. Albrecht v. Graefes Arch. Ophthal. **49**, 46 (1900).

— (2) Die reelle optische Abbildung. Verh. schwed. Akad. d. Wiss. **41**, Nr. 3 (1906).

— (3) Die optische Abbildung in heterogenen Medien und die Dioptrik der Krystallinse des Menschen. Verh. schwed. Akad. d. Wiss. **43**, Nr. 2 (1908).

— (4) Zusätze zu „Die Dioptrik des Auges" in Band **1** der 3. Auflage des Handb. der physiologischen Optik von HELMHOLTZ, S. 225. 1909.

— (5) Einführung in die Methoden der Dioptrik des Auges des Menschen. Tigerstedts Handb. d. physiol. Method. **3** (1), 3. Abtl. (1914).

HABERICH, F. J., u. M. H. FISCHER: Die Bedeutung des Lidschlags für das Sehen beim Umherblicken. Pflügers Arch. ges. Physiol. **267**, 626 (1958).

HABERLANDT, L.: Studien zur optischen Orientierung im Raume und zur Präzision der Erinnerung an Elemente derselben. Z. Sinnesphysiol. **44**, 231 (1909).

HALLDEN, U.: An explanation of HAIDINGER's brushes. Arch. Ophthal. (Chicago) **57**, 393 (1957).

HAMASAKI, D., J. ONG and E. MARG: The amplitude of accommodation in presbyopia. Amer. J. Optom. **33**, 3 (1956).

HAMBURGER, C.: Bemerkungen zu den Theorien des Aufrechtsehens. Arch. Anat. Physiol. **1905**, 400.

HAMBURGER, F. A.: Über monokulare Dominanz im binokularen Sehakt. Klin. Mbl. Augenheilk. **109**, 1 (1943).

— Der Wettstreit und seine Rolle im Binocularsehen. Klin. Mbl. Augenheilk. **115**, 289 (1949).

— Das Sehen in der Dämmerung. Wien: Springer 1949.

— Die Bedeutung des binocularen Wettstreites für die Stereoskopie und die stereoskopische Entfernungsmessung. Albrecht v. Graefes Arch. Ophthal. **153**, 57 (1952).

HAMILTON, W. F., and E. FREEMAN: Trichromatic function of the average eye. J. Optic Soc. Amer. **22**, 369 (1932).

— and H. LAURENS: The sensibility of the fatigued eye to differences in wave-length in relation to color blindness. Amer. J. Physiol. **65**, 569 (1923).

HANSEN, G.: Zur Kenntnis des physiologischen Apertur-Farbeffektes. (Stiles-Crawford-Effekt. II. Art.) Naturwissenschaften **31**, 416 (1943).

HANSEN, H. TH.: Experimentelle Untersuchungen über den Zusammenhang zwischen der Heterophorie und dem Akkommodations- und Konvergenz-Mechanismus. Diss. Med. Fak. Kiel (1958).

HARDY, L. H., G. RAND and M. C. RITTLER: (1) The H-R-R polychromatic plates. Arch. Ophthal. (Chicago) **51**, 216 (1954).

— — — (2) Comparison of qualitative classification by H-R-R plates and other tests. Arch. Ophthal. (Chicago) **52**, 353 (1954).

— — — A screening test for defective red-green vision. Test based on eighteen pseudoisochromatic plates from the American Optical Company's compilation. Arch. Ophthal. (Chicago) **38**, 442 (1947).

— — — La vision des couleurs et les travaux récents sur les épreuves de la vision colorée. Ann. Oculist. (Paris) **183**, 519 (1950).

HARMS, H.: Ort und Wesen der Bildhemmung. Albrecht v. Graefes Arch. Ophthal. **138**, 149 (1937).

— Die Verteilung des Lichtsinnes in der Netzhaut. Klin. Mbl. Augenheilk. **112**, 353 (1947).

— Die vergleichende Funktionsprüfung des Auges. Ber. ophthal. Ges. **54**, 235 (1948).

— Die Adaptationsprüfung bei gleichbleibender Lichtempfindlichkeit des Auges. Ber. ophthal. Ges. **55**, 291 (1949).

— Grundlagen, Methoden und Bedeutung der Pupillenperimetrie für die Physiologie und Pathologie des Sehorgans. Albrecht v. Graefes Arch. Ophthal. **149**, 1 (1949).

— Räumliche Darstellung des Gesichtsfeldes. Ber. ophthal. Ges. **56**, 55 (1950).

— Entwicklungsmöglichkeiten der Perimetrie. Albrecht v. Graefes Arch. Ophthal. **150**, 28 (1950).

— Hemianopische Pupillenstarre. Klin. Mbl. Augenheilk. **118**, 133 (1951).

— Objektive Kontrolle der Gesichtsfeldstörungen. Ber. ophthal. Ges. **57**, 245 (1951).

— Die praktische Bedeutung quantitativer Perimetrie. Klin. Mbl. Augenheilk. **121**, 683 (1952).

— Neue Methoden der Perimetrie. Zeitfragen der Augenheilkunde. S. 369. Leipzig: Thieme 1952.

— Quantitative Perimetrie bei Sella-nahen Tumoren. Ophthalmologica (Basel) **127**, 255 (1954).

— u. E. AULHORN: Studien über den Grenzkontrast. I. Mitteilung: Ein neues Grenzphänomen. Albrecht v. Graefes Arch. Ophthal. **157**, 3 (1955).

HARTINGER, H., u. F. SCHUBERT: Über die Änderung des Sehvermögens durch farbige Schutzgläser. Klin. Mbl. Augenheilk. **105**, 337 (1940).
HARTLINE, H. K.: The response of single optic nerve fibers of the vertebrate eye to illumination
of the retina. Amer. J. Physiol. **121**, 400 (1938).
— The receptive fields of optic nerve fibers. Amer. J. Physiol. **130**, 690 (1940).
— and C. H. GRAHAM: The spectral sensitivity of single visual sense cell. Amer. J. Physiol.
109, 49 (1934).
HARTRIDGE, H.: Recent advances in the physiology of vision. Philadelphia: Blakiston Co. 1950.
— and A. HILL: Transmission of infra-red by the media of the eye and transmission of
radiant energy by Crookes and other glasses. Proc. roy. Soc. B. **89**, 58 (1915).
HARTUNG, H.: (1) Untersuchungen über Farbenasthenopie. Klin. Mbl. Augenheilk. **94**, 21 (1935).
— (2) Über drei familiäre Fälle von Tritanomalie. Klin. Mbl. Augenheilk. **76**, 229 (1926).
HAUSSER, K. W.: Lichtabsorption und Doppelbindung. Z. techn. Physik **15**, 10 (1934);
Naturwissenschaften **20** (1932); Mitt. K.-W.-Ges. **2**.
— R. KUHN u. Mitarb.: Lichtabsorption und Doppelbindung. Mitt. I bis VI. Z. physik.
Chem. (Abt. B) **29**, 363, 371, 378, 384, 391, 417 (1935).
HEATH, G. G.: Luminosity curves of normal and dichromatic observers. Science **128**, 775 (1958).
HECHT, S.: (1) The visibility of the spectrum. J. Optic. Soc. Amer. **9**, 211 (1924).
— (2) A quantitative basis for the relation between visual acuity and illumination. Proc.
nat. Acad. Sci. (Wash.) **13**, 569 (1927).
— (3) Eine Grundlage für die Beziehung zwischen Sehschärfe und Beleuchtung. Naturwissenschaften **18**, 233 (1930). Vgl. dort die Kritik von BEST und Gegenkritik von HECHT.
— Quantum relations of vision. J. opt. soc. Amer. **32**, 42 (1942).
— Brightness, visual acuity and colour blindness. Docum. ophthal. ('s-Grav.) **3**, 289 (1949).
— C. D. HENDLEY, S. ROSS and P. N. RICHMOND: The effect of exposure to sunlight on night
vision. Amer. J. Ophthal. **31**, 1573 (1950).
— and Y. HSIA: Colorblind vision. J. gen. Physiol. **31**, 141 (1947/48).
— and E. G. PICKELS: The sedimentation constant of visual purple. Proc. nat. Acad. Sci.
(Wash.) **24**, 172 (1938).
— S. ROSS and C. S. MUELLER: The visibility of lines and squares and high brightnesses.
J. opt. soc. Amer. **37**, 500 (1947).
— and S. SHLAER: An adaptometer for measuring human dark adaptation. J. opt. soc. Amer.
28, 269 (1938).
— — and CH. D. HENDLEY: Size, shape and contrast in detection of targets by daylight
vision. J. opt. soc. Amer. **37**, 531 (1947); **38**, 741 (1948).
— — and M. H. PIRENNE: Energy, quanta, and vision. J. gen. Physiol. **25**, 819 (1942).
— — E. L. SMITH, CH. HAIG and J. C. PESKIN: The visual function of the complete color blind.
J. gen. Physiol. **31**, 459 (1948).
— and R. E. WILLIAMS: The visibility of monochromatic radiation and the absorption
spectrum of visual purple. J. gen. Physiol. **5**, 1 (1922).
HECK, J., u. W. PAPST: Über den Ursprung des corneo-retinalen Ruhepotentials. Bibl.
ophthal. (Basel) Suppl. **48**, 96 (1957).
HECKMANN, K. H.: Vergleichende Adaptationsuntersuchungen bei gleichbleibender und zu-
nehmender Lichtempfindlichkeit des Auges. Ber. ophthal. Ges. **55**, 295 (1949).
HEGNER, C. A.: Refraktion, Sehschärfe, Akkommodation und Refraktionsanomalien des
Auges. Abderhaldens Handb. d. biol. Arb.meth. Abt. V, Teil 6, Heft 4, S. 463. 1924.
HEINE, L.: (1) Funktionsprüfung und Funktionsstörungen. Axenfeld-Hertels Lehrb. d. Augenheilk., 8. Aufl., S. 67. 1935.
— (2) Die Unterscheidbarkeit rechtsäugiger und linksäugiger Wahrnehmungen und deren
Bedeutung für das körperliche Sehen. Klin. Mbl. Augenheilk. **39** (2), 615 (1901).
— (3) Über Orthostereoskopie. Albrecht v. Graefes Arch. Ophthal. **53**, 306 (1902).
— (4) Über „Orthoskopie" oder über die Abhängigkeit relativer Entfernungsschätzungen von
der Vorstellung absoluter Entfernung. Albrecht v. Graefes Arch. Ophthal. **51**, 563 (1900).
— (5) Stereoskopie. Handwb. d. Naturwiss. **9**, 510 (1913).
— (6) Sehschärfe und Tiefenwahrnehmung. Albrecht v. Graefes Arch. Ophthal. **51**, 146 (1900).
HEINSIUS, E.: (1) Die „einfache unkomplizierte" Form der angeborenen totalen Farbenblindheit. Klin. Mbl. Augenheilk. **101**, 489 (1938).
— (2) Goethes Farbenlehre in ihrer Bedeutung für die Sinnesphysiologie. Med. Welt **14**, 16
(1940).
— (3) Die verschiedenen Arten der Nachtblindheit und ihre praktische Bedeutung im Kriege.
Dtsch. Mil.arzt **5**, 449 (1940).
— (4) Untersuchungen der Dämmerungssehleistung. Klin. Mbl. Augenheilk. **106**, 443 (1941).
Ferner Med. Welt **15**, 341 (1941). (Betr. foveale Sehschärfe, Nyktometer.)
— Über eine neue Farblaterne zur Untersuchung von Farbfehlsichtigkeit. Klin. Mbl. Augenheilk. **120**, 86 (1952).

HELMBOLD, R.: Der Farbensinn. K. Handb. d. Ophthal. 2, 295 (1932).
— Die Theorie des Licht- und Farbensinnes. K. Handb. d. Ophthal. 2, 353 (1932).
HELMHOLTZ, H.: (1) Handbuch der physiologischen Optik, 3. Aufl. (mit Zusätzen von GULL-
STRAND, V. KRIES, NAGEL). 1909—1911 (1. Aufl. 1856—1866, 2. Aufl. 1896). Hamburg
u. Leipzig: Voss.
— (2) Die neueren Fortschritte in der Theorie des Sehens. I. Der optische Apparat des Auges.
II. Die Gesichtsempfindungen. III. Die Gesichtswahrnehmungen. Vorträge und Reden,
4. Aufl., 1, 264 (1896). Die Tatsachen in der Wahrnehmung 2, 213.
— (3) Über Goethes naturwissenschaftliche Arbeiten. Vorträge und Reden, 4. Aufl., 1, 23
(1896).
— (4) Optisches über Malerei. Vorträge und Reden, 4. Aufl., 2, 93 (1896).
— (5) Goethes Vorahnungen kommender naturwissenschaftlicher Ideen. Vorträge und Reden,
4. Aufl., 2, 335 (1896).
— (6) Beschreibung eines Augenspiegels zur Untersuchung der Netzhaut im lebenden Auge.
Berlin 1851. Abdruck in Klassiker d. Medizin 4. Leipzig 1910.
— (6a) Die 2. Mitteilung von HELMHOLTZ aus dem Jahre 1852 ist in dem von A. KÖNIG heraus-
gegebenen Bändchen enthalten: Das Augenleuchten und die Erfindung des Augenspiegels
dargestellt in Abhandlungen von E. V. BRÜCKE, W. CUMMING, H. V. HELMHOLTZ und
C. G. TH. RUETE. Hamburg u. Leipzig 1893.
— (7) Versuch, das psychophysische Gesetz auf die Farbenunterschiede trichromatischer
Augen anzuwenden. Z. Psychol. 3, 1 (1892). Dazu Berichtigungen S. 517.
— (8) Kürzeste Linien im Farbensystem. Z. Psychol. 3, 108 (1892).
— (9) Das Telestereoskop. Poggendorffs Ann. Physik 102, 167 (1857). Hrsg. von V. ROHR,
Ostwalds Klassiker Nr. 168, 95 (1908).
— (10) Erinnerungen (1891). Vortr. u. Reden, 4. Aufl., 1, 1 (1896).
— (11) Über das Sehen des Menschen. Vortr. u. Reden, 4. Aufl., 1, 85 (1896).
— (12) Die Tatsachen in der Wahrnehmung. Vortr. u. Reden, 4. Aufl., 2, 213, 287.
— (13) Antwortrede, gehalten beim Empfang der Graefe-Medaille zu Heidelberg. Vortr. u.
Reden 4. Aufl., 2, 311 (1886).
HELSON, H.: Adaptation level and frames of reference. Psychol. Rev. 55, 297 (1940).
HENDERSON: Zit. nach F. H. ADLER.
HENKER, O.: Einführung in die Brillenlehre. Jena 1921. 3. Aufl. bearbeitet von H. PISTOR.
3. Band des „Augenoptiker". Weimar 1936.
HENNICKE, J.: Über die Vergleichbarkeit bunter und unbunter Farbunterschiede. Farbe 2,
141 (1953).
HERING, E.: (1 bis 84) Wissenschaftliche Abhandlungen. Hrsg. v. d. Sächs. Akad. d. Wiss.
zu Leipzig. Zwei Bände. Leipzig: G. Thieme 1931. Im ersten Band sind die Abhandlungen 1 bis 33 enthalten, im zweiten 34 bis 84. Über Gesichtsempfindungen („Lichtsinn") handeln die Arbeiten 37 bis 78 und 82 bis 84. Über Gesichtswahrnehmungen
(„Raumsinn") handeln die Arbeiten 25 bis 36 und 79 bis 81. Im Text dieses Buches sind
die Arbeiten durch die laufende Nummer kenntlich gemacht.
    Zur Erleichterung der Übersicht sei kurz der Inhalt angedeutet:
    I. Über Lichtsinn:
37 Sucessive Lichtinduktion. 38 Simultaner Lichtkontrast. 39 Simultane Lichtinduktion
und Suczessivkontrast. 40 Intensität der Lichtempfindung und Schwarzempfindung.
41 Theorie des Lichtsinnes. 42 Theorie des Farbensinnes. 43 Erklärung der Farbenblindheit aus Gegenfarbentheorie. 44 Gegen Donders Abhandlung über Farbensysteme.
45 Individuelle Verschiedenheiten des Farbensinnes. 46 desgl. 47 Urteilstäuschung im
Geb. d. Gesichtssinnes. 48 Newtons Gesetz der Farbenmischung. 49 Elementarempfin-
dungen, gegen Holmgren. 50 Theorie des Simultankontrastes, gegen Helmholtz. 51 desgl.
52 Theorie der Gegenfarben, gegen V. Kries. 53 Begriff der Urteilstäuschung, U. E. für
Helligkeiten. 54 wie 50. 55 Farbenblindheit, Kontrast, Versuchsverfahren. 56 wie 52.
57 wie 50. 58 wie 52. 59 wie 52. 60 Spezifische Helligkeit der Farben. 62 Periphere Farbenblindheit. 63 Berichtigung dazu. 64 Simultankontrast. 65 desgl. 66 Diagnostik der Farbenblindheit. 67 Einseitige Farbensinnstörungen. 68 Farbendreieck und peripherer Farbensinn.
69 Totale Farbenblindheit. 70 Ermüdung und Erholung des Sehorgans. 71 desgl. 72 desgl.
73 Einfluß der Macula auf Farbengleichungen. 74 Gelbblaublindheit. 75 Angebliche Blaublindheit der Fovea. 76 Purkinjesche Phänomen. 77 wie 75. 78 wie 69. 82 Farbenempfindlichkeit und Weißempfindlichkeit. 83 Erstes positives Nachbild. 84 Purkinjesches Phänomen im Netzhautzentrum.
    II. Über Raumsinn:
25 Ortssinn der Netzhaut, Identische Netzhautstellen, Horopter, Tiefensehen. 26 Wundts
Theorie des Binokularsehens. 27 Gegen Classen. 28 wie 26. 29 Gesetz der identischen
Sehrichtungen. 30 Sogenannte Raddrehung des Auges. 31 Zu Volkmanns Untersuchungen über das Binokularsehen. 32 Gesetze der binokularen Tiefenwahrnehmung. 33 Über

die Horopterform, gegen Helmholtz. 34 Die Lehre vom binokularen Sehen. 35 Donders Abhandlung über Binokularsehen. 36 Rollung des Auges. 61 Berichtigung über Scheinbewegungen, gegen Heuse. 79 Grenzen der Sehschärfe. 80 Anomale Lokalisation bei Strabismus alternans. 81 Stereoskopische Projektionswandbilder.

HERING, E.: (85) Der Raumsinn und die Bewegungen des Auges. Hermanns Handb. d. Physiol. **3**, 343 (1879). Nach Erscheinen dieser zusammenfassenden Darstellung Herings liegen nur seine Arbeiten 79, 80 und 81 der Wissenschaftlichen Abhandlungen betr. Raumsinn.

— (85a) Über Irradiation. Hermanns Handb. d. Physiol. **3** (2), 440 (1880).

— (86) Grundzüge der Lehre vom Lichtsinn. Handb. d. ges. Augenheilk., 2. Aufl., **3**, Kap.XII, 1 (1925). Nach Erscheinen dieser zusammenfassenden Darstellung liegen keine der Arbeiten der Wissenschaftlichen Abhandlungen über Lichtsinn. Das gleiche gilt für das Jahr 1905, in welchem jedenfalls schon ein Teil der Niederschrift von Nr. 86 in Druck gegeben wurde.

HERMANN, L.: (1) Die optische Projektion der Netzhautmeridiane auf eine zur Primärlage der Gesichtslinie senkrechte Ebene. Pflügers Arch. ges. Physiol. **78**, 87 (1899).

— (2) Ein Apparat zur Demonstration der aus dem Listingschen Gesetz folgenden scheinbaren Raddrehungen. Pflügers Arch. ges. Physiol. **8**, 305 (1874).

HERMANS, TH. G.: Visual size constancy as a function of convergence. J. exper. Psychol. **21**, 145 (1937).

HERTEL, E.: Experimenteller Beitrag zur Kenntnis der Pupillenverengerung auf Lichtreiz. Albrecht v. Graefes Arch. Ophthal. **65**, 106 (1906).

— Farbenproben zur Prüfung des Farbensinnes. 20., neu bearbeitete Auflage der Stillingschen Tafeln. Leipzig 1939.

— Untersuchungen mit dem Kugeladaptometer. Concilium ophthalmologicum XIII. S. 351. Hollandia, Leiden: N. V. Boek 1929.

HERTEL, K., u. M. MONJÉ: Über den Einfluß des Zeitfaktors auf das räumliche Sehen. Pflügers Arch. ges. Physiol. **249**, 295 (1947).

HERZAU, W.: Aniseikonia. Klin. Mbl. Augenheilk. **105**, 94 (1940).

— Über das beidäugige Sehen bei Anisometropie und Aniseikonie. Ber. ophthal. Ges. **55**, 277 (1949).

— Eikonometrie mit neuen Geräten. Ber. ophthal. Ges. **56**, 78 (1950).

— Neuere Erkenntnisse auf dem Gebiet des Binokularsehens. Wissensch. Z. Karl-Marx-Univ. Leipzig, Nr. 1 (1953/54).

— Erfahrungen bei Messung und Ausgleich von Aniseikonie. Ber. ophthal. Ges. **60**, 24 (1957).

— u. K. N. OGLE: Über den Größenunterschied der Bilder beider Augen bei asymmetrischer Konvergenz und seine Bedeutung für das zweiäugige Sehen. Albrecht v. Graefes Arch. Ophthal. **137**, 327 (1937).

HESS, C.: (1) Über das Vorkommen partieller Ciliarmuskelkontraktion zum Ausgleich von Linsenastigmatismus. Albrecht v. Graefes Arch. Ophthal. **42** (2. Abt.), 80 (1896).

— (2) Beobachtungen über das foveale Sehen der total Farbenblinden. Pflügers Arch. ges. Physiol. **98**, 464 (1903).

— (3) Über einen eigenartigen Erregungsvorgang im Sehorgan. Albrecht v. Graefes Arch. Ophthal. **58**, 429 (1904). (Betr. Sichtbarkeit der fovealen Zapfen.)

— (4) Die Akkommodation beim Menschen. Bethes Handb. d. Physiol. **12** (1), 145 (1929).

— (5) Vergleichende Akkommodationslehre. Bethes Handb. d. Physiol. **12** (1), 156 (1929).

— (6) Pupille. Bethes Handb. d. Physiol. **12** (1), 176 (1929).

— (7) Löst Sehnervendurchschneidung Lichtwahrnehmung aus? Arch. Augenheilk. **67**, 53 (1910).

HESS, W. R.: (1) Direkt wirkende Stereoskopbilder. Z. wiss. Photogr. **14**, 33 (1914). (Vgl. Umschau **1914**, Nr. 37, 747.)

— (2) Unmittelbar wirkende Stereoskopbilder. Umschau **1914**, Nr. 37, 747.

— (3) Ein einfaches messendes Verfahren zur Motilitätsprüfung der Augen. Z. Augenheilk. **35**, 201 (1916).

— (4) Eine neue Untersuchungsmethode bei Doppelbildern. Arch. Augenheilk. **62**, 233 (1908).

HESSE, R.: Dämmerungstiere. Bethes Handb. d. Physiol. **12** (1), 714 (1929).

HIDANO, KO: Über das Netzhautbild. Pflügers Arch. ges. Physiol. **212**, 163 (1926).

HIGGINS, G. C., and K. F. STULTZ: Visual acuity as measured with various orientations of parallel-line test objects. J. opt. soc. Amer. **38**, 756 (1948).

— — Frequency and amplitude of ocular tremor. J. opt. soc. Amer. **43**, 1136 (1953).

HILLEBRAND, FR.: (1) Über die spezifische Helligkeit der Farben. Beiträge zur Psychologie der Gesichtsempfindungen. Mit Vorbemerkungen von E. HERING. S.-B. Akad. Wiss. Wien, Math.-naturw. Kl. **98**, 3. Abt., 70 (1888).

— (2) Lehre von den Gesichtsempfindungen. Wien: Springer 1929.

— (3) Die Ruhe der Objekte bei Blickbewegungen. Jb. Psychiat. Neurol. **40**, 213 (1920).

HIMSTEDT, F., u. W. A. NAGEL: Die Vertheilung der Reizwerthe für die Froschnetzhaut im Dispersionsspektrum des Gaslichtes, mittels der Aktionsströme untersucht. Ber. naturf. Ges. Freiburg i. Br. **11**, 153 (1901).

HIPPEL, A. v.: (1) Ein Fall von einseitiger, congenitaler Roth-Grünblindheit bei normalem Farbensinn des anderen Auges. Albrecht v. Graefes Arch. Opthal. **26** (2), 176 (1880).
— (2) Über einseitige Farbenblindheit. Albrecht v. Graefes Arch. Ophthal. **27** (3), 47 (1881).

HIRSCHBERG, E.: Über die Abhängigkeit der Empfindungszeit des Gesichtssinnes vom zeitlichen Verlauf des Reizanstieges. Z. Biol. **90**, 81 (1930).

HØGAARD, A.: Nachtblindheit als Folge von Mangel an A-Vitamin. Klin. Wschr. **19**, 1139 (1940 II).

HÖPKEN, H.: Die Empfindlichkeit im normalen Gesichtsfeld und ihre Abhängigkeit vom Adaptationszustand. Diss. Med. Fak. Kiel 1954.

HOFE, K. VOM: (1) Über die absolute Lokalisation bei unwillkürlichen Augenbewegungen. Arch. Augenheilk. **96**, 85 (1925).
— (2) Die optische Lokalisation der Mediane. Albrecht v. Graefes Arch. Ophthal. **116**, 270 (1926).
— (3) Die morphologischen Veränderungen der Netzhaut durch Lichtwirkung. K. Handb. d. Ophthal. **2**, 80 (1932).
— (4) Untersuchungen über das Verhalten eines zentralen optischen Nachbildes bei und nach unwillkürlichen Bewegungen sowie mechanischen Verlagerungen des Auges. Albrecht v. Graefes Arch. Ophthal. **144**, 164 (1941).
— (5) Untersuchungen über den Ablauf der Dunkeladaptation. Ber. ophthal. Ges. **46**, 305 (1927).
— (6) Zur Anwendung des Reafferenzprinzips auf das optomotorische System. Ber. ophthal. Ges. **57**, 232 (1951).
— u. M. GLEES: Die Beurteilung der Hemeralopie bei Kriegsteilnehmern. Klin. Mbl. Augenheilk. **104**, 369 (1940).
— u. A. MEYER ZUM GOTTESBERGE: Die Bewegungen eines zentralen optischen Nachbildes während und nach einer Vestibularisreizung. Z. Sinnesphysiol. **69**, 222 (1941).

HOFFMANN, P.: Über die Aktionsströme der Augenmuskeln bei Ruhe des Tieres und beim Nystagmus. Arch. (An. u.) Physiol. **1913**, 23.

HOFFMANN, W.: Moderne Beleuchtungsfragen vom augenärztlichen Standpunkt. In: Sammlung zwangl. Abh. a. d. Geb. d. Augenheilk., Heft 9. Halle: Verlag C. Marhold 1955.

HOFMANN, F. B.: (1) Physiologische Optik: Raumsinn. Handb. d. ges. Augenheilk., 2. Aufl., **3**, Kap. XIII, 1 (1925).
— (2) Die Lehre vom Raumsinn des Doppelauges. Ergebn. Physiol. **15**, 238 (1915).
— (3) Raumsinn des Auges. — Augenbewegungen. Tigerstedts Handb. d. physiol. Meth. **3** (1), 100 (1914).
— (4) Über die Sehrichtungen. Albrecht v. Graefes Arch. Ophthal. **116**, 135 (1926).
— (5) Über die Grundlagen der egozentrischen (absoluten) Lokalisation. Scand. Arch. Physiol. **33** (1923).
— (6) Einige Fragen der Augenmuskelinnervation. Ergebn. Physiol. **5**, 599 (1906).

HOFSTETTER, H. W.: The relationship of proximal convergence to fusional and accommodative convergence. Amer. J. optom. **28**, 300 (1951).
— Useful age amplitude formula. Opt. World. **38**, 42 (1951).
— and R. GRAHAM: Leonardo and contact lenses. Amer. J. Optom. **30**, 41 (1952).

HOLLAND, G : Untersuchungen über den Einfluß des Alters auf die physiologischen Grenzen der Augenbeweglichkeit. Klin. Mbl. Augenheilk. **129**, 655 (1956).
— Tonische Erscheinungen bei Fusionsbewegungen der Augen. Albrecht v. Graefes Arch. Ophthal. **159**, 529 (1958).
— Untersuchungen über den Einfluß der Fixationsentfernung und der Blickrichtung auf die horizontale Heterophorie (Exo- und Esophorie). Albrecht v. Graefes Arch. Ophthal. **160**, 144 (1958).
— Über das Helmholtzsche Phakoskop. Pflügers Arch. ges. Physiol. **268**, 412 (1959).

HOLLWICH, F.: Über die Bedeutung des „energetischen Anteiles der Sehbahn" für die Regulation von Stoffwechselabläufen. Münch. med. Wschr. **1952**, 1057; **1953**, 212.

HOLM, E.: Beobachtungen über das Ausbleichen des Sehpurpurs. Albrecht v. Graefes Arch. Ophthal. **111**, 72 (1923).

HOLMGREN, F.: (1) Über die Farbenblindheit in Schweden. Zbl. prakt. Augenheilk. **2**, 201 (1878).
— (2) Über die subjektive Farbenempfindung der Farbenblinden. Zbl. med. Wissensch. **18**, 898 u. 913 (1880).

HOLST, E. V., u. H. MITTELSTAEDT: Das Reafferenzprinzip. Naturwissenschaften **37**, 464 (1950).

HOLWAY, A. H., and E. G. BORING: The moon illusion and the angle of regard. Amer. J. Psychol. **53**, 109 (1940).

Holway, A. H., and E. G. Boring: The apparent size of the moon as a function of the angle of regard. Amer. J. Psychol. **53**, 537 (1940).

Holzlöhner, E., u. W. Stein: Über den gesteigerten farbigen Simultankontrast der anomalen Trichromaten. (Mit spektralen Lichtern monokular und binokular untersucht.) Z. Sinnesphysiol. **61**, 209 (1930).

Horowitz, M. W.: An analysis of the superiority of binocular over monocular visual acuity. Exper. Psychol. **39**, 581 (1949).

Hosoya, Y.: (1) Über den Sehpurpur im tapezierten Auge. Tôhôku J. exp. Med. **12**, 146 (1929).

— (2) Fluoreszenz der Netzhaut. Jap. J. med. Sci., III, Biophysics II **3**, 157 (1931).

— (3) Einige neue Extraktionsmittel des Sehpurpurs. Verh. intern. Physiologenkongreß **1932**, 120.

— (4) Fluorescenz der einzelnen Augenmedien und Sichtbarkeit des ultravioletten Gebietes des Spektrums. Tôhôku J. exp. Med. **13**, 524 (1929).

— u. Z. Saito: Untersuchungen über die Bildung des Sehgelbs und des sogenannten Sehweißes bei der Sehpurpurbleichung. I. Mitt.: Beeinflussung der spektralen Absorption des Sehpurpurs und des Sehgelbs durch verschiedene Bedingungen bei der Extraktion. Tôhôku J. exp. Med. **27**, 172 (1935).

— u. T. Sasaki: Über die Regeneration des extrahierten Sehpurpurs. Tôhôku J. exp. Med. **32**, 447 (1938).

Houston, R. A.: Theory of color vision. J. opt. soc. Amer. **45**, 589 (1955).

Hsia, Y., and C. H. Graham: Spectral luminosity curves for protanopes and normal subjects. Proc. Nat. Acad. Sci. **43**, 1011 (1957).

Hubbard, R.: The reduction of retinene to Vitamin A. J. gen. Physiol. **32**, 367 (1949).

— and G. Wald: Cis-trans isomers of vitamin A and retinene in vision. Science **115**, 60 (1952).

Hübl, A. v.: Stereophotogrammetrie. Verh. Ges. dtsch. Naturforsch. 1813 I, 160.

Hurvich, L. M., and D. Jameson: An opponent-process theory of color vision. J. Psychol. Rev. **64**, 384 (1957).

Irmak, S.: Über die Sehschärfe der Nomaden in Kleinasien. Dtsch. med. Wschr. **64**, 677 (1938 I).

Ishak, I. G. H.: The chromaticity co-ordinates for the standard illuminants S_A, S_B and S_C of one British and fifteen Egyptian observers. J. Physiol. (Lond.) **115**, 25 (1951).

Ishihara, S.: Tests for colour-blindness. 7th compl. edition. Tokyo 1936.

Ishimoto, M., and G. Wald: Phospholipids in the visual cycle. Fed. Proc. **5**, 50 (1946).

Issel, E.: Messende Versuche über binokulare Entfernungswahrnehmung. Med. Diss. Freiburg i. Br. 1907.

Ittelson, W. H., and A. Ames jr.: Accommodation, convergence and their relation to apparent distance. J. Psychol. (Lond.) **30**, 43 (1950).

Ivanoff, A.: On the influence of accommodation on spherical aberration in the human eye, an attempt to interpret night myopia. J. optic. soc. Amer. **37**, 730 (1947).

— Au sujet de l'asymétrie de l'oeil. C. R. Acad. Sci. (Paris) **231**, 373 (1950).

— Au sujet de l'aberration géometrique de l'oeil. C. R. Acad. Sci. (Paris) **230**, 526 (1950).

— Night binocular convergence and night myopia. J. opt. soc. Amer. **45**, 769 (1953).

Iwama, K.: Die elektrische Erregbarkeit des menschlichen Auges. Tôhôku J. exp. Med. **50**, 71 (1949).

Jäger, A.: Die Unbeständigkeit der tonnenförmigen Verzeichnung des Auges. Albrecht v. Graefes Arch. Ophthal. **148**, 152 (1947). Vgl. auch die Dissertationen von Ottow, N. 1946, Zeise, W. 1947 u. 1948, Schmidt, L. 1948.

— Die Netzhautperspektive. Albrecht v. Graefes Arch. Ophthal. **148**, 277 (1948).

— u. K. Vogelsang: Über Dehnungs- und Härtemessungen an tierischen Linsen. Arch. Augenheilk. **109**, 103 (1936). Vgl. Vogelsang (1).

Jaeger, W.: Systematische Untersuchung über „inkomplette" angeborene totale Farbenblindheit. (Eine „Zwischenform" zwischen angeborener totaler Farbenblindheit und Protanopie.) Albrecht v. Graefes Arch. Ophthal. **150**, 509 (1950).

— Angeborene totale Farbenblindheit mit Resten von Farbenempfindung. Klin. Mbl. Augenheilk. **118**, 282 (1951).

— Gibt es Kombinationsformen der verschiedenen Typen angeborener Farbsinnstörung? (Protanopie, Deuteranomalie, Tritanomalie in einer Familie mit 2 Fällen von Nicht-Allelomorph-Compounds). Albrecht v. Graefes Arch. Ophthal. **151**, 229 (1951).

— Beitrag zur Frage der Genlokalisation der Farbensinnstörungen. Albrecht v. Graefes Arch. Ophthal. **152**, 385 (1952).

— Über den Einfluß der Darbietungszeit auf das Minimum separabile. Klin. Mbl. Augenheilk. **121**, 340 (1952).

— Typen der inkompletten Achromatopsie. Ber. ophthal. Ges. **58**, 44 (1953).

— Dominant vererbte Opticusatrophie. Albrecht v. Graefes Arch. Ophthal. **155**, 457 (1954).

— Tritoformen angeborener und erworbener Farbensinnstörungen. Farbe **4**, 197 (1955).

JAEGER, W., u. K. KROKER: Über das Verhalten der Protanopen und Deuteranopen bei großen Reizflächen. Klin. Mbl. Augenheilk. 121, 445 (1952).

JAENSCH, E.: (1) Das Wesen der Kindheit und der eidetische Tatsachenkreis. Gesdh. u. Erziehg 48, 194 (1935).
— (2) Die Eidetik und die typologische Forschungsmethode. Leipzig: Quelle & Meyer 1927.

JAHN, G.: Wird ein Auge als Ganzes oder eine Gesichtsfeldseite (entsprechend einer Hirnhälfte) beim Sehen bevorzugt? Pflügers Arch. ges. Physiol. 240, 352 (1938).

JAHN, T. L.: Color vision and color blindness. Fundamental response curves of normal and abnormal dichromatic and trichromatic eyes. J. opt. soc. Amer. 36, 595 (1946).

JAMESON, D., and L. M. HURVICH: Some quantitative aspects of an opponent colors theory. J. opt. soc. Amer. 45, 546 (1955); 45, 602 (1955); 46, 405 (1956); 46, 416 (1956).

JANCSÓ, N. v., u. H. v. JANCSÓ: Fluorescenzmikroskopische Beobachtung der reversiblen Vitamin A-Bildung in der Netzhaut während des Sehaktes. (Vorl. Mitt.) Biochem. Z. 287, 289 (1936).

JAYLE, G. E., et A. G. OURGAUD: La vision nocturne et ses troubles. Paris: Masson et Cie. 1950 Engl. Ausg. zus. mit BAISINGER, L. F. und W. J. HOLMES bei CH. C. THOMAS, Springfield, Illinois 1959.

JESS, A.: (1) Chemie der Linse. Presbyopie. Star. Bethes Handb. d. Physiol. 12 (1), 187 (1929).
— (2) Krankheiten der Linse. Axenfeld-Hertels Lehrb. d. Augenheilk., 8. Aufl., S. 464. 1935.

JOHNSON, H. M.: Visual pattern-discrimination in the vertebrates. J. Anim. Behav. 4, 319 u. 340 (1940). — Vgl. GRETHER u. Mitarb.: J. comp. Psychol. 30, 187 (1940). — KLÜVER: Behavior mechanisms in Monkeys. S. 229. Chicago 1933.

JOLY, J.: A quantum theory of vision. Philosophic. Mag. 41, 6th ser. 289 (1921 I).

JONGBLOED, J., u. A. K. NOYONS: Sauerstoffverbrauch und Kohlendioxydproduktion der Froschretina bei Dunkelheit und Licht. Z. Biol. 97, 399 (1936). — (Vgl. FISCHER u. JONGBLOED.)

JORDAN, P.: Zur Biophysik des Farbensehens. Optik 2, 169 (1947).

JORES, A.: Klinische Endokrinologie. Berlin: Springer 1942.

JUDD, D. B.: The 1931 ICI-Standard observer and coordinate system for colorimetry. J. opt. soc. Amer. 23, 359 (1933).
— Hue, saturation and lightness of surface colors with chromatic illumination. J. opt. soc. Amer. 30, 2 (1940).
— Standard response functions for protanopic and deuteranopic observers. J. opt. soc. Amer. 35, 199 (1945).
— (1) Color perceptions of deuteranopic and protanopic observers. J. Res. 41, 247 (1948).
— (2) Color perception of deuteranopic and protanopic observers. J. opt. soc. Amer. 39, 252 (1949).

JUHÁSZ-SCHAEFER, A.: Le vitamine nei loro rapporti con l'oftalmologia. I. Le vitamine liposolubili. Docum. ophthal. ('s-Grav.) 1, 271 (1938).

JUNG, R.: Neuronal-discharge. III. int. EEG-Kongr. Symp. EEG clin. Neurophysiol. Suppl. 4, 57 (1953).
— u. G. BAUMGARTNER: Hemmungsmechanismen und bremsende Stabilisierung an einzelnen Neuronen des optischen Cortex. Ein Beitrag zur Koordination corticaler Erregungsvorgänge. Pflügers Arch. ges. Physiol. 261, 434 (1955).

JUNGMANN, H.: Über die Wirkung des Laktoflavins und organspezifischer Lipoide auf die Dunkeladaptation. Klin. Mbl. Augenheilk. 111, 210 (1946).

JUNKER, H.: Über die Häufigkeit von Heterophorien und ihren Einfluß auf das stereoskopische Sehvermögen. Albrecht v. Graefes Arch. Ophthal. 142, 367 (1940).

JUST, G.: (1) Zur Vererbung der Farbensinnstufen beim Menschen. Arch. Augenheilk. 96, 406 (1925).
— (2) Multiple Allelie und menschliche Erblehre. Ergebn. Biol. 12, 221 (1935).
— (3) Die mendelistischen Grundlagen der Erbbiologie des Menschen. Handb. d. Erbbiol. d. Menschen 1, 371 (1940). Darin S. 430 über Farbenblindheit.

KALMUS, H.: The familiar distribution of congenital tritanopia with some remarks on some similar conditions. Ann. hum. Genet. 20, 39 (1955).

KARPE, G.: The basis of clinical electroretinography. Acta ophthal. scand. Supp. 24, 118 (1945).
— Klinische Elektroretinographie. Z. Augenheilk. 1954, 39.
— Clinical applications of electroretinography. Acta XVI Concilium Ophthalmologicum (Britannia), p. 591 (1950).

KARRER, P.: Die Bedeutung der Carotinoide für die Augen. Docum. ophthal. 1, 259 (1938).
— u. H. WEHRLI: 25 Jahre Vitamin A-Forschung. Nova acta Leopoldina, N. F. 1, 175 (1934).

KAUFMAN, J.: Die absolute und relative Accommodationsbreite in den verschiedenen Lebensaltern. Inaug. Diss. Göttingen 1894.

KECK, W.: Über die Summation unterschwelliger farbiger Lichtreize. Z. Sinnesphysiol. 67, 159 (1937).

KEITZ, H. A. E.: Lichtberechnungen und Lichtmessungen. Philips' Techn. Bibl. Eindhoven 1951.
KHERUMIAN, R., et R. W. PICKFORD: Hérédité et fréquence des dichromatopsies. Paris: Vigot Ed. 1959.
KILCHES, R.: Stereoskopie bewegter Objekte. Luftf. med. **6**, 119 (1942).
KINOSHITA, I. H.: Carbohydrate metabolism of lens. Arch. ophthal. (Chicago) **54**, 360 (1955).
KINSEY, V. E.: A unified concept of aqueous humor dynamics and the maintenance of intraocular pressure. Arch. Ophthal. (Chicago) **44**, 215 (1950).
— The chemical composition and the osmotic pressure of the aqueous humor and plasma of the rabbit. J. gen. Physiol. **34**, 389 (1951).
— An explanation of the corneal haze and halos produced by contact lenses. Amer. J. Ophthal. **35**, 691 (1952).
— and D. G. COGAN: The cornea. Arch. Ophthal. (Chicago) **28**, 449 (1942).
KIRCHHOF, H.: Eine Methode zur objektiven Messung der Akkommodationsgeschwindigkeit des menschlichen Auges. Z. Biol. **100**, 408 (1941).
KIRSCH, R.: Sehschärfeuntersuchungen mit Hilfe des Visometers von Zeiß. Albrecht v. Graefes Arch. Ophthal. **103**, 253 (1920).
KIRSCHMANN, A.: Psychologische Optik. Abderhalden Handb. d. biol. Arbeitsmethoden. Abb. VI A, S. 837. Berlin-Wien: Urban & Schwarzenberg 1927.
KLEINAU, W., O. BRUNNER u. E. BARONI: Zur Kenntnis des Sehpurpurs. Hoppe-Seylers Z. Physiol. Chem. **236**, 257 (1935).
— — Zur Kenntnis des Sehpurpurs II. Über den Reaktionsmechanismus des Bleichungsvorganges. Mh. Chemie 68, 244 (1936) u. S.-B. Akad. Wiss. Wien, Math.-naturw. Kl., IIb 5, 464 (1936).
— — Zur Kenntnis der Netzhautstoffe III. Über den Vitamin C-Gehalt der Netzhaut. Mh. Chemie **68**, 261 (1936). (Weitere Arbeit vgl. bei BRUNNER.)
KLEMM, O.: Die binokulare Zeitparallaxe. Neue psychol. Stud. **6**, 357 (1932).
KLUGHARDT, A.: Untersuchungen über eine gleichabständige Graureihe. Z. Sinnesphysiol. **67**, 39 (1936).
— u. M. RICHTER: Experimentelle Bestimmung einer Farbreihe empfindungsgemäß gleicher Sättigung. Z. Sinnesphysiol. **66**, 103 (1935/36).
KNÜSEL, O.: Die schwimmende Hornhautlinse. Copyright. Basel: S. Karger 1953.
KOCH, EB.: Ein neues Raumseh-Prüfgerät. Luftf.med. **5**, 317 (1941).
KÖGEL, G.: Die Photochemie des Sehpurpurs. Pflügers Arch. ges. Physiol. **222**, 613 (1929). (Betr. Photosensibilisierung durch Sehpurpur.)
KÖHLER, W., and D. A. EMERY: Figural after-effects in the third dimension of visual space. Amer. J. Physiol. **60**, 159 (1947).
— and H. WALLACH: Figural after-effects. Proc. Amer. phil. Soc. 88, 269 (1944).
KÖLLNER, H.: (1) Die Abweichungen des Farbensinnes. (Mit Nachträgen von E. ENGELKING.) Bethes Handb. d. Physiol. 12 (1), 502 (1929).
— (2) Die Störungen des Farbensinnes. Berlin 1912.
— (3) Die Sehrichtungen. Arch. Augenheilk. **89**, 67 u. 121 (1921); ferner 88, 117 (1921); Pflügers Arch. ges. Physiol. **184**, 134 (1920).
KÖNIG, A. (Berlin): (1) Über Goethes Bezeichnung der von ihm beobachteten Fälle von Farbenblindheit als Akyanoblepsie. Ges. Abh. **1903**, 4 (Verh. physik. Ges. Berlin **1883**, 72).
— (2) Gesammelte Abhandlungen zur physiologischen Optik. Leipzig: J. A. Barth 1903. (Darin über Grundempfindungen, Komplementärfarben, Dichromaten, Unterschiedsempfindlichkeit für Wellenlängen, Sehschärfe und Farbensinn bei Zulukaffern, erworbene Violettblindheit, Abhängigkeit der Sehschärfe von Helligkeit, Farbentheorie, Fechners psycho-physisches Grundgesetz, Santoninwirkung, Helligkeit der Spektralfarben, Helmholtz' Farbenmischapparat, Sehpurpur, angeborene totale Farbenblindheit, Farbenbezeichnungen im Altertum.)
KÖNIG, A. (Jena): (1) Geometrische Optik. Wien-Harms' Handb. d. exper. Physik **20** (2) (1929). Darin S. 515 über Helligkeit, S. 343 über Scherenfernrohr, S. 349 über Entfernungsmesser, S. 409 über binokulares Mikroskop.
— (2) Physiologische Optik. Wien-Harms' Handb. d. exper. Physik **20** (1) (1929).
KÖTTGEN, E., u. G. ABELSDORFF: Absorption und Zersetzung des Sehpurpurs bei Wirbeltieren. Z. Sinnesphysiol. **12**, 161 (1896).
KOHLRAUSCH, A.: (1) Untersuchungen mit farbigen Schwellenprüflichtern über den Dunkeladaptationsverlauf des normalen Auges. Pflügers Arch. ges. Physiol. **196**, 113 (1922).
— (2) Elektrische Erscheinungen am Auge. Bethes Handb. d. Physiol. 12 (2), 1393 (1931).
— (3) Tagessehen, Dämmerungssehen, Adaptation. Bethes Handb. d. Physiol. 12 (2), 1499 (1931).
— (4) Die elektrischen Vorgänge im Sehorgan. Handb. d. Ophthal. **2**, 118 (1932).

KOHLRAUSCH, A.: (5) Über den Helligkeitsvergleich verschiedener Farben. Pflügers Arch. ges. Physiol. **200**, 210 (1923).
— Quantitative Bestimmung der Macula-Absorption am Lebenden. Ber. ges. Physiol. **22**, 495 (1923).
— Die angebliche Tritanopie der Fovea-Mitte. Farbe **4**, 240 (1955).
— G. ABELSDORFF u. W. DIETER: Weitere Untersuchungen über den Dunkeladaptations-verlauf bei verschiedenen Farbensystemen und bei Adaptationsstörungen. Pflügers Arch. ges. Physiol. **196**, 118 (1922). (Darin über heterochrome Photometrie.)
— FR. GRÖPPEL u. FR. HAAS: Aktionsströme und Gesichtsempfindungen des menschlichen Auges. Z. Sinnesphysiol. **67**, 207 (1938).
— P. GRÜTZNER, M. HAENSEL, J. KRICK u. E. SACHS: Das Farbensehen der anomalen Trichromaten und der Dichromaten. Pflügers Arch. ges. Physiol. **270**, 28 (1959).
— u. P. VAN MEERENDONK: Über den Geltungsbereich spektraler Farbengleichungen. Z. Sinnesphysiol. **66**, 45 (1935/36).
KOOMEN, M., R. SCOLNIK and R. TOUSEY: A study of night myopia: J. opt. soc. Amer. **41**, 80 (1951).
— — — Measurements of accommodation in dim light and in darkness by means of the Purkinje images. J. opt. soc. Amer. **43**, 27 (1953).
— R. TOUSEY and R. SCOLNIK: The spherical aberration of the eye. J. opt. soc. Amer. **39**, 370 (1949).
KOSTER, W.: Zur Kenntnis der Mikropie und Makropie. Albrecht v. Graefes Arch. Ophthal. **42**, III, 134 (1896).
KRAUSE, A. C.: Biochemistry of the eye. Baltimore: John Hopkins Press 1934.
— Indicator yellow. Amer. J. Physiol. **140**, 40 (1943).
— Provisual red and visual red. Amer. J. Physiol. **145**, 561 (1946).
— and J. A. SIBLEY: Metabolism of the retina. Arch. Ophthal. (Chicago) **36**, 328 (1946).
— and A. E. SIDWELL: The absorption of visual purple and its photodecomposition products. Amer. J. Physiol. **121**, 215 (1938).
KRAUSE, W.: Die Retina. Int. Mschr. Anat. Physiol. **10**, 12, 33, 68 (1893); **11**, 1, 96 (1894); **12**, 46, 105, 176 (1895).
KRAVKOV, S. W.: Über die Helligkeits- und Adaptationskurven der total Farbenblinden. Albrecht v. Graefes Arch. Ophthal. **118**, 285 (1927).
— Color vision and autonomic nervous system. J. opt. soc. Amer. **32**, 335 (1941).
— Das Farbensehen. Berlin: Akademie-Verlag 1955.
— and L. P. GALOCHKINA: Effect of a constant current on vision. J. opt. soc. Amer. **37**, 181 (1947).
KRIES, J. V.: (1) Die Gesichtsempfindungen und ihre Analyse. Leipzig 1882.
— (2) Die Gesichtsempfindungen. Nagels Handb. d. Physiol. **3**, 109 (1904).
— (3) Abhandlungen zur Physiologie der Sinne. I bis V. Leipzig 1897—1925. (Sämtliche Arbeiten einzeln in Z. Sinnesphysiol. erschienen.) Besonders in Betracht kommen die Abhandlungen (Titel abgekürzt):
I. Über Funktion der Netzhautstäbchen; Adaptation bei Dichromaten (mit NAGEL); Wirkung kurzdauernder Lichtreize; Farbensysteme; Maculapigment und Farbengleichungen (BREUER).
II. Farbenblindheit der Netzhautperipherie; Empfindlichkeit des dunkeladaptierten Auges; Anomale trichromatische Systeme; Bemerkungen zur Farbentheorie; Flimmer-photometrie (POLIMANTI); Nachlaufende Bilder (SAMOJLOFF); Sonderstellung des Netz-hautzentrums (mit NAGEL); Abhängigkeit der Dämmerungswerte vom Adaptationsgrad; Wirkung kurzdauernder Reize; im Netzhautzentrum fehlende Nachbilderscheinung und Arbeiten von C. HESS; Einfluß der Adaptation auf Flimmern (SCHATERNIKOFF); Dämmerungswerte des Spektrums von Gas und Sonnenlicht (SCHATERNIKOFF).
III. Flimmerwahrnehmung bei Normalen und Totalfarbenblinden; Bleichung des Seh-purpurs (W. T.); Komplementäre Spektralfarben (ANGIER und W. T.); Minimalfeld-helligkeiten (SIEBECK); Helligkeitskontrast und Farbenschwellen (ANGIER); Zur Er-regung erforderliche Energiemengen; Physiologische Prüfung zusammengesetzten Lichts (BÖHM); Farbengedächtnis (L. V. KRIES und E. SCHOTTELIUS); Zur Erregung der Fovea notwendige Energiemengen (BOSWELL).
IV. Binokularsehen exzentrischer Netzhautteile; Binokulare Tiefenlokalisation (V. LIEBER-MANN); Genauigkeit der Wahrnehmung und Ausführung von Augenbewegungen (GRIM); Genauigkeit des Fixierens (MARX und W. T.); Farbenunterschiedsempfindlichkeit des Normalen und Protanopen (V. LIEBERMANN und MARX); Minimalzeithelligkeiten (ZAHN); Fixation unter verschiedenen Bedingungen (MARX); Sehschärfe im Dämmerungssehen (LAURENS); Funktionsteilung im Sehorgan; Ostwalds Farbenfibel.

V. Einseitige angeborene Deuteranomalie; Minimalfeldhelligkeiten bei Umstimmung (ENGELKING und POOS); Empfindungsmannigfaltigkeiten und ihre geometrische Darstellung. — Wenn hier nichts anderes angegeben, ist der Verfasser v. KRIES.
Nicht in die vorliegenden Abhandlungen wurde aufgenommen die erste Mitteilung zur Duplizitätstheorie:

KRIES, J. v.: Über den Einfluß der Adaptation auf Licht- und Farbenempfindung und über die Funktion der Stäbchen. Ber. Naturf. Ges. zu Freiburg i. Br. **9**, H. 2 (1894). 14 Seiten. Mohr-Siebeck.
— (4) Über die zur Erregung des Sehorgans erforderlichen Energiemengen. Z. Sinnesphysiol. **41**, 373 (1906).
— (5) Über die räumliche Ordnung des Gesehenen, insbesondere ihre Abhängigkeit von angeborenen Einrichtungen und der Erfahrung. Zusätze zu v. Helmholtz' Handb. d. physiol. Optik, 3. Aufl., **3**, 458 (1910). Im gleichen Bande weitere Zusätze: Über Augenbewegungen S. 105. Über Bewegungswahrnehmung S. 226. Über Augenmaß und geometrisch-optische Täuschungen S. 195. Über Tiefenwahrnehmung S. 307 und 398.
— (6) Normale und anomale Farbensysteme. Die Theorien des Licht- und Farbensinnes. Zusätze zu v. Helmholtz' Handb. d. physiol. Optik, 3. Aufl., **2**, 333 (1911).
— (7) Allgemeine Sinnesphysiologie. Leipzig: Vogel 1923. — Vgl. Zur Psychologie der Sinne. Nagels Handb. d. Physiol. **3**, 16 (1904).
— (8) Zur Lehre von den dichromatischen Farbensystemen. Bethes Handb. d. Physiol. **12** (1), 585 (1929).
— (9) Zur Theorie des Tages- und Dämmerungssehens. Bethes Handb. d. Physiol. **12** (1), 679 (1929).
— (10) Physiologische Bemerkungen zu Ostwalds Farbenfibel. Z. Sinnesphysiol. **50**, 117 (1919).
— (11) Zur Theorie der binokularen Instrumente. v. Helmholtz' Handb. d. physiol. Optik, 3. Aufl., **3**, 534 (1910).
— (12) Über das stereophotometrische Verfahren zur Helligkeitsvergleichung ungleichfarbiger Lichter. Naturwissenschaften **11**, 461 (1923).
— (13) Immanuel Kant und seine Bedeutung für die Naturforschung der Gegenwart. Springer 1924.
KRÜCKMANN, E.: (1) Erkrankungen der Uvea. Axenfeld-Hertels Lehrb., 8. Aufl. 381 (1935).
KRÜGER, U.: Über die Art der Wahrnehmung eines künstlich verkehrt gemachten Gesichtsfeldes. Med. Diss. Breslau 1939.
KRÜMMEL, G.: Schwellenwertbestimmungen am Stereoeidometer nach MONJÉ. Pflügers Arch. ges. Physiol. **256**, 212 (1952).
KÜHL, A.: (1) Zur Erklärung der Änderung der Sehschärfe mit der Beleuchtung und des absoluten Sehschärfemaximums. Z. ophthal. Opt. **28**, 33 (1940).
— (2) Sehschärfe, Beleuchtungsstärke und Riccòscher Satz. Z. ophthal. Opt. **14**, 129 (1927).
— (3) Die visuelle Leistung von Fernrohren. Z. Instrumentenkde **47**, 75 (1927). (Darin über Fernrohrleistung bei Tages- und bei Dämmerungssehen.)
— (4) Theorie des Lichtsinns. (Theorie der tonfreien Helligkeits- und Farbenempfindung.) Z. Instrumentenkde **58**, 469 (1938). (Darin S. 490: Die Abhängigkeit der Sehschärfe von der Beleuchtung.) — Vgl. Z. Instrumentenkde **60**, 293 (1940). — Zeiss Nachr., Sonderh. **1936**, 1.
— (5) Die physikalische Definition der subjektiven Helligkeit und der unbunten Farben. Z. techn. Physik **17**, 439 (1936).
— (6) Der Adaptationszustand als Regler der Gesichtsempfindungen. Z. Instrumentenkde **61**, 278 (1941).
— Die Leistung zweckmäßig durchgebogener Augengläser im Vergleich zur physiologisch-optischen Leistungsfähigkeit des Auges. Dtsch. opt. Wschr. **1921**, Nr. 28.
— Über den Leistungsumfang der Theorie des Lichtsinns und die Möglichkeit ihrer Erweiterung. Vortrag vor der Astronom. Ges. München. Sept. 1952.
KÜHN, A.: (1) Farbenunterscheidungsvermögen der Tiere. Bethes Handb. d. Physiol. **12** (1), 720 (1929).
— (2) Zur Problematik der Vererbung der Farbensinnstörungen. Bemerkungen zu der Abhandlung von WILHELM TRENDELENBURG: „Zur Kenntnis des abnormen Farbensinns und seiner Vererbung." Abh. preuß. Akad. Wiss., Math.-naturw. Kl. **1941**, Nr. 17. (Auch einzeln erschienen: de Gruyter 1942.)
KÜHNE, W.: (1) Chemische Vorgänge in der Netzhaut. Hermanns Handb. d. Physiol. **3** (1), 235 (1879).
— (2) Zur Photochemie der Netzhaut. Unters. a. d. Physiol. Inst. Heidelberg **1**, 1 (1878).
— (3) Über den Sehpurpur. Unters. a. d. Physiol. Inst. Heidelberg **1**, 15 (1878). Die weiteren in den genannten Untersuchungen in Band 1 bis 4 stehenden Arbeiten über Sehpurpur von W. KÜHNE und seinen Mitarbeitern sind von W. T. in Ergebn. Physiol. **11**, 3 u. 4 (1911) ausführlich nachgewiesen.

KÜHNE, W.: (4) Zur Darstellung des Sehpurpurs. Z. Biol. **32**, 21 (1895).
— Vgl. EWALD und KÜHNE.
KÜNNAPAS, T. M.: Analysis of the "Vertical-Horizontal-Illusion". J. exper. Psychol. **49**, 134 (1953).
KUNITA, D.: Kurze Beiträge zur Sehpurpurausbleichung durch das Licht, besonders über die Beziehung zwischen der Lichtintensität und Bleichungszeit. Acta Soc. ophthalm. jap. **36**, 106 (1932).
KYRIELEIS, W. u. A., und P. SIEGERT: Untersuchungen über das Gesichtsfeld bei Sauerstoffmangel und bei Unterdruck. Arch. Augenheilk. **109**, 178 (1936).
LADD-FRANKLIN, CHR.: Colour and colour theories. New York 1929. Vgl. Amer. J. physiol. Opt. **6**, 449 (1925). — Amer. J. Psychol. **41**, 653 (1929). Weitere Nachweise bei v. TSCHERMAK (3).
LAMANSKI: Bestimmung der Winkegeschwindigkeit der Blickbewegung, respective Augenbewegung. Pflügers Arch. ges. Physiol. **2**, 418 (1869).
LAMAR, E. S., S. HECHT, CH. D. HENDLEY and S. SHLAER: Quantum theory of cone vision. J. opt. soc. Amer. **38**, 741 (1948).
LANCASTER, W. B.: Nature, scope and significance of aniseikonia. Arch. Ophthal. (Chicago). **28**, 767 (1942).
LANDOLT, E.: Die Untersuchungsmethoden. Handb. d. ges, Augenheilk. (Graefe-Saemisch), 3. Aufl., **1**. Springer 1920.
— Über gleichartige, von der Sehschärfe unabhängige Farbensinnstörungen bei Geschwistern mit Maculadegeneration. Albrecht v. Graefes Arch. Ophthal. **156**, 323 (1955).
LANGE, FR.: Untersuchungen zur normalen Verteilung des Lichtsinns in der Netzhaut und ihrer Altersabhängigkeit. Albrecht v. Graefes Arch. Ophthal. **153**, 93 (1952).
LANGHAM, M.: Secretion and rate of flow of aqueous humour in the cat. Brit. J. Ophthal. **35**, 409 (1951).
— Utilisation of oxygen by the component layers of the living cornea. J. Physiol. (Lond.) **117**, 461 (1952).
— Glycolysis in the cornea of the rabbit. J. Physiol. (Lond.) **126**, 396 (1954).
LANGLANDS, N. M. S.: Experiments on binocular vision. Trans. opt. Soc. Lond. **28**, 45 (1926/27).
LANGWORTHY, O. R., and L. ORTEGA: Innervation of the iris of the albino rabbit als related to its function. Medicine **22**, 287 (1943).
LASAREFF, P.: (1) Untersuchungen über die Ionentheorie der Reizung. IV. Mitt. Die Theorie der Erscheinungen des Flimmerns beim Dunkelsehen. Pflügers Arch. ges. Physiol. **196**, 177 (1922).
— (2) Ionentheorie der Reizung. Abh. u. Monogr. a. d. Geb. d. Biol. u. Med., 3. Heft. Bircher 1923.
— (3) Theorie der Lichtreizung der Netzhaut beim Dunkelsehen. Pflügers Arch. ges. Physiol. **154**, 459 (1913).
— (4) Über das Ausbleichen von Farbstoffen im sichtbaren Spektrum. Ann. Physik, IV. F. **24**, 661 (1907); **37**, 812 (1912).
LAUBER, H.: Die mikroskopische Anatomie des Ciliarkörpers, der Aderhaut und des Glaskörpers. Handb. d. ges. Augenheilk., 2. Aufl., 1 (2), Kap. III, Teil II (1931). (Darin u. a. über das Aufhängeband der Linse.)
LAUE, H., u. M. MONNIER: Latenz der retinalen, geniculo-thalamischen und occipitalen Aktionspotentiale bei Lichtreizung (retino-corticale Zeit). Pflügers Arch. ges. Physiol. **259**, 231 (1956).
LAURENS, H.: (1) Über die räumliche Unterscheidungsfähigkeit beim Dämmersehen. Z. Sinnesphysiol. **48**, 233 (1914).
— and W. F. HAMILTON: (2) The sensibility of the eye to differences in wavelength. Amer. J. Physiol. **65**, 547 (1923).
LAWSON, R. T.: Blinking, its role in physical measurements. Nature (Lond.) **161**, 155 (1948).
LE GRAND, Y.: Sur l'existence chez certains sujets d'une accommodation négative. C. R. Acad. Sci. (Paris) **230**, 1422 (1950).
— Light, colour and vision. New York: J. Wiley & Sons 1957.
LEHMANN, A.: Die Irradiation als Ursache geometrisch-optischer Täuschungen. Pflügers Arch. ges. Physiol. **103**, 84 (1904).
— Versuch einer Erklärung des Einflusses des Gesichtswinkels auf die Auffassung von Licht. Arch. ges. Physiol. **36**, 580 (1885).
LEHNERT, K.: Über wahre und Scheinhoropteren. Pflügers Arch. ges. Physiol. **245**, 112 (1941).
LEIRI, F.: Über die Bedeutung der roten Strahlen bei der scheinbaren Vergrößerung von Sonne und Mond am Horizont. Z. Sinnesphysiol. **61**, 325 (1931).
LENARD, PH.: Optik und Elektrizitätslehre. D. Physik **3**. München 1937.
LENNOX, M. A.: Geniculate and cortical responses to colored light flash in cat. J. Neurophysiol. **19**, 271 (1956).

LENZ, FR.: Die krankhaften Erbanlagen. Bauer-Fischer-Lenz' Menschl. Erblehre, 4. Aufl., 1, 323 (1936). (Darin S. 356ff. über Farbensinn der Rotgrünblinden.)

LENZ, W.: Rotgrünblindheit bei einem heterogametischen Schein-Mädchen, zugleich ein Beitrag zur Genetik der heterogametischen Pseudofeminität. Acta Genet. med. (Roma) 6, 231 (1957).

LEONARDO DA VINCI: Das Malerbuch. (Übersetzung und Auswahl des Trattato della Pittura.) Verlag Voigtländer 1921. Nach W. v. SEIDLITZ (Leonardo da Vinci, Verlag Phaidon 1935, S. 218) ist der Trattato della Pittura erst nach Leonardos im Jahr 1519 erfolgten Tode „aus den verstreuten Aufzeichnungen des Meisters in einer Handschrift zusammengestellt worden". Daraus erklärt sich vielleicht auch die nicht ganz klare Fassung des Begriffs der „einfachen Farbe".

LE ROY: Ou l'on rend compte de quelques tentatives que l'on a faites pour guérir plusieurs maladies par l'électricité. Mem. nat. phys. Acad. roy. Sci. (Paris) 1755, 60.

LEY, H.: Spektralphotometrie. Geiger-Scheels Handb. d. Physik. 19, 613 (1928). — Darin S. 628 Keilkonstante; S. 635 desgl.; S. 655 Absorptionskonstante, Absorptionskoeffizient; S. 636 Durchlässigkeitskoeffizient (= Transmissionskoeffizient), vgl. S. 510 des gleichen Bandes; S. 636 dekadische Absorptionskonstante (BUNSEN) = Extinktionskoeffizient; S. 637 Gesetz von LAMBERT u. BEER. Vgl. hierzu Lehrb. v. Müller-Pouillet, 11. Aufl., 2 (2), 1125, 1126 (1929).

LEYDHECKER, W.: Glaukom. Berlin-Göttingen-Heidelberg: Springer-Verlag 1960.

LINDQUIST, T.: Studien über das Vitamin A beim Menschen. Acta med. scand. Suppl.-Bd. 97 und Upsala: Appelsberg 1938.

LINKSZ, A.: Physiology of the eye. Vol. 2. Vision. New York: Grune & Stratton 1952.

LINSCHOTEN, J.: Strukturanalyse der binokularen Tiefenwahrnehmung. Groningen: J. B. Wolters 1956.

LISCH, K., u. J. SCHMID: Läßt sich die Dunkeladaptation medikamentös beeinflussen? Ber. ophthal. Ges. 61, 282 (1957).

LISTING, J. B.: Beitrag zur Physiologischen Optik. Hrsg. von O. SCHWARZ. Ostw. Klass. Nr. 147. Leipzig 1905. (Enthält Dioptrik und entoptische Erscheinungen.)

LIT, A.: The magnitude of the Pulfrich-stereophenomenon as a function of binocular differences of intensity at various levels of illumination. Amer. J. Psychol. 62, 159 (1949).

LITTMANN, H.: Zur Theorie der Skiaskopie. Optik 4, 65 (1948/49); 5, 309 (1949).

LIVSHITZ, N. N.: On the laws of binocular colour mixture. C. R. Acad. Sci. URSS. 28, 429 (1940).

LOBSIEN, M.: Über Farbenkenntnis bei Schulkindern. Z. Sinnesphysiol. 34, 29 (1904).

LÖHLE, F.: (1) Nachthimmellicht. Z. angew. Meteorol. „Das Wetter" 58, 201 (1941).

— (2) Über die Abhängigkeit des Reizschwellenwertes vom Sehwinkel. Z. Physik 54, 137 (1929). — Vgl. LASAREFF, P.: Z. Sinnesphysiol. 48, 240 (1914).

— (3) Über die Tarnkraft des Dunstes. Dtsch. Luftwacht, Luftwissen 9, 258 (1942).

LÖHLEIN, W.: Intraokularer Flüssigkeitswechsel und intraokularer Druck. Glaukom. Hypotonie. Axenfeld-Hertels Lehrb. d. Augenheilk., 8. Aufl., S. 501. 1935.

LÖSER: Über die Beziehungen zwischen Flächengröße und Reizwert leuchtender Objekte bei fovealer Beobachtung. Beitr. Augenheilk. (Festschrift) 1905, 161. Veit & Co.

LOEVENICH, K.: Die Steuerung der Zapfen- und Stäbchenbewegung in der Froschnetzhaut. Pflügers Arch. ges. Physiol. 249, 539 (1948).

— Untersuchungen über das foveale und parafoveale Auflösungsvermögen. Pflügers Arch. ges. Physiol. 252, 17 (1949); Ber. ges. Physiol. 143, 341 (1951).

LÖWENSTEIN, O.: Experimentelle Beiträge zur Lehre von den katatonischen Pupillenveränderungen. Mschr. Psychiat. Neurol. 47, 194 (1920).

LOHMANN, A.: Entoptische Erscheinungen. Nagels Handb. d. Physiol. Erg.-Bd. 1910, 85.

— Optische Unterscheidung sinusförmiger Wechselströme. Z. Sinnesphysiol. 69, 27 (1940); Dissertation Münster 1941.

LOHMANN, K.: Einfluß von Licht und Dunkelheit auf den Stoffwechsel. Dtsch. med. Wschr. 66, 569 (1940).

LOHMANN, W.: Zur Genese der akkommodativen Mikropsie und Makropsie. Arch. Augenheilk. 88, 149 (1921).

— Über die lokalen Unterschiede der Verschmelzungsfrequenz auf der Retina und ihr abweichendes Verhalten bei der Amblyopia congenita. Albrecht v. Graefes Arch. Ophthal. 68, 395 (1908).

LOOS, W.: Stereoprojektion und Polarisationsfilter. Zeiss Nachr., III. F. 1939, 39.

LORD, M. P.: Binocular eye movements when convergence is subjectively changed. Nature (Lond.) 169, 1011 (1952).

— Further studies of eye rotations when convergence and accommodation are changed. Brit. J. Physiol. Opt. N. S. 10, 85 (1953).

— and W. D. WRIGHT: Eye movement during monocular fixation. Nature (Lond.) 162, 25 (1948).

LOTZE, R. H.: Medizinische Psychologie oder Physiologie der Seele. Leipzig 1852. Darin S. 362, Abs. 315—319 über Aufrechtsehen bei umgekehrtem Netzhautbild. S. 435, Abs. 370ff. über Sinnestäuschungen. S. 331, Abs. 289 über Lokalzeichen.

Low, F. N.: The peripheral motion acuity of 50 subjects. Amer. J. Physiol. 148, 123 (1947).

LUDVIGH, E.: The visibility of moving objects. Science 108, 63 (1948).

— Visual acuity while one is viewing a moving object. Arch. Ophthal. (Chicago) 42, 14 (1949).

— Direction sense of the eye. Amer. J. Ophthal. 36, 139 (1953).

— and J. W. MILLER: Study of visual acuity during the ocular pursuit of moving test objects. J. opt. soc. Amer. 48, 799 (1958).

LÜNEBURG, R. K.: Mathematical analysis od binocular vision. New Jersey: Dartmouth Eye Institute, Princeton Univ. Press, Princeton New Yersey 1947.

LYTHGOE, R. J.: The absorption spectra of visual purple and of indicator yellow. J. Physiol. (Lond.) 89, 331 (1937).

— The measurement of visual acuity. Med. Res. Council Rep. of the committee upon the physiology of vision. Spec. Rep. No 173. H. M. St. O. London 1932.

— Siehe BAYLISS u. Mitarb. sowie DARTNALL u. Mitarb.

— and L. R. PHILIPPS: Binocular summation during dark adaptation. J. Physiol. (Lond.) 91, 427 (1937/38).

— and J. P. QUILLIAM: The thermal decomposition of visual purple. J. Physiol. (Lond.) 93, 24 (1938).

MACADAM, D. L.: Influences of chromatic adaptation on color discrimination and color perception. Farbe 4, 133 (1955).

— Chromatic adaptation. J. opt. soc. Amer. 46, 500 (1956).

MACH, E.: Die Analyse der Empfindungen und das Verhältnis des Physischen zum Psychischen, 5. Aufl. Jena 1906. (Darin S. 117.)

— Über wissenschaftliche Anwendungen der Photographie und Stereoskopie. S.-B. Akad. Wiss. Wien 54 (II), 123 (1866).

MACKENSEN, G.: Untersuchungen zur Physiologie des optokinetischen Nystagmus. Klin. Mbl. Augenheilk. 123, 133 (1953).

MALMO, R. B., and W. F. GRETHER: Further evidence of red blindness (Protanopia) in cebus monkeys. J. comp. psychol. 40, 143 (1947).

MALTZEW, C. v.: Über individuelle Verschiedenheit der Helligkeitsverteilung im Spektrum. Z. Sinnesphysiol. 43, 76 (1909).

MARCHESANI, O.: (1) Partielle Farbenblindheit. Gütts Handb. d. Erbkrankheiten 5, 163 (1938).

— (2) Die totale Farbenblindheit. Gütts Handb. d. Erbkrankheiten 5, 153 (1938).

— u. H. SCHOBER: Die Beeinflussung des Gesichtsfeldes durch Beflavin. Albrecht v. Graefes Arch. Ophthal. 48, 420 (1948).

MARG, E., and M. W. MORGAN: Further investigation of the pupillary near reflex. Amer. J. Opt. 27, 217 (1950).

MARQUEZ, H.: A clearer explanation of the mechanics of nocturnal myopia. IV. Congr. Pan-Amer. Oftal. 2, 1020, 1952.

MARX, E.: Untersuchungen über Fixation unter verschiedenen Bedingungen. Z. Sinnesphysiol. 47, 79 (1913).

MATSUDA, A.: Untersuchungen zur optischen Raumwahrnehmung. Z. Sinnesphysiol. 61, 225 (1930). (Diese Arbeit wurde unter Mitwirkung von W. T. durchgeführt.)

MATTHAEI, R.: (1) Versuche zu Goethes Farbenlehre mit einfachen Mitteln. Ein Aufriß der Farbenlehre. Jena: Fischer 1939. Zubehör dazu bei Verlag W. Ostwald-Farben Berlin SW 29.

— (2) Die Farbenlehre im Goethe-Nationalmuseum. Jena: Fischer 1941. (Darin Buntdarstellung von Goethes Farbenkreis.)

— (3) Goethes Spektren und sein Farbenkreis. (Mit Buntabbildung.) Ergebn. Physiol. 34, 191 (1932).

— (4) Das Gestaltproblem. Ergebn. Physiol. 29, 1 (1929).

MATTHES, H., K. W. BRUNN u. R. FALK: Untersuchung über Pupillenreflexe beim Menschen. Pflügers Arch. ges. Physiol. 244, 644 (1941).

McFARLAND, R. A., and J. N. EVANS: Alteration of dark adaptation under reduced oxygen tension. Amer. J. Physiol. 127, 37 (1939).

— and W. FORBES: Effect of variations in the concentration of oxygen and of glucose on dark adaptation. J. gen. Physiol. 24, 69 (1940).

McKEON, W. M., and W. D. WRIGHT: Characteristics of protanomalous vision. Proc. physical. Soc. 52, 464 (1940).

MEESMANN, A.: Über ein Projektionsadaptometer zur subjektiven und objektiven Adaptometrie (RIEKEN). Klin. Mbl. Augenheilk. 110, 446 (1944).

— Experimentelle Untersuchungen über die antagonistische Innervation der Ciliarmuskulatur. Albrecht v. Graefes Arch. Opthal. 152, 335 (1952).

Meesmann, A.: Über den Einfluß der Sympathicolytica auf die Akkommodation. Albrecht v. Graefes Arch. Ophthal. **157**, 188 (1955).

Meisling, A.: Farbenblindheit bei Blendung. Zbl.Ophthal. **23**, 561 (1930).

Meitner, H.-J.: Über einen eigenartigen Fall von Anomalie des „Blausinns". Klin. Mbl· Augenheilk. **107**, 292 (1941).

Metzger, W.: (1) Lokale Störungen der Adaptation des Sehorganes. Bethes Handb. d. Physiol. **12** (2), 1606 (1931).

— (2) Gesetze des Sehens. Frankfurt 1936.

Metzger, W.: Gesetze des Sehens. Frankfurt/M.: Verlag W. Kramer 1953. 2. Aufl. 1957.

Meyer, A. E. H., u. E. O. Seitz: Ultraviolette Strahlen. Berlin: de Gruyter 1942.

Meyer, H.: Über einige Täuschungen in der Entfernung und Größe der Gesichtsobjekte. Arch. physiol. Heilkunde **1**, 316 (1842).

Meyer-Schwickerath, G.: Unterschiedliche elektrische Erregbarkeit zentraler und peripherer Netzhautfasern. Ber. ophthal. Ges. **56**, 70 (1950).

— u. R. Magun: Über selektive elektrische Erregbarkeit verschiedener Netzhautanteile. Albrecht v. Graefes Arch. Ophthal. **151**, 693 (1951).

Michal, F. V.: Sehermüdung. Čsl. Ofthal. (Tschech.) **10**, 362 (1954).

Middleton, W. E. K.: Vision through the atmosphere. Toronto: Univ. Press 1952.

— Apparent colours of surfaces of small subtense. Nature (Lond.) **162**, 486 (1948).

Miles, P. W.: A comparison of aniseikonia test instruments and prolonged induction of artificial aniseikonia. Amer. J. Ophthal. **31**, 687 (1948).

— Flicker fusion frequency in amblyopia ex anopsia. Amer. J. Ophthal. **32**, 225 (1949).

— The Pulfrich stereoeffect produced by monocular magnification without reducing illumination. Amer. J. Ophthal. **36**, 240 (1953).

— Anomalous binocular depth perception due to unequal image brightness. Arch. Ophthal. (Chicago) **50**, 475 (1953).

Miles, W. R.: Light sensivity and form perception in dark adaptation. J. opt. soc. Amer. **43**, 560 (1953).

Millard, E. B., and McCann: Effect of Vitamin A_2 on the red and blue threshold of fully dark-adapted vision. J. appl. Physiol. **1**, 807 (1949).

Minoshima, T.: Die Farbenempfindung als Anpassungsproblem des Sehpurpurs. I. Mitt. Methodisches und Vorversuche. II. Mitt. (mit S. S. Nozaki) Vergleichung der Anpassungseffekte mit den farbenphysiologischen Tatsachen. Jap. J. med. Sci., III Biophysics **3**, Nr. 3 (1934); **4**, Nr. 2 (1935).

Mirsky, A. E.: The visual cycle and protein denaturation. Proc. nat. Acad. Sci. (Wash.) **22**, 147 (1936).

Möllerström, I.: Das Diabetesproblem. Leipzig: Georg Thieme 1943.

Monjé, R.: Beiträge zur Methode der Empfindungszeitmessung. Pflügers Arch. ges. Physiol. **208**, 110 (1925).

— Die Abhängigkeit des zeitlichen Verlaufs, der Gesichtsempfindung vom zeitlichen Verlauf des Lichtreizes und dem Adaptationszustand. Pflügers Arch. ges. Physiol. **209**, 562 (1925).

— Die Empfindungszeit mit der Methode des Löschreizes. Pflügers Arch. ges. Physiol. **87**, 23 (1927).

— Systematische Untersuchung über die Größe der Empfindungszeit. Pflügers Arch. ges. Physiol. **90**, 113 (1930).

— Der Pendelkreisel. Eine einfache Vorrichtung zur Messung der Empfindungs- und Reaktionszeit. Pflügers Arch. ges. Physiol. **90**, 143 (1930).

— Die gegenseitige Beeinflussung der durch zwei kurzdauernde Lichtreize hervorgerufenen Empfindungen. Pflügers Arch. ges. Physiol. **90**, 557 (1930).

— Über die gegenseitige Beeinflussung beim binokularen Sehen. Pflügers Arch. ges. Physiol. **91**, 387 (1931).

— Über die Abhängigkeit des zeitlichen Verlaufs der Gesichtsempfindung von der Reizintensität. Z. Sinnesphysiol. **65**, 239 (1934).

— Über die Messung der Reaktionszeit und ihrer Teilzeiten. Z. Biol. **95**, 467 (1934).

— Über die Abhängigkeit des zeitlichen Verlaufs der Gesichtsempfindung von der Reizintensität. Z. Sinnesphysiol. **66**, 7 (1935).

— Die Methoden zur Messung der Empfindungszeit. Abderhalden, Handb. d. biol. Arbeitsmethoden. Abh. V. Teil 6 (2. Hälfte) S. 1255 (1937).

— Über eine neue Methode zur Untersuchung der Tiefensehschärfe. Z. Sinnesphysiol. **69**, 73 (1940).

— Ein Beitrag zur Untersuchung der Tiefensehschärfe. Z. Sinnesphysiol. **69**, 261 (1941).

— Über die Tiefensehschärfe und ihre Untersuchung mit dem Stereoeidometer. Bl. Untersuch. u. Forsch.-Instr. **18**, 13 (1944).

MONJÉ, R.: Über die Abhängigkeit des Stereoeffektes vom Grad der Helladaptation. Pflügers Arch. ges. Physiol. **249**, 280 (1947).
— Über die Beziehungen des Stereoeffektes zur Tiefensehschärfe. Pflügers Arch. ges. Physiol. **249**, 377 (1947).
— Die Bedeutung der Anisometropie für das beidäugige Sehen und ihre Korrektur. Ber. ophthal. Ges. **51**, 227 (1948).
— Über den Einfluß des Heleniens auf die Dunkelanpassung von Menschen mit normalem Nachtsehvermögen. Pflügers Arch. ges. Physiol. **148**, 679 (1948).
— Über die Untersuchung der Tiefenschärfe mit dem Stereo-Eidometer. Albrecht v. Graefes Arch. Ophthal. **148**, 343 (1948); Ber. ges. Physiol. **137**, 332 (1949).
— Die Abhängigkeit der Sehschärfe von der Darbietungszeit. Ber. ophthal. Ges. **55**, 270 (1949).
— Die Nutzzeit bei der Sehschärfemessung. Pflügers Arch. ges. Physiol. **56**, 47 (1950).
— Die Bedeutung der Farbenlehre Goethes für die physiologische Optik. Orion **22**, 881 (1952).
— Über die Dunkeladaptation beim Glaukom. Klin. Mbl. Augenheilk. **121**, 199 (1952).
— Über die regionale Verteilung der Empfindlichkeit in der Netzhaut bei Untersuchung mit intermittierenden Reizen. Pflügers Arch. ges. Physiol. **255**, 499 (1952).
— Über die Lokaladaptation periodischer Lichtreize. Pflügers Arch. ges. Physiol. **255**, 508 (1952).
— Über pharmakodynamische und klinische Untersuchungen der Akkommodation. Albrecht v. Graefes Arch. Ophthal. **152**, 357 (1952).
— Über die Bestimmung des Akkommodations- und Konvergenznahpunktes. Klin. Mbl. Augenheilk. **122**, 417 (1953).
— Über eine Untersuchung Schielender mit Anaglyphenbildern. Klin. Mbl. Augenheilk. **126**, 586 (1955).
— Über ein Verfahren zur Untersuchung des Refraktions- und Muskelgleichgewichtes bei Nahblick mit dem Proximeter. Klin. Mbl. Augenheilk. **127**, 226 (1955).
— Über die Farbempfindlichkeit der zentralen und peripheren Netzhautbezirke bei verschiedenen Adaptationszuständen. Farbe **4**, 223 (1955).
— Über die Lichtempfindlichkeit im Bereich des Rand- und Binnenkontrastes. Pflügers Arch. ges. Physiol. **262**, 92 (1955).
— Die Sehschärfebestimmung bei Amblyopie. Klin. Mbl. Augenheilk. **128**, 221 (1956).
— Physiologische Altersprobleme am Auge. Z. Alternsforsch. **10**, 367 (1956).
— Die Empfindlichkeit des Auges nach farbiger Verstimmung und bei Farbfehlsichtigkeit. Ber. ophthal. Ges. **60**, 6 (1956).
— Anleitung zur Untersuchung des Farbensinns mit dem Anomaloskop. Klin. Mbl. Augenheilk. **130**, 701 (1957).
— Über die Abhängigkeit der Empfindlichkeit für farbige Prüfreize im Gesichtsfeld des nicht farbentüchtigen Auges. Klin. Mbl. Augenheilk. **132**, 635 (1958).
— Die Empfindlichkeit des Auges bei herabgesetzter Umfeldleuchtdichte und ihre Beziehung zur fortlaufenden Dunkeladaptation. Fortschr. Med. **76**, 631 (1958).
— Über die Ausdehnung des stäbchenfreien Bezirks der Netzhautmitte und dessen Empfindlichkeit für Farbreize. Pflügers Arch. ges. Physiol. **268**, 390 (1959).
— u. A. BERGER: Über den Einfluß der Aniseikonie auf das Tiefensehen. Pflügers Arch. ges. Physiol. **148**, 515 (1948).
— u. H. R. BERNSDORFF: Über die Lokaladaptation periodischer Lichtreize. Pflügers Arch. ges. Physiol. **255**, 508 (1952); Ber. ges. Physiol. **159**, 277 (1953).
— u. E. HEINSIUS: Vergleichende Untersuchungen über die Tiefensehschärfe mit den Stereotafeln von PULFRICH und dem Prüfgerät von MONJÉ und ihre Beziehungen zu den Leistungen des Entfernungsmessers. Z. Sinnesphysiol. **70**, 1 (1943); Ber. ges. Physiol. **133**, 423 (1943).
— u. K. HERTEL: Über den Einfluß des Zeitfaktors auf das räumliche Sehen. Pflügers Arch. ges. Physiol. **249**, 295 (1947).
— u. R. OFFERMANN: Über die Empfindlichkeit der Netzhaut bei Refraktionsanomalien. Albrecht v. Graefes Arch. Ophthal. **155**, 63 (1954).
— u. H. SCHOBER: Vergleichende Untersuchungen an Sehproben für die Fernvisusbestimmung. Klin. Mbl. Augenheilk. **117**, 561 (1950).
MONNIER, M.: Die räumliche und zeitliche Struktur der elektrischen Antwort des corticalen Sehzentrums auf Lichtreize beim Menschen einschließlich der Messung der retino-corticalen Zeit. Bibl. ophthal. (Basel) **48**, 15 (1957).
— u. E. B. STREIFF: Die pressorische Wirkung der vestibularen Reize auf den Netzhautarteriendruck. Pflügers Arch. ges. Physiol. **244**, 526 (1941).
— — Die Messung des Netzhautarteriendruckes im Tierversuch. Pflügers Arch. ges. Physiol. **243**, 479 (1940). — Vgl. BLIEDUNG: Abderhaldens Handb., Abt. V, Teil 6, Heft 5, 803 (1925).
— — Die gleichzeitigen Druckänderungen in den Arterien des Kopfes und des Körpers. Pflügers Arch. ges. Physiol. **246**, 145 (1943).

Moon, P., and D. E. Spencer: On the Stiles-Crawford effect. J. opt. soc. Amer. **34**, 319 (1944).
— — Visual performance and the surround. J. opt. soc. Amer. **38**, 651 (1948).
Morel, F. P., J. J. Burgermeister et P. Dick: Enregistrement photographique des monvements oculaires dans différentes activités cérébrales. Schweiz. Arch. Neurol. Psychiat. **73**, 205 (1954).
— P. Schifferli, J. J. Burgermeister et P. Dick: Enregistrement photographique des movements oculaires au cours de phénomènes de mémoire. Bull. schweiz. Akad. Wiss. **10**, 135 (1954).
Mortensen: In Atlantis, 1932, S. 696/697, H. 11.
Morton, R. A.: Chemical aspects of the visual process. Nature (Lond.) **153**, 69 (1944).
— F. D. Collins and R. M. Love: The preparation of rhodopsin. Bioch. J. **51**, 292 (1952).
Motokawa, K.: Das Elektroretinogramm des Menschen und seine Beziehung zur Unterschiedsschwelle der Lichtempfindlichkeit und zur Sehschärfe. Jap. J. med. Sci. III Biophys. **8**, 135 (1942).
— Field of retinal induction and optical illusion. J. Neurophysiol. **13**, 413 (1950).
— and K. Isobe: Spectral response curves and the discrimination in normal and color-defective subjects. J. opt. soc. Amer. **45**, 79 (1955).
— and K. Iwama: Electric stimulation of human retina with exponentially increasing currents. Tôhôku J. exp. Med. **50**, 25 (1949).
Müller, C. G.: Quantum concepts in visual intensity discrimination. Amer. J. Psychol. **63**, 92 (1950).
Müller, G. E.: (1) Darstellung und Erklärung der verschiedenen Typen der Farbenblindheit nebst Erörterung der Funktion des Stäbchenapparates sowie des Farbensinns der Bienen und Fische. Göttingen 1924.
— (2) Zur Theorie des Stäbchenapparates und der Zapfenblindheit. Z. Sinnesphysiol. **54**, 9 u. 102 (1923).
— (3) Kleine Beiträge zur Psychophysik der Farbenempfindungen. IV. Erklärung der Erscheinungen eines mit konstanter Geschwindigkeit bewegten Lichtstreifens, insbesondere auch des Pihl-Fröhlichschen Phänomens. Z. Sinnesphysiol. **62**, 67 (1932).
— (4) Über die Farbenempfindungen. Psychophysische Untersuchungen. Bd. 1 und 2. Z. Psychol., Erg.-Bd. **17**, 1, 435 (1930).
Müller, H. K.: (1) Die Beobachtung von Tiefeneffekten bei binokularen Bewegungsnachbildern. Z. Sinnesphysiol. **59**, 157 (1928).
— (2) Die Theorien der Adaptation. Handb. d. Ophthal. **2**, 366 (1932).
— Über den Kohlehydratstoffwechsel der Linse bei der akuten Naphthalinvergiftung. Albrecht v. Graefes Arch. Ophthal. **140**, 171 (1939).
— Die synergischen Beziehungen von Tages- und Dämmerungsapparat beim schwellenmäßigen Sehen. Albrecht v. Graefes Arch. Ophthal. **145**, 454 (1943).
— H. K. Schultz u. J. Lautsch: Die Standardisierung der Dunkeladaptationsprüfung. Klin. Mbl. Augenheilk. **104**, 649 (1940). — Vgl. Albrecht v. Graefes Arch. Ophthal. **125**, 614, 624 (1930).
Müller, Johannes: (1) Zur vergleichenden Physiologie des Gesichtssinnes des Menschen und der Thiere nebst einem Versuch über die Bewegungen der Augen und über den menschlichen Blick. Leipzig 1826. (Darin S. 44 Energien des Gesichtssinnes; S. 54 über Raumanschauung; S. 71 und 80 Identität der Netzhäute; S. 391 Fragmente zur Farbenlehre, insbesondere zur Goetheschen Farbenlehre; S. 435 Aussicht zur Physiologie des Gehörsinnes. Fragment.)
— (2) Handbuch der Physiologie des Menschen **2** (1840). Darin S. 276 Vom Gesichtssinn; S. 357 Verkehrtsehen und Geradesehen; S. 376 Vom Einfachsehen mit zwei Augen.
Müller-Limmroth, H. W.: Die Theorien des Farbensehens. Naturwissenschaften **43**, 337 u. 364 (1956).
— Gesichtssinn (mit cerebralen Anteilen). Aus Lehrbuch der Physiologie. Landois-Rosemann. Münster-Berlin: Urban & Schwarzenberg 1959.
— Elektrophysiologie des Gesichtssinns. Berlin-Göttingen-Heidelberg: Springer 1959.
Müller-Pouillet: Lehrbuch der Physik, 11. Aufl., **2** (1926 u. 1929). Lehre von der strahlenden Energie (Optik). Darin u. a.: Auge und Gesichtsempfindungen 391; Optische Instrumente 589; Photometrie 1104; Untersuchung des Spektrums 1321; Lichtelektrische Wirkung 2293; Fluorescenz 2311; Photochemie 2350.
Münch, K.: Die anatomische Grundlage der Irisfarbe. Münch. med. Wschr. **1925**, 2225.
Münster, Cl.: (1) Geschichte des Einstand-Entfernungsmessers. Deutsches Museum, Abh. u. Berichte **12**, 107 (1940). Darin S. 126.
— (2) Das Fernrohr. Deutsches Museum, Abh. u. Berichte **9**, 75 (1937). Darin S. 100, 106. Eine übersichtliche Darstellung der Doppelfernrohre und beidäugigen Entfernungsmesser (Raumbild-Entfernungsmesser) findet man in Geiger-Scheels Handb. d. Physik **18**, 588 und 611 (1927).

Mütze, K.: Die Akkommodation des menschlichen Auges. Berlin: Akademie-Verlag 1956.
Munsell Book of Colors. Baltimore, Maryland: 1929—1942.
Nagel, W. A.: (1) Einige Beobachtungen an einem Falle von totaler Farbenblindheit. Arch.
Augenheilk. **44**, 153 (1901).
— (2) Neue Erfahrungen über das Farbensehen der Dichromaten auf großem Felde. Z.
Sinnesphysiol. **41**, 319 (1907).
— (3) Methoden zur Erforschung des Licht- und Farbensinns. Tigerstedts Handb. d. Physiol.
Meth. **3** (1), 2. Abt. (1914).
— (4) Zwei Apparate für die augenärztliche Funktionsprüfung. Adaptometer und kleines
Spektralphotometer (Anomaloskop). Z. Augenheilk. **17**, 201 (1907).
— u. H. Piper: Über die Bleichung des Sehpurpurs durch Lichter verschiedener Wellenlänge. Z. Sinnesphysiol. **39**, 88 (1905).
— u. K. L. Schaefer: Über das Verhalten der Netzhautzapfen bei Dunkeladaptation des
Auges. Z. Sinnesphysiol. **34**, 271 (1904).
Nelson, J. A.: (1) The colour vision characteristics of a trichromat, part 2. Proc. Physic.
Soc. **49**, 332 (1937).
— (2) Anomalous trichromatism and its relation to normal trichromatism. Proc. Physic. Soc.
50, 661 (1938).
— and A. Chapanis: Spectral saturation and its relation to color vision defects. Exp. Psychol.
34, 24 (1944).
Nernst, W.: Theoretische Chemie, 8. bis 10. Aufl. 1921. Darin S. 391, 438, 451, 864 über
Absorption und chemische Wirkung des Lichtes.
Neugebauer, H. E. J.: Konsequente Dreifarbentheorie. Optik **4**, 410 (1949); **5**, 371 (1949).
Neustätter, O.: Die Darstellung des Strahlenganges bei Skiaskopie und Ophthalmoskopie
mittels Phantomen. Pflügers Arch. ges. Physiol. **90**, 303 (1902). (Tafeln und Grundriß bei
J. F. Lehmann, München, erschienen.)
Niederhoff, P.: Über das „Staketenphänomen". Z. Sinnesphysiol. **65**, 27, 232 (1934); **66**,
213 (1936).
Noddack, W., u. G. Jarczyk: Der Nachweis der Farbsehstoffe im lebenden menschlichen
Auge. Farbe **4**, 59 (1955).
Noell, W. K.: The effect of jodacetate on the vertebrate retina. J. cell. comp. Physiol. **37**,
283 (1951).
— The impairment of visual cell structure by iodacetate. J. cell. comp. Physiol. **40**, 22 (1952).
— Acide sensitive potential difference across the eye-bulb. Amer. J. Physiol. **170**, 217 (1952).
— Studies on the electrophysiology and the metabolism of the retina. USAF School of
Aviation Medicine Randolph Field, Texas 1953,
— Metabolic injuries of the visual cell. Amer. J. Ophthal. **40**, II 60 (1955).
Nordenson, J. W.: Die Beweisgründe Vogts für das Vorhandensein einer gelben Macula-
farbe. Albrecht v. Graefes Arch. Ophthal. **149**, 540 (1949).
— Binocular visual acuity. Nord. Med. **51**, 90 (1954).
Nover, H. L.: Über die Bedingtheit der retinalen Bewegungen bei Fröschen und Fischen.
Pflügers Arch. ges. Physiol. **242**, 663 (1939).
Nowak, E.: Neue Wege und Ziele in der Untersuchung des Sehens bei Nacht. Albrecht
v. Graefes Arch. Ophthal. **145**, 46 (1942/43).
Nussbaum, F.: Über die Raumwerte in der Umgebung des blinden Flecks. Arch. Augen-
heilk. **87**, 142 (1920).
Nylund, C. E.: Grundlagen für die Bestimmung der Nachtblindheit als Zeichen eines
A-Vitaminmangels. Nord. Med. **1940**, 2517.
Obermaier, H.: Die Uranfänge der Malerei beim Eiszeitmenschen. Forsch. u. Fortschr. **17**,
216 (1941).
O'Brien, B.: A theory of the Stiles and Crawfordeffect. J. opt. soc. Amer. **36**, 506 (1946);
40, 797 (1950).
— Vision and resolution in the central retina. J. opt. soc. Amer. **41**, 883 (1951).
Odqvist, B.: Studien über den Akkommodationsmechanismus im menschlichen Auge.
Stockholm 1938. — Sv. Läk.sällsk. Hdl. **1937**, 327.
Öhrwall, H.: (1) Die Bewegungen des Auges während des Fixierens. Scand. Arch. Physiol.
27, 304 (1912).
— (2) Eine neue Theorie des Farbensinns. Scand. Arch. Physiol. **43**, 165 (1923). — Vgl.
v. Dungern: Albrecht v. Graefes Arch. Ophthal. **102**, 346 (1920).
Oerum, H. P. T.: Studien über die elementaren Endorgane für die Farbenempfindung. Scand.
Arch. Physiol. **16**, 1 (1904).
Østerberg, G.: Topography of the layer of rods and cones in the human retina. Acta ophthal.
scand. Suppl. **6**, 1 (1935).
Ogle, K. N.: Psychophysics: Visual space sense. Medical Physics Vol. II S. 748. Chicago:
Glasser Year book Publ. Inc. 1950.

OGLE, K. N.:Researches in binocular vision. Philadelphia and London: W. B. Saunders Co. 1950.
— Disparity limits of stereopsis. Arch. Ophthal. (Chicago) 48, 50 (1952).
— Precision and validity of stereoscopic depth perception from double images. J. optic. soc. Amer. 43, 906 (1953).
— Basis of stereoscopie vision. Arch. Ophthal. (Chicago) 52, 197 (1954).
— On stereoscopic depth perception. J. exp. Psychol. 48, 225 (1954).
— Stereopsis and vertical disparity. Arch. Ophthal. (Chicago) 53, 495 (1955).
— and M. P. WEIL: Stereoscopic vision and the duration of the stimulus. Arch. Ophthal. (Chicago) 59, 4 (1958).
OHM, J.: (1) Beiträge zur Kenntnis des Augenzitterns der Bergleute. Albrecht v. Graefes Arch. Ophthal. 103, 181 (1920). — Vgl. 42. Mitt. ebenda 137, 295 (1937).
— (2) Der Nystagmus bei der totalen angeborenen Farbenblindheit und seine Beziehungen zum Augenzittern der Bergleute nebst Bemerkungen zur Erklärung der Farbenblindheit. Z. Augenheilk. 91, 20 (1937).
OLSSON, G. F.: (1) Gullstrands Farbenmischungsapparat. Acta Soc. med. Suecanae 64, 94 (1938).
— (2) Experimentelle Untersuchungen über Farbengleichungen im zentralen und parazentralen Sehen. Diss. Stockholm 1938. (Darin auch über Urfarbenbestimmung.)
OSTWALD, W.: (1) Farbenfibel. Farbenlehre. Farbenatlas. Leipzig: Unesma.
— (2) Die Farbenlehre. I. Buch: Mathematische Farbenlehre (1918). II. Buch: Physikalische Farbenlehre (1919). III. Buch: Chemische Farblehre. Herausgegeben und ergänzt von E. RISTENPART. Leipzig: Martins Textilverlag 1939. IV. Buch (verfaßt von H. PODESTÀ): Physiologische Farbenlehre (1922). Alle, außer III, im Verlag Unesma, Leipzig.
— (3) Die kleine Farbmeßtafel. Verlag Muster-Schmidt K. G. 1939.
OTERO, J. M.: Influence of the state of accommodation on the visual performance of the human eye. J. opt. soc. Amer. 41, 942 (1951).
— et A. DURAN: A. Rendimiento fotometrico de sistemas opticos a bajas luminosidades. Nota II, An. fis. quim. (Madrid) 37, 459 (1941).
— L. PLAZA and F. SALAVERRI: Absolute thresholds and night myopia. J. opt. soc. Amer. 39, 167 (1949).
OTTOSON, D., and G. SVAETICHIN: Electrophysiological investigations of the frog retina. Cold. Spr. Harb. Symp. quant. Biol. 17, 165 (1952).
— — Electrophysiological investigations of the origin of the ERG of the frog retina. Acta physiol. scand. 29, Suppl. 106, 538 (1954).
OVIO: Anat. et Physiol. d. l'oeuil, Série anim. Paris 1927.
PAPST, W.: Das Elektroretinogramm und das Elektrocorticogramm des Kaninchens bei Hypoglykämie und Anoxie. Albrecht v. Graefes Arch. Ophthal. 157, 122 (1955).
— u. K. ECHTE: Die Readaptationszeit im Verlauf der Dunkeladaptation. Ber. ophthal. Ges. 60, 11 (1956).
— u. J. HECK: Die Bedeutung des Glykogengehalts der Netzhaut für ihre Wiederbelebungszeit. Elektroretinographie, Hamburger Symposium 1956. Bibl. Ophthal. 48, 196. Basel/New York: S. Karger 1957.
PARINAUD, H.: La vision. Étude physiologique. Paris 1898. Ferner C. R. Acad. Sci. Paris 1881, 1884, 1885.
PARSONS, J. H.: An introduction to the study of colour vision. Sec. edit. Cambridge 1924.
PAU, H.: Der kolloid-osmotische Druck der Linseneiweiße in seiner Bedeutung für die akkommodative Verschiebung der Linse. Albrecht v. Graefes Arch. Ophthal. 149, 701 (1949).
— Beobachtungen über die Funktion des Ciliarmuskels an der Linsenkapsel und am Glaskörper. Albrecht v. Graefes Arch. Ophthal. 150, 671 (1950).
— Die Linsenquellung im physiologischen Milieu. Albrecht v. Graefes Arch. Ophthal. 151, 352 (1951).
— Die Form der Linse in Abhängigkeit von physikalischen Kräften. Ophthalmologica (Basel) 122, 308 (1951).
— Die akkommodative Linsenverschiebung als Ausdruck antagonistisch wirkender Kräfte. Ophthalmologica (Basel) 124, 239 (1952).
— Die Bedeutung der akkommodativen Kernverschiebung der Linse für den intrakapsulären Akkommodationsmechanismus. Klin. Mbl. Augenheilk. 121, 224 (1952).
— Physikalische Kräfte in ihrer Bedeutung für die Akkommodation. Zeitfragen d. Augenheilk. Vorträge u. Demonstr. von augenärztl. Fortbildungskurs. Berlin 4. bis 9. VIII. 1952. S. 390. Leipzig: VEB, G. Thieme 1954.
PAUL: (1) Deutsches Wörterbuch, 4. Aufl. 1935. — Weitere benutzte Quellen: KLUGE: Etymologisches Wörterbuch, 11. Aufl. — HEYNE: Deutsches Wörterbuch. 1895. — STUCKE: Deutsche Wortsippen. 1925.
PAULI, R.: (1) Untersuchungen über die Helligkeit und den Beleuchtungswert farbiger und farbloser Lichter. Z. Biol. 60, 311 (1913).

PAULI, R.: (2) Über psychische Gesetzmäßigkeit. Insbesondere über das Webersche Gesetz. Jena 1920.
— Die stereoskopische Reaktionszeit. Z. Psychol. **151**, 177 (1941).
PAULI, W. E., u. R. PAULI: Physiologische Optik. Dargestellt für Naturwissenschaftler. Jena: Fischer 1918.
PERRIN, F. H.: A study in binocular flicker. J. opt. soc. Amer. **44**, 60 (1954).
PESTEMER, M., T. LANGER u. F. MANCHEN: Über den Einfluß von Substituenten auf die Ultraviolettabsorption des einfachen und des mit Doppelbindungen konjugierten Benzolchromophors. Mh. Chemie **68**, 326 (1936).
PETERSEN, P.: Die Pupillographie und das Pupillogramm. Acta physiol. scand. **37**, Suppl. 125, 1 (1956).
PFEIFER, R. A.: Die nervösen Verbindungen des Auges mit dem Zentralorgan. K. Handb. d. Ophthal. **1**, 387 (1930).
PFLÜGER, A.: Über die Farbenempfindlichkeit des Auges. Ann. Physik, IV. F. **9**, 190 (1902).
PFLUGK, A. v.: Neue Wege zur Erforschung der Lehre von der Akkommodation. Albrecht v. Graefes Arch. Ophthal. **128**, 179 (1932); **130**, 239 (1933); **131**, 614 (1934); **133**, 339 u. 545 (1935). — Vgl. hierzu Klin. Mbl. Augenheilk. **93**, 196 (1934).
PICKFORD, R. W.: Individual differences in colour vision. New York: Macmillan Co. 1951.
PIÉRON, H.: The sensations, their functions, processes and mechanism. New Haven: Yale Univ. Press. 1952.
PIES, R., u. H. WENDT: (1) Untersuchungen über Hemeralopie. Ein Beitrag zu der Frage des Vorkommens von Vitamin A-Mangelzuständen. Klin. Wschr. **18**, 429 (1939).
— — (2) Die Dunkeladaptation bei gesunden richtig ernährten Menschen. Untersuchungen über die Streuungsbreite mit dem Adaptometer von ENGELKING-HARTUNG (Normalkurven). Klin. Wschr. **19**, 419 (1940).
PINEGIN, N. J.: Über die absolute Empfindlichkeit des Auges im ultravioletten und im sichtbaren Spektrum. C. R. Acad. Sci. UdSSR IV. S. **30**, 206 (1941).
— Probl. fisiol. opt. Akad. Nauk SSSR 2, 5 (1944).
PIPER, H.: (1) Über die Abhängigkeit des Reizwertes leuchtender Objekte von ihrer Flächenbzw. Winkelgröße. Z. Sinnesphysiol. **32**, 98 (1903).
— (2) Über Dunkeladaptation. Z. Sinnesphysiol. **31**, 161 (1903).
— (3) Das elektromotorische Verhalten der Retina bei Eledone moschata. Arch. (An. u.) Physiol **1904**, 453.
— (4) Untersuchungen über das elektromotorische Verhalten der Netzhaut bei Warmblütern. Arch. (An. u.) Physiol. Supp.-Bd. **1905**, 133. — Vgl. E. EURA: Fukuoka Acta med. **30**,
— Nr. 2 (1937).
— (5) Zur messenden Untersuchung und zur Theorie der Hell-Dunkeladaptation. Klin. Mbl. Augenheilk. **45**, 357 (1907). (Darin das Adaptometer.)
— (6) Über die Netzhautströme. Arch. (An. u.) Physiol. **1911**, 83. (Darin über die Komponententheorie der Teilströme.)
— (7) Beobachtungen an einem Fall von totaler Farbenblindheit des Netzhautzentrums im einen und von Violettblindheit des anderen Auges. Z. Sinnesphysiol. **38**, 155 (1905).
PIPER, H. F.: Untersuchungen zum Aniseikonieproblem. Ber. ophthal. Ges. **56**, 75 (1950).
— Der Einfluß des Adaptationszustandes auf den Ablauf unwillkürlicher Augenbewegungen. Ber. ophthal. Ges. **57**, 260 (1951).
— Über die sensorische und motorische Funktion des Auges. Albrecht v. Graefes Arch. Ophthal. **152**, 425 (1952).
— Augenhaltung und Akkommodationsimpuls. Albrecht v. Graefes Arch. Ophthal. **152**, 719 (1952).
PIRENNE, M. H.: Binocular and uniocular threshold of vision. Nature (Lond.) **152**, 698 (1943).
— The thermal radiation inside the eye and the red end of the spectral sensivitycurve. J. Physiol. (Lond.) **106**, 25 P (1947).
— Vision and the eye. London: Chapman a. Hall Ltd. 1948.
— Studies in the physiological mechanisms of vision. Research 2, 259 (1949).
— and E. J. DENTON: Quanta and visual thresholds. J. opt. soc. Amer. **41**, 426 (1951).
PIRIE, A., and R. VAN HEYNINGEN: Biochemistry of the eye. Oxford: Blackwell Scientific Publications 1956.
PISTOR, H.: (1) Einführungen in die geometrische Optik. Der Augenoptiker Bd. 1. Weimar: Verlag Panse 1933.
— (2) Das Auge als optisches Instrument. Der Augenoptiker 2. Weimar 1933.
PLANCK, M.: Zur elektromagnetischen Theorie der selektiven Absorption in isotropen Nichtleitern. S.-B. Preuß. Akad. Wiss., Physik.-math. Kl. **1903**, 480.
PLOTNIKOW, J.: Allgemeine Photochemie. Berlin u. Leipzig 1936. (Darin S. 62, 197, 831.)
POCHE, R.: Über den Einfluß der Anisometropie auf das räumliche Sehen. Diss. Med. Fak. Kiel 1947.

Pock-Steen, P. H.: Oogsymptomen bij leiodystonic-en spruwpatienten: Aknephaskopie. Geneesk. T. Ned.-Ind. **79**, 1986 (1939).
— Adaptation tests by vitamin B_2 deficiency. Acta med. scand. CXXVI, 554 (1947).
Podestà, H.: (1) Beitrag zur Frage der Abgrenzung der angeborenen Farbensinnstörungen, insbesondere der totalen Farbenblindheit. Klin. Mbl. Augenheilk. **96**, 786 (1936).
— (2) Der ordnungswissenschaftliche Aufbau des Farbenkörpers. Bücherei d. Augenarztes, 9. Heft. Stuttgart: Enke 1941.
— (3) Physiologische Farbenlehre. (IV. Buch der Farbenlehre von W. Ostwald.) Leipzig: Unesma-Verlag 1922.
Pohl, R. W.: (1) Das latente photographische Bild. Naturwissenschaften **21**, 261 (1933).
— (2) Optik und Atomphysik. 10. Aufl. Berlin-Göttingen-Heidelberg: Springer 1958.
— (3) Lichtelektrische Wirkung. Fluorescenz. Müller-Pouillets Lehrb. d. Physik, 11. Aufl., **2** (2, I), 2293 (1929).
Polimanti, O.: Über die sogenannte Flimmerphotometrie. Z. Sinnesphysiol. **19**, 263 (1899).
Polyak, S.: (1) The retina. Univ. Chicago Press. 1941, S. 607.
— (2) Retinal structure and colour vision. Docum. ophthal. ('s-Grav.) **3**, 24 (1949).
Poole, J. H. J.: The photo-electric theory of vision. Philosophic. Mag. **41** 6th ser. 347 (1921 I).
Popp, C.: Die Funktions- und Wiederbelebungszeit der Kaninchenretina bei akuter Ischämie in vivo. Ber. ophthal. Ges. **58**, 160 (1953).
— Die Retinafunktion nach intraocularer Ischämie. Albrecht v. Graefes Arch. Ophthal. **156**, 395 (1955).
— u. W. Ehrich: Makulachagrin und Amblyopie. Klin. Mbl. Augenheilk. **129**, 87 (1956).
Poschaga, N.: Einige noch nicht beschriebene optische Scheinbewegungen und ihre Bedeutung für die Theorie der Bewegungswahrnehmung. Z. Sinnesphysiol. **58**, 153 (1927).
Puff, A.: Kernschwellung in der Netzhaut des Frosches bei energie- und quantengleichen Farbbelichtungen. Verh. anat. Ges. Erg.-Heft zu Bd. **100** (1953/54) d. Anat. Anz. **1954**, 123.
Pulfrich, C.: (1) Über einen von der Firma C. Zeiß in Jena hergestellten stereoskopischen Entfernungsmesser. Physik. Z. **1899**, Nr. 9.
— (2) Über eine Prüfungstafel für stereoskopisches Sehen. Z. Instrumentenkde **21**, 249 (1901). Die neuere Ausführung beschreibt Druckschrift Bms 44 von C. Zeiss.
— (3) Über einige stereoskopische Versuche. Z. Instrumentenkde **21**, 221 (1901).
— (4) Über neuere Anwendungen der Stereoskopie und über einen hierfür bestimmten Stereokomparator. Z. Instrumentenkde **22**, 65, 133, 178, 229 (1902) — ferner **23**, 43 (1903).
— (5) Über eine neue Art der Herstellung topographischer Karten und über einen hierfür bestimmten Stereo-Planigraphen. Z. Instrumentenkde **23**, 133 (1903).
— (6) Neue stereoskopische Versuche, insonderheit Demonstration der durch die Erweiterung des Objektivabstandes hervorgerufenen spezifischen Wirkung der Zeißschen Doppelfernrohre. Z. Instrumentenkde **25**, 233 (1905).
— (7) Über ein neues Verfahren der Körpervermessung. Arch. Optik **1**, 42 (1907).
— (8) Stereoskopisches Sehen und Messen. Jena: Fischer 1911.
— (9) Über Stereo-Photogrammetrie. Naturwissenschaften **1**, 279 (1903).
— (10) Die Stereoskopie im Dienste der Photometrie und Pyrometrie. Berlin: Springer 1923.
— (11) Die Stereoskopie im Dienste der isochromen und heterochromen Photometrie. Naturwissenschaften **10**, 553, 569, 596, 714, 735, 751 (1922).
Purdy, D. M.: On the saturations and chromatic thresholds of the spectral colours. Brit. J. Psychol. **21**, 283 (1931).
Purkinje, J. E.: (1) Commentatio de examine physiologico organi visus et systematis cutanei. Vratislaviae Breslau, 1823. (Darin S. 25 und 28: die Spiegelbildchen.)
— (2) Beobachtungen und Versuche zur Physiologie der Sinne. Erstes Bändchen: Beiträge zur Kenntnis des Sehens in subjektiver Hinsicht. 2. unveränderte Aufl. Prag 1825.
— (3) Zweites Bändchen: Neue Beiträge zur Kenntnis des Sehens in subjektiver Hinsicht. Berlin 1825. (Mit Widmung an Goethe.) (Darin S. 109: Purkinje-Phänomen; S. 110—111: Nachlaufendes Bild.)
Querner, Fr. R. v.: Der mikroskopische Nachweis von Vitamin A im animalischen Gewebe. Klin. Wschr. **14**, 1213 (1935).
Rademaker, G. G., and J. W. G. Ter Braak: On the central mechanism of some optic reactions. Brain **71**, 48 (1948).
Rady, A. A.: Relative contribution of disparity and convergence to stereoscopic vision. Nature (Lond.) **175**, 305 (1955).
— and I. G. H. Ishak: Relative contributions of disparity and convergence to stereoscopic acuity. J. opt. soc. Amer. **45**, 530 (1955).
Rählmann, E.: Goethes Farbenlehre. Jb. d. Goethe-Ges. **3**, 3 (1916).
Rambo, V. C.: The first graph of accommodation of the people of India. J. All-India ophthal. Soc. **5**, 51 (1957).

RANDALL, J. T., and S. F. JACKSON: Nature and structure of collagen. London: Butterworth & Co. 1953.

RASKI, K.: Ocular dominance in relation to handedness. Acta ophthal. (Kbh.) **33**, 310 (1955).

RAY, F.: Human color perception and behavioral response. Trans. N. Y. Acad. Sci., Ser. 2, **16**, 98 (1953).

RECCIUS, H.: Untersuchungen über das Verhalten des Tiefensehens bei künstlich hervorgerufenen Refraktionsanomalien. Diss. Med. Fak. Kiel 1949.

REENPÄÄ, Y., u. R. NIINI: Zur Psychophysik des sinnesphysiologischen Versuches und der exakten Observation. Abh. exakt. Biol. **1941**, H. 2.

REETZ, H.: Bildnis und Brille. Zeiss, Oberkochen 1957.

REID, I. G.: The rate of discharge of the extraocular motoneurons. J. Physiol. (Lond.) **110**, 217 (1949).

RENQVIST (REENPÄÄ), Y.: Ein Versuch, die Plancksche Resonatorentheorie der Lichtabsorption auf die Absorption des Sehpurpurs anzuwenden. Scand. Arch. Physiol. **40**, 226 (1920).

RICE: Visual acuity with lights of different colours and intensities. Arch. Psychol. (Lond.) **1912**, 59. — Z. Psychol. **65**, 224 (1913).

RICHARDS, W. J.: The effect of alternating views of the test objects on vernier and stereoscopic acuities. J. exp. Psychol. **42**, 376 (1951).

RICHTER, M.: (1) Grundriß der Farbenlehre der Gegenwart. Unter Mitarbeit von I. SCHMIDT und A. DRESLER. Steinkopff 1940.

— (2) Studien zum Ostwaldschen Filtermeßverfahren. Das Licht **11**, 75 (1941).

— Das farbmetrische Grundgesetz. Z. wissensch. Photogr. **43**, 246 (1948).

— Vom gegenwärtigen Stand der Farbenlehre. Z. wissensch. Photogr. **43**, 209 (1948).

— Über einige neuere Theorien des Farbensehens. Klin. Mbl. Augenheilk. **118**, 240 (1951).

— Das System der DIN-Farbenkarte. Farbe **1**, 85 (1952/53).

— Die Ausgestaltung des Nagelschen Anomaloskopes zu einem „Tritoskop“. Farbe **6**, 5 (1957).

RIDLEY, H.: Intra-ocular acrylic lenses, a recent development in the surgery of cataract. Brit. J. Ophthal. **36**, 113 (1952).

RIEKEN, H.: Objektive Adaptometrie. Klin. Mbl. Augenheilk. **107**, 1 (1941).

— Ein Verfahren zur objektiven Prüfung des Dämmerungssehens. Albrecht v. Graefes Arch. Ophthal. **145**, 1 (1943).

RIGGS, L. A., and F. RATCLIFF: Visual acuity and the normal tremor of the eye. Science **114**, 17 (1957).

— — J. C. CORNSWEET and T. N. CORNSWEET: Disappearance of steadily fixated visual test objects. J. opt. Soc. Amer. **43**, 495 (1953).

RISSE, O.: Die physikalischen Grundlagen der chemischen Wirkungen des Lichts und der Röntgenstrahlen. Ergebn. Physiol. **30**, 242 (1930).

ROBBIE, W. A., P. J. LEINFELDER and T. D. DUANE: Cyanide inhibition of corneal respiration. Amer. J. Ophthal. **30**, 1381 (1947).

ROBERTSOHN, V. M., and G. A. FRY: After-images observed in complete darkness. Amer. J. Psychol. **49**, 265 (1937).

ROCHAT, G. F.: Über die binokulare Verschmelzung von Li-Rot und Tl-Grün. Albrecht v. Graefes Arch. Ophthal. **114**, 595 (1924).

ROCHELS, K. H.: Über ein Gerät zur objektiven Sehschärfebestimmung. Klin. Mbl. Augenheilk. **116**, 31 (1950).

ROELOFS, C. O., u. W. P. C. ZEEMAN: Optische Augenbewegung und Richtungsempfindung. Arch. Augenheilk. **98**, 238 (1928).

— Apparent size. Ophthalmologica **129**, 166 (1955).

ROETTH, A. DE: Respiration of the cornea. Arch. Ophthal. (Chicago) **44**, 666 (1950).

ROHEN, H.: Der Ziliarkörper als funktionelles System. (2. Beitrag zur funktionellen Anatomie des Auges.) Gegenbaurs morph. Jb. **92**, 415 (1952).

ROHR, M. v.: (1) Das Auge und die Brille. Teubner 1918.

— (2) Die optischen Instrumente. Teubner 1906. (Aus „Natur und Geisteswelt“, 88. Bdch.)

— (3) Herausgeber von Abhandlungen zur Geschichte des Stereoskops von Wheatstone, Helmholtz und anderen. Ostwalds Klassiker Nr. 168. Leipzig 1908.

— (4) Zur Dioptrik des Auges. Ergebn. Physiol. **8**, 541 (1909).

— (5) Der Strahlengang im Auge und in medizinisch-optischen Instrumenten. Abderhaldens Handb. d. biol. Arbeitsmethoden, Abt. V, Teil 6, Heft 4, S. 595. 1924.

— (6) Das Auge und das Sehen. Handb. Physik (Geiger-Scheel) **18**, 345 (1927). — Das Brillenglas und die Brille. Handb. Physik (Geiger-Scheel) **18**, 395 (1927).

— (7) Das Brillenglas als optisches Instrument. Berlin: Springer 1934.

— (8) Abhandlungen zur Geschichte des Stereoskopes von Wheatstone, Brewster, Ridell, Wenham, Helmholtz, d'Almeida, Harmer. Ostwalds Klassiker Nr. 168. 1908.

— (9) Die optischen Instrumente. Aus „Natur u. Geisteswelt“ 88 (1906).

— (10) Die binokularen Instrumente. Springer 1907.

ROHR, M. v.: (11) Zur Erinnerung an die erste Veröffentlichung des Stereoskops vor hundert Jahren. Naturwissenschaften **21**, 39 (1933).
— (12) Über Einrichtungen zur subjektiven Demonstration der verschiedenen Fälle der durch das beidäugige Sehen vermittelten Raumanschauung. Z. Sinnesphysiol. **41**, 408 (1907)
— (13) Das Sehen. Winkelmanns Handb. Physik, 2. Aufl. **6**, 270 (1904).
— (14) Die Theorie des Doppelveranten, eines Instrumentes zur korrekten Betrachtung von Stereogrammen und Paaren identischer Bilder. Z. wissl. Photogr. **2**, 336 (1904).
ROHRACHER, H.: Über subjektive Lichterscheinungen bei Reizung mit Wechselströmen. Z. Sinnesphysiol. **66**, 164 (1935).
ROLLET, A.: Physiologische Versuche über binokuläres Sehen, angestellt mit Hilfe planparalleler Glasplatten. S.-B. Wien. Akad. d. Wiss. **42**, 488 (1860), — Vgl. BECKER.
ROLLMANN, W.: Zwei neue stereoskopische Methoden. Ann. Phys. u. Chem. **90**, 186 (1853).
ROOS, W.: Über die Definition der punktuellen Abbildung bei sphärischen Brillengläsern. Albrecht v. Graefes Arch. Ophthal. **151**, 513 (1951).
— Über den Zusammenhang zwischen Akkommodation und Konvergenz. Südd. Optikerzg. **2**, 1 (1956).
ROSE, A.: Dark adaptation. J. opt. soc. Amer. **41**, 210 (1951).
ROSE, H. W.: Study of acclimatization during a two-week exposure to moderate altitude. USAF School of Aviation Medicine. Randolph Field Texas, March 1949.
— Monocular depth perception in flying. J. Aviat. med. **23**, 242 (1952).
— Night vision. German Aviation Medicine, World War II. Vol. II. p. 947.
— u. I. SCHMIDT: Beeinflussung der Dunkeladaptation. Klin. Wschr. 24/25, 278 (1947).
ROSEMANN, H. U., u. H. BUCHMANN: Zur Deutung des Pulfrich-Effektes. Z. Biol. **105**, 134 (1952); **106**, 71 (1953).
ROSENCRANTZ, C.: Über die Unterschiedsempfindlichkeit für Farbentöne bei anomalen Trichromaten. Z. Sinnesphysiol. **58**, 5 (1927).
ROSMANIT, J.: Anleitung zur Feststellung der Farbentüchtigkeit. Leipzig u. Wien 1914.
ROSS, E. J.: The formation of the intraocular fluids. Brit. J. Ophthal. **33**, 310 (1949).
— Insulin and the permeability of cell membranes to glucose. Nature (Lond.) **171**, 125 (1953).
ROWAN, W.: Zit. nach F. HOLLWICH: Der Einfluß des Augenlichtes auf die Regulation des Stoffwechsels. Aus: Auge und Zwischenhirn, Beiheft klin. Mbl. Augenheilk. **23**, 95 (1955); Proc. Bost. S. Nat. Hist. **38**, 147 (1926).
RUFF, S., u. H. STRUGHOLD: Grundriß der Luftfahrtmedizin. Leipzig 1939.
— u. I. SCHMIDT: Untersuchungen über die Erkennung der in der Fliegerei verwendeten farbigen Signallichter durch Farbenuntücbtige. Luftf.med. **5**, 53 (1940).
RUSHTON, W. A. H.: The structure responsible for action potential spikes in the cats retina. Nature (Lond.) **164**, 743 (1949).
— Foveal photopigments in normal and colour-blind. J. Physiol. (Lond.) **129**, 41 P (1955).
— The kenetics of visual pigments in human cones. J. Physiol. (Lond.) **142**, 30 (1958).
— F. W. CAMPBELL, W. A. HAGINS and G. S. BRINDLEY: The bleaching and regeneration of rhodopsin in the living eye of the albino rabbit and of man. Opt. Acta 1, 183 (1955).
RYDIN, H.: Untersuchungen über die Unterscheidungszeit für Farben bei anomalen Trichromaten. Z. Sinnesphysiol. **60**, 148 (1929).
SACHS, M., u. J. MELLER: Über die optische Orientierung bei Neigung des Kopfes gegen die Schulter. Albrecht v. Gräfes Arch. Ophthal. **52**, 387 (1901).
— — Über einige eigentümliche Lokalisationsphänomene in einem Falle von hochgradiger Netzhautinkongruenz. Albrecht v. Graefes Arch. Ophthal. **57**, 1 (1903).
SACHSENWEGER, R.: Aniseikonie. In K. VELHAGEN: Der Augenarzt. Bd. 2, S. 426. Leipzig: Verlag Georg Thieme 1959.
— Untersuchungen über das Verhältnis des stereoskopischen Sehens zu den Panumschen Arealen. Ber. dtsch. ophthal. Ges. **59**, 296 (1956).
SAITO, Z : Isolierung der Stäbchenaußenglieder und spektrale Untersuchung des daraus hergestellten Sehpurpurextraktes Tôhôku J. exp. Med. **32**, 432 (1938).
SAUTTER, H.: Von der Entstehung und Beobachtung der Schatteneffekte bei der Skiaskopie. Albrecht v. Graefes Arch. Ophthal. 148, Nr. 5/6, 529 (1948).
— Ein neues Gerät zum Nachweis der hemianopischen Pupillenstarre (Hemikinesimeter). Ber. ophthal. Ges. **55**, 380 (1949).
— u. W. STRAUB: Elektroretinographie. Basel u. New York: Karger 1957.
SCHÄFER, H.: Über einen neuen Stereoeffekt. Mitt. Geb. Luftf.med. 8, 82 (1943).
— u. F. EBNER: Über einen neuen Stereoeffekt und die Tiefensehschärfe. Pflügers Arch. ges. Physiol. **249**, 637 (1948).
SCHÄFER, W.: Über die Dunkeladaptation beim Glaukom. Diss. Med. Fak. Kiel 1950.
SCHANZ, FR.: Die physikalischen Vorgänge bei der optischen Sensibilisation. Pflügers Arch. ges. Physiol. **190**, 311 (1921).

SCHAPRINGER, A.: Zur Theorie der „flatternden Herzen". Z. Psychol. 5, 385 (1893). — Vgl.
   SZILI: Arch. (Anat. u.) Physiol. 1891, 157.
SCHARF, J.: Über zweijährige Erfahrungen mit einer Vorderkammerlinse. Ber. ophthal. Ges.
   59, 222 (1955); s. a. Klin. Mbl. Augenheilk. 128, 233 (1956).
SCHEFFER: Zur stereoskopischen Abbildung mikroskopischer Objekte. Z. wiss. Photogr. 1,
   18 (1903).
SCHENCK, F.: (1) Dioptrik und Akkommodation des Auges. Nagels Handb. d. Physiologie
   3, 30 (1904). (Darin u. a. Berechnung der Kardinalpunkte.)
— (2) Theorie der Farbenempfindung und Farbenblindheit. Pflügers Arch. ges. Physiol. 118,
   129 (1907).
SCHIFFERLI, P.: Étude par enregistrements photographique de la motricité oculaire dans
   l'exploration, dans la reconnaissance et dans la représentation visuelles. Mschr. Psychiat.
   Neurol. 126, 65 (1953).
SCHINZ, H. R.: Ergebnisse der physiologischen Genetik in ihrer Bedeutung für die menschliche Erbforschung. Arch. Klaus-Stift. Vererb.-Forsch. 16, 645 (1941).
SCHMERL, E.: Helligkeitsreize und Zwischenhirn. Klin. Mbl. Augenheilk. 126, 598 (1955);
   131, 756 (1957).
SCHMIDT, I.: Zum binocularen Farbensehen. Med. Diss. Tübingen 1927. Über manifeste
   Heterozygotie bei Konduktorinnen für Farbensinnstörungen. Klin. Mbl. Augenheilk. 92,
   456 (1934).
— Über „Ermüdbarkeit" des Farbensystems bei normalen Trichromaten. Klin. Mbl. Augen-
   heilk. 94, 433 (1935).
— Untersuchungen über die Verwendbarkeit der Ishiharatafeln zur Differentialdiagnose von
   Farbensinnstörungen. Klin. Mbl. Augenheilk. 96, 289 (1936).
— Ergebnisse einer Massenuntersuchung des Farbensinns mit dem Anomaloskop. Z. Bahn-
   ärzte 1936, Nr. 2.
— Farbensinnuntersuchungen an normalen und anomalen Trichomaten im Unterdruck.
   Luftf.med. 2, 55 (1937).
— Ein Signalfarbengerät zur Farbsehprüfung in der Luftfahrt. Dtsch. Militärarzt 6, 539 (1941).
— Über zwei Fälle von angeborener Blau-Gelb-Sehstörung. Klin. Mbl. Augenheilk. 109,
   635 (1943).
— Effect of illumination in testing color vision with pseudoisochromatic plates. J. opt. Soc.
   Amer. 42, 951 (1952).
— Some problems related to testing color vision with the Nagel anomaloscope. J. opt. Soc.
   Amer. 45, 514 (1955).
— A sign of manifest heterozygosity in carriers of color deficiency. Amer. J. Optom. 32, No 8
   (1955).
— The "Green" areas of Mars and color vision. S. 171. Xth internat. Astronaut. congress.
   proc. London (1959).
— and PH. E. GRUSH: Size effects in simultaneous color contrasts. Amer. J. Ophthal. 50,
   177 (1960).
— u. L. KITZINGER: Gesichtsfeldmessungen mit farbigen Prüfobjekten im Dämmersehen.
   Mitt. a. d. Gebiet d. Luftf.med. Forschungsber. 8/42.
SCHMIDT, TH.: Über die Gesichtsfelduntersuchung am Goldmann-Perimeter. Klin. Mbl.
   Augenheilk. 126, 209 (1955).
— Zur Applanationstonometrie an der Spaltlampe. Ophthalmologica (Basel) 133, 337 (1957).
SCHMIDT, W. J.: Polarisationsoptische Analyse eines Eiweiß-Lipoidsystems, erläutert am
   Außenglied der Sehzellen. Kolloidz. 85, 137 (1938).
SCHMITZ-MOORMANN, P.: Über den Glykogengehalt der Retina und seine Beziehungen zur
   Zapfenkontraktion. Albrecht v. Graefes Arch. Ophthal. 118, 506 (1927).
SCHOBER, H.: Die Nachtmyopie und ihre Ursachen. Albrecht v. Graefes Arch. Ophthal. 148,
   171 (1948).
— Ein augenärztlicher Rechenschieber. Klin. Mbl. Augenheilk. 107, 86 (1950).
— Ein neues Adaptometer. Klin. Mbl. Augenheilk. 117, 51 (1950).
— Über die Akkommodationsruhelage. Optik 2, 282 (1954).
— Ein neues Sofortadaptometer. Ber. ophthal. Ges. 60, 285 (1956).
— Das Sehen. 2. Aufl. Fachbuchhandl. Leipzig I u. II. 1957/58.
SCHÖN: Apparat zur Demonstration des Listing-Dondersschen Gesetzes. Klin. Mbl. Augen-
   heilk. 13, 430 (1875).
SCHÖNWALD, B.: Die Abhängigkeit der Unterschiedsschwelle von der Objektgröße und
   Umfeldleuchtdichte. Z. Instrumentenk. 61, 68 (1942).
SCHOPENHAUER, A.: Über das Sehen und die Farben. Sämtliche Werke, Band 12, Verlag Cotta.
   Die Schrift wurde 1815 verfaßt, erschien 1816 in 1. und 1854 in 2. Auflage. (Das gebrachte
   Zitat ist von mir etwas abgekürzt.) — Vgl. die Einwände von E. HERING (44) gegen
   SCHOPENHAUER.

SCHOUTEN, J. F.: (1) Grundlagen einer quantitativen Vierfarbentheorie. Proc. kon. Ned. Akad. Wet. **38**, 590 (1935).
— (2) Zur Analyse der Blendung. Proc. kon. Ned. Akad. Wet. **37**, Nr. 8 (1934).
— and L. S. ORNSTEIN: Measurements on direct and indirect adaptation by means of a binocular method. J. opt. Soc. Amer. **29**, 168 (1939).
SCHRECK, E.: Vorderkammerlinsen zur Behandlung der Aphakie und hoher Ametropien. Ber. ophthal. Ges. **59**, 212 (1955); s. a. Klin. Mbl. Augenheilk. **129**, 112 (1956).
SCHRÖDINGER, E.: Die Gesichtsempfindungen. Müller-Pouillets Lehrb. der Physik, 11. Aufl. **2** (1), 456 (1926).
SCHUBERT, G.: (1) Sind urfarbige Lichterpaare komplementär? Pflügers Arch. ges. Physiol· **220**, 82 (1928).
— (2) Studien über das Listingsche Bewegungsgesetz am Auge. I. Mitt. Pflügers Arch. ges. Physiol. **205**, 637 (1924). II. Mitt. Pflügers Arch ges. Physiol. **215**, 553 (1927). III. Mitt. Pflügers Arch. ges. Physiol. **216**, 580 (1927). IV. Mitt. Pflügers Arch. ges. Physiol. **220**, 300 (1928).
— (3) (mit GOLDMANN): Untersuchungen über das Gesichtsfeld bei herabgesetztem Sauerstoffdruck der Atmungsluft. Arch. Augenheilk. **107**, 216 (1933).
— (4) Eine praktisch bedeutsame optische Täuschung beim Fluge in größeren Höhen. Z. Sinnesphysiol. **62**, 326 (1932).
— (5) Physiologie des Menschen im Flugzeug. Springer 1935.
— Über die subjektive Erscheinungsweise der Horizontlinie und der Erdoberfläche beim Flug in großen Höhen, zugleich ein Beitrag zur Myosensorik der Augenmuskeln. Pflügers Arch. ges. Physiol. **222**, 460 (1929).
— Der intraoculare Fusionsmechanismus. Albrecht v. Graefes Arch. Ophthal. **137**, 506 (1937).
— Die binokulare Koordination der Sehfunktion. Pflügers Arch. ges. Physiol. **241**, 470 (1939).
— Grundlagen der beidäugigen motorischen Koordination. Pflügers Arch. ges. Physiol. **247**, 279 (1943).
— Augenbewegungen und optische Lokalisation. Ergebn. Physiol **45**, 423 (1944); S. 448 Das Aniseikonieproblem.
— Aktionspotentiale der Akkommodationsmuskulatur. Naturwissenschaften **41**, 384 (1954).
— Die physiologischen Barrieren im neuzeitlichen Flugwesen. Schweiz. med. Wschr. **1955**, 400.
— Die elektrische Aktivität der Retina. Mod. Probl. Ophthal. **1**, 251 (1956). Basel u. New York.
SCHÜLER, K.: Die zeitliche Entwicklung des Farbenkontrastes. Z. Biol. **93**, 507 (1933).
SCHÜTZ, E.: Apparat zur Erläuterung der Grundgesetze der Stereoskopie. Pflügers Arch. ges. Physiol. **251**, 123 (1949).
SCHULTZ, H. J.: Eine neue Standardkurve der Dunkeladaptation. Med. Diss. Berlin 1940.
SCHULTZE, O.: Mikroskopische Anatomie der Linse und des Strahlenbändchens. Handb. d. ges. Augenheilk. (Graefe-Sämisch), 2. Aufl. **1** (2), Kap. IV (1900).
SCHUMACHER, R. O.: Die Unterschiedsempfindlichkeit des helladaptierten menschlichen Auges. Dissertation Dr. Ing., Techn. Hochschule Berlin 1940.
SCHUR, E.: Mondtäuschung und Sehgrößenkonstanz. Psychol. Forsch. **7**, 44 (1926).
SCHWARZ, FR.: (1) Über die Reizung des Sehorgans durch niederfrequente elektrische Schwingungen. Z. Sinnesphysiol. **68**, 92 (1940).
— (2) Über die Reizung des Sehorgans durch doppelphasige und gleichgerichtete elektrische Schwingungen. Z. Sinnesphysiol. **69**, 158 (1941).
— (3) Eine einfache Methode zur optischen Registrierung des Nystagmus. Z. Sinnesphysiol. **69**, 117 (1941).
— (4) Untersuchungen über die Summation unterschwelliger farbiger Lichtblitze an Farbentüchtigen und Farbenuntüchtigen. Z. Sinnesphysiol. **67**, 175 (1937).
— (5) Über die Wirkung von Wechselströmen auf das Sehorgan. Z. Sinnesphysiol. **67**, 227 (1938).
— Über die binokulare Farbenmischung bei Darbietung rhythmisch unterbrochenen Lichts. Pflügers Arch. ges. Physiol. **248**, 158 (1944).
SEEBECK, A.: Über den bei manchen Personen vorkommenden Mangel an Farbensinn. Ann. Physik u. Chem. **42**, 177 (1837).
SEGAL, J.: Mechanismus des Farbensehens. Übers. aus dem Franz. Jena: G. Fischer 1958.
— La couleur des sensations chromatiques élémentaires. C. R. Soc. Biol. (Paris) **143**, 1314 (1949).
SEITZ, R.: Zur vegetativen Innervation von Pupille und Netzhautgefäßen. Ber. ophthal. Ges. **58**, 55 (1953).
SEWIG, R.: Handb. Lichttechnik **1**, 288 (1938). Betrifft Flimmerphotometrie.
SHANTZ, E. M., N. D. EMBREE, H. C. HODGE and J. H. WILLS jr.: Replacement of vitamin A_1 by vitamin A_2 in the retina of rat. J. biol. Chem. **163**, 455 (1946).
SHERRINGTON, C. S.: A simple apparatus for illustrating the Listing-Donders law. J. Physiol. (Lond.) **50**, XLVI (1915/16).

SHIPLEY, W. G., B. M. NANN and M. J. PENFIELD: The apparent lenght of tilted lines. J. exp. Psychol. **39**, 548 (1949).

SHLAER, S.: The relation between visual acuity and illumination. J. gen. Physiol. **21**, 165 (1937).

SHODA, M.: Über die scheinbare Vertikale bei Tertiärstellung des Auges. Pflügers Arch. ges. Physiol. **215**, 588 (1927).

SIEBECK, R.: Über Minimalfeldhelligkeiten. Z. Sinnesphysiol. **41**, 89 (1907).

— Die antagonistische Innervation der Akkommodation und die Akkommodationsruhelage. Albrecht v. Graefes Arch. Ophthal. **153**, 425 (1953).

— Akkommodationsimpuls und Akkommodationserfolg unter medikamentösem Einfluß. Albrecht v. Graefes Arch. Ophthal. **153**, 438 (1953).

— Akkommodation und binokularer Sehakt. Halle (Saale): VEB Verl. Carl Martold 1957.

— u. O. KLEMM: Ermüdungserscheinungen bei erzwungener monokularer Dominanz im binokularen Sehakt. Albrecht v. Graefes Arch. Ophthal. **155**, 413 (1954).

SIEDENTOPF, H.: Die Unabhängigkeit der Unterschiedsschwelle von der Objektgröße und der Umfeldleuchtdichte. Z. Instrumentenkde. **61**, 67 (1941).

— Über Sichtbarkeitsgrenzen (Sehschärfe und Kontrastschwelle). Forsch. Fortschr. **17**, Nr. 13/14 (1941).

SIEGRIST, A.: (1) Zur optischen Behandlung der unregelmäßigen Hornhautkrümmung, speziell des Keratokonus. Ergebn. Physiol. **24**, 139 (1925).

— (2) Refraktion u. Akkommodation. Springer 1925.

SILVESTRINI, F.: Die analytische Darstellung der Anpassung der menschlichen Pupille an verschiedene Lichtintensitäten. **58**, 255 (1930).

SIMON, R.: Über Fixation im Dämmerungssehen. Z. Sinnesphysiol. **36**, 186 (1904).

SINCLAIR, J. G.: Lens in accommodation. Amer. J. Ophthal. **28**, 38 (1945).

SJÖSTRAND, F. S.: An electron microscope study of the retinal rods of the guinea pig. J. cell. comp. Physiol. **33**, 383 (1949).

— The ultrastructure of the outer segments of the rods and cones of the eye as revealed by electron microscope. J. cell comp. Physiol. **42**, 15 (1953).

— The ultrastructure of the inner segments of the retinal rods of the guinea pig eye as revealed by electron microscopy. J. cell. comp. Physiol. **42**, 45 (1953).

SLATAPER, F. J.: Age norms of refraction and vision. Arch. Ophthal. **43**, 466 (1950).

SLOAN, L.: Instruments and technics for the clinical testing of light sense. I. Review of the recent literature. Arch. Ophthal. (Chicago) **21**, 913 (1939).

— II. Control of fixation in the dark adapted eye. Arch. Ophthal. (Chicago) **22**, 228 (1939).

— Congenital achromatopsia. A report of 19 cases. J. opt. Soc. Amer. **44**, 117 (1954).

— and L. WOLLACH: A case of unilateral deuteranopia. J. opt. Soc. Amer. **38**, 502 (1948).

SMELSER, G. K., and V. OZANICS: Importance of atmospheric oxygen for maintenance of the optical properties of the human cornea. Science **115**, 140 (1952).

SMITH, K. U.: The neutral centers concerned in optic nystagmus. Amer. J. Physiol. **126**, 631 (1939).

SMITH, S. W., A. MORRIS and F. L. DIMMIK: Effects of exposure to various red lights upon subsequent dark adaptation. J. opt. soc. Amer. **45**, 502 (1955).

SMITH, W.: Effect of monocular und binocular vision, brightness, and apparent size on the sensitivity to apparat movements in depth. J. exper. Psychol. **49**, 357 (1955); Ber. ges. Physiol. **181**, 103 (1956).

SMITH KINNEY, J. A. S.: Sensitivity of the eye to spectral radiation at scotopic and mesopic intensity levels. J. opt. Soc. Amer. **45**, 507 (1955).

STAHEL, W.: Experimentelles über Erythropsie bei Aphakischen. Klin. Mbl. Augenheilk. **132**, 1 (1934).

STARGARDT, K.: Die Untersuchung des Gesichtsfeldes bei Dunkeladaptation mit besonderer Berücksichtigung der solutio retinae. Klin. Mbl. Augenheilk. **44**, 353 (1906).

STEGEMANN, I.: Über den Einfluß sinusförmiger Leuchtdichteveränderungen auf die Pupillenweite. Pflügers Arch. ges. Physiol. **264**, 113 (1957).

STENIUS, ST.: Dark-adaptation and the platinum chloride method of staining visual purple. Acta physiol. scand. **1**, 380 (1941).

STENSTRÖM, S.: Variations in the size and shape of the eye. Acta Ophthal. (Chicago) **26**, 559 (1946).

STEPANIK, J.: Der sichtbare Kammerwasserabfluß. Klin. Mbl. Augenheilk. **130**, 208 (1957).

STEPP, W.: (1) Versuche über Fütterung mit lipoidfreier Nahrung. Biochem. Z. **22**, 452 (1909).

— (2) Experimentelle Untersuchungen über die Bedeutung der Lipoide für die Ernährung. Z. Biol. **57**, 135 (1912).

— (3) Weitere Untersuchungen über die Unentbehrlichkeit der Lipoide für das Leben. Über die Hitzezerstörbarkeit lebenswichtiger Lipoide der Nahrung. Z. Biol. **59**, 366 (1913).

STEPP, W.: (4) Über gleichzeitige experimentelle Erzeugung schwerer Xerophthalmie und Rachitis bei jungen Ratten. Ergebn. Physiol. **24**, 67 (1925).
— KÜHNAU, J., u. H. SCHROEDER: Die Vitamine und ihre klinische Anwendung. 2. Aufl. Enke 1937.
STERNECK, R. v.: Der Sehraum auf Grund der Erfahrung. Leipzig 1907.
ST. GEORGE, R. C. C.: The interplay of light and heat in bleaching rhodopsin. J. gen. Physiol. **35**, 495 (1951).
STIEVE, R.: Über den Bau des menschlichen Ziliarmuskels, seine physiologischen Veränderungen während des Lebens und seine Bedeutung für die Akkommodation. Anat. Anz. **97**, 69 (1949); Z. mikr.-anat. Forsch. **55**, 3 (1949).
STIGLER, R.: Beiträge zur Kenntnis des Druckphosphens. Pflügers Arch. ges. Physiol. **115**, 248 (1906).
— Ein Projektions-Tachistoskop („Metakontrastapparat"). Pflügers Arch. ges. Physiol. **171**, 296 (1918).
— Die Untersuchung des zeitlichen Verlaufes der optischen Erregungen mittels des Metakontrastes. Abderhaldens Handb. d. biol. Arbeitsmethoden. Lief. 210 (1926).
STILES, W. S.: The luminous efficiency of monochromatic rays entering the pupil at different points and a new colour effect. Proc. roy. Soc. London Ser. B. **123**, 90 (1937).
— The directional sensitivity of the retina and the spectral sensitivity of the rods and cones. Proc. roy. Soc. London, Ser. B **127**, 64 (1939).
— Mechanism of colour vision. Nature (Lond.) **160**, 664 (1947).
— Increment thresholds of the mechanisms of colour vision. Docum. ophthal. ('s-Grav.) **3**, 138 (1948).
— The physical interpretation of the spectral sensitivity of the eye. Aus: Transactives of the optical Convention of the Worshipful, S. 97—107. Company of Spectacle Macers. Spectacle Macers Company London: 1948.
— and B. H. CRAWFORD: The luminous efficiency of rays entering the eye pupil at different points. Proc. roy. Soc. Lond. **112**, 428 (1933).
— — The liminal brightness increment as a function of wavelength for different conditions of the foveal and parafoveal retina. Proc. roy. Soc. London Ser. B. **113**, 496 (1933).
— — Luminous efficiency of rays entering the eye pupil at different points. Nature (Lond.) **139**, 246 (1937).
STOCK, W.: Zur Frage der Schutzbrillen. Ber. Vers. Ophthal. Ges. Heidelberg **38**, 345 (1912).
STOHLER, K.: Die Schwarz-Weiß-Anaglyphen. Farbe **3**, 7 (1955).
STOLZE, F.: Die Stereoskopie und das Stereoskop in Theorie und Praxis. Enzykl. d. Photogr., 2. Aufl., Heft 10. Halle 1908.
STRAUB, M.: Über monokulares körperliches Sehen nebst Beschreibung eines als monokulares Stereoskop benutzten Stroboskopes. Z. Sinnesphysiol. **36**, 431 (1904). — Vgl. Arch. Augenheilk. **51**, 101 (1904).
STRUGHOLD, H.: Flugphysiologische Studien. II.: Sauerstoffmangel und die Feinheit der Wahrnehmung der Gliederbewegungen. Z. Flugtechn. **9**, 226 (1930).
— Die Zeitreserve nach Unterbrechung der Sauerstoffatmung in großen Höhen. Luftfahrtmedizin **3**, 55 (1939).
— Physiologie des Höhenflugs. Luftfahrtmedizinischer Lehrbrief I., Luftfahrtmed. Forsch. Inst. d. R.L.M., Bln 1944.
— Intermittent light. Germ. Aviat. Med. World War II, Vol. II., S. 972 (1947).
— The human time factor in flight. I. The latent period of optical perception and its significance in high speed flying. J. Aviat. Med. **20**, 300 (1949).
— The human time factor in flight. II. Chains of latencies in vision. USAF School of Aviation Medicine. Randolph Field Texas Nov. 1950.
— The human eye in space. X. Int. Astronaut. Congr. (1959).
— H. HABER, K. BUETTNER and F. HABER: Where does space begin? J. Aviat. Med. **22**, 342 (1951).
STUDNITZ, G. v.: Zur Physiologie des Farbensinns. Naturwissenschaften **33**, 189 (1946).
— Physiologie des Sehens. Retinale Primärprozesse. 2. Aufl. Leipzig: Akad. Verl. ges. Heest u. Portig 1952.
STUMPF, C.: Erkenntnislehre, 2 Bände. Leipzig 1940. (Darin **1**, 242 über die Gestalttheorie, **1**, 353 über Weber-Fechner-Gesetz.)
SUGITA, Y.: Experimentelle Untersuchungen über die Wirkung der Galle und ihrer Bestandteile auf das Auge, speziell auf den Lichtsinn und auf den Sehpurpur, nebst Bemerkungen über meine Sehpurpurlösungsmethode. Albrecht v. Graefes Arch. Ophthal. **116**, 653 (1926).
SVAETICHIN, G.: The cone action potential. Acta physiol. scand. **29**, Suppl. 106, 565 (1954).
— Studies on the vertebrate ERG. On the relationship between ERG and visual perception. Acta physiol. scand. **29**, Suppl. 106, 601 (1954).
— Spectral response curves from single cones. Acta physiol. scand. **39**, Suppl. 134, 17 (1956).

Svaetichin, G.: Receptor mechanisms for flicker and fusion. Acta physiol. scand. **39**, Suppl. 134, 47 (1956).
— Notes on the ERG analysis. Acta physiol. scand. **39**, Suppl. 134, 55 (1956).
— The cone function related to the activity of retinal neurons. Acta physiol. scand. **39**, Suppl. 134, 67 (1956).
— Aspects on human photoreceptor mechanisms. Acta physiol. scand. **39**, Suppl. 134, 93 (1956).
— u. R. Jonasson: A technique for oscillographic recording of spectral response curves. Acta physiol. scand. **39**, Suppl. 134, 3 (1956).
Sweet, A. L.: Temporal discrimination by the human eye. Amer. J. Psychol. **66**, 185 (1953).
Swenson, H. A.: Der relative Einfluß der Akkommodation und Konvergenz bei der Beurteilung der Entfernung. J. gen. Psychol. **7**, 360 (1932). (Angef. n. Ber. **71**, 607.)
Szekeres, G.: A new determination of the Young-Helmholtz primaries. J. opt. Soc. Amer. **38**, 350 (1948).
Talbot, S. A.: Recent concepts of retinal color mechanism. J. opt. Soc. Amer. **41**, 895 (1951).
Tansley, K.: The regeneration of visual purple, its relation to dark adaptation and night blindness. J. Physiol. (Lond.) **72**, 442 (1931).
— Retinal oxygen supply and macular pigmentation. Nature (Lond.) **165**, 524 (1950).
— Some observations on mammalian cone electroretinograms. Bibl. ophthal. (Basel) **48**, 7 (1957).
Teucher, R.: Pupillengröße und Helligkeitsempfindung im Tages- und Dämmerungssehen. Z. ophthal. Opt. **30**, 161 (1942).
Thiele, W.: Neuentwicklung auf dem Gebiet der binocularen Prüfverfahren. „Optometrie" Z. Optom. u. Brillenanpass. (Berlin) **5** (1956).
Thomson, L. C.: Binocular summation within the nervous pathways of the pupillary light reflex. J. Physiol. (Lond.) **106**, 59 (1947).
— The effect of change of brightness level upon the foveal luminosity curve measured with small fields. J. Physiol. (Lond.) **106**, 368 (1947).
— u. W. D. Wright: The convergence of the tritanopic confusion loci and the derivation of the fundamental response functions. J. opt. Soc. Amer. **43**, 890 (1953).
Tönnies, J. F.: Die Erregungssteuerung im Zentralnervensystem, Erregungsfokus der Synapsen und Rückmeldung als Funktionsprinzipien. Arch. Psychiat. Nervenkr. **182**, 478 (1949).
Tomita, T.: Studies on the intraretinal action potential. Part I. Relation between the localization of micro-pipette in the retina and the shape of the intraretinal action potential. Jap. J. Physiol. **1**, 110 (1950).
— The nature of action potentials in the lateral eye of horseshoe crab as revealed by simultaneous intra- and extracellular recording. Jap. J. Physiol. **6**, 327 (1956).
— A study on the origin of intraretinal action potential of cyprinid fish by means of pencil-type microelectrode. Jap. J. Physiol. **7**, 80 (1957).
— Peripheral mechanism of nervous activity in lateral eye of horseshoe crab. J. Neurophysiol. **20**, 245 (1957).
Tonner, F.: Die Messung der Empfindungsfläche und Sehschärfe unter variablen Bedingungen im gleichen Versuch. Pflügers Arch. ges. Physiol. **247**, 149 (1943).
— Die Größe der Empfindungsfläche eines Lichtpunktes und der Zapfenraster. Pflügers Arch. ges. Physiol. **247**, 168 (1943).
— Die Sehschärfe. Pflügers Arch. ges. Physiol. **247**, 183 (1943).
— u. H. W. Weber: Die Grundlagen der Deutung der Sehschärfe. Pflügers Arch. ges, Physiol. **247**, 145 (1943).
Tousey, R.: The effect of spectacle lens power on point source and visual acuity thresholds. Minutes and Proc. of the 16th Meeting of the Army-Navy-NCR-Vision Committee 25 (1946).
Travis, R. C.: Measurements of accommd. and convergence time as part of complex visual adjustment. J. exper. Physiol. **38**, 395 (1948).
Trendelenburg, W.: (1) Quantitative Untersuchungen über die Bleichung des Sehpurpurs in monochromatischem Licht. Z. Sinnesphysiol. **37**, 1 (1904).
— (2) Über das Vorkommen von Sehpurpur im Fledermausauge nebst Bemerkungen über den Zusammenhang zwischen Sehpurpur und Netzhautstäbchen. Arch. (An. u.) Physiol. 1904, Suppl.-Bd., 228.
— (3) (mit Angier): Bestimmungen über das Mengenverhältnis komplementärer Spektralfarben in Weißmischungen. Z. Sinnesphysiol. **39**, 1 (1905).
— (4) (mit Bumke): Experimentelle Untersuchungen zur Frage der Bach-Meyerschen Pupillenzentren in der Medulla oblongata. Klin. Mbl. Augenheilk. **45**, 353 (1907).
— (5) Experimentelle Untersuchungen über die zentralen Wege der Pupillenfasern des Sympathicus. Klin. Mbl. Augenheilk. **47**, 481 (1909).
— (6) (mit Marx): Über die Genauigkeit der Einstellung des Auges beim Fixieren. Z. Sinnesphysiol. a) **45**, 87 (1911). — b) **47**, 79 (1913).

Trendelenburg, W.: (7) Die objektiv feststellbaren Lichtwirkungen an der Netzhaut. Ergebn. Physiol. **11**, 1 (1911). (Darin Schriftennachweis bis 1911.)
— (8) (mit Bumke): Beiträge zur Kenntnis der Pupillarreflexbahnen. Klin. Mbl. Augenheilk. **49**, 145 (1911).
— (9) Versuche über binokulare Mischung von Spektralfarben. Z. Sinnesphysiol. **48**, 199 (1913).
— (10) Weitere Versuche über binokulare Mischung von Spektralfarben. Pflügers Arch. ges. Physiol. **201**, 235 (1923).
— (11) Die Adaptationsbrille, ein Hilfsmittel für Röntgendurchleuchtungen. Münch. med. Wschr. **1916**, Nr. 7, 245. — Forschr. Röntgenstr. **25**, 30 (1916); **33**, 1 (1925).
— (12) Stereoskopische Raummessung an Röntgenaufnahmen. Springer 1917.
— (13) (mit Saleck): Über Genauigkeit und praktische Anwendbarkeit der unmittelbaren Raumbildmessung an Röntgenaufnahmen. Fortschr. Röntgenstr. **27**, 506 (1918).
— (14) Ein genauer Augenabstandsmesser zu subjektivem Gebrauch. Klin. Mbl. Augenheilk. **61**, 564 (1918).
— (15) Ein einfacher Apparat zur genauen Messung des Augenabstandes, der Pupillenweite, der Hornhaut und des Exophthalmus. Klin. Mbl. Augenheilk. **65**, 527 (1920); **66**, 859 (1921).
— (16) Gesichtssinn. Lehrbuch der Physiologie. Leipzig 1924.
— (17) (mit Drescher): Über die Grenzen der beidäugigen Tiefenwahrnehmung und Doppelbildwahrnehmung. Z. Biol. **84**, 427 (1926).
— (18) Eine Lichtfläche zur Normierung der Helladaptation. Klin. Mbl. Augenheilk. **76**, 776 (1926).
— (19) Ein Apparat zur Vorführung und zur Ausmessung des Kehlkopfspiegelbildes. Z. Hals-, Nas-. u. Ohrenheilk. **22**, 159 (1928).
— (20) Zur Frage der Raumbildmessung an Nachbildern. Z. Sinnesphysiol. **60**, 89 (1929).
— (21) Johannes v. Kries. Münch. med. Wschr. **1929**, 922.
— (22) Zur Diagnostik des abnormen Farbensinnes. Klin. Mbl. Augenheilk. **83**, 721 (1929).
— (23) (mit I. Schmidt): Untersuchungen über das Farbensystem des Affen. (Spektrale Unterschiedsempfindlichkeit und spektrale Farbenmischung bei Helladaptation.) Z. vergl. Physiol. **12**, 249 (1930).
— (24) Ein Signallichtapparat zur Prüfung auf Farbenblindheit. Klin. Mbl. Augenheilk. **93**, 433 (1934).
— (25) (mit I. Schmidt): Untersuchungen über die Vererbung von angeborener Farbenfehlsichtigkeit. Zugleich ein Beitrag zur Theorie der Farbensysteme. S.-B. Akad. Wiss., Physik.-math. Kl. **1935**, 13. (Auch einzeln erschienen. Verl. de Gruyter.)
— (26) Über die für das Anomaloskop geeignetste Lichtqualität sowie über die Frage der Übergangsfälle zwischen Norm und Protanomalie. Klin. Mbl. Augenheilk. **102**, 769 (1939).
— (27) Ein einfaches Verfahren zur Feststellung der Formen von Farbenfehlsichtigkeit und seine Anwendung zu praktischen und wissenschaftlichen Zwecken. Abh. preuß. Akad. Wiss., Math.-naturwiss. Kl. **1940**, Nr. 20. (Auch einzeln erschienen. Verl. de Gruyter.)
— (28) Über Dunkeladaptation. Dtsch. med. Wschr. **1940**, 561.
— (29) Verfahren zur Feststellung der Formen von abweichendem Farbensinn mittels Farbflecken. Klin. Mbl. Augenheilk. **104**, 473 (1940).
— (30) Ein Anomaloskop zur Untersuchung von Tritoformen der Farbenfehlsichtigkeit mit spektraler Blaugleichung. Klin. Mbl.-Augenheilk. **106**, 537 (1941).
— (31) Über die Trennschärfe der Stilling-Hertelschen Tafeln für die Norm und für die einzelnen Formen der Farbenfehlsichtigkeit. Klin. Mbl. Augenheilk. **107**, 12 (1941).
— (32) Über Vererbung bei einem Fall von anomalem Farbensinn des einen und normalem Farbensinn des anderen Auges beim Mann. Klin. Mbl. Augenheilk. **107**, 280 (1941).
— (33) Zur Kenntnis des abnormen Farbensinns und seiner Vererbung. Abh. preuß. Akad. Wiss., Math.-naturwiss. Kl. **1941**, Nr. 6. (Auch einzeln erschienen. Verl. de Gruyter.)
— (34) Farbentafeln zur Untersuchung auf Farbenfehlsichtigkeit. (Nicht erschienen.)
— (35a) (mit H. Nellmann): Ein Beitrag zur Intelligenzprüfung niederer Affen. Z. vergl. Physiol. **4**, 142 (1926).
— (35b) (mit K. Drescher): Weiterer Beitrag zur Intelligenzprüfung an Affen (einschließlich Anthropoiden). Z. vergl. Physiol. **5**, 613 (1927).
Trincker, D.: Hell-Dunkelanpassung und räumliches Sehen. Zur Phänomenologie des Pulfricheffektes unter Berücksichtigung des Asymmetriephänomens. Pflügers Arch. ges. Physiol. **257**, 48 (1953).
— Zur Ontogenese der Zapfen- und Stäbchenfunktion beim Menschen. Naturwissenschaften **13**, 310 (1954).
— Zur Entwicklung der Zapfen- und Stäbchenfunktion beim menschlichen Neugeborenen. Forsch. u. Fortschr. **29**, 12 (1955).
— u. I. Trincker: Die ontogenetische Entwicklung des Helligkeits- und Farbensehens beim Menschen. Albrecht v. Graefes Arch. Ophthal. **156**, 519 (1955).
Troland, L. T.: The optics of the nervous system. Amer. J. physiol. Opt. **5**, 127 (1924).

TROLAND, L. T.: The principles of psychophysiology. New York: Verl. Nostrand & Co. 1930.

TSCHERMAK-SEYSENEGG, A. V.: (1) Kontrast und Irradiation. Ergebn. Physiol. 2 (2), 726 (1903).
— (2) Licht- und Farbensinn. Bethes Handb. d. Physiol. 12 (1), 295 (1929).
— (3) Theorie des Farbensehens. Bethes Handb. d. Physiol. 12 (1), 550 (1929).
— (4) Augenbewegungen. Bethes Handb. d. Physiol. 12 (2), 1001 (1931).
— (5) Optischer Raumsinn. Bethes Handb. d. Physiol. 12 (2), 834 (1931).
— (6) Methodik des optischen Raumsinns und der Augenbewegungen. Abderhaldens Handb. d. biol. Arbeitsmethoden, Abt. V, Teil 6, S. 1427. 1937.
— (7) Die Bedeutung der Neutralstimmung des Auges für Farbmessung und -musterung. Das Licht 11, 66 (1941). — Vgl. Albrecht v. Graefes Arch. Ophthal. 139, 181 (1938).
— (8) Goethes Bedeutung für die physiologische Optik. Ber. 49. Vers. d. Ophthal. Ges. Heidelberg 1932, 1. — Forsch. u. Fortschr. 8, 88 (1932).
— (9) Leukoskop zur Untersuchung partiell Farbenblinder. Albrecht v. Graefes Arch. Ophthal. 133, 410 (1935). — Forsch. u. Fortschr. 11, Nr. 11 (1935).
— (10) Studien über das Binokularsehen der Wirbeltiere. Pflügers Arch. ges. Physiol. 91, 1 (1902).
— (11) Über Merklichkeit und Unmerklichkeit des blinden Flecks. Ergebn. Physiol. 24, 330 (1925).
— (12) Neues Modell für die Augenbewegungen nach dem Listingschen Gesetz. Med. Klin. 29, 867 (1933).
— (13) Über Parallaktoskopie. Pflügers Arch. ges. Physiol. 241, 455 (1939). (Monokulare Tiefenwahrnehmung.)
— (14) Beitrag zur funktionellen Einteilung der Netzhaut. Albrecht v. Graefes Arch. Ophthal. 140, 445 (1939).
— (15) Über die spektrale Verteilung der Sättigung und über Dreilichter-Eichung des Spektrums. Arch. Augenheilk. 109, 1 (1935).
— (16) Einführung in die physiologische Optik. 2. Aufl. Wien: Springer 1947.
— (17) Besprechung der Arbeit Meitners. Zbl. Ophthal. 47, 616 (1942).
— Physiologisch-optische Studien. Docum. ophthal. ('s-Grav.) 2, 10 (1948).
— u. P. HOEFER: Über binokulare Tiefenwahrnehmung auf Grund von Doppelbildern. Pflügers Arch. ges. Physiol. 98, 299 (1903).

TSCHERNING, M.: (1) Die kompensatorische Adaptation des Auges. Annales d'Ocul. 159, (1922). (Enthält Angaben über die Graugläserbezeichnung.)
— (2) Beiträge zur Dioptrik des Auges. Z. Sinnesphysiol. 3, 429 (1892). (Darin S. 438, Anm. 2 das Verfahren von Blix zur Abstandmessung an brechenden Flächen.)
— and H. LARSEN: Colour-vision and its anomalies. Acta ophthal. (Kbh.) 4, 289 (1917). — Dasselbe französisch in J. Physiol. Path. gén. 24, 475 u. 492 (1926).

TUOHY: Fitting and ordering the Tuohy Corneal Lens. Solex Lab. Los Angeles zit. n. KNÜSEL (1948).

VALENTINER, S., u. M. RÖSSIGER: Die Energieverteilung der Hefnerlampenstrahlung im sichtbaren Teile des Spektrums. Ann. Physik, IV. F. 76, 785 (1925).

VECKENSTEDT, E.: Geschichte der griechischen Farbenlehre. Das Farbenunterscheidungs-vermögen. Die Farbenbezeichnungen der griechischen Epiker von Homer bis Quintus Smyenäus. Paderborn 1888.

VELDEN VAN DER, H. A.: The number of quanta necessary for the perception of light of the human eye. Ophthalmologica (Basel) 111, 321 (1946); Physica 11, 179 (1944).

VELHAGEN, K.: Die hypoxämische Farbenasthenopie, eine latente Störung des Farbensinnes. Arch. Augenheilk. 109, 606 (1936). — Vgl. Luftf.med. 1, 116 (1936).
— Zur Frage der Neophangläser. Klin. Mbl. Augenheilk. 94, 593 (1935).
— Weitere Untersuchungen über die Brauchbarkeit von Neophangläsern bei angeborener Farbenuntüchtigkeit. Klin. Mbl. Augenheilk. 96, 660 (1936).
— Tafeln zur Prüfung des Farbensinnes. Leipzig: Thieme Verlag 1952.

VERRIJP, C. D.: (1) L'excitabilité électrique de l'oeil humain. C. R. Soc. Biol. 92, 742 (1925).
— (2) L'influence de l'adaptation à l'obscurité sur l'excitabilité électrique de l'oeil humain. C. R. soc. Biol. (Paris) 93, 55 (1925).

VIERLING: Die Farbensinnprüfung bei der deutschen Reichsbahn. Melsungen 1935.

VIERLING, O.: Stereophotographie mit der Contax. Das Contax-Stereo-System. Photogr. u. Forsch. 3, 193 (1941).

VILMAR, K. F.: Die Zeitschwelle der Tiefensehschärfe in der Netzhautperipherie. Klin. Mbl. Augenheilk. 117, 242 (1950).

VOGELSANG, K.: (1) Untersuchungen über die mechanischen Eigenschaften der Linsenkapsel des Rinderauges. Albrecht v. Graefes Arch. Ophthal. 144, 342 (1941). — Vgl. JÄGER und VOGELSANG.
— (2) Die Empfindungszeit und der zeitliche Ablauf der Empfindungen. Ergebn. Physiol. 26, 122 (1928). — Vgl. Z. Sinnesphysiol. 58, 38 (1927).
— Gewebsmechanik und Augenheilkunde. Leipzig: VEB Thieme 1960.

VOLKMANN, A. W.: (1) Die stereoskopischen Erscheinungen in ihrer Beziehung zu der Lehre von den identischen Netzhautpunkten. Albrecht v. Graefes Arch. Ophthal. 5 (2), 1 (1859).
— (2) Physiologische Untersuchungen im Gebiete der Optik. Leipzig 1863.
VOSS, J. C. DE, and R. GANSON: Color blindness of cats. J. Anim. Behav. 5, 115 (1915).
VRIES, H. DE: Fundamental response curves of normal and abnormal dichromatic and trichromatic eyes. Physica 14, 313, 367 (1948).
WAALER, G. H. M.: Über die Erblichkeitsverhältnisse der verschiedenen Arten von angeborener Rotgrünblindheit. Z. indukt. Abstammgslehre 45, 279 (1927). — Acta ophthal. (Kbh.) 5, 309 (1927).
WAART, A. DE: Het Gesichtszintuig (Der Gesichtssinn). Nederlandsch Leerb. d. Physiol. onder leiding van G. van Rijnberk, Amsterdam 6, 1 (1940). (Dieses Buch wurde mir erst bei Abschluß der Korrekturen meiner Schrift bekannt.)
WAGNER, E.: Die Zeitschwelle der Tiefensehschärfe. Klin. Mbl. Augenheilk. 114, 557 (1949).
WAGNER, R.: Über die Wahrnehmung schattenloser Objekte. Z. Biol. 100, 421 (1941).
— u. S. DECKER: Ein einfaches Verfahren, um einer größeren Zahl von Beobachtern Projektionsbilder stereoskopisch für unbewaffnete Augen darzubieten. Z. Biol. 98, 261 (1938).
WAKE, M.: Wirkungen eines mechanischen Druckes auf die Erregbarkeit des menschlichen Auges. Tôhôku J. exp. Med. 65, 145 (1957).
WALD, G.: (1) Carotenoids and vision. Amer. J. Physiol. 109, 107 (1934).
— (2) Carotenoids and the visual cycle. J. gen. Physiol. 19, 351 (1935).
— (3) Carotenoids and the vitamin A cycle in vision. Nature (Lond.) 134 (2), 64 (1934).
— (4) Bleaching of visual purple in solution. Nature (Lond.) 139 (2), 587 (1937).
— (5) Visual purple system in fresh-water fishes. Nature (Lond.) 139 (2), 1017 (1937).
— (6) Carotenoids of the chicken retina. Nature (Lond.) 140, 197 (1937).
— (7) Photolabile pigments of the chicken retina. Nature (Lond.) 140, 545 (1937).
— Human vision and the spectrum. Science 101, 653 (1945).
— The synthesis from vitamin A_1 of retinene, and of a new 545 mμ chromogen yielding light-sensitive products. J. gen. Physiol. 31, 498 (1947/48).
— Galloxanthin, a carotenoid from the chicken retina. J. gen. Physiol. 31, 377 (1948).
— The photochemistry of vision. Docum. ophthal. ('s-Grav.) 3, 94 (1949).
— The chemistry of rod vision. Science 113, 287 (1951).
— Mechanism of vision. Josiah Macy. Jr. Foundation. New York 1954.
— On the mechanism of the visual threshold and visual adaptation. Science 119, 887 (1954).
— The molecular basis of visual excitation. Amer. Sci. 42, 73 (1954).
— The chemistry of visual excitation. Probl. Ophthal. Vol. I. S. 173. Basel: Karger 1957.
— Photochemical aspects of visual excitation. Exp. Cell. Res. Suppl. 5, 389 (1958).
— and P. K. BROWN: The synthesis of rhodopsin from retinene. Proc. Nat. Acad. Sci. 36, 984 (1950).
— — Human rhodopsin. Science 127, 222 (1958).
— and A. B. CLARK: Visual adaptation and chemistry of the rods. J. gen. Physiol. 21, 93 (1937).
— J. DURELL and R. C. C. ST. GEORGE: The light reaction in the bleaching of rhodopsin. Science 111, 179 (1950).
— and R. HUBBARD: The synthesis of rhodopsin from vitamin A_1. Proc. Nat. Acad. Sci. 36, 2 (1950).
— — The reduction of Retinene, to vitamin A_1 in vitro. J. gen. Physiol. 32, 367 (1948/49).
— H. JEGHERS and J. ARMINIO: An experiment in human dietary night-blindness. Amer. J. Physiol 123, 732 (1938).
WALLS, G. L.: The vertebrate eye and its adaptive radiation. Cranbrook Inst. of Science. Bull. No 19, S. 785 (1942).
— Interocular transfer of after-images. Amer. J. Optom. 30, 57 (1953).
— A branched pathway scheme for the color vision system and some of the evidence for it. Amer. J. Ophthal. 39, II, 8 (1955).
— The G. Palmer story. J. Hist. Med. 11, 66 (1956).
— and G. G. HEATH: Typical total color blindness reinterpreted. Acta Ophthal. (Chicago) 32, 253 (1954).
— — Neutralpoint in 128 protanopes and deuteranopes. J. opt. Soc. Amer. 46, 640 (1956).
— and R. W. MATHEWS: New means of studying color blindness and normal foveal color vision. Univ. of Calif. Publ. in Psychology 7, 1 (1952).
WALRAVEN, P. L., and M. A. BOUMAN: Relation between directional sensitivity and spectral response curves in human vision. J. opt. Soc. Amer. 50, 780 (1960).
WALTERS, H. V., and W. D. WRIGHT: The spectral sensitivity of the fovea and extrafovea in the Purkinje range. Proc. roy. Soc. London Ser. B. 131, 340 (1942).
WEALE, R. A.: Hue discrimination in paracentral part of human retina. J. Physiol. (Lond.) 113, 115 (1951).

WEALE, R. A.: Spectral sensivity and wavelength discrimination of the peripheral retina. J. Physiol. (Lond.) **119**, 170 (1953).
— Photochemical reactions in the living cats retina. J. Physiol. (Lond.) **122**, 322 (1953).
— Bleaching experiments on eyes of living guinea-pigs. J. Physiol. (Lond.) **127**, 572 (1955).
— Problems of peripheral vision. Brit. J. Ophthal. **40**, 392 (1956).
— An Anomaloscope. Farbe **6**, 1 (1957).
— Observations on photochemical reactions in living eyes. Brit. J. Ophthal. **41**, 461 (1957).
— Trichromatic ideas in the seventeenth and eighteenth centuries. Nature (Lond.) **179**, 486 (1957).
— Photo-sensitive reactions in foveae of normal and cone-monochromatic observers. Optica Acta (Paris) **6**, 158 (1959).
— Theory of the Pulfrich-effect. Ophthalmologica **128**, 380 (1959)
WEBER, H. H. (Berlin): (1) Zur Frage der natürlichen Anordnung der Farben im Farbenkreis. Forsch. u. Fortschr. **14**, 186 (1938).
— (2) Goethes oder Herings Farbenkreis? Forsch. u. Fortschr. **16**, 65 (1940).
WEEKERS, R.: Recherches expérimentales et clinique concernant la pathogénie des cataracts. Dissertation Liège 1941.
WEGENER, W.: Die menschliche Netzhaut bei experimenteller Ischaemia retinae. Arch. Augenheilk. **98**, 514 (1928).
WEIGEL, R. G., u. O. H. KNOLL: Neue Untersuchungen über Schwellenwerte. Licht **10**, 1 (1940).
WEIGERT, F.: Photochemisches zur Theorie des Farbensehens. Bethes Handb. d. Physiol. **12** (1), 536 (1929).
— Weitere Arbeiten in Angew, Chem. **45**, 452 (1932). — Z. physik. Chem. B. **7**, 25 (1930); **9**, 329 (1930). — Kolloid-Z. **58**, 276 (1932).
WEISS, O.: (1) Die Schutzapparate des Auges. Bethes Handb. d. Physiol. **12** (2), 1273 (1931).
— (2) Physiologie der Ernährung und der Zirkulation des Auges. Handb. d. Ophal. **2**, 1 (1932).
— Die zeitliche Dauer des Lidschlages. Z. Sinnesphysiol. **45**, 307 (1911).
WESSELY, E.: Eine Stereobrille für reduzierten Pupillenabstand nach physiologischen Prinzipien. Acta oto-laryng. (Stockh.) **5**, 438 (1923). — Vgl. C. ZEISS, Druckschrift Mikro Nr. 284.
WESTHEIMER, G.: Eye movement responses to a horizontally moving visual stimulus. Arch. ophthal. (Chicago) **52**, 932 (1954).
— and D. W. CONOVER: Smooth eye movements in the absence of a moving visual stimulus. J. exp. Psychol. **47**, 283 (1954).
— and I. J. TANZMAN: Qualitative depth localization with diplopic images. J. opt. Soc. Amer. **46**, 116 (1956).
WEYMOUTH, F. W., D. C. HINES et al.: Visual acuity with the area centralis and its relation to eye movements and fixation. Amer. J. Ophthal. **11**, 947 (1928).
WHEATSTONE, CH.: Beiträge zur Physiologie der Gesichtswahrnehmung. Erster Teil: Über einige bemerkenswerte und bisher nicht beobachtete Erscheinungen beim beidäugigen Sehen. Philos. Trans. 1838, 371. Hrsg. von v. ROHR in Ostwalds Klassiker 1908, Nr. 168, 1.
— Zweiter Teil: Über einige bemerkenswerte und bisher nicht beobachtete Erscheinungen beim beidäugigen Sehen. Philos. Trans. 1852, 1. In Ostwalds Klassiker 1908, Nr. 168, 58.
WHITESIDE, TH. C. D.: The problems of vision in flight at high altitudes. London: Butterworth's scient. publ. 1957.
WIEN, M.: Goethe und die Physik. Vortrag. Leipzig 1923.
WIGGER, P.: Versuche zur Kausalanalyse der retinomotorischen Erscheinungen. Pflügers Arch. ges. Physiol. **239**, 215 (1937).
WILDE, K.: Figur und Fläche im Wettstreit. Psychol. Forsch. **22**, 26 (1937).
— Der Punktreiheneffekt und die Rolle der binocularen Querdisparation beim Tiefensehen. Psychol. Forsch. **23**, 223 (1950).
WILLMER, E. N.: Retinal structure and colour vision. Cambridge Univ. Press 1946.
— The physiology of vision. Ann. Rev. Physiol. **17**, 339 (1955).
— and W. D. WRIGHT: Colour sensivity of the fovea centralis. Nature (Lond.) **156**, 119 (1943).
— — A physiological basis for human colour vision in the central fovea. Docum. ophthal. ('s-Grav.) **9**, 235 (1955).
WITKIN, H. A.: Perception of body position and of the position of the visual field. Psychol. Monogr. **63** (7), No 302, II, (1948).
— and S. E. ASCH: Studies in space orientation. J. exp. Psychol. **38**, 603 (1948).
WÖLFFLIN, E.: Über den Pulfrichschen Stereoeffekt. Arch. Augenheilk. **95**, 167 (1925).
WOLFF, H.: Vereinfachte Erörterung über Skiaskopie nebst einer Übersicht über 393 Untersuchungen. Z. Augenheilk. **38**, 318 (1917).
WOLFSON: Zit. nach W. MÜLLER-LIMMROTH:
WOLTER, J. R.: Die Innervation des menschlichen Ciliarmuskels. Ber. ophthal. Ges. **58**, 327 (1953).

WRIGHT, W. D. :(1) Intensity discrimination and its relation to the adaptation of the eye. J. Physiol. (Lond.) **83**, 466 (1935).
— (2) The breakdown of a colour match with high intensities of adaptation. J. Physiol. (Lond.) **87**, 23 (1936).
— The phenomenon of precise colour matching by the mixture of three stimuli. J. Physiol. (Lond.) **106**, 18 P (1947).
— Researches of normal and defective colour vision. St. Louis: C. V. Mosby Co. 1947.
— The characteristics of tritanopia. J. opt. Soc. Amer. **42**, 509 (1952).
— and F. H. G. PITT: (1) Hue discrimination in normal colour vision. Proc. Physiol. Soc. **46**, 459 (1934).
— — (2) The colour vision characteristics of two trichromats. Proc. physical. Soc. **47**, 205 (1935).
— — (3) The saturation discrimination of two trichromats. Proc. physical. Soc. **49**, 329 (1937).
YAMAMOTO, S.: Experimentelle Untersuchungen über die Veränderung der Tiefenwahrnehmung bei Sehstörung. Acta Soc. ophthal. jap. **36**, 349 (1932).
ZAFFKE, K. H.: Hemeralopie als Symptom bei Thyreotoxikosen und Lebererkrankungen. Dtsch. Arch. klin. Med. **183**, 433 (1939).
ZAHN, A.: Über die Helligkeitswerte reiner Lichter bei kurzen Wirkungszeiten. Z. Sinnesphysiol. **46**, 287 (1912).
ZAJKO, N. N., u. S. M. MINC: Über die zentrale Regulierung des intraocularen Drucks. Z. Fiziol. (Mosk.) **40**, 572 (1954) [russisch].
ZANEN, I.: Introduction à l'étude des dyschromatopsies acquises. Bull. Soc. belge Ophthal. **103**, 7 (1953).
ZECHMEISTER, L.: Die Carotinoide im tierischen Stoffwechsel. Ergebn. Physiol. **39**, 117 (1937). (Darin S. 172: Das Auge und der Sehakt.)
ZEISS, C.: Binokulare Lupen schwacher Vergrößerung. Druckschrift Mikro, Nr. 284. — Vgl. WESSELY: Acta oto-laryng. (Stockh.) **5**, 438 (1923).
ZEISS, E.: Neue Untertageuntersuchungen über das Augenzittern der Bergleute. Ber. dtsch. ophthal. Ges. **53**, 80 (1940).
ZEWI, M.: On the regeneration of visual purple. Acta Soc. Sci. Fennicae, Helsingfors, N. ser. **2**, Nr. 4 (1939).
ZIEGLER, H.: Vergleichende Untersuchungen des räumlichen Sehens mit dem Raumsinn-Prüfgerät nach Cords und dem Zeiß-Stereoskop und den Prüftafeln nach Pulfrich. Luftf.-med. **3**, 302 (1939).
ZIMMER, A.: Die Ursache der Inversionen mehrdeutiger stereometrischer Konturenzeichnungen. Z. Sinnesphysiol. **47**, 106 (1913).
ZINNITZ, F.: Vom Einfluß sichtbaren Lichtes auf das Vegetativum der Maus. Klin. Mbl. Augenheilk. **132**, 161 (1958).
ZOTH, O.: (1) Über den Einfluß der Blickrichtung auf die scheinbare Größe der Gestirne und die scheinbare Form des Himmelsgewölbes. Pflügers Arch. ges. Physiol. **78**, 363 (1899).
— (2) Augenbewegungen und Gesichtswahrnehmungen. Nagels Handb. d. Physiol. **3**, 283 (1904).

Namenverzeichnis

Die *kursiven* Seitenzahlen verweisen auf das Literaturverzeichnis

Abbe 24
Abelsdorff, G. 63, *373*
— s. Köttgen, E. 151, 159, 160, 161, 163, 164, *393*
— s. Kohlrausch, A. *394*
Abney, W. 120, *373*
Achelis 168
Achelis, D., u. J. Merkulow *373*
Achmatov, A. S. 128, *373*
Adamson, J. 327, *373*
Adler, E. s. Euler, H. v. 183, *381*
Adler, F. H. 3, 4, 7, 288, *373*
Adrian, E. D. 196, *373*
— u. R. Matthews 208, *373*
Aeffner, W. 133, *373*
— u. H. H. Podestà 133, *373*
Aguilar, M. 130, *373*
Ahlenstiel, H. 99, 101, 104, *373*
— E. Sachs u. H. Streckfuß *373*
Aigner, Fr. *373*
Akagi, G. 245, *373*
Alagna, G. 327, *373*
Alajmo, A. *373*
Albada, L. E. W. v. 347, *373*
d'Almeida, J. Ch. 312, *373*
Ames, A. jr. 325, *373*
— s. Ittelson, W. H. 289, *391*
Ammann, E. 335, *373*
Angelucci 182
Angier s. Trendelenburg, W. *412*
Appelmans, M., J. Weyts u. J. Vankam 241, *373*
Appuhn, H. *373*
Arden, G. B. *373*
— u. R. A. Weale 154, 214, 232, *374*
Ardenne, M. v. 334, *374*
Armington, C. J., E. P. Johnson u. L. A. Riggs 195, *374*
Arminio, J. s. Wald, H. *415*
Arndt, W. 146, 147, *374*
Arnulf, A., u. F. Flamant 261, *374*
Asch, S. E. s. Witkin, H. A. 344, *416*
Ascher, K. W. 4, 346, *374*
Aserinsky, E., u. N. Kleitman 284, *374*
Assenmacher, T. s. Benoit, J. 65, *375*

Aubert, H. 61, 70, 128, 251, 259, 262, 357, *374*
Aulhorn, E. *374*
— u. H. Harms *374*
— s. Aulhorn, O. 285
— s. Harms, H. 62, 222, 229, 267, *386*
Aulhorn, O. *374*
— u. E. Aulhorn 285
Autrum, H. 199, 233, *374*

Balkin, W. *374*
Ball, S., F. D. Collins, R. A. Morton u. A. L. Stubbs 161, *374*
— W. Goodwin u. R. A. Morton 157, *374*
Barlow, H. B. 233, 266, *374*
— H. J. Kohn u. E. S. Walsh 75, *374*
Barnes, R. B., u. M. Czerny 233, *374*
Baroni, E. s. Brunner, O. *377*
— s. Kleinau, W. *393*
Bartels 268
Bartenstein 237
Barthelmess 302
Bartley, S. H. 223, *374*
— G. Paczewitz u. E. Valsi *374*
— s. Fry, G. A. 228, 337, *382*
Basler, A. 262, 280, *374*
Bauer, V. 288, *374*
Baumgardt, E. 231, 233, *374*
— u. J. Ségal *374*
Baumgartner, G. 212
— s. Jung, R. *392*
Baurmann, H. *374*
Baurmann, M. *374*
Bayliss, L. E., R. J. Lythgoe u. K. Tansley *374*
Becher, H. 65, *375*
Bechstein 85
Becker 354
Becker, B. 5, *375*
Becker, O., u. A. Rollet 342, *375*
Bedford, R. E., u. G. Wyszecki 54, *375*
Behr, C. 177, *375*
Békésy, G. v. 349, *375*
Benham 214
Benoit, J. 65, *375*
— T. Assenmacher u. F. X. Walter 65, *375*

Berger 208, 224
Berger, A., u. M. Monjé *375*
— s. Monjé, M. 324, 326, *400*
Berger, C. *375*
— R. A. Mc Farland, M. H. Halperin u. J. T. Niven *375*
Berger, E., C. H. Graham u. Y. Hsia 105, *375*
Berger, H. *375*
Bergmeister, R. 69, *375*
Bernays, A. 83, *375*
Bernhard, C. G. 203, *375*
Bernsdorff, H. R. s. Monjé, M. *400*
Berteau, B., u. D. G. Jones *375*
Best 252, 256
Bethe, A. *375*
Beuningen, E. G. A. van 3, *375*
Beyerlein, J. 106
Bielschowksy, A. 287, *375*
Bier-Fleming 45
Bierens de Haan, J. A. 240
— u. M. F. Frima *375*
Biernacka-Biesiekierska, J. 112, *375*
— u. M. Szczyglowa *376*
Birukow, G. 170, 242, *376*
Bisonette, T. A. 65, *376*
Blachowski, S. 228, *376*
Blackwell, H. R. 228, 231, *376*
Blanchard, J. 228, *376*
Bleichert, A. 20
— u. R. Wagner 20, *376*
Bliss, A. F. 172, 182, *376*
Blix 12
Blondel 226
Bloom, S. s. Garten, S. *383*
Blümner, H. 241, *376*
Bodenstein, M. 166, *376*
Boegehold, H. 341, *376*
Bogoslovski, H. J., u. J. Ségal 75, *376*
Bohnenberger, Fr. *376*
Bohr, N. 233, *376*
Bois-Reymond, E. du 185, *376*
Boll, F. 150, 151, 184, *376*
Bolyai 363
Bonhoeffer, K. F., u. P. Harteck 165, *376*
Boring, E. G. s. Holway, A. H. 348, *390*, *391*

Boström, C. G., u. I. Kugelberg 98, *376*
Bouma, P. J. 82, 93, 96, 113, 264, *376*
Bouman, H. D., 168, 225, *376*
Bouman, M. A., 229, *376*
— u. J. Ten Doesschate *376*
— — u. H. A. van der Velden 75, *376*
— u. H. A. van der Velden 232, 233, *376*
— s. Velden, H. A. van der 233
— s. Walraven, P. L. 111, *415*
Bourdon 309, 317
Bourguignon, G. *376*
Brammertz, W. 65, *376*
Brandes, S. 59, *376*
Brecher, G. A. 223, 240, 286, 287, 301, 325, *376, 377*
Breckenridge 236
Brewster, D. 90, 314, 332, *377*
Brindley, G. S. 75, 181, 200, *377*
— u. E. N. Willmer 153, *377*
— s. Rushton, W. A. H. *407*
Broda, E. E., C. F. Goodeve u. R. J. Lythgoe *377*
Brodhun, E. 143, *377*
Brons, J. *377*
Brown, E. V. L. 31, 39, *377*
Brown, P. K. s. Wald, G. 159, 163, *415*
Brücke, E. 23, 47, 223, 251, 260, 294, 315, *377*
Brücke, E. Th. v., u. A. Brückner 294, *377*
Brückner, A. 123, 284, 294, *377*
— s. Brücke, E. Th. v. *377*
Brückner, E. 335, *377*
Brunn, K. W. s. Matthes, H. *398*
Brunner, O., u. E. Baroni *377*
— s. Kleinau, W. *393*
Brunner, W. 115, *377*
Buchmann, H. s. Rosemann, H. U. 338, *407*
Buchwald, E. 127, *377*
Bühler, A. 63, *377*
Büttner, K. 54, 69, *377*
— s. Strughold, H. *411*
Bumke, s. Trendelenburg, W. *412, 413*
Bumke, O. *377*
Burgermeister J. J. s. Morel, F. P. 284, *401*
Burian, H. M. 287, 325, *377*
— u. K. N. Ogle *377*
Busch, L., H. J. Neumann u. G. v. Studnitz 171, *377*

Cajal 64
Campbell 36, 159

Campbell, F. W., u. W. A. H. Rushton 153, *377*
— s. Rushton, W. A. H. *407*
Canella, F. 329, *377*
Carr 157
Chapanis, A. 132, 236, *377*
— s. Nelson, J. A. *402*
Chariton 233
Charpentier 215, 223
Chase, A. M. 161, *377*
— u. E. L. Smith 159, *377*
Chiba 269
Cibis, P. 65, 73, 127, 213, 215, 217, 221, 226, 306, 317, *378*
— u. H. Haber 323, 338, *378*
— u. H. Nothdurft 183, 218, *378*
Clamann, H. G. 69, 182, *378*
Clark, A. B. s. Wald, G. 158, *415*
Clausen, J. 75, *378*
Cobb, P. W. s. Fry, G. A. 255, *382*
Cogan, D. C. 28, *378*
— s. Kinsey, V. E. 6, *393*
Colenbrander, M. C. 267, 327, *378*
Collins, F. D. s. Morton R. A. *401*
— s. Ball, S. 161, *374*
Colson 288
Comberg, W. 31, 135, 230, 286, *378*
Conover, D. W. s. Westheimer, G. *416*
Cooper, S. s. Granit, R. *384*
Corbett, H. V. 234, *378*
Cords 318
Cornsweet, J. C. s. Riggs, L. A. 267, 327, *406*
Cornsweet, T. N. s. Riggs, L. A. 267, 327, *406*
Craik, K. I. W. 183, *378*
Crawford, B. H. s. Stiles, W. S. 23, 111, 143, 153, *411*
Creed, R. S. s. Granit, R. *384*
Crescitelli, F., u. Dartnall, H. J. A. 159, 163, 232, 233, *378*
Crone, R. A. 142, *378*
Crozier, W. J. 256, *378*
Cüppers, C. 20, 131, *378*
— u. E. Wagner *378*
Cunier 176
Czapski, S. 13, 304, 311, *378*
Czermak *378*
Czerny, M. s. Barnes, R. B. 233, *374*

Dahms, O. *378*
Dalton 103
Dartnall, H. J. A. 155, 160, 161, 165, 167, 172, *378*
— u. C. F. Goodeve 163, *378*

Dartnall, H. J. A., u. L. C. Thomson 152, *378*
— s. Crescitelli, F. 159, 163, 232, 233, *378*
Davson, H. 5, 6, *378*
— u. W. St. Duke-Elder *378*
Decker, S. s. Wagner, R. *415*
Dekking, H. M. 264, *378*
Della Casa, F. 135, *379*
Denton 160
Denton, E. J., u. M. H. Pirenne 231, 234, *379*
— s. Pirenne, M. H. 233, *404*
Descartes, R. 46
Deville 334
Dewar, J., u. J. G. McKendrick 188, *379*
Dick, P. s. Morel, F. P. 284, *401*
Dieter, W. 6, 104, 105, 148, 169, 176, 177, *379*
— s. Gildemeister, M. *383*
— s. Kohlrausch, A. *394*
Dieterici 94, 118
Dimmik, F. L. s. Smith, S. W. 155, *410*
Ditchburn, R. W. *379*
— u. D. H. Fender *379*
— u. B. L. Ginsborg 267, *379*
Dittler, R. 135, 171, 182, 183, 184, 304, 305, *379*
— u. J. Koike *379*
Dodge 285
Dodt, E. 197, *379*
Dönitz, E. 311, *379*
Döring, G. K., u. F. Schaefers 23, *379*
Ten Doesschate, G. u. M. P. Landsberg *379*
Ten Doesschate, J. 317, *379*
— s. Bouman, M. A. 75, *376*
Dohlmann, G. 266, *379*
Donders, F. C. 35, 36, 46, 53, 105, 265, 276, 277, 278, 279, 281, 295, 366, *379*
Doney, V. I. s. Grey, W. W. *385*
Donner, K. O., u. E. N. Willmer 204, *379*
Dove 316
Dreher, E. 111, *379*
Dreisch, Th. 138, *379*
Drescher, K. s. Trendelenburg, W. 322, 323, 328, *413*
Dresler, A. 100, 143, *379*
Drigalski, W. v. 130, *380*
Drischel, H. 20, *380*
— u. C. Lange 267, *380*
Drüner, L. 314, *380*
Duane, A. 35, 36, 290, *380*
Duane, T. D. s. Robbie, W. A. 5, *406*
Dufour 368
Duke-Elder, W. St. 5, 6
— s. Davson, H. *378*

Duncker, A. 46
Duran, A. s. Otero, J. M. 138, *403*
Durell, J. s. Wald, G. 157, 158, *415*
Durup, G., u. H. Piéron 106, 141, *380*
Dvořák, V. *380*

Ebbecke, U. 74, 180, 247, 327, 352, *380*
Ebe, W., K. Isobe u. K. Motokawa 121, *380*
Ebner, F. s. Schäfer, H. *407*
Echte, K. s. Papst, W. 168, *403*
Eckel, K. 168, *380*
Eckstein, A. s. Engelking, E. 112, *381*
Edmund 135
Edridge-Green, F. W. 121, *380*
Ehlers, H. 264, *380*
Ehrich, W. 251, 267, *380*
— s. Popp, C. 251, *405*
Einstein, A. 232
Einthoven, W. 335, 361, *380*
Eisler, P. 250, *380*
Elsberg, Ch. A., u. H. Spotnitz 158, *380*
Embree, N. D. s. Shantz, E. M. *409*
Emery, D. A. s. Köhler, W. 345, *393*
Emsley, H. H. 289, *380*
Engelbrecht, K. 106, 107, *380*
Engelking, E. 22, 107, 109, 110, 120, 128, 135, 142, 174, 179, 235, 338, *380, 381*
— u. A. Eckstein 112, *381*
— u. W. Jaeger 128, *381*
— u. F. Poos *381*
Erbslöh, J. 65, *381*
Erggelet, H. 51, 138, 266, 324, 326, 352, *381*
Esser, A. *381*
Euler, H. v. 130, 157
— u. E. Adler 183, *381*
— u. H. Hellström *381*
— H. Hellström u. E. Adler *381*
Evans, J. N. s. Mc Farland, R. A. 182, *398*
Ewald, J. R., u. W. Kühne *381*
— u. O. Gross 331, *381*
Exner, Fr. 165, 214, *381*
Eyster 233

Fabro, C. *381*
Falk, R. s. Matthes, H. *398*
Farnsworth, D. 99, 102, 111, *381*
Fechner 67, 214, 217, 229, 294, 337
Fedorov, N. T. 89, 143, *381*

Fedorowa 73
Feinbloom 45
Fender, D. H. s. Ditchburn, R. W. *379*
Fertsch 214, 338
Fg *381*
Fick, A. 2, 42, 60, 68, 119, 175, *381*
Fincham, E. F. 27, 55, *382*
Finkelnburg, W. 151, *382*
Fischer, Fr., u. B. Gudden 69, *382*
Fischer, F. P. 6, 338, 348, *382*
— u. J. Jongbloed 159, 182, 183, *382*
— u. J. W. Wagenaar *382*
Fischer, M. H. 216, 288, 304, 356, 357, *382*
— u. F. J. Haberich *382*
— s. Haberich, F. J. 6, 337, *386*
Fischer, O. 281, *382*
Flamant, F., u. W. S. Stiles 23, *382*
— s. Arnulf, A. 261, *374*
Forbes, W. s. Mc Farland, R. A. 183, *398*
Fortin, E. P. 63, *382*
Foxell, C. A. P., u. W. P. Stevens 255, 264, *382*
Franceschetti, A. 116, 174, 177, *382*
François, M., u. H. Piéron 169, *382*
Franz, W. 122, *382*
Freeman, E. s. Hamilton, W. F. 88, *386*
Frey, M. v., u. H. Strughold 42, 43, *382*
Fricke, H. *382*
Friedenwald, J. S. 5, *382*
Friedrich, W., u. H. Schreiber 69, 232, *382*
Frima, M. F. s. Bierens de Haan, J. A. 375
v. Frisch, K. 185
Fritsch, G. 250, *382*
Fröhlich, Fr. W. 65, 169, 202, 214, 216, 221, 222, 224, 338, 338, *382*
— u. K. Vogelsang 65, 214, *382*
Fry, G. A. 125, 229, 253, 260, 264, 289, 298, 337, *382*
— u. S. H. Bartley 228, 337, *382*
— u. P. W. Cobb 255, *382*
— u. H. O. Ward *382*
— s. Robertsohn, V. M. *406*
Funaishi, S. *382*

Galifret, Y., u. H. Piéron 143, *382*
Galochkina, L. P. s. Kravkov, S. W. 121, *394*

Ganson, R. s. Voss, J. C. de *415*
Garten, S. 85, 150, 151, 160, 184, 185, 257, *383*
— u. S. Bloom *383*
Garth, T. R. 80, 241, *383*
Gauss 10, 53, 108
Gebhard, I. V. s. Groot, I. S. de 23, *385*
Gellhorn, E., u. H. Hailman 225, *383*
Genderen Stort, van 184
Gerathewohl, S. J. *383*
— u. H. Strughold 261, *383*
Gescher, J. *383*
Gibson, J. J. 345, 349, *383*
Gibson, K. G. 143, *383*
Gildemeister, M. 227
Gildemeister, M., u. W. Dieter *383*
Gilinsky, A. G. 349, 363, *383*
Ginsborg, B. L. 284, *383*
— s. Ditchburn, R. W. 267, *379*
Gladstone, W. E. 241
Glaser, Th. 34, *383*
Glees, M. 130, 133, *383*
— s. Hofe, K. vom 131, *390*
Gleichen, A. *383*
Goethe, J. W. 61, 80, 81, 89, 90, 91, 104, 216, 220, 221, *383*
Göthlin, G. F. 77, 101, 102, 118, 174, *383*
Goldberg, E. 156, *383*
Goldmann, H. 2, 15, 85, 286, *383*
— u. Th. Schmidt 2, *383*
Goodeve, C. F. 165
— s. Broda, E. E. *377*
— s. Dartnall, H. J. A. 163, *378*
Goodwin, W. s. Ball, S. 157, *374*
Gordon, G. 7, *383*
Gossen, H. *384*
Graefe, A. v. 6, 303
Graf 129, 132
Grafe, E. *384*
Graff, Th. 34, 35, *384*
Graham, C. H., u. E. H. Kemp 229, *384*
— s. Berger, E. *375*
— s. Hartline, H. K. *387*
— s. Hsia, Y. 120, *391*
Graham, R. s. Hofstetter, H. W. 42, *390*
Graham, S. H., u. R. Margaria 227, *384*
Granit, R. 121, 122, 149, 150, 153, 161, 162, 163, 172, 173, 188, 189, 200, 205, 206, 234, *384*
— S. Cooper u. R. S. Creed *384*

Granit, R., u. R. S. Creed *384*
— T. Holmberg u. M. Zewi *384*
— L. Leksell u. C. R. Skoglund *384*
— u. A. Munsterhjelm 163,
385
— — u. M. Zewi 193, *385*
— u. L. A. Riddell *385*
—, u. G. Svaetichin *385*
—, u. K. Tansley *385*
— u. P. O. Therman *385*
— u. C. M. Wrede 195, *385*
Grant, W. M. 3, *385*
Grassmann 82, 88, 117
Graybiel, A. 358, *385*
Greaves, D. P., u. E. S. Per-
kins 5, *385*
Greeff, R. 246, 247, 263, 317,
385
Greenberg, R., u. H. Popper
157, *385*
Gregg 237
Gregg, F. M., E. Jamison, R.
Wilkie u. R. Radinsky *385*
Grether, W. F. 240, 263, *385*
— s. Malmo, R. B. 239, *398*
Grey, W. W., V. I. Doney u.
H. W. Shipton *385*
Griffin, W. R., R. Hubbard u.
G. Wald 69, *385*
Grimm, R. 326, *385*
Gröppel, Fr. s. Kohlrausch,
A. *394*
Groethuysen, G. 12, 30, 48,
57, *385*
Groot, I. S. de, u. I. V. Geb-
hard 23, *385*
Gross, K. *385*
Gross, O. s. Ewald, J. R. *381*
Grotrian, O. *385*
Grousilliers, H. de 343
Grüttner, R. 358, *385*
Grützner, H. P. 111, 120, 352,
385
Grützner, P. *385*
— s. Kohlrausch, A. *394*
Grush, Ph. E. s. Schmidt, I.
219, 221, *408*
Gudden, B. 165, *385*
— s. Fischer, F. 69, *382*
Günther, G. 286, *385*
Günther, N. 348, *385*
Guilino, H. 41, *386*
Guillery, H. *385*
Gulledge, I. S., M. J. Koo-
men, D. M. Packer u. R.
Tousey 261, *386*
Gullstrand, A. 4, 12, 13, 14,
15, 18, 27, 29, 30, 41, 42,
46, 48, 55, 57, 59, 60, 85,
111, 265, *386*

Haas, Fr. s. Kohlrausch, A.
394

Haber, F. s. Strughold, H.
411
Haber, H. s. Cibis, P. 323,
338, *378*
— s. Strughold, H. *411*
Haberich, F. J., u. M. H.
Fischer 6, 337, *386*
— s. Fischer, M. H. *382*
Haberlandt, L. 305, *386*
Haensel 120
Haensel, M. s. Kohlrausch, A.
394
Hagen 15
Hagins, W. A. s. Rushton, W.
A. H. *407*
Haig, Ch., s. Hecht, S. *387*
Hailman, H. s. Gellhorn, E.
225, *383*
Hallden, U. 66, *386*
Halperin, M. H. s. Berger, C.
375
Hamasaki, D., J. Ong u. E.
Marg 36, *386*
Hamburger 130, 293, 323, 343
Hamburger, C. *386*
Hamburger, F. A. *386*
Hamilton, W. F., u. E. Free-
man 88, *386*
— u. H. Laurens 234, *386*
— s. Laurens, H. *396*
Hansen, G. 111, *386*
Hansen, H. T. 289, *386*
Hardy, L. H., G. Rand
u. M. C. Rittler 98, *386*
Harms, H. 20, 112, 135, 248,
251, *386*
— u. E. Aulhorn 62, 222, 229,
267, *386*
— s. Aulhorn, E. *374*
Hart 5
Harteck, P. s. Bonhoeffer, K.
F. 165, *376*
Hartinger, H., u. F. Schubert
387
Hartline, H. K. 203, 234, *387*
— u. C. H. Graham *387*
Hartridge, H. 54, 111, 122,
233, 260, 261, 268, *387*
— u. A. Hill 69, *387*
Hartung, H. 107, 109, 117,
128, *387*
Hasselwander 334
Hausser, K. W. *387*
— u. R. Kuhn 167, *387*
Heath, G. G. 120, 132, 142, *387*
— s. Walls, G. L. 100, 108,
174, *415*
Hecht, S. 120, 130, 133, 135,
155, 156, 162, 168, 169,
172, 174, 233, 253, 255,
256, *387*
— C. D. Hendley, S. Ross u.
P. N. Richmond 132, *387*
— u. Y. Hsia 142, *387*

Hecht, S., u. E. G. Pickels
156, 229, 233, *387*
— S. Ross u. C. S. Mueller
253, *387*
— u. S. Shlaer *387*
— — u. C. D. Hendley *387*
— — u. M. H. Pirenne 152,
162, 232, 233, *387*
— — E. L. Smith, Ch. Haig,
u. J. C. Peskin *387*
— u. R. E. Williams 152, 162,
387
— s. Lamar, E. S. 229, *396*
Heck, J., u. W. Papst 183, *387*
— s. Papst, W. 183. *403*
Heckmann, K. H. 135, *387*
Hefner-Alteneck 144
Hegner, C. A. *387*
Heine, L. 29, 42, 250, 251, 315,
317, 331, 353, *387*
Heinsius, E. 99, 130, 175, *387*
— s. Monjé, M. *400*
Held 250
Hellström, H. s. Euler, H. v.
381
Helmbold, R. 178, *388*
Helmholtz, H. 12, 13, 14, 15,
16, 24, 25, 26, 27, 28, 29,
31, 46, 47, 50, 54, 59, 64,
69, 70, 78, 85, 90, 94, 96,
110, 117, 118, 119, 122,
149, 170, 175, 214, 216,
217, 218, 220, 221, 222,
241, 243, 250, 258, 259,
260, 265, 271, 272, 273,
274, 277, 278, 280, 281,
293, 295, 296, 297, 315,
316, 319, 320, 327, 330,
339, 341, 344, 345, 348,
349, 351, 354, 359, 362,
363, 365, 366, 370, 372,
388
Helson, H. 219, *388*
Henderson 28, *388*
Hendley, C. D. s. Hecht, S.
132, *387*
— s. Lamar, E. S. 229, *396*
Henker, O. *388*
Hennicke, J. 76, *388*
Henschen 240
Hering, E. 61, 62, 67, 70, 72,
77, 78, 79, 80, 85, 91, 96,
118, 122, 123, 124, 125,
126, 127, 137, 143, 148,
149, 170, 173, 174, 178,
217, 218, 219, 220, 221,
222, 229, 237, 241, 242,
243, 247, 248, 251, 252,
257, 268, 269, 272, 278,
279, 281, 282, 283, 291,
294, 295, 297, 298, 300,
303, 306, 316, 317, 322,
327, 334, 346, 348, 349,
354, 362, 366, 367, *388*,
389

Hermann, L. 222, 279, 281, *389*
Hermans, Th. G. *389*
Herschel 42
Hertel, E. 20, 133, 311, *389*
Hertel, K., u. M. Monjé 315, 326, *389*
— s. Monjé, M. *400*
Herzau, W. 325, *389*
— u. K. N. Ogle 324, *389*
Hess, C. 9, 26, 30, 36, 59, 75, 103, 111, 112, 125, 142, 174, 184, 251, 337, *389*
Hess, W. R. 28, 302, 334, *389*
Hesse, R. *389*
Heyningen, R. van s. Pirie, A. 183, *404*
Hidano, K. 259, *389*
Higgins, G. C., u. K. F. Stultz 253, 266, *389*
Hill, A. s. Hartridge, H. 69, *387*
Hillebrand, Fr. 72, 74, 123, 124, 137, 143, 148, 296, 297, 304, 305, 309, 324, 325, 326, 363, 366, 368, *389*
Himstedt, F., u. W. A. Nagel *390*
Hines, D. C. s. Weymouth, F. W. *416*
Hippel, A. v. 104, 105, *390*
Hirschberg, E. 214, *390*
Hodge, H. C. s. Shantz, E. M. *409*
Hoefer, P. s. Tschermak-Seysenegg, A. v. 322, *414*
Høgaard, A. 130, *390*
Höpken, H. 134, *390*
Hofe, K. vom 133, 244, 304, *390*
— u. M. Glees 131, *390*
— u. A. Meyer zum Gottesberge *390*
Hoff, van 't 152
Hoffmann, P. *390*
Hoffmann, W. 307, *390*
Hofmann, F. B. 62, 243, 246, 269, 283, 287, 295, 297, 298, 309, 319, 326, 328, 344, 346, 351, 352, 353, 355, 358, 359, 360, 361, 363, 366, 367, 368, *390*
Hofstetter, H. W. 36, 289, *390*
— u. R. Graham 42, *390*
Holland, G. 285, 287, *390*
Hollwich, F. 65, *390*
Holm, E. 156, 161, *390*
Holmberg, T. s. Granit, R. *384*
Holmgren, F. 97, 98, 104, 105, 188, *390*
Holst, E. v. 305
— u. H. Mittelstaedt 304, *390*
Holway, A. H., u. E. G. Boring 348, *390*, *391*

Holzlöhner, E., u. W. Stein 107, *391*
Honigmann 171
Horowitz, M. W. 258, *391*
Horsten 355
Hosoya, Y. 167, *391*
— u. T. Sasaki *391*
— u. Z. Saito 159, *391*
Houston, R. A. 126, *391*
Hsia, Y., u. C. H. Graham 120, *391*
— s. Berger, E. *375*
— s. Hecht, S. 142, *387*
Hubbard, R. 156, *391*
— u. G. Wald *391*
— s. Griffin, W. R. 69, *385*
— s. Wald, G. 157, *415*
Hübl, A. v. 335, *391*
Hurvich, L. M., u. D. Jameson 169, *391*
— s. Jameson, D. 126, *392*
Huygens, Ch. 46

Irmak, S. 263, *391*
Ishak, I. G. H. *391*
— s. Rady, A. A. 327, *405*
Ishihara, S. 98, *391*
Ishimoto, M., u. G. Wald 157, *391*
Isobe, K. s. Ebe, W. 121, *380*
— s. Motokawa, K. *401*
Issel, E. 319, *391*
Ittelson, W. H., u. A. Ames jr. 289, *391*
Ivanoff, A. 28, 138, 139, *391*
Iwama, K. 168, *391*
— s. Motokawa, K. *401*

Jackson, S. F. s. Randall, J. T. 5, *406*
Jäger, A. *391*
— u. K. Vogelsang 352, *391*
Jaeger, W. 98, 109, 111, 115, 116, 168, 174, 179, 180, *391*
— u. K. Kroker 100, 103, *392*
— s. Engelking, E. 128, *381*
Jaensch, E. 218, *392*
Jaensch, R. A. 220
Jahn, G. 343, *392*
Jahn, T. L. *392*
Jameson, D., u. L. M. Hurvich 126, *392*
— s. Hurvich, L. M. 169, *391*
Jamison, E. s. Gregg, F. M. *385*
Jancsó 167
Jancsó, H. v. s. Jancsó, N. v. 157, *392*
Jancsó, N. v., u. H. v. Jancsó 157, *392*
Jarczyk, G. s. Noddack, W. 172, 181, *402*
Javal 13, 14, 58
Jayle, G. E., u. A. G. Ourgaud *392*

Jeghers, H. s. Wald, G. *415*
Jess, A. 30, *392*
Johnson, E. P. s. Armington, C. J. 195, *374*
Johnson, H. M. 263, *392*
Johnston 246
Joly, J. 165, 166, *392*
Jonasson, R. s. Svaetichin, G. *412*
Jones, D. G. s. Berteau, B. *375*
Jongbloed, J., u. A. K. Noyons 183, *392*
— s. Fischer, F. P. 159, 182, 183, *382*
Jordan, P. 122, *392*
Jores, A. 65, 131, *392*
Judd, D. B. 95, 102, 104, 236, *392*
Juhász-Schaefer, A. *392*
Jung, R. 212, *392*
— u. G. Baumgartner *392*
Jungmann, H. 130, *392*
Junker, H. *392*
Just, G. 115, *392*

Kalmus, H. 117, *392*
Kant, I. 365, 370
Karpe, G. 201, *392*
Karrer, P. 158, *392*
— u. H. Wehrli *392*
Kauffmann, H. 167
Kaufman, J. 36, *392*
Keck, W. 226, *392*
Keitz, H. A. E. *393*
Kemp, E. H. s. Graham, C. H. 229, *384*
Kepler, J. 46
Kherumian, R , u. R. W. Pickford 241, *393*
Kilches, R. 318, *393*
Kingsbury 184
Kinnaman 238
Kinoshita, I. H. 5, *393*
Kinsey, V. E. 4, 5, 43, *393*
— u. D. G. Cogan 6, *393*
Kirchhof, H. 27, *393*
Kirsch, R. 266, *393*
Kirschmann, A. 83, 219, *393*
Kitzinger, L. s. Schmidt, I. 148, *408*
Kleinau 157, 159
Kleinau, W., O. Brunner u. E. Baroni *393*
Kleitman, N. s. Aserinsky, E. 284, *374*
Klemm, O. 337, *393*
— s. Siebeck, R. *410*
Klüver 263
Klughardt, A. 76, *393*
— u. M. Richter 237, *393*
Knapp 44
Knoll, O. H. s. Weigel, R. G. 228, *416*
Knüsel, O. *393*

Koch, Eb. 318, *393*
Kögel, G. 167, *393*
Köhler, W., u. D. A. Emery 345, *393*
— u. H. Wallach 345, *393*
Köllner, H. 178, 179, 180, 298, 304, *393*
König, A. 76, 85, 94, 105, 111, 118, 119, 120, 137, 142, 143, 147, 151, 152, 159, 160, 162, 163, 169, 175, 179, 180, 228, 229, 235, 241, 254, 255, 260, *393*
Köttgen, E., u. G. Abelsdorff 151, 159, 160, 161, 163, 164, *393*
Kohlrausch, A. 80, 87, 88, 95, 96, 99, 111, 118, 119, 120, 131, 141, 143, 148, 174, 195, *393*, *394*
— G. Abelsdorff u. W. Dieter *394*
— Fr. Gröppel u. Fr. Haas *394*
— P. Grützner, M. Haensel, J. Krick u. E. Sachs *394*
— u. P. van Meerendonk *394*
Kohn, H. J. s. Barlow, H. B. 75, *374*
Koike, J. s. Dittler, R. *379*
Koomen, M., R. Scolnik u. R. Tousey 138, *394*
— R. Tousey u. R. Scolnik 55, *394*
Koomen, M. J. s. Gulledge, I. S. 261, *386*
Koster, W. 347, 353, *394*
Kothe 331
Krause, A. 157, 159, *394*
Krause, A. C. 183, *394*
— u. J. A. Sibley 183, *394*
— u. A. E. Sidwell 161, *394*
Krause, W. *394*
Kravkov, S. W. 143, *394*
— u. L. P. Galochkina 121, *394*
Krick, J. s. Kohlrausch, A. 120, *394*
Kries, J. v. 65, 69, 72, 73, 87, 88, 89, 92, 93, 105, 106, 112, 118, 120, 126, 127, 134, 137, 139, 140, 141, 146, 147, 149, 152, 172, 214, 215, 216, 221, 222, 229, 232, 233, 237, 243, 278, 280, 290, 291, 296, 297, 299, 309, 319, 338, 340, 349, 354, 355, 359, 362, 365, 366, 367, 370, *394*, *395*
Kroker, K. s. Jaeger, W. 100, 103, *392*
Krückmann, E. *395*
Krüger, U. 368, *395*
Krümmel, G. *395*

Kühl, A. 41, 138, 217, 228, 231, 256, *395*
Kühn, A. 116, 117, *395*
Kühnau, J. s. Stepp, W. *411*
Kühne, W. 57, 150, 151, 155, 158, 159, 171, 184, *395*, *396*
— s. Ewald, J. R. *381*
Künnapas, T. M. 363, *396*
Kugelberg, I. s. Boström, C. G. 98, *376*
Kuhn, R. s. Hausser, K. W. 167, *387*
Kunita, D. 159, *396*
Kyrieleis, A. s. Kyrieleis, W. 181, *395*
Kyrieleis, W., u. A., u. P. Siegert 182, 247, *396*

Ladd-Franklin, Chr. *396*
Lamanski 284, *396*
Lamar, E. S., S. Hecht, Ch. D. Hendley u. S. Shlaer 229, *396*
Lambert 144
Lancaster, W. B. 325, *396*
Landolt, E. 179, *396*
Landsberg, M. P. s. Ten Doesschate, G. *379*
Lange, C. s. Drischel, H. 267, *380*
Lange, F. 129, 171, *396*
Langer, T. s. Pestemer, M. 167, *404*
Langham, M. 5, *396*
Langlands, N. M. S. *396*
Langley 20
Langworthy, O. R., u. L. Ortega 21, *396*
Larsen, H. s. Tscherning, M. 120, 175, *414*
Lasareff, P. 153, 166, 167, 226, *396*
Lauber, H. *396*
Laue, H., u. M. Monnier 210, 214, *396*
Laurens, H. 256, *396*
— u. W. F. Hamilton *396*
— s. Hamilton, W. F. 234, *386*
Lautsch, J. s. Müller, H. K. *401*
Lawson, R. T. 268, *396*
Lea 233
Lee 5
Le Grand, Y. 28, 89, 231, *396*
Lehmann, A. 255, 361, *396*
Lehnert, K. *396*
Leinfelder, P. J. s. Robbie, W. A. 5, *406*
Leiri, F. 348, 349, *396*
Leksell, L. s. Granit, R. *384*
Lenard, Ph. 165, *396*
Lennox, M. A. 208, *396*
Lenz, Fr. 103, *397*

Lenz, W. 116, *397*
Leonardo da Vinci 42, 80, 81, *397*
Le Roy 75, *397*
Ley, H. 151, *397*
Leydhecker, W. *397*
Lindquist, T. *397*
Lindsay 246
Linksz, A. 297, *397*
Linschoten, J. 328, *397*
Lisch, K., u. J. Schmid 131, *397*
Listing, J. B. 10, 12, 14, 63, 277, 281, 304, *397*
Lit, A. *397*
Littmann, H. 52, *397*
Livshitz, N. N. 337, *397*
Lobaschewski 363
Lobsien, M. *397*
Löhle, F. 147, 230, 231, 258, *397*
Löhlein, W. 6, *397*
Löser 230, 231, *397*
Loevenich, K. 171, *397*
Löwenstein, O. 20, *397*
Lohmann, A. 63, 75, *397*
Lohmann, K. *397*
Lohmann, W. 346, *397*
Lomonossov 117
Loos, W. 334, *397*
Lord, M. P. 284, *397*
— u. W. D. Wright 266, 267, *397*
Lotze, R. H. 249, 293, 365, 371, *398*
Love, R. M., s. Morton, R. A. 157, *401*
Low, F. N. 261, *398*
Ludvigh, E. *398*
— u. J. W. Miller 261, *398*
Ludwig 348
Lüneburg, R. K. 363, *398*
Luther 96
Lythgoe, R. J. 157, 158, 159, 161, 162, 163, 164, 165, 169, 255, *398*
— u. L. R. Philipps 129, *398*
— u. J. P. Quilliam 157, *398*
— s. Bayliss, L. E. *374*
— s. Broda, E. E. *377*

MacAdam, D. L. 89, 236, *398*
Mach, E. 61, 356, *398*
Mackensen, G. 286, *398*
Maddox 289
Magun, R. s. Meyer-Schwikkerath, G. *399*
Malmo, R. B., u. W. F. Grether 239, *398*
Maltzew, C. v. *398*
Manchen, F. s. Pestemer, M. 167, *404*
Marat 117

Marchesani, O. *398*
— u. H. Schober 100, 112, *398*
Marg, E., u. M. W. Morgan 24, *398*
— s. Hamasaki, D. 36, *386*
Margaria, R. s. Graham, S. H. 227, *384*
Mariotte 64, 117
Marquez, H. 139, *398*
Martius 223
Marx s. Trendelenburg, W. *412*
Marx, E. *398*
Mathews, R. W. s. Walls, G. L. 111, 116, 120, 122, 260, *415*
Matsuda, A. *398*
— s. Trendelenburg, W. 323, 352, 353
Matthaei, R. 80, 81, 90, 362, *398*
Matthes 20
Matthes, H., K. W. Brunn u. R. Falk *398*
Matthews, R. s. Adrian, E. D. 208, *373*
Matthey 130
Matthiessen 60
McCann s. Millard, E. B. 160, *399*
McFarland, R. A. 129
— u. J. N. Evans 182, *398*
— u. W. Forbes 183, *398*
— s. Berger, C. *375*
McKendrick, J. G. s. Dewar, J. 188, *379*
McKeon, W. M., u. W. D. Wright 235, *398*
Meerendonk, P. van s. Kohlrausch, A. *394*
Meesmann, A. 28, 138, 286, *398*, *399*
Meisling, A. *399*
Meitner, H.-J. 110, *399*
Meller, J. s. Sachs, M. 344, 345, *407*
Merkulow, J. s. Achelis, D. *373*
Metzger, E. 177
Metzger, W. 362, *399*
Meyer, A. E. H., u. E. O. Seitz 146, 151, *399*
Meyer, H. 351, *399*
Meyer zum Gottesberge, A. s. Hofe, K. vom *390*
Meyer-Schwickerath, G. 75, *399*
— u. R. Magun *399*
Michal F. V. 36, *399*
Middleton, W. E. K. 111, 230, *399*
Miles, P. W. 225, 325, 338, *399*
Miles, W. R. 155, *399*

Millard, E. B., u. McCann 160, *399*
Miller, J. W. s. Ludvigh, E. 261, *398*
Minc, S. M. s. Zajko, N. N. 6, *417*
Minoshima, T. 168, *399*
Mirsky, A. E. 159, *399*
Mittelstaedt, H. s. Holst, E. v. 304, *390*
Möller 133
Møller u. Edmund 135
Möllerström, J. 65, *399*
Mollier 28
Monjé, M. 28, 34, 62, 65, 66, 74, 105, 109, 112, 120, 129, 130, 133, 135, 138, 214, 215, 221, 222, 224, 226, 227, 229, 248, 251, 253, 264, 265, 267, 290, 315, 317, 318, 324, 326, 327, 338, *399*, *400*
— u. A. Berger 324, 326, *400*
— u. H. R. Bernsdorff *400*
— u. E. Heinsius *400*
— u. K. Hertel *400*
— u. R. Offermann *400*
— u. H. Schober *400*
— s. Berger, A. *375*
— s. Hertel, K. 315, 326, *389*
Monnier, M. 209, *400*
— u. E. B. Streiff 3, *400*
— s. Laue, H. 210, 214, *396*
Moon, P., u. D. E. Spencer 23, *401*
Morel, F. P., J. J. Burgermeister u. P. Dick *401*
— P. Schifferli, J. J. Burgermeister u. P. Dick 284, *401*
Morgan 289
Morgan, M. W. s. Marg, E. 24, *398*
Morris, A. s. Smith, S. W. 155, *410*
Mortensen 308, *401*
Morton, R. A. 156, *401*
— F. D. Collins u. R. M. Love *401*
— s. Ball, S. 157, 161, *374*
Motokawa, K. 168, 191, *401*
— u. K. Isobe *401*
— u. K. Iwama *401*
— s. Ebe, W. 121, *380*
Müller, A. 42
Müller, C. G. *401*
Mueller, C. S. s. Hecht, S. 253, *387*
Müller, G. E. 102, 127, 137, 221, 222, 344, *401*
Müller, H. K. 5, 130, 131, 149, *401*
— H. K. Schultz u. J. Lautsch *401*
Müller, Joh. 67, 90, 293, 294, 295, 296, 298, 364, 365, *401*

Müller-Limmroth, W. 28, 127, 188, 202, *401*
Müller-Pouillet 137, *401*
Münch, K. 19, *401*
Münster, Cl. 343, *401*
Mütze, K. *402*
Munsterhjelm, A. s. Granit, R. 163, 193, *385*

Nachet 341
Nagel sen. 298
Nagel, W. A. 63, 65, 85, 99, 102, 103, 106, 107, 109, 129, 135, 137, 179, 216, 237, 290, *402*
— u. H. Piper 128, 156, *402*
— u. K. L. Schaefer *402*
— s. Himstedt, F. *390*
Nann, B. M. s. Shipley, W. G. 363, *410*
Nellmann, H. s. Trendelenburg, W. 328, *413*
Nelson, J. A. 109, 235, 236, *402*
— u. A. Chapanis *402*
Nernst, W. 166, 167, *402*
Nettleship 176
Neugebauer, H. E. J. 122, *402*
Neumann 171
Neumann, H. J. s. Busch, L. *377*
Neustätter, O. *402*
Newcomb 147
Newton, I. 89, 90, 92
Niederhoff, P. 358, *402*
Niini, R. s. Reenpää, Y. 227, *406*
Niven, J. T. s. Berger, C. *375*
Noddack 233
Noddack, W., u. G. Jarczyk 172, 181, *402*
Noell, W. K. 65, 183, 200, 214, *402*
Nordenson, J. W. 111, *402*
Nothdurft, H. s. Cibis, P. 183, 218, *378*
Nover, H. L. 185, *402*
Nowak, E. 256, *402*
Noyons, A. K. s. Jongbloed, J. 183, *392*
Nussbaum, F. 247, *402*
Nylund, C. E. *402*

Obermaier, H. 241, *402*
O'Brien, B. 23, 251, *402*
Odqvist, B. 31, *402*
Öhrwall, H. 285, 355, *402*
Oeller 49
Oerum, H. P. T. 260, *402*
Østerberg, G. 153, *402*
Offermann, R. s. Monjé, M. *400*

Ogle, K. N. 262, 297, 300, 317, 319, 323, 325, 328, *402*, *403*
— u. M. P. Weil 327, *403*
— s. Burian, H. M. *377*
— s. Herzau, W. 324, *389*
Ohm, J. 268, 286, 287, *403*
Olsson, G. F. 85, 106, *403*
Ong, J. s. Hamasaki, D. 36, *386*
Orel 335
Ornstein, L. S. s. Schouten, J. F. *409*
Ortega, L. s. Langworthy, O. R. 21, *396*
Ostwald, W. 72, 76, 79, 81, 82, 104, 141, 167, *403*
Otero, J. M. *403*
— u. A. Duran 138, *403*
— L. Plaza u. F. Salaverri *403*
Ottoson, D., u. G. Svaetichin 200, *403*
Ourgaud, A. G. s. Jayle, G. E. *392*
Ovio 22, *403*
Ozanics, V. s. Smelser, G. K. *410*

Packer, D. M. s. Gulledge, I. S. 261, *386*
Paczewitz, G. s. Bartley, S. H. *374*
Palacios 139
Palmer 117
Panum 301
Papst, W. *403*
— u. K. Echte 168, *403*
— u. J. Heck 183, *403*
— s. Heck, J. *387*
Parinaud, H. 149, *403*
Parsons, J. H. 241, *403*
Pau, H. 5, 27, 29, 30, 36, 43, *403*
Paul 78, *403*
Pauli, R. 229, 260, 327, 340, *403*, *404*
— s. Pauli, W. E. *404*
Pauli, W. E., u. R. Pauli *404*
Penfield, M. J. s. Shipley, W. G. 363, *410*
Perkins, E. S. s. Greaves, D. P. 5, *385*
Perrin, F. H. 224, *404*
Peskin, J. C. s. Hecht, S. *387*
Pestemer, M., T. Langer u. F. Manchen 167, *404*
Peter, A. 260
Petersen, P. 22, *404*
Pfeifer, R. A. *404*
Pflüger, A, 137, *404*
Pflugk, A. v. 30, *404*
Philipps, L. R. s. Lythgoe, R. J. 129, *398*
Pickels, E. G. s. Hecht, S. 156, 229, 233, *387*

Pickford, R. W. 108, 116, 125, *404*
— s. Kherumian, R. 241, *393*
Piéron, H. 122, 180, 214, 229, 231, *404*
— s. Durup, G. 106, 141, *380*
— s. François, M. 169, *382*
— s. Galifret, Y. 143, *382*
Pies, R., u. H. Wendt 130, *404*
Pinegin, N. J. 69, 165, *404*
Piper, H. 128, 129, 132, 135, 179, 188, 224, 230, 287, 290, 327, *404*
— s. Nagel, W. A. 128, 156, *402*
Piper, H. F. *404*
Pirenne, M. H. 69, 256, *404*
— u. E. J. Denton 233, *404*
— s. Denton, E. J. 231, 234, *379*
— s. Hecht, S. 152, 162, 232, 233, *387*
Pirie, A., u. R. van Heyningen 183, *404*
Pistor, H. *404*
Pitt, F. H. G. s. Wright, W. D. 113, 236, *417*
Planck, M. 163, 164, 165, 232, *404*
Plaza, L. s. Otero, J. M. 102, *403*
Plotnikow, J. 152, *404*
Poche, R. 318, *404*
Pock-Steen, P. H. 130, *405*
Podestà, H. 82, 83, 175, 241, *405*
Podestà, H. H. s. Aeffner, W. 133, *373*
Pohl, R. W. 72, 138, 146, 151, 164, 165, 236, *405*
Polimanti, O. 139, *405*
Polyak, S. 64, 65, 118, 267, *405*
Poole, J. H. J. 166, *405*
Poos, F. s. Engelking, E. *381*
Popp, C. 183, *405*
— u. W. Ehrich 251, *405*
Popper, H. s. Greenberg, R. 157, *385*
Porro 339
Porter 224
Poschaga, N. *405*
Price 157
Priestley 103
Pütter 263
Puff, A. 118, *405*
Pulfrich, C. 308, 317, 318, 334, 335, 338, 341, 342, 343, 354, *405*
Purdy, D. M. 236, *405*
Purkinje, J. E. 25, 26, 75, 148, 215, 216, *405*

Querner, Fr. R. v. 157, 167, *405*

Quilliam, J. P. s. Lythgoe, R. J. 157, *398*

Rademaker, G. G., u. J. W. G. Ter Braak 287, *405*
Radinsky, R. s. Gregg, F. M. *385*
Rady, A. A. *405*
— u. I. G. H. Ishak 327, *405*
Rählmann, E. 90, 104, *405*
Rambo, V. C. *405*
Rand, G. s. Hardy, L. H. 98, *386*
Randall, J. T., u. S. F. Jackson 5, *406*
Raski, K. 343, *406*
Ratcliff, F. s. Riggs, L. A. 266, 267, 268, 327, *406*
Rawitz 184
Ray, F. 241, *406*
Rayleigh 105
Reccius, H. 318, *406*
Reenpää, Y. 164
Reenpää, Y., u. R. Niini 227, *406*
Reetz, H. 46, *406*
Reid, I. G. *406*
Rekoss 50
Renqvist, Y. 164, *406*
Retzius 27
Rey 226
Riccò 36, 192, 231, 256
Rice 260, *406*
Richards, W. J. 315, *406*
Richmond, P. N. s. Hecht, S. 132, *387*
Richter, M. 72, 83, 85, 94, 95, 96, 99, 100, 119, 127, 138, 142, *406*
— s. Klughardt, A. 237, *393*
Riddell, L. A. s. Granit, R. *385*
Ridley, H. 43, *406*
Rieken, H. 132, 286, *406*
Riggs, L. A., u. F. Ratcliff 266, 268, *406*
— F. Ratcliff, J. C. Cornsweet u. T. N. Cornsweet 267, 327, *406*
— s. Armington, C. J. 195, *374*
Risse, O. 165, *406*
Ristenpart 167
Rittler, M. C. s. Hardy, L. H. 98, *386*
Robbie, W. A., P. J. Leinfelder u. T. D. Duane 5, *406*
Robertsohn, V. M., u. G. A. Fry *406*
Rochat, G. F. *406*
Rochels, K. H. 286, *406*
Rochon-Duvigneaud 65
Roelofs C. O. 287, 289
Roelofs, C. O., u. W. P. C. Zeeman 349, *406*

Rössiger, M. s. Valentiner, S. 138, *414*
Roetth, A. de 5, *406*
Rohen, H. 28, *406*
Rohr, M. v. 41, 42, 44, 46, 52, 303, 324, 330, 340, *406*, *407*
Rohracher, H. 75, *407*
Rollet, A. 342, 354, *407*
— s. Becker, O. 342, *375*
Rollmann, W. 312, 318, 331, *407*
Romberg, G. v. 286
Roos, W. 41, *407*
Rose, A. *407*
Rose, H. W. 129, 130, 132, 288, 334, *407*
— u. I. Schmidt *407*
Rosemann, H. U., u. H. Buchmann 338, *407*
Rosencrantz, C. 85, *407*
Rosmanit, J. *407*
Ross, E. J. 5, *407*
Ross, S. s. Hecht, S. 132, 253, *387*
Rowan, W. 65, *407*
Ruete 48, 50, 277
Ruff, S., u. H. Strughold 345, 357, *407*
— u. I. Schmidt *407*
Rushton, W. A. H. 65, 121, 159, 163, *407*
— F. W. Campbell, W. A. Hagins u. G. S. Brindley *407*
— s. Campbell, F. W. 153, *377*
Rydin, H. 107, *407*

Sachs, E. s. Ahlenstiel, H. *373*
— s. Kohlrausch, A. 120, *394*
Sachs, M., u. J. Meller 344, 345, *407*
Sachsenweger, R. 318, 323, 325, *407*
Saito, Z. *407*
— s. Hosoya, Y. 159, *391*
Salaverri, F. s. Otero, J. M. *403*
Saleck s. Trendelenburg, W. *413*
Sasaki, T. s. Hosoya, Y. *391*
Sautter, H. 21, 52, *407*
— u. W. Straub *407*
Schäfer, H. 323, *407*
— u. F. Ebner *407*
Schaefer, K. L. s. Nagel, W. A. *402*
Schäfer, W. 133, *407*
Schaefers, F. s. Döring, G. K. 23, *379*
Schanz, Fr. 166, *407*
Schapringer, A. 214, *408*
Scharf, J. 43, *408*
Schaternikoff 136

Schaub 236
Scheffer *408*
Schenck, F. 60, *408*
Schifferli, P. *408*
— s. Morel, F. P. 284, *401*
Schinz, H. R. *408*
Schiötz 3, 13, 14, 58
Schjelderup 228
Schlodtmann 368
Schmerl, E. 65, *408*
Schmid, J. s. Lisch, K. 131, *397*
Schmidt, G. 287
Schmidt, I. 99, 101, 106, 107, 108, 110, 111, 115, 130, 182, 230, 335, *408*
— u. Ph. E. Grush 219, 221, *408*
— u. L. Kitzinger 148, *408*
— s. Rose. H. W. *407*
— s. Ruff, S. *407*
— s. Trendelenburg, W. 115, 238, *413*
Schmidt, Th. 2, *408*
— s. Goldmann, H. 2, *383*
Schmidt, W. J. 150, *408*
Schmitz-Moormann, P. 65, *408*
Schober, H. 22, 34, 80, 107, 127, 133, 135, 138, 168, 222, 225, 256, 260, 264, *408*
— s. Marchesani, O. 100, 112, *398*
— s. Monjé, M. *400*
Schön 279, 281, *408*
Schönwald, B. 228, *408*
Schopenhauer, A. 67, 90, 91, *408*
Schouten, J. F. 127, 168, 257, *409*
— u. L. S. Ornstein *409*
Schreck, E. 43, *409*
Schreiber, H. s. Friedrich, W. 69, 232, *382*
Schroeder, H. s. Stepp, W. *411*
Schrödinger, E. 72, 80, 118, 165, 336, 337, *409*
Schubert, F. s. Hartinger, H. *387*
Schubert, G. 36, 85, 87, 247, 278, 279, 280, 281, 318, 325, 326, 327, 345, 348, 350, 357, *409*
Schüler, K. 221, *409*
Schütz, E. 329, 331, 352, *409*
Schuhmacher v. 65
Schultz, H. J. *409*
Schultz, H. K. s. Müller, H. K. *401*
Schultze, M. 149
Schultze, O. *409*
Schumacher, R. O. 227, 228, *409*

Schur, E. 348, *409*
Schwarz, Fr. 75, 226, 336, *409*
Schwarzschild 226
Scolnik, R. s. Koomen, M. 55. 138, *394*
Seebeck, A. 103, *409*
Ségal, J. 73, 118, 150, 152, 169, 172, 181, 218, *409*
— s. Baumgardt, E. *374*
— s. Bogoslovski, H. J. 75, *376*
Seitz, E. O. s. Meyer, A. E. H. 146, 151, *399*
Seitz, R. 21, *409*
Sewig, R. 143, *409*
Shantz, E. M., N. D. Embree, H. C. Hodge u. J. H. Wills jr. 160, *409*
Sherrington, C. S. 221, 280, 285, *409*
Shipley, W. G., B. M. Nann u. M. J. Penfield 363, *410*
Shipton, H. W. s. Grey, W. W. *385*
Shlaer, S. 255, *410*
— s. Hecht, S. 152, 162, 232, 233, *387*
— s. Lamar, E. S. 229, *396*
Shoda, M. *410*
Sibley, J. A. s. Krause, A. C. 183, *394*
Sidwell, A. E. s. Krause, A. C. 161, *394*
Siebeck, R. 28, 37, 139, 305, *410*
— u. O. Klemm *410*
Siedentopf, H. 228, *410*
Siegert 148
Siegert, P. s. Kyrieleis, W. 181, *396*
Siegrist, A. 43, *410*
Silvestrini, F. 22, *410*
Simon, R. 171, *410*
Sinclair, J. G. *410*
Sjöstrand, F. S. 150, *410*
Skoglund, C. R. s. Granit, R. *384*
Slataper, F. J. *410*
Sloan, L. 99, 104, 148, 153, 174, *410*
— u. L. Wollach 105, 117, *410*
Smelser, G. K., u. V. Ozanics 5, *410*
Smith, E. L. s. Chase, A. M. 159, *377*
— s. Hecht, S. *387*
Smith, K. U. 287, *410*
Smith, S. W., A. Morris u. F. L. Dimmik 155, *410*
Smith, W. *410*
Smith Kinney, J. A. S. 148, *410*

Snellen, H. 46, 264
Spencer, D. E. s. Moon, P. 23, *401*
Spotnitz, H. s. Elsberg, Ch. A. 158, *380*
Stahel, W. 181, *410*
Stargardt, K. *410*
Stegemann, I. 20, *410*
Stein, W. s. Holzlöhner, E. 107, *391*
Stenius, St. *410*
Stenström, S. 15, *410*
Stepanik, J. 4, *410*
Stepp. W. 130, *410*, *411*
— J. Kühnau u. H. Schroeder *411*
Sterneck, R. v. 348, *411*
Stevens, W. P. s. Foxell, C. A. P. 255, 264, *382*
St. George, R. C. C. 156, *411*
— s. Wald, G. 157, 158, *415*
Stieve, R. 28, *411*
Stigler, R. 74, 222, *411*
Stiles, W. S. 69, 121, *411*
— u. B. H. Crawford 23, 111, 143, 153, *411*
— s. Flamant, F. 23, *382*
Stock, W. *411*
Stohler, K. 312, *411*
Stolze, F. 335, *411*
Strampelli 43
Stratton 368
Straub, M. 333, *411*
Straub, W. s. Sautter, H. *407*
Streckfuss H. D. 327
Streckfuss, H. s. Ahlenstiel, H. *373*
Streiff, E. B. s. Monnier, M. 3, *400*
Strughold, H. 74, 213, 214, 223, 225, 230, 291, *411*
— H. Haber, K. Buettner u. F. Haber *411*
— s. Frey, M. v. 42, 43, *382*
— s. Gerathewohl, S. J. 261, *383*
— s. Ruff, S. 345, 357, *407*
Stubbs, A. L. s. Ball, S. 161, *374*
Studnitz, G. v. 100, 122, 130, 151, 169, 170, 171, 172, 173, 182, 183, 184, *411*
— s. Busch, L. *377*
Stultz, K. F. s. Higgins, G. C. 253, 266, *389*
Stumpf, C. 229, 362, *411*
Sugita, Y. 155, *411*
Sulzer 132
Svaetichin, G. 126, 206, *411*, *412*
— u. R. Jonasson *412*
— s. Granit, R. *385*
— s. Ottoson, D. 200, *403*
Sweet, A. L. 214, *412*
Swenson, H. A. *412*

Szczyglowa, M. s. Biernacka-Biesiekierska, J. *376*
Szekeres, G. *412*

Taet 289
Talbot, S. A. 127, *412*
Tansley, K. 150, *412*
— s. Bayliss, L. E. *374*
— s. Granit, R. *385*
Tanzman, I. J. s. Westheimer, G. 319, *416*
Tappeiner 166
Ter Braak, J. W. G. s. Rademaker, G. G. 287, *405*
Teucher, R. 23, *412*
Therman, P. O s. Granit, R. *385*
Thiele, W. 334, *412*
Thomson, L. C. 20, 129, 141, 148, 168, *412*
— u. W. D. Wright 111, *412*
— s. Dartnall, H. J. A. 152, *378*
Thorner 48
Tönnies, J. F. 305, *412*
Tomita, T. 200, *412*
Tonner, F. 259, 260, *412*
— u. H. W. Weber *412*
Tousey, R. *412*
— s. Gulledge, I. S. 261, *384*
— s. Koomen, M. 55, 138, *394*
Travis, R. C. 292, *412*
Trendelenburg, W. 52, 80, 84, 98, 99, 102, 107, 109, 115, 117, 127, 128, 150, 151, 152, 154, 159, 160, 161, 163, 164, 184, 242, 266, 268, 290, 311, 313, 315, 334, 335, 336, 337, 341, 348, 349, 350, 353, *412*, *413*
— u. Angier *412*
— u. Bumke *412*, *413*
— u. K. Drescher 322, 323, 328, *413*
— u. Marx *412*
— u. A. Matsuda 323, 352, 353
— u. H. Nellmann 328, *413*
— u. Saleck *413*
— u. I. Schmidt 115, 238, *413*
Trincker, D. 242, 338, *413*
— u. I. Trincker *413*
Trincker, I. s. Trincker, D. *413*
Troland, L. T. 125, 146, *413*, *414*
Tschermak-Seysenegg, A. v. 62, 66, 71, 73, 74, 76, 78, 80, 85, 87, 90, 95, 96, 110, 112, 114, 125, 143, 216, 221, 222, 245, 246, 247, 251, 269, 274, 278, 279, 280, 281, 282, 283, 297, 303, 304, 324, 328, 333, 363, *413*
— u. P. Hoefer 322, *414*

Tscherning, M. 12, 25, 26, 41, 146, *414*
— u. H. Larsen 120, 175, *414*
Tuohy 43, *414*
Tycho de Brahe 61

v. Uexküll, J. 348
Uhthoff 234

Valentiner, S., u. M. Rössiger 138, *414*
Valsi, E. s. Bartley, S. H. *374*
Vankam, J. s. Appelmans, M. 241, *373*
Veckenstedt, E. 241, *414*
Velden, H. A. van der *414*
— u. M. A. Bouman 233
— s. Bouman, M. A. 75, 232, 233, *376*
Velhagen, K. 98, 101, 182, 288, *414*
Verrijp, C. D. *414*
Vierling, O. 314, *414*
Vieth 295
Vilmar, K. F. 315, *414*
Vogelsang, K. 27, 214, *414*
— s. Fröhlich, Fr. W. 65, 214, *382*
— s. Jäger, A. 352, *391*
Vogt 48
Voigtländer, F. W. 46
Voigtländer, J. Fr. 46
Volkmann, A. W. 62, 270, 282, 293, 363, *415*
Voss, J. C. de., u. R. Ganson *415*
Vries, H. de 122, *415*

Waaler, G. H. M. 115, 116, *415*
Waart, A. de *415*
Wagenaar, J. W. s. Fischer, F. P. *382*
Wagner, E. 307, 315, *415*
— s. Cüppers, C. *378*
Wagner, R. 334, *415*
— u. S. Decker *415*
— s. Bleichert, A. 20, *376*
Wake, M. 75, *415*
Wald, G. 110, 135, 141, 152, 153, 155, 157, 158, 159, 160, 161, 164, 171, 172, 196, *415*
— u. P. K. Brown 159, 163, *415*
— u. A. B. Clark 158, *415*
— J. Durell u. R. C. C. St. George 157, 158, *415*
— u. R. Hubbard 157, *415*
— H. Jeghers u. J. Arminio *415*
— s. Griffin, W. R. 69, *385*
— s. Hubbard, R. *391*
— s. Ishimoto, M. 157, *391*

Wallach, H. s. Köhler, W. 345, *393*
Walls, G. L. 102, 105, 117, 121, 126, 150, 171, 180, 359, *415*
— u. G. G. Heath 100, 108, 174, *415*
— u. R. W. Mathews 111, 116, 120, 122, 260, *415*
Walraven, P. L., u. M. A. Bouman 111, *415*
Walsh, E. S. s. Barlow, H. B. 75, *374*
Walter, F. X. s. Benoit, J. 65, *375*
Walters, H. V., u. W. D. Wright 148, *415*
Warburg 183
Ward, H. O. s. G. A. Fry *382*
Warren 160
Wartmann 348
Weale, R. A. 117, 143, 153, 159, 172, 338, *415*, *416*
— s. Arden, G. B. 154, 214, 232, *374*
Weber, H. H. 78, 80, *416*
Weber, H. W. s. Tonner, F. *412*
Weekers, R. 5, *416*
Wegener, W. 183, *416*
Wehrli, H. s. Karrer, P. *392*
Weigel, R. G., u. O. H. Knoll 228, *416*
Weigert, F. 158, 168, 169, 173, *416*
Weil, M. P. s. Ogle, K. N. 327, *403*
Weiss, O. 7, 226, *416*
Wendt, H. s. Pies, R. 130, *404*

Wessely, E. *416*
Westheimer, G. 284, *416*
— u. D. W. Conover *416*
— u. I. J. Tanzman 319, *416*
Weymouth, F. W., D. C. Hines 253, *416*
Weyts, J. s. Appelmans, M. 241, *373*
Wheatstone, Ch. 310, 311, 313, 314, 315, 331, 352, *416*
Whiteside, Th. C. D. 39, 261, 351, *416*
Wien, M. 90, 369, *416*
Wigger, P. 182, *416*
Wiggers, H. 171
Wilde, K. 327, *416*
Wilkie, R. s. Gregg, F. M. *385*
Williams, R. E. s. Hecht, S. 152, 162, *387*
Willis 99
Willmer, E. N. 111, 150, 179, *416*
— u. W. D. Wright *416*
— s. Brindley, G. S. 153, *377*
— s. Donner, K. O. 204, *379*
Wills jr., J. H. s. Shantz, E. M. *409*
Winkelmann 355
Witkin, H. A. 344, *416*
— u. S. E. Asch 344, *416*
Wölfflin, E. *416*
Wolf, M. 214, 338
Wolff, H. 52, *416*
Wolfson 65, *416*
Wollach, L. s. Sloan, L. 105, 117, *410*
Wolter, J. R. *416*

Wrede, C. M. s. Granit, R. 195, *385*
Wright, W. D. 54, 73, 89, 102, 109, 113, 114, 117, 181, 229, 234, *417*
— u. F. H. G. Pitt 236, *417*
— s. Lord, M. P. 266, 267, *397*
— s. McKeon, W. M. 235, *398*
— s. Thomson, L. C. 111, *412*
— s. Walters, H. V. 148, *415*
— s. Willmer, E. N. *416*
Wünsch 117
Wundt 121, 298
Wyszecki, G. s. Bedford, R. E. 54, *375*

Yamamoto, S. *417*
Young, T. 94, 117, 170

Zaffke, K. H. *417*
Zahn, A. 139, *417*
Zajko, N. N., u. S. M. Minc 6, *417*
Zanen, I. 180, *417*
Zechmeister, L. *417*
Zeeman, W. P. C. s. Roelofs, C. O. 349, *406*
Zeiss, C. *417*
Zeiss, E. 268, *417*
Zewi, M. 159, *417*
— s. Granit, R. 193, *384*, *385*
Ziegler, H. 318, *417*
Zimmer, A. 307, *417*
Zinnitz, F. 65, *417*
Zoth, O. 251, 257, 347, 348, *417*

Sachverzeichnis

Abbildungsschärfe 259
— s. a. Bildschärfe
Abblendungsgefühl 294
Aberration, chromatische
    54, 68, 138, 260, 372
— sphärische 55, 138, 260
Abschätzung 349
Absolute Reizschwelle 153,
    222, 230
Absorption der Augenmedien
    191
— des Sehpurpurs 159
— der Zapfensehstoffe 169
Absorptionsgrad 145
Absorptionsquotient 161
Absorptionsspektrum 160
ACA-Gradient 290
Achromasie u. ERG 201, 202
AchromatischeLichtquelle138
Achromatopsie 174
Achsenametropie 37
adäquate Reize 67
Adaptation 127, 133, 248
—, chromatische 73, 181
— s. a. Dunkeladaptation,
    Helladaptation
Adaptationsbrille 154
Adaptationsstörungen 175
Adaptometer 128, 132, 135
Adaptometrie, objektive 132
Additivitätstheorem 89
Aderhaut 49
Adrenalin 28, 37, 121
Äquator des Auges 269
äquivalente Kernlinse 30
Äugigkeit 343
afokale Gläser 43, 324
Akkommodation 24
— s. a. Fernakkommodation,
    Nahakkommodation
— und Entfernungsbeurtei-
    lung 308
— im Fischauge 18, 24
—, Giftwirkungen auf 37
— u.Konvergenz 24, 289, 347,
    371
—, negative 28
— u. Pupillenreflex 24
Akkommodationsbreite 33, 35
Akkommodationskraft 33, 36,
    38, 40
Akkommodationskrampf 347
Akkommodationsmechanis-
    mus 27
Akkommodationsmuskel 28
—, Aktionspotential vom 187

Akkommodationsreflex 36, 55
Akkommodationsstrecke 34
Akkommodationstheorien 27,
    30
Akkommodationszeit 27
Akkomodometer 34
Aktionspotentiale der Augen-
    muskeln 187
— der Sehbahn 202
— der Sehrinde 209
Aktionsstrom u. Flimmer-
    frequenz 224
— u. Sehpurpur 153
Akyanoblepsie 104
Albedo 147
Albino 19, 44, 196
Allele 116
Alpha-Adaptation 155
Alphawellen 208, 209, 267
Alter u. Adaptation 129, 134
— u. Akkommodation 35
— u. ERG 199
— u. Linse 30, 36
— u. Nahpunkt 31
Altershypermetropie 37
Altersmiosis 22
Alterssichtigkeit 31
Amblyopie 45, 265
Ameseffekt 338
Ammoniak u. Belichtung 183
Anagenesis 158
Anaglyphen 312
Anaglyphenstereoskop 318
Aneffekt 188
Angeborene Farbensinnstö-
    rungen 96, 173
Aniseikonie 323, 338
Anisometropie 39, 323
Anisopie 338
anomale Korrespondenz 302
anomaler Farbensinn 105
— —, Abgrenzung 108
— —, Theorien 119
— —, U. E. 235
Anomaloskop 99, 100, 105,
    109
Anstiegsgradient u. ERG 191
Anstiegszeit 214
Antagonistenpaare 271, 285
Aphakie 16, 18, 38, 43, 44, 68,
    69
Apostilb 145
Area centralis 65
asphärische Brillengläser 42
Assimilierung 122

Astigmatismus 51, 55
— durch schiefe Incidenz 59
—, regelmäßiger 51
—, unregelmäßiger 59
Atmosphäre u. Sicht 230
— s. a. Luft
Atropin 6, 28, 37, 138, 159, 347
Aubertsche Blende 128, 146
Aubertsches Phänomen 305,
    344
Aufmerksamkeitszuwendung
    303, 304
Aufrechtsehen 292
Augapfel, Form 2, 60
—, Länge 15, 37
Auge, Formerhaltung 2
—, Öffnungsverhältnis 22
—, reduziertes 16
—, Ruhelage 28
—, schematisches 15
Augenabstand, 310, 319, 335
Augenbewegungen 187, 209,
    266, 270, 291
—, Geschwindigkeit 284
—, reflektorische 288
— u. Richtungswahrneh-
    mung 303
— u. Tiefensehschärfe 327
—, Umfang der 285
—, unwillkürliche 286
—, willkürliche 283
Augenbewegungsgesetze 276
Augenbinnendruck 2, 6
Augendrehpunkt 270
Augenhintergrund 49
Augenkrankheiten u. ERG
    202
Augenleuchten 47
Augenlinse s. Linse
Augenmaß 362
Augenmedien, Lichtverluste
    in 232
Augenmodell 52, 57, 280
Augenmuskeln, äußere 269,
    302
— u. EOG 186
Augenschädigung durch
    Strahlen 69
Augenspiegel 46, 48, 341
Augenzittern 268
Auseffekt 188
Austrittspupille 17, 24
Auswärtsschielen 276
autokinetische Empfindun-
    gen 268, 355
axiale Refraktion 39

Bau der Netzhaut 64
Begleitschielen 275
beidäugig s. binokular
Beleuchtungsstärke 144
— u. Gesichtsfeld 245
— der Netzhaut 146
— u. Sehschärfe 254, 257, 261, 264
Belichtung u. ERG 186, 190, 192
Bellsches Phänomen 289
bequeme Sehweite 31
Berger-Rhythmus 208
Bestandspotential 185
Bestsehschärfe 266
Betabewegung 225, 355
Betrachten 284
Beugung an Pupille 54, 60
Bewegung u. Tiefenwahrnehmung 308
Bewegungsbeziehungen 354
Bewegungsfähigkeit 285
Bewegungskontrast 262, 359
Bewegungssehschärfe 261
Bewegungstäuschungen 262, 354, 371
Bezold-Abneysches Phänomen 73
Bezold-Brückesches Phänomen 73
Bifokalgläser 43
Bild, aufrechtes 48
—, umgekehrtes 48
Bildanordnung 308
Bildgröße 9, 44
— s. a. Netzhautbildgröße
Bildpunkt 7
Bildschärfe 23, 259, 326
Bildverschiedenheit, beidäugige 310
Bindehaut, Schmerzempfindlichkeit 43
Binnendruck 2, 6
binokulare Bildverschiedenheit 310
— Dunkeladaptation 129
— Farbenmischung 335
— Gemeinschaft 278
— Helligkeit 337
— Instrumente 339
— Lupen 340
— Mikroskope 341
— Reizaddition 129, 234
— Sehschärfe 258
— U. E. 229
— Verschmelzung 224
binokularer Augenspiegel 341
binokulares Blickfeld 268
— Doppeltsehen 298
— Einfachsehen 294
— Fixieren 267
— Gesichtsfeld 245
Bitumi (Doppelokular) 341
Blaublindheit 102
Blaugelbblindheit 179

Blaugleichungsapparat 109
Blenden 146
Blendung 172, 181, 192, 230, 257
Blicken 266
Blickfeld 268, 285
Blickhebung und Mondgröße 348
Blicklinie 246, 271
Blickpunkt 275, 356
blinder Fleck 64, 247
Blindgeborene 367
Blindheit, temporäre 183
Blinzeln 7
Blitzen der Blüten 216
Blondel u. Reysche Formel 226
Blumenfeldallee 363
Blutglaskörperschranke 6
Blutkammerwasserschranke 3
Blutkörperchen, entoptisch 63
Boström-Kugelberg Tafeln 98
Braunempfindung 72
Brechkraft 18
— des Auges 17
— der Linse 18
Brechkraftmaß 33
Brechkraftwert von Gläsern 41
Brechungsametropie 37
Brechungsexponent 7, 12, 15
Brennlinie 56
Brennpunkt 9
Brennweite 9, 15, 17
Brewstersches Prismenstereoskop 314, 330
Brille, Geschichte der 45
Brillenbestimmung 53
Brillengläser, durchgebogene 41
—, Korrektionswert 44
—, mikroskopische 45
—, torische 42
Brillenlehre 40
Brillenverordnung 43
Bruchsche Membran 186, 199
Brückeeffekt 223
Brückescher Muskel 28
Budgesches Centrum 21
Bunsen-Roscoesches Gesetz 193, 223, 226, 229
Buntempfindungen 76, 81
Buntfarbenkreis 76, 81, 82, 99, 141

Calcium 121
Candela 144
Carotin 130, 152
Carotinoid 156, 172
Cauchysche Formel 86
Centrum ciliospinale 21
Charpentiersche Intervalle 215
Chorioidea 49

Chorioretinitis 179
chromatische Aberration 53, 68, 138, 372
— Adaptation 73, 181
Chromoproteid 156
Chronaxie 75
Chronopsie 75, 227, 264, 328
CIE-System 94
—, Hellempfindlichkeitskurven 140
—, Normalbeobachter 96
Ciliarepithel 5
Ciliarmuskel 28, 36, 37
Colliculus sup. 287
Conepigments 172
Conoid von Sturm 57
Cornea s. Hornhaut
Cornealhaftschalen 42
Corp. gen. lat. 20, 177, 207, 211
Cortex s. Sehrinde
Corticalzeit 209

Dämmerungsgrau 137
Dämmerungssehen 127, 147
Dämmerungswerte 122
Darbietungszeit u. Sehschärfe 264
— u. Tiefensehschärfe 326
Decibel 146
Deckpunkte 294
Deuteranomalie 105, 117, 142, 235, 236
Deuteranopie 97, 113, 116, 142, 178, 201, 235, 236
Diamox 6
Dibenamin 37
Dichromasie 96, 104
— bei Affen 259
—, atypische 101
—, Farbentafel 113
—, inkomplette 103
—, Theorien 119
Dichtespektrum 160
Differenzspektrum 160
Dihydroergotamin 37
Dilatator 19, 21
Dingfeld 248
Dioptrie 17
Dioptrik 1
dioptrische Einstellung 292
Dissimilierung 122
Dissimulation 101
Divergenz 275, 302, 352, 354
Dominatoren 121, 205
Donders' Gesetz 276
Donders' Optometer 32, 34, 58
Doppelbelichtung u. ERG 197
Doppelbilder, gleichseitige 299
—, gekreuzte 299
Doppelfernrohre 340
Doppeltsehen 298
Doppelwahrnehmung u. Tiefenwahrnehmung 323

Drehachsen 270
Drehmoment 274
Drehpunkt 270
Drehsinn 271, 273
Drehstuhl 288
Drehtrommel 286, 356, 358
Dreikomponentenlehre 117, 126
Dreilichtereichung 114
Dreischichtentheorie 169
Dreistäbchenmethode 317, 334
Dressurversuche 237
Druck u. ERG 186, 199
—, intraokularer 2
—, Kammerwasservenen- 4
—, Netzhautarterien- 3
Druckphosphene 74
Duanesche Figur 34
Dunkeladaptation 128
— u. Empfindungszeit 214
— u. ERG 193
— u. Gelbfärbung der Linse 181
— u. Höhe 182 ,183
— u. inadäquate Reize 167
— u. kurze Unterbrechung 155
— u. Nachtblindheit 176
— u. Pigmentwanderung 184
— u. Sehpurpur 153, 162
— u. Sehschärfe 256
— u. Tiefensehschärfe 327
— u. totale Farbenblindheit 174
— u. Verschmelzung 224
Dunkelbeleuchtungsstärke 145
Dunkelleuchtdichte 145
Dunkelstellung der Zapfen 184
Dunst 257, 348
Duplizitätstheorie 143, 149, 167, 173, 185, 224
Durchsichtigkeit der Luft 307
— der Medien 62
dynamische Sehschärfe 261
— Theorie des Sehens 327

E-Phänomen 344
E-Retina 197
EEG s. Elektroencephalogramm 208
egozentrischer Standpunkt 345, 356, 358
Eichreize 96
Eichung von Farbensystemen 98
— von Apparaten 86
Eichwerte 118
eidetisches Sehen 218
Eigenlicht 70, 71, 233, 258
einäugig s. monokular
Eindrucksgröße 346
Eindruckshelligkeit 338

Einfachsehen 293
Einheitssehschärfe 264
einseitige Farbensinnstörung 117
— s. a. monokulare
Einstellungspunkt 31
Eintrittspupille 17, 24
Einwärtsschielen 276
Eisenbahnnystagmus 286, 304
elektrische Reize 75, 121, 168, 225, 227
elektrische Vorgänge 185
— — u. Spektralreize 126
— Wellen 68
Elektroencephalographie 186, 208
Elektromagnetisches Spektrum 68
Elektromyographie 187
Elektronen 166
Elektronystagmographie (ENG) 186
Elektrookulographie (EOG) 186
Elektroretinogramm (ERG) 183, 188
— u. Adaptation 193, 194
— u. Alter 199
— u. Augenkrankheiten 202
— u. Bunsen-Roscoegesetz 193
— u. Doppelbelichtung 197
— u. Entwicklung 198
— u. extraretinale Faktoren 201
— u. Farbensinnstörungen 201
— u. Flimmerlicht 197, 198
—, Potentialquellen 199
— u. Purkinje-Phänomen 195
— als Retinafunktionsprüfung 201
— u. Sehpurpur 193
— u. spektrale Hellempfindlichkeit 196
— u. Vitamin A-Mangel 201
— u. Wellenlänge 195
Emmetropie 37, 50
Empfindlichkeitssteigerung im Dunkeln 128
Empfindung 243
—, Dauer der 215
Empfindungsfläche 61
Empfindungsgröße 229
Empfindungs(latenz)zeit (EZ) 209, 213, 291, 337
Empfindungsvorgänge 213
empiristische Auffassung 365
Endschwelle 231
Energieminimum 232
Energieproduktion der Netzhaut 183
Energieschwelle 140, 233
Energieverteilung von Lichtquellen 137

ENG s. Elektronystagmographie 186
Enophthalmus 21
Entfernung, absolute 309, 354
—, relative 309, 354
Entfernungsbeziehungen 350
Entfernungsmeßgeräte 341
Entfernungsquadratgesetz 146
Entfernungsschätzung im Dunkeln 309
Entfernungstäuschungen 350
Entfernungswahrnehmung 305
—, einäugige 305, 333
entoptische Pupillenbeobachtung 23
— Wahrnehmungen 62, 251
— — der Fovea 65
Enzyme im Sehpurpurcyclus 156
EOG s. Elektrookulographie 186
Eosin 166
Epilepsie u. Flackerlicht 225
Episkotister 147
Erdsatelliten 230
ererbte Anlagen 367
ERG s. Elektroretinogramm 188
Erhebungswinkel 275
Erlernen 366
Ermüdung des Auges 94, 217, 234
Erregbarkeitsgrenze 233
Erregung, kinästhetische 305
—, Nachdauer 217
Erregungsfläche 259
Erregungsvorgänge 213
Erweiterung des Augenabstandes 319
erworbene Farbenblindheit 177
Erythropsie 180
Eserin 6, 37, 59, 347
Eskimos, Adaptation 130
euklidische Geometrie 363
Exophthalmus 7
Extinktion 160
Extinktionskoeffizient 164
EZ s. Empfindungs(latenz)zeit

Fallversuch 317
Farbart 93
Farbe, Dreidimensionalität 82
Farben, invariable 73
Farbenamblyopie 107
Farbenanteil, spektraler 82
Farbenasthenopie 107
Farbenbenennungen 70, 78, 241
Farbenbezeichnungen der Dichromaten 104

Farbenblindheit, partielle 96, 181
—, totale 173, 177
Farbendreieck 82, 92, 113
Farbenempfindlichkeit u. elektrischer Reiz 121
Farbenerkennungszeit 107
Farbenfehlsichtigkeit, s. a. Farbenblindheit,
— Dissimulierung 101
—, einseitige 104, 108, 116
—, erworbene 177
— u. Farbgläserbenutzung 101
— u. Feldgröße 103
—, Geschichtliches 103
—, Häufigkeit 110, 116
— bei Naturvölkern 241
—, Simulierung 101
—, Übungserfolg 100
—, Vererbung 114
Farbenfernsehen 83
Farbengesichtsfeld 245
Farbenkörper 82
Farbenkonstanz 74
Farbenkreis 76, 81
Farbenkreisel 84, 99
Farbenlinie 114
Farbenmessung 96
Farbenmischung 83
—, additive 83
—, binare 86
—, binokulare 335
—, subtraktive 83
Farbenraum 82
Farbensinn, abweichender 96
—, anomaler 105
— beim Eiszeitmenschen 240
— u. Feldgröße 110
— beim Kleinkind 242
— bei Kulturvölkern des Altertums 240
— bei Naturvölkern 240
—, normaler 86, 92, 110
—, peripherer 111
— beim Säugetier 237
—, Theorien 89, 115, 117, 169
—, Unterschiedsempfindlichkeit 234
Farbensinnstörungen s. Farbenfehlsichtigkeit, Farbenblindheit
Farbenstereoskopie 335
Farbensysteme, anomale 105
—, dichromatische 96
—, normaltrichromatische 92
Farbentafel 92, 95, 237
— bei abweichendem Farbensinn 113
Farbenuntüchtigkeit s. Farbenfehlsichtigkeit
Farbfleckverfahren 98, 99, 108, 110
Farbgelatine 72, 85
Farbgläser 75, 85, 101

farbige Ermüdung 234
— Schatten 219
farbiger Simultankontrast 219
Farbigsehen von Ultraviolett 69
— von Weiß 180
Farbkoordinaten 94
farbloses Intervall s. Intervall
Farblupe von Ahlenstiel 101
Farbmischungsgleichungen 87, 88, 94
Farbnormenatlas 83
Farbnormenkarten 83
Farbreiz 96
Farbschwelle 112
Farbstoffe 72
Farbtemperatur 137, 138, 144, 236
Farbtöne, Gesamtbetrag 237
Farbvalenzen 89, 94, 96
Farbwertanteile 95
Farbwertbeträge 95
Farbwerte 118
Farnsworth-Munsell Test 99
Fechnersches Gesetz 229
Fechnersches Paradoxon 337
Fehlpunkte der Dichromaten 113
Feld, receptives 203
Feldgröße 102, 110
— s. a. Reizfläche
Feldstecher 339
Fernakkommodation, Innervation 28
— s. a. Akkommodation
Fernpunkt 39
Fernrohrbrille 44
Fernrohre 339
Ferry-Portersches Gesetz 224
Ficksche Hypothese 119, 125, 175
figurale Nacheffekte 345
Filterfarben 85
Filtration des Kammerwassers 5
Fischauge, Akkommodation 18, 24
Fixationsschwankungen 187
Fixieren 266, 284, 291
Flackerlicht 223
flatternde Herzen 214
Flavin 157, 183
Flimmerfrequenz 223
Flimmergrenze 223
Flimmerphosphene 75
Flimmerphotometrie 143, 225
Flimmerreize 336
— u. ERG 197, 201
Flimmerwerte, spektrale 139
Florkontrast 219
Flüssigkeitswechsel 3
Flug u. Bewegungstäuschungen 357, 371
— u. EZ 214

Flug u. Größentäuschungen 350
— u. Latenzzeiten 292
— u. Richtungstäuschungen 345
— u. Sehschärfe 261
Fluorescenz 165
— der Linse 68
— des Schirmbildes 154
— u. Vitamin A 157
Fluorescin 166
Footlambert 146
Formerhaltung des Auges 2
Formerkennen und Dunkeladaptation 133
— U. E. 229
Fortinsches Verfahren 63, 251
Fovea 48
—, Ausmaße 65
—, Dunkeladaptation 133
—, EZ 214
—, Purkinje Phänomen 148
—, spektrale Hellempf. 143, 148
—, stäbchenfreier Bezirk 65
—, Tritanopie der, 111, 152
foveales Skotom 134, 174, 248, 254
Fraunhofersche Linien 85
Funduskamera 48
Fuscin 151
Fusionsbewegungen 275, 287, 301

Gammastrahlen 68
Ganglion cerv. supr. 21
— ciliare 20
Gaslicht, Energieverteilung 137
Gebrauchsblickfeld 285
Gefäßschatten 63
Gegenfarben 78, 89, 123
Gegenstandspunkt 1, 7
Gehörsreize u. Farbensehen 121
Gelbsehen (Xanthopsie) 181
Genauigkeit der Augenbewegungen 284
— der binokularen Tiefenwahrnehmung 315
Gene für Farbenfehlsichtigkeit 114
generelle Schwelle 74, 112, 180
geometrisch-optische Täuschungen 359
Geruchsreize u. Farbensehen 121
Gesamtbrechkraft des Auges 17
— zweier Systeme 18
Geschichte der Brille 45
— der Farbenblindheit 103
— der Lichtmessung 144
geschlechtsgebunden-recessive Vererbung 114

Geschwindigkeit der Augenbewegungen 284
Gesetz der binokularen Gemeinschaft 275
— der identischen Sehrichtungen 297
—, Knappsches 44
— der konstanten Orientierung 276
— der spezifischen Sinnesempfindungen 74
Gesichtsempfindungen 1, 66
Gesichtsfeld 182, 243
Gesichtsfeldausfälle 246
Gesichtsfeldlücke 64, 248
Gesichtslinie 17, 59, 276
Gesichtsschwindel 357
Gesichtswahrnehmungen 1, 242, 364
Gesichtswinkel 265, 306, 357
Gestaltlehre 361
Gifte, adaptationsschädigende 177
Giftwirkung auf Akkommodation 37
— auf Irisbewegung 37
Gitterspektren 86
Glanz 335
Glasbläserstar 69
Glaskörper 5, 15
— u. Akkommodation 30
Glaucosan 28, 37
Glaukom 3, 6, 202
Gleichstrom u. Farbensehen 121
Glykogen 5, 183
Goethes Farbenkreis 81
— Farbenlehre 89
— Hauptfarben 80
Granitsche Theorie 121, 205
Grassmannsche Sätze 82, 88
Graugläser 146
Grauglaskeile 147
Graumischung 87
Graureihe 76, 81, 82
Graustelle im Spektrum 97, 100, 113, 179
Grenzen des sichtbaren Spektrums 68
Grenzkontrast 222, 267
Größe des Netzhautbildes 44
Größenbeziehungen 346
Größeneindruck 371
Größenlinsen 324
Größentäuschungen 346, 371
Grünblindheit 97
Grünschwäche 109
Grundempfindungen 80, 118, 170
Grundfarben 170
Grundreize 118
Grundstellung der Augen 275
Gullstrandsche Formel 18
Gynergen-Ergotamintartrat 37

Hämatoporphyrin 166
Hämoglobin 159
Händigkeit 343
Haftgläser 42
Haftschalen u. Hornhautstoffwechsel 5, 43
Haftschalenelektrode 191
Haidingersche Büschel 66
Halsreflexe 288
Halssympathicus 6, 21, 28
Haploskop 347, 352
Hardy-Rand-Rittler Tafeln 98
Hauptfarben 80
Hauptpunkt 9, 15, 39
Hauptpunktbrechwert 41
Hauptstrahl 17
Hefnerkerze 144
Hefnerlampe 137
Helenien 130, 131
Heliumlinien 85
Helladaptation 132, 139, 181
— u. ERG 195
Hellempfindlichkeitsgrade 137, 139, 148, 173, 180
— der CIE 140, 141, 142
Hellempfindlichkeitskurve, spektrale 95, 196, 205
Helligkeit, Additivität 89
—, binokulare 337
—, spezifische 91, 142
Helligkeitsempfindung 122
Helligkeitsstufen 229
Hellstellung der Zapfen 189
Helmholtzsche Akkommodationstheorie 30
— Dreistäbchenmethode 317
— Farbensinntheorie 115, 117, 170, 175
Helmholtzscher Farbenmischapparat 84
— —, Zusatz nach W. T. 336
Helmholtzsches Ophthalmometer 13, 58
Hemeralopie 130, 152, 175, 177
Hemmungsvorgänge 197, 204, 211
Heringsche Theorie 122, 170, 200, 217
— Täuschung 360
Heringscher Fallversuch 312
Heringsches Nachbild 215
Hertel-Stillingsche Tafeln 98
Herzau-Ogle Effekt 324
Heßsche Sehprobe 263
Heßsches Nachbild 215
heteromorphes Raumbild 330
Heterophorien 287, 328
Hilfseinrichtungen des dioptr. Apparats 18
Himmel, Leuchtdichte 147
Himmelsgewölbe 347
Höhenflug, Augenschädigungen 69

Höhenflug s. a. Flug
Höhenluft 182, 183
Höhenstrahlung 68
Holmgrensche Wollprobe 9
Homatropin 28, 37, 138
homozentrische Strahlen 8
Horizontale, subjektive 344
Hornersche Symptome 21, 28
Hornhaut 12
—, Durchsichtigkeit 5, 6
—, elektrische Vorgänge 185
—, optische Konstanten 14
—, Schmerzempfindlichkeit 42
—, Stoffwechsel 5
Hornhautastigmatismus 43, 55
Hornhautbildchen 25
Horopter 295, 348
Horopterabweichung 296
Horopterkreis 295
hyperbolische Geometrie 363
Hypermetropie 37, 50
—, latente 40
Hyperplasie 354
Hypoglykämie 183
Hypoplasie 354
Hypothalamus 6, 21

IBK System 94
ichbezogener Standpunkt 358
identische Stellen 294
inadäquate Reize 67, 74, 167
Indicatorgelb 157
infrarote Strahlen 68, 69
Inkongruenz der Netzhaut 295, 344
Innervation, beiderseits gleiche 283
Innervationsempfindungen 305
Interblinkperiode 268
Interferenzfilter 85
Interfixationsbewegungen 291
intermittierende Belichtung 223
Intervall, farbloses (photochromatisches) 112, 176
Intrafixationsbewegungen 266
intraokularer Druck 2
intrazentrale Rückmeldung 304, 328
invariable Farben 73, 112
Inversionen 307
I-Retina 197
Iris u. Akkommodation 24
—, direkte Lichtwirkung 21
Irisbewegung 18
Irismuskeln, Innervation 19
Irradiation 26, 61, 361
Irradiationsstereoskopie 338
Ischämie 183
Ishihara Tafeln 98, 108

Jahreszeitliche Schwankungen, Dunkeladaptation 132
— Eichreizkurven 96
— Farbenempfindlichkeit 106
— Tageswerte 143
Jodessigsäure 183
Jodopsin 172
Jonen und ERG 186, 189
— u. Farbensehen 121
Judd-Helsoneffekt 219

Kaliumionen 121, 189
Kammerwasser 4, 15, 186
Kammerwasservenen 4
Kantsche Lehre 365
Kardinalpunkte 10, 15
Katralgläser 42
Kehlkopf, Raumbild 335
Keilkonstante 147
Keratoconus 43
Keratometer 14
Keratoskop 58
Kernfläche 301
Kernpunkt 300
Kerze, internationale 144
— p. Quadratfuß 146
— p. Quadrathektometer 146
kinästhetische Erregungen 305
Kinematographie 225, 355
Kleinkind, ERG 198
—, Farbensehen 242
—, Pupille 22
—, Refraktion 39
Kleinstufenvergleich 140
klinische Sehschärfeprüfung 263
Knapps Gesetz 44
Knotenpunkt 10, 15
Körperdrehung 357
Kohlendioxyd in Netzhaut 183
Kohlrausch'scher Knick 131, 194
Kokain 37
Kompensativfarben 87, 88
Komplementärfarben 86, 218, 219, 336
Komponententheorie 115, 117, 170
Konduktorin s. Überträgerin
Kontrast 61, 218, 251
— u. Schwarzempfindung 71
— u. Sehschärfe 25
Kontrastempfindung bei Anomalen 107
Kontrastfarbe 218, 219
Kontrasttheorien 220
Kontrastwirkung 228
Konturenverfolgung 284
Konvergenz 139, 289, 347

Konvergenz u. Akkommodation 24, 289, 347
— u. Doppelbilder 300
— u. Entfernungswahrnehmung 309, 315, 327, 351
— u. Horopter 296
— u. Pupille 24
— u. Rollung 282
Konvergenzbewegungen 284
— unsymmetrische 283
Kopfbewegungen 290
Kopfbewegungsfeld 286
Kopfschwankungen 267
Korrektionswert eines Brillenglases 44
korrespondierende Netzhautstellen 294
kosmische Strahlung 68
Kreisbewegung 261
Kreislaufstörungen u. ERG 202
Kriegshemeralopie 131
Krümmungsametropie 37
Krümmungsmittelpunkt 9
Krümmungsradien 13, 15
Krukenbergs Spindeln 4
Kühne's Augenmodell 57
Kugelgelenk 270
Kundtsche Teilung 363
Kunststofflinse 43
Kurzsichtigkeit 37
kurzwellige Strahlung 69

Lactoflavin 130
Lähmung der Augenmuskeln 302
Lähmungsschielen 235, 302
Längsdisparation 315, 317
Längshoropter 295
Lambert 146
Lambertsches Gesetz 145
Lamina basalis 186, 199
Landoltring 255, 263
Lasareffsche Formel 226
latente Hypermetropie 40
Latenz 357
Latenzzeit der Empfindung 213
Latenzzeitketten 291
Lebererkrankungen u. Dunkeladaptation 130
Leonardo da Vinci, Farbeneinteilung 81
—, Haftgläser 42
Lernfähigkeit 367
Lesen 285
Lesen u. EOG 187
Leuchtdichte 145
— u. Sehschärfe 255
—, Tabelle 145
— u. U. E. 235
Leukoskop 100
lichtelektrische Wirkung 165
Lichtleistung 144

Lichtmessung 143
Lichtquellen, neutrale 74
—, Energieverteilung 137
Lichtreflex 21
Lichtscheu 173
Lichtschwächung 146
Lichtsinnperimetrie 129
Lichtstärke 144
Lichtstrom 144
Lichtwirkung, photochemische 165, 182
Lichtzerstreuung im Auge 230
Lidschlag 6, 74, 187, 268
Linien, Sichtbarkeit 253
— in Peripherie 345
Linienspektren 85
Linienüberschneidung 306
Linse, Altersveränderungen 30, 36, 68, 181
—, Brechkraft 18
—, Brechungsexponent 13
—, Fluorescenz 68, 69
—, Formänderung 25, 27
—, Gelbfärbung 181
—, optische Konstanten 14
—, Ruhelage 138
—, schematische 29
—, Totalindex 29
—, UV-Absorption 68, 69
Linsenastigmatismus 55
Linsenbildchen 25, 138
Linsenformel 11
Linsenkern 30, 36
linsenloses Auge s. Aphakie
Linsenschlottern 30
Linsenstereoskop 314
Linsenstoffwechsel 5, 30
Listingsches Gesetz 277
Lochblende 147
Lokaladaptation 73, 215, 224, 253, 327
Lokalzeichen 249, 365
Luftballon, Bewegungstäuschungen 358
Luftflimmern 257
Luftperspektive 307
Lumen 144
Lumirhodopsin 158
Lupen 340
Lutein 110
Lux 144
Lyochrome 157

Mach-Dvořákeffekt 338
Machsche Kontraststreifen 218
Macula 49
— lutea 65, 100, 110, 152
Maculaabsorption 141
Maculachagrin 251
Maculadegeneration 179, 180, 202
Magnetfeldphosphen 75
Makropsie 324, 347

Mangel der Zentrierung 60
Mariotte's Fleck 64
Massage u. ERG 186, 189
Maßstab, subjektiver 346, 371
Maxwellscher Fleck 66, 302
McAdams Ellipsen 236
Meibomsche Liddrüsen 7
Melanophorenhormon 131
Membrana limitans ext. 186, 197, 200, 250
Meridiane des Auges 269, 275
mesopisches Sehen 147
messende Stereoskopie 334
Metakontrast 222
Metallinien 85
Metarhodopsin 158
Meterkerze 145
Mikroapostilb 145
Mikroelektrode 199
Mikrolinse 43
Mikrolux 145
Mikropsie 324, 346
Mikroskope 341
Milchsäureproduktion der Netzhaut 183
Minimalfeldhelligkeit 139
Minimalzeithelligkeit 139
Minimum legibile 250, 265
— perceptibile 232, 258
— separabile 250, 258, 265
— visibile 250
Miosis 21, 22
Mittelauge 297, 299
Mittelhirn 20
mobiles Sehen 268
Modellraumbild 332, 352
Modellwirkung 321
Modulationstheorie 125
Modulatoren 121, 161, 205
Mond, Relativbewegung 355
Mondgröße 347
Monochromasie s. totale Farbenblindheit
monokulare Entfernungswahrnehmung 305, 332
— Farbensinnstörung 117
—, Stereoskopie 332
Morphologie der Netzhaut 64, 250
morphologische Änderungen 183
Müller-Lyersche Täuschung 361
Müllerscher Muskel 28
Musc. Levator palpebrae 7, 187
Musc. orbicularis 7
Muskellähmung und Doppelbilder 301, 302
Muskeln s. Augenmuskeln
Muskelspindeln 187
Myopie 37, 50
— des leeren Raumes 39
—, Nacht- 39
—, u. Nachtblindheit 177

Nachbewegungen 359
Nachbild 183, 215, 276, 277, 279, 304, 315
—, negatives 217
—, positives 217
nachlaufendes Bild 176
Nachnystagmus 187
Nachtblindheit 130, 152
—, angeborene 175
—, erworbene 177
— u. Tritanopie 179
Nachtmyopie 39, 138
Nachtpresbyopie 139
Nachtsehen 127, 149
—, Bereich 147
Nachtsehschwäche 176
Nachttiere 149, 150
Nachtwerte, spektrale 136, 196, 240
— u. Sehpurpur 152
Nagelsche Tafeln 98
Nahakkommodation, Innervation 28
—, Lähmung der 347
Nahpunkt 31, 290
Nahsehprüfung 265
nativistische Auffassung 365
Natriumionen u. ERG 189
Natürliche Lichtquellen 147
Nebenfarben 80
Neigungswinkel 271, 277, 280
Neophangläser 101
Nernstlicht 137
Nervi ciliares breves 6
Nervus opticus s. Sehnerv
Netzhaut, chemische Reaktion 182
—, elektrische Vorgänge 185
—, Wiederbelebungszeit 183
Netzhautablösung 177, 179
— u. ERG 202
Netzhautarteriendruck 3
Netzhautasymmetrie 297
Netzhautatmung 183
Netzhautbau 63
— u. Schwelle 231
— u. Sehschärfe 249, 253
Netzhautbeleuchtungsstärke 146
Netzhautbild im Augenspiegel 49
Netzhautbildgröße 44, 306, 346, 350
Netzhautbildparallaxe 316
Netzhautempfindlichkeit im Dunkeln 128
Netzhauterkrankungen 179
Netzhautfluorescenz 167
Netzhautgefäßschatten 63
Netzhauthorizont 275
Netzhautinkongruenz 295, 344
Netzhautischämie 183
Netzhautperipherie s. Peripherie

Neugeborenes u. ERG 198
—, Farbensehen 242
—, Refraktion 39
Neuronen der Cortex 212
— der Netzhaut 64
Neutralpunkt 100
Neutralstelle s. Graustelle
Neutralstimmung 74, 78, 107, 234
Nichtempfinden 70
Nicolsche Prismen 85, 147
Nicotin 20
Niedentafeln 265
Nit 145
Noniussehschärfe 252
Nordlicht 145
Normalbeleuchtung 138
Normalbeobachter 96
normale Sehschärfe 264
— Trichromaten s. trichromatisches Farbensystem
Normalspektrum 86
Normfarbwertanteile 95
Normfarbwertbeträge 95
Normspektralwertkurven 119
Nox 145
Nyktalopie 173
Nyktometer 135
Nyktotest 135
Nystagmus 174, 186, 242, 266, 286, 288, 304

Objektive Adaptometrie 132
— Lichtwirkungen 182
Oculomotorius u. Naheinstellung 28
Oculomotoriuskern 20
Öffnungsverhältnis des Auges 22
Ölkugeln 170, 171
Öltropfen 151, 167
Off-Effekt 188
Off-Elemente 203
Oliv 81
On-off-Elemente 203
Opernglas 339
Ophthalmodynamometer 3
ophthalmokinetische Einstellung 292
Ophthalmometer von Helmholtz 13, 26, 58
— von Javal u. Schiötz 14, 58
Ophthalmoplegie 302
Ophthalmoskop s. Augenspiegel
Opsin 172
Opticus s. Sehnerv
Opticusatrophie 177, 179, 202
optische Achse 10, 59, 276
— Konstanten 10, 12, 14
— Medien 12
— Täuschungen 359, 369
optischer Nystagmus 286, 356
optisches System, einfaches 7
— —, zusammengesetztes 10

Optogramm 150
optokinetische Trommel 286, 356, 358
optokinetischer Nystagmus 186, 187, 242, 356
Optometer von Donders 32, 34, 58
Orthomorphie 330, 341
Orthoskopie 330
Ortsbeziehungen 218
Ostwaldscher Buntkreis 99
Ostwaldsches System 96

Pantocain 3
Panumsche Areale 301, 323, 324
Papilla N. optici 64
Papille 49, 247
Parallaxe 300, 316, 319, 325, 331, 333, 338
paralytisches Schielen 302
Parasympathicolytica 28, 37
parasympathisches System u. Pupille 21
partielle Farbenblindheit 96
Pellagra 177
Perimeter 244
Peripherie der Netzhaut 65
— — —, Bewegungssehschärfe 262
— — —, Dunkeladaptation 133, 134, 136
— — —, Farbensehen 111, 125
— — —, Hellempfindlichkeit 143
— — —, Phosphene 75
— — —, Sehschärfe 253, 256, 311
Peripheriewerte 112, 139, 180
Persistenz der optischen Gleichungen 89
perspektivische Verkürzung 306
— Zeichnung 312
perspektivisches Sehen 310, 349, 363
Phakoskop 25
Phosphene 74, 95, 121
Phosphorescenz 165
Phosphorsäure 171, 184
photochemische Wirkung 165
photochromatisches Intervall 112, 113
Photon 146, 232
photopisches Sehen 147
Photopsin 172
photoscotische Bedingungen 230
Physostigmin 37
Pickhöhe 246, 329
Piéronsche Theorie 122
Piéronsches Gesetz 231
Pigmente 72, 96

Pigmentepithel 151, 157, 167, 169, 183, 186, 250
Pigmentmischung 83
Pigmentwandern 184
Pilocarpin 37, 121, 159
Pilzvergiftung, Farbigsehen nach 181
Pipersches Gesetz 192, 231
Placidosches Keratoskop 58
Plancksche Gleichung 164
Plancksches Wirkungsquantum 232
Plastik 339
plastischer Film 334
plastisches Sehen 333
Plateausche Spirale 359
Poggendorfsche Täuschung 360
Poinsotsche Kegelabrollung 281
Polarisation u. ERG 190
Polarisationsfilter 334
Polatest 334
polychromatische Theorie 122
Porphyropsin 159
positives Nachbild 217
Potentiale s. elektrische Vorgänge 185
Presbyopie 31, 36
Primärempfindung 215, 224
Primärstellung der Augen 275
Primärvalenzen 94
Prismendioptrie 45
Prismenfernrohr 339
Prismengläser 45
Prismenstereoskop 314
Projektionstheorie 298
Protanomalie 105, 116
—, spektrale Hellempfindlichkeit 141
—, U.E. 235, 236
Protanopie 97, 113, 116
— beim Affen 239
— u. ERG 201
—, spektrale Hellempfindlichkeit 141
—, U.E. 235, 236
Proximeter 34
Pseudoskopie 331
psychooptischer Reflex 286, 291
psychophysische Messungen 67
psychophysisches Gesetz 229
Ptosis 21
Pulfrichsche Stereotafeln 318
Pulfrichscher Stereoeffekt 214, 338
— Stereokomparator 335
Punctalgläser 41
Punktschwanken 355
Punktsehschärfe 249, 260
Punktwandern 268, 355
Pupillarreflex 19, 20
Pupille 17, 19, 22

Pupille u. Adaptation 129
— u. Akkommodation 24
—, Beugung 60
—, Durchmesser 22
—, ERG 201
—, Konvergenz 24
—, Nachtmyopie 138
— u. Sehschärfe 254, 260
— Zeitbeziehungen 22
Pupillenabstand s. Augenabstand
Pupillenspiel als Regelvorgang 20
Pupillenstarre 20
pupillomotorische Werte 142
Purkinje Phänomen 138, 147, 148, 195, 201, 205
Purkinjesches Nachbild 215, 224
— Spiegelbildchen 25
Purpur 71, 86, 88
Pyramidenzellen 211

Quadrat der Entfernung 146
Quanten 163, 166, 232, 233, 256
Querdisparation 296, 300, 316, 319, 326
Quotientenberechnung am Anomaloskop 106, 110

Radar 261
Raddrehung 278
radioaktive Stoffe u. Phosphene 76
Randkontrast 62, 222, 267
Raster u. Sehschärfe 255
Rasterstereoskopie 334
Raum, leerer, Myopie 39
Raumbild 321, 329
—, heteromorphes 330
—, orthomorphes 330
Raumbildlandschaft 342
Raumbildmessung 334, 341
Raumeindruck 331, 340
Raumfahrt 230
Raumsehen 233
Raumsinn 243
Raumskotom 214
raumumstimmende Valenz 304
Raumvorstellung 364
Raumwahrnehmung 364
Raumwert 249
Raumwinkel 144
Rayleighgleichung 84, 106, 178, 179, 239
Reafferenz 304, 328
Reaktionszeit 244, 291
Reception (Reizaufnahme) 63
receptives Feld 203, 234
Receptorpotentiale 200, 206
Recruitment 187
Reduktionsform des Spektrums 119, 120

reduziertes Auge 16
reelle Primärvalenzen 96
Reflexbahn der Pupille 20
Reflexion der Augenmedien 192
— von Hornhaut 25
— von Linse 25
Reflexionsgrad 145
Reflexionsvermögen 147
Refraktionsanomalien 37
Refraktionsbestimmung 49
Refraktometer 12
Regelvorgang, Akkommodation als 28
— der Pupille 20
Regenbogenhaut 18
Reiz, adäquater 1, 67
—, inadäquater 67, 74, 167
Reizaddition, binokulare 129, 234
— s. a. Summation
Reizareal s. Reizfläche, Feldgröße
Reizart 93, 234
Reizdauer u. ERG 192
Reizfläche u. ERG 192
— u. Flimmern 224
— u. Schwelle 230
— u. U.E. 288
Reizschwelle, absolute 128, 230
Reizstärke u. EZ 215
— u. Verschmelzung 224
— u. U.E. 229
Reizsummation 226, 230, 231
— s. a. binokulare
Relativbewegungen 355
Resonatorentheorie 163
Retina s. a. Netzhaut
Retinafunktion u. ERG 201
Retinen 156
Retinin 156
Retininreduktase 156
Retinitis pigmentosa 177, 202
Retinocorticale Zeit 209
retrolentale Fibroplasie 183
Rhodopsin 158, 159, 172, 193
Rhodopsinometer 153
Riccòsches Gesetz 192, 231, 256
— — u. Akkommodation 36
Richtung 243
Richtungsbeziehungen 344
Richtungseffekt 23
Richtungslinien 17, 297
Richtungsstrahlen 9
Richtungstäuschungen 344
Richtungswahrnehmungen 292, 303
Röntgenadaptationsbrille 154
Röntgenstereoskopie 313, 334
Röntgenstrahlen 68
— u. Phosphene 76
Rollung 275, 278, 280, 282
Rotblindheit 97

Rotes Licht u. Dunkeladaptation 131, 154
rotfreies Licht 48
Rotgrünblindheit, angeborene 97
—, erworbene 178
— u. U.E. 234
Rotschwäche 109
Rotsehen (Erythropsie) 181
Ruhepotential des Auges 185
— der Linse 186
Rumpfreflexe 288

Sättigung 71, 81, 82
Sättigungsabstufungen 236
Säuerung bei Belichtung 171, 182
Säugling s. Neugeborenes
sakkadierte Bewegungen 284
Sammellinsen 40
Santonin 181
Sauerstoffbedarf der Hornhaut 5, 43
Sauerstoffmangel 183, 189, 225, 246
Sauerstoffteildruck 182
Sauerstoffverbrauch 183
Sauerstoffzufuhr 183
Schachbrettmuster 345
Schattenbild 313
Schattenprobe 50
Schattenwurf 2
scheinbare Größe 305, 346
Scheinbewegungen 45, 355, 372
Scheinerscher Versuch 32
Scheinverschiebungen 40, 303
Scheitelbrechwert 41
schematische Linse 29
schematisches Auge 15
Scherenfernrohr 339
schiefe Incidenz 59
Schielen 275, 302
—, scheinbares 276
Schielstellungen 45
Schlaf u. Augenbewegungen 284
— u. EEG 208
— u. EOG 186
— u. Pupille 21
Schlafstellung der Augen 289
Schlemmscher Kanal 4
Schmerzempfindlichkeit der Hornhaut 42
Schmerzreize u. Pupille 21
Schneeblindheit 22, 69
Schnellflug s. Flug
Schnelligkeit der Farbenunterscheidung 107
Schopenhauer's Farbenlehre 91
schräger Strahlenauffall 59
Schrödersche Figur 306
Schutz des Auges 6
Schutzbrillen 69

Schutzgläser 40
Schwachsichtigkeit 45, 265
Schwarzempfindung 70, 82
Schwarz-Weiß-Reihe 81
schwebende Marke 342
Schwelle, absolute 128, 154, 230
—, generelle 112, 180
—, spezifische 112, 180
Schwellenempfindlichkeit, absolute 230
Schwellenenergie 140, 232
Schwellentritanomalie 111
Schwerpunktskonstruktion 92
Scotopsin 158
Sehding 242, 300, 311, 321, 331
Sehdingfeld 248
Sehen, direktes 268
—, indirektes 268
Sehfeld, psychisches 248
—, somatisches 248
Sehferne 354
Sehgelb 153, 156, 161, 164, 167, 169
Sehgröße 305, 349
Sehgrößenkonstanz 349, 363
Sehleistung 266
Sehnenendorgane 187
Sehnerv 49
— u. Aktionspotentiale 202
—, Leitungsgeschwindigkeit 206
—, Spontanaktivität 204
—, zentrifugale Bahnen 206
Sehnerveneintritt 63, 245
Sehnervenerkrankungen 177, 179
Sehnervenkreuzung 329
Sehorange 157
Sehproben 263
Sehpurpur 150, 168
— u. ERG 193, 199
Sehpurpurabbau 158
Sehpurpurabsorption 151, 159
Sehpurpurbleichung 151, 156, 158, 165
Sehpurpurchemie 155
Sehpurpurregeneration 158
Sehrichtung, identische 297
Sehrichtungsgemeinschaft 298
Sehrinde u. EEG 208
Sehschärfe 249
—, absolute 44, 266
—, beidäugige 258
— u. Beleuchtung 254
— für bewegte Objekte 261
—, Bewegungs- 261
— u. Bildschärfe 258
— u. Blendung 257
— u. Dunkeladaptation 133, 135, 256
—, dynamische 261

Sehschärfe, freie 266
— u. Kontrast 220
—, natürliche 265
—, Nonius- 252
—, periphere 253
—, Punkt- 249
—, relative 266
— u. spektrale Hellempfind-
　　lichkeit 139
—, statische 261
— u. Tiefensehen 318
— u. totale Farbenblindheit
　　173, 174
—, Vergleichendes über 262
Sehschärfeleistung u. Tages-
　　werte 139
Sehsphäre 288
Sehstoffe s. Sehpurpur, Zap-
　　fensehstoffe
Sehsubstanzen, Herings 122
Sehweiß 156
Sehweite, bequeme 25, 31
Sehzentren, potentiale 207
Seitenwendungswinkel 275
Sekretionstheorie 6
Sekundärstellung 275, 280
Siderose u. ERG 202
Signalapparate 99
Signale, farbige 97
Simulation 101
Simultankontrast 218
—u. EEG 209
Sinne, höhere 1
—, niedere 1
Sinnesempfindungen, spezi-
　　fische 74
Sinnesenergien, spezifische 67
Sinnesschwelle 233
Skiaskopie 50
Skot 145
Skotom 247, 248
—, foveales 134
—, zentrales 134, 174
skotopisches Sehen 147
Skotoptikometer 135
Sofortadaptation 135
Sofortblendung 230
Sonnenspektrum 141
Spectacle point 35
spektrale Hellempfindlichkeit
　　s. Hellempfindlichkeits-
　　grade
spektraler Farbenanteil 82
Spektralreize u. elektr. Ant-
　　wortreaktion 126
Spektrum nach Blendung 181
—, Darstellung 80
—, Eichung 98
—, elektromagnetisches 68
—, Endstrecken 87, 198
—, energiegleiches 95, 162
—, Flimmerwerte 139
—, Gesamthelligkeit bei Di-
　　chromaten 120
—, Grenzen 67, 240

Spektrum, Nachmischung 87
—, Nachtwerte 136, 240
—, quantengleiches 163
—, Tageswerte 139, 240
spezifische Helligkeit 143
— Schwelle 112, 180
— Sinnesenergien 67
sphärische Abweichung
　　(Aberration) 55, 138
— Gläser 40
Sphincter pupillae 19, 21, 37
Spiegelbildchen 26
Spiegelgesetze 13
Spiegelstereoskop 313
Stäbchen 65, 149, 150, 151,
　　172, 184, 250
—, grüne 151
Stäbchenaußenglieder 151,
　　157, 167
Stäbchenblindheit 175
Stäbchennachbild 216
Stäbchenschwelle 154
Stäbchenseher 173
Stäbchensehschärfe 257
Stäbchenstreckung 185
Staketenphänomen 358
Standardbeleuchtung 138
Standardkerze 144
Standfernrohre 340
Star der Glasbläser 69
Staroperation 44, 181
statische Sehschärfe 261
Statistik 108, 233
Stellungsfaktor 357
Stenopäische Lücke 63
Steradiant 144
Stereoautograph 335
Stereoeffekt 214, 337
Stereoeidometer 317, 326
Stereokomparator 335, 338
Stereophotometrie 338
Stereoskopie 311, 332, 354
stereoskopische Parallaxe 317
— Prüftafeln 318
— Projektion 334
stereoskopischer Glanz 335
Stereotelemeter 343
Sternhelligkeit 227, 229
Stigmatoskop 36
Stilb 145
Stiles-Crawford-Effekt 23,
　　146
— II 111
Stillingsche Tafeln 98, 108
Stimmung des Farbensystems
　　78
— des Sehorgans 124
Strabismus u. EOG 186
Strahldichte 145
Strahlen, achsennahe 10
—, homozentrische 8
—, nichtachsenparallele 9
—, ultraviolette 68
Strahlenauslese 2
Strahlenerscheinung 59

Strahlengang bei Astigmatis-
　　mus 56
— im einfachen opt. System
　　7
— im zusammengesetzten
　　opt. System 11
Strahlstärke 145
Strahlung 67
—, infrarote 68, 69
—, radioaktive 76
Strahlungsleistung 144
Strahlungsstrom 144, 145
Streulicht im Auge 230, 251
— u. ERG 190
Stroboskop 333
Stroboskopie 359
Strömung, thermische 4
strukturloses Feld 309, 349
Sturms Conoid 57
Subdichromaten 101
Sukzessivkontrast 214
— u. EEG 209
Sukzessivparallaxe 329, 333
Sulfhydrylgruppen 158, 198
Summation 226, 232, 233
— s. a. Reizaddition, Reiz-
　　summation
Sympathicolytica 37
Sympathicomimetica 28, 37,
　　121
Sympathicus, Hals- 6, 28
sympathisches System d. Iris
　　21
Synopter 340
System, einfaches 7
—, optisches 7
—, zusammengesetztes 10
—, zentriertes 10, 12
— s. a. Farbensystem

Täuschungen, geometrisch-
　　optische 359
Tagblindheit 173
Tagesrhythmus, Pupille 23
Tagesschwankungen des Au-
　　gendrucks 3
Tagessehen, Grenzen 147
Tageswerte, spektrale 139,
　　147, 240
Tag-Nacht-Zyklus 230
Tagtiere 149, 150
Talbotscher Satz 223
Tapetenmusterversuch 351
Tapetum 47
tautomorphes Raumbild 352
Teilfarbenblindheit 96, 181
Telestereoskop 319, 339
telestereoskopische Anord-
　　nung 352
Temperatur u. ERG 186, 189
—, Farb- 137, 138, 144, 236
Tenonsche Kapsel 269
Tertiärstellung des Auges 275,
　　279

Tetartanopie 102
— der Fovea 111
Theaterglas 340
Theoretisches über Gesichtswahrnehmungen 364
Theorien der Akkommodation 30
— des Farbensehens 89, 91, 115, 117, 180
— der Nachbilder 217
Thermoelement 144
Thyreotoxikosen 177
Tiefenrichtung, Augenmaß 363
Tiefenschärfe u. Pupille 25
— u. Presbyopie 36
Tiefensehschärfe u. Aniseikonie 324
Tiefentäuschungen 371
Tiefenwahrnehmungen, absolute 309, 325
— bei bewegten Objekten 318
— u. Doppelbildwahrnehmung 322
—, Genauigkeit der binokularen 315
— bei Tieren 328
Tiefenwahrnehmungsschärfe 316
Tonographie 2
Tonometer 2
totale Farbenblindheit 142, 173, 369
— bei Affen 240
—, angeborene 173
—, erworbene 180
— u. Nachbild 216
— u. Sehschärfe 255
— u. U.E. 235
— u. Verschmelzung 224
Totalhoropter 295
Totalindex der Linse 13, 15, 29
Tractus opticus, Potentiale 207
Tränenflüssigkeit 6, 15
Transmissionsgrad 145
Trennschwierigkeiten 265
Trennungsflächen 7
Trichromasie, anomale 105
trichromatisches Farbensystem 92, 117
— — bei Affen 239
— — u. ERG 196
Trifokalgläser 43
Trigeminusreizung 7
Triplexbrenner 138
Tritanomalie 109, 117
Tritanopie 102, 113, 117, 179, 180
— bei Affen 239
— u. ERG 196
— der Fovea 111, 152
— bei Negern 241
— u. U.E. 235

Troland 146
Turbulenz des Kammerwassers 4
typische Dichromaten 101

U.E. s. Unterschiedsempfindlichkeit
Übersichtigkeit 37, 39
Überträgerin für Farbensinnstörung 114
— — — u. Hellempfindlichkeit 142
Ultrafiltration 4, 5
ultrarote Strahlen 68, 69
ultraviolette Strahlen (UV) 68, 69, 165
Umblickfeld 286
Umfeldleuchtdichte u. U.E. 228
— u. Sehschärfe 255
Umkehrvorrichtung 368
Umstimmung 71, 72, 78, 89, 94, 107, 182, 220, 371
Unbuntempfindungen 76
unmittelbare Raumbildmessung 334
unsichtbare Strahlen 68
Unterscheidung von Reizarten 234
— von Reizstärken 227
— von Sättigungsabstufungen 236
Unterscheidungsfähigkeit, zeitliche 223
Unterscheidungsschwelle 222
Unterscheidungszeiten für Bunttöne 107
Unterschiedsempfindlichkeit 61, 135, 182, 227, 234, 236, 238, 256, 258
Unterschiedsschwelle 227
unwillkürliche Augenbewegungen 286
Urempfindungen 80
Urfarben 73, 77, 87, 112, 179
Urfarbenempfindungen 77, 81

Valenzen 78
Valenzkurven 123
Vasoconstrictoren u. Pupille 21
Venae vorticosae 3
Verantstereoskop 330
Vererbung von Farbenfehlsichtigkeit 114, 174
— von Nachtblindheit 176
vergleichend Physiologisches 237, 246, 328
Verschiebungshypothese 119, 125, 175
Verschmelzungsfrequenz 139, 223, 240
Verschmelzungskreise 301
Verteilung von Licht u. Schatten 307

Vertikale, subjektive 295, 305, 344
Vertikalhoropter 295
Vertikalmeridian 275
vestibularer Nystagmus 288
Vestibularorgan 288, 305
Vierfarbentheorie 122, 125, 127
Vierlichtereichung 114
Vierlingblende 101
Violettblindheit 102
Violettsehen 175, 181
virtuelle Primärvalenzen 94
Visierlinie 17, 270
Vitamin A u. ERG 201
— u. Fluorescenz 157, 167
— u. Dunkeladaptation 130, 135
— u. Nachtblindheit 177
— u. Sehpurpur 153, 156, 158, 161
Vitamin B_2 s. Flavin
Vitaminmangel u. peripheres Farbensehen 112
V_λ-Kurve 140
V'_λ-Kurve 141
Vorderkammer 4, 24
— u. Akkommodation 24
Vorderkammerlinse 43
Vorstellungsbild 218

Wärmestrahlen 68
Wahrnehmung 300
—, entoptische 23, 62
— u. Wirklichkeit 343
wandernde Marke 341
Watt 144
Weber-Fechnersches Gesetz 191
Webersches Gesetz 191, 228, 229, 363
Wechselstromphosphene 75
Weißbeimischung 236
Weißempfindung 70, 73, 82, 89, 105, 180, 181
— im Nachtsehen 137
Weißmischungen 86, 88, 92, 240, 337
Weiß-Schwarz-Reihe 81
Wellenlänge u. ERG 195
—, farbtongleiche 82
— u. Sehschärfe 260
— u. U.E. 234
Wellenlängen, Linienspektren 85
Weltraumfahrt 230
Wettstreit 294, 323, 335
Wheatstonesches Stereoskop 313, 314
willkürliche Bewegungen 283, 368
Winkelgeschwindigkeit 261
Wirbeltiere, Gesichtsfeld 246
Wirklichkeit 343, 369
Wollproben 98

Xanthopsie 181

Young-Helmholtzsche Theorie 115, 117, 170, 175

Zapfen 65, 149, 150, 151, 172, 184, 250
Zapfenadaptation 131, 132, 174
Zapfenaktionspotential 200
Zapfenblindheit 173
Zapfenbreite u. Sehschärfe 250, 259
Zapfenfarbenblindheit 175, 180
Zapfenschwelle 154
Zapfensehstoffe 158, 168
Zapfenverkürzung 184
Zaunphänomen 358

Zeit s. Darbietungszeit, Reizdauer
Zeitbeziehungen 213
— u. EEG 209
zeitliche Unterscheidungsfähigkeit 223
Zeitschwelle 226
— für Bunttöne 107
Zeitunterschied, Parallaxe durch 338
zentrales Skotom 134, 144
Zentralnervensystem, Adaptation 168
Zentralstrahlen 9
Zentren der Pupillenregelung 21
zentrierte Systeme 10, 12
Zentrierung 60

Zentrum der Augendruckregulierung 6
— der Sehrichtungsgemeinschaft 298
Zerstreuungskreis 23, 60
Zerstreuungslinse 40
Zielbild 342
Zöllnersche Täuschung 360
Zonentheorie 126, 175
Zonulafasern 27, 31
zusammengesetzte opt. Systeme 10
Zweilichtereichung 114
Zwielichtblindheit 130
Zwielichtsehen 147, 149
Zwillingszapfen 126
Zwischenempfindungen 81
Zwischenhirn 20
Zyklopenauge 297
Zylindergläser 40, 56, 58

Anhang

Tafel I—III

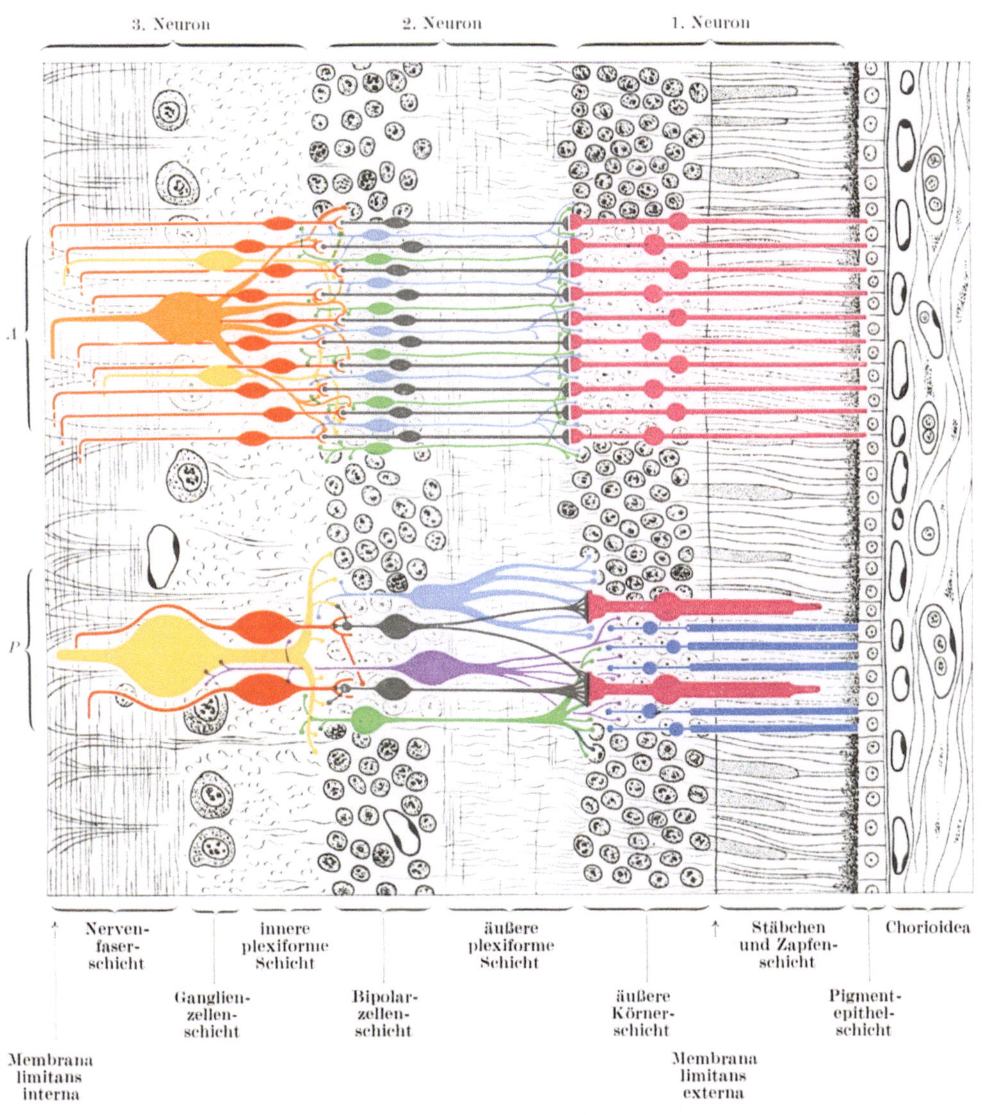

Übersicht über den Bau der menschlichen Netzhaut (unter Verwendung der Darstellungen von BARGMANN und POLYAK). *A* Schematische Darstellung der Area centralis, *P* der stäbchenhaltigen Peripherie. Rot-bläulich = Zapfen; blau = Stäbchen; schwarz = kleine Bipolarzellen ("Midget bipolars"); hell-blau = Bürstenbipolarzellen ("Brush bipolars"); grün = flachgekrönte Bipolarzellen ("Flat-topped bipolars"); violett = Büschel-(Pinsel-) bipolarzellen ("Mop bipolars"); rot = kleine Ganglienzellen; orange und gelb = diffuse Ganglienzellen

Spektralfarbentafel zur Veranschaulichung der Farbenempfindungen von Farbenuntüchtigen im Vergleich zum Farbentüchtigen. *H* Helligkeitsmaximum, *N* Neutralstelle. Man beachte die Verkürzung des Spektrums am langwelligen Ende und die Verschiebung des Helligkeitsmaximums zum Grün bei den Protoformen. Das Spektrum des Totalfarbenblinden (Zapfenblinder oder Stäbchenseher) ist besonders am langwelligen Ende verkürzt. Das Helligkeitsmaximum entspricht etwa dem der Spektralnachtwertkurve des Normalen. Die Spektren sind als Normalspektren dargestellt (nach I. SCHMIDT)

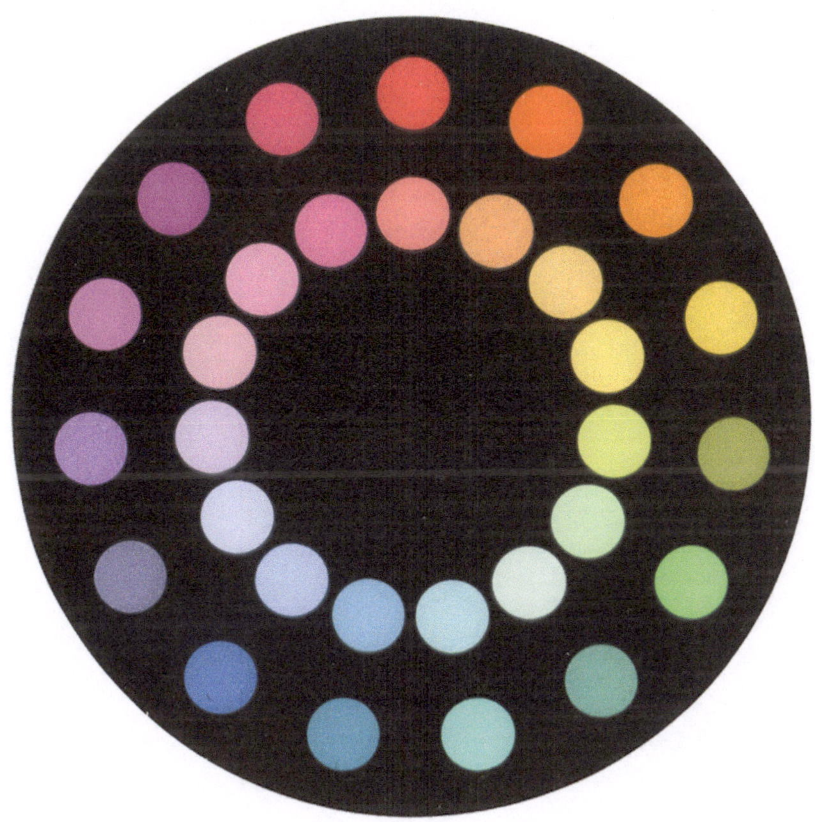

Buntfarbenkreis nach W. Trendelenburg. Die Auswahl der Buntstufen entspricht den praktischen Bedürfnissen der Farbensinnprüfung. Es sind die Buntfarben I—XV in den Sättigungsstufen 2 und 8 der Abb. 39 dargestellt. Die Zählung beginnt bei dem obenstehenden Rot I und geht im Uhrzeigersinn über Gelb IV, Grün VI, Blau X bis Rot-bläulich XV zum Rot zurück. Außen stehen die Stufen 2, innen die Stufen 8